电力工程设计手册

电力工程设计手册

火力发电厂建筑设计

中国电力工程顾问集团有限公司 编著

Power Engineering Design Manual

中国电力出版社

内 容 提 要

本书是《电力工程设计手册》系列手册中的一个分册，是介绍火力发电厂建筑设计的实用性工具书，可以满足火力发电厂建筑可行性研究设计、初步设计、施工图设计等阶段的设计要求。本书共分为四篇二十三章，包括通用篇、燃煤发电厂篇、燃机发电厂篇和设计工作内容篇，主要内容为火力发电厂建筑防火、抗震、采光与通风、防排水、噪声控制、热工与节能、材料与构造等通用性设计要求；燃煤发电厂和燃机发电厂各类建筑的工艺简介、建筑布置、设计要求和实例，典型建筑工程设计实录；设计各阶段工作程序、设计文件内容等。

本书按照现行国家相关规范、标准的规定，结合火力发电厂建筑设计特点进行编撰。本书充分吸收了 21 世纪火力发电厂先进的建筑设计理念，广泛收集并总结提炼了成熟可靠的建筑工程技术，全面反映了电厂工程建筑设计领域的最新科技成果和发展动态，首次阐述了火力发电厂工程设计中建筑节能、噪声控制等方面的新技术、新材料、新工艺，突出体现了科学性、先进性、实用性。本书内容翔实，图文并茂，简明直观，便于查询使用。

本书是供火力发电厂建筑设计专业人员使用的工具书，可作为火力发电行业从事项目管理、工程施工与设计监理等人员的参考书，也可供高等院校相关专业的师生参考使用。

图书在版编目（CIP）数据

电力工程设计手册. 火力发电厂建筑设计 / 中国电力工程顾问集团有限公司编著. —北京：中国电力出版社，2017.6
ISBN 978-7-5198-0679-8

Ⅰ. ①电… Ⅱ. ①中… Ⅲ. ①火电厂-建筑设计-手册
Ⅳ. ①TM7-62

中国版本图书馆 CIP 数据核字（2017）第 083715 号

出版发行：中国电力出版社
地　　址：北京市东城区北京站西街 19 号（邮政编码 100005）
网　　址：http://www.cepp.sgcc.com.cn
印　　刷：北京盛通印刷股份有限公司
版　　次：2017 年 6 月第一版
印　　次：2017 年 6 月北京第一次印刷
开　　本：787 毫米×1092 毫米　16 开本
印　　张：30.25
字　　数：1067 千字
印　　数：0001—1500 册
定　　价：158.00 元

《电力工程设计手册》
编辑委员会

《电力工程设计手册》
秘书组

《火力发电厂建筑设计》
编 写 组

主　　编　雷梅莹

副 主 编　吴　桐　徐　飙　孟　凌

参编人员　（按姓氏笔画排序）

尹春明　石晶群　冉　箭　丛佩生　朱祥平　刘宏民
李育军　余　骞　张　辉　陈昀昀　罗振宇　殷海洋
程先斌

《火力发电厂建筑设计》
编辑出版人员

编审人员　刘汝青　乐　苑　谭学奇　彭莉莉　姜　萍　李慧芳
王　晶

出版人员　王建华　李东梅　邹树群　黄　蓓　李　楠　陈丽梅
安同贺　王红柳　张　娟

序言

改革开放以来，我国电力建设开启了新篇章，经过30多年的快速发展，电网规模、发电装机容量和发电量均居世界首位，电力工业技术水平跻身世界先进行列，新技术、新方法、新工艺和新材料的应用取得明显进步，信息化水平得到显著提升。广大电力工程技术人员在30多年的工程实践中，解决了许多关键性的技术难题，积累了大量成功的经验，电力工程设计能力有了质的飞跃。

党的十八大以来，中央提出了“创新、协调、绿色、开放、共享”的发展理念。习近平总书记提出了关于保障国家能源安全，推动能源生产和消费革命的重要论述。电力勘察设计领域的广大工程技术人员必须增强创新意识，大力推进科技创新，推动能源供给革命。

电力工程设计是电力工程建设的龙头，为响应国家号召，传播节能、环保和可持续发展的电力工程设计理念，推广电力工程领域技术创新成果，推动电力行业结构优化和转型升级，中国电力工程顾问集团有限公司编撰了《电力工程设计手册》系列手册。这是一项光荣的事业，也是一项重大的文化工程，对于培养优秀电力勘察设计人才，规范指导电力工程设计，进一步提高电力工程建设水平，助力电力工业又好又快发展，具有重要意义。

中国电力工程顾问集团有限公司作为中国电力工程服务行业的“排头兵”和“国家队”，在电力勘察设计技术上处于国际先进和国内领先地位。在百万千瓦级超超临界燃煤机组、核电常规岛、洁净煤发电、空冷机组、特高压交直流输变电、新能源发电等领域的勘察设计方面具有技术领先优势。中国电力工程顾问集团有限公司还在中国电力勘察设计行业的科研、标准化工作中发挥着主导作用，承担着电力新技术的研究、推广和国外先进技术的引进、消化和创新等工作。

这套设计手册获得了国家出版基金资助，是一套全面反映我国电力工程设计领域自有知识产权和重大创新成果的出版物，代表了我国电力勘察设计行业的水平和发展方向，希望这套设计手册能为我国电力工业的发展作出贡献，成为电力行业从业人员的良师益友。

汪建平

2017年3月18日

总前言

电力工业是国民经济和社会发展的基础产业和公用事业。电力工程勘察设计是带动电力工业发展的龙头，是电力工程项目建设不可或缺的重要环节，是科学技术转化为生产力的纽带。新中国成立以来，尤其是改革开放以来，我国电力工业发展迅速，电网规模、发电装机容量和发电量已跃居世界首位，电力工程勘察设计能力和水平跻身世界先进行列。

随着科学技术的发展，电力工程勘察设计的理念、技术和手段有了全面的变化和进步，信息化和现代化水平显著提升，极大地提高了工程设计中处理复杂问题的效率和能力，特别是在特高压交直流输变电工程设计、超超临界机组设计、洁净煤发电设计等领域取得了一系列创新成果。“创新、协调、绿色、开放、共享”的发展理念和实现全面建设小康社会奋斗目标，对电力工程勘察设计工作提出了新要求。作为电力建设的龙头，电力工程勘察设计应积极践行创新和可持续发展思路，更加关注生态和环境保护问题，更加注重电力工程全寿命周期的综合效益。

作为电力工程服务行业的“排头兵”和“国家队”，中国电力工程顾问集团有限公司是我国特高压输变电工程勘察设计的主要承担者，包括世界第一个商业运行的 1000kV 特高压交流输变电工程、世界第一个 ±800kV 特高压直流输电工程等；是我国百万千瓦级超超临界燃煤机组工程建设的主力军，完成了我国 70%以上的百万千瓦级超超临界燃煤机组的勘察设计工作，创造了多项“国内第一”，包括第一台百万千瓦级超超临界燃煤机组、第一台百万千瓦级超超临界空冷燃煤机组、第一台百万千瓦级超超临界二次再热燃煤机组等。

在电力工业发展过程中，电力工程勘察设计工作者攻克了许多关键技术难题，积累了大量的先进设计理念和成熟设计经验。编撰《电力工程设计手册》系列手册可以将这些成果以文字的形式传承下来，进行全面总结、充实和完善，引导电力工程勘察设计工作规范、健康发展，推动电力工程勘察设计行业技术水平提升，助力勘察设计从业人员提高业务水平和设计能力，以适应新时期我国电力工业发展的需要。

2014 年 12 月，中国电力工程顾问集团有限公司正式启动了《电力工程设计手册》系列手册的编撰工作。《电力工程设计手册》的编撰是一项光荣的事业，也是一项艰巨和富有挑战性的任务。为此，中国电力工程顾问集团有限公司和中国电力出版社抽调专人成立了编辑委员会和秘书组，投入专项资金，为系列手册编撰工作的顺利开展提供强有力的保障。在手册编辑委员会的统一组织和领导下，700 多位电力勘察设计行业的专家学者和技术骨干，以高度的责任心和历史使命感，坚持充分讨论、深入研究、博采众长、集思广益、达成共识的原则，以内容完整实用、资料翔实准确、体例规范合理、表达简明扼要、使用方便快捷、经得起实践检验为目标，参阅大量的国内外资料，归纳和总结了勘察设计经验，经过几年的反复斟酌和锤炼，终于编撰完成《电力工程设计手册》。

《电力工程设计手册》依托大型电力工程设计实践，以国家和行业设计标准、规程规范为准绳，反映了我国在特高压交直流输变电、百万千瓦级超超临界燃煤机组、洁净煤发电、空冷机组等领域的最新设计技术和科研成果。手册分为火力发电工程、输变电工程和通用三类，共 31 个分册，3000 多万字。其中，火力发电工程类包括 19 个分册，内容分别涉及火力发电厂总图运输、热机通用部分、锅炉及辅助系统、汽轮机及辅助系统、燃气-蒸汽联合循环机组及附属系统、循环流化床锅炉附属系统、电气一次、电气二次、仪表与控制、结构、建筑、运煤、除灰、水工、化学、供暖通风与空气调节、消防、节能、烟气治理等领域；输变电工程类包括 4 个分册，内容分别涉及变电站、架空输电线路、换流站、电缆输电线路等领域；通用类包括 8 个分册，内容分别涉及电力系统规划、岩土工程勘察、工程测绘、工程水文气象、集中供热、技术经济、环境保护与水土保持和职业安全与职业卫生等领域。目前新能源发电蓬勃发展，中国电力工程顾问集团有限公司将适时总结相关勘察设计经验，编撰新能源等系列设计手册。

《电力工程设计手册》全面总结了现代电力工程设计的理论和实践成果，系统介绍了近年来电力工程设计的新理念、新技术、新材料、新方法，充分反映了当前国内外电力工程设计领域的重要科研成果，汇集了相关的基础理论、专业知识、常用算法和设计方法。全套书注重科学性、体现时代性、增强针对性、突出实用性，可供从事电力工程投资、建设、设计、制造、施工、监理、调试、运行、科研等工作者使用，也可供相关教学及管理工作者参考。

《电力工程设计手册》的编撰和出版，是电力工程设计工作者集体智慧的结晶，展现了当今我国电力勘察设计行业的先进设计理念和深厚技术底蕴。《电力工程设计手册》是我国第一部全面反映电力工程勘察设计的系列手册，难免存在疏漏与不足之处，诚恳希望广大读者和专家批评指正，如有问题请向编写人员反馈，以期再版时修订完善。

在此，向所有关心、支持、参与编撰的领导、专家、学者、编辑出版人员表示衷心的感谢！

《电力工程设计手册》编辑委员会

2017年3月10日

前 言

《火力发电厂建筑设计》是《电力工程设计手册》系列手册之一。

本书是在分析研究新中国成立以来,特别是2000年以来火力发电厂建筑工程设计经验的基础上，充分吸收了21世纪火力发电厂先进的建筑设计理念，广泛收集并总结提炼了成熟可靠的建筑工程技术，全面反映了电厂工程建筑设计领域的最新科技成果和发展动态，首次阐述了火力发电厂建筑工程中建筑节能、噪声控制等方面的新技术、新材料、新工艺，列出了一些成熟可靠的设计基础资料、技术数据和技术指标，突出体现了科学性、先进性、实用性。本书将对提高火力发电厂建筑设计质量，提升建筑设计水平，实现火力发电厂建筑设计规范化、标准化，促进火力发电厂建筑节能、绿色、可持续发展等方面起到指导推动作用。

本书按照现行国家相关规范、标准规定的要求，结合火力发电厂建筑设计的特点进行编撰。全书共分为四篇二十三章，包括通用篇、燃煤发电厂篇、燃机发电厂篇、设计工作内容篇。在各篇中分别阐述了火力发电厂建筑防火、抗震、采光与通风、防排水、噪声控制、热工与节能、材料与构造等通用性设计要求；燃煤发电厂和燃机发电厂各类建筑的工艺简介、建筑布置、设计要求和实例，典型建筑工程设计实录；设计各阶段工作程序、设计文件内容等。本书相关章节中还简明扼要地介绍了火力发电厂相关生产工艺（过程），以便于建筑专业技术人员科学合理地确定火力发电厂各类建筑的建筑设计方案。

本书主编单位为中国电力工程顾问集团有限公司，参加编写的单位有中国电力工程顾问集团东北电力设计院有限公司、中国电力工程顾问集团华东电力设计院有限公司、中国电力工程顾问集团中南电力设计院有限公司、中国电力工程顾问集团西北电力设计院有限公司、中国电力工程顾问集团西南电力设计院有限公司、中国电力工程顾问集团华北电力设计院有限公司等。本书由雷梅莹担任主编，负责总体策划、组织协调及校审统稿等工作；吴桐、徐飙、孟凌担任副主编，参加本书各章节的校审统稿工作；雷梅莹编写前言、第一章；殷海洋编写第二章；丛佩生编写第三章；徐飙、石晶群编写第四章；吴桐、程先斌编写第五章；冉箭、余骞编写第六章；刘宏民编写第七章；罗振宇、李育军编写第八章、第九章；孟凌编写第十章；吴桐、程先斌编写第十一章；陈昀昀编写第十二章；冉箭、张辉编写第十三章、第十四章；徐飙、石晶群编写第十五章～第二十一章；冉箭、朱祥平、刘宏民编写第二十二章、第二十三章；罗振宇、尹春明编写附录 A；徐飙、石晶群编写附录 B；雷梅莹整理参考文献。参加本书校审工作的还有赵洪军、徐文明、黄继前、敖凌云、曹文、吴庆柏、黄晶晶、李超等。

本书是供火力发电厂建筑设计专业人员使用的工具书，可以满足火力发电厂建筑可行性研究设计、初步设计、施工图设计等阶段的设计要求。本书可作为火力发电行业从事项目管理、工程施工与设计监理人员的参考书，也可供高等院校相关专业师生参考使用。

《火力发电厂建筑设计》编写组

2017 年 2 月

目　录

第二篇　燃 煤 发 电 厂 篇

第三篇　燃 机 发 电 厂 篇

第四篇　设计工作内容篇

第 一 篇

通 用 篇

近年来，随着国民经济的持续快速增长和电力技术的不断提高，我国电力工业得到迅速发展。据统计，2016 年我国电力装机容量为 16.46 亿 kW，发电量为 5.99 万亿 kW·h，装机容量和发电量均居世界第一位。我国发电种类主要包括火力发电，以及水能、核能、风能、太阳能等新能源及可再生能源发电。其中火力发电所占比重最大，火电发电量占总发电量的比例为 70%左右。目前，我国火力发电形式以燃煤及天然气为主。

作为生产电能的火力发电厂厂区内建筑数量众多、类型各异。火力发电厂建筑设计应贯彻国家有关工程建设的法律法规，在满足工艺流程的前提下，对全厂建(构)筑物进行合理设计，为电厂运行与管理等提供安全、适用、绿色、高效的使用空间。

本篇主要介绍火力发电厂概况、建筑设计原则、设计特点，以及火力发电厂建筑防火、抗震、采光与通风、防排水、噪声控制、热工与节能、材料与构造等通用性设计要求。

第一章

概 述

火力发电是指利用煤、石油和天然气等燃料燃烧，将所得到的热能转换为机械能，驱动发电机生产电力的过程。装备火力发电机组生产电能的发电厂，称为火力发电厂。火力发电厂通常按照工艺、设备的特性等进行分类，主要有如下几种：①按设备类型主要分为蒸汽动力汽轮机、燃气轮机、内燃机发电厂，以及未来的燃料电池发电厂等；②按燃料构成可分为燃用固体燃料（包括煤炭、生物质燃料、垃圾）、液体燃料（包括石油及石油制品、水煤浆）、气体燃料（包括天然气、煤层气、合成煤气及未来的氢气等）的发电厂；③按终端产品可分为纯发电、热电联产或热电冷联产，以及电、化工产品等多联产发电厂；④按功能性质可分为公用事业电厂、自备电厂；⑤按冷却方式可分为湿冷、空冷（也称为干冷）及湿冷与空冷联合循环冷却发电厂，湿冷发电系统分为一次循环冷却（也称为直流冷却）、二次循环冷却，空冷（干冷）系统分为直接空气冷却、间接空气冷却。

本书涉及的主要为蒸汽动力发电厂中的燃煤发电厂和燃气轮机发电厂（以下简称燃机发电厂）。

第一节 燃煤发电厂简述

一、燃煤发电厂的发展

蒸汽动力发电厂是通过锅炉燃烧燃料产生具有一定压力和温度的蒸汽，驱动汽轮机带动发电机生产电能的火力发电厂。蒸汽动力发电技术最早开始于19世纪，最初采用的原动机是蒸汽机，后逐步采用性能更高的汽轮机。燃料以煤为主的蒸汽动力发电是火力发电中最主要的电能生产方式，目前仍在世界多数国家的电力生产中占据主导地位。

20世纪以来，以燃煤为主的蒸汽动力发电技术有了很大的发展，主要体现在单机容量增大、蒸汽参数提高、发电厂容量增加、控制技术水平提高和环境保护措施加强等方面。

我国燃煤发电机组单机容量经历了从小到大的漫长发展历程。20世纪50年代，单机容量以6、12、25、50MW为主；20世纪六七十年代，单机容量以100（高压）、125、250MW（超高压）为主；20世纪八九十年代，单机容量以300、600MW（亚临界）为主；21世纪以来，单机容量以600MW（超临界、超超临界）及1000MW（超超临界）为主。燃煤发电厂装机容量也在增加。截至2017年2月，我国的托克托发电厂总装机容量达到6720MW（8×600MW+2×660MW+2×300MW），成为世界最大的燃煤发电厂。

燃煤发电的蒸汽参数随单机容量的发展而不断提高。20世纪50年代，蒸汽参数以中压参数（3.43MPa/435℃）和高压参数（8.83MPa/535℃）为主；六七十年代，以超高压参数（12.75MPa/535℃/535℃）为主；八九十年代，以亚临界参数（16.6MPa/537℃/537℃）为主；21世纪以来，蒸汽参数以超临界参数（24.2MPa/566℃/566℃）和超超临界参数（25～27MPa/600℃/600℃）为主。今后的发展目标是650℃和700℃超超临界技术的研究和开发。

同时，燃煤发电厂控制技术水平有了很大提高，逐步形成了多台机组的锅炉、汽轮机、发电机、全厂各辅助车间、升压站等在集中控制室集中监视和控制的模式，确保了机组安全高效运行，实现了发电厂运行的高度自动化。随着环境保护标准日趋严格，燃煤发电厂烟气中的烟尘、二氧化硫、氮氧化物等烟气污染物的治理技术也不断加强，以满足国家和地方政府颁布的火力发电厂污染物排放指标的相关规定要求。

随着电力技术的发展，大容量、高参数使燃煤发电的热效率大为提高，每千瓦的建设投资和发电成本不断降低。另外，烟气除尘、脱硫、脱硝等烟气污染物治理技术也已在燃煤发电厂中广泛应用。在未来较长时期内，燃煤发电仍是我国火力发电厂中的主要发电方式，燃煤发电技术的发展方向将是高效、节能、环保、绿色。

二、燃煤发电厂主要工艺流程

燃煤发电厂由锅炉、汽轮机、发电机三大主要设备，以及相应辅助设备组成，各设备通过管道或线路相连构成生产工艺系统。燃煤发电厂的主要生产系统包括燃烧系统、汽水系统、电气系统等，还有其他一些辅助生产系统，如燃煤输送系统、除灰系统、脱硫系统、脱硝系统、化学水处理系统、冷却系统、仪表和控制系统等。主要生产系统与辅助生产系统协调工作，相互配合完成燃煤发电厂的整个电能生产任务。

燃煤发电厂主要工艺过程为：燃料煤在锅炉中燃烧放热，将给水加热成蒸汽；蒸汽在汽轮机内膨胀，使热能转换为转子转动的机械能，机械能再通过发电机转换为电能，电能由配电装置分配传送给用户或输入地区电力网；汽轮机排汽进入凝汽器被冷凝成水，冷凝水由凝结水泵经低压加热器送入除氧器，再经给水泵通过高压加热器送回锅炉。如此反复循环，连续不断地产生电能。燃煤发电厂生产工艺系统流程如图 1-1 所示。

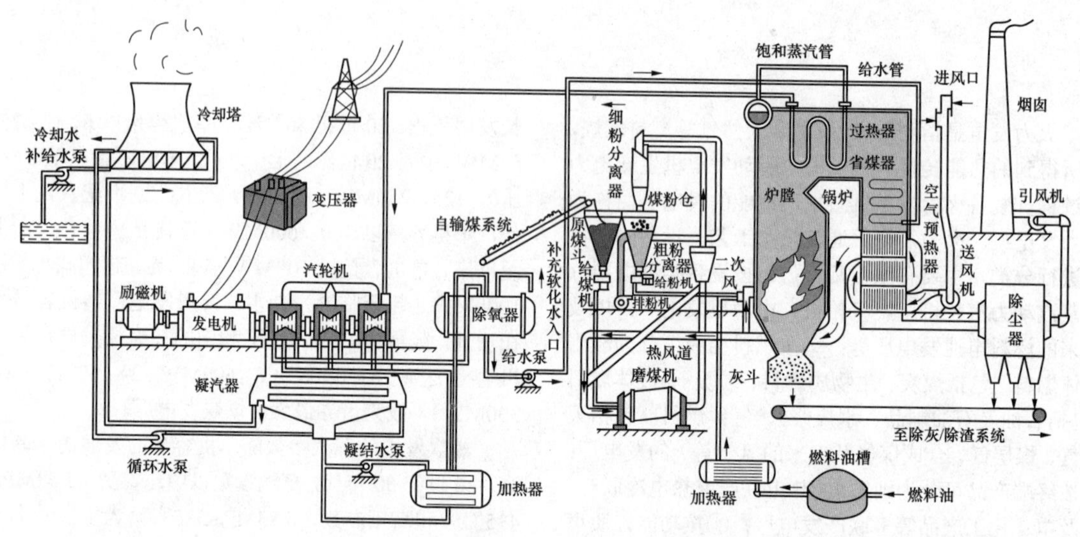

图 1-1 燃煤发电厂生产工艺系统流程

三、燃煤发电厂分类

1. 按装机容量分

燃煤发电厂按汽轮发电机单机容量，并结合总装机（或规划）容量进行分类，一般可分为大型、中型和小型燃煤发电厂。单机容量在 125MW 及以上的为大中型燃煤发电厂，单机容量在 125MW 以下的为小型燃煤发电厂。大型燃煤发电厂单机容量有 300、600、1000MW 等级。

为了提高燃料效率，通常采用大容量、高参数机组。单机容量在 300MW 以上的机组现多采用超临界或超超临界参数机组。

2. 按汽水循环冷却系统分

燃煤发电厂根据汽水循环冷却系统的不同，可分为湿冷发电机组电厂、空冷发电机组电厂和湿空冷联合循环冷却机组电厂，我国以前两种类型为主。

（1）湿冷发电机组电厂。

湿冷发电机组可分为一次循环冷却机组（也称直流冷却机组）和二次循环冷却机组。

一次循环冷却机组（直流冷却机组）的汽水循环冷却系统是利用水泵和管、渠等，直接从江河、湖泊、水库、海湾等水源取水，将水输入凝汽器，经热交换后排放的贯流式冷却系统。汽机房及锅炉房建筑是直流冷却机组燃煤发电厂的主要建筑。燃煤发电厂（直流冷却机组）主要建（构）筑物示意见图 1-2。

二次循环冷却机组的汽水循环冷却系统是指在汽轮机的凝汽器中热交换后的热态冷却水，经冷却设施冷却降低温度，再输入凝汽器循环使用的供水系统。二次循环冷却机组中巨大的冷却塔在燃煤发电厂内建筑群中占据了主导地位。燃煤发电厂（二次循环冷却机组）主要建（构）筑物示意见图 1-3。

（2）空冷发电机组电厂。

空冷发电机组比常规湿冷发电机组可节水 3/4 以上，一般建设在水源十分缺乏的地区。华北、东北、西北地区煤炭资源得天独厚，但水资源极其贫乏，因此这些地区空冷发电机组应用较多。

空冷发电机组分为直接空冷机组和间接空冷机组。直接空冷机组通过主厂房 A 列前的空冷平台进行汽水的循环冷却；间接空冷机组与二次循环冷却机组类似，采用冷却塔冷却。直接空冷机组中体量比主厂房大得多的空冷平台，与汽机房、锅炉房等共同组成燃煤发电厂的主要建筑形式。燃煤发电厂（直接空冷机组）主要建（构）筑物示意见图 1-4。

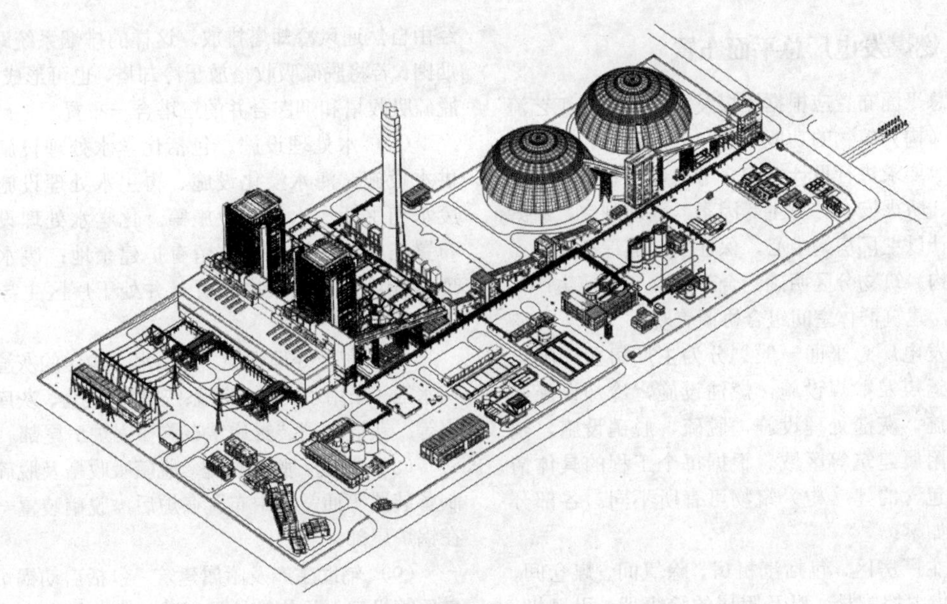

图 1-2 燃煤发电厂（直流冷却机组）主要建（构）筑物示意图

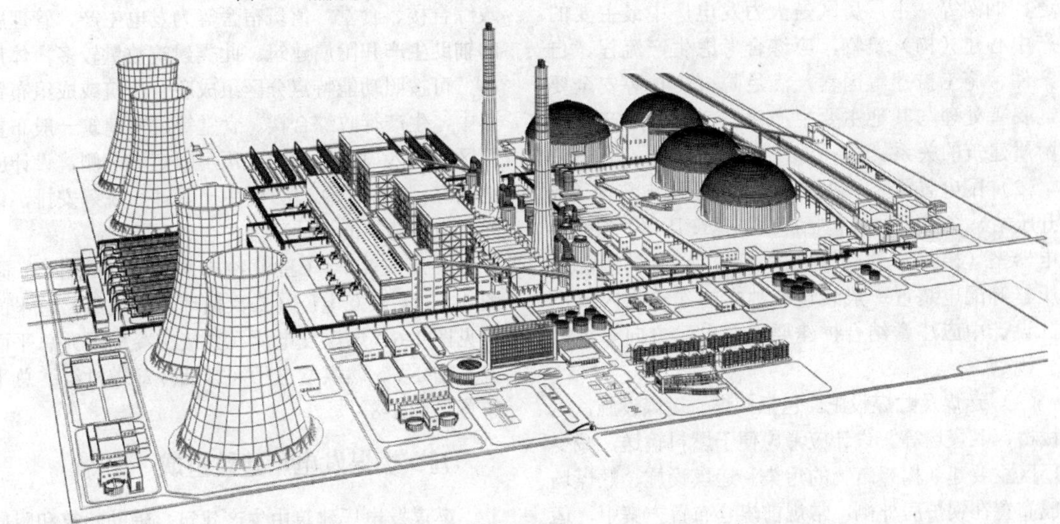

图 1-3 燃煤发电厂（二次循环冷却机组）主要建（构）筑物示意图

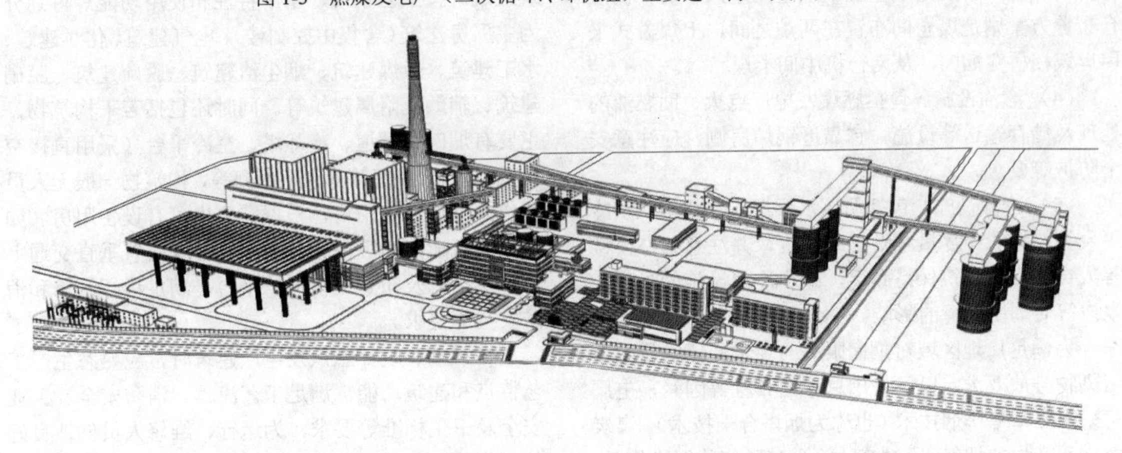

图 1-4 燃煤发电厂（直接空冷机组）主要建（构）筑物示意图

四、燃煤发电厂总平面布置

电厂总平面布置应根据燃煤发电厂的生产工艺流程、各建（构）筑物的功能要求，以及运行、管理、维护检修等要求进行设计，综合考虑电厂总体规划、环境保护、防火安全、卫生等因素，因地制宜，统筹安排。设计以主厂房为中心，保证工艺流程顺畅，做到各建（构）筑物分区明确、合理紧凑、方便生产，节约用地，建筑群体空间组合协调美观。

燃煤发电厂总平面一般划分为主厂房区，配电装置区，运煤及贮煤设施，燃油设施，冷却设施，水处理设施，灰渣处理设施，脱硫、脱硝设施，辅助生产及附属建筑等区域。根据每个工程的具体情况，各区包含的建（构）筑物可有所不同。各部分布置特点如下：

（1）主厂房区。包括汽机房、除氧间、煤仓间、锅炉房、集中控制楼，以及附属的除尘器、引风机、烟道、烟囱等。主厂房区是火力发电厂中最主要的生产中心建（构）筑物，应综合考虑生产流程、自然条件、施工扩建等因素，满足防火防护等安全要求，妥善处理与其他主要生产建筑、辅助生产建筑及附属建筑的关系。

（2）配电装置区。包括出线及高压配电装置（或称升压站）、主变压器（包括厂用高压变压器）和网络继电器室（楼）。一般布置在汽机房 A 列外侧。主变压器等配电装置一般装设在独立的建筑物内或户外。设计中应注意结合扩建要求、出线方向等进行统一规划。

（3）运煤及贮煤设施。包括卸煤、运煤设施，运煤栈桥，贮煤场等。设计应考虑便于燃料输送，减少对厂区主要建（构）筑物的污染。运煤设施、贮煤场一般布置在锅炉房外侧，常规前煤仓布置方案中，运煤栈桥从主厂房固定端垂直于煤仓间进入厂房；侧煤仓布置方案则是煤仓间布置在两炉之间，上煤方式采用运煤栈桥穿烟囱，从两台机中间上煤。

（4）燃油设施。包括燃煤发电厂点火、助燃油的处理及储存输送等设施，宜靠近锅炉房侧，应注意安全防护等要求。

（5）冷却设施。包括循环水泵房、冷却塔或空冷平台等。布置中尽量缩短管线长度，并注意与办公楼等人员集中的建筑保持距离，减少冷却设施的噪声、水汽等对周围环境的影响。

为满足厂址区域对烟囱限高的要求，或满足大气污染物排放要求，以及考虑总平面布置等因素，电厂可采用冷却塔排烟技术（也称为烟塔合一技术）。煤炭燃烧后产生的烟气，通过高效除尘和脱硫装置净化后，经由自然通风冷却塔排放，这样的排烟系统即取消了烟囱。若将脱硫吸收塔放于冷却塔，也可形成冷却塔、脱硫吸收塔和烟囱合并的三塔合一布置。

（6）水处理设施。包括化学水处理设施、厂区供水设施、海水淡化设施、再生水处理设施、工业废水和生活污水处理设施等。化学水处理设施大多布置在主厂房附近，并留有扩建余地；废水污水处理设施可分散或集中布置，并处于厂区主导风向的下风侧。

（7）灰渣处理设施。包括水力输送的灰渣泵房和灰水池（采用水力除灰渣系统时）、渣仓、灰库和风机室等。灰渣处理装置通常布置在锅炉房尾部。

（8）脱硫、脱硝设施。脱硫吸收塔及脱硫吸收剂制备装置等通常集中布置在炉后，脱硝装置一般布置在锅炉尾部。

（9）辅助生产及附属建筑。包括启动锅炉房、空气压缩机房、检修维护间、试验室、材料库及生产行政综合楼、食堂、值班宿舍等为发电生产、管理服务的辅助生产和附属建筑。此类建筑数量较多，体量较小，可按照功能特点分区组成联合建筑或成组布置。其中，生产行政综合楼、食堂等厂前建筑一般布置在厂区主要入口处，位于主厂房固定端一侧，设计应因地制宜，分清主次，方便生产管理，统筹安排，体现绿色电厂建筑的设计理念。

燃煤发电厂（直流冷却机组）总平面布置见图 1-5，燃煤发电厂（二次循环冷却机组）总平面布置见图 1-6，燃煤发电厂（直接空冷机组）总平面布置见图 1-7，燃煤发电厂（排烟冷却塔机组）总平面布置见图 1-8。

五、燃煤发电厂建筑组成

燃煤发电厂建筑由生产建筑、辅助建筑和附属建筑组成。按工艺系统、生产特性和使用功能等可划分为主厂房建筑（含集中控制楼）、电气建筑、化学建筑、水工建筑、运煤建筑、烟尘渣建筑、脱硫建筑、脱硝建筑、辅助及附属建筑等。同时还包括若干构筑物，主要有烟囱、烟道、冷却塔、空冷平台（采用直接空冷机组时）、灰库筒仓、干煤棚等，构筑物一般无人员工作，不设值班用房，根据需要也可有设备用房（如灰库设有配电间等）；部分构筑物需要布置垂直交通上至各层，以及布置巡检维护平台，满足运行维修和消防安全等要求。

在规划和设计燃煤发电厂建筑时，应熟悉生产工艺特点和建筑功能，满足工艺流程、消防安全、工业安全及卫生标准等要求，为运行、维修人员创造良好的工作环境。

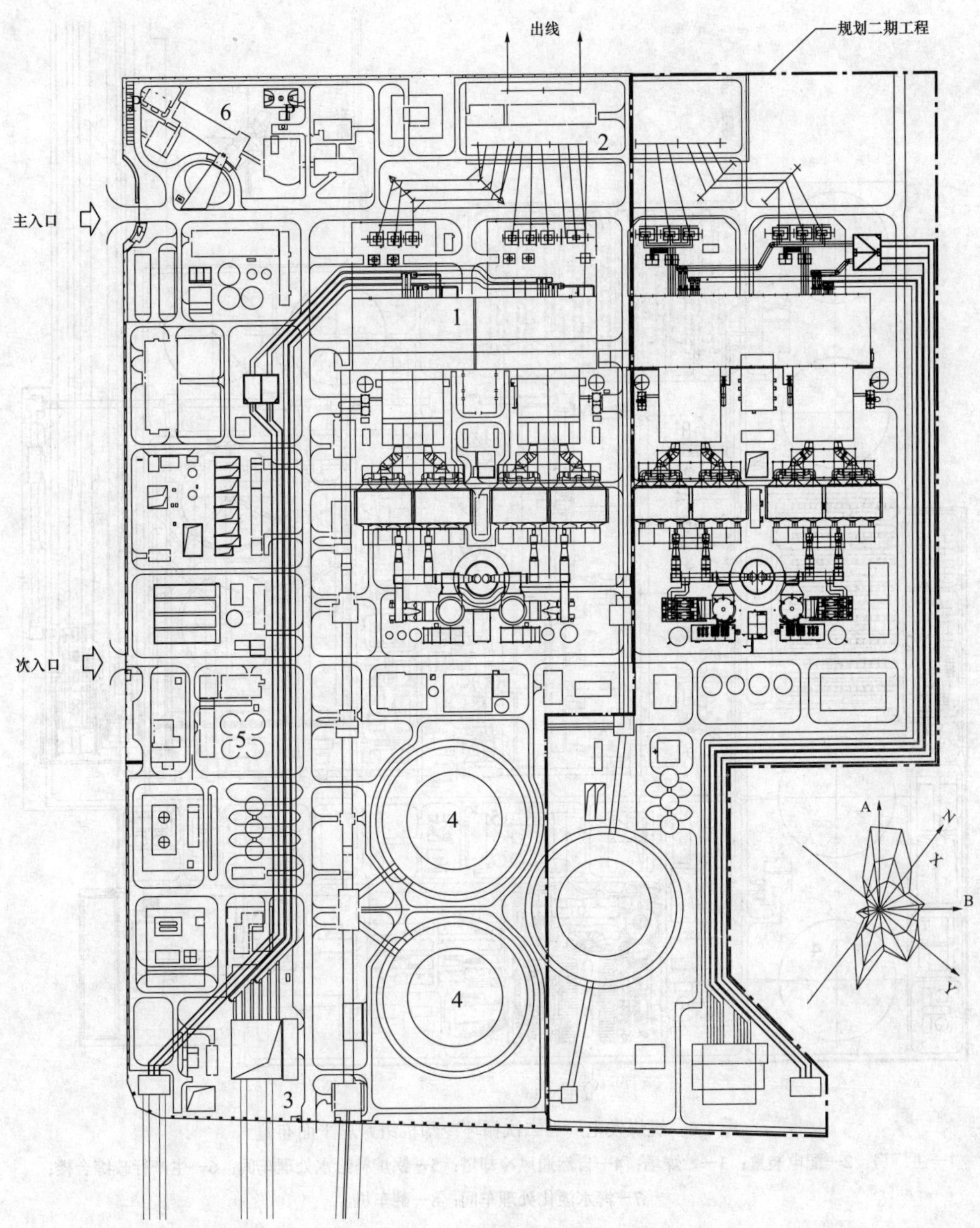

图 1-5 燃煤发电厂（直流冷却机组）总平面布置

1—主厂房；2—500kV 配电装置；3—循环水泵房；4—圆形贮煤场；5—化学水处理区；6—厂前区

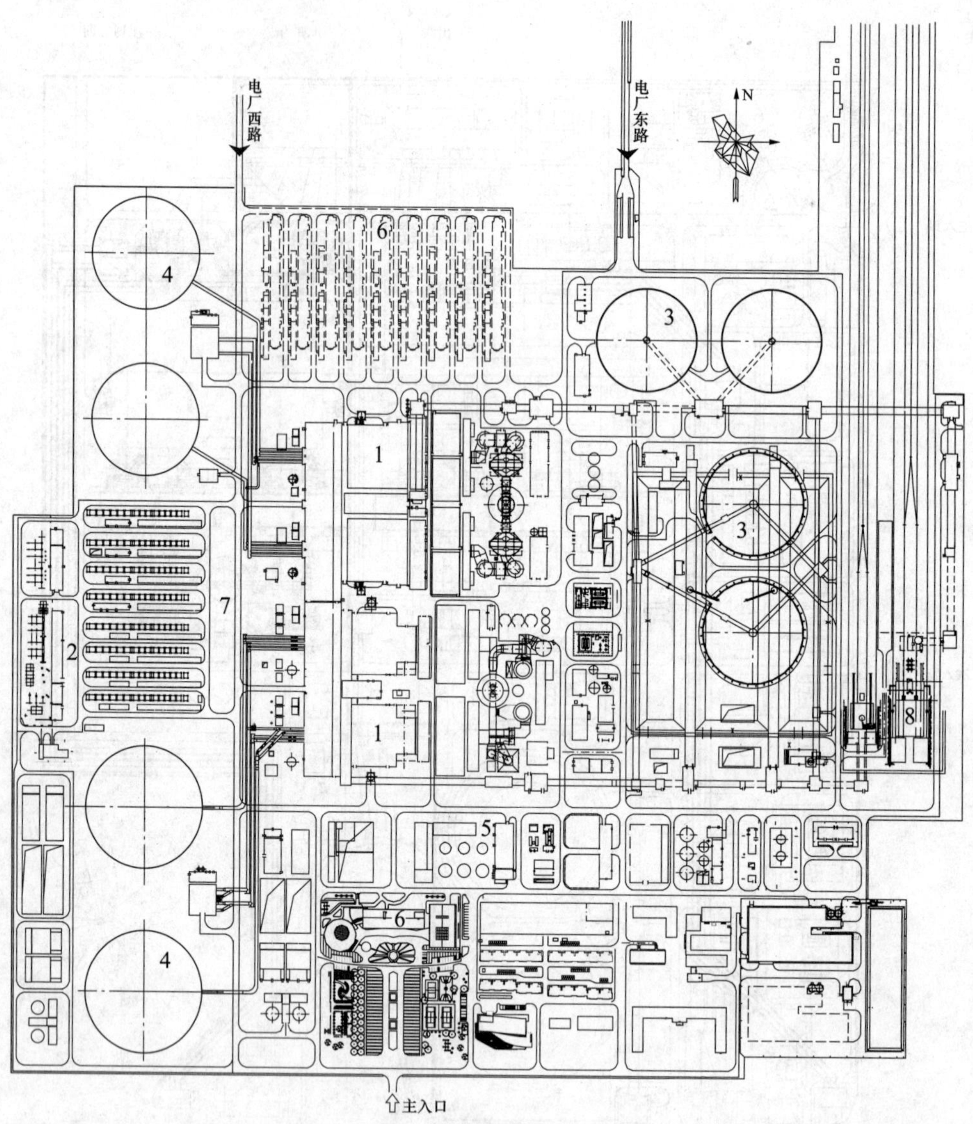

图 1-6 燃煤发电厂（二次循环冷却机组）总平面布置

1—主厂房；2—配电装置；3—贮煤场；4—自然通风冷却塔；5—锅炉补给水处理车间；6—生产行政综合楼；7—海水淡化处理车间；8—翻车机

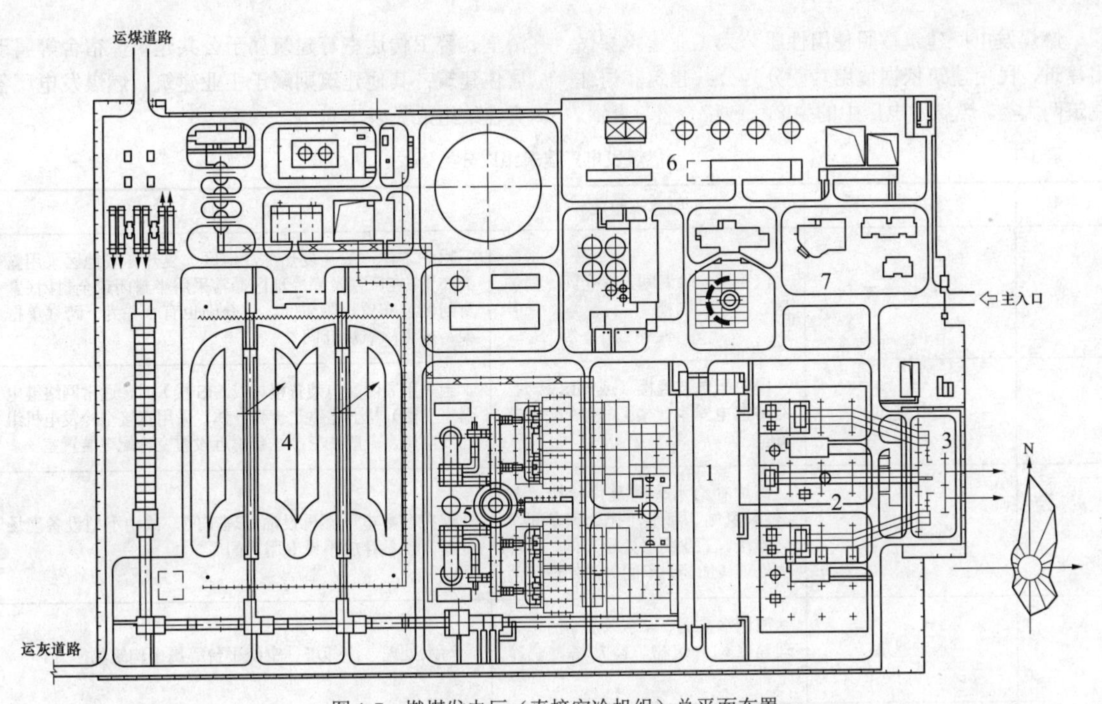

图 1-7 燃煤发电厂（直接空冷机组）总平面布置

1—主厂房；2—空冷平台；3—配电装置；4—贮煤场；5—脱硫区；6—水处理设施区；7—厂前区

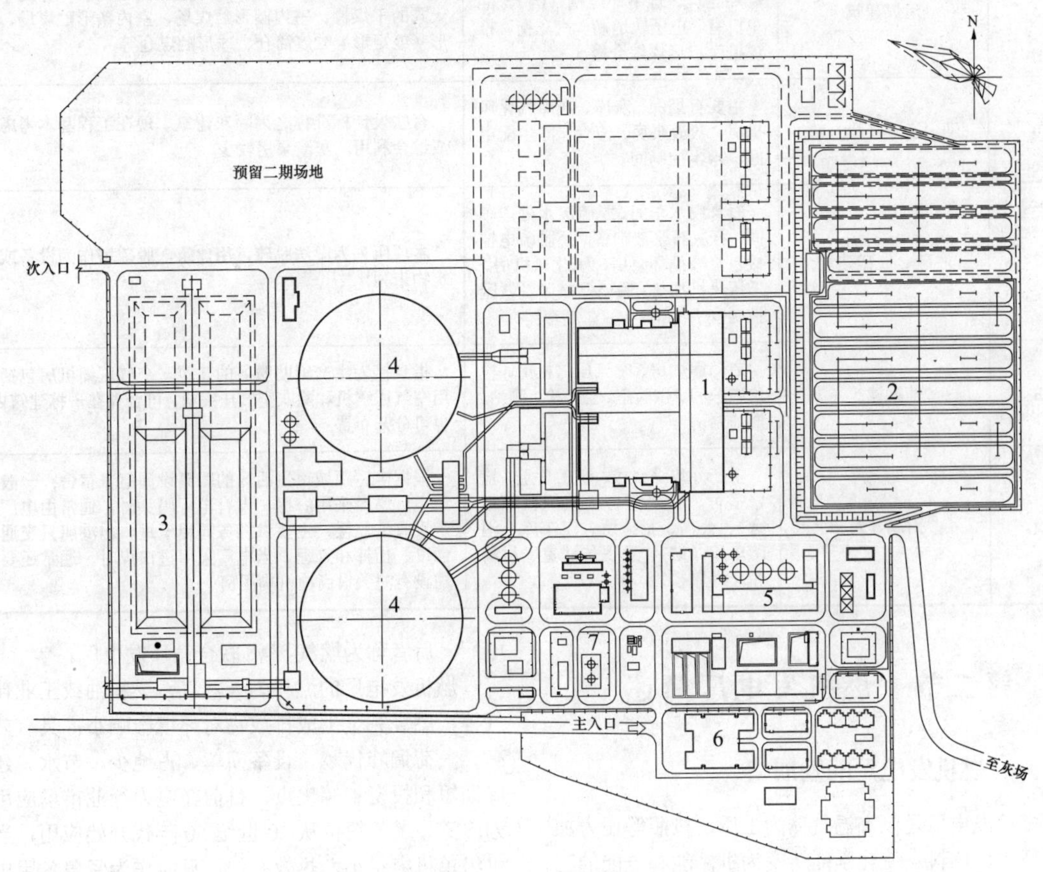

图 1-8 燃煤发电厂（排烟冷却塔机组）总平面布置

1—主厂房；2—配电装置；3—贮煤场；4—烟塔合一间接冷却塔；5—锅炉补给水处理车间；6—生产行政综合楼；7—油库区

燃煤发电厂建筑按照使用性质分为工业建筑和民用建筑，民用建筑依据使用功能分为公共建筑和居住建筑两大类。燃煤发电厂中的生产行政综合楼、食堂、浴室、警卫传达室等建筑属于公共建筑，宿舍等属于居住建筑；其他建筑则属于工业建筑。燃煤发电厂各类建筑组成见表 1-1。

表 1-1 燃煤发电厂建筑组成分类

序号	分类	主要建筑组成	说 明
1	主厂房建筑	汽机房、除氧间、煤仓间、锅炉房、集中控制楼	锅炉本体一般在夏热冬冷地区、夏热冬暖地区采用露天布置；在严寒及寒冷地区通常采用半封闭或全封闭（紧身封闭）布置。除氧间、煤仓间也有合并为一跨（单框架）成为除氧煤仓间
2	电气建筑	屋内配电装置楼（或 GIS 楼）、网络继电器室（楼）、空冷配电装置室	当采用屋内配电装置楼（或 GIS 楼）时，通常网络继电器室（楼）与上述建筑合为一体。采用直接空冷发电机组的发电厂，一般在空冷平台附近设置空冷配电装置室
3	化学建筑	锅炉补给水车间及化验楼、制（供）氢站、海水淡化处理车间及化验楼、工业废水处理车间、循环水处理（加药）车间、油处理车间	现在多数电厂不再设油处理车间，改由小型设备现场处理，设备存放不设专用房间
4	水工建筑	循环水泵房、取水泵房、污水处理建（构）筑物、冷却塔、空冷平台	污水处理、冷却塔、空冷平台等属于构筑物
5	运煤建筑	碎煤机室、转运站、运煤栈桥、贮煤建筑、地下卸煤槽（沟）、翻车机室、电子轨道衡、汽车衡、推煤机库、运煤综合楼	严寒地区设有解冻室。贮煤建筑类型较多，分为半露天式的干煤棚、室内圆形贮煤场、室内条形贮煤场、圆形（或矩形）贮煤筒仓、球形贮煤仓等
6	烟尘渣建（构）筑	主要有烟囱、灰库、灰库气化风机房、灰渣泵房、渣仓、除尘配电间、除尘控制间	有些设计标准称之为除灰建筑。现在工程基本考虑灰渣综合利用，灰渣泵房较少
7	脱硫、脱硝建筑	石膏脱水车间、脱硫废水处理车间、石灰石浆液制备间、脱硫电控楼、浆液循环泵房、氧化风机房、增压风机房等；脱硝储氨区及氨区控制室	本项所列为湿法脱硫常用建筑，脱硫塔作为设备或构筑物未列
8	辅助建筑	启动锅炉房、空气压缩机房、检修维护间、试验室、监（检）测站、燃油泵房	指直接为生产辅助服务的建筑。空气压缩机房包括仪用空气压缩机和除灰空气压缩机，可合并在一栋建筑内，也可分开布置
9	附属建筑	生产行政综合楼、职工食堂、检修宿舍、夜班宿舍（或周值班宿舍）、公寓、招待所、汽车库、消防车库（站）、警卫传达室、材料库、港监楼	根据电厂距城市生活区的距离设周值班宿舍；一般海边电厂燃料采用海运，设有电厂码头时，通常由电厂投资设有港监楼，主要供港务局用于进、出港船只交通的调度、指挥和管理。当电厂采用进口煤时，通常还要考虑设有海关设商检机构用房

第二节 燃机发电厂简述

一、燃机发电厂的发展

燃机发电厂是以高温气体为工质，按照等压力加热循环工作燃料，使化学能转变为机械能和电能的工厂。燃机发电厂采用燃气轮机带动发电机，或燃气轮机与蒸汽轮机共同带动发电机，前者称为简单循环发电厂，后者称为燃气-蒸汽联合循环发电厂。

燃机发电厂的燃料为天然气、燃料油或工业伴生气等，燃烧完全生成排放物对环境影响小；具有效率高、负荷调峰优越、设备简单、占地少、节水、建设周期短和投资省等优点，目前在电力行业市场应用较为广泛。燃气轮机从 20 世纪 50 年代开始应用，当时机组单机容量小，热效率低，只能作为紧急备用电源和调峰机组使用。20 世纪 80 年代以后，燃气轮机经过多年的改进，燃气温度、单机功率和热效率有很大提高，特别是燃气-蒸汽联合循环技术渐趋成熟，发电热效率可达 60%，污染物排放量低，已成为燃机发电厂采用的主要形式。

燃机发电厂的发展趋势是向高参数、高性能、大型化方向发展。燃气轮机技术的关键是进气温度参数的提高。随着大型燃气轮机技术的发展，燃气初温已达 1427～1600℃，燃气轮机单机功率 375MW，净热效率可达 40%；燃气-蒸汽联合循环单轴机组容量已达 570MW，净热效率可达 60%。另外，重视系统集成技术，提高能源综合利用效率，也是燃机发电厂发展的趋势之一。目前，热、电、冷三联供技术的能源综合利用效率可高达 85%或以上。

进入 21 世纪以后，我国的燃气轮机产业快速发展，重型燃气轮机制造水平有了很大提高。随着国家"西气东输"工程政策实施，液化天然气和管道天然气项目增加，高效、清洁、环保的燃机发电厂工程进入了一个新的发展时期。

二、燃机发电厂主要工艺流程

燃机发电厂以使用气体或液体燃料为主，主要设备有燃气轮机、发电机及燃料喷射泵、各种换热器和冷却装置等。燃气轮机发电的主要工艺过程为：大气中的空气被压气机吸入，经压缩后进入燃烧室，与从燃料喷射嘴喷出的燃料充分混合并燃烧，产生高温燃气，高温燃气进入燃气透平做功，带动发电机输出电力。

燃机发电厂有简单循环和联合循环两种。简单循环的通流部分由进排气管道和燃气轮机的三大件（即压气机、燃烧室、透平）组成。大气中的空气被压气机吸入，被压缩到一定压力，然后进入燃烧室与喷入的燃料混合燃烧，形成高温燃气，具有做功能力的高温燃气进入透平膨胀做功，推动透平转子带着压气机一起旋转，带动发电机做功输出电能，从而将燃料中的化学能，部分转变为机械功，燃气在透平中膨胀做功，而其压力和温度都逐渐下降，最后排向大气。

为了实现高效率低能耗，燃气轮机又可组成联合循环。联合循环是在上述简单循环的基础上进行的，将简单循环中燃气轮机的高温排气（9E 型为 538℃左右，9F 型为 609℃左右）经过烟道排入余热锅炉，应用热交换器原理加热锅炉中的给水，产生高温高压的蒸汽，蒸汽进入蒸汽轮机做功，并带动蒸汽轮发电机发电。燃气-蒸汽联合循环发电厂的工艺流程示意图见图 1-9。

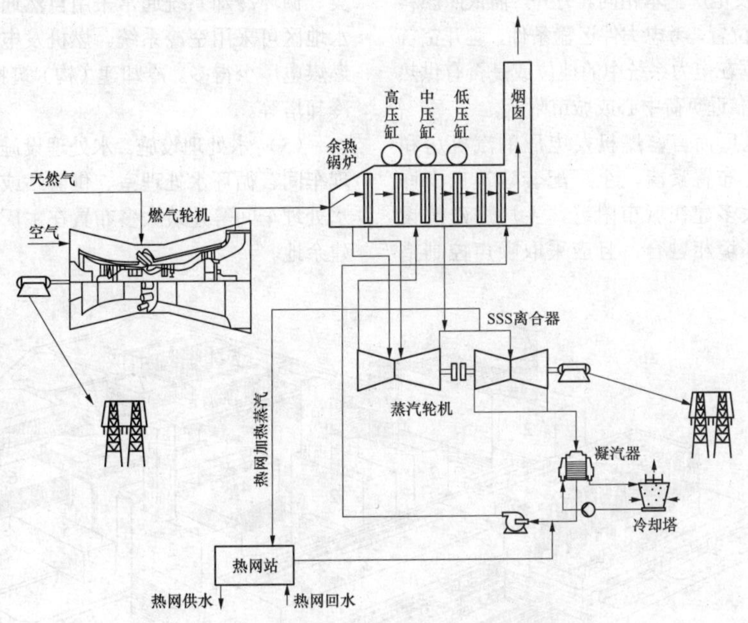

图 1-9 燃气-蒸汽联合循环发电厂工艺流程示意图

三、燃机发电厂分类

燃机发电厂可按热力循环特点和在电网中所起作用、结构轴系配置方式，以及燃气轮机单机组功率大小等进行分类。

1. 根据热力循环特点和在电网中所起作用分类

根据热力循环的特点以及燃机发电厂在电网（电力系统）和地区所起的作用，选择燃气轮机组的形式，一般分为简单循环燃气轮机发电厂和燃气-蒸汽联合循环发电厂两类。前者通常用于系统调峰；后者可作为带中间负荷和基本负荷的发电厂，也可用于调峰。

2. 燃气-蒸汽联合循环发电厂按结构轴系分类

燃气-蒸汽联合循环发电厂按结构轴系配置可分为单轴布置和多轴布置。单轴布置是指一台燃气轮机与一台容量匹配的汽轮机共同带动一台发电机，且组装在同一根轴上的布置；多轴布置是指每台燃气轮机和每台汽轮机驱动各自的发电机，燃气轮机组与蒸汽轮机组在不同轴上。多轴布置允许一套及以上的燃气轮机/余热锅炉装置与一台蒸汽轮机相连接，即“1+1+1”“2+2+1”“3+3+1”“4+4+1”多轴布置方案（可称为1拖1、2拖1、3拖1、4拖1）。第一个数字表示燃气轮机发电机组的数量，第2个数字表示余热锅炉的数量，第3个数字表示汽轮发电机组数量。

3. 按燃气轮机单机组功率大小分类

按燃气轮机单机组功率大小，主要分为B级、E级、F级、G级、H级等。

四、燃机发电厂总平面布置

燃机发电厂总平面布置在厂址要求、主设备布置、燃料供应系统、燃油处理系统、电气系统、冷却系统、补给水处理系统及消防系统等方面有其独有的特点。

燃机发电厂厂址选择在地形、地质和出线等方面的要求，与常规燃煤发电厂基本相同。另外，需依照燃料供应情况选择合适位置，考虑大件运输条件，避开空气受污染的地段。根据在电力系统中的地位或是否有供热要求，一般应尽量靠近负荷中心或城市附近。

相对燃煤发电厂而言，燃机发电厂的汽机房和余热锅炉体量小、布置紧凑，全厂配套建筑也少许多。燃机发电厂大多建在城市附近，主厂房建筑设计应注重与城市环境相融合，且应采取噪声控制措施，满足环境保护的要求。燃机发电厂主要厂房布置示意见图1-10、图1-11。

（1）主厂房区。主厂房区主要布置燃气轮机、汽轮机、余热锅炉等设备。燃气轮机组的本体设备及其附属系统一般采用模块化设计，可露天布置或室内布置。在环境条件差、严寒地区或对设备噪声有特殊要求的电厂宜采用室内布置。余热锅炉的布置也是依照厂址环境条件不同，采用露天或室内布置。根据机组的循环方式、余热锅炉形式及布置方式等因素设置余热锅炉烟囱，高度满足烟气排放的环保要求。

（2）燃料供应设施。燃机发电厂的燃料有气体燃料（包括天然气、液化天然气LNG和液化石油气LPG等）和液体燃料（包括轻油、重油和原油等），需要考虑运输、储存和供气等要求，设置有燃油泵房、油处理室等。当燃用天然气时，一般厂内还设有天然气调压站。

（3）电气设施。燃机发电厂通常用于调峰，因此电气主接线、厂用电系统、直流电源及控制柜等电气系统设计，应充分考虑启停频繁等因素，一般设有屋内配电装置楼（或GIS楼）、升压站、网络继电器室（楼）、变压器室等。

（4）冷却设施。与常规燃煤发电厂相似，燃机发电厂冷却系统分为直流冷却系统和循环冷却系统两类。循环冷却系统通常采用自然通风冷却塔，严重缺水地区可采用空冷系统。燃机发电厂冷却水量比常规燃煤电厂少得多。冷却建（构）筑物一般包括水泵房、冷却塔等。

（5）水处理设施。水处理设施包括锅炉补给水处理车间、循环水处理室、供氢站或制氢站。锅炉补给水处理车间等建筑大多布置在主厂房附近，并留有扩建余地。

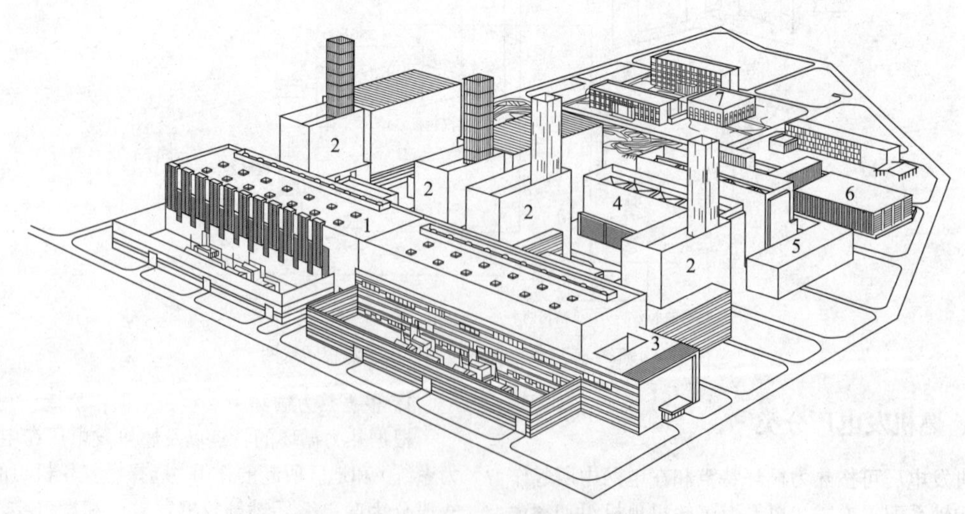

图1-10 燃机发电厂主要厂房布置示意图一

1—燃机房、汽机房；2—余热锅炉房；3—集中控制楼；4—机械通风冷却塔；5—综合水泵房；6—天然气调压站；7—厂前建筑

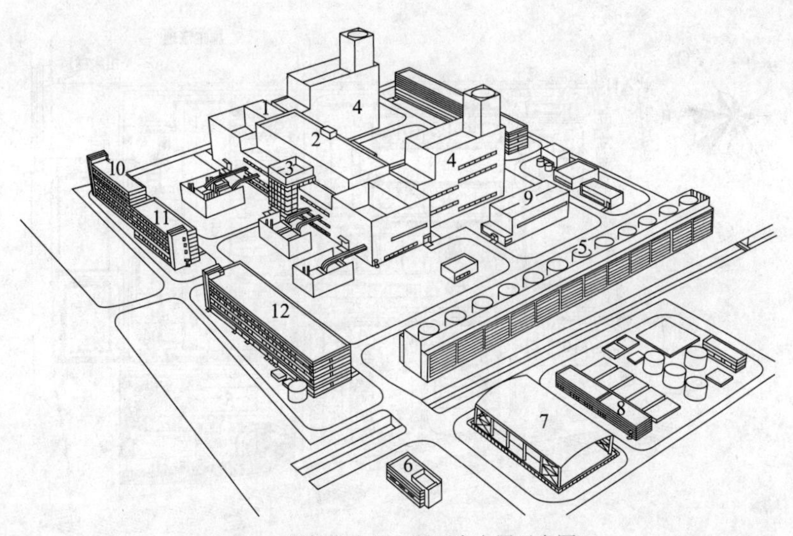

图 1-11　燃机发电厂主要厂房布置示意图二

1—燃机房；2—汽机房；3—集中控制楼；4—余热锅炉；5—机械通风冷却塔；6—供氢站；7—天然调压站；8—净水处理设施；9—综合水泵房；10—材料库；11—检修维护间；12—锅炉补给水处理车间

（6）辅助及附属建筑。辅助及附属建筑一般紧凑布置，其中生产行政综合楼（包含生产办公楼和行政办公楼）、食堂、浴室、汽车库等建筑可集中布置在厂前，多以联合建筑形式为主。

燃机发电厂总平面布置分别见图 1-12～图 1-14。

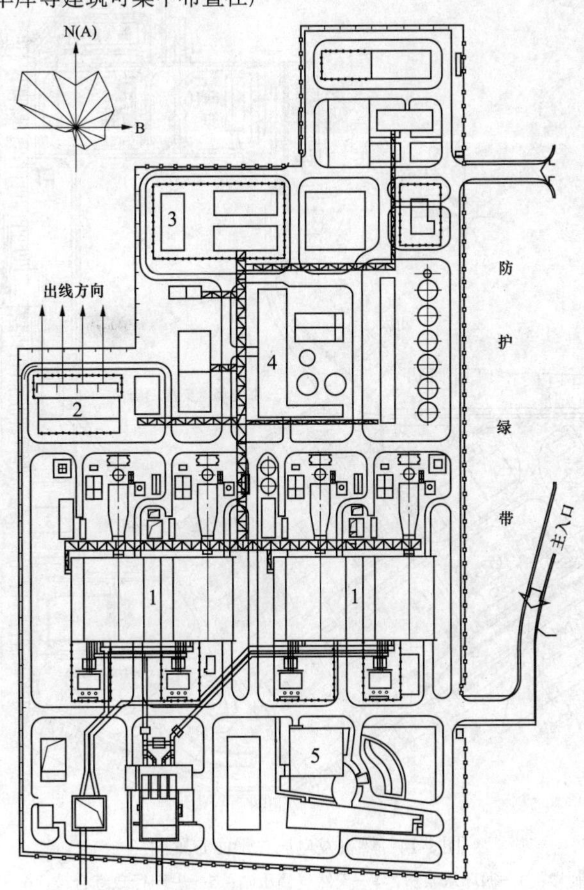

图 1-12　燃机发电厂总平面布置图一

1—主厂房；2—220kV 配电装置；3—天然气调压站；4—锅炉补给水处理车间；5—厂前建筑（含集中控制室）

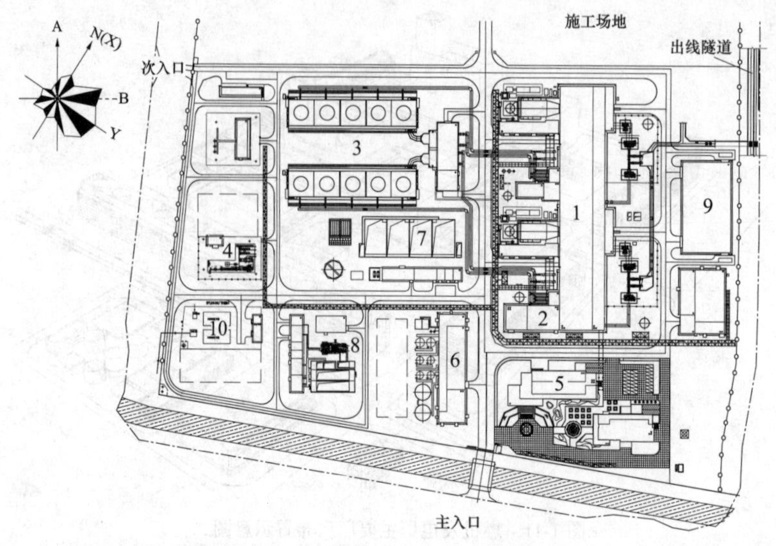

图 1-13 燃机发电厂总平面布置图二

1—主厂房；2—集中控制楼；3—机械通风冷却塔；4—天然气调压站；5—生产行政综合楼；6—锅炉补给水处理车间；7—净水站；8—废水处理站；9—材料库和检修维护间；10—供气末站

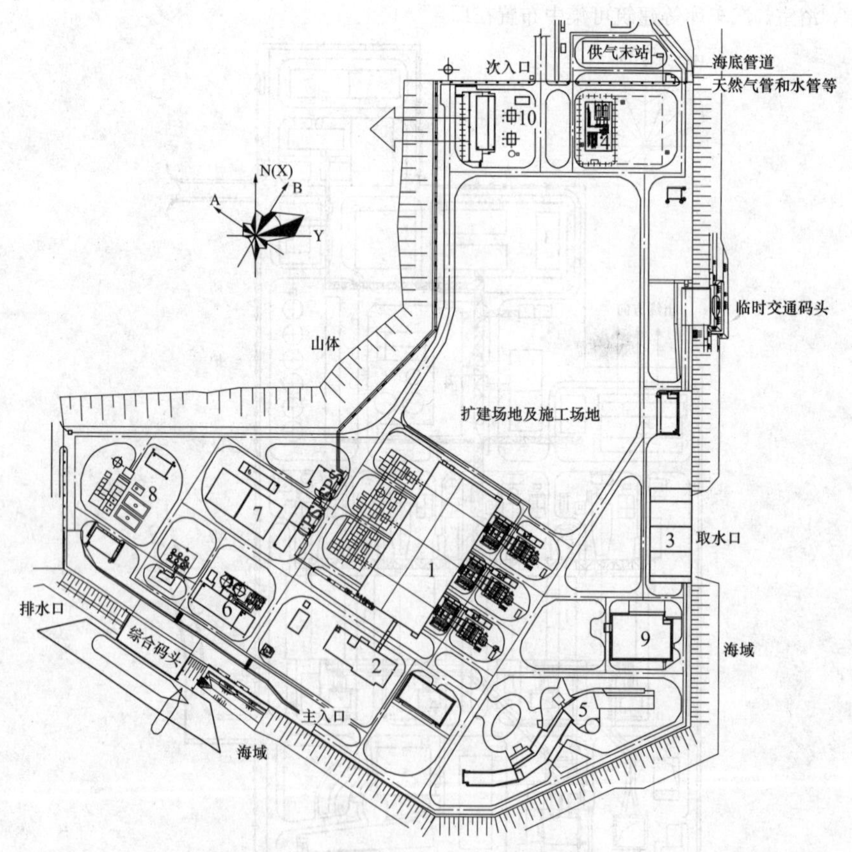

图 1-14 燃机发电厂总平面布置图三

1—主厂房；2—集中控制楼；3—循环水泵房；4—天然气调压站；5—生产行政综合楼；6—锅炉补给水处理车间；7—净水站；8—废水处理站；9—材料库和检修维护间；10—升压站

五、燃机发电厂建筑组成

燃机发电厂的工艺系统相对比较简单，建（构）筑物的内容、数量较少。燃机发电厂建筑按工艺生产特性和使用功能可划分为主厂房建筑（含集中控制楼）、燃料建筑、电气建筑、化学建筑、水工建筑、辅助及附属建筑等。燃气轮机也有露天布置形式，一般为多轴布置。当燃气轮机采用露天布置时，燃气轮机主厂房只有汽机房（含集中控制楼）。

燃机发电厂建筑按使用性质分为工业建筑和民用建筑。民用建筑按使用功能分为公共建筑和居住建筑两大类。燃机发电厂中的生产行政综合楼、食堂、浴室、警卫传达室等建筑按公共建筑设计，宿舍等按居住建筑进行设计；其他建筑则属于工业建筑。燃机发电厂各类建筑物组成见表1-2。

表1-2 燃机发电厂建筑组成分类

序号	分类	主要建筑组成	说明
1	主厂房建筑	汽机房、燃机房、余热锅炉、集中控制楼（室）	当厂址环境条件合适时，燃气轮机可露天布置；在沿海盐雾地区和严寒地区，或其他不适宜露天布置的场合，需考虑室内布置。联合循环的汽轮发电机组本体设备及其附属系统一般为室内布置。余热锅炉依照厂址环境条件不同，可采用室内或露天布置
2	燃料建筑	天然气调压站、燃油泵房、油处理室	
3	电气建筑	屋内配电装置楼（或GIS楼）、网络继电器室（楼）、变压器室	当采用屋内配电装置楼（或GIS楼）时，通常网络继电器室（楼）与上述建筑合为一体或相邻建造
4	化学建筑	锅炉补给水处理车间、循环水处理车间、供氢站（制氢站）、工业废水处理车间	
5	水工建筑	水泵房、冷却塔、生活污水处理室	冷却塔属于构筑物
6	辅助建筑	空气压缩机房、检修维护间	
7	附属建筑	材料库、汽车库、消防车库、生产行政综合楼、食堂、浴室、宿舍及警卫传达室等	

注 燃机发电厂建筑与燃煤发电厂建筑相比，没有运煤建筑与烟、尘、渣建筑，其他各类建筑的规模比燃煤发电厂相应缩小，数量也有所减少。

第三节 火力发电厂建筑设计原则及总体设计要求

一、建筑设计原则

火力发电厂建筑设计应贯彻国家有关工程建设的法律法规，在满足工艺流程的前提下，遵循安全、适用、经济、绿色、美观的设计原则，对全厂的建筑进行合理设计。

（1）根据建筑使用性质、生产流程、功能要求、自然条件、建筑材料和建筑技术等因素，结合工艺特点设计，注重以人为本，正确处理建筑与人、工艺（设备）的相互关系，做好建筑物的平面布置和空间组合。

（2）综合采取防火、抗震、防爆、防洪和防雷击等措施，合理解决建筑内部交通、防腐蚀、防潮、防噪声、保温、隔热、日照、采光、自然通风和生活设施等问题。

（3）贯彻国家“绿色发展，建设资源节约型、环境友好型社会”的方针，倡导绿色火力发电厂建筑的设计理念，在建筑全寿命周期内，最大限度地节约能源（节地、节能、节水、节材），减少污染，保护环境，提供适用、健康、安全、高效的生产和工作环境。

（4）结合工程具体情况，积极采用建筑领域的新技术、新工艺和新材料，做到安全适用、技术先进、经济合理和满足可持续发展的要求。

（5）注重厂区建筑群体的效果、内外色彩的处理以及与周围环境的协调。将建（构）筑物与工艺设备视为统一的整体，综合考虑建筑造型和内部功能的关系。

（6）辅助及附属建筑物面积应符合国家有关发电厂辅助及附属建筑物建筑面积指标的规定；宜采取联合布置方式，因地制宜，统筹安排，减少占地，方便生产管理。

二、建筑设计相关依据

（一）国家相关部门同意工程立项的主要文件及要求

（1）国家相关部门同意立项及开展设计的批文；

（2）国家各相关主管部门对工程建设的要求；

（3）投资（建设）方对工程的设计要求；

（4）与投资方签订的设计合同。

（二）火力发电厂设计遵循的主要相关规程规范

（1）GB 50352《民用建筑设计通则》；

（2）GB 50016《建筑设计防火规范》；

（3）GB 50222《建筑内部装修设计防火规范》；

（4）GB 50011《建筑抗震设计规范》；

（5）GB 50033《建筑采光设计标准》；

（6）GB/T 50087《工业企业噪声控制设计规范》；

（7）GB 50046《工业建筑防腐蚀设计规范》；

（8）GB 50183《石油天然气工程设计防火规范》；

（9）GB 50177《氢气站设计规范》；

（10）GB 50058《爆炸危险环境电力装置设计规范》；

（11）GB 50176《民用建筑热工设计规范》；

（12）GB 50189《公共建筑节能设计标准》；

（13）GB/T 50378《绿色建筑评价标准》；

（14）GB/T 50878《绿色工业建筑评价标准》；

（15）GB 50345《屋面工程技术规范》；

（16）GB 50037《建筑地面设计规范》；

（17）GB 50108《地下工程防水技术规范》；

（18）GB/T 50353《建筑工程建筑面积计算规范》；

（19）GB 50660《大中型火力发电厂设计规范》；

（20）GB 50049《小型火力发电厂设计规范》；

（21）GB 50229《火力发电厂与变电站设计防火规范》；

（22）DL/T 5094《火力发电厂建筑设计规程》；

（23）DL/T 5174《燃气–蒸汽联合循环电厂设计规定》；

（24）DL/T 5029《火力发电厂建筑装修设计标准》；

（25）DL/T 5004《火力发电厂试验、修配设备及建筑面积配置导则》；

（26）DL/T 5052《火力发电厂辅助及附属建筑物建筑面积标准》；

（27）DL 5053《火力发电厂职业安全设计规程》；

（28）DL 5454《火力发电厂职业卫生设计规程》；

（29）GB 50067《汽车库、修车库、停车场设计防火规范》；

（30）JGJ 67《办公建筑设计规范》；

（31）JGJ 36《宿舍建筑设计规范》；

（32）JGJ 62《旅馆建筑设计规范》；

（33）JGJ 100《车库建筑设计规范》；

（34）DL/T 5375《火力发电厂可行性研究报告内容深度规定》；

（35）DL/T 5427《火力发电厂初步设计文件内容深度规定》；

（36）DL/T 5461.10《火力发电厂施工图设计文件内容深度规定　第 10 部分：建筑》；

（37）DL/T 5229《电力工程竣工图文件编制规定》。

三、建筑设计特点及总体设计要求

（一）建筑的设计特点

火力发电厂建筑是由多种建筑共同组成的综合性建筑群，按建筑功能特点可分为工业建筑和民用建筑两大类，应依据其不同特点采取相应的设计方法。

（1）火力发电厂中工业建筑主要包括主厂房建筑、电气建筑、运煤建筑、化学建筑、水工建筑等生产建筑，以及辅助生产建筑等。工业建筑设计必须依据各生产工艺流程和技术条件的基本需求，以满足工艺生产和流程需要为目标，为生产运行提供合理的生产设备空间、检修空间、交通空间及辅助空间（如卫生设施、休息、更衣等），完成建筑空间和整体建筑的美学构想。

主厂房等主要生产及辅助生产建筑设计应在满足工艺布置合理的前提下，综合考虑各个生产车间的相互关系，统筹安排各个生产车间的平面和空间布置。结合工艺设备及流程确定建筑柱网布置、空间高度、门窗尺寸和位置等，妥善解决建筑的水平垂直交通、防火疏散、采光通风、防排水、噪声控制、围护结构保温隔热、建筑防潮防腐等设计要求，并统一协调电厂各生产建筑的建筑风格及室内外装修设计。

（2）火力发电厂中民用建筑（包括公共建筑和居住建筑）主要指火力发电厂的附属建筑，如生产行政综合楼、食堂、宿舍、车库等，通常主要布置在厂前区，其设计原则与一般民用建筑相同，遵照相关建筑设计原理，综合考虑电厂所处的地域特点、企业文化等因素，因地制宜，以人为本，为全厂的生产办公人员营造宜人高效的室内外空间环境。

民用性质的建筑通常由建筑专业主导，与总图、结构、给排水、暖通空调、电气等专业密切配合，根据建筑使用性质、功能要求等进行建筑规划设计，有条件时尽量考虑采用联合建筑等形式。建筑设计人员应对建筑整体风格、色彩造型、功能分区、流线组织、绿化景观等统一策划构思，并考虑建筑防火、采光、通风、节能、材料构造等内容。各单体建筑设计既要体现功能特点，又要与全厂建筑协调统一，符合绿色建筑的设计理念要求。

（二）建筑总体设计要求

火力发电厂建筑是以发电功能为主的大型工业建

筑，是在火力发电厂的工艺布置、生产流程基础上形成的具有独自特点的建筑群。火力发电厂建筑群规模大、综合性强、功能复杂，涉及各工艺专业，以及总图、建筑、结构、给排水、暖通空调、电气等专业，需要整个设计团队共同合作完成设计工作。在全厂建筑设计过程中，建筑设计人员应通过对生产工艺流程的深刻理解，将生产程序转换为建筑空间序列，妥善处理建筑与功能、整体与局部、统一与个性等之间的关系，综合考虑生产工艺特点、使用功能、建筑美学、环境融合等因素，确定全厂建筑的整体设计风格，在此基础上进行单体建筑造型、全厂建筑色彩、厂区绿化景观以及细部设计等，做到自然有机的对立统一。

近几年，随着电力工程建设的快速发展，以及国家建设资源节约型、环境友好型社会的需求不断增强，业主方对电厂建筑的室内外空间环境要求越来越高，更加重视厂区建筑设计效果，火力发电厂建筑设计创作也得到了极大的发展。建筑设计人员对电厂建筑设计有了更进一步的认识，在建筑创作实践中不断探索创新，倡导绿色火力发电厂建筑的设计理念，力求营造清洁、高效、环保、绿色的火力发电厂室内外空间环境。

（1）注重全厂建筑空间整体性和建筑群体协调性，体现电力工业建筑特性。

现代大型火力发电厂建筑是复杂的群体组合，具有鲜明的生产工艺流程内涵和造型形式。厂区空间由体量大小不一、功能不同的建（构）筑物及设备管线共同组成，是多层、单层相结合的复杂群体建筑。

电厂建筑群具有占地面积大，建筑种类多，锅炉、烟囱等建（构）筑物尺度大的特点。结合厂区自然条件、总体规划、工艺流程等要求对电厂建筑群进行功能分区，构成多种空间形式。建筑设计不仅要处理好群体建筑物的主次关系，还应处理好单体建筑物的比例、尺度。在注意单个空间完整性的同时，考虑在人员走动过程中观察到的空间层次的变化，营造一种既简洁明快又层次丰富的现代电厂建筑群体空间环境。

依据综合建筑的使用功能、空间作用、人员的活动频率等因素分析，在厂区空间环境中吸引人们视线的标志性建（构）筑物主要包括烟囱、冷却塔（空冷平台）、主厂房（包括汽机房、锅炉房等）、厂前建筑和入口大门等，各自通过高度、体量、重要性等影响着火力发电厂建筑空间。锅炉、烟囱、冷却塔、干煤棚等大体量建（构）筑物的外形、色彩控制了整个电厂建筑的整体效果，需要在建筑设计中充分重视。

主厂房因其体量庞大，成为群体空间构图的重心；厂区内构架林立，管道纵横，锅炉、烟囱以及冷却塔等高大设备构筑物繁多，群体空间轮廓起伏，可以利用入口大门、天桥、管架、输煤栈桥等作为过渡空间，将视线组织收束在画面式的主厂房建筑构图中，烟囱、冷却塔作为远景集中紧凑、深远广阔，整个电厂建筑空间层次变化丰富，在对立中协调统一，反映电力企业的生产性质与特点，形成别具一格的建筑群体空间艺术形态。某南方内陆燃煤发电厂全厂空间效果见图1-15。

图1-15 某南方内陆燃煤发电厂厂区空间效果

（2）重视建筑与环境协调统一，注重与地域文化、人文景观的融合。

火力发电厂的建筑形式有其固有的特征，但不同地域的电厂建筑自然环境条件、人文社会要求不同，建筑设计应强调与地域、人文环境的协调融合。如位于某北方城市市内的某燃机发电厂工程，设计围绕“绿色、环保、人文、奥运、协同发展”的主题，采用具有城市历史文化背景的灰色调，对附属建筑整合归类、民居化处理，冷却塔则改变常规形体，造型隐喻古老城墙等。整个工程设计体现了现代电厂建筑与城市环境肌理、传统文化的融合，见图 1-16。

火力发电厂建筑在南方地区设备管线、结构构件外露部分较多，建筑设计应注意协调外露钢构架与全厂建筑色彩、造型的整体协调，与周围环境相融合。如某热电厂位于长江边，主厂房屋顶采用曲线造型，锅炉钢构架高耸，“帆船”整体造型与长江两岸优美壮观的景色有机地融为一体。在北方地区，则需要考虑保温、防寒、防冻等问题，一般锅炉房主体采用全封闭或半封闭，与汽机房、除氧间、煤仓间组合成为建筑主体。设计中应注意整体及细部的关系，结合工艺要求，运用不同材质、虚实、色彩、水平垂直线条的分隔对比，丰富细部尺度，在与环境协调统一中体现建筑个性。

沿海电厂建筑在考虑台风、盐雾腐蚀等对建筑影响的同时，应注意厂区与周围环境的协调统一。如某滨海燃煤发电厂，建筑设计与地形相结合，沿海岸线布置运煤系统，圆形封闭煤场与逶迤起伏的输煤栈桥和高耸的烟囱形成起伏错落的天际线。全厂以白色为主调，点缀少量的暖色，在深蓝色海水烘托下，绿色山体作背景，构成一幅生动和谐的宏伟画卷，见图 1-17。位于山区的电厂建筑，应与总图专业共同研究，可考虑合理运用坡地的不同高差等条件，建造良好独特的厂区空间环境。

图 1-16　某城市燃机发电厂实景

图 1-17　某滨海燃煤发电厂全景

（3）灵活设计厂前区建筑，体现绿色建筑理念和企业文化内涵。

发展绿色建筑已成为建筑领域在“十三五”期间的重要任务。火力发电厂建筑中厂前建筑具有民用建筑属性，设计应因地制宜，积极采用绿色技术和产品，按照绿色建筑设计要求，在建筑全寿命期内，最大限度地节地、节能、节水、节材和保护环境，同时满足建筑功能要求。

厂前建筑在厂区中所占比例比较小，但它是厂内生产环境和厂外环境的重要衔接部分，作为火力发电厂对外的形象窗口，体现着企业个性和文化内涵。

近年来，受火力发电厂信息化程度和管理水平的逐渐提高，以及居住、教育等社会因素的影响，厂前区面积大幅减少，建筑类型也主要以办公楼、宿舍（招待所）、食堂、车库为主。设计人员需要根据国家关于火力发电厂辅助及附属建筑配置方面的规定，在满足全厂总体规划的前提下，充分考虑办公、就餐、休息、活动等功能特性，从平面布置、建筑造型、室内装饰、室内外景观等方面，进行全方位的精细化、人性化设计。功能整合可采用联合建筑或组团庭院等多种灵活自由的空间布局，色彩以轻松、明快为主调，配以绿化、水体、小品等景观设计，打造一个高效绿色、优美宜人的工作环境。

（4）协调全厂建筑色彩，丰富火力发电厂建筑空间效果。

建筑色彩是塑造空间环境的主要因素，对全厂建筑效果有很大的影响。在全厂色彩设计中，应将建筑、设备、景观视为统一整体，强调全厂色彩的一体化特征。建筑色彩的选取应注重两方面的因素：一是与地域环境的协调性要求，二是符合企业文化特征的需要。火力发电厂由于特定的工艺流程，限制了建筑造型的变化，建筑设计人员可以从厂区空间环境的总体色彩设计着手，重视锅炉、烟囱、冷却塔等大体量建（构）筑物的色彩处理，运用色彩的心理效应组织和改善空间视觉效果。

全厂色彩设计原则是简洁明快大气，统一中有变化。建筑色彩基调的选择应考虑火力发电厂的生产特点，企业的品牌效应，当地的气候条件、自然条件及周围环境等因素，结合电厂的建筑风格，反映企业积极向上的文化精神。在设计中采取统一的建筑色彩基调，可以减少厂区内高低错落、造型相异、体量悬殊等强烈对比造成的建筑群的零乱感，达到空间的延伸和渗透，增强建筑群的整体感和有机性；同时还应统筹考虑不同色块的比例、尺度对建筑效果的影响。

在统一电厂建筑群基调的基础上，为突出重点或强调立面处理上的对比，可选用不同材料、相近色调的饰面，或采用相同材料局部采取色彩对比、明暗对比的手法，达到既有统一又有变化的效果。

为保证色彩设计效果的落实，可制定全厂建筑和主要设备色彩的设计原则，以供在施工图设计和施工中执行。有条件时可制定全厂建筑详细的色卡系列，使色彩设计更加标准化、精准化。

（5）完善建筑造型设计，创建火力发电厂建筑新形象。

工业建筑设计不同于民用建筑，更多受生产工艺流程的制约，但建筑设计的本质是相同的，同样是室内外空间的设计，同样要做到建筑形体和内部功能的结合，运用清晰简洁的处理手法力求建筑基本特性的回归。进入21世纪后，地域、气候、文化、生态等需求和因素也对火力发电厂建筑产生了深远的影响，促使火力发电厂建筑向高技术、人性化、文化性、可持续性的多元化发展。

提倡采用新材料、新技术、新工艺塑造火力发电厂建筑的全新形象。火力发电厂的主要生产车间以汽机房为主线，依次布置的除氧间、锅炉房、除尘器等炉后设施，以及运煤建筑等，建筑围护材料多选择金属压型钢板。金属压型钢板具有装饰性强、实用耐久、轻质高强的特点，符合绿色建筑的选材原则，同时金属压型钢板通过材料质感的光影效果，结合造型设计的细部构造，体现了工业建筑机器美学的特性。其他生产辅助车间一般为钢筋混凝土结构，采用轻型砌块为填充墙体，可选用耐候性涂料或面砖，简洁实用美观。

造型设计避免单纯利用外装饰材料和色彩来美化建筑立面，造成材质、色彩和造型设计的关系的剥离，变成所谓的“穿衣戴帽”。火力发电厂建筑造型设计应结合建筑的功能要求，考虑人文和自然环境的协调，完善建筑比例、尺度，利用建筑材料本身质感和肌理，协调全厂色彩，推敲建筑细部节点，使各设计元素在火力发电厂建筑造型中形成统一的有机体。如某获奖方案的电厂建筑设计，尊重电厂特性，利用工业设备中轴承、螺栓作为造型设计母题，采用灰色金属压型钢板的金属质感和可变曲线，以纯工业建筑语汇打破以往火力发电厂单调的造型，丰富了全厂的视觉效果，具有极强的标志性和现代气息。该燃煤热电厂主厂房造型设计见图1-18。

（6）重视建筑细部和厂区景观设计，衬托美化建筑空间环境。

1）设计中注重各电力集团公司所执行的《电力企业视觉识别册》，根据其使用的标识系统，可在主要建筑物适当位置增加形象标志。如在主厂房固定端上部、烟囱、冷却塔等构筑物、厂前建筑、厂区道路路牌等适当位置增加统一标识。

厂区内外露设备、管道、构筑物繁多，体量外形悬殊且布置分散，它们是厂区环境中的重要形象元素，也是电厂的重要标志。可运用工艺规定的鲜明标志色处理成色环、色块和色带，创造良好的视觉效果。此外，有消防要求的设备区、构筑物，如高电压区、油罐区、消防器材、消防梯等均应根据相关规范规定采用鲜艳夺目的颜色作为警戒色，为安全生产创造有利条件。

图 1-18 某燃煤热电厂主厂房获奖方案设计

2）随着社会的进步与发展，使用者对厂区环境的要求越来越高。厂区绿化景观设计作为全厂建筑风格的重要组成部分，可以改善气候、净化空气、减少污染、防止噪声，同时衬托建筑个性。

厂区绿化景观设计应遵循因地制宜、以人为本、可持续发展的设计理念，根据厂区总体规划要求及地域性特点，采取集中与分散、重点与一般、点线面相结合的方式。在建筑周围可种植树木、植被，有效阻挡风沙、净化空气，同时起到遮阳降噪的效果；也可通过垂直绿化、屋面绿化、透水地面等，改善环境温湿度，提高建筑的室内舒适度；厂前广场及休息活动的室外场所可结合景观小品、水体、绿植等，营造出环保宜人的厂区空间环境。

目前，厂区景观设计一般由专业公司实施，但需要建筑设计人员在设计前期阶段，结合全厂建筑风格统一考虑，进行整体效果的把控和协调配合。

建筑是集技术、人文、美学、经济、社会和时代等因素于一体的复杂项目。火力发电厂建筑设计更需要各专业协调配合，精心打造。建筑设计人员应深刻理解火力发电厂建筑内涵，与时俱进，不断提高综合设计能力，创造出全新的火力发电厂建筑精品。

第二章

火力发电厂建筑防火设计

火力发电厂建筑与其他类型的工业建筑相比，有其特殊性：生产设备较多，工艺复杂，运行生产人员少，自动化水平高。火力发电厂建筑防火设计应根据电厂生产工艺和设备布置的特点，针对不同的火灾危险性，采取不同的防火措施。建筑防火设计的主要内容包括建筑物总平面布置，建筑火灾危险性分类，防火分区、防火分隔、安全疏散设计，室内外装修及防火构造设计等。

火力发电厂建筑防火设计应按照 GB 50229《火力发电厂与变电站设计防火规范》❶的规定执行；上述规范未作规定的，应按照 GB 50016《建筑设计防火规范》❶规定的相关内容执行。同时，还应符合其他相关国家标准规范规定的要求，如 GB 50222《建筑内部装修设计防火规范》、GB 50067《汽车库、修车库、停车场设计防火规范》、GB 50030《氧气站设计规范》、GB 50031《乙炔站设计规范》、GB 50177《氢气站设计规范》、GB 12955《防火门》、GB 16809《防火窗》、GB 12441《饰面型防火涂料》、GB 14907《钢结构防火涂料》等。

第一节 火力发电厂火灾危险源

火力发电厂中易发生火灾的主要部位有油系统、电气设备、电缆、燃料系统等。据调查，火力发电厂中汽轮机部分火灾占 5.9%，锅炉部分火灾占 13.8%，油系统火灾占 29.4%，变压器火灾占 13.7%，电缆火灾占 15.6%，贮油罐及其油系统火灾占 5.9%，煤粉自燃火灾占 5.9%，其他火灾占 9.8%。

1. 汽轮机与燃气轮机

汽轮机与燃气轮机是火力发电厂的重要设备，也是主要原动重型机械。

（1）汽轮机设有主油箱和油管道。油品泄漏会喷溅到高温蒸汽管道或相邻高温表面上，因而造成火灾。油品的蒸汽会与空气形成爆炸性混合气体，遇火源引起爆炸。

（2）氢冷式汽轮机-发电机组的任何部位发生漏气，遇明火或高温，极易燃烧爆炸，有很大的火灾危险。

（3）燃气轮机采用的燃料为天然气或其他类型气体燃料时，潜在地存在供气系统泄漏危险，可能导致火灾甚至爆炸。

2. 锅炉

火力发电厂的锅炉有燃煤锅炉、燃油锅炉和燃气锅炉等，锅炉主要包括锅炉本体及其辅助设备。

（1）燃煤锅炉系统中的煤粉接触空气后自燃，或者煤粉悬浮在空气中，达到一定爆炸浓度时，形成爆炸性的混合物，遇到明火会引起爆炸燃烧。

（2）燃油锅炉内燃烧的重油，属于丙类火灾危险性，燃油火灾危险性比燃煤要大得多。渣油、裂化残油和燃烧重油的自燃点比较低，容易自燃。点火用的轻柴油属于易燃液体，具有易挥发、易带电、易流动、闪点低的特性，火灾危险性较大。

（3）燃气锅炉内的燃气系统泄漏，形成爆炸性混合气体，遇到炉火或锅炉本身的高温时就会被引燃，从而引发火灾和爆炸事故。

3. 燃料储运系统

燃料储运系统是供给锅炉燃烧的重要设施，燃料包括大量的煤、油和天然气等。

（1）燃煤、煤粉易自燃，对于挥发分含量很大的褐煤，更容易自燃，火灾危险性更大。运煤胶带的机械设备附近长期积留的煤粉未及时清除会引起煤粉自燃；机器设备摩擦发热，产生静电和高温，也会引起粉尘燃烧和爆炸。

（2）油罐区及配套燃油供应、油处理设施，在装卸、泵送、储存等作业过程中，由于流动、喷射、过滤、冲击、震荡等缘故易发生撞击摩擦，产生静电都容易引起燃烧和爆炸。

（3）制气站、供气站、天然气调压站及配套的设备、管道等供应设施，由于可燃气体泄漏，达到爆炸极限，也会引起燃烧和爆炸。

❶ 本章内容主要是参照现行 GB 50016—2014《建筑设计防火规范》和 GB 50229—2006《火力发电厂与变电站设计防火规范》的相关规定编写的。上述规范最新版本颁布实施后，应执行最新版本。

4. 电气设备及控制系统

（1）电线电缆的绝缘层和护套层采用有机材料，会产生局部老化。当温度超过一定范围时，绝缘层和护套层可产生燃烧现象。一旦发生火灾，火势顺着电线电缆互相传播，造成大面积的火灾蔓延。

（2）油浸式电力变压器油箱内有大量绝缘油，在电弧或火花的作用下可引起燃烧和爆炸。

（3）集中控制楼是由集中控制室、电子设备间、电缆夹层、蓄电池室、交接班室及辅助用房等组成的综合性建筑。室内大量电缆和电线以及集中空调系统的通风管保温材料等都有可能长时间受热被引燃。

5. 其他

（1）化学处理系统中氢气的制备、储存和水的电解工艺过程中可能产生氢气泄漏，以及脱硝系统中氨的制备、储存过程中可能产生氨气泄漏，当氢气或氨气与空气混合达到爆炸极限时，遇到明火会发生爆炸。

（2）建（构）筑物室内外所采用的各种建筑装饰装修材料，当遇到明火或高温情况时，引起燃烧并产生有毒气体。

第二节 火力发电厂建筑防火措施分类及防火设计内容

一、火力发电厂建筑防火措施分类

火力发电厂建筑防火措施可分为主动型防火措施和被动型防火措施，这两类防火措施都是为了减轻火灾损失，保证人员的生命安全。

1. 主动型防火措施

采用预防起火、早期发现（如设置火灾探测报警系统）、初期灭火（如设自动喷水灭火系统和气体灭火系统）等措施，尽可能做到失火不蔓延成灾。采用这类防火措施进行防火，可以减少火灾发生的次数，但不能排除遭受重大火灾的可能性。

2. 被动型防火措施

采用以耐火构件划分防火分区、提高建筑结构耐火性能、设置防排烟系统、设置安全疏散楼梯等措施，尽量不使火势扩大并疏散人员和财物。采用这类防火措施进行防火，虽然不会减少火灾发生的次数，但可以减轻发生重大火灾时对建筑的危害。

二、火力发电厂建筑防火设计内容

火力发电厂建筑防火设计的内容广泛，但目标明确，即一旦发生火灾后，应尽量保证初期火灾得到控制，保证火灾及其产生的高温烟气在一定时间内不扩散，特别是不蔓延到人员安全疏散的区域。因此，建筑防火是以人为本，在满足人员安全的前提下，争取最大限度地减小火灾给建筑及其设备、物资带来的损失。

火力发电厂建筑防火设计的内容包括总平面防火设计、建筑耐火等级确定、防火分区和防火分隔设置、防烟分区设置、安全疏散设计、消防救援、室内外装修材料选择和建筑防爆泄爆设计。

1. 总平面防火设计

火力发电厂的建（构）筑物数量较多，工艺复杂，各建（构）筑物的重要程度、火灾危险性等方面差异较大。因此，在总平面设计中应综合考虑建（构）筑物的使用性质、火灾危险性、地理位置、地势和风向等因素合理布局，在满足工艺运行的基础上，尽量避免建（构）筑物相互之间构成火灾威胁，且为人员疏散和消防车顺利扑救火灾提供条件，以便有效控制火灾范围，减少对电厂的综合性破坏。

2. 建筑耐火等级确定

确定建筑耐火等级是建筑设计防火技术措施中最基本的措施。它要求确保建筑在火灾高温的持续作用下，墙、柱、梁、楼板、屋盖、吊顶等基本建筑构件，在一定的时间内不被破坏、不传播火灾，从而起到延缓和阻止火灾蔓延的作用，并为人员安全疏散、抢救物资和扑灭火灾以及为火灾后结构修复创造条件。

3. 防火分区和防火分隔设置

在建筑中采用耐火性较好的分隔构件将建筑物空间分隔成若干区域，一旦某一区域起火，则可把火灾控制在这一局部区域之中，防止火灾扩大蔓延。

4. 防烟分区设置

对于某些建筑物需用挡烟构件（挡烟梁、挡烟垂壁、隔墙）划分防烟分区，将烟气控制在一定范围内，排烟设施将其排出，保证人员安全疏散和消防扑救工作顺利进行。

5. 安全疏散设计

建筑发生火灾时，建筑内人员会由于火烧、烟熏中毒和房屋倒塌而遭到伤害，必须尽快撤离。为此，要求建筑有完善的安全疏散设施，保证人员有足够的安全条件进行疏散。

6. 消防救援

为了满足扑救建筑火灾和救助建筑中遇困人员的基本要求，要认真考虑火力发电厂建筑物的合理布置，以及建筑物自身的救援入口，确保登高消防车能够停靠近建筑物主体，便于消防员登高操作，以及能够进入建筑物内部开展灭火救援。

7. 室内外装修材料选择

在建筑防火设计中应根据建筑的使用性质、建设规模，对建筑室内外的不同装修部位采用相应燃烧性能的装修材料。尽量选用不燃或难燃性材料，防止因装修材料燃烧产生有毒有害气体造成对人员的危害，减少火灾的发生，降低其蔓延速度。

8. 建筑防爆泄爆设计

火力发电厂建筑中有爆炸危险的甲、乙类建筑物，使用和产生的可燃气体、可燃蒸汽、可燃粉尘等物质能够与空气形成爆炸危险性的混合物，遇到火源即可引起爆炸。这种爆炸能够在瞬间以机械功的形式释放出巨大的能量，使建筑物、生产设备遭到毁坏，造成人员伤亡。对于以上有爆炸危险的建筑，为了防止爆炸事故的发生，减少爆炸事故造成的损失，应从建筑平面与空间布置、建筑构造和建筑设施方面采取防爆、泄爆措施。

第三节　火灾危险性分类

根据物质的火灾危险性特征，GB 50016《建筑设计防火规范》中定性和定量地规定了生产和储存物品建筑物的火灾危险性分类原则。厂房的火灾危险性类别是以生产过程中使用和产生物质的火灾危险性类别确定的；仓库的火灾危险性类别是以储存物品的性质和储存物品中的可燃物数量等因素确定的。物质的火灾危险性是确定火灾危险性类别的基础。

一、厂房的火灾危险性分类

厂房的火灾危险性根据生产中使用或产生的物质性质及其数量等因素，分为甲、乙、丙、丁、戊五个类别。表 2-1 列出了部分生产的火灾危险性分类，供设计中确定厂房的火灾危险性时参考。

表 2-1　　部分生产的火灾危险性分类

生产的火灾危险性类别	生产中使用或产生下列物质的火灾危险性特征
甲	1. 闪点小于 28℃的液体； 2. 爆炸下限小于 10%的气体； 3. 常温下能自行分解或在空气中氧化能导致迅速自燃或爆炸的物质； 4. 常温下受到水或空气中水蒸气的作用，能产生可燃气体并引起燃烧或爆炸的物质； 5. 遇酸、受热、撞击、摩擦、催化及遇有机物或硫黄等易燃的无机物，极易引起燃烧或爆炸的强氧化剂； 6. 受撞击、摩擦或与氧化剂、有机物接触时能引起燃烧或爆炸的物质； 7. 在密闭设备内操作温度不小于物质本身自燃点的生产
乙	1. 闪点不小于 28℃，但小于 60℃的液体； 2. 爆炸下限不小于 10%的气体； 3. 不属于甲类的氧化剂； 4. 不属于甲类的易燃固体； 5. 助燃气体； 6. 能与空气形成爆炸性混合物的浮游状态的粉尘、纤维、闪点不小于 60℃的液体雾滴
丙	1. 闪点不小于 60℃的液体； 2. 可燃固体
丁	1. 对不燃烧物质进行加工，并在高温或熔化状态下经常产生强辐射热、火花或火焰的生产； 2. 利用气体、液体、固体作为燃料或将气体、液体进行燃烧作其他用的各种生产； 3. 常温下使用或加工难燃烧物质的生产
戊	常温下使用或加工不燃烧物质的生产

注　本表摘自 GB 50016—2014《建筑设计防火规范》。

在划分厂房的火灾危险性时应注意：同一座厂房或厂房的任一防火分区内有不同火灾危险性生产时，该厂房或防火分区内的生产火灾危险性分类应按火灾危险性较大的部分确定；当生产过程中使用或产生易燃、可燃物的量较少，不足以构成爆炸或火灾危险时，可按实际情况确定；当火灾危险性较大的生产部分占本层或本防火分区面积的比例小于 5%，且发生火灾事故时不足以蔓延到其他部位或火灾危险性较大的生产部分采取了相应的工艺保护和防火防爆分隔措施将其生产部位与其他区域完全隔开，即使发生火灾也不会蔓延到其他区域时，该厂房可按火灾危险性较小的部分确定。

二、仓库的火灾危险性分类

仓库的火灾危险性根据储存物品的性质和储存物品中的可燃物数量等因素划分，分为甲、乙、丙、丁、戊五个类别。表 2-2 列出了部分储存物品的火灾危险性分类，供设计中确定仓库的火灾危险性时参考。

表 2-2　　部分储存物品的火灾危险性分类

储存物品的火灾危险性类别	储存物品的火灾危险性特征
甲	1. 闪点小于 28℃的液体； 2. 爆炸下限小于 10%的气体，以及受到水或空气中水蒸气的作用，能产生爆炸下限小于 10%气体的固体物质； 3. 常温下能自行分解或在空气中氧化能导致迅速自燃或爆炸的物质； 4. 常温下受到水或空气中水蒸气的作用，能产生可燃气体并引起燃烧或爆炸的物质； 5. 遇酸、受热、撞击、摩擦及遇有机物或硫黄等易燃的无机物，极易引起燃烧或爆炸的强氧化剂； 6. 受撞击、摩擦或与氧化剂、有机物接触时能引起燃烧或爆炸的物质

续表

储存物品的火灾危险性类别	储存物品的火灾危险性特征
乙	1. 闪点不小于28℃，但小于60℃的液体； 2. 爆炸下限不小于10%的气体； 3. 不属于甲类的氧化剂； 4. 不属于甲类的易燃固体； 5. 助燃气体； 6. 常温下与空气接触能缓慢氧化，积热不散引起自燃的物品
丙	1. 闪点不小于60℃的液体； 2. 可燃固体
丁	难燃烧物品
戊	不燃烧物品

注 本表摘自GB 50016—2014《建筑设计防火规范》。

在划分仓库的火灾危险性时应注意：同一座仓库或仓库的任一防火分区内储存不同火灾危险性物品时，仓库或防火分区的火灾危险性应按火灾危险性最大的物品确定；建筑的耐火等级、允许层数和允许面积均要求按最危险者的要求确定。如同一座仓库存放有甲、乙、丙三类物品，仓库需要按甲类储存物品仓库的要求设计。此外，甲、乙类物品和一般物品以及容易相互发生化学反应或者灭火方法不同的物品，必须分间、分库储存，如有困难需将数种物品存放在一座仓库或同一个防火分区内时，存储过程中要采取分区域布置，但性质相互抵触或灭火方法不同的物品不允许存放在一起。

第四节 耐 火 等 级

耐火等级是衡量建筑物耐火能力的分级标度。划分建筑物的耐火等级是建筑设计防火规范中最基本的防火技术措施之一。各种建筑物由于使用性质、重要程度、规模大小、建筑高度、火灾危险性存在差异，要求的耐火程度也有所不同。

一、耐火等级的划分

耐火等级的划分主要考虑建筑物的重要程度、火灾危险性的大小、室内可燃物品的多少、建筑物的高度、火灾扑救及人员疏散等。

按照我国建筑结构及建筑材料的实际情况等，将厂房和仓库的耐火等级划分为一、二、三、四级，相应的墙、柱、楼板、屋面板和吊顶等主要建筑构件的燃烧性能和耐火极限也不同。厂房和仓库主要建筑构件的燃烧性能和耐火等级不应低于表2-3的数值。

表2-3 厂房和仓库主要建筑构件的燃烧性能和耐火极限 (h)

构件名称		耐火等级			
		一级	二级	三级	四级
墙	防火墙	不燃性 3.00	不燃性 3.00	不燃性 3.00	不燃性 3.00
	承重墙	不燃性 3.00	不燃性 2.50	不燃性 2.00	难燃性 0.50
	楼梯间和前室的墙 电梯井的墙	不燃性 2.00	不燃性 2.00	不燃性 1.50	难燃性 0.50
	疏散走道两侧的隔墙	不燃性 1.00	不燃性 1.00	不燃性 0.50	难燃性 0.25
	非承重外墙 房间的隔墙	不燃性 0.75	不燃性 0.50	难燃性 0.50	难燃性 0.25
柱		不燃性 3.00	不燃性 2.50	不燃性 2.00	难燃性 0.50
梁		不燃性 2.00	不燃性 1.50	不燃性 1.00	难燃性 0.50
楼板		不燃性 1.50	不燃性 1.00	不燃性 0.75	难燃性 0.50
屋顶承重构件		不燃性 1.50	不燃性 1.00	难燃性 0.50	可燃性
疏散楼梯		不燃性 1.50	不燃性 1.00	不燃性 0.75	可燃性

续表

构件名称	耐火等级			
	一级	二级	三级	四级
吊顶（包括吊顶搁栅）	不燃性 0.25	难燃性 0.25	难燃性 0.15	可燃性

注　1. 本表摘自 GB 50016—2014《建筑设计防火规范》。

2. 二级耐火等级建筑内采用不燃烧体的吊顶，其耐火极限不限。

同一类构件在不同施工工艺和不同截面、不同组分、不同受力条件以及不同升温曲线等情况下的耐火极限不同。当实际构件的构造、截面尺寸和构成材料等与 GB 50016—2014《建筑设计防火规范》中的附录“各类建筑构件的燃烧性能和耐火极限”中所列试验数据不同时，对于该构件的耐火极限需要通过试验测定；当难以通过试验确定时，一般应根据理论计算和试验测试验证相结合的方法进行确定。

厂房和仓库各级耐火等级的建筑构件性能（燃烧性能和耐火极限）的特点与民用建筑相应的内容基本相同。

二、火力发电厂建（构）筑物的火灾危险性和耐火等级

火力发电厂建（构）筑物包括厂房和仓库等。厂房根据生产中使用或产生的物质性质及其数量等因素分类，仓库根据储存物品的性质和储存物品中的可燃物数量等因素分类。对燃煤发电厂和燃机发电厂的建（构）筑物的火灾危险性及耐火等级按表 2-4 和表 2-5 进行分类，供确定火灾危险性时参考。当设计中遇到表 2-4 和表 2-5 中未包含的建（构）筑物时，可根据火灾危险性相似的建（构）筑物确定耐火等级。

表 2-4　　燃煤发电厂建（构）筑物的火灾危险性分类及其耐火等级

建（构）筑物名称	火灾危险性分类	耐火等级	建（构）筑物名称	火灾危险性分类	耐火等级
主厂房（汽机房、除氧间、集中控制楼、煤仓间、锅炉房）	丁	二级	供、卸油泵房及栈台（柴油、重油、渣油）	丙	二级
引风机室	丁	二级	油处理室	丙	二级
除尘构筑物	丁	二级	主控制楼、网络控制楼、微波楼、继电器室	丁	二级
烟囱	丁	二级	屋内配电装置楼（内有每台充油量＞60kg 的设备）	丙	二级
空冷平台	戊	二级	屋内配电装置楼（内有每台充油量≤60kg 的设备）	丁	二级
脱硫工艺楼、石灰石制浆楼、石灰石制粉楼、石膏库	戊	二级	油浸变压器室	丙	一级
脱硫控制楼	丁	二级	岸边水泵房、循环水泵房	戊	二级
吸收塔	戊	三级	灰浆、灰渣泵房	戊	二级
增压风机室	戊	二级	灰库	戊	三级
屋内卸煤装置	丙	二级	生活、消防水泵房，综合水泵房	戊	二级
碎煤机室、运煤转运站及配煤楼	丙	二级	稳定剂室、加药设备室	戊	二级
封闭式运煤栈桥、运煤隧道	丙	二级	取水建（构）筑物	戊	二级
筒仓、干煤棚、解冻室、室内贮煤场	丙	二级	冷却塔	戊	三级
输送不燃烧材料的转运站	戊	二级	化学水处理室、循环水处理室、海水淡化处理室	戊	二级
输送不燃烧材料的栈桥	戊	二级	供氢站、制氢站	甲	二级

续表

建（构）筑物名称	火灾危险性分类	耐火等级	建（构）筑物名称	火灾危险性分类	耐火等级
启动锅炉房	丁	二级	电缆隧道	丙	二级
空气压缩机室（无润滑油或不喷油螺杆式）	戊	二级	柴油发电机房	丙	二级
空气压缩机室（有润滑油）	丁	二级	尿素制备及储存间	丙	二级
热工、电气、金属试验室	丁	二级	氨区控制室	丁	二级
天桥	戊	二级	卸氨压缩机室	乙	二级
变压器检修间	丙	二级	氨气化间	乙	二级
雨水、污（废）水泵房	戊	二级	特种材料库	丙	二级
检修维护间	戊	二级	一般材料库	戊	二级
污（废）水处理构筑物	戊	二级	材料棚库	戊	二级
给水处理构筑物	戊	二级	推煤机库	丁	二级

注 1. 本表根据 GB 50229—2006《火力发电厂与变电站设计防火规范》整理。

2. 除本表规定的建（构）筑物外，其他建（构）筑物的火灾危险性及耐火等级应符合 GB 50016《建筑设计防火规范》的规定，火灾危险性应按火灾危险性较大的物品确定。

3. 当控制楼、网络控制楼、微波楼、天桥、继电器室未采取防止电缆着火延燃的措施时，火灾危险性应为丙类。

4. 当特种材料库储存氢、氧、乙炔等气瓶时，火灾危险性应按储存火灾危险性较大的物品确定。

5. 供、卸油泵房和柴油发电机房使用闪点小于 60℃且大于或等于 55℃的轻柴油，当储罐操作温度小于或等于 40℃时，其火灾危险性为丙类；当使用闪点小于 55℃或操作温度大于 40℃时，其火灾危险性为乙类。

表 2-5　燃机发电厂建（构）筑物的火灾危险性分类及其耐火等级

建（构）筑物名称	火灾危险性分类	耐火等级	建（构）筑物名称	火灾危险性分类	耐火等级
主厂房（汽机房、燃机房、余热锅炉、集中控制室）	丁	二级	化学水处理室、循环水处理室	戊	二级
网络控制楼、微波楼、继电器室	丁	二级	供氢站	甲	二级
屋内配电装置楼（内有每台充油量＞60kg 的设备）	丙	二级	天然气调压站	甲	二级
屋内配电装置楼（内有每台充油量≤60kg 的设备）	丁	二级	空气压缩机室（无润滑油或不喷油螺杆式）	戊	二级
屋内配电装置楼（无油）	丁	二级	空气压缩机室（有润滑油）	丁	二级
屋外配电装置（内有含油设备）	丙	二级	天桥	戊	二级
油浸变压器室	丙	一级	天桥（下面设置电缆夹层时）	丙	二级
柴油发电机房	丙	二级	变压器检修间	丙	二级
岸边水泵房、中央水泵房	戊	二级	排水、污水泵房	戊	二级
生活、消防水泵房	戊	二级	检修维护间	戊	二级
冷却塔	戊	三级	取水建（筑）物	戊	二级
稳定剂室、加药设备室	戊	二级	给水处理构筑物	戊	二级
油处理室	丙	二级	污水处理构筑物	戊	二级

续表

建（构）筑物名称	火灾危险性分类	耐火等级	建（构）筑物名称	火灾危险性分类	耐火等级
电缆隧道	丙	二级	一般材料库	戊	二级
特种材料库	丙	二级	材料棚库	戊	三级

注　1. 本表根据 GB 50229—2006《火力发电厂与变电站设计防火规范》整理。

2. 除本表规定的建（构）筑物外，其他建（构）筑物的火灾危险性及耐火等级应符合 GB 50016《建筑设计防火规范》的有关规定。

3. 当油处理室处理重油及柴油时，火灾危险性应为丙类；当处理原油时，火灾危险性应为甲类。

4. 当特种材料库储存氢、氧、乙炔等气瓶时，火灾危险性应按储存火灾危险性较大的物品确定。

三、建筑构件的耐火极限

1. 非承重外墙、房间隔墙和屋面板

（1）承重构件为不燃性材料的主厂房、运煤建筑物、化学建筑物、除灰建筑物和材料库检修间等，其非承重外墙为轻质砌体、金属墙板、砂浆面钢丝夹芯板等不燃性墙体时，其耐火极限不应小于 0.25h；为难燃性墙体时，其耐火极限不应小于 0.50h。

甲、乙类的供氢站、制氢站、氨气化间、特种材料库及天然气调压站等建筑的非承重外墙应采用不燃性墙体，耐火极限不应小于 0.50h。当采用复合金属板外墙时，其填充材料应为 A 级，构件的耐火极限不应小于 0.50h。图 2-1 和图 2-2 为复合金属板外墙的工厂复合型和现场复合型构造。

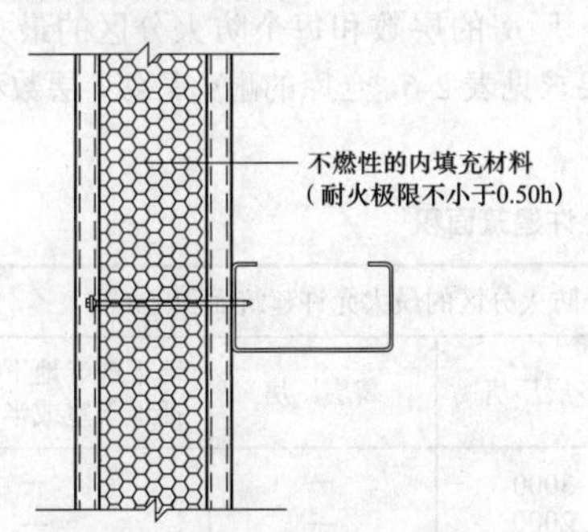

图 2-1　工厂复合保温金属板外墙

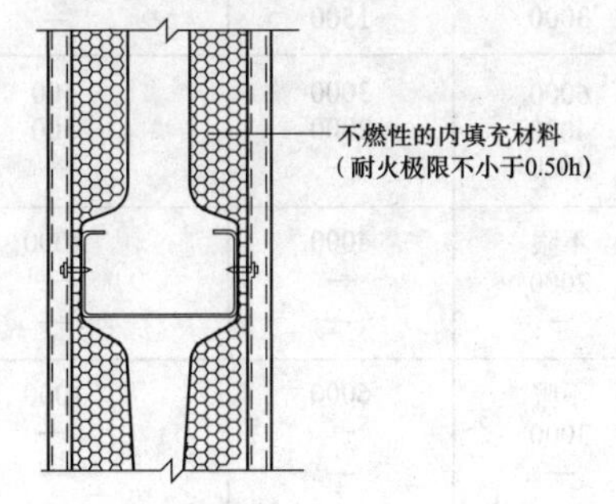

图 2-2　现场复合保温金属板外墙

运煤栈桥的火灾危险性为丙类，由于其长度较长，栈桥截面较小，具有一定的倾斜角度，其火灾现象与其他相同火灾危险性的建筑物不同。当发生火灾时，火势在烟囱效应的作用下，沿外墙传播较快，所以当外墙采用复合金属板时，可适当提高外墙的耐火极限。

（2）建筑物的屋面板应采用不燃性材料。为降低屋顶的火灾荷载，其防水材料应尽量采用不燃、难燃性材料。但考虑到现有防水材料多为改性沥青、高分子等可燃材料，有必要根据防水材料铺设的构造做法，采取相应的防火保护措施。该类防水材料厚度一般为 3～5mm，火灾荷载相对较小，如果铺设在不燃材料表面，可不做防护层。当铺设在难燃、可燃保温材料上时，需采用不燃材料作防护层，防护层可以位于防水材料上部或防水材料与保温材料之间，从而使得保温材料不外露，构造形式见图 2-3。当采用金属夹芯板时，其夹芯材料的燃烧性能等级应为 A 级。对于上人屋面板，其屋面板的耐火极限不应低于 1.00h，由于夹芯板材受其自身构造和承载力的限制，无法达到规范相应耐火极限要求，因此屋面不能采用金属复合板。

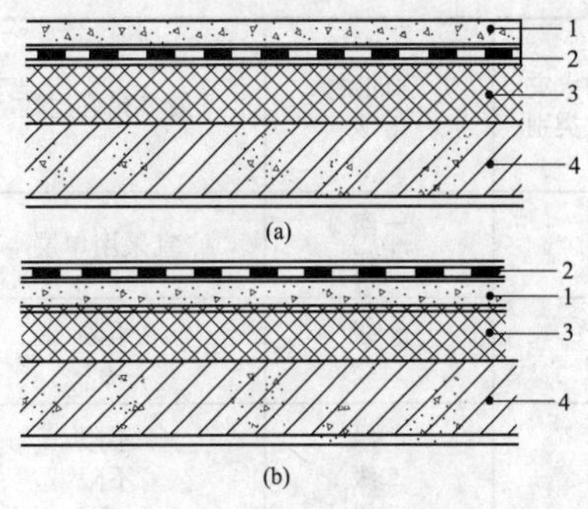

图 2-3　屋面板材料构造

（a）构造一；（b）构造二

1—不燃烧材料防护层（不小于 10mm）；2—可燃防水材料；3—可燃、难燃保温材料；4—不燃烧材料屋面板

（3）建筑物防火墙、承重墙、楼梯间的墙、疏散走道隔墙、电梯井的内墙以及楼板等构件，均要求具有较高的燃烧性能和耐火极限，而不燃金属复合板材的耐火极限受其保温隔热材料的密度、填塞的密实度、

金属板的厚度及其构造等影响，不同生产商的金属复合板的耐火极限差异较大且通常均较低，难以满足相应建筑构件的耐火性能、结构承载力及其自身稳定性能等要求，因此不能采用金属复合板。对于房间隔墙，其燃烧性能为不燃，且耐火极限为不低于 0.50h，因此也不宜采用金属复合板。当确需采用时，保温隔热材料应为A级，且要求耐火极限也应不低于 0.50h。

2. 梁、柱、防火墙及防火隔墙

（1）火力发电厂建筑中二级耐火等级的丙类厂（库）房，如运煤系统建筑物、变压器检修间、屋内配电装置楼、油浸变压器室、柴油发电机房、油处理室、特种材料库等按照 GB 50016—2014《建筑设计防火规范》的规定，柱、梁的耐火极限分别不低于 2.50h 和 1.50h。但由于电厂的封闭式运煤栈桥普遍采用钢结构，为了达到耐火极限的要求，做法是涂刷防火涂料，但防火效果不理想。从电厂全局出发，为降低防火措施的造价，采取主动灭火措施（自动喷水或水喷雾的系统），其钢结构可不采取防火保护措施。对于大跨度的翻车机室、卸煤沟和碎煤机室，当在结构上采用混凝土框（排）架体系、楼层的承重结构为钢结构、消防不采用自动喷水或水喷雾的系统时，钢梁的耐火极限不低于 1.50h。

（2）火力发电厂建筑中二级耐火等级的甲、乙类厂（库）房，如供氢站、制氢站、氨气化间及天然气调压站等建筑按照 GB 50016—2014《建筑设计防火规范》规定，柱、梁的耐火极限分别不低于 2.50h 和 1.50h。

（3）主厂房中的除氧间与煤仓间或锅炉房之间的隔墙应采用不燃性墙体，汽机房与合并的除氧煤仓间或锅炉房之间的隔墙应采用不燃性墙体。隔墙的耐火极限不应小于 1.00h。

（4）当集中控制楼布置在两炉之间或布置在汽机房固定端时，与之相邻的墙也应是耐火极限不小于 1.00h 的隔墙。

（5）主厂房电缆夹层的内墙应采用耐火极限不小于 1.00h 的不燃性墙体。

第五节 防火分区及安全疏散

一、防火分区

当建筑物占地面积或建筑面积过大时，如发生火灾，火场面积可能蔓延过大。这样，一则损失较大，二则扑救困难。因此，应把整个建筑物用防火分隔物进行分区，使之成为面积较小的若干个防火单元。如果某一分区失火，防火分隔物将阻滞火势使其不会蔓延到相邻分区或建筑物，控制了火势发展，减小了成灾面积，既可减少损失，又能便于扑救。

用于划分防火分区的分隔物，在平面上主要依靠防火墙，也可利用防火水幕或防火卷帘加水幕；在竖向上则依靠耐火楼板（主要是钢筋混凝土楼板）。防火分区的划分，主要考虑人员疏散、火灾危险性类别、建筑物耐火等级、建筑高度、建筑层数及是否装有消防设施等因素。

（一）一般规定

（1）厂房的层数和每个防火分区的最大允许建筑面积要求见表 2-6，仓库的耐火等级、层数和面积见表 2-7。

表 2-6 厂房的层数和每个防火分区的最大允许建筑面积

生产的火灾危险性类别	厂房的耐火等级	最多允许层数	每个防火分区的最大允许建筑面积（m²）			
			单层厂房	多层厂房	高层厂房	地下或半地下厂房（包括地下室或半地下室）
甲	一级 二级	宜采用单层	4000 3000	3000 2000	— —	— —
乙	一级 二级	不限 6	5000 4000	4000 3000	2000 1500	— —
丙	一级 二级 三级	不限 不限 2	不限 8000 3000	6000 4000 2000	3000 2000 —	500 500 —
丁	一、二级 三级 四级	不限 3 1	不限 4000 1000	不限 2000 —	4000 — —	1000 — —
戊	一、二级 三级 四级	不限 3 1	不限 5000 1500	不限 3000 —	6000 — —	1000 — —

注 1. 本表摘自 GB 50016—2014《建筑设计防火规范》。
2. “—”表示不允许。

（2）厂房内的操作平台、检修平台和设备自带平台主要布置在高大的生产装置周围，在车间内多为局部或全部镂空，面积较小，操作人员或检修人员较少，且主要为生产服务的工艺设备而设置。当使用人数少于 10 人时，这些平台可不计入防火分区的建筑面积。

表 2-7　　仓库的耐火等级、层数和面积

储存物品的火灾危险性类别		仓库的耐火等级	最多允许层数	每座仓库的最大允许占地面积和每个防火分区的最大允许建筑面积（m^2）						
				单层仓库		多层仓库		高层仓库		地下或半地下仓库（包括地下室或半地下室）
				每座仓库	防火分区	每座仓库	防火分区	每座仓库	防火分区	防火分区
甲	3、4 项①	一级	1	180	60	—	—	—	—	—
甲	1、2、5、6 项	一、二级	1	750	250	—	—	—	—	—
乙	1、3、4 项	一、二级	3	2000	500	900	300	—	—	—
乙	1、3、4 项	三级	1	500	250	—	—	—	—	—
乙	2、5、6 项	一、二级	5	2800	700	1500	500	—	—	—
乙	2、5、6 项	三级	1	900	300	—	—	—	—	—
丙	1 项	一、二级	5	4000	1000	2800	700	—	—	150
丙	1 项	三级	1	1200	400	—	—	—	—	—
丙	2 项	一、二级	不限	6000	1500	4800	1200	4000	1000	300
丙	2 项	三级	3	2100	700	1200	400	—	—	—
丁		一、二级	不限	不限	3000	不限	1500	4800	1200	500
丁		三级	3	3000	1000	1500	500	—	—	—
丁		四级	1	2100	700	—	—	—	—	—
戊		一、二级	不限	不限	不限	不限	2000	6000	1500	1000
戊		三级	3	3000	1000	2100	700	—	—	—
戊		四级	1	2100	700	—	—	—	—	—

注　1. 本表摘自 GB 50016—2014《建筑设计防火规范》。

2. 仓库内的防火分区之间必须采用防火墙分隔，甲、乙类仓库内防火分区之间的防火墙不应开设门、窗、洞口；地下或半地下仓库（包括地下室或半地下室）的最大允许占地面积，不应大于相应类别地上仓库的最大允许占地面积。

3. 一、二级耐火等级的煤均化库，每个防火分区的最大允许建筑面积不应大于 12000m^2。

4. “—”表示不允许。

① 本处 3、4 项是指表 2-2 中所示甲类火灾危险性特征的第 3、第 4 项内容，后同。

（3）厂房内设置自动灭火系统时，每个防火分区的最大允许建筑面积可按规定增加 1.0 倍。当丁、戊类的地上厂房内设置自动灭火系统时，每个防火分区的最大允许建筑面积不限。厂房内局部设置自动灭火系统时，其防火分区的增加面积可按该局部面积的 1.0 倍计算。仓库内设置自动灭火系统时，每座仓库的最大允许占地面积和每个防火分区的最大允许建筑面积可按规定增加 1.0 倍。

（二）厂房、仓库的要求

1. 防火分区

（1）主厂房面积较大，目前大型火力发电厂一期工程机组容量即达 4×300MW、2×600MW 或 2×1000MW，其占地面积多达 10000m^2 以上，工艺要求不能再分隔；主厂房高度虽然较高，但一般汽机房主要楼层只有 3 层，除氧间、煤仓间主要楼层也只有 5～6 层，在正常运行情况下，有些层没有人，运转层也只有十多个人，另外，汽机房、锅炉房里各处都有工作梯可供疏散用。目前还没有因主厂房未设防火隔墙而造成火灾蔓延的案例。根据电厂建设的实践经验，以及生产工艺要求，常常是将主厂房建筑看作一个防火分区。

（2）汽机房往往设（局部）地下室，根据工艺要求，一般每台机之间可设置一个防火隔墙。在地下室中有各种管道、电缆和废油箱（闪点大于 60℃）等，正常运行情况下地下室无人值班，因此地下室占地面积有所放宽，其地下部分不应大于 1 台机组的建筑面积。

（3）屋内卸煤装置的地下室常常与地下转运站或运煤隧道相连，地下室面积较大，已无法作防火墙分隔，考虑生产工艺的实际情况，地下室正常情况下也只有一二人在工作，所以地下室最大允许建筑面积有所放宽，其防火分区的允许建筑面积不应大于3000m²。

（4）特种材料库宜独立设置，但当特种材料库与一般材料库毗邻时，考虑到特种材料库存放有润滑油、易燃和易爆等危险物品，应分开设置防火分区，且设置耐火极限不低于3.00h的防火防爆墙与一般材料库分隔并设置独立的安全出口，如图2-4所示；当特种材料库与一般材料库合并设置，同置一库中，存有少量危险物品，两者之间应设置防火墙，如图2-5所示。

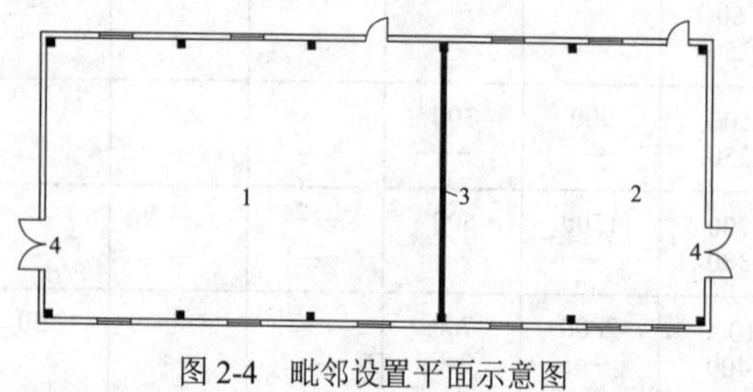

图2-4 毗邻设置平面示意图

1—一般材料库；2—特种材料库；3—防火防爆墙；4—独立的安全出口

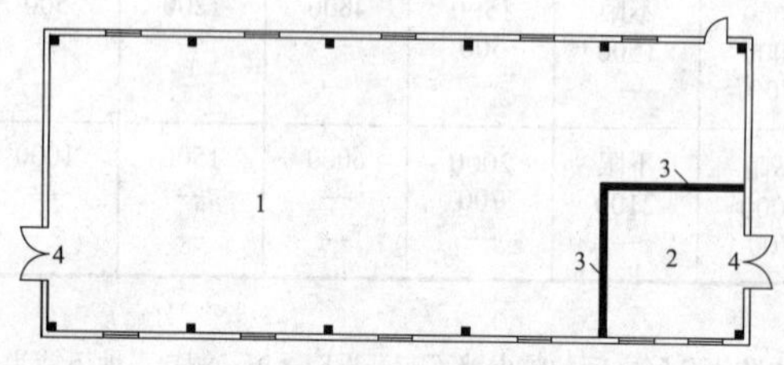

图2-5 合并设置平面示意图

1—一般材料库；2—存有少量危险物品的房间；3—防火墙；4—独立的安全出口

（5）燃机发电厂主厂房应根据工艺布置要求进行防火设计，墙体、构件的耐火等级应相匹配。其主厂房各车间可组成一个防火分区。

（6）当天然气调压站与控制室、配电装置室等房间贴邻外墙建设时，应采用耐火极限不低于3.00h的防火防爆墙分隔，见图2-6。

2. 平面布置

（1）甲、乙类生产场所（仓库）不应设置在地下或半地下。

（2）办公室、休息室等不应设置在甲、乙类厂房（氢站、氨气化间、天然气调压站等）内，确需贴邻该类厂房时，其耐火等级不应低于二级，并应采用耐火极限不低于3.00h的防爆墙与厂房分隔，且应设置独立的安全出口。办公室、休息室设置在丙类厂房（特种材料库、碎煤机室、转运站、油处理室等）内时，

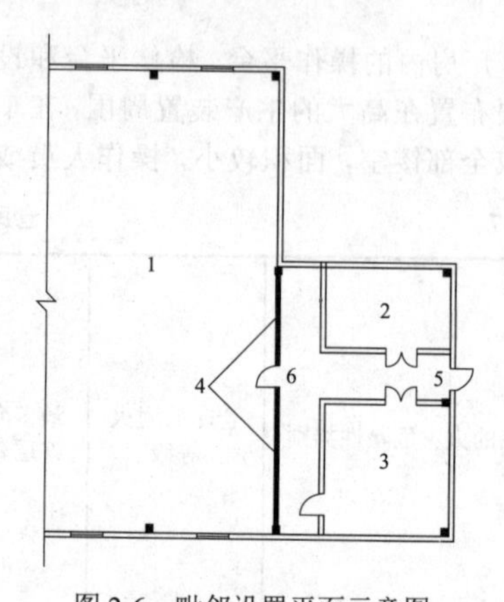

图2-6 毗邻设置平面示意图

1—天然气调压站；2—控制室；3—配电装置室；4—耐火极限不低于3.00h的防火防爆墙；5—独立的安全出口；6—第二安全出口

应采用耐火极限不低于2.50h的防火隔墙和耐火极限不低于1.00h的楼板与其他部位分隔，并应至少设置1个独立的安全出口。如隔墙上需开设相互连通的门时，应采用乙级防火门。

（3）办公室、休息室等严禁设置在甲、乙类仓库内，也不应贴邻设置，设置在丙类仓库内时，应采用耐火极限不低于2.50h的防火隔墙和耐火极限不低于1.00h的楼板与其他部位分隔，应设置独立的安全出口。隔墙上需开设相互连通的门时，应采用乙级防火门。

（4）附设在建筑内的消防控制室、灭火设备室、消防水泵房和通风空气调节机房、配电装置室等，应采用耐火极限不低于2.00h的防火隔墙和耐火极限不低于1.50h的楼板与其他部位分隔。设置在丁、戊类厂房内的通风机房，应采用耐火极限不低于1.00h的防火隔墙和耐火极限不低于0.50h的楼板与其他部位分隔。通风、空气调节机房和配电装置室开向建筑内的门应采用甲级防火门，消防控制室和其他设备房开向建筑内的门应采用乙级防火门。

（5）厂房内设置中间仓库时，应符合下列规定：甲、乙类中间仓库应靠外墙布置，其储量不宜超过1昼夜的需要量；甲、乙、丙类中间仓库应采用防火墙和耐火极限不低于1.50h的不燃性楼板与其他部位分隔；丁、戊类中间仓库应采用耐火极限不低于2.00h的防火隔墙和耐火极限不低于1.00h的楼板与其他部位分隔。

（6）当柴油发电机室与其他建筑物合建时，应采用耐火极限不低于3.00h的防火隔墙和耐火极限不低于1.50h的楼板与其他部位分隔，并应设置单独出口。建筑物中供柴油发电机使用的储油箱应设置在单独房间内。其房间应采用耐火极限不低于3.00h的防火隔

墙和耐火极限不低于 1.50h 的楼板与其他部位分隔，房间的门应采用甲级防火门。合建平面示意见图 2-7。

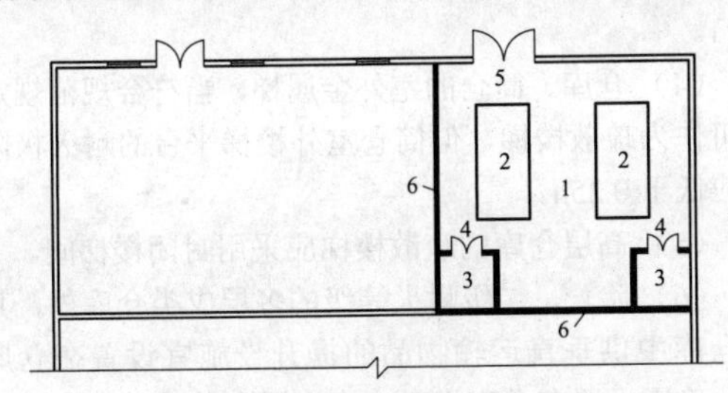

图 2-7　合建平面示意图

1—柴油机房；2—柴油发电机组；3—油箱间；
4—油箱间甲级防火门；5—独立的安全出口（甲级防火门）；
6—耐火极限不低于 3.00h 的防火隔墙

二、安全疏散

（一）一般规定

1. 厂房的安全疏散

（1）建筑物内的任一楼层或任一防火分区着火时，其中一个或多个安全出口被烟火阻拦，仍要保证有其他出口可供安全疏散和救援使用。厂房的安全出口布置原则是厂房的安全出口应分散布置。每个防火分区或一个防火分区的每层楼层，其相邻 2 个安全出口最近边缘之间的水平距离不应小于 5m。

（2）安全出口的数量。安全出口数量既是对一座厂房而言，也是对厂房内任一个防火分区或某一使用房间的安全出口数量要求。即厂房的每个防火分区、一个防火分区内的每层楼层，其安全出口的数量应经计算确定，且不应少于 2 个。但对面积小、人员少、其火灾危险性分档危险性小的，可设置 1 个安全出口：甲类厂房，每层建筑面积小于或等于 $100m^2$，且同一时间的生产人数不超过 5 人；乙类厂房，每层建筑面积小于或等于 $150m^2$，且同一时间的生产人数不超过 10 人；丙类厂房，每层建筑面积小于或等于 $250m^2$，且同一时间的生产人数不超过 20 人；丁、戊类厂房，每层建筑面积小于或等于 $400m^2$，且同一时间的生产人数不超过 30 人；地下、半地下厂房或厂房的地下室、半地下室，其建筑面积小于或等于 $50m^2$，经常停留人数不超过 15 人。

（3）地下或半地下厂房。地下、半地下生产场所难以直接天然采光与自然通风，排烟困难，疏散只能通过楼梯间进行。为保证安全，避免出现出口被堵住无法疏散的情况，要求至少需设置 2 个安全出口。考虑到建筑面积较大的地下、半地下生产场所，如果要求每个防火分区均需设置至少 2 个直通室外的出口，可能有很大困难，所以当有多个防火分区相邻布置并采用防火墙分隔时，每个防火分区可利用防火墙上通向相邻防火分区的甲级防火门作为第二安全出口，但每个防火分区必须至少有 1 个直通室外的独立安全出口。

（4）安全疏散距离。疏散距离均为直线距离，即室内最远点至最近安全出口的直线距离，未考虑因布置设备而产生的阻挡，但有通道连接或墙体遮挡时，要按其中的折线距离计算。厂房内任一点到最近安全出口的距离不应大于表 2-8 的规定。

表 2-8　厂房内任一点到最近安全出口的距离　(m)

生产的火灾危险性类别	耐火等级	单层厂房	多层厂房	高层厂房	地下或半地下厂房（包括地下室、半地下室）
甲	一、二级	30	25	—	—
乙	一、二级	75	50	30	—
丙	一、二级	80	60	40	30
	三级	60	40	—	—
丁	一、二级	不限	不限	50	45
	三级	60	50	—	—
	四级	50	—	—	—
戊	一、二级	不限	不限	75	60
	三级	100	75	—	—
	四级	60	—	—	—

注　本表摘自 GB 50016—2014《建筑设计防火规范》。

（5）疏散宽度。厂房的疏散宽度按百人疏散宽度计算疏散总净宽度和最小净宽度。厂房内的疏散楼梯、走道、门的各自总净宽度应根据疏散人数，按表 2-9 的规定经计算确定。但疏散楼梯的最小净宽度（栏杆扶手、通行高度范围内的边梁除外的梯段净宽）不宜小于 1.1m，疏散走道的最小净宽度不宜小于 1.4m，门的最小净宽度不宜小于 0.9m。当每层人数不相等时，疏散楼梯的总净宽度应分层计算，下层楼梯总净宽度应按该层或该层以上人数最多的一层计算。存在地下室时，则地下部分上一层楼梯、楼梯出口和入口的宽度要按照这一层下部各层中设计疏散人数最多一层的人数计算。

首层外门的总净宽度应按该层或该层以上人数最多的一层计算，且该门的最小净宽度不应小于1.2m。

表2-9 厂房疏散楼梯、走道和门的净宽度指标 (m/百人)

厂房层数	一、二层	三层	不低于四层
宽度指标	0.6	0.8	1.0

注 本表摘自GB 50016—2014《建筑设计防火规范》。

(6) 高层厂房和甲、乙、丙类多层厂房应设置封闭楼梯间或室外楼梯。建筑高度大于32m且任一层人数超过10人的高层厂房，应设置防烟楼梯间或室外楼梯。

(7) 电梯的设置：建筑高度大于32m且设置电梯的高层厂房，每个防火分区内宜设置一部消防电梯。消防电梯可与客、货梯兼用，消防电梯的防火设计应符合相关规范的规定。符合下列条件的建筑可不设置消防电梯：高度大于32m且设置电梯，任一层工作平台人数不超过2人的高层塔架；局部建筑高度大于32m，且升起部分的每层建筑面积小于或等于50m^{2}的丁、戊类厂房。

2. 仓库的安全疏散

(1) 建筑物内的任一楼层或任一防火分区着火时，其中一个或多个安全出口被烟火阻拦，仍要保证有其他出口可供安全疏散和救援使用。仓库的安全出口布置原则要求仓库的安全出口应分散布置。每个防火分区或一个防火分区的每层楼层，其相邻2个安全出口最近边缘之间的水平距离不应小于5m。

(2) 安全出口的数量。安全出口数量既是对一座仓库而言，也是对仓库内任一个防火分区或某一使用房间的安全出口数量要求。即每座仓库的安全出口不应少于2个，当一座仓库的占地面积小于或等于300m^{2}时，可设置1个安全出口。仓库内每个防火分区通向疏散走道、楼梯或室外的出口不宜少于2个，当防火分区的建筑面积小于或等于100m^{2}时，可设置1个安全出口。通向疏散走道或楼梯的门应为乙级防火门。

(3) 地下或半地下厂房仓库。地下、半地下仓库难以直接天然采光与自然通风，排烟困难，疏散只能通过楼梯间进行。为保证安全，避免出现出口被堵住无法疏散的情况，要求至少需设置2个安全出口。但当建筑面积小于或等于100m^{2}时，可设置1个安全出口。考虑到建筑面积较大的地下、半地下仓库，如果要求每个防火分区均需设置至少2个直通室外的出口，可能有很大困难，所以当有多个防火分区相邻布置并采用防火墙分隔时，每个防火分区可利用防火墙上通向相邻防火分区的甲级防火门作为第二安全出口，但每个防火分区必须至少有1个直通室外的安全出口。

(4) 仓库、筒仓的室外金属梯，当符合规范规定时可作为疏散楼梯，但筒仓室外楼梯平台的耐火极限不应低于0.25h。

(5) 高层仓库的疏散楼梯应采用封闭楼梯间。

(6) 除一、二级耐火等级的多层戊类仓库外，其他仓库中供垂直运输物品的提升设施宜设置在仓库外，确需设置在仓库内时，应设置在井壁的耐火极限不低于2.00h的井筒内。室内外提升设施通向仓库入口上的门应采用乙级防火门或防火卷帘。

(二) 火力发电厂建筑物的安全疏散

1. 主厂房的安全疏散

(1) 主厂房包括汽机房、除氧间、煤仓间、锅炉房、集中控制楼各车间，每个车间的安全出口均不应少于2个。通常是汽机房与除氧间不设置隔墙，或者合并布置，所以可以把两个车间按照一个车间考虑安全疏散。上述安全出口可利用通向相邻车间的门作为第二安全出口，但每个车间地面层至少必须有1个直通室外的出口。

(2) 汽机房、除氧间、煤仓间、锅炉房最远工作地点到直通室外的安全出口或疏散楼梯的距离不应大于50m；集中控制楼最远工作地点到直通室外的安全出口或楼梯间的距离不应大于50m。主厂房至少应有1个通至各层、屋面且能直接通向室外的封闭楼梯间，其他主厂房的疏散楼梯可为敞开式楼梯。集中控制楼至少应设置1个通至各层的封闭楼梯间。

(3) 集中控制楼内控制室的疏散出口不应少于2个，当建筑面积小于60m^{2}时可设1个。

(4) 主厂房的带式输送机层应设置通向汽机房、除氧间屋面或锅炉平台的疏散出口。

2. 其他建(构)物的安全疏散

(1) 碎煤机室、运煤转运站及筒仓带式输送机层至少应设置1个通至主要各层的楼梯，该楼梯应采用不燃烧体隔墙与其他部分隔开，楼梯可采用净宽不小于0.9m、坡度不大于45°的钢楼梯。碎煤机室疏散楼梯布置见图2-8。

(2) 运煤栈桥安全出口的间距不应超过150m，见图2-9。当室外疏散楼梯在栈桥单侧布置时，考虑到栈桥内部的运煤皮带使人员疏散不便，所以室外疏散楼梯尽量靠近设备自带的跨皮带小梯。

(3) 屋内配电装置楼各层及电缆夹层的安全出口不应少于2个，其中1个安全出口可通往室外楼梯。屋内配电装置楼内任一点到最近安全出口的最大距离或直接通向走道的房间疏散门至最近安全出口的距离不应超过30m，见图2-10和图2-11。

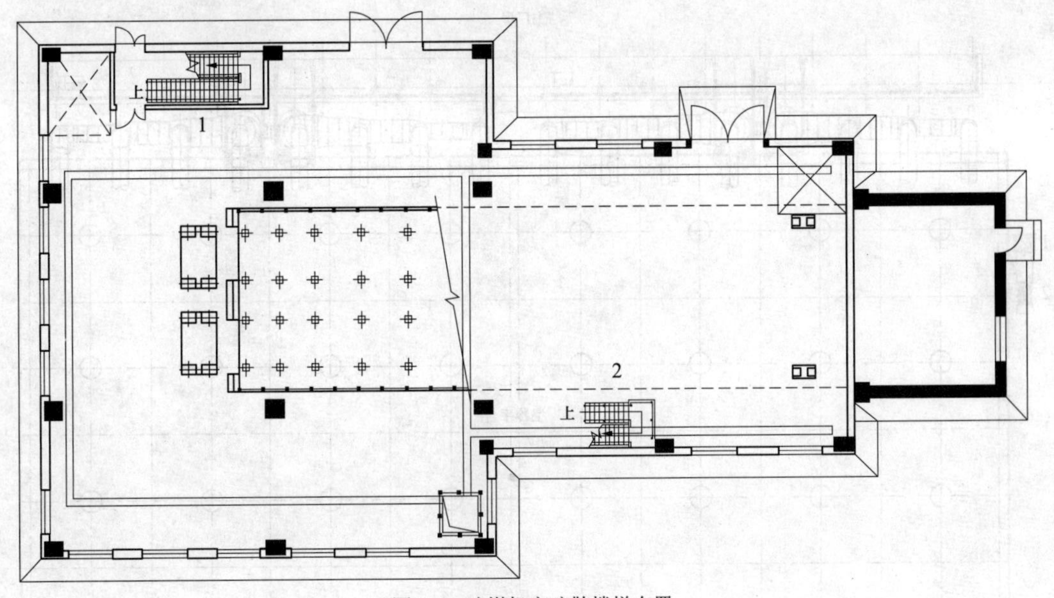

图 2-8　碎煤机室疏散楼梯布置

1—疏散钢楼梯（到达主要各层）；2—局部平台钢梯

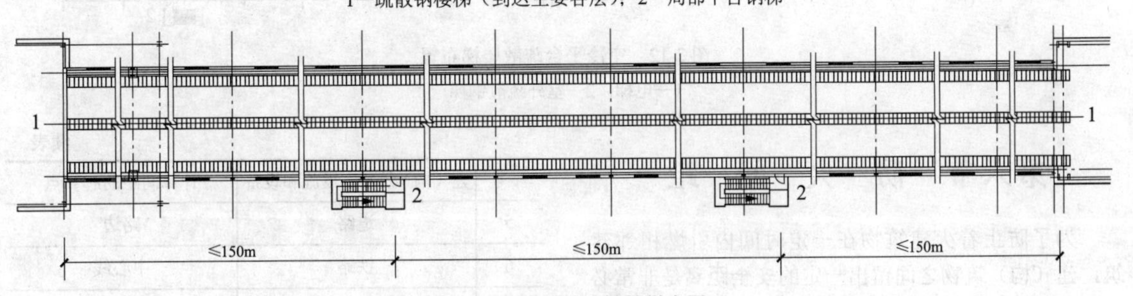

图 2-9　运煤栈桥疏散楼梯布置

1—栈桥端部的主厂房、碎煤机室、转运站等；2—室外疏散钢楼梯

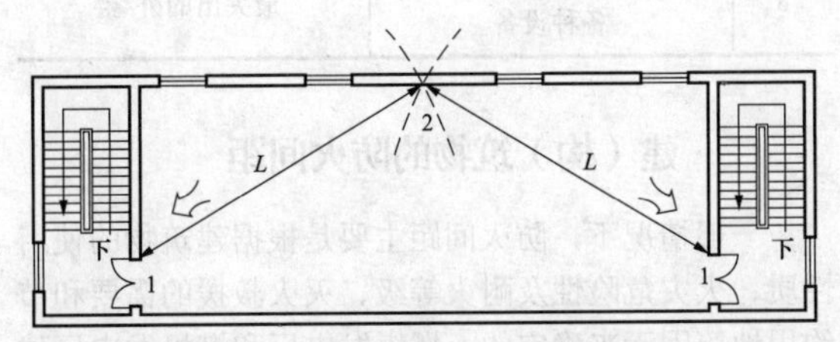

图 2-10　屋内配电装置楼安全疏散示意图一

1—安全出口；2—室内最远点；L—疏散距离（不大于 30m）

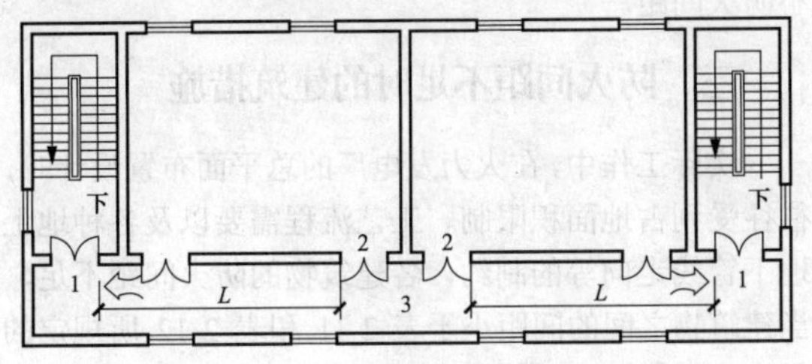

图 2-11　屋内配电装置楼安全疏散示意图二

1—安全出口；2—房间疏散门；3—疏散走道

L—疏散距离（不大于 30m）

（4）电缆隧道两端均应设通往地面的安全出口；当其长度超过 100m 时，安全出口的间距不应超过 75m。

（5）卸煤装置的地下室两端及运煤系统的地下建筑物尽端，应设置通至地面的安全出口。当地下室的长度超过 200m 时，安全出口的间距不应超过 100m。

（6）控制室的疏散出口不应少于 2 个，当建筑面积小于 60m² 时可设置 1 个疏散出口。

（7）配电装置室内最远点到疏散出口的直线距离不应大于 15m。

（8）每座空冷平台的安全出口不宜少于 2 个，并宜相对布置。安全出口可采用室外楼梯，如图 2-12 所示。

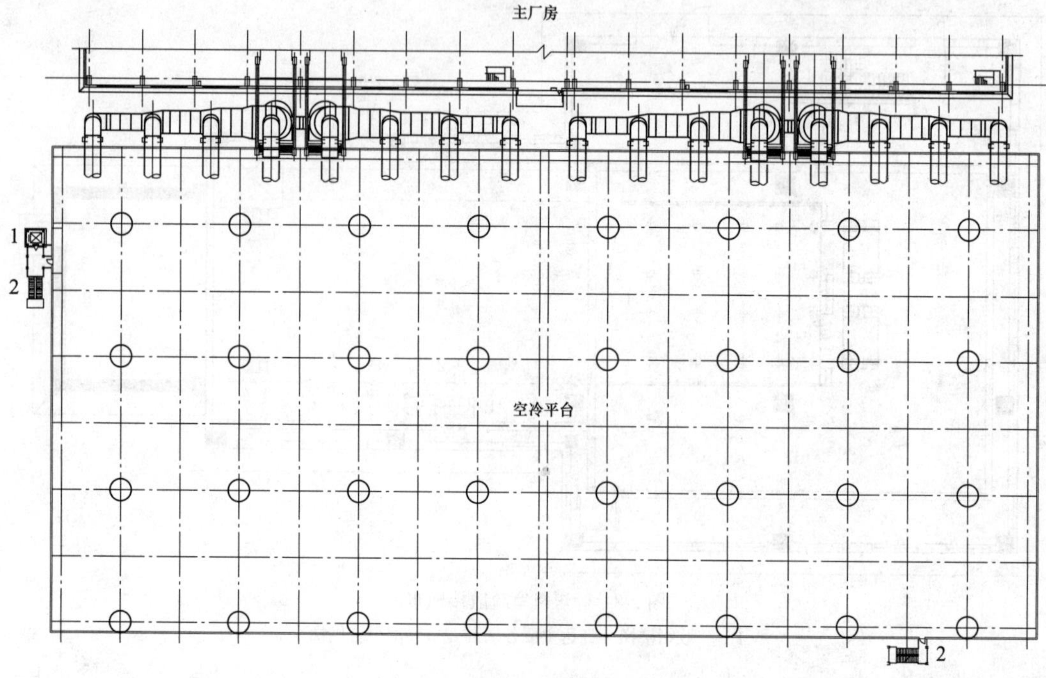

图2-12 空冷平台疏散楼梯布置
1—电梯；2—室外疏散钢梯

第六节 防 火 间 距

为了防止着火建筑物在一定时间内引燃相邻建筑，建（构）筑物之间留出一定的安全距离是非常必要的，这样能够减少辐射热的影响，并可为人员疏散和灭火战斗提供必要场地。防火间距是不同建筑间的空间间隔，既是防止火灾在建筑之间发生蔓延的间隔，也是保证方便安全灭火救援的行动空间。在建筑总平面布局中，确定建筑之间的防火间距是一项十分重要的技术措施。

一、防火间距的计算方法

GB 50016—2014《建筑设计防火规范》的附录B“防火间距的计算方法”中对防火间距的计算做出了规定，结合电厂的实际情况，可按照表2-10起算点规定计算防火间距。

表2-10 防火间距的起算点

序号	建（构）筑物、设施和设备	计算间距的起算点
1	建（构）筑物	当外墙有凸出的可燃或难燃构件时，应从其凸出部分外缘算起
2	地上储罐	罐外壁
3	露天煤场	煤堆边缘
4	变压器	外壁
5	道路	路边
6	铁路	中心线
7	屋外配电装置	构架上部边缘
8	设在露天（包括棚下）的各种设备	最突出的外缘

二、建（构）筑物的防火间距

一般情况下，防火间距主要是根据建筑物的使用性质、火灾危险性及耐火等级、灭火救援的需要和节约用地等因素来确定的。燃煤发电厂和燃机发电厂建（构）筑物的间距分别按表2-11和表2-12所规定的最小防火间距。

三、防火间距不足时的建筑措施

实际工作中，在火力发电厂的总平面布置设计时，往往受到占地面积限制、工艺流程需要以及各种地上地下管线走向等的制约，各建筑物的防火间距不足，当建筑物之间的间距小于表2-11和表2-12所规定的最小防火间距时，按规定在外墙处设置防火墙、防火门、防火窗等。

（一）基本措施

（1）两座厂房相邻较高一面外墙为防火墙，或相邻两座高度相同的一、二级耐火等级建筑中相邻任一侧外墙为防火墙且屋顶的耐火极限不低于 1.00h 时，其防火间距不限，但甲类厂房之间不应小于 4m。

（2）两座丙、丁、戊类厂房相邻两面外墙均为不燃性墙体，当无外露的可燃性屋檐，每面外墙上的门、窗、洞口面积之和各不大于外墙面积的 5%，且门、窗、洞口不正对开设时，其防火间距可按表 2-11 和表 2-12 的规定减少 25%。

表 2-11　燃煤发电厂建（构）筑物之间的防火间距　（m）

<table>
<tr><th rowspan="3" colspan="3">建（构）筑物、设备名称</th><th>乙类建筑</th><th colspan="2">丙、丁、戊类建筑</th><th rowspan="3" colspan="2">屋外配电装置</th><th rowspan="3" colspan="2">露天卸煤装置或贮煤场</th><th rowspan="3">氢气站或供氢站</th><th rowspan="3">氢气罐</th><th colspan="2">点火油罐区储油罐</th><th colspan="2">办公、生活建筑（单层或多层）</th></tr>
<tr><th>耐火等级</th><th colspan="2">耐火等级</th><th colspan="2">罐区总容量 V（m^3）</th><th colspan="2">耐火等级</th></tr>
<tr><th>一、二级</th><th>一、二级</th><th>三级</th><th>V≤1000</th><th>1000＜V≤5000</th><th>一、二级</th><th>三级</th></tr>
<tr><td>乙类建筑</td><td>耐火等级</td><td>一、二级</td><td>10</td><td>10</td><td>12</td><td colspan="2">25</td><td colspan="2">8</td><td>12</td><td>12</td><td>15（20）</td><td>20（25）</td><td>25</td><td>25</td></tr>
<tr><td rowspan="2">丙、丁、戊类建筑</td><td rowspan="2">耐火等级</td><td>一、二级</td><td>10</td><td>10</td><td>12</td><td colspan="2">10</td><td colspan="2">8</td><td>12</td><td>12</td><td>15（20）</td><td>20（25）</td><td>10</td><td>12</td></tr>
<tr><td>三级</td><td>12</td><td>12</td><td>14</td><td colspan="2">12</td><td colspan="2">10</td><td>14</td><td>15</td><td>20（25）</td><td>25（30）</td><td>12</td><td>14</td></tr>
<tr><td colspan="3">屋外配电装置</td><td>25</td><td>10</td><td>12</td><td colspan="2">—</td><td rowspan="4">15</td><td rowspan="4">25（褐煤）</td><td rowspan="4">25</td><td rowspan="4">25</td><td>25</td><td>25</td><td>10</td><td>12</td></tr>
<tr><td rowspan="3">主变压器或屋外厂用变压器</td><td rowspan="3">单台油量（t）</td><td>≥5，≤10</td><td rowspan="3">25</td><td>12</td><td>15</td><td colspan="2" rowspan="3">—</td><td colspan="2" rowspan="3">40</td><td>15</td><td>20</td></tr>
<tr><td>＞10，≤50</td><td>15</td><td>20</td><td>20</td><td>25</td></tr>
<tr><td>＞50</td><td>20</td><td>25</td><td>25</td><td>30</td></tr>
<tr><td colspan="3" rowspan="2">露天卸煤装置或贮煤场</td><td rowspan="2">8</td><td rowspan="2">8</td><td rowspan="2">10</td><td colspan="2">15</td><td colspan="2" rowspan="2">—</td><td colspan="4">15</td><td>8</td><td>10</td></tr>
<tr><td colspan="2">25（褐煤）</td><td colspan="4">25（褐煤）</td><td colspan="2">25（褐煤）</td></tr>
<tr><td colspan="3">氢气站或供氢站</td><td>12</td><td>12</td><td>14</td><td colspan="2">25</td><td rowspan="4">15</td><td rowspan="5">25（褐煤）</td><td>—</td><td>15</td><td colspan="2">25</td><td colspan="2">25</td></tr>
<tr><td colspan="3">氢气罐</td><td>12</td><td>12</td><td>15</td><td colspan="2">25</td><td>15</td><td>—</td><td colspan="2">25</td><td colspan="2">25</td></tr>
<tr><td rowspan="2">点火油罐区储油罐</td><td rowspan="2">罐区总容量 V（m^3）</td><td>V≤1000</td><td>15（20）</td><td>15（20）</td><td>20（25）</td><td colspan="2">25</td><td rowspan="2">25</td><td rowspan="2">25</td><td colspan="2" rowspan="2">—</td><td>20（25）</td><td>25（32）</td></tr>
<tr><td>1000＜V≤5000</td><td>20（25）</td><td>20（25）</td><td>25（30）</td><td colspan="2">25</td><td>25（32）</td><td>32（38）</td></tr>
<tr><td>办公、生活建筑（单层或多层）</td><td>耐火等级</td><td>一、二级</td><td>25</td><td>10</td><td>12</td><td colspan="2">10</td><td>8</td><td>25</td><td>25</td><td>20（25）</td><td>25（32）</td><td>6</td><td>7</td></tr>
</table>

注　本表根据 GB 50229—2006《火力发电厂与变电站设计防火规范》整理。

表 2-12　燃机发电厂建（构）筑物之间的防火间距　（m）

<table>
<tr><th rowspan="3" colspan="2">建（构）筑物、设备名称</th><th colspan="2">丙、丁、戊类建筑</th><th rowspan="3">燃气轮机或主厂房</th><th rowspan="3">天然气调压站</th><th rowspan="2" colspan="2">燃油处理室</th><th colspan="3">主变压器或屋外厂用变压器</th><th rowspan="3">屋外配电装置</th><th rowspan="3">氢气站或供氢站</th><th rowspan="3">氢气罐</th><th colspan="2">办公、生活建筑（单层或多层）</th></tr>
<tr><th colspan="2">耐火等级</th><th colspan="3">单台油量（t）</th><th colspan="2">耐火等级</th></tr>
<tr><th>一、二级</th><th>三级</th><th>原油</th><th>重油</th><th>≥5，≤10</th><th>>10，≤50</th><th>>50</th><th>一、二级</th><th>三级</th></tr>
<tr><td colspan="2">燃气轮机或主厂房</td><td>10</td><td>12</td><td>—</td><td>30</td><td>30</td><td>10</td><td>12</td><td>15</td><td>20</td><td>10</td><td>12</td><td>12</td><td>10</td><td>12</td></tr>
<tr><td colspan="2">天然气调压站</td><td>12</td><td>14</td><td>30</td><td>—</td><td>12</td><td>12</td><td colspan="3">25</td><td>25</td><td>12</td><td>12</td><td colspan="2">25</td></tr>
<tr><td rowspan="2">燃油处理室</td><td>原油</td><td>12</td><td>14</td><td>30</td><td>12</td><td>—</td><td>—</td><td colspan="3">25</td><td>25</td><td>12</td><td>12</td><td colspan="2">25</td></tr>
<tr><td>重油</td><td>10</td><td>12</td><td>10</td><td>12</td><td>—</td><td>—</td><td>12</td><td>15</td><td>20</td><td>10</td><td>12</td><td>12</td><td>10</td><td>12</td></tr>
</table>

注　本表根据 GB 50229—2006《火力发电厂与变电站设计防火规范》整理。

（3） 两座一、二级耐火等级的厂房，当相邻较低一面外墙为防火墙且较低一座厂房的屋顶无天窗，屋顶的耐火极限不低于1.00h，或相邻较高一面外墙的门、窗等开口部位设置甲级防火门、窗或防火分隔水幕或设置防火卷帘时，甲、乙类厂房之间的防火间距不应小于6m；丙、丁、戊类厂房之间的防火间距不应小于4m。

（4） 丙、丁、戊类厂房与民用建筑的耐火等级均为一、二级时，丙、丁、戊类厂房与民用建筑的防火间距可适当减小，但应符合下列规定：

1）当较高一面外墙为无门、窗、洞口的防火墙，或比相邻较低一座建筑屋面高15m及以下范围内的外墙为无门、窗、洞口的防火墙时，其防火间距不限。

2）相邻较低一面外墙为防火墙，且屋顶无天窗或洞口、屋顶的耐火极限不低于1.00h，或相邻较高一面外墙为防火墙，且墙上开口部位采取了防火措施，其防火间距可适当减小，但不应小于4m。

（5） A排外贮油箱防火间距按变压器防火间距考虑。

（二）其他措施

1. 运煤栈桥或空冷平台下方建（构）筑物

运煤栈桥或空冷平台这些建（构）筑物往往采用钢结构，当下方布置其他建筑物时，一旦发生火灾会对上面的栈桥和空冷平台安全造成很大的威胁，并会影响全厂的生产运行。因此，对建筑物的外墙、屋面和外墙开孔等构件进行特殊处理，并应满足相应的耐火极限要求。

2. 厂房外油浸变压器

当油浸变压器在户外布置时，应与邻近建筑物保持一定的防火距离，避免设备起火时对建筑物产生危害。当无法保证防火距离时，则需要采取必要措施来提高建筑物的耐火能力。

油浸变压器与汽机房、屋内配电装置楼、集中控制楼及网络控制楼的间距不应小于10m；当符合下列规定时，其间距可适当减小：

（1） 当汽机房墙外5m以内布置有变压器时，在变压器外轮廓投影范围外侧各3m内的汽机房外墙上不应设置门、窗、洞口和通风孔，且该区域外墙应为防火墙。

（2） 当汽机房墙外5～10m范围内布置有变压器时，在上述外墙上可设置甲级防火门，变压器高度以上可设防火窗，其耐火极限不应小于0.90h。

油浸变压器平面、剖面示意图见图2-13和图2-14。

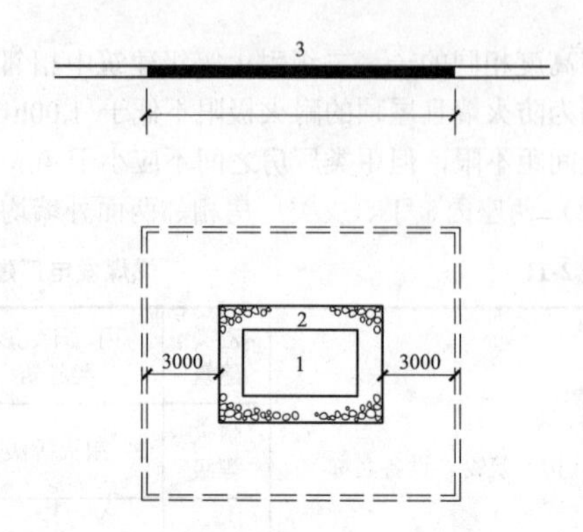

图2-13 油浸变压器平面示意图

1—油浸变压器；2—油池；3—汽机房外墙（防火墙）

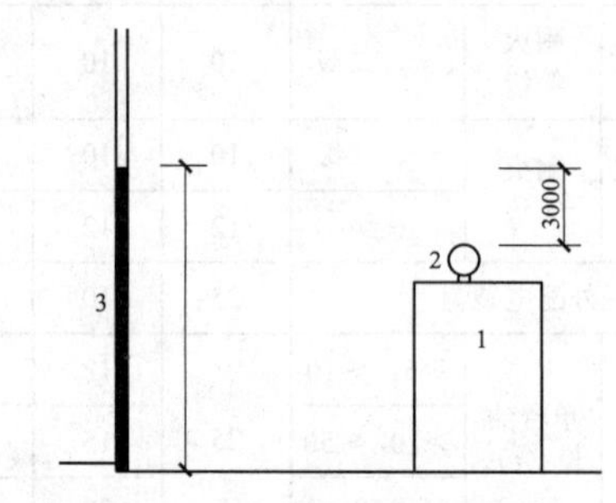

图2-14 油浸变压器剖面示意图

1—油浸变压器；2—储油柜；3—汽机房外墙（防火墙）

第七节 建 筑 防 爆

一、爆炸危险性的确定

（一）厂房的爆炸危险性确定

生产厂房的火灾危险性应根据生产中使用或产生的物质性质及其数量等因素确定，分为甲、乙、丙、丁、戊类，具有爆炸危险的为甲类和乙类。

若在生产过程中虽然使用或产生易燃、可燃物质，但数量少，当气体全部逸出或可燃液体全部汽化时，也不会在同一时间内使厂房内任何部位的混合气体处于爆炸极限范围内；即使局部存在爆炸危险、可燃物全部燃烧也不可能使建筑物着火而造成灾害，则该场所的火灾危险性类别可按照其他占主要部分的火灾危险性确定。

一般情况下可不按物质危险特性确定生产火灾危险性类别的最大允许量见表2-13。

表2-13 可不按物质危险特性确定生产火灾危险性类别的最大允许量

火灾危险性类别	火灾危险性的特征		物质名称举例	最大允许量	
				与房间容积的比值	总量
甲	1	闪点小于28℃的液体	汽油、丙酮、乙醚	$0.004L/m^3$	100L
	2	爆炸下限小于10%的气体	乙炔、氢、甲烷、乙烯、硫化氢	$1L/m^3$（标准状态）	$25m^3$（标准状态）

续表

火灾危险性类别	火灾危险性的特征		物质名称举例	最大允许量	
				与房间容积的比值	总量
乙	1	爆炸下限大于或等于10%的气体	氨	$5L/m^3$（标准状态）	$50m^3$（标准状态）
	2	助燃气体	氧	$5L/m^3$（标准状态）	$50m^3$（标准状态）

注　本表摘自GB 50016—2014《建筑设计防火规范》。

表2-13列出了部分生产中常见的甲、乙类火灾危险性物品的最大允许量。单位容积的最大允许量是实验室或非甲、乙类厂房内使用甲、乙类火灾危险性物品的两个控制指标之一。实验室或非甲、乙类厂房内使用甲、乙类火灾危险性物品的总量同其室内容积之比应小于此值。即

$$\frac{\text{甲、乙类物品的总量（kg）}}{\text{厂房或实验室的容积（m}^3\text{）}} < \text{单位容积的最大允许量}$$

（二）仓库的爆炸危险性确定

储存物品的仓库的火灾危险性应根据储存物品的性质和储存物品中的可燃物数量等因素确定，可分为甲、乙、丙、丁、戊类，具有爆炸危险的为甲类和乙类，具体可见表2-2。

二、火力发电厂中具有爆炸危险性的甲、乙类厂房和仓库

火力发电厂中具有爆炸危险性的甲、乙类厂房和仓库见表2-14。

表2-14　火力发电厂中具有爆炸危险性的甲、乙类厂房和仓库

建（构）筑物名称	火灾危险性类别	耐火等级
供氢站	甲	二级
制氢站	甲	二级
氧气站	乙	二级
卸氨压缩机室	乙	二级
氨气化间	乙	二级
天然气调压站	甲	二级
特种材料库	当特种材料库储存氢、氧、乙炔等气瓶时，火灾危险性应按储存火灾危险性较大的物品确定	

注　本表根据GB 50229—2006《火力发电厂与变电站设计防火规范》整理。

三、平面布置

（1）有爆炸危险的甲、乙类厂房宜独立设置，并宜采用敞开或半敞开式。承重结构宜采用钢筋混凝土或钢框架、排架结构。

有爆炸危险的厂房设置足够的泄压面积，可大大减轻爆炸时的破坏强度，避免因主体结构遭受破坏而造成人员伤亡和经济损失。因此，有爆炸危险的厂房的围护结构有相适应的泄压面积，厂房的承重结构和重要部位的分隔墙体应具备足够的抗爆性能。

采用框架或排架结构形式的建筑，在外墙面开设大面积的门、窗、洞口或采用轻质墙体作为泄压面积，可为厂房设计成敞开或半敞开式的建筑形式提供有利条件。此外，框架和排架的结构整体性强，比砖墙承重结构的抗爆性能好。钢筋混凝土柱、钢柱承重的框架和排架结构，能够起到良好的抗爆效果。

（2）有爆炸危险的甲、乙类生产部位，宜布置在单层厂房靠外墙的泄压设施或多层厂房顶层靠外墙的泄压设施附近，有爆炸危险的设备宜避开厂房的梁、柱等主要承重构件布置，尽量减小爆炸产生的破坏性作用。

单层厂房中如某一部分为有爆炸危险的甲、乙类生产，宜靠建筑的外墙布置，以便直接向外泄压。多层厂房中某一部分或某一层为有爆炸危险的甲、乙类生产时，尽量设置在建筑的最上一层靠外墙的部位，以避免因该生产设置在建筑的下部及其中间楼层爆炸时导致结构破坏严重从而影响上层建筑结构的安全。

（3）有爆炸危险的甲、乙类厂房的总控制室应独立设置。有爆炸危险的甲、乙类厂房的分控制室宜独立设置，当贴邻外墙设置时，应采用耐火极限不低于3.00h的防火隔墙与其他部位分隔。

对于贴邻建造且可能受到爆炸作用的分控制室，除满足分隔墙体的耐火性能要求外，还需要考虑其抗爆要求，即墙体还需采用抗爆墙。

有爆炸危险区域内的楼梯间、室外楼梯或有爆炸危险的区域与相邻区域连通处，应设置门斗等防护措施。门斗的隔墙应为耐火极限不低于2.00h的防火隔墙，门应采用甲级防火门并应与楼梯间的门错位设置，见图2-15和图2-16。

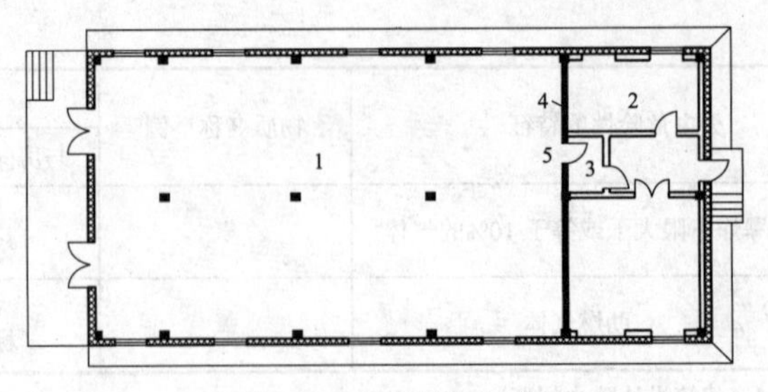

图 2-15　制氢站的布置

1—制氢站（甲类）；2—控制室；3—门斗；4—抗爆墙（钢筋混凝土或配筋墙体）；5—甲级防火门

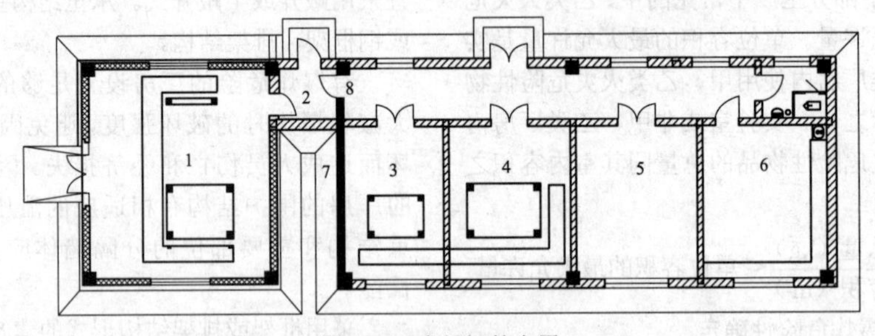

图 2-16　电解间的布置

1—电解间（甲类）；2—门斗；3—辅助设备间；4—冷却水泵间；5—控制室；6—化验室；
7—抗爆墙（钢筋混凝土或配筋墙体）；8—甲级防火门

四、建筑构造

(一) 泄压设施设置

(1) 有爆炸危险的厂房和厂房内有爆炸危险的部位应设置泄爆设施。

(2) 泄压设施宜采用轻质屋面板、轻质墙体和易于泄压的门、窗等，应采用安全玻璃等在爆炸时不产生尖锐碎片的材料。易于泄压的门窗、轻质屋盖是指门窗的单位质量轻、玻璃受压易破碎、墙体屋盖材料密度较小、门窗选用的小五金断面较小，构造节点连接受到爆炸力作用易断裂或脱落。

(3) 泄压设施的设置应避开人员密集场所和主要交通道路，并宜靠近有爆炸危险的部位。作为泄压设施的轻质屋面板和墙体的质量不宜大于 60kg/m²。对于我国北方和西北、东北等严寒或寒冷地区，由于积雪和冰冻时间长，易增加屋面上泄压面积的单位面积荷载而使其产生较大静力惯性，导致泄压受到影响，因此屋顶上的泄压设施应采取防冰雪积聚措施。

(4) 散发比空气轻的可燃气体、可燃蒸汽的甲类厂房，宜采用轻质屋面板作为泄压面积。为防止气流向上在死角处积聚而不宜排除，导致气体达到爆炸浓度，顶棚应尽量平整、无死角，厂房上部空间应通风良好。泄压设施的设置见图 2-17。

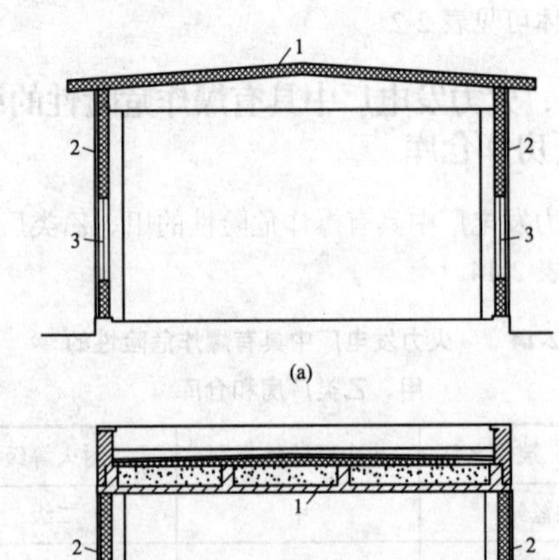

图 2-17　泄压设施的设置

(a) 泄压设施为轻质墙体和轻质屋面；(b) 泄压设施为轻质墙体
1—轻质屋面板、上反梁（屋面平整、无死角）；
2—金属墙板（轻质墙体）；3—泄压的门或窗

(二) 装修及构造

散发比空气重的可燃气体、可燃蒸汽的甲类厂房和有粉尘、纤维爆炸危险的乙类厂房，应符合下列规定：

(1) 应采用不发火花的地面。采用绝缘材料作整体面层时，应采取防静电措施。

(2) 散发可燃粉尘、纤维的厂房，其内表面应平整、光滑，并易于清扫。

(3) 厂房内不宜设置地沟，确需设置时，其盖板应严密，地沟应采取防止可燃气体、可燃蒸汽和粉尘、纤维在地沟积聚的有效措施，且应在与相邻厂房连通处采用防火材料密封。

（4）使用和生产甲、乙、丙类液体的厂房，其管、沟不应与相邻厂房的管、沟相通，下水道应设置隔油设施。

（5）甲、乙、丙类液体仓库应设置防止液体流散的设施，存有遇湿会发生燃烧爆炸物品的仓库应采取防止水浸渍的措施。

（6）有爆炸危险的房间门窗及其配件应选用不发火的材料。

五、泄压面积计算

（1）厂房的泄压面积宜按式（2-1）计算，但当厂房的长径比大于 3 时，宜将该建筑划分为长径比小于或等于 3 的多个计算段，各计算段中的公共截面不得作为泄压面积

$$A=10CV^{2/3} \tag{2-1}$$

式中　A——泄压面积，m^2；

C——泄压比值，可按表 2-15 选取，m^2/m^3；

V——厂房的容积，m^3。

表 2-15　厂房内爆炸性危险物质的类别与泄压比值 C

厂房内爆炸性危险物质的类别	C 值（m^2/m^3）
氨以及粮食、纸、皮革、铅、铬、铜等 $K<10MPa\cdot m\cdot s^{-1}$ 的粉尘	≥0.030
木屑、炭屑、煤粉、锑、锡等 $10MPa\cdot m\cdot s^{-1}\leqslant K\leqslant 30MPa\cdot m\cdot s^{-1}$ 的粉尘	≥0.055
丙酮、汽油、甲醇、液化石油气、甲烷、喷漆间或干燥室以及苯酚树脂、铝、镁、锆等 $K>30MPa\cdot m\cdot s^{-1}$ 的粉尘	≥0.110
乙烯	≥0.16
乙炔	≥0.20
氢	≥0.25

注　1. 本表摘自 GB 50016—2014《建筑设计防火规范》。

2. 长径比为建筑平面几何外形尺寸中的最长尺寸和其横截面周长的积与 4.0 倍的建筑横截面积之比。

3. K 是指粉尘爆炸指数。

（2）计算举例。

例如，某火力发电厂制氢站为钢筋混凝土框架结构，金属墙板封闭，轴线尺寸 12m（长）×6m（宽），如图 2-18 所示，室内净高 5m，计算外墙最小泄压面积。

1）按表 2-15 选择氢的最小 C 值为 0.25；

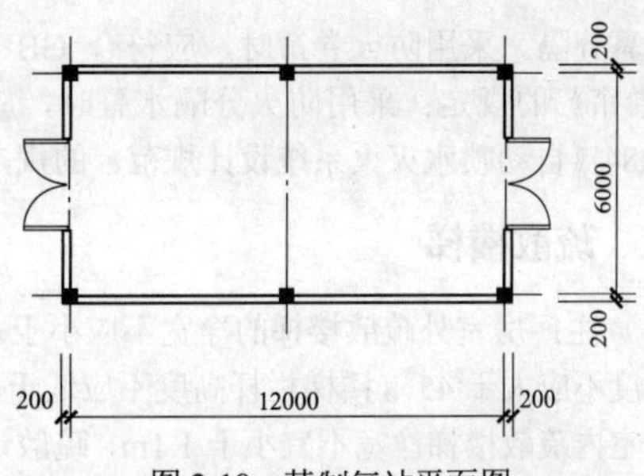

图 2-18　某制氢站平面图

2）计算厂房的容积 V，制氢站框架柱尺寸为 400mm×400mm，则

$$V=(12+0.4)\times(6+0.4)\times5=396.8\ (m^3)$$

3）按式（2-1）计算最小泄压面积为

$$A=10CV^{2/3}=10\times0.25\times396.8^{2/3}\approx135\ (m^2)$$

第八节　建筑防火构造

一、防火墙和防火卷帘

1. 防火墙

防火墙是指由非燃材料组成的，直接砌筑在基础上或钢筋混凝土框架梁上，到梁、楼板或屋面板的底层基面，其耐火极限不小于 3.00h 的不燃烧墙体。防火墙上尽量不开洞口，必须开设时，应设甲级防火门窗，并能自行关闭。可燃气体，甲、乙、丙类液体管道严禁穿过防火墙。其他管道不宜穿过防火墙，必须穿过时，应用非燃材料把缝隙填塞密实。防火墙不宜设在转角处，必须设在转角处时，内转角两侧门、窗、洞口之间的水平距离不应小于 4m。紧靠防火墙两侧的门、窗、洞口的最近边缘距防火墙不应小于 2m；采取设置乙级防火窗等防止火灾水平蔓延的措施时，该距离不限。

除按照防火分区建筑面积设置防火墙外，电厂中下列部位或区域应设置防火墙：

（1）当汽机房侧墙外 10m 以内布置有变压器时，在变压器外轮廓投影范围外侧各 3m 内的汽机房外墙上设置防火墙。

（2）电缆沟及电缆隧道在进出主厂房、控制楼、配电装置楼时，在建筑物外墙处应设置防火墙。

（3）当柴油发电机布置在其他建筑物内时，应采用防火墙分隔。

（4）特种材料库与一般材料库合并设置时，两者之间应设置防火墙。

（5）有爆炸危险的氢站、氨区建筑的控制室宜独立设置，当贴邻外墙设置时，应采用防火墙与其他部位分隔。

2. 防火卷帘

当设置防火墙有困难时，可采用防火卷帘或防火

分隔水幕分隔。采用防火卷帘时，应符合 GB 14102《防火卷帘》的规定；采用防火分隔水幕时，应符合 GB 50084《自动喷水灭火系统设计规范》的规定。

二、疏散楼梯

（1）主厂房室外疏散楼梯的净宽不应小于 0.9m，楼梯坡度不应大于 45°，楼梯栏杆高度不应低于 1.1m。主厂房室内疏散楼梯净宽不宜小于 1.1m，疏散走道的净宽不宜小于 1.4m，疏散门的净宽不宜小于 0.9m。

（2）其他建（构）物的室外疏散楼梯应按照下列规定执行：栏杆扶手的高度不应小于 1.1m，楼梯的净宽度不应小于 0.9m，倾斜角度不应大于 45°。

（3）主厂房及辅助厂房的室外疏散楼梯和每层出口平台，均应采用不燃烧材料制作，其耐火极限不应小于 0.25h，通向室外楼梯的门应采用乙级防火门，并应向外开启；除疏散门外，楼梯周围 2m 内的墙面上不应设置门、窗、洞口，疏散门不应正对梯段。

三、建筑构件

（1）变压器室、配电装置室、空调机房、通风机房室内疏散门应为甲级防火门。电子设备间、发电机出线小室、蓄电池室、电缆夹层等室内疏散门应为乙级防火门。

（2）主厂房各车间隔墙上的门均应采用乙级防火门。

（3）主厂房疏散楼梯间内部不应穿越可燃气体管道、蒸汽管道和甲、乙、丙类液体的管道。

（4）主厂房与天桥连接处的门应采用不燃烧材料制作。

（5）电缆沟及电缆隧道在进出主厂房、主控制楼、配电装置室时，在建筑物外墙处应设置防火墙。电缆隧道的防火墙上应采用甲级防火门。

（6）当管道穿过防火墙时，管道与防火墙之间的缝隙应采用防火材料填塞。当直径大于或等于 32mm 的可燃或难燃管道穿过防火墙时，除填塞防火材料外，还应采取阻火措施。

（7）电缆井、管道井、排烟道、排气道等竖向井道，应分别独立设置。井壁的耐火极限不应低于 1.00h，井壁上的检查门可用丙级防火门；建筑内的电缆井、管道井应在每层楼板处采用不低于楼板耐火极限的不燃材料或防火封堵材料封堵。建筑内的电缆井、管道井与房间、走道等相连通的孔隙应采用防火封堵材料封堵。

四、建筑钢结构防火保护

钢结构防火保护的基本原理是，用绝热或吸热材料阻隔火焰和热量，推迟钢结构的升温速度。现代防火保护技术在运用包覆法的基础上，采用建筑钢结构防火涂料，此材料和方法具有质量轻、施工简便、适用于任何形状及任何部位的构件、技术成熟、应用广泛的优点，但对涂敷的基底和环境条件要求严格。

1. 钢结构防火涂料在火力发电厂中的应用

（1）火力发电厂钢结构厂房和仓库的梁与柱应按照相关规范的要求，采取防火保护措施。

（2）调查资料表明，火力发电厂的火灾事故中，电缆火灾占的比例较大。电缆夹层是电缆比较集中的地方，因此应适当提高隔墙的耐火极限。

（3）贮煤建（构）筑物包括干煤棚、圆形封闭煤场、条形封闭煤场等，干煤棚、室内储煤场多为钢结构形式，其面积大，钢结构构件多，煤场的自燃现象虽然普遍存在，但自燃的火焰高度一般仅为 0.5～1.0m，并且煤场的堆放往往是支座以下 200mm 作为煤堆的起点。因此，钢结构支座根部以上受火焰和高温影响范围的承重构件应有可靠的防火保护措施，保护结构本身的安全性。GB 50229—2006《火力发电厂与变电站设计防火规范》中规定，当干煤棚或室内贮煤场采用钢结构时，堆煤高度范围内的钢结构应采取有效的防火保护措施。同时与煤接触的混凝土挡墙由于宜受到煤堆内长时间的堆芯自燃影响，威胁到混凝土结构构件的结构安全，应采用有效的耐火隔热措施。圆形封闭煤场及条形封闭煤场示意见图 2-19 和图 2-20。

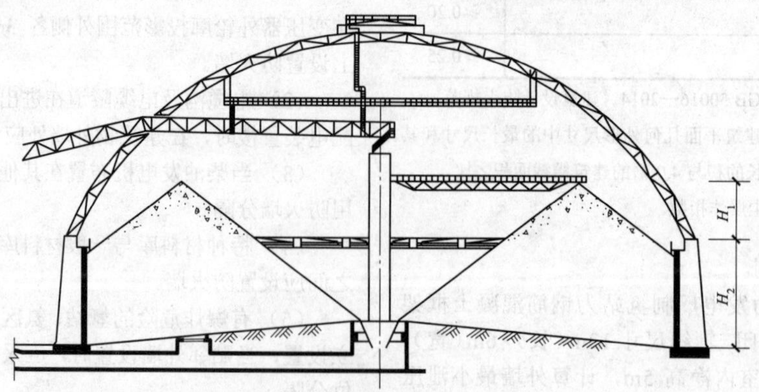

图 2-19 圆形封闭煤场示意图

H_1—防火保护高度范围；H_2—挡煤墙高度

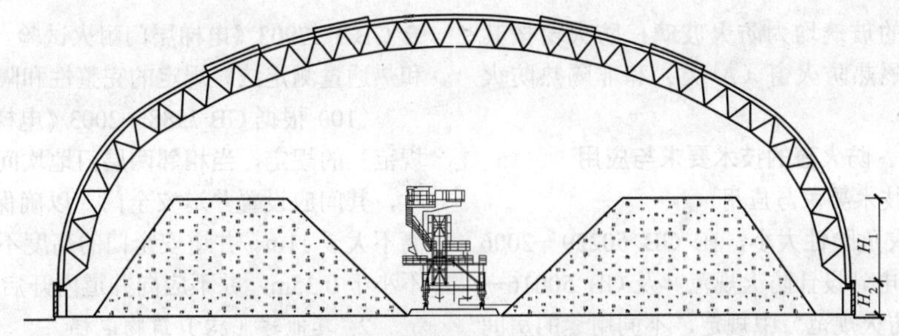

图 2-20　条形封闭煤场示意图

H_1—防火保护高度范围；H_2—挡煤墙高度

2. 选用防火涂料需注意的问题

（1）不应将饰面型防火涂料用于保护钢结构。饰面型防火涂料是保护木结构等可燃基材的阻燃涂料，薄薄的涂膜达不到提高钢结构耐火极限的目的。钢结构防火涂料和饰面型防火涂料在配方工艺、原料构成、质量标准、检验方法和施工技术等方面均不同，是两种不同类型的产品，不能合二为一。

（2）不应将薄涂型钢结构膨胀防火涂料用于保护 2.00h 以上的钢结构。通常钢结构膨胀防火涂料，其耐火极限在 1.50h 以内，仅个别品种的耐火极限达到了 2.00h。薄涂型膨胀防火涂料之所以耐火极限不太长，是由于自身的原材料和防火原理决定的。这类涂料含较多的有机成分，涂层在高温下发生物理、化学变化，形成炭质泡膜后起到隔热作用，膨胀泡膜强度有限，易开裂、脱落，炭质在 1000℃高温下会逐渐灰化掉。要求耐火极限达 2.00h 以上的钢结构，通常选用厚涂型钢结构防火隔热涂料。

（3）室内钢结构防火涂料若未加改进和采取有效的防水措施，不得直接用于喷涂保护室外的钢结构。露天钢结构环境条件比室内苛刻得多，完全暴露于阳光与大气之中，日晒雨淋，风吹雪盖，昼热夜冷，夏暑冬寒，甚至有酸、碱、盐等化学性腐蚀，露天钢结构必须选用耐水、耐冻融循环、耐老化，并能经受酸、碱、盐等化学腐蚀的室外钢结构防火涂料进行喷涂保护。

（4）在一般情况下，室内钢结构防火保护不应选择室外钢结构防火涂料。为了确保室外钢结构防火涂料优异的性能，其原材料要求严格，并需应用一些特殊材料，因而其价格要比室内用的钢结构防火涂料贵得多。但对于半露天或某些潮湿环境的钢结构，则宜选用室外钢结构防火涂料保护。

（5）厚涂型防火涂料基本是由无机质材料构成的，涂层稳定，老化速度慢，只要涂层不脱落，防火性能就有保障。从耐久性和防火性考虑，宜选用厚涂型防火涂料。

3. 防火保护层厚度的确定

防火保护材料选定以后，保护层厚度的确定十分重要。厚度小了达不到国家规定的钢结构建筑物的耐火等级要求，厚度大了又会造成浪费。

保护层厚度的大小受许多因素的影响，如隔热材料的种类、钢构件的类型、荷载大小及要求达到的耐火极限等。确定保护层厚度的最好办法是进行构件耐火试验。试验时可采用实际构件，也可采用标准构件。构件的尺寸、试验条件与方法、制定标准等应遵循 GB 9978《建筑构件耐火试验方法》和 CECS 24《钢结构防火涂料应用技术规范》等有关标准的规定。

根据标准耐火试验数据，按式（2-2）推算不同截面实际构件的防火保护层厚度值，即

$$T_1=\frac{W_2/D_2}{W_1/D_1}T_2K \tag{2-2}$$

式中　T_1——待喷防火涂层厚度，mm；

T_2——标准试验时的涂层厚度，mm；

W_1——待喷钢梁质量，kg/m；

W_2——标准试验时钢梁质量，kg/m；

D_1——待喷钢梁防火涂层接触面周长，mm；

D_2——标准试验时钢梁防火涂层接触面周长，mm；

K——系数，对钢梁 $K=1$；相对应楼层钢柱的保护层厚度，宜乘以系数 K，设 $K=1.25$。

式（2-2）的限定条件为：$W/D\geqslant 22$，$T\geqslant 9$mm，耐火极限≥1.00h。

五、防火门窗

（一）防火门、防火窗的分类及耐火极限

1. 防火门的分类及耐火极限

防火门通常用于防火墙的开口、楼梯间出入口、疏散通道、管道井开口等部位，对防火分隔和人员疏散起到重要的作用。防火门按耐火性能分为隔热防火门（A 类）、部分隔热防火门（B 类）和非隔热防火门（C 类）。

2. 防火窗的分类及耐火极限

当防火墙或防火隔墙上必须开设洞口，但并不用于疏散，又有采光或换气要求时，应设置耐火极限符合相应要求的防火窗，防火窗按其材质分为钢质和

木质等，但采用的玻璃均为防火玻璃；防火窗按其耐火性能可分为隔热防火窗（A类）和非隔热防火窗（C类）。

（二）防火门、防火窗的技术要求与应用

1. 防火门的技术要求与应用

根据房间火灾危险性大小，在 GB 50229—2006《火力发电厂与变电站设计防火规范》及 GB 50016—2014《建筑设计防火规范》中规定，不同用途的房间或隔墙上应采用不同等级的防火门。

（1）要求采用甲级防火门的有：当汽机房侧墙外 5～10m 范围内布置有变压器时，在上述外墙上所设的防火门；电缆隧道的防火墙上所设的防火门；变压器室、配电装置室、空调机房、通风机房室内疏散门。

（2）要求采用乙级防火门的部位有：发电机出线小室、电缆夹层、主厂房各车间之间隔墙上的门；电子设备间、控制室、充电机室、蓄电池室开向建筑内的门。

（3）要求采用丙级防火门的部位有：管道井、排烟道、排气道和垃圾道。

2. 防火窗的技术要求与应用

当汽机房侧墙外5～10m范围内布置有变压器时，变压器高度以上设置的防火窗，其耐火极限不应小于0.90h。

六、电梯

1. 主厂房电梯

主厂房电梯的基本功能是客货两用，但除了满足客货电梯的设计要求外，还应能供消防使用，须符合下列要求：

（1）在首层的电梯井外壁上应设置供消防队员专用的操作按钮。电梯轿厢的内装修应采用不燃烧材料，且其内部应设置专用消防对讲电话。

（2）电梯的载重量不应小于 800kg。

（3）电梯的动力与控制电缆、电线应采取防水措施。

（4）电梯井和电梯机房的墙应采用不燃烧体。

（5）电梯的供电应按消防供电的有关规定。

（6）电梯的行驶速度，应按从首层到顶层的运行时间不超过 60s 计算确定。

（7）电梯的井底应设置排水设施，排水井的容量不应小于 $2m^3$，排水泵的排水量不应小于 10L/s。

（8）电梯井应独立设置，井内严禁敷设可燃气体和甲、乙、丙类液体管道，不应敷设与电梯无关的电缆、电线等。电梯井的井壁除设置电梯门、安全逃生门和通气孔洞外，不应设置其他开口。

（9）电梯层门的耐火极限不应低于1.00h，并应符合 GB/T 27903《电梯层门耐火试验　完整性、隔热性和热通量测定法》规定的完整性和隔热性要求。

（10）根据 GB 7588—2003《电梯制造与安装安全规范》的规定，当相邻两层门地坎间的距离大于 11m 时，其间应设置井道安全门，以确保相邻地坎间的距离不大于 11m。井道安全门的高度不小于 1.8m，宽度不小于 0.35m，并不应向井道内开启。

2. 其他建（构）筑物电梯

火力发电厂的空冷平台、烟囱、脱硫岛等其他建（构）筑物，根据工艺运行和设备检修的需要，有时设有电梯，考虑到这些建（构）筑物高度较高，但每层工作人员较少，其电梯可以按普通货梯设计。

七、救援入口

为便于消防员灭火救援，建筑外墙应设置可供专业消防员使用的入口。救援入口既要结合楼层走道、楼梯间，还要结合救援场地等在外墙合适的位置进行设置。GB 50016—2014《建筑设计防火规范》对救援入口做了规定。

（1）建筑物与消防车登高操作场地相对应的范围内，应设置直通室外的楼梯或直通楼梯间的入口。

（2）厂房、仓库的外墙应在每层的适当位置设置可供消防救援人员进入的窗口。

（3）供消防人员进入的窗口的净高度和净宽度均不应小于 1.0m，下沿距室内地面不宜大于 1.2m，间距不宜大于 20m 且每个防火分区不应少于 2 个，设置的位置与消防车登高操作场地相对应。窗口的玻璃应易于破碎，并应设置在室外易于识别的明显标志。

第九节　建筑内部装修防火设计

一、建筑内部装修材料燃烧性能分级

在火力发电厂建筑中，装修材料按其使用部位和功能，可划分为顶棚装修材料、墙面装修材料、地面装修材料、隔断装修材料、其他装饰材料五类。其他装饰材料是指楼梯扶手、挂镜线、踢脚板、窗帘盒、暖气罩等。

GB 8624《建筑材料及制品燃烧性能分级》是针对建筑装修指定的一个燃烧性能分析方法，它可作为一个基准方法。GB 50222—1995《建筑内部装修设计防火规范》将材料按其燃烧性能划分为四级，按表 2-16 的规定进行分级。

在 GB 50222—1995《建筑内部装修设计防火规范》的装修材料的分类和分级规定中，针对一些特殊情况，给出了一些具体的规定：

表 2-16 装修材料燃烧性能等级

等级	装修材料燃烧性能	试验方法标准
A	不燃性	GB/T 5464《建筑材料不燃性试验方法》
B1	难燃性	顶棚、墙面、隔断装修材料应符合 GB/T 8625《建筑材料难燃性试验方法》的规定；地面装修材料应符合 GB/T 11785《铺地材料的燃烧性能测定　辐射热源法》的规定
B2	可燃性	地面装修材料应符合 GB/T 11785《铺地材料的燃烧性能测定　辐射热源法》的规定。顶棚、墙面、隔断装修材料应符合 GB/T 8626《建筑材料可燃性试验方法》的规定
B3	易燃性	不检测

（1）安装在钢龙骨上燃烧性能达到 B1 级的纸面石膏板、矿棉吸声板，可作为 A 级装修材料使用。

（2）当胶合板表面涂覆一级饰面型防火涂料时，可作为 B1 级装修材料使用。当胶合板用于顶棚和墙面装修并且不内含电器、电线等物体时，宜仅在胶合板外表面涂覆防火涂料；当胶合板用于顶棚和墙面装修并且内含有电器、电线等物体时，胶合板的内、外表面及相应的木龙骨应涂覆防火涂料，或采用阻燃浸渍处理达到 B1 级。

（3）单位质量小于 $300g/m^2$ 的纸质、布质壁纸，当直接粘贴在 A 级基材上时，可作为 B1 级装修材料使用。

（4）施涂于 A 级基材上的无机装饰涂料，可作为 A 级装修材料使用；施涂于 A 级基材上、湿涂覆比小于 $1.5kg/m^2$ 的有机装饰涂料，可作为 B1 级装修材料使用。涂料施涂于 B1、B2 级基材上时，应将涂料连同基材一起按规范的规定确定其燃烧性能等级。

（5）当采用不同装修材料进行分层装修时，各层装修材料的燃烧性能等级均应符合 GB 50222—1995《建筑内部装修设计防火规范》的规定。复合型装修材料应由专业检测机构进行整体测试并划分其燃烧性能等级。

（6）常用建筑内部装修材料燃烧性能等级划分，可按表 2-17 的举例确定。

表 2-17 常用建筑内部装修材料燃烧性能等级划分举例

材料类别	燃烧性能等级	材 料 举 例
各部位材料	A	花岗石、大理石、水磨石、水泥制品、混凝土制品、石膏板、石灰制品、黏土制品、玻璃、瓷砖、马赛克、钢铁、铝、铜合金等
顶棚材料	B1	纸面石膏板、纤维石膏板、水泥刨花板、矿棉装饰吸声板、玻璃棉装饰吸声板、珍珠岩装饰吸声板、难燃胶合板、难燃中密度纤维板、岩棉装饰板、难燃木材、铝箔复合材料、难燃酚醛胶合板、铝箔玻璃钢复合材料等
墙面材料	B1	纸面石膏板、纤维石膏板、水泥刨花板、矿棉板、玻璃棉板、珍珠岩板、难燃胶合板、难燃中密度纤维板、防火塑料装饰板、难燃双面刨花板、多彩涂料、难燃墙纸、难燃墙布、难燃仿花岗岩装饰板、氯氧镁水泥装配式墙板、难燃玻璃钢平板、PVC 塑料护墙板、轻质高强复合墙板、阻燃模压木质复合板材、彩色阻燃人造板、难燃玻璃钢等
	B2	各类天然木材、木制人造板、竹材、纸制装饰板、装饰微薄木贴面板、印刷木纹人造板、塑料贴面装饰板、聚酯装饰板、复塑装饰板、塑纤板、胶合板、塑料壁纸、无纺贴墙布、墙布、复合壁纸、天然材料壁纸、人造革等
地面材料	B1	硬 PVC 塑料地板，水泥刨花板、水泥木丝板、氯丁橡胶地板等
	B2	半硬质 PVC 塑料地板、PVC 卷材地板、木地板氯纶地毯等
装饰织物	B1	经阻燃处理的各类难燃织物等
	B2	纯毛装饰布、纯麻装饰布、经阻燃处理的其他织物等
其他装饰材料	B1	聚氯乙烯塑料、酚醛塑料、聚碳酸酯塑料、聚四氟乙烯塑料、三聚氰胺、脲醛塑料、硅树脂塑料装饰型材、经阻燃处理的各类织物等，另见顶棚材料和墙面材料中的有关材料
	B2	经阻燃处理的聚乙烯、聚丙烯、聚氨酯、聚苯乙烯、玻璃钢、化纤织物、木制品等

二、室内装修设计防火要求

建筑内部装修设计应妥善处理装修效果和使用安全的矛盾，积极采用不燃性材料和难燃性材料，尽量避免采用在燃烧时产生大量浓烟或有毒气体的材料，做到安全适用、技术先进、经济合理。工业厂房的建筑室内装修包括顶棚、墙面、地面和隔断等部位（到顶的固定隔断装修应与墙面规定相同）。

（一）基本要求

在 GB 50222—1995《建筑内部装修设计防火规范》的民用建筑一章中，对一些综合性的问题，给出了若干条基本要求，适用于火力发电厂建筑。

（1）当顶棚或墙面表面局部采用多孔或泡沫状塑料时，其厚度不应大于 15mm，且面积不得超过该房间顶棚或墙面积的 10%。

（2）除地下建筑外，无窗房间的内部装修材料的燃烧性能等级，除 A 级外，应在规定的基础上提高一级。

（3）大中型电子计算机房、中央控制室、电话总机房等放置特殊贵重设备的房间，其顶棚和墙面应采用 A 级装修材料，地面及其他装修应采用不低于 B1 级的装修材料。

（4）消防水泵房、排烟机房、固定灭火系统钢瓶间、配电室、变压器室、通风和空调机房等，其内部所有装修均应采用 A 级装修材料。

（5）无天然采光楼梯间、封闭楼梯间、防烟楼梯间及其前室的顶棚、墙面和地面均应采用 A 级装修材料。

（6）防烟分区的挡烟垂壁，其装修材料应采用 A 级装修材料。

（7）建筑内部的变形缝（包括沉降缝、伸缩缝、抗震缝等）两侧的基层应采用 A 级材料，表面装修应采用不低于 B1 级的装修材料。

（8）建筑内部的配电箱不应直接安装在低于 B1 级的装修材料上。

（9）照明灯具的高温部位，当靠近非 A 级装修材料时，应采取隔热、散热等防火保护措施，灯饰所用材料的燃烧性能等级不应低于 B1 级。

（10）地上建筑的水平疏散走道和安全出口的门厅，其顶棚装饰材料应采用 A 级装修材料，其他部位应采用不低于 B1 级的装修材料。

（11）建筑内部消火栓的门不应被装饰物遮掩，消火栓门四周的装修材料颜色应与消火栓门的颜色有明显区别。

（12）建筑内部装修不应遮挡消防设施、疏散指示标志及安全出口，并不应妨碍消防设施和疏散走道的正常使用。因特殊要求做改动时，应符合国家有关消防规范和法规的规定。

（13）建筑内部装修不应减少安全出口、疏散出口和疏散走道的设计所需的净宽度和数量。

（二）火力发电厂厂房装修设计防火要求

（1）火力发电厂厂房装修本身的要求一般并不是很高，但由于厂房生产的特殊性，有些厂房内的生产材料本身已是易燃或可燃材料，因此应尽量减少或避免使用易燃、可燃材料。按表 2-18 规定的内部各部位装修材料的燃烧性能等级，选用装修材料。

表 2-18　工业厂房内部各部位装修材料的燃烧性能等级

工业厂房分类	建筑规模	装修材料燃烧性能等级			
		顶棚	墙面	地面	隔断
甲、乙类厂房，有明火的丁类厂房		A	A	A	A
丙类厂房	地下厂房	A	A	A	B1
	高层厂房	A	B1	B1	B2
	高度大于 24m 的单层厂房 高度不大于 24m 的单层、多层厂房	B1	B1	B2	B2
无明火的丁类厂房、戊类厂房	地下厂房	A	A	B1	B1
	高层厂房	B1	B1	B2	B2
	高度大于 24m 的单层厂房 高度不大于 24m 的单层、多层厂房	B1	B2	B2	B2

注　本表摘自 GB 50222—1995《建筑内部装修设计防火规范》。

（2）当厂房中房间的地面为架空地板时，其地面装修材料的燃烧性能等级不应低于 B1 级。

（3）装有贵重机器、仪器的厂房或房间，其顶棚和墙面应采用 A 级装修材料；地面和其他部位应采用不低于 B1 级的装修材料。

（4）厂房附设的办公室、休息室等的内部装修材料的燃烧性能等级，应符合表 2-18 的规定。

（5）集中控制室、主控制室、网络控制室、汽轮机控制室、锅炉控制室和计算机房的室内装修应采用不燃烧材料。

第三章

火力发电厂建筑抗震设计

建筑抗震设计的目的是使建筑经抗震设防后，减轻建筑的地震破坏。设计中应贯彻执行国家有关建筑工程、防震减灾的法律法规，并实行以预防为主的方针。火力发电厂建筑与其他一般工业、民用建筑相比，由于工艺要求的特殊性，主厂房等建筑空间高大，体形复杂，荷载重，抗震设计要求高。若不采取建筑抗震设计，则发生地震灾害时将会造成人员伤亡和重大财产损失，并且影响电力系统的安全性。因此，火力发电厂抗震设计在电厂设计中至关重要。

本章所述建筑抗震设计主要是针对在火力发电厂设计中的建筑非结构构件（指建筑中除承重骨架体系以外的固定构件和部件）的抗震构造设计以及建筑抗震概念设计。

第一节　地震基本概念及抗震设防分类规定

地震对建筑物具有破坏作用，国家规定必须对建筑物进行抗震设防。

GB 50011《建筑抗震设计规范》规定，抗震设防应根据本地区基本地震峰值加速度（烈度）和建筑场地类别特征等资料进行设防，建筑主体结构必须满足“三水准”要求，围护结构、隔墙等建筑构件必须满足抗震规范对不同烈度区的构造要求，一些依附于主体结构的非结构构件（如幕墙、轻型雨棚等），还必须进行连接构造强度、锚固力的核算。

一、地震震级与烈度的概念

地震的作用和影响程度通常采用地震震级和烈度来衡量。

1. 震级

地震的震级是表示一次地震（通常指震源中心）释放能量的大小，一次地震只有一个震级。目前我国使用的震级标准是按国际上通用的里氏分级表，共分 9 个等级，在实际测量中，震级则是根据地震仪对地震波所做的记录计算出来的。地震越大，震级的数字也越大，震级每差一级，通过地震被释放的能量约差 32 倍。

2. 烈度

地震的烈度是指地震在地面造成的实际影响，表示地面运动的强度，也就是破坏程度。一次地震只有一个震级，而在不同的地方会表现出不同的烈度。各国对地震烈度划分有所不同，多数国家采用了 12 度的烈度划分计量表（日本采用的是 0～7 度的 8 个烈度划分），我国现行建筑抗震规范也是根据此划分进行建筑抗震设防的。由于烈度为 6 度以下的地震作用通常对建筑不会产生破坏影响，因此我国现行建筑抗震规范规定的范围是以 6～9 度的地震烈度区进行建筑抗震设防，对于烈度小于 6 度的地震一般不考虑设防，而对烈度大于 9 度的地区的建筑其抗震设防已属于超越现行建筑抗震规范规定范围，应按专门规定执行。

3. 震级与烈度的关系

地震的烈度和震级有严格的区别，不可互相混淆。震级代表地震本身能量的强弱，它由震源发出的地震波能量来决定，对于同一次地震只应有一个数值。烈度在同一次地震中是因地而异的，影响烈度的因素有震级、距震源的远近、地面状况和地层构造等。一般情况，仅就烈度和震源、震级间的关系来说，震级越大，震源越浅，烈度也越大。离震中越近的地方，破坏就越大，烈度也越高。同样，当地的地质构造是否稳定，土壤结构是否坚实，建筑和其他构筑物是否坚固耐震，对于当地的烈度高低都有着直接的关系。

一般情况下，地震的震级与震中烈度对应关系见表 3-1。

表 3-1　　震级与烈度对应关系

震级 M（级）	2	3	4	5	6	7	8	8 以上
震中烈度 I_0（度）	1～2	3	4～5	6～7	7～8	9～10	11	12

注　本表数据来源于 GB 17740—1999《地震震级的规定》和 GB/T 17742—2008《中国地震烈度表》。

二、抗震设防目标

建筑抗震设防标准由抗震设防烈度或设计地震动参数及建筑抗震设防类别确定。工程建设所在地抗震设防烈度与设计地震动参数则必须根据现行 GB 18306《中国地震动参数区划图》确定。也可以说，GB 50223—2008《建筑工程抗震设防分类标准》是在综合考虑地区地震环境、建设工程的重要程度、承担的风险水平以及要达到的安全目标和国家经济承受能力等因素的基础上综合考虑而制定的，主要以地震烈度或地震动参数表述新建、扩建、改建工程所应达到的抗御地震破坏的准则和技术指标。

抗震设防目标是指建筑结构遭遇不同水准的地震影响时，对结构、构件、使用功能、设备的损坏程度及人身安全的总要求。

根据 GB 50011—2010《建筑抗震设计规范》进行抗震设计的建筑，其基本的抗震设防采用“三水准”的抗震设防目标，即：

（1）第一目标——小震不坏。遭受低于本地区抗震设防烈度的多遇地震（或称小震）影响时，建筑物一般不受损坏或不需修理仍可继续使用。

（2）第二目标——中震可修。当遭受本地区规定设防烈度的地震（或称中震）影响时，建筑物可能产生一定的损坏，经一般修理或不需修理仍可继续使用。

（3）第三目标——大震不倒。当遭受高于本地区规定设防烈度的预估罕遇地震（或称大震）影响时，建筑可能产生重大破坏，但不致倒塌或发生危及生命的严重破坏。

建筑物在强烈地震中不损坏是不可能的，抗震设防的底线是建筑物不倒塌避免伤亡，其次是减少财产的损失，减轻灾害。在设防烈度小于 6 度的地区，地震作用对建筑物的损坏程度较小，可不予考虑抗震设防。在 9 度以上的地区，即使采取普通构造措施，仍难以保证安全，故在抗震设防烈度大于 9 度的地区抗震设计应按专门规定执行。因此，GB 50011—2010《建筑抗震设计规范》适用于烈度在 6～9 度的地区。根据 GB 50011—2010《建筑抗震设计规范》的规定，抗震设防烈度为 6 度及以上地区的建筑，必须进行抗震设计。

三、抗震设防分类

1. 抗震设防分类概念

抗震设防分类是根据建筑遭遇地震破坏后，可能造成的人员伤亡、直接和间接经济损失、社会影响的程度及其在抗震救灾中的作用等因素，对各类建筑所做的设防类别划分。

2. 抗震设防分类依据

根据 GB 50223—2008《建筑工程抗震设防分类标准》规定，建筑抗震设防类别划分主要根据下列因素的综合分析确定：

（1）建筑破坏造成的人员伤亡、直接和间接经济损失及社会影响的大小。

（2）城镇的大小、行业的特点、工矿企业的规模。

（3）建筑使用功能失效后，对全局的影响范围大小、抗震救灾影响及恢复的难易程度。

（4）建筑各区段的重要性有显著不同时，可按区段划分抗震设防类别。下部区段（区段是指由防震缝分开的结构单元、平面内使用功能不同的部分，或上下使用功能不同的部分）的类别不应低于上部区段。

（5）不同行业的相同建筑，当其重要性及地震破坏所产生的后果和影响不同时，其抗震设防类别可能不相同。

3. 抗震设防分类标准

抗震设防分类标准是衡量抗震设防要求高低的尺度，由抗震设防烈度或设计地震动参数及建筑抗震设防类别确定。

根据 GB 50223—2008《建筑工程抗震设防分类标准》的规定，在我国建筑工程根据其使用功能的重要性分为甲、乙、丙、丁四个抗震设防类别。根据 GB 50260—2013《电力设施抗震设计规范》的规定，火力发电厂中的建（构）筑物根据其重要性分为乙、丙、丁三个抗震设防类别（火力发电厂无甲类设防建筑）。火力发电厂建筑抗震设防分类标准及要求详见表 3-2。

表 3-2 火力发电厂建筑抗震设防分类标准及要求

序号	抗震设防分类	常规建筑抗震设防分类标准	火力发电厂建筑抗震设防分类标准	抗震设防要求
1	特殊设防类（简称甲类）	指使用上有特殊设施，涉及国家公共安全的重大建筑工程和地震时可能发生严重次生灾害等特别重大灾害后果，需要进行特殊设防的建筑		应按高于本地区抗震设防烈度提高一度的要求加强其抗震措施；但抗震设防烈度为 9 度时，应按比 9 度更高的要求采取抗震措施。同时，应按批准的地震安全性评价的结果且高于本地区抗震设防烈度的要求确定其地震作用

续表

序号	抗震设防分类	常规建筑抗震设防分类标准	火力发电厂建筑抗震设防分类标准	抗震设防要求
2	重点设防类（简称乙类）	指地震时使用功能不能中断或需尽快恢复的生命线相关建筑，以及地震时可能导致大量人员伤亡等重大灾害后果，需要提高设防标准的建筑	单机容量为300MW及以上或规划容量为800MW及以上的火力发电厂、停电会造成重要设备严重破坏或危及人身安全的工矿企业的自备电厂等重要电力设施中的主厂房、集中控制楼、网控楼、调度通信楼、配电装置室、碎煤机室、运煤转运站、运煤栈桥、圆形（或球形）煤场、热网首站、燃油和燃气机组电厂的燃料供应设施、循环水泵房、消防车库	应按高于本地区抗震设防烈度一度的要求加强其抗震措施；但抗震设防烈度为9度时，应按比9度更高的要求采取抗震措施；地基基础的抗震措施，应符合有关规定。同时，应按本地区抗震设防烈度确定其地震作用
3	标准设防类（简称丙类）	指大量的除序号1、2、4以外按标准要求进行设防的建筑	除乙、丁类以外的其他建筑物	应按本地区抗震设防烈度确定其抗震措施和地震作用，达到在遭遇高于当地抗震设防烈度的预估罕遇地震影响时不致倒塌或发生危及生命安全的严重破坏的抗震设防目标
4	适度设防类（简称丁类）	指使用上人员稀少且震损不致产生次生灾害，允许在一定条件下适度降低要求的建筑	火力发电厂建筑中的一般材料库、自行车棚和厂区厕所	允许比本地区抗震设防烈度的要求适当降低其抗震措施，但抗震设防烈度为6度时不应降低。一般情况下，仍应按本地区抗震设防烈度确定其地震作用

注　本表根据GB 50223—2008《建筑工程抗震设防分类标准》和GB 50260—2013《电力设施抗震设计规范》相关内容整理而得。

第二节　抗震设计一般要求

火力发电厂由于工艺的特殊性，其建筑结构与一般工业与民用建筑有较大区别，主要体现在主厂房、运煤建筑等。主厂房属于高大空间厂房，结构形式多样，如有框排架、框架剪力墙结构、刚框架结构等，主厂房内部平台布置形式复杂，高度和大小不一；运煤转运站各层层高差别较大。因此，抗震构造设计也存在一些特殊性。

一、建筑抗震对建筑布置的要求

（1）建筑设计在满足使用功能的前提下应考虑建筑抗震概念设计。对于高层工业和民用建筑，建筑平面、立面和竖向剖面的规则性对抗震性能及经济合理性的影响非常大，特别是在高烈度区，建筑除考虑结构形式外，建筑抗震布置的合理性起到更加重要作用。

（2）建筑体形主要是指建筑物整体外部体形的特征，即建筑的几何形状、高度、长宽比和高宽比，同时还包括墙体、立柱、楼板、核心井筒与楼梯等构件在建筑的布置位置，其形式、尺寸、材料特性和构造对建筑抗震性能有较大影响。

（3）对抗震有利的建筑的平立面布置宜规则、对称，质量和刚度变化均匀，应避免楼层错层，避免楼板不均匀开孔或开大孔。建筑平面抗震特性简图见表3-3。

表3-3　建筑平面抗震特性

抗震特性	平面举例	简图
对建筑抗震有利的建筑平面形状	平面以方形、矩形、圆形为好；正六边形、正八边形、椭圆形、小曲率扇形次之	
对建筑抗震不利的建筑平面形状	较长翼缘的L形、T形、U形、H形、Y形等平面形状（不利体形有些可以通过设抗震缝变为简单体形）	

（4）建筑设计应根据抗震设计的要求尽可能采用规则性的建筑形体（指建筑平面形状和立面、竖向剖面的变化）。不规则的建筑应按规定采取加强措施；特别不规则的建筑应进行专门研究和论证，采取特别的加强措施；严重不规则的建筑不应采用。

（5）在满足工艺布置条件下，厂房柱网的布置尽量对称均匀。电梯间、大型设备不宜布置在厂房一端，以免厂房在地震影响下出现较大的结构扭转。

（6）建筑外围护结构、内隔墙，特别是刚度较大的墙体应配合结构对称布置，尽量使平面形心与质心一致。

（7）当多层钢筋混凝土框架平面布置特别不规则时，可考虑设置防震缝将结构分成较为规则的抗震单元。

（8）设有重型起重机厂房（如火力发电厂汽机房），上起重机的钢梯、平台不宜布置在靠近框、排架端部或抗震缝附近，宜布置在框、排架纵向范围的中部。

（9）火力发电厂辅助及附属建筑的平面、立面布置宜规则、对称。多层钢筋混凝土结构建筑平面局部突出或凹进部分的长度不宜大于其宽度，且不宜大于该方向总长度的30%，建筑立面局部收进的尺寸不大于该方向总尺寸的25%。当抗震设防烈度为7度及以上时，应避免采用大悬挑式雨篷。

二、非承重砌体填充墙的设计要求

（1）非承重的砌体填充墙与主体结构应有可靠的连接或锚固，应能适应主体结构在地震设防烈度标准范围内不同方向的层间位移。在与悬挑构件相连接时，构件悬挑的端部应设构造柱与墙体锚固，避免地震时砌体墙倒塌伤人。

（2）刚性非承重墙体的布置，应避免使结构形成刚度和强度分布上的突变；避免填充墙上下布置不均匀，形成薄弱楼层。刚性填充墙沿建筑竖向上下布置不均匀，会导致结构局部楼层的实际刚度明显小于上部楼层，形成薄弱楼层，地震中因变形集中而破坏。

（3）避免填充墙在平面上布置不均匀，造成结构扭转不规则，地震中结构扭转破坏。

（4）建筑填充墙砌筑应到顶，否则会使框架柱形成短柱，地震中易产生剪切或弯曲破坏。

（5）面积、尺度较大的建筑外墙，应验算墙体承受水平风荷载、地震力作用是否满足安全要求。特别是在强台风地区，影响墙体安全的可能是风荷载作用，砌体填充墙除满足强度和稳定性要求外，应考虑水平风荷载及地震作用，取其主要控制因素作为满足墙体设计及构造要求。

（6）有抗震设防要求的砌体填充墙的局部尺寸应符合下列要求：非承重外墙近端至门窗洞边的最小距离为1.0m；内墙阳角至门窗洞边的最小距离，地震烈度为6、7度时为1.0m，8度时为1.5m。

（7）楼梯间和疏散通道的填充墙，应采用钢丝网砂浆面层加强。

三、非承重墙体的材料要求

（1）非承重墙体宜优先采用轻质墙体材料；采用砌体墙时，应采取措施减少对主体结构的不利影响，并应设置拉结筋、水平系梁、圈梁、构造柱等与主体结构可靠拉结。

（2）砌体填充墙所采用的块材和砂浆强度等级应依据有关设计标准、规范、地区规定确定。

（3）柱距大或跨度大的钢筋混凝土结构厂房围护墙宜采用金属墙板等轻质墙板或钢筋混凝土大型墙板，当厂房外侧柱距超过12m时，应采用轻质墙板；当厂区地震烈度为8、9度时，应采用轻质墙板。

（4）对于钢结构厂房的围护墙，地震烈度为7、8度时宜采用轻质墙板或与柱柔性连接的钢筋混凝土墙板，不宜采用嵌砌砌体墙；9度时应采用轻质墙板。

（5）外墙板的连接件应具有足够的延性和适当的转动能力，宜满足在设防地震下主体结构层间变形的要求。

四、圈梁设计

圈梁是沿建筑物外墙四周及部分或全部内墙设置的水平连续封闭的构造梁。

1. 圈梁的作用

（1）增强砌体建筑整体刚度，承受墙体中由于地基不均匀沉降等因素引起的弯曲应力，在一定程度上防止和减轻墙体裂缝的出现，防止纵墙外闪倒塌。

（2）提高建筑物的整体性，圈梁和构造柱连接形成纵向和横向构造框架，加强纵、横墙的联系，限制墙体尤其是外纵墙山墙在平面外的变形，提高砌体结构的抗压和抗剪强度，抵抗震动荷载和传递水平荷载。

（3）起水平箍的作用，可减小墙、构造柱的计算长度，提高墙、构造柱的稳定性。

（4）通过与构造柱的配合，提高墙、柱的稳定性和抗震特性。

（5）在温差较大的地区防止墙体开裂。

2. 圈梁的设置

对于不同结构形式的建筑，圈梁的设置要求也不相同。对于砌体结构、框架结构等建筑物圈梁的设置要求详见本章第三节常见结构体系构造措施中所表述的内容。

3. 圈梁的构造

（1）圈梁应连续设置在墙的同一水平面上，并尽可能地形成封闭圈，当圈梁被门窗洞口截断时，应在洞口上部增设相同截面的附加圈梁，附加圈梁与截面圈梁的搭接长度不应小于其垂直间距的2倍，且不得小于1m。

（2）纵横墙交接处的圈梁应有可靠的连接，刚弹性和弹性方案建筑，圈梁应与屋架、大梁等构件可靠连接。

（3）圈梁的宽度易与墙厚相同，当墙厚不小于

240mm 时，圈梁的宽度不易小于 2/3 墙厚；圈梁截面高度不应小于 180mm。

（4）现浇圈梁的混凝土强度等级不宜低于 C20，钢筋级别一般不低于 HPB300（φ），混凝土保护层厚度为 20mm，并不得小于 15mm，也不宜大于 25mm。圈梁的纵筋，地震烈度为 6～8 度时不应少于 4φ12；9 度时不应少于 4φ14，箍筋最大间距不应大于 250mm。

五、构造柱设计

构造柱是满足混凝土框架结构或砌体结构房屋抗震需要的非结构构件，而在砌体结构承重建筑墙体，应根据抗震构造需要设置构造柱，按构造要求配筋，构造柱通常应采用先砌墙后浇灌混凝土柱的施工顺序施工。构造柱在建筑图纸里常用符号为-GZ。

1. 构造柱的作用

（1）构造柱是砖混结构建筑中重要的混凝土构件。为提高建筑砌体围护结构的抗震性能，在建筑的砌体内适宜部位设置钢筋混凝土构造柱并与圈梁连接，共同加强建筑物的稳定性。构造柱能够提高 10%～30%的砌体抗剪强度，提高幅度与砌体高宽比、竖向压力和开洞情况有关。

（2）在混凝土框架结构中，构造柱主要用于对砌体填充墙进行拉结，保障砌体填充墙在受到地震等水平力作用下的稳定和安全。

（3）构造柱通过与圈梁的配合，形成空间构造框架体系，使其有较高的变形能力。当墙体开裂以后，以其塑性变形和滑移、摩擦来耗散地震能量，在限制破碎墙体散落方面起着关键的作用。因此，墙体承担了竖向压力和一定的水平地震作用，保证了建筑在罕遇地震作用下不至于倒塌。

2. 构造柱的设置

（1）当 120mm（或 100mm）厚砌体填充墙长度超过 3.6m，或 180mm（或 190mm）厚墙长度超过 5m 时，应在该区间加混凝土构造柱分隔。

（2）120mm（或 100mm）厚墙，当墙高大于 3m 时应设圈梁；开洞宽度大于 2.4m 时，应在洞口两侧加构造柱。

（3）180mm（或 190mm）厚墙，当墙高大于 4m 时应设圈梁；开洞宽度大于 3.5m 时，应在洞口两侧加构造柱。

（4）墙体转角处无框架柱时，不同厚度墙体交接处，应设置构造柱。

（5）当墙长大于 8m（或墙长超过层高 2 倍）时，应在墙长中部（遇有洞口在洞口边）设置构造柱。

（6）无约束墙（敞口墙）端部应设置构造柱。

3. 构造柱规定

（1）构造柱的最小截面可采用 240mm×180mm（墙厚 190mm 时为 180mm×190mm），构造柱的混凝土强度等级不宜低于 C20，钢筋一般可采用 HPB300（φ）或 HRB400（⏀）强度等级，混凝土保护层厚度为 20mm，并不得小于 15mm，也不宜大于 25mm。

（2）构造柱纵向钢筋应采用 4φ12，箍筋最小直径采用 6mm，箍筋间距不宜大于 250mm，且在柱上、下端宜适当加密；当地震烈度 7 度时建筑超过 6 层、8 度时超过 5 层、9 度时构造柱纵向钢筋宜采用 4φ14，箍筋间距不应大于 200mm。

（3）构造柱与墙连接处宜砌成马牙槎，并应沿墙高每隔 500mm 设 2φ6 拉结钢筋，每边伸入墙内不小于 1m 或伸至洞口边。

（4）构造柱与圈梁连接处，构造柱的纵筋应在结构梁或圈梁纵筋内侧穿过，保证构造柱纵筋上下贯通，构造柱纵向钢筋应与基础或地梁锚固。

六、其他建筑非结构构件要求

建筑非结构构件主要包括三类：附属结构构件，如女儿墙、高低跨封墙、雨篷等；装饰物，如贴面、顶棚、悬吊重物等；围护墙和隔墙。建筑非结构构件的抗震设防目标与主体结构“三水准”设防目标相协调，在地震中的破坏允许大于主体结构构件，但不得危及生命安全。

（1）附着于楼、屋面结构上的非结构构件，钢楼梯以及楼梯间的非承重墙体，应与主体结构有可靠连接或锚固，避免地震时倒塌伤人或砸坏重要设备。

（2）砌体女儿墙在建筑出入口和通道处应与主体结构锚固；非出入口无锚固的女儿墙高度，地震烈度为 6～8 度时不宜超过 0.5m，9 度时应有锚固。单层钢筋混凝土柱厂房砌体女儿墙高度不宜大于 1m，且应采取措施防止地震时倾倒。防震缝处女儿墙应留有足够的宽度，缝两侧的墙体自由端应设构造柱。

七、防震缝设计要求

1. 砌体结构防震缝设置

砌体结构抗震缝应根据建筑平面和竖向布置确定，建筑平面凹凸不匀、体形复杂时，应采用分缝手法简化平面布置；建筑竖向层高、层数相差较大时，应采用分缝处理。当建筑立面高差在 6m 以上，建筑有错层且楼板高差大于层高的 1/4，平面墙体布置使两个部分建筑的刚度差别较大等情况时，建筑宜进行分缝处理。

2. 框架结构防震缝设置

当建筑平面较为复杂，建筑高度差别较大或结构体系不同时，钢筋混凝土结构的建筑通常需要采用防震缝将其分开，使平面简化，建筑刚度均匀，有利于抗震设计。当单层工业厂房体形复杂或有贴建的建筑和构筑物时，宜设防震缝。

3. 单层工业厂房防震缝设置

厂房体形复杂时，如厂房的纵向跨与横跨相交、厂房沿纵向屋盖高低错落，应设置防震缝；两个主厂房之间的过渡跨应至少有一侧采用防震缝与主厂房隔开。防震缝的两侧应设置双柱或双墙，而不宜做成开口式。

4. 防震缝宽度设计

防震缝宽度设计应符合表3-4的要求。

表3-4 防震缝宽度的设计要求

建筑结构类型	防震缝宽度
砌体结构	防震缝宽度应根据地震烈度和建筑高度确定，一般为70～100mm，缝两端应设承重墙
框架结构（包括设置少量抗震墙的框架结构）	当建筑高度不超过15m时不应小于100mm；高度超过15m时，6、7、8度和9度分别每增加高度5、4、3m和2m，宜加宽20mm
框架–抗震墙结构	不应小于框架结构规定数值的70%，且不宜小于100mm
钢结构	钢结构建筑需要设置防震缝时，缝宽应不小于相应钢筋混凝土结构建筑的1.5倍
单层工业厂房	在厂房纵横跨交接处、大柱网厂房或不设柱间支撑的厂房，防震缝宽度可采用100～150mm，其他情况可采用50～90mm

注 1. 本表数据来源于GB 50011—2010《建筑抗震设计规范》。
2. 防震缝两侧结构类型不同时，宜按需要较宽防震缝的结构类型和较低建筑高度确定缝宽。

第三节 常见结构体系抗震构造措施

为了更好地满足工艺系统的布置要求，最大限度地降低工程造价，以及满足厂区地址或抗震设防等要求，火力发电厂各建筑物的结构类型往往采用多种不同结构形式。因此，其建筑围护结构抗震构造措施也是不同的。

一、多层砌体建筑墙体抗震构造措施

多层砌体建筑是指以普通砖（包括烧结、蒸压、混凝土普通砖）、多孔砖和混凝土小型空心砌块作为承重结构的多层建筑。

1. 材料规定

作为承重砌体结构材料应符合下列最低要求：普通砖和多孔砖的强度等级不应低于MU10，砌筑砂浆强度等级不应低于M5；混凝土小型空心砌块的强度等级不应低于MU7.5，砌筑砂浆强度等级不应低于Mb7.5。

2. 建筑布置

（1）多层砌体建筑纵、横向墙体宜对称布置，沿平面内宜对齐，上下承重墙体应连续，且纵横向墙体的数量不宜相差过大。

（2）平面轮廓凹凸尺寸不应超过典型尺寸的50%；当超过典型尺寸的25%时，建筑转角处应采取加强措施。

（3）楼板局部大洞口的尺寸不宜超过楼板宽度的30%，且不应在墙体两侧同时开洞。

（4）房屋错层的楼板高差超过500mm时，应按两层计算，错层部位的墙体应采取加强措施。

（5）同一轴线上墙面所开门窗洞口面积不宜大于墙体总面积的55%（6、7度）、50%（8、9度），且开洞位置应均匀。楼梯间不宜设在砌体建筑尽端或转角处，不应在墙体转角开洞设窗。

（6）在建筑宽度方向的中部应设置内纵墙，其累计长度不宜小于建筑总长度的60%（高宽比大于4的墙段不计入）。

（7）多层砌体承重建筑的层高不应超过3.6m，当使用功能确有需要时，采用约束砌体等加强措施的普通砖建筑，层高不应超过3.9m。

（8）多层砌体建筑总高度与总宽度的最大比值不宜超过表3-5的规定值。

表3-5 砌体抗震结构建筑高宽比限值

地震烈度	6度	7度	8度	9度
建筑最大高宽比	2.5	2.5	2.0	1.5

注 1. 本表数据来源于GB 50011—2010《建筑抗震设计规范》。
2. 单面走廊建筑的总宽度不包括走廊宽度。
3. 建筑平面接近正方形时，其高宽比宜适当减小。

（9）多层砌体建筑抗震横墙的间距，不应超过表3-6的要求。

表3-6 建筑抗震横墙的间距 （m）

建筑类型		地震烈度			
		6度	7度	8度	9度
多层砌体建筑	现浇或装配整体式钢筋混凝土楼、屋盖	15	15	11	7
	装配式钢筋混凝土楼、屋盖	11	11	9	4

注 1. 本表数据来源于GB 50011—2010《建筑抗震设计规范》。
2. 多层砌体建筑的顶层，最大横墙间距允许适当放宽，但应采取相应加强措施。
3. 多孔砖抗震横墙厚度为190mm时，最大横墙间距应比表中数值减少3m。

表 3-7 砌体建筑抗震结构局部尺寸限值 (m)

部 位	地震烈度			
	6度	7度	8度	9度
承重窗间墙最小宽度	1.0	1.0	1.2	1.5
承重外墙端至门窗洞边最小距离	1.0	1.0	1.2	1.5
非承重外墙端至门窗洞边最小距离	1.0	1.0	1.0	1.0
内墙阳角至门窗洞边最小距离	1.0	1.0	1.5	2.0
无锚固女儿墙（非出入口处）最大高度	0.5	0.5	0.5	0.0

注 1. 本表数据来源于 GB 50011—2010《建筑抗震设计规范》。

2. 局部尺寸不足时，应采取局部加强措施弥补，且最小宽度不宜小于 1/4 层高和表中所列数据的 80%。

3. 出入口处的女儿墙应有锚固。

(10) 多层砌体建筑中砌体墙段的局部尺寸限值，宜符合表 3-7 的要求。

(11) 多层砌体建筑构造柱设置应符合下列要求：

1）多层砌体建筑构造柱的设置部位宜符合表 3-8 的要求。对外廊和单面走廊的多层建筑应根据表 3-8 中建筑增加一层的层数设构造柱，单面走廊两侧的纵墙均应按外墙处理。横墙较少的建筑应按表 3-8 中建筑增加一层的层数设构造柱。当建筑为外廊式或单面走廊时，除按此要求设构造柱外，建筑在 6 度区不应超过 4 层，7 度区不应超过 3 层，8 度区不应超过 2 层，按表 3-8 中增加两层数量设构造柱。

（注：横墙较少是指同一楼层内开间大于 4.2m 的房间占该层总面积的 40%以上，而开间不大于 4.2m 的房间占该层总面积不足 20%，且开间大于 4.8m 的房间占该层总面积的 50%以上。）

表 3-8 多层砌体建筑构造柱设置要求

建筑层数				设置部位	
6度	7度	8度	9度		
四、五	三、四	二、三		楼、电梯间四角、楼梯斜梯段上下端对应的墙体处； 外墙四角和对应转角； 错层部位横墙与外纵墙交接处； 较大洞口两侧	隔 12m 或单元横墙与外纵墙交接处； 楼梯间对应的另一侧内横墙与外纵墙交接处
六	五	四	二		隔开间横墙（轴线）与外墙交接处； 山墙与内纵墙交接处
七	六或六以上	五或五以上	三或三以上		内墙（轴线）与外墙交接处； 内横墙的局部较小墙垛处； 内纵墙与横墙（轴线）交接处

注 1. 本表数据来源于 GB 50011—2010《建筑抗震设计规范》。

2. 较大洞口，内墙指不小于 2.1m 的洞口；外墙在内外墙交接处已设置构造柱时允许适当放宽，但洞侧墙体应加强。

2）多层砌体建筑墙体中的构造柱与墙连接处应砌成马牙槎，沿墙高每隔 500mm 设 $2\phi6$ 水平钢筋和 $\phi4$ 分布短筋平面内点焊组成的拉结网片或 $\phi4$ 点焊钢筋网片，每边伸入墙内不宜小于 1m。6、7 度时底部 1/3 楼层，8 度时底部 1/2 楼层，9 度时全部楼层，上述拉结钢筋网片应沿墙体水平通长设置。

3）建筑四角的构造柱应适当加大截面积及配筋。

(12) 多层砌体建筑圈梁设置应符合下列要求：

1）多层砌体建筑应按表 3-9 的要求设置圈梁。

2）多层砌体建筑圈梁的配筋要求见表 3-10。

(13) 多层砌体建筑门窗洞处不应采用砖过梁；过梁支承长度，6～8 度时不应小于 240mm，9 度时不应小于 360mm。

(14) 多层砌体结构中，非承重墙体等建筑非结构构件应满足以下要求：

表 3-9 多层砌体建筑现浇钢筋混凝土圈梁设置要求

墙类	地震烈度		
	6、7度	8度	9度
外墙和内纵墙	屋盖及每层楼层处设	屋盖及每层楼层处设	屋盖及每层楼层处设
内横墙	屋盖及每层楼层处设； 屋盖处间距不应大于 4.5m； 楼盖处间距不应大于 7.2m； 构造柱对应部位	屋盖及每层楼层处设； 各层所有横墙，且间距不应大于 4.5m； 楼盖处间距不应大于 7.2m； 构造柱对应部位	屋盖及每层楼层处设； 各层所有横墙

注 本表数据来源于 GB 50011—2010《建筑抗震设计规范》。

表 3-10 多层砌体建筑圈梁配筋要求

配筋	地震烈度		
	6、7度	8度	9度
最小纵筋	4ϕ10	4ϕ12	4ϕ14
最大箍筋间距（mm）	ϕ6@250	ϕ6@200	ϕ6@150

注 本表数据来源于 GB 50011—2010《建筑抗震设计规范》。

1）后砌的非承重隔墙应沿墙高每隔 500～600mm 配置 2ϕ6 拉结钢筋与承重墙或柱拉结，每边伸入墙内不应少于 500mm；8 度和 9 度时，长度大于 5m 的后砌隔墙，墙顶尚应与楼板或梁拉结，无约束看墙（敞口墙）端部及大门洞宜设钢筋混凝土构造柱。

2）烟道、风道、垃圾道等不应削弱墙体；当墙体被削弱时，应对墙体采取加强措施。

3）建筑装饰挑檐，轻型入口雨篷应与主体结构有可靠的连接。

二、钢筋混凝土框架结构填充墙抗震构造措施

框架结构是指由梁和柱组成框架，共同抵抗建筑使用过程中出现的水平荷载和竖向荷载。框架结构的建筑填充墙体不承重，仅起到围护和分隔作用。

（1）采用砖、砌块作为建筑主体结构为钢筋混凝土框架、钢结构的填充墙（内、外墙），砌体的砂浆强度等级不应低于 M5，实心砌块的强度等级不低于 MU2.5，空心砌块的强度等级不低于 MU3.5。在具体工程设计中，应根据墙体砌筑所选用的砌块种类，按照对应的国家或地方标准图集要求选用恰当的砌块强度和砌筑砂浆强度。

（2）钢筋混凝土框架结构非承重墙体宜优先采用轻质墙体材料，填充墙在平面和竖向的布置，宜均匀对称。

（3）框架结构填充墙墙长超过 8m 或层高 2 倍时，宜设置钢筋混凝土构造柱。钢筋混凝土框架结构填充墙、构造柱布置参见图 3-1 和图 3-2。

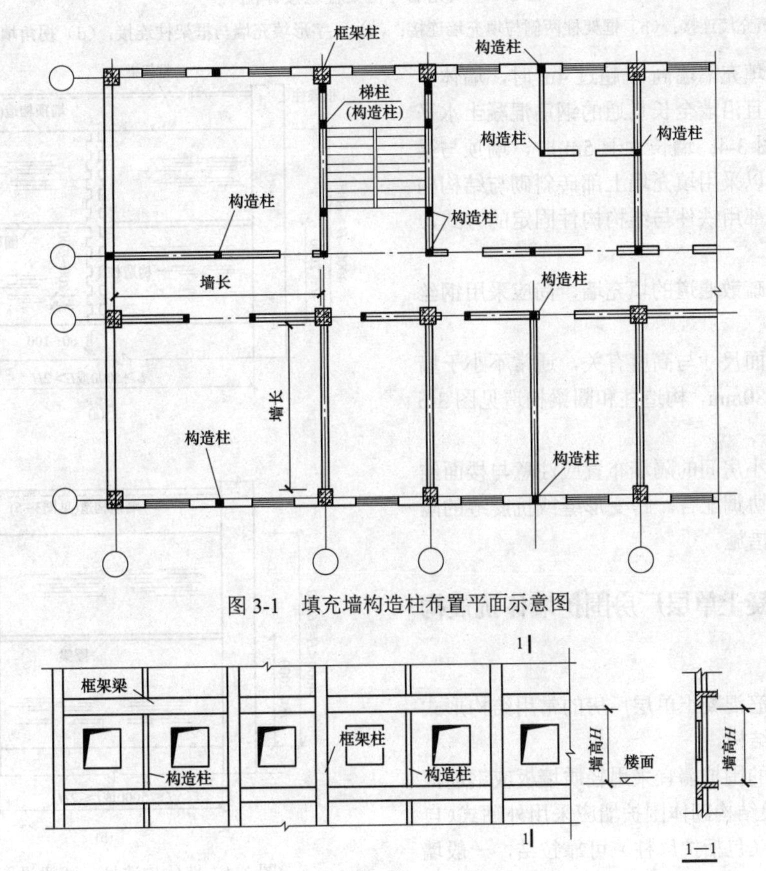

图 3-1 填充墙构造柱布置平面示意图

图 3-2 填充墙构造柱布置立面示意图

（4）为防止建筑墙体在水平地震力作用下的正向倒塌，钢筋混凝土结构中的砌体填充墙应沿框架柱全

高每隔 500～600mm 设 2ϕ6 拉筋（墙厚大于 240mm 时宜设 3ϕ6 拉筋），拉筋伸入墙内的长度，6、7 度时宜沿墙全长贯通，8、9 度时应全长贯通（见图 3-3）。

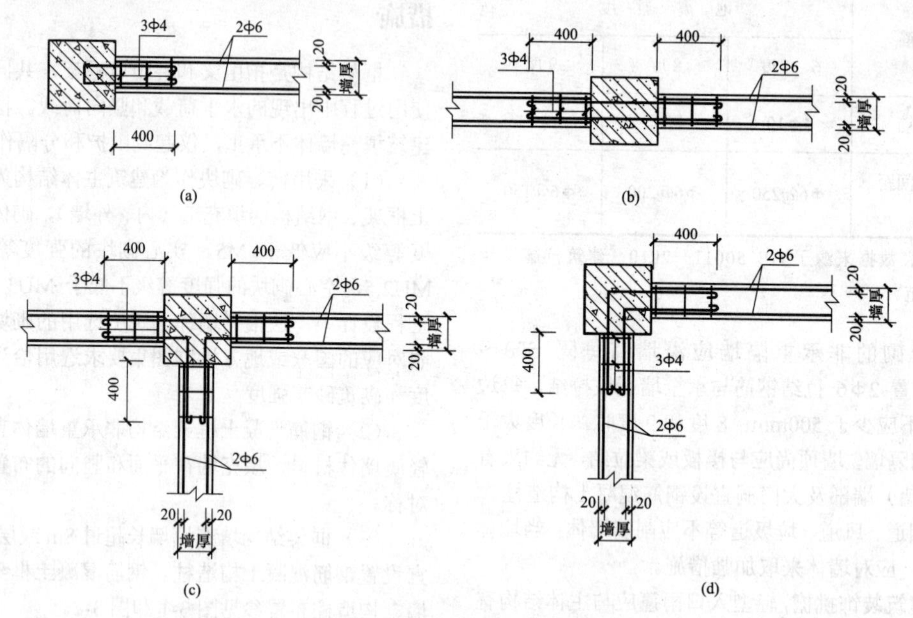

图 3-3　填充墙与框架柱连接详图

（a）框架柱一侧与填充墙连接；（b）框架柱两侧与填充墙连接；（c）丁字形填充墙与框架柱连接；（d）拐角填充墙与框架柱连接

（5）框架结构填充墙墙高 H 超过 4m 时，墙体半高宜设置与柱连接且沿墙全长贯通的钢筋混凝土水平系梁（圈梁），见图 3-4；墙长大于 5m 时，墙顶与梁宜有拉结，拉结可以采用填充墙上部砖斜砌与结构构件顶紧或填充墙上部用铁件与结构构件固定的方式，如图 3-5 所示。

（6）楼梯间和疏散通道的填充墙，尚应采用钢丝网砂浆面层加强。

（7）构造柱断面尺寸与高度有关，通常不小于墙厚，同时应不小于 80mm，构造柱和圈梁构造见图 3-6 和图 3-7。

（8）主厂房内小房间的隔墙布置应注意与楼面结构变形缝的设置相协调配合。跨变形缝或抗震缝的隔墙应采取构造加强措施。

三、钢筋混凝土单层厂房围护墙体抗震构造措施

火力发电厂钢筋混凝土单层厂房的常用结构形式有排架结构和框架结构。

（1）单层厂房的围护墙宜采用轻质墙板或钢筋混凝土大型墙板，排架结构砌体围护墙应采用外贴式（自承重墙体）并与柱（包括抗风柱）可靠拉结，一般墙体沿墙高设 500mm 与柱内伸出的 2ϕ6 钢筋拉结（见图 3-8）。框架结构单层厂房墙体抗震构造参见本节“钢筋混凝土框架结构填充墙抗震构造措施”相关内容。

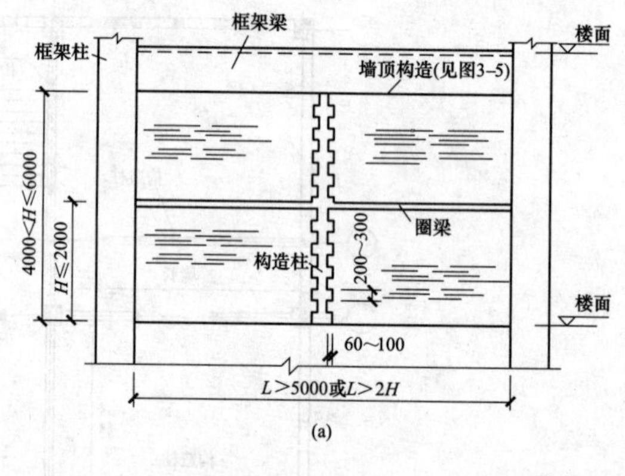

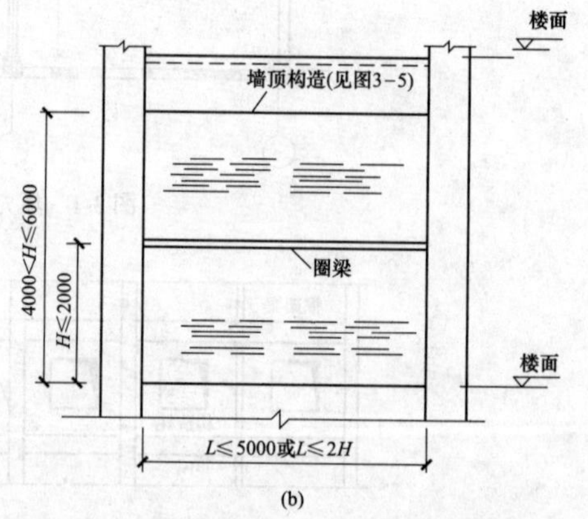

图 3-4　墙体构造柱、圈梁设置示意图

（a）墙体构造柱及水平圈梁设置；（b）墙体水平圈梁设置

L—墙长；H—墙高

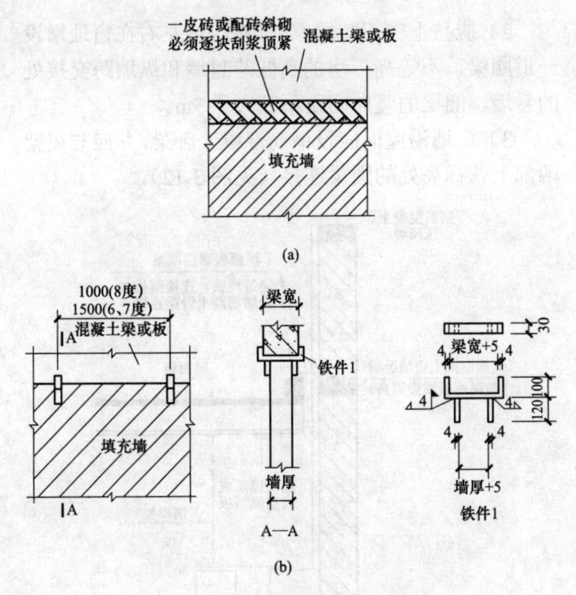

图 3-5　填充墙顶部构造详图

（a）填充墙上部砖斜砌与结构构件顶紧；

（b）填充墙上部用铁件与结构构件拉紧

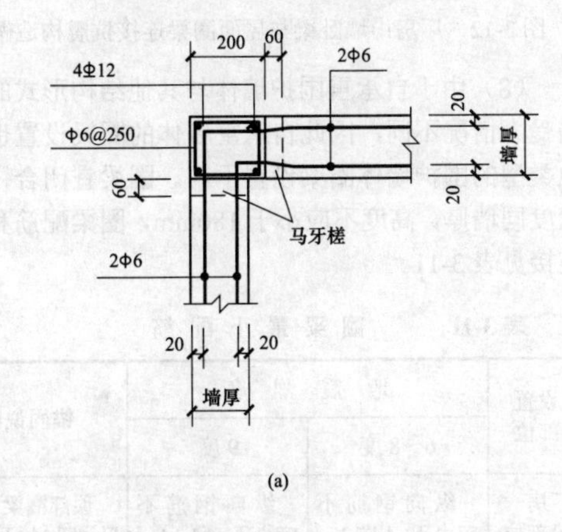

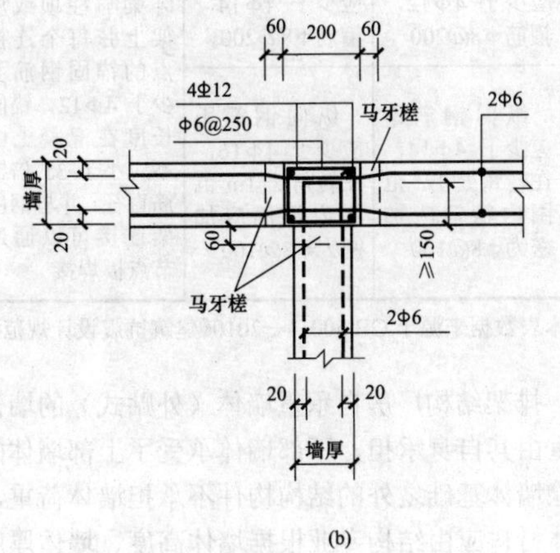

图 3-6　填充墙与构造柱拉结详图（一）

（a）拐角墙与构造柱拉结；（b）丁字墙与构造柱拉结；

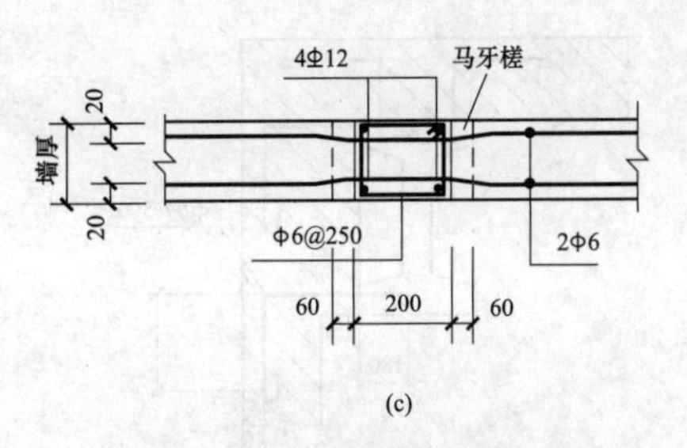

图 3-6　填充墙与构造柱拉结详图（二）

（c）一字形墙与构造柱拉结

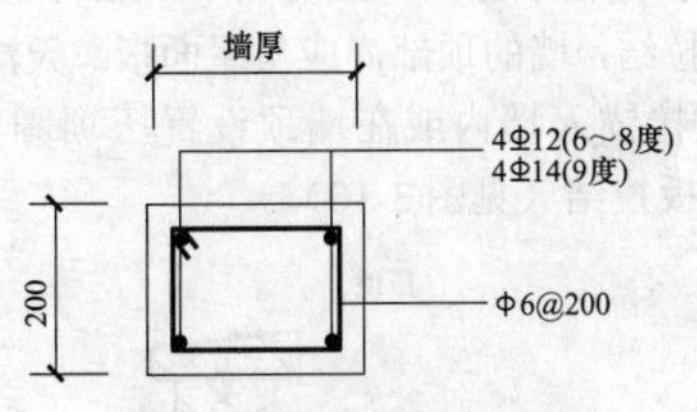

图 3-7　圈梁配筋示意图

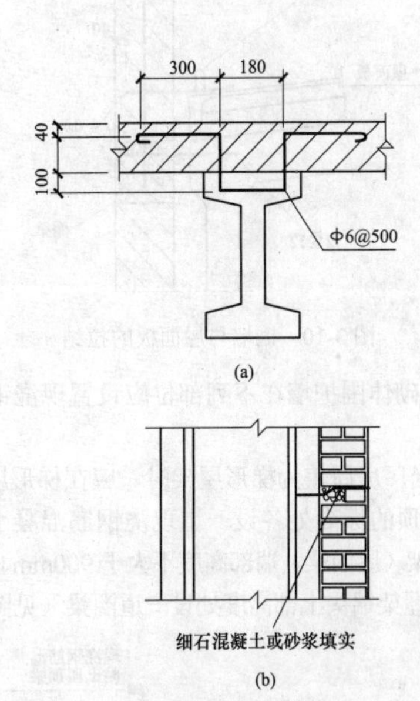

图 3-8　墙体与柱拉结

（a）一般情况；（b）柱预留筋未对准水平灰缝的处理办法

（2）厂房的外侧柱距大于 12m 时，应采用轻质墙板或钢筋混凝土大型墙板。

（3）刚性围护墙沿纵向宜均匀对称布置，不宜一侧为外贴式，另一侧为嵌砌式或开敞式；不宜一侧采用砌体墙，另一侧采用轻质墙板。

（4）不等高厂房的高跨封墙和纵横向厂房交接处的悬墙宜采用轻质墙板，当抗震烈度为 6、7 度采用砌体时，不应直接砌在低跨屋面上。

（5）转角处的墙体，应沿两个主轴方向与厂房柱拉结（见图 3-9）。

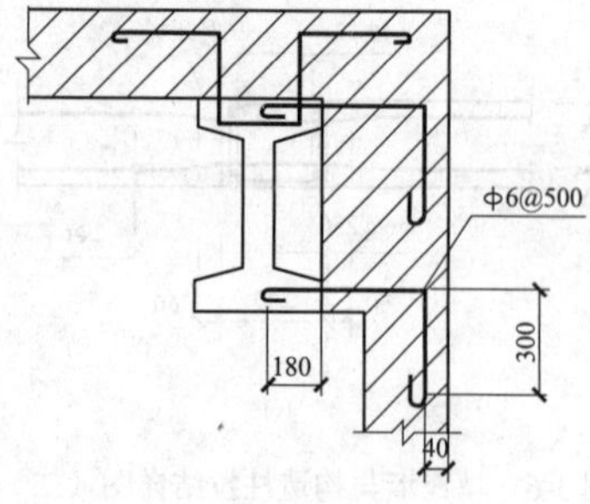

图 3-9 转角处墙体双向与厂房柱拉结

（6）位于柱顶标高以上的纵墙，应与屋架（屋面梁）端部拉结，墙的顶部尚应与屋面板、天沟板拉结，拉结筋直接锚入墙内或在墙顶设置压顶圈梁与屋面板、天沟板拉结（见图 3-10）。

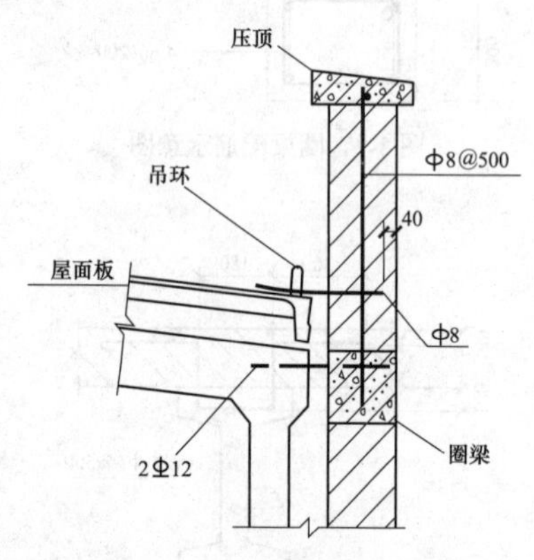

图 3-10 檐墙与屋面板的拉结

（7）砌体围护墙在下列部位应设置现浇钢筋混凝土圈梁：

1）当厂房屋盖为梯形屋架时，应在梯形屋架端部上弦和柱顶的标高处各设一道现浇钢筋混凝土闭合圈梁。当屋架（屋面梁）端部高度不大于 900mm 时，可仅在柱顶或屋架端头上部高度处设一道圈梁（见图 3-11）。

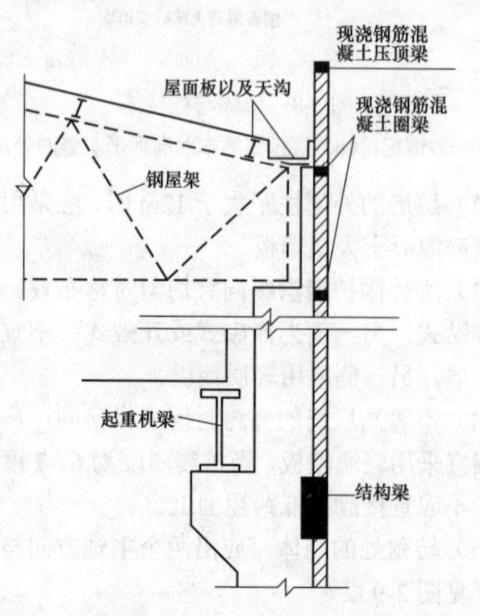

图 3-11 厂房屋架端部砌体围护结构抗震构造做法

2）应按上密下疏的原则每隔 4m 左右在窗顶增设一道圈梁，不等高厂房的高低跨封墙和纵墙跨交接处的悬墙，圈梁的竖向间距不应大于 3m。

3）山墙沿屋面应设钢筋混凝土卧梁，并应与屋架端部上弦标高处的圈梁连接（见图 3-12）。

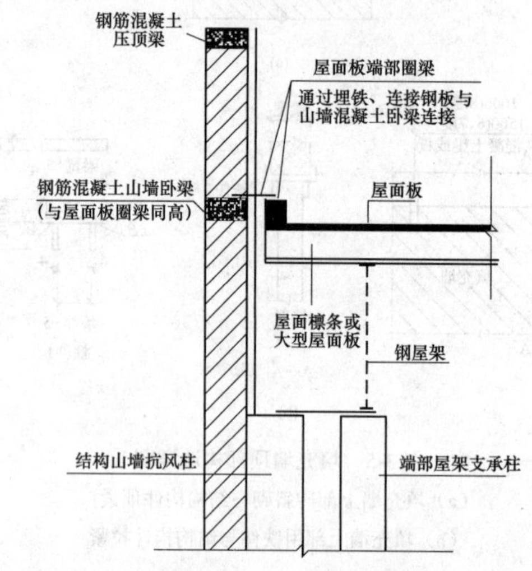

图 3-12 厂房山墙卧梁与屋面圈梁连接抗震构造做法

（8）由于自承重围护墙体与其他结构形式的填充墙受力情况不同，因此自承重墙体的圈梁设置也与其他类型的围护墙体圈梁设置不同。圈梁宜闭合，截面宽度同墙厚，高度不应小于 180mm，圈梁配筋和构造连接见表 3-11。

表 3-11 圈 梁 最 小 配 筋

设置部位	地震烈度		锚固说明
	6～8 度	9 度	
厂房一般部位圈梁	纵向钢筋不应少于 4ф12，箍筋ф8@200	纵向钢筋不应少于 4ф14，箍筋ф8@200	顶部圈梁、山墙卧梁与柱顶或屋架上弦每个连接点的锚固钢筋不少于 4ф12，锚固长度在混凝土中不应小于 35 倍锚筋直径，并与钢屋架连接可以通过节点板焊接
厂房转角端部跨	纵向钢筋不应少于 4ф14，在转角处 1m 范围内箍筋应加密为ф8@100	纵向钢筋不应少于 4ф16，在转角处 1m 范围内箍筋应加密为ф8@100	

注 本表数据来源于 GB 50011—2010《建筑抗震设计规范》。

（9）排架结构厂房自承重墙体（外贴式）的墙体自身荷重由其自身承担，下部墙体承受了上部墙体的重量，除墙体基础之外的结构构件不承担墙体荷重，因此墙体材料应由结构专业根据墙体高度、墙体厚度等参数核算其最小强度等级。墙体的稳定性应通过设置圈梁分段来控制墙体计算高度，使其满足高厚比，圈梁应与结构排架柱有可靠的拉结。常用砌体自承重墙允许计算高度参见本节“七、常用矩形截面填充墙允许计算高度”相关内容。

四、钢结构厂房围护墙体抗震构造措施

钢结构厂房主要由型钢和钢板等制成的钢梁、钢柱、钢桁架等构件组成，各构件或部件之间通常采用焊缝、螺栓或铆钉连接。因其自重轻、整体刚性好、变形能力强且施工简便，广泛应用于大跨度和高层厂房等建筑。

（1）钢结构延性好，作为工业厂房结构有较好的抗震性能，因此围护结构及内部墙体材料应优先选用轻型板材，外墙材料可采用复合压型钢板、刚性板材（如预制钢筋混凝土墙板），也可采用砌体材料，不同墙体材料与主体结构的连接方式有所不同。柔性板材通过檩托、檩条与钢结构柱连接，刚性板材通过板的预埋件、螺栓与结构梁、柱连接。预制钢筋混凝土墙板宜与柱柔性连接，9 度地震区厂房外墙宜采用轻型板材。

轻型板材是指单层金属板、工厂复合保温金属板、现场复合保温金属板等。其对降低厂房屋盖和围护结构的重量，对抗震十分有利。震害调查表明，轻型墙板的抗震效果好。大型墙板围护厂房的抗震性能明显优于砌体围护墙厂房。大型墙板与厂房柱刚性连接，对厂房的抗震不利，对厂房纵向的温度变形、厂房柱不均匀沉降以及各种震动也都不利。因此，大型墙板与厂房柱应优先采用柔性连接。

（2）钢结构厂房外墙墙体宜采用外贴式布置，7 度时不宜采用嵌砌墙体，8、9 度时不应采用嵌砌墙体。嵌砌砌体墙对厂房的纵向抗震不利，故一般不应采用。

内部墙体布置，当结构设有抗剪支撑时应避让，墙板嵌于梁柱内侧时，应考虑结构变位影响（可在板与柱边留有一定缝，采用柔性材料填充）。

（3）采用砌体作为围护结构的钢结构厂房，宜采用贴柱边砌，通过构造柱、圈梁的拉结筋与钢结构的梁、柱连接（见图 3-13）。当内隔墙采用柱内嵌砌方式

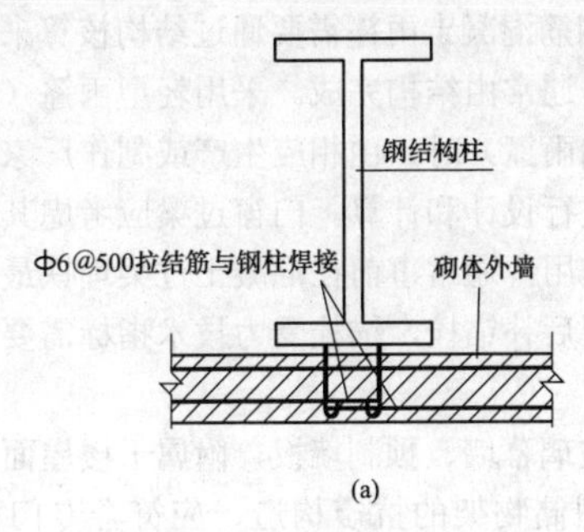

图 3-13　钢结构采用外贴式砌块墙体（一）

（a）墙体砌筑与钢柱翼缘平行

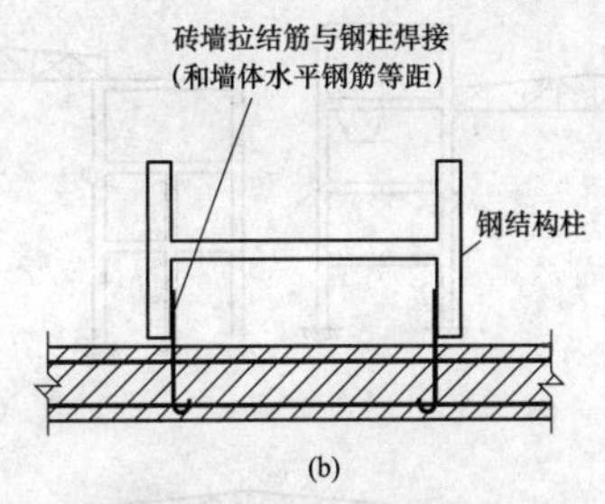

图 3-13　钢结构采用外贴式砌块墙体（二）

（b）墙体砌筑与钢柱翼缘垂直

（见图 3-14）时，墙体高度不宜超过 4m（超过较大时，可要求结构做过梁），并应避让钢结构抗剪支撑，砌体应与钢结构梁、柱边留缝，采用柔性材料嵌缝，缝宽 20～30mm，墙体抗震拉结筋应与柱焊接。砌体围护结构在 8、9 度地震区不应采用嵌砌方式。

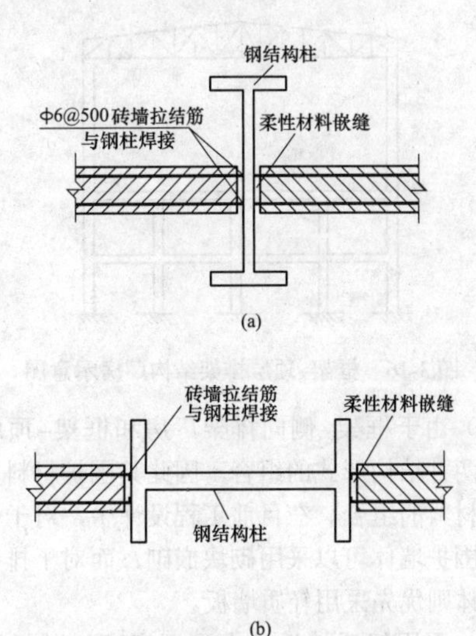

图 3-14　钢结构内嵌式砌块墙体

（a）墙体砌筑与钢柱翼缘平行；

（b）墙体砌筑与钢柱翼缘垂直

五、其他结构形式的高大厂房围护墙体抗震构造措施

火力发电厂由于各个工艺系统布置的特殊性，建筑物的结构形式也多种多样，除了上述介绍的框架结构厂房、排架结构厂房之外，还有利用这两种结构形式进行组合的结构形式，如框架–侧向排架厂房（见图 3-15）、框架–顶层排架厂房（见图 3-16）等。这类高大空间厂房通常跨度大、空间高度大或设有起吊设备，如汽机房、锅炉房、GIS 配电间、锅炉补给水车间、脱硫制浆建筑等。

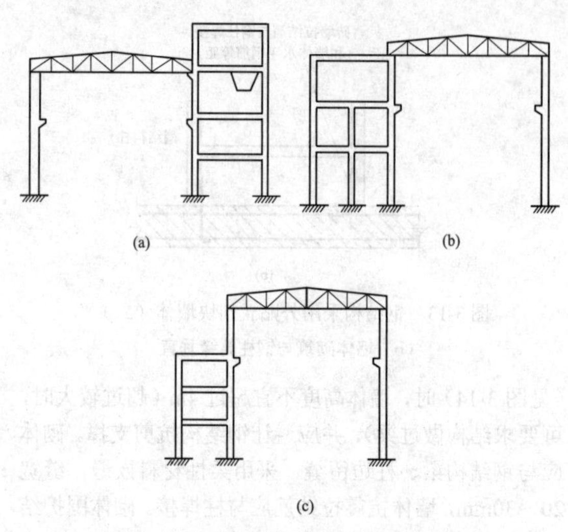

图 3-15 框架–侧向排架结构厂房示意图

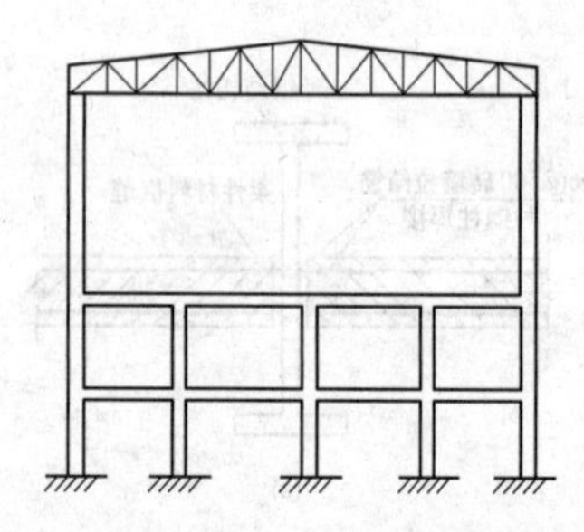

图 3-16 框架–顶层排架结构厂房示意图

（1）由于框架–侧向排架厂房和框架–顶层排架厂房是两种结构形式的组合，因此其围护材料也可以是不同材料的组合。在目前工程设计中，对于框架结构部分围护墙体可以采用砌块嵌砌，而对于排架部分围护墙体则优先采用轻质墙板。

（2）采用轻质墙板的大型厂房可以减轻结构自重，对抗震有利。目前所用较多的是有檩系统的压型钢板（包括各类金属复合板），檩条采用外贴式通过檩托与结构柱固定，檩托与檩条采用柔性连接，地震力对连接点不易产生损坏，从而达到保护墙板围护结构的目的。

（3）预制蒸压加气混凝土板（配筋）、纤维水泥空心板等刚性轻质墙板在地震高烈度区，不宜采用外贴（外挂）式，而采用墙板与 H 形龙骨的内嵌式构造，作为抵抗地震水平力的一个构件，此时建筑墙板布置宜采用对称方式。

（4）外墙板的连接件应具有足够的延性和适当的转动能力，满足在设防地震下主体结构层间变形的要求。

（5）高大厂房围护墙体抗震构造措施可以根据建筑各部位不同的结构形式，参见单层厂房围护墙体、框架结构填充墙抗震构造措施选择相应的抗震措施。

六、其他非结构构件抗震构造措施

（1）主厂房内小房间的隔墙布置，应注意与楼面结构变形缝的设置相协调配合。跨变形缝或抗震缝的隔墙应采取构造加强措施。

（2）门、窗过梁应采用钢筋混凝土过梁。过梁支承长度，地震烈度 6～8 度时不应小于 240mm，9 度时不应小于 360mm，当支承长度不足时，过梁钢筋应与柱进行锚固。

（3）女儿墙应根据不同的抗震设防烈度要求采取构造加强措施。在电气建筑进出线套管板和建筑物主要出入口上方的女儿墙、雨篷与主体结构应有可靠的锚固措施。

（4）屋面女儿墙（或平台栏板）抗震构造措施：

1）在建筑出入口或人行通道处上方的砌体女儿墙应与主体结构锚固。防震缝处女儿墙应留有足够的宽度，缝两侧的自由端应设构造柱予以加强。

2）建筑主要出入口上方的女儿墙宜采用现浇混凝土。砖砌女儿墙应采用构造柱、钢筋混凝土压顶作为锚固抗震措施。

3）女儿墙（或平台栏板）高度不大于 1.2m 时，墙厚可采用单行砖（厚度可根据砖规格 120～200mm 确定），构造柱尺寸不小于墙厚，混凝土强度不低于 C20，并应配置 4ϕ8 纵向钢筋，箍筋不小于ϕ6，间距不大于 200mm，顶部需设混凝土压顶，厚度不小于 60mm，并应配置 2ϕ10 纵向钢筋，横向分布筋不小于ϕ6，间距不大于 200mm。当屋面女儿墙高度较高时，女儿墙构造柱、压顶配筋和断面尺寸应通过核算确定。

（5）各类顶棚的构件与楼板的连接件，应能承受顶棚、悬挂重物和有关机电设施的自重和地震附加作用，其锚固的承载力应大于连接件的承载力。

（6）悬挑雨篷或一端由柱支承的雨篷，应与主体结构可靠连接。

（7）钢筋混凝土雨篷需要通过结构核算来确定断面和配筋，通常由结构完成。采用轻型雨篷（通常为轻型钢结构雨篷）时，由相应生产或制作厂家对雨篷自身结构进行设计和计算。门窗过梁应考虑其锚固构造和荷载作用，通常事前在混凝土过梁埋铁最佳，否则需要采用后补锚栓，锚栓受力技术指标需要专业厂家提供。

（8）玻璃幕墙、预制墙板、附属于楼屋面的悬臂构件和大型储物架的抗震构造，应符合专门标准的规定。

七、常用矩形截面填充墙允许计算高度

常用矩形截面填充墙允许计算高度数值见表 3-12。

表 3-12　　常用矩形截面填充墙允许计算高度 H_0

砂浆强度等级	H_0(m) b_s/s 墙厚（mm）	0.00	0.10	0.20	0.30	0.40	0.50	0.60	0.70	0.75	备　注
≥M7.5	90	3.51	3.37	3.23	3.09	2.95	2.81	2.67	2.53	2.46	小砌块
	120	4.49	4.31	4.13	3.95	3.77	3.59	3.41	3.23	3.14	砖类
	140	4.91	4.72	4.52	4.32	4.13	3.93	3.73	3.54	3.44	小砌块
	190	5.93	5.69	5.45	5.22	4.98	4.74	4.51	4.27	4.15	砖类、小砌块
	240	7.49	7.19	6.89	6.59	6.29	5.99	5.69	5.39	5.24	砖类
M5.0	90	3.24	3.11	2.98	2.85	2.72	2.59	2.46	2.33	2.27	小砌块
	120	4.15	3.98	3.82	3.65	3.48	3.32	3.15	2.99	2.90	砖类
	140	4.54	4.35	4.17	3.99	3.81	3.63	3.45	3.27	3.18	小砌块
	190	5.43	5.22	5.00	4.78	4.56	4.34	4.13	3.91	3.80	砖类、小砌块
	240	6.91	6.64	6.36	6.08	5.81	5.53	5.25	4.98	4.84	砖类

注　1. 本表的允许计算高度 H_0 是根据构造要求的墙体允许高厚比计算所得，墙体的高度还应满足说明中设计原则的要求。

2. 本表未考虑带壁柱墙和带构造柱墙的高厚比验算，带壁柱墙和带构造柱墙的高厚比验算应按有关规范进行。

3. 表中 s 为相邻窗间墙之间的距离；b_s 为在宽度 s 范围内的门窗洞口总宽度。

4. 本表数据摘自国家建筑标准设计图集 06SG614-1《砌体填充墙结构构造》。

第四章

火力发电厂建筑采光与通风设计

火力发电厂建筑种类较多，工艺设备（系统）布置、运行及维修要求不同，厂房建筑平面尺寸、层高等差异大。建筑采光设计应综合考虑建筑使用功能、视觉工作要求、平面空间尺寸等因素影响，充分利用天然光，选择合理的采光方式，创造良好的光环境。在天然采光无法满足基本使用要求时，与电气专业配合，做好人工照明设计或天然采光与人工照明相结合设计。

火力发电厂建筑多为大跨度厂房，具有室内空间大、污染物量大种类多、分布相对集中、通风量大等特点。对于部分特殊工艺的厂房，需要有专业的送排风系统。火力发电厂厂房的通风设计应配合暖通专业，选择合理的通风方式，做好自然通风、机械通风，或者自然与机械相结合的通风设计，排除厂房内的污染气体和有害气体，为运行、检修人员提供良好的工作环境。

第一节 建筑采光设计

一、建筑采光概念

建筑采光是为获得良好的光照环境，节约能源，在建筑外围护结构（墙、屋顶）上布置各种形式采光口（窗口）而采取的措施。

从光源来源划分，采光可分为天然采光和人工照明。人工照明往往要消耗能源，会增加建筑物及其维护的成本，加快资源消耗并加重环境污染。我国是一个人口大国，资源相对匮乏，从节能、造价、环保的角度来看，尽量利用天然采光是非常必要的。

（一）建筑光学基本知识

1. 光的范围

光是指波长在380～780nm的电磁波。

2. 光的基本量

光的基本量的定义、符号、单位、公式见表4-1。

表4-1 光的基本量

名称	定义	符号	单位	公式
光通量	单位时间内某一波段的辐射能量与该波段的相对视见率的乘积	Φ	lm	$\Phi = K_{m}\int V(\lambda)\phi_{e\lambda}\mathrm{d}\lambda$
发光强度	单位立体角的光通量	I	cd 1cd=1lm/sr	$I = \mathrm{d}\Phi / \mathrm{d}\Omega$
照度	单位面积接受的光通量	E	lx 1lx=1lm/m²	$E = \mathrm{d}\Phi / \mathrm{d}A$
亮度	在单位面积1m²，沿物体法线方向（α=0）产生1cd的发光强度	L_{α}	cd/m²	$L_{\alpha} = I_{\alpha} / (A\cos\alpha)$
反射比	被照面反射光通量与入射光通量之比	ρ	无量纲	$\rho = \Phi_{\rho} / \Phi$
透射比	被照面（物）透射光通量与入射光通量之比	τ	无量纲	$\tau = \Phi_{\tau} / \Phi$
吸收比	被照面（物）吸收光通量与入射光通量之比	α	无量纲	$\alpha = \Phi_{\alpha} / \Phi$

注 $V(\lambda)$为国际照明委员会（CIE）规定的标准光谱光视效率函数，$\phi_{e\lambda}$为辐射通量的光谱密集度。

3. 视觉

当物体反射光或散射光作用于眼时产生视觉，其本质是光通过瞳孔、水晶体成像于视网膜上，通过视网膜上的感光细胞传送给人的大脑。

4. 材料的光学性质

（1）光的反射、吸收和透射。光在传播过程中遇到介质（如玻璃、空气、墙面等）时，入射光通量中的一部分被反射，一部分被吸收，一部分被透射，三部分之和等于入射的光通量。

（2）光的定向反射。光线射到表面很光滑的不透明材料（如镜子）上就会出现定向反射现象。其特点是：光线入射角等于反射角；入射光线、反射光线及反射区的法线同处于一个平面。

（3）光的定向透射。当光线射到透明材料（如优质透明平板玻璃）上时，则会产生定向透射。如材料的两个表面彼此平行，则透过材料的光线方向与入射光线方向保持一致。

（4）光的扩散反射和透射。半透明材料使入射光线发生扩散透射，表面粗糙的不透明材料使入射光线发生扩散反射，使光线分散在更大的立体角范围内。

（二）天然采光

1. 光气候

光气候是由太阳直射光、天空漫射光和地面反射光形成的天然光平均状况。天然光的自然状况包括当地天然光的组成及其照度变化、天空亮度及其在天空中的分布状况等。影响室外天然光的因素有很多，且处于不断变化的状态，难以用简单的公式准确地进行描述。目前各国都采用长期观测的办法，取得资料，综合分析，并整理出代表当地光气候的数据。在研究以上数据的基础上找出某些规律，为采光设计提供依据。

（1）天然光由太阳光的直射光和天空漫射光组成。由于漫射光比直射光弱，稳定且均匀，因此设计中只用漫射光。

（2）天然光的影响因素有以下几点：

1）地理位置和季节的变化。纬度越低光线越强，纬度越高光线越弱；冬季日短，夏季日长，光线随之变化。

2）天空云量。晴天时天空无云或少云（云量约占天空的 30%以下），多云天时天空云量超过 30%，全云天时看不见太阳，室外天然光全为扩散光（即漫反射光），物体后面没有阴影，其他面照度取决于太阳高度角、云状、地面反射能力、大气透明度等因素。

3）大气透明度。雾天透明度低，工业污染也会造成大气透明度降低，一般要注意提高采光量 28%～30%。

4）地面反射光。周围建筑物距离及颜色、地面绿化及颜色也会对光气候有影响，如下雪天室内亮度会提高 1 倍。

2. 建筑采光设计常用名词术语

建筑采光设计常用名词术语说明见表 4-2。

表 4-2　　建筑采光常用名词术语说明

<table>
<tr><th>名　称</th><th>定　义</th><th>说　明</th></tr>
<tr><td>室外照度 E_w</td><td>在天空漫射光照射下，室外无遮挡水平面上的照度</td><td>国内划分了 5 个光气候区，不同光气候区的室外天然光设计照度取值不同，规范规定的采光系数标准值应乘以所在地区的光气候系数 K</td></tr>
<tr><td>室内照度 E_n</td><td>在天空漫射光照射下，室内给定平面上某一点的照度</td><td>当根据规范进行设计时，也可认为是室内照度设计值</td></tr>
<tr><td>采光系数 C（%）</td><td>在室内参考平面上的一点，由直接或间接地接收来自假定和已知天空亮度分布的天空漫射光而产生的照度与同一时刻该天空半球在室外无遮挡水平面上产生的天空漫射光照度之比</td><td>定义公式：$C=\frac{E_n}{E_w}\times 100\%$</td></tr>
<tr><td>采光系数标准值（%）</td><td>在规定的室外天然光设计照度下，满足视觉功能要求时的采光系数值</td><td>采光系数标准值应为参考平面上的平均值</td></tr>
<tr><td>室外天然光设计照度 E_s</td><td>室内全部利用天然光时的室外天然光设计最低照度取值</td><td>满足 GB 50033—2013《建筑采光设计标准》所规定标准值的室外照度值，不同光气候区、不同使用功能的建筑对年利用天然采光的小时数有所不同。此照度并非采光计算的室外天然光临界照度 E_1，通常设计照度 E_s 值高于临界照度 E_1 值</td></tr>
<tr><td>室内天然光照度标准值</td><td>对应于规定的室外天然光设计照度值（E_s）和相应的采光系数标准值的参考平面上的照度值</td><td>采光系数标准值是通过选取参考面进行计算的平均值 C_{av}</td></tr>
<tr><td>光气候</td><td>由太阳直射光、天空漫射光和地面反射光形成的天然光平均状况</td><td rowspan="2"><table><tr><td>光气候区（分类）</td><td>Ⅰ</td><td>Ⅱ</td><td>Ⅲ</td><td>Ⅳ</td><td>Ⅴ</td></tr><tr><td>K 值</td><td>0.85</td><td>0.90</td><td>1.00</td><td>1.10</td><td>1.20</td></tr><tr><td>E_s（lx）</td><td>18000</td><td>1500</td><td>15000</td><td>13500</td><td>12000</td></tr></table>各光气候区的室外天然光设计照度值应按上表采用。所在地区的采光系数标准值应乘以相应地区的光气候系数 K。对于Ⅰ、Ⅱ采光等级的侧面采光，当开窗面积受到限制时，其采光系数值可降低到Ⅲ级，所减少的天然光照度应采用人工照明补充</td></tr>
<tr><td>光气候系数 K</td><td>根据光气候特点，按年平均总照度值确定的分区系数</td></tr>
</table>

续表

名 称	定 义	说 明
室外天然光临界照度 E_1	室内需要全部开启人工照明时的室外天然光照度	利用天然采光与人工照明的临界点时间，作为计算天然采光的利用时间
采光均匀度	参考平面上的采光系数最低值与平均值之比	建筑采用顶部（平天窗）采光时，Ⅰ～Ⅳ等级的采光均匀度不宜小于 0.7。侧窗暂无规定，只规定采光系数最低值
窗地面积比	窗洞口面积与地面面积之比，对于侧面采光，应为参考平面以上的窗洞口面积	此方法以Ⅲ类地区的光气候作为室外照度值，进行室内采光系数的估算，天窗和侧窗指标规定不同，通常是在建筑方案阶段进行估算，其他光气候区应乘以相应的光气候系数 K
采光有效进深	侧面采光时，可满足采光要求的房间进深。此处用房间进深与参考平面至窗上沿高度的比值来表示	超过采光有效进深的建筑室内部位不属于天然采光的有效计算范围，一般天然采光的有效进深不大于窗上沿高度的 4 倍

注 GB 50033—2013《建筑采光设计标准》计算采光系数采用的是室外天然照度设计值，不同光气候地区天空照度从 12000lx 到 18000lx。建筑采光设计时，采光系数或照度的标准值应乘以相应地区的光气候系数 K，即 $C \cdot K$ 作为设计的采光系数或照度（即采光系数或照度计算平均值不得低于此值）。

二、建筑采光方式

建筑采光方式按采光窗口所在位置，可分为侧窗采光、天窗采光和混合采光三种。根据建筑功能和视觉工作的要求，选择合理的采光方式，确定采光口面积和窗口布置形式，创造良好的室内光环境是建筑采光设计的主要任务。

1. 侧窗采光

侧窗采光是最常见的一种采光形式，可分为单侧窗、双侧窗、高侧窗、低侧窗等。侧面的采光口一般可不受层数影响，但室内照度分布不均匀，房间进深易受限制。侧窗构造简单，布置方便。人们通过侧窗能看到室外环境，并感受自然光线，但窗台对着视线，容易产生眩光。侧窗通常为长方形，在同面积情况下正方形窗采光量最大。从照度均匀性看，竖向长方形在房间进深方向均匀性好；横向长方形在房间宽度方向上较均匀。窗口形状应结合房间形状及使用功能来选择，如开间窄而进深大的房间宜采用竖长方形窗，反之宜用横长方形窗。

对于房间纵向采光均匀性来讲，最主要的是窗位置的高低。窗台低时，近窗处照度很高，往里则迅速下降；当窗位置提高后，虽然靠近窗口处照度降低，但离窗口远的地方照度会有所提高，均匀性有所改善。

对于房间横向采光均匀性来讲，主要因素是窗间墙的宽度。窗间墙越宽，横向均匀性越差。特别是靠近外墙处，光线很不均匀。如采用通长窗，窗面积相同情况下，靠墙处采光系数虽然不一定很高，但均匀性较好。

外墙较厚时，为了减少光线遮挡，可将靠窗处的墙做成喇叭口形。

为了提高天然光照射深度，可以设高侧窗（提高窗台），但受到层高的限制。高侧窗只能保证有限进深的采光要求，一般不超过窗高的 2 倍，更深处应采用人工照明来补充。为了克服侧窗采光照度变化剧烈，在房间深处照度不足的特点，也可采用乳白玻璃、玻璃砖等扩散透光材料，或采用将光线折射至顶棚的折射玻璃，提高照射深度，还可以采用倾斜顶棚和室内设置反光板的方法增加房间深处的照度。

2. 天窗采光

在大空间公共建筑及工业建筑中，为解决大面积空间采光，常采用顶部采光形式，称为天窗采光。由于使用要求不同，便产生了各种形式的天窗。

（1）矩形天窗。它由装在屋架上的天窗架和天窗架上的窗扇组成。窗可为中悬窗或上、下悬窗，可开启用于通风，应用广泛。矩形天窗容易使照度均匀，且不易形成眩光。对多跨厂房，增加天窗宽度有可能造成相邻两跨天窗间的遮挡。为此，一般天窗跨度应小于或等于建筑跨度的一半左右。单跨或双跨厂房的天窗位置高度最好在 0.35～0.70 建筑跨度之间，天窗间距一般小于天窗位置高度的 4 倍。相邻天窗玻璃间距一般取相邻天窗高度和的 1.5 倍（天窗高度是指屋面至天窗上沿的高度）。矩形天窗适用于粗糙工作或中等精密工作的车间。

与矩形天窗性能近似的还有 M 形天窗，通风效果好一些，但构造较矩形天窗复杂。M 形天窗用于采光通风都有一定要求的车间。

（2）锯齿形天窗。锯齿形天窗的特点是不仅能得到天空的扩散光，而且还有利于利用屋顶的反射，因此采光效率比矩形天窗高。锯齿形天窗玻璃面可避免直射阳光，使室内保持较稳定的光线。这种天窗间距一般不大于窗下檐到工作面高度的 2 倍。天窗玻璃面向南时，玻璃面上安装控光压花玻璃，使投向该玻璃面的直射阳光折向锯齿形的顶棚，由它反射至室内可使室内消除直射光引起的光斑，而且室内照度值及均匀度都大大提高。锯齿形天窗适用于调节温度、湿度条件的车间，机械加工车间或需要采光条件稳定和方向性强的车间，工作面的布置应使操作者的视线与光线方向垂直。

（3）平天窗。平天窗是在屋面上设水平的或接近水平的采光口，包括各种形状的采光罩，这种采光形式的光敏高，比矩形天窗高2～3倍，几乎可以安装在屋顶的任何部位，且几乎对屋顶结构不产生影响。

3. 混合采光

将侧窗与天窗采光一起采用的采光方式为混合采光，可提高采光效率。

随着技术的发展，可以选择的其他天然采光方式也越来越多，下面给出其他几种采光方式：

（1）导光管法。用导光管将太阳集光器收集的光线传送到室内需要采光的地方。

（2）采光搁板。采光搁板相当于是水平放置的导光管，它主要是为解决大进深房间内部的采光而设计的。

（3）棱镜组多次反射法。用一组传光棱镜将集光器收集的太阳光传送到需要采光的部位。

（4）反射高窗。反射高窗结构简单，没有结构复杂的集光装置和导光装置，是在窗的顶部安装一组镜面反射装置。

三、火力发电厂建筑采光设计要求

采光设计是根据视觉工作特点，按使用功能和要求，确定采光标准和采光等级，结合建筑设计方案正确选择采光口的形式，根据采光标准和各项计算参数进行采光计算，确定采光口面积及位置，使室内获得良好的采光环境。必要时，应计算窗的不舒适眩光，采取措施进行控制。

1. 采光设计取值

（1）各采光等级参考平面上的采光标准值应符合表4-3的规定。

表4-3 各采光等级参考平面上的采光标准值

采光等级	侧面采光		顶部采光	
	采光系数标准值（%）	室内天然光照度标准值（lx）	采光系数标准值（%）	室内天然光照度标准值（lx）
Ⅰ	5	750	5	750
Ⅱ	4	600	3	450
Ⅲ	3	450	2	300
Ⅳ	2	300	1	150
Ⅴ	1	150	0.5	75

注 1. 工业建筑参考平面取距地面1m，民用建筑取距地面0.75m，公用场所取地面。
2. 表中所列采光系数标准值适用于我国Ⅲ类光气候区，采光系数标准值是按室外设计照度值15000lx指定的。
3. 采光标准的上限值不宜高于上一采光等级的级差，采光系数值不宜高于7%。
4. 本表摘自GB 50033—2013《建筑采光设计标准》。

（2）火力发电厂建筑中，除生产性建筑属于工业建筑外，还有一些民用建筑（如办公楼、宿舍、招待所等），各类建筑采光标准值不应低于表4-4的规定。

表4-4 一般民用与工业建筑采光标准值

建筑分类	采光等级	建筑室内名称	侧面采光		顶部采光	
			采光系数标准值（%）	室内天然光照度标准值（lx）	采光系数标准值（%）	室内天然光照度标准值（lx）
住宅	Ⅳ	卧室、起居室（厅）	2	300		
	Ⅳ	厨房	2	300		
	Ⅴ	卫生间、过道、餐厅、楼梯间	1	150		
办公建筑	Ⅱ	设计、绘图室	4	600		
	Ⅲ	办公、会议室	3	450		
	Ⅳ	复印、档案室	2	300		
	Ⅴ	走道、楼梯、卫生间	1	150		
图书馆建筑	Ⅲ	阅览室、开架书库	3	450	2	300
	Ⅳ	目录室	2	300	1	150
	Ⅴ	书库、走道、楼梯间、卫生间	1	150	0.5	75
旅馆建筑	Ⅲ	会议室	3	450	2	300
	Ⅳ	大堂、客房、餐厅、健身房	2	300	1	150
	Ⅴ	走道、楼梯间、卫生间	1	150	0.5	75

续表

建筑分类	采光等级	建筑室内名称	侧面采光		顶部采光	
			采光系数标准值（%）	室内天然光照度标准值（lx）	采光系数标准值（%）	室内天然光照度标准值（lx）
工业建筑	Ⅰ	特精密机电产品加工、装配、检验、工艺品雕刻、刺绣、绘画	5	750	5	750
	Ⅱ	精密机电产品加工、装配、检验、通信、网络、视听设备、电子元器件、电子零部件加工、抛光、复材加工、纺织品精纺、织造、印染、服装裁剪、缝纫及检验、精密理化实验室、计量室、测量室、主控制室、印刷品的排版、印刷、药品制剂	4	600	3	450
	Ⅲ	机电产品加工、装配、检修、机库、一般控制室、木工、电镀、油漆、铸工、理化实验室、造纸、石化产品后处理、冶金产品冷轧、热轧、拉丝、粗炼	3	450	2	300
	Ⅳ	焊接、钣金、冲压剪切、锻工、热处理、食品、烟酒加工和包装、饮料、日用化工产品、炼铁、炼钢、金属冶炼、水泥加工与包装、配电站、变电站、橡胶加工、皮革加工、精细库房（及库房作业区）	2	300	1	150
	Ⅴ	发电厂主厂房、压缩机房、风机房、锅炉房、泵房、动力站房、（电石库、乙炔库、氧气瓶库、汽车库、大中件贮存库）一般库房、煤的加工、运输、选煤配料间、原料间、玻璃退火、熔制	1	150	0.5	75

注 本表摘自 GB 50033—2013《建筑采光设计标准》。

（3）火力发电厂各建筑物的采光标准值应符合表 4-5 的规定。单侧采光计算点选在距其对面内墙面 1.00m，离地面高 1.00m 处；采用顶部和侧面两者混合采光时，采光计算点可分别为跨中和距对面内墙面 1.00m，离地面高 1.00m 处。

表 4-5 火力发电厂各建筑物采光标准值

车间名称	采光等级	侧面采光		顶部采光	
		采光系数标准值（%）	室内天然光照度标准值（lx）	采光系数标准值（%）	室内天然光照度标准值（lx）
汽机房运转层	Ⅴ	1	150	0.5	75
汽机房底层	Ⅴ	1	150	0.5	75
锅炉房运转层	Ⅴ	1			
锅炉房底层、运煤皮带层	Ⅴ	1	150	0.5	75
除氧器层	Ⅴ	1	150	0.5	75
转运站、运煤栈桥及碎煤机室	Ⅴ	1	150	0.5	75
控制室	Ⅱ	4	600	3	450
化学水处理室	Ⅳ	2	300	1	150
检修维护间	Ⅲ	3	450	2	300
材料库	Ⅴ	1	150	0.5	75
泵房	Ⅴ	1	150	0.5	75

续表

车间名称	采光等级	侧面采光		顶部采光	
		采光系数标准值（%）	室内天然光照度标准值（lx）	采光系数标准值（%）	室内天然光照度标准值（lx）
实验室、办公室	Ⅲ	3	450	2	300

注 本表摘自 DL/T 5094—2012《火力发电厂建筑设计规程》，表中采光系数的取值方法根据 GB 50033—2013《建筑采光设计标准》规定进行了调整。

（4）采光计算应按 GB 50033—2013《建筑采光设计标准》中所列方法执行。其中锅炉房、维修车间、运煤建筑的窗玻璃污染系数，应按严重污染取值，汽机房及其他车间应按一般污染取值。在计算室内反射光增量系数时，室内各表面饰面材料反射系数加权平均值 ρ 可按下列指定值取值：严重污染车间，ρ 取 0.2；一般污染车间，ρ 取 0.3；试验室和办公室，ρ 取 0.4。

2. 采光设计要点

（1）火力发电厂建筑采光设计，需根据建筑功能和视觉工作的要求，选择合理的采光方式，确定采光口面积和窗口布置形式，创造良好的室内光环境。

（2）所有建筑物室内应优先考虑天然采光。采光口的设置应充分和有效地利用天然光源，并对人工照明的设置作全面的考虑。

（3）采光方式以侧窗为主，必要时可采用侧窗采光和顶部采光相结合的方式。侧窗设计，除考虑建筑节能和便于清洁外，台风多发地区还应兼顾其安全性。

（4）侧窗采光应注意室外遮挡物的挡光和反光，天窗采光应考虑工作面的位置特征、主要设备（生产线）布置方向、当地环境条件（地势、日照、主导风向和降雨雪量等）等。

（5）主厂房固定端、扩建端墙上，宜设一定面积的采光窗，同时满足端部的采光要求；主厂房外门、窗应根据总图布置的朝向考虑遮阳，避免东、西朝向开大面积窗。

（6）各类控制室宜采用天然采光和人工照明相结合的方式，设计时应避免控制屏表面和操作台显示器屏幕面产生眩光及视线方向上形成的眩光。

（7）单层单跨或单层双跨（厂房）建筑和多层（厂房）建筑宜用侧窗采光；单层三跨以上的（厂房）建筑宜用侧窗采光和天窗采光相结合的混合采光方式。

1）矩形天窗：常用于一般视觉工作的生产车间，如一般机械加工车间。另外，对生产中排出大量烟尘或空气湿度较高的车间也可采用这种形式的天窗。

2）锯齿形天窗：宜用于精细视觉工作以上的，并要求采光稳定和自动调节室内温、湿度的生产车间（目前火力发电厂中已较少使用这种天窗）。

3）平天窗：可用于精细视觉工作的生产车间。

（8）火力发电厂中的公共类建筑应根据公共建筑功能和视觉工作的要求，选择合理的采光方式，确定采光口面积和窗口布置形式，创造良好的室内光环境。公共建筑采光设计要形成建筑内部与室外大自然相通的生动气氛，对人产生积极的心理影响，并减少人工照明的能源耗费。如办公室等建筑的工作环境对采光要求较高，采光方式可各具特色。此外，建筑的形式与采光的关系也很密切。

（9）火力发电厂中的公共类建筑如办公室以侧窗采光居多。办公室需要的平均采光系数通常为 2%～3%。当窗口面积占外侧墙面面积的 1/3 时，在近窗区域，即进深为窗高 1.5 倍的范围内，可全年利用天然光工作。天然光照度低于规定标准的地方，需要补充人工照明。采光系数低于 0.5%的地方，主要依靠人工照明。这样，办公室内就形成天然采光区、混合照明区和人工照明区三个不同的区域，可根据不同区域采用不同的采光方式。

（10）有爆炸危险性的车间，应考虑采光窗的泄爆作用，采光窗应符合泄爆材质的相关要求。

四、火力发电厂建筑采光计算

（一）建筑采光计算方法

建筑（天然）采光计算是根据建筑所处地区的光气候区类别（室外照度设计取值）以及室外环境特征合理确定窗口的尺寸、数量、位置、形式来核算室内的天然光照度；依据 GB 50033—2013《建筑采光设计标准》的规定，当计算值不满足规范规定的标准值要求时，普通建筑可通过调整建筑采光窗洞的位置和大小尺寸使其满足规范规定的最低照度。

建筑天然采光的平天窗和侧窗对室内照度的影响区别较大，规范计算方法、系数取值也有区别，因此将建筑天然采光窗设计分为侧窗和天窗两大类。

GB 50033—2013《建筑采光设计标准》以图示将国内划分了 5 类光气候区，详见该规范图 A.0.1 中国光气候分区图；对于国内主要城市，该规范表 A.0.2 列出了全国主要城市光气候分区表。不同气候区的建筑采光计算，应根据建筑所处位置，所取室外天然光照度有所不同。

火力发电厂建筑的采光计算方法按 GB 50033—2013《建筑采光设计标准》的规定执行。采光计算根据工程设计需要可按下列方法进行。

1. 侧面采光计算

侧面采光（见图 4-1）的计算可按下列公式进行。

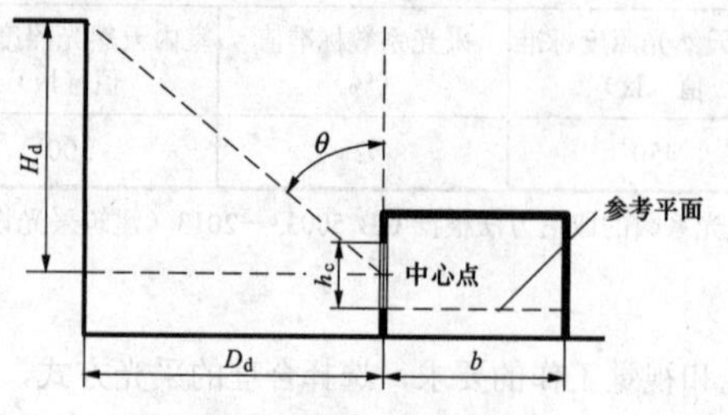

图 4-1 侧面采光示意图

$$C_{av}=\frac{A_c\tau\theta}{A_z(1-\rho_j^2)} \tag{4-1}$$

$$\tau=\tau_0\tau_c\tau_w \tag{4-2}$$

$$\rho_j=\frac{\sum\rho_iA_i}{\sum A_i}=\frac{\sum\rho_iA_i}{A_z} \tag{4-3}$$

$$\theta=\arctan\left(\frac{D_d}{H_d}\right) \tag{4-4}$$

$$A_c=\frac{C_{av}A_z(1-\rho_j^2)}{\tau\theta} \tag{4-5}$$

式中 C_{av}——采光系数平均值，%；

τ——窗的总透射比；

A_c——窗洞口面积，m^2；

A_z——室内表面总面积，m^2；

ρ_j——室内各表面反射比的加权平均值；

θ——从窗中心点计算的垂直可见天空的角度值，无室外遮挡 θ 为 90°；

τ_0——采光材料的透射比，可按 GB 50033—2013《建筑采光设计标准》附录 D 中表 D.0.1 和表 D.0.2 取值；

τ_c——窗结构的挡光折减系数，可按 GB 50033—2013《建筑采光设计标准》附录 D 中表 D.0.6 取值；

τ_w——窗玻璃的污染折减系数，可按 GB 50033—2013《建筑采光设计标准》附录 D 中表 D.0.7 取值；

ρ_i——顶棚、墙面、地面饰面材料和普通玻璃窗的反射比，可按 GB 50033—2013《建筑采光设计标准》附录 D 中表 D.0.5 取值；

A_i——与 ρ_i 对应的各表面面积；

D_d——窗对面遮挡物与窗的距离，m；

H_d——窗对面遮挡物距窗中心的平均高度，m。

典型条件下的采光系数平均值可按 GB 50033—2013《建筑采光设计标准》附录 C 中表 C.0.1 取值。

2. 顶部采光计算

顶部采光（见图 4-2）的计算可按下列公式进行。

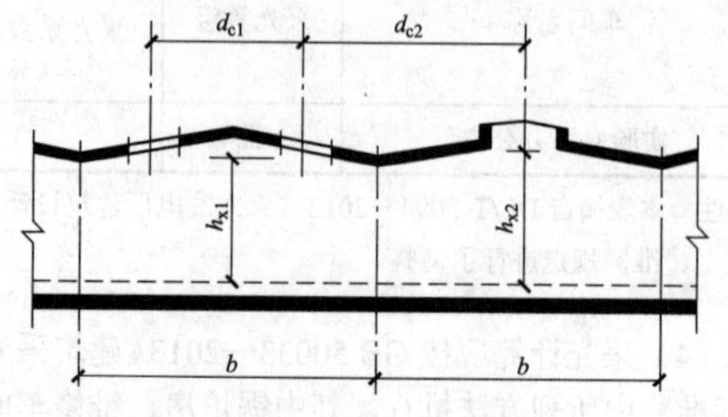

图 4-2 顶部采光示意图

采光系数平均值可按式（4-6）计算，即

$$C_{av}=\tau\cdot CU\cdot A_c/A_d \tag{4-6}$$

式中 C_{av}——采光系数平均值，%；

τ——窗的总透射比，可按式（4-2）计算；

CU——利用系数，可按表 4-6 取值；

A_c/A_d——窗地面积比。

表 4-6 利 用 系 数（CU）

顶棚反射比（%）	室空间比（RCR）	墙面反射比（%）		
		50	30	10
80	0	1.19	1.19	1.19
	1	1.05	1.00	0.97
	2	0.93	0.86	0.81
	3	0.83	0.76	0.70
	4	0.76	0.67	0.60
	5	0.67	0.59	0.53
	6	0.62	0.53	0.47
	7	0.57	0.49	0.43
	8	0.54	0.47	0.41
	9	0.53	0.46	0.41
	10	0.52	0.45	0.40
50	0	1.11	1.11	1.11
	1	0.98	0.95	0.92
	2	0.87	0.83	0.78
	3	0.79	0.73	0.68
	4	0.71	0.64	0.59
	5	0.64	0.57	0.52
	6	0.59	0.52	0.47
	7	0.55	0.48	0.43
	8	0.52	0.46	0.41
	9	0.51	0.45	0.40
	10	0.50	0.44	0.40

续表

顶棚反射比（%）	室空间比（RCR）	墙面反射比（%）		
		50	30	10
20	0	1.04	1.04	1.04
	1	0.92	0.90	0.88
	2	0.83	0.79	0.75
	3	0.75	0.70	0.66
	4	0.68	0.62	0.58
	5	0.61	0.56	0.51
	6	0.57	0.51	0.46
	7	0.53	0.47	0.43
	8	0.51	0.45	0.41
	9	0.50	0.44	0.40
	10	0.49	0.44	0.40

注 本表摘自 GB 50033—2013《建筑采光设计标准》。

室空间比 RCR 可按式（4-7）计算，即

$$RCR=\frac{5h_x(l+b)}{lb} \tag{4-7}$$

式中 h_x——窗下沿距参考平面的高度，m；

l——房间长度，m；

b——房间进深，m。

当求窗洞口面积 A_c 时，可按式（4-8）计算，即

$$A_c=C_{av}\frac{A_c'}{C'}\frac{0.6}{\tau} \tag{4-8}$$

式中 C'——典型条件下的平均采光系数，取值为 1%；

A_c'——典型条件下的开窗面积，可按 GB 50033—2013《建筑采光设计标准》附录 C 图 C.0.2-1 和图 C.0.2-2 取值。

值得注意的是：①当需要考虑室内构件遮挡时，室内构件的挡光折减系数可按 GB 50033—2013《建筑采光设计标准》表 D.0.8 取值；②当采用采光罩采光时，应考虑采光罩井壁的挡光折减系数（K_j），可按表 4-7 取值。

表 4-7　采光罩常用距高比及光井指数与折减系数关系

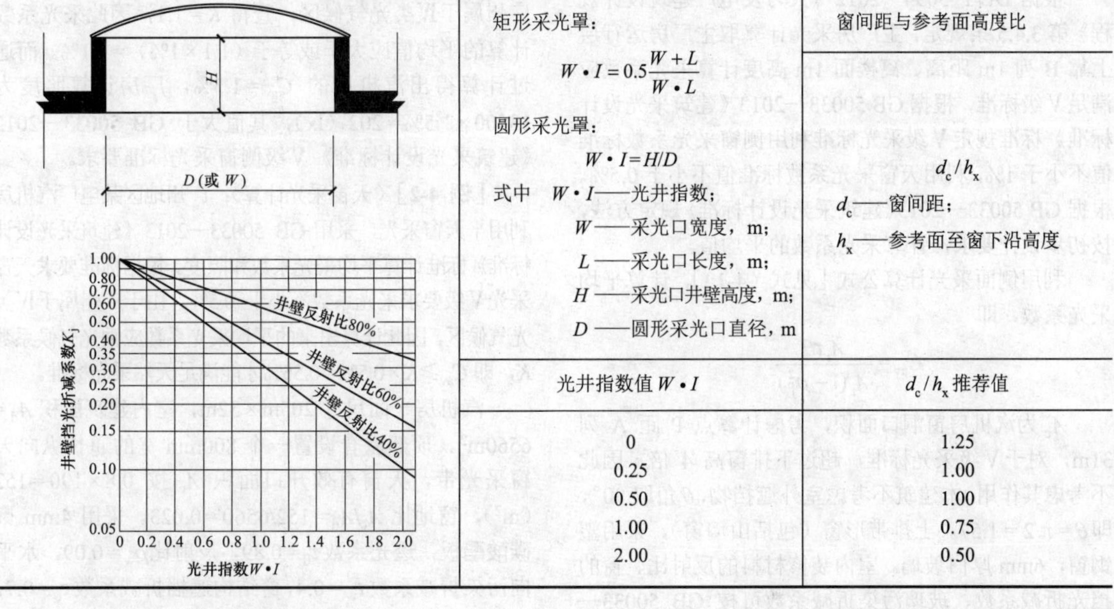

矩形采光罩：$W\cdot I=0.5\frac{W+L}{W\cdot L}$ 圆形采光罩：$W\cdot I=H/D$ 式中 $W\cdot I$——光井指数； W——采光口宽度，m； L——采光口长度，m； H——采光口井壁高度，m； D——圆形采光口直径，m	窗间距与参考面高度比 d_c/h_x d_c——窗间距； h_x——参考面至窗下沿高度
光井指数值 $W\cdot I$	d_c/h_x 推荐值
0	1.25
0.25	1.00
0.50	1.00
1.00	0.75
2.00	0.50

3. 导光管系统采光计算

宜按下列公式进行天然光照度计算，即

$$E_{av}=\frac{n\cdot\Phi_u\cdot CU\cdot MF}{lb} \tag{4-9}$$

$$\Phi_u=E_s\cdot A_t\cdot\eta \tag{4-10}$$

式中 E_{av}——平均水平照度，lx；

n——拟采用的导光管采光系数数量；

CU——利用系数，可按表 4-6 取值；

MF——维护系数，导光管采光系统在使用一定周期后，在规定表面上的平均照度或平均亮度与该装置在相同条件下新装时在同一表面上所得到的平均照度或平均亮度之比；

Φ_u——导光管采光系统漫射器的设计输出光通量，lm；

E_s——室外天然光设计照度值，lx；

A_t——导光管的有效采光面积，m^2；

η——导光管采光系统的效率，%。

（二）火力发电厂建筑采光计算举例

［例 4-1］（汽机房侧窗采光系数计算）：广州地区某电厂主厂房利用侧窗采光，采用 GB 50033—2013《建筑采光设计标准》标准计算平均采光系数和照度。主厂房总长 205m，跨度 32m，屋盖下标高 38.000m，运转层（运行楼层）标高 15.500m，在汽机房 A 列设两排 1.5m 高的带形侧窗（在汽机房柱位置窗断开宽度 0.8m），固定端山墙同样设两排 1.5m 高的带形侧窗（见图 4-3），计算主厂房采光系数和照度值。

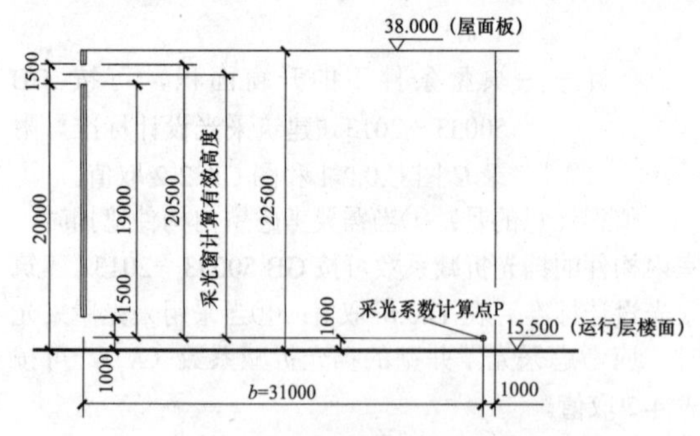

图 4-3 汽机房侧窗采光示意图

根据 DL/T 5094—2012《火力发电厂建筑设计规程》第 3.4.5 条规定，主厂房采光计算取主厂房运行层上靠 B 列 1m 距离、离楼面 1m 高度计算采光系数应满足Ⅴ级标准，根据 GB 50033—2013《建筑采光设计标准》标准规定Ⅴ级采光标准利用侧窗采光系数标准值不小于 1%，利用天窗采光系数标准值不小于 0.5%。根据 GB 50033—2013《建筑采光设计标准》规定方法，按初步设计要求，计算采光系数的平均值。

利用侧面采光计算公式［见式（4-1）］，计算平均采光系数，即

$$C_{av}=\frac{A_c\tau\theta}{A_z(1-\rho_j^2)}$$

A_c 为汽机房窗洞口面积，考虑计算点 P 距 A 列 31m，对于Ⅴ级采光标准，超过下排窗高 4 倍，因此不考虑其作用。本建筑不考虑室外遮挡物，θ 角取 90°，即 $\theta=\pi/2=1.57$。上排带形窗（包括山墙窗），采用塑钢窗，6mm 厚白玻璃。室内装修材料的反射比、窗的挡光折减系数、玻璃污染折减系数可按 GB 50033—2013《建筑采光设计标准》附录 D 中表 D.0.5～表 D.0.7 取值：取玻璃透光系数 $\tau_0=0.89$；挡光折减系数 $\tau_c=0.7$；玻璃污染折减系数 $\tau_w=0.75$，光的透射系数根据式（4-2）得出 $\tau=\tau_0\tau_c\tau_w=0.89\times0.7\times0.75=0.467$

计算采光窗面积：

上排窗面积 $A_{cu}=1.5\times(205-23$[1]$\times0.8)+1.5\times(32-5$[2]$)=279.9+40.5=320.4$（m²）

下排窗面积（与上排窗面积同）$A_{cb}=320.4$（m²）

总窗面积 $A_c=640.8$（m²）

墙面积 $A_q=2\times(205+32)\times22.5-640.8=10665-640.8=10024.2$（m²）

顶棚面积 $A_d=205\times32=6560$（m²）

地面面积 $A_g=205\times32-21.5\times10=6560-215=6345$（m²）

厂房内部总表面积 $A_z=A_c+A_q+A_d+A_g=640.8+10024.2+6560+6345=23570$（m²）

窗玻璃、墙面、顶棚、地面反射比分别为 $\rho_w=0.08$ $\rho_q=0.8$ $\rho_d=0.7$ $\rho_g=0.2$

根据式（4-3）计算平均反射比，即 $\rho_j=\frac{\sum\rho_iA_i}{A}=$ $(640.8\times0.08+10024.2\times0.8+6560\times0.7+6345\times0.2)/23570=(51.26+8019.36+4592+1269)/23570=0.591$

将以上数据代入式（4-1）得 $C_{av}=\frac{A_c\tau\theta}{A_z(1-\rho_j^2)}=$ $320.4\times0.467\times1.57/[23570\times(1-0.591^2)]=0.015=1.5\%$

规范Ⅴ级采光的平均采光系数为 1%，其所在地区的采光系数标准值还应乘一个地区光气候系数 K，广州属于Ⅳ类光气候区，查得 $K=1.1$，因此采光系数计算的平均值应大于或等于（1.1×1%）=1.1%。而通过计算得出汽机房的 $C_{av}=1.5\%$，厂房计算照度为 13500×1.5%=202（lx），其值大于 GB 50033—2013《建筑采光设计标准》Ⅴ级侧窗采光标准要求。

［例 4-2］（天窗采光计算）：广州地区某电厂汽机房利用平天窗采光，采用 GB 50033—2013《建筑采光设计标准》标准计算平均采光系数和照度。根据标准要求天窗采光Ⅴ级要求采光系数不小于 0.5%。由于广州属于Ⅳ类光气候区，因此计算出来的平均采光系数应乘光气候系数 K，即 $C_{av}\geqslant K\times0.5\%=0.55\%$ 才能满足天然采光标准。

汽机房平面尺寸 205m×32m，室内建筑面积 $A_d=6560m^2$。顶部屋脊设置一个 800mm 宽的通长纵向天窗采光带，天窗有效开口面积 A_c 按 0.8×190=152（m²），窗地比 $A_c/A_d=152/6560=0.023$。采用 4mm 聚碳酸酯板，透光系数 $\tau_0=0.89$，反射比 $\rho_w=0.09$，水平向污染折减系数 $\tau_w=0.4$，窗结构遮挡折减系数 $\tau_c=0.7$，其他指标为 $\rho_q=0.7$、$\rho_d=0.8$、$\rho_g=0.2$。

总透射比 $\tau=\tau_0\tau_c\tau_w=0.89\times0.7\times0.4=0.249$

将窗下沿距计算参考面的高度 $h_x=38m-15.5m=22.5m$、房间长度 $l=205m$、房间进深 $b=32m$，代入式（4-7）得室空间比

$$RCR=\frac{5h_x(l+b)}{lb}=5\times22.5\times(205+32)/(205\times32)$$
$$=26662.5/6560=4.06$$

[1] 23 为柱子数量。

[2] 5 为山墙窗间墙。

顶棚反射比取$\rho_d=0.8$，墙面反射比取$\rho_q=0.5$（实际数据为0.7，对结果有利），查表4-6，采用内插值法得出$CU=0.76$，则

$C_{av}=\tau \cdot CU \cdot (A_c/A_d)=0.249\times0.76\times0.023=0.0044=0.41\%$

C_{av}不满足Ⅳ类光气候区顶部采光系数$K\times0.5\%=0.55\%$的要求。

因此需要加大天窗面积，如果将天窗宽度改为1.2m，天窗有效开口面积为

$$A_c=1.2\times190=228\ (\text{m}^2)$$

窗地面积比$A_c/A_d=228/6560=0.0347$

再带入式（4-6）得

$$C_{av}=\tau \cdot CU \cdot (A_c/A_d)=0.249\times0.76\times0.0347=0.66\%>0.55\%$$

满足规范要求。

目前大跨度厂房的采光设计常采用屋面平天窗和侧窗混合采光的方式来弥补侧窗采光的不足，火力发电厂汽机房经常采用这种采光方式，侧煤仓的皮带层跨度较大，侧窗也常常不能满足天然采光标准。下面介绍某汽机房的侧窗和天窗混合采光方式的计算方法。

［例4-3］（侧窗、天窗混合采光计算）：厂房长、宽、高数据，以及材料的反射系数均同［例4-1］和［例4-2］。高侧窗改为点式独立窗，A列柱共有23跨，剖面可以参考图4-4，每跨布置2个1.5m×1.5m窗。

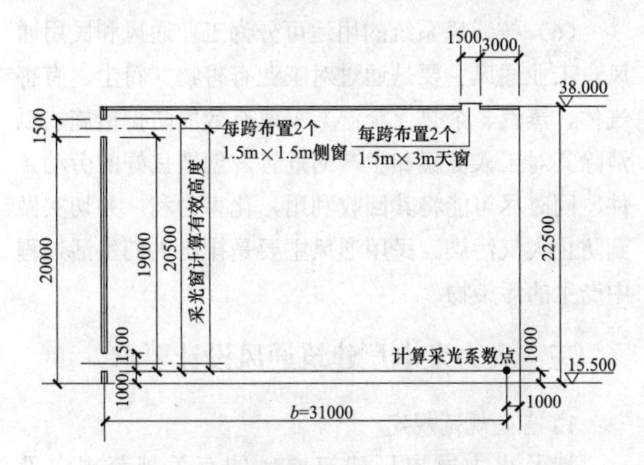

图4-4 汽机房侧窗、天窗混合采光示意图

规范Ⅴ级侧面采光的平均采光系数为1%，顶部采光系数标准值为0.5%，由于广州属于Ⅳ类光气候区，侧面、顶部采光系数标准值均应乘光气候系数K（1.1），因此侧面采光系数计算平均值应大于或等于1.1×1%=1.1%，顶部采光系数计算平均值为1.1×0.5%=0.55%。

总侧窗面积$A_c=23\times2\times1.5\times1.5=103.5\ (\text{m}^2)$

墙面积$A_q=2\times(205+32)\times22.5-103.5=10665-103.5=10561.5\ (\text{m}^2)$

顶棚面积$A_d=205\times32=6560\ (\text{m}^2)$

地面面积$A_g=205\times32-21.5\times10=6560-215=6345\ (\text{m}^2)$

厂房内部总表面积$A_z=A_c+A_q+A_d+A_g=103.5+10561.5+6560+6345=23570\ (\text{m}^2)$

窗玻璃、墙面、顶棚、地面反射比分别为

$$\rho_w=0.08\quad \rho_q=0.8\quad \rho_d=0.7\quad \rho_g=0.2$$

平均反射比$\rho_j=\dfrac{\sum \rho_i A_i}{A}=(103.5\times0.08+10561.5\times0.8+6560\times0.7+6345\times0.2)/23570=(8.28+8449.2+4592+1269)/23570=14318.48/23570=0.608$

将上述数据代入式（4-1）得

$C_{av}=\dfrac{A_c\tau\theta}{A_z(1-\rho_j^2)}=103.5\times0.467\times1.57/[23570\times(1-0.608^2)]=0.0052=0.52\%$

根据GB 50033—2013《建筑采光设计标准》Ⅴ级侧窗标准系数平均值为1.1%，因此侧窗已满足天然采光标准的47.3%（0.52%相当于侧窗采光标准值1.1%的47.3%）。还有52.7%不足部分需要考虑利用天窗补充，Ⅴ级标准平天窗的平均采光系数是0.5%，因此需要满足平天窗采光系数不小于52.7%×0.5%=0.264%标准。

考虑天窗每跨布置2个1.5m×3m的点式平天窗，光井深度300mm，距B列3m[$\leqslant0.7h_x$(=0.7×21.5m=15.5m)]，纵向距离为柱距10m[$\leqslant1.5h_x$(=1.5×21.5m=32.25m)]，因此满足计算点采光均匀度要求。

天窗有效开口面积$A_c=1.5\times3\times23\times2=207\ (\text{m}^2)$

窗地面积比$A_c/A_d=207/6560=0.032$

天窗采用4mm聚碳酸酯板，透光系数$\tau_0=0.89$，反射比$\rho_w=0.09$，水平向污染折减系数$\tau_w=0.40$，$\tau_c=0.70$，其他指标同为$\rho_q=0.7$、$\rho_d=0.8$、$\rho_g=0.2$。

由于天窗有300mm高光井，因此应考虑光井对采光遮挡的影响，需计算光井折减系数K_j。

利用表4-7所列公式、图表先计算光井指数$W\cdot I=0.5\dfrac{W+L}{W\cdot L}=0.5\times(1.5+3)/(1.5\times3)=0.5$。井壁反射比取0.8。通过查表4-7中的图得出折减系数$K_j=0.78$。

平天窗采光系数平均值按式（4-6）计算。

其中总透射比$\tau=0.249$、利用系数$CU=0.76$（计算同［例4-2］），代入天窗采光系数计算公式得出

$$C'_{av}=\tau \cdot CU \cdot A_c/A_d=0.249\times0.76\times0.032=0.0061=0.61\%$$

考虑光井折减，因此天窗实际平均采光系数为

$C_{av}=C'_{av}\cdot K_j=0.61\%\times0.78=0.48\%>0.264\%$（平天窗补充的最低系数要求）

因此汽机房采光系数大于规范平均值要求。

（三）采光分析软件

随着我国《建筑节能“十二五”规划》《绿色建筑行动方案》（国办发1号令）等政策条令的颁布实施，

全国各地对绿色建筑、节能建筑的发展提出了更严格的要求。绿色建筑评审材料中要求包含天然采光模拟计算报告。

利用采光分析软件，可以对建筑物三维建模，并进行模拟天然采光分析，通过分析计算评价建筑物的采光设计是否符合 GB 50033《建筑采光设计标准》的要求，最终生成天然采光模拟计算报告，满足绿色建筑评审材料申报要求。目前国内常用采光分析软件有绿建斯维尔-采光分析 DALI 和建筑采光模拟分析软件 PKPM-Daylight。

1. 绿建斯维尔-采光分析 DALI

绿建斯维尔-采光分析 DALI 作为一款建筑采光专业分析软件构建于 AutoCAD 平台，主要为建筑设计师或绿色建筑评价单位提供建筑采光的定量和定性分析工具，功能操作充分考虑建筑设计师的传统习惯，可快速对单体或总图建筑群进行采光计算，确保采光设计满足 GB 50033《建筑采光设计标准》的要求。

软件可选定采光设计标准和建筑类型，设置反射比、门窗类型、房间类型等；提供单点分析、区域分析、采光评价等分析功能，并进行全阴天和晴天的三维采光分析等。

2. 建筑采光模拟分析软件 PKPM-Daylight

建筑采光模拟分析软件 PKPM-Daylight 是一款主要引用国外采光模拟计算的先进成果（Radiance 内核），对我国现行标准进行深入理解和解析后，对建筑物进行采光模拟并最终对标、生成专业的报审文件的专业分析软件。

该软件可设置周边遮挡建筑物，分析建筑遮挡对室内天然采光的影响；输出专业的采光分析报告，满足采光及绿色建筑标准要求；提供多种采光优化建议；可进行导光筒、采光罩等主动导光措施分析，以及窗地面积比快速判断等。

第二节　建筑通风设计

一、建筑通风概念

建筑通风是采用自然或机械方法使风没有阻碍，可以穿过、到达房间或密封的环境内，以形成卫生、安全等适宜空气环境的技术，即把室外的新鲜空气进行一定的处理（如过滤、加热、冷却等）后送到室内，把室内产生的废气进行处理达到排放标准后排入大气，从而保证室内空气环境的卫生标准。通风包括从室内排出污浊的空气和向室内补充新鲜空气两部分，前者称为排风，后者称为送风或进风。

为实现排风或送风所采用的一系列设备、装置的总体称为通风系统。

二、建筑通风方式

建筑通风是通过通风系统达到控制空气污染物的传播与危害，实现室内外空气环境质量保障的目的。根据不同的分类标准可分为不同的方式：

（1）按通风动力可分为自然通风、机械通风。

（2）按通风服务范围可分为全面通风、局部通风。

（3）按气流方向可分为送（进）风、排风（烟）。

（4）　按通风目的可分为一般换气通风、热风供暖、排毒与除尘、事故通风、防护式通风、建筑防排烟等。

（5）按动力所处的位置可分为动力集中式和动力分布式。

（6）按通风系统的用途可分为工业通风和民用通风。工业通风主要是通过对工业有害物（粉尘、有害气体、蒸汽、余热、余湿）采取有效的防护措施，以消除其对工人健康和生产的危害，创造良好的劳动条件，同时尽可能将其回收利用，化害为利，并切实做到防止大气污染。民用通风主要是排出人们生活过程中产生的污染物。

三、火力发电厂建筑通风设计要求

1. 有关规范规定

涉及火力发电厂建筑通风的有关规范规定见表 4-8。

表 4-8　　涉及火力发电厂建筑通风的有关规范规定

规定标准及来源	规定内容（摘录）	说　明
GBZ 1—2010《工业企业设计卫生标准》	（1）应根据夏季主导风向设计高温作业厂房的朝向，使厂房能形成穿堂风或能增加自然通风的风压。高温作业厂房平面布置呈 L 形、Π 形或 Ш 形的，其开口部分宜位于夏季主导风向的迎风面。 （2）高温作业厂房宜设有避风的天窗，天窗和侧窗宜便于开关和清扫。 （3）夏季自然通风用的进气窗的下端距地面不宜大于 1.2m，以便空气直接吹向工作地点；冬季需要自然通风时，应对通风设计方案进行技术经济比较，并根据热平衡的原则合理确定热风补偿系统容量，进气窗下端一	工业建筑自然通风开启面积没有具体的面积指标规定，应根据室内散热量、生产过程出现的气体、粉尘来计算需要的通风量和窗的开启面积

续表

规定标准及来源	规定内容（摘录）	说　明
GBZ 1—2010《工业企业设计卫生标准》	般不宜小于 4m；若小于 4m 时，宜采取防止冷风吹向工作地点的有效措施。 （4）以自然通风为主的高温作业厂房应有足够的进、排风面积。产生大量热、湿气、有害气体的单层厂房的附属建筑物占用该厂房外墙的长度不得超过外墙全长的 30%，且不宜设在厂房的迎风面	工业建筑自然通风开启面积没有具体的面积指标规定，应根据室内散热量、生产过程出现的气体、粉尘来计算需要的通风量和窗的开启面积
GB 50019—2015《工业建筑供暖通风与空气调节设计规范》	（1）消除工业厂房余热、余湿的通风宜优先采用自然通风。 （2）放散厂房的自然通风应利用热压作用，上下进、出风开口面积应通过计算确定。 （3）利用穿堂风进行自然通风的厂房，建筑迎风面与夏季主导风夹角宜在 60°～90°角，且不应小于 45°。 （4）工业厂房夏季自然通风用的进风口下缘与室内地面距离不应大于 1.2m，冬季自然通风用的作为进风口下缘与室内地面距离小于 4m 时，应采取防止冷风喷向工作点的措施。 （5）作为排风口的天窗应有防止倒灌措施	室内通风量应满足室内工作点环境温度，符合工业企业卫生标准要求
GB 50016—2014《建筑设计防火规范》	工业建筑： （1）人员和可燃物较多的丙类生产场所，丙类厂房内建筑面积大于 300m² 且经常有人停留或可燃物较多的地上房间。 （2）建筑面积大于 5000m² 的丁类厂房。 （3）占地面积大于 1000m² 的丙类仓库。 （4）高度大于 32m 的高层厂房（仓库）内长度大于 20m 的疏散走道，其他厂房（仓库）内长度大于 40m 的疏散走道	排烟窗要求同民用建筑
DL/T 5035—2016《发电厂供暖通风与空气调节设计规范》	（1）主厂房通风换气主要由排热控制，因此通风量以室内设备发热量作为依据。集控楼有人值班房间按每人 30m³/h 的新风量考虑。 （2）电气配电装置室（GIS）按换气次数不少于每小时 4 次，事故排烟风量按每小时 6 次通风换气。 （3）蓄电池室按换气次数不应少于每小时 6 次，保证室内氢浓度最大值不得超过 1%。 （4）出线小室内布置有油断路器时，按换气次数不少于每小时 12 次。 （5）柴油发动机间按换气次数不少于每小时 10 次，自然通风难以满足要求，常采用机械通风。 （6）运煤系统的地下建筑夏季通风量宜按换气次数不少于每小时 15 次，冬季可按换气次数不少于每小时 5 次。 （7）制氢站宜采用自然通风，通风量按换气次数不少于每小时 3 次。 （8）化验室、实验室换气次数不少于每小时 6 次，汽水取样、酸碱间按换气次数不少于每小时 10 次，加氯间按换气次数不少于每小时 15 次。 （9）油泵房可采用自然通风，通风量按换气次数不少于每小时 12 次。 （10）材料库一般采用自然通风，检修间当无热源作业时宜采用自然通风，具体换气次数没有要求。有热源时可采用屋面天窗方式机械自然通风，通风量应考虑排热要求	（1）厂用配电室一般在厂房内设，厂用自然通风有困难，因此应用机械通风。 （2）GIS 配电装置室由于有六氟化硫气体泄漏的可能，且该气体比空气重，因此自然通风不合适，一般常用机械通风。 （3）室内空间小、热源大、建筑换气次数较大（通常大于 10 次）或生产过程有刺激气味时，应考虑采用机械通风，其他建筑应优先采用自然通风

2. 建筑通风设计要点

（1）建筑宜采用自然通风方式。当自然通风方式不能达到卫生或运行要求时，应采用机械通风或自然与机械相结合的通风方式。

厂房自然通风主要是由于室内外的温度差造成的“热压”和室内外空气流动而产生的“风压”来进行空气交换的。“热压”即温度低、密度大的室外冷空气从厂房外墙下部的开口处（如低侧窗、大门）流进厂房内，温度高、密度小的厂房内部热空气则上升，从厂房上部的开口处（如高侧窗、天窗）排出，以形成厂房内外空气的循环交换。“风压”即室外空气从迎风面的开口处流入室内，室内空气则从背风面的开口处排出室外，形成风压下的自然通风。

在大多数情况下，厂房是在“热压”和“风压”同时作用下进行自然通风的。

（2）建筑自然通风设计主要有两种技术方案：

1）利用室外主导风在建筑正、背面形成的压差作用，通过建筑开启外窗形成室内穿堂风，达到通风换气的功能。影响自然通风的因素主要是自然环境风速（风压）、建筑开窗面与主导风的夹角、建筑开窗面积、高度、建筑体形、总图布置、开窗方式（有效开口面积、风阻力）等因素。

建筑自然通风应考虑的影响因素见表 4-9。

表 4-9 建筑自然通风影响因素

影响因素	建筑自然通风的影响分析
总平面布置	建筑前后距离、建筑高度和预留风走廊宽度对建筑自然通风产生影响，可通过 CFD 软件分析环境风速和建筑各面的风压值。目前 CFD 模拟分析专业软件有 PHOENICS 自然通风模拟分析、VENT 自然通风模拟分析软件等。通过软件分析后，可以确定整个建筑主要通风面的风压值状况，判断总布置对自然通风的影响程度
主导风向	对于夏热冬暖地区，建筑主要自然通风面应考虑夏季主导风方向，台风和多雨地区要考虑百叶防雨功能。寒冷、严寒地区除考虑夏季通风条件外，还应避免冬季风对建筑的影响，应采取冬季防风（防寒）措施，如百叶窗应考虑关闭功能，百叶材料、断面形状应有利于关闭和保温，同时可增加保温卷帘。风向与建筑迎风面夹角在 60°～90°时效果好，小于 45°时作为进风口效果变差
风向频率、风速	全年风向频率涉及建筑自然通风保障率，风速指标对建筑进出口压差指标影响非常大
建筑体型	对建筑产生的风压与建筑体形有关，GB 50009《建筑结构荷载规范》对部分建筑外形产生的风压体形系数不同，体形系数（绝对值）大时，在建筑表面产生的正（负）风压也大，由此对建筑自然通风更有利
常用通风窗的形式	平开窗、推拉窗、上悬窗、中悬窗、下悬窗、水平百叶、竖向百叶（可旋转方向）

各类窗的通风效果估算方法见表 4-10。

表 4-10 各类窗的通风效果估算方法

开窗形式	有效通风面积计算方法	说 明
平开窗	可按开启扇尺寸计算有效通风面积	（1）当带有防虫纱窗时，应考虑在有效面积指标上再乘以 0.77 的系数。 （2）窗孔的流量系数准确计算需要通过专业软件（如 Fluent）分析
推拉窗	可按推拉实际开启扇尺寸计算有效通风面积	
上、中、下悬窗	开启有效计算面积 $A=A_c\sin\alpha$（窗贴外墙时，当居中或靠内侧时应折减）。 A_c 为窗扇面积，α 为旋开开启角度（$\alpha \leqslant 70°$）	
水平百叶	百叶有效面积可采用国家建筑标准设计图集 J624-1 中的指标。百叶窗通风面积计算按百叶间的最小垂直间距总和乘以窗净宽。 如采用近似计算：可根据百叶窗窗洞口面积乘以 0.3～0.5 的折减系数作为有效通风面积	
竖向百叶	竖向可调导风百叶开口有效通风面积比水平百叶大，采用平板叶片或鱼腹式叶片，有效通风面积的计算可用洞口面积乘以 0.75～0.85 的折减系数	

2）利用高大空间产生热压差形成对流通风换气。对于高大空间厂房，利用热压差产生自然通风是非常有效的手段，这不受季节气候的影响，对室内热源较大时效果更好，设计采用提高温度梯度手段可以改善通风效果。热压通风一般是在厂房下部设进风口，屋面设排风口。改善热压通风一般应注意以下几个方面的问题：

a. 尽量加大进、出风口高差（进风口尽量接近地面，其下缘距室内地面高度不应大于 1.2m，为了防止进风被污染，还应考虑避开室内热源和有害气体的污染源。出风口可设在屋面，可以利用烟囱效应，出风口设计还应避免自然风影响产生倒灌）。

b. 加大进出口部位的温差（尽量降低进风口温度，进风口的室外环境应通过绿化、水环境降低温度，出口温度可以采用出口局部热辐射吸收系数较大的材料）。

c. 室内气流组织应避免出现死角。

（3）厂房自然通风的组织及加强通风效果的措施，除选择良好的厂房朝向、确定合理的厂房间距外，就厂房本身的建筑设计而言，主要是结合开口部分（门窗、天窗）合理地选择厂房的平、剖面形式。

1）注意加大厂房进排风口面积和缩小厂房的宽度，以增大通风量，加速厂房内外空气的交换。

2）根据热压、风压通风特点安排和组织厂房通风口位置。

3）合理布置热源。以热压为主的自然通风，热源宜布置在天窗的下面，使热气流排出的路径短捷，减少涡流，提高通风效果。

4）减少遮挡。炎热地区及要求自然通风的厂房，迎风面和背风面应尽量少设毗连式辅助建筑，厂房内尽量减少实体隔墙，以保证气流畅通；必须占用厂房外墙的，占用长度不宜超过外墙长度的 30%，且不宜占用厂房夏季主导风向的迎风面一侧。

5）利用开敞（口）。由于工艺设备及运行检修的要求，不少厂房需要开敞式布置或有较大的门洞且敞开，客观上有利于自然通风效果，选用何种开敞形式，应根据工艺特点、生产技术条件及当地气象条件（如温度、暴雨、台风等因素）综合确定。挡雨角的选择，可根据当地暴风雨情况及生产上的防雨要求确定。

（4）自然通风厂房在建筑设计利用空气的热压和风压作用进行有关平、剖面及开窗（百叶）及门的布置时应注意：

1）冷加工车间室内无大的热源，主要满足采光要求。设置适当数量的开启扇和交通运输门就能满足车间内通风换气的要求。为避免气流分散，不宜设置通风天窗，但可设置通风屋脊排除积聚在屋盖下部的热空气。

2）热加工车间在生产时产生大量余热，尤其要组织好自然通风和进、排风口的布置。

3）采用直接自然通风的工作、休息房间的通风开口面积不应小于该房间地板面积的1/20。

4）卫生间门的下方应设有效面积不小于 $0.2m^2$ 的进风固定百叶，或留有距地15mm高的进风缝隙。

（5）电厂主要建筑（车间）的通风设计要求：

1）对有可能放散易燃易爆有毒和有害气体的车间，应根据满足室内最高允许浓度所需换气次数确定通风量，室内空气严禁再循环。有毒、有害气体的排放应符合现行国家标准的要求。

2）当周围环境空气较为恶劣或工艺设备有防尘要求时，宜采用正压通风，进风应过滤。

3）对有防爆要求的车间应设事故通风机，事故风机和电动机应为防爆型且应直联，事故风机可兼做夏季通风用。

4）主厂房汽机房一般采用自然进风机械排风的方式，底层、夹层的大型百叶窗及运转层平开窗作为进风口，经过各层通风格栅由汽机房屋面的机械排风排出，煤仓间、锅炉房为自然通风。其他人员较集中的场所或值班用房根据GBZ 1《工业企业设计卫生标准》的要求采用自然通风、机械通风或空调。

（6）火力发电厂建筑的通风计算方法按GB 50019《工业建筑供暖通风与空气调节设计规范》、DL/T 5035《发电厂供暖通风与空气调节设计规范》等的规定执行，具体由暖通专业负责。

第五章

火力发电厂建筑防排水设计

建筑防排水的目的是防止建筑物在设计使用年限内发生雨水、生活用水、生产用水、地下水的渗漏，确保内部空间、结构和设备不受污损，为人们提供安全舒适的生产和生活使用环境。火力发电厂有些厂房的屋面面积大，天沟长，集水量多，冲刷力强；有的厂房由于受内部振动、高温等的影响，使得屋面和墙面的各种接缝易于破裂渗漏，因此防排水设计及良好的施工质量，是确保建筑使用功能及使用寿命的关键。

火力发电厂建筑防排水设计应遵照“保证功能、构造合理、防排结合、优选用材、环保节能”的原则。在建筑工程防水设计时，要根据建筑物的重要程度、结构特点、地区环境和耐用年限等因素来确定防水等级，选用合理的构造做法和适当的防水材料。

第一节 屋面防排水设计

一、屋面防水等级

屋面防水工程设计应根据建筑物的类别、重要程度、使用功能要求确定防水等级，并应按相应的等级进行防水设防。屋面防水等级分为Ⅰ级防水和Ⅱ级防水，并符合表5-1的规定。

表5-1 屋面防水等级和设防要求

防水等级	建筑物的类别	设防要求
Ⅰ级	重要建筑和高层建筑	两道防水设防
Ⅱ级	一般建筑	一道防水设防

注 本表摘自GB 50345—2012《屋面工程技术规范》。

火力发电厂建筑中，主厂房、集中控制楼、电气建筑和办公楼应按Ⅰ级防水等级设防，其他建筑屋面的防水等级按使用要求确定。

二、屋面防排水设计要点

（1）屋面工程防排水设计应根据工程项目的特点、地区自然气候条件等，按照屋面防水等级的设防要求进行防水构造设计。屋面保温层的厚度，应通过计算确定。

（2）屋面设多道防水层时，可将卷材、涂膜材料复合使用，也可采用卷材叠层，当采用多种复合材料时，应符合下列要求：

1）耐老化、耐穿刺、延伸性能好的防水层应放在上面，相邻材料间应具有相容性。

2）合成高分子卷材或合成高分子涂膜材料的上面，不得采用热熔型卷材或涂料。

3）涂膜和卷材防水材料复合使用时，卷材宜设在涂膜上面。

（3）卷材、涂膜防水层上面设置块体材料或水泥砂浆、混凝土时，两者之间应设隔离层。

（4）屋面天沟、檐沟、落水管口、穿屋面管道根部、变形缝、屋面平面与立面交接处以及易渗漏和损坏的部位应设置卷材或涂膜附加层。

（5）卷材或涂膜防水层上应设置保护层。

（6）压型钢板屋面，当屋面设有需经常维护的设施时，设施周围和屋面出入口至设施之间的人行道，应铺设专门的设施检修步道。

（7）卷材、涂膜防水材料的基层宜设找平层。

（8）保温层上的找平层应留设分格缝，缝宽宜为5～20mm，纵横缝的间距不宜大于6m。

（9）当严寒及寒冷地区屋面结构冷凝界面内侧实际具有的蒸汽渗透阻小于所需值，或其他地区室内湿气有可能透过屋面结构层进入保温层时，应设置隔汽层。隔汽层应设在结构层和保温层两者之间，即结构层上、保温层下。隔汽层应选用气密性、水密性好的材料。

（10）屋面保温材料的燃烧性能应符合GB 50016《建筑设计防火规范》的要求。

（11）屋面防排水设计应符合GB 50015《建筑给排水设计规范》和GB 50345《屋面工程技术规范》的要求。

三、屋面防水构造

屋面的构造设计应根据建筑物的性质、使用功能、地域位置、气候条件等因素进行确定。

（一）屋面基本构造层次

屋面基本构造层次见表5-2。

表5-2 屋面基本构造层次

屋面类型		基本构造层次（自上而下）
卷材、涂膜屋面	正置式	保护层→隔离层→防水层→保温隔热层→找平层→找坡层→隔汽层（根据需要设置）→结构层
	倒置式	保护层→保温隔热层→防水层→找平层→找坡层→结构层
	种植	种植层（植被、种植土、过滤层、排蓄水）→保护层→耐根穿刺防水层→防水层→找平层→保温隔热层→找平层→找坡层→结构层
	架空隔热	架空隔热层→防水层→找平层→保温隔热层→找平层→找坡层→结构层
金属板屋面		压型金属板→防水垫层或防水透气层→保温隔热层→隔汽层（根据需要设置）→承托网→支撑结构
		面层压型金属板→防水垫层或防水透气层→保温隔热层→隔汽层（根据需要设置）→底层压型金属板→支撑结构
		压型金属面夹芯板→支撑结构
瓦屋面		块瓦→挂瓦条→顺水条→持钉层→防水层或防水垫层→保温隔热层→结构层
		沥青瓦→持钉层→防水层或防水垫层→保温隔热层→结构层
玻璃采光顶		玻璃面板→金属框架→支撑结构
		玻璃面板→点支撑装置→支撑结构

注 1. 防水层包括卷材和涂膜。
2. 保护层包括块体材料、水泥砂浆、细石混凝土保护层。

（二）屋面防水层设计

1. 卷材、涂膜屋面

卷材、涂膜屋面防水等级和做法见表5-3。

表5-3 卷材、涂膜屋面防水等级和做法

防水等级	防水做法
Ⅰ级	卷材防水层和卷材防水层、卷材防水层和涂膜防水层、复合防水层
Ⅱ级	卷材防水层、涂膜防水层、复合防水层

每道防水层材料最小厚度见表5-4～表5-6。

表5-4 每道卷材防水层最小厚度 (mm)

防水等级	合成高分子防水卷材	高聚物改性沥青防水卷材		
		聚酯胎、玻纤胎、聚乙烯胎	自黏聚酯胎	自黏无胎
Ⅰ级	1.2	3.0	2.0	1.5
Ⅱ级	1.5	4.0	3.0	2.0

表5-5 每道涂膜防水层最小厚度 (mm)

防水等级	合成高分子防水涂膜	聚合物水泥防水涂膜	高聚物改性沥青防水涂膜
Ⅰ级	1.5	1.5	2.0
Ⅱ级	2.0	2.0	3.0

表5-6 复合防水层最小厚度 (mm)

防水等级	合成高分子防水涂膜+合成高分子防水卷材	自黏聚物改性沥青防水卷材(无胎)+合成高分子防水涂膜	高聚物改性沥青防水卷材+高聚物改性沥青防水涂膜	聚乙烯丙纶卷材+聚合物水泥防水胶结材料
Ⅰ级	1.2+1.5	1.5+1.5	3.0+2.0	(0.7+1.3)×2
Ⅱ级	1.0+1.0	1.2+1.0	3.0+1.2	0.7+1.3

2. 金属板屋面

金属板屋面防水等级和做法见表5-7。

表5-7 金属板屋面防水等级和做法

防水等级	防水做法
Ⅰ级	压型钢板+防水垫层
Ⅱ级	压型钢板、金属面绝热夹芯板

注 1. 当防水等级为Ⅰ级时，压型铝合金板基板厚度不应小于0.9mm；压型钢板基板厚度不应小于0.6mm，且均应采用360°咬口锁边连接。
2. 在Ⅰ级屋面防水做法中，仅作压型金属板时，应符合GB 50896—2013《压型金属板工程应用技术规范》的规定。

3. 瓦屋面

瓦屋面防水等级和做法见表5-8。

表5-8 瓦屋面防水等级和做法

防水等级	防水做法
Ⅰ级	瓦+防水层
Ⅱ级	瓦+防水垫层

注 防水层厚度应符合表5-4或表5-5中Ⅱ级防水的要求。

（三）屋面构造层常用材料及技术要求

1. 卷材、涂膜屋面

卷材、涂膜屋面常用材料见表 5-9。

2. 金属板屋面

金属板屋面常用材料见表 5-10。

表 5-9 卷材、涂膜屋面常用材料

构造层次	常用材料		技术要求	备注
种植层	种植土	改良田园土、无机复合种植土、人工合成营养土	300～1000mm 厚	适用于所有种植屋面
	过滤层	土工布、聚酯纤维无纺布	单位面积质量为 200～400g/m²	
	排（蓄）水层	凹凸型排（蓄）水板	高≥20mm	
		网状交织（蓄）水板	板表面孔率≥95%	
		陶粒排（蓄）水层	陶粒粒径≥25mm，100～150mm 厚	
架空隔热层	C25 钢筋细石混凝土预制板 600mm×600mm×35mm；混凝土砌块或砖支墩		层间高度 180～300mm，架空板与女儿墙之间的距离 450～550mm	适用于不上人屋面
保护层	矿物粒料		50mm 厚ϕ10～ϕ30 卵石	适用于不上人屋面
	浅色涂料		丙烯酸系反射涂料	
	水泥砂浆		20～25mm 厚 1:2.5 水泥砂浆或 M15 水泥砂浆	
	块体材料		地砖、30mm 厚 C20 细石混凝土块	适用于上人屋面或有设备布置的屋面
	细石混凝土		40～50mm 厚 C20 细石混凝土（宜加钢筋网片）	
隔离层	塑料膜		0.4mm 厚聚乙烯膜或 3mm 厚发泡聚乙烯膜	适用于块体材料、水泥砂浆保护层
	土工布		200g/m² 聚酯无纺布	
	防水卷材		石油沥青卷材一层	
	低强度砂浆		10mm 厚黏土砂浆（石灰膏:砂:黏土 = 1:2.4:3.6)；10mm 厚石灰砂浆（石灰膏:砂 = 1:4)；5mm 厚掺有纤维的石灰砂浆	适用于细石混凝土保护层
防水层	合成高分子防水卷材（涂膜）、高聚物改性沥青防水卷材（涂膜）、自黏高聚物改性沥青防水卷材、自黏橡胶沥青防水卷材、聚合物水泥防水涂料		防水层厚度应根据防水等级确定，见表 5-4～表 5-6	适用于除种植屋面外所有屋面
	耐根穿刺防水卷材			适用于种植屋面
保温层	挤塑板（XPS）、模塑板（EPS）、酚醛板、喷涂硬泡聚氨酯、硬质聚氨酯泡沫塑料、岩棉板、玻璃棉板、泡沫玻璃制品、憎水珍珠岩板、膨胀珍珠岩制品		保温层厚度应根据计算确定	适用于所有保温屋面
找平层	水泥砂浆		15～20mm 厚，1:2.5 水泥砂浆	适用于整体现浇混凝土板
			20～25mm 厚，1:2.5 水泥砂浆	适用于整体材料保温层

续表

构造层次	常用材料	技术要求	备注
找平层	细石混凝土	30～35mm 厚，C20 细石混凝土（宜加钢筋网片）	适用于装配式混凝土板
		30～35mm 厚，C20 细石混凝土	适用于板状材料保温层
找坡层	膨胀珍珠岩、陶粒、加气混凝土碎块、炉渣等轻集料混凝土	压缩强度 LC≥5.0	
隔汽层	涂膜	氯丁胶乳沥青二遍； 合成高分子涂膜≥0.5mm	根据需要设置。正置式屋面应设在结构层上、保温隔热层下
	防水卷材	改性沥青防水卷材一道； 改性沥青一布二涂 1mm 厚	
结构层			通常为钢筋混凝土梁板结构

表 5-10　　金属板屋面常用材料

构造层次	常用材料	技术要求	备注
金属板	压型钢板； 金属面隔热夹芯板（夹芯材料有岩棉、矿棉、玻璃棉等）	单层压型钢板屋面，压型钢板厚度不应小于 0.6mm； 双层压型钢板复合保温屋面，上层压型钢板厚度不应小于 0.6mm，底层厚度不应小于 0.5mm； 金属面隔热夹芯板屋面，面层压型钢板厚度 0.5～0.6mm，底层厚度 0.4～0.5mm	
防水垫层	沥青类：自黏聚合物沥青防水垫层、聚合物改性沥青防水垫层、SBS、APP 改性沥青防水卷材； 高分子类：铝箔复合隔热防水垫层、塑料防水垫层、透气防水垫层和聚乙烯丙纶防水垫层等； 防水卷材和防水涂料	自黏聚合物沥青防水垫层厚度≥1.0mm； 聚合物改性沥青防水垫层厚度≥2.0mm； SBS、APP 改性沥青防水卷材厚度≥3.0mm； 高分子类防水卷材厚度≥1.2mm； 高分子类防水涂料涂膜厚度≥1.5mm； 沥青类防水涂料涂膜厚度≥2.0mm	
防水透气层	仿黏聚乙烯和聚丙烯膜	厚度≥0.49mm，单位面积质量≥50g/m²	阻挡外界水和空气渗透，同时室内潮气可排到室外
保温隔热层	挤塑板（XPS）、模塑板（EPS）、酚醛板、硬质聚氨酯泡沫塑料、岩棉板、玻璃棉板	保温隔热层厚度应根据计算确定； 保温材料燃烧性能应满足 GB 50016《建筑设计防火规范》的要求	
隔汽层	聚酯膜	厚度≥0.3mm	设置在保温隔热层室内侧，防止水蒸气进入保温层
	聚烯烃涂层纺黏聚乙烯膜	厚度≥0.25mm	
	SBS 改性沥青卷材	厚度 1.2～2.5mm	
	纸基聚苯烯塑料贴面	厚度≥0.2mm	
承托网	热镀锌、不锈钢丝网	钢丝网孔径与檩距、保温层重量等有关，一般多为 50、70mm	
支撑结构			通常为钢结构系统

四、屋面排水

（一）屋面排水方式

屋面排水方式可分为有组织排水和无组织排水。屋面排水方式的选择应根据屋面的形式、地域位置、气候条件、使用功能等因素确定。

屋面排水方式及其适用范围见表 5-11。

表 5-11　　屋面排水方式及其适用范围

屋面排水方式			适 用 范 围		备 注
有组织排水	重力流	外排水	（1）年降雨量不大于 900mm 的地区，且檐口距地面高大于 8～10m 的建筑屋面； （2）年降雨量大于 900mm 的地区，檐口距地面高大于 5～8m 的建筑和严寒地区的建筑屋面； （3）坡屋面建筑	大多数建筑	（1）相邻屋面高差大于或等于 4m 时，高屋面水落管出口在低屋面处应做防护处理； （2）落水管的设置应综合考虑排水功能和建筑造型、立面美观要求等因素
		内排水		屋面进深较大或建筑立面美观要求不能显示雨水管的建筑	（1）应设置管道井或采取包封措施； （2）电气建筑屋面不宜采用
	压力流（虹吸式）		暴雨强度较大的地区、大型屋面（如主厂房）		（1）排水系统由虹吸式雨水斗、管材（连接管、悬吊管、立管、排出管）、管件、固定件组成； （2）虹吸式屋面雨水排水系统的设计和计算宜由相应的专业公司负责，并符合 CECS 183：2015《虹吸式屋面雨水排水系统技术规程》的要求
无组织排水			檐口距地面高小于 10m 的建筑屋面		（1）无组织排水屋面的挑檐净宽不应小于 600mm； （2）通常情况下大多数建筑不采用无组织排水方式

（二）屋面及天沟排水坡度

为保证屋面雨水尽快排出，避免积存，屋面应设置一定的排水坡度，并可通过屋面坡度的设置将屋面划分为一个或多个汇水区域。屋面找坡有结构层找坡和材料找坡，单坡跨度大于 9m 的屋面宜采用结构找坡。

1. 屋面排水坡度

屋面排水坡度见表 5-12。

表 5-12　　屋 面 排 水 坡 度

屋面类型			适用坡度	备 注
平屋面	正置式屋面		结构层找坡 3%； 材料找坡 2%	采用材料找坡时，宜采用质量轻、吸水率低和有一定强度的材料
	倒置式屋面		3%	
坡屋面	烧结瓦、混凝土瓦屋面		≥ 30%	
	沥青瓦屋面		≥ 20%	
	波形瓦屋面		≥ 20%	
	压型金属板屋面、金属夹芯板屋面	采用咬口锁边连接	≥5%	
		采用紧固件连接	≥10%	
其他	玻璃采光顶		≥5%	采用支撑结构找坡

2. 屋面天沟排水坡度

（1）防水卷材屋面檐沟纵向排水坡度不应小于 1%，沟底水落差不得大于 200mm。

（2）金属屋面的内檐沟及内天沟排水坡度宜为 0.5%，沟内应设置溢流口或溢流系统。

（3）屋面天沟的宽度一般不小于 300mm，深度一般不小于 250mm。

（4）天沟、檐沟排水不得流经变形缝和防火墙。

（5）当栈桥采用非自防水压型钢板屋面或钢筋混凝土屋面板时，屋面应有人字形挡水坎，间距不宜大于 12m。当采用自防水压型钢板屋面时，瓦楞方向应与栈桥皮带运动方向垂直。

（三）屋面排雨水管

屋面排雨水管及雨水斗的布置应分布适当，使每个雨水斗负担的汇水面积尽量均匀，其间距一般为 18～24m，并应考虑与柱距相配合。雨水流到排水口的距离一般不大于 30m，天沟的水落差不得超过 200mm。

重力流排水系统多层建筑宜采用建筑排水塑料管，高层建筑宜采用耐腐蚀的金属管（钢管/铸铁管）、承压塑料管。

雨水管数量及管径应根据降雨强度和汇水面积计算确定，其内径不应小于 75mm，一般采用直径为 100～200mm 的管径。采用重力式排水时，屋面每个汇水面积内，雨水排水立管不宜少于 2 根。一根雨水管的屋面最大汇水面积宜小于 200m²。

一根雨水管最大汇水面积可参考表 5-13。

表 5-13　雨水管最大汇水面积参考　（m^2）

每小时降雨量（mm）	管径（mm）		
	100	150	200
50	1160	2268	3708
60	930	1890	3090
70	797	1620	2647
80	698	1418	2318
90	620	1260	2060
100	558	1134	1854
110	507	1031	1685
120	465	945	1545
140	399	810	1324
160	349	709	1159
180	310	630	1030
200	279	567	927

注　1. 如多根水落管排水，则汇水面积为单根的 80%。
2. 本表摘自沈春林主编的《建筑防水设计与施工手册》，北京：中国电力出版社，2010。

第二节　楼（地）面及地下室防排水设计

一、楼（地）面防排水设计

（一）楼（地）面防排水设计要点

（1）有水或非腐蚀性液体经常浸湿的地段，宜采用现浇水泥类面层。底层地面和现浇钢筋混凝土楼板，宜设置隔离层；装配式钢筋混凝土楼板，应设置隔离层。经常有水流淌的地段，应采用不吸水、易冲洗、防滑的面层材料，并应设置隔离层。

（2）隔离层可采用防水卷材类、防水涂料类和沥青砂浆等材料。

（3）当有需要排除的水或其他液体时，楼地面应设朝向排水沟或地漏的排泄坡面。排泄坡面较长时，宜设排水沟。

（4）楼地面变形缝应在排泄坡度的分水线上，不得通过有液体流经或积聚的部位。

（5）楼（地）面排泄坡面的坡度，应符合表 5-14 的要求。

表 5-14　楼（地）面排泄坡度要求

楼地面面层类型	适用坡度
整体面层或表面比较光滑的块材面层	0.5%～1.5%
表面比较粗糙的块材面层	1%～2%

（6）排水沟的纵向坡度不宜小于 0.5%。

（7）地漏四周、排水地沟及楼地面与墙面连接处的隔离层，应适当增加层数或局部采用性能较好的隔离层材料。楼地面与墙面、柱等连接处隔离层应翻边，其高度不宜小于 150mm。

（8）有水或其他液体流淌的地段与相邻地段之间，应设置挡水或调整相邻地面高差。

（9）有水或其他液体流淌的楼地面孔洞四周和平台临空边缘，应设置防水护沿，高度不宜小于 150mm。

（10）主厂房底层、除氧器层、煤仓间各层及管道层等经常有冲洗要求的楼地面应组织排水，并根据需要设置防水层。

（11）露天锅炉的炉顶和运转层平台，应有可靠的防、排水设施。

（12）控制、电气等设备用房周围的楼地面有水冲洗要求时，其房间应设置挡水设施。

（13）煤仓间带式输送机层楼面积尘的清扫，如采用水力清扫，楼面应有防排水设施。内墙面宜做 1200～1800mm 高的防水水泥砂浆或瓷砖墙裙。

（14）运煤隧道应做好墙和地面的防水，当有冲洗要求时，应有水冲洗设施，倾斜隧道在低端应设带金属格栅盖板的排水沟和集水坑，集水坑的容积应满足机械排水要求。

（15）空调机房楼地面应考虑防排水。当空调机房布置在集中控制室或电气设备用房上部时，排水管道应严禁穿越上述房间。

（16）水落管不应设在集中控制室、配电室、电子设备间等电气和控制房间内，如无法避免，水落管应采取封闭措施。

（17）运煤系统建筑的最低一层宜设置排水明沟并接入集水井。

（18）运煤建筑物可适当加大地面坡度为 1%～2%，当找坡高度起终点高差大于 100mm 时宜采用结构找坡。

（二）楼（地）面防水构造做法

（1）楼（地）面常用防水材料的选用见表 5-15。

表 5-15　楼（地）面常用防水材料的选用

序号	防水材料	备注
1	3mm 厚自黏改性沥青防水卷材	
2	1.5mm 厚沥青聚氨酯防水涂层，固化前表面撒细砂	可防油渗
3	2mm 厚反应型聚合物水泥防水涂料	可防油渗
4	3～5mm 厚聚合物水泥防水砂浆	
5	0.7mm 厚聚乙烯丙纶卷材	

续表

序号	防 水 材 料	备注
6	1.5mm 厚丙烯酸酯水泥防水涂层	
7	1.0mm 厚硅橡胶防水涂层	

（2）楼（地）面防水构造层次及做法见表 5-16。

表 5-16 楼（地）面防水构造层次及做法

构造层次	构 造 做 法
饰面层	面砖、水泥砂浆、耐磨混凝土等
防水层	可选用防水涂料、防水卷材等①
找平层	20mm 厚 1:2.5 水泥砂浆（有找坡层时，可取消）
找坡层	最薄处 20mm 厚 C20 细石混凝土
基层	混凝土或钢筋混凝土

① 防水材料可根据工程实际在表 5-15 中选用。

二、地下室防排水设计

（一）地下室防排水设计要点

（1）地下建筑迎水面主体结构应采用防水混凝土，并应根据防水等级的要求采取其他防水措施，多道设防。

（2）按防水层与主体结构的位置关系，防水形式可分为外防水、内防水、内外组合防水。

（3）地下建筑中的特殊部位，如变形缝（诱导缝）、施工缝、后浇带、穿墙管（盒）、预埋件、预留通道接口、桩头等细部构造，应加强防水措施，并应避免管线在地下水位以下高度穿越。

（4）地下建筑中的排水管沟、地漏、出入口、窗井、风井等，应有防倒灌措施；严寒、寒冷地区冻结深度以上的地下建筑，排水沟应有防止冻胀挤裂的措施。

（5）处于侵蚀性介质中的工程，应采用耐侵蚀的防水混凝土、防水砂浆、防水卷材或防水涂料等防水材料。

（6）处于冻融侵蚀环境中的地下工程，其混凝土抗冻融循环不得少于 300 次。

（7）结构刚度较差或受振动作用的工程，宜采用延伸率较大的卷材、涂料等柔性防水材料。

（8）有自流排水条件的地下工程，应采用自流排水法。无自流排水条件且防水要求较高的地下工程，可采用渗排水、盲沟排水、盲管排水、塑料排水板排水或机械抽水等排水方法，但应防止由于排水造成水土流失危及地面建筑物及农田水利设施。通向江、河、湖、海的排水口高程，低于洪（潮）水位时，应采取防倒灌措施。

（9）地下室防排水设计应符合 GB 50108《地下工程防水技术规范》的要求。

（二）地下室防水等级

地下室防水等级见表 5-17。

表 5-17 地 下 室 防 水 等 级

防水等级	标 准	适 用 范 围	项 目 举 例
一级	不允许渗水，结构表面无湿渍	人员长期停留的场所，因有少量湿渍会使物品变质、失效的储物场所及严重影响设备正常运转和危及工程安全运营的部位	居住建筑地下用房、办公用房、餐厅、档案库、通信工程、计算机房、控制室、配电间和发电机房等
二级	不允许漏水，结构表面可有少量湿渍； 工业与民用建筑：总湿渍面积不应大于总防水面积（包括顶板、墙面、地面）的 1/1000；任意 100m² 防水面积上的湿渍不超过 2 处，单个湿渍的最大面积不大于 0.1m²； 其他地下工程：总湿渍面积不应大于总防水面积的 2/1000；任意 100m² 防水面积上的湿渍不超过 3 处，单个湿渍的最大面积不大于 0.2m²	人员经常活动的场所；在有少量湿渍的情况下不会使物品变质、失效的储物场所及基本不影响设备正常运转和危及工程安全运营的部位	地下车库、城市人行地道、空调机房、燃料库、防水要求不高的库房、水泵房等
三级	有少量漏水点，不得有线流和漏泥砂；任意 100m² 防水面积上的漏水或湿渍点数不超过 7 处，单个漏水点的最大漏水量不大于 2.5L/d，单个湿渍的最大面积不大于 0.3m²	人员临时活动场所	疏散通道
四级	有漏水点，不得有线流和漏泥砂；整个工程平均漏水量不大于 2L/（m²·d）；任意 100m² 防水面积上的平均漏水量不大于 4L/（m²·d）	对渗漏水无严格要求的工程	

注 本表摘自 GB 50108—2008《地下工程防水技术规范》。

（三）地下室防水设防要求

（1）明挖法地下工程防水设防措施要求见表 5-18。

表 5-18　明挖法地下工程防水设防措施要求

部位与措施 \ 防水等级		一级	二级	三级	四级
		措施要求			
主体结构	防水混凝土	应选	应选	应选	宜选
	防水卷材	应选一至二种	应选一种	宜选一种	
	防水涂料				
	塑料防水板				
	膨胀土防水材料				
	防水砂浆				
	金属防水板				
施工缝	遇水膨胀止水条（胶）	应选二种	应选一至二种	宜选一至二种	宜选一种
	外贴式止水带				
	中埋式止水带				
	外抹防水砂浆				
	外涂防水涂料				
	水泥基渗透结晶型防水涂料				
	预埋注浆管				
后浇带	补偿收缩混凝土	应选	应选	应选	应选
	外贴式止水带	应选二种	应选一至二种	宜选一至二种	宜选一种
	预埋注浆管				
	遇水膨胀止水条（胶）				
	防水密封材料				
变形缝、诱导缝	中埋式止水带	应选	应选	应选	应选
	外贴式止水带	应选一至二种	应选一至二种	宜选一至二种	宜选一种
	可卸式止水带				
	防水密封材料				
	外贴防水卷材				
	外涂防水涂料				

注　本表摘自 GB 50108—2008《地下工程防水技术规范》。

（2）暗挖法地下工程防水设防措施要求见表 5-19。

表 5-19　暗挖法地下工程防水设防措施要求

部位与措施 \ 防水等级		一级	二级	三级	四级
		措施要求			
衬砌结构	防水混凝土	必选	应选	宜选	宜选
	防水卷材	应选一至二种	应选一种	宜选一种	宜选一种
	防水涂料				
	塑料防水板				
	防水砂浆				
	金属防水板				
内衬砌施工缝	外贴式止水带	应选一至二种	应选一种	宜选一种	宜选一种
	预埋注浆管				
	遇水膨胀止水条（胶）				
	防水密封材料				
	中埋式止水带				
	水泥基渗透结晶型防水涂料				
变形缝、诱导缝	中埋式止水带	应选	应选	应选	应选
	外贴式止水带	应选一至二种	应选一种	宜选一种	宜选一种
	可卸式止水带				
	防水密封材料				
	遇水膨胀止水条（胶）				

注　本表摘自 GB 50108—2008《地下工程防水技术规范》。

（四）防水混凝土的抗渗等级

防水混凝土的抗渗等级见表 5-20。

表 5-20　防水混凝土的抗渗等级

工程埋植深度 H（m）	混凝土防水设计抗渗等级
$H<10$	P6
$10\leqslant H<20$	P8
$20\leqslant H<30$	P10
$H\geqslant 30$	P12

注　1. 本表摘自 GB 50108—2008《地下工程防水技术规范》。
2. 防水混凝土厚度应不小于 250mm，迎水面钢筋保护层厚度不小于 50mm；裂缝宽度不大于 0.2mm，且不得贯通。

（五）地下室防水构造做法

（1）地下室常用防水材料见表5-21。

表5-21　地下室常用防水材料

序号	防水材料	备注
1	1.2mm厚三元乙丙防水涂料	
2	1.5mm厚固化聚氨酯防水涂料	可防油渗
3	2mm厚反应型聚合物水泥防水涂料	可防油渗
4	1.2mm厚聚氯乙烯防水卷材	
5	3～4mm厚SBS改性沥青防水卷材（Ⅱ型）	
6	2～3mm厚自黏改性沥青防水卷材	
7	高密度聚乙烯自黏防水卷材	
8	大于10mm厚膨胀土防水毡	
9	1.2mm厚聚氯乙烯防水卷材（内增强型）	耐根穿刺防水层
10	1.2mm厚高密度聚氯乙烯土工膜	耐根穿刺防水层
11	4mm厚SBS改性沥青耐根穿刺防水卷材	耐根穿刺防水层

注　耐根穿刺防水层用于种植顶板防水层的最上一层。

（2）地下室底板防水构造层次及做法见表5-22。

表5-22　地下室底板防水构造层次及做法

构造层次	构造做法
饰面层	面砖、水泥砂浆、耐磨混凝土等
自防水混凝土板	补偿收缩混凝土，强度等级不低于C20；抗渗等级按埋深选取
保护层	卷材防水层上采用50mm厚C20细石混凝土；涂料防水层上采用20mm厚1:2.5水泥砂浆
隔离层	10mm厚低标号砂浆、纸胎油毡、聚乙烯薄膜（PE）等
防水层	可选用防水涂料、防水卷材等①
找平层	20mm厚1:2.5水泥砂浆（有找坡层时，可取消）
找坡层	最薄处20mm厚C20细石混凝土
保护层	40mm厚C15细石混凝土φ6@400双向布筋（有保温层设）
保温层	挤塑聚苯板（XPS）、聚氨酯保温板等憎水型保温材料，厚度由计算确定
垫层	100～150mm厚C15细石混凝土
基层	素土夯实

① 防水材料可根据工程实际及防水等级在表5-21中选用。

（3）地下室外墙防水构造层次及做法见表5-23。

表5-23　地下室外墙防水构造层次及做法

构造层次	构造做法
饰面层	面砖、水泥砂浆等
自防水混凝土板	补偿收缩混凝土，强度等级不低于C20；抗渗等级按埋深选取
找平层	涂刮聚合物水泥浆一道（封堵表面气泡孔），抹20mm厚1:2.5水泥砂浆
防水层	可选用防水涂料、防水卷材等①
保护层（保温层）	30～35mm厚挤塑聚苯板（XPS），若有保温要求时，厚度由计算确定
基层	2:8灰土分层夯实

① 防水材料可根据工程实际及防水等级在表5-21中选用。

（4）地下室顶板防水构造层次及做法见表5-24。

表5-24　地下室顶板防水构造层次及做法

构造层次	构造做法
面层	覆土或面层
保护层	50～70mm厚C20细石混凝土（配筋见具体工程设计）
保温层	挤塑聚苯板（XPS）、聚氨酯保温板等憎水型保温材料，厚度由计算确定
隔离层	10mm厚低标号砂浆、纸胎油毡、聚乙烯薄膜（PE）等
防水层	可选用防水涂料、防水卷材等①
找平层	20mm厚1:2.5水泥砂浆
自防水混凝土板	补偿收缩混凝土，强度等级不低于C20；抗渗等级按埋深选取

① 防水材料可根据工程实际及防水等级在表5-21中选用。

第三节　墙体防水设计

一、外墙防水设计

（一）外墙防水设计要点

（1）年降水量大于或等于400mm地区的建筑外墙均应采用节点构造防水措施。

（2）有下列情况之一的建筑外墙，宜进行墙面整体防水：

1）年降水量大于或等于800mm地区的高层建筑外墙。

2）年降水量大于或等于600mm地区且基本风压大于或等于0.50kN/m^{2}地区的建筑外墙。

3）年降水量大于或等于400mm地区且基本风压大于或等于0.40kN/m^{2}地区的建筑外墙。

4）年降水量大于或等于500mm地区且基本风压

大于或等于 0.35kN/m² 地区的建筑外墙。

5）年降水量大于或等于 600mm 地区且基本风压大于或等于 0.30kN/m² 地区的建筑外墙。

（3）外墙身砌筑不宜选用吸水率大、孔洞多、适应温差变形能力小的轻质材料。

（4）外墙砌筑砂浆强度等级不宜低于 M5，砂浆饱和度不宜低于 80%。

（5）不同墙体材料交接处以及高度不低于 24m 的外墙，应在找平层中铺设钢丝网或耐碱玻纤网格布。

（6）防水层表面宜刷一道界面剂，以利于饰面层黏结牢固。

（7）有外墙保温层的外墙饰面层，宜采用涂料，不宜采用面砖；一定要采用面砖时，必须做足安全措施，保证面砖不脱落。

（8）保温层上做保护层时，应采用聚合物水泥砂浆 3mm 厚＋网格布（饰面层贴砖时采用钢丝网）。

（9）外墙饰面为面砖、陶瓷锦砖时，应采用聚合物砂浆作为黏结剂。

（10）砌体外墙突出墙面的腰线、檐板、窗台上部应做不小于 5%的向外排水坡，下部应做 10mm×10mm 滴水凹槽。

（11）加强外墙门窗洞口、分格缝、孔洞、变形缝的防水处理。

（12）必要时可采用建筑防水涂料进行外墙防水处理。

（13）压型钢板外墙体应尽量采用较长尺寸的板材，以减少纵向接缝，防止渗漏。

（14）压型钢板外墙体在台风地区或高于 50m 的建筑上时应谨慎使用；且不得采用 180°咬边连接型压型钢板。

（15）当复合保温压型钢板外墙需增加防水透气层时，防水透气层应铺设在保温层外侧。

（16）外墙防水设计应符合 JGJ/T 235《建筑外墙防水工程技术规程》的要求。

（二）外墙防水等级与设防要求

外墙防水等级与设防要求见表 5-25。

表 5-25　外墙防水等级与设防要求

项目	防水等级		
	Ⅰ级	Ⅱ级	Ⅲ级
外墙类别	特别重要的建筑或外墙面高度为 60m 以上，或墙体为空心砖、轻质砖、多孔材料，或面砖、条砖、大理石等饰面，或对防水有较高要求的饰面材料	重要的建筑物或外墙面高度为 20～60m，或墙体为实心砖或陶、瓷粒砖的饰面材料	一般的建筑物或外墙面高度为 20m 以下，或墙体为钢筋混凝土或水泥砂浆类饰面
设防要求	防水砂浆厚 20mm 或聚合物水泥砂浆厚 7mm	防水砂浆厚 15mm 或聚合物水泥砂浆厚 5mm	防水砂浆厚 10mm 或聚合物水泥砂浆厚 3mm

注　本表摘自沈春林主编的《建筑防水设计与施工手册》，北京：中国电力出版社，2010。

（三）外墙防水构造做法

外墙防水构造层次及做法见表 5-26。

表 5-26　外墙防水构造层次及做法

构造层次	构造做法
饰面层	涂料、面砖、马赛克、石材、幕墙等
防水层	防水砂浆或聚合物水泥防水砂浆
保温层（需要时设）	保温板或保温砂浆。保温层上做保护层时，应采用聚合物水泥砂浆 3mm 厚+耐碱玻纤网格布（饰面层贴砖时采用钢丝网）
找平层	掺抗裂纤维的水泥砂浆 20mm 厚（纤维用量 1kg/m³）。不同墙体材料交接处以及高度不低于 24m 时，找平层中铺耐碱玻纤网格布（饰面层贴砖时采用钢丝网）
界面层	刷界面剂一道
墙体基层	混凝土墙、各种砌块墙

注　防水层的厚度根据外墙防水等级在表 5-25 中选取。

二、墙身防潮设计

（1）当墙身采用吸水性强的材料时，为防止地面以下土壤中的水分进入墙身和防止墙基毛细水上升，应设墙身防潮层，见图 5-1。

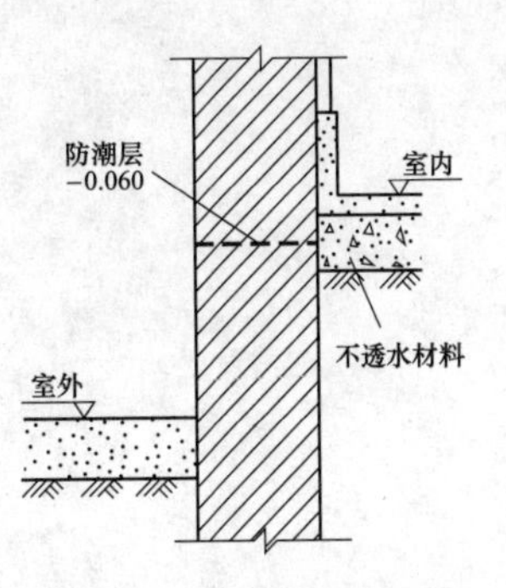

图 5-1　外墙墙身防潮层

（2）当墙身两侧的室内地面有高差时，应在墙身内设置高低两道水平防潮层，并在靠土壤一侧设置垂直防潮层，见图 5-2。

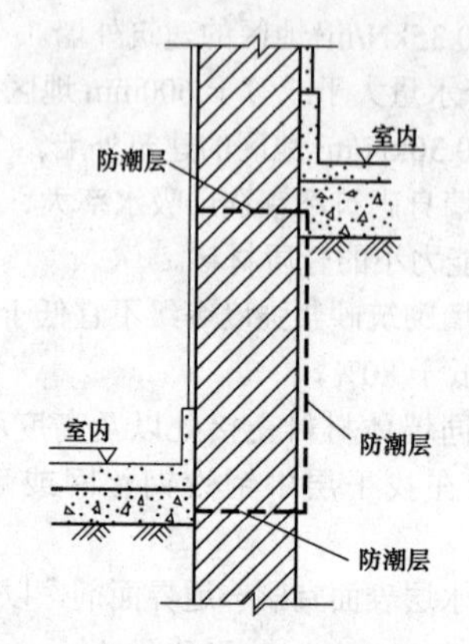

图 5-2 室内地面有高差时墙身防潮层

（3）墙身防潮层通常设在室内地坪下 0.06m 处，一般为 20mm 厚 1:2.5 水泥砂浆内掺水泥重量 3%～5% 的防水剂。

（4）湿度大的房间（如卫浴间）的墙或有直接被淋水的墙（如淋浴间），应做墙面防水隔离层。

（5）当基础梁的上表面高于或等于室内地坪以下 60mm 时，可不设防潮层。

第六章

火力发电厂建筑噪声控制设计

火力发电厂的设备运转、冷却塔淋水、物料运输、管道内介质流动、阀门排汽等都会产生噪声，当噪声超过相关标准规定要求时，不仅给厂区建筑内部工作场所和周边环境带来声污染，也会导致电厂环境影响评价不达标。因此，火力发电厂建筑设计中应重视对噪声的控制，通过厂区总平面规划和建筑平面布置的优化，合理运用各种噪声处理技术（如隔声、吸声、消声和隔振等）进行噪声控制，保障职工的身体健康，保证安全生产与正常工作，将噪声的影响控制在标准规定的范围之内。

第一节　噪声基本知识与噪声控制

一、噪声基本知识

噪声是发声体做无规则振动时发出的声音，是各种不同频率和不同强度声音无规则的杂乱组合。生理学将凡是干扰人们休息、学习和工作的声音，即不需要的声音统称为噪声。噪声的常用名词、符号、单位及其解释见表 6-1。

表 6-1　噪声常用名词、符号、单位及其解释

名词	符号	单位	解　释	备　注
频率	f	Hz	周期性振动在单位时间的周期数	
波长	λ	m	相位相差一周的两个波阵面的垂直距离	
声强	I	W/m^2	一个与指定方向相垂直的单位面积上平均单位时间传过的声能	
声压	p	Pa	有声波时压力超过静压强的部分	
声强级	L_I	dB	声强与基准声强之比的常用对数乘以 10，$L_I=10\lg I/I_0$（$I_0=2\times 10^6 N/m^2$）	
声压级	L_p	dB	声压与基准声压之比的常用对数乘以 20，$L_p=20\lg p/p_0$（$p_0=1\times10^{-12} W/m^2$）	基准声压 p_0 是人耳刚能听到的声压，此时声压级定为 0dB
噪声级	L	dB	量度和描述噪声大小的指标	
A 声级	L_A	dB（A）	声级计 A 档续数的分贝数，是噪声所有频率成分的综合反映	通常使用 A 声级作为评价噪声标准
隔声量	R	dB	透射系数倒数的对数值	
吸声量	A	dB	材料表面面积与材料吸声系数的乘积	

注　本表摘自《建筑设计资料集（第二版）　第 2 集》，北京：中国建筑工业出版社，1994。

二、噪声控制相关规定

我国颁布的现行噪声控制标准包括 GB 3096—2008《声环境质量标准》、GB 12348—2008《工业企业厂界环境噪声排放标准》、GB 12523—2011《建筑施工场界环境噪声排放标准》、GB/T 50087—2013《工业企业噪声控制设计规范》等。根据 GB 12348—2008《工业企业厂界环境噪声排放标准》和 GB 12523—2011《建筑施工场界环境噪声排放标准》的规定，工业企业厂界、建筑施工场界噪声评价量为昼间等效声级、夜间等效声级、室内噪声倍频带声压级，频发、偶发噪声的评价量为最大 A 声级。

工业企业厂界噪声不得超过表 6-2 排放限值的规定，工业企业内各类工作场所噪声不得超过表 6-3 限值的规定。

表 6-2 工业企业厂界噪声排放限值 [dB（A）]

边界处声环境功能区类型	区域使用功能特点和环境质量要求	时段	
		昼间	夜间
0	康复疗养区等特别需要安静的区域	45	35
1	以居民住宅、医疗卫生、文化教育、科研设计、行政办公为主要功能，需要保持安静的区域	50	40
2	以商业金融、集市贸易为主要功能，或者居住、商业、工业混杂，需要维护住宅安静的区域	55	45
3	以工业生产、仓储物流为主要功能，需要防止工业噪声对周围环境产生严重影响的区域	60	50
4	交通干线两侧一定距离之内，需要防止交通噪声对周围环境产生严重影响的区域	65	55

注 本表数据来源于 GB 12348—2008《工业企业厂界环境噪声排放标准》。

表 6-3 工业企业厂区内各类工作场所噪声限值

工作场所	噪声限值 [dB（A）]
生产车间	85
车间内值班室、观察室、休息室、办公室、实验室、设计室室内背景噪声级	70
正常工作状态下精密装配线、精密加工车间、计算机房	70
主控制室、集中控制室、通信室、电话总机室、消防值班室，一般办公室、会议室、设计室、实验室室内背景噪声级	60
医务室、教室、值班宿舍室内背景噪声级	55

注 1. 本表摘自 GB/T 50087—2013《工业企业噪声控制设计规范》。
2. 生产车间噪声限值为每周工作 5d，每天工作 8h 等效声级；对于每周工作 5d，每天工作时间不是 8h 的，需计算 8h 等效声级；对于每周工作日不是 5d 的，需计算 40h 等效声级。
3. 室内背景噪声级指室外传入室内的噪声级。

三、噪声控制设计原则及程序

1. 噪声控制设计原则

（1）必须满足 GB 12348《工业企业厂界环境噪声排放标准》中的厂界噪声排放限值要求。

（2）厂区内各类工作场所噪声限值应符合 GB/T 50087《工业企业噪声控制设计规范》的规定。

（3）对于生产过程和设备产生的噪声，应首先从声源上进行控制，以低噪声的工艺和设备代替高噪声的工艺和设备；如仍达不到要求，则应采用隔声、吸声、消声、隔振以及综合控制等噪声控制措施。

（4）噪声治理分区域、分重点、分主次。

（5）降噪设施应满足抗风、防水及防火要求。

（6）降噪设施安装后不影响原设备的运行性能。

（7）降噪设施性能可靠经济，结构设计合理，使用寿命长，外观与环境整体协调，易于维修。

2. 噪声控制设计程序

一般在可行性研究阶段，应对设计项目的噪声影响给出厂界噪声级预估值和所需的费用估算；在初步设计阶段，应进行噪声控制的初步设计，并做出噪声环境质量的预评价和概算；在建设项目竣工投产后，可对厂区的噪声分布进行检测，对设计做出最终评价。噪声控制设计程序见图 6-1。

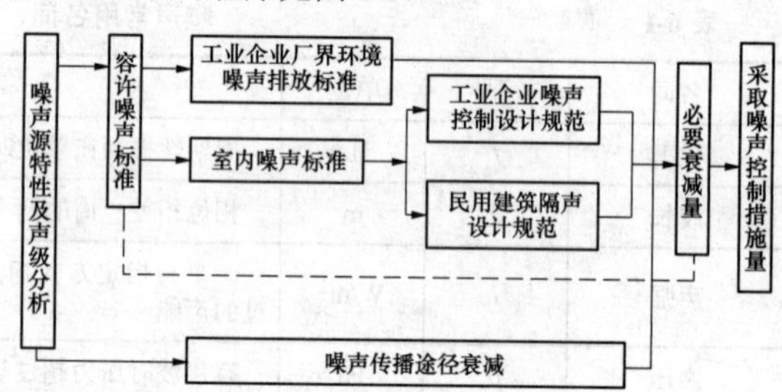

图 6-1 噪声控制设计程序

四、噪声传播途径与控制方法

1. 噪声传播途径

噪声传播途径包括空气声和固体声传播。空气传声是指声源直接激发空气振动产生的声波，并通过空气作为传声媒质。固体传声是指声源直接激发结构振动所产生的噪声，因此也称为结构传声，结构振动以弹性波形式在墙壁、楼板、梁、柱等构件中传播，同时在传播途径中向周围空气辐射噪声。

另外，当空气中传播的噪声遇到屏障时，就会产生反射、透射和绕射现象。噪声的声波一部分越过隔声屏障顶端绕射到达受声点，一部分穿透屏障到达受声点，一部分在屏障壁面产生反射。屏障能阻挡直达声的传播，隔离透射声，并使绕射声衰减。当声波撞击到屏障的壁面上时，会在屏障边缘产生绕射现象，而在屏障背后形成声影区。经过屏障边缘之外，声源发出来的声波可以直接到达的范围，称为亮区。从亮区到声影区之间还有一小段过渡区。位于声影区和过渡区内的噪声级低于未设置屏障时的噪声级。屏障对噪声传播的影响见图 6-2。

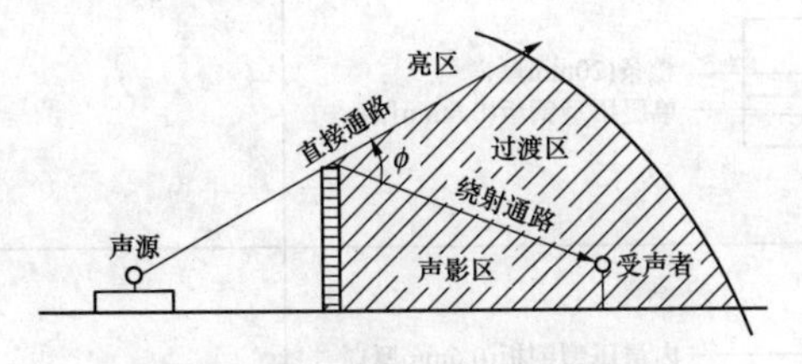

图 6-2　隔声屏障对噪声传播的影响

2. 噪声控制方法

噪声从产生到被接收的过程，分为声源、传播途径和接收者三个环节。相应地，噪声控制也分为三个部分，即在声源处抑制噪声、在声传播途径中控制，以及对接收者的保护。在声源处抑制噪声是最根本的措施，包括降低激发力，减小系统各环节对激发力的响应，改变操作程序或改造工艺过程等；在声传播途径中控制是噪声治理中的普遍技术，包括隔声、吸声、消声及隔振等措施；对接收者的保护最主要的是用耳塞、耳罩、有源消声头盔等。噪声控制的方法和措施见表 6-4。

表 6-4　　噪声控制的方法及措施

部　位	方　法	措　施
声源	降低声源的发声强度	改善设备等
	改变声源的频率或特性	改善声源本身的设计及安装方位
	避免声源与其相邻传递媒质的耦合	机座的减振设备等
传播途径	增加传递途径	尽量远离噪声源
	吸收或限制传递途径的声能	采用吸声处理及利用温度、风向、湿度、气压、绿化的影响等
	利用不连续媒质表面的反射和阻挡	采用隔声处理
接收者	控制暴露时间	适当轮流工作或调换工作时间
	采用防护器具	90dB 以上可采用耳塞等方法
	降低到达听者耳朵附近的声强	用电子控制技术抵消噪声

注　本表摘自《建筑设计资料集　（第二版）　第 2 集》，北京：中国建筑工业出版社，1994。

五、噪声控制具体措施

噪声控制的具体措施主要是七大类，即隔声、吸声、消声、隔振、阻尼减振、个人防护和低噪声产品的应用，运用比较广泛的是隔声降噪、吸声降噪、消声降噪及隔振降噪。

（一）隔声降噪措施

隔声降噪是噪声控制中最常用的、有效的方法之一，其原理是利用隔声材料和隔声结构阻隔或阻挡声能的传播，将噪声源引起的影响环境限制在一定范围内，或者是在噪声环境中隔离出一个安静的场所。

1. 隔声设计

隔声设计一般规定如下：

（1）将噪声控制在局部空间范围内的场合应进行隔声设计。

（2）对声源进行的隔声设计，可采用隔声罩或声源所在车间采取隔声围护的结构形式；对噪声传播途径进行的隔声设计，可采用隔声屏障的结构形式；对接收者进行的隔声设计，可采用隔声间的结构形式。必要时也可同时采用上述几种结构形式。

（3）对厂房内独立的强噪声源，在满足操作、维修及通风冷却等要求的情况下，根据隔声罩的插入损失，采用相应形式的隔声罩。

（4）声源所在车间采取的隔声围护结构可根据隔声量要求，按有关规范规定进行设计。

（5）对人员多、强噪声源分散的大车间，可设置隔声屏障或隔墙，将车间在平面上划分为几个不同强度的噪声区域。

（6）当不宜对声源作隔声处理，且操作管理人员不定期停留在设备附近时，应在设备附近设置控制、监督、观察、休息用的隔声间。

（7）隔声设计应防止孔洞与缝隙的漏声。对于构件的拼装节点、电缆孔、管道的通过部位等声通道，应进行密封或消声处理设计。

2. 隔声构造

常用的隔声构造主要包括隔声墙体、隔声屏障、隔声门窗、隔声间。

（1）室内有噪声源建筑围护结构采用隔声墙体。

1）金属墙板。

工业建筑围护结构常采用金属墙板。金属墙板采用的主体材料、隔声材料和构造形式不同，其隔声量也不同，在降噪控制中应根据设计降噪量合理选择金属墙板的类型和构造。常用金属墙板的隔声量见表 6-5。

表 6-5 常用金属墙板的隔声量

序号	名 称	图 例	隔声量 R (dB)
1	单层金属板板	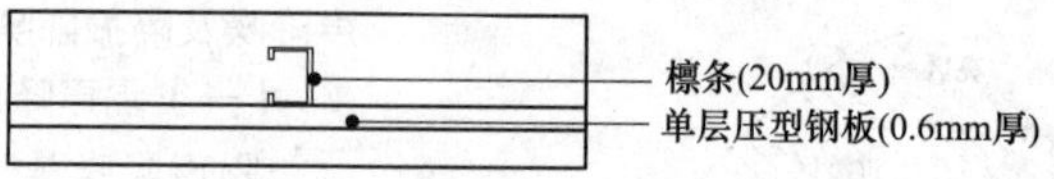 檩条(20mm厚) 单层压型钢板(0.6mm厚)	23
2	现场复合压型钢板	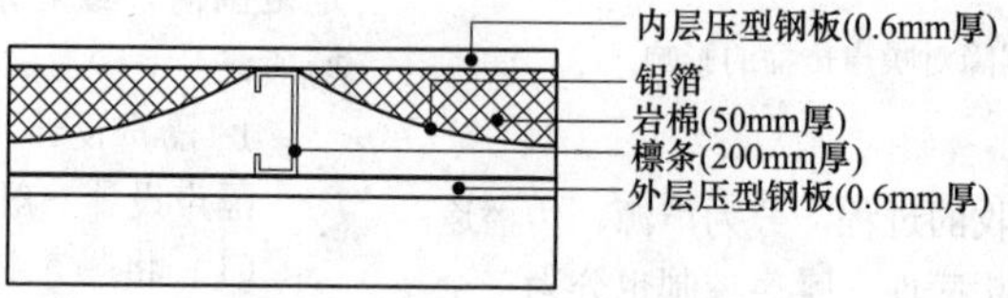 内层压型钢板(0.6mm厚) 铝箔 岩棉(50mm厚) 檩条(200mm厚) 外层压型钢板(0.6mm厚)	32
3	隔声金属组合墙板（现场型）	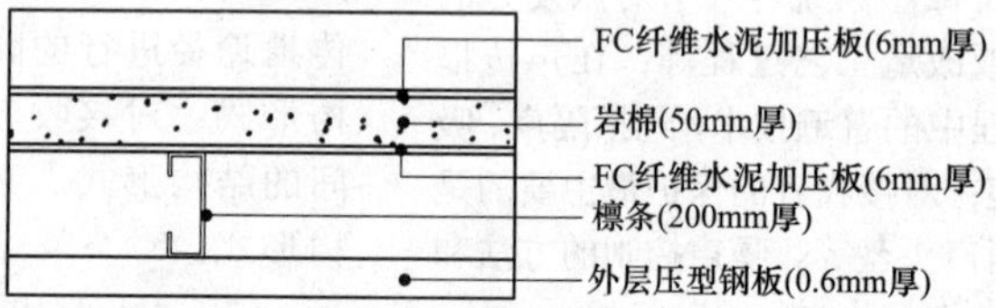 FC纤维水泥加压板(6mm厚) 岩棉(50mm厚) FC纤维水泥加压板(6mm厚) 檩条(200mm厚) 外层压型钢板(0.6mm厚)	47

注 本表中的隔声量为实验测试结果，隔声量为平均隔声量，对应不同频率的噪声，隔声量会有所差异。

2）砌块墙体。

砌块墙体一般具有较大的厚度和重量，并且密实无空隙或缝隙，对于减弱透射声能，阻挡噪声的传播有着较好的效果。隔声可采用的砌块种类比较多，较为常用的有加气混凝土砌块和页岩砖等。墙体采用的主体材料、构造形式不同，其隔声量也不同，在降噪控制中应根据设计降噪量合理选择墙体的厚度和构造。常用砌块墙体的隔声量见表 6-6。

表 6-6 常用砌块墙体的隔声量

序号	名 称	图 例	隔声量 R (dB)
1	加气混凝土砌块墙体（200mm 厚）	 混合砂浆(20mm厚) 加气混凝土砌块(200mm厚) 混合砂浆(20mm厚)	45
2	加气混凝土砌块墙体（250mm 厚）	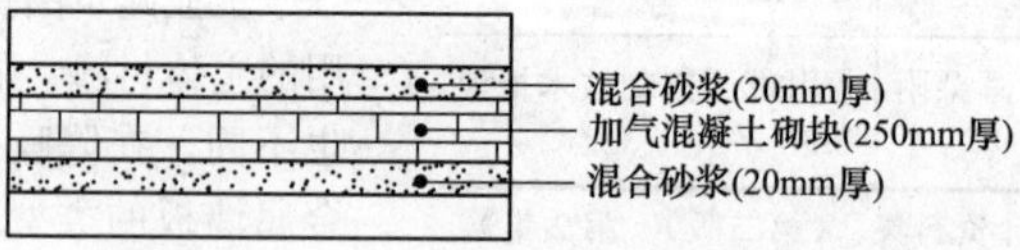 混合砂浆(20mm厚) 加气混凝土砌块(250mm厚) 混合砂浆(20mm厚)	46

续表

序号	名　称	图　例	隔声量 R（dB）
3	混凝土小型空心砌块墙体	混合砂浆(20mm厚) 混凝土小型空心砌块(200mm厚) 混合砂浆(20mm厚)	46
4	加气混凝土砌块组合墙体	FC纤维水泥加压板(8mm厚) 岩棉(50mm厚) C形檩条(50mm厚) 加气混凝土砌块(200mm厚) 混合砂浆(20mm厚)	52

注　本表中的隔声量为实验测试结果。隔声量为平均隔声量，对应不同频率的噪声，隔声量会有所差异。

（2）有隔声要求的房间采用隔声门窗。

1）门窗隔声标准。

按 GB/T 8485—2008《建筑门窗空气声隔声性能分级及检测方法》规定，将隔声门窗划分为Ⅵ级，见表 6-7。

表 6-7　建筑门窗的空气声隔声性能分级

分级	外门外窗的分级指标值	内门内窗的分级指标值
1	$20 \leqslant R_w + C_{tr} < 25$	$20 \leqslant R_w + C < 25$
2	$25 \leqslant R_w + C_{tr} < 30$	$25 \leqslant R_w + C < 30$
3	$30 \leqslant R_w + C_{tr} < 35$	$30 \leqslant R_w + C < 35$
4	$35 \leqslant R_w + C_{tr} < 40$	$35 \leqslant R_w + C < 40$
5	$40 \leqslant R_w + C_{tr} < 45$	$40 \leqslant R_w + C < 45$
6	$R_w + C_{tr} \geqslant 45$	$R_w + C \geqslant 45$

注　1. 用于对建筑内机器，设备噪声源隔声的建筑内门窗，对中低频噪声宜用外门窗的指标值进行分级；对中高频噪声仍可采用内门窗的指标值进行分级。

2. R_w 为计权隔声量，测得试件空气隔声量频率特性曲线与 GB/T 50121《建筑隔声评价标准》规定的空气隔声基准曲线按规定方法比较得出的单值评价标准；C_{tr} 为交通噪声频谱修正量，指将计权隔声量值转换为试件隔绝交通噪声时试件两侧 A 计权声压查所需修正值；C 为粉红噪声频谱修正量。

2）隔声门。

隔声门是隔声围护结构中的主要构件之一，一般将计权隔声量大于 25dB 的门称为隔声门。隔声门按其尺寸大小不同，可分为单扇门、双扇门和多扇门；按其开启方式不同，可做成平开门、对开门和推拉门；按制作材料不同，可分为钢质门、木质门、钢木复合门以及其他材料制作的隔声门等。在降噪控制中，应根据设计降噪量合理选择隔声门的类型和厚度。隔声门实例照片见图 6-3。

图 6-3　隔声门实例照片

常用的隔声门门扇面板为冷轧钢板，在内外面板之间填充吸声材料、阻尼材料，为错开其吻合频率影响，一般对门扇两面面板采用不同厚度。表 6-8 列出了门扇尺寸为 1m×2m、两面钢板不等厚、空腔内填不同厚度的玻璃棉的门扇本身的隔声量。

表 6-8 隔声门扇（1m 宽 ×2m 高）不同厚度实测隔声量

外面板厚度（mm）	2.0	1.0	1.5	1.5	2.0	2.0	2.5	2.5	3.0	2.0	2.5
空腔厚度（mm）	65	80	80	80	80	80	80	80	80	100	100
内面板厚度（mm）	1.0	1.0	1.0	1.5	1.0	1.5	1.0	2.0	1.5	1.0	1.5
门扇厚度（mm）	68.0	82.0	82.5	83.0	83.0	83.5	83.5	84.5	84.5	103.0	104.0
频率（Hz）	隔声量（dB）										
100	22	28	32	30	27	33	34	33	30	30	35
125	31	28	32	31	36	40	33	39	36	39	40
160	38	34	36	36	43	44	40	42	37	39	41
200	36	29	44	41	42	44	45	41	44	40	43
250	40	42	45	43	43	43	47	42	44	43	43
315	43	42	47	46	46	46	48	46	47	47	46
400	43	47	49	49	50	50	51	49	49	45	45
500	48	50	53	52	52	52	54	51	52	51	50
630	51	55	55	54	55	54	56	53	55	54	53
800	53	55	56	56	57	56	56	54	56	56	55
1000	55	57	58	59	58	58	57	55	58	58	57
1250	58	57	58	59	60	59	57	57	59	62	61
1600	60	59	59	63	62	62	58	60	61	64	62
2000	62	58	58	62	63	62	58	61	62	66	64
2500	63	60	59	65	65	64	59	62	64	67	65
3150	64	61	60	64	66	65	60	64	64	69	67
4000	66	60	60	63	66	65	60	63	60	70	69
计权隔声量 R_w	49	51	53	53	54	55	54	54	54	54	56

注 1. 本表摘自吕玉恒主编的《噪声控制与建筑声学设备和材料选用手册》，北京：化学工业出版社，2011。
2. 表中所给出的频带隔声量及其计权隔声量 R_w 值是门边缘无缝时的实测值，是门扇本身的隔声量。用这种门扇实际安装后，周边存在门缝，门缝会漏声，因此整个门的隔声量要比表中所列的隔声量有所降低。

3）隔声窗。

隔声窗与隔声墙、隔声门一样，也是隔声围护结构中的主要构件之一。它的作用是采光、通风、隔热、隔声、装饰。隔声窗按窗框的材料不同，可分为木窗、金属窗、塑料窗等；按开启方式不同，可分为平开窗、平移（推拉）窗、翻窗以及不能开启的固定窗；按构造不同，可分为单道窗、双道窗以及单层玻璃、双层玻璃、中空玻璃和多层叠合玻璃等；按使用功能不同，可分为通风百叶窗、隔热保温窗以及隔声观察窗等。在降噪控制中，应根据设计降噪量合理选择隔声窗的类型和构造。隔声窗实例照片见图 6-4。

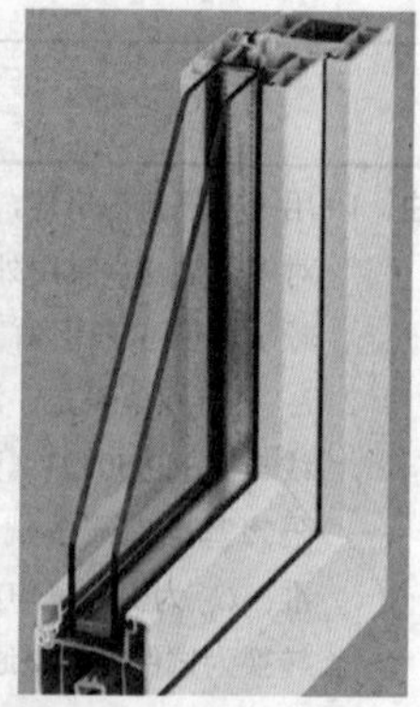

图 6-4 隔声窗实例照片

隔声窗采用的中空玻璃是由两片以上的玻璃组合而成的，玻璃与玻璃之间保持一定的间距，间隔中是干燥的空气层，周边用材料密封而成，具有较好的隔热保温性能。

（3）设置隔声间阻隔外界噪声影响。

隔声间是为了防止外界噪声入侵，形成的局部空间安静的小室或房间。在噪声强烈的车间内建造的有良好隔声性能的小房间，能使其中的工作人员免受听力损害，改善工作条件，提高工作效率。隔声间能有效地阻隔噪声的外传，减少噪声对环境的影响。隔声间外墙一般用隔声性能较好的材料或结构，如砖、混凝土、纸面石膏板墙等，观察部分使用隔声窗，进出部分使用隔声门。隔声间室内一般使用较多吸声材料，如穿孔吸声板吊顶、软包墙面，以及吊挂空间吸声体等。

（4）在厂界、主要噪声源周边设置隔声屏障。

隔声屏障主要是用于阻挡噪声源直达声的转播，在噪声源和接收者之间设置屏障或隔声吸声屏障，可有效控制噪声源的中、高频噪声传播，设计过程中应根据噪声源特性和安装位置选择隔声屏障的外形和尺寸。按声学性质来分，隔声屏障可分为反射型、吸声型和反射吸声型，其降噪效果一般为8～12dB（A），如采用两面吸声结构夹合隔声结构的形式，其降噪效果还会提高。

（二）吸声降噪措施

1. 吸声设计

声音作为振动的能量波，在空间传播过程中，接触物体表面时会消耗能量，出现声能降低的现象，利用这一原理主要是减少声能反射。吸声结构在噪声控制中，有以下几种应用方式：

（1）在隔声罩（间）的内表面铺设辅助吸声材料，降低内部的反射声和混响声，以提高整体隔声量；

（2）在屏障类隔声装置表面铺设辅助吸声材料，减少屏障的反射声；

（3）针对特定频率的噪声，可考虑设置专用的吸声结构；

（4）在控制房间内装修中运用吸声材料，减少反射声。

2. 吸声构造

常用的吸声构造主要包括吸声墙体、吸声吊顶等。

（三）隔振降噪措施

声波起源于物体的振动，物体的振动除了向周围空间辐射“空气声”，还通过与其相连的固体结构传播声波，简称“固体声”。固体声在传播过程中又会向周围空气辐射噪声，特别是当引起物体共振时，会辐射很强的噪声。振动的影响主要是通过振动传递来达到的。在振动控制中，隔振是最常用的减振方法，尤其是在空间位置限制或工艺需要，无法加大振源和受振对象之间的距离时，采用隔振器进行隔振是最有效的方法。

减少固体传声的措施主要分积极隔振和消极隔振两大类，积极隔振是为了减少动力设备产生扰力向外的传递，对动力设备所采取的隔振措施（即减少振动的输出）；消极隔振是为了减少外来振动对防振对象的影响，对防振对象采取的隔振措施（即减少振动的输入）。无论何种类型的隔振，都是在振源或防振对象与支承结构之间加隔振器材。具体措施包括：①振动设备基础采用独立基础，并采取弹簧隔振措施；②通风系统隔振通风机组采取隔振措施，防止固体声传声；③有振动的工艺管道、风管设计有保温层，但由于其管壁隔声量不能满足现有降噪要求，需进行隔声包扎处理。

（四）消声降噪措施

消声器是一种既可使气流顺利通过又能有效降低噪声的设备，也可以说消声器是一种具有吸声内衬或特殊结构形式能有效降低噪声的气流通道。消声器的种类较多，其原理、形式、规格、材料、性能及用途各不相同，常见类型包括阻性消声器、抗性消声器、复合式消声器三种。

第二节 火力发电厂建筑噪声特点与噪声控制

火力发电厂产生噪声的设备多，噪声的频率、声级情况复杂。火力发电厂建筑噪声控制是综合性很强的工程技术，主要包括厂区各类工作场所的噪声控制，以及基于厂界噪声环保达标的厂界噪声控制。

一、主要噪声源

（一）噪声分布

火力发电厂的主设备系统包括燃料供给系统、给水系统、蒸汽系统、冷却系统、电气系统及其他一些辅助处理设备。通常把噪声级大于75dB（A）的设备称为火力发电厂的噪声源。火力发电厂高噪声设备种类多、数量大、分布面广，且成立体布局形式。在系统运行过程中，主要噪声源分布在主厂房区域、锅炉房区域、电除尘器和引风机区域、脱硫岛区域、变压器区域、冷却塔区域、余热锅炉及天然气调压站区域（燃机发电厂）等工艺单元。

根据电厂装机容量及设备的不同，主要噪声设备的源强也会存在差异。经现场实测，某电厂主要设备噪声实测数值见表6-9。

表 6-9　某电厂主要设备噪声实测数值

噪声源	噪声水平[dB(A)]	测点位置
自然通风冷却塔	82.8	水池边 1m，高 1.5m
循环水泵	85.0	距离设备表面 1m
主变压器	73.7	距离设备表面 25m
汽轮机	87.6	黄色安全线外
锅炉给水泵	90.8	距离设备表面 1m
空气压缩机	104.5	距离设备表面 1m
浆液循环泵（电动机风机进风口）	94.9	距离设备表面 1m
氧化风机（电动机风机进风口）	98.0	距离设备表面 1m
引风机（电动机风机进风口）	94.3	距离设备表面 1m
一次风机（电动机风机进风口）	102.6	距离设备表面 1m
送风机（电动机风机进风口）	99.2	距离设备表面 1m
磨煤机	91.2	距离设备表面 1m
电除尘器	92.7	距离设备表面 1m

注　各电厂相同设备的现场条件不同，现场实测距离有所差异。

（二）噪声源种类及控制设计要点

1. 噪声源种类

按照火力发电厂噪声源特点进行分类，主要有以下几种：①设备运行过程中产生机械动力噪声，主要是发电机、汽轮机、送风机、引风机、磨煤机等设备运转、振动、摩擦、碰撞而产生的噪声；②各类风机、风管和高压汽（气）管道中气流运动、扩容、节流、排气、漏气产生的流体动力噪声；③大型带电设备产生的电磁噪声，主要是指电动机、励磁机、变压器以及其他电气设备，在磁场交变运动过程中所产生的噪声。

火力发电厂主要噪声成分复杂，低、中、高频段噪声均有分布。例如：汽轮机、发电机、汽动给水泵、真空泵等产生的噪声频谱主要为低、中、高频；一次风机、二次风机等产生的噪声频谱主要为中、高频；引风机产生的噪声频谱为低、中频；变压器等产生的噪声频谱为低、中频；碎煤机室产生的噪声频谱为低、中、高频；冷却塔产生的噪声频谱为中、高频。设备运行时声压级很高，可以达到 85～110dB（A）。

2. 不同类型的噪声控制设计要点

（1）对集中布置在厂房内的群体噪声源，采取厂房墙体隔声辅以吸声和阻尼的方法，即根据厂房的隔声量要求进行透声和漏声的隔声匹配，提高厂房的整体隔声量，并在厂房内进行阻尼和吸声处理，以增加隔声结构的低频隔声量并减轻隔声压级，同时减小厂房内的混响声。

（2）对于机械、电磁噪声以及流体噪声，采取隔声间、隔声屏障等措施。

（3）对空气动力性噪声，如风机进口、排口噪声，排汽（气）噪声等，设计有针对性的消声器。

二、建筑噪声控制设计

火力发电厂噪声控制设计必须与主体工程同时设计、同时施工、同时投产。在电厂建筑噪声控制设计中，建筑及相关专业通过具体的隔声、消声、吸声以及减少固体传声等噪声控制手段，达到降低电厂内部各类工作场所的噪声水平和控制电厂噪声排放的目的。

（一）厂区内各类工作场所建筑噪声控制设计

1. 噪声控制设计流程和设计内容

火力发电厂厂区内各类工作场所噪声控制主要基于 GB/T 50087《工业企业噪声控制设计规范》开展工作。首先应根据工作场所位置和噪声源的分布，利用声学仿真预测软件建立声学模型，进行工作场所噪声数值仿真模拟，得到工作场所噪声分布的预测结果，再与表 6-3 中所列工业企业厂区内各类工作场所噪声限值进行比较。如超标，需确定各工作场所降噪量，制定具体控制方案，进行噪声治理。最后，利用仿真预测软件再次进行数值仿真模拟对控制效果进行检验，通过多次重复检验证明控制方案及具体技术的合理性、经济性、可行性。

针对厂区内各类场所的建筑噪声控制，一般火力发电厂均需考虑，这属于建筑专业噪声控制设计的主要内容。火力发电厂不同工作场所的噪声控制要求也各不同。主厂房区域内的集中控制室，对噪声控制要求很高；厂区办公室、会议室、试验室等房间为主的生产办公类房间，对噪声控制要求较高；运煤控制室、除尘控制室等一般有人值守的控制室，对噪声控制要求较高；主厂房、空气压缩机室等定时巡检的生产车间，噪声需要一定的控制。厂区内各类工作场所噪声控制设计内容见表 6-10。

表 6-10　火力发电厂厂区内各类工作场所噪声控制设计内容

区域类别	工作场所	噪声限制值[dB（A）]	噪声控制设计内容
主厂房区域的控制室	集中控制室	60	（1）建筑平面布置优化； （2）围护结构隔声； （3）内部吸声降噪； （4）大型显示屏及控制台降噪； （5）通风系统降噪

续表

区域类别	工作场所	噪声限制值[dB（A）]	噪声控制设计内容
生产车间	主厂房运行层平台、空气压缩机室	85	（1）围护结构吸声； （2）高噪声设备隔声
车间内的控制室	运煤控制室、除尘控制室、脱硫控制室	70	（1）平面布置优化； （2）围护结构隔声； （3）内部吸声降噪
生产办公房间	行政办公室、生产办公室、会议室、试验室	60	（1）总平面布置优化； （2）建筑平面布置优化； （3）围护结构隔声； （4）内部吸声降噪

2. 噪声控制措施

（1）隔声措施。

集中控制室、运煤控制室、除尘控制室等与高噪声源之间周边墙体尽量采用重质隔墙，减少噪声的穿透；进入控制室的通道处设置隔声门斗；集中控制室的门应采用隔声门；控制室的玻璃隔断应采用多层玻璃隔断，如有开窗应采用隔声窗。主厂房、空气压缩机室等生产车间优先考虑对重大噪声设备增加隔声罩或隔声间，重大噪声管道采用降噪包扎的方式降低噪声声源。同时为了减少厂房噪声对厂房外环境的影响，厂房的外墙采用重质砌块墙体系统。

（2）吸声措施。

集中控制室、运煤控制室、除尘控制室等的噪声来源不但有控制室外部的设备噪声，同时也有来自控制室内部的电子设备噪声和空调风口噪声，室内墙面、顶棚、地面和家具等应尽量采用具有一定吸声性能的材料，减少控制室室内电子设备噪声、空调系统噪声的二次反射。主厂房、空气压缩机室等生产车间内墙和天棚宜采用吸声复合板。

（二）厂界噪声建筑控制设计

1. 厂界噪声控制流程和设计内容

电厂厂界噪声治理主要基于GB 12348《工业企业厂界环境噪声排放标准》、GB 3096《声环境质量标准》和GB/T 50087《工业企业噪声控制设计规范》开展工作。首先应根据火力发电厂总平面布局和噪声源的分布，利用声学仿真预测软件建立声学模型，进行厂区噪声数值仿真模拟，得到厂区及厂界噪声分布的预测结果。然后，再根据厂区边界周围噪声敏感目标所属的声环境功能区类别来确定厂界噪声排放限值，火力发电厂厂界预测结果与排放限值进行比较。如超标则需进行噪声治理，将火力发电厂噪声源划分为几个重点控制区域，确定各区域降噪量，制定具体控制方案。最后，利用仿真预测软件再次进行数值仿真模拟对控制效果进行检验，并进行经济、技术可行性论证，明确噪声控制方案的降噪效果和达标分析。通过多次重复检验证明控制方案及具体技术的合理性、经济性、可行性。

目前，环保部门对火力发电厂噪声厂界排放有具体要求，特别是城市燃机发电厂需要进行专门的厂界噪声控制设计，建筑专业通常是配合环保专业进行噪声控制设计，根据要求优化围护结构构造节点并选择合理的建筑材料。火力发电厂噪声主要控制区域及其控制设计内容见表6-11。

表6-11　火力发电厂噪声主要控制区域及噪声控制设计内容

类别	控制区域	主要噪声源	频谱特性	噪声控制设计内容
燃煤发电厂主要噪声控制区域	汽机房区域	汽轮机、发电机、除氧器、风机、水泵	中高频	（1）围护结构隔声； （2）设备本体隔振、隔声； （3）风口、洞口密封和消声
	锅炉房区域	一次风机、送风机、锅炉排汽安全阀、磨煤机和给煤机	宽频分布	（1）设备本体隔振、隔声； （2）锅炉封闭围护结构隔声
	电除尘器和引风机区域	电除尘器外壳混响、引风机	中低频	（1）设备本体隔振、隔声； （2）封闭围护结构隔声； （3）除尘器表面体吸声喷涂
	脱硫岛区域	浆液循环泵、脱硫氧化风机	中低频	（1）设备本体隔振、隔声； （2）封闭围护结构隔声
	变压器区域	变压器电磁噪声、冷却风扇	中低频	隔声屏障、围护
	淋水式自然通风冷却塔	淋水噪声	中高频	（1）隔声屏障； （2）通风口消声

续表

类别	控制区域	主要噪声源	频谱特性	噪声控制设计内容
燃煤发电厂主要噪声控制区域	表凝式间接冷却塔	进风口气流再生噪声	中低频	隔声屏障
	空冷平台	风机电动机噪声、出风口气流再生噪声	宽频分布	(1) 隔声屏障; (2) 进风口消声
	其他高噪声建筑	内部设备噪声(空气压缩机、气化风机、水泵等)	宽频分布	(1) 围护结构隔声; (2) 设备本体隔振、隔声; (3) 风口、洞口密封和消声
燃机发电厂主要噪声控制区域	主厂房区域	燃气轮机、发电机	中高频	(1) 围护结构隔声; (2) 设备本体隔振、隔声; (3) 风口、洞口密封和消声
	余热锅炉区域	余热锅炉、水泵、排气口	宽频分布	(1) 设备本体隔振、隔声; (2) 封闭围护结构隔声; (3) 排气口消声
	机力通风塔区域	排风噪声、冷却塔淋水噪声、风机电动机噪声	宽频分布	(1) 隔声屏障; (2) 进风口消声; (3) 落水消能; (4) 设备本体隔振
	变压器区域	变压器电磁噪声、冷却风扇	中低频	隔声屏障、围护
	天然气调压站区域	天然气压缩机	中高频	(1) 围护结构隔声; (2) 设备本体隔振、隔声; (3) 风口、洞口密封和消声

2. 厂界噪声控制措施

(1) 厂房建筑设计优化。

1) 在满足工艺流程要求的前提下,高噪声设备宜相对集中,并宜布置在车间的一隅,便于控制。

2) 当噪声源布置在室内时,应充分考虑噪声影响,合理设置门窗,避免噪声向敏感区域传播,尽量运用常规、经济的建筑手段将噪声限制在闭合空间。

3) 振动强烈的设备不宜直接设置在楼板或平台上,宜采取减振及减少固体传声的措施。

4) 设备布置时,应预留配套的噪声控制专用设备安装和维修所需的空间。

5) 各厂房围护结构隔声量由隔声计算确定。根据隔声量确定外围护结构(包括外墙、外门、窗、通风百叶消声器等)的具体形式。

(2) 设置吸隔声屏障。

从前述的声屏障降噪原理可看出,在火力发电厂围墙区域设置一定高度的吸隔声屏障,可在一定程度和范围内降低火力发电厂内声源产生的噪声对距离电厂较近位置的影响,但相对较远位置,噪声的低频特性显著,顶部和边界处存在一定程度的绕射,计算出的结果须进行必要的修正。一般隔声屏障降噪量见表6-12。自然通风冷却塔隔声屏障实例见图6-5。

表6-12　一般隔声屏障降噪量

适用区域	隔声材料规格(厚度,mm)	声源原噪声值[dB(A)]	降噪量[隔声,dB(A)]	隔声屏障说明
冷却塔	200	85	15~20	现场安装式隔吸声墙体:0.8mm 穿孔板+无碱憎水玻璃丝布+200mm 厚玻璃棉 (48kg/m³)+1.0mm 镀锌板
主变压器	200	75	15~20	现场安装式隔吸声墙体:0.8mm 穿孔板+无碱憎水玻璃丝布+200mm 厚玻璃棉 (48kg/m³)+1.0mm 镀锌板
高噪声设备近场	200	80~85	15~20	现场安装式隔吸声墙体:0.8mm 穿孔板+无碱憎水玻璃丝布+200mm 厚玻璃棉 (48kg/m³)+1.0mm 镀锌板

注　实际降噪量会随屏障高度和长度变化,测点位置通常在声影区范围内。

(a)

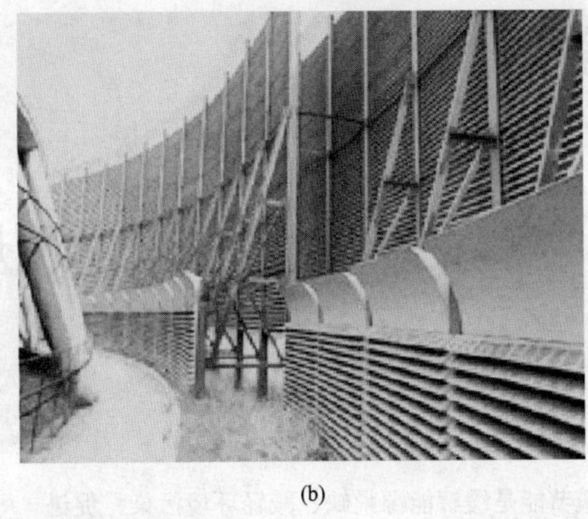

(b)

图 6-5　自然通风冷却塔隔声屏障实例

（a）隔声屏障外侧；（b）隔声屏障内侧

第七章

火力发电厂建筑热工与节能设计

建筑节能是缓解能源紧缺、减轻环境污染、促进经济可持续发展的有效途径。我国建筑节能设计工作首先从居住建筑起步，逐步发展到公共建筑及工业建筑，从易到难逐步推进。近年来，工业建筑节能设计越来越被重视，节能设计研究已经起步。火力发电厂建筑属于工业建筑的范畴，其建筑种类多，其中主厂房等建筑空间体量高大，建筑能耗的绝对值很大，具有较大的节能潜力。通过实施、推广火力发电厂建筑节能设计，将会带来显著的社会和经济效益。

本章所论述的火力发电厂建筑节能设计主要是指建筑围护结构节能。

第一节　建筑热工与节能设计概述

一、常用术语

建筑热工常用术语见表 7-1。

二、建筑热工与节能设计的内容及目的

建筑热工学是研究建筑物内外温度、湿度作用对建筑围护结构和室内热环境影响的学科。建筑物受太阳辐射、温湿度、风雨雪及地下环境影响，建筑围护结构及室内热物理环境会产生变化。建筑热工学的任务就是创造适宜的室内热、湿环境，满足生活、生产需求。建筑节能技术的基础是建筑热工学，建筑热工设计提出了围护结构的保温隔热设计、防结露设计等的基本要求。建筑节能设计的任务是制定更有效、更经济的满足热工及相关节能规范要求的工程措施。热工与节能设计执行不同的设计标准，两个标准之间是递进关系。建筑热工与节能设计的主要内容及目的见表 7-2 和表 7-3。

表 7-1　　建筑热工常用术语

术语	符号	单位	释　义	术语	符号	单位	释　义
导热系数	λ	W/（m·K）	稳态条件下，1m 厚物体，两侧表面温差为 1K，1S 内通过 $1m^2$ 面积传递的热量	外墙平均传热系数	K_m	W/（m^2·K）	包括外墙主体部位和周边混凝土圈梁和抗震柱等热桥部位在内，按面积加权求得的传热系数
热阻	R	m^2·K/W	热量在物体内部以热传导方式传递时遇到的阻力	传热系数修正系数	ε_i		有效传热系数与传热系数的比值，即 $\varepsilon_i = K_{eff}/K$ 实质上是围护结构因受太阳辐射和天空辐射影响而使传热量改变的修正系数
传热系数	K	W/（m^2·K）	稳态条件下，围护结构两侧空气温差为 1K，1s 内通过 $1m^2$ 面积传递的热量				
围护结构			建筑物及房间各面的围挡物，如墙体、屋顶、地板、地面和门窗等，分内、外围护结构两类	体形系数	s		建筑物与室外大气接触的外表面积与其包围的体积的比值，面积中不含地面、不采暖楼梯隔墙与户门的面积
热桥			围护结构中包含金属、钢筋混凝土或混凝土梁、柱、肋等部位，在室内外温差作用下，形成热流密集、内表面温度较低的部位，这些部位形成传热的桥梁，故称为热桥	窗墙面积比	X		窗户洞口面积与房间立面单元面积（房间层高与开间定位线围成的面积）的比值

表 7-2　　建筑热工设计的主要内容及目的

主要内容		目　的
冬季保温设计	围护结构保温设计	保证内表面不结露，并符合卫生要求
	围护结构防潮设计	保证在正常使用条件下，内部不出现冷凝水积聚
	围护结构气密性设计	保证围护结构和门窗的气密性符合规定要求
夏季防热设计	室外热环境设计	利用地形、水面等自然环境，并采用绿化措施，达到改善室外热环境的目的
	围护结构隔热设计	保证围护结构的隔热性能符合规定要求
	窗户遮阳设计	使得遮阳形式和构造设计与地区气候条件、房间使用要求和窗户朝向相适应
	自然通风设计	使建筑群和单体布置及门窗开口位置、面积和开启方式有利于自然通风

表 7-3　　建筑节能设计的主要内容及目的

主要内容		目　的
建筑采暖节能设计	建筑布置及体形设计	使建筑布置及体形设计有利于节约采暖能耗
	围护结构设计	保证围护结构传热系数及窗墙面积比等符合相关节能设计规范
	采暖系统设计	保证采暖系统和管道的保温设计等符合相关节能设计规范
建筑空调节能设计	建筑物及房间布置	使建筑物及房间布置满足使用要求，并有利于节约空调能耗
	围护结构设计	保证围护结构的传热系数和构造设计符合相关节能设计规范
	空调系统设计	保证空调系统满足使用要求，并符合相关节能设计规范
建筑电气节能设计	电气系统设计及设备选择	系统设计经济合理，符合相关节能设计规范
建筑给排水节能设计	给排水系统设计	系统设计符合相关节能设计规范
可再生能源利用	风能、太阳能等辅助能源系统设计	作为常规能源的替代措施用于照明、空调等系统

三、建筑热工与节能设计适用标准及规范

1. 建筑热工设计适用的标准及规范

建筑物通常受到室外气候因素及室内温、湿度的作用，这种作用是影响建筑物使用的重要因素，直接影响室内环境的舒适性及建筑物的耐久性。建筑热工设计研究建筑使用中的热舒适问题，通过建筑措施有效改善热湿环境，解决建筑物保温、隔热、防潮和防空气渗透的问题，创造良好的室内小气候，提高围护结构的耐久性。目前适用的标准有 GB 50176《民用建筑热工设计规范》，对于火力发电厂建筑还应执行 DL/T 5035《发电厂供暖通风与空气调节设计规范》的有关规定。

2. 建筑节能设计适用的标准及规范

居住建筑节能设计适用的标准有 JGJ 26《严寒和寒冷地区居住建筑节能设计标准》、JGJ 134《夏热冬冷地区居住建筑节能设计标准》、JGJ 75《夏热冬暖地区居住建筑节能设计标准》、JGJ/T 129《既有居住建筑节能改造技术规程》，公共建筑节能设计适用的标准有 GB 50189《公共建筑节能设计标准》。

工业节能包括工艺系统节能和建筑节能。目前火力发电厂建筑节能设计可遵循或参考的节能标准有 GB/T 51106《火力发电厂节能设计规范》。

第二节　建筑热工设计分区及设计特点

一、建筑热工设计分区

我国幅员辽阔，地形复杂，地理纬度、地形地势等条件不同，各地气候相差悬殊。针对不同气候条件，各地建筑节能设计会采取不同节能措施。炎热地区的建筑要遮阳、隔热和通风，以防室内过热；寒冷地区的建筑则要防寒和保温，同时要让更多的阳光进入室内。为了明确建筑和地区气候两者的关系，GB 50176《民用建筑热工设计规范》将中国划分为了 5 个大的建筑热工设计分区，并对各分区的建筑设计提出了不同的要求。表 7-4 和表 7-5 列出了不同气候区的代表性城市，火力发电厂建筑节能设计可根据厂址位置，参考就近城市所在气候区按照建筑热工设计分区要求进行节能设计。

表 7-4　　公共建筑主要城市所处城市气候分区

气候分区及气候子区		代表性城市
严寒地区	严寒 A 区	博克图、伊春、呼玛、海拉尔、满洲里、阿尔山、玛多、黑河、嫩江、海伦、齐齐哈尔、富锦、哈尔滨、牡丹江、大庆、佳木斯、二连浩特、多伦、大柴旦、阿勒泰、那曲
	严寒 B 区	
	严寒 C 区	长春、通化、延吉、通辽、四平、抚顺、阜新、沈阳、本溪、鞍山、呼和浩特、包头、鄂尔多斯、赤峰、额济纳旗、大同、乌鲁木齐、酒泉、西宁、日喀则、甘孜、康定

续表

气候分区及气候子区		代表性城市
寒冷地区	寒冷A区	丹东、大连、张家口、承德、唐山、青岛、洛阳、太原、阳泉、晋城、天水、榆林、延安、宝鸡、银川、平凉、兰州、喀什、伊宁、阿坝、拉萨、林芝、北京、天津、石家庄、保定、邢台、济南、德州、云州、郑州、安阳、徐州、运城、咸阳、吐鲁番、库尔勒、哈密
	寒冷B区	
夏热冬冷地区	夏热冬冷A区	南京、蚌埠、盐城、南通、合肥、安庆、九江、武汉、黄石、岳阳、汉中、安康、上海、杭州、宁波、温州、宜昌、长沙、南昌、株洲、永州、赣州、韶关、桂林、重庆、达县、万州、涪陵、南充、宜宾、成都、遵义、凯里、绵阳、南平
	夏热冬冷B区	
夏热冬暖地区	夏热冬暖A区	福州、莆田、龙岩、梅州、兴宁、英德、河池、柳州、贺州、泉州、厦门、广州、深圳、湛江、汕头、南宁、北海、梧州、海口、三亚
	夏热冬暖B区	
温和地区	温和A区	昆明、贵阳、丽江、会泽、腾冲、保山、大理、楚雄、曲靖、沪西、屏边、广南、兴义、独山
	温和B区	瑞丽、耿马、临沧、澜沧、思茅、江城、蒙自

注 本表摘自GB 50189—2015《公共建筑节能设计标准》。

表7-5 居住建筑主要城市所处城市气候分区

气候分区	代表性城市
严寒A区	博克图、满洲里、海拉尔、呼玛、海伦、伊春、富锦、大柴旦
严寒B区	哈尔滨、安达、佳木斯、齐齐哈尔、牡丹江
严寒C区	大同、呼和浩特、通辽、沈阳、本溪、阜新、长春、延吉、通化、四平、酒泉、西宁、乌鲁木齐、克拉玛依、哈密、抚顺、张家口、丹东、银川、伊宁、吐鲁番、鞍山
寒冷A区	唐山、太原、大连、青岛、安阳、拉萨、兰州、平凉、天水、喀什
寒冷B区	北京、天津、石家庄、徐州、济南、西安、宝鸡、郑州、洛阳、德州
夏热冬冷地区	南京、蚌埠、盐城、南通、合肥、安庆、九江、武汉、黄石、岳阳、汉中、安康、上海、杭州、宁波、宜昌、长沙、南昌、株洲、永州、赣州、韶关、桂林、重庆、达县、万州、涪陵、南充、宜宾、成都、贵阳、遵义、凯里、绵阳
夏热冬暖地区（北区）	福州、莆田、龙岩、梅州、兴宁、龙川、新丰、英德、柳州、贺州、河池
夏热冬暖地区（南区）	泉州、厦门、汕头、广州、深圳、香港、澳门、梧州、茂名、湛江、海口、南宁、北海、百色、凭祥

续表

气候分区	代表性城市
温和A区	西昌、贵阳、安顺、遵义、昆明、大理、腾冲
温和B区	攀枝花、临沧、蒙自、景洪、澜沧

注 本表摘自住房和城乡建设部工程质量安全监管司、中国建筑标准设计研究院编的《全国民用建筑工程设计技术措施 节能专篇（2007）建筑》，北京：中国计划出版社，2007。

二、不同气候分区建筑热工与节能设计特点

1. 严寒、寒冷地区建筑热工与节能设计特点

严寒、寒冷地区，冬季气候寒冷，设计的重点是保温。该地区热工与节能设计有以下特点：

（1）建筑总平面布置紧凑，建筑体形系数较小。

（2）建筑外围护墙体较厚，一般采用重型结构。有些建筑也采用夹芯保温墙体，建筑门窗采用中空玻璃或多层窗。

（3）建筑出入口、外廊等设门斗或采取必要的围护措施。

（4）建筑布置注重朝向的选择，以利于冬季避风，增加太阳的辐射量，一般采用南北向布置。

2. 夏热冬冷地区建筑热工与节能设计特点

夏热冬冷地区气候兼有南方、北方地区双重特点。设计注重隔热兼顾保温要求，同时也要考虑通风。该地区建筑热工与节能设计有以下特点：

（1）建筑总平面呈现集中与分散相结合形态，布置形式多样化。有些建筑布置结合院落、中庭等设计出半敞开的建筑空间，有利于建筑通风防热。

（2）考虑遮阳、防晒的要求。

（3）建筑围护结构考虑隔热要求，以节约空调能耗。

（4）建筑屋顶可采取通风屋面或阁楼等利于降温、通风的建筑形式。

（5）可采用种植屋面。

3. 夏热冬暖地区建筑热工与节能设计特点

夏热冬暖地区主要分布在华南及福建沿海地区，建筑设计必须充分考虑夏季防热要求，一般不考虑冬季保温。该地区建筑热工与节能设计有以下特点：

（1）建筑布置要考虑通风，利用穿堂风成为建筑设计追求的方向。

（2）建筑围护要考虑隔热，降低空调能耗。

（3）建筑设计要防止因空气中冷凝水引起围护结构结露。

（4）建筑设计要充分结合地形，利用挑廊等形成遮阳、通风的小环境。

（5）可采用种植屋面。

4. 温和地区建筑热工与节能设计特点

温和地区主要分布在西南云贵地区。这些地区建筑一般需考虑冬季保温，不考虑夏季防热。该地区建筑热工与节能设计有以下特点：

（1）建筑一般不设置采暖系统，建筑围护常采用空透设计手段，加强通风。

（2）建筑外墙、屋面采取绿化等措施改善室内环境。

（3）靠近夏热冬冷地区或夏热冬暖地区的建筑，按相邻地区的要求采取节能措施。

5. 极端气候区建筑热工与节能设计特点

极端气候区是指在一些热工分区中的某个区域，其季节性、地域性气候特点突出。例如呈现干热、湿热和极端严寒的特点，这些区域的建筑节能设计在满足其所在热工分区节能设计要求的基础上，应尽可能吸收当地建筑设计经验，因地制宜制定建筑节能设计方案。

（1）干热地区建筑设计特点。如新疆南疆、甘肃河西走廊等地，地方建筑特色鲜明，要吸收地方建筑设计经验，尽量采取被动式措施。其建筑节能设计常用手段有建筑布局集中、采用体形系数小的形体、厚重外墙、浅色饰面、开小窗等。

（2）湿热地区建筑设计特点。如岭南地区及东南沿海等地，要解决好自然通风在建筑防热中的作用。常用措施有采用建筑底层架空、缩小进深、加大外窗来增强自然通风，尽量形成穿堂风等。要谨慎使用保温材料，防止由于保温而阻止了室内热量的散发。

（3）极端严寒地区建筑设计特点。新疆西北部、东北、内蒙古东部部分地区，冬季气候极端严寒，建筑围护结构要保证气密性的要求，在满足传热系数要求的基础上要发挥传统砌体气密性好的特性，做好新型建材的构造设计，防止漏风、热桥等缺陷对节能的不利影响。建筑方案要减少玻璃幕墙及天窗的使用。

第三节　火力发电厂建筑节能设计

一、建筑节能现状

作为解决能源危机的关键途径之一，建筑节能在世界各国均受到极大重视。经过近30年的发展，我国建筑节能工作在民用建筑领域，已经制定了比较完善、全面的建筑节能设计规范体系，对民用建筑节能设计发挥了重要的指导和规范作用。但在工业领域，工业建筑节能设计研究发展比较缓慢，在节能设计标准方面，目前仅有部分行业编制了适用于本行业的节能设计标准（包括工艺节能和建筑节能）。火力发电厂建筑属于工业建筑的一个类别，建筑类型和数量较多，功能差异大，部分厂房建筑空间高大，建筑能耗很大。现阶段火力发电厂建筑节能设计仍参照执行一些民用建筑节能标准，在实际工程中采取了一定的节能措施，但还存在规范不适用等问题。有关研究表明，火力发电厂厂房（尤其是严寒地区、寒冷地区）热负荷指标高，建筑采暖能耗大，有极大的节能潜力。

电厂建筑节能不仅是行业发展的需要，也是社会经济可持续发展的必然要求。本节吸收了中国电力工程顾问集团公司对火力发电厂建筑节能设计的研究成果，并参照国家建筑节能设计有关规程规范，结合当前电力工程实际，提出了火力发电厂主要建筑类型的建筑节能设计要求和参考做法，在国家或行业尚未有相关火力发电厂建筑节能设计标准颁布实施之前，可供设计人员作为电厂建筑节能设计参考。

二、建筑节能设计原则及要求

（一）建筑节能设计原则

建筑节能设计应严格执行有关标准，因地制宜，采取技术可行、经济合理的设计方案，从建筑全寿命周期合理利用能源，减少能源损失。

设计应根据使用性质、功能特征、室内环境要求及采暖空调能耗等特点，对火力发电厂建筑进行分类，正确处理好能耗与使用功能、经济性及室内环境舒适性的关系，针对建筑所在不同的热工气候区，采用不同的建筑节能设计措施。

（二）建筑节能设计要求

1. 建筑选址的要求

建筑选址应考虑地形、地貌、风向、太阳辐射等对建筑节能的影响，建筑专业应结合已确定场地的自然条件趋利避害，做好建筑规划。

（1）规避山谷。在场地设计中避免将建筑布置在山谷、洼地等地形，这种地形夏季不利于通风，冬季冷风携带湿气还会使建筑结霜，保持室内温度所消耗的能量也会增加。另外，地处山谷的建筑物还可能受到窝风的影响，使得建筑处于与季风方向的反方向吹来的涡流中。

（2）避风筑屋。风对建筑室内环境的影响主要是通过门、窗、其他洞口的冷风渗透和加快围护结构外表面的散热量产生的。冷风渗透量越大，室内温度下降越多；外表面散热量越多，房间的热损失越多。考虑到冷风对室内热环境的影响，严寒、寒冷地区建筑应尽可能选择避风的基地建造。厂址中现有树丛、山丘或其他高大构筑物等均可作为挡风屏障。

（3）利用阳光。建筑日照对建筑节能有重要意义。严寒、寒冷地区利用阳光要从争取日照时间、较多的辐射量和更好的辐射质量着手。一般将基地选择在向阳避风的地段，同时要关注建筑之间的日照影响，防止相互遮挡。

2. 建筑体形的要求

建筑体形与建筑外表面面积密切相关，直接影响建筑采暖与空调能耗。在采暖地区，单位面积建筑外表面越小，外围护结构的热损失越小。从节能角度讲，应尽可能控制建筑体形系数。

（1）体形与各方向传热系数。当建筑物各朝向围护结构的平均有效传热系数不同时，对同样体积的建筑物，各朝向围护结构的平均有效传热系数与其表面积的乘积都相等的体形是最佳节能建筑体形。当建筑物各朝向有效传热系数相同时，同样体积的建筑物，体形系数越小，越有利于节能。

（2）体形与风向。一般进深小的建筑物，面宽越长且高度越高，则背风面形成的涡流区越大，流场越紊乱，对减小风速、风压越有利。从避免冬季风对建筑的影响考虑，应减小风向与建筑长边的入射角度。

3. 建筑朝向的选择要求

建筑朝向是指建筑物主立面的朝向，朝向与人流、道路布置有关。朝向选择的原则是冬季主要房间获得较多日照，同时防止夏季太阳辐射对室内环境的影响。我国大多数地区位于北温带，通常南北向是良好的建筑朝向。但不同地区建筑朝向还应根据地理气候条件进行具体分析以确定建筑适宜的朝向。表 7-6 为全国部分城市建筑建议的建筑朝向。

表 7-6 全国部分城市建筑朝向

城市	最佳朝向	适宜朝向	不宜朝向
北京	南偏东 30°以内 南偏西 30°以内	南偏东 45°范围内 南偏西 45°范围内	北偏西 30°～60°
上海	南至南偏东 15°	南偏东 30° 南偏西 15°	北、西北
石家庄	南偏东 15°	南至南偏东 30°	西
太原	南偏东 15°	南偏东至东	西北
呼和浩特	南至南偏东 南至南偏西	东南、西南	北、西北
哈尔滨	南偏东 15°～20°	南至南偏东 20° 南至南偏西 15°	西北、北
长春	南偏东 30° 南偏东 10°	南偏东 45° 南偏西 45°	北、东北、 西北
沈阳	南、南偏东 20°	南偏东 45°至东 南偏西 45°至西	
济南	南、南偏东 10°～15°	南偏东 30°	西偏北 5°～ 10°
南京	南偏东 15°	南偏东 25° 南偏西 10°	西、东
合肥	南偏东 5°～15°	南偏东 15° 南偏西 5°	西
杭州	南偏东 10°～15°	南、南偏东 30°	北、西
福州	南、南偏东 5°～10°	南偏东 20°范围内	西
郑州	南偏东 15°	南偏东 25°	西北
武汉	南偏西 15°	南偏东 15°	西、西北
长沙	南偏东 9°	南	西、西北
广州	南偏东 15° 南偏西 5°	南偏东 20°～30° 南偏西 5°至西	
南宁	南、南偏东 15°	南偏东 10°～25° 南偏西 5°	东、西
西安	南偏东 10°	南、南偏西	西、西北
银川	南至南偏西 23°	南偏东 34° 南偏西 20°	西、北
西宁	南至南偏西 30°	南偏东 30°至 南偏西 30°	北、西北

注 本表摘自韩轩主编的《建筑节能设计与材料选用手册》，天津：天津大学出版社，2012。

4. 窗墙面积比的要求

一般窗户的保温隔热性能比外墙差很多，窗墙面积比越大，空调、采暖能耗越大。GB 50189—2015《公共建筑节能设计标准》规定单一立面窗墙面积比不宜大于 0.6～0.7；JGJ 26—2010《严寒和寒冷地区居住建筑节能设计标准》、JGJ 134—2010《夏热冬冷地区居住建筑节能设计标准》、JGJ 75—2012《夏热冬暖地区居住建筑节能设计标准》也规定了居住建筑窗墙面积比的限值，详见表 7-7。

三、建筑节能设计分类

火力发电厂建筑种类较多，使用功能不同，室内热环境差异较大，因此建筑节能设计宜根据其不同使用性质、功能特征、室内环境要求以及暖通空调能耗等因素进行分类。火力发电厂建筑物节能设计可分为 A 类、B 类、C 类、D 类四类建筑。火力发电厂建筑节能设计分类见表 7-8。

表 7-7 居住建筑窗墙面积比限值

朝向	窗墙面积比			
	严寒地区	寒冷地区	夏热冬冷地区	夏热冬暖地区
北	0.25	0.3	0.4	0.4
东、西	0.3	0.35	0.35	0.3
南	0.45	0.5	0.45	0.4

注 窗墙面积比是透明部分洞口面积与单一朝向外墙面积的比值。

表 7-8 火力发电厂建筑节能设计分类

建筑节能设计类别	建筑名称
A类	主厂房（燃煤发电厂包括汽机房、除氧间、煤仓间、锅炉房；燃机发电厂包括燃机房、汽机房、余热锅炉房等）
B类	集中控制楼、网络继电器楼、通信楼/微波楼、化学水试验楼、除尘控制楼、运煤综合楼、脱硫控制楼等生产建筑
C类	运煤栈桥、运煤转运站、碎煤机室、化学水处理车间、海水淡化车间、供（制）氢站、泵房、空气压缩机房、启动锅炉房、油处理室、脱硫工艺楼、检修间、一般材料库、车库、推煤机库等其他生产建筑
D类	办公楼、食堂、浴室、警卫（传达）室等公共建筑；值班宿舍等居住建筑

注 1. 对于本表中未提及的建筑或车间，可参照本表中建筑所属类别进行归类，确定其所属类别。

2. 对于两个或两个以上设计类别联合为一个建筑物时，可分别进行（分类）节能设计或以建筑主要性质所属类别进行建筑节能设计。

四、主要建筑围护结构传热系数要求及节能设计要点

（一）各类建筑围护结构传热系数要求

结合国家有关建筑节能设计标准要求，同时参考火力发电厂建筑节能设计相关研究，提出现阶段不同热工设计分区内汽机房、锅炉房、集中控制楼及运煤建筑等主要建筑围护结构传热系数的建议值。

（1）A 类建筑围护结构传热系数建议值见表 7-9 的要求。

表 7-9 A 类建筑围护结构传热系数建议值

围护结构部位	传热系数［W/（m²·K）］			
	严寒地区	寒冷地区	夏热冬冷地区	夏热冬暖地区
屋面	≤0.60	≤0.75	≤0.95	—
外墙	≤0.60	≤0.75	—	—
底面接触室外空气的架空或外挑楼板	≤0.60	≤0.75	—	—
空调房间隔墙（房中房）	≤1.2	≤1.2	≤1.2	≤1.2
外窗	≤3.2	≤3.2	—	—
屋顶透光部分	≤3.2	≤3.2	—	—

注 1.“—”表示传热系数值不做要求。

2. 严寒、寒冷地区外墙采用砌体结构时，传热系数可适当放宽，分别不宜大于 1.0、1.3。

3. 严寒、寒冷地区锅炉房顶盖传热系数可适当放宽，但不宜大于 1.1。

（2）B 类建筑围护结构传热系数建议值见表 7-10 的要求。

表 7-10 B 类建筑围护结构传热系数建议值

围护结构	传热系数［W/（m²·K）］			
	严寒地区	寒冷地区	夏热冬冷地区	夏热冬暖地区
屋面	≤0.35	≤0.45	≤0.7	≤0.7
外墙（包括非透光幕墙）	≤0.65	≤0.85	≤1.2	≤1.5
底面接触室外空气的架空或外挑楼板	≤0.65	≤0.85	≤1.2	≤1.5
空调房间与非空调房间的隔墙（房中房）	≤1.2	≤1.2	≤1.2	≤1.2
外窗	≤3.2	≤3.2	≤3.2	≤3.2

（3）C 类建筑围护结构传热系数建议值见表 7-11 的要求。

表 7-11 C 类建筑围护结构传热系数建议值

围护结构	传热系数［W/（m²·K）］			
	严寒地区	寒冷地区	夏热冬冷地区	夏热冬暖地区
屋面	≤0.6	≤0.75	≤0.95	—
外墙（包括非透光幕墙）	≤1.3	≤1.5	—	—
底面接触室外空气的架空或外挑楼板	≤0.6	≤0.75	—	—
空调房间与非空调房间的隔墙（房中房）	≤1.2	≤1.2	≤1.2	≤1.2
外窗	≤3.2	≤3.2	—	—

注 1.“—”表示传热系数值不做要求。

2. 外墙采用复合金属板封闭时，传热系数建议值宜乘以 0.6。

（4）D 类建筑围护结构传热系数应执行 GB 50189《公共建筑节能设计标准》和地方标准的规定，值班宿舍等建筑节能设计应执行 JGJ 26《严寒和寒冷地区居住建筑节能设计标准》、JGJ 134《夏热冬冷地区居住建筑节能设计标准》、JGJ 75《夏热冬暖地区居住建筑节能设计标准》和地方标准的规定。

（二）A 类建筑节能设计要点

A 类建筑空间高大，在严寒、寒冷地区室内风压、热压作用明显，供暖能耗大，应采取提高围护结构保温隔热性能和气密性等措施，降低传热系数，减少冷风渗透；在夏热冬冷和夏热冬暖地区，应有效利用自

然通风。电厂主厂房等建筑进行节能设计时，在符合围护结构传热系数建议值要求的同时，还应注意以下几方面要求：

（1）综合考虑建筑布置、封闭范围、开窗位置、建筑高度等对主厂房气流组织、供暖通风能耗的影响。

（2）根据使用功能结合供暖、通风要求对室内空间进行合理分隔，组织好汽机房、除氧间、煤仓间、锅炉房等的通风。严寒、寒冷地区主厂房底层高大空间要做好层间分隔，防止室内热气流上升造成底部温度过低的现象。

（3）主厂房建筑布置应控制建筑体形系数，减少围护结构的传热面积，加强围护结构的气密性，有效降低供暖、通风、空调的总能耗。

（4）结合火力发电厂的工艺布置状况，宜采用天然采光，在天然采光不能解决的区域，辅助以人工照明。汽机房运转层宜采用低位侧窗与屋顶采光窗或采光型屋顶通风器相结合的方式。

（5）严寒、寒冷地区主厂房应选用适合的围护系统，加强围护结构保温、密封，减少冷风渗透，汽机房、锅炉房运转层以下围护结构是节能设计的重点。

（6）夏热冬冷和夏热冬暖地区主厂房的封闭范围包括汽机房及除氧间，该部分屋面宜采取适当的保温（隔热）措施。

（7）主厂房可采用砌体、预制混凝土外墙板或金属板等外围护结构，不宜采用玻璃幕墙。严寒、寒冷地区运转层以下外墙宜采用节能型砌体墙；极端严寒地区，当砌体墙不满足围护结构传热系数建议值要求时，应采用砌体墙加外保温的围护结构。

（8）主厂房采用复合金属板时，严寒地区宜优先选用施工密闭性良好的工厂复合保温金属板（夹芯板），寒冷地区可采用现场复合保温金属板（压型钢板复合保温系统）。

（9）夏热冬冷和夏热冬暖地区主厂房外墙可选用单层金属墙板围护系统。

（10）汽机房混凝土屋面宜选用点式天窗，金属复合板屋面可选用点式或带形天窗。有条件时，可采用采光通风一体化屋顶通风器。

（11）严寒、寒冷地区主厂房通行机动车辆的大门宜选用密闭性好的保温型平开门、推拉门、提升门。夏热冬冷和夏热冬暖地区空调房间门应考虑保温隔热性能。

（12）严寒、寒冷地区建筑外门窗的气密性一般不应低于 GB/T 7106—2008《建筑外门窗气密、水密、抗风压性能分级及检测方法》规定的 4 级，有条件时，宜采用 6 级。

（三）B 类建筑节能设计要点

B 类建筑功能构成比较复杂，有供暖、通风与空调要求。此类建筑人员比较集中，室内环境要求高；其中集中控制楼（室）等建筑部分房间设备散热量较大，对空调和供暖设备的负荷、配置有较大的影响。因此，建筑围护结构节能设计应加强保温隔热措施。电厂集中控制楼等建筑进行节能设计时，在符合围护结构传热系数建议值要求的同时，还应注意以下几方面要求：

（1）建筑节能应结合工艺要求特点，根据不同建筑气候区进行设计。严寒、寒冷地区建筑体形系数一般不大于 0.4，其他地区对建筑体形系数不作具体要求，但设计中应尽量采用对节能有利的体形系数小的建筑形式。建筑物的造型宜简洁、规则，尽量避免复杂的轮廓线。

（2）建筑设计应根据使用功能，结合供暖、通风及空调要求对室内空间进行合理分隔（包括水平与竖向），供暖空调房间应尽量上下、水平对齐集中布置，管井布置应利于供暖、通风管道短捷，减少能耗传递损失。

（3）办公和有人值班的房间以及有通风换气要求的房间应尽可能靠外墙布置，充分利用天然采光、冬季日照和夏季自然通风。

（4）夏热冬冷和夏热冬暖地区，当一栋建筑仅有个别或少量房间设置空调系统时，宜根据具体使用要求对空调房间采取节能（构造）措施。

（5）在满足日照、采光、通风等要求的前提下，应控制外门窗的面积，一般不宜采用大面积玻璃幕墙。

（6）严寒地区人员经常使用的主要出入口应设门斗，寒冷地区宜设门斗。其他地区建筑的外门也应采取适当的保温隔热措施。

（7）外门窗应采用保温、气密、水密、抗风压性能优良的建筑门窗。外窗宜采用塑料窗、断热铝合金窗等。其气密性宜不低于 GB/T 7106—2008《建筑外门窗气密、水密、抗风压性能分级及检测方法》规定的第 6 级要求。

（8）设置集中采暖系统的建筑，为提高围护结构的热阻值，宜采用轻质高效保温材料与砖、混凝土或钢筋混凝土等密实材料组成复合结构。

（四）C 类建筑节能设计要点

C 类建筑在严寒、寒冷地区有供暖要求时，围护结构应采取保温隔热措施。运煤栈桥、运煤转运站、碎煤机室等，在严寒和寒冷地区供暖能耗较大，应提高围护结构保温性能和气密性等级，降低传热系数，减少冷风渗透。电厂运煤栈桥等建筑进行节能设计时，在符合围护结构传热系数建议值要求的同时，还应注意以下几方面要求：

（1）建筑热工与节能设计应因地制宜，与地区气候相适应。运煤栈桥、转运站、碎煤机室等建筑之间通过隧道或栈桥相连，室内热环境相互影响较大，架空面积大，能耗较高，应采取节能措施；其他建筑宜结合建筑特点及工艺布置，采取适当的节能措施。

（2）运煤栈桥、转运站、碎煤机室等建筑应结合工艺要求，合理确定封闭范围、围护材料及构造、气密性等。运煤栈桥应注意加强楼面保温措施，节能效果显著。

（3）严寒、寒冷地区，运煤栈桥、转运站、碎煤机室等建筑在满足采光、通风的前提下，尽量减少开窗。

（4）外墙应根据地区气候要求，采取保温、隔热和防潮等措施。墙体材料的选择应因地制宜，尽量选择自重轻、导热系数低、保温隔热性能好的材料，减少能源消耗。目前采用的构造有蒸压加气混凝土砌块、轻骨料混凝土空心砌块等轻质砌块墙体、非黏土多孔砖或复合墙体等。

（5）屋面保温隔热层宜选用密度小、导热系数低、憎水性好并有一定强度的高效保温材料，如憎水珍珠岩板、聚苯板（阻燃型）、挤塑聚苯乙烯泡沫板（简称挤塑板）、整体现喷聚氨酯保温层等。

（6）外门窗应采用保温、气密、水密、抗风压性能优良的建筑门窗。

（五）D类建筑节能设计要点

D类建筑的设计应满足以下要求：

（1）办公楼、食堂、浴室、招待所、警卫传达室等建筑使用性质为公共建筑，应执行现行 GB 50189《公共建筑节能设计标准》和相关地方标准的规定。

（2）值班宿舍等附属建筑的使用性质为居住建筑，应执行 JGJ 26《严寒和寒冷地区居住建筑节能设计标准》、JGJ 134《夏热冬冷地区居住建筑节能设计标准》、JGJ 75《夏热冬暖地区居住建筑节能设计标准》和相关地方标准的规定。

（3）节能设计应进行节能计算，并出具节能计算书。

第四节　常用建筑围护结构节能构造及参考做法

一、节能构造

（一）外墙

常用节能墙体有单一保温墙体、外保温墙体、内保温墙体和夹芯保温墙体。目前，火力发电厂建筑运用比较广泛的是金属板材墙体。严寒、寒冷地区厂房车间一般采用复合压型钢板外墙，或者在不同部位分别使用压型钢板和砌体，夏热冬冷、夏热冬暖地区采用单层压型钢板墙体的情况较多。

（1）单一保温墙体。单一保温墙体是指保温功能由墙身承重材料承担的墙体构造。目前单一保温墙身材料中加气混凝土砌块墙体（热桥部位需处理）能够满足节能标准要求，但墙体厚度需达到 200～450mm。单一保温墙体构造见图 7-1。单一保温墙体中的热桥部位应采取适当的保温隔热措施，例如梁柱部位一般采用外包砌筑的办法隔绝热桥，如图 7-2 所示。

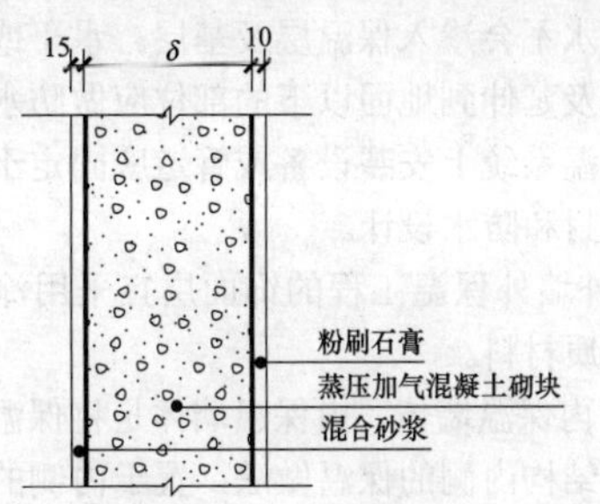

图 7-1　单一保温墙体

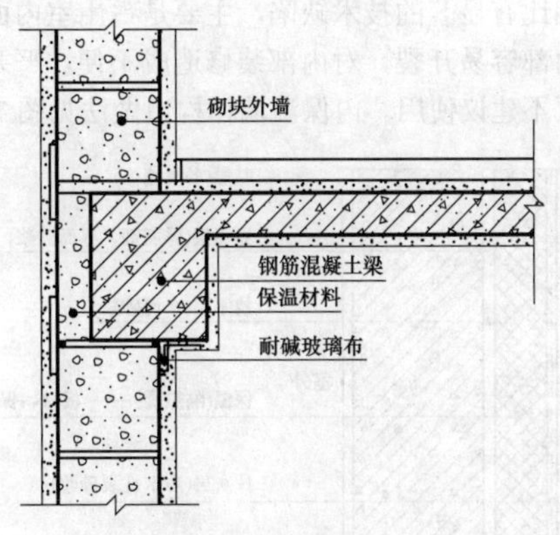

图 7-2　热桥部位

（2）外保温墙体。外保温墙体是将保温层放置在墙身承重结构外侧的保温做法。置于外侧的保温层消除了热桥对建筑节能的影响，避免了保温材料中有害物质对室内环境的影响，但由于部分保温材料为难燃或可燃材料，所以应按有关规范采取消防措施，外保温墙体构造见图 7-3。按照保温层材料形态，常用的外保温墙体有板材保温、浆料保温及喷涂保温墙体。

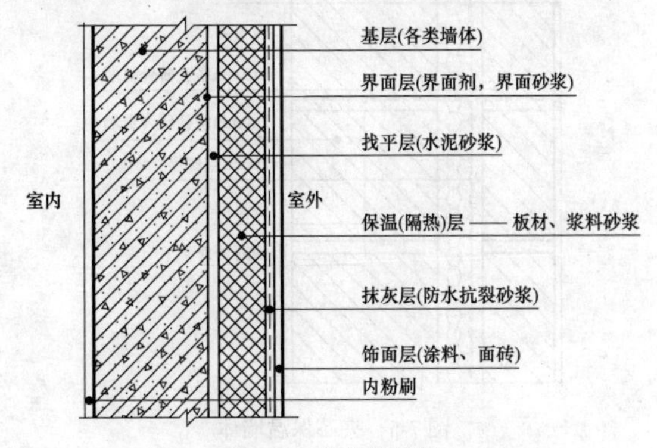

图 7-3　外保温墙体

外保温墙体的使用要满足以下使用要求：

1）保温层内表面温度应高于 0℃。

2）外保温系统应包覆门窗框外侧洞口、女儿墙、封闭阳台以及出挑构件等热桥部位。

3）外保温系统应考虑金属固定件、承托件的热桥影响。

4）外墙外保温工程应做好密封和防水构造设计，确保水不会渗入保温层及基层。水平或倾斜的出挑部位以及延伸到地面以下的部位应做防水处理。在外墙外保温系统上安装设备或管道应固定于基层上，并应做密封和防水设计。

5）外墙外保温工程的饰面层宜采用涂料、饰面砂浆等轻质材料。

（3）内保温墙体。内保温墙体是将保温层放置在墙身承重结构内侧的保温做法，置于内侧的保温层虽然部分消除了热桥对建筑节能的影响，但内保温与外保温相比有显著的技术缺陷，主要是占用室内面积，墙体内部容易开裂，对内部装修造成不便，严寒、寒冷地区不建议使用。内保温墙体构造做法见图7-4。

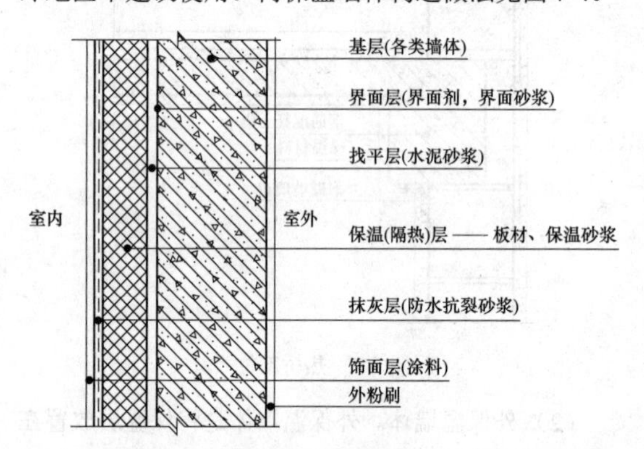

图7-4 内保温墙体

（4）夹芯保温墙体。将保温层放在内页墙与外页墙之间的墙体做法，见图7-5。夹芯保温墙体使用要满足以下要求：

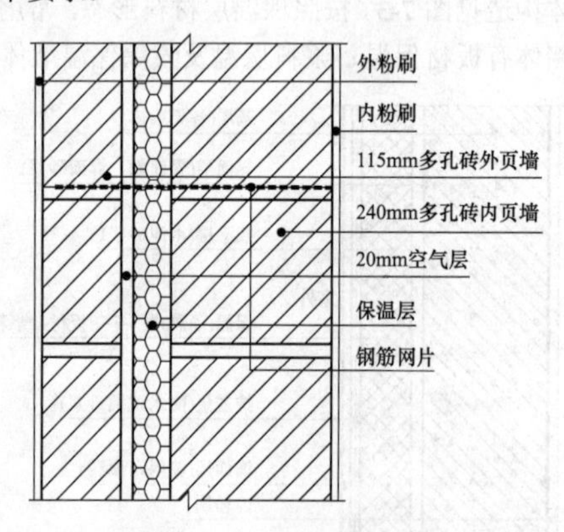

图7-5 夹芯保温墙体

1）夹芯墙体保温层应采用低吸水率或高憎水性的保温材料，并应为阻燃材料。

2）保温层采用聚苯保温板时，保温层要紧密衔接，紧贴内页墙，外页墙与保温层之间的空气层厚度不宜小于20mm，保温层厚度不宜大于100mm。

3）夹芯墙现场注入发泡保温材料时，夹芯层不设空气层。保温材料应连续、密实、无毒、耐久、环保。

4）建筑周边无采暖管沟时，底层地面以下、内页墙内侧范围应采取保温措施。

5）内外页墙应采用相同砖型砌筑。

（5）金属墙板。金属墙板分单层金属墙板和复合金属墙板，建筑节能设计的金属墙板主要指复合金属墙板。火力发电厂使用的保温金属墙板是由内外两层金属板、金属骨架和中间保温材料组成的围护结构系统。复合金属墙板有两种类型——现场复合保温金属墙板和工厂复合保温金属墙板。复合金属墙板构造见图7-6。

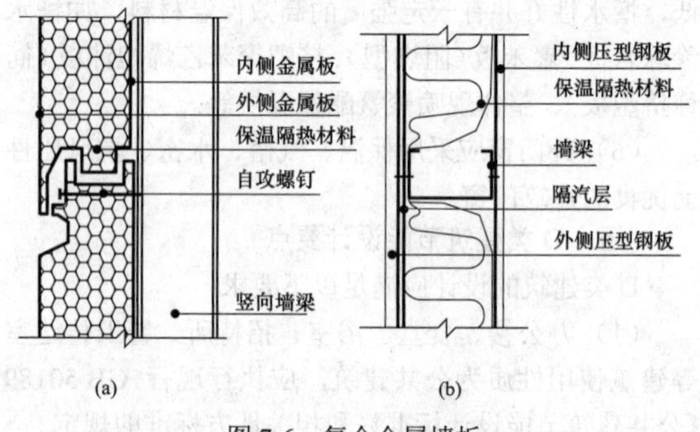

图7-6 复合金属墙板

（a）工厂复合板；（b）现场复合板

（二）屋面

屋面按保温层位置及保温材料种类主要分为普通保温屋面、聚氨酯喷涂屋面、架空隔热屋面、倒置式屋面、种植屋面和金属屋面等。火力发电厂生产车间常采用普通保温屋面，主厂房及较大跨度的生产车间常采用金属保温屋面。需要注意的是，根据JGJ 230—2010《倒置式屋面工程技术规程》，当采用倒置式屋面时，按GB 50176—1993《民用建筑热工设计规范》的要求计算保温层厚度时，保温层的计算厚度应增加25%取值。

图7-7～图7-12列出了六种常见屋面构造。

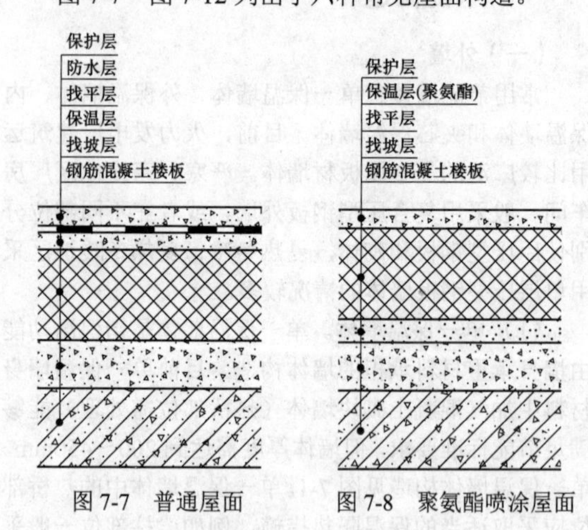

图7-7 普通屋面　　图7-8 聚氨酯喷涂屋面

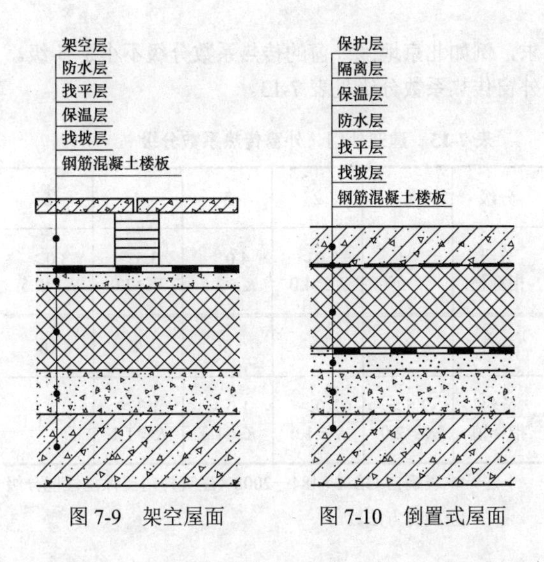

图 7-9　架空屋面　　图 7-10　倒置式屋面

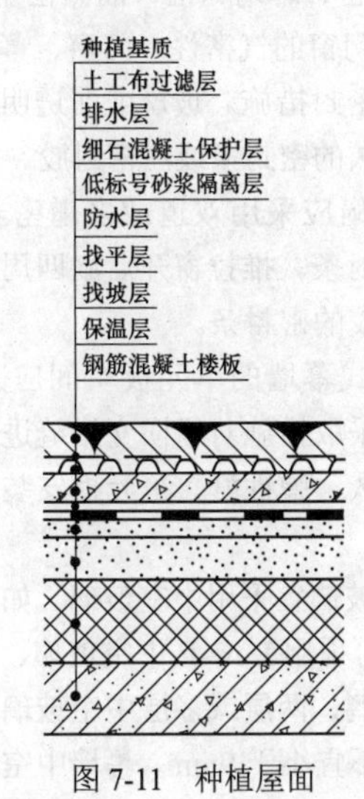

图 7-11　种植屋面

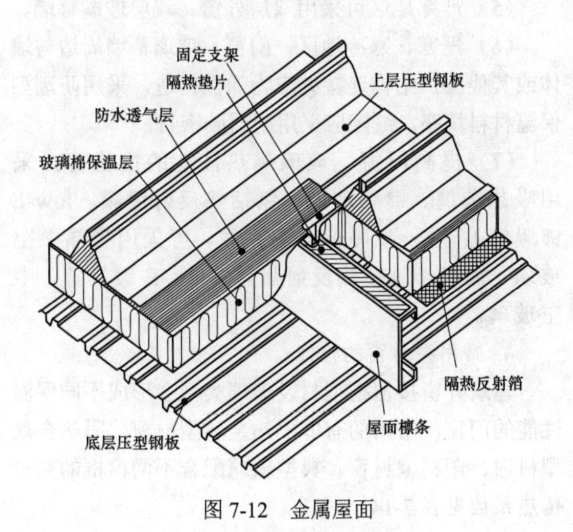

图 7-12　金属屋面

（三）保温楼地面

地板和地面的保温是建筑热工设计中经常遗漏的问题。严寒、寒冷地区的采暖建筑中，接触室外空气的地板以及不采暖地下室的顶板如果不加保温，不仅增加采暖能耗，而且因地面温度过低、严重影响使用者的健康，严寒地区直接接触土壤的周边地面如不加保温，则接近墙脚的周边地面因温度过低，不仅可能结露，而且可能结霜。常用楼、地面节能技术可根据底面接触室外空气的架空或外挑楼板的位置，采用不同的节能技术，保温系统的组成材料及卫生指标应符合相关标准的要求。地面保温设计应符合以下要求：

（1）层间楼板可采用保温层直接设置在楼板上表面或楼板底面，也可采用铺设木龙骨（空铺）或无木龙骨的实铺木地板。

1）位于楼板上的保温层，宜采用硬质挤塑聚苯板、泡沫玻璃保温板等板材或强度符合地面要求的保温砂浆等材料，其厚度应满足建筑节能设计标准的要求。

2）在楼板底面的保温层，宜采用强度较高的保温砂浆抹灰，其厚度应满足建筑节能设计标准的要求。

3）铺设木龙骨的空铺木地板，宜采用强度较高的保温砂浆抹灰，其厚度应满足建筑节能设计标准的要求。

（2）底面接触室外空气的架空或外挑楼板宜采用外保温系统。

（3）严寒、寒冷地区采暖建筑的底层地面应以保温为主，在持力层以上的土壤层热阻符合地面热阻规定值的条件下，宜在地面面层下铺设适当厚度的板状保温材料，提高地面的保温性能。

常见保温楼面（用于输煤栈桥）构造见图 7-13，保温地面做法见图 7-14。

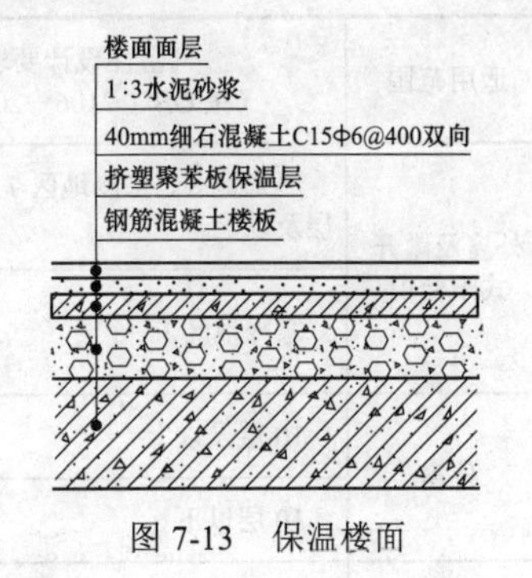

图 7-13　保温楼面

（四）门窗

1. 门窗类型

与节能密切相关的是外门窗，外门按材料分为钢

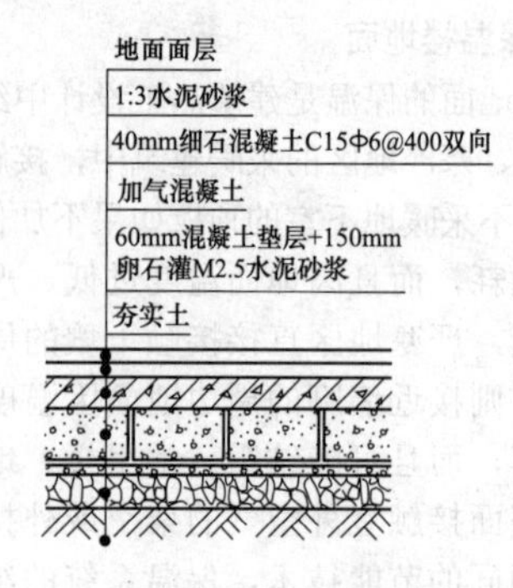

图 7-14　保温地面

门、塑钢门、铝合金玻璃门、其他材料门等。按开启方式分为平开门、推拉门、上提门、上翻门、下滑门、折叠门、卷帘门等。火力发电厂附属建筑如办公楼、食堂等常用铝合金地弹门、塑钢门、玻璃门等，设计指标应满足 GB 50189—2015《公共建筑节能设计标准》气密性、保温性能分级的要求。生产车间主要采用铝合金、彩钢、不锈钢夹芯板大门；常用外窗按框料分为铝合金窗、塑钢窗、不锈钢窗等。按开启方式分为推拉窗、平开窗、悬窗等。需要注意的是，推拉窗密闭性不如平开窗，中悬窗不宜设置纱窗，上、下悬窗应采用活动纱窗或纱帘。附属建筑如办公楼、食堂等常用节能型铝合金窗，生产车间可采用铝合金、塑钢平开窗或推拉窗。

2. 门窗设计要求

（1）建筑外窗选型应满足气密性的要求。GB 50189—2015《公共建筑节能设计标准》及 JGJ 26—2010《严寒和寒冷地区居住建筑节能设计标准》对建筑外门窗的气密性提出了具体要求，详见表 7-12，火力发电厂建筑可参考执行。建筑门窗气密性分级指标见第八章相关内容。

表 7-12　　建筑门窗气密性要求

建筑类型	适用范围	气密性设计要求（按 GB/T 7106—2008）	
居住建筑	外窗及敞开式阳台门	严寒地区、寒冷地区 7 层及以上	不低于 6 级
		寒冷地区 1～6 层	不低于 4 级
公共建筑	外窗	10 层及以上	7 级
		10 层以下	6 级
	外门	严寒、寒冷地区	4 级

（2）建筑外窗的传热系数 K 应满足节能标准的要求，例如北京地区外窗的传热系数分级不小于 5 级。外窗传热系数分级见表 7-13。

表 7-13　建筑外门、外窗传热系数分级

分级	1	2	3	4	5
分级指标值	$K\geqslant5.0$	$5.0>K\geqslant4.0$	$4.0>K\geqslant3.5$	$3.5>K\geqslant3.0$	$3.0>K\geqslant2.5$
分级	6	7	8	9	10
分级指标值	$2.5>K\geqslant2.0$	$2.0>K\geqslant1.6$	$1.6>K\geqslant1.3$	$1.3>K\geqslant1.1$	$K<1.1$

注　本表摘自 GB/T 8484—2008《建筑外门窗保温性能分级及检测方法》。

3. 提高门窗、幕墙保温、隔热性能的构造措施

（1）提高门窗的气密性。门窗、幕墙面板的缝隙应采取良好的密封措施。玻璃或非透明面板四周应采用弹性好、耐久的密封条或注密封胶。

（2）开启扇应采用双道或多道密封，采用弹性好、耐久的密封条。推拉窗开启扇四周应采用中间带胶片毛条或橡胶的密封条。

（3）单元式幕墙的单元板块间应采用双道或多道密封，并应采取措施对纵横交错缝进行密封，采用的密封条应耐久、弹性好，单元板安装后密封条应保持压缩状态。

（4）门窗玻璃宜采用中空玻璃。如需要进一步提高保温性能，可采用 Low-E 中空玻璃、充惰性气体的 Low-E 中空玻璃、两层或多层中空玻璃等。窗用中空玻璃气体间层不宜小于 9mm，幕墙中空玻璃气体间层厚度宜采用 12～20mm。

（5）严寒地区可采用双层外窗、双层玻璃幕墙。

（6）严寒、寒冷地区，门窗、玻璃幕墙周边与墙体或其他围护结构连接处应为弹性构造，采用防潮型保温材料填塞，缝隙应采用密封胶密封。

（7）提高门窗、玻璃隔热性能的措施有：采用吸热玻璃、镀膜玻璃（包括热反射镀膜、low-E 镀膜等）；进一步降低遮阳系数，可采用吸热中空玻璃、镀膜（包括热反射镀膜、low-E 镀膜等）中空玻璃。

4. 常用型材窗的性能

建筑外窗按窗框型材及玻璃类型会形成不同保温性能的门窗，常用的有非隔热金属型材窗、隔热金属型材窗、塑料型材窗。典型玻璃配合不同窗框的整窗传热系数见表 7-14。

表 7-14　　典型玻璃配合不同窗框的整窗传热系数

玻璃品种及规格		传热系数 K［W/（m²·K）］			
		玻璃中部传热系数 K_g［W/（m²·K）］	非隔热金属型 K_f=10.8 W/（m²·K）框面积 15%	隔热金属型材 K_f=5.8 W/（m²·K）框面积 20%	塑料型材 K_f=5.8 W/（m²·K）框面积 25%
透明玻璃	6mm 透明玻璃	5.8	6.6	5.8	5.0
	12mm 厚透明玻璃	5.5	6.3	5.6	4.8
热反射玻璃	6mm 高透光热反射玻璃	5.7	6.5	5.7	4.9
	6mm 中透光热反射玻璃	5.4	6.2	5.5	4.7
单片 Low-E	6mm 高透光 Low-E 玻璃	3.6	4.7	4.0	3.4
	6mm 中透光 Low-E 玻璃	3.5	4.6	4.0	3.3
中空玻璃	6mm 透明+12mm 空气+6mm 透明	2.8	4.0	3.4	2.8
	6mm 透明+9mm 空气+6mm 透明	3.2	4.2	3.5	—
	6mm 高透光 Low-E+12mm 空气+6mm 透明	1.9	3.2	2.7	2.1
	6mm 高透光 Low-E+12mm 氩气+6mm 透明	1.5	2.9	2.4	1.8

注　表中数据仅供设计时参考，具体工程应以厂家提供的国家认可检测机构的检测报告中的数据为准。

二、主要建筑围护结构节能参考做法

（一）A 类建筑围护结构节能参考做法

A 类建筑围护结构节能设计参考做法见表 7-15、表 7-16。

（二）B 类建筑围护结构节能设计参考做法

B 类建筑围护结构节能设计参考做法见表 7-17、表 7-18。

表 7-15　　A 类建筑外墙节能设计参考做法

建筑热工设计分区	构造做法	传热系数 K［W/（m²·K）］	备注
严寒地区	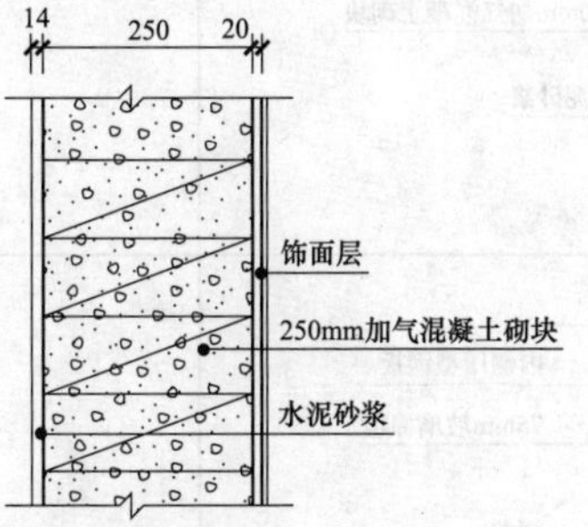 14　250　20 饰面层 250mm加气混凝土砌块 水泥砂浆	0.96	用于 1.2m 以下或运转层以下
	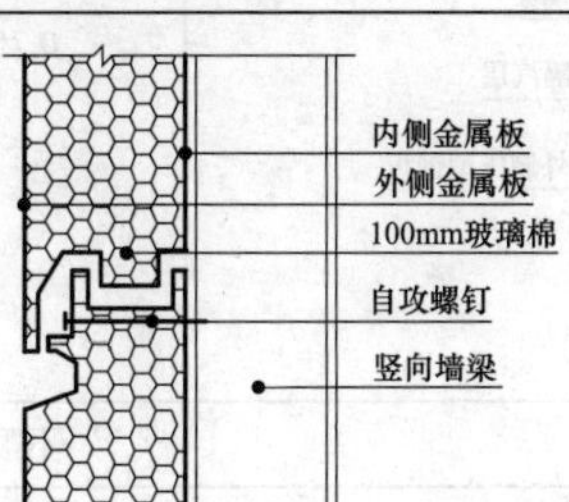 内侧金属板 外侧金属板 100mm玻璃棉 自攻螺钉 竖向墙梁	0.53	用于 1.2m 以上或运转层以上（100mm 玻璃棉）

续表

建筑热工设计分区	构造做法		传热系数 K [W/（m^2·K）]	备　注
寒冷地区	做法一	14　370　20 饰面层 370mm多孔砖 水泥砂浆	1.28	用于1.2m以下（370mm多孔砖）
		内侧压型钢板 75mm玻璃棉毡 墙梁 隔汽层 外侧压型钢板	0.75	用于1.2m以上（75mm玻璃棉）
	做法二	14　250　20 饰面层 250mm加气混凝土砌块 水泥砂浆	0.96	用于运转层以下（250mm 加气混凝土砌块）
		内侧压型钢板 75mm玻璃棉毡 墙梁 隔汽层 外侧压型钢板	0.75	用于运转层以上（75mm玻璃棉）
夏热冬冷、夏热冬暖地区	各种砌体		不限	
	单层金属板		不限	

注　构造中保温材料技术指标见附录A。

表 7-16　　A 类建筑屋面节能设计参考做法

建筑热工设计分区		构造做法	传热系数 K [W/(m²·K)]	备注
严寒地区	做法一	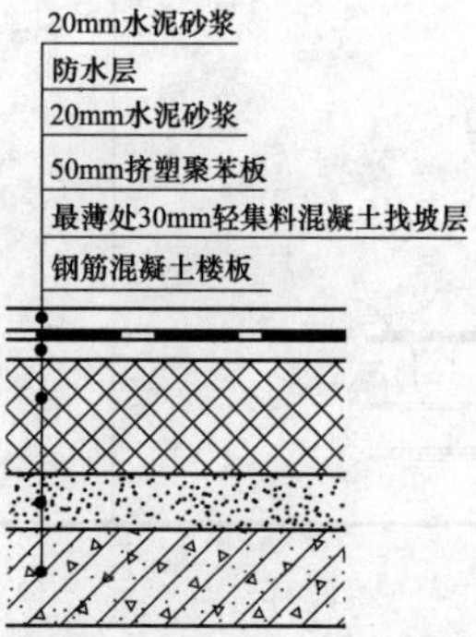 20mm水泥砂浆 防水层 20mm水泥砂浆 50mm挤塑聚苯板 最薄处30mm轻集料混凝土找坡层 钢筋混凝土楼板	0.54	用于汽机房、除氧间、煤仓间屋面（50mm 挤塑聚苯板）
	做法二	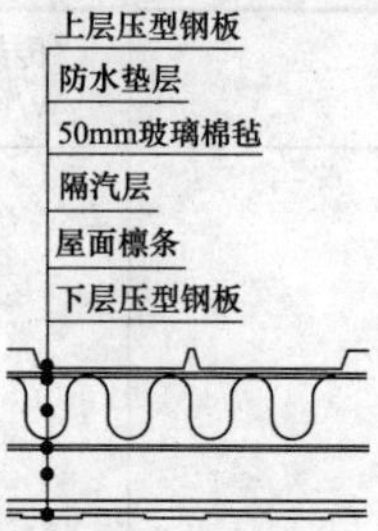 上层压型钢板 防水垫层 50mm玻璃棉毡 隔汽层 屋面檩条 下层压型钢板	1.06	用于锅炉顶盖（50mm 玻璃棉毡）
寒冷地区		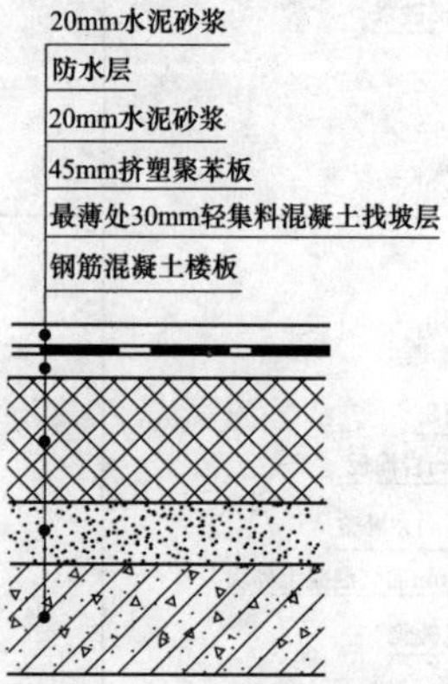 20mm水泥砂浆 防水层 20mm水泥砂浆 45mm挤塑聚苯板 最薄处30mm轻集料混凝土找坡层 钢筋混凝土楼板	0.7	45mm 挤塑聚苯板
夏热冬冷、夏热冬暖地区	做法一	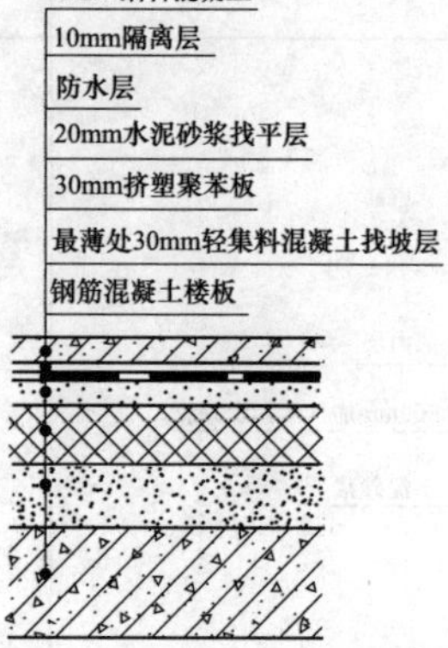 40mm细石混凝土 10mm隔离层 防水层 20mm水泥砂浆找平层 30mm挤塑聚苯板 最薄处30mm轻集料混凝土找坡层 钢筋混凝土楼板	0.87	30mm 挤塑聚苯板

续表

建筑热工设计分区	构造做法		传热系数 K [W/（m²·K）]	备注
夏热冬冷、夏热冬暖地区	做法二	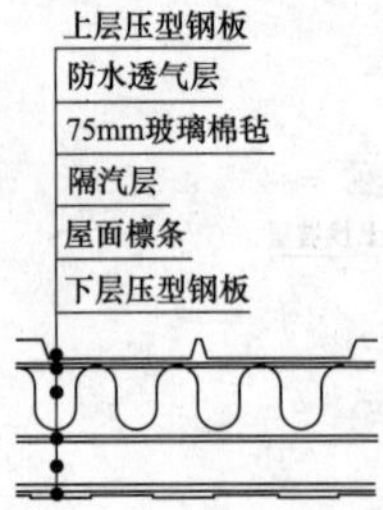 上层压型钢板 防水透气层 75mm玻璃棉毡 隔汽层 屋面檩条 下层压型钢板	0.75	用于汽机房屋面等（75mm 玻璃棉毡）

注 构造中保温材料技术指标见附录A。

表 7-17 B类建筑外墙节能设计参考做法

建筑热工设计分区	构造做法		传热系数 K [W/（m²·K）]	备注
严寒地区	做法一	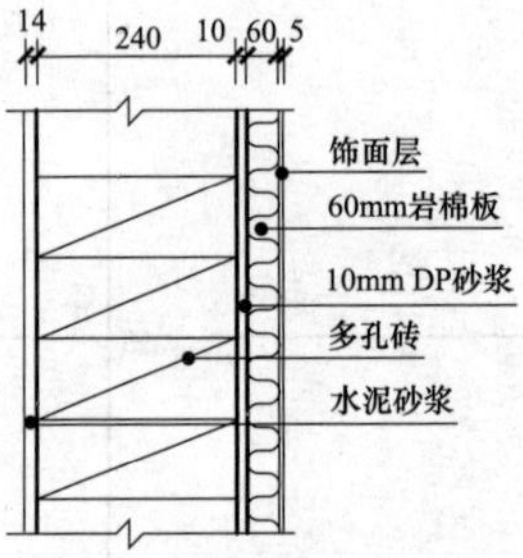 14 240 10 60 5 饰面层 60mm岩棉板 10mm DP砂浆 多孔砖 水泥砂浆	0.62	多孔砖+60mm 岩棉板
	做法二	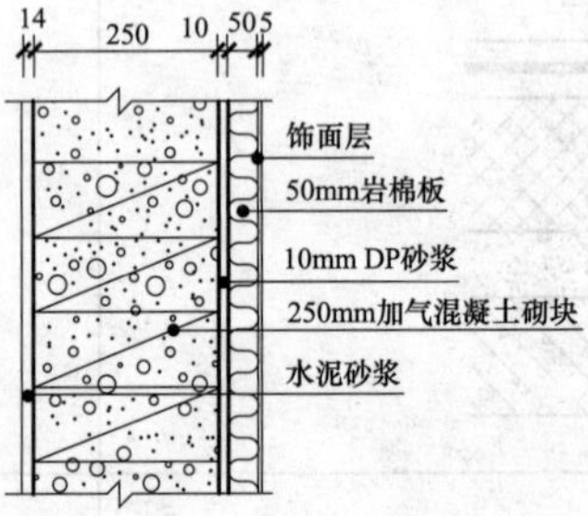 14 250 10 50 5 饰面层 50mm岩棉板 10mm DP砂浆 250mm加气混凝土砌块 水泥砂浆	0.52	加气混凝土砌块+50mm 岩棉板
寒冷地区	做法一	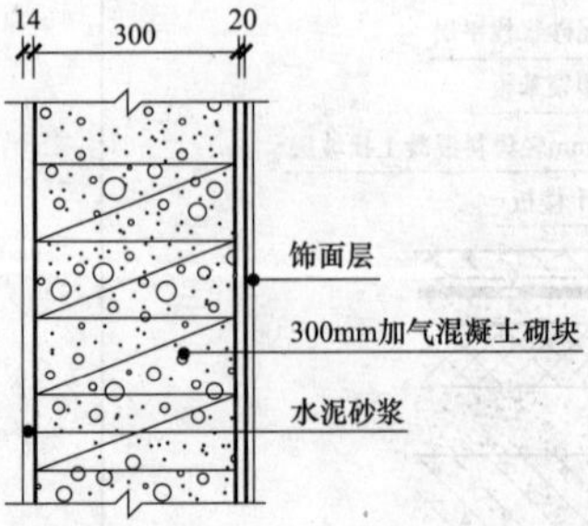 14 300 20 饰面层 300mm加气混凝土砌块 水泥砂浆	0.82	300mm 加气混凝土砌块

续表

建筑热工设计分区		构造做法	传热系数 K [W/（m^2·K）]	备注
寒冷地区	做法二	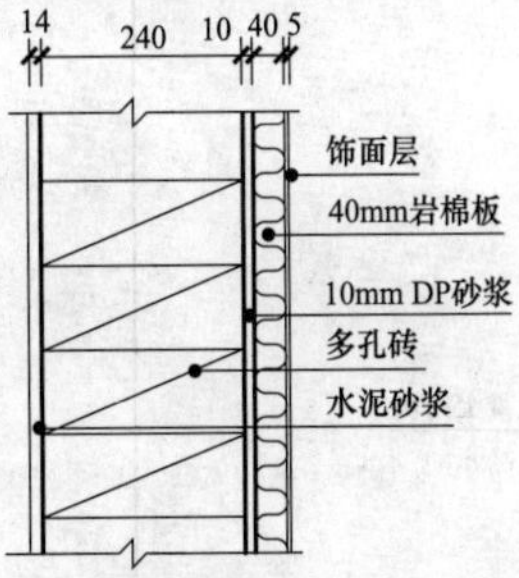 14　240　10　40　5 饰面层 40mm岩棉板 10mm DP砂浆 多孔砖 水泥砂浆	0.79	多孔砖+40mm 岩棉板
	做法三	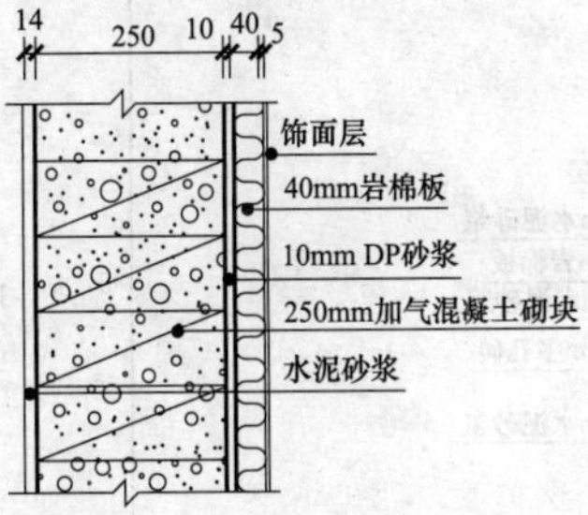 14　250　10　40　5 饰面层 40mm岩棉板 10mm DP砂浆 250mm加气混凝土砌块 水泥砂浆	0.58	加气混凝土砌块+40mm 岩棉板
夏热冬冷地区	做法一	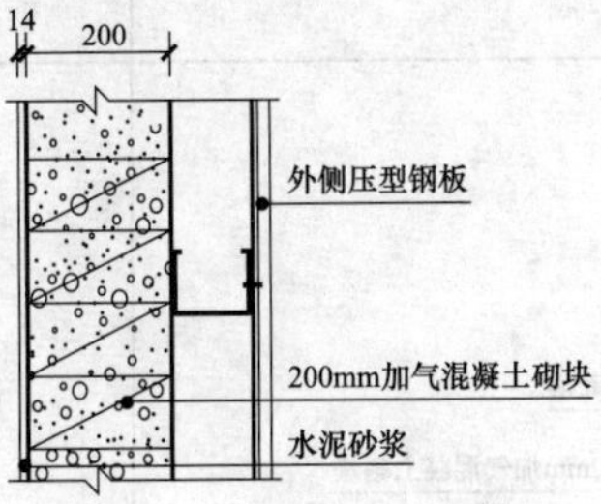 14　200 外侧压型钢板 200mm加气混凝土砌块 水泥砂浆	1.17	200mm 加气混凝土砌块+装饰金属板
	做法二	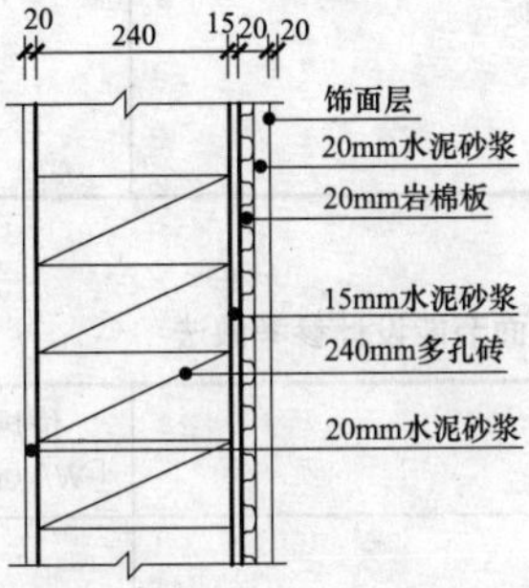 20　240　15　20　20 饰面层 20mm水泥砂浆 20mm岩棉板 15mm水泥砂浆 240mm多孔砖 20mm水泥砂浆	1.06	多孔砖+20mm 岩棉板
	做法三	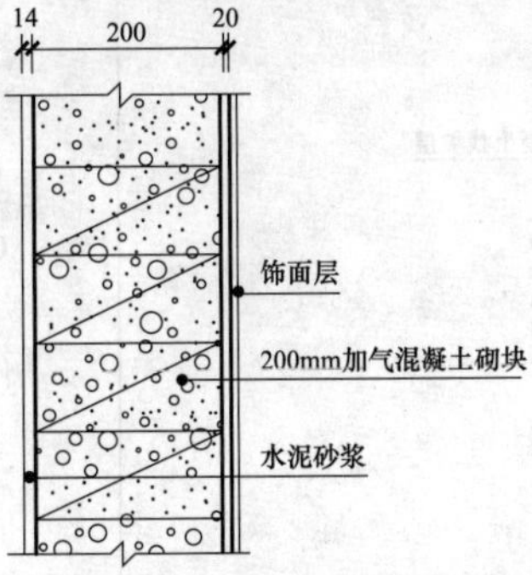 14　200　20 饰面层 200mm加气混凝土砌块 水泥砂浆	1.14	200mm 加气混凝土砌块

续表

建筑热工设计分区	构造做法		传热系数 K [W/（m^2·K）]	备注
夏热冬暖地区	做法一	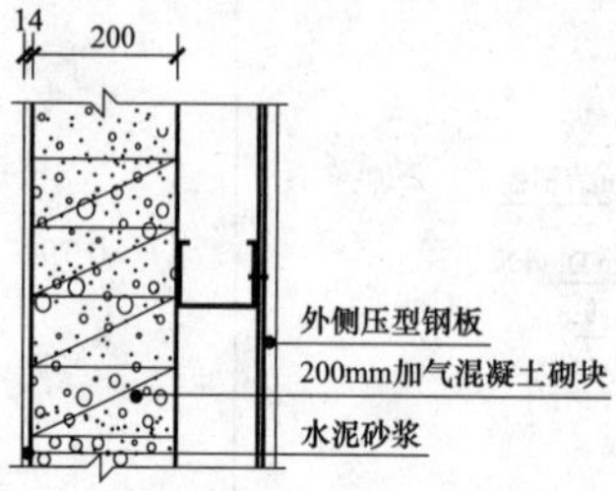 14 200 外侧压型钢板 200mm加气混凝土砌块 水泥砂浆	1.17	200mm 加气混凝土砌块
	做法二	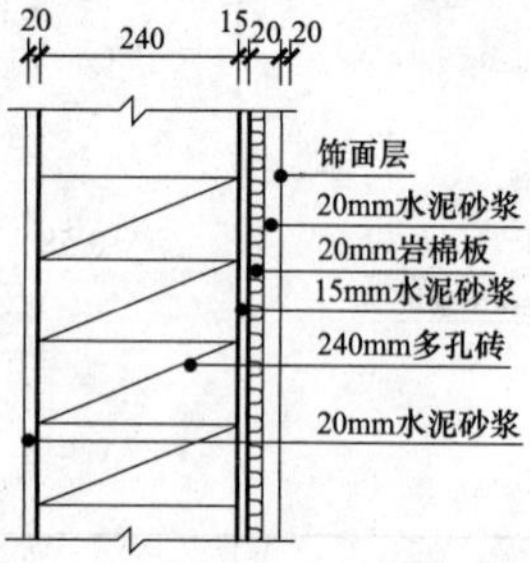 20 240 15 20 20 饰面层 20mm水泥砂浆 20mm岩棉板 15mm水泥砂浆 240mm多孔砖 20mm水泥砂浆	1.06	多孔砖+20mm 岩棉板
	做法三	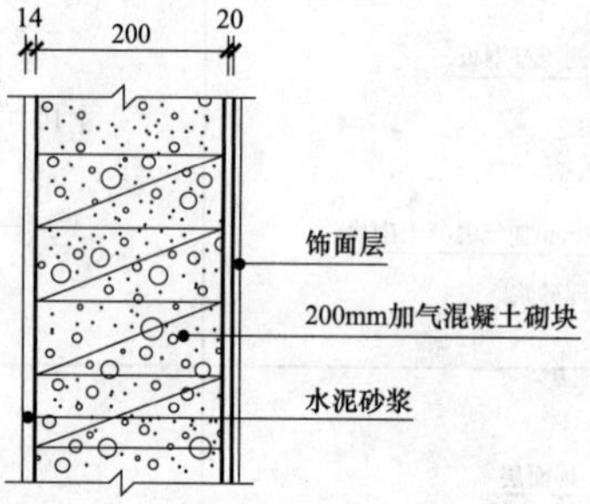 14 200 20 饰面层 200mm加气混凝土砌块 水泥砂浆	1.14	200mm 加气混凝土砌块

注 构造中保温材料技术指标见附录 A。

表 7-18 **B 类建筑屋面节能设计参考做法**

建筑热工设计分区	构造做法	传热系数 K [W/（m^2·K）]	备注
严寒地区	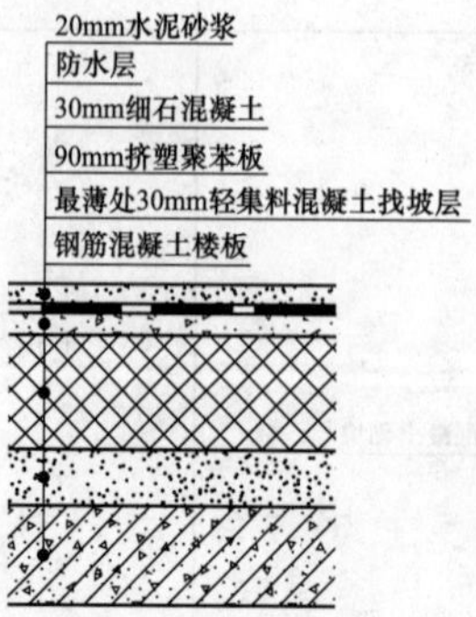 20mm水泥砂浆 防水层 30mm细石混凝土 90mm挤塑聚苯板 最薄处30mm轻集料混凝土找坡层 钢筋混凝土楼板	0.35	90mm 挤塑聚苯板

续表

建筑热工设计分区		构造做法	传热系数 K [W/（m²·K）]	备　注
寒冷地区		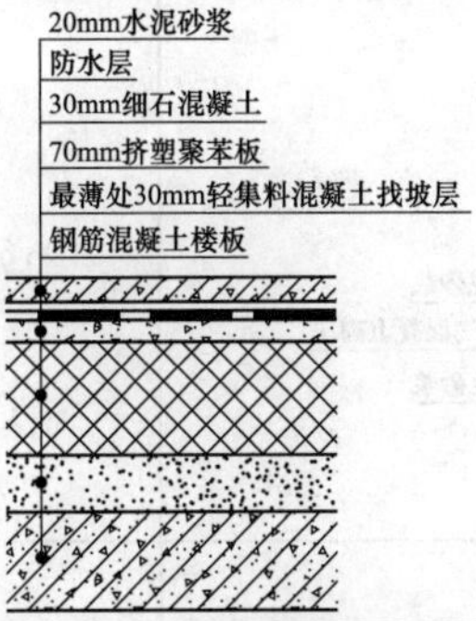 20mm水泥砂浆 防水层 30mm细石混凝土 70mm挤塑聚苯板 最薄处30mm轻集料混凝土找坡层 钢筋混凝土楼板	0.44	70mm 挤塑聚苯板
夏热冬冷地区、夏热冬暖地区	做法一	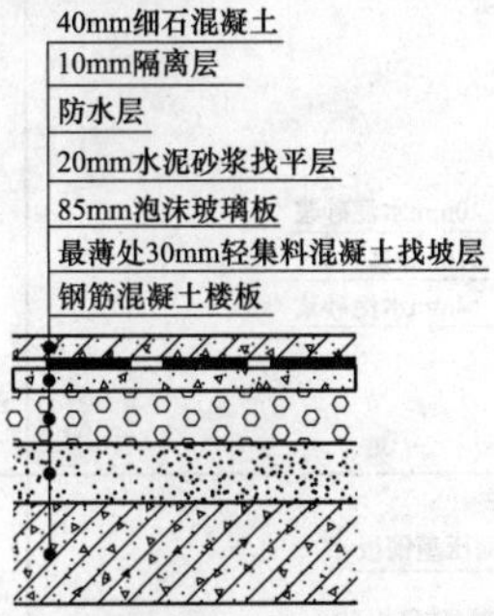 40mm细石混凝土 10mm隔离层 防水层 20mm水泥砂浆找平层 85mm泡沫玻璃板 最薄处30mm轻集料混凝土找坡层 钢筋混凝土楼板	0.68	85mm 泡沫玻璃板
	做法二	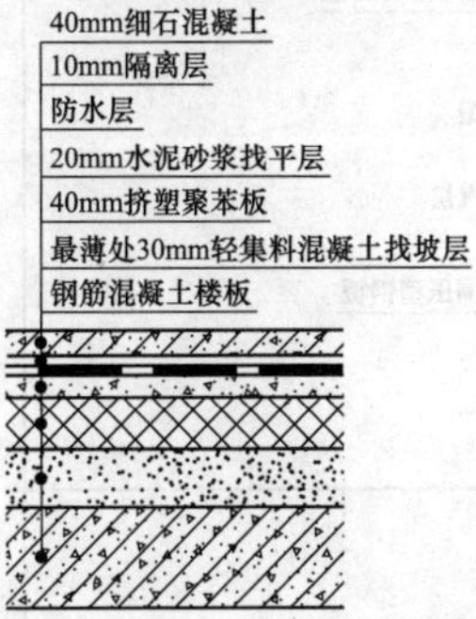 40mm细石混凝土 10mm隔离层 防水层 20mm水泥砂浆找平层 40mm挤塑聚苯板 最薄处30mm轻集料混凝土找坡层 钢筋混凝土楼板	0.70	40mm 挤塑聚苯板

注　构造中保温材料技术指标见附录 A。

（三）C 类建筑围护结构节能设计参考做法

C 类建筑围护结构节能设计参考做法见表 7-19、表 7-20。

表 7-19　　C 类建筑外墙节能设计参考做法

建筑热工设计分区		构造做法	传热系数 K [W/（m²·K）]	备　注
严寒地区	做法一	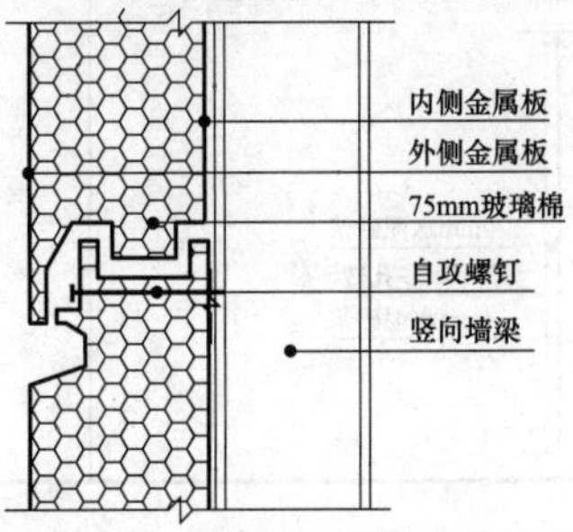 内侧金属板 外侧金属板 75mm玻璃棉 自攻螺钉 竖向墙梁	0.68	工厂复合板（75mm 玻璃棉）

续表

建筑热工设计分区		构造做法	传热系数 K [W/(m²·K)]	备注
严寒地区	做法二	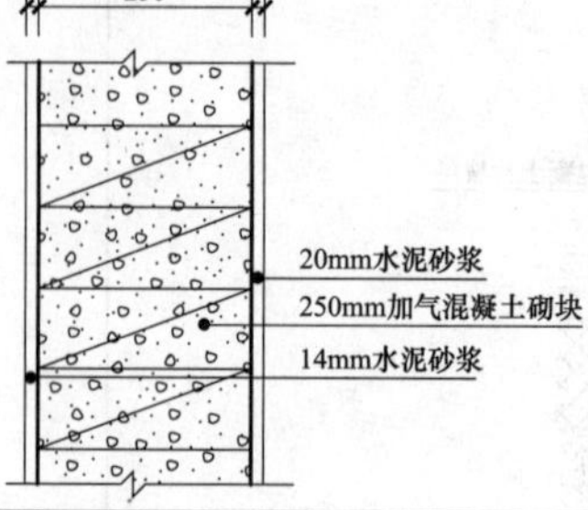 14 250 20 20mm水泥砂浆 250mm加气混凝土砌块 14mm水泥砂浆	0.96	250mm 加气混凝土砌块
	做法三	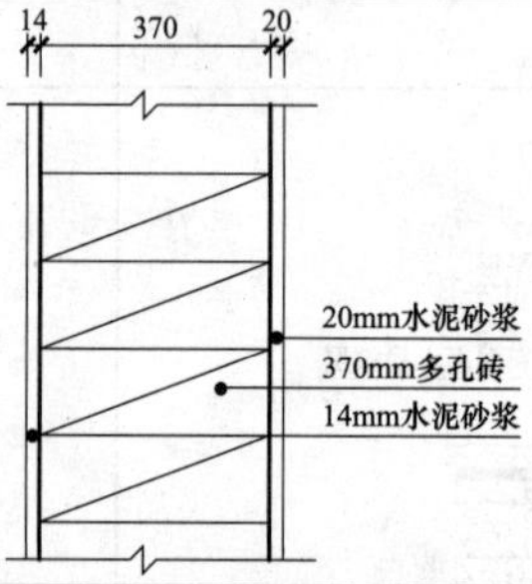 14 370 20 20mm水泥砂浆 370mm多孔砖 14mm水泥砂浆	1.28	370mm 多孔砖
寒冷地区	做法一	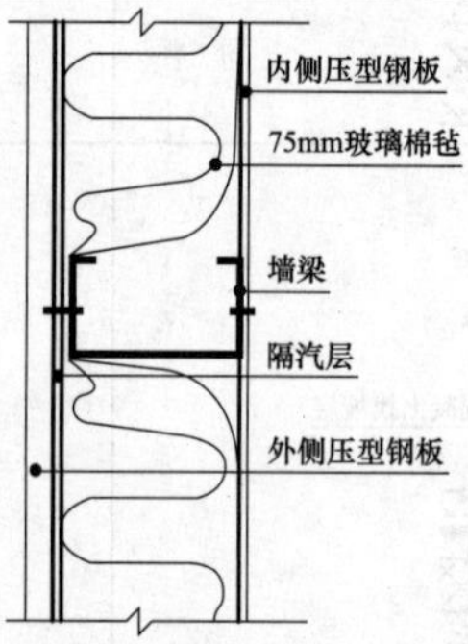 内侧压型钢板 75mm玻璃棉毡 墙梁 隔汽层 外侧压型钢板	0.75	现场复合板（75mm 玻璃棉毡）
	做法二	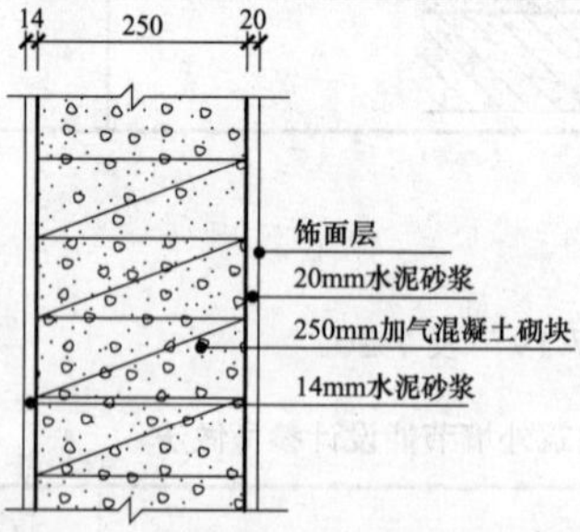 14 250 20 饰面层 20mm水泥砂浆 250mm加气混凝土砌块 14mm水泥砂浆	0.96	250mm 加气混凝土砌块
	做法三	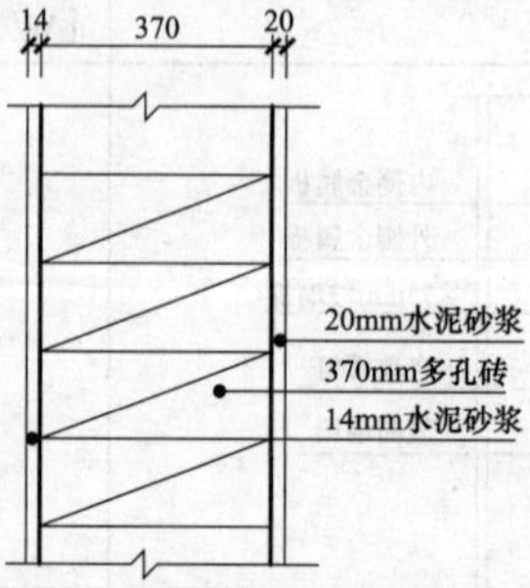 14 370 20 20mm水泥砂浆 370mm多孔砖 14mm水泥砂浆	1.28	370mm 多孔砖

注　构造中保温材料技术指标见附录 A。

表 7-20　　C 类建筑屋面节能设计参考做法

建筑热工设计分区		构造做法	传热系数 K [W/（m^2·K）]	备注
严寒地区	做法一	20mm水泥砂浆 防水层 30mm细石混凝土 50mm挤塑聚苯板 最薄处30mm轻集料混凝土找坡层 钢筋混凝土楼板	0.59	50mm 挤塑聚苯板
	做法二	上层压型钢板 防水垫层 100mm玻璃棉毡 隔汽层 屋面檩条 下层压型钢板	0.58	100mm 玻璃棉毡
寒冷地区	做法一	20mm水泥砂浆 防水层 30mm细石混凝土 40mm挤塑聚苯板 最薄处30mm轻集料混凝土找坡层 钢筋混凝土楼板	0.70	40mm 挤塑聚苯板
	做法二	上层压型钢板 防水垫层 75mm玻璃棉毡 隔汽层 屋面檩条 下层压型钢板	0.75	75mm 玻璃棉毡
夏热冬冷地区	做法一	20mm水泥砂浆 防水层 20mm水泥砂浆 30mm挤塑聚苯板 最薄处30mm轻集料混凝土找坡层 钢筋混凝土楼板	0.87	30mm 挤塑聚苯板

续表

建筑热工设计分区	构造做法		传热系数 K [W/ (m^2·K)]	备 注
夏热冬冷地区	做法二	上层压型钢板 防水垫层 75mm玻璃棉毡 隔汽层 屋面檩条 下层压型钢板	0.75	75mm 玻璃棉毡

注 构造中保温材料技术指标见附录A。

第五节 建筑热工与节能计算

一、常用公式

（1）围护结构保温设计最小传热阻按式（7-1）计算，即

$$R_{o,\min}=\frac{(t_i-t_e)_n}{\Delta t}R_i \tag{7-1}$$

式中 $R_{o,\min}$——围护结构最小传热阻，m^2·K/W；

t_i——冬季室内计算温度，℃；

t_e——围护结构冬季室外计算温度，℃；

n——温差修正系数；

R_i——围护结构内表面换热阻，m^2·K/W；

Δt——室内空气与围护结构内表面之间的允许温差，℃。

注：轻质外墙最小传热阻的附加值按表7-21确定。

表7-21 最小传热阻的附加值

外墙材料与构造	当建筑物处在连续供热热网中时	当建筑物处在间歇供热热网中时
密度为800～1200kg/m^{3}的轻骨料混凝土单一材料墙体	15%～20%	30%～40%
密度为500～800kg/m^{3}的轻骨料混凝土单一材料墙体；外墙为砖或混凝土、内侧复合轻混凝土墙体	20%～30%	40%～60%
平均密度小于500kg/m^{3}的轻质复合墙体；外墙为砖或混凝土、内侧复合轻质材料（如岩棉、矿棉、石膏板等）墙体	30%～40%	60%～80%

（2）砌体墙主体传热系数 K 按式（7-2）～式（7-5）计算，即

$$K=\frac{1}{R_o}=\frac{1}{R_i+R+R_e} \tag{7-2}$$

$$R=\sum_j R_j \tag{7-3}$$

$$R_j=\frac{\delta_j}{\lambda_{c,j}} \tag{7-4}$$

$$\lambda_{c,j}=\lambda_j a \tag{7-5}$$

式中 R_o——传热阻，m^2·K/W；

R_i——内表面换热阻，m^2·K/W，一般取0.11m^2·K/W；

R_e——外表面换热阻，m^2·K/W，一般取0.04m^2·K/W；

R——墙体结构层的热阻，等于构成墙体的各材料层的热阻之和，m^2·K/W；

δ_j——各材料层的厚度，m；

$\lambda_{c,j}$——各材料层的计算导热系数，W/（m·K）；

λ_j——各材料层材料的导热系数，可在附录A中查取，W/（m·K）；

a——考虑使用位置和湿度影响的大于1.0的材料导热系数的修正系数，见表7-22。

表7-22 材料导热系数的修正系数

材料、构造、施工、地区和使用情况	a
（1）作为夹芯层浇筑在混凝土墙体及屋面构件中的块状多孔保温材料（如加气混凝土、泡沫混凝土、水泥膨胀珍珠岩等），考虑干燥缓慢及灰缝的影响	1.6
（2）铺设在密闭屋面中的多孔保温材料（如加气混凝土、泡沫混凝土、水泥膨胀珍珠岩、石灰炉渣等），考虑干燥缓慢的影响	1.5
（3）铺设在密闭屋面中及作为夹芯层浇筑在混凝土构件中的半硬质矿棉、岩棉、玻璃板等，考虑压缩及吸湿的影响	1.2
（4）为夹芯层浇筑在混凝土构件中的泡沫塑料等受到压缩	1.2
（5）开孔型保温材料（如水泥刨花板、木丝板、稻草板等）表面抹灰或与混凝土浇筑在一起，考虑砂浆渗入的影响	1.3

续表

材料、构造、施工、地区和使用情况	a
（6）加气混凝土、泡沫混凝土砌块墙体及加气混凝土条板墙体、屋面，考虑灰缝的影响	1.25
（7）填充在空心墙体和屋面构件中的松散保温材料（如稻壳、木屑、矿棉、玻璃棉等），考虑下沉的影响	1.2
（8）矿渣、炉渣、浮石、粉煤灰陶粒、加气混凝土等实心墙体及屋面构件，在严寒地区，且用于相对湿度超过65%的采暖房间，考虑干燥慢的影响	1.15

注　本表摘自《建筑设计资料集　（第二版）　第 2 集》，北京：中国建筑工业出版社，1994。

（3）砌体墙平均传热系数 K_m 应由外墙主体部位的传热系数 K_p 与面积 A_p 和结构性热桥部位的传热系数 K_b 与面积 A_b，用加权平均办法计算，即

$$K_m = \frac{K_p A_p + K_b A_b}{A_p + A_b} \tag{7-6}$$

式中　K_m——外墙平均传热系数，W/（m²·K）；

K_p——外墙主体部位传热系数，W/（m²·K）；

A_p——外墙主体部位面积，m²；

K_b——外墙结构性热桥部位传热系数，W/（m²·K）；

A_b——外墙结构性热桥部位面积，m²。

可按表7-23选择外墙主体部位和结构性热桥部位的面积在外墙中的比值 A 和 B 代替式(7-6)中的 A_p 和 A_b 计算外墙的平均传热系数 K_m。

表 7-23　A_p、A_b 在外墙面积中所占比值 A 和 B

建筑结构体系	A	B
砖混结构体系	0.75	0.25
框架结构体系	0.65	0.35
框剪结构体系	0.55（填充墙）	0.45
剪力墙结构体系	0.35（填充墙）	0.65（剪力墙）
	亦可直接取剪力墙部位的 K 作为 K_m	

（4）外墙保温隔热层厚度 δ_{in} 按式（7-7）计算，即

$$\delta_{in} = \lambda_{c,in}\left(\frac{1}{K_{re}} - R_c - 0.15\right) \tag{7-7}$$

$$\lambda_{c,in} = \lambda_{in} a$$

式中　δ_{in}——保温隔热层厚度，m；

$\lambda_{c,in}$——保温材料的计算导热系数，W/（m·K）；

K_{re}——外墙规定的传热系数建议值，取所在地区节能设计标准规定的外墙平均传热系数 K_m 建议值，W/（m²·K）；

R_c——外墙构造层中除保温层外的各层材料的热阻之和，按式（7-4）、式（7-5）计算，m²·K/W。

（5）屋面的传热系数 K 按式（7-2）～式（7-4）计算，计算要点如下：

1）内表面换热阻，R_i=0.11m²·K/W。

2）外表面换热阻，R_e=0.04m²·K/W。

3）平屋面找坡层的厚度取最小厚度，即起坡高度。

4）防水层热阻忽略不计。

5）保温材料的导热系数应取计算导热系数 λ_c，$\lambda_c = \lambda a$。

屋面保温隔热层厚度 δ_{in} 按式（7-7）计算，计算要点如下：

1）保温材料的导热系数应取计算导热系数 λ_c，$\lambda_c = \lambda a$。

2）屋面规定的传热系数 K_{re}，取所在地区节能设计标准规定的屋面传热系数建议值。

（6）建筑门窗的传热系数 K 应按式（7-8）计算，即

$$K = \frac{\sum A_g K_g + \sum A_f K_f + \sum l_\psi \psi}{A_t} \tag{7-8}$$

式中　K——窗的传热系数，W/（m²·K）；

A_g——窗玻璃面积，m²；

A_f——窗框的投影面积，m²；

A_t——整窗的总投影面积，m²；

l_ψ——玻璃区域的周长，m；

K_g——窗玻璃中央区域的传热系数，W/（m²·K）；

K_f——窗框的面传热系数，W/（m²·K）；

ψ——窗框和窗玻璃之间的附加线传热系数，W/（m·K）。

二、节能软件

建筑节能设计对象是一栋建筑，建筑节能目标的节能率是针对与该建筑形体一致的虚拟建筑制定的。如果设计满足节能标准的规定性指标，即可认为该建筑是节能建筑。如果某项（或几项）指标不满足规范要求，要成为节能建筑，则要进行能耗计算，对其他指标进行调整，这个过程称为“权衡判断”。一般权衡判断是通过节能软件进行的。常用建筑节能设计软件有绿建斯维尔设计软件（BECS）和 PKPM 建筑节能设计分析软件（PBECA）。

1. 绿建斯维尔设计软件（BECS）

绿建斯维尔设计软件是一款专为建筑节能提供计

算分析的软件，构建于 AutoCAD 平台，采用三维建模，并可以直接利用主流建筑设计软件的图形文件，避免重复录入，大大减少了建立节能热工模型的工作量，体现了建筑与节能设计一体化的思想。软件遵循国家和地方节能标准或实施细则，适用于全国各地居住建筑和公共建筑的节能设计、节能审查。

2. PKPM 建筑节能设计分析软件（PBECA）

PKPM 建筑节能设计分析软件可快速方便地对居住建筑和公共建筑实施建筑节能设计，完成建筑物的能耗分析，最终生成详尽的设计说明和计算报告，并且能以多种直观方式将建筑物能耗和经济指标分析结果显示出来。

第八章

火力发电厂常用建筑材料

建筑材料从使用功能上可分为外围护结构材料、内隔墙材料、门窗材料、内外装修材料等。外围护结构材料、门窗材料需满足建筑遮风挡雨、防寒隔热的需求；内隔墙材料是对室内（房间）进行功能分区，避免噪声、视觉干扰，防火隔离；内装修材料应满足人们对室内空间视觉、卫生环境、使用功能的需要；外装修材料还需根据地区气候环境和建筑外立面造型需要确定。

建筑材料的选用需考虑地域环境、文化传承、建筑造型、使用功能、耐久可靠和经济技术水平等因素。厂房建筑还受到生产工艺的制约和影响。因此，电厂建筑在选用材料时，应遵循"因地制宜、经济环保、环境协调"的设计原则。

墙体材料还应综合考虑建筑所处的地域气候特点、建筑功能特征、节能以及使用部位选用要求等因素，做到满足建筑的功能需要、安全耐久、经济环保。

第一节　建筑墙体材料

建筑墙体按材料可划分为砌体（包括砖和各类砌块）墙和墙板。墙板根据构造特点分为有檩（龙骨）体系和无檩（龙骨）体系。有檩体系板材主要有金属板（包括复合板）、纸面石膏板、纤维增强硅钙板、水泥增强纤维板、防火夹板等，其中金属板墙体自重轻，利于抗震，属于可持续发展的环保绿色建材。无檩体系墙板需要具备自身承受风荷载、自重和地震作用影响，并满足安全标准要求。无檩体系墙板一般有轻骨料混凝土板条、增强石膏空心板条、钢丝增强水泥条板、玻璃纤维增强水泥板条（GRC 板）等。无檩体系墙板可直接与结构梁、柱、楼板连接固定，在节点构造方面应重点处理好板缝之间的连接构造以及墙板与楼板连接构造问题，避免出现漏雨漏风现象。

一、砖、砌块类墙体材料

常用砖、砌块类墙体材料有以煤矸石、页岩、粉煤灰、黏土为主要原料的烧结普通砖、空心砖，以粉煤灰、加气混凝土为原料的轻型砌块，以混凝土为原料的混凝土多孔砖、混凝土空心砌块等。根据砌体结构规范，砌块、砂浆符号规定为：MU 表示砖块、石材强度等级；A 表示蒸压加气块强度等级；M 表示混合砂浆强度等级；Mb 表示专用砂浆强度等级；Cb 表示混凝土小型空心砌块灌孔混凝土强度等级。

（1）砖、砌块类墙体材料规格及适用部位见表 8-1。

表 8-1　常用砖、砌块类墙体材料规格及适用部位

种类	适用部位				规格说明	适用砂浆品种和标号
	内隔墙	外墙	承重墙	高湿环境或防潮层下		
烧结普通砖	√	√	√	√	以煤矸石、页岩、粉煤灰、烧结黏土为主要原料 常用规格 240mm×115mm×53mm 强度等级 MU30、MU25、MU20、MU15、MU10	可采用混合砂浆，强度等级为 M15、M10、M7.5、M5.0、M2.5；也可采用专用砌筑砂浆，强度等级为 Mb15、Mb10、Mb7.5、Mb5.0。用于潮湿环境时，砖标号不低于 MU15，砌筑应采用水泥砂浆，强度不低于 M5

续表

种类	适用部位				规格说明	适用砂浆品种和标号
	内隔墙	外墙	承重墙	高湿环境或防潮层下		
实心蒸压粉煤灰砖	√	√	√	√	常用规格 240mm×115mm×53mm 强度等级 MU30、MU25、MU20、MU15、MU10	可采用混合砂浆，强度等级为M15、M10、M7.5、M5；也可采用专用砌筑砂浆，强度等级为Mb15、Mb10、Mb7.5、Mb5.0。潮湿环境不宜使用
实心蒸养粉煤灰砖	√	√	√	√		
实心蒸压灰砂砖	√	√	√	△	常用规格 240mm×115mm×53mm 强度等级 MU25、MU20、MU15、MU10	可采用混合砂浆，强度等级为M15、M10、M7.5、M5、M2.5；也可采用专用砌筑砂浆，强度等级为Mb15、Mb10、Mb7.5、Mb5.0。潮湿环境不宜使用
蒸压灰砂空心砖	√	√	×	×	常用规格 240mm×115mm×（53、90、115、175）mm 强度等级 MU25、MU20、MU15、MU10、MU7.5	
烧结多孔砖	√	√	√	×	常用规格 190mm×240（190、140、90）mm×90mm 强度等级 MU30、MU25、MU20、MU15、MU10	可采用混合砂浆，强度等级为M15、M10、M7.5、M5、M2.5；也可采用专用砌筑砂浆，强度等级为Mb15、Mb10、Mb7.5、Mb5.0。潮湿环境砖标号不低于MU15，应采用水泥砂浆填实孔洞，砌筑采用水泥砂浆，强度等级不低于M5
烧结空心砖	√	√	×	√	常用规格 390mm×190（180、90）mm×180mm（尺寸也可根据需要商定） 强度等级 MU10、MU7.5、MU5.0、MU3.5	
混凝土多孔砖	√	√	√	△	常用规格 290（240、190、180）mm×240mm（190、115、90）mm×115（90）mm 强度等级 MU30、MU25、MU20、MU15、MU10	混凝土砌块专用砂浆，强度等级为Mb20、Mb15、Mb10、Mb7.5、Mb5.0。潮湿环境砌块标号不低于MU15，应采用水泥砂浆填实孔洞，砌筑采用水泥砂浆，强度等级不低于M5
普通混凝土小型空心砌块	√	√	√	△	常用规格 390mm×190（90）mm×190（90）mm 强度等级 MU20、MU15、MU10、MU7.5、MU5.0	
轻集料混凝土小型空心砌块	√	√	√	△	常用规格 390mm×190（90）mm×190（90）mm 按强度等级 A 以及密度等级（B）关系为：A1.5（≤06）、A2.5（≤08）、A3.5（≤12）、A5（≤12）、A7.5（≤14）、A10（≤14）	
粉煤灰小型空心砌块	√	√	√	×	常用规格 390mm×190mm×190mm 强度等级 MU15、MU10、MU7.5、MU5.0、MU3.5、MU2.5	可采用混合砂浆，强度等级为M15、M10、M7.5、M5.0；也可采用专用砌筑砂浆，强度等级为Mb15、Mb10、Mb7.5、Mb5.0。潮湿环境不宜使用
蒸压加气混凝土砌块	√	√	×	×	常用规格 600mm×100（125、150、175、200）mm×200（250）mm 按强度等级 A 以及密度等级（B）关系为：A1.0（≤03）、A2.0（≤04）、A3.5（≤05）、A5（≤06）、A7.5（≤07）、A10（≤08）	
石膏砌块	√	×	×	×	常用规格 600mm×80（90、100、120、150）mm×500mm 强度等级≥3.5，体积密度≤1000kg/m³	

注 符号说明：√为最佳选择，△为可选择，×为不能选择。

（2）砌块墙体材料最低强度要求见表 8-2。

表 8-2 砌块墙体材料最低强度要求

砌块材料使用类型		最低强度要求	说明
承重墙	烧结普通砖、烧结多孔砖	MU10	用于外墙或潮湿环境内墙时，强度应提高一个等级
	蒸压普通砖、混凝土砖	MU15	
	普通、轻骨料混凝土小型空心砖	MU7.5	以粉煤灰做掺合料时，应符合 GB/T 1596《用于水泥和混凝土中的粉煤灰》、GB/T 50146《粉煤灰混凝土应用技术规范》中的有关规定
	蒸压加气混凝土砌块	A5.0	GB/T 11968《蒸压加气混凝土砌块》

续表

砌块材料使用类型		最低强度要求	说　明
自承重墙	轻骨料混凝土小型空心砌块	MU3.5	用于外墙或潮湿环境内墙时，强度等级不应低于 MU5.0。全烧结陶粒混凝土砌块用于内墙时，强度等级不应低于 MU2.5，密度不应大于 800kg/m^3
	蒸压加气混凝土砌块	A2.5	用于外墙时，强度等级不应低于 A3.5
	烧结空心砖、空心砌块、石膏砌块	MU3.5	用于外墙或潮湿环境内墙时，强度等级不应低于 MU5.0

注　本表摘自 GB 50574—2010《墙体材料应用统一技术规范》。

（3）特殊部位建筑墙体对砖和砌块、砂浆的要求见表 8-3。

表 8-3　　地面或防潮层以下、潮湿环境墙体砌块材料最低强度要求

环　境　条　件	烧结普通砖	混凝土普通砖、蒸压普通砖	混凝土砌块	石材	水泥砂浆标号
稍潮湿环境（指环境湿度在 50%～75%范围内）	MU15	MU20	MU7.5	MU30	M5
潮湿环境（指环境湿度大于 75%）	MU20	MU20	MU10	MU30	M7.5
含水饱和状态（指浸泡水环境中）	MU20	MU20	MU15	MU40	M10

注　1. 冻胀土地区，地面以下或防潮层以下的砌体，不宜采用多孔砖，如无代用材料，其孔洞应采用不低于 M10 标号的水泥砂浆填实。当采用混凝土空心砌块时，其孔洞应采用强度不低于 Cb20 的混凝土灌实。

2. 对于安全等级为一级或使用年限大于 50 年的建筑，表中材料强度应至少提高一级。

3. 本表数据摘自 GB 50003—2011《砌体结构设计规范》。

二、墙板类墙体材料

墙板材料有玻璃纤维增强水泥板、纤维增强硅钙板、玻璃纤维增强石膏空心条板、钢丝（钢丝网）增强水泥条板、轻质条板、复合夹芯轻质条板、金属板等，可作为一般工业建筑、居住建筑、公共建筑的非承重外墙、内隔墙使用。常用有檩体系无檩体系墙板材料及适用范围见表 8-4 和表 8-5。

表 8-4　　有檩体系（轻钢龙骨）墙板材料及适用范围

种类	使用部位		常　用　规　格	使　用　说　明
	内隔墙	外墙		
纸面石膏板	√	×	纸面石膏板常用厚度有 9.5、12、15、18mm 等，单块标准宽度有 600、900、1200mm	（1）墙体厚度根据建筑层高及构造确定，板材厚度根据隔声或防火要求确定。 （2）每侧板墙采用单层或双层板材。 （3）墙板结构的耐火时间按 GB 50016—2014《建筑设计防火规范》要求通过试验确定。 （4）龙骨组合墙通常按以下构造方式： 12+UC 骨 +12 板 15+UC 骨 +15 板 21×5+UC 骨 +2×15 板 （5）龙骨规格： UC75×50×0.6～1.0 UC100×50×0.6～1.0 UC150×50×0.6～1.0
纤维石膏板	√	×	纤维石膏板常用厚度有 8、10、12.5、15mm 等，标准尺寸有 2400mm×1200mm、2440mm×1220mm	
纤维增强硅酸钙板	√	×	硅酸钙板常用厚度有 4、5、6、8、9、10、12、14、16、18、20、25、30、35mm 等，标准宽度有 500、600、900、1200、1220、1250mm	
纤维增强水泥板（高密度板）	√	×	纤维增强水泥板常用厚度有 4、5、6、8、10、12、15、20mm，标准宽度有 600～1250mm	
纤维增强水泥板（中、低密度板）	√	×		
单层金属板	√	√	金属板型号、技术指标详见第九章建筑构造内容	通常用于汽机房、运煤建筑、材料库或检修维护间等高大厂房外围护结构
复合金属板	√	√	复合金属板的单层板常用厚度为 0.4～0.8mm； 工厂复合保温金属板（岩棉板）厚度有 50、80、100、120、150、200mm，标准宽度有 900、1000mm； 现场复合保温金属板的厚度根据热工指标需要灵活选用	复合金属板分为现场复合保温金属板①和工厂复合保温金属板②两种类型，复合金属板的夹芯材料有玻璃棉、岩棉板（不燃材料）、聚苯乙烯、聚氨酯夹芯（难燃材料）。保温层厚度根据热工指标确定

续表

种类	使用部位		常 用 规 格	使 用 说 明
	内隔墙	外墙		
刨花板	√	×	单层板常用厚度有 6、8、10、12、14、16、19、25mm	产品分为水泥刨花板、矿渣刨花板、石膏刨花板、阻燃板等。水泥刨花板、矿渣刨花板可用于内、外隔墙，石膏刨花板、阻燃板可用于内隔墙

注 1. 符号说明：√为最佳选择，△为可选择，×为不能选择。

2. 纸面石膏板（包括防火纸面石膏板）不得用于长期环境温度大于 45℃建筑部位，用于潮湿环境时应选择高级耐水纸面石膏板。

① 现场复合保温金属板是指在现场施工，以檩条、墙梁或专业固定支架为支撑的固定龙骨，龙骨的内外侧设单层金属板；内、外侧金属板之间设保温或隔热系统。通常也称为压型钢板现场复合保温系统。

② 工厂复合保温金属板是将彩色涂层钢板及底板与保温芯材通过黏合剂或发泡复合，在工厂流水线产生而成的保温复合围护板材。通常也称为夹芯板（或三明治板）。

表 8-5 无檩体系墙板材料及技术规格

种类	使用部位		材 料 特 性	常 用 规 格
	内隔墙	外墙		
玻纤增强水泥板条（GRC 板）	√	×	（1）以低碱水泥、膨胀珍珠岩、细骨料、耐碱玻纤涂塑网布为主要原料制成。 （2）用于潮湿楼面时应增加垫块，墙裙应做防水层。 （3）60、90、120mm 厚度的隔声指标分别大于或等于 30、35、40dB。燃烧性能为 A 级不燃材料	（1）板长度：一般为 2200～3500mm。 （2）板宽度：常用宽 600mm，宜按 100mm 模数递增。 （3）板厚度：常用规格有 60、90、120mm。 （4）板的厚度与限高关系为：60mm 厚板高不超过 3m，90mm 厚板高不超过 4m，120mm 厚板高一般为 4.2m
钢丝增强水泥条板	√	×	（1）以普通硅酸盐水泥、膨胀珍珠岩、细骨料及冷拔低碳钢丝为原料制成。 （2）用于潮湿楼面时应增加垫块。墙裙应做防水层。 （3）60、90、120mm 厚度的隔声指标分别大于或等于 30、35、40dB。燃烧性能为 A 级不燃材料	
增强石膏空心板条	√	×	（1）以建筑石膏（内掺 20%以下水泥）、膨胀珍珠岩及中碱玻璃纤维涂塑网布为主要原料制成。 （2）不适用于潮湿环境。 （3）60、90、120mm 厚度的隔声指标分别大于或等于 30、35、40dB。燃烧性能为 A 级不燃材料	
轻骨料混凝土板条	√	×	（1）以普通硅酸盐水泥、陶粒、矿渣等轻骨料冷拔低碳钢丝为原料制成。 （2）用于潮湿楼面时应增加垫块。墙裙应做防水层。 （3）60、90、120mm 厚度的隔声指标分别大于或等于 30、35、40dB。燃烧性能为 A 级不燃材料	
蒸压加气混凝土板	√	√	（1）采用加气混凝土制成。 （2）体积密度可分为 B04、B05、B06、B07、B08。 （3）板宽为 600mm，厚度 100～250mm，高度小于或等于 6m。 （4）B05 级（干体积密度不大于 550kg/m³）称为蒸压轻质加气混凝土板（ALC），按强度分为 A2.5、A3.5、A5.0、A7.5	（1）外墙规格： 1）长度：一般为 1500～6000mm； 2）宽度：常用标准宽 500（600）mm，宜按 100mm 模数递增； 3）厚度：150～250mm。 （2）内墙规格： 1）长度：按设计要求； 2）宽度：500（600）mm； 3）厚度：常用规格有 75～120mm
纤维水泥空心板	√	√	（1）采用真空挤出成型，板长 2～5m，宽度 600mm，厚度 60～140mm。 （2）板材质轻，面密度为 50～70kg/m²，可锯、可磨、可钻	单层条板作为住宅分户墙时，厚度不小于 120mm。应配钢筋或外挂钢丝网抹灰加强，墙板选用应考虑厚度与高度关系，60mm 厚板限高 3m，90mm 厚板限高 4m，120mm 厚板限高 5m

注 符号说明：√为最佳选择，×为不能选择。

三、建筑幕墙

建筑幕墙按面层材料分，主要有玻璃幕墙、石材幕墙、金属板幕墙、人造板幕墙、陶板幕墙等。其中，玻璃幕墙既是建筑装修材料，同时也承担围护结构功能。石材、金属或其他板材幕墙可作为内、外装修材料。玻璃幕墙的分类及构造说明见表 8-6。

表 8-6　　玻璃幕墙的分类及构造说明

<table>
<tr><th colspan="4">玻璃幕墙分类</th><th>材料及构造说明</th></tr>
<tr><td rowspan="5">按玻璃固定方式分类</td><td rowspan="2">明框</td><td colspan="2">非隔热型材</td><td rowspan="8">幕墙结构需要满足风荷载、抗震、防雷、节能、隔声等相关标准。根据建筑节能或排烟要求，可设开启扇，开启方式多为上悬外开；明框幕墙用型材分隔热型和非隔热型材，根据节能要求选定，隐框幕墙一般都采用非隔热型。幕墙设计寿命期根据 GB 50068—2001《建筑结构可靠度设计统一标准》规定为 25 年。
（1）主要受力立柱的型材厚度规定如下：
1）铝合金型材开口部位厚度不小于 3mm，闭口部位的厚度不小于 2.5mm，型材孔壁与螺钉直接采用螺纹受力时，局部厚度不应小于螺钉公称直径。
2）钢型材的截面主要受力部位厚度不应小于 3mm。
（2）铝合金型材防腐膜厚度应根据使用环境确定，涂层有阳极化膜、电泳涂漆、粉末喷涂、氟碳漆喷涂。
（3）钢材采用热镀锌时，厚度应不小于 45μm，采用静电喷涂时，厚度应不小于 40μm。
（4）不同金属材料接触部位应有绝缘措施，防止不同金属电化腐蚀</td></tr>
<tr><td colspan="2">隔热型材</td></tr>
<tr><td rowspan="3">隐框</td><td colspan="2">全隐</td></tr>
<tr><td colspan="2">竖隐</td></tr>
<tr><td colspan="2">横隐</td></tr>
<tr><td rowspan="3">按材料分类</td><td colspan="3">铝合金型材</td></tr>
<tr><td colspan="3">钢（不锈钢）型材</td></tr>
<tr><td colspan="3">钢铝组合型材</td></tr>
<tr><td rowspan="4">按点支玻璃幕墙结构特点分类</td><td colspan="3">主体结构点支</td><td rowspan="4">用于固定（无开窗）幕墙，点支玻璃幕墙的支承玻璃构件分为不锈钢支架、托板、夹板，玻璃接缝采用耐候胶。玻璃必须采用夹胶玻璃</td></tr>
<tr><td colspan="3">钢结构点支</td></tr>
<tr><td colspan="3">索杆结构点支</td></tr>
<tr><td colspan="3">自平衡索桁架点支</td></tr>
<tr><td rowspan="4">按双层幕墙（呼吸式幕墙）循环特点分类</td><td rowspan="2">按空气循环方式</td><td>外循环</td><td>内层可启闭，外层固定，上下可开启，与室外空气形成循环</td><td rowspan="4">双层幕墙在建筑外围护结构中形成一个内外空气过渡空间，对建筑节能、隔声效果非常好。外侧幕墙可由明框、隐框或点支幕墙构成，内侧可由明框、隐框幕墙（通常带有可开启扇）和水平通道组成，也可由一个独立结构形成两层距离较近的双层墙体改造（无水平通道）。
（1）外循环幕墙外墙采用单层玻璃（不考虑保温），在下部设有进风口，上部设排风口（利用热压形成循环），内墙采用中空玻璃、隔热型材，设可开启扇，夏季幕墙上下风口开启，进行自然循环降温，冬季关闭上下风口，可以太阳辐射形成温室效应，热空气进入室内。适用于夏热冬暖地区和严寒地区。
（2）内循环幕墙外墙采用中空玻璃、隔热型材形成封闭空间，内层幕墙采用单层玻璃（或单层铝合金窗），形成可开启状态，室内空气由楼板处（通常需要机械）进入幕墙通道，经上部风口进入顶棚形成内循环（外墙各层底部可设新风补充口），内循环幕墙构造通常适用于严寒及寒冷地区。幕墙中间空间考虑人员检修时，间距为 500～900mm；不考虑时，间距为 100～300mm</td></tr>
<tr><td>内循环</td><td>外层封闭，内层开启，与室内空气形成循环</td></tr>
<tr><td rowspan="2">按结构形式</td><td>双结构</td><td>内外层结构独立</td></tr>
<tr><td>单结构</td><td>内外层结构互为一体</td></tr>
</table>

注　采用双层幕墙体系时，应考虑下层楼层发生火灾时的烟囱效应对上层的影响。

四、火力发电厂建筑外墙材料选用要求

对于夏热冬暖地区和夏热冬冷地区，电厂的汽机房、材料库、检修间、室内贮煤场等高大厂房建筑通常采用单层金属板围护结构。对于严寒及寒冷地区，有采暖的厂房外墙需要考虑保温，通常采用复合金属板，工厂复合金属板和现场复合金属板均可采用，但板的夹芯材料及厚度应满足建筑热工节能指标及防火规范规定的燃烧性能要求。

有爆炸危险的厂房（如制氢站）应采用轻型材料，如压型钢板以及其他合金板材等（≤60kg/m²）围护结构，以满足厂房的泄爆需要。厂房内部隔墙可采用砖或砌块，也可采用轻钢龙骨水泥岩棉板、石膏板材等；有防火或隔声需要的隔墙宜采用砖或砌块。

辅助建筑、厂前建筑宜选用地方材料。办公楼、食堂等民用建筑外墙多以砖和砌块类为主，混凝土框架结构多用轻质砌体（块）作为填充墙。根据外立面需要，可选用玻璃幕墙、金属板幕墙或石材幕墙材料。墙体传热系数应满足 GB 50189—2015《公共建筑节能设计标准》和地方相关节能标准规定，还应根据 JGJ/T 235—2011《建筑外墙防水工程技术规程》的要求进行防水设计。

第二节　建筑楼（地）面材料

建筑楼（地）面装修内容包括楼面、地面和踢脚。楼地面装修有整体式面层（如水泥混凝土硬化地面）、粘贴式块材（如耐磨砖、抛光砖、陶瓷锦砖等）、整体

石材（花岗岩、大理石、砂岩等）、柔性材料（如地毯、塑胶材料、复合木地板材料等）和地面涂料（包括地面漆和自流平材料等）。

楼（地）面装饰是建筑室内装饰的组成部分，起到保护楼板结构、满足人们使用要求及视觉功能的需要。楼（地）面装修材料应保证强度、耐腐蚀、防潮、耐用、美观等基本要求。一些生产车间、浴室、厨房等有冲洗需要的楼（地）面材料应有耐擦洗和防滑要求。标准较高的居住、办公等建筑的楼（地）面材料还应考虑隔绝撞击声、吸声的功能要求。地面材料及其图案设计应注重艺术、美学效果。

一、楼（地）面装修材料

楼（地）面装修材料特点及适用说明见表 8-7～表 8-12。

表 8-7　整体式楼（地）面材料特点及适用说明

类别	名称	材料特点	适用说明
水泥混凝土楼（地）面	水泥砂浆	在楼(地)面混凝土垫层上做 20mm 厚 1:2.5 水泥砂浆，面层具有耐磨、耐冲击特性	适用于标准较低的车间楼面、地坪，常用于电缆夹层、设备（管道）层、运煤建筑等楼（地）面
	水泥豆石	在楼（地）面混凝土垫层、结合层上做 30mm 厚 C20 水泥豆石，面层具有耐磨、耐冲击、耐压特性	适用于大型设备检修间、材料库房、车库等
	细石混凝土	在楼（地）面混凝土垫层、结合层上做 40mm 厚 C20 细石混凝土，1:1 水泥砂浆随打随抹，面层具有耐磨、耐冲击、耐压特性	适用于大型设备检修间、材料库房、车库等
	彩色混凝土	在楼（地）面混凝土垫层、结合层上做 50mm 厚 C25 彩色钢筋混凝土，面层可做多种颜色，具有美观、耐磨、耐冲击、耐压特性	适用于大型设备检修间、材料库房、车库等
水磨石地面	现制水磨石地面	现制水磨石地面分原色和彩色，采用金属或玻璃分隔条，表面经过光洁处理后具有美观防滑、耐磨特性	适用于有一定洁净要求的厂房或公共建筑
	预制水磨石地面	预制水磨石块厚度一般为 25mm，尺寸根据设计需要确定（一般不超过 400mm×400mm），表面经过光洁处理后具有美观防滑、耐磨特性，但整体感和平整度不及现制水磨石地面，施工较为方便	适用于有一定洁净要求的厂房或公共建筑

注　本表材料摘自国家建筑标准设计图集 05J909《工程做法》。

表 8-8　天然石材、地砖楼（地）面材料特点及适用说明

类别	名称	材料特点	适用说明
天然石材地面	石材（花岗岩、大理石）	花岗岩硬度高、耐磨损，不易风化，颜色美观，外观色泽，可保持时间长；大理石强度较低，颜色美观。花岗岩、大理石品种繁多，常见的有： （1）红色系列，有四川的四川红、中国红，广西的岑溪红，山西灵邱的贵妃红、橘红，山东的乳山红、将军红等； （2）黑色系列，有内蒙古的黑金刚、赤峰黑、鱼鳞黑，山东的济南青等； （3）绿色系列，有山东泰安绿，江西上高的豆绿、浅绿，安徽宿县的青底绿花，河南的浙川绿等； （4）花色系列，有河南偃师的菊花青、雪花青、云里梅，山东海阳的白底黑花等	花岗岩可用作高级建筑地面装饰材料，有一定的耐酸作用。 大理石容易风化和溶蚀，表面很快会失去光泽。所以少数如汉白玉、艾叶青等比较稳定耐久的品种可用于室外，其他品种不宜用于室外
	碎拼板石	碎拼板石一般选用花色不规则（花岗岩、大理石）石板，可拼成艺术图案	适用于民用建筑中庭较多，在阳光照射下石材视觉效果更加明显

续表

类别	名称	材料特点	适用说明
地砖楼地面	各类地砖	室内地板砖有玻化砖、抛光（亚光）砖、釉面砖、防滑砖、耐酸地砖。 （1）玻化砖是由石英砂、泥按照一定比例烧制而成的，然后用专业磨具打磨光亮，表面如玻璃镜面样光滑透亮。 （2）抛光砖是利用瓷质砖硬度高、耐磨的特点，对其表面进行抛光，使其产生镜面效果而制得的瓷质砖。 （3）釉面砖是表面用釉料一起烧制而成的，主体又分陶土和瓷土两种，陶土烧制的背面呈红色，瓷土烧制的背面呈灰白色。釉面砖表面可以做各种图案和花纹，比抛光砖的色彩和图案丰富，但表面是釉料，所以耐磨性不如抛光砖。 （4）防滑砖是一种陶瓷地板砖，正面有褶皱条纹或凹凸点，以增加摩擦力。 （5）耐酸地砖是一种密度较高的瓷砖，其特性见本章第八节内容	玻化砖与抛光砖的区别：玻化砖属于抛光砖类，是指完全烧透的全瓷陶瓷产品。抛光砖一般是指普通的抛光砖，瓷化程度较差，抛光砖和玻化砖的最大差别体现在瓷化程度上，玻化砖的硬度更高，密度更大，吸水率更小。玻化砖的防污性能远远高于普通的抛光砖。 玻化砖、抛光砖、釉面砖用于民用建筑大堂、办公楼、宿舍以及电厂控制室、配电室等洁净要求高的厂房。 防滑砖用于有水冲洗的楼、地面，卫生间。 耐酸地砖可用于电厂蓄电池室、酸碱加药间等有酸性腐蚀的室内外地坪
	陶瓷锦砖（马赛克）地面	陶瓷锦砖（又称马赛克）地面，是一种小瓷砖镶铺而成的地面。这种砖表面光滑，质地坚实，耐酸、耐碱、耐火、耐磨、不透水、易清洗	适用于浴厕、厨房、化验室等地面

注 本表材料摘自国家建筑标准设计图集 05J909《工程做法》。

表 8-9　涂层、地毯、保温楼（地）面材料特点及适用说明

类别	名称	材料特点	适用说明
涂层地面	合成树脂类涂层	聚氨酯彩色面层（1.2mm 厚）：具有弹性、防滑特性	适用于电厂脱硫的石膏脱水车间、循环水泵房等建筑地面
		丙烯酸涂料面层（200μm 厚）：特殊运动场地的丙烯酸涂料分为硬地丙烯酸面层（厚 1.2～2mm）和弹性丙烯酸面层（厚 3～8mm），基面具有高渗透性和基面强度，优良的抗碱性能及适应性	适用于各种工厂、修理场、运动场、停车场、仓库等地面场所
		环氧涂料面层（200μm 厚）：主要特征是与水泥基层的黏结力强，具有高渗透性和基面强度、良好的抗碱性能，能够耐水及其他腐蚀性介质的作用，具有非常良好的涂膜物理力学性能等	适用于各种工厂、修理场、运动场、停车场、仓库等地面场所
	无溶剂环氧涂料	无溶剂环氧涂料（350～500μm 厚）：具有强度大、固体含量高、防蚀性能好、施工工序简单、无环境污染等特点，光洁、坚硬，耐磨性、耐撞击性好	适用于有腐蚀环境的酸、碱车间，大型维修车间
	自流平环氧胶泥	以环氧树脂、专用固化剂为主材，通过加入各种助剂、颜料、填料等，经严格配比加工而成。具有优良的耐水、耐油污、耐化学品腐蚀性能。具有防潮、抗菌、防腐蚀等特点	广泛用于现代工业厂房、洁净要求的地坪
	环氧砂浆	是以环氧树脂涂料添加精细石英砂经过人工调配而成的，具有高强度、抗渗、抗冻、耐盐、耐碱、耐弱酸腐蚀的性能	适用于电厂有弱酸碱腐蚀环境的地坪
	聚酯砂浆	用不饱和聚酯树脂、水泥、砂、水及化学助剂等配制而成的新型砂浆。具有防腐性能好、整体性强、防渗、耐磨和美观整洁等特点	适用于电厂有弱酸碱腐蚀环境的地坪
地毯楼（地）面	单层地毯	地毯品种有纯毛地毯、化纤地毯、混纺地毯、塑料地毯、尼龙地毯等，地毯对楼板撞击声隔声效果非常好，单层与双层的区别是在地毯面层下增加一层海绵垫层	适用于高级办公、居住建筑和楼板隔声（撞击）要求较高的房间
	双层地毯		
保温楼（地）面	细石混凝土面层保温地面	保温楼地面的保温材料设置在找平层上，材料厚度由设计确定，保温材料有聚苯乙烯泡沫保温板、加气混凝土保温板、水泥膨胀蛭石保温板。本保温做法属于楼、地面内保温做法	适用于楼板底外露有保温要求的普通楼面
	地砖面层保温地面		适用于楼板底外露有保温要求的高级楼面

注 本表材料摘自国家建筑标准设计图集 05J909《工程做法》。

表 8-10 耐磨、防腐、不发火花楼（地）面材料特点及适用说明

类别	名称	材料特点	适用说明
耐磨混凝土地面	钢屑水泥耐磨面层	超强硬度、耐磨、抗冲击、耐压	适用于电厂检修维护间、材料库、灰库地面，汽机房底层检修地坪
	金属骨料耐磨面层	由一定颗粒级配的矿物合金骨料、特种水泥、其他掺合料和外加剂组成。将其均匀地撒布在初凝阶段的混凝土表面，经打磨，使其与地面形成一个整体	适用于电厂需要耐磨、耐冲击、承受较大冲击负荷频繁作业区域
耐腐蚀地面	耐酸聚酯砂浆面层	耐硫酸（浓度≤70%）、盐酸、硝酸（浓度≤40%），材料不耐冲击，不适用于有氨水、丙酮化学物品作用地面	适用于电厂加药间和酸碱药品库、蓄电池室
	耐酸环氧砂浆面层	由环氧树脂、石英粉（铸石粉或瓷粉）、专用固化剂等材料组成。耐硫酸（浓度≤70%）、盐酸（浓度≤31%）、硝酸（浓度≤10%），材料不耐冲击，不适用于有氢氟酸、丙酮化学物品作用地面	适用于电厂加药间和酸碱药品库、蓄电池室
	耐碱混凝土面层	由耐碱面层混凝土（耐碱性能好的硅酸盐类水泥作为胶凝材料，石灰岩和火成岩类作为耐碱骨料）和沥青橡胶隔离层构成，适用于有中等浓度以下的碱腐蚀	适用于电厂碱储存仓库
	耐酸瓷板面层（沥青胶泥缝）	耐硫酸（浓度≤50%）、盐酸（浓度≤20%）、硝酸（浓度≤10%），材料不耐冲击，不适用于丙酮、二甲苯、煤油等化学溶剂作用地面	适用于电厂加药间和酸碱药品库、蓄电池室
	耐酸瓷板面层（呋喃胶泥缝）	耐硫酸（浓度≤60%）、盐酸（浓度≤20%）、硝酸（浓度≤10%），材料不耐冲击，不适用于丙酮等化学溶剂作用地面	适用于电厂加药间和酸碱药品库、蓄电池室
	耐酸瓷砖面层（水玻璃胶泥缝）	耐浓硫酸、浓盐酸、浓硝酸。不适用于有氢氟酸、氟硅酸、氢氧化钠、碳酸钠、氨水等碱性作用地面	适用于电厂加药间和酸碱药品库、蓄电池室
	环氧树脂玻璃钢面层	耐中等浓度酸、碱作用面	适用于电厂加药间和酸碱药品库、蓄电池室
不发火花地面	不发火花水泥砂浆面层	可采用普通硅酸盐水泥，标号不应小于425#；砂应选用具有不发火花性能的石灰岩、大理石、白云石，可掺NFJ金属骨料并以金属或石料撞击时不发生火花为合格，适用于有爆炸危险的甲、乙类厂房地面	适用于有爆炸危险的甲、乙类厂房地面。可用于电厂制（供）氢站、调压站等
	不发火细石混凝土面层	可采用普通硅酸盐水泥，其标号不应小于425#；粗细骨料应选用具有不发火花性能的石灰岩、大理石、白云石或其他石料所加工而成（细骨料要求达到2mm以下的粒度），并以金属或石料撞击时不发生火花为合格	
	不发火花沥青砂浆面层	不发生火花沥青砂浆和沥青所用的砂子、细骨料与不发火花水泥砂浆类面层要求相同，采用沥青替代水泥作为胶结料	
	不发火花环氧砂浆面层	面层采用不发火花环氧砂浆，硬度高、抗冲击、耐磨，不发火花	

注 本表材料摘自国家建筑标准设计图集05J909《工程做法》。

表 8-11 人造板（卷材）、木质楼（地）面材料特点及适用说明

类别	名称	材料特点	适用说明
人造材料地面	彩色石英板	彩色石英地板属于PVC地板的一种，具有耐磨、柔韧、耐酸碱、防火、防静电、环保、防滑、光洁、耐污染、防噪声、使用寿命长等特点	适用于普通公共建筑，有洁净要求的厂房、电厂控制室或办公用房
	橡胶地板	橡胶地板包括天然橡胶地板和其他合成橡胶的地板	适用于居住、公共建筑，可用于电厂办公建筑和主厂房运转层等
	亚麻环保地板	亚麻环保地板是由亚麻籽油、松香、木粉、黄麻等材料制成。亚麻地板表面采用高纯度聚乙烯耐磨层，经过特殊UV处理，表面耐磨性和抗破损能力更为出色。耐污、易清洗，具有良好的耐腐蚀、防潮、防霉性能	适用于办公、医疗、教育、运动场所等公共建筑

续表

类别	名称	材料特点	适用说明
人造材料地面	塑料地板	塑料地板按其使用状态可分为块材（或地板砖）和卷材（或地板革）两种，按其材质可分为硬质、半硬质和软质（弹性）三种，按其基本原料可分为聚氯乙烯（PVC）塑料、聚乙烯（PE）塑料和聚丙烯（PP）塑料等	适用于办公、医疗、室内运动场地
木质楼地面	硬木地板	硬木直接铺在砂浆找平层上，隔声，导热系数小，材料应进行防火处理	适用于居住、办公建筑
	实木复合地板	实木复合木地板分为三层实木复合地板、多层实木地板、新型实木复合地板三种。由不同树种的板材交错层压而成，因此克服了实木地板单向同性的缺点，干缩湿胀率小，具有较好的尺寸稳定性，并保留了实木地板的自然木纹和舒适的脚感。材料应进行防火处理	适用于居住、办公建筑
	强化复合木地板	学名为浸渍纸层压木质地板，俗称强化地板或者复合地板，是以高密度纤维板为基材，表面贴装饰浸渍纸和耐磨浸渍纸，背面贴平衡纸，经热压、开榫槽等工序制成的企口地板，复合地板的强度高、规格统一、耐磨系数高、防腐、防蛀且装饰效果好。复合地板的木材使用率高，是很好的环保材料。材料应进行防火处理	适用于办公、居住建筑地面
	软木复合弹性木地板	软木地板主要是由松木和杉木（油杉、铁杉等）、柏木制作。软木地板温暖，具有弹性，但耐磨性较差。如果干燥不够，更易变形、干裂。与实木地板相比，软木地板在环保性能、防潮性能上更出色。材料应进行防火处理	软木地板在日常地面装饰材料中用得比较少，一般用于高级办公室、住宅
	单（双）层橡胶软木地板	橡胶软木地板由精选的上等软木颗粒配以各种合成橡胶及其他辅助材料制成。它可直接铺在砂浆找平层上，也可采用架空木板铺设。材料应进行防火处理	软木地板在日常地面装饰材料中用得比较少，一般适用于高级办公室、住宅
	架空单（双）层橡胶软木地板		
	架空单（双）层硬木地板	具有一定弹性，架空内应考虑设通风箅子。材料应进行防火处理	适用于办公、居住建筑
	架空竹木地板	竹地板是将竹子处理后制成的地板，耐磨耐用、防蛀、抗震、防潮、冬暖夏凉，材料应进行防火处理（涂防火漆，使其满足B1类）	适用于居住建筑

注　本表材料摘自国家建筑标准设计图集05J909《工程做法》。

表8-12　　特殊功能楼（地）面材料特点及适用说明

类别	名称	材料特点	适用说明
防静电地面	防静电水磨石（水泥）面层	楼地面的面层、找平层、结合层砂浆均需要加导电粉（如石墨粉、炭黑粉、金属粉等），找平层内配导电网，相关技术指标见CECS90:97《整体浇注防静电水磨石地坪技术规程》	根据工艺要求设置，适用于电子设备间、通信机房等有防静电要求的房间
	防静电塑料（橡胶板）面层	面层采用1.5～2mm厚的防静电软聚氯乙烯或1.5～2mm厚的防静电橡胶板贴在楼地面找平层上	
	防静电架空活动地板	防静电活动地板是指用支架和横梁连结后架空的防静电地板，它与基层地面或楼面之间所形成的架空空间，可以满足敷设纵横交错的电缆和各种管线的需要，且通过在架空地板适当部位设置通风口，还可以满足静压送风等空调方面的要求。 根据基材和贴面材料不同，防静电活动地板可以分为钢基、铝基、复合基、刨花板基（也叫木基）、硫酸钙基等，贴面可以是防静电瓷砖、三聚氰胺（HPL）和PVC材料	
	防静电环氧涂层地面	防静电环氧涂层由环氧树脂作为基料，添加导电材料、填料、溶剂及助剂制成。导电材料可分为导电纤维类、导电云母粉类、导电金属粉末、导电助剂四种。 防静电环氧涂层地面按工艺有四种：普通薄涂防静电地坪、砂浆薄涂防静电地坪、普通防静电自流平地坪、砂浆防静电自流平地坪	

续表

类别	名称	材 料 特 点	适用说明
防油楼地面	防油细石混凝土地面（无防油层）	采用耐油混凝土，需在 40mm 厚的 C20 现浇面层混凝土添加专用添加剂	适用于经常有机油、柴油等环境的厂房车间（如燃油泵房、润滑油库房、油箱间等）
	防油细石混凝土地面（有防油层）	除防油细石混凝土做法外，还需在防油混凝土构造层与基层之间增加一层隔离层，隔离层一般采用聚氨酯涂层或聚合物砂浆	
	聚合物水泥砂浆面层（无防油层）	当厂房车间的油污染不严重时，可采用简单做法，面层一般采用聚合物砂浆可以满足要求	
	聚合物水泥砂浆面层（有防油层）	聚合物水泥砂浆面层下增加一层 1.5mm 厚的聚氨酯涂层，增加防油特性	
采暖地面	低温热水地板辐射采暖地面	采暖热水管以盘管形式埋设于楼板内，采暖管与建筑楼面之间需要设保温层。采暖管现浇于面层配有钢筋网的细石混凝土中，面层根据需要做装修	适用于有采暖要求的居住建筑
	电热采暖木地板面层	采用电加热发热元件铺设于地面装修材料内，根据产品说明施工	
网络地面、防射线地面	网络地板（网络地板一般采用阻燃 PVC、聚碳酸酯板材平铺在楼面找平层上，空间高度约 40mm）	复合材料平铺网络地板由阻燃 PVC 面层、水泥膨胀珍珠岩承压模块、复合材料组成	根据工艺提出的防射线指标和电磁屏蔽标准设置。防 X 射线墙体和楼面详细做法详见第九章第八节内容
	重晶石砂浆楼（地）面层	用于防射线（X、γ 射线）楼（地）面，当辐射剂量大时，面层厚度需要专业计算确定，重晶石砂浆配比如下： Ⅰ号：石灰膏:水泥:重晶石粉为 1:9:3.5 Ⅱ号：水泥:重晶石粉:重晶石砂:中砂为 1:0.25:2.5:1	

注 防静电施工说明：①面层、找平层、结合层材料需添加导电粉，导电粉材料一般为石墨粉、炭黑粉、金属粉、NFJ 金属骨料或高分子防静电剂等，导电材料需要经过一系列导电试验确定配方采用；②楼（地）面找平层内需配φ4@2000 导电网；③地坪体积电阻为 5×（10^4～10^9）Ω，地坪表面电阻为 5×（10^5～10^{10}）Ω，接地电阻不大于 10Ω。

二、室内踢脚材料

踢脚线是室内装修的重要组成部分，起到保护墙面的作用。室内不设墙裙时，常设有 100～120mm 踢脚作为保护墙体和作为地面与墙面的过渡材料，踢脚材料材质、性能通常与地面材料相同或接近，可满足一般房间清洁时保护墙体不受污染和损坏。室内踢脚常用材料见表 8-13。

表 8-13 室 内 踢 脚 常 用 材 料

类别	踢脚材料	特 点 说 明
水泥砂浆踢脚	普通水泥砂浆	与水泥砂浆地面配套使用，标准较低，高度为 100～120mm
	彩色水泥砂浆	与水泥砂浆地面、水泥硬化地面配套使用，标准较低，高度为 100～120mm
水磨石踢脚	现磨普通、彩色水磨石	与相关水磨石地面配套使用
	预制水磨石	
地砖、石材踢脚	地砖	与地砖、石材地面配套使用
	石材	
木制踢脚	硬木	与硬木地板配套使用，背面需要进行防腐处理，表面涂油漆通常与地面一致
	软木	与软木地板配套使用，背面需要进行防腐处理，表面涂油漆通常与地面一致
卷材、板材踢脚	塑料或橡胶板（卷材）	材料采用粘贴，宜与地面材料同类
	成品 PVC 板材	成品踢脚板采用专用金属卡固定
	金属板材	成品金属板（宜采用不锈钢）采用水泥钢钉钉入墙内，下部埋入地面装修内固定，因此需要先安装踢脚板后再进行楼地面装修

续表

类别	踢脚材料	特 点 说 明
特殊类踢脚	耐油地面	在水泥砂浆踢脚面层涂刷耐油面漆，与防油混凝土地面配套使用
	不发火花地面	采用不发火花砂浆或采用一般水泥砂浆面涂不发火花环氧涂层。用于甲、乙类有爆炸危险厂房、仓库，与地面配合使用
	树脂砂浆	与树脂胶泥、树脂砂浆的楼地面配套使用
	涂层	采用环氧涂层、聚氨酯涂层踢脚，适用于相同涂层的地面
	耐酸砖	用于防酸楼面，粘贴材料有沥青胶泥、水玻璃胶泥、树脂胶泥，通常与楼、地面材料相同

注　踢脚板高度一般结合块材尺寸，通常取120mm。

三、火力发电厂建筑地面材料选用要求

火力发电厂建筑地面材料应根据建筑使用功能和特点确定。大（重）型厂房（如汽机房、材料库、检修维护间、消防车库等）地面堆积荷载较大或有大型车辆出入地坪，通常采用耐磨混凝土地面、花岗岩地面或细石混凝土（材料强度一般 C20 以上）地面；锅炉房地面一般采用耐磨混凝土（材料强度通常 C20 以上）地面；主厂房夹层（管道、电缆夹层）通常采用水泥砂浆楼面、地坪涂料等，标准高的也可用普通地砖、涂料地面；汽机房运转层标准通常较高，可采用花岗岩、地砖、环氧自流平地面、橡胶（塑胶）地面等；集中控制楼的办公、走廊、控制室地面可采用高级花岗岩、地砖、橡胶（塑胶）地面；有防酸要求的加药间、酸碱储存间、蓄电池间等可采用花岗岩、耐酸瓷片、环氧自流平地面；还有些需要防静电（如通信机房）、架空（电子设备间）地面等根据环境要求选用；厂前建筑根据民用建筑使用性质特点，按照不同设计要求和标准等级选择。

第三节　建筑防水材料

建筑用防水材料有卷材防水、涂膜防水、水泥基渗透结晶防水涂料、构件自防水、防水保温一体化材料等。不同部位对防水材料的品种和使用要求不同，卷材、涂膜（聚氨酯、沥青类）、水泥基渗透结晶防水涂料可用于平屋面、楼面、地下室等部位，涂膜、水泥基渗透结晶防水涂料也可用于建筑外墙，构件自防水可用于屋面、楼面、地下室等部位，防水保温一体化材料多用于严寒、寒冷地区屋面。

一、卷材类防水材料

防水卷材主要用于建筑屋面、地下室等。品种主要有改性沥青类防水卷材和高分子防水卷材。常用防水卷材特性及适用范围见表 8-14。

表 8-14　常用卷材防水材料特性及适用部位

种类	名称	适用部位				材料规格说明
		屋面	地下室	外墙	楼面	
改性沥青类	SBS 改性沥青防水卷材	√	×（Ⅰ） √（Ⅱ）	×	△	按胎体材料分为聚酯胎和玻纤胎。聚酯胎厚度通常为 3～4mm；玻纤胎厚度通常为 2～4mm。 产品分Ⅰ型和Ⅱ型，Ⅱ型张拉强度较高，可用于地下室。用于屋面、地下室单层材料厚度不小于 3mm。当用于不上人屋面时，材料可自带（铝箔）防晒保护层，屋面可不做保护层。SBS 适用于寒冷地区；APP 适用于夏热冬暖地区、夏热冬冷地区。两者卷材施工均采用热熔空铺
	APP（APAO）改性沥青防水卷材	√	×（Ⅰ） √（Ⅱ）	×	△	
	自黏聚合物改性沥青防水卷材	√	√	×	△	厚度 1.5～3mm，产品分Ⅰ型和Ⅱ型。Ⅱ型张拉强度高，适用于寒冷或夏热冬暖地区，单层使用厚度不小于 3mm。通常设有混凝土保护层。当用于不上人屋面时，材料可自带（铝箔）防晒保护层，屋面可不做保护层
	自黏橡胶沥青防水卷材	√	√	×	△	
	改性沥青聚乙烯胎防水卷材	√	√	×	△	
	沥青防水卷材	△	×	×	×	用于防水要求不高的临时建筑
	沥青复合胎柔性防水卷材	△	×	×	×	

续表

种类	名称	适用部位				材料规格说明
		屋面	地下室	外墙	楼面	
高分子类	三元乙丙橡胶（EPDM）防水卷材	√	√	×	△	厚度1.2、1.5、1.8、2.0mm，拉伸强度不低于7.5MPa，拉伸率不低于450%。 有较好的耐久和耐腐蚀性，适用于夏热冬暖或严寒、寒冷地区，宜冷粘、满粘施工。 一般单层使用厚度不小于1.5mm
	改性三元乙丙橡胶（TPV）防水卷材	√	√	×	△	厚度1.2、1.5、2.0mm，拉伸强度不低于8MPa，拉伸率不低于500%。 有较好的耐久性、耐腐蚀性及变形能力，适用于夏热冬暖或严寒、寒冷地区，宜冷粘、满粘施工。 一般单层使用厚度不小于1.5mm
	氯化聚乙烯-橡塑共混防水卷材	√	√	×	△	厚度1.0、1.2、1.5、2.0mm，拉伸强度不低于7MPa，拉伸率不低于400%。 有较好的耐久性、耐腐蚀性及变形能力，一般采用冷粘施工。 一般单层使用厚度不小于1.5mm，可用于寒冷地区
	聚氯乙烯（PVC）防水卷材	√	√	×	△	厚度1.0、1.5、2.0mm，分为无复合层（N类）和复合型（L、W类），适用于寒冷、夏热冬暖地区。 （N类）Ⅰ型拉伸强度不低于8MPa，拉伸率不低于200%。 （N类）Ⅱ型拉伸强度不低于12MPa，拉伸率不低于250%
	聚氯乙烯（CPE）防水卷材	△	√	×	△	厚度1.0、1.5、2.0mm，分为无复合层（N类）和复合的（L类）以及织物内增强的（W类），适用于寒冷、夏热冬暖地区。 （N类）Ⅰ型拉伸强度不低于5MPa，拉伸率不低于200%。 （N类）Ⅱ型拉伸强度不低于8MPa，拉伸率不低于300%
高分子膜材料	高密度聚乙烯（HDPE）土工膜	×	√	×	×	以高密度聚乙烯树脂为主要原料，厚度0.5、1.0、1.2、1.5、2.0mm。拉伸强度不低于25MPa，拉伸率不低于550%。常用于地下工程防水，可与屋面其他防水层配合，作为种植屋面耐根系刺穿防水层
	低密度聚乙烯（LDPE）土工膜	×	√	×	×	以高密度聚乙烯树脂为主要原料，厚度0.5、1.0、1.2、1.5、2.0mm。拉伸强度不低于14MPa，拉伸率不低于400%。常用于地下工程防水，可与屋面其他防水层配合，作为种植屋面耐根系刺穿防水层

注 符号说明：√为最佳选择，△为可选择，×为不宜选择。

二、涂膜、水泥基渗透防水材料

涂膜防水材料有合成高分子类（如聚氨酯）、高聚物改性沥青类、有机-无机复合防水涂料、无机防水涂料等。建筑防水涂料按有害物质含量分为A、B级，有害物质限量应符合JC 1066《建筑防水涂料中有害物质限量》的要求。常用涂膜防水材料特性及适用范围见表8-15。

表8-15 常用涂膜防水材料特性及适用范围

种类	名称	适用部位				材料规格说明
		屋面	地下室	外墙	楼面	
合成高分子防水涂料（反应固化型）	单组分聚氨酯防水涂料（S型）	√	√	×	√	通常作为多道防水中的一道，要求涂在迎水面，单层厚度不小于2.0mm，多层每层厚度1.5mm。Ⅰ型拉伸强度不低于1.9MPa，拉伸率不低于550%。Ⅱ型拉伸强度不低于2.45MPa，拉伸率不低于450%。可在潮湿基层施工，一般需要设保护层，适用于寒冷、夏热冬暖地区
	多组分聚氨酯防水涂料	√	√	×	√	通常作为多道防水中的一道，要求涂在迎水面，单层厚度不小于2.0mm，多层每层厚度1.5mm。Ⅰ型拉伸强度不低于1.9MPa，拉伸率不低于450%。Ⅱ型拉伸强度不低于2.45MPa，拉伸率不低于450%。要求在干燥基层施工，一般需要设保护层，适用于寒冷、夏热冬暖地区

续表

种类	名称	适用部位				材料规格说明
		屋面	地下室	外墙	楼面	
合成高分子防水涂料（反应固化型）	涂刮型聚脲防水涂料	√	√	√	√	通常作为多道防水中的一道，防腐、耐磨性能优良，拉伸强度不低于 5.0MPa，拉伸率不低于 450%。可在潮湿、干燥基层和环境施工，可不设保护层，适用于寒冷、夏热冬暖地区
	喷涂型聚脲防水涂料	√	√	√	√	通常作为多道防水中的一道，防腐、耐磨、耐穿刺性能优良，拉伸强度不低于 5.0MPa，拉伸率不低于 450%。可在潮湿、干燥基层和环境施工
	高渗透改性环氧防水涂料	√	√	√	√	涂刷后与基底形成 2mm 以上的防渗层，可提高混凝土表面强度。通常作为多道防水中的一道设置，可在潮湿、干燥基层和环境施工
合成高分子防水涂料（水乳型）	丙烯酸酯类防水涂料	√	√	√	√	通常作为多道防水中的一道，单层厚度不小于 2.0mm。Ⅰ型拉伸强度不低于 1.0MPa，拉伸率不低于 300%。Ⅱ型拉伸强度不低于 1.5MPa，拉伸率不低于 300%，防水层材料可外露
	硅橡胶防水涂料	√	√	√	√	通常作为多道防水中的一道，单层厚度不小于 2.0mm。涂料对基层有一定渗透性（渗透约 0.3mm），材料可用于迎水或背水面。拉伸强度不低于 1.0MPa，拉伸率不低于 300%
高聚物改性沥青防水涂料（水乳型）	水乳型橡胶沥青微乳液防水涂料	√	×	×	√	涂料对基层有一定渗透性，与基层黏结强度高，常用于迎水面
	水乳型阳离子氯丁橡胶沥青防水涂料	√	×	×	√	单层涂膜厚度不小于 2.0mm，常用于迎水面
高聚物改性沥青防水涂料（溶剂型）	SBS 改性沥青防水涂料	√	×	×	√	通常作为多道防水中的一道，常用于迎水面
有机-无机复合防水涂料	聚合物水泥基（JS）防水涂料	√	√	√	√	通常作为多道防水中的一道，甲（聚合物乳液）、乙（水泥等刚性材料）组分防水涂料。Ⅰ型以甲组分为主，Ⅱ型以乙组分为主。Ⅱ型可用于长期水浸环境。适用于迎水面或背水面施工。 Ⅰ型拉伸强度不低于 1.2MPa，拉伸率不低于 200%。Ⅱ型拉伸强度不低于 1.8MPa，拉伸率不低于 80%
无机防水涂料	水泥基渗透结晶型防水涂料	△	√	×	√	以水泥石英粉等为主要材料加入活性化学物质，通常作为多道防水中的一道，适用于迎水面或背水面施工。涂料厚度大于 0.8mm，可用于长期水浸环境
	界面渗透型防水涂料	△	√	×	√	以硅酸钠、吹化剂等化学物质配合而成的有渗透能力的液体防水涂料，适用于迎水面或背水面施工

注　符号说明：√为最佳选择，△为可选择，×为不宜选择。

三、抗裂砂浆外墙防水材料

采用纤维抗裂砂浆外墙抹面材料见表 8-16。

表 8-16　　外墙防水抗裂砂浆材料及配比

砂浆种类	材料成分与配比	特性指标和适用范围	墙体基材
纤维减水剂抗裂砂浆	由水泥、减水剂、砂、纤维、保水剂组成。所对应序列的配比关系为 1:0.001:2.5:0.002:0.001	可以减少早期裂缝产生，对硬质砌体有一定的抗裂特性，抗渗标号大于 S8，干缩率小于 0.5%	烧结普通砖、混凝土空心砖、陶粒砌块、混凝土墙
纤维微膨胀抗裂砂浆	由水泥、减水剂、膨胀剂、砂、纤维组成。所对应序列的配比关系为 1:0.007:0.1:2.6:0.0024	砂浆有良好的抗渗特性，有收缩补偿功能，抗渗标号大于 S10，干缩率小于 0.15%	烧结普通砖、混凝土空心砖、陶粒砌块、蒸压加气混凝土砌块、粉煤灰砌块、混凝土墙等

续表

砂浆种类	材料成分与配比	特性指标和适用范围	墙体基材
合成纤维聚合物水泥抗裂砂浆	由合成纤维、聚合物水泥胶结剂等材料配制。水泥、防水胶、砂、纤维所对应序列的配比关系为1:0.15:2.6:0.0024	可以减少早期裂缝，对各类砌体墙有较好的抗裂、抗渗、抗冻融特性。抗渗标号大于S15，干缩率小于0.15%，裂缝可以控制在0.2mm以下	空心砌块、轻质砌块及混凝土墙等
增强型纤维聚合物水泥抗裂砂浆	以合成涂塑聚酯增强纤维、聚合物水泥胶结剂等材料配制。水泥、防水胶、砂、增强纤维所对应序列的配比关系为1:0.2:2.6:0.0024	可以减少早期裂缝，有较好的抗裂、抗渗、抗干缩、抗冻融特性。抗渗标号大于S15，干缩率小于0.02%，裂缝可以控制在0.2mm以下	轻集料砌块、空心砌块

注 1. 本表砂浆适应标准为JC 474—2008《砂浆、混凝土防水剂》。

2. 外墙抹灰安全挂网应执行国家或地方相关标准，砂浆厚度为20mm。

四、构件自防水

常用构件自防水构件有建筑瓦、金属板、玻璃屋面、抗渗钢筋混凝土结构（用于楼面及地下室）等，其材料特性及适用范围见表8-17。

表8-17 常用建筑瓦、金属板、玻璃屋面的材料特性及适用范围

分类	名称	材料特点及构造	适用说明
建筑瓦	烧结瓦（黏土瓦、琉璃瓦、陶瓦）	（1）黏土瓦是以杂质少、塑性好的黏土为主要原料，经过加水搅拌、制胚、干燥、烧结而成。按用途可分为平瓦和脊瓦，按颜色分为青瓦和红瓦。 （2）琉璃瓦是由陶土制作成形，表面涂一层彩色釉，再高温烧结而成	（1）屋面坡度不小于30%，锚固强度应考虑各地风力影响，普通瓦屋面一般需要结合其他类型防水层，满足屋面防水要求。 （2）适用于现浇混凝土坡屋面和有檩系统屋面。其中有檩系统一般作为次要建筑及棚库类屋面，也可作为南方地区架空隔热屋面的一道防水层。 （3）采用有檩系统屋面时，应注意板材的燃烧性能满足消防要求
	沥青瓦	沥青瓦是以玻璃纤维毡为胎基，经浸涂石油沥青后，一面覆盖彩色矿物粒料，另一面撒以隔离材料所制成的瓦状星面防水片材	
	玻纤增强水泥（GRC）波瓦	玻纤增强水泥（GRC）波瓦是以水泥、砂或无机的硬质细骨料为主要原料，经过配料、搅拌、成型、养护制成。具有耐久性好、成本低等优点，但是自重大，主要用于民用建筑及农村建筑坡型屋面	
	复合塑料瓦、合成树脂瓦	（1）复合塑料瓦是以PVC为结构基材，表面采用丙烯酸类工程塑料等高耐候塑料树脂复合而成。 （2）合成树脂瓦是使用合成树脂加工而成的，分为波形瓦和平板瓦两种规格	
聚酯瓦（板）	玻纤聚碳酸酯板	利用玻璃纤维作为胎基，聚碳酸酯作为固结料，面层涂保护膜分为阻燃型（氧指数≥26）和非阻燃型材料。板材断面制作可与压型钢板配套，材料强度为75～125MPa。通常作为屋面局部采光瓦。透光率在50%以上，抗紫外线率在90%以上	板材的燃烧特性属于B1类材料，设计中应按消防规范要求采用。通常与压型钢板屋面配套，可作为屋面局部采光瓦使用
金属板屋面	压型钢板屋面	压型钢板板型、涂料等指标详见第九章表9-20、表9-21、表9-25	屋面坡度应大于或等于5%，一般用于大跨度轻型屋面，如电厂汽机房、运煤建筑、库房、检修厂房等
	铝合金板屋面	铝板厚度一般为0.5～1.0mm，屈服强度200MPa，铝金属是可靠的耐久室外建筑材料，具有自我防锈能力，在自然环境中其表面可以形成致密的氧化层，防止金属继续在空气中氧化锈蚀，同时也具有抵抗多种酸性侵蚀的能力。表面处理多样、美观。可进行阳极氧化、电泳、化学处理、抛光、涂漆处理，涂料可根据建筑颜色需要选用	铝合金强度比压型钢板低，可用于曲率较大的弧形屋面或墙面，也可用于大跨度厂房或大型公共建筑，如大型室内贮煤建筑
玻璃屋面	钢化玻璃、夹胶玻璃	作为玻璃屋面的玻璃板一般需要夹胶钢化玻璃，屋面结构形式有点支结构和梁板结构。玻璃缝处理通常有结构胶，外侧用耐候胶保护	玻璃屋面具有较好的采光性能，但需要防止太阳辐射。对于南方地区，应采用较小的遮阳系数（通常≤0.5）或设遮阳帘；对于北方地区考虑利用太阳能形成温室效应，可选用遮阳系数≥0.5的玻璃

续表

<table>
<tr><th>分类</th><th>名称</th><th>材料特点及构造</th><th>适用说明</th></tr>
<tr><td>玻璃屋面</td><td>PC耐力板</td><td>PC耐力板（又称聚碳酸酯板）是聚碳酸酯（PC）加工而成的。用耐力平板压成波浪形即变成实心耐力瓦</td><td>适用于办公楼、厂房的局部采光顶棚。因材料属于B1、B2类燃烧特性，屋面设计时应注意材料的选用，满足消防规范要求</td></tr>
<tr><td>结构防水</td><td>抗渗混凝土</td><td>（1）抗渗混凝土具有较好防水特性，抗渗性用抗渗等级（P）或渗透系数来表示。根据试件在抗渗试验时所能承受的最大水压力，抗渗等级划分为P4、P6、P8、P10、P12五个等级。
（2）一般楼地面采用P4、P6可以满足构件防水，地下室抗渗等级选用与埋深有关。
（3）设计抗渗等级与地下室埋深关系如下：
<table><tr><th>地下室埋深</th><th>抗渗等级</th></tr><tr><td>＜10m</td><td>P6</td></tr><tr><td>10～20m</td><td>P8</td></tr><tr><td>20～30m</td><td>P10</td></tr><tr><td>30～40m</td><td>P12</td></tr></table></td><td>用于建筑室内楼板（卫生间）、地下室等温度应力较小的不宜开裂的混凝土构件，作为一道防水设防</td></tr>
</table>

五、防水保温一体化屋面防水材料

防水保温一体化是指建筑物屋面的保温（隔热）、防水功能由一种材料承担，目前主要指现场喷涂硬泡聚氨酯材料。聚氨酯在屋面保温、防水性能、施工工艺方面的应用均是成熟的，材料厚度由建筑热工计算确定，但该材料属于易燃材料，使用环境温度不能高于120℃。

聚氨酯属于B2类燃烧材料，用于耐火等级不低于二级的屋面板，硬泡聚氨酯防水保温材料上面必须采用不燃材料作为保护层，可采用细石钢筋混凝土。保温防水一体化屋面硬泡聚氨酯材料应根据GB 50404《硬泡聚氨酯保温防水工程技术规范》相关要求进行选用，构造做法应满足建筑防火、节能、防水设计要求。

六、火力发电厂建筑防水材料选用要求

火力发电厂建筑防水的薄弱部位主要是大跨度厂房的屋面，如汽机房、锅炉、室内贮煤场屋面等。汽机房屋面较为常见的形式是采用以压型钢板为底模的现浇混凝土屋面和单层、复合压型钢板（构件自防水）屋面；位于台风地区的电厂主厂房屋面，或其他大型附属建筑屋面常采用以压型钢板为底模的现浇混凝土屋面；厂前建筑一般采用现浇混凝土屋面，卷材防水；有泄爆要求的厂房（如制氢站），需要采用轻型围护结构，一般采用压型钢板轻型屋面；室内贮煤场屋面跨度非常大且无采暖要求，一般采用单层板屋面；运煤栈桥的屋面、墙面板根据不同气候区采用单层或复合板，严寒及寒冷地区有采暖要求的应采用复合板保温，满足建筑热工和节能要求。电厂建筑满足一级防水压型钢板屋面一般采用暗扣或180°～360°咬边构造形式。

建筑外墙防水在一些工程设计中往往会被忽略，JGJ/T 235《建筑外墙防水工程技术规程》规定了建筑外墙应进行防水设计。当一些地区的降雨量、基本风压值大于该规程中的规定值时，砖或砌块外墙应考虑防水设计，外墙防水通常可选用普通防水砂浆、聚合物水泥防水涂料、合成高分子防水涂料。

有冲洗要求的楼面，卫生间、汽水取样间等房间需要考虑楼面防水，通常采用合成高分子防水涂料、聚合物水泥基（JS）防水涂料作为防水层。

电厂地下室建筑（如电厂卸煤建筑、地下运煤廊道等）的防水等级可采用GB 50108—2008《地下工程防水技术规范》规定的三级防水标准，防水一般采用抗渗混凝土外加一层卷材。

第四节　墙面装修材料

墙面装修按部位分为内墙和外墙装修，按构造特点分为抹灰、涂料和挂板装修。内、外装修对材料有不同要求。外墙装饰除美观、美化环境外，还在于提高墙体抵抗自然界中各种因素如灰尘、雨雪、冰冻、日晒等侵袭破坏的能力，保护墙体结构，满足保温、隔热、隔声、防水等功能要求。外装修材料要求材料的耐候性和色彩在日照影响下不易褪却。内、外墙装修材料的辐射指标控制需要满足GB 6566《建筑材料放射性核素限量》规定，室内装修材料的甲

醛、苯、挥发性化合物（VOC）等有害指标的控制应符合 GB 50325《民用建筑工程室内环境污染控制规范》规定要求，内装修材料还应满足 GB 8624《建筑材料及制品燃烧性能分级》的燃烧烟毒性控制要求以及 GB 50222《建筑内部装修设计防火规范》的规定要求。

一、外墙装修材料

外墙装修按构造特征分为直接砌体勾缝（清水墙）、装饰抹灰刷涂料（漆）、贴砖（石材）、挂板（天然石材、人造板）等几种方式。常用外墙装修材料见表 8-18～表 8-23。

表 8-18　外墙装修（清水墙）

类别	材料名称	说　明
清水墙	清水砖墙勾缝	对外墙砖、石材表面有一定要求，砖可采用页岩砖、混凝土砖。一般用于建筑造型和对材质视觉有要求的外墙
	清水石墙勾缝	
	清水混凝土墙	对混凝土模板有较高要求，可用于一般标准的工业厂房建（构）筑物外墙

注　本表内容选摘自国家建筑标准设计图集 05J909《工程做法》，详图大样可见国家建筑标准设计图集 06J505-1《外装修（一）》。

表 8-19　外墙装修（装饰抹灰）

类别	材料名称	说　明
装饰抹灰外墙	水刷石墙面	石子用白色、黑色或彩色石渣，配比由设计确定。水泥采用白色或彩色。建筑立面应给出施工分隔线，通常用于普通工业和民用建（构）筑物外墙
	剁斧石墙面	水泥石子颜色由设计定，并在立面图中绘出分隔线，可形成仿古花岗石、玄武岩、青条石等剁斧石效果，具体由设计确定
	干黏石墙面	水泥石子颜色由设计定，并在立面图中绘出分隔线。这类装修不适用于人易触摸部位，如底层墙面，一般用于普通工业和民用建（构）筑物外墙

注　本表内容选摘自国家建筑标准设计图集 05J909《工程做法》，详图见国家建筑标准设计图集 06J505-1《外装修（一）》。

表 8-20　外墙装修（合成树脂幕墙）

类别	材料名称	说　明
合成树脂幕墙外墙	合成树脂金属幕墙	合成树脂金属幕墙是直接做在建筑墙体上的一种涂层，在外墙抹灰面上做出分隔缝，用配套腻子批刮、打磨、抛光，喷涂溶剂型金属质感的氟树脂涂料（也可以是金属质感的聚氨酯涂料、有机硅-丙烯酸涂料），从而达到类似于铝板装饰效果的涂膜饰面。合成树脂还可做成普通板材的实色面层，以及有花纹造型仿石面层
	合成树脂实色幕墙	
	合成树脂石材幕墙	

注　1. 本表内容选摘自国家建筑标准设计图集 05J909《工程做法》，详图见国家建筑标准设计图集 06J505-1《外装修（一）》。
2. 树脂种类包括氟树脂、聚酯树脂、硅树脂。

表 8-21　外墙装修（饰面砖、贴挂石材外墙）

类别	名称	说　明
饰面砖外墙	陶瓷饰面砖墙面	陶瓷墙砖具有强度高、致密坚实、耐磨、吸水率小（＜10%）、抗冻、耐污染、易清洗、耐腐蚀、耐急冷急热、经久耐用等特点
	霹雳砖墙面	霹雳砖是通体砖的一种，它采用天然紫砂作为原料，经高温烧成，耐酸碱性强，适合作为多种规格的外墙砖
	彩色釉面砖墙面	釉面砖分为两种：一种是陶土烧制的，密度比较低，吸水率比较高，在上面烧制釉层；另一种是瓷土烧制的，强度高，吸水率较低，抗污性比较强
	陶瓷锦砖墙面	陶瓷锦砖俗称陶瓷马赛克，指边长不大于 40mm、具有多种色彩和不同形状的小块砖，可拼组成各种花色图案。陶瓷锦砖具有色泽明净、图案美观、质地坚实、抗压强度高、耐污染、耐腐蚀、耐磨、耐水、抗火、抗冻、不吸水、不滑、易清洗等特点，坚固耐用，且造价较低
	玻璃马赛克墙面	彩色玻璃原料先在玻璃熔炉内熔化成液态，再将其冷却成型，形成不同颜色、表面光亮的产品，特点为色泽非常鲜艳，与陶瓷马赛克相比，玻璃马赛克的脆性及热冲击较差

续表

类别	名称	说　明
粘贴、贴挂石材	粘贴石材墙面	粘贴石材一般采用天然石材，厚度通常为10～16mm，采用特殊粘胶剂直接粘贴，粘贴石材墙面高度应控制在3m以下，石材尺寸一般控制在400mm×400mm以内。石材品种有花岗岩、大理石、石灰岩、砂岩等。大理石可以抛光打磨，具有软性容易划伤或被酸性物质腐蚀
	贴挂石材墙面（设钢筋网）	贴挂石材的厚度一般为20～30mm，通过石材穿孔用铜丝和固定于墙上的钢筋网绑扎后灌砂浆。花岗岩、大理石、石灰岩、砂岩均可作为挂贴石材。 贴挂石材的高度一般不大于6m，对于外墙，超过高度应分段

注　本表内容选摘自国家建筑标准设计图集05J909《工程做法》，详图见国家建筑标准设计图集06J505-1《外装修（一）》。

表8-22　　外墙装修（外墙涂料）

类别	名称	说　明
外墙涂料	无机建筑涂料（一般用于建筑防火要求）	常用无机建筑涂料有以下几类： （1）碱金属硅酸盐涂料（水玻璃系列，硅酸钠、硅酸钾）——有优良的耐水性、耐老化、耐酸、耐热、抗紫外线等特性。 （2）改性硅溶胶无机涂料——有良好的耐水性。 （3）有机-无机复合涂料——耐候性好、硬度高、附着力强、耐水、耐碱、耐沾污，成膜性好、韧性大、光泽高
	合成树脂乳液涂料（薄型）	合成树脂乳液涂料有以下几类： （1）乙酸乙烯涂料——安全无毒，无火灾危险，保色性好，透气性好，光泽较差。 （2）乙酸乙烯-乙烯涂料——抗水解性、耐水性及耐候性方面均优于乙酸乙烯涂料，涂膜性能不及纯丙烯酸和苯乙烯-丙烯酸酯乳胶涂料。 （3）苯乙烯-丙烯酸酯涂料——以水作介质，价廉安全。 （4）有机硅-丙烯酸酯涂料——有优异的耐水性、耐高低温性、保光性、透气性等特点。 （5）纯丙烯酸酯涂料——有良好的抗污性、耐磨性及耐候性。 （6）叔碳酸乙烯酯-乙酸乙烯涂料——耐碱性较优异，成膜温度低，具有良好的耐水性、保色性、抗沾污性及良好的颜料黏结性。 （7）叔碳酸乙烯酯-丙烯酸酯涂料：耐碱性较优异，成膜温度低，良好的耐水性、保色性、抗沾污性及良好的颜料黏结性。 （8）氟碳树脂涂料——漆膜耐酸、碱、盐等化学物质和多种化学溶剂，为基材提供保护屏障；表面硬度高、耐冲击、耐磨性好。 耐候性好、不粉化、不褪色，使用寿命可达20年
	溶剂型外墙涂料	主要有以下三种涂料： （1）聚氨酯涂料。 （2）丙烯酸酯涂料。 （3）氟碳树脂涂料
	复层建筑涂料	又称浮雕涂料、凹凸花纹涂料，一般复层涂料是由封底涂料、主层涂料及罩面涂料组成。复层涂料是应用较为广泛的建筑物内外墙涂料
	合成树脂乳液砂壁状涂料（厚型）	主要有以下五种涂料： （1）乙酸乙烯-丙烯酸酯涂料。 （2）砂壁状涂料（主要以真石漆为常用品种）。 （3）复层涂料（又称浮雕涂料、凹凸花纹涂料）。 （4）多彩花纹涂料（无毒、不燃、水溶性）。 （5）弹性涂料（丙烯酸系列）
	溶剂型双组分聚氨酯涂料	主要有以下三种涂料： （1）聚氨酯涂料。 （2）丙烯酸酯涂料。 （3）氟碳树脂涂料

注　本表内容选摘自国家建筑标准设计图集05J909《工程做法》，详图大样见国家建筑标准设计图集06J505-1《外装修（一）》。

表8-23　　外墙装修［干挂石（板）材］

类别	名称	说　明
干挂石（板）材	干挂天然石材	石材品种有花岗岩、石灰岩、砂岩。石材幕墙的结构受力安全和节点详图应由专业幕墙公司设计和计算。 石材厚度一般为25～30mm，干挂石材应与墙体预留空间，由幕墙设计确定，一般为100～200mm，如墙体有外保温时，预留空间应考虑保温层厚度需要。所有角钢、连接件除不锈钢外均应镀锌处理。干挂天然石材幕墙分开放式和密封嵌缝，开放式石材幕墙内侧应考虑防雨措施

续表

<table>
<tr><th>类别</th><th>名称</th><th colspan="2">说 明</th></tr>
<tr><td rowspan="12">干挂石（板）材</td><td>干挂薄石材
铝蜂窝复合板</td><td colspan="2">超薄石材蜂窝复合板是将3～5mm的石材薄板与铝蜂窝基材通过胶黏剂复合到一起。
（1）常用墙板尺寸1000mm×1600mm；
（2）复合板单位面积质量为13～26kg/m²；
（3）石材材质可由设计选定；
（4）铝蜂窝复合板接缝常用专用压缝条</td></tr>
<tr><td>干挂铝塑复合板</td><td>铝塑复合板简称铝塑板，是指以塑料为芯层、两面为铝材的3层复合板材。内墙板3mm，外墙板4mm或以上，且铝的厚度必须是0.5mm</td><td rowspan="3">（1）板缝填充聚乙烯发泡条，外注密封胶；
（2）板材和连接件由厂家配套；
（3）板材色彩由设计确定</td></tr>
<tr><td>干挂夹芯复合
金属板</td><td>金属面夹芯复合板装饰保温系统由金属面（聚氨酯、岩棉等）夹芯复合板、连接层、配件等组成，根据安装方式不同，可分为龙骨干挂式和粘锚结合式。夹芯材料根据保温以及防火要求确定厚度和材质</td></tr>
<tr><td>干挂蜂窝结构
金属板</td><td>铝蜂窝板是以表面涂覆耐候性极佳的装饰涂层的高强度合金铝板作为面、底板与铝蜂窝芯形成的复合板材。面板除采用铝合金外，还可根据需求选择其他材质。按表面涂层材质，可分为氟碳树脂型（PVDF）和聚酯树脂型（PE）</td></tr>
<tr><td>干挂金属条形扣板</td><td colspan="2">（1）金属扣板包括铝合金板、不锈钢板、彩色涂层钢板；
（2）龙骨材料由设计确定</td></tr>
<tr><td>干挂纤维
水泥外墙板</td><td colspan="2">纤维水泥板做外墙挂板，属于不燃A级，防水防潮、隔热隔声、导热系数低，有良好的隔热保温性能。纤维水泥板常用尺寸3000mm×455mm×15mm，固定件由专业厂配套，轻钢龙骨断面由具体工程设计确定</td></tr>
<tr><td>干挂陶瓷岗板</td><td colspan="2">陶瓷岗板采用天然材料陶瓷、陶土，挤压成型后高温1260℃窑烧制而成。基本规格为400mm×200mm、500mm×250mm、500mm×280mm、600mm×250mm、600mm×280mm</td></tr>
<tr><td>干挂空心陶土板</td><td colspan="2">陶土板，又称陶板，是以天然陶土为主要原料经过高压挤出成型、低温干燥并经过1200～1250℃的高温烧制而成，具有绿色环保、无辐射、色泽温和、不会带来光污染等特点。空心陶土板常用尺寸有长400、450、500mm，宽150～250mm，厚30mm。平均单位面积质量≤55kg/m²，色彩由设计选定</td></tr>
<tr><td>干挂树脂板</td><td colspan="2">树脂外墙板是一种新型的绿色环保建筑材料，具有轻质耐磨、色彩丰富、阻燃、抗菌、易清洁等优点。一般厂家配套安装龙骨</td></tr>
<tr><td>PVC外墙挂板</td><td colspan="2">PVC外墙装饰板是一种新型的绿色环保建筑材料，具有轻质、色彩丰富、阻燃、易清洁等优点。一般厂家配套安装龙骨</td></tr>
<tr><td>钛锌板外墙挂板</td><td colspan="2">钛锌板是一种合金板，主要含量是锌（含量约为99%），钛含量约为0.06%～0.2%，钛锌板有较强的耐腐蚀特性，板型有片状和条状，厚度为0.7、0.8、1.0mm</td></tr>
</table>

注 本表内容选摘自国家建筑标准设计图集05J909《工程做法》，详图见国家建筑标准设计图集06J505-1《外装修（一）》。

二、内墙装修材料

内墙是室内装修的重要部分，在改善室内环境，带来舒适和美感的同时，还兼有绝热、防潮、防火、吸声、隔声等多种功能。内墙装修按构造特征分为砌体勾缝（清水墙）、抹灰刷涂料、贴面砖（石材）类、挂板（石材、人造板）、龙骨装饰板类、贴壁纸（布、革）类等。常用内墙装修材料见表8-24～表8-28。

表8-24 内墙装修（清水墙）

<table>
<tr><th>类别</th><th>名称</th><th>说 明</th></tr>
<tr><td rowspan="3">清水墙</td><td>清水砖墙勾缝
（燃烧性能A级）</td><td>清水砖墙勾缝内墙砖应精选，砖尺寸一致，表面应平整光洁。用于有特殊艺术效果要求的建筑物内墙</td></tr>
<tr><td>清水墙喷浆
（燃烧性能A级）</td><td rowspan="2">对于喷浆墙面，所采用的浆液有大白浆、白水泥浆、石灰水，常用于普通厂房、车间内墙</td></tr>
<tr><td>大模混凝土墙
（燃烧性能A级）</td></tr>
</table>

注 本表内容选摘自国家建筑标准设计图集05J909《工程做法》。

表 8-25　内墙装修做法（贴、挂石材或面砖）

类别	名称	说　明
石材内墙	薄石墙面、墙裙	粘贴石材一般采用天然石材，厚度通常为10～16mm，采用特殊胶黏剂直接粘贴，粘贴石材墙面高度应控制在3m以下，石材尺寸一般控制在400mm×400mm以内。石材品种有花岗岩、大理石、石灰岩、砂岩等。大理石可以抛光打磨，具有软性容易划伤或被酸性物质腐蚀
	碎拼青片石墙面、墙裙	通常作为艺术性墙体，青片石材料、形状、留缝根据室内设计确定。墙面装修高度不高于5m
	挂贴石材墙面、墙裙	贴挂石材的厚度一般为20～30mm。花岗岩、大理石、石灰岩、砂岩均可作为挂贴石材，贴挂石材的高度一般不高于6m
面砖墙面	薄型面砖墙面、墙裙	薄型墙砖是陶土、石英砂等材料制成的陶质或瓷质板材，分为无釉和有釉两种，品种主要有釉面砖、抛光砖、玻化砖。砖面可制成平面、麻面、毛面、磨光面、抛光面、纹点面、压花浮雕表面、防滑面，以及丝网印刷、套花、渗花等品种
	防水面砖墙面、墙裙	墙面砖同贴面砖，在墙面打底砂浆与粘贴层之间增加一层 1.5mm 厚的聚合物水泥基复合防水涂料层
	仿石面砖墙面、墙裙	仿石面砖是通过陶土、水泥等材料制成的仿青山石、文化石等天然石材，达到逼真的艺术效果
	锦砖（马赛克）、玻璃马赛克墙面、墙裙	陶瓷马赛克、玻璃马赛克均可做内墙装修材料，产品可生产出丰富色彩，适用于有拼花图案需要的艺术墙面
耐腐蚀内墙	耐酸瓷砖墙裙	耐酸瓷砖是以石英、长石、黏土为主要原料，经高温氧化分解制成的耐腐蚀材料，具有耐酸碱度高、吸水率低的特点，除氢氟酸及热磷酸外，对温氯盐水、盐酸、硫酸、硝酸等酸类及在常温下的任何浓度的碱类，均有优良的抗腐作用。粘贴材料一般采用环氧树脂，耐酸胶泥、耐酸水泥等，需要根据酸性种类确定

注　本表内容选摘自国家建筑标准设计图集 05J909《工程做法》。

表 8-26　内墙装修（壁纸、软装）

类别	名称	说　明
壁纸内墙	贴壁纸（织物）墙面	壁纸的种类有树脂类壁纸、纯纸类壁纸、无纺布壁纸、织物类壁纸、硅藻土壁纸、天然材料类壁纸和纸类壁纸、云母片类壁纸、金银箔类壁纸、墙布类壁纸等。具有色彩多样、图案丰富、耐脏、耐擦洗等优点。 织物装修是裱糊墙面用棉布为底布，并在底布上施以印花或轧纹浮雕，也有以大提花织成。所用纹样多为几何图形和花卉图案。墙布具有无缝拼接、环保无味、护墙耐磨、隔声、隔热、抗菌、防霉、防水、抗静电、防油、防火阻燃、防污等优点
软包内墙	软包人造革墙面	软包是室内墙表面用人造革内填柔性材料的墙面装饰。它所使用的材料质地柔软，色彩柔和，面层使用人造革材料，具有吸声、防撞的特点

注　本表内容选摘自国家建筑标准设计图集 05J909《工程做法》。

表 8-27　内墙装修（抹灰、涂料）

类别	名称	说　明	适 用 范 围
抹灰刷涂料	简易抹灰	墙体一道石灰砂浆抹平层，涂刷普通内墙涂料。表面主要使用三类涂料，即耐擦洗涂料、可赛银、大白浆	用于标准较低的无人建筑内墙粉刷，如电缆夹层、设备层
	水泥石灰砂浆墙面、墙裙	墙体两道抹灰层，面层抹灰采用水泥石灰砂浆，墙面平整度比较好。 表面主要使用三类涂料，即耐擦洗涂料、可赛银、大白浆	普通标准内墙粉刷，可用于一般厂房、仓库等对环境要求不高建筑
	粉刷石膏抹灰墙面、墙裙	墙体两道抹灰层，面层抹灰采用 2mm 厚专用粉刷石膏罩面，墙面平整度比较好。 表面主要使用三类涂料，即耐擦洗涂料、可赛银、大白浆	普通标准内墙粉刷，可用于厂房、办公等工作环境较好的工业厂房、民用建筑建筑
	粉刷石膏罩面墙面、墙裙	墙体两道抹灰层，面层抹灰采用 3mm 厚专用粉刷石膏罩面，墙面平整度比较好。 表面主要使用三类涂料或油漆，即耐擦洗涂料、可赛银、大白浆	常用于办公、宿舍等建筑
	刮腻子涂料墙面	墙体两道抹灰层，面层 2mm 厚腻子刮平，墙面平整度好。 表面主要使用三类涂料，即耐擦洗涂料、可赛银、大白浆	常用于办公、宿舍等民用建筑
	水泥砂浆墙面、墙裙	墙体两道抹灰层，面层 5mm 厚水泥砂浆。 表面主要使用三类涂料，即耐擦洗涂料、可赛银、大白浆	普通标准内墙粉刷，可用于一般环境要求不高的厂房、仓库等

续表

类别	名称	说　明	适 用 范 围
普通内墙涂料	无机内墙涂料（燃烧性能 A 级）	常用涂料有聚醋酸乙烯类涂料	适用于普通民用建筑或火灾危险性较大的厂房、库房等
	合成树脂乳液内墙涂料（砂壁状涂料）	属于厚型涂料，可以做拉毛、橘皮状	适用于普通建筑或厂房
	合成树脂乳液内墙涂料（又称乳胶漆）	涂料品种有乙酸乙烯涂料、VAE 涂料、苯丙涂料、醋丙涂料、叔醋涂料。 乙酸乙烯涂料：安全无毒，无火灾危险，可以刷涂、喷涂、滚涂。 VAE 乳液：是乙酸乙烯-乙烯共聚乳液的简称。 苯丙涂料：具有良好的耐候性、耐水性、耐碱性、抗粉化和抗沾污性。 醋丙涂料：适于建筑内墙涂料和丝光涂料的乳液。这种乳液成本低廉，耐水性、抗蠕变性、耐碱性和抗老性较差。 叔醋涂料：具有低毒性、耐水性、美观性、施工方便性，而醋叔乳液的环保性、好的光泽及滑爽的手感更优	适用于标准较高的办公建筑、宿舍、食堂等
	溶剂型仿瓷涂料	成膜物质是溶剂型树脂，加颜料、溶剂、助剂配制而成的瓷白、淡蓝、奶黄、粉红等多种颜色的带有瓷釉光泽的涂料。其漆膜光亮，坚硬酷似瓷釉，具有耐水性、耐碱性、耐磨性、耐老化性，附着力极强	适用于公共建筑内墙、住宅的内墙、厨房、卫生间、浴室
	水性仿瓷涂料（环保配方）	成膜物质为水溶性聚乙烯醇，加入增稠剂、保湿助剂、细填料、增硬剂等配置而成。通过批刮及打磨的施工方法，其饰面外观类似瓷釉，用手触摸有平滑感，多以白色涂料为主	适用于公共建筑内墙、住宅的内墙
特殊内墙涂料	杀菌防霉涂料	防霉涂料具有建筑装饰和防霉作用的双重效果。对霉菌、酵母菌有广泛高效和较长时间的杀菌和抑制能力，与普通装饰涂料的根本区别在于防霉涂料在制造过程中加入了一定量的霉菌抑制剂或抑制霉菌的无机纳米粉体	适用于食堂、宿舍等居住建筑
	防静电涂料	通过高科技涂膜和添加导电材料的技术，具有优异的防静电功能，以有机和无机原料的复合物作为主要成分，经纳米技术调制生产，具有无色透明、表面硬度高、抗刮伤性优良、抗冲击、外观靓丽，通常用以屏蔽电磁波和消除静电作用。根据工艺提出材料表面电阻率的控制参数要求选用	适用于有特殊要求的通信机房、电子设备间等
特殊内墙、墙裙涂料	耐酸、耐碱涂层墙面、墙裙	主要有酚醛耐酸漆、沥青耐酸漆	适用于室内有防腐要求的建筑墙面

注　本表内容选摘自国家建筑标准设计图集 05J909《工程做法》。

表 8-28　　内 墙 装 修（板 材）

类别	名称	说　明	适 用 范 围
装饰内墙板	树脂板、千思板墙面，墙裙（木、金属龙骨）	树脂板是一种新型的绿色环保建筑材料，具有轻质、防撞耐磨、阻燃、易清洁、色彩丰富的特性。 千思板是由普通型或阻燃型高压热固化木纤维（HPL）芯板与一或两个装饰面层在高温高压条件下固化黏结形成的板材。具有优异的耐冲击性、耐水、耐热性、耐磨性、耐气候性	适用于实验室、办公楼、高级公寓及人流量大的公共场所
	胶合板墙面、墙裙（木龙骨）	一般胶合板分为阔叶树胶合板及针叶树胶合板。作为内墙装修罩面，板面再刷饰面油漆	适用于高档公寓、办公楼及对室内音质要求较高的建筑
	PVC 卷材装饰板墙面、墙裙	PVC 卷材装饰板是一种柔性材料，贴于墙面	适用于实验室、培训教育、办公楼、高级公寓及人流量大的公共场所
	金属装饰板墙面、墙裙	铝合金装饰板、镁铝曲面装饰板、不锈钢装饰板、彩色涂层钢板、铝塑板等，图案色彩可灵活选择，采用厂家配套龙骨	适用于大型公共建筑

续表

类别	名称	说　　明	适　用　范　围
装饰内墙板	穿孔板（纤维增强硅酸钙板、纤维增强水泥加压平板）	纤维增强硅酸钙板是以钙、硅质材料等胶凝材料和增强纤维等为主要原料而生产的新型轻质板材。 纤维增强水泥板（简称水泥板），是以纤维和水泥为主要原材料生产的建筑用水泥平板。 以上两类板具有轻质、高强度、耐酸碱、耐腐蚀、A级不燃等特性	可用于会议室、厂房内墙装修，吸声特性与板穿孔率、板后构造、声频率特性有关
特殊功能内墙板	穿孔金属吸声墙板	穿孔金属吸声板通常由穿孔的铝板、不锈钢板辊压折弯成型，面板、空腔、背板组成吸声结构。面板常穿有圆孔、微穿孔、复合通孔、百叶孔。空腔中主要添加岩棉、玻璃棉、泡沫铝吸声板等吸声体，也可依靠微穿孔及超微孔板自身的消声能力，其空腔内不加吸声体	适用于电厂集中控制室等有特殊吸声要求的建筑

注　本表内容选摘自国家建筑标准设计图集05J909《工程做法》。

三、火力发电厂建筑外墙、内墙装修材料选用要求

火力发电厂建筑墙面装修除考虑外立面统一要求外，还应根据建筑性质区分不同装修设计标准。厂前办公、食堂等建筑的外墙材料选择较灵活，可根据业主要求、当地建筑风格特点而定。对于标准较高的厂前建筑、集中控制楼等外墙面可采用氟碳树脂涂料、贴外墙（锦）砖、干挂石材、金属板或玻璃幕墙。主厂房、检修间、运煤建筑等大跨度厂房建筑外墙宜采用压型钢板与砌体组合墙体或压型钢板外墙。压型钢板镀层以及防腐涂料对产品寿命期、色泽影响较大。目前压型钢板基板多采用镀铝锌，其防腐效果明显优于镀锌板，压型钢板常用涂料按标准由高到低分别为氟碳漆、硅改聚酯漆、普通聚酯漆等。压型钢板外墙可根据建筑需要设计简单图案进行现场拼装，增加建筑的艺术效果。砌体结构外墙涂料常有合成树脂乳液涂料（有机硅-丙烯酸酯涂料、纯丙烯酸酯涂料）、聚氨酯涂料。

标准较高房间（如控制室、配电装置室）的内墙可采用金属墙板、装饰防火板、砂浆面层涂合成树脂乳液内墙涂料（乙酸乙烯涂料、苯丙涂料、醋丙涂料等），厂房内部标准较低的空间（通常为电缆夹层、管道夹层）可采用喷大白浆墙面、清水混凝土墙面。

厂前建筑内墙装修材料选用灵活，可选用高级醋叔乳液涂料、饰面板材、挂石材等。有腐蚀介质影响的房间一般是加药间、酸碱储存间，室内属于弱腐蚀环境，墙面可不考虑防酸碱要求，通常踢脚做防护即可，贴防酸砖或同地面做法一样。

第五节　建　筑　门　窗

建筑门窗的选择受地区气候和环境影响，夏热冬暖、夏热冬冷地区以自然通风为主的厂房对外门窗气密性指标无规定，但应满足防雨要求，冬季可不考虑保温；火力发电厂的配电装置室防水（雨）要求高，需要规定外窗水密性控制指标（水密性压差指标可根据当地标准风压值计算确定）。厂房一般选用塑钢窗、彩钢窗、铝合金窗等。通风百叶窗通常需要考虑防雨，可采用手动、电动关闭百叶、双层防雨百叶和通风井等手段解决通风和防雨。严寒及寒冷地区采暖厂房外窗的选用应规定气密性、传热系数指标（可参考节能标准规定）。外窗可采用中空玻璃塑钢窗、彩钢窗。通风百叶窗冬季要考虑防寒关闭，窗的内侧可增加保温卷帘。

厂前建筑的外门窗应根据节能设计要求确定，通常可选用塑钢门窗、玻璃钢门窗、高级断桥铝合金门窗、全玻璃门等。

一、门窗分类特点

除特殊门窗外，一般建筑门窗是由工厂标准化生产的。建筑应根据立面造型以及热工、隔声、防风(雨)、防腐等要求选用不同类型的门窗。建筑门窗可根据材料、构造特点和功能进行分类。

按材料可分为木门窗、钢（彩钢、不锈钢）门窗、钢板门（钢木大门）、铝合金门窗、塑（钢）料门窗、玻璃门、复合材料（玻璃钢）门窗等。木门一般用于室内环境。

按功能可分为普通（节能）门窗、防盗门、防火门窗、防腐蚀门窗、防辐射门窗、隔声门窗、百叶门窗等。

按开启方式可分为固定窗、平开门窗、推拉门窗、卷帘门、地弹门、旋转门、上翻门、折叠门、悬窗（上悬、中悬、下悬）等。

各类门窗材料、构造特点及使用范围见表8-29。

二、门窗技术指标

常用的外门窗有彩钢门窗、铝合金门窗、塑钢和塑料门窗。建筑外门窗的选用应根据建筑类型和使用要求确定气密性、水密性、抗风压、热工指标、隔声等技术指标。

1. 气密性指标

GB/T 7106—2008《建筑外门窗气密、水密、抗风压性能分级及检测方法》将建筑外门窗气密性的分级划分为 8 个级差，详见表 8-30。

表 8-29 各类门窗材料

类别	材料及构造特点	使 用 范 围
木门窗	门的材料分为夹板门和实木门，夹板应选用 5～7 层优质胶合板、中密度纤维板。木窗框料一般选用松木，门用玻璃要求采用厚度不小于 5mm 的钢化玻璃，窗用玻璃厚度不小于 4mm。防腐漆采用醇酸清漆（三道）	用于一般民用建筑，由于木材缺乏，除夹板门常用于民用建筑室内环境，外实木门窗使用较少
模压木门（低密度纤维）	模压木门是将木材研磨成木纤维后拌入胶料和石蜡经高温压膜成型，膜压门分为木纹面和光面两种，膜压门由门面板、门框料、门扇内垫料或门芯板制成。面板涂有底漆，面漆根据需要采用不同颜色或图案	用于一般公共与民用建筑，门上可根据需要开小洞口玻璃或百叶
钢（彩钢、不锈钢）门窗	彩钢门窗框料采用高强镀铝锌钢板或不锈钢板作为原材料压制而成型，镀铝锌钢板面层涂层有硅改聚酯、氟碳树脂涂料。按框料厚度尺寸分为 50 系列平开门窗、70 系列推拉门窗、90 系列（双玻）推拉门窗，彩钢还可根据需要制作艺术花窗、百叶窗等	用于一般工业与民用建筑内、外门窗，作为外窗的传热系数取值为 2.5～3W/（m^2·K）
钢板门（钢木大门）	以钢板或实木与钢板组合，框料采用型钢制作，门洞口大小范围为宽（2.1～4.8）m× 高（2.4～4.2）m，对于严寒、寒冷地区，应考虑保温措施，可结合保温卷帘（内侧设）一起使用。开启方式可采用平开、推拉，平开密封性能较好，但抗风性能不及推拉门	用于厂房、库房外侧大门
铝合金门窗	铝合金表面防腐处理有阳极氧化膜（只有银白或古铜色）电泳涂漆、粉末喷涂、氟碳喷涂，后两种工艺附着力好，有多种颜色选择，不聚集污垢，颜色鲜艳，耐酸碱。框料分普通型材和断桥节能型材产品。平开系列有 50、55、70、100 系列，其中 70、100 系列可用于地弹簧门，推拉系列有 55、60、70、90 系列	用于一般工业与民用建筑内、外门窗，作为外窗，采用断桥铝 Low-E 中空玻璃，窗的综合传热系数通常为 2.5～3.2W/（m^2·K）
塑（钢）料门窗	采用聚氯乙烯塑料门、窗型材，内套增强型镀铝锌钢衬（钢内衬厚，对于窗一般不小于 1.5mm，对于门一般不小于 2.0mm），框料接头经焊接加工而成。 窗型材分为：①60 平开系列（三腔结构，玻璃厚 24mm），可用于固定、内平开、上悬窗、下悬窗；②60C 平开系列（三腔结构，玻璃厚 32mm），可用于固定、内平开、下悬窗；③65 平开系列（四腔结构，玻璃厚 37mm），可用于固定、平开、上悬窗、下悬窗；④70 平开系列（四腔结构，玻璃厚 40mm），可用于固定、内平开、下悬窗；⑤88 推拉系列、95 推拉系列（四腔结构，玻璃厚 20mm）。 门型材分为：①60 平开系列平开门（三腔结构，玻璃或门芯板厚 32mm）；②62 推拉系列推拉门（三腔结构，玻璃厚 20mm）	用于公共建筑、民用建筑。 用于严寒和寒冷地区的窗或有特殊隔声要求的，一般采用双密封结构（双玻双密封、三玻双密封）。型材系列有 60F 平开窗系列、60G 平开窗系列、66C 平开窗系列。 门（双玻双密封、三玻双密封）：60F 平开门系列、60G 平开门系列。 （三玻三密封）66C 平开门系列，传热系数一般为 1.5～4.5W/（m^2·K）
无框玻璃门	无框玻璃门一般采用 8～12mm 厚的钢化（或夹胶）玻璃做门扇，平开玻璃门上下用装饰框或直接用夹子固定，地面需埋设地弹簧。全玻璃感应门一般是滑动对开式	无框玻璃门几乎是全透明的，采光性好，可以任意组合使用，采用普通安全玻璃时，传热系数一般为 5.0～6.0W/（m^2·K）。由于无框门缝较大，因此气密性较差（电动感应推拉门相对好一些），寒冷地区通常作为门斗的外门，多用于办公楼、食堂等建筑主要入口大门
复合材料（玻璃钢）门窗	以玻璃纤维作为增强材料，以不饱和聚酯树脂为基体材料，材料坚固耐用，又满足节能要求。面层涂料采用玻璃钢专用涂料喷涂，色彩可选择。产品有平开、推拉、上悬（中悬）门窗。可按要求配各类玻璃	适用于较为高档的办公、宿舍、住宅等，也可用于精密生产厂房。传热系数一般为 1.3～2.8W/（m^2·K）

表 8-30 建筑外门窗气密性能分级

分级代号	1	2	3	4	5	6	7	8
单位缝长分级指标 q_1［m^3/（m·h）］	$4.0 \geqslant q_1 > 3.5$	$3.5 \geqslant q_1 > 3.0$	$3.0 \geqslant q_1 > 2.5$	$2.5 \geqslant q_1 > 2.0$	$2.0 \geqslant q_1 > 1.5$	$1.5 \geqslant q_1 > 1.0$	$1.0 \geqslant q_1 > 0.5$	$q_1 \leqslant 0.5$
单位面积分级指标 q_2［m^3/（m^2·h）］	$12.0 \geqslant q_2 > 10.5$	$10.5 \geqslant q_2 > 9.0$	$9.0 \geqslant q_2 > 7.5$	$7.5 \geqslant q_2 > 6.0$	$6.0 \geqslant q_2 > 4.5$	$4.5 \geqslant q_2 > 3.0$	$3.0 \geqslant q_2 > 1.5$	$q_2 \leqslant 1.5$

注 1. GB/T 7106—2008《建筑外门窗气密、水密、抗风压性能分级及检测方法》规定居住建筑 1～6 层不低于 4 级，7 层以上不低于 6 级。GB 50189—2015《公共建筑节能设计标准》对门窗气密性标准规定 10 层以上建筑外窗不低于 7 级，10 层以下不低于 6 级，严寒、寒冷地区建筑外窗不低于 4 级。

2. 数据指标是在两侧压差 10Pa 的泄漏量。

2. 水密性指标

GB/T 7106—2008《建筑外门窗气密、水密、抗风压性能分级及检测方法》规定的建筑外门窗水密性指标见表 8-31。

表 8-31　建筑外门窗水密性能分级

分级代号	1	2	3	4	5	6
分级指标Δp（Pa）	$100\leqslant\Delta p<150$	$150\leqslant\Delta p<250$	$250\leqslant\Delta p<350$	$350\leqslant\Delta p<500$	$500\leqslant\Delta p<700$	$\Delta p\geqslant700$

水密性指标计算方法、选用规定是根据 JGJ 214—2010《铝合金门窗工程技术规范》中有关规定，首先应计算由风力引起的室内外压差Δp，根据计算的压差所处范围确定级别，压差Δp可根据气象参数提供的风速v_0或基本风压值w_0计算，计算公式为

$$\Delta p\geqslant1.06\mu_z v_0^2 \quad (8\text{-}1)$$

$$\Delta p\geqslant0.50\mu_z w_0 \quad (8\text{-}2)$$

式中　Δp——任意高度z处的瞬时风速产生的压力差值，Pa；

μ_z——风压高度变化系数，根据 GB 50009—2012《建筑结构荷载规范》表 8.2.1 确定；

w_0——基本风压，根据当地气象资料确定，Pa；

v_0——空旷地面 10m 高度 50 年一遇最大 10min 平均风速。

3. 抗风压性能指标

建筑外门窗的抗风压性能分级见表 8-32。

4. 保温性能指标

建筑外门窗传热系统分级见表 8-33。

表 8-32　建筑外门窗（含阳台门）的抗风压性能分级

分级代号	1	2	3	4	5	6	7	8	9
分级指标p（kPa）	$1.0\leqslant p<1.5$	$1.5\leqslant p<2.0$	$2.0\leqslant p<2.5$	$2.5\leqslant p<3.0$	$3.0\leqslant p<3.5$	$3.5\leqslant p<4.0$	$4.0\leqslant p<4.5$	$4.5\leqslant p<5.0$	$p\geqslant5.0$

注　1. 数据摘自 GB/T 7106—2008《建筑外门窗气密、水密、抗风压性能分级及检测方法》。

2. p值与工程的风荷载标准值w_k相对应，应大于或等于w_k。

3. 第 9 级应在分级后同时注明具体检测压力差值，如属 9 级（5.5kPa）。

表 8-33　建筑外门窗（含阳台门）传热系数分级

分级代号	1	2	3	4	5
分级指标值K［W/（m²·K）］	$K\geqslant5.0$	$5.0>K\geqslant4.0$	$4.0>K\geqslant3.5$	$3.5>K\geqslant3.0$	$3.0>K\geqslant2.5$
分级代号	6	7	8	9	10
分级指标值K［W/（m²·K）］	$2.5>K\geqslant2.0$	$2.0>K\geqslant1.6$	$1.6>K\geqslant1.3$	$1.3>K\geqslant1.1$	$K<1.1$

注　数据摘自 GB/T 8484—2008《建筑外门窗保温性能分级及检测方法》。

5. 隔声指标

JGJ 214—2010《铝合金门窗工程技术规范》4.8 节规定：外门窗空气隔声性能指标的计权隔声量（R_w+C_{tr}）值对于临街外门窗不低于 30dB，对其他窗不低于 25dB。

三、特种门（防火门、屏蔽门、防腐蚀门、防辐射门、隔声门等）

1. 防火门

防火门按材质可分为木质防火门（用难燃木材或木材制品制作的门框、门扇、骨架）、钢质防火门（用钢质材料制作的门框、门扇、骨架）、钢木质防火门（用钢质和难燃木材或木材制品门框、门扇、骨架），以及其他材质防火门（除钢质和难燃木材或木材制品之外的无机不燃材料制作）。需要注意的是，门窗内若填充材料，要求对人体无毒无害，且防火、隔热。防火门窗的指标性能见表 8-34。

2. 防辐射门、电磁屏蔽门、隔声门

（1）防（电离）辐射门。对于一些金属探伤、存有放射源的实验室建筑，需要对放射源产生的电离辐射进行屏蔽防护，其中防辐射门是一个重要建筑构件。防辐射门需要根据辐射防护工艺提出的技术参数和指标要求进行特殊设计和加工。

通常 X 射线的照射源管电压大于或等于 50kV 时，必须进行人员防护或围护结构的屏蔽设计，而对于存在 γ、β 射线以及中子辐射的室内环境超过规定值时，室内围护结构需要进行屏蔽设计。防辐射屏蔽门属于特殊制作，需要根据放射源的强度（管电压）经过辐

射防护相关专业计算确定铅板（或含硼塑料板）厚度，防护板的搭接宽度应大于 10mm，防辐射门与墙的搭接宽度应不小于 100mm，可以利用木质门或钢门作为骨架，面层覆盖铅板或硼塑料板。

表 8-34　　防火门窗的指标性能

<table>
<tr><th>功能分类</th><th>定义</th><th colspan="2">耐 火 特 性</th><th>代号</th></tr>
<tr><td rowspan="5">A 类
（隔热）
防火门</td><td rowspan="5">在规定时间内同时满足耐火完整性和隔热性要求的防火门</td><td colspan="2">耐火隔热性≥0.50h；耐火完整性≥0.50h</td><td>A0.50（丙级）</td></tr>
<tr><td colspan="2">耐火隔热性≥1.00h；耐火完整性≥1.00h</td><td>A1.00（乙级）</td></tr>
<tr><td colspan="2">耐火隔热性≥1.50h；耐火完整性≥1.50h</td><td>A1.50（甲级）</td></tr>
<tr><td colspan="2">耐火隔热性≥2.00h；耐火完整性≥2.00h</td><td>A2.0</td></tr>
<tr><td colspan="2">耐火隔热性≥3.00h；耐火完整性≥3.00h</td><td>A3.0</td></tr>
<tr><td rowspan="4">B 类
（部分隔热）
防火门</td><td rowspan="4">在规定大于或等于 0.5h 时间内，满足耐火完整性和隔热性要求，在所规定的大于 0.5h 的时间后能满足耐火完整性要求的防火门</td><td rowspan="4">耐火隔热性≥0.50h</td><td>耐火完整性≥1.00h</td><td>B1.00</td></tr>
<tr><td>耐火完整性≥1.50h</td><td>B1.50</td></tr>
<tr><td>耐火完整性≥2.00h</td><td>B2.00</td></tr>
<tr><td>耐火完整性≥3.00h</td><td>B3.00</td></tr>
<tr><td rowspan="4">C 类
（非隔热）
防火门</td><td rowspan="4">在规定时间内满足耐火完整性要求的防火门</td><td colspan="2">耐火完整性≥1.00h</td><td>C1.00</td></tr>
<tr><td colspan="2">耐火完整性≥1.50h</td><td>C1.50</td></tr>
<tr><td colspan="2">耐火完整性≥2.00h</td><td>C2.00</td></tr>
<tr><td colspan="2">耐火完整性≥3.00h</td><td>C3.00</td></tr>
</table>

注 1. 本表根据 GB 12955—2008《防火门》整理。
2. 防火门上如镶嵌防火玻璃，A 类防火门应镶嵌 A 类防火玻璃；B 类防火门应镶嵌 A 类防火玻璃；C 类防火门可镶嵌 A 类、B 类或 C 类防火玻璃。防火门开启力不应大于 80N。

（2）电磁屏蔽门。电、磁屏蔽功能主要是防止室外电场、磁场、电压对室内的干扰或室内强电场、磁场、电压设备对外界的影响。屏蔽门的屏蔽方式通常有以下三种：

1）静电屏蔽：把屏蔽空间采用导电金属进行几何封闭，金属外壳（网）必须连通接地，不要求无缝连接。

2）磁屏蔽：采用导磁材料封闭空间，一般建筑采用镀锌铁皮，由于磁场辐射距离不远，因此采用空间隔离也是一种有效措施。

3）电磁屏蔽：利用电磁波穿过金属屏蔽网衰减特性，屏蔽网需要封闭，孔洞、缝隙、进出管道应采取措施，一般采取金属网一点接地方式。

屏蔽门主要根据不同要求采用不同的构造方式，可采用木质门上做单、双面金属网或镀锌板门等，并与其他屏蔽金属连通。

（3）隔声门。隔声门通常有木质隔声门和钢质隔声门，木质隔声门采用五层胶合板或硬质纤维板做门扇，钢质隔声门采用 1.0～1.5mm 彩钢板，门扇内填充玻璃棉、岩棉等。采用三元乙丙橡胶制品作密封条。一般，采用无门槛设计的隔声指标不大于 30dB，采用有门槛做法时的隔声指标不大于 40dB。

四、屋面采光板、天窗

采光板通常采用安全玻璃和树脂类材料（俗称 FRP 板）制作。安全玻璃主要有钢化玻璃和 PVC 夹膜玻璃。FRP 板是采用经过处理的阻燃树脂、玻璃纤维和表面抗老化保护膜合成的屋面采光板，具有良好的抗冲击特性和低的弯曲挠度。FRP 板是非均质材料、能将直射光折射成散射光，使耀眼阳光变成亲和的柔光，光线弥漫分散，可创造出舒适的工作空间（日照强的地区效果更佳），同时具有很好的抗碎、易清洗、安装方便等特点，产品分为阻燃和可燃两类。根据防火要求，屋面采光板在燃烧过程中不应产生熔滴，当需要排烟时，板的燃烧温度应满足排烟规范要求。FRP 板技术指标和特性见表 8-35。

表 8-35　　FRP 板技术指标和特性

产品编号（常用厚度）	抗紫外线特性	透光率	说　明
一级阻燃型（2.5mm/2.0mm/1.5mm/1.2mm）	不小于 99%	50%～70%	保温隔热可采用双层采光板（通常上板 1.5mm，下板 1.2mm）。氧指数不小于 30（阻燃型，B1 类材料），环境温度可在−40～+120℃。保证年限 15 年

续表

产品编号（常用厚度）	抗紫外线特性	透光率	说　明
二级阻燃型（2.5mm/2.0mm/1.5mm/1.2mm）	不小于 99%	50%～70%	氧指数不小于 26（阻燃型，B2 类材料），环境温度可在-40～+120℃。保证年限 15 年
可燃型（2.0mm/1.5mm/1.2mm）	100%	58%～62%	氧指数 20.5（可燃），环境温度可在-50～+130℃。保证年限 25 年

注　本表参考厂家产品技术指标，屋面瓦有多种颜色选择，不同颜色对透光率略有影响。

天窗根据功能需要通常分为采光天窗、通风天窗、采光通风一体化天窗。采光天窗又分为平天窗、点式天窗（采光罩）、屋面采光瓦，幕墙顶及平天窗通常使用安全玻璃。天窗和采光瓦的形式见表 8-36。

表 8-36　　天窗、屋面采光瓦的形式

天窗分类	构造特点	适用范围	示意图
平天窗	平天窗通常是在现浇混凝土屋面直接开洞做反水沿，上铺透光材料（可夹层玻璃、玻璃钢、碳酸聚酯板等），对于矩形，还可以结合反沿壁设通风百叶。平天窗结构简单可靠，施工方便。可以根据需要，灵活布置，照度均匀。采光板应考虑上人检修荷载影响，需要进行板强度验算	通常用于现浇混凝土屋面的厂房、库房或进深较大的民用建筑大堂、大厅等	
采光罩	采光罩材料一般采用聚碳酸酯（PC 耐力板）、有机玻璃（PmmA）、玻璃钢、安全玻璃采光等。结构分单层、双层。根据用户要求设计、制造各种规格及形状的产品。不同材质的采光产品自成系列。采光罩有固定式、开启式（手动、电动开启）。 对于矩形，还可以结合反沿壁设通风百叶。聚碳酸酯材料有各种颜色选用，选用阻燃有 B1 类材料，有防紫外线功能；有机玻璃保温、隔声性能较好；玻璃钢材料光线柔和，耐腐蚀性好	通常用于现浇混凝土屋面的厂房、库房或民用建筑大堂、内庭等	 
屋面采光瓦	通常用于压型钢板屋面配套采光瓦，材料采用玻璃纤维与树脂制成，面层采用防紫外线保护膜，寿命期可达 15 年以上不老化。板的厚度为 1.2～2.0mm，板型选择通常与屋面板配套，施工方便	主要用于压型钢板作为屋面防水的厂房，解决大跨度厂房中间部分采光问题	
通风天窗	通风天窗由压型钢板和钢结构天窗架组成，为了防止雨水和风的倒灌，设计有挡风板，利用室内热压差达到室内通风的作用，因此该天窗要与厂房下部进风百叶配合，百叶与通风天窗的高差越大，上、下部温差越大，通风效果越好。通风天窗根据气候特点有两种，一种是长期敞开式，另一种是设有风门可以关闭	用于室内发热量较大的高大厂房，在夏热冬暖、夏热冬冷地区，一般选用开敞式通风天窗，在寒冷、严寒地区选用设有风门可以关闭的通风天窗，在冬季可以关闭	

续表

天窗分类	构造特点	适用范围	示意图
采光通风一体化天窗	屋面通风天窗的改进产品，天窗挡风板、屋面板采用聚碳酸酯（PC耐力板）、有机玻璃、玻璃钢等透光材料，同时满足采光功能和通风功能	用于室内发热量较大的高大厂房，在夏热冬暖、夏热冬冷地区，一般选用开敞式通风天窗，在寒冷、严寒地区选用设有风门可以关闭的通风天窗，在冬季可以关闭	0.6mm厚压型钢板或 1.5mm厚玻璃钢采光板 0.6mm厚压型钢板或 1.5mm厚玻璃钢挡风板 玻璃钢启闭盖(可上下调节) 挡风板支撑结构 天窗钢支架 泛水板 用于横向天窗 用于屋脊天窗 可开启、关闭天窗，采用透明材料时作为通风采光一体化功能

五、火力发电厂建筑门窗、屋面天窗选用要求

火力发电厂应根据建筑使用特性、部位选择不同类型的门窗，厂前建筑通常使用高级断桥铝窗、高级玻璃钢窗，满足建筑保温隔热性能和门窗气密性等级要求；普通厂房和仓库通常使用普通铝合金窗或塑料窗，气密性方面满足产品标准要求即可，而外门窗抗风压和水密性要求应根据气象参数计算确定。

火力发电厂主厂房通常设有通风或采光天窗，现浇混凝土屋面可采用平天窗或采光罩，采光罩材料可采用聚碳酸酯（PC 耐力板）、有机玻璃、玻璃钢、安全玻璃等。

压型钢板屋面（现场复合、工厂复合）一般设采光带，可采用强化玻璃纤维聚碳酸酯采光瓦与压型钢板板型配套，强度（材料弯曲强度 125MPa）和阻燃特性（通常可到达 B1 级）应满足承载和消防要求，并应控制面积指标。

当主厂房屋面考虑自然通风要求时，可选用采光通风一体化天窗（通常由暖通专业与建筑专业协商确定），在严寒、寒冷地区应考虑可关闭功能。

第六节　玻　璃　幕　墙

玻璃幕墙具备一般建筑围护结构的墙体功能和外窗通风、采光功能。玻璃幕墙比一般实墙轻巧，占用空间少，能丰富建筑外墙立面的效果。但玻璃幕墙在建筑使用上也存在着一些局限性，如产生光污染危害和建筑能耗问题等。玻璃幕墙在建筑使用中还应注意朝向和外遮阳等问题。

建筑设计选用玻璃幕墙时，除考虑建筑构图效果外，还应根据建筑功能、环境和气象条件对幕墙的隔声、热工、气密、水密指标及抗风压值、地震作用、防火构造等提出要求。

一、玻璃幕墙技术指标

玻璃幕墙结构设计除根据 JGJ 102—2003《玻璃幕墙工程技术规范》的 5.4 条规定取值外，还需要满足变形（计算幕墙变形的风荷载采用的是标准值）指标的要求。GB/T 21086—2007《建筑幕墙》规定了抗风压性能分级、气密性分级、水密性分级、传热系数分级等。

1. 抗风压性能指标

玻璃幕墙抗风压性能分级，应根据工程所在地的风压计算值在表 8-37 的规定范围内选用。

2. 气密性能指标

玻璃幕墙的空气渗透性能设计应满足 GB 50189—2015《公共建筑节能设计标准》规定和居住建筑节能相关规定，不应低于 GB/T 21086—2007《建筑幕墙》规定的 2 级以及居住建筑的特殊规定。玻璃幕墙的气密性能标准分级见表 8-38，玻璃幕墙开启部分及整体部分的气密性能分级见表 8-39 和表 8-40。

表 8-37　　玻璃幕墙抗风压性能分级指标

分级代号	1	2	3	4	5	6	7	8	9
分级指标值 p_3（kPa）	$1.0 \leqslant p_3 < 1.5$	$1.5 \leqslant p_3 < 2.0$	$2.0 \leqslant p_3 < 2.5$	$2.5 \leqslant p_3 < 3.0$	$3.0 \leqslant p_3 < 3.5$	$3.5 \leqslant p_3 < 4.0$	$4.0 \leqslant p_3 < 4.5$	$4.0 \leqslant p_3 < 4.5$	$p_3 \geqslant 5.0$

注　1. 本表引自 GB/T 21086—2007《建筑幕墙》。
2. 9 级时需同时标注 p_3 的测试值，如属 9 级（5.5kPa）。
3. 分级指标值 p_3 为正、负风压测试值绝对值的较小值。

表 8-38　　玻璃幕墙的气密性能分级

地区分类	建筑层数、高度	气密性能分级	气密性能指标（<）	
			开启部分 q_L［m^3/（m·h）］	幕墙整体 q_A［m^3/（m^2·h）］
夏热冬暖地区	10层以下	2	2.5	2.0
	10层以上	3	1.5	1.2
其他地区	7层以下	2	2.5	2.0
	7层以上	3	1.5	1.2

注　本表引自 GB/T 21086—2007《建筑幕墙》。

表 8-39　　玻璃幕墙开启部分气密性能分级

分级代号	1	2	3	4
分级指标 q_L［m^3/（m·h）］	$4.0 \geqslant q_L > 2.5$	$2.5 \geqslant q_L > 1.5$	$1.5 \geqslant q_L > 0.5$	$q_L \leqslant 0.5$

注　本表引自 GB/T 21086—2007《建筑幕墙》。

表 8-40　　玻璃幕墙整体部分气密性能分级

分级代号	1	2	3	4
分级指标 q_A［m^3/（m^2·h）］	$4.0 \geqslant q_A > 2.0$	$2.0 \geqslant q_A > 1.2$	$1.2 \geqslant q_A > 0.5$	$q_A \leqslant 0.5$

注　本表引自 GB/T 21086—2007《建筑幕墙》。

3. 水密性能指标

玻璃幕墙的水密性指标应根据以下计算确定：

（1）GB 50178—1993《建筑气候区划标准》中所划分的Ⅲ$_A$和Ⅳ$_A$地区（即热带风暴和台风多发地区）需要进行指标计算［计算式见式（8-3）］，且固定部分不小于 1000Pa，可开启部分与固定部分同级。

$$p=1000\mu_z\mu_c w_0 \tag{8-3}$$

式中　p——水密性能指标，Pa；

μ_z——风压高度变化系数，应按 GB 50009—2012《建筑结构荷载规范》的有关规定取值；

μ_c——风力系数，取 1.2；

w_0——基本风压值，应按 GB 50009—2012《建筑结构荷载规范》的有关规定取值，kN/m^2。

（2）其他地区可根据式（8-3）计算值的 75%取值，且固定部分取值不宜低于 700Pa，可开启部分与固定部分同级。玻璃幕墙的水密性分级指标规定见表 8-41。

4. 传热系数及遮阳系数指标

玻璃幕墙的保温指标、遮阳系数值根据公共建筑节能标准和各地方居住建筑节能标准计算结果进行选用，幕墙传热系数必须小于或等于计算值，在夏热冬暖地区和夏热冬冷地区的公共建筑和居住建筑的东、西朝向幕墙的遮阳系数在相关节能规范中有规定。玻璃幕墙的传热系数分级见表 8-42，玻璃幕墙遮阳系数分级见表 8-43。

表 8-41　　玻璃幕墙水密性性能分级

分级代号		1	2	3	4	5
分级指标值Δp（Pa）	固定部分	$500 \leqslant \Delta p < 700$	$700 \leqslant \Delta p < 1000$	$1000 \leqslant \Delta p < 1500$	$1500 \leqslant \Delta p < 2000$	$\Delta p \geqslant 2000$
	可开启部分	$250 \leqslant \Delta p < 350$	$350 \leqslant \Delta p < 500$	$500 \leqslant \Delta p < 700$	$700 \leqslant \Delta p < 1000$	$\Delta p \geqslant 1000$

注　1. 本表引自 GB/T 21086—2007《建筑幕墙》。

2. 5 级时需同时标注固定部分和开启部分Δp 的测试值。

表 8-42　　玻璃幕墙传热系数分级

分级代号	1	2	3	4	5	6	7	8
分级指标值 K［W/（m^2·K）］	$K \geqslant 5.0$	$5.0 > K \geqslant 4.0$	$4.0 > K \geqslant 3.0$	$3.0 > K \geqslant 2.5$	$2.5 > K \geqslant 2.0$	$2.0 > K \geqslant 1.5$	$1.5 > K \geqslant 1.0$	$K < 1$

注　1. 本表引自 GB/T 21086—2007《建筑幕墙》。

2. 8 级时需同时标注 K 的测试值。

表 8-43 玻璃幕墙遮阳系数分级

分级代号	1	2	3	4	5	6	7	8
分级指标 S_C	$0.9 \geqslant S_C > 0.8$	$0.8 \geqslant S_C > 0.7$	$0.7 \geqslant S_C > 0.6$	$0.6 \geqslant S_C > 0.5$	$0.5 \geqslant S_C > 0.4$	$0.4 \geqslant S_C > 0.3$	$0.3 \geqslant S_C > 0.2$	$S_C \leqslant 0.2$

注 1. 本表引自 GB/T 21086—2007《建筑幕墙》。

2. 8 级时需同时标注 S_C 的测试值。

3. 玻璃幕墙遮阳系数＝幕墙玻璃遮阳系数×外遮阳的遮阳系数×$\left(1-\frac{\text{非透光部分面积}}{\text{玻璃幕墙总面积}}\right)$。

5. 空气声隔声指标

幕墙的空气声隔声是以计权隔声量作为分级指标，应满足室内声环境指标，符合 GB 50118—2010《民用建筑隔声设计规范》的规定。玻璃幕墙的空气声隔声分级指标见表 8-44。

表 8-44 玻璃幕墙空气声隔声性能分级

分级代号	1	2	3	4	5
分级指标值 R_w（dB）	$25 \leqslant R_w < 30$	$30 \leqslant R_w < 35$	$35 \leqslant R_w < 40$	$40 \leqslant R_w < 45$	$R_w \geqslant 45$

注 1. 本表引自 GB/T 21086—2007《建筑幕墙》。

2. 5 级时需同时标注 R_w 测试值。

6. 采光性能指标

玻璃幕墙采光性能分级：有采光要求的幕墙，其透光系数不应低于 0.45，有辨色要求的幕墙，其颜色透视指数不宜低于 Ra80。

玻璃幕墙采光性能分级指标透光折减系数 T_T 应符合表 8-45 的要求。

表 8-45 玻璃幕墙采光性能分级

分级代号	1	2	3	4	5
分级指标值 T_T	$0.2 \leqslant T_T < 0.3$	$0.3 \leqslant T_T < 0.4$	$0.4 \leqslant T_T < 0.5$	$0.5 \leqslant T_T < 0.6$	$T_T \geqslant 0.6$

注 本表引自 GB/T 21086—2007《建筑幕墙》。

二、玻璃幕墙密封胶品种及性能特点

玻璃幕墙应根据气候特点以及使用部位正确使用密封胶，确保玻璃幕墙在规定的使用寿命满足气密性、水密性和耐久性要求，玻璃幕墙用胶品种及特性详见表 8-46 和表 8-47。

表 8-46 玻璃幕墙密封胶特性及适用范围

名称	产 品 特 性	适用范围
硅酮类密封胶	具有很好的抗紫外线照射性能，耐臭氧、耐老化，适用温度为-70～200℃，对基材有较好的黏结特性，有较好的变位能力（一般可达±20%以上）；缺点是抗撕裂性差，外表不可涂漆。硅酮密封胶分为单组分和双组分两种，单组分的酸性胶对金属、镀膜玻璃有一定的腐蚀性，不能用于未有防腐涂层的基材表面，中性胶一般无腐蚀	适用于直接暴露在室外环境，对抗紫外线照射、耐臭氧、温差较大环境以及变形较大部位的接缝处
聚硫密封胶	有较好的耐油、耐水、耐老化性能，低温弹性、柔性好，与基材黏结性良好，密封特性好，变位能力可达±20%；缺点是抗紫外线、耐臭氧性稍差，施工和使用时可能有挥发性气味	多用于中空玻璃的生产，透气低，密封特性好，使用寿命长
聚氨酯密封胶	具有弹性好、强度高、耐油、抗低温、黏结力强、耐磨抗穿刺、抗撕裂、抗渗透等特性，胶外表可涂漆，对多孔性材料有较好的黏结力，对致密性基材一般需要用底漆，有较好的变位能力（一般可达±20%以上）；缺点是耐老化性差，耐热性差，在湿度较大环境施工时易产生气泡	适用于弹性要求较高、紫外线照射弱的环境
丙烯酸酯密封胶（乳液型）	丙烯酸酯密封胶分为溶剂型和乳液型，建筑上使用的一般为乳液型，产品有一定的弹性、耐候性，无污染，可在潮湿环境施工，对基材具有良好的黏结性，位移能力为±12.5%，乳液型丙烯酸酯密封胶的缺点是耐水性差，收缩率高，耐低温特性差	适用于气候环境好的区域
丁基密封胶	常用的有热熔型和乳液型两种。具有低透气性，对多数基材有良好的黏结特性，耐候性好，无污染，清洁方便。乳液型可在潮湿表面施工。缺点是抗位移特性差，一般只有±（5%～10%），寿命期短	一般用于中空玻璃一道密封，用于建筑及门窗防水密封

表 8-47 玻璃幕墙密封胶条分类及适用范围

品种及分类		适用环境
硫化橡胶类密封胶条	三元乙丙密封条	适用于高温环境，寒冷、沿海、紫外线照射强烈地区，适用温度环境范围为-60～150℃
	硅橡胶密封条	适用于高温环境，寒冷、紫外线照射强烈地区，适用温度环境范围为-100～300℃
	氯丁胶（CR）密封条	适用于耐油、耐热、耐酸碱腐蚀，适用环境温度范围为-30～120℃，有较好的耐候性，黏结性好
	丁腈橡胶密封条	耐油、耐溶剂，但不耐酮、酯及氯化烃等介质，适用环境温度范围为-30～120℃
热塑性弹性体类密封胶条	聚氨酯橡胶（TPU）密封条	硬度较大（邵氏 A 硬度为 65～80），耐磨、耐油、耐候性好，耐腐蚀，适用环境温度范围为-60～80℃
	热塑性硫化胶（TPV）密封条	柔性、弹性好，耐热、耐寒性好，适用环境温度范围为-40～150℃，常用于中高层建筑
	增塑聚氯乙烯胶（PPVC）密封条	耐候性差，适用于室内光线不强、温度波动不大的环境
表面涂层		以聚氨酯、有机硅、聚四氟乙烯等材料作为密封条涂布材料，使密封条耐磨、光滑

三、火力发电厂建筑玻璃幕墙的选用

玻璃幕墙可用于火力发电厂的厂房或厂前建筑，厂前的办公楼、食堂、大门等建筑可采用部分或全部幕墙围护结构，满足建筑功能和造型需要；而厂房建筑为了景观功能也可部分采用幕墙，如一些电厂的主厂房、锅炉补给水等建筑局部采用幕墙，与大体量的实体墙面可形成鲜明的虚实对比效果。

第七节 顶棚材料

顶棚按构造特点分为直接抹灰顶棚和悬吊式顶棚，悬吊式顶棚又可根据板材及构造特点分为封闭式吊顶和开放式（采用格栅或局部封闭吊顶）吊顶。

直接抹灰顶棚：直接抹灰顶棚是指直接在楼板底面进行抹灰或喷涂、粘贴等装饰而形成的顶棚，一般用于装修普通的房间，其要求和做法与内墙装修基本相同。

悬吊式顶棚：悬吊式顶棚建成吊顶，在屋顶（或楼板层）结构下吊挂一顶棚，称吊顶棚，主要是对一些楼板底面极不平整或在楼板底敷设管线的房间加以修饰美化或满足较高隔声要求而在楼板下部空间所做的装修。

一、直接抹灰顶棚材料

直接抹灰顶棚材料见表 8-48。

表 8-48 直接抹灰顶棚材料

类别	名称	说明	适用范围
抹灰刮腻子顶棚	底板抹灰顶棚	板底抹灰材料有纸筋灰、石膏抹灰、耐水腻子等材料。 面层饰面材料有大白浆、石灰浆、可赛银、白水泥等。 底板抹灰刮腻子顶棚分为一次底灰（普通）和两次（高级）底灰	适用于普通、高级工业或民用建筑（二次抹灰）
	底板粉刷石膏顶棚		
	底板抹灰刮腻子顶棚		
	底板抹灰刮腻子顶棚（带灰线）		
	底板刮腻子顶棚		
	底板抹水泥砂浆顶棚		
涂料壁纸顶棚	底板涂料（油漆）顶棚	板底抹灰材料通常采用石灰砂浆找平，分别涂底、面内墙涂料（漆）	适用于各类普通工业或民用建筑
	底板贴壁纸（织物）顶棚	板底抹灰材料同底板涂料（油漆）顶棚，壁纸品种主要有 PVC 塑料壁纸、布基 PVC 壁纸、纯纸壁纸和纸壁纸、无纺纸壁纸、木纤维壁纸、玻璃纤维壁纸、天然材料壁纸、金属壁纸、织物壁纸等	适用于各类高级民用建筑
保温吸声顶棚	底板保温顶棚（贴岩棉板）	采用成品岩棉板、穿孔吸声复合板（有水泥岩棉、水泥玻璃棉制品、硅钙板、金属网等），采用小龙骨直接钉、贴等	适用于有特殊功能要求的建筑顶棚，如有保温、吸声等要求的室内环境建筑
	底板吸声顶棚（贴穿孔吸声复合板）		
	底板保温吸声顶棚（岩棉毡、铝板网）		
	底板保温吸声顶棚（玻璃棉毡、铝板网）		

注 顶棚采用较为光滑模板的现浇混凝土顶时，不宜在板底抹灰，面层可采用刮腻子后喷涂或直接喷涂涂料。

二、吊顶棚材料

吊顶棚材料见表 8-49。

表 8-49　　吊顶棚材料

类别	名称	说明
大型纤维板材吊顶	普通纸面石膏板吊顶	吊顶采用 U 形轻钢龙骨作为受力构件，板采用螺钉直接攻入 U 形龙骨，钢筋吊杆，内部一般布置有水、暖、电等管（线）路。 吊顶分为上人和不上人两种，上人吊顶采用龙骨应考虑上人荷载，吊顶空间、入口尺寸等。吊顶内部空间超过 800mm 时，需要设消防喷淋系统。满足检修爬行，最低点净空尺寸建议不小于 450mm
	防潮纸面石膏板吊顶	
	防火纸面石膏板吊顶	
	纸纤维石膏板吊顶	
	木纤维石膏板吊顶	
	非石棉纤维增强硅钙板吊顶	
	非石棉纤维增强水泥加压板吊顶	
	非石棉纤维增强水泥中密度板吊顶	
	非石棉纤维增强水泥低密度板吊顶	
吸声吊顶	穿孔难燃胶合板吸声吊顶	吊顶构造同大型纤维板材吊顶，板材设计应考虑声频特性，因此板的穿孔、背后敷设吸声材料以及厚度应以吸声降噪为目标
	穿孔难燃硬质纤维板吸声吊顶	
	玻璃棉高级吸声天花板	
	穿孔石膏板吸声吊顶	
	穿孔金属板吸声吊顶	
织物张拉吊顶	玻璃纤维布基，硅涂层（B-SK300）	燃烧性能 A 级
	高强度聚酯布基，高性能合金涂层（B-HM）	燃烧性能 B1 级
	高强度聚酯纤维，PVC 涂层（B402）	燃烧性能 B1 级
方块形纤维板材吊顶	装饰石膏板吊顶	此类板型吊顶通常采用 T 形龙骨，板面可以利用图案，也可另行装修，此类形式通常不考虑上人，每块板可以直接从龙骨上取下
	矿棉装饰吸声板吊顶	
	非石棉纤维增强硅钙板吊顶	
	非石棉纤维增强水泥加压板吊顶	
	非石棉纤维增强水泥中密度板吊顶	
	非石棉纤维增强水泥低密度板吊顶	
金属吊顶	铝合金条板吊顶	专用配套龙骨或 U 形龙骨、吊挂件
	铝合金方板吊顶	
	方形格栅吊顶	
	铝合金方格栅吊顶	
	铝方格栅吊顶	
	金属花格栅吊顶	
	三角形、六边形格栅吊顶	
	大型吸声格栅吊顶	
	明龙骨长幅金属条板吊顶	
	V100/V200 锤片吊顶	
	金属挂片吊顶	

注　本表材料摘自国家建筑标准设计图集 05J909《工程做法》。

三、火力发电厂建筑顶棚、吊顶设计

顶棚设置需考虑建筑功能和环境需要。采用复合压型钢板屋面或以压型钢板作为底模的现浇混凝土厂房顶棚，可直接利用镀锌压型钢板作为顶棚装饰，要求高的房间也可采用彩板；普通建筑常采用抹灰顶棚。顶棚抹灰材料有纸筋灰、石膏抹灰；饰面材料有大白浆、石灰浆、可赛银、白水泥等。设备夹层、电缆夹层、配电室一般采用直接顶棚扫白。办公建筑、食堂、集中控制室、电子设备间、卫生间、公共走廊等部位一般采用高级抹灰顶棚或吊顶。吊顶板材一般有金属或其他装饰板材，应根据防火、室内降噪要求选择满足相应燃烧性能等级和吸声频率特性的顶棚材料。

第八节　建　筑　玻　璃

随着技术的进步，玻璃已从用于普通门窗扩展到建筑墙体、屋面、楼板及其他功能（如安全栏杆、防火隔离等）。玻璃按生产工艺、结构、功能特征分为普通平板玻璃、钢化（半钢化）玻璃、夹胶玻璃、中空玻璃、真空玻璃、防火玻璃、特殊功能类玻璃等，按光学特征分为普通白玻璃、着色玻璃、阳光控制镀膜玻璃、Low-E 低辐射镀膜玻璃等。

一、建筑玻璃的使用功能及技术指标

建筑玻璃根据生产技术、使用功能和结构特性可分为 10 类，玻璃使用功能和规格、技术指标见表 8-50。

表 8-50　　建筑玻璃使用功能及技术指标

玻璃分类（按结构特征）	功能及用途	规格及技术指标	说　明
普通平板玻璃	用于一般门窗，具有采光、隔声、遮风挡雨功能，对近红外线有较好的穿透特性，对远红外线有隔绝作用，可以利用此特性作为玻璃暖房	常用厚度有3、4、5mm，3mm厚的玻璃的标准透光系数为0.87，导热系数$\lambda=0.76W/(m\cdot K)$	用于普通窗时传热系数K取$6W/(m^2\cdot K)$，使用部位和单块最大使用面积详见JGJ 113—2015《建筑玻璃应用技术规程》相关规定
钢化（半钢化）玻璃	用于门窗、天窗，具有采光、隔声、遮风挡雨功能，钢化玻璃属于安全玻璃，可用于建筑的全玻璃门以及隔断等	钢化（半钢化）玻璃厚度一般有4、5、6、8、10、12mm，钢化玻璃强度一般超过普通玻璃的4倍。钢化玻璃导热系数$\lambda=0.52W/(m\cdot K)$	用于较大扇的门、窗玻璃，单块最大使用面积在JGJ 113—2015《建筑玻璃应用技术规程》中有规定。对承受较大荷载的玻璃还应经过强度和变形计算
夹胶玻璃	用于门窗、天窗、楼板、雨篷、全玻璃门、栏杆、隔断等，具有采光、隔声、遮风挡雨、受力结构等功能。3（层）玻夹2（层）胶的玻璃通常是特种结构使用的玻璃，主要用在特大型结构、防撞结构、防弹防爆要求的部位	该类玻璃一般为夹膜（胶）玻璃，通过2层玻璃夹1层PVB或3层玻璃夹2层PVB胶片。PVB胶片的厚度通常有0.38、0.76、1.52mm。用做夹膜玻璃的常用单片玻璃的厚度有3、4、5、6、8mm	玻璃使用在屋面、楼板、雨篷、栏板、落地墙体以及无框玻璃门时，需要承受各类荷载作用，满足结构使用安全、变形的需要，这类玻璃通常选用夹膜（胶）玻璃，在结构上的支承方式有点支、边支方式、悬臂（如全玻璃栏杆）结构
中空玻璃	用于一般门窗，具有采光、隔声、节能、遮风挡雨功能	中空玻璃空气层间距通常为6～12mm，特殊可以做到20mm。单片玻璃一般为3～6mm，特殊情况用到10、12mm。主要是根据单块面积尺寸来确定	中空玻璃四周密封是采用金属框加树脂密封胶，金属框空心带有微孔，内置干燥剂，保证玻璃内不会出现结露（国家标准规定中空玻璃内部结露温度不高于-40℃）
真空玻璃	用于一般门窗，具有采光、隔声、节能、遮风挡雨功能	两片间距通常为0.1～0.2mm，一般规格有3+0.1+3和4+0.1+4。其隔热、保温性能是普通玻璃的4倍，是中空玻璃的2倍	真空玻璃两片间距只有0.1～0.2mm，两片玻璃受到大气压力作用，玻璃四周和中间设的等距离支点采用热熔方式密封以平衡单块玻璃压力。真空玻璃可以使用普通型材框料
墙体构件玻璃（全U形玻璃、空心玻璃砖）	用于内墙、外墙、栏杆（板）等，具有漫射透光、遮风挡雨功能，用于建筑可以产生特殊艺术效果	U形玻璃厚度通常有6、7mm，一般作为墙板构造，使用高度为4～6m。空心玻璃砖有多种尺寸，厚度一般为80～95mm。方形边长尺寸为145～240mm。 U形玻璃有单排（单层）、双排安装。单排时传热系数$K=4.95W/(m^2\cdot K)$，隔声指标为27dB。双排布置时传热系数$K=2.3W/(m^2\cdot K)$，隔声指标为40dB。耐火时间为0.75h	U形玻璃采用专用外框固定于建筑构件上，根据风荷载，选用不同高度和组合方式。 玻璃砖采用砌筑方式，分为有框砌筑和无框砌筑，无框砌筑墙内设有拉结筋，具体要求见厂家安装说明。 U形玻璃按表面处理方式不同有普通压花玻璃、钢化玻璃、贴膜玻璃、彩色玻璃等
防火玻璃	用于防火门、窗、隔墙等	建筑用防火玻璃按结构分为复合防火玻璃和单片防火玻璃。 复合防火玻璃分为膨胀阻燃胶结剂黏复合玻璃和灌注型复合防火玻璃两种。 单片防火玻璃在高达1000℃的火焰冲击下能保持90min以上不炸裂	单片防火玻璃在火灾情况下能保持耐火完整性，阻断迎火面的明火、有毒有害气体，但不具备隔热功能。玻璃透光性能好，适用于外幕墙、室外窗、采光顶、挡烟垂壁、防火玻璃无框门，以及无隔热要求的隔断墙。 复合防火玻璃隔绝火焰、隔热，但夹层材料受紫外线影响易老化从而影响其透光性，因此常用于建筑内部防火分隔
隔声玻璃	用于外窗、幕墙满足隔声要求	隔声玻璃根据噪声频率特性可选用单片玻璃、复合玻璃或中空玻璃，可以与建筑节能、采光、防火功能统筹。根据玻璃结构可以通过质量定律公式来核算隔声量	用于隔声的玻璃一般需要根据噪声频率来选用玻璃的厚度、空气层间隔以及边框材料等，玻璃厚度、间层距离需要通过核算避开共振频率区（刚度控制）和吻合效应区（阻尼控制）才能达到质量定律计算所获得的隔声效果
装饰、防视线干扰玻璃	用于室内外装饰门窗或卫生间防视线干扰功能	装饰、防视线干扰玻璃有压花玻璃、着色玻璃（通常我们见到的用在外窗或幕墙上的绿色、茶色、蓝色等玻璃）、磨砂玻璃、贴膜等	装饰用玻璃强度低（抗风压），透光性差，强光作用下易炸裂，一般不满足节能方面的要求，磨砂玻璃、贴膜玻璃可采用普通平板玻璃或钢化玻璃加工
结构玻璃	可用于结构楼层、屋面板、受力平台栏板等	必须采用钢化夹层玻璃，常用有2玻夹1层胶片，也有3玻夹2层胶片	作为结构玻璃，玻璃厚度和夹胶层数需要经过结构计算后才能在结构上使用

二、建筑玻璃热工、光学特性

建筑玻璃除满足结构功能外，还需要满足人们对热辐射、光学功能的需要，建筑玻璃的热工、光学特性见表 8-51。

表 8-51 建筑玻璃的热工、光学特性

玻璃品种	光学特性	功能说明
普通白玻璃	波长 0.3～3μm 的近红外线，80%以上可以直接透过普通玻璃；波长 3～5μm 的红外线透射率非常低；大于 5μm 的红外线波长普通玻璃不能直接透射过去，近乎完全隔离由玻璃自身吸收（84%吸收率）并再以辐射（辐射率 $E=0.84$）的方式向玻璃两侧散发的热量	用于对建筑节能无要求的一般建筑门窗，有采光、遮风挡雨功能。普通白玻璃产品厚度在 2～25mm 的范围内
着色玻璃	着色玻璃按色调分为不同的颜色系列，包括茶色系列、金色系列、绿色系列、蓝色系列、紫色系列、灰色系列、红色系列等。不同着色有不同的透热率：3mm 厚透明平板玻璃透热率为 82.55%；3mm 厚蓝色平板玻璃透热率为 62.7%；6mm 厚透明平板玻璃透热率为 75.53%；6mm 厚蓝色平板玻璃透热率为 49.2%	可有效吸收太阳的辐射热，产生“冷室效应”，吸收较多的可见光，使透过的阳光变得柔和，避免眩光并改善室内色泽，能较强地吸收太阳的紫外线，防止紫外线对室内物品造成的褪色和变质影响，有一定的透明度，能增加建筑物的外形美观。 采用不同颜色的着色玻璃能合理利用太阳光，对建筑物的外形有很好的装饰效果。一般用作建筑物的门窗或玻璃幕墙。着色浮法玻璃厚度在 2～19mm 的范围内
阳光控制镀膜玻璃	对可见光和热反射率可达 20%～40%	阳光控制镀膜玻璃是在玻璃表面镀金属氧化物薄膜，达到大量反射太阳辐射热和光的目的，有良好的遮光和隔热特性。 阳光控制镀膜玻璃是典型的半透明玻璃，具有单向透视特性，通常单面镀膜阳光玻璃迎光面具有镜子特性，半透明使背面透光
Low-E 低辐射镀膜玻璃	遮阳系数 S_c：单银为 0.6～0.7；双银为 0.4～0.5；三银为 0.2～0.3。 辐射值 e：普通透明玻璃的 e 值为 0.84，一般在线生产的 Low-E 玻璃的 e 值为 0.30～0.16；离线单银 Low-E 玻璃的 e 值一般为 0.15～0.08（在线 Low-E 玻璃的热工性能指标较差于离线）；双银中空 Low-E 玻璃的 e 值一般为 0.05～0.07；三银 Low-E 玻璃的 e 值一般为 0.02～0.3	Low-E 玻璃是在玻璃表面涂镀一层或几层银金属薄膜或其他化合物组成的膜系列产品，可以改变玻璃的光学和辐射特性。一个指标是遮阳系数 S_c（对近红外线遮蔽特性）可以做到很小，可以达 0.2，另一个指标是低辐射特性，辐射值 e 变小。另外，对于波长在 2.5～40μm 的远红外热有较好的反射率。 在线 Low-E 玻璃的制作属于化学镀膜，设备和工艺相对简单，产品的技术含量和生产成本都较低；离线 Low-E 玻璃的制作属于真空磁控溅射镀膜，设备和工艺都包含了很高的技术含量，生产成本高。 目前最新的建筑节能标准已将太阳得热系数（SHGC）作为幕墙、门窗及玻璃的热工性能评价指标，对于玻璃来说，它们之间的换算关系为 SHGC=$S_c\times0.87$
	“选择系数”指标 γ=透光率 T/遮阳系数 S_c。Low-E 玻璃选择系数 γ 通常大于 1，指标如下： 普通单银 Low-E 玻璃的 $S_c=0.31\sim0.64$；$1.1<\gamma\leqslant1.3$，通常标准取 1.2。 双银 Low-E 玻璃 $S_c=0.25\sim0.44$；$1.3\leqslant\gamma<1.7$，通常标准取 1.5。 三银 Low-E 玻璃 $S_c=0.2\sim0.32$；$1.7<\gamma\leqslant2.2$，通常标准取 2	“选择系数”指标说明当 Low-E 玻璃遮阳系数小时可见光透射率也有影响，如选用 $S_c=0.4$ 的单银 Low-E 玻璃时，可见光透光率 T 不可能大于 52%（0.4×1.3=52%），如果选用双银，可见光透光率 T 不可能大于 68%（0.4×1.7=68%）
	电磁屏蔽指标：离线单层 Low-E 玻璃屏蔽效能一般为 19～28dB，而在线产品为 15～20dB	Low-E 玻璃具有电磁屏蔽功能，可以屏蔽电磁波，防止信息泄露，提高信息安全性，防止外部电磁干扰。可用于通信机房、电子设备间等需要防电磁信号干扰的房间

注 GB 50189—2015《公共建筑节能设计标准》采用“太阳得热系数”SHGC 作为寒冷地区，夏热冬冷、夏热冬暖地区，温和地区公共建筑围护结构热工性能的一个重要指标。太阳得热系数与遮阳系数的换算关系为 SHGC = $0.87S_c$。

三、普通玻璃技术指标

（1）浮法玻璃的光学、热工、声学特性指标见表 8-52。

表 8-52　　浮法玻璃的光学、热工、声学特性指标

玻璃厚度（mm）	可见光		太阳光			隔声指标（STS）dB（100～5000Hz）	传热系数［W/（m²·K）］	遮阳系数 S_c
	透射率（%）	反射率（%）	透射率（%）	反射率（%）	吸收率（%）			
3	90.4	7.9	84.9	7.4	7.7	25	5.9	1.00
4	89.8	7.9	82.7	7.2	10.1	27	5.9	0.98
5	89.3	7.8	80.6	7.1	12.3	28	5.8	0.97
6	88.8	7.8	78.6	7.0	14.4	29	5.8	0.95
8	87.8	7.7	74.8	6.7	18.5	30	5.7	0.93
10	86.7	7.6	71.3	6.5	22.2	32	5.6	0.90
12	85.7	7.5	68.0	6.3	25.7	33	5.5	0.88
15	84.3	7.4	63.6	6.1	30.3	35	5.4	0.85
19	82.4	7.3	58.3	5.9	35.8	36	5.3	0.81

注　隔声指标（STS）dB（100～5000Hz）是根据国际标准化组织 ISO 140、ISO 717 确定的隔声量，此指标与 GB/T 8485—2008《建筑门窗空气隔声性能分级及检测方法》采用的计权隔声量 R_w 指标略有差别。

（2）超白浮法玻璃光学特性见表 8-53。

表 8-53　　超白浮法玻璃光学特性

玻璃厚度（mm）	可见光		太阳光		
	透射率（%）	反射率（%）	透射率（%）	反射率（%）	吸收率（%）
3	>91	8	>88	8	1
4	>91	8	>88	8	2
5	>91	8	>88	8	2
6	>91	8	>88	8	2
8	>91	8	>87	8	3
10	>90	8	>86	8	4
12	>90	8	>85	8	4
15	>89	8	>83	8	5
19	>89	8	>82	8	7

四、深加工玻璃技术指标

深加工玻璃包含中空玻璃、阳光控制镀膜玻璃、Low-E 玻璃、真空玻璃及各类防火玻璃等，是在普通（浮法）玻璃的基础上，通过加工和与其他材料进行组合，改变了力学、光学、耐火等特性，满足建筑的不同功能需要。

1. 中空玻璃传热系数指标

根据 ISO 10292 国际标准，中空玻璃保温、遮蔽、隔声性能分四级，相关指标和适用范围见表 8-54。

2. 阳光控制镀膜玻璃、Low-E 玻璃、着色玻璃遮蔽分级指标

阳光控制镀膜玻璃、Low-E 玻璃、着色玻璃遮蔽分级指标见表 8-55。

3. 中空玻璃典型组件隔声性能分级指标

中空玻璃典型组件隔声性能分级指标见表 8-56。

表 8-54　　中空玻璃保温性能分级及适用范围

分级	传热系数 K 值［W/（m²·K）］	材料或构造 6+A+6			常用配套窗框	适用地区
		玻璃品种	间隔层（mm）	空间气体		
一级	$K\leqslant 1.80$	离线 Low-E	单层 12	空气	断桥铝框、PVC 框、玻璃钢	严寒及寒冷地区；夏热冬冷、夏热冬暖地区
		在线 Low-E	单层 12	氩气		
		不限	双层 24	氩气		
二级	$1.8<K\leqslant 2.5$	离线 Low-E	单层≥9	空气	断桥铝框、PVC 框、玻璃钢	严寒及寒冷地区；夏热冬冷、夏热冬暖地区
		在线 Low-E	单层≥9	空气		
		阳光控制镀膜	单层 12	空气		
		不限	双层 24	空气		

续表

分级	传热系数 K 值 [W/ (m²·K)]	材料或构造 6+A+6			常用配套窗框	适用地区
		玻璃品种	间隔层（mm）	空间气体		
三级	$2.5<K\leqslant 2.9$	阳光控制镀膜	单层≥9	空气	断桥铝框、普通铝框、PVC 框、玻璃钢	寒冷地区；夏热冬冷、夏热冬暖地区
		不限	双层 12	空气		
		不限	双层≥9	氩气		
四级	$K\geqslant 2.9$	不限	单层	空气	普通铝框、断桥铝框、PVC 框、玻璃钢	夏热冬冷、夏热冬暖地区

表 8-55　阳光控制镀膜玻璃、有遮蔽功能的 Low-E 玻璃（中空玻璃）、着色玻璃遮蔽系数分级指标

分级	遮蔽系数[①] S_e	采用玻璃品种	适用地区
Ⅰ级	$S_e\leqslant 0.25$	阳光控制镀膜玻璃、有遮蔽功能的 Low-E 玻璃	夏热冬冷、夏热冬暖地区
Ⅱ级	$0.25<S_e\leqslant 0.40$	阳光控制镀膜玻璃、有遮蔽功能的 Low-E 玻璃	夏热冬冷、夏热冬暖、寒冷地区
Ⅲ级	$0.40<S_e\leqslant 0.60$	着色玻璃、阳光控制镀膜玻璃、有遮蔽功能的 Low-E 玻璃	夏热冬冷、严寒、寒冷地区
Ⅳ级	$0.60<S_e\leqslant 0.80$	着色玻璃、阳光控制镀膜玻璃、Low-E 玻璃	严寒、寒冷地区

① 遮蔽系数是指进入窗（玻璃）的太阳热能与进入透明无色玻璃的能量之比。

表 8-56　中空玻璃组件隔声性能分级指标

分级	计权隔声量[①] R_w（dB）	玻璃配置构造（表中充气量应大于 80%）			
		玻璃种类	玻璃总厚度 d（mm）	间隔层厚度（mm）	间隔层气体
Ⅰ级	$R_w\geqslant 40$	夹层+夹层	$d\geqslant 24$	12	空气、氩气、二氧化碳、氟化硫
Ⅱ级	$35<R_w\leqslant 40$	单片+夹层	$21<d\leqslant 24$	12	空气、氩气、二氧化碳
Ⅲ级	$28<R_w\leqslant 35$	单片+单片	$12<d\leqslant 24$	12	空气、氩气
Ⅳ级	$R_w<28$	单片+单片	$d\leqslant 12$	≥6	不限

① 计权隔声量 R_w：按特定的方法，将标准曲线与构件隔声频率特性曲线进行比较，所得到的隔声量数值。标准曲线虽然各频率的隔声量不同，但其主观感觉隔声效果是相同的，与等响曲线类似，实际上是一条等隔声效果曲线。

4. 建筑防火玻璃

建筑防火玻璃按结构分为复合防火玻璃（FFB）和单片防火玻璃（DFB），根据 GB 15763.1—2009《建筑用安全玻璃　第 1 部分：防火玻璃》的规定，建筑防火玻璃根据耐火时间、隔热性能两个指标按以下防火特性分类，具体指标以及表示符号见表 8-57。

防火玻璃的防火、隔热性能及适用范围见表 8-58。

表 8-57　防火玻璃的性能指标分级

种类	A 类	B 类	C 类
耐火性能	同时满足耐火、隔热完整性	同时满足耐火、热辐射强度要求	仅满足耐火完整性
结构形式	复合防火玻璃（FFB）	复合防火玻璃（FFB）	单片防火玻璃（DFB）
耐火等级	AⅠ级（≥90min）	BⅠ级（≥90min）	CⅠ级（≥90min）
	AⅡ级（≥60min）	BⅡ级（≥60min）	CⅡ级（≥60min）
	AⅢ级（≥45min）	BⅢ级（≥45min）	CⅢ级（≥45min）
	AⅣ级（≥30min）	BⅣ级（≥30min）	CⅣ级（≥30min）
适用范围	防火隔离标准高的建筑部位	介于 A 类和 C 类之间	适用于无隔热要求的室外幕墙、防火窗、室内防火玻璃隔墙

表 8-58　　各类防火玻璃的构造特点及适用范围

种类	结构形式	耐火特性	功能特点	适用范围
复合型防火玻璃	由两片或两片以上的单层玻璃经膨胀阻燃胶黏结复合而成	满足AⅠ～AⅣ级，发生火灾后，玻璃夹层受热膨胀发泡，形成防火隔热层	耐候性较差，在室外阳光照射下易气泡、发黄，甚至失透，玻璃厚度较灌注型薄	适用于室内防火分隔
灌注型防火玻璃	由两片或两片以上的单层玻璃，四周由边框条密封，然后由灌注口灌入防火液，经胶结、封口而成	满足AⅠ～AⅣ级，发生火灾后，防火夹层受热膨胀发泡，形成很厚的防火隔热层	耐候性较差，在室外阳光照射下易气泡、发黄，甚至失透	
薄涂型防火玻璃	在单层、多层玻璃基材表面喷涂防火透明液，干燥固化后制成	满足AⅠ～AⅣ级，遇火后，防火保护层受热膨胀，形成致密的防火保护层	较少使用	玻璃门、窗、隔墙等
中空型防火玻璃	在制作中空玻璃的基础上，在易发生火灾侧复合一层防火玻璃，干燥后加工成中空玻璃	满足AⅠ～AⅣ级，遇火后，防火夹层受热膨胀发泡，形成防火隔热层，起到防火隔热作用	具有隔声降噪、隔热保温性能，玻璃较厚	
防火夹丝夹层玻璃	在复合防火玻璃生产过程中将金属网置于夹层中制成	满足AⅠ～AⅣ级，遇火后，受火灾后玻璃破裂，但不会脱落，可以阻止火灾，但不能隔热	整体强度高，能与消防报警联系。缺点是透光率差	
夹丝玻璃	通过压延将预热的金属丝网压入玻璃板中	满足CⅠ～CⅣ级，受火灾后玻璃破裂，但不会脱落，可以阻止火灾，但不能隔热		
单片防火玻璃	采用物理化学方法，对浮法玻璃进行处理而得到硼硅酸盐防火玻璃、铝硅酸盐防火玻璃、微晶防火玻璃、色钾防火玻璃	满足CⅠ～CⅣ级，火灾超过耐火时间，玻璃软化，无隔热作用	耐候性好，透光率高，强度高，厚度小，便于安装	可作为幕墙玻璃，也可作为室内防火隔断

五、建筑玻璃的安全使用规定

玻璃作为一种特殊建筑材料，破裂可能会对人产生伤害。因此，JGJ 113—2015《建筑玻璃应用技术规程》作出规定，建筑中当玻璃单块面积大于 1.5m^2 或建筑物在 7 层以上的建筑外窗、幕墙以及有可能遭受到撞击的部位必须使用安全玻璃，特殊要求的玻璃如结构楼层玻璃、雨篷、屋面玻璃需要进行结构强度和变形计算。非受力控制部位安全玻璃的最大使用面积见表 8-59。

表 8-59　　安全玻璃最大使用面积

玻璃种类	公称厚度（mm）	最大使用面积（m^2）
钢化玻璃	4	2.0
	5	3.0
	6	4.0
	8	6.0
	10	8.0
	12	9.0
夹层玻璃	6.38、6.76、7.52	3.0
	8.38、8.76、9.52	5.0
	10.38、10.76、11.52	7.0
	12.38、12.76、13.52	8.0

注　本表数据取自 JGJ 113—2015《建筑玻璃应用技术规程》。

有框平板玻璃、真空玻璃和夹丝玻璃最大使用面积见表 8-60。

表 8-60　　有框平板玻璃、真空玻璃和夹丝玻璃最大使用面积

玻璃种类	公称厚度（mm）	最大使用面积（m^2）
有框平板玻璃、真空玻璃	3	0.1
	4	0.3
	5	0.5
	6	0.9
	8	1.8
	10	2.7
	12	4.5
夹丝玻璃	6	0.9
	7	1.8
	10	2.4

注　本表数据取自 JGJ 113—2015《建筑玻璃应用技术规程》。

六、火力发电厂建筑玻璃选用要求

玻璃的选用应从安全、节能、建筑外观设计需要方面考虑。安全玻璃的选用在民用建筑有严格的规定，电厂建筑可以参考。普通厂房高度超过 20m 的外窗宜采用安全玻璃，经常有人通过的梯间、走廊、房间玻璃底边离最终装修面小于 500mm 的落地窗应采用安全玻璃，有防爆泄爆要求的厂房应采用安全玻璃，各种玻璃的最小厚度、最大尺寸可参考表 8-59 和表 8-60 确定。

夏热冬暖地区有节能要求的建筑宜采用中空 Low-E 玻璃，Low-E 玻璃遮阳系数的范围为 0.7～0.3，玻璃遮阳系数指标应根据建筑朝向选择，一般朝向差需要遮阳的应选较小值。北方地区可利用冬季日照取暖（利用温室效应），宜选取遮阳系数大的中空 Low-E 玻璃或普通中空、真空玻璃。

玻璃雨篷、采光天窗、玻璃栏杆可用于厂前办公楼、食堂等建筑，这类玻璃需要考虑结构受力功能，应采用夹胶玻璃，玻璃厚度需经过受力计算确定。

第九节 建筑防腐、防火涂料（漆）

在有腐蚀介质的环境中应考虑建筑的防腐蚀设计，对一般腐蚀环境的建筑通常只进行地面、踢脚防腐，墙面可不考虑防腐。金属门窗通过油漆涂料防腐。建筑防腐应选用经济合理的耐腐蚀材料。建筑的防腐设计分为一般防护设计和特殊防腐蚀设计。

一、普通防护涂料

对建筑的防护内容一般分为金属防护、木器防护、石材防护。

（1）金属防护分为铝合金型材和普通钢材，对铝合金型材防护有阳极化膜、电泳涂漆、粉末喷涂、氟碳喷涂等方式。

1）阳极化膜的厚度与使用环境有关，铝合金型材阳极化膜厚度级别与其适用环境见表 8-61。

表 8-61 阳极化膜门窗型材厚度指标及使用环境

级别	单件平均膜厚（μm）	局部最小膜厚（μm）	使用环境	说明
AA15	15	12	在远离工业区、海洋环境区使用，或室内环境使用	主要用于门窗、幕墙
AA20	20	16	有工业大气污染，有酸、碱成分，环境潮湿，海洋气候影响区	
25	25	20	环境恶劣，长期受大气污染，长期潮湿环境	

2）电泳涂漆门窗型材复合膜厚度参考值见表 8-62。

表 8-62 电泳涂漆门窗型材复合膜厚度指标及使用环境

级别	阳极化膜		漆膜	复合膜	说明
	平均膜厚（μm）	局部最小膜厚（μm）	局部最小膜厚（μm）		
A	≥10	≥8	≥12	≥21	恶劣环境使用
B	≥10	≥8	≥7	≥16	普通环境使用

3）粉末喷涂厚度参考值：粉末喷涂最小局部厚度不小于 40μm，最大局部厚度不大于 120μm，对于形状复杂、需要挤压加工的型材，涂层可小于规定值。

4）氟碳喷涂涂层门窗型材厚度参考值见表 8-63。

表 8-63 氟碳喷涂涂层门窗型材厚度指标及使用环境

涂层遍数	平均膜厚（μm）	局部最小膜厚（μm）	说明
二涂	≥30	≥25	一般环境地区
三涂	≥40	≥34	大气污染区、工业区、海洋气候影响区
四涂	≥65	≥55	重污染区，海洋环境区

（2）常用木器防护漆选择参考见表 8-64。

表 8-64 常用木器防护漆特点及适用范围

分类	特 点	适用范围
丙烯酸类水性木器漆	硬度较高，耐磨及抗冲击性差，属于普通漆	内装木墙板、木门窗
丙烯酸改性聚氨酯类水性木器漆	硬度较高，耐磨及抗冲击性较好，属于中档漆	内装木墙板、木门窗、家具、木地板
聚氨酯类水性木器漆	硬度适中，耐磨及抗冲击性好，属于高档漆	内装木墙板、木门窗、家具、木地板

（3）石材防护。为防止石材产生白华、水斑、锈斑等污染影响，提高石材的耐污染特性，需要对装饰性石材采用涂料进行防护。石材防护涂料特性见表 8-65。

表 8-65 石材防护涂料特性

<table>
<tr><th>分类</th><th>防护涂料名称</th><th>说 明</th></tr>
<tr><td rowspan="3">水剂型</td><td>有机硅类</td><td rowspan="6">有机硅透气、耐老化、耐候性好，有一定的耐酸特性，不耐碱，化学性能稳定。氟硅是将有机硅和有机氟改性共聚，耐污染特性比有机氟差，但耐候性比纯氟类好。水剂型防护剂环保，但抗渗透性差、使用寿命比溶剂型差</td></tr>
<tr><td>丙烯酸氟化物类</td></tr>
<tr><td>氟硅类</td></tr>
<tr><td rowspan="3">溶剂型</td><td>有机硅类</td></tr>
<tr><td>纯氟类</td></tr>
<tr><td>氟硅类</td></tr>
</table>

二、特殊防腐材料

特殊要求的建筑防腐面层材料及耐腐蚀特性见表 8-66。

三、特殊防腐涂料（漆）

特殊防腐涂料（漆）可按用途、成膜材料、溶剂类型进行分类。

按用途可分为船舶用防腐油漆、金属用防腐油漆、汽车用防腐油漆、管道用防腐油漆、家具用防腐油漆、钢结构用防腐油漆。

按成膜材料可分为环氧防腐油漆、过氯乙烯防腐油漆、氯化橡胶防腐油漆、聚氨酯防腐油漆、丙烯酸防腐油漆、无机防腐油漆、高氯化聚乙烯防腐油漆。

按溶剂类型可分为水性防腐油漆、油性防腐油漆。

防腐涂料漆的使用环境特点见表 8-67。

表 8-66 防腐材料的耐腐蚀特性

<table>
<tr><th>腐蚀介质</th><th>花岗岩、石英岩</th><th>耐酸砖</th><th>硬聚氯乙烯</th><th>氯丁胶乳水泥砂浆</th><th>聚丙烯酸酯乳液水泥砂浆</th><th>沥青类材料</th><th>水玻璃</th><th>聚氯乙烯胶泥</th><th>环氧类材料</th><th>环氧焦油类（1:1）</th></tr>
<tr><td>硫酸</td><td>耐</td><td>耐</td><td>≤70%耐</td><td>不耐</td><td>≤2%耐</td><td>≤50%耐</td><td>耐</td><td>≤40%耐</td><td>≤60%耐</td><td>≤60%耐</td></tr>
<tr><td>盐酸</td><td>耐</td><td>耐</td><td>耐</td><td>≤2%耐</td><td>≤5%耐</td><td>≤20%耐</td><td>耐</td><td>≤20%耐</td><td>≤31%耐</td><td>≤31%耐</td></tr>
<tr><td>硝酸</td><td>耐</td><td>耐</td><td>≤50%耐</td><td>≤2%耐</td><td>≤5%耐</td><td>≤10%耐</td><td>耐</td><td>≤15%耐</td><td>≤10%尚耐</td><td>≤10%尚耐</td></tr>
<tr><td>醋酸</td><td>耐</td><td>耐</td><td>≤60%耐</td><td>≤2%耐</td><td>≤5%耐</td><td>≤40%耐</td><td>耐</td><td>—</td><td>≤10%耐</td><td>≤10%耐</td></tr>
<tr><td>氢氧化钠</td><td>≤30%耐</td><td>耐</td><td>耐</td><td>≤20%耐</td><td>≤20%耐</td><td>≤25%耐</td><td>不耐</td><td>≤20%耐</td><td>耐</td><td>耐</td></tr>
<tr><td>氨水</td><td>耐</td><td>耐</td><td>耐</td><td>耐</td><td>耐</td><td>尚耐</td><td>不耐</td><td>—</td><td>耐</td><td>尚耐</td></tr>
<tr><td>尿素</td><td>耐</td><td>耐</td><td>耐</td><td>耐</td><td>耐</td><td>耐</td><td>不耐</td><td>—</td><td>耐</td><td>耐</td></tr>
<tr><td>氯化铵</td><td>耐</td><td>耐</td><td>耐</td><td>尚耐</td><td>尚耐</td><td>尚耐</td><td>尚耐</td><td>—</td><td>耐</td><td>耐</td></tr>
<tr><td>硝酸铵</td><td>耐</td><td>耐</td><td>耐</td><td>尚耐</td><td>尚耐</td><td>尚耐</td><td>尚耐</td><td>—</td><td>耐</td><td>耐</td></tr>
<tr><td>硫酸铵</td><td>耐</td><td>耐</td><td>耐</td><td>尚耐</td><td>尚耐</td><td>尚耐</td><td>尚耐</td><td>—</td><td>耐</td><td>耐</td></tr>
<tr><td>丙酮</td><td>耐</td><td>耐</td><td>耐</td><td>耐</td><td>耐</td><td>不耐</td><td rowspan="2">有渗透作用</td><td>—</td><td>尚耐</td><td>不耐</td></tr>
<tr><td>乙醇</td><td>耐</td><td>耐</td><td>耐</td><td>耐</td><td>耐</td><td>不耐</td><td>—</td><td>耐</td><td>尚耐</td></tr>
</table>

表 8-67 防腐涂料（漆）的使用环境特点

<table>
<tr><th rowspan="2">部位</th><th rowspan="2">涂料名称</th><th rowspan="2">耐酸</th><th rowspan="2">耐碱</th><th rowspan="2">耐盐</th><th rowspan="2">耐水</th><th rowspan="2">耐候</th><th colspan="2">与基层附着力</th></tr>
<tr><th>金属</th><th>水泥</th></tr>
<tr><td rowspan="6">室内、室外</td><td>氯化橡胶涂料</td><td>√</td><td>√</td><td>√</td><td>√</td><td>√</td><td>√</td><td>√</td></tr>
<tr><td>氯磺化聚乙烯涂料</td><td>√</td><td>√</td><td>√</td><td>√</td><td>√</td><td>⊙</td><td>⊙</td></tr>
<tr><td>聚氯乙烯含氟涂料</td><td>√</td><td>√</td><td>√</td><td>√</td><td>√</td><td>⊙</td><td>√</td></tr>
<tr><td>过氯乙烯涂料</td><td>√</td><td>√</td><td>√</td><td>√</td><td>√</td><td>⊙</td><td>⊙</td></tr>
<tr><td>氯乙烯醋酸乙烯共聚涂料</td><td>√</td><td>√</td><td>√</td><td>√</td><td>√</td><td>⊙</td><td>⊙</td></tr>
<tr><td>醇酸树脂耐酸漆</td><td>⊙</td><td>×</td><td>√</td><td>⊙</td><td>√</td><td>√</td><td>⊙</td></tr>
<tr><td rowspan="3">室内</td><td>环氧树脂类涂料</td><td>√</td><td>√</td><td>√</td><td>⊙</td><td>⊙</td><td>√</td><td>√</td></tr>
<tr><td>聚苯乙烯树脂类涂料</td><td>√</td><td>√</td><td>√</td><td>⊙</td><td>⊙</td><td>⊙</td><td>√</td></tr>
<tr><td>聚氨酯类涂料</td><td>√</td><td>√</td><td>√</td><td>⊙</td><td>⊙</td><td>√</td><td>⊙</td></tr>
</table>

续表

部位	涂料名称	耐酸	耐碱	耐盐	耐水	耐候	与基层附着力	
							金属	水泥
地下环境	环氧沥青涂料	√	√	√	√	⊙	√	√
	聚氨酯涂料	√	⊙	√	√	⊙	√	√
	聚氨酯沥青涂料	√	√	√	√	⊙	√	√
	沥青漆	√	√	√	√	⊙		√

注　1. 锌、铝防腐基层应采用锌黄类底漆，不得采用红丹或铁红类底漆。
2. 防腐涂层需要较厚时，宜采用厚浆型涂料。
3. 当防腐涂层对耐磨、抗渗性能有较高要求时，可采用玻璃鳞片涂料。
4. √表示宜选，⊙表示可选。

四、防火涂料（漆）

建筑防火涂料是保护建筑结构或构件在火灾影响下在所设定时间内不会破坏和失效，防火涂料可按保护材料特性、防火涂料的物理化学特性、使用构件环境等进行分类。

按保护基层材料可分为钢结构防火涂料、木结构防火涂料（饰面型）、钢筋混凝土板防火涂料、预应力板防火涂料。

按材料物理化学特性可分为有机、无机、复合防火涂料，按可溶性可分为水性防火涂料、油性防火涂料。

按使用厚度可分为超薄 CB（厚度≤3mm）、薄型 B（3mm＜涂层厚≤7mm）、厚型 H（7mm＜涂层厚≤45mm）三种。

按其隔热和阻燃原理可分为膨胀型防火涂料与非膨胀型防火涂料。

按使用环境可分为室内和室外用防火涂料。

1. 室内钢结构防火涂料

用于室内钢结构构件应满足建筑耐火等级的需要，其相关的技术指标见表 8-68。

表 8-68　室内钢结构防火涂料技术指标

类别		NCB（室内超薄型）	NB（室内薄型）	NH（室内厚型）
检验指标	表干时间（≤，h）	8	12	24
	初期干燥抗裂特性	不应出现裂纹	容许出现 1～3 条裂纹，宽度不大于 0.5mm	容许出现 1～3 条裂纹，宽度不大于 1.0mm
	黏结强度（MPa）	0.20	0.15	0.04
	抗压强度（MPa）	无要求	无要求	0.3
	干密度（kg/m³）	无要求	无要求	500
	耐水性（h）	≥24，涂层不起层、发泡脱落		
	冷、热循环特性（次）	≥15，涂层不开裂、脱落、起泡		
耐火特性指标限值	涂层厚度（mm）	2.0±0.2	5.0±0.5	25±2
	耐火极限（≥，h）	1.00	1.00	2.00
适用范围		室内裸露钢结构、轻型屋盖钢结构、耐火时间在 2.00h 以下	室内裸露钢结构、轻型屋盖钢结构、耐火时间在 2.00h 以下，现场有频繁明火环境	室内隐蔽钢结构、高层全钢结构、耐火时间 1.50h 以上构件
限制使用环境		通风环境较差、现场有频繁明火环境、隐蔽部位	0℃以下环境，外观要求平整、隐蔽部位	0℃以下环境，结构荷载较大

注　1. 本表执行 GB 14907—2002《钢结构防火涂料》。
2. 溶剂室内钢结构防火涂料满足室内环境标准 GB 50325—2010《民用建筑工程室内环境污染控制规范》；挥发性有机化合物限量 TVOC：≤600g/L；苯：≤5g/kg。

2. 室外钢结构防火涂料

用于室外钢结构构件满足建筑耐火等级的需要，其相关的技术指标见表 8-69。

3. 预应力混凝土楼板防火涂料

用于室内、外楼板满足建筑耐火等级需要，其相关的技术指标见表 8-70。

表 8-69 室外钢结构防火涂料技术指标

类别		WCB（室外超薄型）	WB（室外薄型）	WH（室外厚型）
检验指标	表干时间（≤，h）	8	12	24
	初期干燥抗裂特性	不应出现裂纹	容许出现 1～3 条裂纹，宽度不大于 0.5mm	容许出现 1～3 条裂纹，宽度不大于 1.0mm
	黏结强度（MPa）	0.20	0.15	0.04
	抗压强度（MPa）	无要求	无要求	0.5
	干密度（kg/m^3）	无要求	无要求	650
	耐暴热特性（h）	≥720，涂层不起层、脱落、空鼓、开裂		
	耐湿特性（h）	≥504，涂层不起层、发泡脱落		
	耐冻融循环性（次）	≥15，涂层不开裂、脱落、起泡		
	耐酸性（h）	≥360，涂层不起层、开裂、脱落		
	耐碱性（h）	≥360，涂层不起层、开裂、脱落		
	耐盐雾腐蚀性（次）	≥30，涂层不起泡，变质、软化		
耐火特性指标限值	涂层厚度（mm）	2.0±0.2	5.0±0.5	25±2
	耐火极限（≥，h）	1.00	1.00	2.00

表 8-70 预应力混凝土楼板防火涂料技术指标

类别		膨胀型		非膨胀型	
检验指标	黏结强度（MPa）	0.15		0.05	
	干密度（kg/m^3）	无要求		≤600	
	导热系数［W/（m·K）］	无要求		≤0.116	
	耐水性	经 24h 试验后涂层不起层、开裂、脱落，容许轻微发胀、变色			
	耐碱性				
	耐热循环性（次）	经 15 次试验后涂层不起层、开裂、脱落、变色			
耐火特性指标限值	涂层厚度（mm）	4.0	7.0	7.0	10.0
	耐火极限（≥, h）	1.00	1.50	1.00	1.50

4. 饰面型防火涂料

饰面型防火涂料用于可燃基材表面，形成具有防火保护和装饰功能。适用于建筑装饰材料经过处理后从可燃变为 B1 级燃烧特性的材料。饰面型膨胀防火涂料可分为溶剂型和水性两类，这两类涂料性能上的差别主要在于涂料的理化性能及耐候性能，溶剂型防火涂料在这两方面的性能都优于水性防火涂料。饰面型防火涂料的技术指标和适用范围见表 8-71 和表 8-72。

表 8-71 饰面型防火涂料技术指标

技术指标		一级	二级	技术指标	一级	二级
耐燃时间（min）		≥20	≥10	耐冲击性（kg·cm）	≥20	
火焰传播比值		≤25	≤7.5	耐水性	24h 无起皱、无剥落，容许轻微变色	
阻火性	质量损失（g）	≤5.0	≤15.0	耐湿热性	48h 涂膜不起泡、不脱落，容许轻微变色	
	碳化体积（cm^3）	≤2.5	≤7.5			

注 本表执行 GB 12441—2005《饰面型防火涂料》。

表 8-72 饰面型防火涂料种类与适用范围

涂料种类	水性涂料	溶剂型涂料	透明涂料
材料特性	环保性能突出，理化性能及装饰效果一般	耐火性能优于水性涂料，颗粒细度小，理化性能及装饰效果好	无色或浅白色透明，一般为水性涂料，理化性能较差，易开裂，需要罩面漆
适用范围	施工环境要求在0℃以上环境	不受施工环境和温度影响	需要外露基材特性时采用

注 本表执行 GB 12441—2005《饰面型防火涂料》。

五、火力发电厂建筑防腐、防火涂料（漆）选用要求

火力发电厂的化学加药间，酸、碱储存间，蓄电池室等，存在一定的酸、碱腐蚀，这类建筑使用的地面防腐材料有花岗岩、耐酸瓷片（采用树脂胶泥嵌缝），也可采用 4～7mm 厚的树脂砂浆。房间踢脚做法通常与地面材料一致，踢脚高度一般做到 300mm。腐蚀环境的门窗不宜采用空腹钢窗，可采用铝合金、钢塑窗，实腹钢门构件尽量镀锌，防腐漆可采用醇酸树脂耐酸漆、聚氨酯类涂料等。在受到氨泄漏环境影响的建筑门窗、内装修不宜直接使用铝合金、木质材料。

火力发电厂主厂房、检修间、材料库、运煤建筑、电缆夹层等采用钢结构梁、柱时，应进行防火保护，一般采用防火涂料或防火包裹，厂房钢结构的梁、柱、钢梯应满足规范规定的耐火等级需要。

第九章

火力发电厂常用建筑构造

建筑构造设计受地域环境、地方材料、施工技术、构件工厂化生产等因素的影响。国家和地方出版的建筑标准图集包含了建筑行业通用和地方习惯做法，是经过多年的工程经验积累和实践证明的，具有较强的参考性，通常可在建筑工程设计中直接选用。设计人员在选用标准构造图时，应遵循因地制宜、安全适用、构造合理、经济环保的设计原则。合理的建筑构造设计，不仅节省工程投资，而且也是保障建筑安全、正常使用的重要措施之一，满足建筑寿命期内人们正常的工作和生活需要，美化建筑细部。

第一节　建　筑　墙　体

建筑墙体按材料可分为砌体墙（采用砌块、砖、石材等）、轻钢龙骨复合板墙（包括金属板、水泥玻纤板、石膏板等）、大型轻骨料墙板（无龙骨整体墙板）。按使用部位可分为外墙和内墙。按照受力特点不同可分为承重墙和非承重墙。非承重墙包括墙板、砌体填充墙、幕墙等。

一、金属板、夹芯板墙体构造

金属板作为建筑围护结构具有质量轻、抗震性能好的特点，常用于一般工业厂房、库房。当用于甲、乙类有爆炸危险的厂房时，可作为防火规范中规定的泄爆墙体。金属板墙体根据构造特点不同，又分为单层墙板和压型钢板复合保温板（在现场施工，以檩条、墙梁或专业固定支架为支撑及固定骨架，骨架内外侧设单层金属板，内外侧板之间设保温或隔热系统），火力发电厂设计中习惯称为现场复合保温金属板。另外，还有一种夹芯板（将彩色涂层钢板及底板与保温芯材通过黏合剂或发泡复合，在工厂制作而成的保温复合围护板材），火力发电厂建筑设计中习惯称为工厂复合保温金属板。

保温材料通常有发泡聚氨酯、聚苯乙烯、岩棉等。一般根据不同气候区保温要求选用，夏热冬暖、夏热冬冷地区的无采暖、无空调厂房可选用单层墙板，严寒、寒冷地区厂房常用现场复合保温金属板、工厂复合保温金属板。

1. 单层金属板墙板构造

不同板型单层金属板构造见表9-1。

2. 工厂复合保温金属板（夹芯板）、现场复合保温金属板墙板构造

工厂复合保温金属板和现场复合保温金属板是为了满足建筑围护结构热工指标，在单层板基础上发展起来的产品，可用于建筑内、外隔墙，构造见表9-2。

表9-1　　单层金属板墙板构造

金属板板型	板型图示 ［B—板宽（覆盖宽度）；d—波距；h—波高；t—板厚］	固　定　方　式	构造说明
YX35-125-750 普通搭接墙板	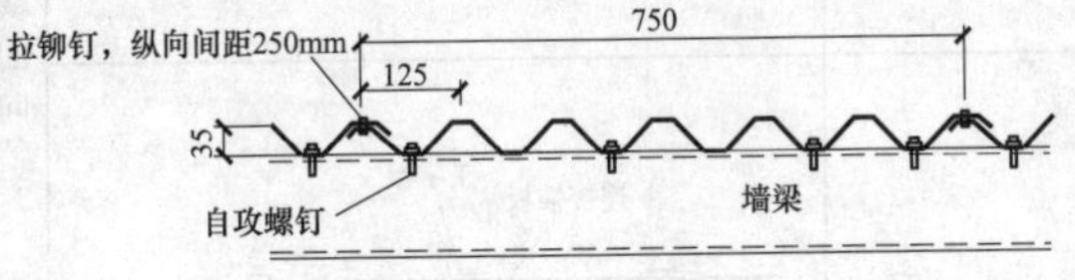 拉铆钉，纵向间距250mm；750；125；35；自攻螺钉；墙梁	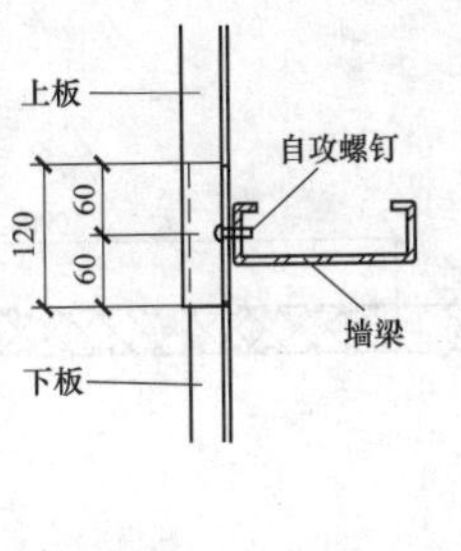 上板；自攻螺钉；120；60；60；墙梁；下板	自攻螺钉固定，可作为墙面板用，搭接处设自黏胶带，抽芯铆钉连接。基板可选用强度范围为Q320～Q550
YX28-205-820 搭接型墙面板	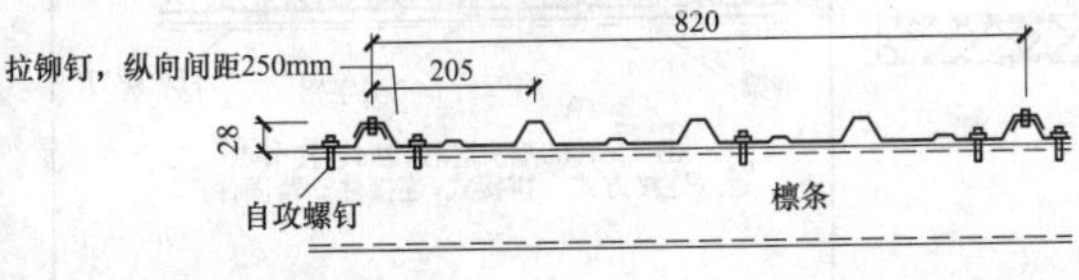 拉铆钉，纵向间距250mm；820；205；28；自攻螺钉；檩条		

续表

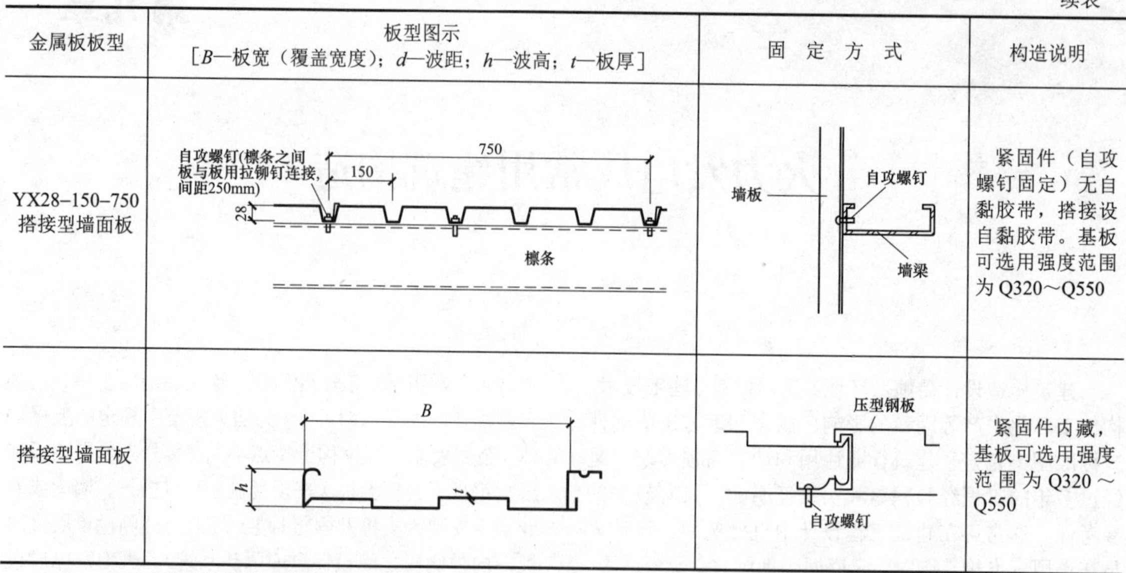

金属板板型	板型图示 ［B—板宽（覆盖宽度）；d—波距；h—波高；t—板厚］	固定方式	构造说明
YX28–150–750 搭接型墙面板			紧固件（自攻螺钉固定）无自黏胶带，搭接设自黏胶带。基板可选用强度范围为Q320～Q550
搭接型墙面板			紧固件内藏，基板可选用强度范围为Q320～Q550

注 1. 用于建筑围护结构的金属板常用厚度为0.47～0.7mm。

2. 墙面板搭接120mm，搭接处应采用自黏胶带。

3. 表中图示金属板板型及编号引自国家建筑标准设计图集01J925–1《压型钢板、夹芯板屋面及墙体建筑构造》。

表 9-2 工厂复合保温金属板和现场复合保温金属板构造

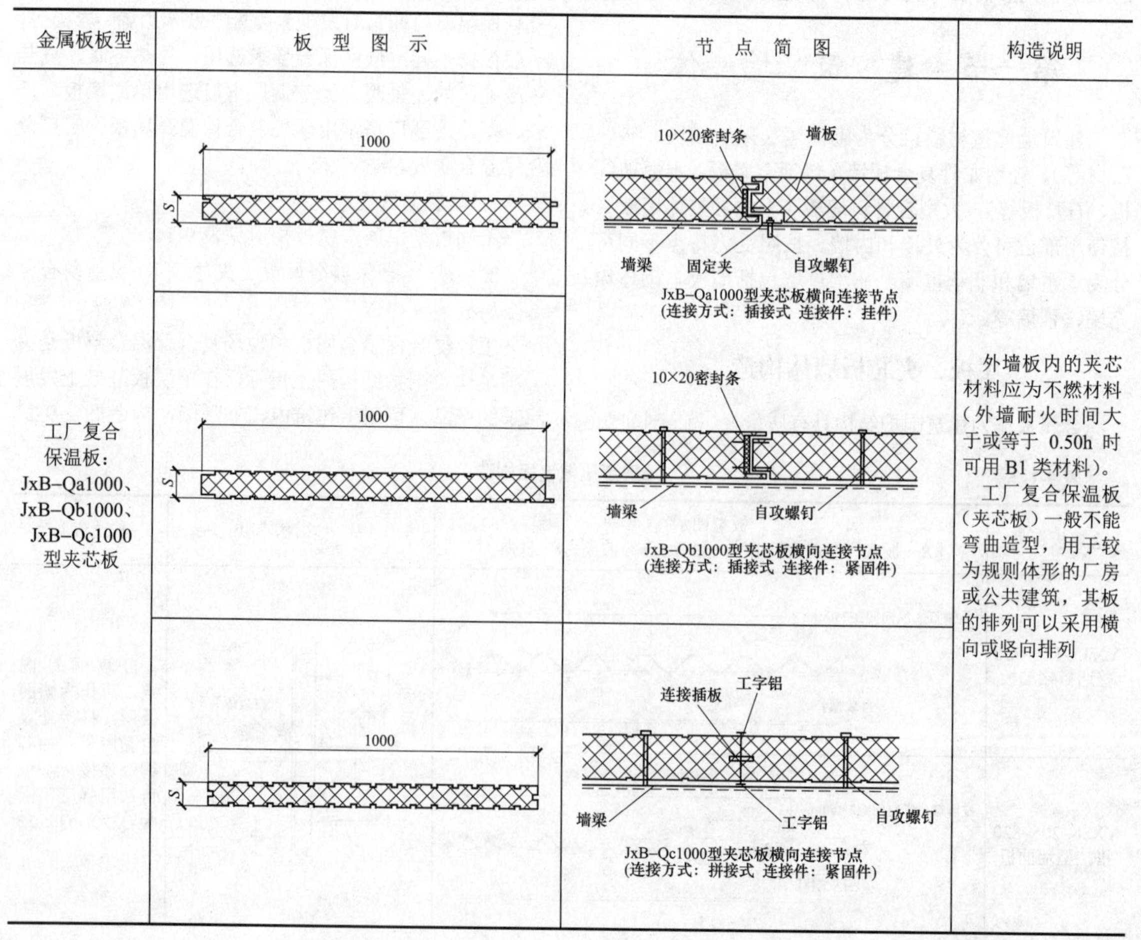

金属板板型	板型图示	节点简图	构造说明
工厂复合保温板：JxB–Qa1000、JxB–Qb1000、JxB–Qc1000型夹芯板			外墙板内的夹芯材料应为不燃材料（外墙耐火时间大于或等于0.50h时可用B1类材料）。 工厂复合保温板（夹芯板）一般不能弯曲造型，用于较为规则体形的厂房或公共建筑，其板的排列可以采用横向或竖向排列

续表

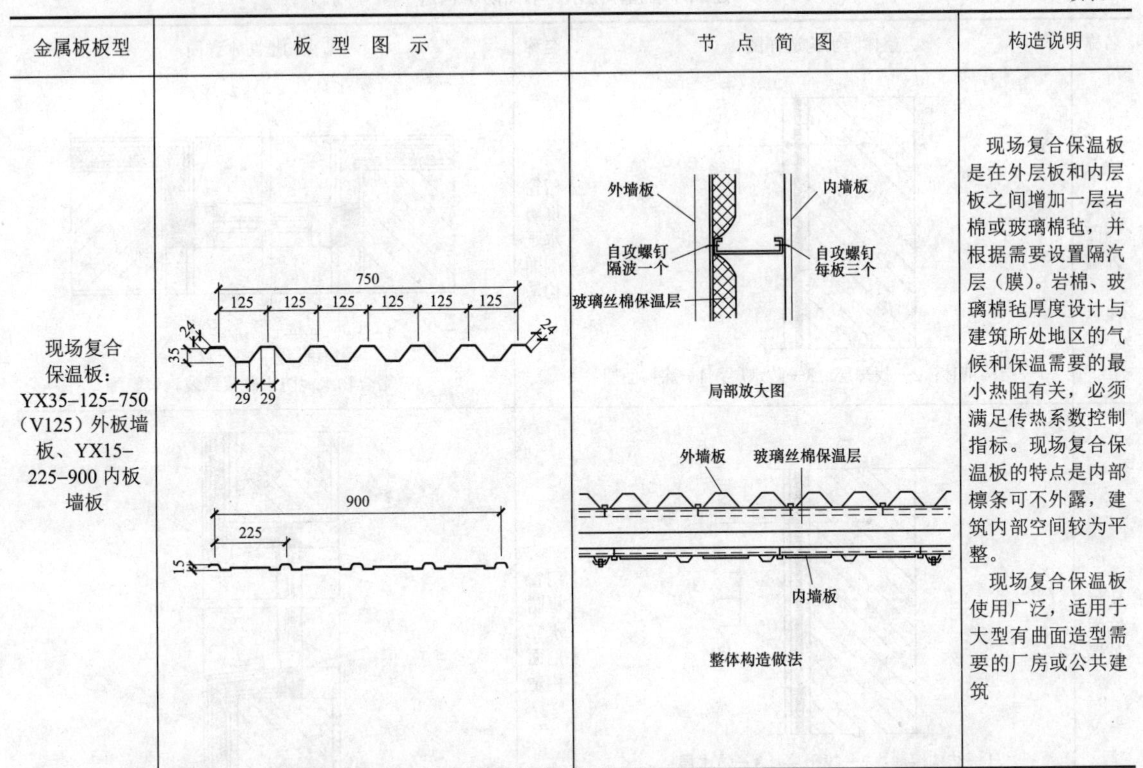

金属板板型	板型图示	节点简图	构造说明
现场复合保温板：YX35–125–750（V125）外板墙板、YX15–225–900 内板墙板	750 125 125 125 125 125 125 24 35 29 29 24 900 225 15	外墙板　内墙板 自攻螺钉隔波一个　自攻螺钉每板三个 玻璃丝棉保温层 局部放大图 外墙板　玻璃丝棉保温层 内墙板 整体构造做法	现场复合保温板是在外层板和内层板之间增加一层岩棉或玻璃棉毡，并根据需要设置隔汽层（膜）。岩棉、玻璃棉毡厚度设计与建筑所处地区的气候和保温需要的最小热阻有关，必须满足传热系数控制指标。现场复合保温板的特点是内部檩条可不外露，建筑内部空间较为平整。 现场复合保温板使用广泛，适用于大型有曲面造型需要的厂房或公共建筑

注　本表节点构造简图、板型号引自国家建筑标准设计图集 01J925–1《压型钢板、夹芯板屋面及墙体建筑构造》。

二、砖、砌块墙体构造

砌体材料适用于建筑内、外墙，采用的砖有烧结多孔砖、蒸压砖等，是以黏土、页岩、煤矸石、粉煤灰等为主要原料烧制或蒸压而成的。通常分 DM 型多孔砖、KP 型多孔砖、普通砖、蒸压砖几种。DM 型多孔砖标准尺寸为 190mm×240mm×90mm；KP 型多孔砖尺寸通常为 240mm×115mm×90mm，普通砖、蒸压砖标准尺寸为 240mm×115mm×53mm。墙身防潮层以下不应使用多孔砖。

1. 材料构造要求

蒸压砖、蒸压加气混凝土砌块、混凝土小型空心砌块、石膏砌块墙体宜采用专用砂浆砌筑。建筑填充墙除应根据使用部位满足砂浆、砌块强度的最低构造要求指标外，同时还应根据墙体构造尺寸和使用要求选用强度等级。砌体墙体结构设计应满足 GB 50003《砌体结构设计规范》的要求。

（1）砌体房屋的墙体应根据材料类型采用下列构造措施：

1）应根据所用块体材料在窗肚墙水平灰缝设置水平钢筋。

2）在承重外墙底层窗台板下，应设置水平通常钢筋或设置水平现浇钢筋混凝土带。

3）采用混凝土小型空心砌块的房屋门窗洞口，其两侧不少于一个孔洞应灌混凝土并配筋，钢筋应与楼板或地梁锚固。

4）长度大于 8m 的非烧结块材框架填充墙在中部应设钢筋混凝土构造柱。

5）砌块墙体水平灰缝宜采用平焊钢筋网，并保证钢筋网被砂浆包裹。

6）多孔砖砌体内拉结钢筋的锚固长度应为实心砖墙的 1.4 倍。

（2）墙体材料的使用除满足强度外，还应注意以下要求：

1）非烧结墙体材料不得用于长期受到 200℃以上温度或冷热急剧变化的环境，不得用于长期有酸性介质影响的环境。

2）软化系数小于 0.9 的墙体材料不得用于地面标高以下承重墙体（软化系数是指材料在吸水饱和状态下的抗压强度与干燥状态下的抗压强度的比值）。

2. 砌体外墙防水构造

砌体外墙在风雨作用下可能产生墙体渗漏，根据 JGJ/T 235《建筑外墙防水工程技术规程》规定，多风雨地区建筑外墙应进行防水设计。建筑外墙整体防水、节点防水构造见表 9-3。

表 9-3　　建筑外墙整体防水、节点防水构造

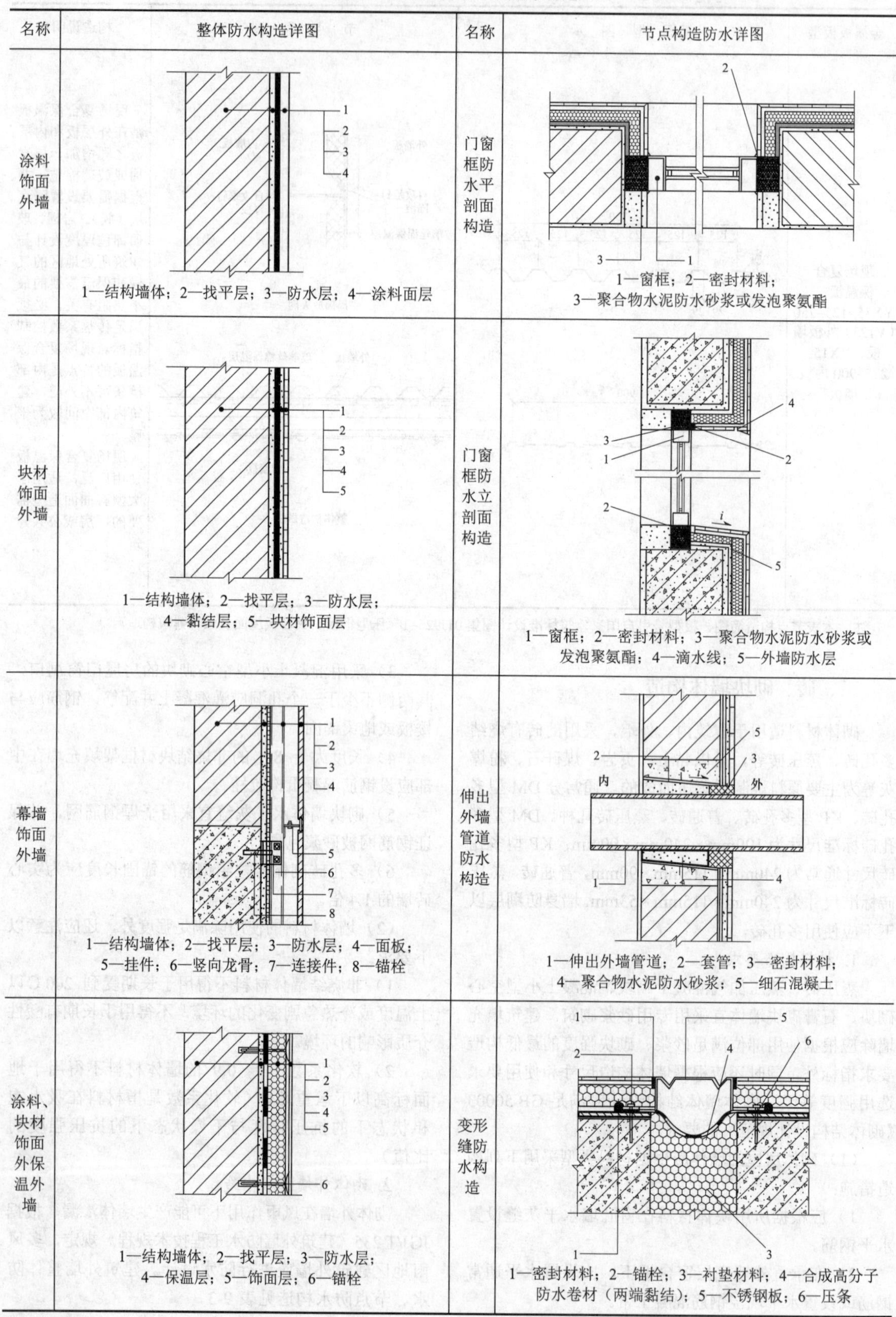

名称	整体防水构造详图	名称	节点构造防水详图
涂料饰面外墙	1—结构墙体；2—找平层；3—防水层；4—涂料面层	门窗框防水平剖面构造	1—窗框；2—密封材料；3—聚合物水泥防水砂浆或发泡聚氨酯
块材饰面外墙	1—结构墙体；2—找平层；3—防水层；4—黏结层；5—块材饰面层	门窗框防水立剖面构造	1—窗框；2—密封材料；3—聚合物水泥防水砂浆或发泡聚氨酯；4—滴水线；5—外墙防水层
幕墙饰面外墙	1—结构墙体；2—找平层；3—防水层；4—面板；5—挂件；6—竖向龙骨；7—连接件；8—锚栓	伸出外墙管道防水构造	1—伸出外墙管道；2—套管；3—密封材料；4—聚合物水泥防水砂浆；5—细石混凝土
涂料、块材饰面外保温外墙	1—结构墙体；2—找平层；3—防水层；4—保温层；5—饰面层；6—锚栓	变形缝防水构造	1—密封材料；2—锚栓；3—衬垫材料；4—合成高分子防水卷材（两端黏结）；5—不锈钢板；6—压条

续表

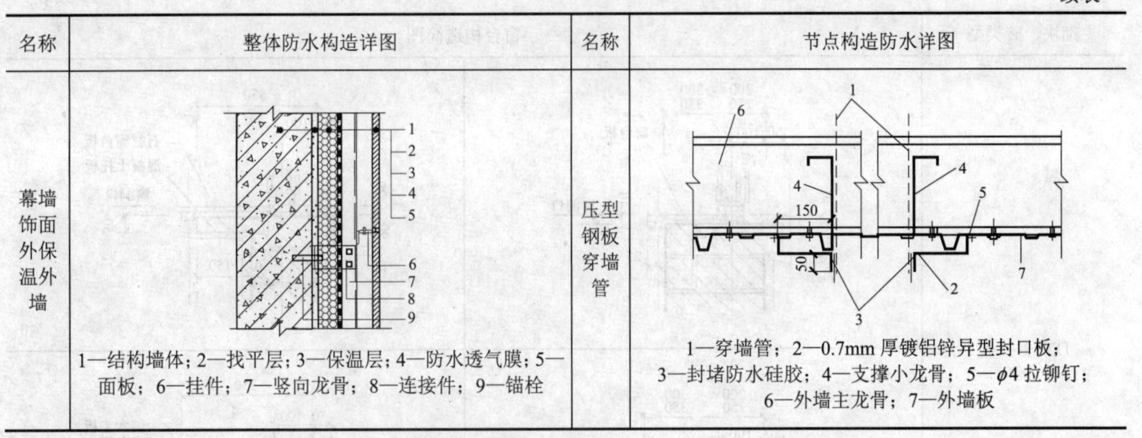

名称	整体防水构造详图	名称	节点构造防水详图
幕墙饰面外保温外墙	1—结构墙体；2—找平层；3—保温层；4—防水透气膜；5—面板；6—挂件；7—竖向龙骨；8—连接件；9—锚栓	压型钢板穿墙管	1—穿墙管；2—0.7mm 厚镀铝锌异型封口板；3—封堵防水硅胶；4—支撑小龙骨；5—$\phi 4$ 拉铆钉；6—外墙主龙骨；7—外墙板

注 本表构造做法摘自 JGJ/T 235—2011《建筑外墙防水工程技术规程》。

3. 典型构造

砌体墙体典型构造见表 9-4。

表 9-4　砌体墙基础、窗、屋面女儿墙剖面构造

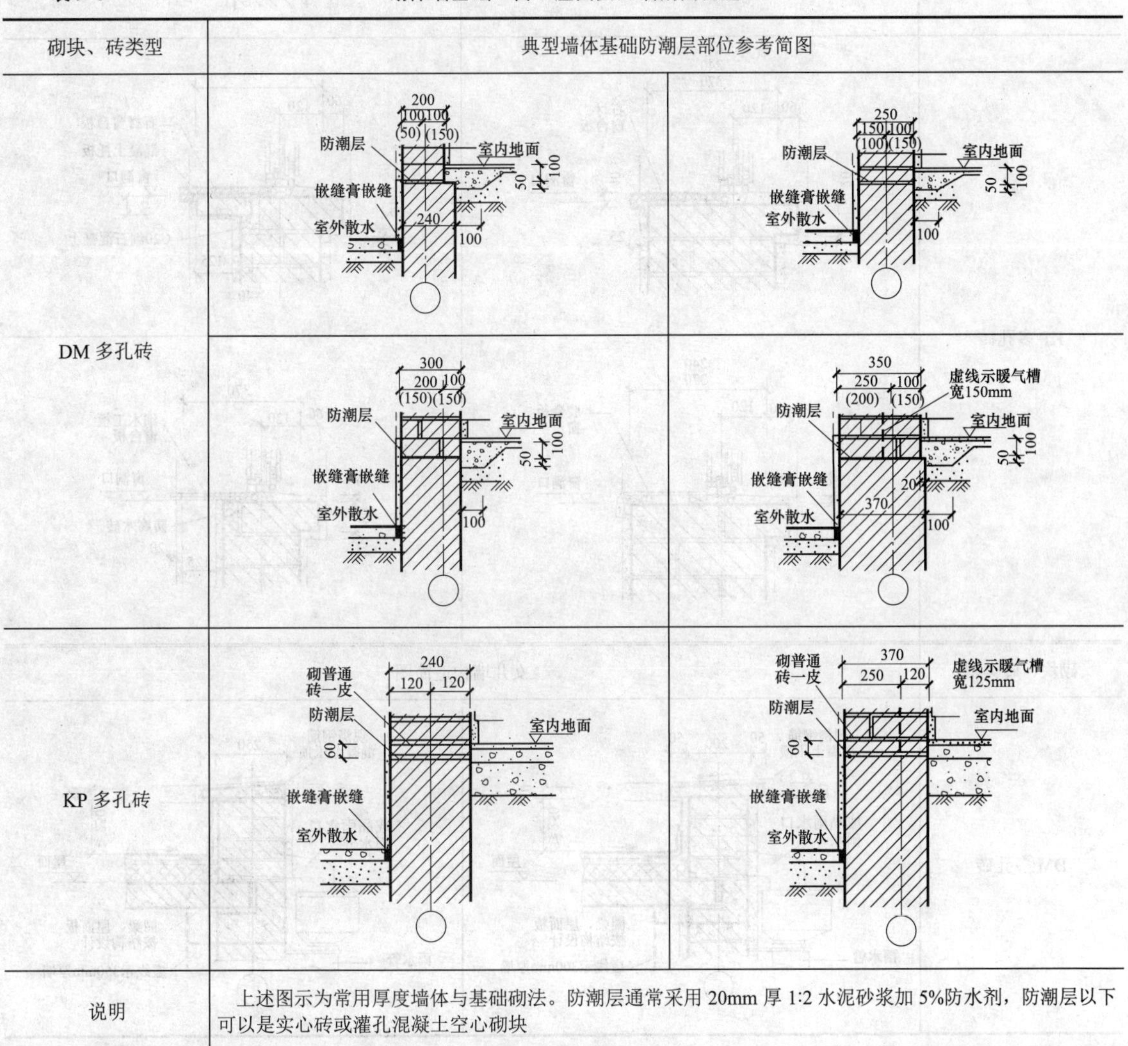

砌块、砖类型	典型墙体基础防潮层部位参考简图
DM 多孔砖	
KP 多孔砖	
说明	上述图示为常用厚度墙体与基础砌法。防潮层通常采用 20mm 厚 1:2 水泥砂浆加 5%防水剂，防潮层以下可以是实心砖或灌孔混凝土空心砌块

续表

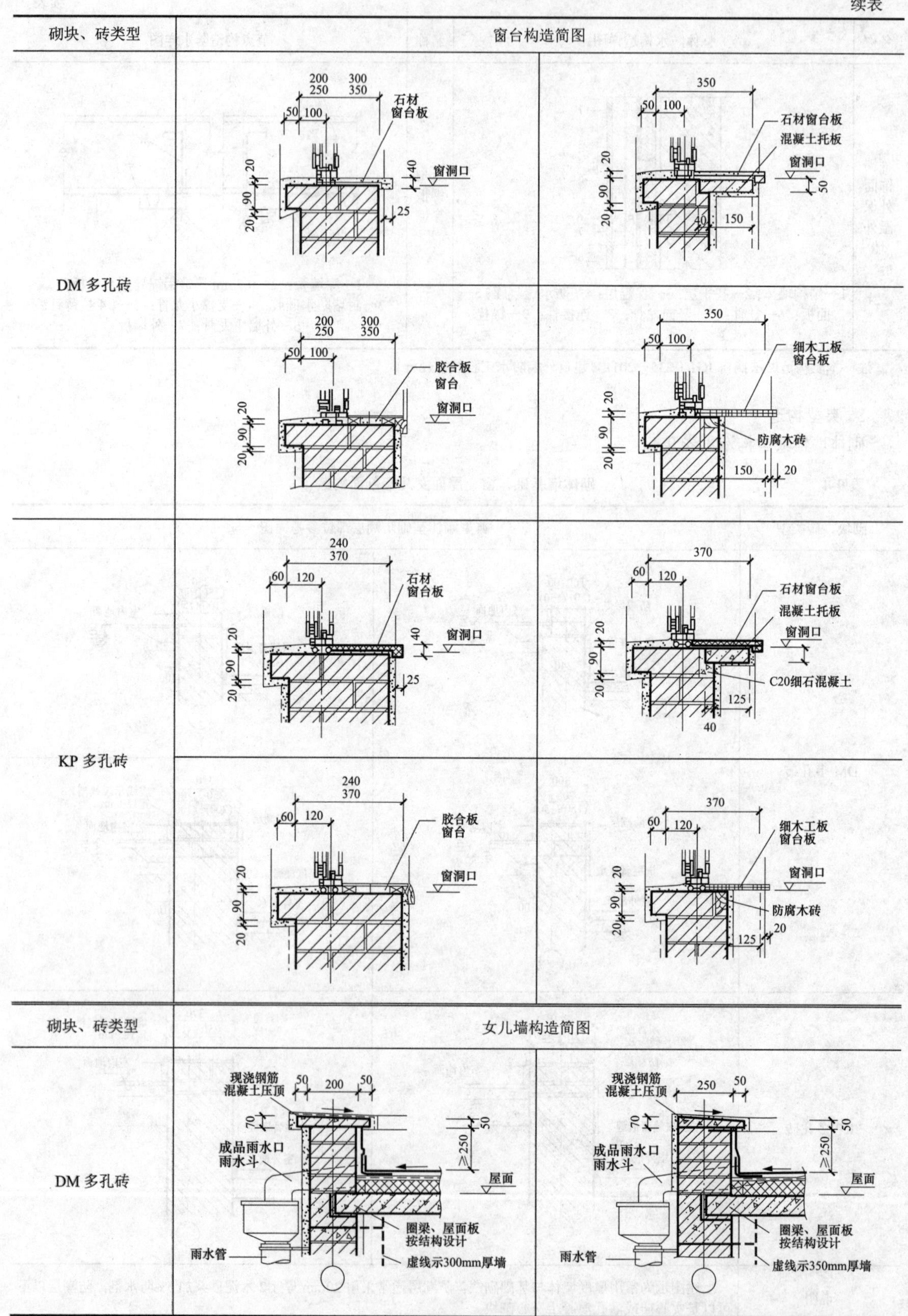
砌块、砖类型
窗台构造简图
DM 多孔砖
200
250
300
350
50
100
石材
窗台板
20
90
20
40
窗洞口
25
石材窗台板
混凝土托板
50
40
150
胶合板
窗台
细木工板
窗台板
防腐木砖
KP 多孔砖
240
370
60
120
C20细石混凝土
125
女儿墙构造简图
现浇钢筋
混凝土压顶
70
≥250
成品雨水口
雨水斗
屋面
圈梁、屋面板
按结构设计
雨水管
虚线示300mm厚墙
虚线示350mm厚墙

续表

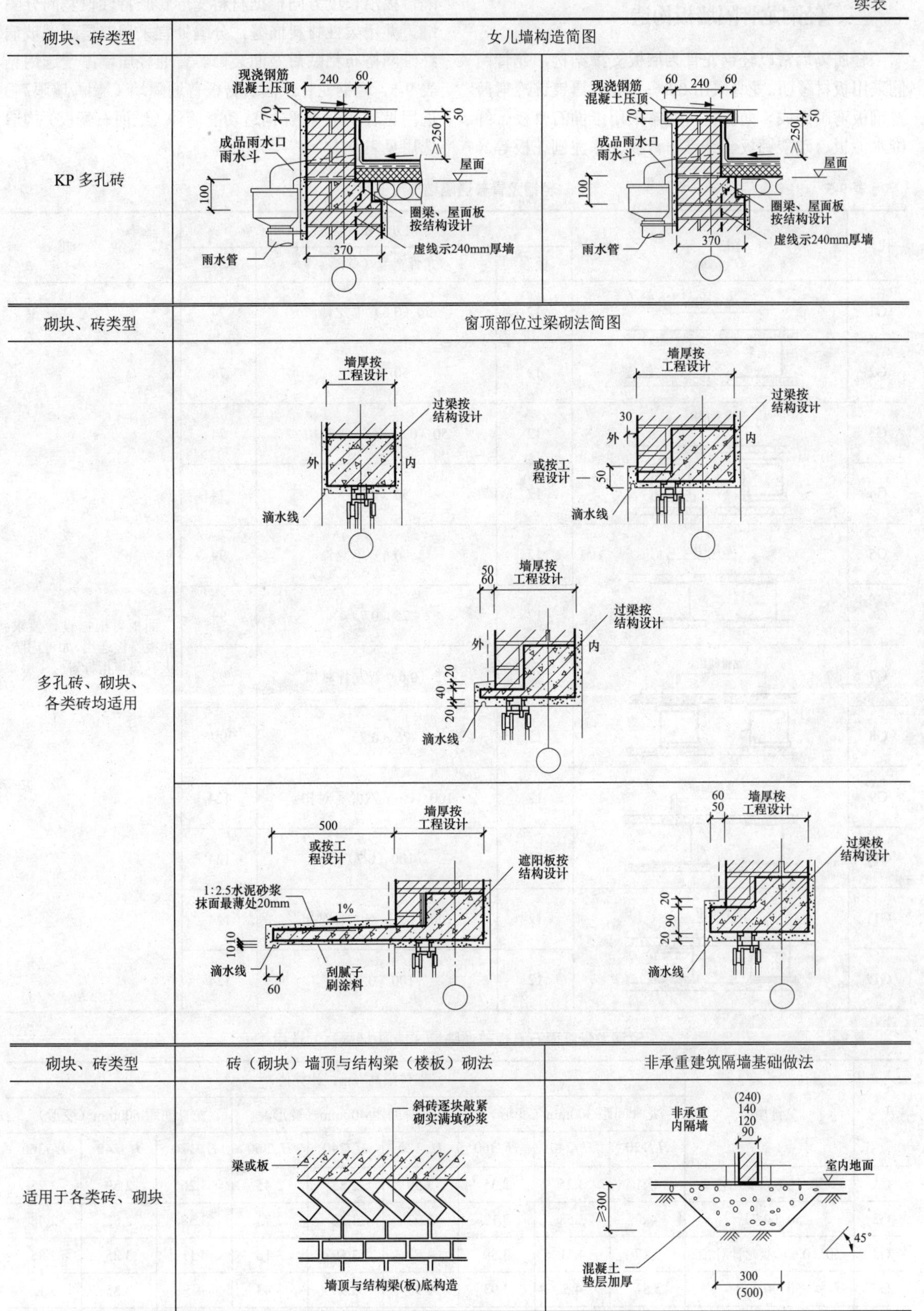

注　节点摘自国家建筑标准设计图集 04J101《砖墙建筑构造（烧结多孔砖与普通砖、蒸压类砖）》部分内容。

三、轻钢龙骨隔墙板构造

轻质隔墙常以轻钢龙骨为墙板支撑结构，龙骨两侧采用板材覆面。龙骨采用 0.5～1.5mm 厚镀锌冷弯薄壁钢板弯制而成。面板材料通常采用纸面石膏板、纤维水泥板、硅酸钙板、纤维石膏板、水泥刨花板等。隔墙板沿长度方向根据材料变形膨胀特性设竖向分隔缝，并用柔性材料嵌缝，分缝处宜采用双层耐碱玻璃纤维网格布粘贴后做面装修。普通轻质墙厚度选用见表 9-5，轻钢龙骨纸面石膏板普通隔墙（墙厚/墙限高）选用见表 9-6，特殊构造功能墙体（纸面石膏板）构造选用见表 9-7。

表 9-5　　轻钢龙骨普通隔墙厚度选用

代号	图示	尺寸（mm）			说明
		板厚	龙骨宽度（壁厚）	墙厚	
G1	龙骨间距	12	50（0.6）单龙骨	74	面板可根据设计要求和板特性选用，如考虑防火、隔声指标等
G2		12	50（0.7）	74	
G3	龙骨间距	12	50（0.6）双龙骨对扣	74	
G4		12	50（0.7）	74	
G5	龙骨间距	12	75（0.6）单龙骨	99	
G6		12	75（0.7）	99	
G7	龙骨间距	12	75（0.6）双龙骨对扣	99	
G8		12	75（0.7）	99	
G9	龙骨间距	12	100（0.6）双龙骨对扣	124	
G10		12	100（0.7）	124	
G11	龙骨间距	12	100（0.6）双龙骨对扣	124	
G12		12	100（0.7）	124	

表 9-6　　轻钢龙骨纸面石膏板普通隔墙（墙厚/墙限高）选用

代号	龙骨型号	墙体限高（m，计算值）								
		龙骨间距 300mm（变形）			龙骨间距 400mm（变形）			龙骨间距 600mm（变形）		
		$H_0/120$	$H_0/240$	$H_0/360$	$H_0/120$	$H_0/240$	$H_0/360$	$H_0/120$	$H_0/240$	$H_0/360$
G1	50（0.6）单龙骨	4.11	3.25	2.35	3.59	2.85	2.45	3.26	2.59	2.25
G2	50（0.7）	4.5	3.58	3.12	3.93	3.12	2.73	3.58	2.83	2.48
G3	50（0.6）双龙骨对扣	5.17	4.11	3.59	4.52	3.59	3.16	4.11	3.25	2.85
G4	50（0.7）	5.51	4.5	3.93	4.95	3.93	3.43	4.5	3.85	3.12
G5	75（0.6）单龙骨	5.73	4.55	3.97	5.01	3.97	3.47	4.55	3.61	3.15

续表

代号	龙骨型号	墙体限高（m，计算值）								
		龙骨间距 300mm（变形）			龙骨间距 400mm（变形）			龙骨间距 600mm（变形）		
		$H_0/120$	$H_0/240$	$H_0/360$	$H_0/120$	$H_0/240$	$H_0/360$	$H_0/120$	$H_0/240$	$H_0/360$
G6	75（0.7）	6.3	5	4.37	5.5	3.96	3.46	5	3.96	3.46
G7	75（0.6）双龙骨对扣	7.22	5.73	5.01	6.31	5.01	4.37	5.73	4.55	3.97
G8	75（0.7）	7.94	6.3	5.5	6.93	5.5	4.8	6.3	5	4.37
G9	100（0.6）双龙骨对扣	7.89	6.27	5.48	6.9	5.48	4.78	6.27	4.98	4.35
G10	100（0.7）	8.68	6.89	6.02	7.58	6.02	5.26	6.89	5.47	4.78
G11	100（0.6）双龙骨对扣	9.95	7.89	6.9	8.69	6.9	6.03	7.9	6.27	5.48
G12	100（0.7）	10.94	8.68	7.58	9.55	7.58	6.63	8.68	6.89	6.18

表 9-7　　特殊构造功能墙体（纸面石膏板）构造选用

代号	图　示	尺寸（mm）				隔声特性（dB）		说　明
		板厚	排版方式	龙骨	墙厚	空腔	吸声材料	
S4		12	2+1	75	111		46	50mm 厚岩棉（密度 30kg/m³）
S5		12	2+2	75	123	44		
S6		12	2+2	75	123		48	50mm 厚岩棉（密度 30kg/m³）
S9		12	1+1	50	74		39	
S10		12	2+2	50	95	45		
S11		12	2+2	50	95		48	50mm 厚岩棉（密度 30kg/m³）
S13		12	1+1	100	124		43	

续表

代号	图 示	尺寸（mm）				隔声特性（dB）		说 明
		板厚	排版方式	龙骨	墙厚	空腔	吸声材料	
S15		12	2+2	100	148		51	50mm 厚岩棉（密度 30kg/m³）
S16		12	2+2	2×75+25（缝）	223		57	

注 本表图示摘自国家建筑标准设计图集 03J111–1《轻钢龙骨内隔墙》。

四、火力发电厂建筑墙体构造要求

火力发电厂建筑墙体材料的选用受地理环境和建筑特征的影响。主厂房外墙常采用砌体与金属板的组合墙体，汽机房外墙通常以首层窗台或运转层楼面、窗台作为砌体墙与金属板分界（可以根据立面造型需要灵活运用），除氧煤仓间外墙常用砌块或局部金属板，除氧间、煤仓间、汽机房内部隔墙、集中控制楼内外墙一般采用砖、砌块等建筑材料，锅炉平台上布置的独立小间（如锅炉配电间）一般采用复合金属板（夹芯材料一般采用岩棉）内衬防火板满足 1.00h 防火隔离要求。北方地区锅炉紧身封闭通常采用复合压保温金属板。电厂对有防火（通常需要满足 1.00h 耐火）隔离要求的压型钢板墙体一般采用复合板，内衬板可采用纤维水泥防火板。普通房间的内隔墙也可采用轻钢龙骨纸面石膏板满足防火隔离要求。

第二节 建筑（楼）地面

建筑地面通常需要根据不同使用要求对下面的基层进行处理，满足地面承载力（变形）要求。建筑地面需要考虑地基及垫层的构造设计，垫层采用混凝土，厚度为 150～200mm，强度一般选用 C15～C30，荷载较大部位可配Φ8～Φ10@150～250mm 钢筋，地坪面层（找平层）混凝土强度不应小于 C20。建筑楼面一般是在找平层上做装修面层。严寒地区非采暖房间的室内地坪还应考虑防止冻胀，而湿陷性黄土地区的相关部位（建筑散水、经常有积水和水冲洗房间）地下垫层还应进行特殊处理。

火力发电厂的厂房建筑地坪荷载差别较大，地基需要分层夯实，处理深度一般在垫层以下 0.8～1.5m（非扰动土），如果是回填土，应该按回填深度进行夯实处理，夯实系数一般不小于 0.9，而在火力发电厂主厂房（通常是±0.000m 层起吊场地）、材料库等荷载较大部位的地坪一般垫层以下 0.8m 深度范围的夯实系数不小于 0.95。

一、建筑（楼）地面构成

建筑地面一般由地基、垫层、找平层及面层组成，根据具体需要可设隔离层（主要是防止地面的各种侵蚀液体、潮气渗透地面，以及当民用建筑土壤环境污染物超标时需要设置），隔离层一般做在找平层上，可采用 2mm 厚聚合物水泥基、卷材、涂膜等防水材料。建筑楼面是由楼板、找平层、面层组成的。建筑室内地坪（垫层）施工要求见表 9-8。

表 9-8 建筑地面、基层技术要求

构造层	做法及技术要求
地基	地基土质不得含有淤泥质土、膨（冻）胀土，或含有机物（含量大于 8%）的填土，否则应进行换填土，填土可选用砂土、粉土、黏土或建筑碎料。对于压实填土，应满足密实度和含水量两个指标要求，地基以下 800mm 深度范围内土的压实系数 λ_c 不应小于 0.9，800mm 深度以下 λ_c 不应小于 0.85。填土控制含水量 $w_0=w_{op}\pm3$；其中，w_{op} 为土地最优含水量，$w_{op}=w_p\pm2$，w_p 为土的塑限含水量
垫层	垫层材料有素混凝土垫层、灰土（消石灰:黏土=2:8 或 3:7）垫层、三合土（石灰:砂:碎砖石料=1:3:6，可掺少量黏土）垫层、炉渣（水泥:炉渣或石灰:炉渣=1:6）垫层。一般当面层采用整体粘贴块材、需要用砂浆找平的较为高级面层材料的地面通常用混凝土垫层。垫层混凝土的强度不低于 C10，厚度不小于 60mm

续表

构造层	做法及技术要求
垫层	垫层的混凝土强度和厚度主要受地面荷载、地基压实土的变形模量影响。对于大型厂房，当不同区域的地面荷载区别较大时，地面可采用不同厚度的混凝土垫层。地面的变厚度应采用过渡段做法，并进行分缝处理，见本表图（a）所示。当室内地面面积较大时，垫层应进行分缝处理，分缝距离通常为 6～12m，缝的做法有平头缝、企口缝、假缝
找平层	找平层通常用 1:3 水泥砂浆（大于或等于 15mm 厚）或细石混凝土大于或等于 30mm 厚
面层	面层通过结合层与找平层（或基层）粘贴接触的，对于直接铺在灰土、三合土、炉渣地面垫层的预制钢筋混凝土板、花岗岩石材，结合层采用 20～30mm 的砂或炉渣，而在混凝土垫层粘贴的地砖通常采用 1:2 水泥砂浆作为结合层，对于橡塑合成材料（楼）地面、木质（楼）地面采用专门的胶黏剂
大面积地面变形缝（缝间距一般设为 6～12m）	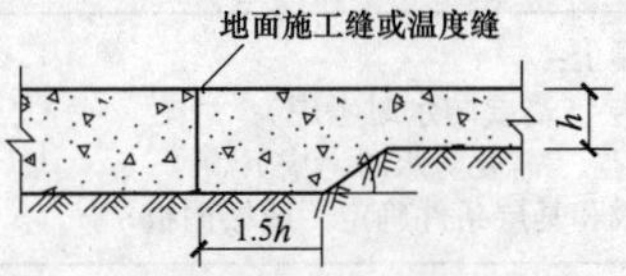 地面施工缝或温度缝；h；1.5h （a）地面变厚度施工缝 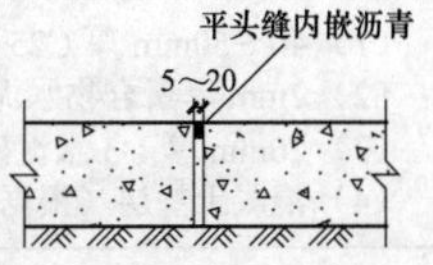 平头缝内嵌沥青；5～20 （b）地面平头缝 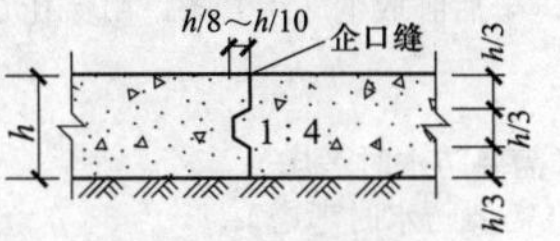 h/8～h/10；企口缝；1∶4；h；h/3 （c）地面企口缝 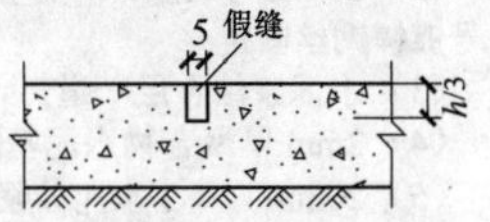 5；假缝；h/3 （d）地面假缝

注　对于季节性冰冻地区，非采暖房间的地面，当土壤冻深大于 600mm 且在此范围内的土为冻胀土时，应在地面垫层下设防冻层，防冻层材料一般为干燥煤（焦）渣、矿渣等不冻胀材料。土壤的标准冻深、冻胀分类按 JGJ 118—2011《冻土地区建筑地基基础设计规范》确定。

地面垫层厚度选用见表 9-9。

表 9-9　地面垫层厚度选用

荷载类型		混凝土强度等级	混凝土垫层厚度（mm）		
			混凝土强度压实后的地基土变形模量 E_0（N/mm^2）		
			8	20	40
均布荷载（kN/m^2）	20	C15	60	60	60
	30	C15/C20	90/80	70/60	60/60
	50	C15/C20	140/120	110/100	100/90
1t 叉车、2.5t 载重汽车		C15	80	70	60
2t 叉车、4t 载重汽车		C15/C20	120/100	110/90	100/80
3t 叉车		C15/C20	130/110	120/100	110/90
5t 叉车、8t 载重汽车		C15/C20	150/140	140/130	130/120

压实地基土变形模量指标见表 9-10。

表 9-10　压实地基土变形模量 E_0 指标

填土类别	检测控制指标	变形模量 E_0（N/mm^2）	
		土壤湿度正常	土壤过湿
砂土	$N>30$；密实	40	36
	$30 \geqslant N>15$；中密	32	28
	$15 \geqslant N>10$；稍密	24	18
粉土	$10 \geqslant N>5$；$10 \geqslant I_p$	22	14
黏性土	$25 \geqslant N_{10}>15$；$17 \geqslant I_p>10$	20	10
	$N_{10}>25$；$I_p>17$	18	8
素填土	$N_{10} \geqslant 10$	20	10

注　表中"土壤过湿"表示土壤相对含水量 W_s 达到 0.55（$W_s=W/W_1$，W 为天然含水量，W_1 为液限）的状态。N 为标准贯入试验锤击数，N_{10} 为轻便触探试验锤击数，I_p 为土的塑性指标。

二、建筑（楼）地面材料及构造

地面按使用要求可分为满足一般功能的普通地面和特殊要求地面。一般功能的普通地面用于公共、民用建筑，要求平整易清洁、耐久。特殊功能地面有耐腐蚀地面、防静电地面、不发火花地面、运动场地面

（有一定弹性）、采暖地面、防油地面等。建筑（楼） 地面分类及面层材料做法见表 9-11。

表 9-11 建筑（楼）地面分类及面层材料做法

分 类	面 层 做 法	说 明
水泥混凝土（楼）地面	（1）20mm 厚 1:2.5 水泥砂浆； （2）素水泥浆一道，内参建筑胶； （3）混凝土垫层（根据地面荷载和基层条件确定）或楼面板	无隔离层，适用于普通厂房楼地面（A 级不燃材料）
水泥混凝土防水（楼）地面	（1）20mm 厚 1:2.5 水泥砂浆； （2）2mm 厚聚合物水泥基防水层； （3）20mm 厚 1:3 水泥砂浆找平层； （4）混凝土垫层（根据地面荷载和基层条件确定）或楼面板	当防水层采用涂膜或卷材时，还应在卷材面上加一层 35mm 厚 C20 细石混凝土，适用于普通厂房有防水要求的楼地面（A 级不燃材料）
细石混凝土地面	（1）40～50mm 厚 C25 细石混凝土； （2）2mm 厚聚合物水泥基防水层（需要防水时考虑）； （3）20mm 厚 1:3 水泥砂浆找平层（需要防水时考虑）； （4）混凝土垫层（根据地面荷载和基层条件确定）或楼面板	细石混凝土层内可根据楼地面荷载情况配ϕ4@200 钢筋网，常用于车道（A 级不燃材料）
水磨石（楼）地面	（1）10mm 厚 1:2.5（彩色）水泥石子地面，磨光后打蜡； （2）20mm 厚 1:3 水泥砂浆结合层，干后卧放铜（铝）条，用穿孔 22 号镀锌钢丝固定； （3）水泥浆结合层一道； （4）2mm 厚聚合物水泥基防水层（需要防水时考虑）； （5）20mm 厚 1:3 水泥砂浆找平层（需要防水时考虑）； （6）混凝土垫层（根据地面荷载和基层条件确定）或楼面板	现磨水磨石（楼）地面（A 级不燃材料）
地砖、陶瓷锦砖、花岗岩块材（楼）地面	（1）8～15mm 厚地砖、陶瓷锦砖、20～25mm 石材； （2）30mm 厚 1:3 干硬性水泥砂浆结合层，面撒水泥粉； （3）2mm 厚聚合物水泥基防水层（需要防水时考虑）； （4）20mm 厚 1:3 水泥砂浆找平层（需要防水时考虑）； （5）混凝土垫层（根据地面荷载和基层条件确定）或楼面板	面层块材的材质、尺寸根据设计要求确定（A 级不燃材料）
橡胶地板	（1）面贴 1.5～4mm 厚橡（塑）胶地板，采用专用地板胶粘贴； （2）20mm 厚 1:2.5 水泥砂浆抹光； （3）2mm 厚聚合物水泥基防水层（需要防水时考虑）； （4）20mm 厚 1:3 水泥砂浆找平层（需要防水时考虑）； （5）混凝土垫层（根据地面荷载和基层条件确定）或楼面板	如果不考虑防水层，需要在垫层增加一层水泥浆结合层，内掺建筑胶（B1 级难燃材料）
树脂涂层（楼）地板	（1）合成树脂类涂层； （2）40mm 厚 C20 细石混凝土，随捣随抹光，硬化后需要打磨、刮腻子； （3）水泥浆一道，内掺建筑胶； （4）混凝土垫层（根据地面荷载和基层条件确定）或楼面板	合成树脂类涂层有聚氨酯涂层（1.2mm）、环氧涂料 0.2mm、丙烯酸涂料 0.2mm（B1 级难燃材料）
钢屑水泥耐磨（硬化）（楼）地面	（1）30mm 厚水泥钢屑面层； （2）水泥浆一道，内掺建筑胶； （3）混凝土垫层（根据地面荷载和基层条件确定）或楼面板	适用于车库、工业厂房、库房（A 级不燃材料）
金属骨料耐磨（硬化）（楼）地面	（1）50mm 厚 C25 细石混凝土，面撒 2～3mm 厚金属骨料，随打随抹； （2）水泥浆一道，内掺建筑胶； （3）混凝土垫层（根据地面荷载和基层条件确定）或楼面板	适用于车库、工业厂房、库房（A 级不燃材料）
不发火花（楼）水泥砂浆地面	（1）20mm 厚 1:2.5 水泥砂浆（骨料用石灰石、白云石砂、NFJ 金属骨料）； （2）水泥浆一道，内掺建筑胶； （3）混凝土垫层（根据地面荷载和基层条件确定）或楼面板	适用于有爆炸危险的厂房，应经现场试验合格
不发火花（楼）混凝土地面	（1）40mm 厚 C20 细石混凝土随打随抹（骨料用石灰石、白云石砂）； （2）水泥浆一道，内掺建筑胶； （3）混凝土垫层（根据地面荷载和基层条件确定）或楼面板	
不发火花沥青砂浆（楼）地面	（1）25mm 厚 1:6 石油沥青（10 号）、石灰石砂压实抹平； （2）沥青冷底子油一道； （3）混凝土垫层（根据地面荷载和基层条件确定）或楼面板	

续表

分　类	面 层 做 法	说　明
不发火花环氧砂浆（楼）地面	（1）1mm 厚环氧不发火花涂料； （2）3～6mm 厚环氧不发火花砂浆，强度达标后进行表面清理； （3）环氧底料一道； （4）混凝土垫层（根据地面荷载和基层条件确定）或楼面板	适用于有爆炸危险的厂房，应经现场试验合格
水泥自流平（楼）地面	（1）浇筑水泥自流平：按施工流向均匀连续布料，快速用专用刮板刮平，浇筑厚度 5～10mm； （2）基层清理−涂刷多功能底剂； （3）40mm 厚 C25 细石混凝土，随捣随抹光； （4）水泥浆一道，内掺建筑胶； （5）混凝土垫层（根据地面荷载和基层条件确定）或楼面板	抗压强度高达 40MPa 以上，耐磨性好，经济性与实用性高。用于生产车间、仓储、停车场等
自流平环氧胶泥（楼）地面	（1）1mm 厚封闭面层； （2）1～2mm 厚自流环氧胶泥，强度达标后进行打磨； （3）环氧底漆一道； （4）40mm 厚 C25 细石混凝土，随捣随抹光； （5）水泥浆一道，内掺建筑胶； （6）混凝土垫层（根据地面荷载和基层条件确定）或楼面板	地坪特性：耐磨、耐压、耐高温、防水，有一定的弹性；具有耐轻度酸碱等化学品的良好性能，对潮气、盐雾、油污及有机溶剂都有良好的抗性。适用于防腐、机械加工、电子、洁净要求高的车间
(耐酸)环氧砂浆（楼）地面（适用于硫酸浓度不大于 70%，盐酸浓度不大于 31%，硝酸浓度不大于 10%）	（1）4～5mm 厚环氧砂浆自流平面层； （2）环氧底漆一道； （3）50mm 厚 C30 细石混凝土，随捣随抹光； （4）水泥浆一道，内掺建筑胶； （5）混凝土垫层（根据地面荷载和基层条件确定）或楼面板	具有耐磨、耐冲击特性，适用于有防腐要求、无尘车间。环氧砂浆配合比见生产厂家说明
(耐酸)聚酯砂浆（楼）地面（适用于硫酸浓度不大于 70%，盐酸浓度不限，硝酸浓度不大于 40%，不适用于有氨水、丙酮作用）	（1）1mm 厚聚酯膜封闭层； （2）3～6mm 厚聚酯砂浆； （3）聚酯底料一道； （4）40mm 厚 C30 细石混凝土，随捣随抹光； （5）水泥浆一道，内掺建筑胶； （6）混凝土垫层（根据地面荷载和基层条件确定）或楼面板	具有耐磨、耐冲击特性，适用于防腐、无尘车间
(耐酸)环氧树脂玻璃钢（楼）面层	（1）环氧树脂二布三涂贴成玻璃钢； （2）2mm 厚环氧胶泥一道； （3）40mm 厚细石混凝土	适用于中等浓度的酸碱面，燃烧特性为 B2
耐碱混凝土地面	（1）60mm 厚耐碱混凝土； （2）水乳型橡胶沥青二布三涂； （3）20mm 厚 1:2 水泥砂浆找平； （4）水泥浆一道，内掺建筑胶	耐冲击抗碱（普通硅酸盐类水泥配制的混凝土，抗压强度不小于 20MPa、抗渗标号不小于 1.2MPa 时能抵抗浓度在 15%以下 NaOH 等碱液腐蚀）
实铺硬木地板（强化复合木地板）	（1）0.2mm 厚聚酯漆或聚氨酯漆； （2）8～15mm 厚硬木地板，专用胶粘贴； （3）20mm 厚 1:2.5 水泥砂浆抹光； （4）水泥浆一道，内掺建筑胶； （5）混凝土垫层（根据地面荷载和基层条件确定）或楼面板	（1）、（2）项还可以采用“强化企口复合木地板，板缝用胶黏剂”替代，如需要增加弹性，可以在砂浆找平层上铺 3～5mm 厚橡胶(塑料)衬垫
强化复合双层木地板	（1）强化企口复合木地板，板缝用胶黏剂； （2）3～5mm 厚橡胶（塑料）衬垫； （3）15mm 厚松木毛板 45° 斜铺； （4）20mm 厚 1:2.5 水泥砂浆抹光； （5）水泥浆一道，内掺建筑胶； （6）混凝土垫层（根据地面荷载和基层条件确定）或楼面板	常用于宿舍居住建筑等
架空单（双）层木地板	（1）0.2mm 厚聚酯漆或聚氨酯漆； （2）8～15mm 厚硬木地板，专用胶粘贴； （3）50mm×50mm 防腐木龙骨固定在混凝土地面； （4）15mm 厚 1:2.5 水泥砂浆抹光； （5）水泥浆一道，内掺建筑胶； （6）混凝土垫层（根据地面荷载和基层条件确定）或楼面板	采用双层木地板时，下层采用 18mm 厚毛松木板，常用于宿舍等居住建筑等
防静电地面	（1）面层、找平层、结合层材料需要加导电粉； （2）防静电水泥浆一道； （3）30mm 厚 1:3 水泥砂浆找平，内配金属接地网； （4）混凝土垫层（根据地面荷载和基层条件确定）或楼面板	导电粉材料有石墨粉、炭黑粉、金属粉 NFJ 金属骨料或高分子防静电剂，金属网为ϕ4@2000，接地电阻不大于 10Ω

续表

分 类	面 层 做 法	说 明
网络地板	（1）40mm 厚网络地板（成品，地板上可根据需要铺其他装饰材料）； （2）20mm 厚泥浆找平层抹光； （3）水泥浆一道； （4）60mm 厚 C15 混凝土垫层（或钢筋混凝土楼板）	复合材料平铺网络地板是由阻燃 PVC 面层、水泥膨胀珍珠岩承压模块、复合材料组成
重晶石砂浆地面	（1）30mm 厚重晶石砂浆面层（分层抹，每层厚度不超过 2～3mm）； （2）水泥浆一道（内掺建筑胶）； （3）60mm 厚 C15 混凝土垫层（或钢筋混凝土楼板）	重晶石砂浆配比： Ⅰ型：石灰膏:水泥:重晶石粉＝1:9:3.5。 Ⅱ型：水泥:重晶石粉:重晶石砂:中砂＝1:0.25:2.5:1
保温楼面	（1）40mm 厚 C20 细石混凝土随打随抹内配φ3@50 钢网（面层装修根据需要选定）； （2）0.2mm 厚塑料膜浮铺； （3）保温材料选用见说明； （4）0.2mm 厚塑料膜浮铺； （5）20mm 厚泥浆找平层； （6）水泥浆一道（内掺建筑胶）； （7）钢筋混凝土楼面板	保温材料可采用聚乙烯苯板、加气混凝土、水泥膨胀蛭石保温块，各材料厚度根据节能计算确定。 当面层有较大集中荷载作用时，应对保温材料的局部抗压强度进行验算

注 对于季节性冰冻地区，非采暖房间的地面当土壤冻深大于 600mm 时，并且在此范围内的土为冻胀土时，应在地面垫层下设防冻层，防冻层材料可采用干燥煤（焦）渣、矿渣等不冻胀材料。土壤的标准冻深、冻胀分类见本章第七节。

三、火力发电厂建筑地面构造设计要求

火力发电厂建筑地面材料及基层处理主要根据生产和使用特点确定，有较大荷载或重型汽车进入的室内地面（如汽机房±0.000m 层检修场地、重型材料库、消防车库）地基以下 1.50m 范围内的土层应进行处理，满足密实度要求，地面应采用强度在 C25 以上的混凝土，厚度通常不小于 180mm，面层通常采用耐冲击的硬化材料。室内储煤建筑地面采用混凝土地面或炉渣、煤矸石垫层地面，其他建筑地面材料可根据 DL/T 5029《火力发电厂建筑装修设计标准》相关规定选用。

第三节 建 筑 屋 面

建筑屋面可根据结构形式、材料、使用特点进行如下分类。

（1）按结构形式可划分为普通现浇、预制混凝土屋面、瓦（普通瓦、塑料瓦和压型钢板）屋面、玻璃（幕墙）屋面（GB/T 21086—2007《建筑幕墙》规定幕墙水平夹角小于 75° 时定义为屋面）、膜结构屋面等。

（2）按屋面材料及排水坡度适应性特点划分为平屋面（屋面坡度≤5%）和坡屋面（屋面坡度＞10%）。5%＜坡度≤10%范围的属于过渡段坡度，在此段坡度屋面，当选用压型钢板材料时，要求压型钢板纵向搭接采用 180°～360° 咬边连接、无横缝（通长）的压型钢板屋面构造。压型钢板屋面坡度通常要不小于 5%；采用小瓦（贴瓦、挂瓦）屋面的坡度通常应不小于 30%；采用其他材料的大瓦（如沥青瓦、塑料瓦）屋面的坡度应不小于 20%。

（3）按屋面使用特点可分为上人屋面、不上人屋面、种植屋面、蓄水屋面等。

一、钢筋混凝土平屋面建筑构造

钢筋混凝土现浇屋面由结构层、找坡层（结构找坡时无此层）、找平层、防水保温层、保护层构成。建筑屋面构造与建筑节能、屋面防水等级及防水材料种类有关。依据屋面保温材料与建筑防水材料的不同位置关系，又分为普通防水屋面和倒置式防水屋面。

根据 GB 50345—2012《屋面工程技术规范》，防水等级为Ⅰ级的屋面要求设二道防水层，而二道防水层材料规定有三种形式：①二道卷材；②卷材＋涂膜；③复合防水材料（可选用卷材＋渗透水泥基类防水涂料）。防水等级为Ⅱ级的屋面设一道防水层，防水材料品种可选卷材防水、涂膜防水、复合防水材料。Ⅰ级防水屋面适用于重要建筑或高层建筑；Ⅱ级防水屋面用于一般建筑屋面；倒置式防水屋面根据规范要求一般采用Ⅰ级防水，保温层厚度根据规范要求在节能计算指标的基础上还需要增加 25%。钢筋混凝土现浇平屋面构造特征见表 9-12，混凝土现浇平屋面构造简图及说明见表 9-13。

表 9-12　　钢筋混凝土现浇平屋面构造特征

屋面分类	构造特征	适用范围
现浇混凝土普通防水屋面	（1）普通屋面防水构造从下至上依次为：①结构基层；②找平层；③隔汽层；④保温（隔热）层；⑤找平（找坡）层；⑥防水层；⑦保护层。 （2）上人屋面保护层一般用水泥砂浆或现浇混凝土，不上人屋面当卷材有保护涂料时可不另设保护层。 （3）寒冷、严寒地区的隔气材料蒸汽渗透阻应进行核算，明确大于计算的蒸汽渗透阻	适用于各气候区域，不同气候区保温材料有不同热阻值要求，南方地区有采用预制混凝土板架空隔热层
现浇混凝土倒置式防水屋面	（1）防水层设在保温层下时称为倒置式屋面，倒置式屋面的基本构造为：①结构层及找平层；②防水层、隔离层（根据需要设置）；③保温层、隔离层（根据需要设置）；④保护层。采用 CCP 复合板做保温层时，可不另设保护层。 （2）屋面坡度大于 3%时，应在结构层采取防止防水保温层及保护层下滑的措施。坡度大于 5%时，应沿垂直于坡度的方向设置防滑条，防滑条应与结构层有可靠连接。 （3）倒置式屋面的保温隔热材料必须采用低吸水率和长期浸水不腐烂的憎水性保温材料。屋面的保温隔热材料可选择挤塑型聚苯乙烯泡沫塑料板、硬泡聚氨酯板、硬泡聚氨酯防水保温复合板、喷涂硬泡聚氨酯及泡沫玻璃保温板等	适用于各类气候区域。用于严寒、寒冷地区的倒置式屋面防水材料同时起到防水和隔汽层作用，采用倒置式屋面构造时，屋面保温材料厚度应比建筑节能设计要求的热阻值提高 25%
现浇混凝土种植屋面	种植屋面基本构造为：①结构层及找平层；②保温层、隔离层（根据需要设置）；③保护层 40mm 厚轻骨料混凝土找平（坡）；④防水层；⑤40mm 厚细石钢筋混凝土保护层；⑥塑料板排水层；⑦土工布过滤层；⑧种植土（蛭石、松散材料等）	种植屋面适用于各类气候区，有较好的热惰性指标和隔热保温指标
现浇混凝土蓄水屋面	蓄水屋面基本构造为：①结构层及找平层；②保温层；③20mm 厚砂浆找平；④防水层；⑤钢筋混凝土板刚性防水（面做 6mm 厚聚合物防水或结晶渗透性防水涂料）	用于各类气候区，寒冷、严寒地区应考虑可放干屋面储水。用于夏热冬暖地区的蓄水屋面应考虑清洁措施。保温层厚度经过计算确定
现浇混凝土架空隔热屋面	普通屋面防水构造从上至下依次为：①架空隔热板保护层（C20 钢筋混凝土板 495mm×495mm×35～50mm）坐砌在 115mm×115mm×200mm 砌块上，空间高度 200mm；②防水层；③20mm 厚水泥砂浆找平（找坡）层；④结构基层	用于夏热冬暖地区、温和地区减少太阳辐射对屋面影响。对于公共建筑、居住建筑还要根据节能计算确定屋面的传热系数指标

表 9-13　　钢筋混凝土现浇平屋面构造简图及说明

屋面形式	构造简图	说明
现浇钢筋混凝土上人屋面	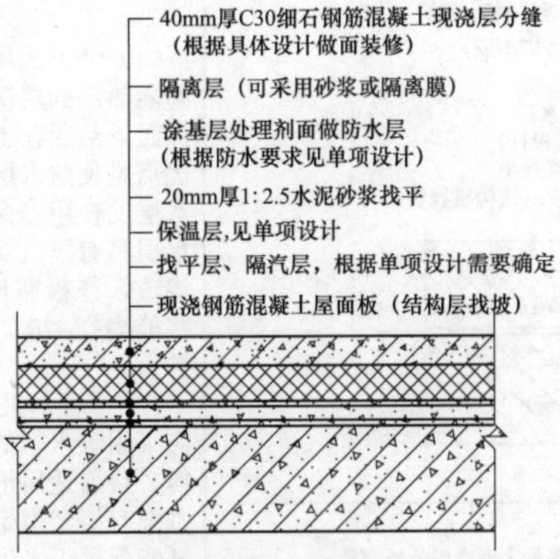 40mm厚C30细石钢筋混凝土现浇层分缝（根据具体设计做面装修） 隔离层（可采用砂浆或隔离膜） 涂基层处理剂面做防水层（根据防水要求见单项设计） 20mm厚1:2.5水泥砂浆找平 保温层,见单项设计 找平层、隔汽层，根据单项设计需要确定 现浇钢筋混凝土屋面板（结构层找坡）	保温层、防水层在钢筋混凝土面层保护下，满足人们在屋面的日常活动需要。屋面坡度在满足排水要求下尽量缓，一般在 3%以下为好，最大不超过 5%
现浇钢筋混凝土不上人屋面	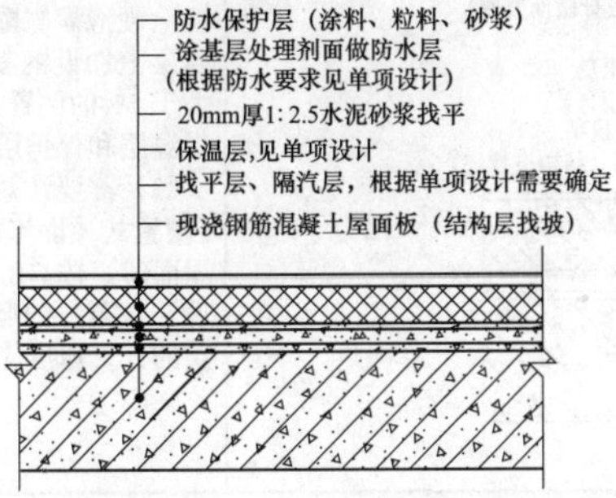 防水保护层（涂料、粒料、砂浆） 涂基层处理剂面做防水层（根据防水要求见单项设计） 20mm厚1:2.5水泥砂浆找平 保温层,见单项设计 找平层、隔汽层，根据单项设计需要确定 现浇钢筋混凝土屋面板（结构层找坡）	现浇混凝土不上人屋面与上人屋面的区别在于防水面层保护和屋面坡度的选择。不上人屋面主要是防止太阳光对防水材料老化的影响，屋面的排水坡度宜大于 3%，最大可以到 10%。坡度大对防排水较为有利

续表

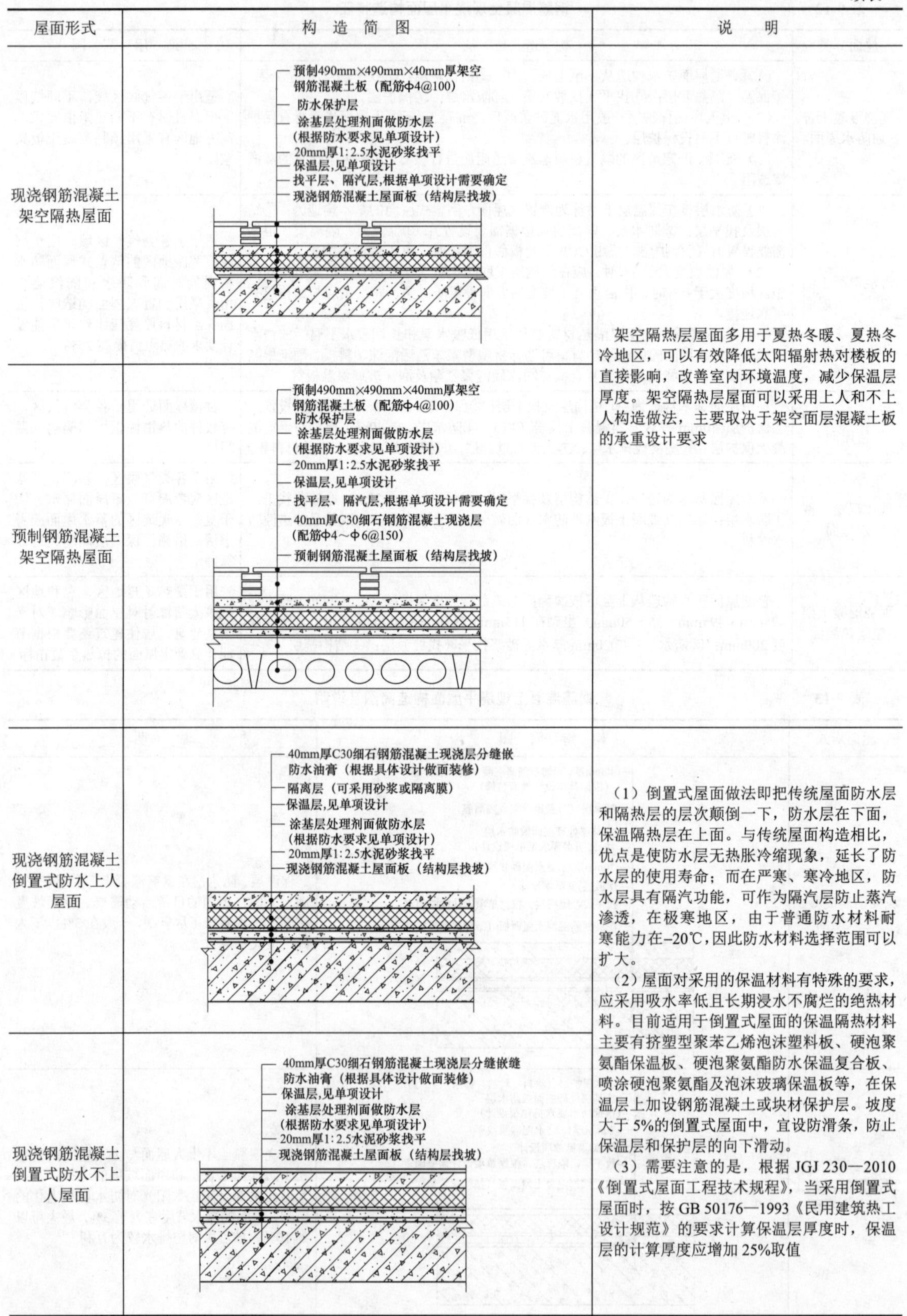

屋面形式	构造简图	说明
现浇钢筋混凝土架空隔热屋面	预制490mm×490mm×40mm厚架空钢筋混凝土板（配筋Φ4@100） 防水保护层 涂基层处理剂面做防水层（根据防水要求见单项设计） 20mm厚1:2.5水泥砂浆找平 保温层，见单项设计 找平层、隔汽层，根据单项设计需要确定 现浇钢筋混凝土屋面板（结构层找坡）	架空隔热层屋面多用于夏热冬暖、夏热冬冷地区，可以有效降低太阳辐射热对楼板的直接影响，改善室内环境温度，减少保温层厚度。架空隔热层屋面可以采用上人和不上人构造做法，主要取决于架空面层混凝土板的承重设计要求
预制钢筋混凝土架空隔热屋面	预制490mm×490mm×40mm厚架空钢筋混凝土板（配筋Φ4@100） 防水保护层 涂基层处理剂面做防水层（根据防水要求见单项设计） 20mm厚1:2.5水泥砂浆找平 保温层，见单项设计 找平层、隔汽层，根据单项设计需要确定 40mm厚C30细石钢筋混凝土现浇层（配筋Φ4～Φ6@150） 预制钢筋混凝土屋面板（结构层找坡）	
现浇钢筋混凝土倒置式防水上人屋面	40mm厚C30细石钢筋混凝土现浇层分缝嵌防水油膏（根据具体设计做面装修） 隔离层（可采用砂浆或隔离膜） 保温层，见单项设计 涂基层处理剂面做防水层（根据防水要求见单项设计） 20mm厚1:2.5水泥砂浆找平 现浇钢筋混凝土屋面板（结构层找坡）	（1）倒置式屋面做法即把传统屋面防水层和隔热层的层次颠倒一下，防水层在下面，保温隔热层在上面。与传统屋面构造相比，优点是使防水层无热胀冷缩现象，延长了防水层的使用寿命；而在严寒、寒冷地区，防水层具有隔汽功能，可作为隔汽层防止蒸汽渗透，在极寒地区，由于普通防水材料耐寒能力在-20℃，因此防水材料选择范围可以扩大。 （2）屋面对采用的保温材料有特殊的要求，应采用吸水率低且长期浸水不腐烂的绝热材料。目前适用于倒置式屋面的保温隔热材料主要有挤塑型聚苯乙烯泡沫塑料板、硬泡聚氨酯保温板、硬泡聚氨酯防水保温复合板、喷涂硬泡聚氨酯及泡沫玻璃保温板等，在保温层上加设钢筋混凝土或块材保护层。坡度大于5%的倒置式屋面中，宜设防滑条，防止保温层和保护层的向下滑动。 （3）需要注意的是，根据JGJ 230—2010《倒置式屋面工程技术规程》，当采用倒置式屋面时，按GB 50176—1993《民用建筑热工设计规范》的要求计算保温层厚度时，保温层的计算厚度应增加25%取值
现浇钢筋混凝土倒置式防水不上人屋面	40mm厚C30细石钢筋混凝土现浇层分缝嵌缝防水油膏（根据具体设计做面装修） 保温层，见单项设计 涂基层处理剂面做防水层（根据防水要求见单项设计） 20mm厚1:2.5水泥砂浆找平 现浇钢筋混凝土屋面板（结构层找坡）	

续表

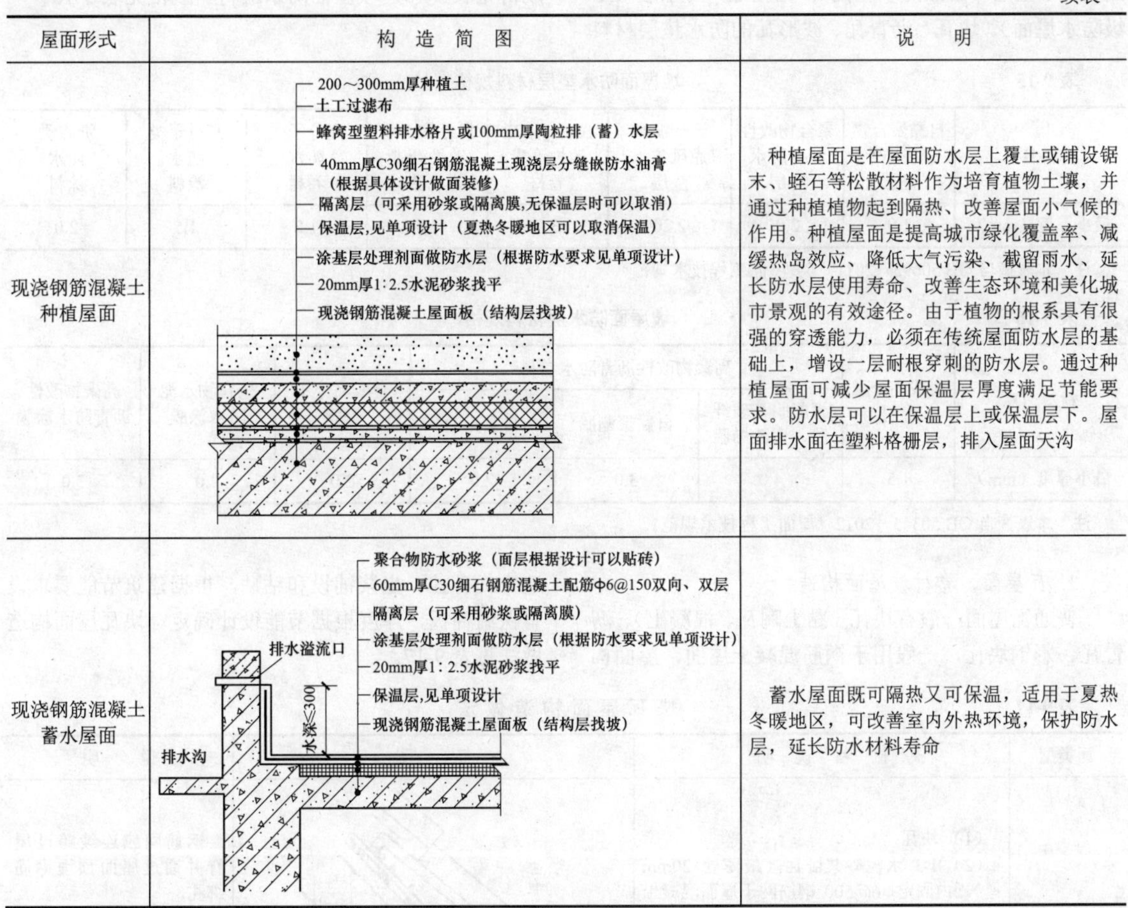

屋面形式	构造简图	说明
现浇钢筋混凝土种植屋面	200～300mm厚种植土 土工过滤布 蜂窝型塑料排水格片或100mm厚陶粒排（蓄）水层 40mm厚C30细石钢筋混凝土现浇层分缝嵌防水油膏（根据具体设计做面装修） 隔离层（可采用砂浆或隔离膜,无保温层时可以取消） 保温层,见单项设计（夏热冬暖地区可以取消保温） 涂基层处理剂面做防水层（根据防水要求见单项设计） 20mm厚1∶2.5水泥砂浆找平 现浇钢筋混凝土屋面板（结构层找坡）	种植屋面是在屋面防水层上覆土或铺设锯末、蛭石等松散材料作为培育植物土壤，并通过种植植物起到隔热、改善屋面小气候的作用。种植屋面是提高城市绿化覆盖率、减缓热岛效应、降低大气污染、截留雨水、延长防水层使用寿命、改善生态环境和美化城市景观的有效途径。由于植物的根系具有很强的穿透能力，必须在传统屋面防水层的基础上，增设一层耐根穿刺的防水层。通过种植屋面可减少屋面保温层厚度满足节能要求。防水层可以在保温层上或保温层下。屋面排水面在塑料格栅层，排入屋面天沟
现浇钢筋混凝土蓄水屋面	聚合物防水砂浆（面层根据设计可以贴砖） 60mm厚C30细石钢筋混凝土配筋φ6@150双向、双层 隔离层（可采用砂浆或隔离膜） 涂基层处理剂面做防水层（根据防水要求见单项设计） 20mm厚1∶2.5水泥砂浆找平 保温层,见单项设计 现浇钢筋混凝土屋面板（结构层找坡） 排水溢流口 水深≤300 排水沟	蓄水屋面既可隔热又可保温，适用于夏热冬暖地区，可改善室内外热环境，保护防水层，延长防水材料寿命

注　现浇钢筋混凝土屋面找坡一般优先考虑结构找坡，当结构找坡困难时，建筑常采用轻骨料混凝土（部分材料可兼做建筑屋面保温材料），轻骨料混凝土有陶粒混凝土、加气混凝土、膨胀珍珠岩混凝土、煤渣混凝土、焦渣混凝土、页岩混凝土、粉煤灰陶粒混凝土、煤矸石炉渣混凝土等。

二、坡屋面（小瓦、大瓦、卷材）构造

坡屋面防水材料和形式一般有钢筋混凝土卷材防水坡屋面、块瓦（黏土、树脂、混凝土材料）、波形瓦（玻璃钢材料）、沥青瓦（植物、玻璃纤维毡与沥青）屋面。块瓦坡屋面构造特点又分为水泥砂浆卧贴和绑挂，沥青瓦通常结合卷材粘贴构造共同防水。

1. 坡屋面瓦品种和坡度

坡屋面的各类材料及构造要求见表9-14。

表9-14　　坡屋面材料及构造要求

屋面瓦类型	沥青瓦	波形瓦	块瓦	压型钢板	卷材防水
适用坡度（%）	≥20	≥20	≥30	≥5	≥3
防水垫层（防水卷材）	应设	应设	应设	一级应设	—
说明	以植物、玻璃纤维毡为胎基的彩色块状片材，屋面固定以钉贴为主	以彩钢、塑料瓦为主	品种有彩釉面、素面西式陶瓦；彩色水泥瓦；黏土平瓦	一般为彩色涂层、镀铝锌钢板，常用厚度为0.6～1.0mm，屈服强度为320～550MPa	与普通平屋面材料相同

注　本表摘自GB 50693—2011《坡屋面工程技术规范》。

当坡屋面坡度大于100%、抗震设防烈度超过7度时，应加强瓦的固定措施。设有屋面保温层的坡屋面坡度大于100%时，应采用内保温做法。坡屋面较多用于钢筋混凝土屋面，防水形式与防水等级为：瓦屋

面+防水垫层（Ⅱ级防水屋面）；瓦屋面+防水层（Ⅰ级防水屋面）。块瓦、沥青瓦、波形瓦的防水垫层材料规格见表9-15，坡屋面防水层材料规格见表9-16。

表9-15　　坡屋面防水垫层材料规格

材料名称	自黏聚合物沥青防水垫层	聚合物改性沥青防水垫层	波形沥青通风防水垫层	SBS、APP改性沥青卷材	自黏聚合物改性沥青防水卷材	高分子类防水卷材	高分子类防水涂料	沥青类防水涂料
最小厚度（mm）	1.0	2.0	2.20	3.0	1.5	1.2	1.5	2.0

注　本表摘自GB 50693—2011《坡屋面工程技术规范》。

表9-16　　坡屋面防水层材料规格

材料名称	合成高分子卷材	高聚物改性沥青防水卷材			合成高分子涂膜	聚合物水泥防水涂膜	高聚物改性沥青防水涂膜
		聚酯胎、玻纤胎、聚乙烯胎	自黏聚酯胎	自黏无胎			
最小厚度（mm）	1.5	4.0	3.0	2.0	2.0	2.0	3.0

注　本表摘自GB 50345—2012《屋面工程技术规范》。

2. 瓦屋面、卷材坡屋面构造

普通瓦屋面一般有块瓦（黏土陶瓦、混凝土）、沥青瓦、彩钢块瓦，一般用于钢筋混凝土屋面，屋面构造方式有挂、坐浆铺设和粘贴，根据建筑节能要求设有保温棉板，厚度根据节能设计确定。块瓦屋面构造做法见表9-17。

表9-17　　块瓦屋面构造做法

瓦类型	材料说明	简图	说明
块瓦（贴）	（1）块瓦； （2）1:3水泥砂浆卧瓦（最薄处20mm厚），内固定φ6@500钢筋网于屋面混凝土结构； （3）防水垫层、防水层（根据需要品种选用）； （4）1:3水泥砂浆找平； （5）钢筋混凝土屋面板		钢筋网应连续跨过屋脊并通过屋面预埋钢筋绑扎。 当瓦需要绑扎时，钢筋网纵向间距应与瓦规格一致。水泥砂浆卧瓦，采用双股18号铜丝将瓦与φ6钢筋绑牢
沥青瓦	（1）沥青瓦； （2）空铺卷材垫层一层； （3）C15细石混凝土找平40mm厚，内配φ6@500钢筋网； （4）防水垫层、防水层（根据需要品种选用）； （5）1:3水泥砂浆找平； （6）钢筋混凝土屋面板		沥青瓦颜色由设计确定，瓦形状有直角瓦、圆角瓦等品种。钢筋网应连续跨过屋脊，并通过屋面预埋钢筋绑扎
彩色钢瓦	（1）彩色钢板块瓦； （2）冷弯型钢挂瓦条，中距按瓦规格； （3）防水垫层、防水层（根据需要品种选用）； （4）1:3水泥砂浆找平； （5）钢筋混凝土屋面板		彩钢块瓦各类连接件、密封件均由厂家配套

注　本表摘自国家建筑标准设计图集07CJ15《波形沥青瓦、波形沥青防水板建筑构造》。

3. 块瓦坡屋面檐口、天沟构造

块瓦坡屋面檐口、天沟构造见表 9-18。

表 9-18 块瓦坡屋面檐口、天沟构造

部位	贴瓦檐口简图	挂瓦檐口简图	说　明
自由落水沿口	Φ4@150双向钢筋网 ≥60 100 外饰面层 ≥20 120 50 50	顺木条 横木条 1:3水泥砂浆卧牢封严 ≥60 ≥20 65 50 50	图示虚线表示另外一种屋面沿口形式，其他要求与屋面构造相同
天沟	100 200 1:2.5水泥砂浆20mm Φ4@150双向钢筋网 30 R=50 卷材或涂膜防水层	200 R=50 25 ∟30×3角钢 翻起部位卷材附加层空铺200mm宽 天沟	天沟落差一般不超过 200mm

注　本表摘自国家建筑标准设计图集 07CJ15《波形沥青瓦、波形沥青防水板建筑构造》。

4. 块瓦坡屋面屋脊、斜天沟构造

块瓦坡屋面屋脊、斜天沟构造见表 9-19。

表 9-19 块瓦坡屋面屋脊、斜天沟构造

部位	贴瓦屋脊做法	挂瓦屋脊做法	斜　天　沟
块瓦屋脊	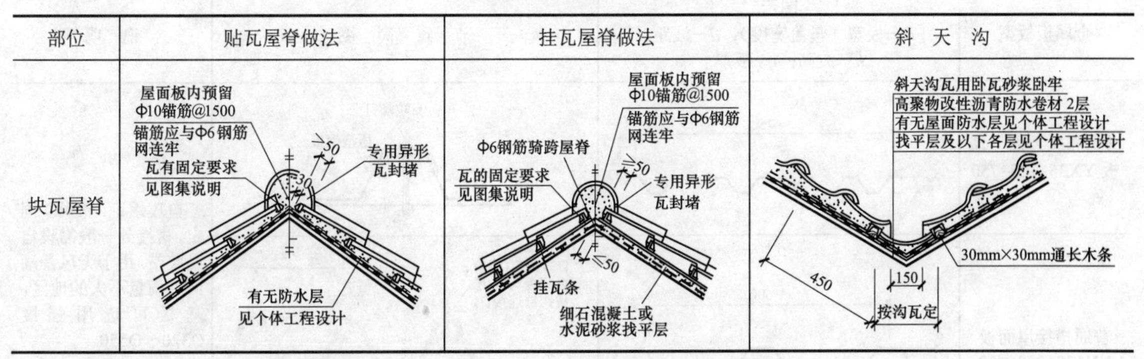		

注　本表摘自国家建筑标准设计图集 07CJ15《波形沥青瓦、波形沥青防水板建筑构造》。

5. 沥青瓦坡屋面檐口、屋脊、斜天沟构造

沥青瓦坡屋面檐口、屋脊、斜天沟构造见表 9-20。

三、金属板屋面构造

金属板屋面具有质量轻、抗震性能好、绿色环保等特点，火力发电厂厂房常用压型钢板屋面。压型钢板屋面按压型钢板的构造特征分为单层压型钢板面和复合压型钢板面，复合压型钢板面根据压型钢板的生产特点和安装方式又分为压型钢板复合保温（也称现场复合保温金属板）屋面和夹芯板（也称工厂复合保温金属板）屋面两类。工厂复合保温金属板屋面板一般外侧为压型钢板，内板为镀铝锌平板，板夹芯材料通常有岩棉、发泡聚氨酯、阻燃可发性聚苯乙烯、聚苯乙烯 EPS 等。为满足消防要求，常采用岩棉夹芯。工厂复合保温金属板屋面板安装方便，板刚度高，保温隔热指标好，冷桥影响小，但内侧龙骨外露影响美观，除非另外采用措施装饰。现场复合保温金属板屋面板一般在檩条内侧

设一层金属板，中间夹岩棉、玻璃棉毡，外侧一层金属板，内板可采用普通金属板、穿孔装饰金属板。采用现场复合保温金属板的厂房内部美观，如果采用穿孔板，可以达到保温、吸声的双重功效，现场复合构造的缺点是单排主龙骨容易产生冷桥影响。

1. 单层压型钢板屋面构造

单层压型钢板屋面板型及连接构造见表 9-21。

表 9-20　　沥青瓦坡屋面檐口、屋脊、斜天沟构造

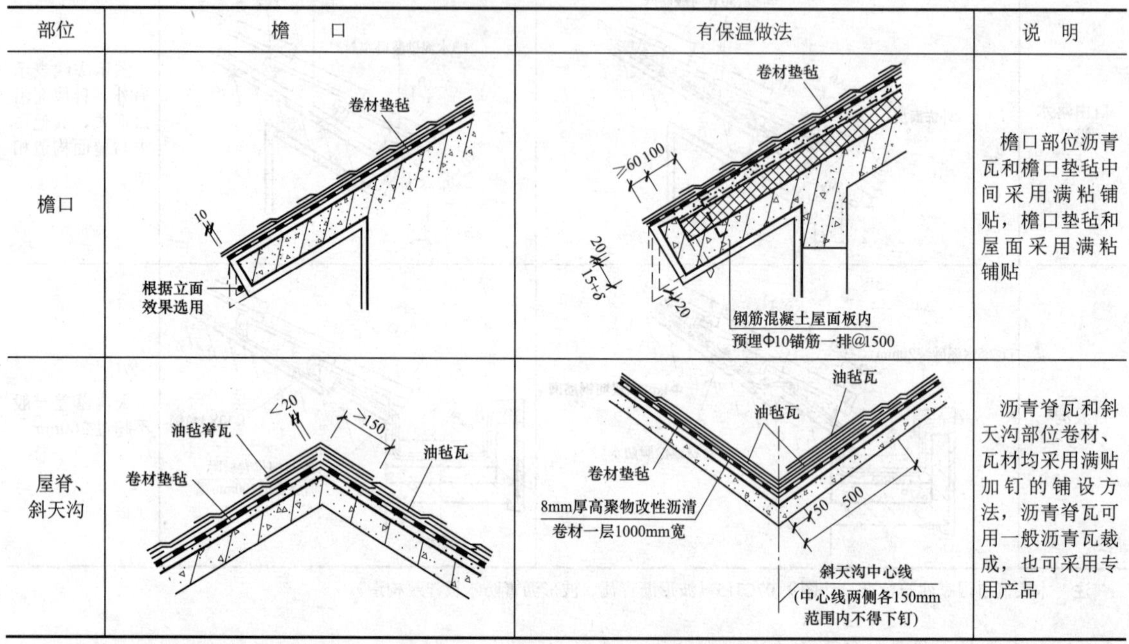

部位	檐　口	有保温做法	说　明
檐口			檐口部位沥青瓦和檐口垫毡中间采用满粘铺贴，檐口垫毡和屋面采用满粘铺贴
屋脊、斜天沟			沥青脊瓦和斜天沟部位卷材、瓦材均采用满贴加钉的铺设方法，沥青脊瓦可用一般沥青瓦裁成，也可采用专用产品

注　本表摘自国家建筑标准设计图集 07CJ15《波形沥青瓦、波形沥青防水板建筑构造》。

表 9-21　　单层压型钢板屋面板型及连接构造

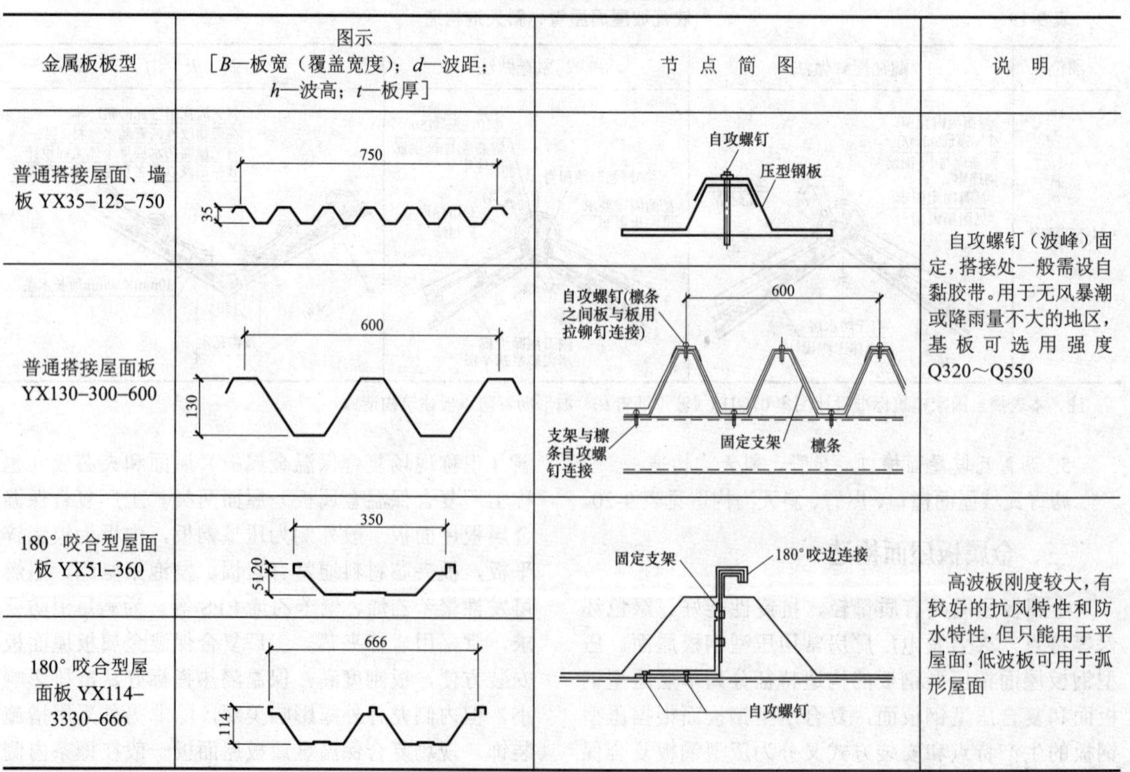

金属板板型	图示 [*B*—板宽（覆盖宽度）；*d*—波距；*h*—波高；*t*—板厚]	节　点　简　图	说　明
普通搭接屋面、墙板 YX35-125-750			自攻螺钉（波峰）固定，搭接处一般需设自黏胶带。用于无风暴潮或降雨量不大的地区，基板可选用强度 Q320～Q550
普通搭接屋面板 YX130-300-600			
180° 咬合型屋面板 YX51-360			高波板刚度较大，有较好的抗风特性和防水特性，但只能用于平屋面，低波板可用于弧形屋面
180° 咬合型屋面板 YX114-3330-666			

续表

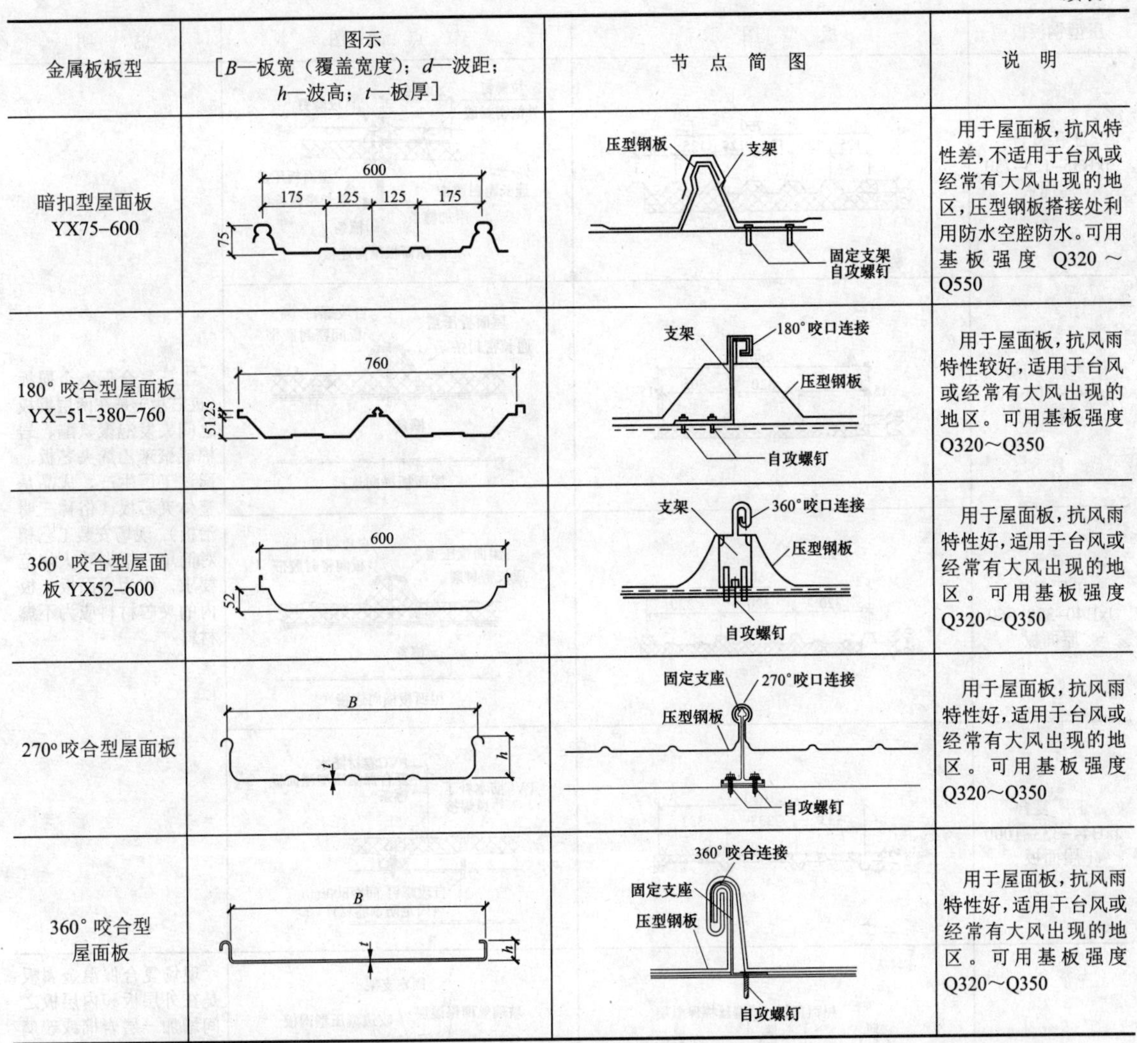

金属板板型	图示［B—板宽（覆盖宽度）；d—波距；h—波高；t—板厚］	节点简图	说明
暗扣型屋面板 YX75-600	600；175　125　125　175；75	压型钢板；支架；固定支架；自攻螺钉	用于屋面板，抗风特性差，不适用于台风或经常有大风出现的地区，压型钢板搭接处利用防水空腔防水。可用基板强度 Q320～Q550
180° 咬合型屋面板 YX-51-380-760	760；51.25	支架；180° 咬口连接；压型钢板；自攻螺钉	用于屋面板，抗风雨特性较好，适用于台风或经常有大风出现的地区。可用基板强度 Q320～Q350
360° 咬合型屋面板 YX52-600	600；52	支架；360° 咬口连接；压型钢板；自攻螺钉	用于屋面板，抗风雨特性好，适用于台风或经常有大风出现的地区。可用基板强度 Q320～Q350
270° 咬合型屋面板	B；h；t	固定支座；270° 咬口连接；压型钢板；自攻螺钉	用于屋面板，抗风雨特性好，适用于台风或经常有大风出现的地区。可用基板强度 Q320～Q350
360° 咬合型屋面板	B；h；t	360° 咬合连接；固定支座；压型钢板；自攻螺钉	用于屋面板，抗风雨特性好，适用于台风或经常有大风出现的地区。可用基板强度 Q320～Q350

注　1. 用于围护结构的压型钢板常用厚度为 0.47～0.7mm，用于屋面的压型钢板厚度不宜小于 0.6mm，不应小于 0.5mm。

2. 屋面板尽量不设搭接横缝，在屋脊和天沟处与平板搭接长度不小于 250mm（高波搭接 350mm），并应设防水堵头。

3. 表中所示金属板板型及编号引自国家建筑标准设计图集 01J925-1《压型钢板、夹芯板屋面及墙体建筑构造》。

2. 复合压型钢板屋面构造

复合压型钢板屋面板型及连接构造见表 9-22。

表 9-22　复合压型钢板屋面板型及连接构造

压型钢板板型	板型图示	节点简图	说明
工厂复合 JxB42-333-1000 屋面板	1000；333　333　333；S42	自攻螺钉；屋面板压盖；板间密封胶带；通长密封条；檩条；屋面板横向连接	工厂复合保温金属板（夹芯板）是在两层钢板之间夹发泡聚氨酯、岩棉或聚苯乙烯夹芯板，通过工厂生产，成品是整体夹芯板（俗称三明治板），现场安装工艺相对简单。根据防火规范要求，作为屋面板，板内的夹芯材料应为不燃材料
工厂复合 JxB45-500-1000 屋面板	1000；500　500；19；20；20；22；S45；47；3；3.5；22；45；23；27		

续表

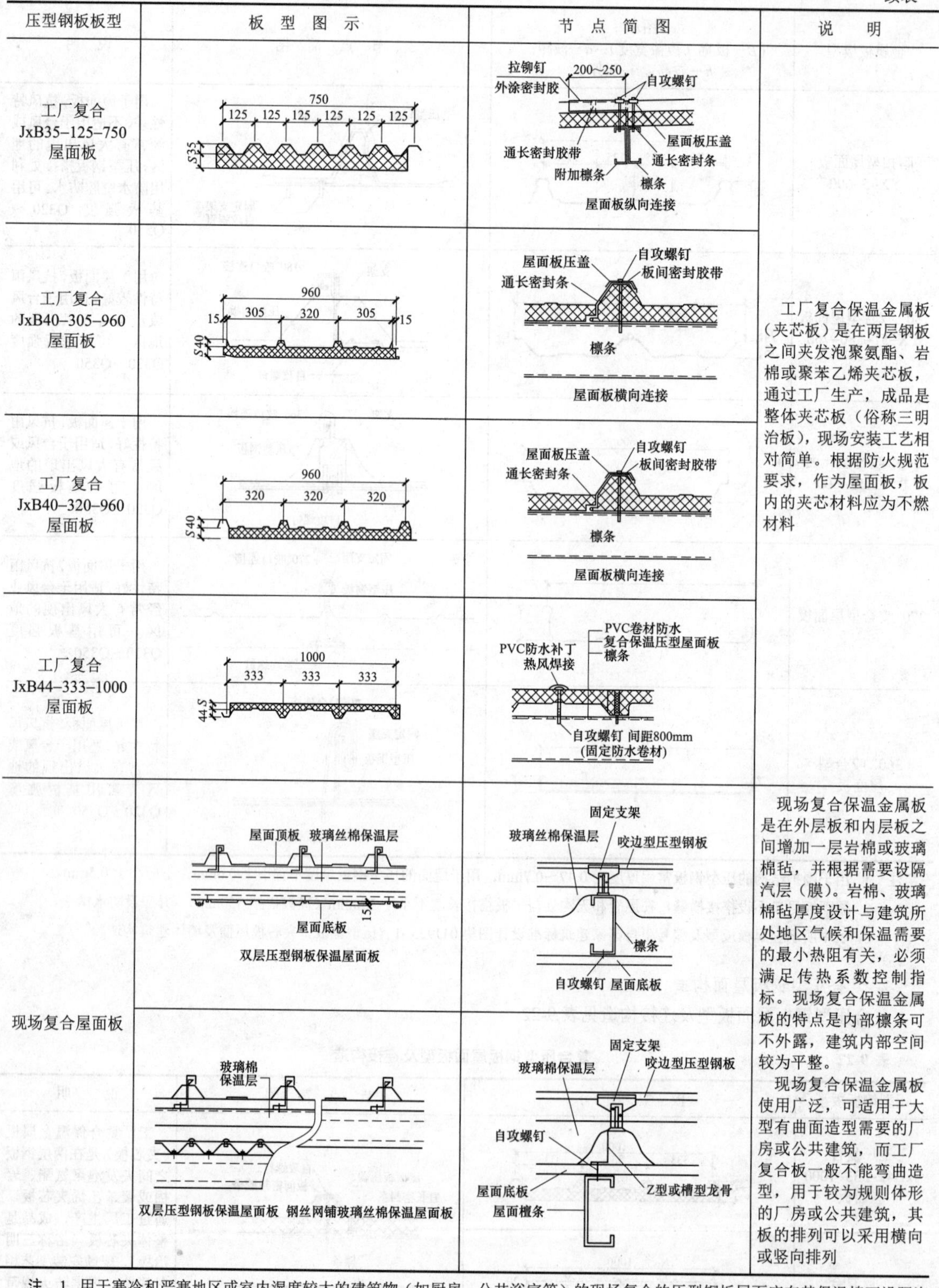

压型钢板板型	板型图示	节点简图	说　明
工厂复合 JxB35-125-750 屋面板	750 125 125 125 125 125 125 S35	拉铆钉　200~250　自攻螺钉 外涂密封胶 通长密封胶带　屋面板压盖 通长密封条 附加檩条　檩条 屋面板纵向连接	工厂复合保温金属板（夹芯板）是在两层钢板之间夹发泡聚氨酯、岩棉或聚苯乙烯夹芯板，通过工厂生产，成品是整体夹芯板（俗称三明治板），现场安装工艺相对简单。根据防火规范要求，作为屋面板，板内的夹芯材料应为不燃材料
工厂复合 JxB40-305-960 屋面板	960 15 305 320 305 15 S40	屋面板压盖　自攻螺钉 通长密封条　板间密封胶带 檩条 屋面板横向连接	
工厂复合 JxB40-320-960 屋面板	960 320 320 320 S40	屋面板压盖　自攻螺钉 通长密封条　板间密封胶带 檩条 屋面板横向连接	
工厂复合 JxB44-333-1000 屋面板	1000 333 333 333 44.S	PVC卷材防水 复合保温压型屋面板 檩条 PVC防水补丁 热风焊接 自攻螺钉 间距800mm (固定防水卷材)	
现场复合屋面板	屋面顶板　玻璃丝棉保温层 15 屋面底板 双层压型钢板保温屋面板	固定支架 玻璃丝棉保温层　咬边型压型钢板 檩条 自攻螺钉　屋面底板	现场复合保温金属板是在外层板和内层板之间增加一层岩棉或玻璃棉毡，并根据需要设隔汽层（膜）。岩棉、玻璃棉毡厚度设计与建筑所处地区气候和保温需要的最小热阻有关，必须满足传热系数控制指标。现场复合保温金属板的特点是内部檩条可不外露，建筑内部空间较为平整。 现场复合保温金属板使用广泛，可适用于大型有曲面造型需要的厂房或公共建筑，而工厂复合板一般不能弯曲造型，用于较为规则体形的厂房或公共建筑，其板的排列可以采用横向或竖向排列
	玻璃棉 保温层 双层压型钢板保温屋面板　钢丝网铺玻璃丝棉保温屋面板	固定支架 玻璃棉保温层　咬边型压型钢板 自攻螺钉 Z型或槽型龙骨 屋面底板 屋面檀条	

注　1. 用于寒冷和严寒地区或室内湿度较大的建筑物（如厨房、公共浴室等）的现场复合的压型钢板屋面应在其保温棉下设隔汽层，并应核算蒸汽渗透阻，一般地区可根据需要设置。

2. 表中所示压型钢板板型及编号引自国家建筑标准设计图集 01J925-1《压型钢板、夹芯板屋面及墙体建筑构造》。

3. 压型钢板屋面采光板构造

单层屋面压型钢板（夹芯板）及采光板搭接构造见表 9-23。

表 9-23 单层屋面压型钢板（夹芯板）及采光板搭接构造

板 型	搭 接 构 造	说 明
配普通 V–125 板型屋面板	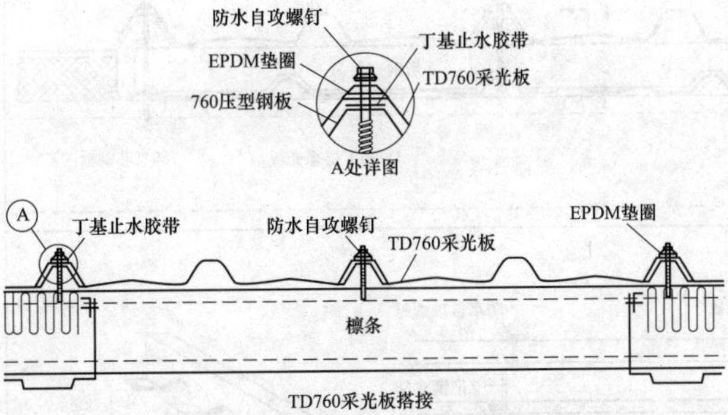 防水自攻螺钉 丁基止水胶带 EPDM垫圈 TD760采光板 760压型钢板 A处详图 A 丁基止水胶带 防水自攻螺钉 EPDM垫圈 TD760采光板 檩条 TD760采光板搭接	与金属板搭接，采光板直接扣在压型钢板上，侧边搭接处通常贴止水胶带。端部搭接要放置在檩条上，与彩钢板重叠大于 250mm，并在搭接端贴两条 2mm × 20mm 止水胶带
配 180°/360° 直立缝锁边金属板，中间自带暗扣支架	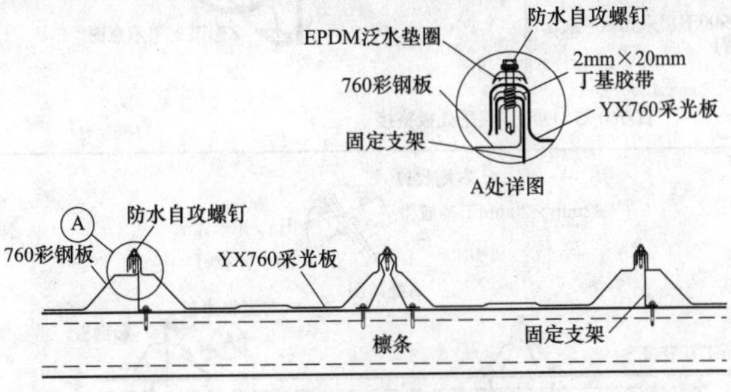 防水自攻螺钉 EPDM泛水垫圈 2mm×20mm 丁基胶带 760彩钢板 YX760采光板 固定支架 A处详图 A 防水自攻螺钉 760彩钢板 YX760采光板 檩条 固定支架 YX760采光板与彩钢板搭接	角驰暗扣类型采光板使用从屋脊到屋檐的通条采光，当必须使用点式采光时，在靠近屋脊端与采光板搭接处的采光板或金属板要进行裁切处理，并加防水收边或做其他防水处理
	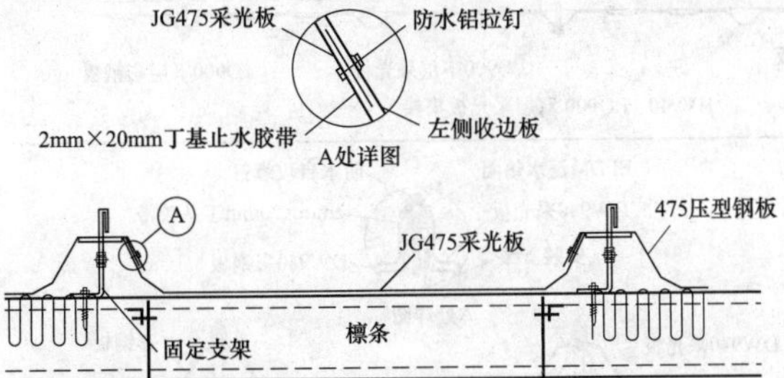 JG475采光板 防水铝拉钉 左侧收边板 2mm×20mm丁基止水胶带 A处详图 A 475压型钢板 JG475采光板 檩条 固定支架 JG475采光板搭接	槽型采光板加收边与彩钢板的搭接，在防水收边与采光板之间贴止水胶带后，采用专用的防水铝拉钉固定
配 180°/360° 直立缝锁的压型钢板	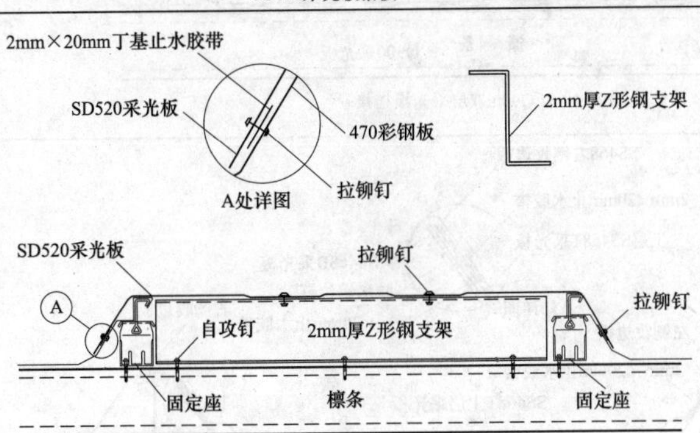 2mm×20mm丁基止水胶带 SD520采光板 470彩钢板 2mm厚Z形钢支架 A处详图 拉铆钉 SD520采光板 拉铆钉 A 拉铆钉 自攻钉 2mm厚Z形钢支架 固定座 檩条 固定座 SD520采光板搭接 注：1. 两端用 PE 泡沫堵头封闭； 2. 在每个檩条上方加 Z 形钢支架，并用自攻螺钉固定在檩条上方。	对应 180°/360° 直立缝锁边的压型钢板处理方案，防水处理简单，适用于点式和通条等各种搭接方式

注 表中采光板系列和构造参考厂家产品。

复合屋面金属板（夹芯板）及采光板搭接构造见表 9-24。

表 9-24　　复合屋面金属板（夹芯板）及采光板搭接构造

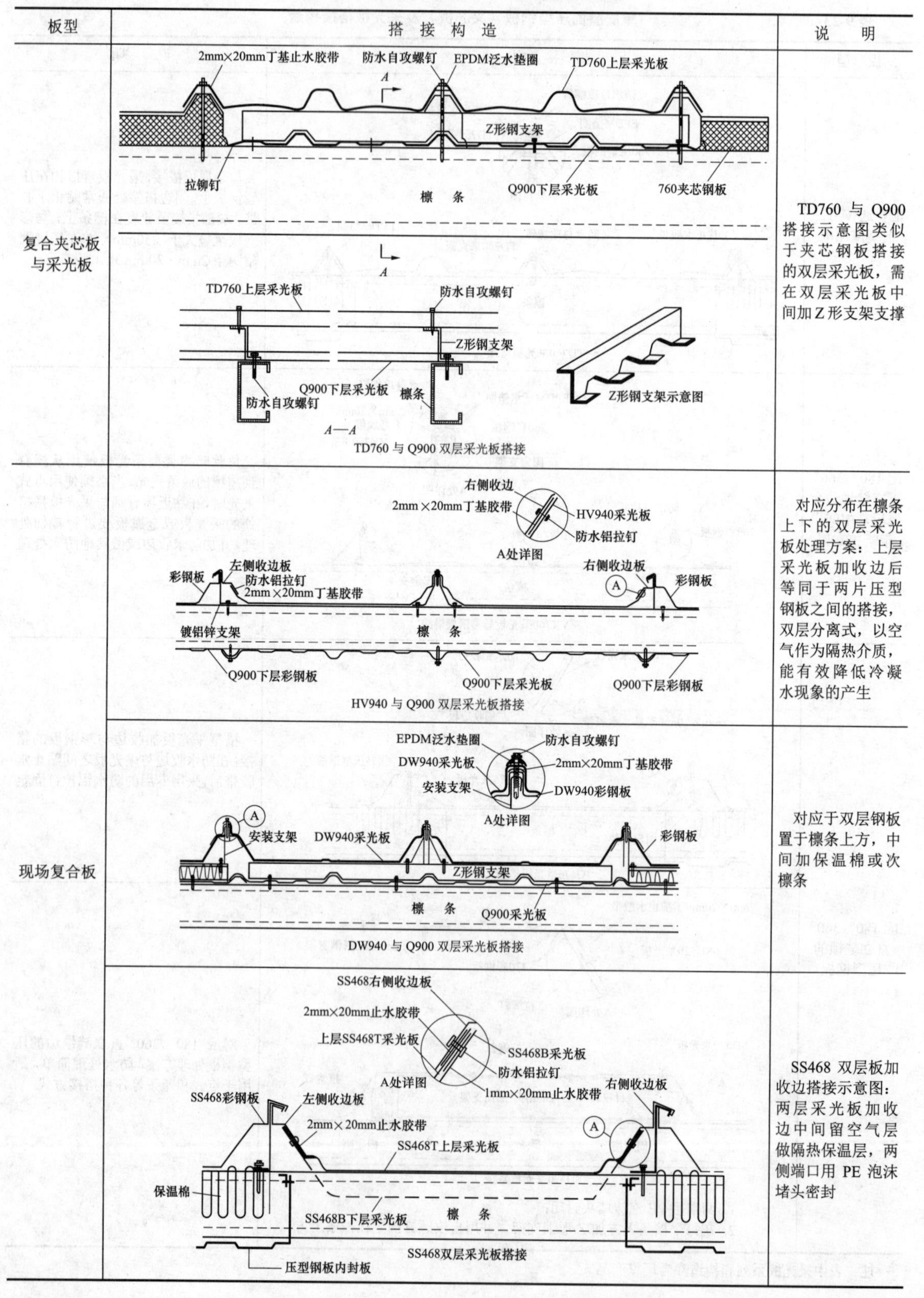

板型	搭接构造	说明
复合夹芯板与采光板	TD760 与 Q900 双层采光板搭接	TD760 与 Q900 搭接示意图类似于夹芯钢板搭接的双层采光板，需在双层采光板中间加Z形支架支撑
	HV940 与 Q900 双层采光板搭接	对应分布在檩条上下的双层采光板处理方案：上层采光板加收边后等同于两片压型钢板之间的搭接，双层分离式，以空气作为隔热介质，能有效降低冷凝水现象的产生
现场复合板	DW940 与 Q900 双层采光板搭接	对应于双层钢板置于檩条上方，中间加保温棉或次檩条
	SS468双层采光板搭接	SS468 双层板加收边搭接示意图：两层采光板加收边中间留空气层做隔热保温层，两侧端口用 PE 泡沫堵头密封

续表

板型	搭接构造	说明
现场复合板	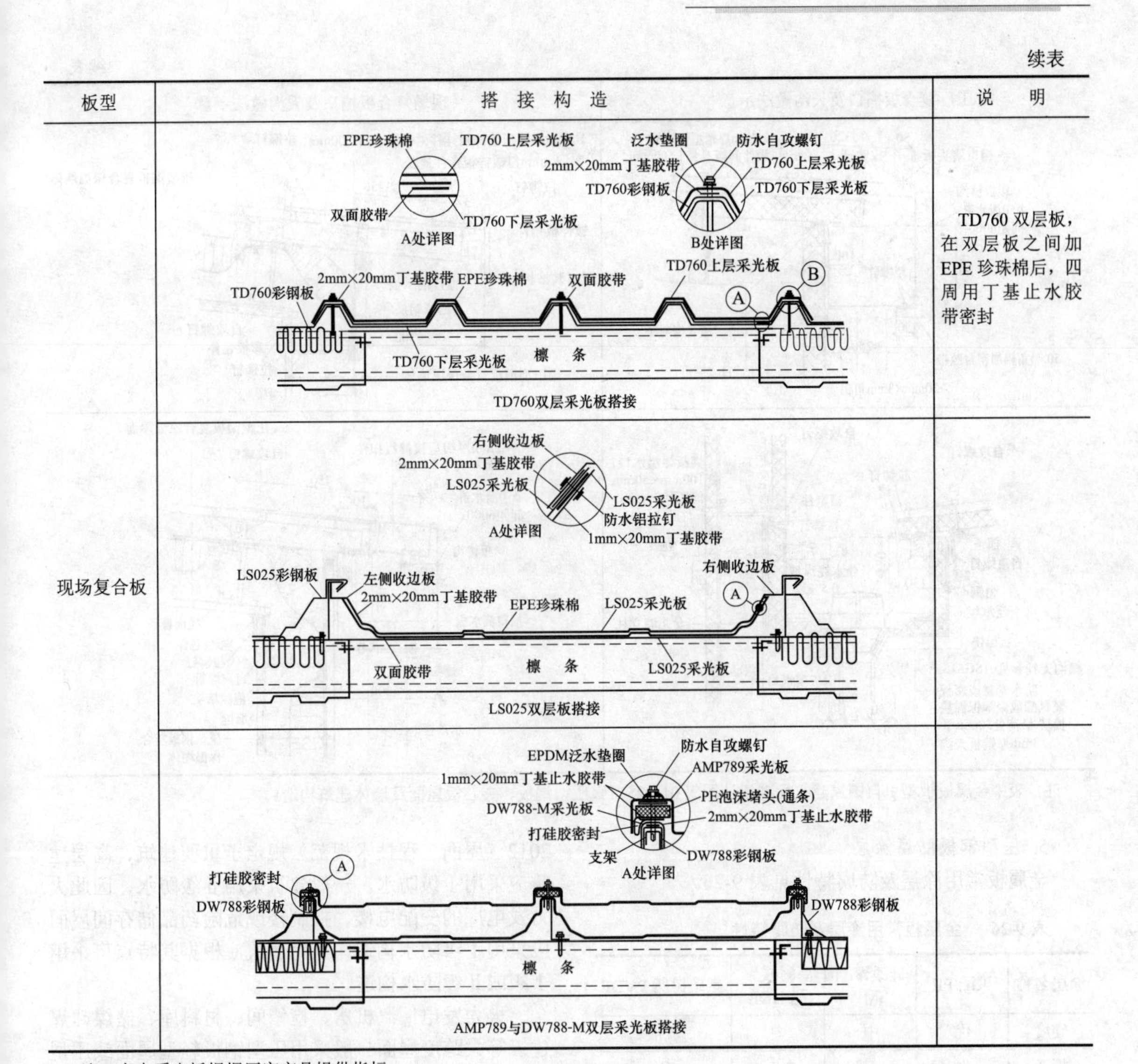	TD760 双层板，在双层板之间加EPE珍珠棉后，四周用丁基止水胶带密封

注 表中采光板根据厂家产品提供指标。

4. 金属板屋面节点构造

复合金属板屋面檐口及天沟节点构造见表 9-25。

表 9-25 复合金属板屋面檐口及天沟节点构造

工厂复合板檐口及天沟做法示意	现场复合板檐口及天沟做法示意

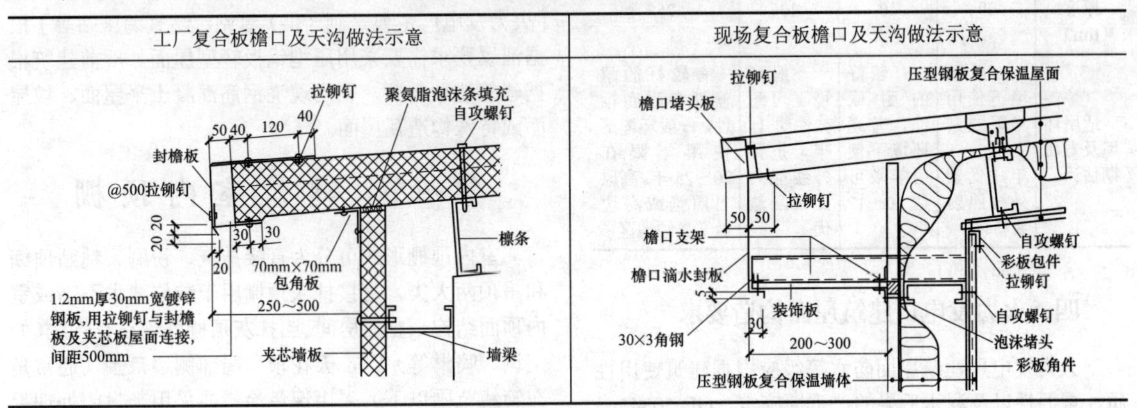

续表

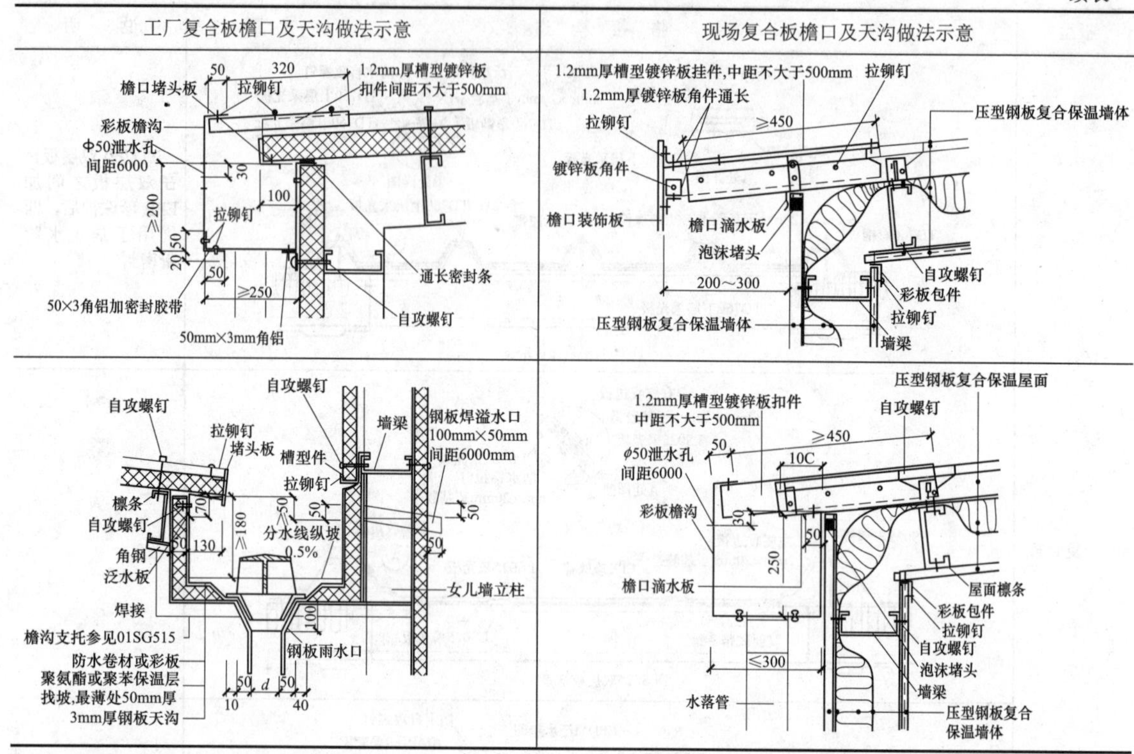

注　表中金属板板型引自国家建筑标准设计图集 01J925–1《压型钢板、夹芯板屋面及墙体建筑构造》。

5. 压型钢板防腐涂层

金属板常用涂层及防腐特性见表 9-26。

表 9-26　　金属板常用涂层及防腐特性

涂层名称	聚酯 PE	硅改聚酯 SMP	高耐候聚酯 HDP	氟碳树脂 PVDF
硬度	优	中	中	一般
折弯	中	一般	优	优
耐腐蚀	中	中	中	优
耐候	中	优	优	优
成本	低	中	中	高
常用涂膜厚度（μm）	20	20	20	25
适用环境及寿命期估计	一般环境下使用年限通常为 7～8 年，受紫外线照射易粉化	有较好的耐候性，普通环境下使用年限可达 10～12 年	一般环境下可耐候性约 15 年，抗紫外线能力比聚酯漆优	有较好的耐候性和耐腐蚀性，一般环境下使用年限在 20～25 年。高原日照强或海边盐雾腐蚀地区

四、火力发电厂建筑屋面构造要求

火力发电厂建筑屋面防水等级应根据建筑使用性质、重要性以及漏水后果的严重性确定，GB 50345—2012《屋面工程技术规范》规定了重要建筑、高层建筑应采用Ⅰ级防水，一般建筑采用Ⅱ级防水，因此火力发电厂的变配电楼、控制楼或危险药品储存间屋面应采用Ⅰ级防水构造，其他建筑应根据其特点可采用Ⅰ级或Ⅱ级防水构造。

火力发电厂汽机房、检修间、材料库、储煤卸煤建筑等大跨度屋面一般采用压型钢板轻型屋面或压型钢板作为底模的现浇混凝土坡屋面。采用金属板屋面，当未设女儿墙时，应在适当位置设防坠落固定安全措施。寒冷、严寒地区的坡屋面檐口部位应采取防冰雪融坠安全措施。普通厂房建筑、厂前辅助建筑等一般采用现浇混凝土平屋面，有爆炸危险的甲、乙类厂房[火力发电厂主要是制（供）氢站、燃气调压站等]根据泄爆要求需要采用压型钢板轻型屋面。厂前建筑根据建筑造型需要，采用现浇钢筋混凝土平屋面、坡屋面或特殊构造瓦屋面。

第四节　建筑室内顶棚

室内顶棚形式可分为直接抹灰、粉刷、粘贴顶棚和吊顶两大类，直接抹灰顶棚用于装修要求不高或室内顶面结构平整的房间。当抹灰顶棚外铺设有管线（如空调、喷淋等）时，天花顶和局部侧墙范围（通常是在管线范围以下）采用深色涂料或采用半封闭处理手法来淡化管线视觉效果。

直接抹灰顶棚材料见第八章相关内容，本节主要介绍吊顶的材料与构造，吊顶根据材料及构造特点可分为以下几种：

（1）整体性吊顶。顶棚面形成一个刚性整体、没有分格，其龙骨一般为木龙骨或槽型轻钢龙骨，面板多用胶合板、石膏板等。

（2）活动（装配）式吊顶。面板直接搁在龙骨上，通常与倒T形轻钢龙骨配合使用。

（3）隐蔽（装配）式吊顶。龙骨不外露，饰面板表面平整，整体效果较好。

（4）开敞式吊顶。吊顶的饰面采用通透材料，可以隐约看见吊顶内部，如木格栅、铝合金格栅、钢板网等吊顶。

一、吊顶构造

各种吊顶顶棚做法见表9-27。

表9-27　各种吊顶顶棚做法

吊顶形式	名称	吊顶构造	材料说明
固定板材面吊顶	吸声吊顶	（1）25mm×40mm×3mm 铝龙骨，距离按设计确定； （2）铺铝板网（钢网）； （3）玻璃布一层固定于龙骨上； （4）铺设玻璃棉毡； （5）C形轻钢龙骨CB50×20与铝龙骨通过铆钉（或自攻螺钉）固定，间距400mm； （6）吊件与楼板用膨胀螺栓固定（如考虑检修上人，吊顶龙骨、吊件应考虑受力荷载，龙骨应采用CB60×27）	纵、横方向吊顶长度超过12m时，应设防止水平晃动固定设施
	板材面装饰吊顶	（1）板面装饰（由具体设计确定）； （2）2mm厚面层耐水腻子刮平，板面接缝处贴盖缝带； （3）满刷防潮涂料两道（仅用于普通石膏板）； （4）板材用自攻螺钉与龙骨固定，中距不大于200mm，螺钉距板边不小于15mm； （5）C形轻钢覆面横撑龙骨CB50×27，间距1200mm，用挂件与主龙骨连接； （6）C形轻钢龙骨CB50×27，间距不大于400mm； （7）φ6钢筋或扁铁吊杆，横向间距不大于400mm，纵向间距不大于800； （8）板底预留钢筋头φ6，间距不大于400mm	板材有： （1）普通纸面石膏板； （2）防火纸面石膏板； （3）木质纤维石膏板； （4）非石棉纤维增强型硅酸钙板； （5）非石棉纤维增强型水泥板； （6）装饰石膏板； （7）矿棉装饰吸声板； （8）难燃胶合板； （9）玻璃棉高级吸声天花板
金属板吊顶（扣板、可拆卸式）	块状板（方形板）吊顶	（1）h厚板材（600mm×600mm）； （2）T形轻钢龙骨横撑TB24×28，间距600mm，与主龙骨插接； （3）T形轻钢主龙骨TB24×38（或TB24×28），间距600mm，与钢筋吊杆连接； （4）φ6钢筋或扁铁吊杆，双向中距1200mm，上部与楼板固定	不上人龙骨： （1）T形轻钢烤漆龙骨； （2）T形铝合金龙骨； （3）T形不锈钢龙骨。 板材有： （1）玻璃棉高级吸声板； （2）金属穿孔板； （3）铝合金板（方板有纯铝、铝锰合金、铝镁合金，材料厚度通常为0.8～1.5mm，表面处理有粉末喷涂、氟碳喷涂）
	条状板吊顶	（1）铝合金板条与专用龙骨固定； （2）专用龙骨，用吊件固定与钢筋吊杆连接； （3）吊杆双向间距不大于1200mm，与板底连接	金属条板根据设计选用，条板有纯铝、铝锰合金、铝镁合金，材料厚度通常为0.5～0.8mm，表面处理有粉末喷涂、氟碳喷涂
装饰类镂空天花吊顶	异形天花板	（1）专用铝合金（轻钢）龙骨固定； （2）专用龙骨，用吊件固定与型钢或钢筋吊杆连接； （3）吊杆双向间距不大于1200mm与板底连接	采用方形、条形钢板、铝板经过特殊加工制作而成，形成需要的曲面，可根据需要图案进行开孔
	垂片吊顶	配套专用龙骨：挂式垂片龙骨、卡式垂片龙骨	垂片有纯铝、铝锰合金、铝镁合金，材料厚度通常为0.7～0.8mm，表面处理有粉末喷涂、氟碳喷涂
	格栅吊顶	配套专用龙骨	格栅材质有纯铝、铝锰合金、铝镁合金，材料厚度通常为0.6～1.0mm，格栅断面10mm×50mm；10mm×75mm，格栅孔大小50mm×50mm～200mm×200mm不等。表面处理有聚酯预辊涂、粉末喷涂、氟碳喷涂

注　大面积轻钢龙骨固定式面板材吊顶或双层上人T形龙骨大面积吊顶每隔12m在主龙骨（承载龙骨）上焊接横卧龙骨道，以加强主龙骨侧向稳定性，次龙骨的间距应根据板的力学特性而定，一般为450～600mm。对于石膏板、纤维硅钙板等大型刚性板吊顶，应考虑温度变化的影响，一般在12m设一道。

二、吊顶节点构造

板材吊顶节点构造简图见表 9-28 和表 9-29。

表 9-28 轻钢龙骨吊顶节点构造简图（不上人）

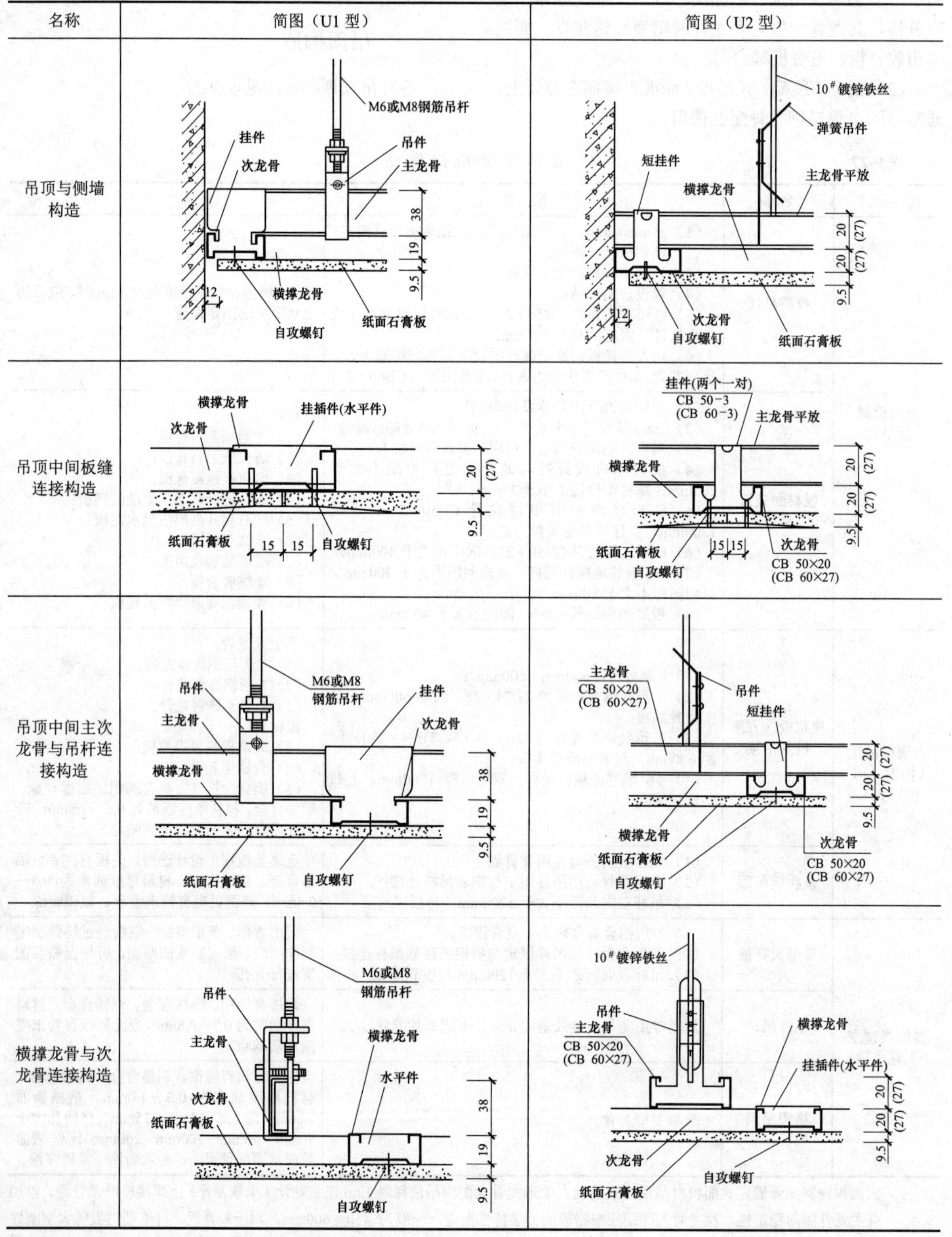

注 吊杆两个方向距离均不应大于 1.20m。

表 9-29　　**轻钢龙骨吊顶节点构造简图（上人）**

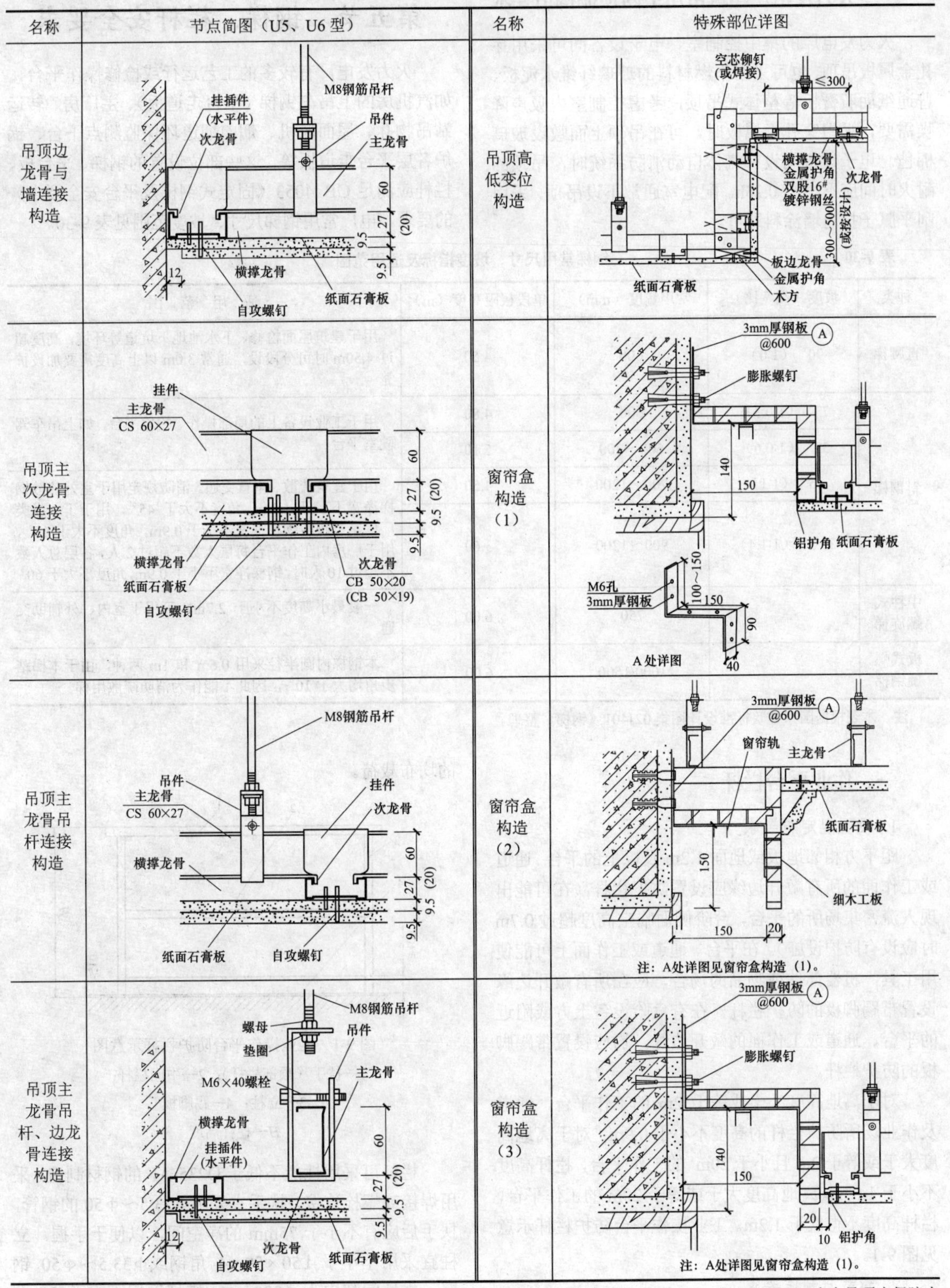

注　1. 上人吊顶体系，龙骨采用双排，主龙骨采用 CS60×27 或 CS50×15，次龙骨为 CB60×27 或 CB50×20。上人吊顶应保障内部空间高度，梁位最低处净高不宜小于 600mm，一般部位不宜小于 1000mm，人孔尺寸不宜小于 400mm×400mm。

2. U5 系列吊顶板采用螺钉固定，U6 系列吊顶板采用专用胶黏剂粘贴。

三、火力发电厂建筑常用室内顶棚构造要求

火力发电厂的集中控制室、电子设备间可采用穿孔金属板吊顶，也可采用不燃材料的玻璃纤维水泥板、普通纸面石膏板等整体式吊顶，考虑控制室内吸声降噪需要，采用穿孔金属板时，可在吊顶上面敷设玻璃棉毡。电子设备间设有气体自动消防系统时，吊顶的耐火时间应不小于 0.25h。配电室通常不设吊顶，采用刮平腻子扫内墙涂料即可。

第五节 钢梯、栏杆安全要求

火力发电厂有较多的工艺运行或检修操作平台，如汽机房的上吊车钢梯（平台走道板）、主厂房、转运站吊物孔、屋面风机、烟囱烟道环保监测点平台、锅炉各层平台走道板等，这些部位设置的钢梯、平台板、栏杆应满足 GB 4053《固定式钢梯及平台安全要求》的要求。电厂常用钢梯尺寸、坡度范围见表 9-30。

表 9-30 钢梯常用尺寸、坡度指标及适用范围

种类	坡度（高宽比）	常用宽度（mm）	单段极限高度（m）	适 用 范 围
直爬梯	90°（1:0）	600	4.50	用于建筑屋面检修、下水池地下坑道等环境，高度超过 4.50m 时可分段设，通常 3.0m 以上高度需要加设护笼
斜钢梯	73°（1:0.3）	600	4.80	用于工业设备上的局部操作、检修平台，如上吊车驾驶室平台
	59°（1:0.6）	600～700	5.10	
	45°（1:1）	700～1200	4.50	用于建筑疏散、垂直交通。消防规定用于室外疏散钢梯净宽不小于 1.1m，角度不大于 45°，用于丁、戊类厂房第二疏散钢梯净宽不小于 0.9m，角度不大于 45°，用于厂房内工作平台每层人数不超过 2 人，各层总人数不超过 10 人时，钢梯净宽不小于 0.9m，角度不大于 60°
	35.5°（1:1.4）	900～1200	3.60	
中柱式螺旋梯		750	6.00	一般最小高度不小于 2.7m，可用于室内、外辅助交通
板式螺旋钢梯		1000/1500	6.00	本钢梯内圆半径采用 0.6m 和 1m 两种，由于本梯踏步角均大于 10°，因此不能作为消防疏散用梯

注 本表根据国家建筑标准设计图集 02J401《钢梯》整理。

一、作业平台栏杆

1. 设置规定与要求

距下方相邻地板或地面 1.2m 及以上的平台、通道或工作面的所有敞开边缘应设置防护栏杆（在可能出现人流密集场所的平台，台阶侧面临空高度超过 0.7m 时应设有防护设施）。在平台、通道或工作面上可能使用工具、机器部件或物品的场合，应在所有敞开边缘设置带踢脚板的防护栏杆。在有危险设备上方或附近的平台、通道或工作面的敞开边缘，均应设置带踢脚板的防护栏杆。

对于离地高度小于或等于 2m 的工作平台，通道及作业场所防护栏杆的高度不小于 0.9m；对于离地高度大于或等于 2m 且小于 20m 的工作平台，栏杆高度不小于 1.05m。离地高度大于或等于 20m 的工作平台，栏杆高度不得低于 1.2m。工业操作平台防护栏杆示意见图 9-1。

2. 承载与制作要求

防护栏杆安装后，顶部栏杆应能承受水平方向和垂直向下方向不小于 890N 的集中载荷和不小于 700N/m 的均布荷载。

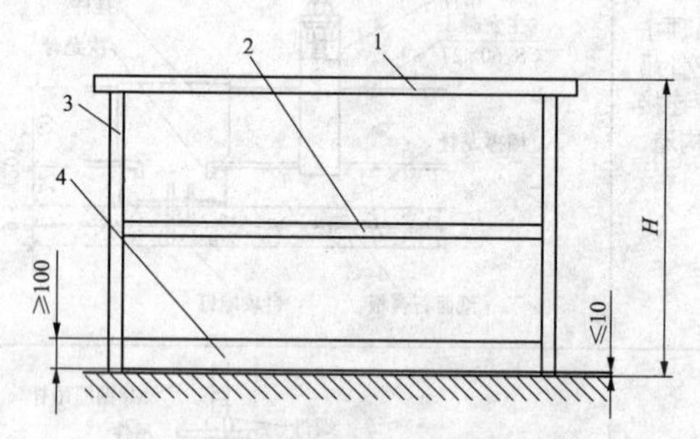

图 9-1 工业操作平台防护栏杆示意图

1—扶手（顶部栏杆）；2—中间栏杆；

3—立柱；4—踢脚板

H—栏杆高度

栏杆可采用性能不低于 Q235-AF 的钢材制造，采用焊接或螺栓连接，扶手宜采用Φ33.5～Φ50 的钢管，扶手后应有不小于 75mm 的净空间，以便于手握。立柱宜采用不小于 L50×50×4 角钢或Φ33.5～Φ50 钢臂，立柱间隙宜为 1000mm；横杆采用不小于 25×4 扁钢或Φ16 的圆钢；横杆与上、下构件的净间距不得大于 380mm；挡板宜采用 120×2 扁钢。当平台设有

满足挡板功能及强度要求的其他结构边沿时，可不另设挡板。室外栏杆钢挡板与平台的间隙宜为 10～20mm，以利于平台排水。栏杆端部应与建筑物牢固连接。栏杆扶手表面应光滑，无毛刺。

平台地面到上方障碍物的垂直距离应不小于 2.00m。平台地板宜采用不小于 4mm 厚的花纹钢板或经防滑处理的钢板铺装，相邻钢板不应搭接。相邻钢板上表面的高差应不大于 4mm。通行平台地板与水平面的倾角应不大于 10°，倾斜的地板应采取防滑措施。

二、钢直梯

1. 设置规定与要求

钢直梯应与其固定的结构表面平行，并尽可能垂直水平面设置。当受条件限制不能垂直水平面设置时，两梯梁中心线所在平面与水平面倾角应在 75°～90°范围内。单段梯高度不宜大于 10m，攀登高度大于 10m 时宜采用多段梯，梯段水平交错布置，并设梯间平台，平台的垂直间距宜为 6m。单段梯及多段梯的梯高均应不大于 15m。在室外安装的钢直梯和连接部分的防雷保护、连接及接地附件应符合 GB 50057《建筑物防雷设计规范》的要求。固定式钢直梯示意图见图 9-2。

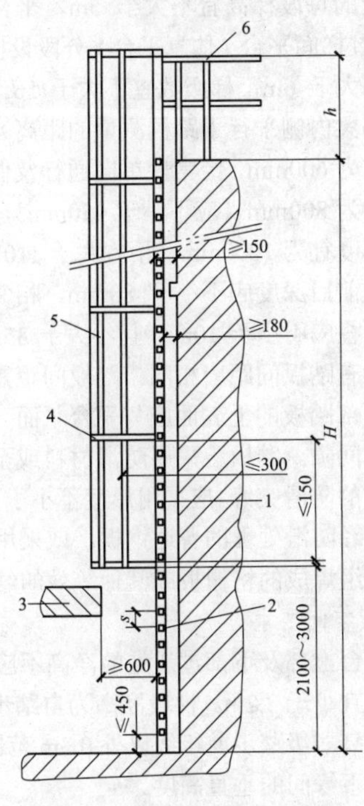

图 9-2 固定式钢直梯示意图

1—梯梁；2—踏棍；3—非连续障碍；4—护笼笼箍；5—护笼立杆；6—栏杆

H—梯段高，H≤15000；h—栏杆高，h≥1050；s—踏棍间距，s=225～300

注：图中省略了梯子支撑。

2. 承载与构件制作要求

梯梁设计载荷按组装固定后其上端承受 2kN 垂直集中活载荷计算（高度按支撑间距选取，无中间支撑时按两端固定点距离选取），在任何方向上的挠曲变形应不大于 2mm；踏棍设计载荷按在其中点承受 1kN 垂直集中活载荷计算，允许挠度不大于踏棍长度的 1/250；每对梯子支撑及其连接件应能承受 3kN 的垂直载荷及 0.5kN 的拉出载荷。

梯梁间踏棍供踩踏表面的内侧净宽度应为 400～600mm，在同一攀登高度上该宽度应相同。由于工作面所限，攀登高度在 5m 以下时，梯子内侧净宽度可小于 400mm，但不应小于 300mm。

梯子攀登高度上所有的踏棍垂直距离应相等，相邻踏棍垂直距离应为 225 ～300mm，梯子下端的第一级踏棍距基准面距离应不大于 450mm（见图 9-2）。圆形踏棍直径应不小于 20mm，若采用其他截面形状的踏棍，其水平方向深度不应小于 20 mm。潮湿或腐蚀环境下使用的梯子，踏棍应采用直径不小于 25 mm 的圆钢，或等效力学性能的正方形、长方形或其他形状的实心或空心型材。踏棍应相互平行且水平设置。

梯梁的表面形状应使其整个攀登高度上能为使用者提供一致的平滑手握表面，不应采用不便于手握紧的不规则形状截面（如大角钢、工字钢梁等）的梯梁。在同一攀登高度上，梯梁应保持相同形状。正常环境下使用的梯子，梯梁应采用 60×10 扁钢或具有等效强度的其他实心或空心型材。潮湿或腐蚀环境下使用的梯子，梯梁应采用不小于 60×12 扁钢，或具有等效强度的其他实心或空心型材。在整个梯子的同一攀登长度上，梯梁截面尺寸应保持一致。容许长细比不宜大于 200。梯梁所有接头应设计成保证梯梁整个结构的连续性。除非所用材料型号有要求，不应在中间支撑处出现接头。

3. 安全护笼要求

梯段高度大于 3m 时，上段开始宜设置安全护笼，护笼宜采用圆形结构，应包括一张水平笼箍和至少 5 根立杆。其等效结构也可采用。水平笼箍采用不小于 50×6 扁钢，立杆采用不小于 40×5 扁钢。水平笼箍应固定到梯梁上，立杆应在水平笼箍内侧并间距相等，与其牢固连接。护笼应能支撑梯子预定的活载荷或恒载荷。护笼内侧深度由踏棍中心线起应不小于 650mm 且不大于 800mm，圆形护笼的直径应为 650～800mm，其他形式的护笼内侧宽度不应小于 650mm 且不大于 800 mm。护笼内侧应无任何突出物。水平笼箍垂直间距不应大于 1500 mm。立杆间距不应大于 300 mm，均匀分布。护笼各构件形成的最大空隙应不大于 0.4m²。护笼底部距梯段下端基准面不应小于 2100 mm 且不大于 3000 mm。护笼的底部宜呈喇叭形，底部水平笼箍和上一级笼箍间在圆周上的距离不小于 100mm。护笼顶部在平台或梯子顶部进、出平面之上的高度不应小于 GB 4053.3《固定式钢梯及平台安全要求 第 3 部分：工业防护栏杆及钢平台》中规定的栏杆高度。未能固定到梯梁上的平台以上或进、出口以上的护笼部件应固定到护栏上或直接固定到结构、建筑物或设备上。护笼平面示意见图 9-3。

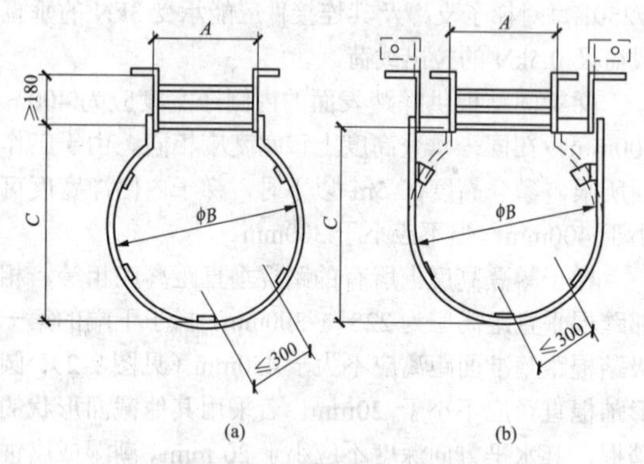

图 9-3 护笼平面示意图

（a）圆形护笼中间笼箍；（b）圆形护笼顶部笼箍

$A=400\sim600$；$B=650\sim800$；$C=650\sim800$

对未设护笼的梯子，由踏棍中心线到攀登面最近的连续性表面的垂直距离应不小于 760mm。对于非连续性障碍物，垂直距离应不小于 600mm。

三、钢斜梯

1. 设置规定与要求

安装在平台（包括设备平台）上的固定式钢斜梯与水平面的倾角应控制在 30°～75°范围内，最佳倾角为 30°～35°。经常需要双向通行梯的最大倾角宜为 38°。同一梯段内踏步高与踏步宽的组合应保持一致。根据 GB 4053.2—2009《固定式钢梯及平台安全要求 第 2 部分：钢斜梯》的规定，踏步高与踏步宽的组合应符合以下要求

$$550\leqslant g+2r\leqslant700$$

式中 g——踏步宽，mm；

r——踏步高，mm。

常用钢斜梯倾角与对应的踏步高 r、踏步宽 g 组合宜满足 $g+2r=600$mm，常用钢斜梯倾角和高跨比（H:L）见表 9-31，其他倾角可按线性插值法确定。

表 9-31 常用钢斜梯倾角和高跨比

倾角α（°）	45	51	55	59	73
高跨比（H:L）	1:1	1:0.8	1:0.7	1:0.6	1:0.3

2. 承载力与构件制作要求

固定式钢斜梯各部分设计载荷应按实际使用要求确定，但不应小于以下规定的数值：固定式钢斜梯应满足正常使用载荷设计值，并不小于施加在任何点的 4.4kN 集中载荷。钢斜梯水平投影面上的均布活载荷标准值应不小于 3.5kN/m^2。踏步中点集中活载荷应不小于 4.5kN，在梯子内侧宽度上均布载荷不小于 2.2kN/m^2。斜梯扶手应能承受在除了向上的任何方向上施加的不小于 890N 的集中载荷，在相邻立柱间的最大挠曲变形应不大于宽度的 1/250。中间栏杆应能承受在中点圆周上施加的不小于 700N 的水平集中载荷，最大挠曲变形不大于 75mm。端部或末端立柱应能承受在立柱顶部施加的任何方向上 890N 的集中载荷。以上载荷不进行叠加。

根据钢斜梯的使用场合及环境条件，应对梯子进行合适的防锈及防腐涂装。钢斜梯安装后，应至少对其涂一层底漆或一层（或多层）漆面或镀锌。涂层一般采用环氧铁红、环氧富锌、无机富锌底漆，面漆可用环氧面漆、聚氨酯面漆或氟碳面漆，镀锌一般采用热镀锌，热镀锌指标要求详见本章第六节相关内容。在室外安装的钢斜梯和连接部分的雷电保护，连接和接地附件应符合 GB 50057《建筑物防雷设计规范》的要求。

3. 使用与安全要求

多梯段的每段梯高宜不大于 5m，平台高度大于 5m 时宜通过梯间平台（休息平台）分段设梯。单梯段的梯高应不大于 6m，梯级数宜不大于 16。斜梯内侧净宽（两梯梁内侧平行于踏棍测量的距离）单向通行的净宽度宜为 600mm，经常性单向通行及偶尔双向通行净宽度宜为 800mm（应不小于 450mm），经常性双向通行净宽度宜为 1000mm（不宜大于 1100mm）。

踏板的前后深度应不小于 80mm，相邻两踏板的前后方向重叠应不小于 10mm 且不大于 35mm。在同一梯段，所有踏板间距应相同。踏板间距宜为 225～255mm。顶部踏板的上表面应与平台平面一致，踏板与平台应无间隙。踏板应采用防滑材料或至少有不小于 25mm 宽的防滑突缘。应采用厚度不小于 4mm 的花纹钢板，或经防滑处理的普通钢板，或采用 25×4 扁钢和小角钢组焊成的格栅板或其他等效的结构。

4. 通行空间要求

楼梯平台上部及下部过道处的净高不应小于 2m，梯段净高不宜小于 2.2m。梯段净高为自踏步前缘（包括最低和最高一级踏步前缘线以外 0.3m 范围内）量至上方突出物下缘间的垂直高度。

梯宽不大于 1100mm 的两侧封闭的斜梯，应至少一侧有扶手，宜设在下梯方向的右侧。梯宽不大于 1100mm 的一侧敞开的斜梯，应至少在敞开一侧装有梯子扶手。梯宽不大于 1100mm 的两边敞开的斜梯，应在两侧均安装梯子扶手。梯宽大于 1100mm 但不大于 2200mm 的斜梯，无论是否封闭，均应在两侧安装

扶手。梯宽大于2200mm的斜梯，除在两侧安装扶手外，在梯子宽度的中线处应设置中间栏杆。梯子扶手中心线应与梯子的倾角线平行。梯子封闭边扶手的高度由踏板突缘扶手的上表面垂直测量应不小于860mm且不大于960mm。斜梯敞开边的扶手高度应不低于GB 4053.3《固定式钢梯及平台安全要求　第3部分：工业防护栏杆及钢平台》中规定的栏杆高度。扶手应沿着其整个长度方向上连续可抓握。在扶手外表面与周围其他物体间的距离不小于60mm。扶手宜为外径30～50mm、厚壁不小于2.5mm的圆形钢材。对于非圆形钢材的扶手，其周长应为100～160mm。非圆形截面外接圆直径应不大于57mm，所有边缘应为弧形，圆角半径不小于3mm。支撑扶手的立柱宜采用截面不小于L40×40×4角钢或外径为30～50mm的管材。从第一级踏板开始设置，间距不宜小于1000mm。中间栏杆采用直径不小于16mm圆钢或30×4扁钢，固定在立柱中部。

第六节　建　筑　防　腐

一、建筑构件环境防腐措施

受环境腐蚀影响时，建筑围护结构、装修材料应考虑防腐措施。当环境有氯、氯化氢、氟化氢气体，铜、汞、锡、镍、铅等金属粉尘，石墨、煤、焦炭等粉尘影响的屋面，不应采用铝合金板。金属屋面、墙板应采用镀铝锌彩色涂层钢板，檩条采用镀锌防腐。对于有盐雾环境、室外煤场环境的金属栏杆或构件，宜采用不锈钢材料，也可采用镀锌加重防腐涂层保护，一般室内环境可采用镀锌或采用防腐涂层。

二、楼地面防腐构造

对于建筑地面防腐设计，应根据腐蚀介质的性质，采用相应材料，在有腐蚀液体部位的楼地面应采用挡水、排水措施，楼地面应设排水沟或地漏，地面坡度不宜小于2%，楼面坡度不宜小于1%。

防腐蚀楼、地面构造一般分为面层、结合层、隔离层（根据情况需要设）、找平层，而在楼、地面防腐蚀设计中是否需要设隔离层，以及设置隔离层的要求应按以下规定执行：

（1）有腐蚀性液体作用且经常冲洗的楼面，或有强、中腐蚀性液体作用的地面必须设置隔离层。

（2）大量强腐蚀性易容盐作用的地面，当介质可能吸湿潮解产生溶液时，宜设隔离层。

（3）用水玻璃类材料作面层或块材的结合层时，应设隔离层。

（4）用软聚氯乙烯板作面层时，不应设隔离层。

（5）用沥青砂浆或沥青胶泥砌筑的块材，宜采用沥青砂浆类隔离层。

（6）树脂砂浆、树脂稀胶泥、玻璃鳞片涂料等整体面层，以树脂胶泥砌筑总厚度小于30mm的块材面层，应采用树脂玻璃隔离层，玻璃布采用2～3层。

防腐面层材料规格要求见表9-32。

表9-32　防腐面层材料规格

材料名称	厚度（mm）	材料名称	厚度（mm）
耐酸石材（地面）	30～100	树脂砂浆	4～7
耐酸石材（楼面）	20～60	树脂稀胶泥	1～3
耐酸砖（板型）	20～30	软聚氯乙烯板	3
耐酸砖（缸砖）	40～65	聚合物水泥砂浆	15～20
耐酸陶板	20～30	密实混凝土	≥40
水玻璃混凝土	≥60	玻璃鳞片涂料	1～2
沥青砂浆	30～40		

典型楼地面防腐构造做法见表9-33和表9-34。

表9-33　典型楼地面防腐构造做法（石材、块材）

面层类型	构造简图1	构造简图2	构造简图3
耐酸瓷砖、耐酸陶板面层（薄型）	隔离层　面层　灰缝 找平层　结合层 楼面　地面 面层材料：耐酸瓷砖或耐酸陶板 结合层和灰缝材料：沥青胶泥挤缝或灌缝；水玻璃胶泥挤缝；树脂胶泥挤缝	隔离层　面层　勾缝 找平层　结合层 楼面　地面 面层材料：耐酸砖（板型）、耐酸陶板 勾缝材料：树脂胶泥 结合层材料：沥青胶泥；水玻璃胶泥	面层　勾缝 找平层　结合层 楼面　地面 面层材料：耐酸砖（板型）、耐酸陶板 勾缝材料：树脂胶泥 结合层材料：1:2水泥砂浆

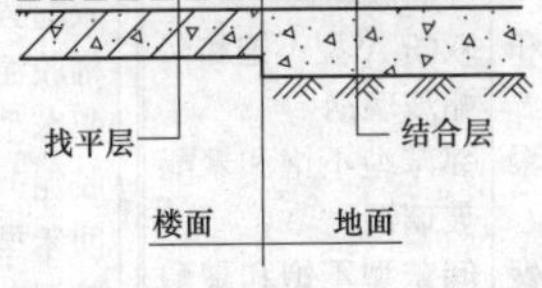

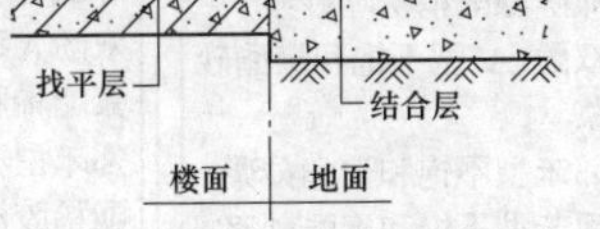

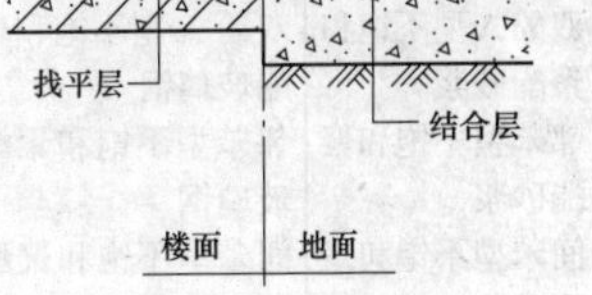

续表

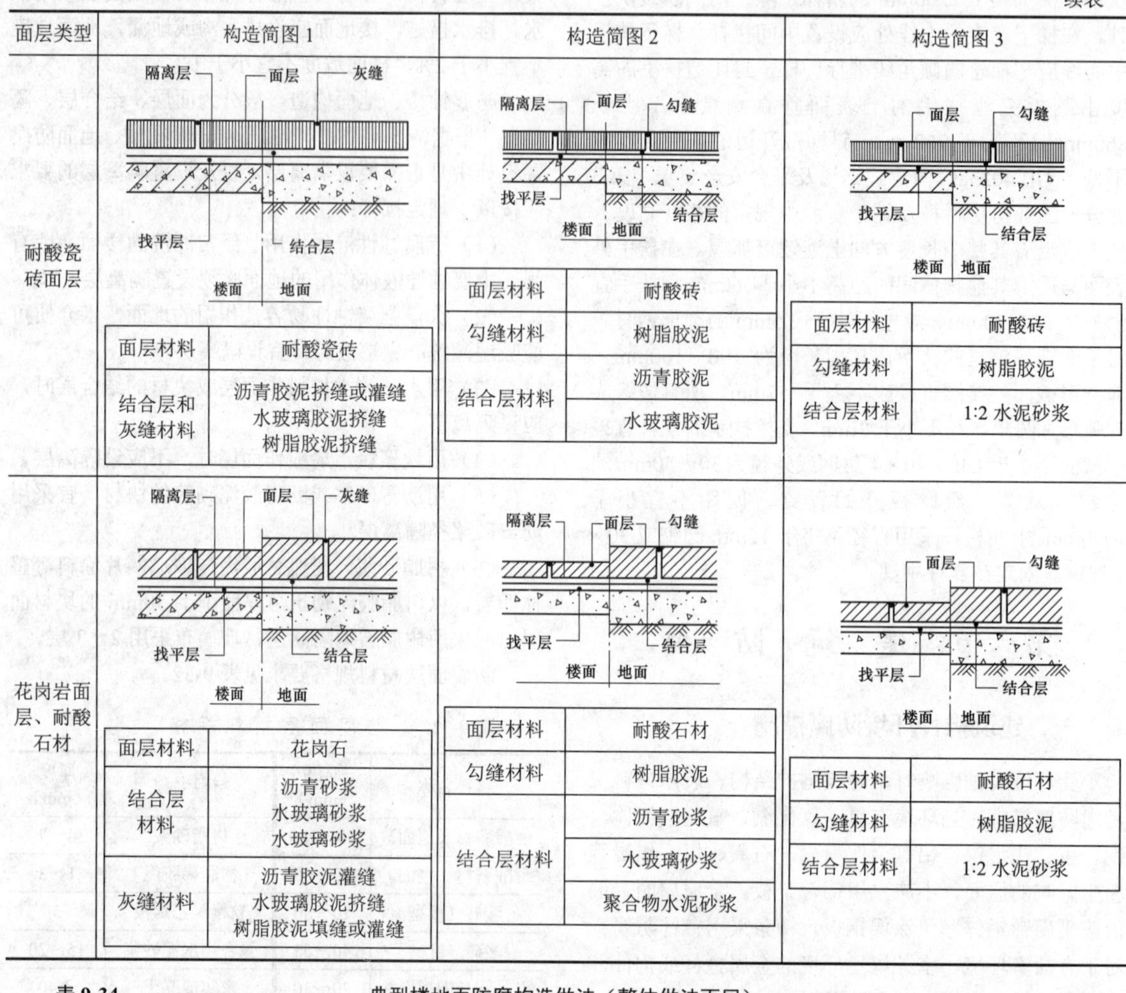

面层类型	构造简图 1	构造简图 2	构造简图 3
耐酸瓷砖面层	面层材料：耐酸瓷砖 结合层和灰缝材料：沥青胶泥挤缝或灌缝 水玻璃胶泥挤缝 树脂胶泥挤缝	面层材料：耐酸砖 勾缝材料：树脂胶泥 结合层材料：沥青胶泥 水玻璃胶泥	面层材料：耐酸砖 勾缝材料：树脂胶泥 结合层材料：1:2 水泥砂浆
花岗岩面层、耐酸石材	面层材料：花岗石 结合层材料：沥青砂浆 水玻璃砂浆 水玻璃砂浆 灰缝材料：沥青胶泥灌缝 水玻璃胶泥挤缝 树脂胶泥填缝或灌缝	面层材料：耐酸石材 勾缝材料：树脂胶泥 结合层材料：沥青砂浆 水玻璃砂浆 聚合物水泥砂浆	面层材料：耐酸石材 勾缝材料：树脂胶泥 结合层材料：1:2 水泥砂浆

表 9-34　　典型楼地面防腐构造做法（整体做法面层）

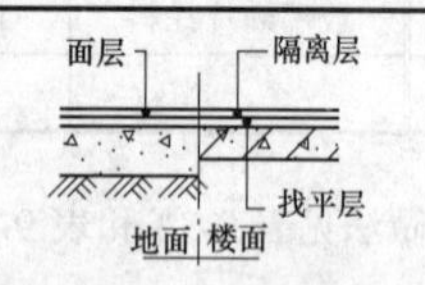

树脂砂浆面层（有隔离层）

4～7mm 厚树脂砂浆面层	玻璃钢隔离层（二底二布）
环氧砂浆 糠醇糠醛型呋喃砂浆 双酚 A 型不饱和聚酯砂浆 邻苯型不饱和聚酯砂浆 间苯型不饱和聚酯砂浆 二甲苯型不饱和聚酯砂浆 乙烯基酯型不饱和聚酯砂浆	环氧玻璃钢 糠醇糠醛型呋喃玻璃钢 双酚 A 型不饱和聚酯玻璃钢 邻苯型不饱和聚酯玻璃钢 间苯型不饱和聚酯玻璃钢 二甲苯型不饱和聚酯玻璃钢 乙烯基酯型不饱和聚酯玻璃钢

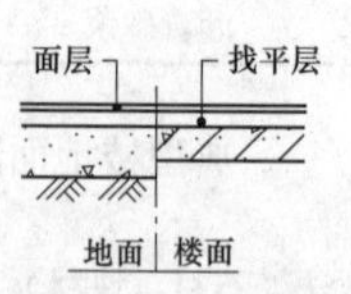

树脂砂浆面层（无隔离层）

4～7mm 厚树脂砂浆面层
环氧砂浆 糠醇糠醛型呋喃砂浆 双酚 A 型不饱和聚酯砂浆 邻苯型不饱和聚酯砂浆 间苯型不饱和聚酯砂浆 二甲苯型不饱和聚酯砂浆 乙烯基酯型不饱和聚酯砂浆

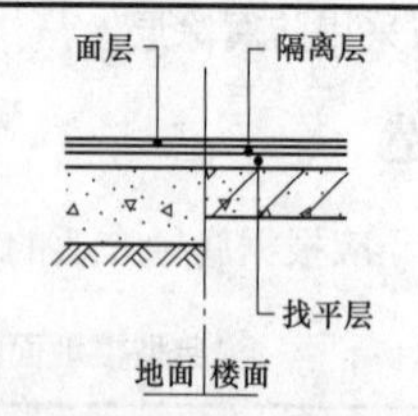

树脂稀胶泥面层（有隔离层）

1～3mm 厚树脂稀胶泥面层	树脂玻璃钢隔离层（二底二布）
环氧稀胶泥 双酚 A 型不饱和聚酯稀胶泥 邻苯型不饱和聚酯稀胶泥 间苯型不饱和聚酯稀胶泥 二甲苯型不饱和聚酯稀胶泥 乙烯基酯型不饱和聚酯稀胶泥	环氧玻璃钢 双酚 A 型不饱和聚酯玻璃钢 邻苯型不饱和聚酯玻璃钢 间苯型不饱和聚酯玻璃钢 二甲苯型不饱和聚酯玻璃钢 乙烯基酯型不饱和聚酯玻璃钢

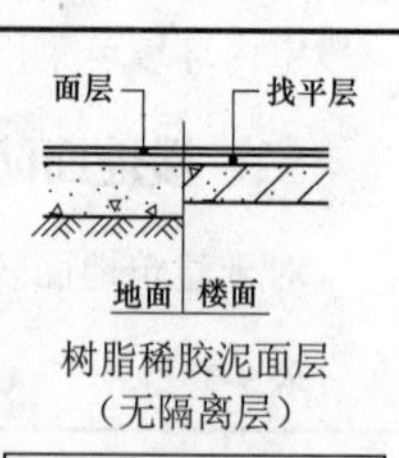

树脂稀胶泥面层（无隔离层）

1～3mm 厚树脂稀胶泥面层
环氧稀胶泥 双酚 A 型不饱和聚酯稀胶泥 邻苯型不饱和聚酯稀胶泥 间苯型不饱和聚酯稀胶泥 二甲苯型不饱和聚酯稀胶泥 乙烯基酯型不饱和聚酯稀胶泥

常用防腐楼、地面隔离层材料及做法见表9-35。

表9-35　常用防腐楼、地面隔离层材料及做法

类别	隔离层材料	粘贴材料	说　明
橡胶类	三元乙丙卷材一层	各自专用胶黏剂	耐腐蚀性能好，抗渗性能好，低温环境柔性好
	氯丁胶沥青卷材一层		
	聚氨酯涂层2～3遍	无	耐腐蚀性能好，黏结强度高，用于腐蚀薄弱处
	硅橡胶涂层2～3遍	无	
沥青类	沥青再生橡胶油毡一层	胶黏剂或沥青胶泥	耐腐蚀性能好，抗渗性能好，柔性好，使用广泛
	沥青玻璃布油毡二层	沥青胶泥	
树脂类	聚氯乙烯卷材一层	各自专用胶黏剂	耐腐蚀性能好，抗渗性能好，低温环境柔性好
	聚丙烯卷材一层		
	各种树脂玻璃钢二底二布	树脂胶料	耐腐蚀性能好，抗渗性能好，多用于墙面

三、建筑防腐墙面、踢脚构造

墙体、门窗构件相对于地面所处环境要好一些，采用防腐涂料可满足防腐要求，墙裙、踢脚防腐要求及做法见表9-36。

表9-36　腐蚀环境建筑墙体、墙裙防护构造

部位	腐蚀介质或等级	基本要求	防护构造做法
内外墙体	强腐蚀	围护结构设计应防止结露，可能结露部位应加强防护	可采用水泥砂浆抹面厚刷涂料（厚度不小于100μm），或采用聚丙烯酸酯乳液水泥浆2遍
	中等腐蚀		普通水泥砂浆抹面
	弱腐蚀		水泥砂浆勾缝或抹面
墙裙	酸性介质	有腐蚀性液体、固体冲洗接触的部位	耐酸砖（10～15mm厚）、玻璃鳞片涂料（1～2mm厚）、玻璃钢、软聚氯乙烯板等
	碱性或中性		水泥砂浆、聚合物水泥砂浆、防腐蚀涂料

腐蚀环境建筑门窗防护选择要求见表9-37。

表9-37　腐蚀环境建筑门窗防护选择要求

腐蚀环境	选择要求	说　明
强腐蚀	宜采用塑料、塑钢窗，不宜采用推拉门、金属卷帘门、悬挂折叠门，宜采用平开门	在氯、氯化氢、氟化氢或氢氧化钠粉尘环境下不得采用铝合金门窗。散发碱粉尘，或易熔盐粉尘较多时，宜采用钢窗，不宜采用木窗
中、弱腐蚀	宜采用耐候钢窗、木窗	

防腐楼地面踢脚高度比普通地面高，通常为300mm高，对整体式防腐面层，踢脚一般采用与地面材料相同的整体连续形式上翻300mm，厚度比地面薄，当楼面有隔离层时，隔离层同时需要上翻，高度可高出地面50～100mm。如条件容许宜采用玻璃钢踢脚。对块材防腐，一般采用贴砖形式。防腐楼地面踢脚防护构造见表9-38。

表9-38　防腐楼地面踢脚防护构造

踢脚形式	构造简图
整体防腐楼地面踢脚	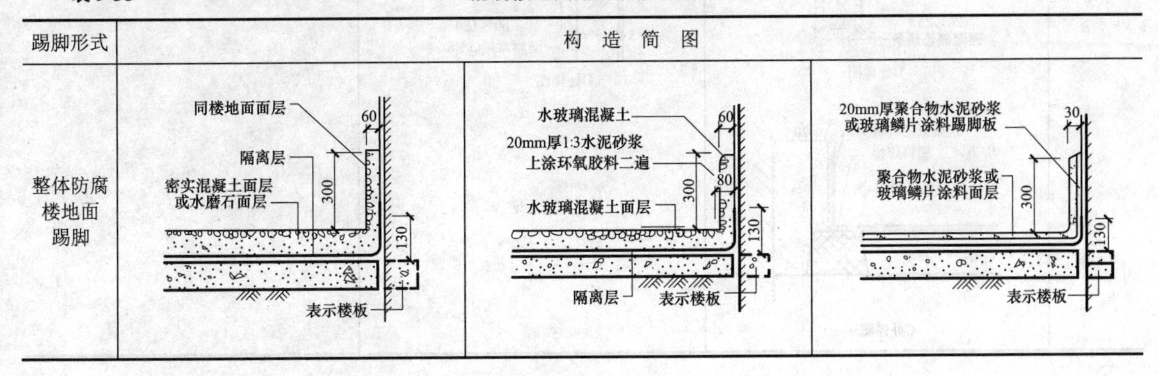

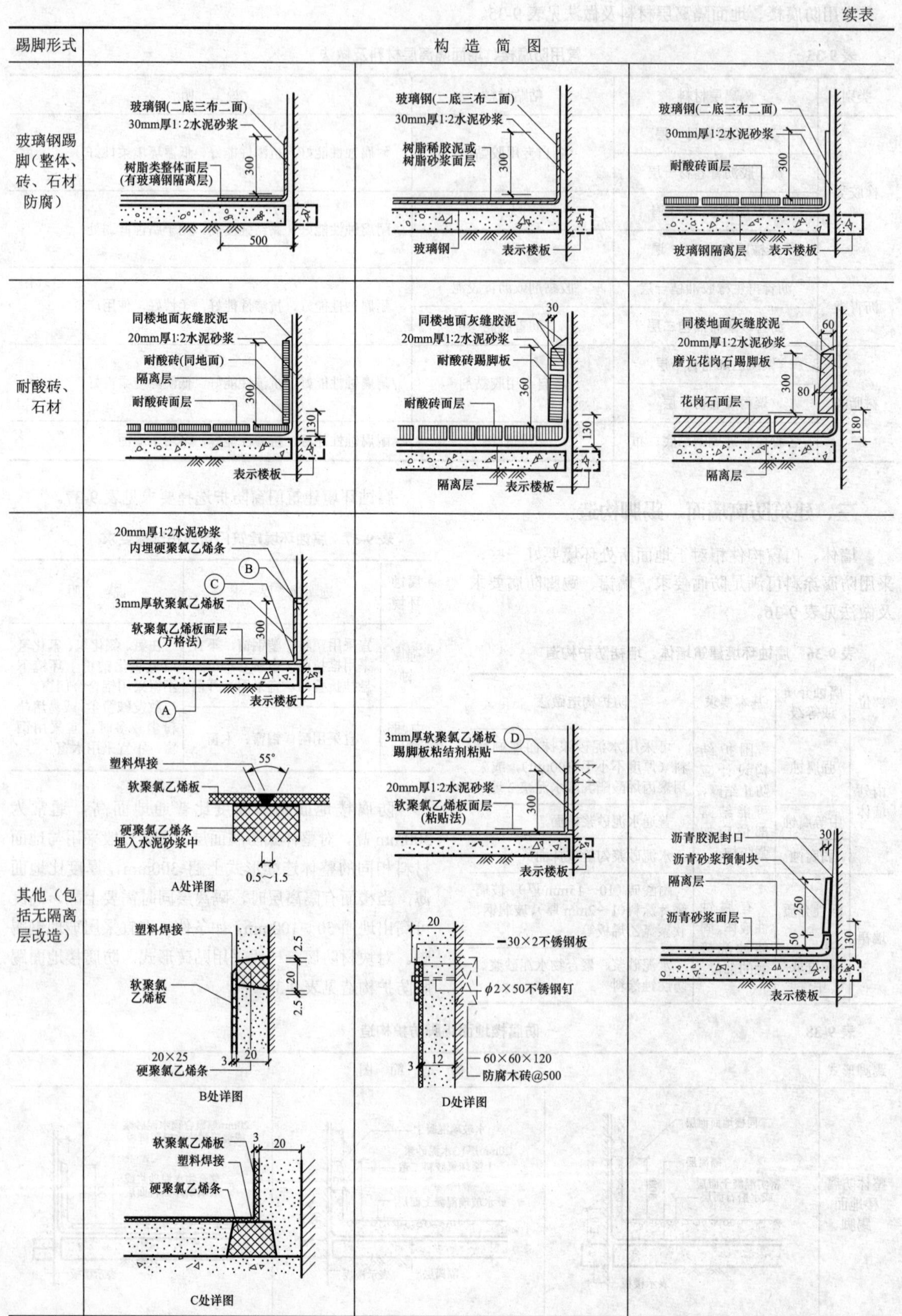
续表
踢脚形式
构造简图
玻璃钢踢脚（整体、砖、石材防腐）
玻璃钢(二底三布二面)
30mm厚1:2水泥砂浆
树脂类整体面层
(有玻璃钢隔离层)
300
500
树脂稀胶泥或
树脂砂浆面层
玻璃钢
表示楼板
耐酸砖面层
玻璃钢隔离层
耐酸砖、石材
同楼地面灰缝胶泥
20mm厚1:2水泥砂浆
耐酸砖(同地面)
隔离层
耐酸砖面层
130
耐酸砖踢脚板
360
30
隔离层
60
磨光花岗石踢脚板
80
花岗石面层
180
其他（包括无隔离层改造）
20mm厚1:2水泥砂浆
内埋硬聚氯乙烯条
3mm厚软聚氯乙烯板
软聚氯乙烯板面层
(方格法)
A
B
C
D
塑料焊接
55°
软聚氯乙烯板
硬聚氯乙烯条
埋入水泥砂浆中
0.5～1.5
A处详图
软聚氯
乙烯板
20×25
硬聚氯乙烯条
2.5
20
3
B处详图
3mm厚软聚氯乙烯板
踢脚板粘结剂粘贴
软聚氯乙烯板面层
(粘贴法)
-30×2不锈钢板
φ2×50不锈钢钉
12
60×60×120
防腐木砖@500
D处详图
沥青胶泥封口
沥青砂浆预制块
沥青砂浆面层
250
50
C处详图

四、火力发电厂建筑防腐构造设计要求

火力发电厂建筑防腐分为建筑构件普通环境防腐和特殊环境防腐。生产区室外环境主要受燃煤气体排放、粉尘的影响，输煤、储煤建筑由于煤出现自燃不完全燃烧影响会受到酸性腐蚀，位于海边的电厂还需要考虑盐雾腐蚀的影响。室外的钢梯、栏杆等金属构件一般采用热浸锌，防腐镀层的镀锌量根据环境条件通常为120～600g/m²的（一般工业和海边环境根据使用年限按每年20g/m²，乡间为每年4g/m²）。室外栏杆、外门也可采用不锈钢。压型钢板围护结构一般采用镀铝锌板，板的双面镀铝锌量一般为100～200g/m²，墙体檩条宜采用热镀锌的C形和Z形檩条，镀锌指标可根据建筑所处环境位置一般在180～360g/m²左右，重腐蚀环境还可增加镀锌量。门窗可采用铝合金窗、塑钢窗。

第七节　建筑防冻胀、防湿陷措施

处于寒冷、严寒地区，以及湿陷性黄土地区的火电厂建筑室内外地坪、台阶、散水等应考虑防护措施。

一、防冻胀措施

1. 冻胀土的概念及分类

严寒、寒冷地区应考虑冻胀土对建筑的影响，对季节性冻胀地区非采暖建筑的室内地坪及所有建筑的散水、明沟、台阶、坡道，当冻胀深度大于或等于600mm且存在冻胀及强冻胀土时，应考虑冻胀以上部位的影响。冻胀土判断见表9-39。

表9-39　　地基土的冻胀性分类判断

<table>
<tr><th>土的分类</th><th>冻前天然含水量 ω（%）</th><th>冻结期间地下水位距冻结面的最小距离 h_w（m）</th><th>平均冻胀率 η（%）</th><th>冻胀等级</th><th>冻胀类别</th><th>非采暖建筑的地面及所有建筑的散水、明沟、台阶、坡道冻胀影响</th></tr>
<tr><td rowspan="6">碎（卵）石，砾，粗、中砂（粒径小于0.075mm颗粒含量大于15%），细砂（粒径小于0.075mm颗粒含量大于10%）</td><td rowspan="2">$\omega \leq 12$</td><td>>1.0</td><td>$\eta \leq 1$</td><td>Ⅰ</td><td>不冻胀</td><td rowspan="3">不考虑</td></tr>
<tr><td>≤1.0</td><td rowspan="2">$1 < \eta \leq 3.5$</td><td rowspan="2">Ⅱ</td><td rowspan="2">弱冻胀</td></tr>
<tr><td rowspan="2">$12 < \omega \leq 18$</td><td>>1.0</td></tr>
<tr><td>≤1.0</td><td rowspan="2">$3.5 < \eta \leq 6$</td><td rowspan="2">Ⅲ</td><td rowspan="2">冻胀</td><td rowspan="3">需要考虑</td></tr>
<tr><td rowspan="2">$\omega > 18$</td><td>>0.5</td></tr>
<tr><td>≤0.5</td><td>$6 < \eta \leq 12$</td><td>Ⅵ</td><td>强冻胀</td></tr>
<tr><td rowspan="7">粉砂</td><td rowspan="2">$\omega \leq 14$</td><td>>1.0</td><td>$\eta \leq 1$</td><td>Ⅰ</td><td>不冻胀</td><td rowspan="3">不考虑</td></tr>
<tr><td>≤1.0</td><td rowspan="2">$1 < \eta \leq 3.5$</td><td rowspan="2">Ⅱ</td><td rowspan="2">弱冻胀</td></tr>
<tr><td rowspan="2">$14 < \omega \leq 19$</td><td>>1.0</td></tr>
<tr><td>≤1.0</td><td rowspan="2">$3.5 < \eta \leq 6$</td><td rowspan="2">Ⅲ</td><td rowspan="2">冻胀</td><td rowspan="4">需要考虑</td></tr>
<tr><td rowspan="2">$19 < \omega \leq 23$</td><td>>1.0</td></tr>
<tr><td>≤1.0</td><td>$6 < \eta \leq 12$</td><td>Ⅵ</td><td>强冻胀</td></tr>
<tr><td>$\omega > 23$</td><td>不考虑</td><td>$\eta > 12$</td><td>Ⅴ</td><td>特强冻胀</td></tr>
<tr><td rowspan="9">粉土</td><td rowspan="2">$\omega \leq 19$</td><td>>1.5</td><td>$\eta \leq 1$</td><td>Ⅰ</td><td>不冻胀</td><td rowspan="3">不考虑</td></tr>
<tr><td>≤1.5</td><td>$1 < \eta \leq 3.5$</td><td>Ⅱ</td><td>弱冻胀</td></tr>
<tr><td rowspan="2">$19 < \omega \leq 22$</td><td>>1.5</td><td>$1 < \eta \leq 3.5$</td><td>Ⅱ</td><td>弱冻胀</td></tr>
<tr><td>≤1.5</td><td rowspan="2">$3.5 < \eta \leq 6$</td><td rowspan="2">Ⅲ</td><td rowspan="2">冻胀</td><td rowspan="6">需要考虑</td></tr>
<tr><td rowspan="2">$22 < \omega \leq 26$</td><td>>1.5</td></tr>
<tr><td>≤1.5</td><td rowspan="2">$6 < \eta \leq 12$</td><td rowspan="2">Ⅵ</td><td rowspan="2">强冻胀</td></tr>
<tr><td rowspan="2">$26 < \omega \leq 30$</td><td>>1.5</td></tr>
<tr><td>≤1.5</td><td rowspan="2">$\eta \leq 12$</td><td rowspan="2">Ⅴ</td><td rowspan="2">特强冻胀</td></tr>
<tr><td>$\omega > 30$</td><td>不考虑</td></tr>
</table>

续表

土的分类	冻前天然含水量 ω（%）	冻结期间地下水位距冻结面的最小距离 h_w（m）	平均冻胀率 η（%）	冻胀等级	冻胀类别	非采暖建筑的地面及所有建筑的散水、明沟、台阶、坡道冻胀影响
黏性土	$\omega \leqslant \omega_p+2$	>2.0	$\eta \leqslant 1$	Ⅰ	不冻胀	不考虑
		≤2.0	$1<\eta \leqslant 3.5$	Ⅱ	弱冻胀	
	$\omega_p+2<\omega \leqslant \omega_p+5$	>2.0				
		≤2.0	$3.5<\eta \leqslant 6$	Ⅲ	冻胀	需要考虑
	$\omega_p+5<\omega \leqslant \omega_p+9$	>2.0				
		≤2.0	$6<\eta \leqslant 12$	Ⅵ	强冻胀	
	$\omega_p+9<\omega \leqslant \omega_p+15$	>2.0				
		≤2.0	$\eta>12$	Ⅴ	特强冻胀	
	$\omega>\omega_p+15$	不考虑				

注 1. ω_p 为塑限含水量（%）；ω 为在冻土层内冻前天然含水量的平均值。

2. 盐渍化冻土不在表列。

3. 塑性指数大于 22 时，冻胀性降低一级；碎石类土当充填物大于全部质量的 40%时，其冻胀性按充填物土的类别判断。

4. 粒径小于 0.005mm 的颗粒含量大于 60%时，为不冻胀土；碎石土，砾砂，粗砂、中砂（粒径小于 0.075mm 颗粒含量不大于 15%），细砂（粒径小于 0.075mm 颗粒含量不大于 10%）均按不冻胀考虑。

2. 建筑防冻胀措施

当建筑的下部土层根据表 9-39 判断为冻胀、强冻胀土时，应采取措施防止建筑地面、散水、明沟、台阶、坡道受到冻胀破坏。建筑地坪防冻胀可采用换土法，换土深度可根据当地经验确定，也可参考表 9-40 确定。

表 9-40 建筑设施防冻胀影响的最小换土深度

土壤标准冻深（mm）	防冻层厚度（mm）		处理措施
	土壤为冻胀土	土壤为强冻胀土	
600～800	100	150	应采用防冻胀材料换填，换填材料可选用中粗砂、砂卵石、炉渣或炉渣石灰土（炉渣:素土:熟化石灰为 7:2:1），换土压实系数不小于 0.85
1200	200	300	
1800	350	450	
2200	500	600	

注 土壤标准冻深应根据当地水文、气象资料确定。

二、湿陷性黄土防治措施

1. 湿陷性黄土的概念、等级划分

湿陷性黄土是在一定压力下受水浸湿土体结构迅速遭受破坏，产生显著附加下沉的黄土，按受力特点分为自重湿陷性黄土、非自重湿陷性黄土。

评价湿陷性黄土特性、计算湿陷量的一个重要指标为湿陷系数 δ_s，表示在一定压力下，试件浸湿饱和所产生的附加下沉量。

湿陷性黄土的湿陷性评价是根据土的湿陷系数 δ_s 指标划分的，湿陷性黄土场地的湿陷类型应按自重湿陷量的实测值 Δ'_{zs} 或计算值 Δ_{zs} 确定。

$$\Delta_{zs}=\beta_0\sum_{i=1}^{n}\delta_{zsi}h_i$$

式中 Δ_{zs} ——自重湿陷量的计算值；

δ_{zsi} ——第 i 层土自重湿陷系数；

h_i ——第 i 层土厚度；

β_0 ——修正系数，根据当地经验或资料确定，当缺乏资料时，陇西地区取 1.50，陇东—陕北—晋西地区取 1.20，关中地区取 0.90，其他地区取 0.50。

自重湿陷量的计算值 Δ_{zs}，应自天然地面（当挖、填方的厚度和面积较大时，应自设计地面）算起，至其下非湿陷性黄土层的顶面止，其中自重湿陷系数 δ_{zs} 值小于 0.015 的土层不累计。

湿陷性黄土湿陷特性及场地的湿陷类型见表 9-41。

表 9-41 湿陷性黄土湿陷特性及场地的湿陷类型

湿陷性黄土湿陷特性		湿陷性黄土场地湿陷类型	
湿陷系数 δ_s	特性判断	实测值 Δ'_{zs} 或计算值 Δ_{zs}	湿陷类型判断
$\delta_s<0.015$	非湿陷性	Δ'_{zs}、$\Delta_{zs}\leqslant 70$mm	非自重湿陷性黄土

续表

湿陷性黄土湿陷特性		湿陷性黄土场地湿陷类型	
湿陷系数δ_s	特性判断	实测值$\varDelta'_{zs}$或计算值$\varDelta_{zs}$	湿陷类型判断
$0.015\leqslant\delta_s\leqslant0.03$	湿陷性轻微	$\varDelta'_{zs}$、$\varDelta_{zs}\leqslant70$mm	自重湿陷性黄土
$0.03<\delta_s\leqslant0.07$	湿陷性中等	70mm$<\varDelta_{zs}\leqslant$350mm	自重湿陷性黄土
$\delta_s>0.07$	湿陷性严重	$\varDelta_{zs}>$350mm	自重湿陷性黄土

2. 湿陷性黄土建筑处理措施

当建筑场地土属于湿陷性中等以上时，建筑的室内地坪、室外台阶、散水、明沟、坡道等建筑构件的基层土应采取防治措施，处理措施如下：

（1）建筑物的体形和纵横墙的布置，应利于加强其空间刚度，并具有适应或抵抗湿陷变形的能力。

（2）室内及建筑周边（散水、台阶、明沟、坡道范围）地坪处理通常采用强夯法、灰土垫层法、预浸水法。

（3）经常受水冲洗的室内地面应按防水地面设计，可采用防水砂浆防水，地面排水坡度不宜小于1%，地面与墙、柱相交部位应考虑做反水，室内地坪、室外建筑周边（散水、台阶、明沟、坡道范围内）采用300～500mm厚3:7灰土垫层，压实度不小于0.95。管道穿过地面处应做防水处理。

（4）多层建筑屋面宜采用外排水，当采用有组织排水时落水管口距散水面高度不应大于300mm，并应避免靠近伸缩缝。多层建筑的室内地坪应高出室外地坪450mm。

（5）湿陷性黄土地区建筑周围必须设散水，坡度不小于5%。采用无组织排水的建筑檐口高度在8m以内时，散水宽度不小于1.5m；檐口高度超过8m且屋面高度每增加4m，散水增加250mm，但散水最大宽度不超过2.5m。采用有组织排水时，非自重湿陷性黄土散水最大宽度不小于1m，自重湿陷性黄土最大宽度不小于1.5m。

（6）散水应采用现浇混凝土，散水下基础垫层应设150mm厚灰土垫层或300mm厚土垫层，垫层应超出散水和建筑物基础外沿500mm，散水应考虑设伸缩缝，距离宜6～10m，散水伸缩缝及与外墙缝缝宽15～20mm，应采用柔性材料填缝。

（7）自重湿陷性黄土地区建筑室内如设排水沟时，排水沟宜采用钢筋混凝土结构，并与地坪混凝土同时浇筑，沟下部应采用3:7灰土垫层。

（8）建筑周围6m范围内场地，当为填方时，应分层夯实，压实密度不小于0.95；当为挖方时，在自重湿陷性黄土场地表面夯实后宜设150～300mm厚灰土面层，场地排水坡度不宜小于0.02；当采用不透水地面材料时，可适当减小。

第八节　火力发电厂建筑典型节点构造

本节所述厂房建筑的典型节点构造以主厂房建筑、运煤建筑、电气建筑等为主。有主厂房轻型围护结构、运煤栈桥节点构造、推煤机库检修坑、电子设备间、通信机房屏蔽节点构造等内容；还包括了工厂定型产品的楼面板、墙面、屋面变形缝构件典型图。

一、主厂房压型钢板围护结构典型节点构造

主厂房压型钢板围护结构典型节点构造见表9-42。

表9-42　主厂房压型钢板围护结构典型节点构造

名称	构造简图	说明
压型钢板山墙构造	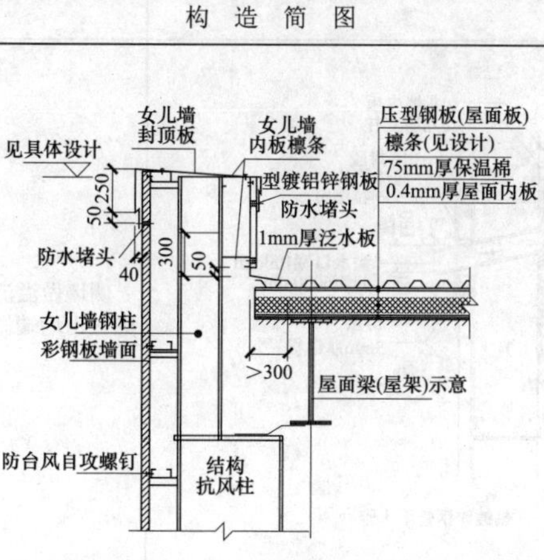 见具体设计；女儿墙封顶板；女儿墙内板檩条；压型钢板(屋面板)；檩条(见设计)；75mm厚保温棉；型镀铝锌钢板；0.4mm厚屋面内板；防水堵头；1mm厚泛水板；防水堵头；女儿墙钢柱；彩钢板墙面；屋面梁(屋架)示意；防台风自攻螺钉；结构抗风柱；250；50；300；50；40；>300	通常汽机房山墙与屋面压型钢板采用这种构造方式，屋面板采用现场复合板或工厂复合板均可

续表

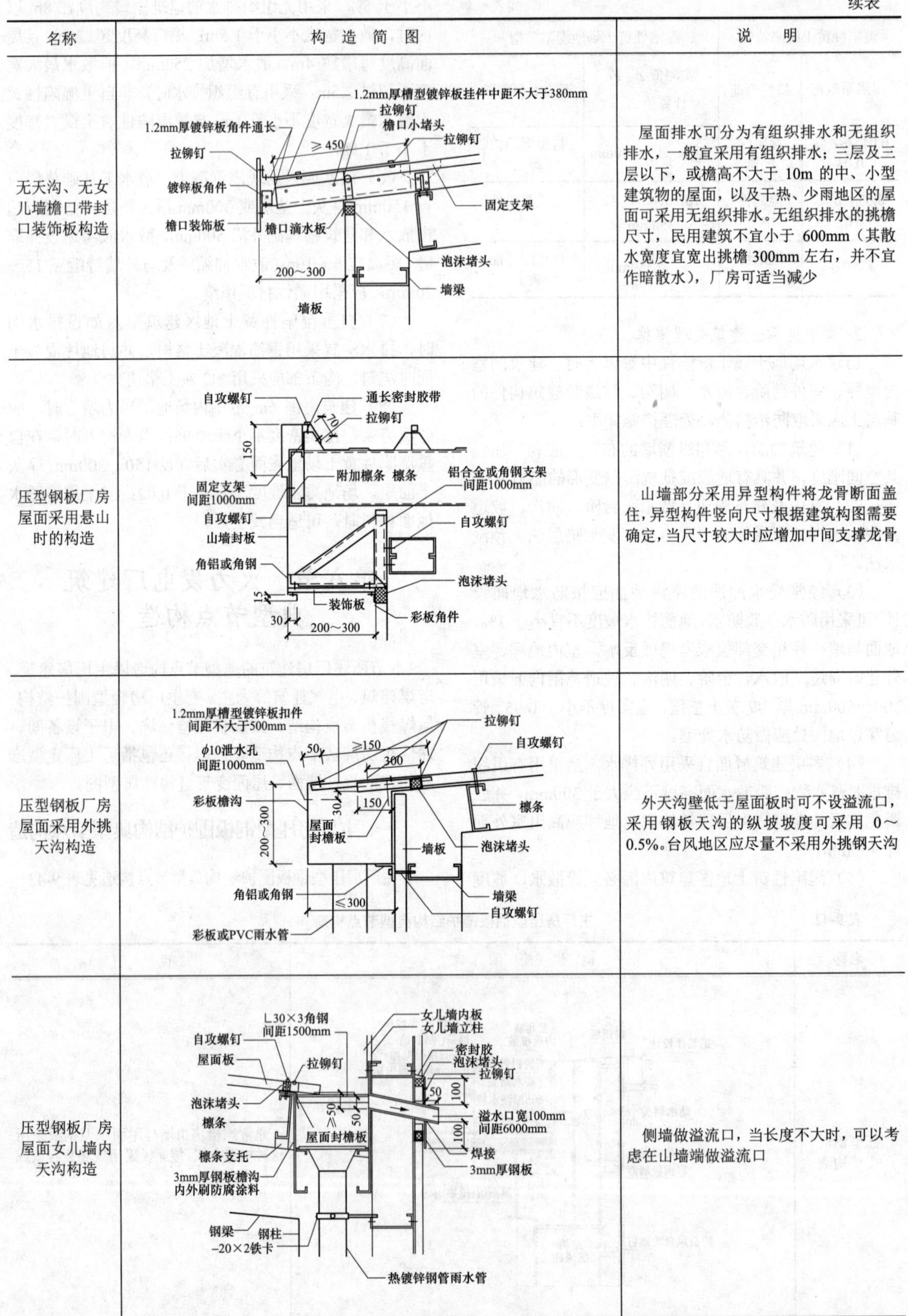

名称	构造简图	说明
无天沟、无女儿墙檐口带封口装饰板构造		屋面排水可分为有组织排水和无组织排水，一般宜采用有组织排水；三层及三层以下，或檐高不大于 10m 的中、小型建筑物的屋面，以及干热、少雨地区的屋面可采用无组织排水。无组织排水的挑檐尺寸，民用建筑不宜小于 600mm（其散水宽度宜宽出挑檐 300mm 左右，并不宜作暗散水），厂房可适当减少
压型钢板厂房屋面采用悬山时的构造		山墙部分采用异型构件将龙骨断面盖住，异型构件竖向尺寸根据建筑构图需要确定，当尺寸较大时应增加中间支撑龙骨
压型钢板厂房屋面采用外挑天沟构造		外天沟壁低于屋面板时可不设溢流口，采用钢板天沟的纵坡坡度可采用 0～0.5%。台风地区应尽量不采用外挑钢天沟
压型钢板厂房屋面女儿墙内天沟构造		侧墙做溢流口，当长度不大时，可以考虑在山墙端做溢流口

续表

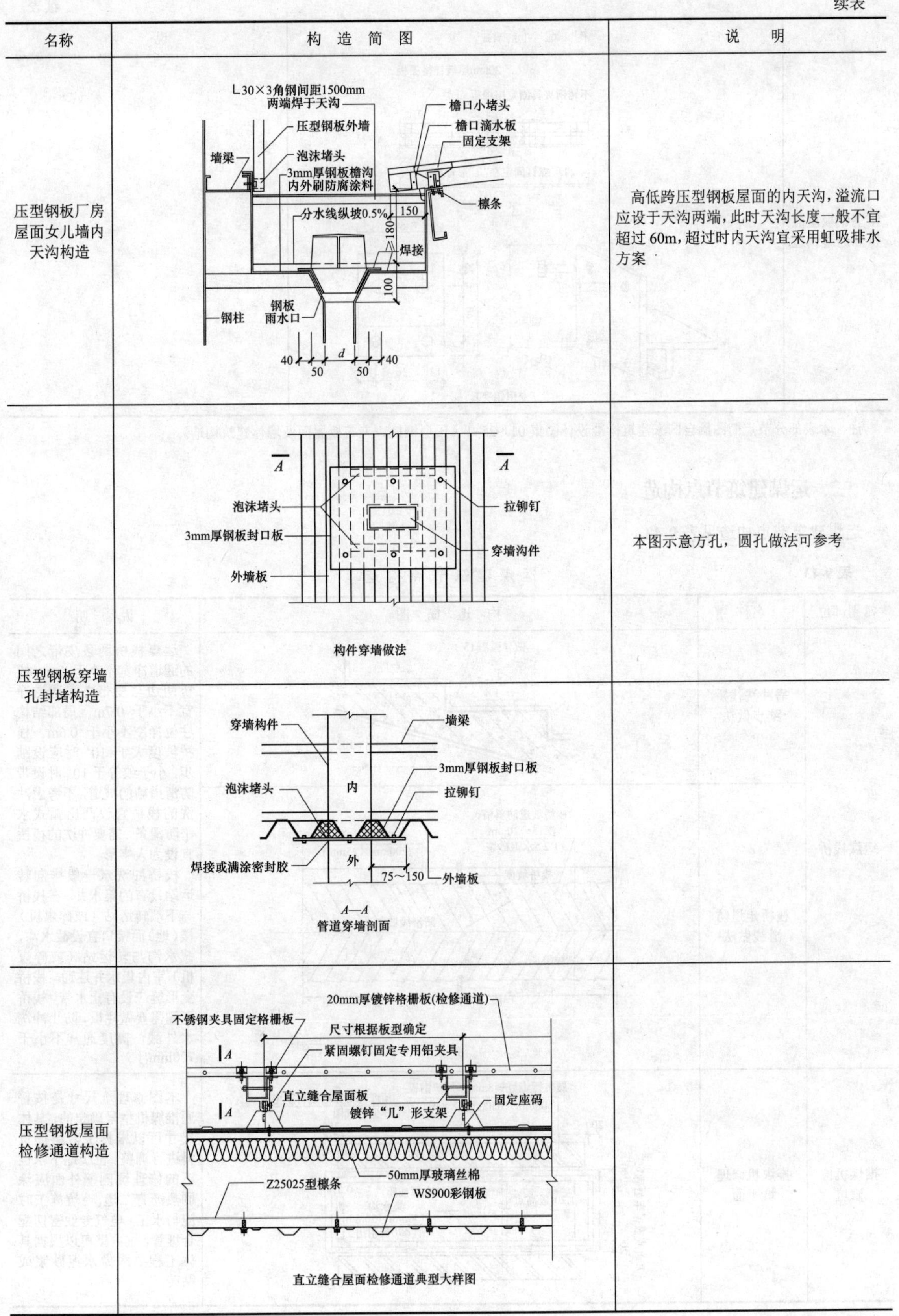

名称	构造简图	说　明
压型钢板厂房屋面女儿墙内天沟构造		高低跨压型钢板屋面的内天沟，溢流口应设于天沟两端，此时天沟长度一般不宜超过60m，超过时内天沟宜采用虹吸排水方案
压型钢板穿墙孔封堵构造	构件穿墙做法	本图示意方孔，圆孔做法可参考
	A—A 管道穿墙剖面	
压型钢板屋面检修通道构造	直立缝合屋面检修通道典型大样图	

续表

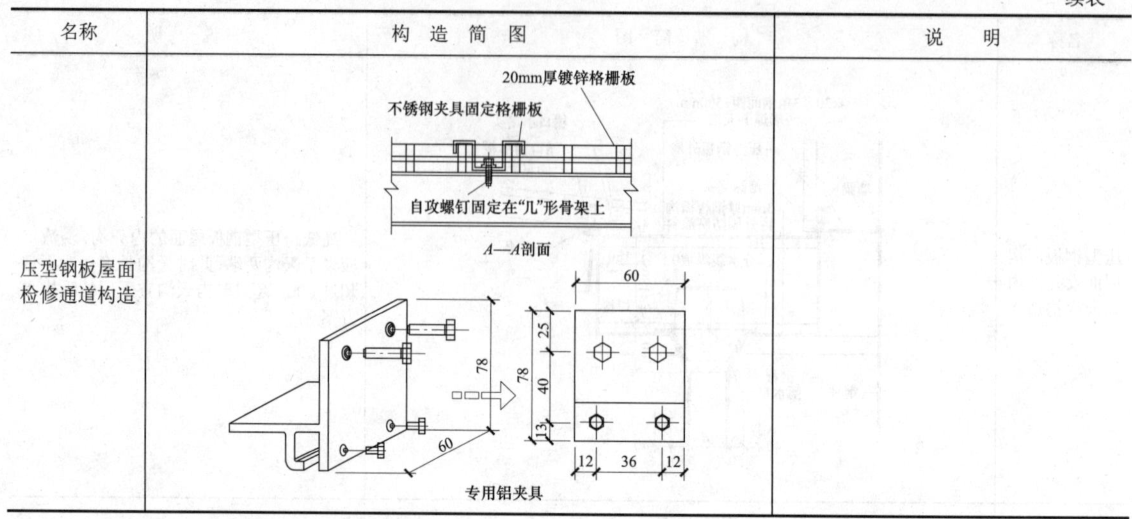

注 本表部分节点简图摘自国家建筑标准设计图集 01J925–1《压型钢板、夹芯板屋面及墙体建筑构造》。

二、运煤建筑节点构造

运煤建筑节点构造见表 9-43。

表 9-43 运 煤 建 筑 节 点 构 造

常用部位	名称	构 造 简 图	说 明
运煤栈桥	需冲洗栈桥踏步做法	做导弧R=15 i=1% i=1% >10°	运煤栈桥两条皮带之间的通道净宽不小于 1m，栈桥两边与皮带之间通道净宽不小于 0.7m，局部结构柱位净空不小于 0.6m。栈桥坡度大于 10° 时应设踏步，小于或等于 10° 时设带防滑措施的坡道，不考虑冲洗的栈桥宜设凸出弧式水平防滑条，需要冲洗的栈桥宜设为人字形。 栈桥冲洗水一般排向转运站设有的集水井，在栈桥与下端转运站（或碎煤机）楼（地）面接口宜设截水沟，截水沟与转运站（或碎煤机）室内集水井连通。栈桥变形缝应设有止水带。栈桥两侧需要做栏板，防止冲洗水外溅，高度通常不小于700mm
	栈桥走道防滑线做法	栈桥坡道防斜槽，深15～20mm 1:2.5水泥砂浆 冲洗排水沟 (200mm×25mm) 栈桥坡度 防滑线坡向 30° 栈桥坡度 ≤10°	
推煤机检修坑	推煤机修理坑平面	履带行走处铺8mm厚保护钢板 600mm×6500mm×8mm 预埋PVC穿电线管至电源 详见电气图 200 6000 200 700(或根据车型确定) 200 200 −1.20(最高点) 灯槽(内设电源插座) 1% 0.5% 集水沟 150mm×30mm ϕ70管引出	本图修理坑尺寸是按普通推煤机型号确定的，具体尺寸可以根据工艺所提资料进行调整。位于地下水位下的修理坑侧壁外面应涂刷热沥青二道， 坑施工时应与水工、电气专业密切配合埋管，坑内壁可以根据具体工程要求做水泥砂浆或贴砖

续表

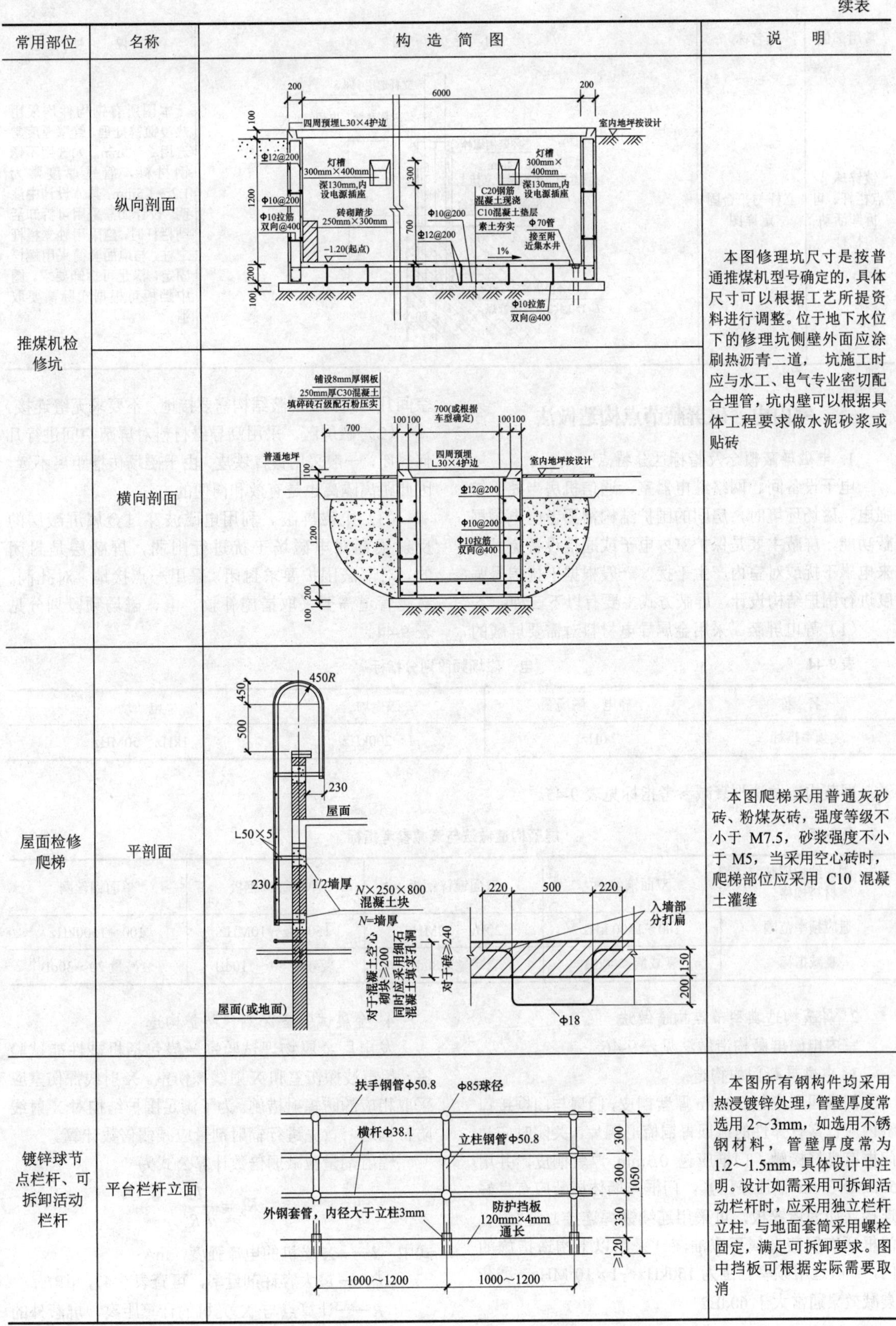

常用部位	名称	构造简图	说明
推煤机检修坑	纵向剖面		本图修理坑尺寸是按普通推煤机型号确定的，具体尺寸可以根据工艺所提资料进行调整。位于地下水位下的修理坑侧壁外面应涂刷热沥青二道，坑施工时应与水工、电气专业密切配合埋管，坑内壁可以根据具体工程要求做水泥砂浆或贴砖
	横向剖面		
屋面检修爬梯	平剖面		本图爬梯采用普通灰砂砖、粉煤灰砖，强度等级不小于 M7.5，砂浆强度不小于 M5，当采用空心砖时，爬梯部位应采用 C10 混凝土灌缝
镀锌球节点栏杆、可拆卸活动栏杆	平台栏杆立面		本图所有钢构件均采用热浸镀锌处理，管壁厚度常选用 2～3mm，如选用不锈钢材料，管壁厚度常为 1.2～1.5mm，具体设计中注明。设计如需采用可拆卸活动栏杆时，应采用独立栏杆立柱，与地面套筒采用螺栓固定，满足可拆卸要求。图中挡板可根据实际需要取消

续表

常用部位	名称	构 造 简 图	说 明
镀锌球节点栏杆、可拆卸活动栏杆	立杆与平台固定详图	立杆选用Φ50.8 外钢套管，内径63mm Φ8紧固螺栓 120mm×4mm 通长钢板护沿焊于立柱上 混凝土工作平台 150 20 100 Φ12锚筋 L=150,共2根与钢管焊 80	本图所有钢构件均采用热浸镀锌处理，管壁厚度常选用2～3mm，如选用不锈钢材料，管壁厚度常为1.2～1.5mm，具体设计中注明。设计如需采用可拆卸活动栏杆时，应采用独立栏杆立柱，与地面套筒采用螺栓固定，满足可拆卸要求。图中挡板可根据实际需要取消

三、室内电、磁屏蔽节点构造做法

1. 电磁屏蔽概念及指标区分特点

电子设备间、网络继电器室、通信机房当处于较强电、磁场环境时，房间的围护结构需要考虑电磁屏蔽功能，屏蔽主要是保护室内电子或通信设备免受外来电磁干扰或对室内产生干扰，一般根据干扰信号强度进行围护结构设计，屏蔽方式主要有以下三种：

（1）静电屏蔽。采用金属导电材料对需要屏蔽的空间几何封闭，屏蔽结构需要接地，不要求无缝连接。

（2）磁屏蔽。采用高导磁材料对屏蔽空间进行几何封闭，一般采用镀锌铁皮，由于磁场传播距离不远，因此距离隔离也是有效和简便的方法。

（3）电磁屏蔽。利用电磁波穿过金属屏蔽层的反射损耗对电磁场干扰进行削弱，屏蔽层是封闭的，对屏蔽围护要求封闭，采用一点接地，对孔洞、穿越管道需要采取措施补救。电、磁场频段划分见表9-44。

表9-44　　电、磁场频段划分指标

名 称	静电、磁场	磁 场	电 场
频率指标	0Hz	1～200kHz	1kHz～50MHz

屏蔽构造做法与衰减参考指标见表9-45。

表9-45　　屏蔽构造做法与衰减参考指标

围护结构屏蔽材料规格	双面铜丝网	双面镀锌钢板	单面镀锌钢板	单面钢丝网
适应频率范围	100～1500 kHz	20Hz～30MHz	150kHz～10MHz	100～1500kHz
衰减指标	衰减量<80dB	衰减量>80dB	衰减量80～110dB	衰减量20～30dB

2. 屏蔽构造典型节点构造做法

室内电磁屏蔽构造做法见表9-46。

3. 电磁屏蔽门的构造

门扇四周应包0.3mm厚紫铜皮，门扇与门框接口缝内应钉富有弹性的镀银青铜梳形铜片，关闭时应与门框有良好接触。门框应包0.3mm厚紫铜皮，并用50mm×3mm铜压条压紧，门框与墙体屏蔽应有良好连接（如为镀锌板，可采用连续锡焊连接），门扇、门框所有屏蔽金属不应油漆。采用以上构造措施的门，一般适用频率范围为150kHz～1×10^4MHz，屏蔽衰减效果通常大于60dB。

4. 金属试验室X射线防护构造

发电厂金属物理试验室一般包括机械性能试验室、超声波探伤室和X射线探伤室。X射线探伤室应采取相应的防辐射措施。为了满足围护结构对X射线防护构造，首先进行辐射剂量应减弱倍数计算。

辐射剂量应减弱倍数计算公式为

$$K_X=\frac{I}{d_0R^2}$$

式中 I——X光机的电流强度，mA；

d_0——最大容许剂量率，可查表9-47，μR/s；

R——计算点与X光机的计算距离，屏蔽外的距离按表 9-48 取用，m。

表 9-46　　室内电磁屏蔽构造做法

名　称	构　造　简　图	说　明
窗、天花板与墙面屏蔽网	房间四角钢筋框抽头与板底抽头焊接 钢筋网抹灰层房间内满做，在天面板底 ф4@500钢筋框与天面板底埋件焊接压牢 面装修见具体设计 钢丝网镶ф4@500钢筋框用射钉固定 10mm厚1∶3水泥砂浆打底 砖墙 铝合金窗双银Low-E玻璃 窗框与钢筋网抽头接通	屏蔽房间的室内墙面、天花、地板六个面满铺钢丝网，钢丝网与ф4 钢筋、活动地板框架、环形接地线焊接形成通路。 钢丝网及纱窗采用市场产品ϕ1.0 钢丝，网孔小于 10mm×10mm 的点焊钢丝网。 天面板钢筋网应焊接在天面板埋件上，埋件为—100mm×100mm×6mm 钢板，间距1000mm。 门应采用金属门，门框用铜编织带与环形接地线接通。屏蔽房环形接地母线至少有两个点与电厂总接地网相连接。屏蔽空间应闭合。窗可采用钢网围闭或采用 Low-E 玻璃。门窗都必须采用屏蔽措施，可采用成品或采用彩钢包木门，但需要有可靠的接地措施
地板屏蔽网	20mm厚1∶2.5水泥防水砂浆找平 钢丝网镶ф4@500钢筋框用射钉固定 素混凝土地面 50mm×5mm扁铜环母线 防静电活动地板 室内地面 楼板 200 活动地板框架、钢筋框应与扁铜环母线焊接	
ф4 钢筋、接地母线压接	50mm×5mm扁铜环母线 环母线抽头与钢筋框抽头或活动地板框压接 接地导线或环母线抽头 柱 墙	
ф4 钢筋框镶钢丝网	500　500 ϕ1.0钢丝，孔网小于10mm×10mm点焊钢丝网 ф4@500钢筋四角焊接 抽头与地面均压带焊接（压接） 500　500　500	

注　建筑用的 Low-E 玻璃具有电磁屏蔽的功能，可防内、外部电磁干扰。离线单层 Low-E 玻璃屏蔽效能一般为 19～28dB，在线单层 Low-E 玻璃屏蔽效能为 15～20dB，2 银、3 银的屏蔽效能更好。

表 9-47 各类人员的最大辐射容许剂量率计算值（d_0）

人员分类	d_0		
	R/周	R/h	μR/s
射线工作人员	0.05	0.00125	0.35
邻室非射线工作人员	0.005	0.0001	0.03
门厅、过道、室外行人	0.005	0.0025	0.7
居民	0.0005	6×10^{-5}	0.002

注 1. 每人按每日受两班照射，每周照射 80h 计算。
2. R 为照射量单位，$1R=2.58\times10^{-4}C/kg$。

表 9-48 屏蔽结构外的计算距离

邻室性质	计算到屏蔽结构外的距离（m）
操纵室	0.5
相邻车间	0.5
办公室、楼上房间	0.5
门厅、过道	过道中心但不得大于 1.5
门、观察窗、进排风口	洞口中心 1.5
室外	1.5

根据 X 光机的最大输出管电压（kV）及减弱倍数 K_X，可通过查图 9-4 得出屏蔽的铅当量厚度，然后再利用表 9-49 查出采用其他材料的相应厚度。

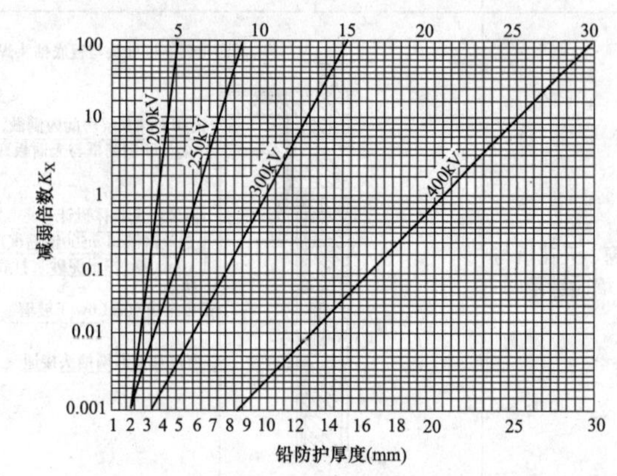

图 9-4 X 射线铅防护厚度与减弱倍数的关系

注：铅密度为$\rho=11340kg/m^3$。

若管电压小于 200kV，可直接查表 9-50 确定材料防护厚度。

金属实验室楼层板、屋面防护要求见表 9-51。

表 9-49 X 射线不同电压时常用围护结构材料的铅当量 （mm）

质量密度ρ（kg/m^3）	X 光机管电压（kV）	铅厚度（mm）							
		1	2	3	4	6	8	10	15
铁 $\rho=7900$	200	12	27	40	55	74	96	116	158
	250	12	23	33	44	60	75	92	128
	300	12	20	28	35	48	60	75	104
	400	11	18	23	28	38	45	55	75
含钡混凝土 $\rho=3200$	200	14	30	45	60	88	114	140	202
	250	14	28	43	55	80	106	110	192
	300	14	27	40	50	70	90	120	172
	400	13	24	35	45	65	80	100	140
含钡混凝土 $\rho=2700$	200	22	50	75	100	140	173	212	285
	250	22	46	67	87	120	155	186	254
	300	22	42	60	75	105	135	165	235
	400	18	36	50	60	85	110	130	185
混凝土 $\rho=2350$	200	75	140	200	260	380	470	570	760
	250	65	110	150	180	236	284	326	410
	300	56	89	117	140	200	240	280	365
	400	47	70	94	112	140	173	210	280
红砖 $\rho=1900$	200	100	190	270	350	500	650	790	1150
	250	92	165	205	275	400	520	640	950
	300	85	140	170	210	280	340	400	510
	400	80	110	140	160	210	260	300	400
砖 $\rho=1600$	200	130	240	340	430	590	740	860	1120
	250	115	180	250	320	460	600	720	950
	300	100	150	200	240	320	390	460	620
	400	90	130	180	200	240	290	340	450

续表

质量密度ρ（kg/m³）	X光机管电压（kV）	铅厚度（mm）							
		1	2	3	4	6	8	10	15
矿渣 $\rho=1.2$	200	150	270	380	490	700	930	1150	1700
	250	135	220	300	370	520	660	780	1100
	300	120	190	240	290	380	460	550	740
	400	110	160	200	230	300	350	400	510

表 9-50　　X 射线防护厚度　　（mm）

管电压（kV）		75		100		125		150		175	
电流（mA）		<10	>10	<10	>10	<10	>10	<10	>10	<10	>10
材料密度ρ（kg/m³）	铅$\rho=11340$	1	2	1.5	2.5	2	3	2.5	3.5	3	4
	混凝土$\rho=2200$	85	145	120	180	170	230	230	290	290	350
	砖$\rho=1600$	137	217	170	250	220	300	300	380	360	440

表 9-51　　混凝土楼板防护厚度　　（mm）

管电压（kV）	重晶石混凝土	C20 混凝土
200	30	150
250	60	200

注　1. 重晶石混凝土密度大于 3200kg/m³，重晶石混凝土配合比按重量计，即水泥:重晶石砂:重晶石＝1:4.5:4.5。

2. 关于 X 射线防护计算以及材料选用方法摘自 DL/T 5094—2012《火力发电厂建筑设计规程》附录 E。

四、建筑外保温节点构造做法

建筑外保温节点构造做法见表 9-52。

五、屋面、楼面、墙面变形缝典型节点构造

屋面、楼面、墙面变形缝典型节点构造见表 9-53。

表 9-52　　建筑外保温构造做法

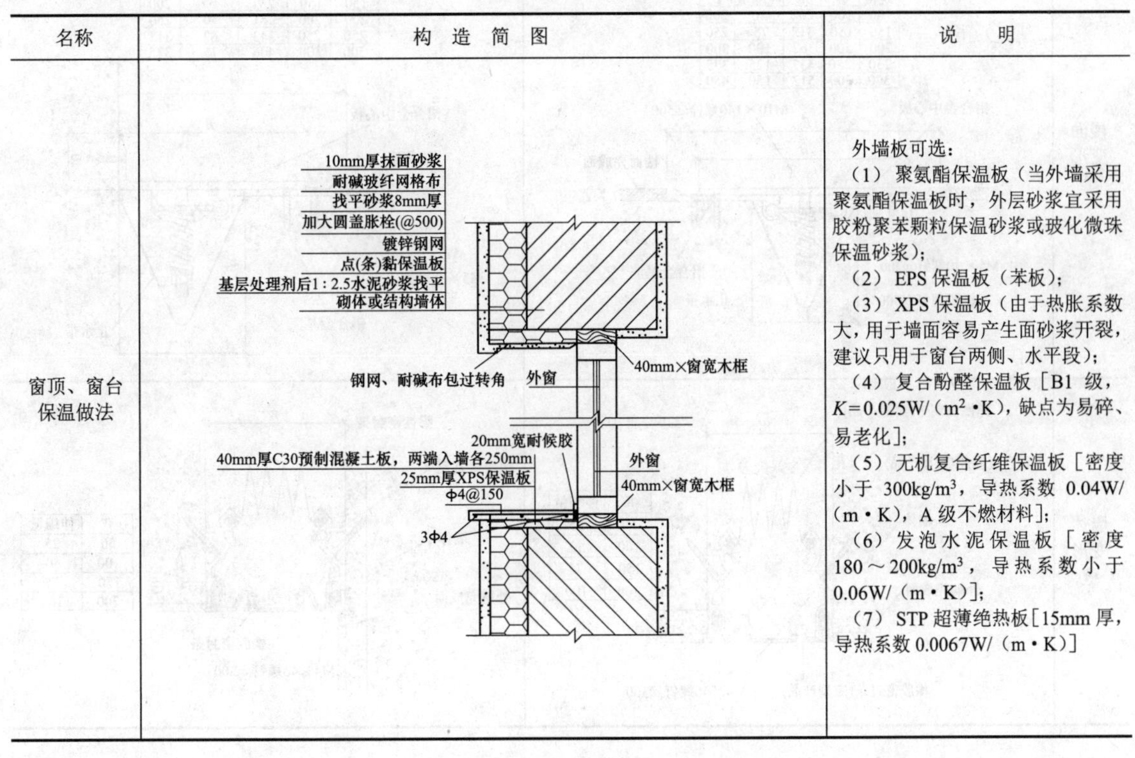

名称	构造简图	说明
窗顶、窗台保温做法		外墙板可选： （1）聚氨酯保温板（当外墙采用聚氨酯保温板时，外层砂浆宜采用胶粉聚苯颗粒保温砂浆或玻化微珠保温砂浆）； （2）EPS 保温板（苯板）； （3）XPS 保温板（由于热胀系数大，用于墙面容易产生面砂浆开裂，建议只用于窗台两侧、水平段）； （4）复合酚醛保温板［B1 级，$K=0.025$W/（m²·K），缺点为易碎、易老化］； （5）无机复合纤维保温板［密度小于 300kg/m³，导热系数 0.04W/（m·K），A 级不燃材料］； （6）发泡水泥保温板［密度 180～200kg/m³，导热系数小于 0.06W/（m·K）］； （7）STP 超薄绝热板［15mm 厚，导热系数 0.0067W/（m·K）］

续表

名称	构造简图	说明
带挑檐的窗顶做法	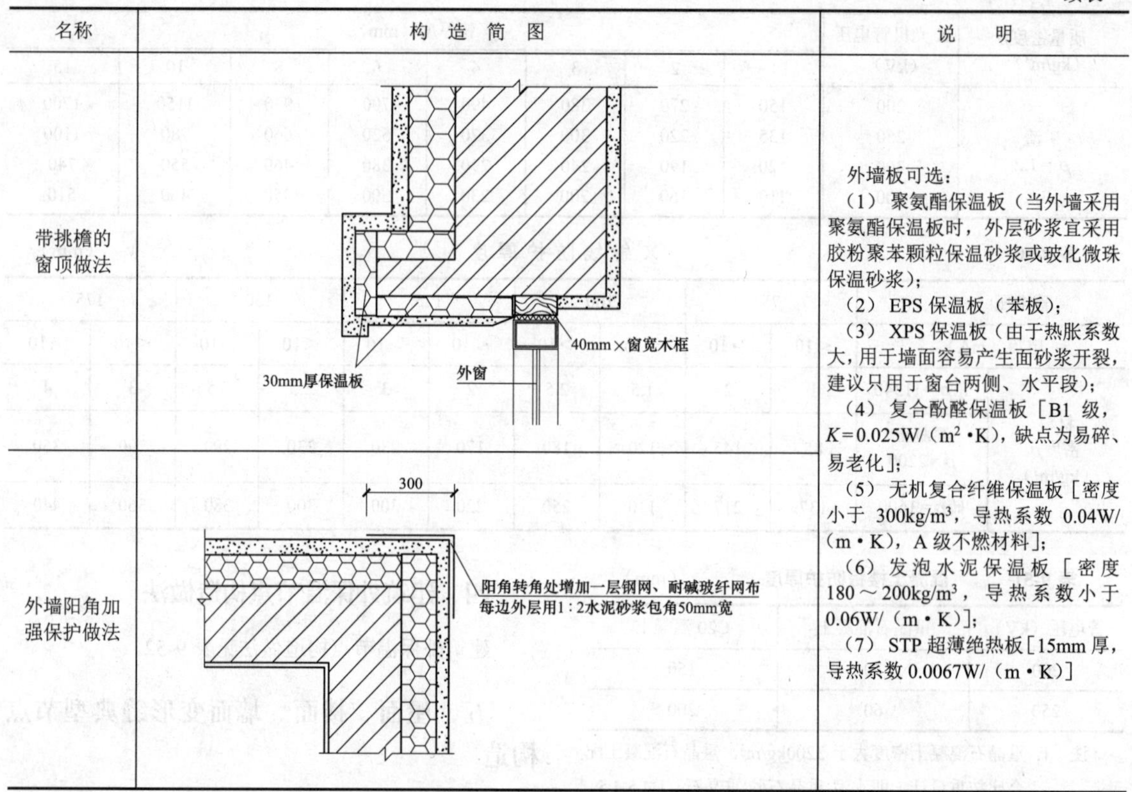	外墙板可选： （1）聚氨酯保温板（当外墙采用聚氨酯保温板时，外层砂浆宜采用胶粉聚苯颗粒保温砂浆或玻化微珠保温砂浆）； （2）EPS 保温板（苯板）； （3）XPS 保温板（由于热胀系数大，用于墙面容易产生面砂浆开裂，建议只用于窗台两侧、水平段）； （4）复合酚醛保温板［B1 级，K=0.025W/（m²·K），缺点为易碎、易老化］； （5）无机复合纤维保温板［密度小于 300kg/m³，导热系数 0.04W/（m·K），A 级不燃材料］； （6）发泡水泥保温板［密度 180～200kg/m³，导热系数小于 0.06W/（m·K）］； （7）STP 超薄绝热板［15mm 厚，导热系数 0.0067W/（m·K）］
外墙阳角加强保护做法		

表 9-53　　屋面、楼面、墙面变形缝典型节点构造

名称	构造简图
楼面变形缝	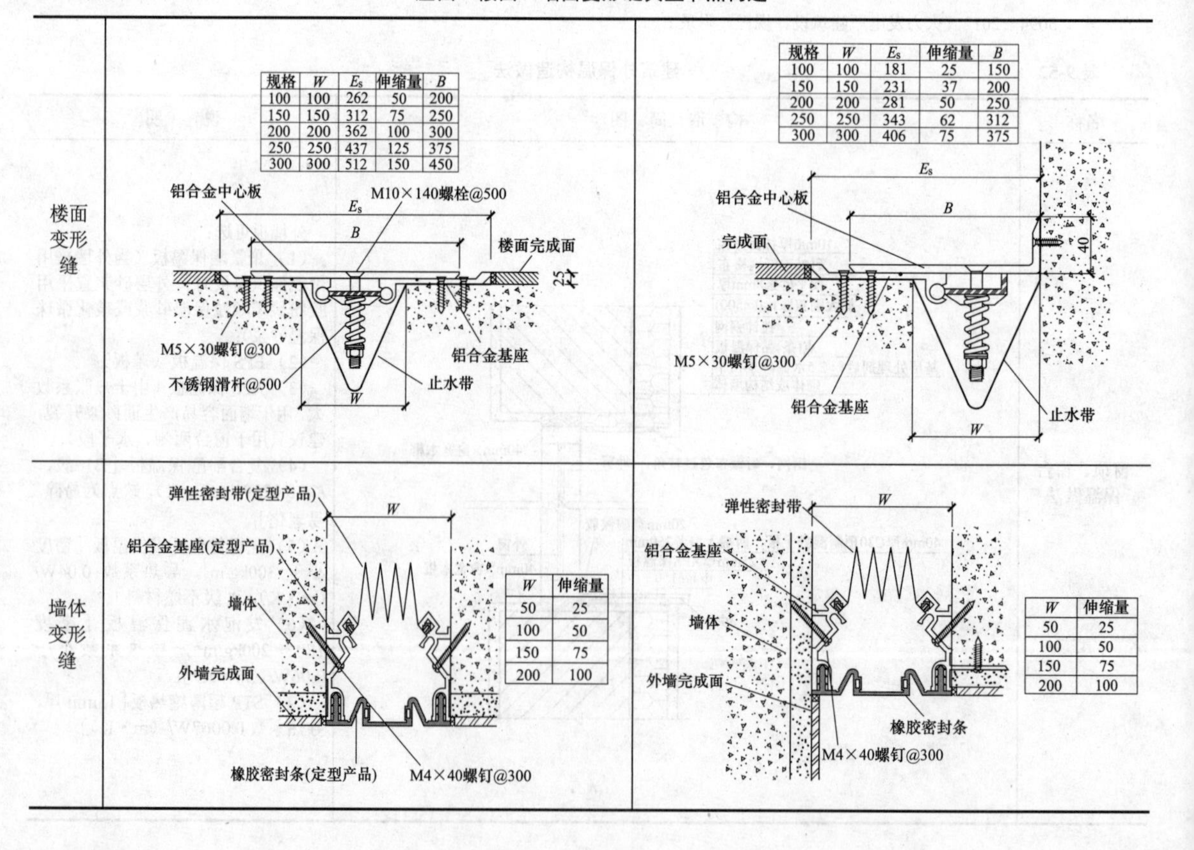
墙体变形缝	

规格	W	E_s	伸缩量	B
100	100	262	50	200
150	150	312	75	250
200	200	362	100	300
250	250	437	125	375
300	300	512	150	450

规格	W	E_s	伸缩量	B
100	100	181	25	150
150	150	231	37	200
200	200	281	50	250
250	250	343	62	312
300	300	406	75	375

W	伸缩量
50	25
100	50
150	75
200	100

W	伸缩量
50	25
100	50
150	75
200	100

续表

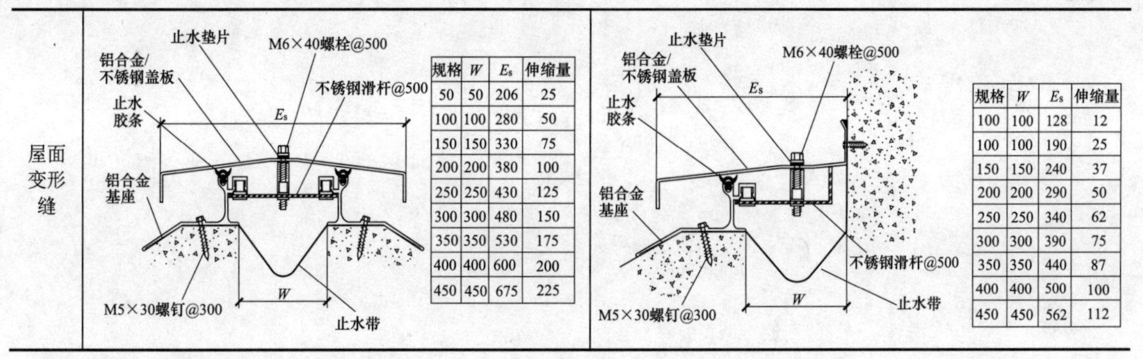

规格	W	E_s	伸缩量
50	50	206	25
100	100	280	50
150	150	330	75
200	200	380	100
250	250	430	125
300	300	480	150
350	350	530	175
400	400	600	200
450	450	675	225

规格	W	E_s	伸缩量
100	100	128	12
100	100	190	25
150	150	240	37
200	200	290	50
250	250	340	62
300	300	390	75
350	350	440	87
400	400	500	100
450	450	562	112

压型钢板围护结构常用于火力发电厂汽机房、除氧间、运煤建筑（室内贮煤场、运煤栈桥）以及北方严寒地区的锅炉紧身封闭。按建筑专业设计分工，压型钢板围护结构作为一个工厂生产建筑构件，节点详图深化设计是由专业厂家完成的，与建筑门、窗构件特点及属性类似。因此，建筑专业通常编制产品技术条件书，作为施工单位采购的技术依据，专业工厂需要根据建筑图纸、技术条件书进行细化设计和制造，由生产厂家或施工单位完成安装。

运煤栈桥属于需要冲洗的斜楼面，其楼面、变形缝与常规要求有一定区别，设计需要考虑其楼面冲洗效果和楼面防水问题。

推煤机库宜设检修坑，检修坑尺寸应根据工艺提出的推煤机型号及坑周围地面履带范围的抗压强度要求进行设计。

第二篇

燃煤发电厂篇

燃煤发电厂主要生产工艺系统包括制粉系统、燃烧系统、汽水系统和电气系统等，辅助生产系统包括供水系统、运煤系统、除灰系统、化学水处理系统、仪表与控制系统、脱硫系统和脱硝系统等。

燃煤发电厂建筑主要包括工业建筑和民用建筑两种类型。按生产工艺系统和建筑功能不同，可将全厂建筑分为主厂房建筑（包括集中控制楼建筑），电气建筑，化学建筑，水工建筑，运煤建筑，烟、尘、渣建筑，脱硫与脱硝建筑，辅助建筑和附属建筑等。其中附属建筑通常是指为燃煤发电厂生产、生活管理服务等设置的建筑物，该类建筑的使用性质属于民用建筑的范畴；其他各类生产及辅助生产建筑属于工业建筑范畴。

本篇主要介绍燃煤发电厂主厂房等主要生产、辅助及附属建筑的工艺特点、建筑布置、设计原则和要求等，并收录了典型的工程设计实例。

第十章

燃煤发电厂主厂房建筑设计

主厂房建筑是燃煤发电厂中安装有锅炉、汽轮机、发电机等设备和工艺系统，供生产人员进行生产活动的建筑物。主厂房建筑一般包括汽机房、除氧间、煤仓间或合并的除氧煤仓间、锅炉房、集中控制楼等部分，在厂区建筑中体量最大，是燃煤发电厂的核心建筑。

主厂房布置设计涉及热机、电气、建筑、结构、水工、热控、化学、运煤、除灰、暖通等多个专业，与施工、运行及建设费用密切相关。主厂房建筑设计应根据工艺流程、使用要求、自然条件、周围环境、建筑材料、建筑技术，以及施工、运行、维护、检修等特点，进行合理布局，满足建筑交通组织、防火防爆、抗震、采光通风、防排水、建筑热工与节能、噪声控制等设计要求，为主厂房的安全运行、检修维护及施工安装创造良好的空间环境。

第一节　生产工艺流程及主厂房区域工艺布置

一、生产工艺流程

主厂房按照燃煤发电厂生产工艺流程进行布置，主要安装燃煤发电厂的三大主机设备，即锅炉、汽轮机和发电机，它们通过管道或线路相连构成生产主系统，即燃烧系统、汽水系统和电气系统等。

1. 燃烧系统

燃烧系统包括锅炉的燃烧部分，以及运煤、制粉、除灰、脱硫、脱硝和烟气排放系统等。

煤通过运煤皮带运送到煤斗，进入磨煤机磨成煤粉（循环流化床锅炉无磨煤机），然后与经过空气预热器预热的空气一起喷入炉内燃烧，将煤的化学能转换成热能；烟气经除尘器脱除烟尘、脱硝装置脱除 NO_x 和脱硫装置脱除 SO_2 等后，由引风机抽出，经烟囱排入大气。炉渣和除尘器下部的细灰经分别收集后，运至灰场贮存或加以综合利用。

2. 汽水系统

汽水系统包括汽水循环和水处理系统、冷却水系统等，主要由锅炉、汽轮机、加热器、除氧器、凝汽器、凝结水泵及给水泵等组成。

水在锅炉中加热后蒸发成蒸汽，由过热器进一步加热，成为具有规定压力和温度的过热蒸汽，然后经过管道送入汽轮机。蒸汽在汽轮机中冲击汽轮机转子，将热能转换成机械能，带动与汽轮机同轴的发电机发电。蒸汽做功后从汽轮机低压缸排出，称为乏汽。乏汽排入凝汽器，在凝汽器中被冷却水冷却，凝结成水。凝汽器中的凝结水由凝结水泵升压后进入低压加热器和除氧器，提高水温并除去水中的氧后，由给水泵送入高压加热器，再回到锅炉，完成水-蒸汽-水的循环。

汽水系统中的蒸汽和凝结水在循环过程中会有一定的水量损失，需不断向给水系统补充经过化学处理的锅炉补给水。

3. 电气系统

电气系统包括发电机、励磁系统、厂用电系统和升压变电站等。

发电机在汽轮机的带动下，将机械能转化为电能。发电机的机端电压和电流随其容量不同而变化，其电压一般在 10～20kV 之间，电流可达数千安至 20kA。发电机发出的电，一般由主变压器升高电压后，经变电站高压电气设备和输电线送往电网。少部分电通过厂用变压器降低电压后，经厂用电配电装置为厂内风机、水泵等各种辅机设备和照明等设施供电。

燃煤发电厂主厂房工艺流程示意图见图 10-1。

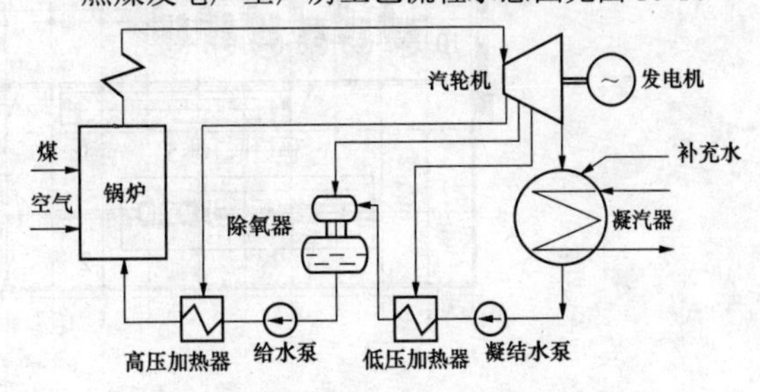

图 10-1　燃煤发电厂主厂房工艺流程示意图

二、主厂房区域工艺布置

按照生产工艺流程，主厂房区域主要指从 A 列外到烟囱区域，一般由配电装置、主厂房［包括汽机房、锅炉房、除氧间、煤仓间或合并的除氧煤仓间、集中控制楼（室）等］、电除尘器、引风机房、烟道、脱硫设施和烟囱等部分组成。主厂房区域布置平面、断面示意图见图10-2，主厂房区域鸟瞰示意图见图10-3。

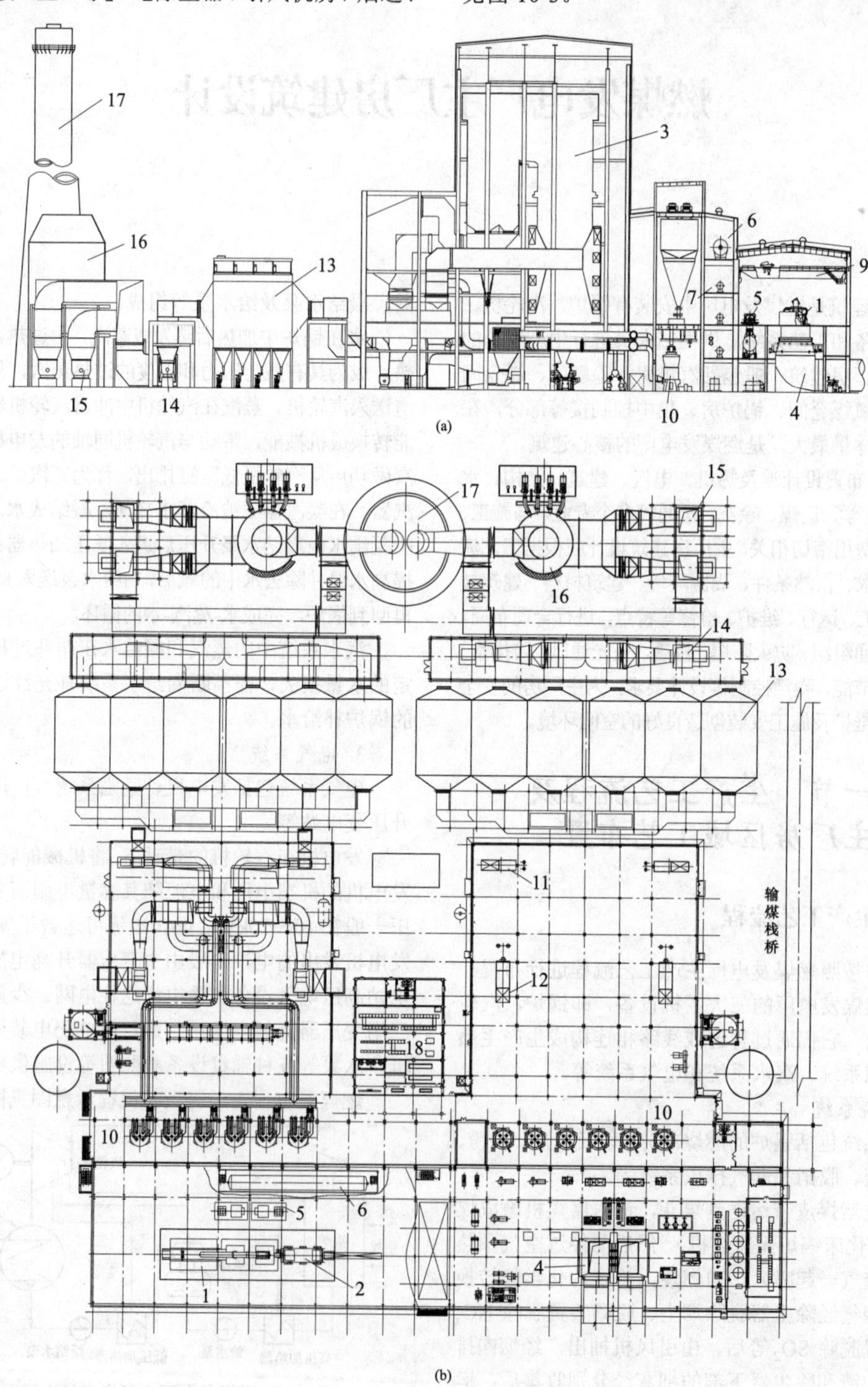

图10-2 主厂房区域布置平面、断面示意图

（a）断面图；（b）平面图

1—汽轮机；2—发电机；3—锅炉；4—排汽装置；5—给水泵汽轮机；6—除氧器；7—高压加热器；8—低压加热器；9—行车；10—磨煤机；11—一次风机；12—送风机；13—静电除尘器；14—引风机；15—脱硫增压风机；16—脱硫吸收塔；17—烟囱；18—集中控制楼

当采用直接空冷机组时，直接空冷机组通过主厂房A列前的空冷平台来进行汽水的循环冷却。此时，建筑设计应充分考虑位于 A 列外的空冷平台对建筑立面和通风采光的影响。直接空冷机组主厂房示意图见图 10-4。

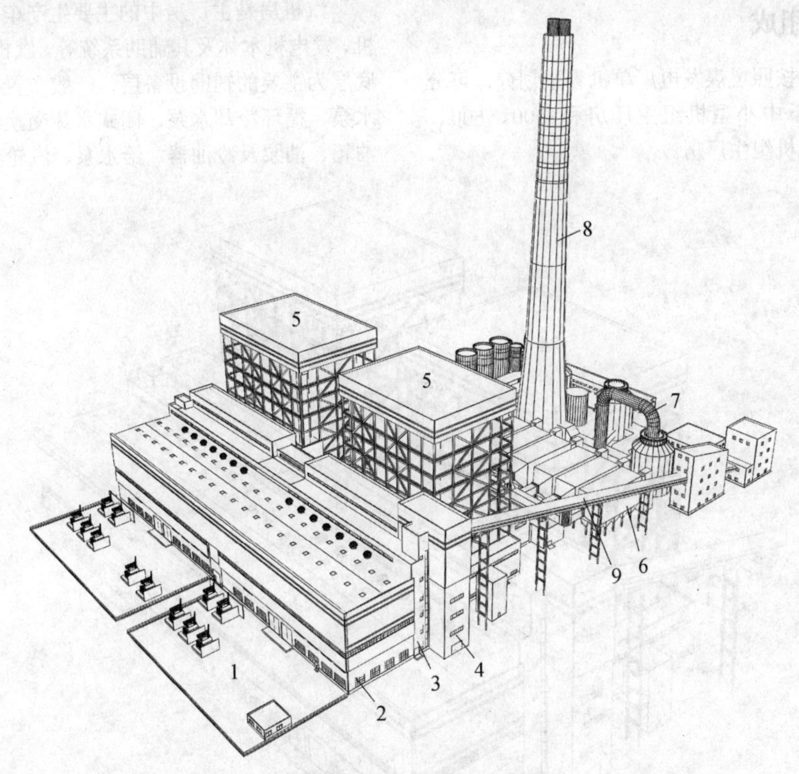

图 10-3　主厂房区域鸟瞰示意图

1—A 列变压器场地；2—汽机房；3—除氧间；4—煤仓间；5—锅炉房；6—电除尘器；7—脱硫设施；8—烟囱；9—运煤栈桥

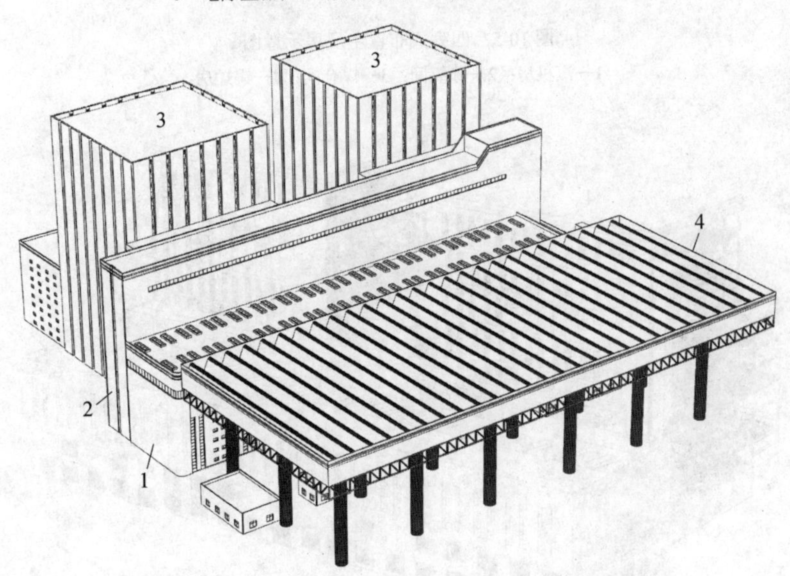

图 10-4　直接空冷机组主厂房示意图

1—汽机房；2—除氧煤仓间；3—锅炉房；4—空冷平台

第二节　建筑组成及设计原则

一、建筑组成

主厂房建筑按照燃煤发电厂单机容量划分，可分为 300MW 以下中小型机组主厂房和 300、600、1000MW 等大型机组主厂房。

主厂房示意图见图 10-5 和图 10-6。

1. 汽机房

汽机房是主厂房中的主要生产车间，布置有汽轮机、发电机本体及其辅助系统等。汽机房一般为 3 层。底层为主要的辅助设备层，一般布置有凝汽器、凝结水泵、循环冷却水泵、闭式水热交换器、真空泵、主油箱、油泵及冷油器、给水泵、汽轮机润滑油箱等设

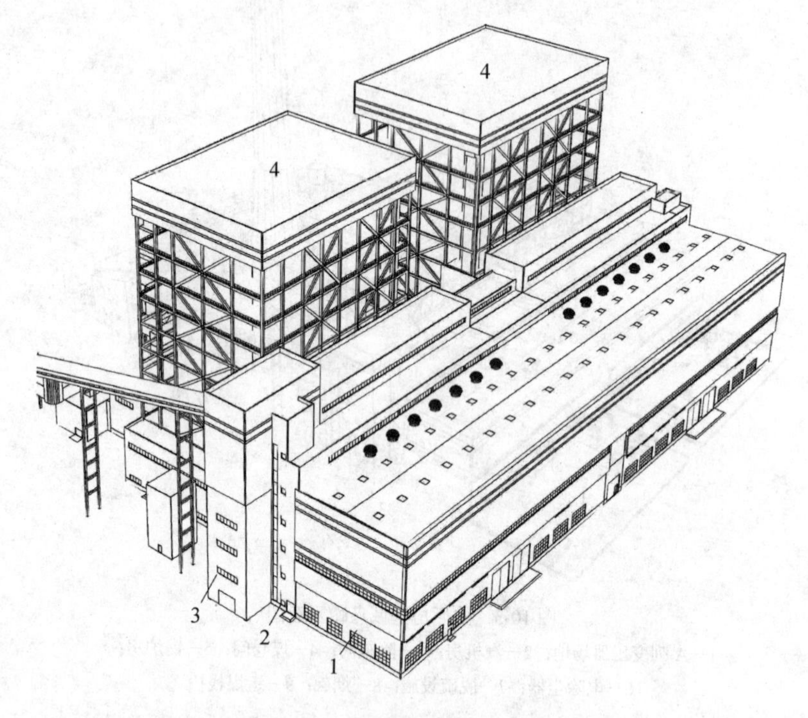

图 10-5　四列式布置主厂房示意图

1—汽机房；2—除氧间；3—煤仓间；4—锅炉房

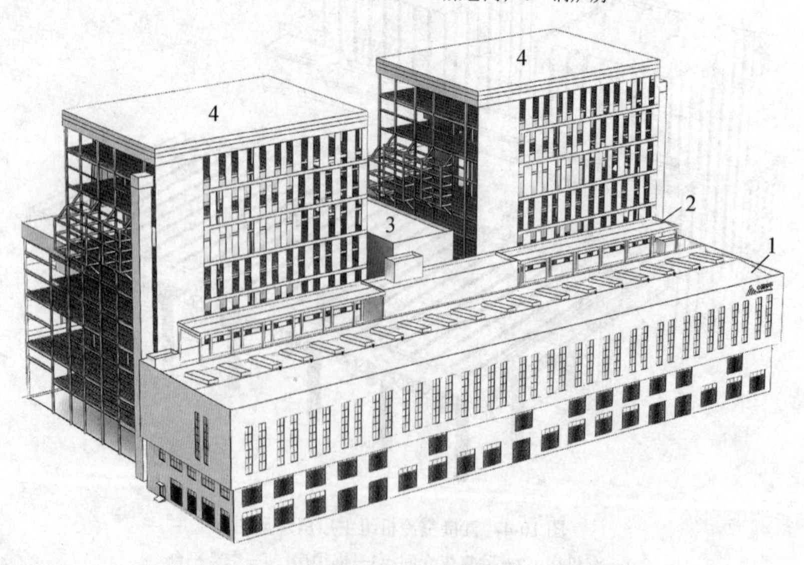

图 10-6　侧煤仓式主厂房示意图

1—汽机房；2—除氧间；3—煤仓间；4—锅炉房

备；中间层为管道层，同时布置有封闭母线、电气设备及一些小型设备等；运转层一般布置有汽轮发电机组、汽动给水泵，并留有充足的设备检修场地。对于300MW级及以上机组，汽轮发电机组一般采用纵向顺列布置。运转层设置有平台式和岛式两种方式。平台式布置将汽轮发电机基座平台与汽机房运转层楼板连成片，仅留有供垂直起吊用的孔洞，可充分利用中间夹层空间；采用岛式布置时机组的基座平台独立设置，以步道与汽机房通道相连。300MW级及以上机组的汽机房运转层多采用平台式布置，300MW级以下机组一般采用岛式布置。

汽机房运转层以上为大空间，装有桥式吊车。大型燃煤发电厂汽机房跨度一般为24～36m，由于跨度较大，汽机房屋面承重结构多采用钢屋架或H形钢梁等。

汽机房纵向较长，两台机组之间通常设一道伸缩缝，伸缩缝处设双柱。

2. 除氧间

除氧间一般为4层，主要布置有除氧器、高压加热器、低压加热器及给水泵等设备。通常情况下，除氧间在底层至运转层与汽机房相通，中间无隔墙，形成统一的空间。除氧间底层一般布置给水泵组，中间层一般布置低压加热器及辅助蒸汽联箱、主蒸汽管道、再热蒸汽管道，运转层一般布置高压加热器，除氧器层布置除氧器及其水箱。

部分工程取消除氧间，将加热器布置在汽机房内，除氧器有的布置在汽机房内，有的布置在锅炉房内锅炉前高位平台上，也有的布置在煤仓顶部或侧煤仓与锅炉之间搭建的高位平台上。

3. 煤仓间

煤仓间是布置煤仓、原煤供给和煤粉制备设施等的车间。根据煤仓间与锅炉之间的相对位置，煤仓间主要有前煤仓、侧煤仓、后煤仓等形式。前煤仓是煤仓间布置在锅炉之前，侧煤仓一般是指煤仓间布置在锅炉侧面，后煤仓是指煤仓间布置在锅炉后面。部分工程采用除氧间与煤仓间合并布置的形式，如循环流化床锅炉，因无制粉系统，常将除氧间与煤仓间合并布置。

煤仓间一般为3层，主要布置磨煤机、给煤机、煤斗、运煤皮带等设备。底层一般布置磨煤机和排粉风机等设备，运转层一般布置给煤机等设备，皮带层布置皮带输煤机。

4. 锅炉房

锅炉房主要布置有锅炉本体、排渣机、一次风机、送风机、空气预热器、脱硝装置等设备。

锅炉房与煤仓间之间一般在底层和运转层设有炉前通道，便于运输和运行操作。锅炉房运转层一般与汽机房运转层在同一个标高，也有的电厂根据工艺布置采取不同的标高。

锅炉本体一般采用露天或半露天布置，严寒或风沙大的地区多采用紧身封闭。锅炉运转层一般采用大平台布置方式，也可采用岛式布置。

5. 集中控制楼（室）

集中控制室与电子设备间常集中布置在集中控制楼内。集中控制室与电子设备间也可采取物理分散的方式，布置在汽机房运转层或中间层上，锅炉电子设备间有时也可布置在锅炉房运转层上。

集中控制楼一般采用两台机组合用集中控制，布置在两炉之间，如条件合适，集中控制楼可伸入除氧煤仓间内；有的电厂采取两机或四机一控的形式，布置在汽机房固定端或扩建端。

根据工程具体情况，集中控制楼一般为4～6层建筑，运转层一般布置有集中控制室、电子设备间、工程师站、交接班室及会议室等；运转层以下，根据工程需要可布置柴油发电机房、蓄电池室、配电装置室、电缆夹层、化学再生设备间、酸碱储存计量间、化学取样间等。

二、设计原则

（1）主厂房建筑根据厂区总体规划进行设计，需妥善处理与周围建筑的间距和接口的关系等。

（2）主厂房建筑设计根据生产流程和使用要求，并综合考虑自然条件、区域环境及建筑材料和建筑技术等因素，完成建筑平面布局、空间组合、建筑造型和色彩处理，配合工艺解决建筑内部交通、防火、防爆泄压、采光通风、防排水、防腐、减噪、防震隔振、保温隔热、建筑节能，以及生活设施的布置。

（3）主厂房建筑设计要充分突出“以人为本”的设计原则，严格遵照安全、劳动保护和职业健康的相关规定，充分考虑影响主厂房室内环境的因素，创造良好的工作环境。

（4）主厂房建筑空间跨度大，建筑高度高，但建筑层数较少，对建筑抗震不利。主厂房建筑设计应充分考虑建筑的形体和构造措施，满足建筑抗震设计的要求。

（5）主厂房建筑应按照防火规范的要求进行防火防爆设计，结合生产要求组织水平和垂直交通，满足防火疏散的要求，对火灾危险源进行重点防护，采取相应的防火构造措施。

（6）主厂房内各建筑空间及工艺用房对建筑采光和通风的要求不同，应综合分析，根据其布置特点和环境条件可采取自然采光和人工照明、自然通风和机械通风相结合的方式。

（7）主厂房内设备噪声较大，在建筑设计中应重视噪声控制，使主要工作场所避开有噪声和振动的设备用房，对有噪声和振动的设备用房采取隔声、隔振和吸声的措施。有厂界噪声控制要求的电厂，主厂房建筑设计还要考虑防止噪声扩散的措施。

（8）主厂房建筑热工与节能设计应贯彻国家有关法律法规和方针政策，降低建筑能耗，提高能源利用效率，改善室内环境。主厂房建筑节能设计应综合考虑建筑布置、建筑围护结构、采光开窗位置、面积等同主厂房气流组织、供暖通风能耗的关系。主厂房建筑节能设计可详见第七章的相关内容。

（9）主厂房建筑造型处理应简洁大方，色彩力求明快，与周围环境相协调。作为厂区体量最大的核心建筑，应突出自身特点，充分体现电厂特色的现代工业建筑的风格。

第三节 主厂房布置

一、布置形式

主厂房布置形式由工艺专业根据工程具体情况确定。目前常见的布置有四列式、三列式、侧煤仓布置等形式。

四列式主厂房建筑是按汽机房—除氧间—煤仓间—锅炉房顺序布置；三列式主厂房建筑按汽机房—除氧煤仓间—锅炉房或汽机房—煤仓间—锅炉房的顺序布置。这两种布置形式称为前煤仓布置形式。

汽机房—除氧间—锅炉房—煤仓间顺序布置的形式称为后煤仓布置形式。后煤仓布置形式缩短了运煤栈桥的长度，但存在烟风道与煤仓间穿插布置、烟道长度增加等问题，此种布置形式一般较少采用。

当煤仓间布置在锅炉侧面时，则称为侧煤仓布置形式。近年来侧煤仓布置形式也被采用，侧煤仓布置方案的主厂房占地面积和体积指标较小，减少了锅炉和汽轮机之间的距离，可缩短四大管道的长度，但对于后续扩建机组适应性较差。

主厂房结构一般采用钢筋混凝土或钢框排架结构体系。四列式主厂房横向是以汽机房排架（常采用钢屋架、门式钢架等形式）、除氧间和煤仓间双框架结构组成的框排架结构体系，三列式主厂房横向是以汽机房排架、除氧煤仓间单框架结构组成的框排架结构体系；锅炉钢架一般为独立结构体系；布置在两炉之间的集中控制楼一般也自成独立的钢筋混凝土或钢框架结构体系；侧煤仓间一般采用钢筋混凝土框架体系。

（一）四列式布置

四列式布置是按汽机房、除氧间、煤仓间、锅炉房依次顺列布置，是比较传统的布置形式之一。

采取这种布置形式时，集中控制楼一般布置在两台锅炉中间，且伸入煤仓间。

四列式布置的主厂房内整齐美观，工艺系统分区明确，具有良好的运行检修条件。但主厂房从A列到烟囱的距离较长，主厂房占地面积和建筑体积都比较大，空间利用不够充分。

四列式布置简图见图10-7。

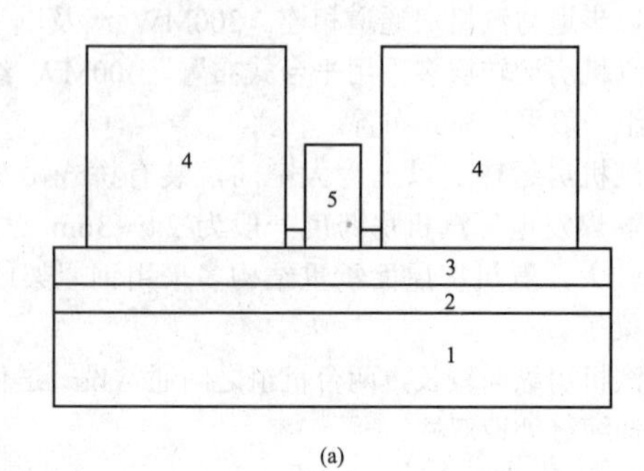

(b)

图10-7 四列式布置简图
（a）平面示意图；（b）剖面示意图
1—汽机房；2—除氧间；3—煤仓间；
4—锅炉房；5—集中控制楼

（二）三列式布置

三列式布置是按汽机房、煤仓间或合并的除氧煤仓间、锅炉房依次顺列布置，也是比较传统的布置形式之一。循环流化床锅炉因无制粉系统，通常采用除氧间和煤仓间合并的三列式布置形式。三列式布置简图见图10-8。

主厂房采用三列式布置时，除氧器布置在汽机房内或者合并的除氧煤仓间内。

（三）侧煤仓布置

侧煤仓布置形式是指煤仓间布置在锅炉的一侧，常被超临界和超超临界机组采用。侧煤仓一般布置在两炉之间，在特殊情况下，煤仓间也会布置在锅炉两侧。

侧煤仓通常有以下几种布置形式。

1. 单排架式

汽机房、锅炉房顺列布置，煤仓间采用侧煤仓布置，不设除氧间，因此汽机房成单排架结构体系，简称单排架式。这种布置形式取消了除氧间，部分设备房间被就近布置在汽机房内、炉前及锅炉房内。汽机房与锅炉之间通过炉前通道直接连通。单排架式布置简图见图 10-9。

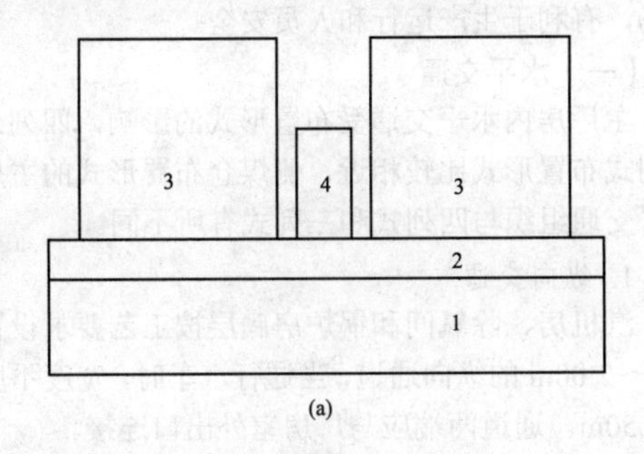

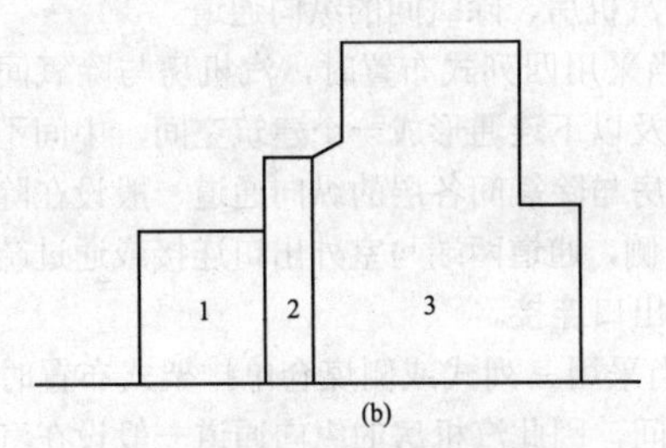

图 10-8　三列式布置简图

（a）平面示意图；（b）剖面示意图

1—汽机房；2—煤仓间或合并的除氧煤仓间；3—锅炉房；4—集中控制楼

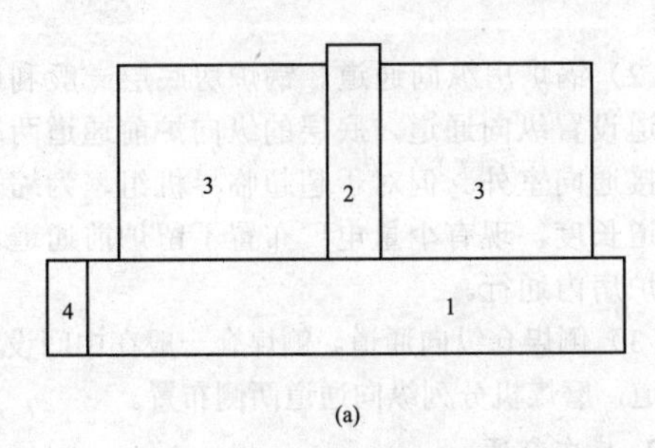

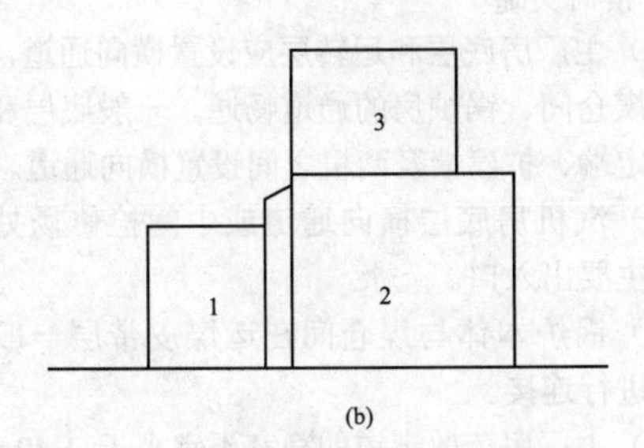

图 10-9　侧煤仓单排架式布置简图

（a）平面示意图；（b）剖面示意图

1—汽机房；2—煤仓间；3—锅炉房；4—集中控制楼

2. 框排架式

汽机房、除氧间、锅炉房依次顺列布置，煤仓间采用侧煤仓布置，汽机房、除氧间采用框排架结构体系，简称框排架式。框排架式布置简图见图 10-10。

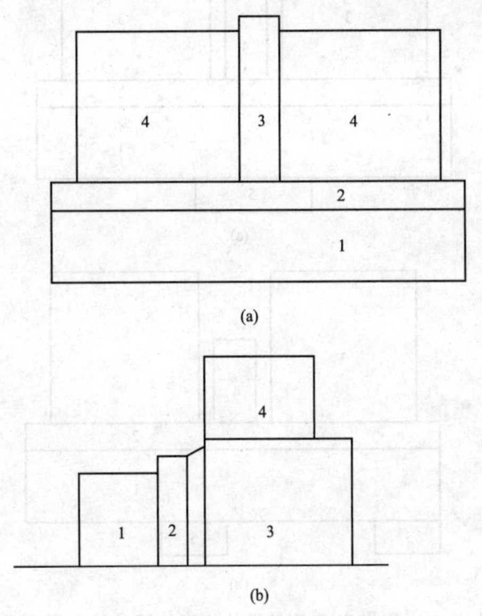

图 10-10　侧煤仓框排架式布置简图

（a）平面示意图；（b）剖面示意图

1—汽机房；2—除氧间；3—煤仓间；4—锅炉房

在特殊情况下，煤仓间布置在锅炉两侧，如磨煤机采用风扇磨时，往往采取框排架式布置方式。侧煤仓在锅炉两侧的平面布置简图见图 10-11。

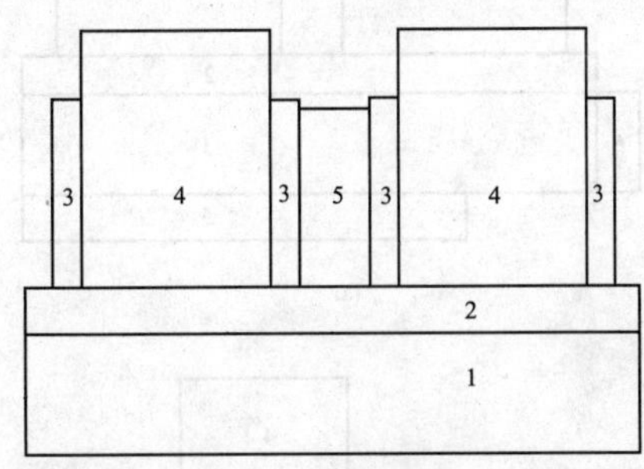

图 10-11　侧煤仓在锅炉两侧的平面布置简图

1—汽机房；2—除氧间；3—煤仓间；4—锅炉房；5—集中控制楼

（四）汽机房外其他布置

1. 汽机房 A 列外

（1）供热机组热网首站可布置在汽机房 A 列外毗屋内（见图 10-12）。

（2）部分电厂将屋内配电装置楼、网络继电器楼或集中控制楼布置在汽机房 A 列外（见图 10-13），这种布置方式应注意解决好防火、疏散、通风等问题。

（3）有的电厂根据循环水阀门坑和冷凝器抽管等空间需要，在汽机房 A 列外设置毗屋。

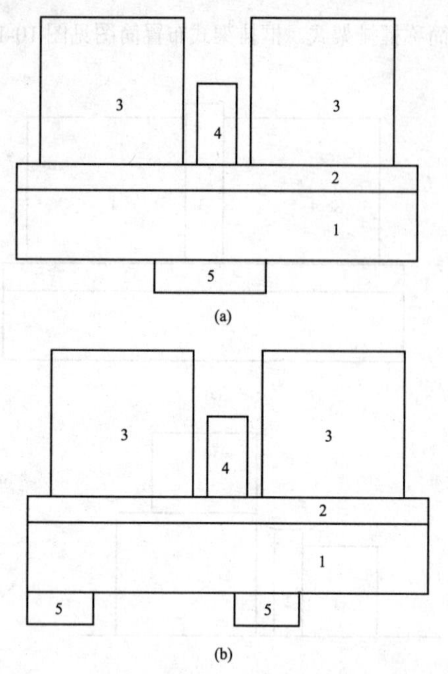

图 10-12 汽机房 A 列外供热机组热网首站布置示意图
（a）平面示意图 A；（b）平面示意图 B
1—汽机房；2—除氧煤仓间；3—锅炉房；
4—集中控制楼；5—热网首站

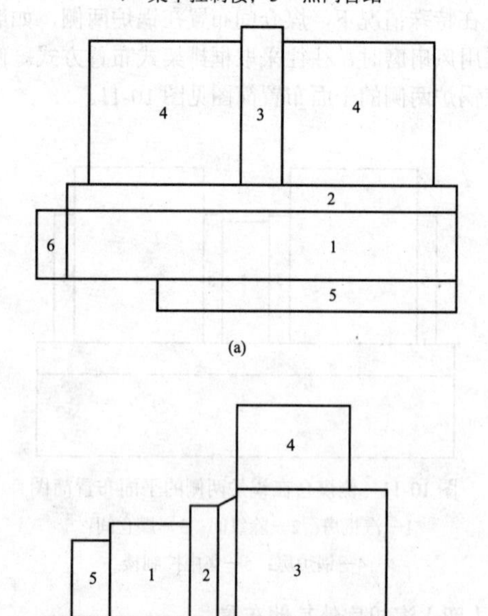

图 10-13 汽机房 A 列外屋内配电装置及
网络继电器楼布置示意图
（a）平面示意图；（b）剖面示意图
1—汽机房；2—除氧间；3—煤仓间；4—锅炉房；
5—屋内配电装置及网络继电器楼；6—集中控制楼

2. 汽机房固定端

一般根据工程具体情况，汽机房固定端可布置有多种功能建筑，如集中控制楼、热网首站等。

二、交通组织

主厂房应合理组织水平和垂直交通，使交通组织顺畅，有利于生产运行和人员安全。

（一）水平交通

主厂房内水平交通受布置形式的影响，四列式和三列式布置形式比较相近，侧煤仓布置形式的主厂房水平交通组织与四列式和三列式有所不同。

1. 纵向交通

汽机房、除氧间和锅炉房底层按工艺要求设置宽1.50～2.00m 的纵向通道，当通行汽车时，宽度不应小于 3.50m。通道两端应与厂房室外出口连接。

（1）汽机房、除氧间的纵向通道。

1）当采用四列式布置时，汽机房与除氧间一般在运转层及以下连通形成一个建筑空间，中间不设隔墙。汽机房与除氧间各层的纵向通道一般设在除氧间靠 B 列一侧，通道两端与室外出口连接或通过疏散楼梯与室外出口连接。

2）当采用三列式或侧煤仓单排架式布置时，取消了除氧间，因此汽机房的纵向通道一般设在汽机房内靠 B 列一侧，通道两端与室外出口连接或通过疏散楼梯与室外出口连接。

3）汽机房与除氧间的纵向通道较长，设计时应与工艺专业密切配合，保证纵向通道的通行空间要求。

（2）锅炉房纵向通道。锅炉房底层一般利用炉前通道设置纵向通道，底层的纵向炉前通道两端一般直接通向室外。但对于超超临界机组，为缩短四大管道长度，现有少量电厂布置不留炉前通道，可在锅炉房内通行。

（3）侧煤仓纵向通道。侧煤仓一般在中间设置纵向通道，磨煤机分列纵向通道两侧布置。

2. 横向交通

（1）主厂房底层和运转层应设置横向通道，使汽机房至煤仓间、锅炉房的通道畅通。一般底层和运转层在固定端、扩建端及两机之间设置横向通道。

（2）汽机房底层横向通道或中间检修场处宜设置设备主要出入口。

（3）锅炉本体与煤仓间在运煤皮带层一般采用钢步道进行连接。

（4）主厂房疏散走道的净宽不宜小于 1.40m，疏散门的净宽不宜小于 0.90m。

以四列式为例，主厂房水平交通示意图见图 10-14。

（二）垂直交通

主厂房建筑根据防火疏散和生产要求，应设疏散楼梯、电梯、运行检修梯、检修起吊设施等。

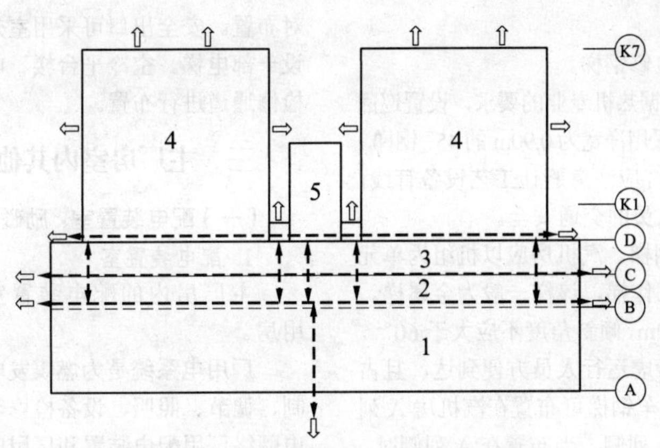

图 10-14　四列式主厂房水平交通示意图

1—汽机房；2—除氧间；3—煤仓间；4—锅炉房；5—集中控制楼

◂- - -▸ 水平交通流线　　⇨ 主要出入口

1. 疏散楼梯

（1）主厂房通常在除氧间或除氧煤仓间内布置疏散楼梯间。疏散楼梯的数量、位置、构造满足防火规范的相关规定。

（2）主厂房至少应有 1 个通至各层的封闭楼梯间，一般设在主厂房固定端，主厂房其他疏散楼梯可为敞开式楼梯。

（3）主厂房扩建端的疏散楼梯可采用室外钢梯，其净宽不应小于 0.90m，倾斜角度不应大于 45°。该梯临空高度较高，栏杆高度应注意采取安全防护措施。

（4）主要疏散楼梯宜尽量靠建筑物外墙布置，争取良好的自然通风和采光。

（5）室内楼梯应远离主油箱、油管道和阀门布置。

2. 电梯

主厂房电梯一般包括锅炉电梯和汽机房电梯。主厂房电梯满足客货电梯的设计要求。供消防使用的电梯具体要求详见第二章的相关内容。

（1）锅炉电梯。

锅炉电梯的布置由工艺专业确定。锅炉电梯一般布置在锅炉房侧且靠近炉前的位置。锅炉电梯可布置在固定端和扩建端方向，也可布置在两炉之间，顺列布置或对称布置。电梯设在两炉之间时，与集中控制楼联系方便。

对于中小型燃煤发电厂，有时两台锅炉设一部电梯，两炉之间采用步道连接。电梯一般采用客货两用电梯，通达锅炉各层主要检修平台。

（2）汽机房电梯。

在汽机房或除氧间内根据需要可设置工作电梯，电梯位置宜靠近固定端主要人流出入口，电梯可采用客货两用电梯。电梯停靠层应停靠主厂房主要楼层。

当电梯位置靠近较好景观时，可选用观光电梯。汽机房或除氧间固定端电梯布置示意见图 10-15。

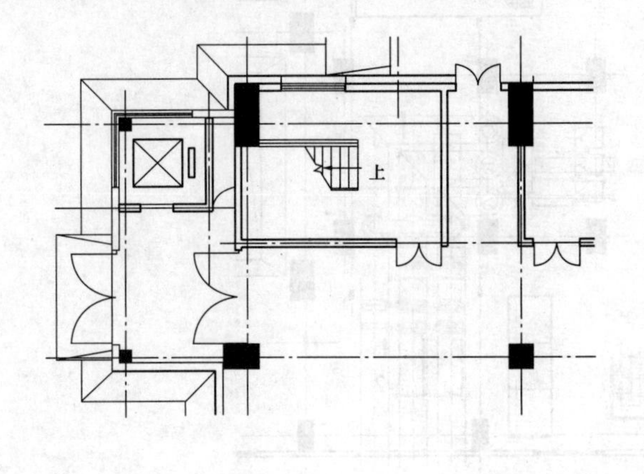

(a)

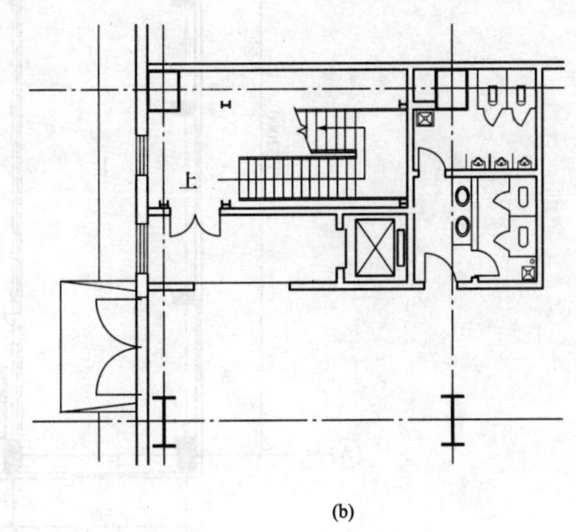

(b)

图 10-15　汽机房或除氧间固定端电梯布置示意图

（a）布置方式一；（b）布置方式二

3. 运行检修梯

（1）汽机房内机组检修钢梯。

汽机房每台机组可根据热机专业的要求，设置巡回检修钢梯。检修钢梯一般采用净宽为0.90m的45°钢梯。

布置机组检修钢梯时，应注意避让工艺设备管线，并保证空间尺寸不影响人员的交通安全。

（2）汽机房上吊车钢梯。汽机房应以机组为单元设置通往行车操控室的工作梯，该梯一般为金属梯。工作梯净宽不宜小于0.70m，倾斜角度不应大于60°。

上吊车钢梯位置需考虑运行人员方便到达，且占用厂房空间尽量小。上吊车钢梯可布置在汽机房A列侧，也可布置在汽机房B列侧。当布置在A列侧时，应注意避让工艺设备管线；当布置在B列侧时，可借助除氧间合适的楼层。

当检修梯、工作梯临空高度超过20m时，钢梯栏杆高度应满足安全防护要求。

（3）屋面检修钢梯。

当无楼梯通达屋面时，应设上屋面的检修人孔或屋面检修梯。

当主厂房屋面长度超过100m时，不同标高屋面之间每隔100m左右应设置检修用钢梯。

4. 检修起吊设施

汽机房内设有桥式起重机。主厂房根据工艺要求在适当位置设置检修场地和吊物孔。

5. 空冷平台楼、电梯

每座空冷平台的安全出口不宜少于2个，并宜相对布置。安全出口可采用室外楼梯。每座空冷平台可设一部电梯。空冷平台楼、电梯应结合空冷平台环形检修通道进行布置。

三、主厂房室内其他房间布置

（一）配电装置室、励磁间、变频间、电子设备间

1. 配电装置室

主厂房内的配电装置室一般属于厂用电系统用房。

厂用电系统是为燃煤发电厂辅助设备的动力、控制、调节、照明、设备检修等的用电而设置的厂内供电网络厂用配电装置和厂用电源等所构成的总体，其功能是保证发电厂连续安全运行，满足机组启动、正常运行和停机等工况下的供电需要。厂用电系统包括厂用工作电源、备用（或启动/备用）电源、直流电源、交流不间断电源及保安电源等。

主厂房内的配电装置室分为高压配电装置室（通常电压为6kV或10kV）和低压配电装置室（通常电压为380V），根据供电部位分为锅炉配电装置室和汽机配电装置室。锅炉配电装置室一般应尽量靠近锅炉，主要为磨煤机、送风机、给煤机等锅炉设备供电，当设有集中控制楼时，锅炉配电装置室一般布置在集中控制楼内；无集中控制楼时，通常布置在两炉之间的煤仓间跨，也可布置在锅炉底层。汽机配电装置室一般设在汽机房内，主要为电动给水泵、凝结水泵、油泵等设备服务。

汽机房内的厂用配电装置室布置示意图见图10-16。

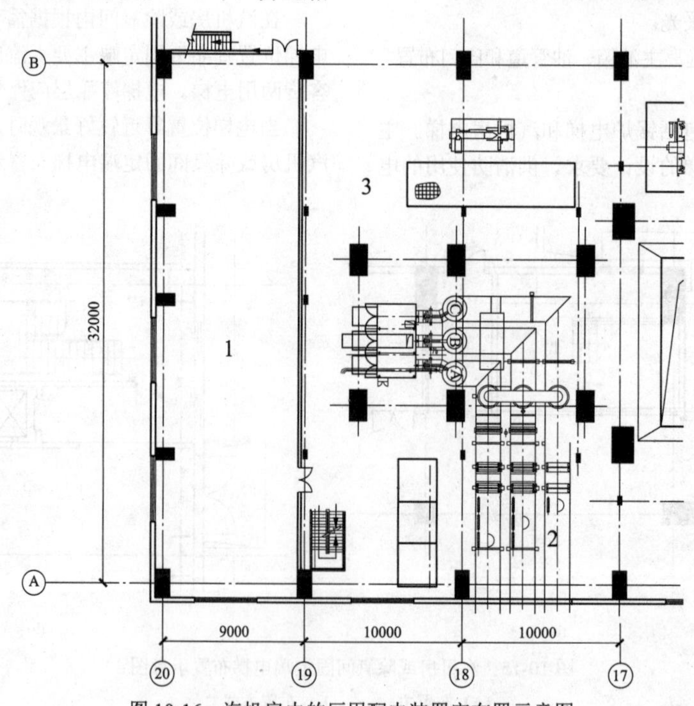

图10-16 汽机房内的厂用配电装置室布置示意图

1—配电装置室；2—封闭母线；3—汽机房中间层

2. 励磁间

励磁间是为发电机励磁系统设置的房间。励磁系统是供给同步发电机励磁电流的电源及其附属设备，一般由励磁功率单元和励磁调节器两个主要部分组成。

励磁间常布置在汽机房的底层、中间层或运转层靠近A列的位置。汽机房布置在运转层上的励磁间布置示意图见图10-17。

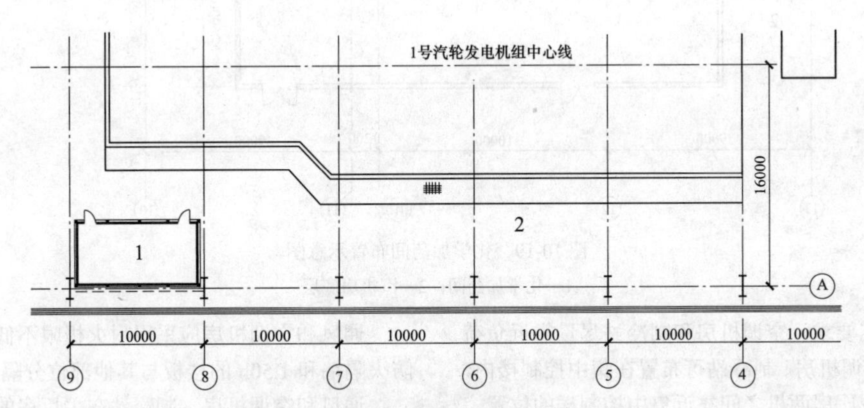

图10-17　汽机房内的励磁设备间布置示意图

1—励磁间；2—汽机房运转层

3. 电子设备间

电子设备间主要布置仪表控制系统的DCS机柜、锅炉和汽轮机相关的控制机柜及部分电气控制柜等。电子设备间一般布置在两台锅炉之间的集中控制楼内。当取消集中控制楼，采用分散布置时，锅炉电子设备间和汽轮机电子设备间一般分散布置在锅炉房和汽机房内，有的电厂布置在汽机房和锅炉房之间的除氧间中间层或运转层。电子设备间在除氧间布置示意图见图10-18。

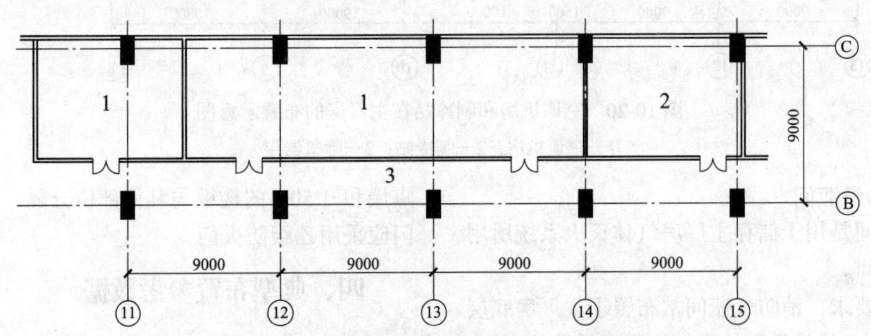

图10-18　电子设备间在除氧间布置示意图

1—电子设备间；2—空调机房；3—除氧间运转层

（二）化学加药间和汽水取样间

化学加药间是布置热力系统中化学加药处理设施的房间。热力系统中化学加药的目的是保证系统内的水质，防止热力系统被腐蚀和结垢，提高设备使用寿命和换热效率。凝结水、给水多采用加氨和加氧处理方式，闭式冷却水采用加氨处理方式。

汽水取样间是为水汽取样系统设置的房间。水汽取样系统主要是为监测热力系统中运行的水质状况而设置集中的水汽取样分析系统，一般包括必要的在线仪表。

根据工艺专业需要，化学加药间和汽水取样间常布置在除氧间或炉前通道两机之间的底层，有的布置在锅炉平台上，也有的布置在集中控制楼内。化学加药间布置示意图见图10-19。

（三）通风和空调机房、制冷站

通风和空调机房是布置主厂房区域空气处理机组设备的房间，制冷站是作为主厂房区域空气调节、降温通风系统中制冷机组设置的房间。

一般集中控制室、电子设备间、变频间以及其他有温湿度要求的房间设置通风和空气调节系统时，300MW级及以上机组，或地处炎热地区的燃煤发电厂多采用集中制冷。

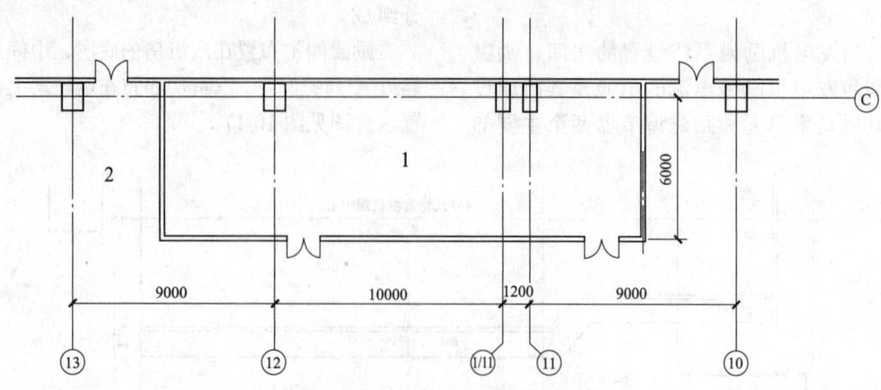

图 10-19　化学加药间布置示意图

1—化学加药间；2—汽机房底层

根据工艺要求，空调机房和制冷站尽量靠近负荷中心，因此空调机房、制冷站可布置在集中控制楼内，也可布置在主厂房两机之间靠近集中控制楼的位置。通风机房一般紧邻需要通风的房间布置。

通风和空调机房应采用耐火极限不低于 2.00h 的防火隔墙和 1.50h 的楼板与其他部位分隔。

通风和空调机房、制冷站在主厂房的布置示意图见图 10-20。

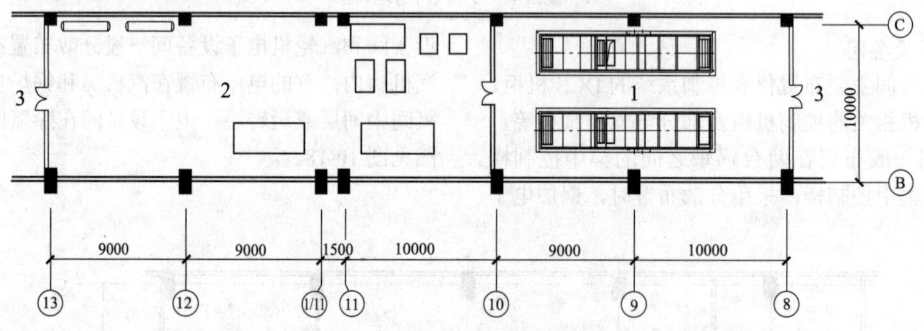

图 10-20　空调机房和制冷站在主厂房的布置示意图

1—空调机房；2—制冷站；3—除氧器层

（四）消防气瓶间

消防气瓶间是用于储存主厂房气体灭火系统所用消防气瓶的房间。

根据工艺要求，消防气瓶间常布置于主厂房底层或集中控制楼内，尽量靠近使用气体灭火系统的房间。

消防气瓶间应采用耐火极限不低于 2.00h 的防火隔墙和 1.50h 的楼板与其他部位分隔，开向建筑内的门应采用乙级防火门。

四、典型布置参考数据

主厂房各层标高、跨度等由工艺专业根据各工程具体情况确定，主厂房典型布置参考数据见表 10-1。

表 10-1　主厂房典型布置参考数据　（m）

机组容量	300MW 级	600MW 级	1000MW 级
汽机房跨度	27.00～30.00	27.00～34.00	32.00～35.00
除氧间跨度	8.00	9.00	9.50～12.00
煤仓间跨度	11.00	12.00	14.00
炉前跨度	4.00～6.00	5.50～6.00	6.50～7.00
汽机房中间层标高	6.300	6.900	8.600
汽机房运转层标高	12.600	13.700	17.000/15.500
除氧器设置位置标高	19.600/12.600	24.000/13.700	33.000/29.000/26.000
锅炉运转层标高	12.600	13.700	17.000/15.500
给煤机层标高	12.600	13.700/15.000	17.000/15.500

五、布置设计中其他需要注意的问题

（1）主厂房布置，在满足工艺要求、便于检修和有利于降低工程造价的前提下，可采用不等柱距。

（2）主厂房各工艺用房的位置、平面尺寸、建筑层高等应符合工艺要求。主厂房内有人员正常活动的室内最低处的净高不应小于 2m。

（3）在人员集中的适当位置应设集中的卫生间及清洗设施，其规模数量应考虑运行、检修人员的需要。卫生间用房宜有天然采光和自然通风，有条件时宜分设前室。

（4）主厂房布置图（包括提出资料时）应与热机专业主厂房布置方向一致。

（5）主厂房轴线的编号原则：横向编号以固定端为 1 号轴线顺序编排，竖向编号应根据 A、B、C、D 排的电力系统习惯编制。锅炉深度（厂房横向）方向采用从炉前向炉后方向顺序用 K1、K2…编号，或采用锅炉厂提供的锅炉柱编号。锅炉宽度（厂房纵向）方向，构架柱号用相对应的厂房轴线号表示；若位于厂房两轴线间，则采用附加轴线的分数形式编号。如该柱在 5、6 轴线间，则编号用 1/5、2/5…表示，或采用锅炉厂提供的锅炉柱编号。

主厂房轴线的编号示意图见图 10-21。

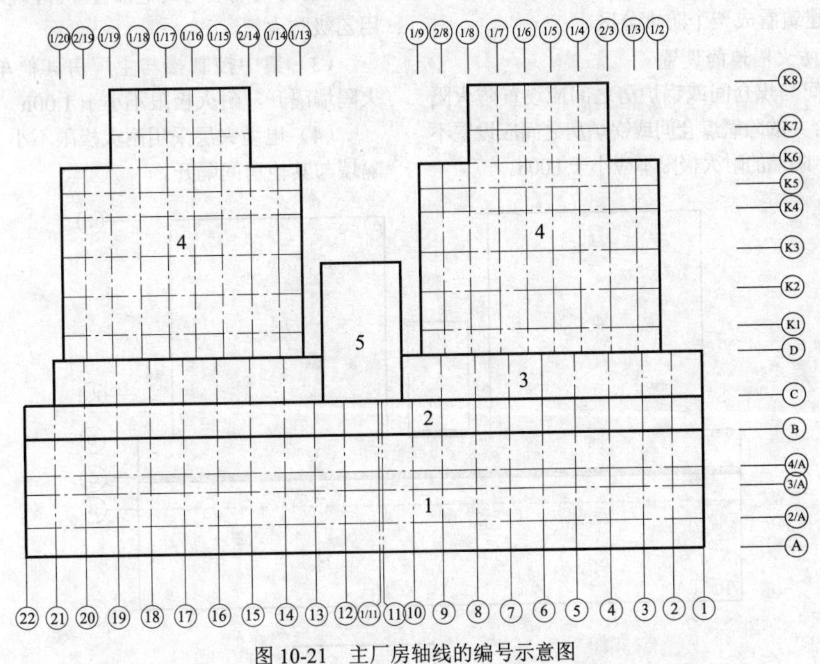

图 10-21　主厂房轴线的编号示意图

1—汽机房；2—除氧间；3—煤仓间；4—锅炉房；5—集中控制楼

六、建筑体积计算规则

主厂房建筑体积按汽机房、除氧间、煤仓间（或除氧煤仓间）、锅炉房、集中控制楼等各车间分别计算，再计算总建筑体积。

主厂房建筑体积计算规则如下：

（1）主厂房各车间建筑体积按建筑物横断面面积乘以长度计算。横断面面积是指外墙外表面、屋面外轮廓线和建筑物底层的室内地面间的垂直面积。长度是指勒脚以上两端山墙外表面间水平距离。

（2）集中控制楼伸入不抽柱的除氧间或煤仓间时，伸入部分的体积计入除氧间或煤仓间，其余部分计入集中控制楼体积。

（3）煤仓间采用封闭、半封闭或不封闭设计时，体积计算均按本方法计算。

（4）锅炉采用露天或封闭设计时，体积均从底层的室内地面计算至运转层标高。

（5）炉前通道部分的体积均从地面算至运转层标高。

（6）采用侧煤仓间布置时，若锅炉房与煤仓间之间设置有顶盖，按顶盖的投影面积乘以顶盖的平均高度计算体积；未设置顶盖时，可不计算锅炉房与煤仓间之间的体积。

第四节　设　计　要　求

一、防火与疏散

主厂房建筑的防火设计应符合 GB 50229《火力发

电厂与变电站设计防火规范》和 GB 50016《建筑设计防火规范》等的相关规定。主厂房建筑防火设计要求可对照参考第二章的相关内容。本节仅阐述燃煤发电厂主厂房建筑设计中常见的防火要求。

（一）火灾危险性分类和耐火等级

主厂房内各车间［汽机房、除氧间、煤仓间、锅炉房或集中控制楼（室）］为一整体，其火灾危险性为丁类，设计耐火等级为二级。

（二）防火分区

1. 主厂房防火分区

主厂房面积较大，通常是将主厂房（包括汽机房、除氧间、煤仓间、锅炉房、集中控制楼等）看成一个综合厂房。根据电厂建设的实践经验及生产工艺要求，常常将主厂房建筑看成一个防火分区。

2. 主厂房防火隔墙的设置

（1）除氧间与煤仓间或锅炉房之间应设置防火隔墙，汽机房与合并的除氧煤仓间或锅炉房之间应设置不燃烧体的隔墙。隔墙的耐火极限不应小于 1.00h。

1）四列式布置时，防火隔墙位于除氧间与煤仓间之间的 C 列隔墙，如图 10-22 所示。

2）三列式布置时，防火隔墙一般位于合并的除氧煤仓间与锅炉房之间的 C 列隔墙，如图 10-23 所示。

3）侧煤仓式布置时，当采用单排架布置方式时，防火隔墙位于汽机房与锅炉房和煤仓间之间的 B 列隔墙，如图 10-24 所示；当采用框排架布置方式时，防火隔墙位于除氧间与锅炉房和煤仓间之间的 C 列隔墙。

（2）主厂房内的煤仓间带式输送机层相对于主厂房其他部位的火灾危险性较大，为防止火灾蔓延，主厂房煤仓间运煤皮带层应采用耐火极限不小于 1.00h 的防火隔墙与其他部位隔开，隔墙上的门均应采用乙级防火门。

（3）集中控制楼与主厂房其他车间之间采用防火隔墙隔开，耐火极限不小于 1.00h。

（4）电缆夹层采用耐火极限不小于 1.00h 的防火隔墙与其他房间隔开。

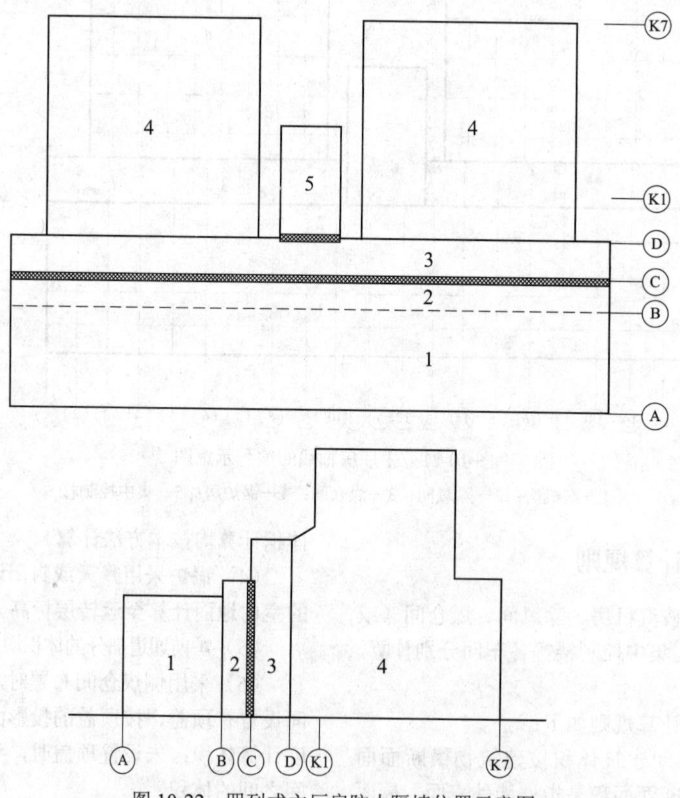

图 10-22 四列式主厂房防火隔墙位置示意图

1—汽机房；2—除氧间；3—煤仓间；4—锅炉房；5—集中控制楼

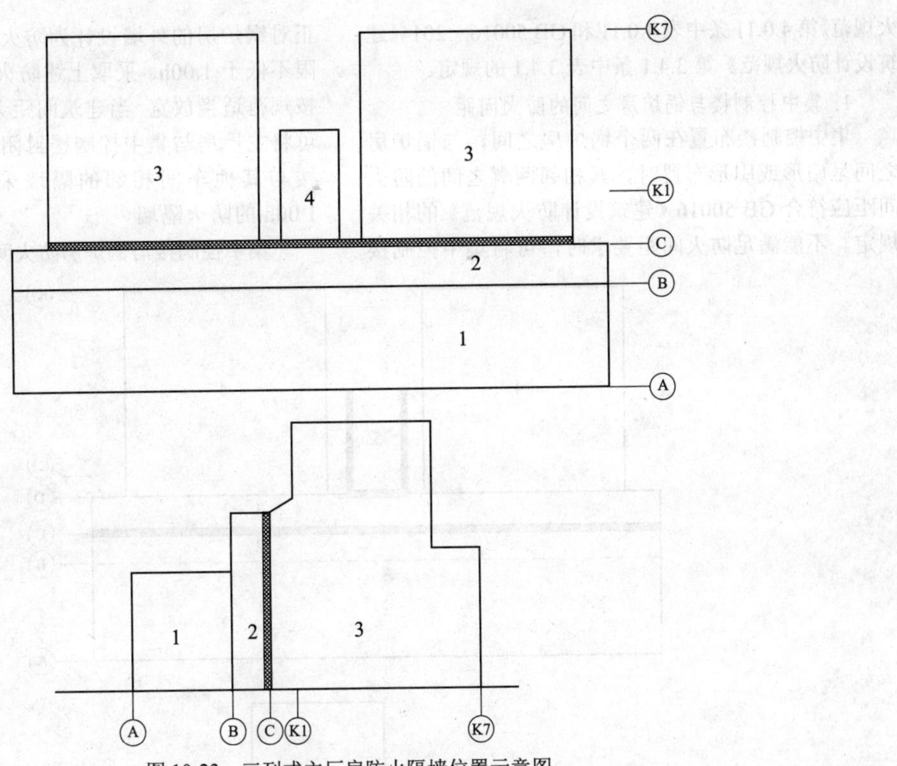

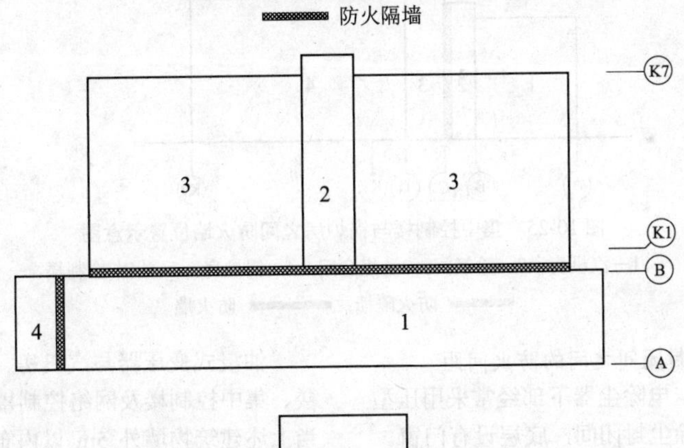

图 10-23　三列式主厂房防火隔墙位置示意图

1—汽机房；2—煤仓间或合并的除氧煤仓间；3—锅炉房；4—集中控制楼

防火隔墙

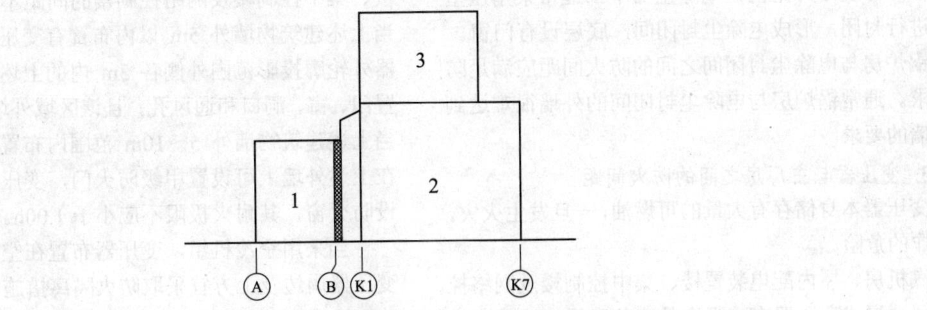

图 10-24　侧煤仓单排架式式主厂房防火隔墙位置示意图

1—汽机房；2—煤仓间；3—锅炉房；4—集中控制楼

防火隔墙

(三) 防火间距

总图专业根据工艺流程确定厂区总平面布置。总平面布置中主厂房区域建（构）筑物之间的防火间距应满足 GB 50229—2006《火力发电厂与变电站设计防火规范》第 4.0.11 条中表 4.0.11 和 GB 50016—2014《建筑设计防火规范》第 3.4.1 条中表 3.4.1 的规定。

1. 集中控制楼与锅炉房之间的防火间距

集中控制楼布置在两个锅炉房之间，与锅炉房之间呈凵形或Ⅲ形布置时，其相邻两翼之间的防火间距应符合 GB 50016《建筑设计防火规范》的相关规定。不能满足防火间距要求时，可将集中控制楼正对锅炉房的外墙设计为防火墙，且使屋顶耐火极限不低于 1.00h。采取上述防火措施时，防火间距可按规范适当放宽。当建筑间距无法满足上述要求时，可将主厂房与集中控制楼封闭成为一体，集中控制楼与其他车间相邻的隔墙采用耐火极限不低于 1.00h 的防火隔墙。

集中控制楼与锅炉房防火间距示意图见图 10-25。

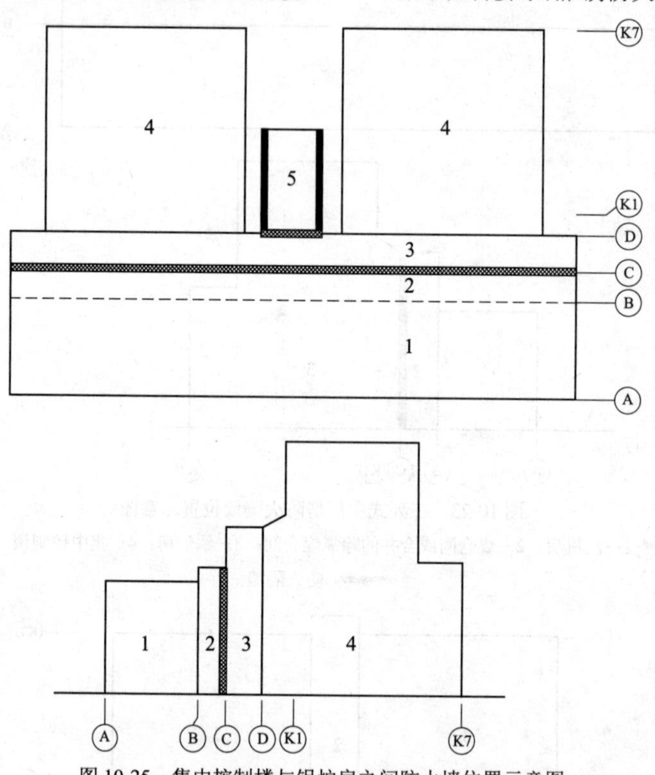

图 10-25 集中控制楼与锅炉房之间防火墙位置示意图

1—汽机房；2—除氧间；3—煤仓间；4—锅炉房；5—集中控制楼

防火隔墙；防火墙

2. 锅炉房与电除尘封闭间之间的防火间距

在严寒及寒冷地区，电除尘器下部经常采用压型钢板进行封闭，形成电除尘封闭间，底层设有门窗。

锅炉房与电除尘封闭间之间的防火间距应满足防火要求。通常锅炉房与电除尘封闭间的外墙很难达到防火墙的要求。

3. 变压器与主厂房之间的防火间距

变压器本身储存有大量的可燃油，一旦发生火灾，有爆炸的危险。

汽机房、屋内配电装置楼、集中控制楼及网络控制楼同油浸式变压器有着紧密的工艺联系，这是由发电厂工艺特点所决定的。如果加大上述建筑同油浸式变压器的间距，势必会增加投资，增加用地及造成电能损失，油浸式变压器与汽机房、屋内配电装置楼、集中控制楼及网络控制楼的间距应区别对待。

油浸式变压器与汽机房、屋内配电装置楼、主控楼、集中控制楼及网络控制楼的间距不宜小于 10m；当上述建筑物墙外 5m 以内布置有变压器时，在变压器外轮廓投影范围外侧各 3m 内的上述外墙上不应设置门、窗、洞口和通风孔，且该区域外墙应为防火墙；当上述建筑物墙外 5～10m 范围内布置有变压器时，在上述外墙上可设置甲级防火门，变压器高度以上可设防火窗，其耐火极限不应小于 1.00h。

当采用空冷机组，变压器布置在空冷岛下方时，变压器周边及上方宜采取防火隔离措施。

（四）安全疏散

1. 安全出口

汽机房、除氧间、煤仓间、锅炉房、集中控制楼的安全出口均不应少于 2 个。上述安全出口可利用通向相邻车间的门作为第二安全出口，但每个车间地面层至少应有1个直通室外的安全出口。

主厂房至少应有1个封闭楼梯间，此楼梯间应能通至主厂房主要各层和屋面，且能直接通向室外，一般设置在主厂房固定端。其他疏散楼梯可为敞开式楼梯。

汽机房高度较高，但层数较少，地面以上各层基本都是设备操作与检修层，在正常运行情况下人员很少，厂房内除疏散楼梯外，还布置有若干工作梯；而且厂房内可燃的装修材料也比较少，因此多年来都习惯做敞开式楼梯。为保证人员的安全疏散和消防人员扑救火灾，要求至少应有一个封闭楼梯间通至主厂房主要各层和屋面。

（1）四列式、三列式布置主厂房安全出口的设置。

四列式和三列式主厂房一般在固定端、扩建端、两机之间各设一部疏散楼梯。四列式主厂房疏散楼梯一般纵向布置于除氧间靠C列处，三列式主厂房楼梯一般纵向布置于合并的除氧煤仓间靠B列处。

集中控制楼一般在炉后的尾部设一部封闭楼梯间，另外一个安全出口可利用主厂房两台机之间的疏散楼梯。

四列式主厂房安全出口示意图见图10-26。

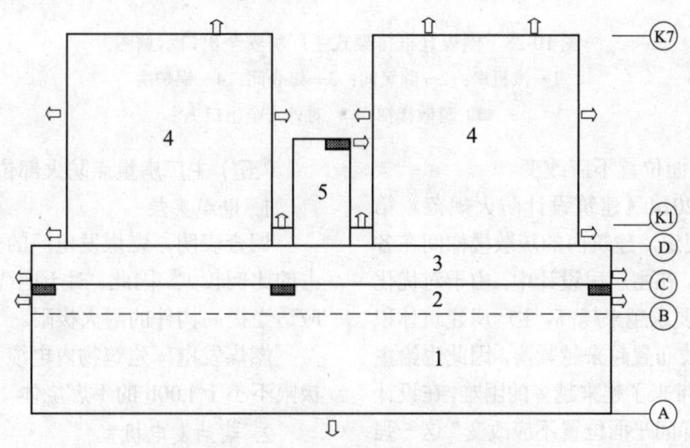

图10-26 四列式主厂房安全出口示意图

1—汽机房；2—除氧间；3—煤仓间；4—锅炉房；5—集中控制楼

▬ 疏散楼梯；⇨ 对外安全出口

（2）侧煤仓式主厂房安全出口的设置。

侧煤仓单排架式主厂房一般在汽机房B列固定端、扩建端各设一部疏散楼梯，两机之间的疏散楼梯宜布置在侧煤仓与B列之间的位置，使其能上至煤仓间皮带层，并可兼做侧煤仓间的一个安全出口；侧煤仓单排架式主厂房一般在除氧间C列固定端、两机之间、扩建端各设一部疏散楼梯。

煤仓间一般在靠近炉后的尾部布置一部疏散楼梯。

当固定端布置集中控制楼时，一般在靠A列侧设一部封闭楼梯间直通室外，另外一个安全出口可利用主厂房固定端的疏散楼梯作为一个安全出口。

侧煤仓式主厂房安全出口示意图见图10-27和图10-28。

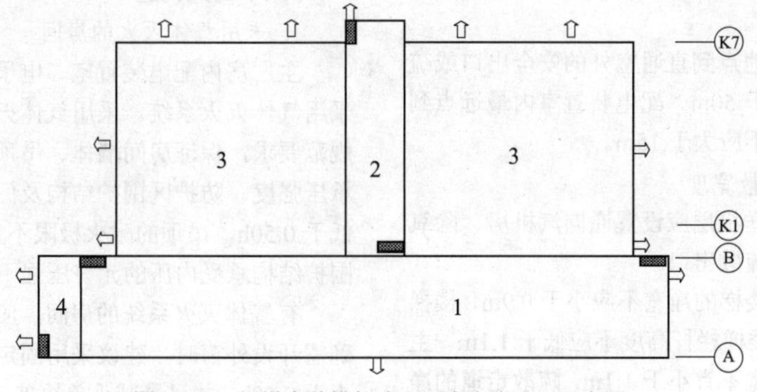

图10-27 侧煤仓单排架式主厂房安全出口示意图

1—汽机房；2—煤仓间；3—锅炉房；4—集中控制楼

▬ 疏散楼梯；⇨ 对外安全出口

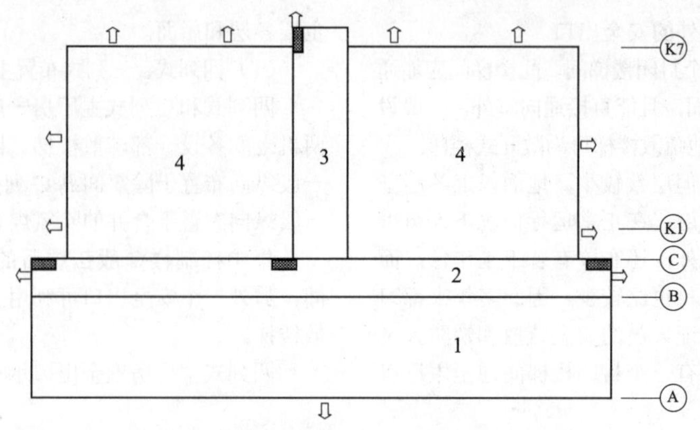

图 10-28 侧煤仓框排架式主厂房安全出口示意图

1—汽机房；2—除氧间；3—煤仓间；4—锅炉房

▩ 疏散楼梯；⇨ 对外安全出口

（3）疏散楼梯间平面位置不应改变。

根据 GB 50016—2014《建筑设计防火规范》第 6.4.4 条强制性条款的规定，建筑内的疏散楼梯间在各层的平面位置不应改变。在主厂房设计中，由于对优化主厂房建筑体积指标的要求越来越高，主厂房建筑体积不断压缩，工艺设备管线布置越来越紧凑，因此也给主厂房疏散楼梯间的布置带来了越来越多的困难，在设计中很容易忽视“疏散楼梯间平面位置不应改变”这一强制性规范条款的要求。建筑专业与工艺专业需要密切配合，保证疏散楼梯间的平面位置不改变。

例如，煤仓间皮带层及煤仓间运煤转运站各层，往往由于空间限制，容易忽略疏散楼梯间的上下贯通。上述部位采用钢梯任意转换位置均属违反 GB 50016—2014《建筑设计防火规范》的强制性条款。

再如，侧煤仓单排架式主厂房两机之间的中间楼梯，在汽机房 B 列侧从汽机房底层上至汽机房运转层后，将此疏散楼梯转至侧煤仓与 B 列之间的位置继续上至煤仓间皮带层，这也违反了 GB 50016—2014《建筑设计防火规范》的强制性条款。

2. 疏散距离

主厂房最远工作地点到直通室外的安全出口或疏散楼梯的距离不应大于 50m。配电装置室内最远点到疏散出口的直线距离不应大于 15m。

3. 疏散出口和疏散宽度

主厂房的带式输送机层应设置通向汽机房、除氧间屋面或锅炉平台的疏散出口。

主厂房室外疏散楼梯的净宽不应小于 0.9m，楼梯坡度不应大于 45°，楼梯栏杆高度不应低于 1.1m。主厂房室内疏散楼梯净宽不宜小于 1.1m，疏散走道的净宽不宜小于 1.4m，疏散门的净宽不宜小于 0.9m。疏散楼梯净宽的计算应以扶手中心线到墙面装修完整面的距离为准。

（五）主厂房重点防火部位的防火设计措施

1. 电缆夹层

调查表明，燃煤发电厂的火灾事故中，电缆火灾占的比例较大。因此，对于电缆比较集中的电缆夹层，应适当提高构件的耐火极限。

燃煤发电厂建筑物内电缆夹层的内墙应采用耐火极限不小于 1.00h 的不燃烧体。

2. 柴油发电机室

柴油发电机室一般单独设置或设置在集中控制楼内，也有的电厂设在锅炉后。应采用耐火极限不低于 3.00h 的隔墙和 1.50h 的楼板与其他部位隔开，并应设置单独出口。储油箱应设置在单独房间，其容量不应大于 $5m^3$。

3. 运煤皮带层

当设置自动喷水灭火系统或水喷雾灭火系统时，其钢结构可不采取防火保护措施，但其围护结构应采用不燃烧材料。

运煤皮带层应采用耐火极限不小于 1.00h 的防火隔墙与其他部位隔开，隔墙上的门均应采用乙级防火门。

（六）防火构造

1. 采用气体灭火的房间

主厂房内配电装置室、电子设备间等根据需要可采用气体灭火系统。采用气体灭火系统的房间应根据规范要求，保证房间墙体、吊顶和门窗的耐火极限和承压强度。防护区围护结构及门窗的耐火极限均不宜低于 0.50h，吊顶的耐火极限不宜低于 0.25h；防护区围护结构承受内压的允许压强不宜低于 1200Pa。

有气体灭火系统的房间，应尽量不开设外窗，当确需开设外窗时，建议采用固定防火窗，耐火极限不小于 0.50h，并尽量减小单块玻璃面积，以提高玻璃窗单位面积的承压强度。

2. 钢结构防火保护

主厂房钢结构承重构件应按照相关规范的要求，

采取防火保护措施。

3. 防火门窗的设置

（1）主厂房设置甲级防火门窗的部位包括防火墙上的门窗、变压器室门、配电装置室疏散门、柴油发电机室门、油箱间门、空调机房门等。

（2）主厂房设置乙级防火门的部位包括发电机出线小室、电缆夹层、蓄电池室、消防设备间等房间的疏散门及主厂房各车间之间隔墙上的门。

封闭楼梯间门为乙级防火门，向疏散方向开启。

4. 主厂房室内装修材料选择

配电装置室、变压器室、固定灭火系统钢瓶间、排烟机房、通风和空调机房等，其内部所有装修均应采用 A 级装修材料。

无天然采光楼梯间、封闭楼梯间、防烟楼梯间及其前室的顶棚、墙面和地面均应采用 A 级装修材料。

二、抗震

（一）抗震设防等级及设防烈度要求

（1）抗震设防烈度为 6 度及以上地区的主厂房，必须进行抗震设防设计。

（2）对于规划设计容量为 800MW 或单机容量为 300MW 及以上的发电厂的主厂房建筑，其抗震设防分类应为重点设防类（乙类）建筑物。

（3）一般情况下，当抗震设防烈度为 6～8 度时，主厂房建筑抗震设防烈度按照本地区抗震设防烈度提高一度设防，当为 9 度时，应按比 9 度抗震设防更高的要求设防。

（4）有关建筑抗震设计要求应符合 GB 50011《建筑抗震设计规范》的规定，详见第三章的相关内容。

（二）墙体材料选择

主厂房楼层高度大，层高变化大，考虑抗震的要求选择墙体材料时，需注意结构层间变形、墙体自身抗侧力性能的影响，应优先采用轻质的墙体材料。

（1）钢筋混凝土结构主厂房。大中型燃煤发电厂主厂房外围护墙体通常选用工厂复合保温金属板、现场复合保温金属板或单层金属板，运转层以下外墙也可采用轻质砌体填充墙。非承重内墙一般选用轻质砌体填充墙。

（2）钢结构主厂房。主厂房外围护墙体通常选用工厂复合保温金属板、现场复合保温金属板或单层金属板，非承重内墙一般选用轻质砌体填充墙或轻钢龙骨轻质隔墙。主厂房采用钢结构时，不宜采用嵌砌砌体墙方式。

三、采光与通风

（一）采光

1. 基本要求

（1）主厂房采光方式结合工艺布置状况，尽量采用天然采光，在天然采光不能解决的区域，辅助以人工照明。

（2）主厂房内主要工作和生活场所首先考虑天然采光。主厂房天然采光窗的设置应充分和有效地利用天然光源，并应统筹考虑辅助人工照明的设置方案。采光标准应符合 GB 50033《建筑采光设计标准》的有关规定。

（3）天然采光方式以侧窗为主，必要时可采用侧窗采光和顶部采光相结合的方式。汽机房运转层建议采用低位侧窗与屋顶采光窗相结合的方式。

（4）开窗面积应根据采光和通风要求确定。窗的布置和构造应考虑建筑节能、通风和便于清洁，同时兼顾其安全性。

（5）主厂房的采光系数标准值和室内天然光照度标准值参见表 4-5。

2. 主厂房采光窗布置

（1）汽机房底层和中间层采光窗布置。

汽机房底层和中间层采用天然采光和人工照明相配合的方式。

夏热冬冷和夏热冬暖地区一般设铝合金进风百叶窗，汽机房底层和中间层天然采光不足，需要增加人工照明。近年来，也有些工程对汽机房底层和中间层的天然采光进行优化，采用了铝合金进风百叶窗与玻璃采光窗一体化的处理，既满足采光与通风的功能要求，又与建筑立面较好地融合为一体，如图 10-29（a）所示。

其他气候区一般采用可开启的采光窗，满足天然采光和通风的要求，如图 10-29（b）所示。

(a)

(b)

图 10-29 汽机房 A 列采光窗布置形式实例

（a）百叶窗与采光窗一体化形式；（b）普通采光窗形式

（2）汽机房运转层采光窗布置。

汽机房运转层采光设计一般应充分利用天然光，采用天然采光和人工照明相结合的方式。

汽机房运转层采光方式以侧窗为主，常采用侧窗采光和顶部采光相结合的方式。侧向采光窗设计常采用水平条窗或竖向条窗等形式；屋顶采光窗可采用点式布置、横向条形布置、纵向条形布置、采光与通风一体化通风器等多种方式，满足汽机房运转层室内天然采光要求，且照度均匀，光线柔和有韵律感。

汽机房运转层采用高侧窗采光时，需设置开窗机和擦窗设施。

直接空冷机组汽机房应考虑空冷平台对采光的影响，运转层一般需要加强屋顶采光。

汽机房运转层采光窗布置形式见图 10-30。

(a)

(b)

(c)

(d)

图 10-30 汽机房运转层采光窗布置形式实例

（a）采光与通风一体化布置；（b）横向条形布置；（c）、（d）点式布置

（3）除氧间、煤仓间采光窗布置。

除氧间、煤仓间采取天然采光和人工照明相结合的方式。除氧间常利用高侧窗进行采光；煤仓间采用侧窗进行采光，近年来也出现在侧煤仓屋面设置点式采光窗的方式。

（4）锅炉房采光窗布置。

锅炉房采取天然采光和人工照明相结合的方式。锅炉房一般在底层和运转层侧墙，采用横向或竖向条窗布置形式。

锅炉采用紧身封闭时，炉顶采光窗的位置需与工艺专业配合确定，应便于开启和维护。

（二）通风

主厂房的通风设计由暖通专业负责，建筑专业配合。

主厂房室内物理环境具有以下特点：汽轮机、锅炉及其辅助设备在运行过程中散热量大；厂房空间高大，需要通风换气量大，热压也大。少数 300MW 级以下机组的燃煤发电厂，锅炉送风机在室内吸风，对锅炉房的通风形式有一定影响。

根据工艺情况及外部自然条件，主厂房通风方式如下：

（1）湿冷机组和间接空冷机组的汽机房宜采用自然通风，当自然通风不能满足卫生要求时，可采用机械通风或自然与机械相结合的通风方式。

（2）直接空冷机组汽机房宜采用自然进风、机械排风。

（3）位于风沙多发地区的汽机房可采用机械送风，自然排风或机械排风，进风应有过滤设施。

（4）当锅炉送风机夏季不由室内吸风时，紧身封闭锅炉房应采用自然通风；当锅炉送风机夏季由室内吸风时，应采用自然进风，机械排风。

（5）主厂房进风可以利用平开窗、推拉窗、百叶窗或机械送风装置等进风设施，排风可以采用通风天窗、屋顶通风器、屋顶通风机等排风设施。

主厂房通风示意图见图 10-31。

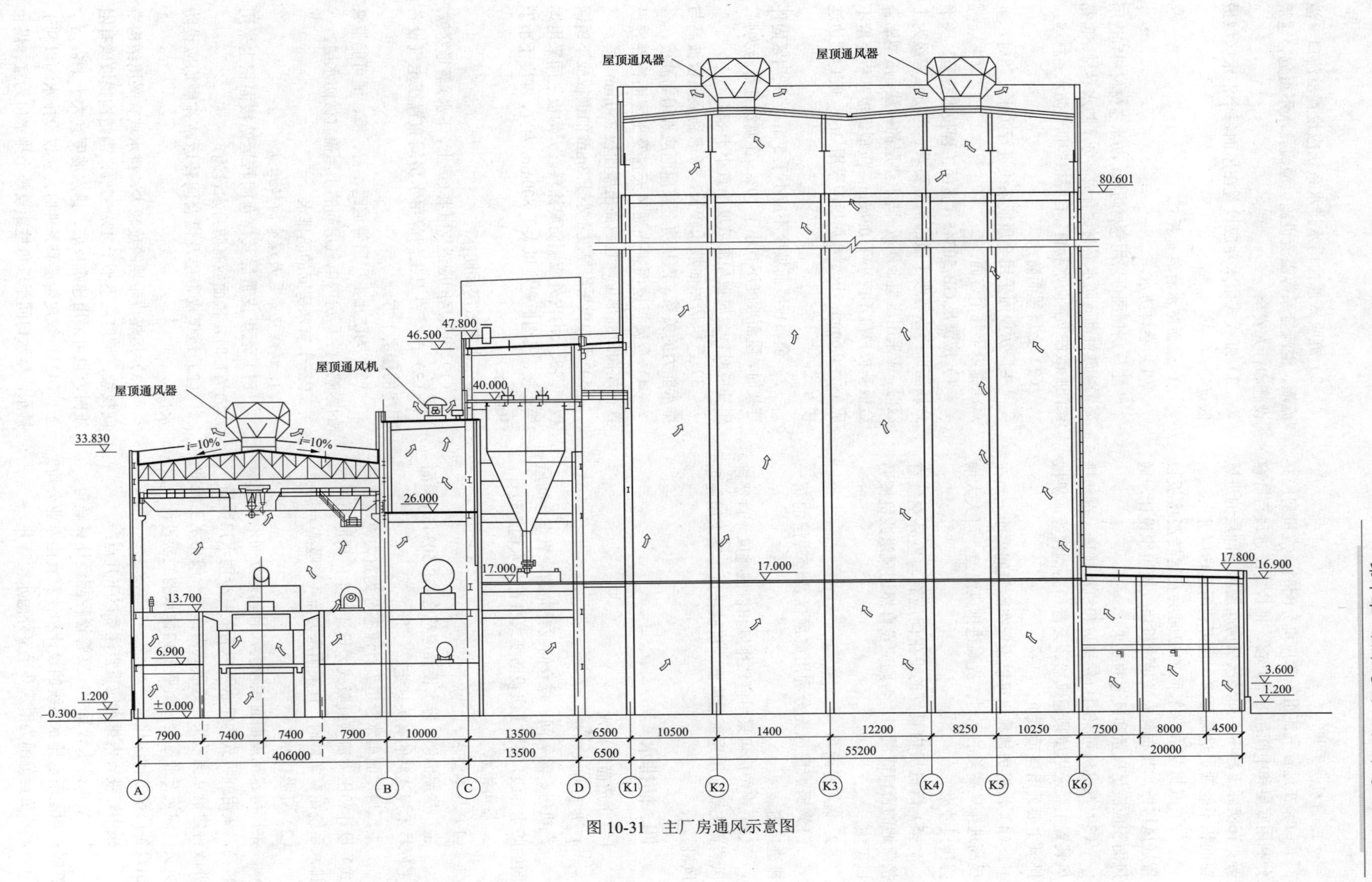

图 10-31　主厂房通风示意图

1. 汽机房通风

（1）在进行气流组织和风量分配时，汽机房应充分利用底层和中间层的平开窗、推拉窗或进风百叶窗等。在实际工程中，如果汽机房底层和中间层的进风窗面积不能满足进风要求，也可利用运转层进风。

（2）汽机房和除氧间的中间层及运转层楼板设置通风格栅，其布置应满足汽机房气流组织设计，通风面积应满足风量和风速的要求。

（3）汽机房可采用自然排风和机械排风，自然排风装置主要采用屋顶通风器、天窗和高侧窗等，机械排风主要采用屋顶风机。

（4）汽机房排风也可以设置在除氧间屋面上，在提高进排风高差的同时，提高进排风温差，可大大增强排风效果。

（5）汽机房内设置的卫生间应有与室外空气直接流通的窗口或洞口，否则应设自然通风道或机械通风设施。

2. 锅炉房通风

（1）锅炉房应充分利用底层以及运转层的第一排进风窗。

（2）锅炉房可采用自然排风和机械排风。自然排风装置主要采用屋顶通风器，机械排风主要采用屋顶风机。

四、防排水

（一）屋面防排水

1. 屋面防水等级

汽机房、除氧间、煤仓间或合并的除氧煤仓间屋面的防水等级，应按Ⅰ级设防要求进行防水构造设计。

2. 屋面排水

（1）基本要求。

主厂房屋面防、排水设计应符合 GB 50345《屋面工程技术规范》的有关规定。

主厂房屋面雨水管道设计流态分为重力流（常规式）设计和压力流（虹吸式）设计。主厂房屋面雨水排水系统在有条件时，宜采用压力流（虹吸式）系统。

（2）虹吸排水。

主厂房建筑屋面面积较大，且建筑立面形象要求较高，采用虹吸式内排水可以有效减少雨水口数量，并改善建筑立面效果。虹吸式内排水一般由水工专业负责，建筑专业配合，虹吸式内排水的二次设计一般由设备厂家进行深化。

采用虹吸式内排水应重点注意以下几点：

1）雨水排水管系中，立管管径应经计算确定。虹吸式屋面雨水排水系统的设计和计算宜由专业公司负责，其负责范围为雨水斗至室外雨水检查井。

2）虹吸式屋面雨水排水系统应设置溢流口、溢流堰、溢流管系等溢流设施。溢流排水不得危害建筑设施和行人安全。

3）虹吸式雨水斗应设置在屋面每个汇水区域最低点处。

3. 屋面防水材料选择

（1）卷材防水。

主厂房屋面可采用卷材防水。防水卷材材料宜选用高聚物改性沥青防水卷材、合成高分子防水卷材、自黏聚酯胎改性沥青防水卷材、自黏橡胶沥青防水卷材等。

（2）金属屋面防水。

主厂房屋面采用金属板系统进行防水设防时，重点注意以下几个方面：

1）应满足 GB 50345《屋面工程技术规范》关于金属屋面防水等级Ⅰ级的构造要求。当防水等级为Ⅰ级时，应采用压型金属板+防水垫层的做法。压型铝合金板基板厚度不应小于 0.9mm；压型钢板基板厚度不应小于 0.6mm；压型金属板应采用 360° 咬口锁边连接方式。

2）金属板屋面坡度不应小于 5%；当采用紧固件连接时，屋面坡度不宜小于 10%。在腐蚀性等级为强、中环境时，金属板屋面坡度不宜小于 8%。

3）汽机房屋面坡长较长，考虑到金属板波高与排水能力的关系，汽机房金属屋面应选用高波板。

4）金属板屋面采光通风天窗及出屋面构件宜设置在屋面最高部位，且应高出屋面板 250mm。

5）天沟板采用厚度不小于 3mm 的钢板或不锈钢板，钢板天沟内外应刷防腐涂料。天沟板之间采用焊接连接，天沟板宽度以大于 800mm 为宜，深度不小于 300mm。

（二）电气房间防水

（1）电气房间应避免雨水（或上、下水）管道穿越。

（2）严禁将卫生间等用水房间布置在电气设备用房的楼层上方。

（3）为防止主厂房管道跑、冒、滴、漏可能带来的影响，主厂房内电气房间的小屋盖宜做防水层。

（三）有水房间的防排水

1. 运煤皮带层及煤仓间转运站

（1）运煤皮带层及煤仓间转运站楼面积尘采用水力清扫时，楼面应有防排水设施。

（2）运煤皮带层及煤仓间转运站各层均应设防水层。

（3）运煤皮带层跨度较大，排水坡宜采用结构横向找坡，坡度应不小于 1%～2%，当结构找坡确有困难时，也可采用建筑找坡，排水坡度宜大于 1%。

（4）运煤皮带层有条件时，建议设排水沟以利于排水，排水口间距以每柱距设一个排水口为宜。煤仓间转运站各层楼面一般采用地漏排水。

（5）运煤皮带层及煤仓间转运站楼面应平整，不积尘，易冲洗。内墙面宜做1200～1800mm高的防水水泥砂浆或瓷砖墙裙。

2. 主厂房其他房间部位

主厂房内除氧器层、空调机房等房间楼层有时也会出现少量水，也应做防排水的处理，楼面设防水层，并设地漏用于排水。

（四）外墙防水

外围护墙体及门窗应有有效的防水措施。外墙应根据工程性质、当地气象条件、所采用的墙体材料及饰面材料等因素确定防水做法。

1. 金属墙板系统

主厂房常采用金属墙板系统，应在构造上保证金属墙板系统自防水性能，防止漏水。可在金属墙板外板内侧加防水透气膜，提高金属墙板系统的自防水性能。

2. 砌体墙

（1）当采用砌体墙时，突出墙面的腰线、檐板、窗台上部应做不小于3%的向外排水坡，下部应做滴水，与墙面交角处应做成直径为100mm的圆角。外墙体变形缝必须做防水处理，柔性防水层两端必须粘贴牢固。

（2）墙上预留孔洞的防水密封处理。墙上预留孔洞待设备及管道等安装完成后，需要进行密封处理，否则容易使雨水进入室内并侵蚀墙面。缝隙可先采用岩棉填实，然后采用钢丝网抹灰再做外墙饰面装修。

五、噪声控制

（1）主厂房的噪声控制设计应符合GB/T 50087《工业企业噪声控制设计规范》的有关规定，主厂房的室内工作地点噪声限制值见表6-3。

（2）在平面布置上应使主要工作场所避开有噪声和振动的设备用房，对有噪声和振动的设备用房应采取隔声、隔振和吸声的措施，并应对设备和管道采取减振、消声处理。

（3）主厂房室内噪声控制要求较高的房间，当室外噪声级较高时，其围护结构应有较好的隔声性能，尽量使墙、门、窗、楼板、顶棚等各围护构件的隔声量相接近。隔声构件应满足下列要求：

1）应选用具有较高隔声量的隔声门。当门的位置朝向噪声源且开启频繁时，宜设置有两道门的门斗，门斗内壁面应有较高的吸声性能，门斗的两道门宜错开布置，开关应轻便、灵活，并应防止缝隙漏声。

2）当需朝向强噪声源设观察窗时，应采用具有较高隔声性能的隔声窗。

3）围护结构所有孔洞缝隙，均应严密填塞。穿过墙和楼板的管道应用橡皮套或用毛毡和石膏灰浆填满缝隙。

4）在条件许可时，宜采用隔声量高的轻质复合结构作为隔声构件。

5）当采用单位面积质量小于30kg/m²的轻质双层结构作隔声构件时，应防止由于空气间层的弹性作用而可能产生的共振。可在空气间层中填以岩棉、玻璃棉之类的多孔吸声材料。

6）对附着于墙体和楼板的传声源部件应采取防止结构声传播的措施。

7）对噪声控制要求较高的房间设置吊顶时，应将隔墙砌至梁、板底面。

（4）主厂房室内噪声控制要求较高的房间，除采取隔声措施外，宜对顶棚、墙面作吸声处理。

（5）在锅炉房磨煤机、汽机房给水泵、空气压缩机、煤仓间带式输送机层等高噪声设备附近的值班室，宜设置隔声值班室。

六、围护结构

（一）基本要求

（1）主厂房围护结构选择应综合考虑建筑布置、封闭范围、采光开窗位置及面积等与主厂房气流组织、供暖通风能耗的关系。

（2）主厂房室内空间高大，室内设备与管道的散热量和散湿量大，严寒、寒冷地区冬季主厂房的耗热量主要是热压的作用。因此，应做好主厂房（尤其是运转层以下）围护系统的节能设计，综合处理好围护结构保温、密封，减少空气在负压的作用下从门、窗、缝隙等不严密处携带大量的冷量进入室内，减少室内热压。

（3）夏热冬冷和夏热冬暖地区主厂房的封闭范围包括汽机房及除氧间，屋面宜采取适当的保温（隔热）措施，合理设计（组织）通风，优先采用自然通风方式。

（二）外围护结构封闭范围

（1）严寒地区汽机房、除氧间、煤仓间、锅炉房为全封闭。

（2）寒冷地区汽机房、除氧间、煤仓间封闭，锅炉房一般为半露天封闭，即运转层以下封闭。

（3）夏热冬冷及夏热冬暖地区汽机房、除氧间封闭，锅炉房不封闭。

（三）墙体

1. 外墙

（1）主厂房外墙可采用砌体、预制混凝土外墙板或金属板等外围护结构，不宜采用玻璃幕墙。严寒、寒冷地区主厂房运转层以下宜采用外保温砌体围护结构。

（2）主厂房采用复合金属板时，严寒地区宜优先选用施工密闭性良好的工厂复合保温金属板（也称为夹芯板），寒冷地区可采用现场复合保温金属板（也称为压型钢板复合保温系统）。

（3）夏热冬冷和夏热冬暖地区主厂房可选用单

层金属板围护系统。

（4）条件许可时，严寒、寒冷地区主厂房运转层以下宜采用砌体围护结构，采用复合保温压型钢板的外墙宜在保温层靠室外侧设防风透气膜，保温层靠室内侧应设隔气膜。

（5）台风频繁的地区，外墙采用砌体材料时，应采取防水措施。

2. 内墙

室内非承重墙体宜采用轻质隔墙，有隔声要求的还应采用符合隔声要求的墙体。轻质隔墙可采用轻质板材，轻型砌块、石膏条板、轻钢龙骨隔墙等。

3. 主厂房常用的墙体材料

主厂房常用的墙体材料见表 10-2。

表 10-2　　主厂房常用的墙体材料

种类	墙体材料	密度（kg/m³）	适用部位
砌体墙	蒸压加气混凝土砌块	700～800	运转层以下外墙、非承重内墙
	轻集料混凝土小型空心砌块	1200～1400	
	烧结多孔砖	1600	
轻质墙板	工厂复合保温金属板、现场复合保温金属板、单层金属板	—	外墙
	轻质混凝土挂板	—	
	轻质混凝土条板	—	内隔墙
	轻钢龙骨石膏板	—	

（四）屋面

（1）主厂房屋面宜采用压型钢板做底模的现浇混凝土屋面，也可采用现场复合保温金属板屋面。严寒、寒冷地区采用金属板屋面时，排水天沟应设保温层。

（2）汽机房屋面应考虑屋面检修的需要，除氧间、煤仓间或合并的除氧煤仓间屋面按上人屋面设计。

（3）主厂房屋面保温隔热层宜采用挤塑聚苯乙烯泡沫塑料板、憎水膨胀珍珠岩板等板状材料。

（五）门窗

主厂房应采用保温性、气密性、水密性、抗风压、隔声、防结露等性能优良的建筑门窗。

（1）主厂房门的设计应符合下列要求：

1）严寒地区和寒冷地区主厂房的外门应采取减少冷风渗透的措施，其他地区主厂房的外门宜采取保温隔热节能措施。严寒地区主厂房建筑的人员主要出入口应设门斗，寒冷地区宜设门斗。门斗之间门的设置宜避免冷风直接侵入。

2）严寒、寒冷地区主厂房通行机动车辆的大门宜选用密闭性好的保温型平开门、推拉门、提升门（设小门）。夏热冬冷和夏热冬暖地区空调房间门应考虑保温隔热性能。

3）有设备进出的门，其高度、宽度应根据运输工具和检修设备的大小确定。

4）门洞尺寸超过 3000mm×3000mm（宽×高）的大门宜采用电动门。电动门、卷帘门和大型门的邻近应另设平开的人行疏散门，或在大门上设满足消防疏散宽度要求的人行门。

5）开向疏散走道及楼梯间的门扇开足时，不应影响走道及楼梯平台的疏散宽度。

6）双面弹簧门应在可视高度部分装透明安全玻璃。

7）手动开启的大门扇应有制动装置，推拉门应有防脱轨的措施。

8）全玻璃门应选用安全玻璃并采取防护措施，并应设防撞提示标识。

9）门的开启方向不应跨越变形缝。

（2）主厂房窗的设计应符合下列要求：

1）主厂房外窗可开启面积应按暖通专业的通风要求设置，严寒、寒冷地区宜控制通风百叶窗的使用，其通风口应采取冬季保温措施。汽机房各层开窗宜均匀布置，以利于气流组织。严寒地区底层窗台底标高宜适当提高，以便于采暖散热器的布置。

2）汽机房混凝土屋面宜选用点式天窗，金属复合板屋面可选用点式或带形天窗。有条件时，可采用采光通风一体化屋顶通风器。天窗应符合采光和通风要求，构造合理，开启方便，除选用矩形天窗外，还可选用采光效率高的平天窗或采光罩。天窗应采用防破碎的透光材料，天窗应有防冷凝水产生或引泄冷凝水的措施。

3）外窗不低于 GB/T 7106—2008《建筑外门窗气密、水密、抗风压性能分级及检测方法》规定的气密性 4 级（一般采用气密性 6 级），水密性等级 3 级，抗风压性能等级 4 级；不低于 GB/T 8485—2008《建筑门窗空气声隔声性能分级及检测方法》规定的隔声性能等级 3 级；不低于 GB/T 8484—2008《建筑外门窗保温性能分级及检测方法》规定的保温性能等级5级。

4）外窗宜采用塑料窗［PVC-U塑料窗、玻璃纤维增强塑料窗（即玻璃钢窗）］、断热铝合金窗、彩钢窗。

5）在人员经常活动的高度范围内宜设平开窗或推拉窗。

6）有防虫要求的房间，应设金属纱窗；有特殊防尘、防风沙要求的房间，应设密闭窗。

（六）楼地面和变形缝

1. 楼地面

（1）主厂房底层设有电气配电装置室和电子设备间的地面，宜设置防潮层。

（2）煤仓间带式输送机层、除氧器层、露天锅炉运转层平台、设有消防喷淋系统的房间、设有水力冲洗的楼面、卫生间等有水或非腐蚀性液体经常浸湿的地段，应采用不吸水、易冲洗、防滑的面层材料，并应设置防水层和坡向地漏或地沟的坡度。

（3）主厂房局部地段有腐蚀介质作用的楼地面应作防腐面层和隔离层。

（4）汽机房底层检修场地应根据承载要求适当加高垫层的厚度或采用配筋地面。

2. 变形缝

（1）变形缝的构造和材料应根据其部位需要分别采取防排水、防火、保温、防老化、防腐蚀、防虫害和防脱落等措施。

（2）变形缝宜采用铝合金板、不锈钢板或橡胶嵌条等材料。变形缝应根据所在部位的防火和防水要求配置阻火带和止水带。

七、安全防护

（1）主厂房的楼梯、平台、坑池和孔洞等敞开边缘，均应设置栏杆。楼梯及其平台均应采取防滑措施。

（2）所有的工作平台、楼（钢）梯临空平台、设备孔洞、穿楼面管道的周围应设护沿。护沿高度不宜小于100mm。

（3）钢防护栏杆在临空高度小于20m的平台、通道及作业场所的防护栏杆高度不得低于1050mm，在临空高度大于或等于20m高的平台、通道及作业场所的防护栏杆高度不得低于1200mm。

（4）钢直梯梯段高度超过3m时应设护笼。单段梯高度宜不大于10m，攀登高度大于10m时，宜采用多段梯，梯段水平交错布置，并设梯间平台，平台的垂直间距宜为6m。单段梯及多段梯的梯高均不应大于15m。

（5）楼地面设计宜平坦，避免有凸起的管、线、零件等拌脚设备或致人滑倒物。

（6）生产现场不宜安装单片玻璃2m²以上的玻璃窗。

（7）受腐蚀性介质作用的建（构）筑物的防腐蚀设计应符合GB 50046《工业建筑防腐蚀设计规范》的规定。

（8）卸酸、碱泵房，酸、碱库及酸、碱计量系统用房的设计，应符合下列要求：

1）酸、碱储存设备地上布置时，周围应设有防护围沿，围沿内容积应大于最大一台酸、碱设备的容积。当围沿有排放措施时，可适当减小其容积。

2）酸、碱储存间、计量间及卸酸、碱泵房必须设置安全通道、淋浴装置、冲洗及排水设施。

（9）上人屋面女儿墙（或栏杆）高度从可踩踏表面算起，建筑高度小于20m的上人屋面，女儿墙净高不应小于1050mm；建筑高度大于或等于20m的上人屋面，女儿墙净高不应小于1200mm。

（10）临空的窗台低于0.8m时，应采取防护措施，防护高度由楼地面起计算不应低于0.8m。

八、卫生设施

（1）在人员集中的适当位置应设置卫生间和清洗设施。卫生间的位置选择应注意使用方便、位置隐蔽，并注意对其他房间的影响和干扰。卫生洁具的数量应满足运行、检修人员的需要。

（2）宜在主厂房底层、运转层的固定端和扩建端设置集中式卫生间，或按机组设置分散式单元卫生间。集中式卫生间服务范围原则上不超过2台机组的长度。

（3）卫生用房宜有天然采光和不向邻室对流的自然通风，无直接自然通风和严寒及寒冷地区用房宜设自然通风道；当自然通风不能满足通风换气要求时，应采用机械通风。卫生用房有条件时宜分设前室。

（4）在汽机房底层、中间层、运转层以及锅炉房底层、运转层适当位置应设置清洗设施。

九、装饰装修

装饰装修材料应按照安全、适用、经济、美观的方针进行选择，满足环保、防火防爆、防水、防腐、防尘及防静电和文明生产等功能要求。

装修材料的选用可参照DL/T 5029《火力发电厂建筑装修设计标准》中二、三级材料选用。

（一）室内装修

主厂房主要生产车间和用房包括汽机房（底层、中间层、运转层），除氧间（底层、运转层、除氧器层等），煤仓间（底层、给煤机层、给粉机层、煤斗层、运煤皮带层等），锅炉房（底层、运转层等）或半露天锅炉，电气用房（厂用配电装置室、电子设备间、发电机出线小室、电缆夹层、变压器小室、励磁小间等），化学水用房（汽水取样装置室、加药间等）等。辅助及附属房间包括维修间、运行值班室、工具间、储藏室、卫生间、楼梯间、电梯前室、走道、门厅等。

主厂房室内装修设计要求如下：

（1）室内装修材料的燃烧性能等级应符合 GB 50222《建筑内部装修设计防火规范》的有关规定。

（2）有腐蚀性介质作用的房间（或局部），其楼地面、内墙面和顶棚面的装修标准除应符合DL/T 5029《火力发电厂建筑装修设计标准》的规定外，尚应符合GB 50046《工业建筑防腐蚀设计规范》的规定。

（3）装修设计不应遮挡消防设施标志、疏散指示标志和安全出口，并不得影响消防设施和疏散通道的正常使用；不应减少安全出口、疏散出口和疏散走道的净宽度和数量。

（4）水平疏散走道和安全出口的门厅，其顶棚装饰材料应采用A级装修材料，其他部位应采用不低于B1级的装修材料。

（5）电子设备间、控制室等布置有贵重机器、仪表、仪器的生产房间，其顶棚和墙面应采用A级装修材料；地面和其他部位应采用不低于 B1 级的装修材料。

（6）室内装修宜采用明亮的浅色饰面材料。

（7）汽机房底层，除氧间、煤仓间的各层楼地面，锅炉房底层应采用易于清洁、耐磨的饰面材料。汽机房运转层、封闭式锅炉房运转层、配电装置室应采用光滑不起尘和耐磨的饰面材料。半露天锅炉的运转层楼面应采用防滑的饰面材料。化学水用房等有腐蚀介质作用的房间和区域应选择耐腐蚀的饰面材料。

（8）各车间和用房的内墙面均应抹灰（压型钢板除外），汽机房、除氧间、煤仓间皮带层、封闭锅炉房、化学水用房等宜设置墙裙。室内空间较高大的生产用房、金属压型钢板底模的楼面等顶棚面可不抹灰。化学水用房、运行值班室等低矮的房间宜做抹灰并罩面。

（9）主厂房主要生产车间和用房室内装修标准参见表10-3，主厂房辅助及附属房间室内装修标准参见表10-4。

表 10-3 主厂房主要生产车间和用房室内装修标准参考

区域	部位	楼地面	内墙面	踢脚（墙裙）	天棚
汽机房	底层	耐磨混凝土、细石混凝土	乳胶漆涂料	瓷砖踢脚、水泥砂浆踢脚	乳胶漆涂料
	中间层	耐磨砂浆、细石混凝土	乳胶漆涂料	瓷砖踢脚、水泥砂浆踢脚	乳胶漆涂料
	运转层	地砖、橡胶地板	乳胶漆涂料	瓷砖踢脚	乳胶漆涂料
除氧间	底层	耐磨混凝土、细石混凝土	乳胶漆涂料	瓷砖踢脚、水泥砂浆踢脚	乳胶漆涂料
	运转层	地砖、橡胶地板	乳胶漆涂料	瓷砖踢脚	乳胶漆涂料
	除氧器层	耐磨砂浆、细石混凝土	乳胶漆涂料	瓷砖墙裙、水泥砂浆踢脚	乳胶漆涂料
煤仓间	底层	耐磨混凝土、细石混凝土	功能型涂料（耐擦洗型）	瓷砖墙裙、水泥砂浆踢脚	乳胶漆涂料
	给煤机层	地砖、耐磨砂浆、细石混凝土	功能型涂料（耐擦洗型）	瓷砖墙裙、水泥砂浆踢脚	乳胶漆涂料
	其他层	细石混凝土	乳胶漆涂料	水泥砂浆踢脚	乳胶漆涂料
	皮带层	地砖、细石混凝土	功能型涂料（耐擦洗型）	瓷砖墙裙	乳胶漆涂料
锅炉房	底层	耐磨混凝土、细石混凝土	—	瓷砖墙裙、水泥砂浆踢脚	乳胶漆涂料
	运转层	地砖、耐磨砂浆、细石混凝土	—	瓷砖墙裙、水泥砂浆踢脚	乳胶漆涂料
电气用房	配电装置室	地砖、耐磨砂浆	功能型涂料（不燃性）	瓷砖踢脚	乳胶漆涂料（不燃性）
	出线小室	地砖、耐磨砂浆	功能型涂料（不燃性）	瓷砖踢脚、水泥砂浆踢脚	乳胶漆涂料（不燃性）
	电缆夹层	耐磨砂浆、细石混凝土	功能型涂料	瓷砖踢脚、水泥砂浆踢脚	乳胶漆涂料
	电子设备间	地砖	乳胶漆涂料	瓷砖踢脚	乳胶漆涂料
化学水用房	汽水取样间	地砖	乳胶漆涂料	瓷砖墙裙	乳胶漆涂料
	化学加药间	耐腐蚀地砖、防腐花岗岩	防腐涂料	耐腐蚀陶瓷板墙裙	防腐涂料

表 10-4　　主厂房辅助及附属房间室内装修标准参考

部　位	楼地面	内墙面	踢脚（墙裙）	天　棚
维修间 工具间 储藏室	耐磨混凝土、细石混凝土	乳胶漆涂料	瓷砖踢脚、水泥砂浆踢脚	乳胶漆涂料
运行值班室	耐磨砂浆、地砖	乳胶漆涂料	瓷砖踢脚、水泥砂浆踢脚	乳胶漆涂料
楼梯间 电梯前室	地砖、橡胶地板	乳胶漆涂料	瓷砖踢脚	乳胶漆涂料
电梯机房	耐磨砂浆、细石混凝土	乳胶漆涂料	瓷砖踢脚、水泥砂浆踢脚	乳胶漆涂料
卫生间	防滑地砖、橡胶地板	乳胶漆涂料	瓷砖踢脚、瓷砖墙裙	铝合金扣板或塑料扣板
门厅	地砖	乳胶漆涂料	瓷砖踢脚	纸面石膏板吊顶、乳胶漆涂料

注　1. 除压型钢板墙外，其他墙面均应抹灰并饰面。
2. 天棚面为压型钢板底模的可不作饰面。
3. 钢筋混凝土板顶棚面可不抹灰，板底刮腻子整平，喷涂普通涂料饰面。
4. 主厂房各生产车间的平台及楼梯栏杆通常采用普通钢管栏杆。
5. 无天然采光楼梯间、封闭楼梯间、防烟楼梯间及其前室的顶棚、墙面和地面均应采用 A 级装修材料。

（二）室外装修

（1）外墙面装修应根据所在地区的自然环境和气候条件，选择防腐蚀、耐污染及耐久性好的饰面材料。

（2）外墙饰面材料应与主体结构连接牢固。

（3）外墙装修应防止对环境的光污染。

（4）锅炉房采用紧身封闭时，应选用彩色金属压型钢板围护。

（5）汽机房、除氧间、煤仓间或合并的除氧煤仓间外墙围护宜优先考虑采用彩色金属压型钢板。

第五节　工　程　实　例

一、四列式主厂房工程实例

某 2×1000MW 机组主厂房按汽机房、除氧间、煤仓间、锅炉房依次顺列布置，两炉之间布置集中控制楼，两机共用。汽机房跨度为 34.00m，除氧间跨度为 10.00m，煤仓间跨度为 13.00m。主厂房共 21 个柱距，柱距为 9m 或 10m，两台机组之间设一道伸缩缝，伸缩缝间距为 1.20m，主厂房纵向总长度为 203.20m。

汽机房共 3 层，标高分别为±0.000、8.600m 和 17.000m，其中 17.000m 为运转层。汽机房屋架下弦标高为 34.500m，吊车轨顶标高为 30.600m。

除氧间共 5 层，标高分别为±0.000、8.600、17.000、25.000、34.500m。其中除氧器布置在 34.500m 层。煤仓间共 3 层，标高分别为±0.000，17.000、44.500m，其中 44.500m 为皮带层。

锅炉房为半露天布置，锅炉运转层标高为 17.000m。

集中控制楼两机共用，布置于两炉之间，伸入煤仓间。集中控制楼共 5 层，长度为 48.00m，宽度为 20.00m，高度为 23.50m。±0.000m 层布置蓄电池室、380V 锅炉配电间、化学再生设备间、酸碱储存计量间等；8.600m 层主要布置电气配电装置室、化学取样间、保护仪表试验室等；5.000m 层和 13.600m 层主要为电缆夹层，另外还布置有消防设备间和检修工具间等；17.000m 层布置有集中控制室、电子设备间、工程师站等。

该工程建筑布置参见图 10-32～图 10-35。

二、三列式主厂房工程实例

某 2×350MW 机组主厂房为空冷机组和循环流化床锅炉，主厂房按汽机房、除氧煤仓间、锅炉房依次布置，汽机房跨度为 27.00m，除氧煤仓间跨度为 10.50m。主厂房共 16 个柱距，柱距为 9m，两台机组之间设一道伸缩缝，伸缩缝间距为 1.20m，主厂房纵向总长度为 145.20m。

汽机房共 3 层，标高分别为±0.000、6.300m 和 12.600m，其中 12.600m 为运转层。汽机房屋架下弦标高为 27.800m，吊车轨顶标高为 25.000m。

除氧煤仓间共 5 层，分别为±0.000、6.300、12.600、24.000、45.000m，±0.000、6.300m 和 12.600m 层与汽机房相连通，45.000m 为皮带层。

该工程锅炉为封闭锅炉，锅炉运转层标高为 12.600m，每台锅炉设一部客货两用电梯。

集中控制楼布置在固定端。

该工程建筑布置参见图 10-36～图 10-39。

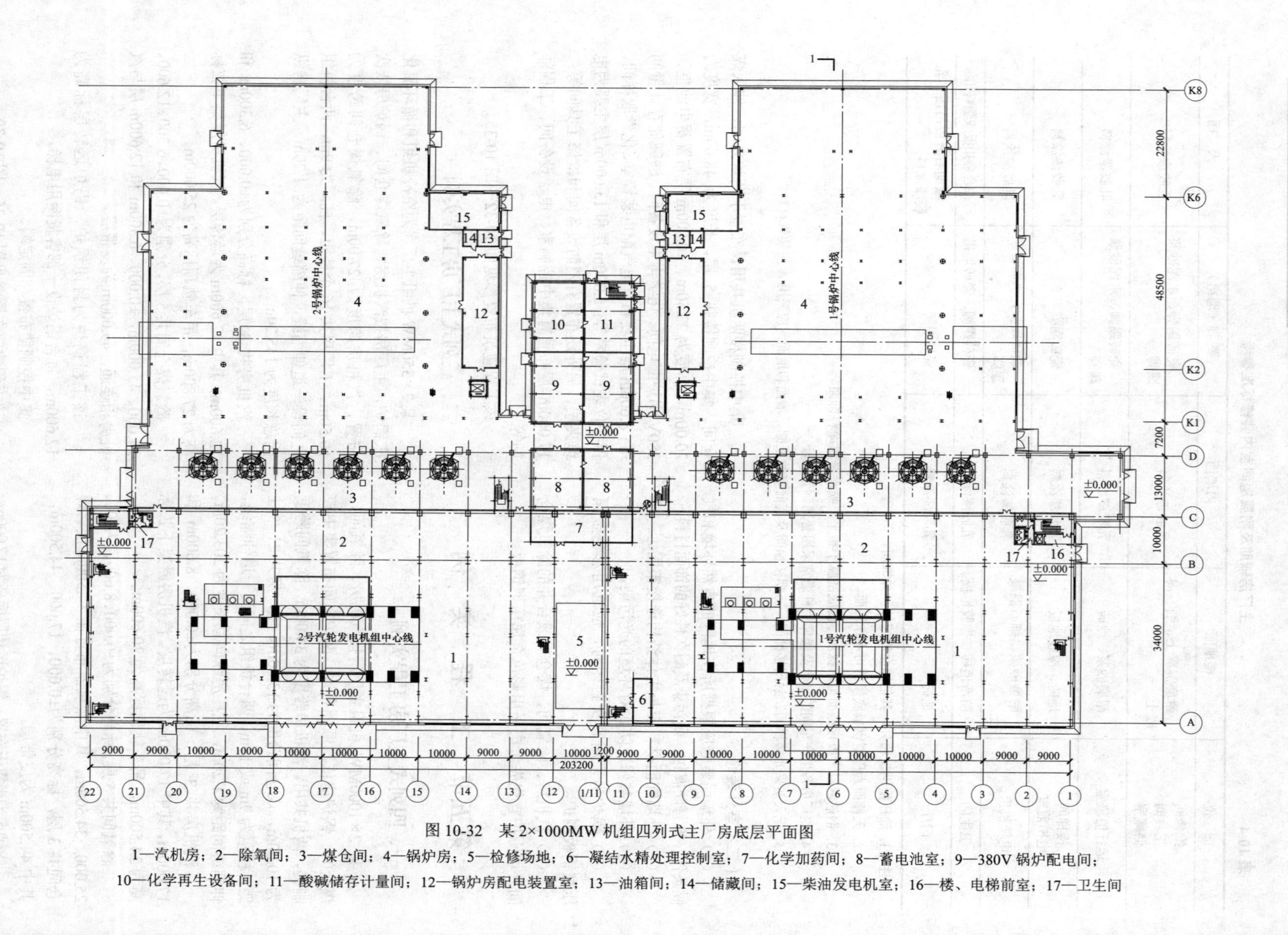

图 10-32　某 2×1000MW 机组四列式主厂房底层平面图

1—汽机房；2—除氧间；3—煤仓间；4—锅炉房；5—检修场地；6—凝结水精处理控制室；7—化学加药间；8—蓄电池室；9—380V 锅炉配电间；10—化学再生设备间；11—酸碱储存计量间；12—锅炉房配电装置室；13—油箱间；14—储藏间；15—柴油发电机室；16—楼、电梯前室；17—卫生间

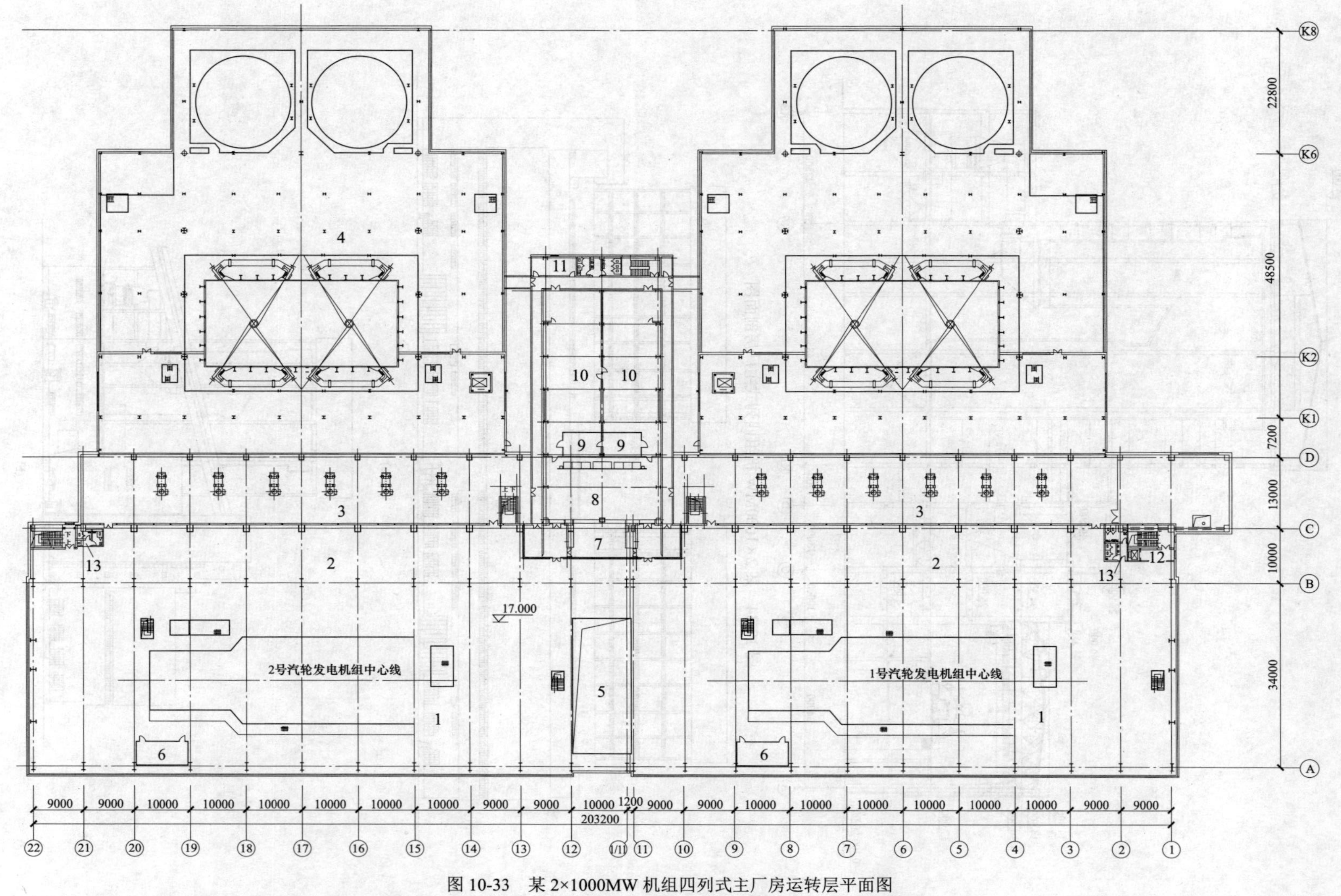

图 10-33　某 2×1000MW 机组四列式主厂房运转层平面图

1—汽机房；2—除氧间；3—煤仓间；4—锅炉房；5—吊物孔；6—励磁柜间；7—会议室及参观室；8—集中控制室；9—工程师站；10—电子设备间；11—运行人员休息室；12—楼、电梯厅；13—卫生间

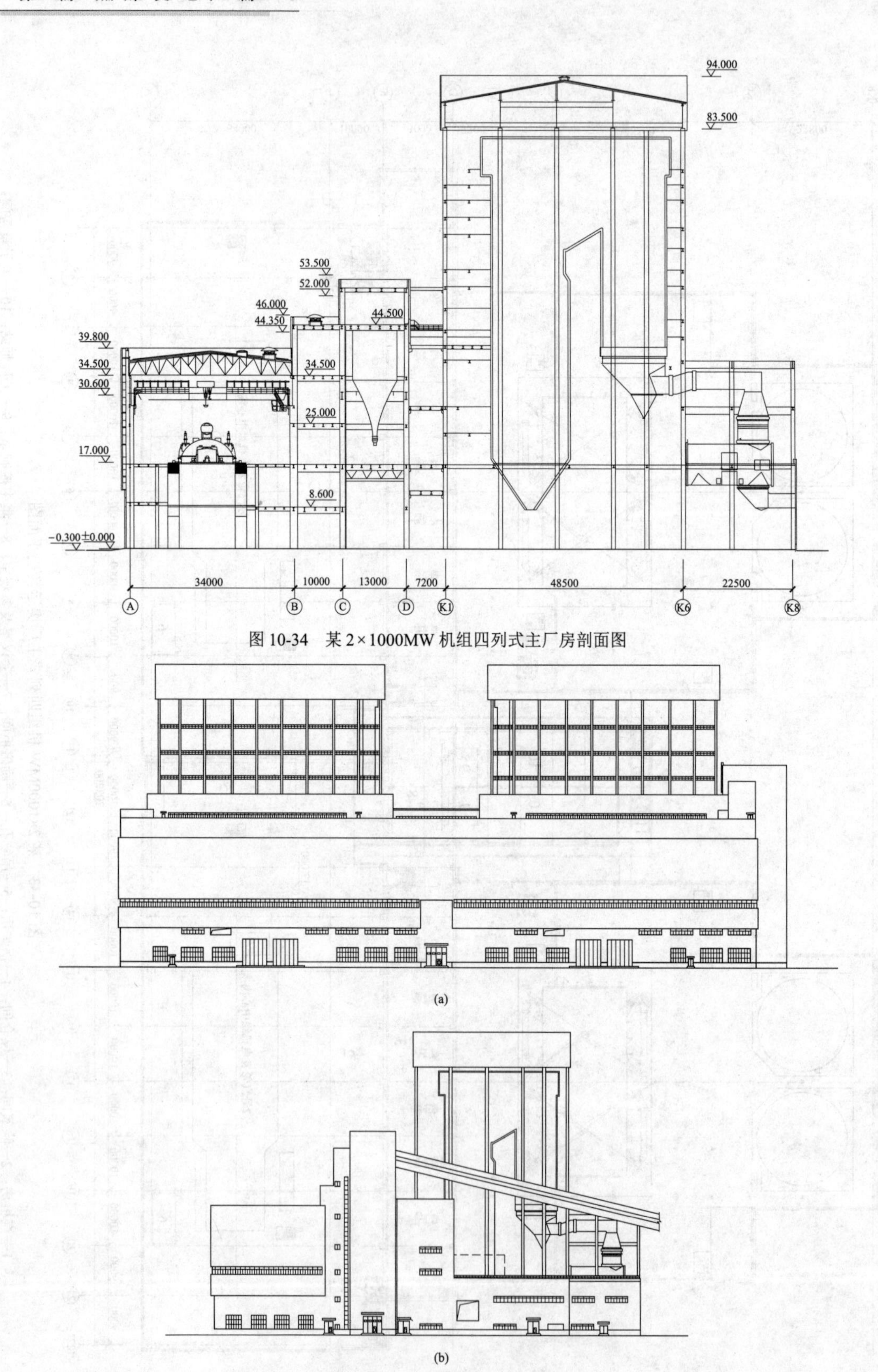

图 10-34 某 2×1000MW 机组四列式主厂房剖面图

图 10-35 某 2×1000MW 机组四列式主厂房立面图

（a）A 列立面图；（b）固定端立面图

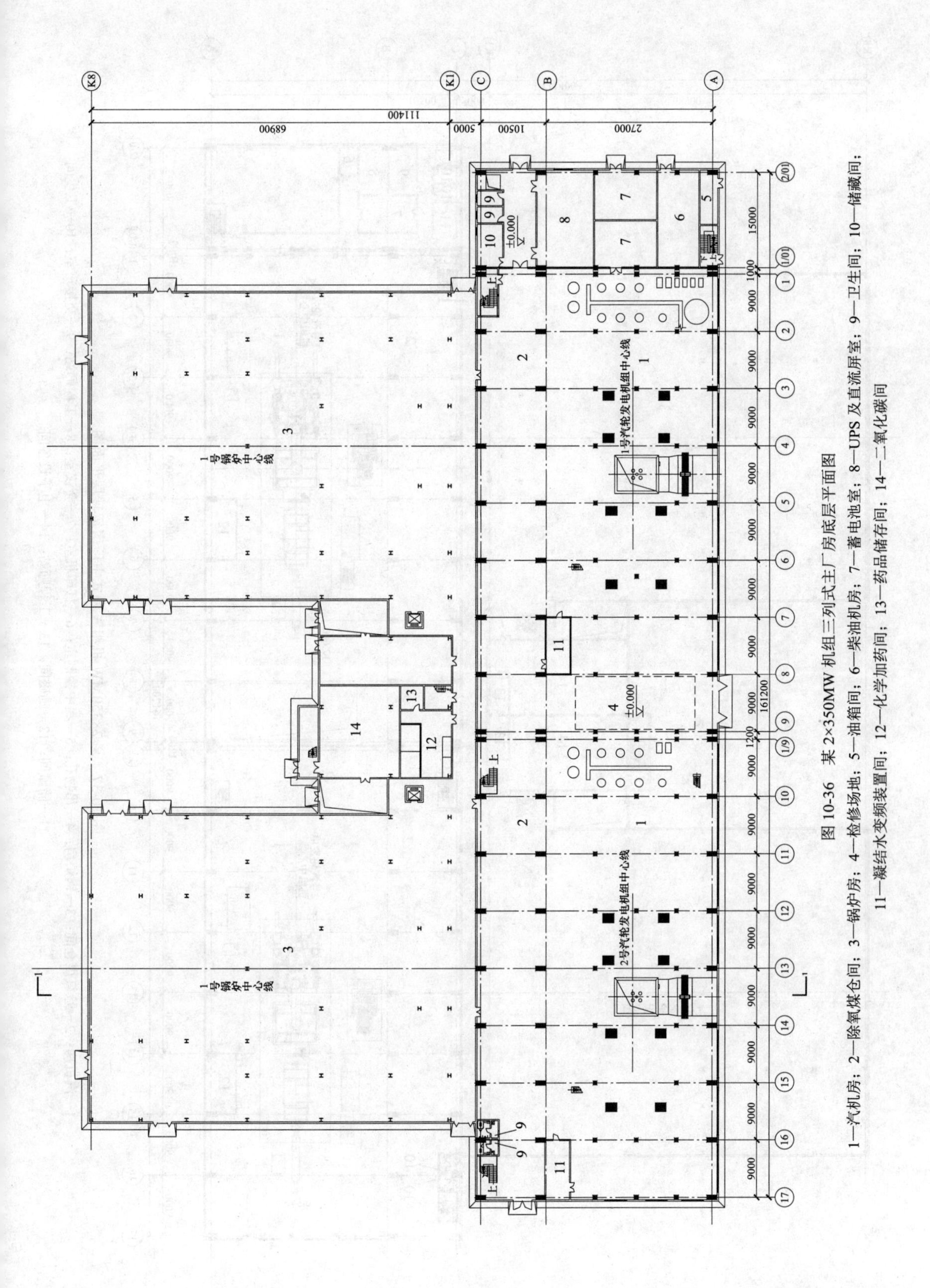

图 10-36　某 2×350MW 机组三列式主厂房底层平面图

1—汽机房；2—除氧煤仓间；3—锅炉房；4—检修场地；5—油箱间；6—柴油机房；7—蓄电池室；8—UPS 及直流屏室；9—卫生间；10—储藏间；11—凝结水变频装置间；12—化学加药间；13—药品储存间；14—二氧化碳间

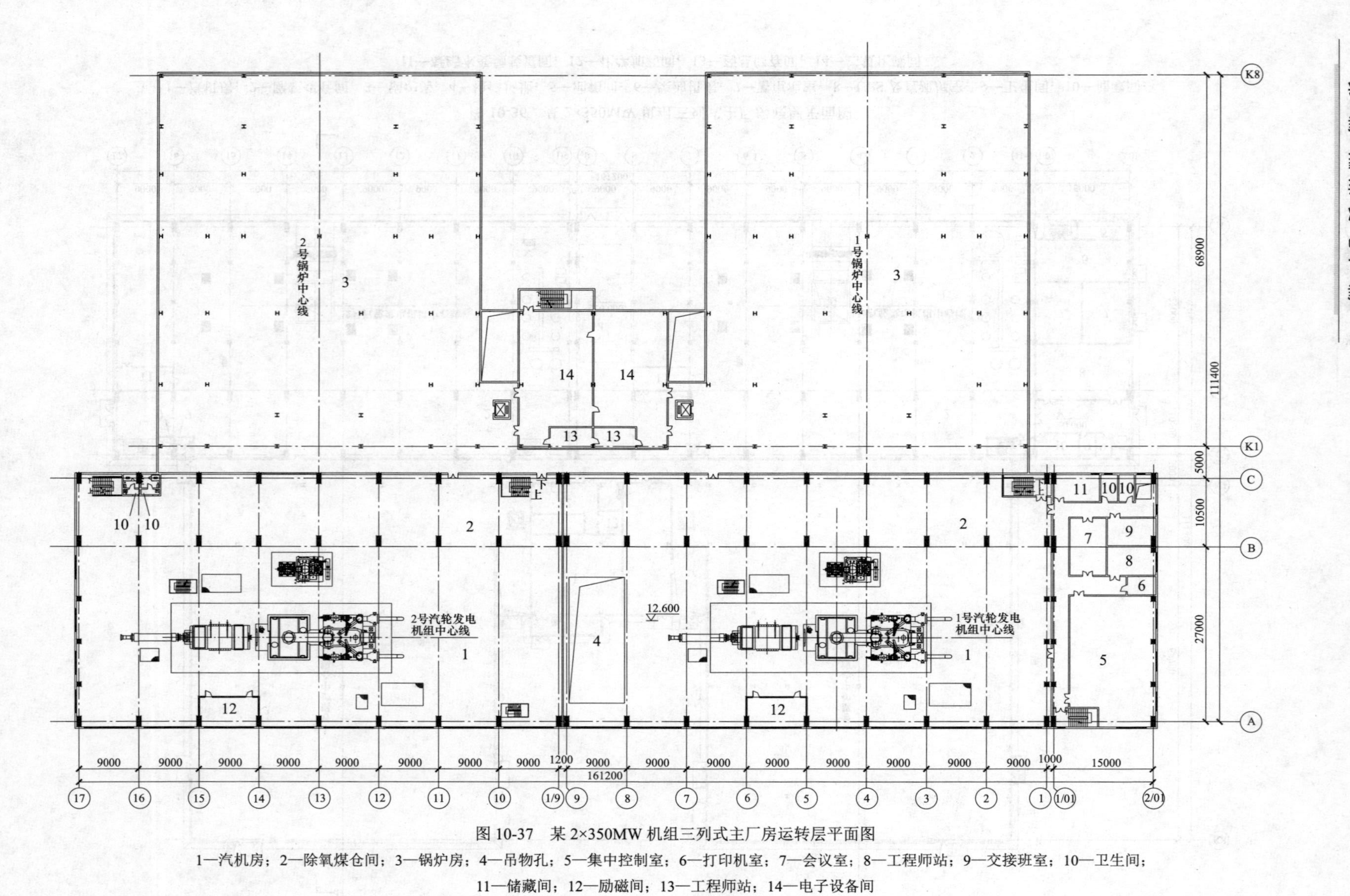

图10-37　某2×350MW机组三列式主厂房运转层平面图

1—汽机房；2—除氧煤仓间；3—锅炉房；4—吊物孔；5—集中控制室；6—打印机室；7—会议室；8—工程师站；9—交接班室；10—卫生间；11—储藏间；12—励磁间；13—工程师站；14—电子设备间

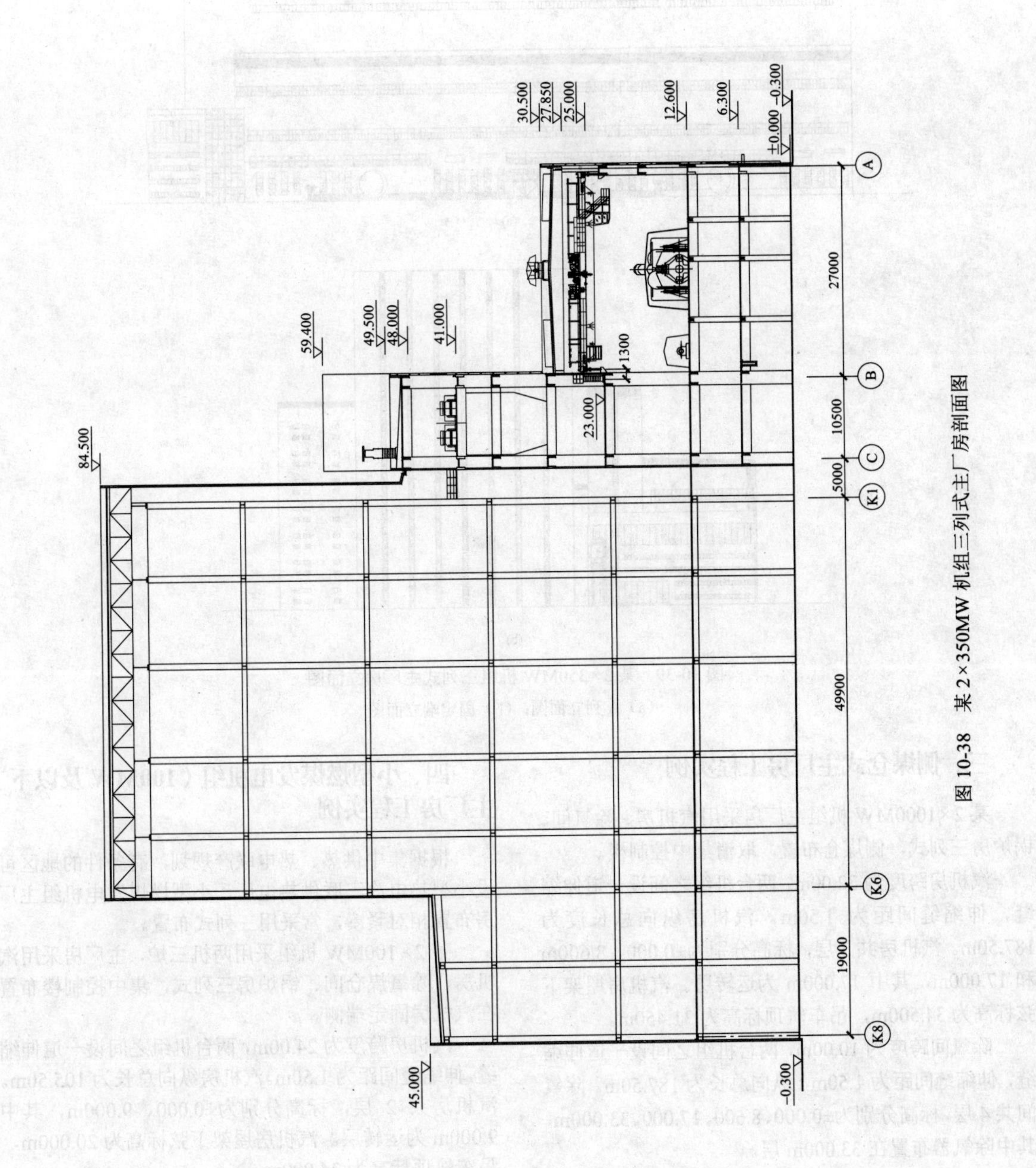

图 10-38　某 2×350MW 机组三列式主厂房剖面图

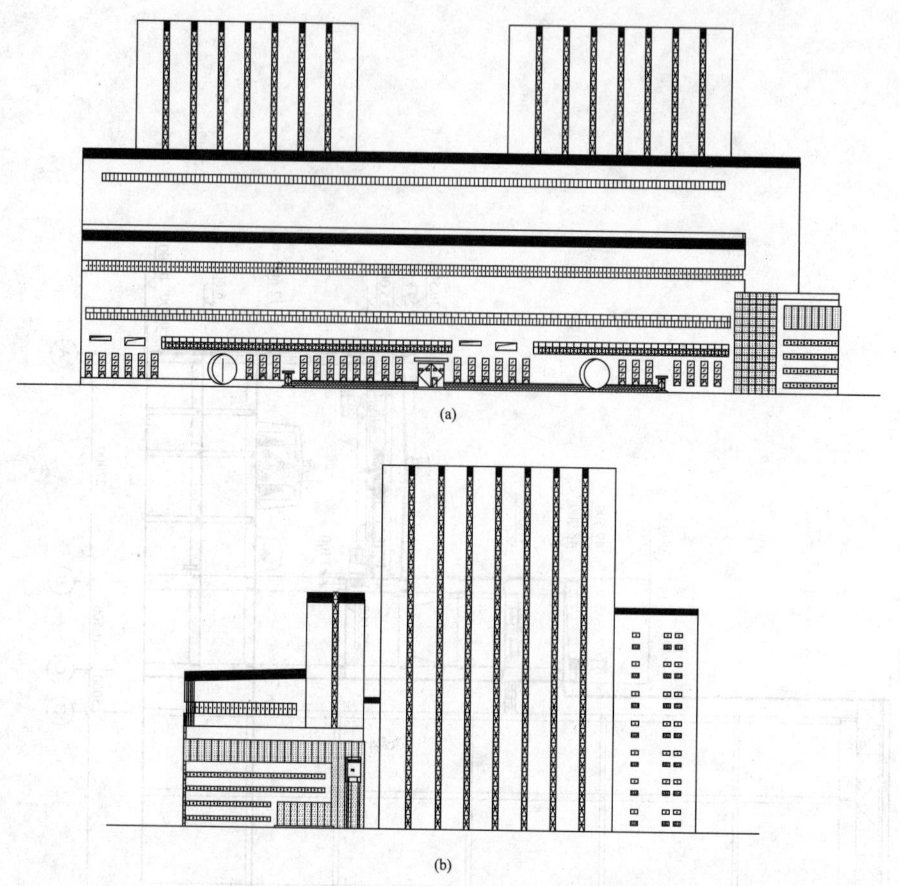

图 10-39 某 2×350MW 机组三列式主厂房立面图
(a) A 列立面图；(b) 固定端立面图

三、侧煤仓式主厂房工程实例

某 2×1000MW 机组主厂房采用汽机房、除氧间、锅炉房三列式，侧煤仓布置，取消集中控制楼。

汽机房跨度为 32.00m，两台机组之间设一道伸缩缝，伸缩缝间距为 1.50m。汽机房纵向总长度为 187.50m。汽机房共 3 层，标高分别为±0.000、8.600m 和 17.000m，其中 17.000m 为运转层。汽机房屋架下弦标高为 34.500m，吊车轨顶标高为 31.450m。

除氧间跨度为 10.00m，两台机组之间设一道伸缩缝，伸缩缝间距为 1.50m，纵向总长为 187.50m。除氧间共 4 层，标高分别为±0.000、8.600、17.000、33.000m，其中除氧器布置在 33.000m 层。

煤仓间采用集中侧煤仓，布置在两台锅炉之间，横向长度为 19.50m，纵向总长度为 76.00m，煤仓间共 3 层，标高分别为±0.000、17.000、44.600m，其中 44.600m 层为皮带层。

该工程锅炉采用露天布置，锅炉运转层标高为 17.000m。

该工程建筑布置参见图 10-40～图 10-43。

四、小型燃煤发电机组（100MW 及以下）主厂房工程实例

根据集中供热、热电联产规划，有条件的地区可设小型热电冷三联供热电厂。小型燃煤发电机组主厂房布置相对紧凑，常采用三列式布置。

某 2×100MW 机组采用两机三炉，主厂房采用汽机房、除氧煤仓间、锅炉房三列式，集中控制楼布置在汽机房固定端侧。

汽机房跨度为 24.00m，两台机组之间设一道伸缩缝，伸缩缝间距为 1.50m。汽机房纵向总长为 105.50m。汽机房共 2 层，标高分别为±0.000、9.000m，其中 9.000m 为运转层。汽机房屋架下弦标高为 20.000m，吊车轨顶标高为 24.000m。

除氧煤仓间跨度为 13.00m，每机组之间设一道伸缩缝，伸缩缝间距为 1.50m，纵向总长为 147.00m。除氧煤仓间共 6 层，标高分别为±0.000、5.000、9.000、13.900、20.450、37.000m，其中除氧器布置在 20.450m 层，37.000m 层为运煤皮带层。

锅炉为封闭锅炉，锅炉运转层标高为 9.000m。

该工程建筑布置参见图 10-44～图 10-47。

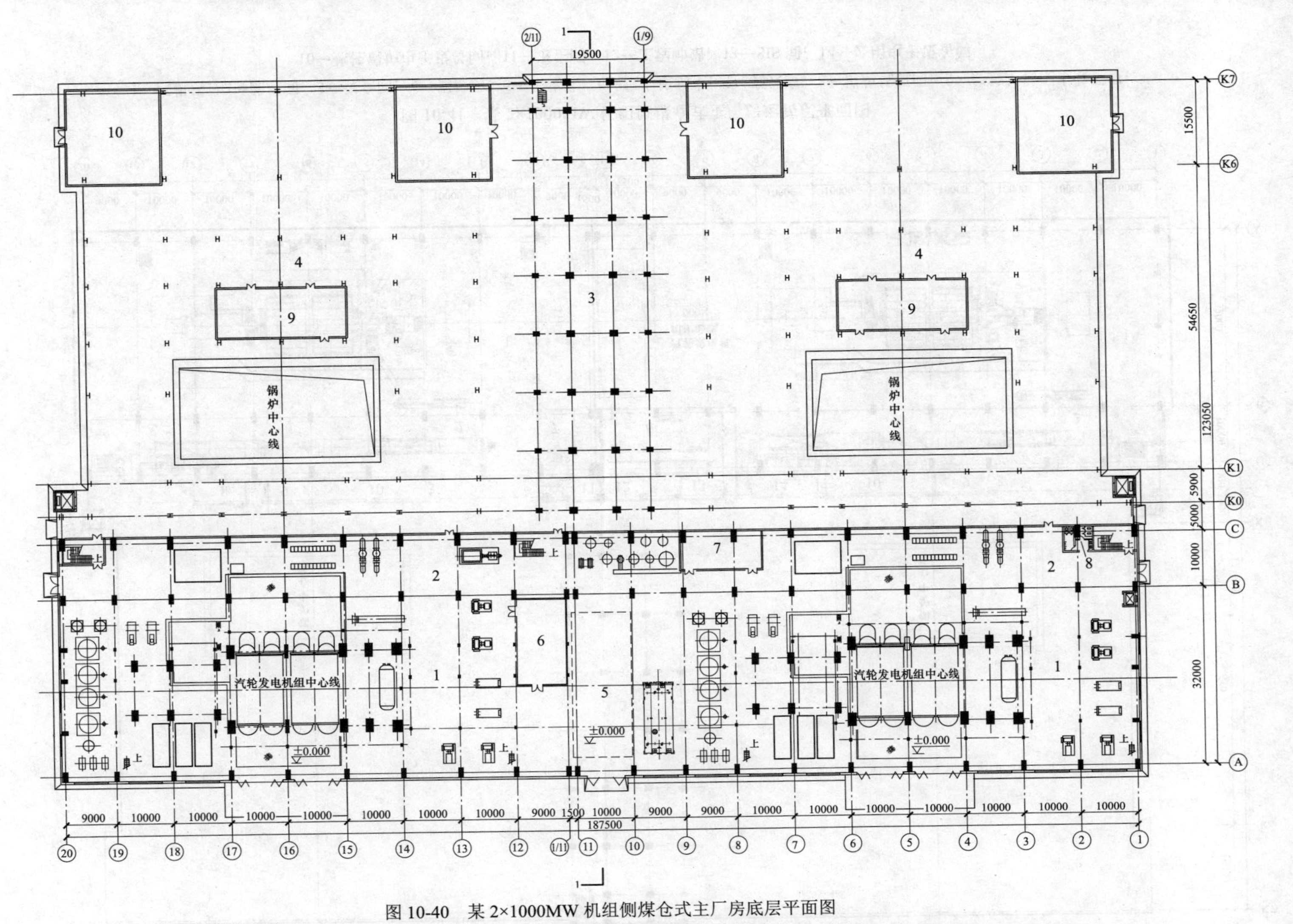

图 10-40　某 2×1000MW 机组侧煤仓式主厂房底层平面图

1—汽机房；2—除氧间；3—煤仓间；4—锅炉房；5—检修场地；6—凝结水泵变频间和闭式水泵及低压加热器疏水泵变频间；7—凝结水泵、闭式水泵、低压加热器疏水泵变频间；8—卫生间；9—电气配电装置室；10—风机房

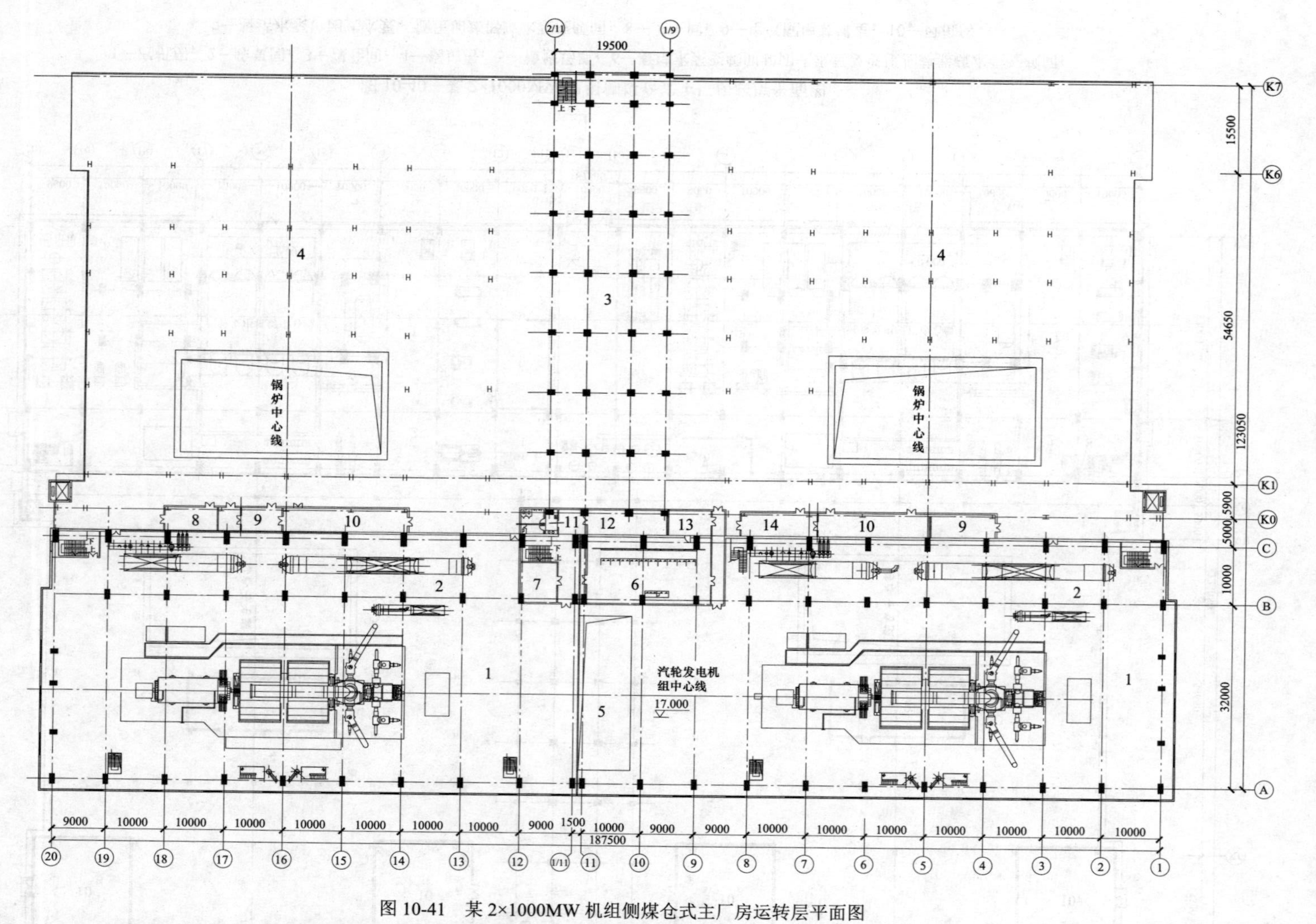

图 10-41 某 2×1000MW 机组侧煤仓式主厂房运转层平面图

1—汽机房；2—除氧间；3—煤仓间；4—锅炉房；5—吊物孔；6—集中控制室；7—会议室；8—消防气瓶间；9—热控炉前配电装置室；10—热控锅炉电子设备间；11—卫生间；12—工程师站；13—SIS 间；14—公用电子设备间

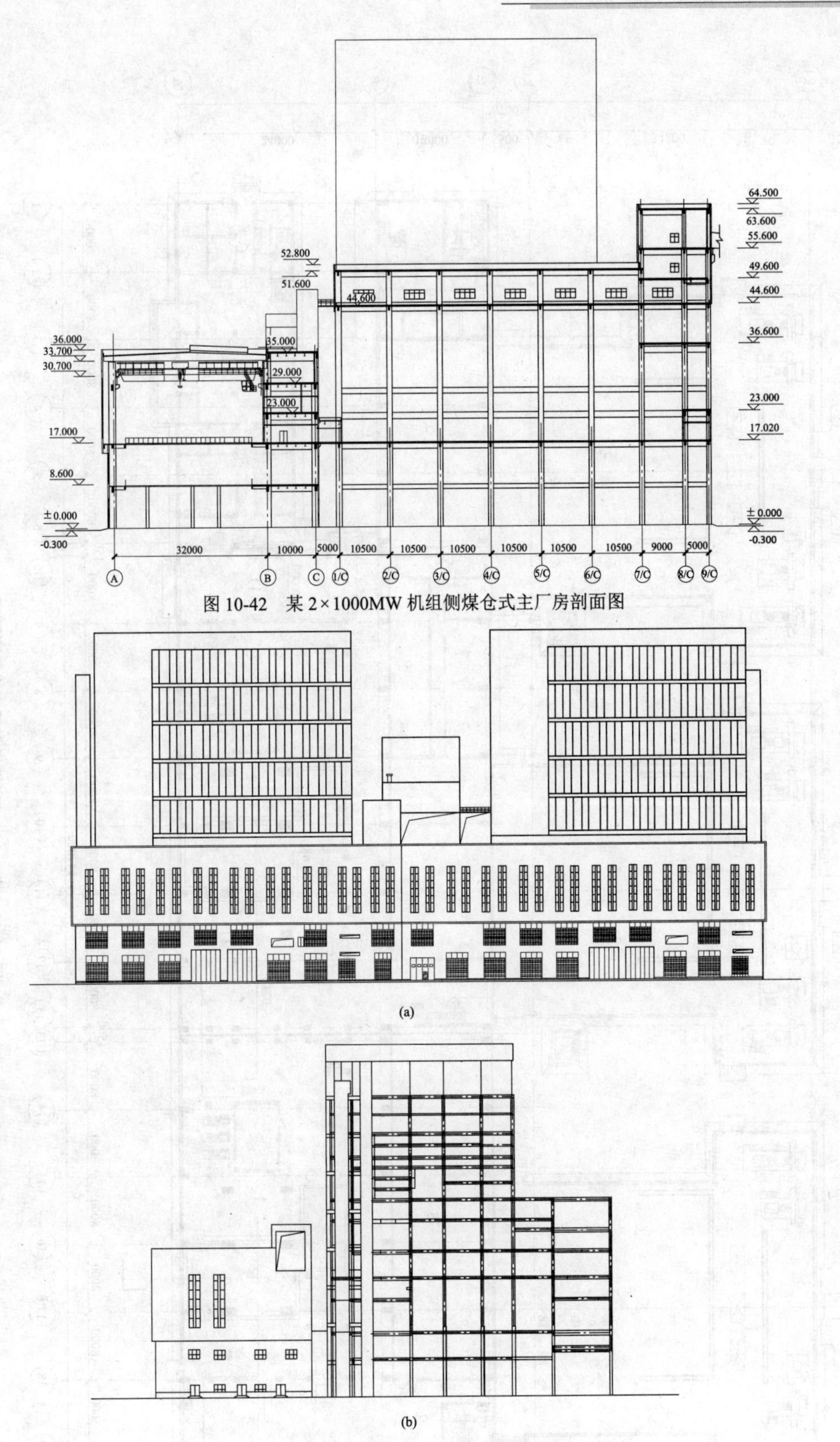

图 10-42 某 2×1000MW 机组侧煤仓式主厂房剖面图

(a)

(b)

图 10-43 某 2×1000MW 机组侧煤仓式主厂房立面图

（a）A 列立面图；（b）固定端立面图

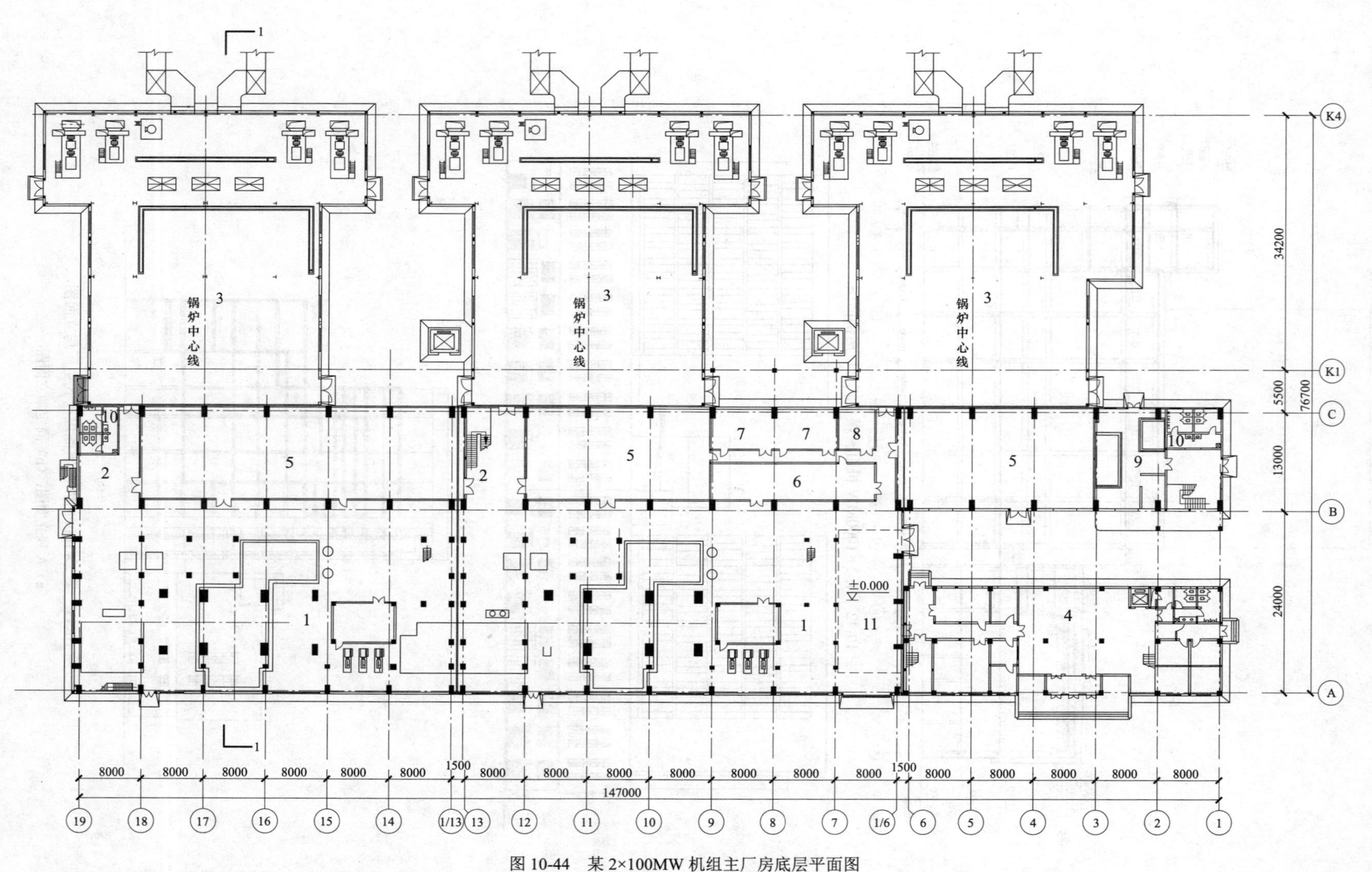

图 10-44 某 2×100MW 机组主厂房底层平面图

1—汽机房；2—除氧煤仓间；3—锅炉房；4—检修综合楼；5—配电装置室；6—直流配电装置室；7—蓄电池室；8—公用 UPS 间；9—化学加药间；10—卫生间；11—检修场地

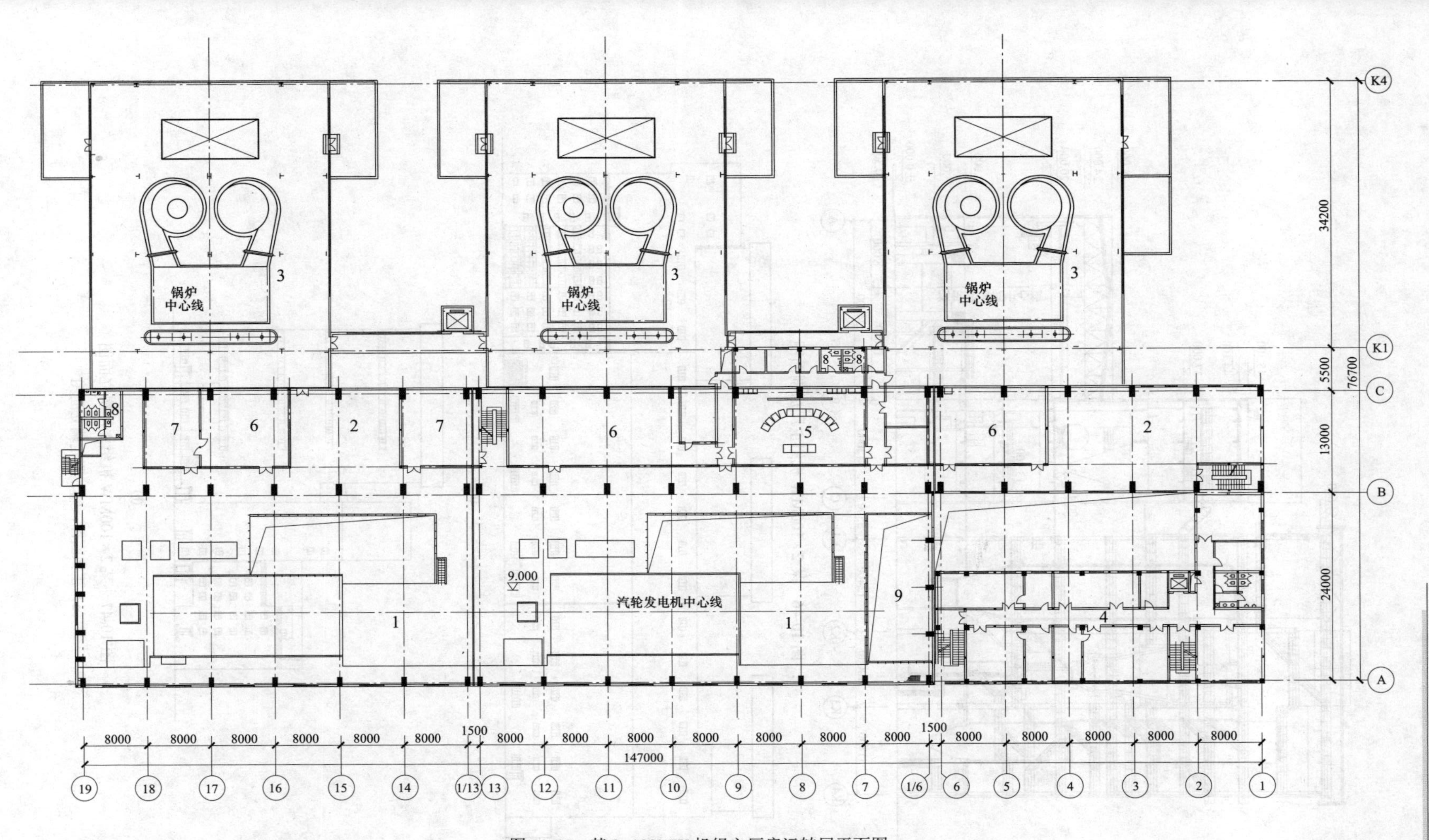

图10-45 某2×100MW机组主厂房运转层平面图

1—汽机房；2—除氧煤仓间；3—锅炉房；4—检修综合楼；5—集中控制室；6—电子设备间；7—配电装置室；8—卫生间；9—吊物孔

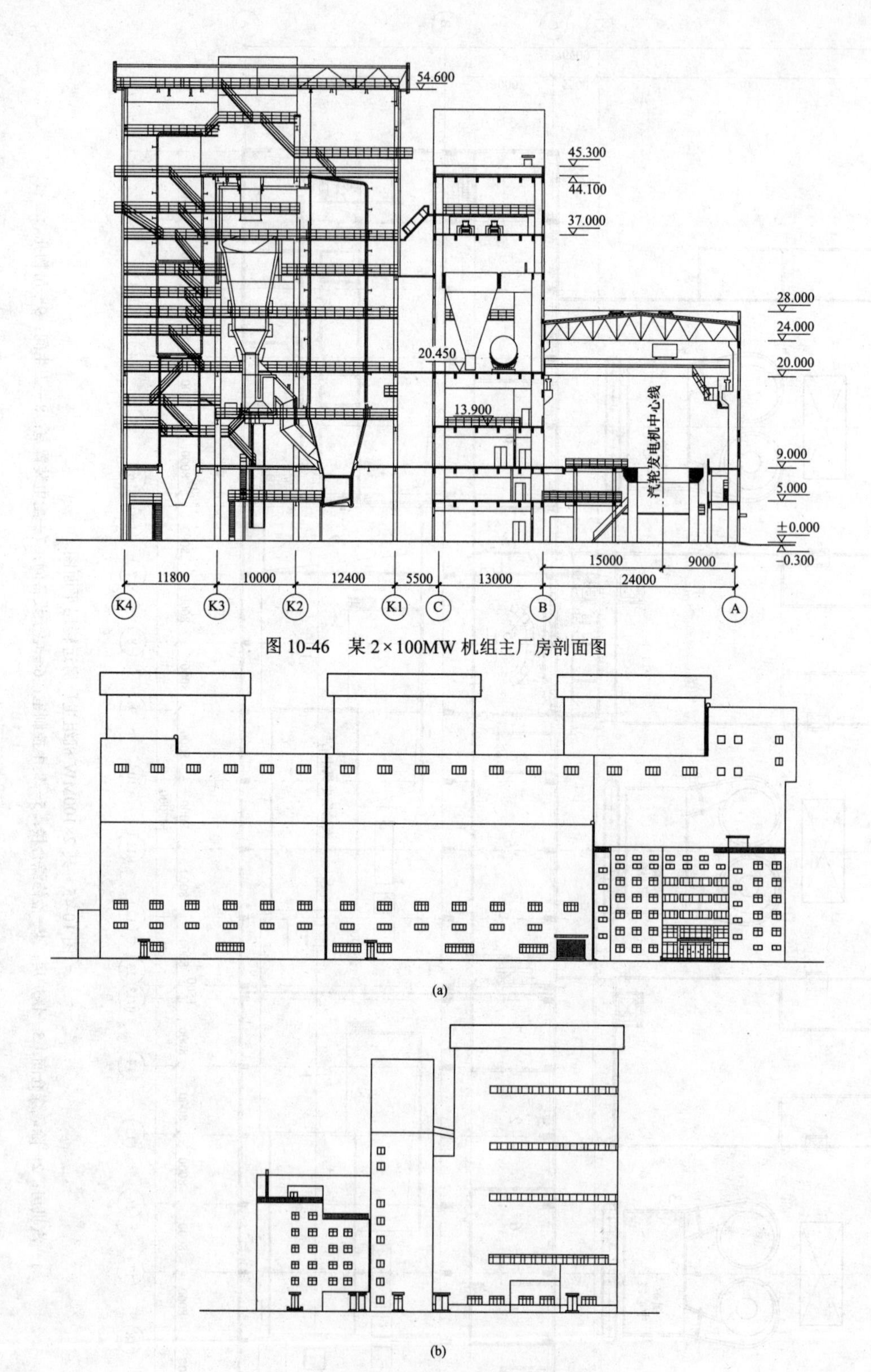

图 10-46 某 2×100MW 机组主厂房剖面图

(a)

(b)

图 10-47 某 2×100MW 机组主厂房立面图

（a）正立面图；（b）固定端立面图

第十一章

燃煤发电厂集中控制楼建筑设计

大型燃煤发电厂机组必须装设的监测仪表、控制装置的数量较多，需要较大建筑面积的控制室，因此引入了控制综合楼或集中控制楼的概念，集中控制楼除集中控制室外，还集中布置众多的电子设备和厂用电设备。由集中控制室、电子设备间、电缆夹层、蓄电池室、交接班室及辅助用房等组成的综合性建筑称为集中控制楼，是布置燃煤发电机组主要电气设备和热工设备控制、测量、监视和保护装置的建筑物。

集中控制室是全厂生产调度和运行控制中心，是电厂生产运行管理人员最为集中的地方。新建电厂一般2台或4台机组同时建设，机组的控制方式多采用“两机一控”模式，对全厂的机炉电设备实行集中控制。集中控制室一般布置在集中控制楼内；对小容量的机组，也有将集中控制室设在除氧煤仓间内部。

第一节　设计原则及要求

集中控制楼通常布置在两炉之间，也有布置在主厂房固定端侧或A列侧等，一般为4～6层的建筑。通常布置有蓄电池室、配电装置室、电源柜室、直流及UPS室、通风机房、化学水（凝结水、汽水取样）设备用房、柴油发电机室、油箱间、电缆夹层、空调机房、消防钢瓶间、集中控制室、电子设备间、继电器室、SIS机房、热工设备维修室、工程师室、交接班室，以及会议室、备餐间、更衣室、卫生间等附属用房，并根据需要设置参观走廊等。集中控制室通常设在与汽机房同标高的运转层，交接班室、会议室、备餐间、更衣室等附属用房应尽量集中布置。

集中控制楼是全厂的核心，生产运行和管理的中枢。房间使用功能复杂，建筑专业应积极协调配合相关专业，做到各层布置合理，符合建筑设计的基本要求。

一、设计原则

（1）集中控制楼建筑设计应满足工艺流程要求，合理布局，为运行值班人员创造一个良好的工作环境，同时考虑方便检修维护及施工安装。

（2）集中控制楼建筑平面布置、功能分区、空间组合应综合考虑工艺设备要求及使用功能，解决好外部造型和防火疏散、抗震、防排水、采光通风、噪声控制、隔振、保温节能和生活设施等问题。

（3）集中控制楼设计应体现“以人为本”的理念，人员工作集中的集中控制室，应统筹考虑使用功能及精神功能的要求，营造出舒适宜人、安静的工作环境。

二、设计要求

（一）防火与疏散

1. 防火要求

（1）集中控制楼的火灾危险性属于丁类，其建筑耐火等级不应低于二级。

（2）与锅炉房、煤仓间、除氧间和汽机房之间的隔墙耐火极限不小于1.00h。

（3）电缆夹层的内墙应采用耐火极限不小于1.00h的不燃烧体。电缆夹层的承重构件，其耐火极限不应小于1.00h。

（4）集中控制楼屋面承重结构均应为不燃烧体，其耐火极限不应小于1.00h。

（5）配电装置室、空调机房、通风机室的室内疏散门为甲级防火门；电缆夹层、蓄电池室、调酸室及蓄电池室前套间通向走廊的门均为外开乙级防火门。各配电装置室中间隔墙上的门可为两个不同开启方向的乙级防火门。

（6）当柴油发电机室布置在集中控制楼内时，应设置单独的出口，并应设耐火极限不低于3.00h的防火墙和1.50h的楼板与其他部位隔开。储油箱应设置在单独的房间内，每个单独房间内储罐的容量不应大于5m³，房间应采用耐火极限不低于3.00h的防火隔墙和不低于1.50h的楼板与其他部位分隔，房间的门应采用甲级防火门。

（7）集中控制室应采用耐火极限不低于2.00h的隔墙和不低于1.50h的楼板与其他部位分隔，隔墙上的门窗应采用乙级防火门窗。

（8）当集中控制楼布置在两炉之间时，其与主厂房形成一幢凵形或Ш形厂房，此时集中控制楼与锅炉房之间的间距应满足 GB 50229《火力发电厂与变电站设计防火规范》中凵形或Ш形厂房的防火间距要求。

（9）集中控制楼内采用气体消防的房间，应根据所采用气体种类的相关规范的规定，满足房间墙体、吊顶和门窗关于密闭性、耐火极限和抗压强度等方面的要求，每个气体消防防护区的隔墙应砌到楼板或梁底，隔墙孔洞应封堵密实。设置气体灭火系统的房间，应尽量少开窗，当需要开窗时宜采用固定防火窗。

气体消防防护区范围由负责消防设计的专业确定，防护区应设置泄压口，泄压口宜设置在外墙上，其面积和位置由相应的消防设计专业根据相应的气体灭火系统设计规定计算确定。

（10）集中控制楼内电缆竖井内的电缆较多，也是火灾危险性较大的场所。电缆竖井的围护结构应满足规定的耐火极限的要求，在每层的楼板处采用不低于楼板耐火极限的不燃烧材料封堵或防火封堵材料封堵。

2. 疏散要求

（1）集中控制楼的安全出口不应少于 2 个，可利用通向相邻车间的门作为第二安全出口，但至少应设置一座通至各层的封闭楼梯间。集中控制楼一般紧贴主厂房布置（见本章第二节），通常在集中控制楼的内部设置一部通至各层的封闭楼梯，另一部疏散楼梯则利用主厂房内的楼梯，形成两个安全出口。这样可减小集中控制楼的平面尺寸，提高建筑利用率，也方便与主厂房其他车间的联系，是工程实践中最常见的布置方式。

（2）集中控制楼内的电缆夹层、配电装置室及其他电气设备室应可双向疏散。工程实践中，由于场地或工艺专业布置的原因，造成上述房间不能通过两个楼梯疏散形成两个安全出口时，可针对房间设置局部的钢梯通至地面或上下楼层，以满足双向疏散的要求。

（3）集中控制楼内房间的最远点至安全出口或楼梯间的距离不应超过 50m，配电装置室室内最远点到疏散出口的直线距离不应大于 15m。

（4）集中控制室的疏散出口不应少于 2 个，但建筑面积小于 60m² 时可设 1 个。

（二）抗震

（1）抗震设防烈度为 6 度及以上地区的集中控制楼，必须进行抗震设计。建筑抗震设计应符合 GB 50011《建筑抗震设计规范》的规定。具体要求可见第三章的相关内容。

（2）根据 GB 50260—2013《电力设施抗震设计规范》的规定，对于规划设计容量为 800MW 或单机容量为 300MW 及以上的发电厂中的集中控制楼建筑，其建筑抗震设防分类应为重点设防类（简称乙类）建筑物，并应按高于本地区抗震设防烈度提高一度的要求加强其抗震措施；当抗震设防烈度为 9 度时，应按比 9 度更高的要求采取抗震措施。

（3）集中控制楼紧贴主厂房布置时，由于沉降变形等原因，集中控制楼与主厂房之间通常需要设置变形缝，变形缝应满足抗震构造要求。

（4）由于工艺布置要求，集中控制楼运转层的层高都较高，一般为 5～6m，因此，其室内隔墙往往较高。设计中应加强其与结构框架梁和柱的拉结，高度超过 4m 时宜在墙体半高处设置圈梁。

（5）当集中控制楼柱距较大时，填充墙长大于 8m（或墙长超过层高 2 倍）时，应在墙长中部（遇有洞口在洞口边）设置构造柱。

（三）噪声控制

（1）集中控制楼建筑设计应重视噪声控制，在布置上应使主要工作和生活场所避开强噪声源。对有噪声和振动的设备用房应采取隔声、隔振和吸声的措施，并应对设备和管道采取减振、消声处理。

（2）集中控制室不应直接对主厂房其他车间开门。一般情况下，建筑布置应尽量避免集中控制室直接面对主厂房其他车间开门，在燃煤发电厂中，汽机房运转层噪声约为 88 dB（A），若集中控制室直接面对其开门噪声将会进入室内，极大影响集中控制室的室内工作环境。如因条件限制需要开门时，应采取相应措施，如设置隔声门斗等。

（3）当集中控制室需朝向汽机房设观察窗时，应采用具有较高隔声性能的窗，当其设置的位置在有耐火极限要求的隔墙上时，还应采用不小于墙体耐火极限的防火窗。

（4）有噪声和振动的设备用房（如空调机房）应尽量避免布置在集中控制室楼层正上方。

（5）集中控制楼的室内噪声控制设计标准不应超过表 11-1 所列的噪声限制值。

表 11-1 集中控制楼各类工作场所的噪声标准

序号	工作场所	噪声限制值 [dB（A）]
1	集中控制室、计算机室（室内背景噪声级）	60
2	集中控制楼的值班室、休息室（室内背景噪声级）	70
3	集中控制楼的工程师室、会议室（室内背景噪声级）	60
4	各类生产车间和作业场所的工作地点（每天连续接触噪声 8h）	85

（四）防排水

（1）集中控制楼屋面防水等级按Ⅰ级设防要求

进行防水设计。应采用有组织排水，当采用内排水方式时，雨水落管应采取封闭措施。

（2）雨水落管不宜穿过集中控制室、配电装置间、电子设备间内。

（3）空调机房楼地面应有防排水措施，当空调机房布置在集中控制室或电气设备用房上部时，排水管道严禁穿越上述房间。

（五）采光与通风

（1）集中控制楼室内应优先考虑天然采光，采光口的设置应充分有效利用天然光源，天然采光和人工照明应统筹考虑，协调布置。

（2）集中控制楼宜采用自然通风，当自然通风不能满足卫生或生产要求时，应采用机械通风或自然与机械联合通风。

（六）热工与节能

（1）集中控制楼应根据建筑所处气候区进行相应的热工和节能设计，详见第七章。

（2）电子计算机室、电子设备间、集中控制室等空调房间的围护结构宜采用砌体墙，并采用节能型门窗。

（3）设置空调的房间应尽量毗邻布置，以利空调管道的集中布置和减少能量的渗透流失，空调房间应尽量避免在东西向布置。

（4）集中控制室通常布置在集中控制楼顶层，屋面的保温隔热性能对建筑节能影响极大，因此应高度重视，做好屋面节能设计。当屋面设有设备基础时，设备基础也应有保温隔热构造措施，避免出现热桥现象，造成能量的渗透流失和产生结露。

（七）装饰装修

（1）集中控制楼的室外装修一般应与主厂房协调。

（2）对于在主厂房两炉之间布置的集中控制楼的外装修，在与主厂房外立面协调的基础上，以满足耐污染、保温（隔热）、隔声、防水（渗漏）为主。

（3）室外装修的面层材料可为压型钢板、涂料、面砖等。布置于汽机房固定端、汽机房外侧的集中控制楼外装修可结合立面需要，适当选用金属饰面板、石材、玻璃幕墙等。

（4）室内装修部分详见本章第三节的相关内容。

（八）其他

（1）集中控制楼结构形式可根据自然条件、材料供应、施工条件、维护便利和建设进度等因素做必要的综合技术经济比较后确定。一般为混凝土框架结构或钢结构。

（2）对有防酸要求的蓄电池室，应采取相应的防酸措施。

（3）在人员较集中的楼层应设置卫生间和清洁间（设施），布置卫生间时应考虑使用方便、位置隐蔽，并避免对其他房间的影响和干扰（气味、潮气等），同时注意各个楼层位置应尽量对应上。

第二节　集中控制楼布置

一、位置设置

集中控制楼位置由工艺专业根据工程具体情况统筹规划，一般紧邻主厂房设置，通常设置在两炉间、固定（扩建）端、A 列侧等，分别见图 11-1～图 11-3。

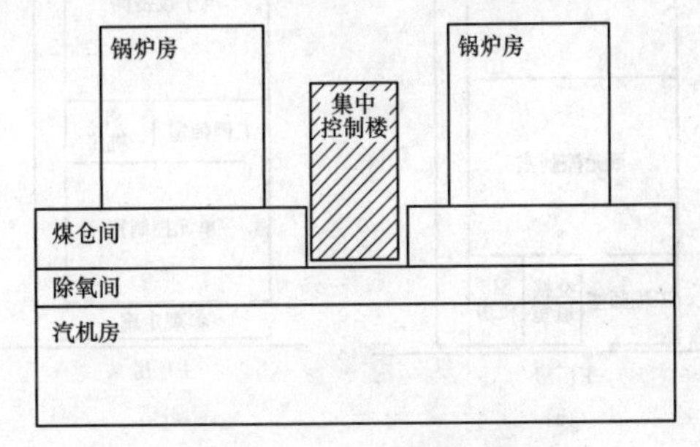

图 11-1　集中控制楼位于两炉间

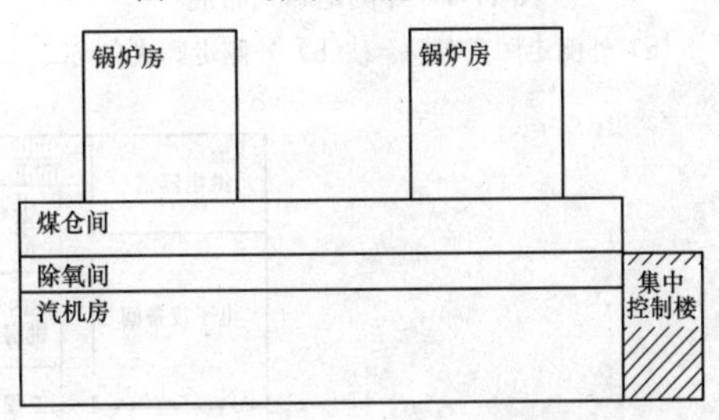

图 11-2　集中控制楼位于主厂房固定端或扩建端

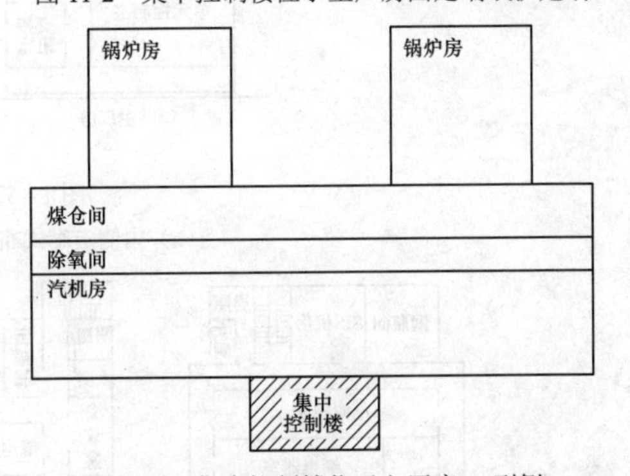

图 11-3　集中控制楼位于主厂房 A 列侧

二、布局形式

集中控制楼的核心部分是集中控制室，集中控制室所在楼层标高一般与主厂房汽机房运转层楼层标高一致。集中控制室楼层布局形式通常有以下几种。

（1）外侧走廊式布局（见图 11-4）。外侧走廊式即走廊布置在建筑的一侧，仅联系一侧的房间，另一侧为开敞或墙体。其特点是采光通风良好，交通疏散便捷迅速，建筑占地宽度小，适合于两炉之间间距较小的场地。由于其是单面走道，走道的另一面交通上与锅炉房联系不便；相对于内侧走廊式布置，外侧走廊式布置建筑利用率略低。

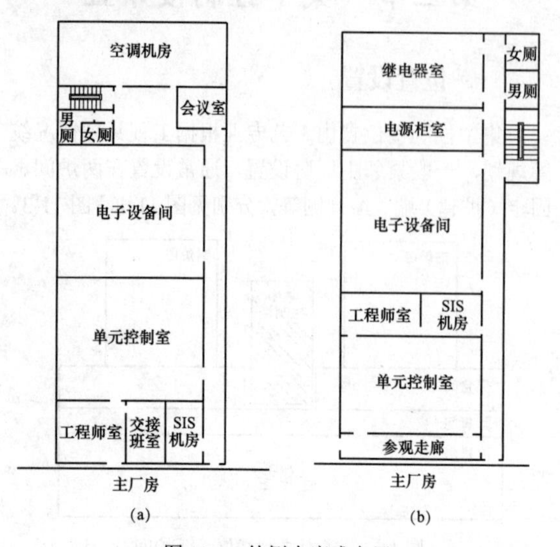

图 11-4　外侧走廊式布局

（a）外侧走廊式布局一；（b）外侧走廊式布局二

（2）内侧走廊式布局（见图 11-5）。内侧走廊式即走廊布置在建筑中间，房间在两边。其特点是一条走廊服务于两侧的房间，交通疏散便捷迅速；但远离外窗的走廊深处采光相对较差，超过一定长度时要做机械排烟，建筑占地宽度较大。相对于外侧走廊式布置，内侧走廊式走廊交通面积相对较少，建筑利用率较高。

（3）回廊式布局（见图 11-6）。回廊式即走廊布置呈回字形，房间围绕走廊布置，其特点是房间布置灵活，交通联系方便快捷，便于运行和维护管理，具有良好的采光和通风，隔声防尘好。但建筑占地宽度大，适合于两炉之间间距较大的场地，相对于其他布置形式，建筑利用率略低。

三、交通组织设计

集中控制楼交通组织设计应满足：①交通路线简洁明确、畅通，联系通行方便快捷；②人流通道通畅，紧急疏散时迅速、安全；③尽量采用天然采光和自然

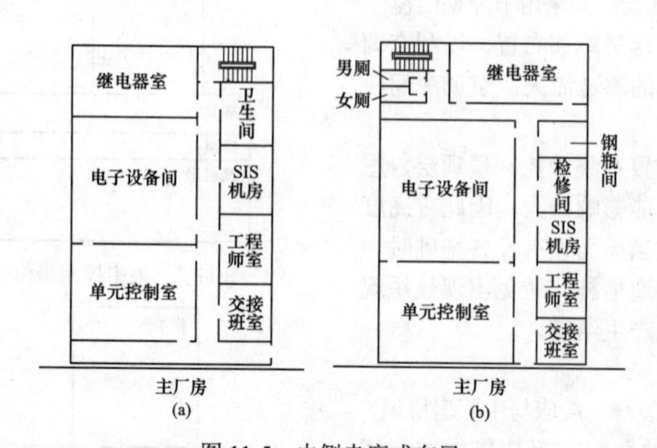

图 11-5　内侧走廊式布局

（a）内侧走廊式布局一；（b）内侧走廊式布局二

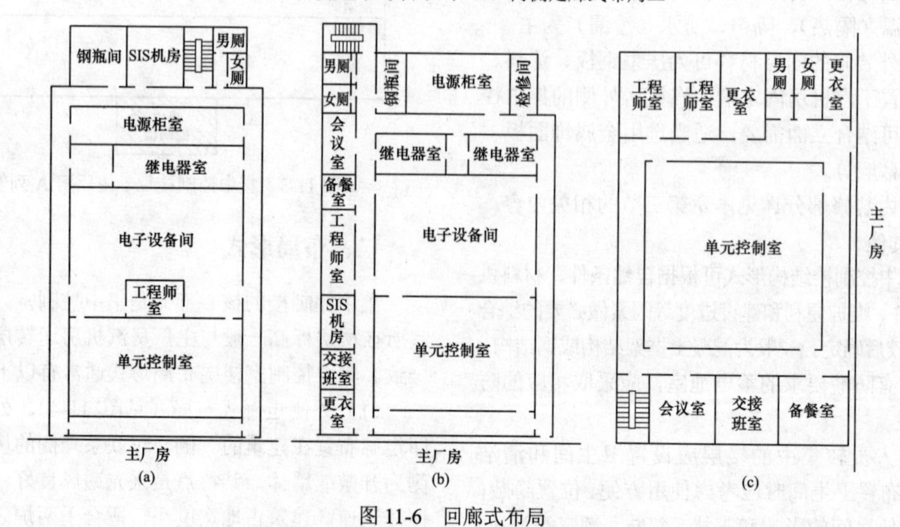

图 11-6　回廊式布局

（a）回廊式布局一；（b）回廊式布局二；（c）回廊式布局三

通风；④力求节省建筑面积，提高建筑利用率；⑤方便运行人员巡视检查和维护管理。

1. 垂直交通

（1）集中控制楼楼梯的数量、位置、宽度和楼梯间形式应满足使用方便和安全疏散的要求。一般设两部楼梯，其中一部可与主厂房的疏散楼梯合用，疏散楼梯净宽不宜小于1.1m。除此之外，在集中控制楼内，根据工艺布置需要，可在楼层的局部房间设上下联系、疏散的楼梯。

（2）楼梯间尽量靠外墙布置，以利于自然采光通风，有条件的应上至屋面，方便屋顶设备的检查与维修。

（3）集中控制楼根据需要可设电梯。电梯一般宜靠近（贴邻）封闭楼梯间布置，且与封闭楼梯间合用能自然采光通风的前室（电梯厅）。从楼梯间顶层能进入电梯机房，方便维护与检修。

2. 水平交通

（1）集中控制楼室内疏散走道的净宽不宜小于1.40m，疏散门的净宽不宜小于0.90m（首层外门的最小净宽度不应小于1.20m）。

（2）当集中控制楼布置在两炉间时，运转层宜设置通往锅炉房的天桥或者平台，底层宜设置纵向通道，以方便与锅炉房的联系；同时在布置锅炉电梯时综合考虑，兼顾集中控制楼的使用。

（3）集中控制楼在运转层应与汽机房（除氧间、煤仓间）有通道或平台连接，其他层有条件时应尽量与汽机房（除氧间、煤仓间）连通，以方便电厂运行管理和检修维护。

四、围护结构

1. 外墙

集中控制楼外墙材料应因地制宜，优先采用当地具有成熟应用经验的地方材料。可采用压型钢板、加气混凝土砌块、页岩砖、空心砖等各类材料砌块或符合国家规范要求并经技术部门鉴定过的节能墙体材料；如集中控制楼布置在厂区景观视线通道上或对建筑立面要求较高的部位，应结合全厂景观设计做重点处理。在严寒地区，宜采用外墙外保温的复合节能墙体。

2. 外门窗

门窗应能满足集中控制楼的人员及设备进出、采光通风需要。窗的布置和构造形式应考虑维护的便利。外门窗材质根据需要可优先选用断桥铝合金、塑料（钢）、铝合金、彩钢板材料等。

在严寒、寒冷地区选用门窗时，推荐优先采用断热型型材，以提高其保温性能。

严寒地区人员经常使用的主要出入口应设门斗，寒冷地区宜设门斗。门斗之间门的设置宜有避免冷风直接侵入的措施。

3. 屋面

集中控制楼屋面上通常布置有室外空调设备，屋面应考虑设备维护检修人员的需要，屋面结构宜采用现浇钢筋混凝土，不宜采用轻型结构。屋面防水等级应为Ⅰ级。

第三节　主要房间室内设计

集中控制楼室内设计应执行DL/T 5029《火力发电厂建筑装修设计标准》；室内装修要严格控制室内环境污染的各个环节，设计、施工时应严格执行GB 50325《民用建筑工程室内环境污染控制规范》。

一、集中控制室

集中控制室是用以监视、控制和管理生产过程而设置的一个工作区域。作为电厂运行人员的工作场所，其内布置有监视、控制和管理生产过程所必需的仪表和控制装置，以及其他必要的设施，此外电厂消防控制中心亦设置在集中控制室内。现代大型燃煤发电机组均采用单元集中控制，设置单元机组集中控制室，简称集中控制室。

1. 平面布置

燃煤发电厂控制系统基本采用机、炉、电集中控制的模式，集中控制室的设置可以分为“一机一控”方案、“两机一控”方案和“多机一控”方案，“两机一控”是现在采用最多的方案，此种方案较容易适应我国电厂以两台机组为单位，分期建设的模式。但是不论哪种集中控制方案，集中控制室内的布置格局都差别不大。

目前，控制监视大屏的布置多采用圆弧形布置或直列式布置，也可以采用其他形式的布置。在控制室内，按照控制盘的布置位置，习惯上将控制室分成盘前区和盘后区，电厂运行人员一般都在盘前区活动。

典型的直列式和圆弧形集中控制室平面布置如图11-7和图11-8所示。

2. 设计要求

（1）集中控制室的室内装修应考虑防火、防尘、吸声、保温、隔热等的要求，结合工艺专业要求合理布置、设计，创造良好的工作环境。

（2）集中控制室净空高度宜为3.30～3.60m，吊顶以上的空间应充分满足结构、空调、电气、消防等各专业的需要。

（3）集中控制室的顶棚、墙面的装修材料应选用A级装修材料，楼地面装修材料应选用不低于B1级装修材料。

（4）集中控制室的照明应符合 GB 50034《建筑照明设计标准》的有关规定，并注意光照的均匀度，防止眩光。

（5）集中控制室应选用具有较高隔声量的隔声门窗，室内墙面、顶棚等宜进行吸声处理。

（6）集中控制室室内装修材料选用见表 11-2。

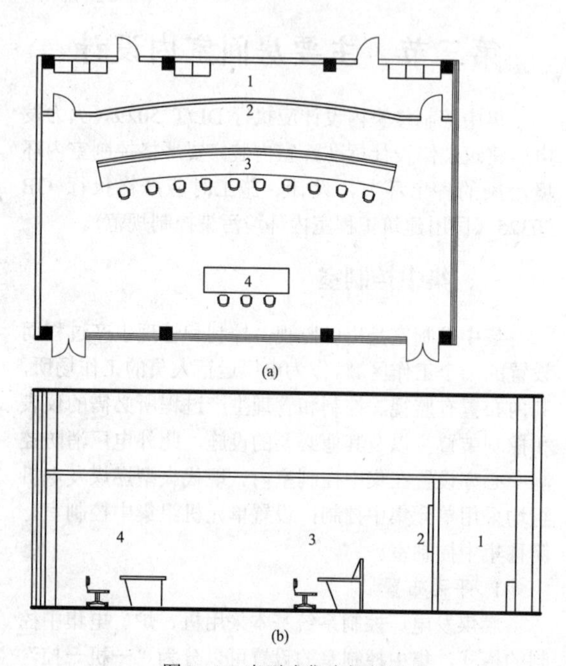

图 11-7 直列式集中控制室

（a）直列式集中控制室平面图；（b）直列式集中控制室剖面图

1—打印室；2—监视大屏；3—监控台；4—值长台

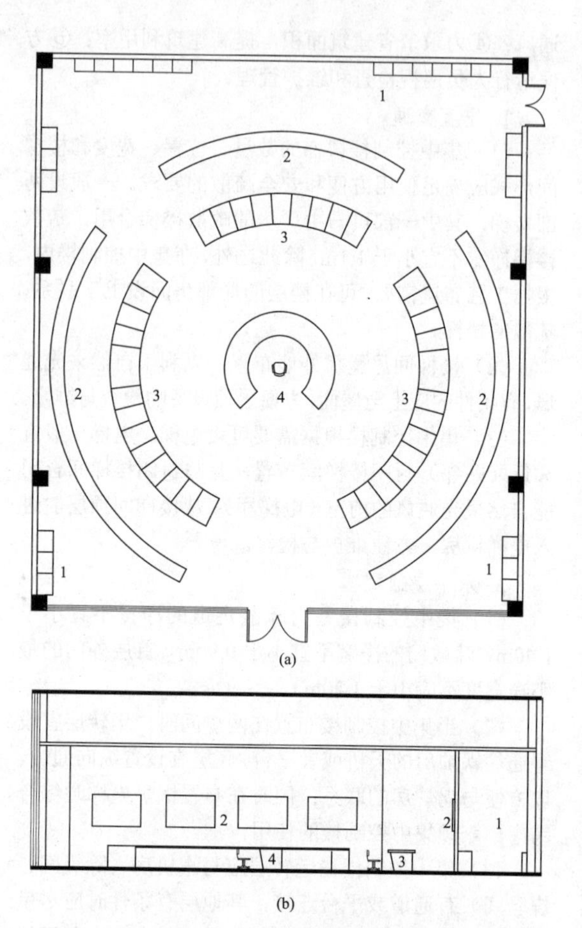

图 11-8 圆弧形集中控制室

（a）圆弧形集中控制室平面图；（b）圆弧形集中控制室剖面图

1—打印室；2—监视大屏；3—监控台；4—值长台

表 11-2 集中控制室室内装修材料选用

序号	装修部位	材料等级	材料推荐
1	楼地面	一、二级	花岗岩、大理石、抛光地砖、同质地砖、微晶石地砖、橡胶地板（B1 级）、塑胶地板（B1 级）
2	墙面	一、二级	花岗岩、大理石、抛光砖、同质砖、微晶石砖、釉面砖、陶瓷锦砖、金属内墙板
3	顶棚	一、二级	金属顶棚板、玻璃发光顶棚、轻钢龙骨石膏板

注 材料等级标准详见 DL/T 5029—2012《火力发电厂建筑装修设计标准》。

3. 集中控制室装修效果示例

图 11-9 所示为某滨海电厂集中控制室。该集中控制室的设计重点为控制屏上方呼应地域关系的仿舷窗造型；地面装饰材料为花岗岩，墙面和顶棚装饰材料为穿孔吸声铝板。

图 11-10 所示为某高原电厂集中控制室。该集中控制室的设计重点为模拟云彩磨砂玻璃泛光顶棚；地面装饰材料为花岗岩，墙面为穿孔吸声铝板，顶棚装饰材料为穿孔吸声铝板下挂磨砂玻璃泛光顶。

图 11-11 所示为某四机一控集中控制室。设计中方中取圆，以镜像对称的弧形控制屏所围合的空间形态为基础，配合以同心圆向外发散铺地和顶棚穹顶造型，增强了空间的开敞和流畅；地面装饰材料为玻化砖，墙面和顶棚装饰材料为穿孔吸声铝板。

图 11-9　某滨海电厂集中控制室装修示例

图 11-10　某高原电厂集中控制室装修示例

图 11-11　某四机一控集中控制室装修示例

二、工程师室

（1）工程师室可与集中控制室毗邻布置，净高3.00～3.60m。其建筑要求如采光、噪声控制、保温隔热、防火及室内装修等均与集中控制室相同。

（2）工程师室若采用防静电活动地板，其架空高度可为300mm左右。

（3）工程师室室内装修材料选用见表11-3。

表11-3 工程师室室内装修材料选用

序号	装修部位	材料等级	材料推荐
1	楼地面	一、二级	花岗岩、大理石、抛光地砖、同质地砖、微晶石地砖、橡胶地板（B1级）、塑胶地板（B1级）、彩色水磨石地面、涂膜类地面、环氧自流平地坪漆、防静电活动地板
2	墙面	一、二级	金属内墙板、中高级涂料、中高级墙纸、中高级内墙饰面板
3	顶棚	一、二级	金属顶棚板、轻钢龙骨石膏板、中高级涂料

注 材料等级标准见DL/T 5029—2012《火力发电厂建筑装修设计标准》。

三、电子设备间等

（1）这类房间一般包括电子设备间、配电装置室、热工设备维修间、不间断电源室、直流盘室。

（2）配电装置室的顶棚、墙面及地面的建筑装修，应使用不易积灰和不易起灰的材料，顶棚不应抹灰。

（3）配电装置室、热工设备维修间、不间断电源室、直流盘室室内装修材料选用见表11-4。

表11-4 电子设备间、配电装置室、热工设备维修间、不间断电源室、直流盘室室内装修材料选用

序号	装修部位	材料等级	材料推荐
1	楼地面	二级	抛光地砖、同质地砖、微晶石地砖、彩色水磨石地面
2	墙面	二级	中级涂料、中级内墙饰面板
3	顶棚	二级	轻钢龙骨石膏板、中高级涂料

注 材料等级标准见DL/T 5029—2012《火力发电厂建筑装修设计标准》。

四、柴油发电机室、空气压缩机室、空调机房、电缆夹层

（1）位于集中控制楼底层的柴油发电机室或空气压缩机室外墙和门窗应隔声，内墙面及顶棚应有吸声性能。

（2）空调机房楼地面应有防排水措施，墙面及顶棚宜考虑吸声。当空调机房布置在集中控制室或电气设备用房上部时，排水管道严禁穿越上述房间。

（3）柴油发电机室、空气压缩机室、空调机房、电缆夹层室内装修材料选用见表11-5。

表11-5 柴油发电机室、空气压缩机室、空调机房、电缆夹层室内装修材料选用

序号	装修部位	材料等级	材料推荐
1	楼地面	三级	耐磨混凝土、细石混凝土、水泥石屑、普通水磨石
2	墙面	三级	普通内墙涂料、装饰抹灰
3	顶棚	三级	普通内墙涂料、装饰抹灰

注 材料等级标准见DL/T 5029—2012《火力发电厂建筑装修设计标准》。

五、蓄电池室

对有防酸要求的蓄电池室，应采取以下防酸措施：

（1）蓄电池室楼地面应采用耐酸的面层材料及防酸隔离层，并应设有排水坡度和地漏；蓄电池基座采用耐酸面层材料。

（2）蓄电池室顶棚、内墙面、金属门窗及外露金属构件，均应涂刷耐酸油漆或涂料。

（3）蓄电池室顶棚应平整光滑，防止氢气聚集。

（4）蓄电池室的外窗宜防止太阳光直射室内，可装磨砂或带色玻璃。

（5）蓄电池室临走廊的墙面不应开设通风百叶窗或玻璃采光窗。

（6）蓄电池室室内装修材料选用见表11-6。

表 11-6　　蓄电池室室内装修材料选用

序号	装修部位	材料等级	材 料 推 荐
1	楼地面	二级	耐酸地砖、环氧自流平地坪漆
2	墙面	二级	耐酸内墙砖、树脂玻璃钢面层、环氧玻璃鳞片涂层、聚氨酯涂层、高氯化聚乙烯涂层
3	顶棚	二级	耐酸碱涂料

注　材料等级标准见 DL/T 5029—2012《火力发电厂建筑装修设计标准》。

第四节　工　程　实　例

一、集中控制楼位于两炉间

某 2×660MW 电厂集中控制楼位于两炉间，该建筑共计五层，前端局部插入煤仓间。建筑底层布置有柴油发电机室、油箱间、储存间、蓄电池室、加药间、加氧间、高温盘间、仪表盘间、凝结水处理控制室、分析室；二层和四层为电缆夹层；三层布置有 380V 配电装置室、直流及 UPS 电源室、锅炉保安段配电装置室；五层布置有集中控制室、工程师室、SIS 室、继电器室、锅炉电子设备间及热控电源柜室、消防钢瓶间、热控检修间、更衣室及交接班室。建筑长 39.70m，宽 21.00m，高 20.60m，各层平面图及剖面图见图 11-12～图 11-17。

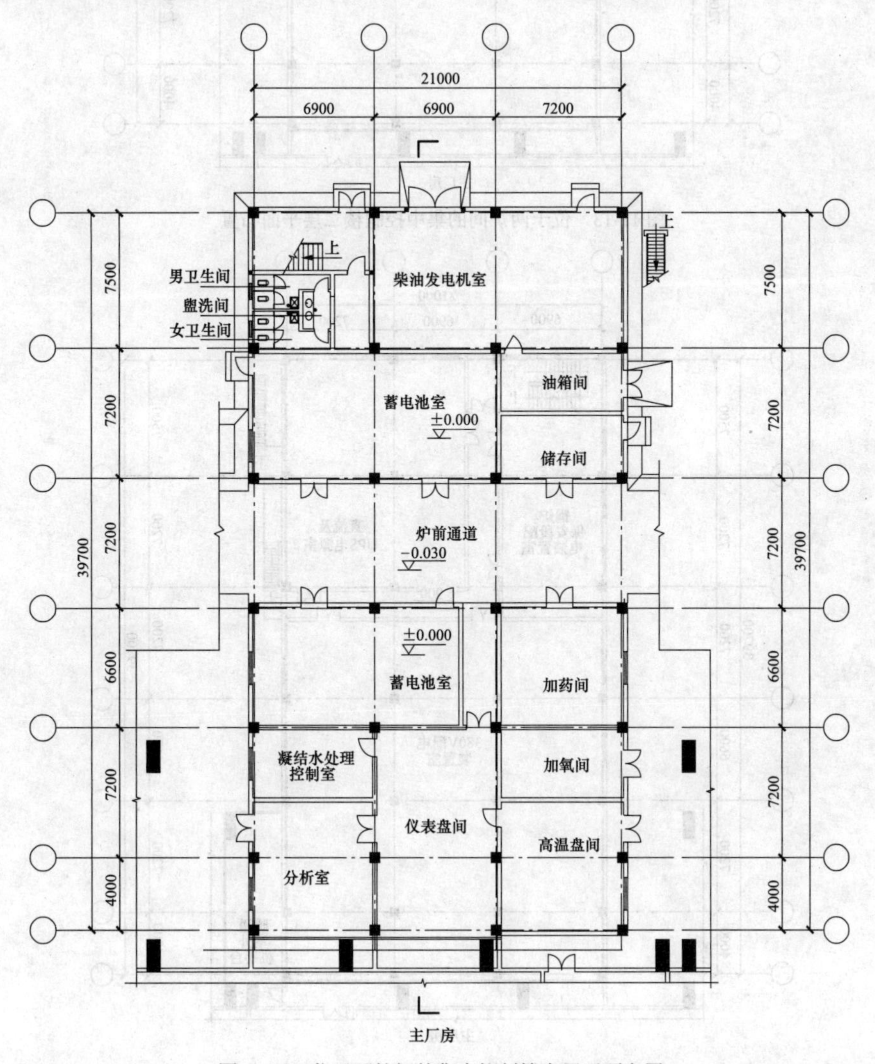

图 11-12　位于两炉间的集中控制楼底层平面布置

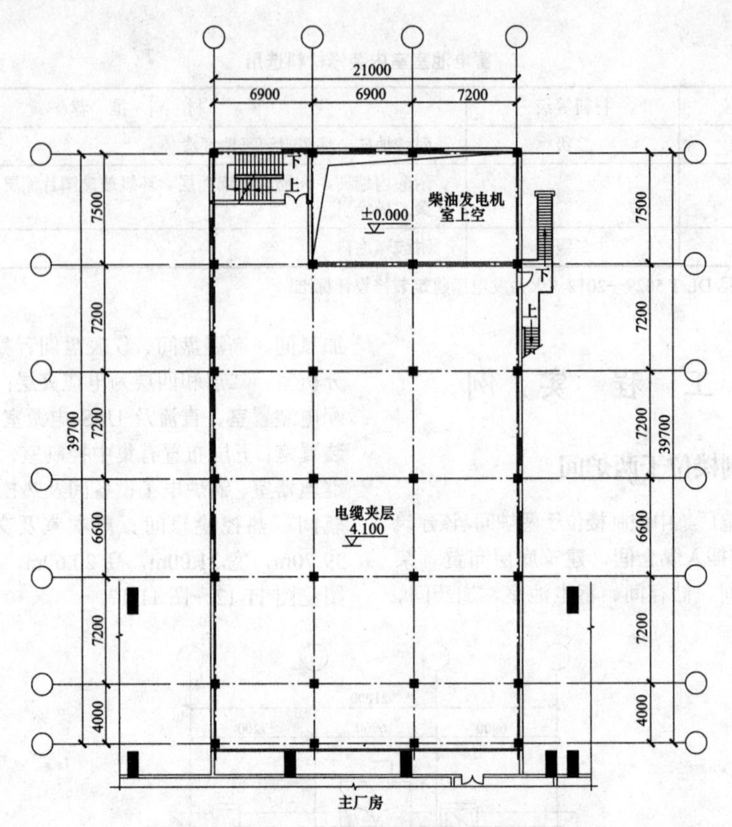

图 11-13　位于两炉间的集中控制楼二层平面布置

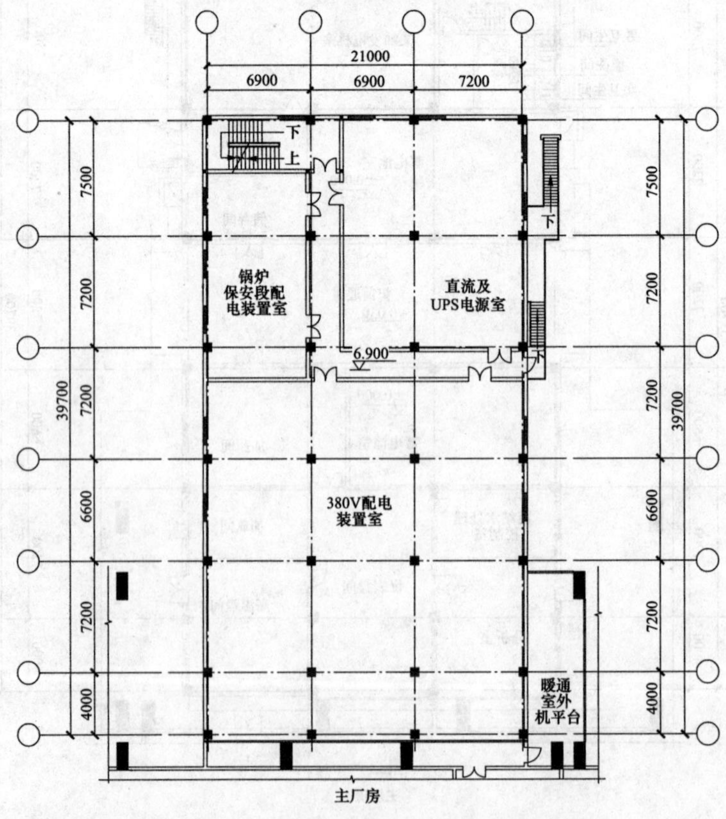

图 11-14　位于两炉间的集中控制楼三层平面布置

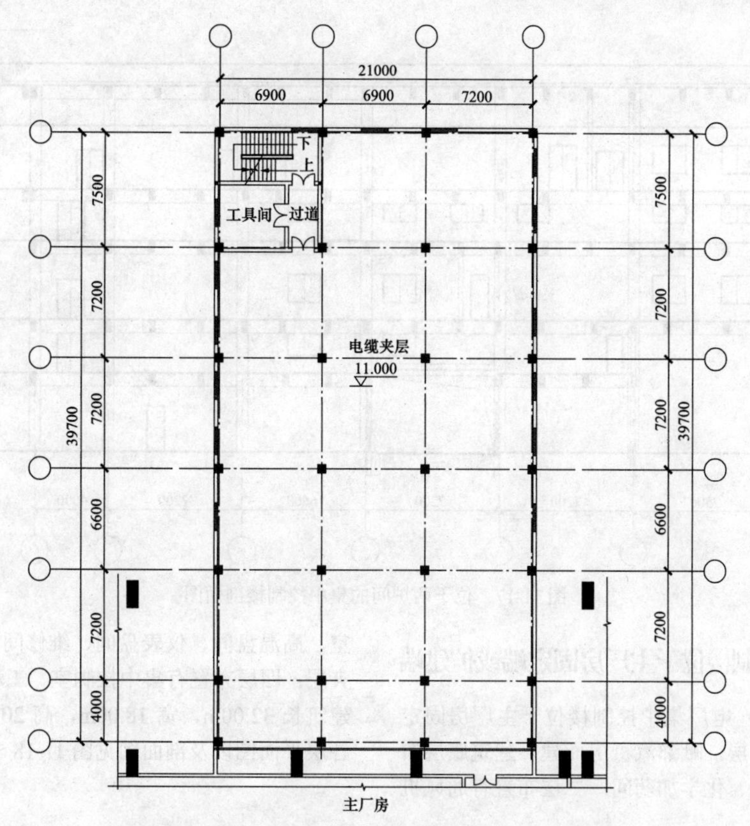

图 11-15　位于两炉间的集中控制楼四层平面布置

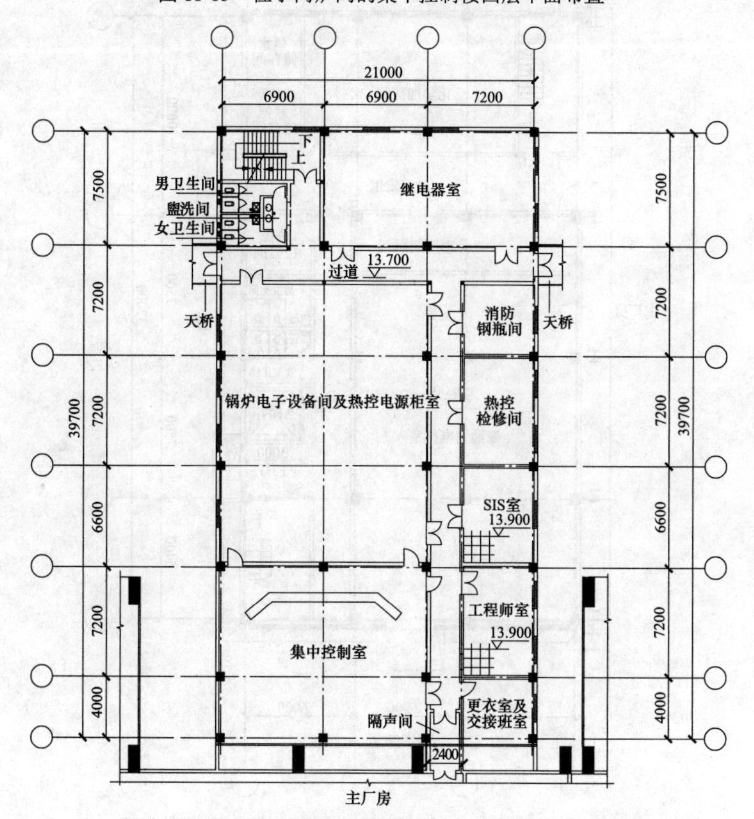

图 11-16　位于两炉间的集中控制楼五层（运转层）平面布置

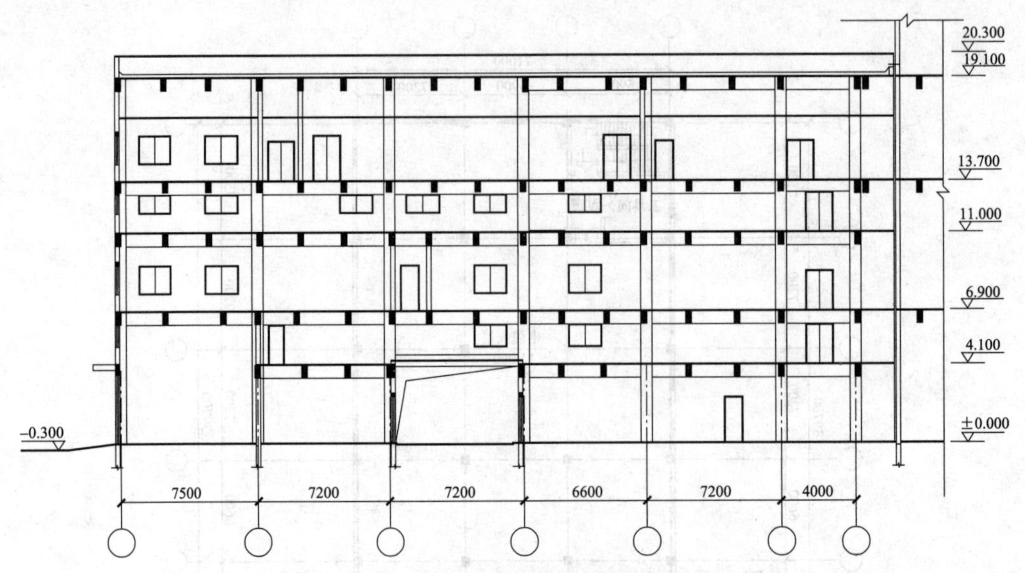

图 11-17 位于两炉间的集中控制楼剖面图

二、集中控制楼位于主厂房固定端或扩建端

某 2×600MW 电厂集中控制楼位于主厂房固定端。该建筑共计四层，毗邻汽机房而建。建筑底层布置有柴油发电机室、化学加药间；二层布置有通风机室、高温盘间、仪表盘间、维修间；三层布置为电缆夹层；四层布置有集中控制室、工程师室、SIS 室等。建筑长 32.00m，宽 18.00m，高 20.50m，集中控制楼各层平面图以及剖面图见图 11-18～图 11-22。

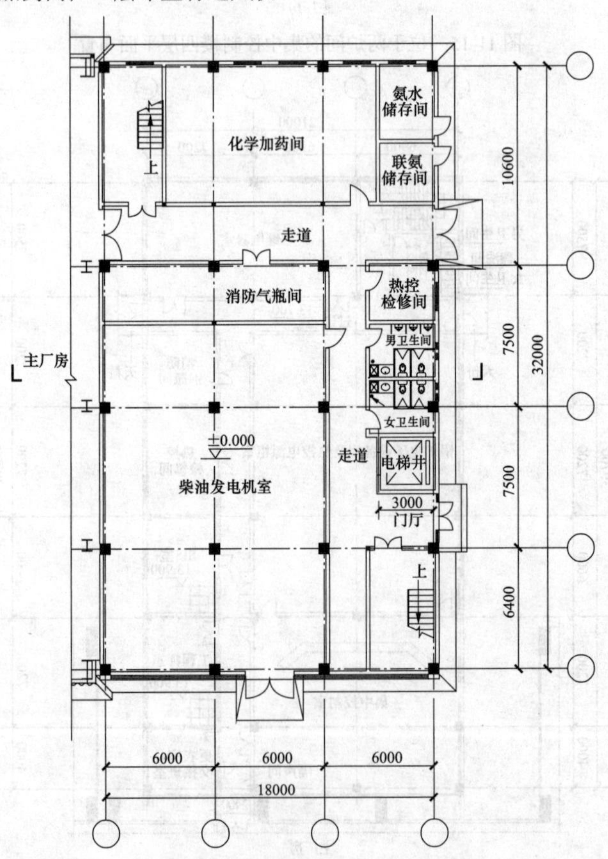

图 11-18 位于主厂房固定端的集中控制楼底层平面布置

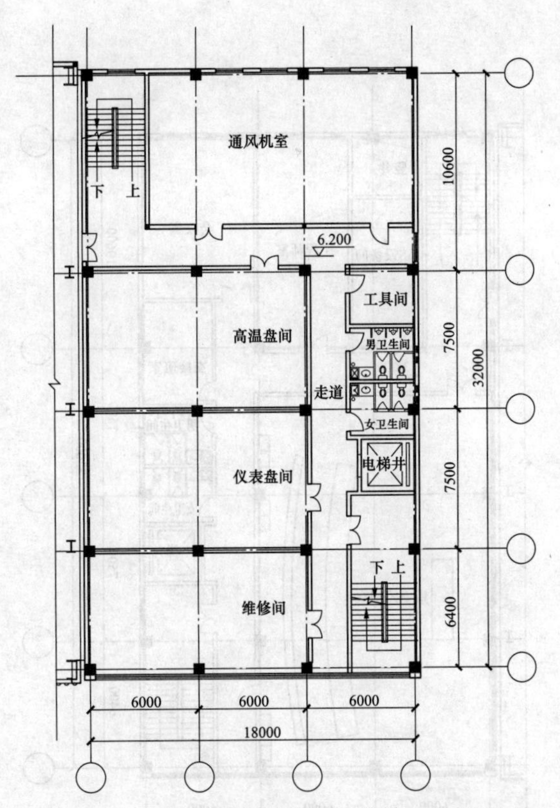

图 11-19　位于主厂房固定端的集中控制楼二层平面布置

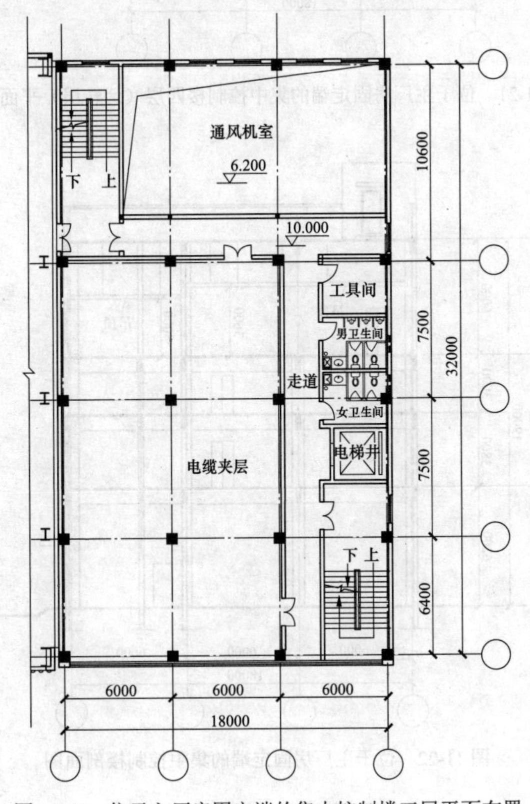

图 11-20　位于主厂房固定端的集中控制楼三层平面布置

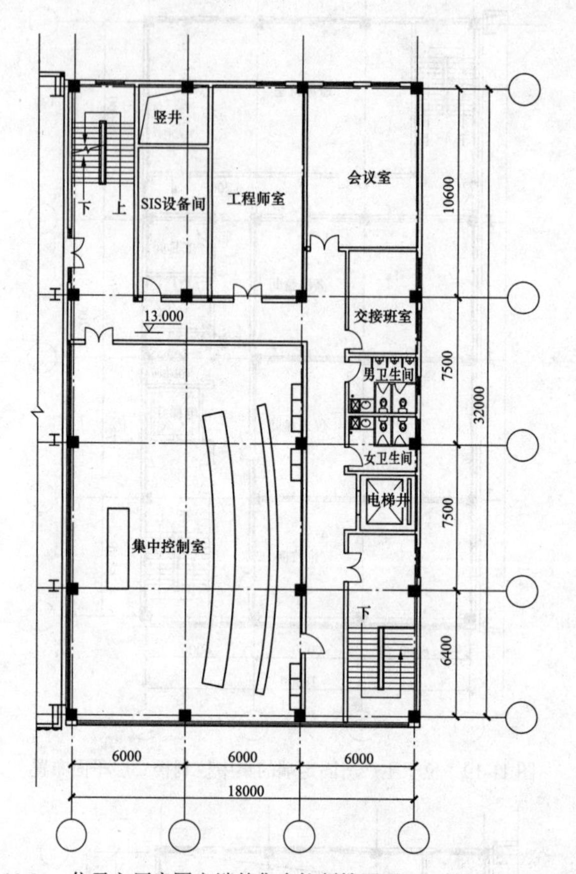

图 11-21 位于主厂房固定端的集中控制楼四层（运转层）平面布置

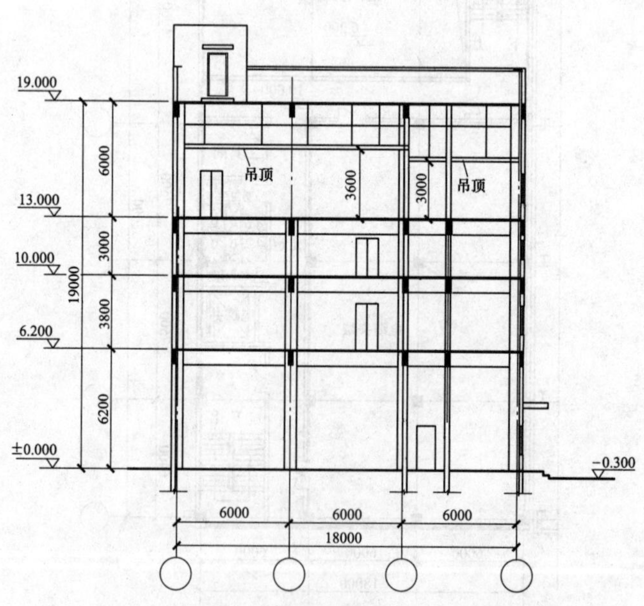

图 11-22 位于主厂房固定端的集中控制楼剖面图

三、集中控制楼位于主厂房 A 列侧

某 2×600MW 电厂集中控制楼位于主厂房 A 列侧。该建筑共计五层。建筑底层布置有直流及 UPS 电源室、蓄电池室、通风机室、展览室、卫生间；二层和四层为电缆夹层；三层布置有配电装置室、通风机室、工具间；五层为集中控制室、电子设备间、工程师室、SIS 设备间、交接班室、卫生间。建筑长 43.20m，宽 22.50m，高 21.50m，集中控制楼各层平面图以及剖面图见图 11-23～图 11-28。

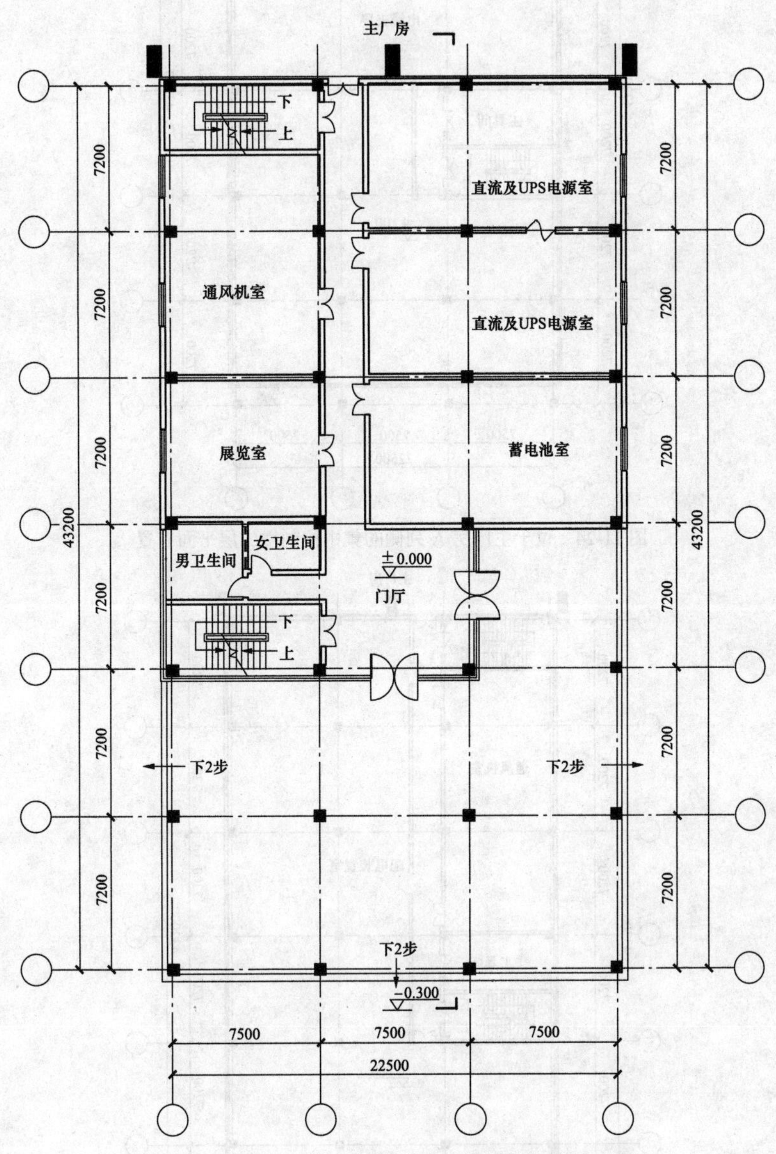

图 11-23　位于主厂房 A 列侧的集中控制楼底层平面布置

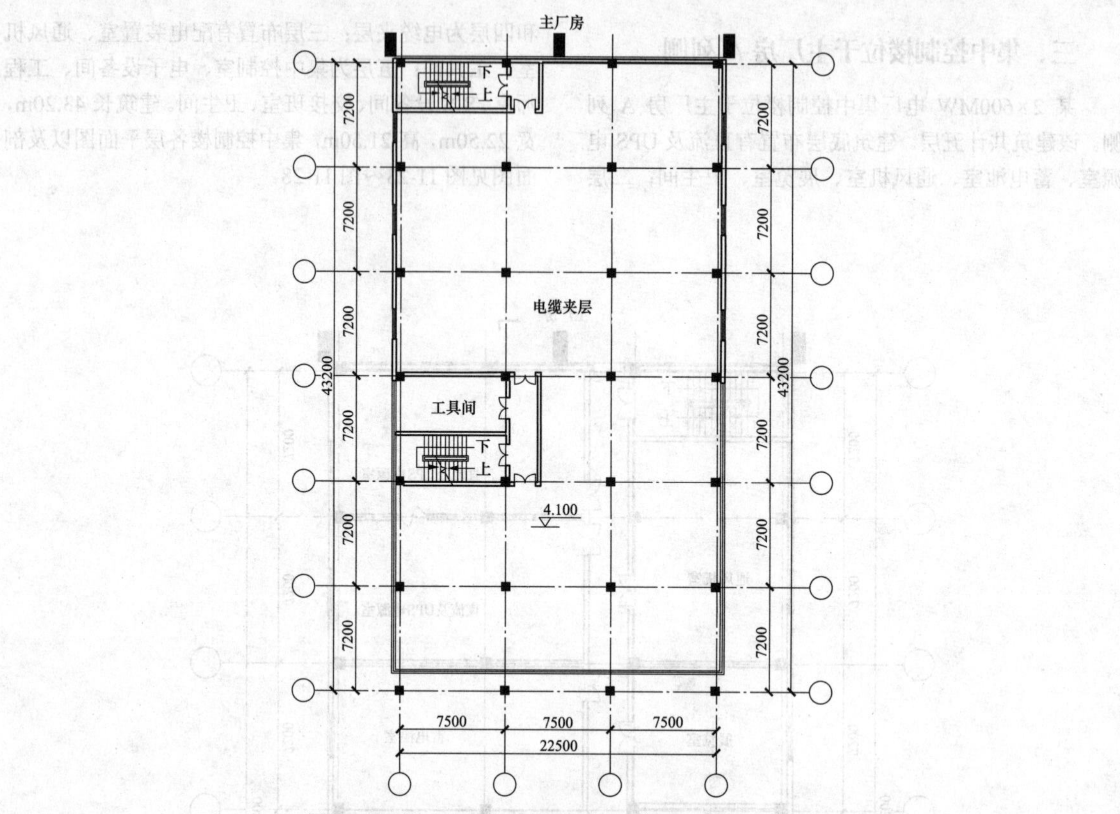

图 11-24 位于主厂房 A 列侧的集中控制楼二层平面布置

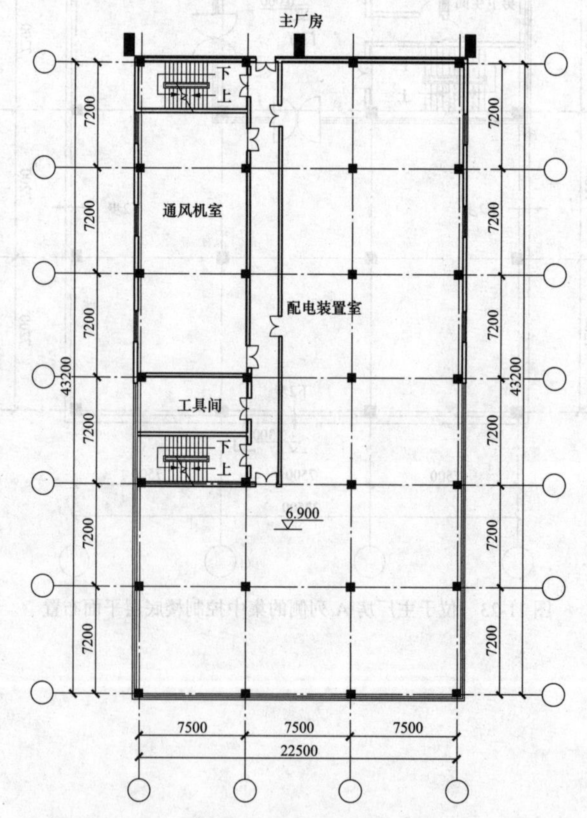

图 11-25 位于主厂房 A 列侧的集中控制楼三层平面布置

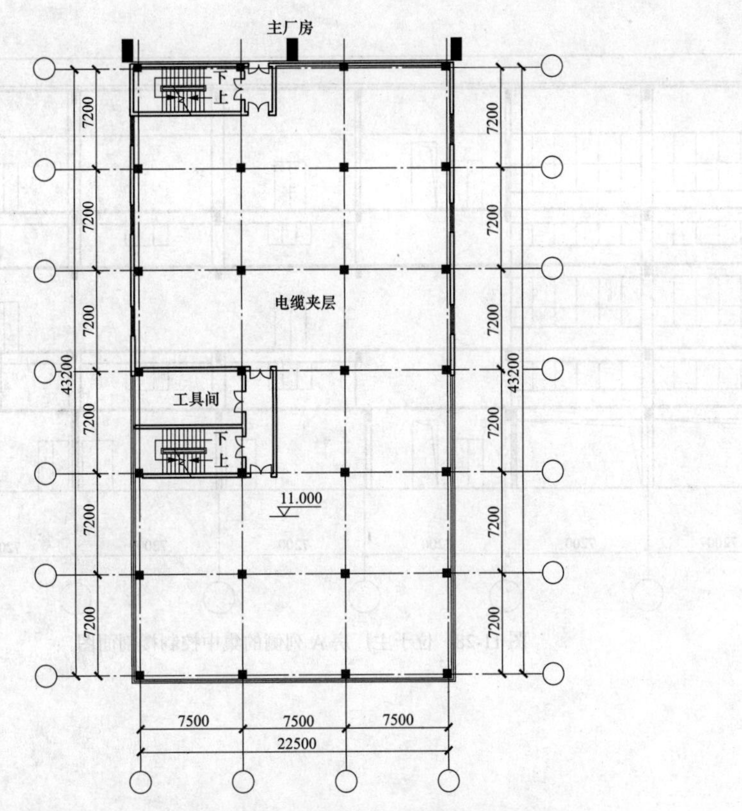

图 11-26 位于主厂房 A 列侧的集中控制楼四层平面布置

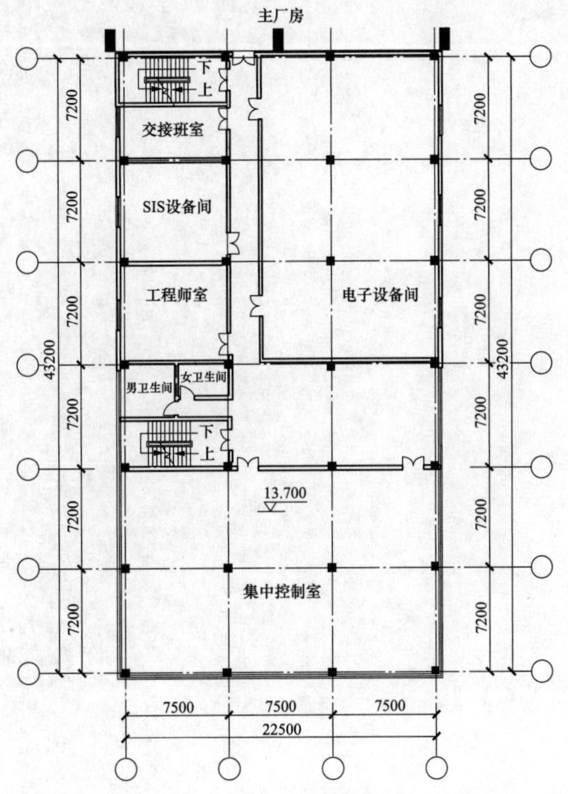

图 11-27 位于主厂房 A 列侧的集中控制楼五层（运转层）平面布置

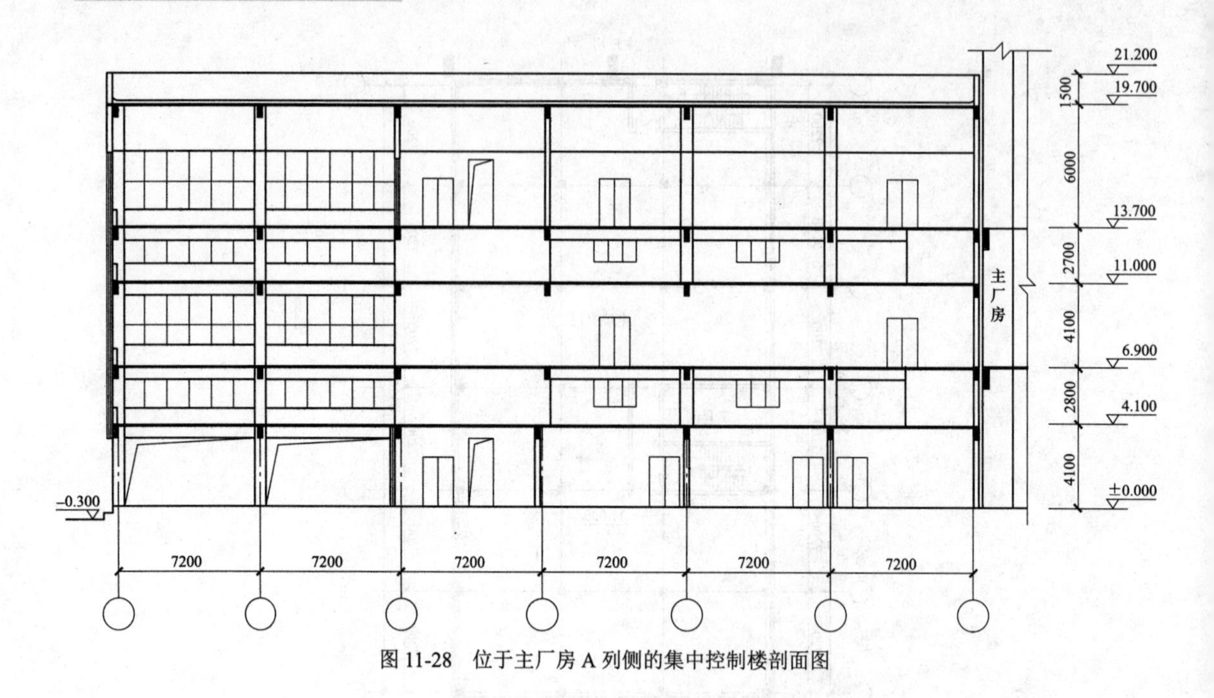

图 11-28 位于主厂房 A 列侧的集中控制楼剖面图

第十二章

燃煤发电厂电气建筑设计

燃煤发电厂电气建筑的划分是根据工艺系统确定的，习惯上将为燃煤发电厂电力送出直接服务的建筑定义为电气建筑。电气建筑一般包括网络继电器室（楼）、屋内配电装置楼（或GIS楼）、空冷配电装置室等建筑。

配电装置一般包括屋外配电装置和屋内配电装置。当发电厂电力送出采用屋外配电装置时，电气建筑一般设有网络继电器室（楼）（包括网络继电器室、蓄电池室、直流及UPS配电装置室等）；当发电厂电力送出采用屋内配电装置时，一般设有屋内配电装置楼（或GIS楼），通常与网络继电器室（楼）组成联合建筑，以节约用地和便于管理。

第一节　设计基本要求

燃煤发电厂电气建筑设计应在满足工艺流程和使用功能的基础上，根据功能组成情况确定建筑的平面形式和空间组合，综合考虑使用功能和防火疏散、抗震、采光通风、防排水、噪声控制、热工与节能、生活设施等因素。

电气建筑疏散楼梯的布置，配电装置室安全出口等的设置应满足相应的防火设计规范要求。

蓄电池室、电缆夹层等电气设备房间的防火疏散等设计要求，以及蓄电池室的防腐蚀要求，参看集中控制楼部分相关章节中的要求。

1. 防火与疏散

（1）电气建筑火灾危险性分类及其耐火等级应符合GB 50229《火力发电厂与变电站设计防火规范》的规定。网络继电器室（楼）、屋内配电装置楼（内有每台充油量不大于60kg的设备）等火灾危险性分类为丁类。当屋内配电装置楼布置有每台充油量大于60kg的设备时，火灾危险性分类为丙类。油浸式变压器室的火灾危险性分类为丙类，耐火等级应为一级。

（2）电气建筑内各电气房间开向疏散走道的门应设置向外开启的防火门，并应装设弹簧锁、闭门器等设施，禁止采用门闩。

（3）屋内配电装置楼各层及电缆夹层的安全出口不应少于2个，其中1个安全出口可通往室外楼梯。屋内配电装置楼内任一点到最近安全出口的最大距离或直接通向走道的房间疏散门至最近安全出口的距离不应大于30m。

（4）配电装置室内任意一点到房间疏散门的直线距离不应大于15m，疏散出口宜布置在配电装置室两端，两个出口最近边缘之间的水平距离不应小于5m。

（5）控制室的疏散出口不应少于2个，当建筑面积小于$60m^2$时可设1个。

（6）配电装置室开向建筑内的门应采用甲级防火门，中间隔墙上的门可为两个不同开启方向的甲级防火门。电子设备间、电缆夹层等室内疏散门应为乙级防火门，上述房间中间隔墙上的门可为2个不同开启方向的乙级防火门。

（7）采用气体灭火的房间，应根据所采用气体种类的相关规范规定，使房间的墙体、吊顶和门窗应满足密闭性、耐火极限和抗压强度等方面的要求，并应根据气体消防压力设置泄压口。

2. 抗震

电气建筑的抗震设防烈度达6度时应进行抗震设计。电气建筑应按GB 50260《电力设施抗震设计规范》中的重点设防类（简称乙类）抗震设防类别进行设防。具体抗震设计要求可见第三章的相关内容。

电气建筑应采用对抗震有利的结构形式，通常采用钢筋混凝土框架结构体系，外围护结构宜采用轻质墙体。当采用砌体填充墙时，应注意设置拉结筋、水平系梁、圈梁、构造柱等抗震措施，保证墙体与主体结构可靠拉结。

3. 采光与通风

（1）电气建筑采光方式以侧窗为主，各类工作场所的采光标准值应符合表4-5的规定。电气建筑内控制室的采光等级为Ⅱ级。

（2）电气建筑内的控制室宜采用天然采光和人工照明相结合的方式，设计时应避免控制屏表面和操作台显示器屏幕面产生眩光及视线方向上形成的眩光。

（3）电气建筑宜采用自然通风，当自然通风不能满足卫生或生产要求时，应采用机械通风或自然与机械联合通风方式。

4. 防排水

（1）电气建筑的屋面防水等级按Ⅰ级设计，二道防水设防。

（2）严禁将卫生间等用水量大的房间直接布置在电气设备房间的上方。

（3）电气设备房间上层如布置空调机房（产生冷凝水）或有水冲洗要求等有水房间，其楼面应有可靠的防排水措施。

（4）屋面水落管以及其他给、排水管不应直接穿过电气设备用房。

5. 噪声控制

电气建筑设计应考虑噪声影响，各类工作场所的噪声标准应符合表 6-3 的规定。网络继电器室（楼）通常靠近电厂配电装置区，该区域内的变压器以及网络继电器室（楼）内的设备为主要的噪声源，为了避免噪声对人体造成危害，楼内的办公室、通信机房及值班室等房间的噪声限制值应不超过60dB（A）。

6. 热工与节能

（1）电气建筑应采用气密性、水密性、抗风压性良好的门窗。

（2）按照表 7-8 火力发电厂建筑节能设计分类表，网络继电器室（楼）等电气建筑的节能设计分类应为B类。由于电气建筑部分房间设备散热量较大，对空调和供暖设备的负荷、配置影响较大，其建筑围护结构的热工设计宜按照表 7-10 的要求，加强保温隔热的节能措施。具体节能设计要求见第七章相关内容。

7. 装饰装修

（1）电气建筑室外装修要充分考虑全厂建筑的色彩，与周围建筑协调统一。

（2）电气建筑控制室、电子设备间等房间的室内装修应采用不燃烧材料。

（3）电气建筑装修设计标准宜按照 DL/T 5029《火力发电厂建筑装修设计标准》执行。

8. 其他

（1）电气建筑门窗除需采用气密性、水密性、抗风压性等性能良好的产品外，其防沙、防尘性能应满足规范 GB/T 29737《建筑门窗防沙尘性能分级及检测方法》的要求。设有电气盘柜的房间，宜少开窗或选用不开启的固定窗。

（2）为了保证电气建筑内设备的安全运行，配电装置室应有严防小动物进入的措施。门的缝隙和各种孔洞应严密，所有百叶窗、固定窗内侧、排气通风孔、排水管道出口应设细孔钢丝网。电缆入口和盖板也应有防止小动物进入的设施。直接通往室外的门应安装防小动物挡板，高度不应低于 40cm，如有挡水槛的，挡板应安装在挡水槛的外侧，靠近室外的一侧。

第二节　单体建筑设计

电气建筑主要包括网络继电器室（楼）、屋内配电装置楼（或 GIS 楼）、空冷配电装置室等建筑，一般位于燃煤发电厂配电装置区，与主厂房和其他电气设备、架构之间的关系可参见图 12-1 和图 12-2。

一、网络继电器室（楼）

（一）简介

网络继电器室（楼）布置一般靠近配电装置区域，对电气设备运行进行监控管理。当采用屋内配电装置（或 GIS）时，通常与屋内配电装置楼（或 GIS 楼）组成联合建筑，节省电缆、节约用地、便于管理。网络继电器室（楼）内一般布置低压配电装置、蓄电池、直流及 UPS 屏柜、升压站配电装置间隔层测控装置、系统保护屏柜、远动屏柜、通信设备等。

网络继电器室有单层和多层两种布置形式。单层布置的网络继电器室包括继电保护室、配电装置室、蓄电池室等。当采用多层布置的网络继电器室（楼）时，通常在首层布置低压配电装置室、蓄电池室、直流及 UPS 配电装置室等；上层宜布置网络继电器室，室内布置电气二次、系统及远动设备。另外，电缆夹层、通信机房根据工艺要求设置。

（二）设计要点

（1）网络继电器室（楼）与主变压器、屋外厂用变压器、启动备用变压器等之间应保持一定的防火距离，避免设备起火时对建筑物产生影响。防火间距应满足 GB 50229《火力发电厂与变电站设计防火规范》的规定，网络继电器室（楼）与变压器的间距不应小于10m，与主厂房之间的防火间距不应小于 10m。

（2）当网络继电器室（楼）与屋内配电装置楼采用联合建筑时，应在两栋建筑物之间设置变形缝，变形缝两侧应设耐火极限不小于 1.00h 的防火隔墙。可在首层处设乙级防火门将两栋建筑连通。

（3）当网络继电器室（楼）设置两部楼梯时，其中一部可为室外楼梯。网络继电器室（楼）各层及电缆夹层的安全出口不少于 2 个，其中一个安全出口可通往室外楼梯。室外楼梯的净宽不小于 900mm，倾斜角度不大于 45°。

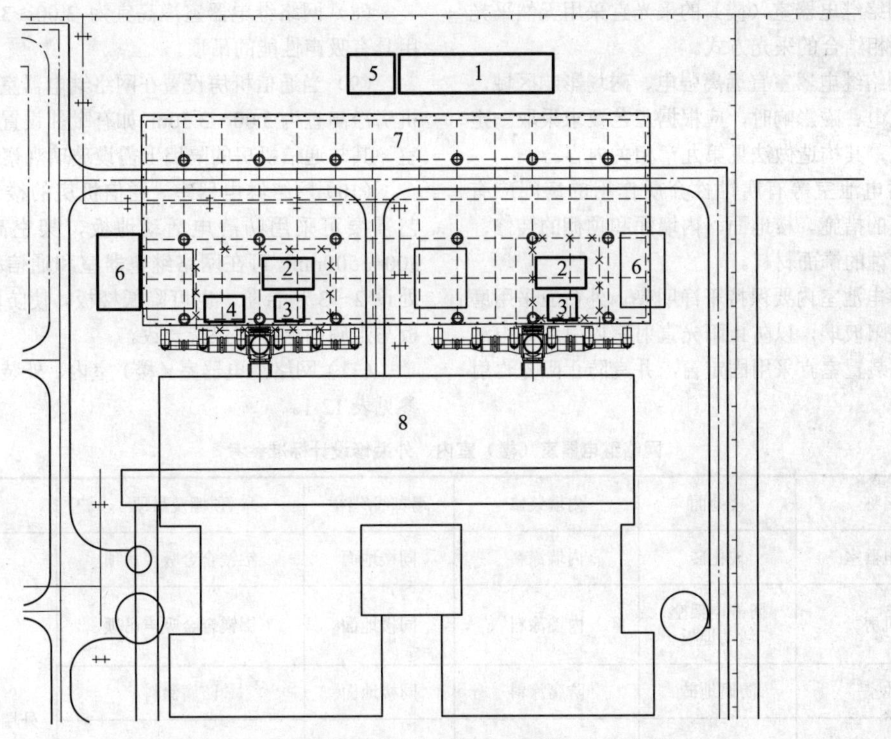

图 12-1　某燃煤发电厂配电装置区布置图（含空冷平台）

1—500kV 屋内配电装置楼；2—主变压器；3—高压厂用变压器；4—启动备用器；5—网络继电器楼；6—空冷配电装置室；7—空冷平台；8—主厂房汽机房

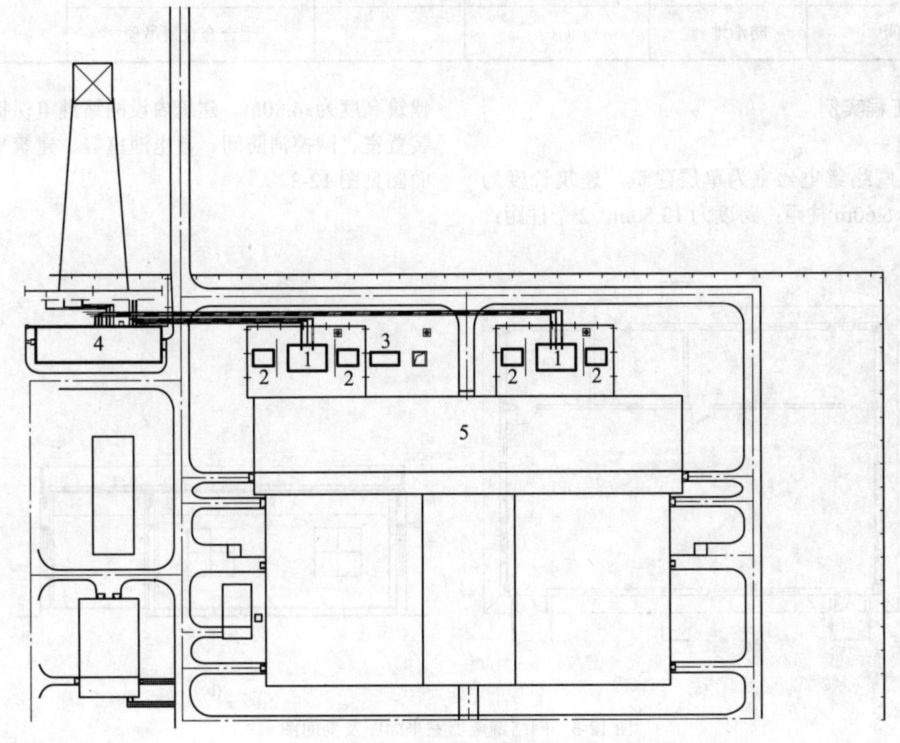

图 12-2　某燃煤发电厂配电装置区布置图

1—主变压器；2—高压厂用变压器；3—变压器事故油池；4—500kV 屋内配电装置楼及网络继电器楼；5—主厂房汽机房

（4）网络继电器室（楼）的采光宜采用天然采光与人工照明相结合的采光方式。

（5）网络继电器室宜远离强电、磁场影响区域，当无法避免电、磁影响时，应根据工艺要求采取一定的屏蔽措施，其构造做法见第九章相关内容。

（6）蓄电池室等有腐蚀性介质作用的房间应有防止酸聚集的措施。楼地面、内墙面和顶棚的装修，应采用耐腐蚀的饰面材料。

（7）蓄电池室内要保持干净明亮，外窗应采用磨砂玻璃或遮阳玻璃，以防止阳光直射室内引起蓄电池发热。配电装置室宜采用固定窗，并宜防止阳光直射室内。

（8）网络继电器室净高宜为 3.00～3.30m，应选用具有吸声性能的吊顶。

（9）当通信机房设置在网络继电器室（楼）内时，机房净高宜为 3.00～3.30m，如有毗邻设置的值班观察室，其与通信机房的隔墙上需设玻璃观察窗。

（10）网络继电器室、通信机房的楼地面根据工艺需要可采用防静电活动地板，架空高度一般为 300～500mm，可在网络继电器室和通信机房内入口处设 2～3 步台阶，也可降低楼板，使防静电活动地板与走廊面层标高保持一致。

（11）网络继电器室（楼）室内、外装修设计标准参见表 12-1。

表 12-1　网络继电器室（楼）室内、外装修设计标准参考

房间名称	楼地面	内墙装修	踢脚线/墙裙	顶棚及吊顶	外墙
网络继电器室	玻化砖	内墙涂料	同楼地面	铝镁合金吸声吊顶	外墙涂料或面砖
通信机房	防静电架空活动地板	内墙涂料	同楼地面	铝镁合金吸声吊顶	
蓄电池室	防腐地砖	防腐涂料	同楼地面	防腐涂料	
消防气瓶间、其他电气用房	耐磨地坪	内墙涂料	同楼地面	内墙涂料	
办公室	玻化砖	内墙涂料	同楼地面	铝合金金属吊顶	
卫生间	防滑地砖	面砖	—	铝合金金属吊顶	

（三）工程实例

1. 实例一

某电厂网络继电器室为单层建筑，建筑长度为 19.80m，3×6.60m 柱距；跨度为 13.50m，2 个柱距；建筑高度为 4.80m。建筑内设网络继电保护室、配电装置室、网控消防间、蓄电池室等，建筑平面图及剖面图见图 12-3。

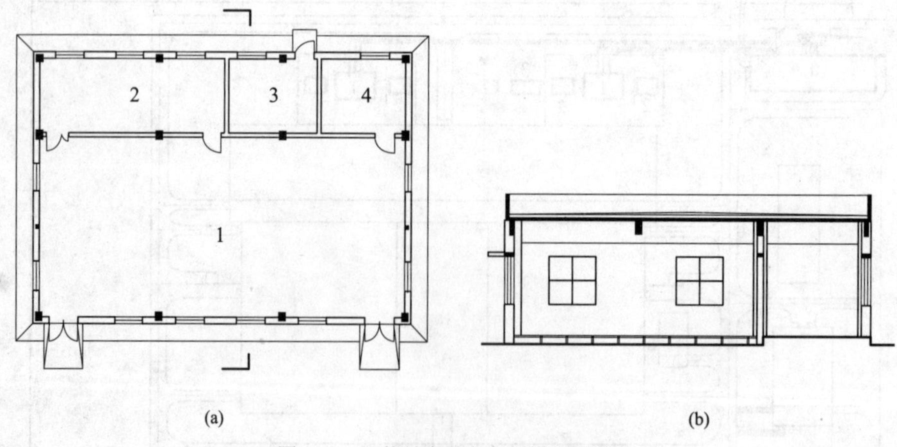

图 12-3　网络继电器室平面图及剖面图

（a）平面图；（b）剖面图

1—继电保护室；2—配电装置室；3—网控消防间；4—蓄电池室

2. 实例二

某电厂的网络继电器楼为三层建筑，与屋内配电装置楼联合建设。建筑长度为 18.00m，3×6.00m 柱距；跨度为 15.00m，2×7.50m 柱距；建筑高度为 12.20m。建筑各楼层标高分别为±0.000、4.000、8.000m。因建筑每层面积不大于 400m²，且同一时间作业人数不超过 30 人，因此设置一部室内楼梯。建筑一层（±0.000m）设配电装置室、蓄电池室、备品间等，并在走廊处与屋内配电装置室通过防火门连通；二层（4.000m）设继电保护室、电缆夹层、消防气瓶间、卫生间等；三层（8.000m）设网络继电器室、办公室、卫生间等，各楼层平面图及剖面图见图 12-4。

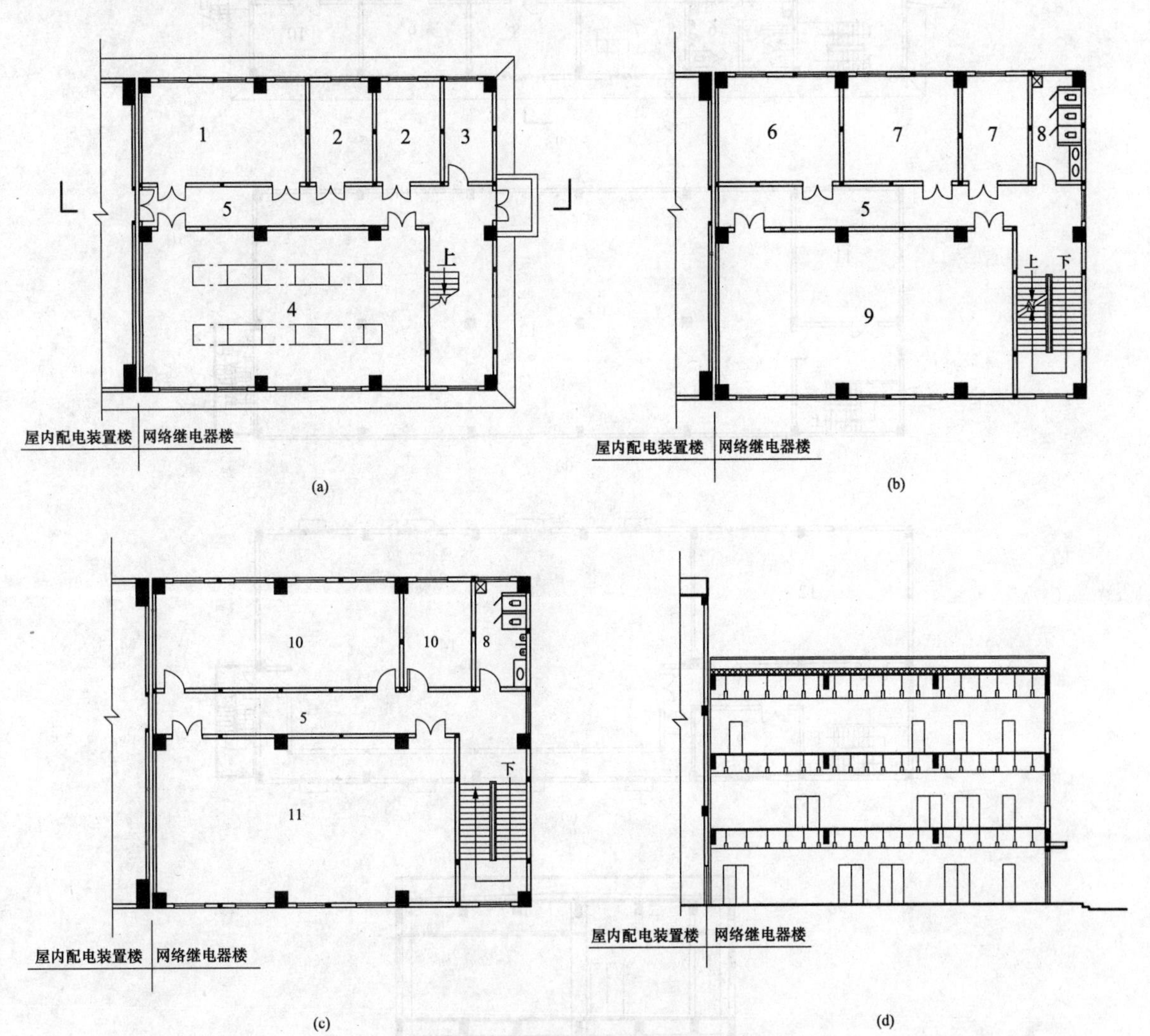

图 12-4 网络继电器楼各层平面图及剖面图

（a）一层平面图；（b）二层平面图；（c）三层平面图；（d）剖面图

1—直流配电装置室；2—蓄电池室；3—备品间；4—配电装置室；5—走廊；6—消防气瓶间；

7—继电保护室；8—卫生间；9—电缆夹层；

10—办公室；11—网络继电器室

3. 实例三

某电厂的网络继电器楼为独立三层建筑，建筑长度为 36.00m，6×6.00m 柱距；建筑宽度为 13.00m，包括 2×6.50m 柱距；建筑高度为 11.50m。建筑按三层布置，楼层标高分别为±0.000m、3.900、6.900m。建筑设置 2 部楼梯，室内、室外楼梯各 1 部。建筑一层（±0.000m）设配电装置室、蓄电池室、通信机房、UPS 室、卫生间等；二层（3.900m）设电缆夹层、储藏室等；三层（6.900m）设网络继电器室、消防气瓶间等，各楼层平面图及剖面图见图 12-5。

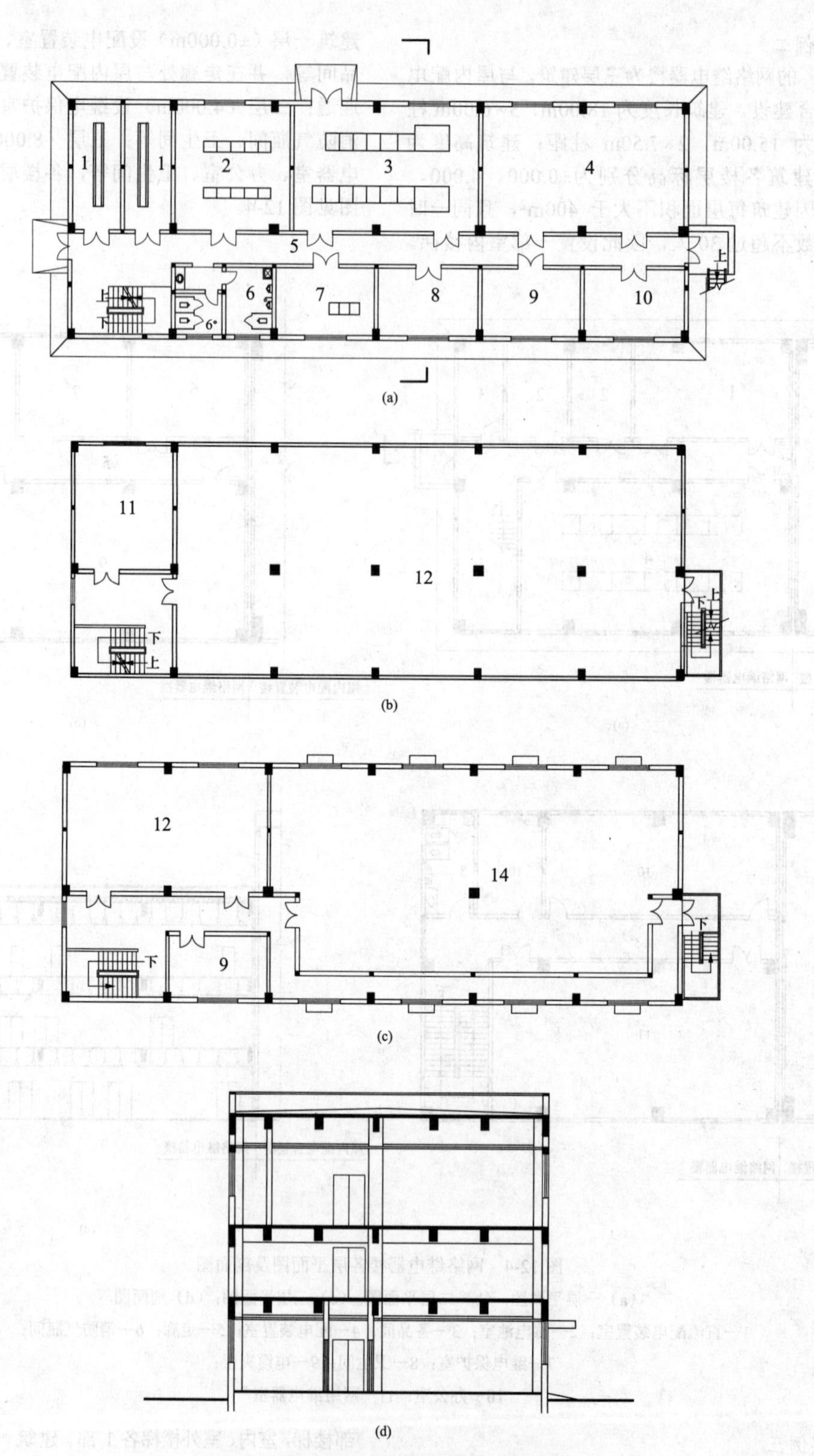

图 12-5 网络继电器楼各层平面图及剖面图

（a）一层平面图；（b）二层平面图；（c）三层平面图；（d）剖面图

1—蓄电池室；2—直流室；3—380V 配电装置室；4—通信机房；5—走廊；6—卫生间；7—UPS 室；8—休息室；9—通信蓄电池室；10—通信值班室；11—储藏室；12—电缆夹层；13—消防气瓶间；14—网络继电器室

二、屋内配电装置楼（或GIS楼）

（一）简介

屋内配电装置楼是指按照一定技术要求布置断路器、母线、开关电器、仪表、互感器等的建筑。在严寒地区、海边盐雾严重污染地区和用地紧张地区的电厂，多采用屋内配电装置或气体绝缘金属封闭开关设备（也称 GIS）形式。机组大小不同，建筑规模有所不同，配电装置楼（或GIS楼）通常为单层或两层布置，位置靠近主厂房A列外，常与网络继电器室（楼）形成联合建筑。屋内配电装置楼除布置电气设备外，还要考虑检修起吊设备和运行人员操作及设备检修时的通道空间。

（二）设计要点

（1）屋内配电装置楼（或GIS楼）与主厂房主变压器、屋外厂用变压器、启动备用变压器等之间的防火间距应满足GB 50229《火力发电厂与变电站设计防火规范》的规定，屋内配电装置楼与变压器的间距不应小于10m，与主厂房的间距不应小于10m。

（2）屋内配电装置楼与网络继电器室（楼）采用联合建筑时，应在两栋建筑物之间设置变形缝，变形缝两侧应设耐火极限不小于 1.00h 的防火隔墙。可在首层处设乙级防火门将两栋建筑连通。

（3）屋内配电装置楼的安全出口不少于2个，当配电装置楼为两层时，其中一个安全出口可通往室外楼梯。当屋内配电装置楼长度超过60m时，应加设中间安全出口。

（4）配电装置楼为多层布置时，室内主楼梯可采用钢筋混凝土楼梯，室外楼梯可采用钢梯，其中一个出口可设置在通往室外楼梯的平台处。

（5）配电装置楼内布置高压配电装置时，可开固定窗采光，窗台距室外地坪应大于1.8m。

（6）配电装置楼里的设备采用 SF_6 全封闭组合电器（GIS）时，SF_6 在电气设备中经电晕、火花放电及高电压大电流电弧的作用，会产生多种由硫、氟、氯、氢、碳等元素组成的化合物，对室内空气质量影响较大，严重时会危及运行检修人员的人身安全，因此通风方式应采用机械通风方式。

（7）屋内配电装置室应设置运行、检修通道，其宽度应满足运输部件的需要，且不小应于1.50m。

（8）配电装置室的顶棚和墙面的饰面材料宜采用不易积灰和起灰的饰面材料，且耐火等级不应低于二级；楼地面可考虑采用防尘、防滑、耐磨的饰面材料。

（9）屋内配电装置楼外墙出线留孔应设防火封堵，防火封堵材料和组件的耐火极限不应低于被贯穿墙体的耐火极限，且不应低于1.00h。防火墙上的孔洞应采用耐火极限为 3.00h 的防火封堵材料或防火封堵组件进行封堵。

（10）屋内配电装置楼（或 GIS 楼）室内、外装修设计标准参见表12-2。

表12-2 屋内配电装置楼室内、外装修设计标准参考

房间名称	楼地面	内墙装修	踢脚线/墙裙	顶棚及吊顶	外墙
屋内配电装置室	耐磨地坪	内墙涂料	同楼地面	内墙涂料	外墙涂料或面砖

（三）工程实例

某电厂的500kV配电装置室为单层建筑，与网络继电器室（楼）联合建设，建筑之间设防火隔墙，并通过防火门连通。建筑长度为52.50m，7×7.50m柱距；建筑宽度为15.00m，建筑高度为16.50m。建筑室内设有起吊行车，方便设备检修、运输。楼层平面图及剖面图见图12-6。

三、空冷配电装置室

（一）简介

采用直接空冷发电机组的发电厂，由于空冷系统设备用电负荷较大，一般在空冷平台附近设置单独的空冷配电装置室供电。空冷配电装置室一般由低压配电装置室和变频器间组成，设于空冷平台下方，为单层建筑；有的将变频器与低压配电装置设在同一空冷配电装置室内，也有的将配电装置设在主厂房内，不再单独设空冷配电装置室。

（二）设计要点

（1）空冷配电装置室与主变压器、屋外厂用变压器、启动备用变压器等之间的防火间距应满足GB 50229《火力发电厂与变电站设计防火规范》的规定，空冷配电装置室与变压器的间距不应小于10m，与主厂房的间距不应小于10m。

（2）空冷配电装置室在空冷平台的下方，为了避免空冷配电装置室发生火灾时对空冷平台产生影响，空冷配电装置室外墙采用耐火极限不小于 2.00h 的不燃烧体，屋顶的耐火极限不应小于1.00h。空冷配电装置室门窗洞口及外墙开口部位上方，应设置挑出长度不小于1m耐火极限不小于1.00h的防火挑檐。

（3）空冷配电装置室内布置低压配电装置，宜设固定窗天然采光，通风可采用自然与机械联合通风方式。

（4）空冷配电装置室室内、外装修设计标准参考见表12-3。

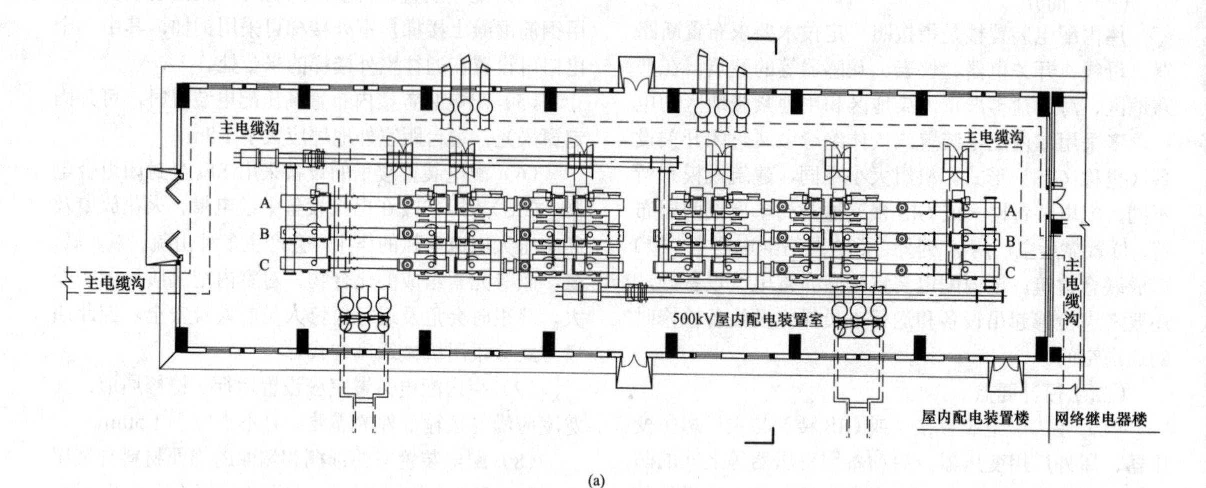

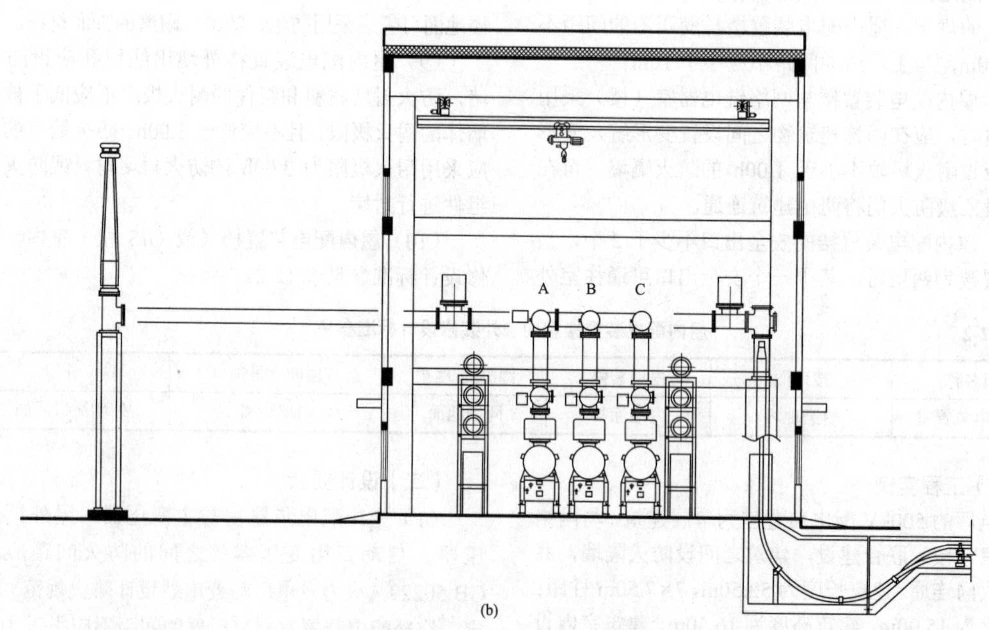

图 12-6 500kV 屋内配电装置室平面图及剖面图
（a）平面图；（b）剖面图

表 12-3 空冷配电装置室室内、外装修设计标准参考

房间名称	楼地面	内墙装修	踢脚线/墙裙	顶棚及吊顶	外墙
空冷配电装置室、变频器间	耐磨地坪	内墙涂料	同楼地面	内墙涂料	外墙涂料或面砖

（三）工程实例

1. 实例一

某电厂的空冷配电装置室，建筑长度为 13.50m，包括 2 个柱距；建筑宽度为 21.00m，3×7.00m 柱距；建筑高度为 4.70m。空冷配电装置室为单层建筑，建筑内设有配电装置室、控制室、水泵间等，楼层平面图及剖面图见图 12-7。

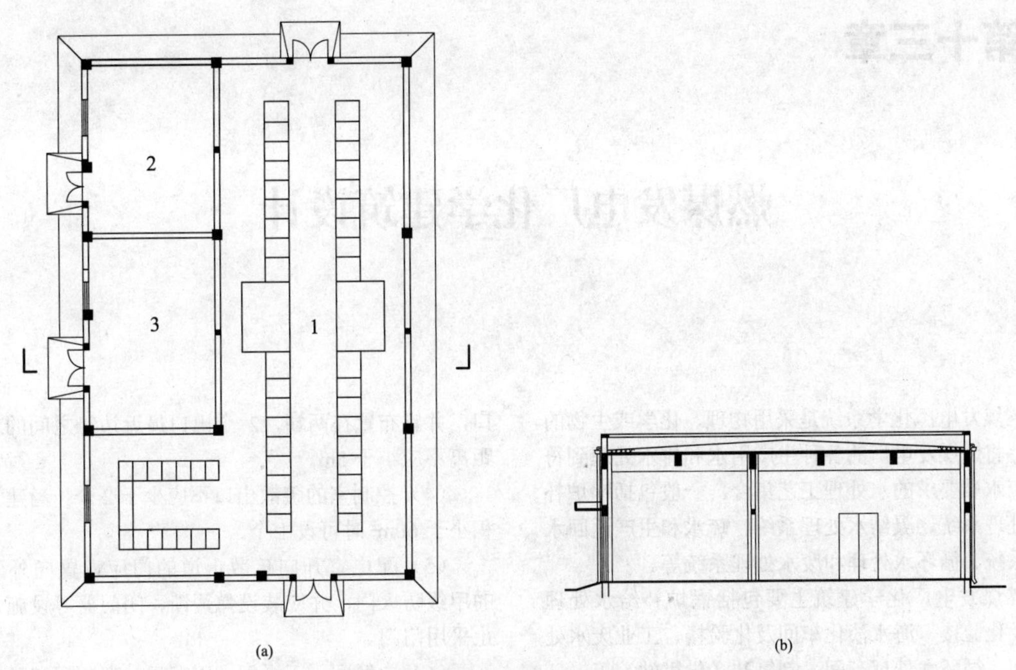

图 12-7　空冷配电装置室平面图及剖面图（变频器与低压配电装置集中布置）

（a）平面图；（b）剖面图

1—空冷配电装置室；2—水泵间；3—控制室

2. 实例二

某电厂的空冷配电装置室为单层建筑，建筑长度为 38.00m，包括 4 个柱距；建筑宽度为 18.00m，包括 2 个柱距；建筑高度为 4.60m。建筑内设有配电装置室、变频器间等，楼层平面图及剖面图见图 12-8。

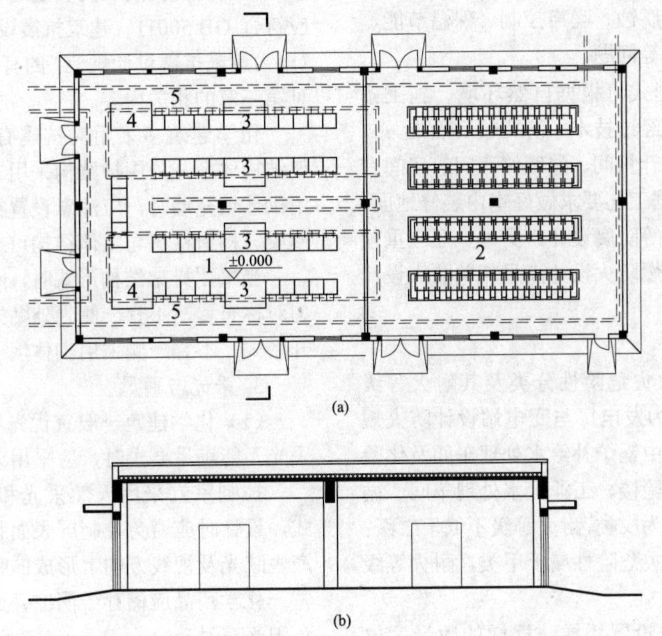

图 12-8　空冷配电装置室平面图及剖面图（变频器与低压配电装置分开布置）

（a）平面图；（b）剖面图

1—配电装置室；2—变频器间；3—工作变压器；4—备用变压器；5—电缆沟

第十三章

燃煤发电厂化学建筑设计

燃煤发电厂化学系统是采用物理、化学或生物的方法，将燃煤发电厂的各种生产用水和排水处理到符合相应水质要求的水处理工艺集合，一般包括锅炉补给水处理系统、凝结水处理系统、疏水和生产返回水处理系统、循环水处理和废水处理系统等。

燃煤发电厂化学建筑主要包括锅炉补给水处理车间及化验楼、海水淡化车间及化验楼、工业废水处理车间、循环水处理车间、制氢站（供氢站）等。

第一节　设计基本要求

燃煤发电厂化学建筑设计应在满足工艺流程和使用功能要求的基础上，根据功能特点确定建筑的平面形式和空间组合；解决使用功能和内部交通、防火防爆、抗震、防水、耐腐蚀、噪声控制、保温节能、采光、通风和卫生设施等问题。

化学建筑的结构形式可根据自然环境、施工条件、有利抗震等因素，经过技术经济比较后确定。

化学建筑内的酸碱计量间、酸碱储存间等房间有防酸碱腐蚀要求，应根据工艺要求做好室内装修地面、墙面、基础台阶、沟道等防腐设计。另外，还应重视制氢站（供氢站）的防爆防火设计满足相关防火设计规范的规定。

1. 防火与疏散

（1）化学建筑的火灾危险性分类及其耐火等级应符合 GB 50229《火力发电厂与变电站设计防火规范》的规定。化学建筑中锅炉补给水处理车间及化验楼、海水淡化车间及化验楼、工业废水处理车间、循环水加药间火灾危险性为戊类，耐火等级不低于二级；制氢站（供氢站）的火灾危险性属于甲类，耐火等级不低于二级。

（2）应按使用要求设置楼梯，楼梯的数量、位置、宽度和楼梯间形式应满足使用方便和安全疏散的要求。

（3）配电室内最远点到疏散出口的直线距离不应大于 15m。当配电室长度大于 7m 时，应设 2 个出口，并宜布置在两端，2 个出口最近边缘之间的水平距离不应小于 5m。

（4）控制室的疏散出口不应少于 2 个，当建筑面积小于 60m^2 时可设 1 个。

（5）配电室开向疏散走道的门应设置向外开起的甲级防火门，并应装设弹簧锁、闭门器等设施，禁止采用门闩。

（6）电解间、干燥间、压缩间、充瓶间和贮瓶间的顶棚应平整，采用非燃烧材料，并在其最高部位设置排出氢气的设施，当顶棚下有外凸构件时，应有不致引起氢气积聚的措施。

2. 抗震

化学建筑应按 GB 50260《电力设施抗震设计规范》中的丙类抗震设防类别进行抗震设防。抗震设计应符合 GB 50011《建筑抗震设计规范》及 GB 50260《电力设施抗震设计规范》的有关规定。具体设计要求见第三章的相关内容。

化学建筑多采用对抗震有利的矩形平面及框排架结构体系，外围护结构采用非承重轻质墙体。当采用砌体填充墙时，应注意设置拉结筋、水平连系梁、圈梁、构造柱等与主体结构可靠拉结。

当采用排架结构形式时，刚性围护墙沿纵向宜均匀对称布置，不宜一侧为外贴式，另一侧为嵌砌式或开敞式；不宜一侧采用砌体墙一侧采用轻质墙板。

3. 采光与通风

（1）化学建筑一般宜优先考虑天然采光，当天然采光不能满足要求时，应采用人工照明。

控制室宜采用天然采光和人工照明相结合的方式，设计时应避免控制屏表面和操作台显示器屏幕面产生眩光及视线方向上形成的眩光。

化学药品应储存于阴凉、通风、干燥的库房，避免阳光直射。

（2）化学建筑宜采用自然通风，当自然通风不能满足卫生或生产要求时，应采用机械通风或自然与机械联合通风方式。

化验室可设置水分析室、精密仪表室、燃料分析室、天平室、热计量室、气相色谱室和药品库等。以上房间应有良好的自然通风，宜避免东西向布置，并应避免靠近有振动的地段和散发有害气体的房间及设施。

水处理间、酸碱计量间、加氨间、加氯间应有良好的自然通风。

4. 防排水

（1）化学建筑应按Ⅱ级屋面防水设防。防水设计应符合 GB 50345《屋面工程技术规范》的有关规定。

（2）严禁将卫生间等用水房间直接布置在电气设备房间的上层。当电气设备用房上层设置有水房间的楼面，应有可靠的防水措施。

（3）屋面水落管不宜设在电气设备房间内。当采用内排水方式时，雨水管应采取封闭措施。

（4）各化验室根据工艺要求分别设置化验台、洗涤池、通风柜及污水池等，并对上下水道和通风管道进行适当的处理。

（5）水处理间、酸碱计量间地面应平整、便于清洁，且应有不小于 1%坡向排水沟的坡度。排水沟道和沟盖板应用耐酸碱材料或采用耐酸碱材料覆面处理。酸碱计量间的排水沟应接至水处理间排水沟或中和池，不得直接引入生活污水或雨水管沟内。

5. 噪声控制

化学建筑应重视噪声控制，在平面布置上应使主要工作场所避开有噪声和振动的设备用房，对有噪声和振动的设备用房应采取隔声、隔振和吸声的措施，并应对设备和管道采取减振、消声处理。各类工作场所的噪声标准应符合表 6-3 的规定。

6. 热工与节能

（1）化学建筑应采用气密性、水密性、抗风压性良好、保温隔热性能优良的建筑门窗。

（2）化学建筑的节能设计分类宜按照表 7-8 进行分类。其建筑围护结构的热工设计宜按照表 7-10 或表 7-11 中“建筑围护结构传热系数建议值”的要求，采取加强保温隔热的节能措施。

7. 装饰装修

（1）化学建筑的室外装修应满足防尘、防腐蚀、防水、抗老化等功能要求。装修材料的选用可参照 DL/T 5029—2012《火力发电厂建筑装修设计标准》中二、三级材料选用。

（2）化学建筑的室内装修应满足防火、防腐、防水和文明生产等功能要求。装修材料的选用可参照 DL/T 5029—2012《火力发电厂建筑装修设计标准》中二、三级材料选用。

（3）各层楼地面应采用光滑不起尘和耐磨的饰面材料。腐蚀介质的房间和区域应选择耐腐蚀的饰面材料和做法。例如：酸碱计量间地面、酸碱储槽及周围走道应采用性能可靠的防腐面层和隔离层。酸碱计量间的设备基础应作防腐的覆面处理。有水的房间和具有腐蚀介质作用的房间宜设墙裙。

水处理间墙面宜作墙裙，顶棚面所有缝隙应填塞平整。酸碱计量间的墙面和顶棚应平整光滑，应采用耐酸碱涂料覆面，其门窗洞口、窗台应用耐酸水泥砂浆打底，覆以防腐饰面材料。

（4）化学建筑室内装修应符合 GB 50222《建筑内部装修设计防火规范》的有关规定。控制室顶棚、墙面装修应使用 A 级材料，地面及其他装修应采用不低于 B1 级材料。

制氢站（供氢站）中的电解间、汇流排间、实瓶间、空瓶间的门窗及其配件应选用不发火花的材料。

8. 卫生设施

（1）在人员集中的适当位置应设卫生间及清洗设施，其规模数量应考虑运行、检修人员的需要。卫生间用房宜有天然采光和自然通风，有条件时宜分设前室。

（2）化验室宜设置化验台和洗涤池。

（3）油净化室、干燥室、化验室等地面、墙面和顶棚应平整光滑并宜设墙裙，并设洗涤盆和污水池。

第二节　单体建筑设计

锅炉补给水处理车间及化验楼（海水淡化车间及化验楼）、工业废水处理车间一般位于主厂房区域附近，循环水处理车间一般位于循环水泵房和冷却塔附近，制氢站（供氢站）一般布置在远离厂区重要建构筑物和人员生产、工作和生活场所的位置。某电厂化学建筑布置参见图 13-1。

一、锅炉补给水处理车间及化验楼

（一）简介

1. 工艺简介

在燃煤发电厂热力系统的水、汽循环过程中，因设备和系统泄漏、排污以及水的蒸发，造成水、汽损失。为保持水量平衡，必须向水、汽循环系统补充水量。锅炉补给水处理设备的主要作用是将补充水中的钙镁离子，以及一些其他盐类物质进行清除和处理，达到锅炉水质标准要求，确保锅炉以及其他用水设施运行的安全性，同时对损失掉的部分或外供的部分进行补充，使锅炉始终保持在一个安全的水位运行。

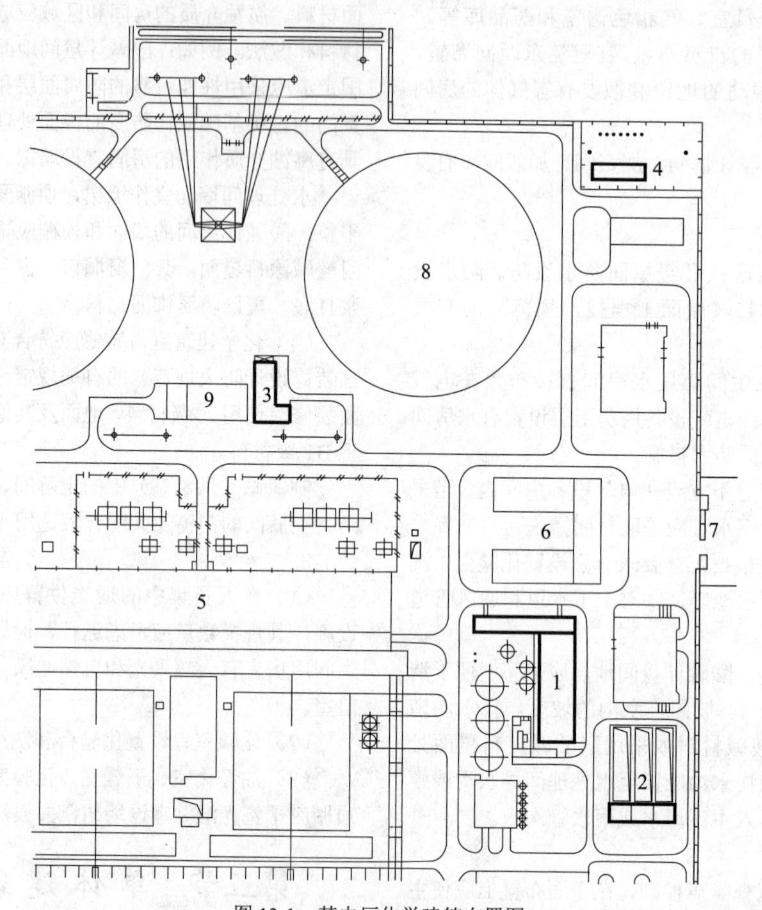

图 13-1 某电厂化学建筑布置图

1—锅炉补给水处理车间及化验楼；2—工业废水处理车间；
3—循环水处理车间；4—制氢站；5—主厂房；6—生产办公楼；7—进厂主大门；8—冷却塔；9—循环水泵房

2. 建筑布置

锅炉补给水处理车间及化验楼一般为钢筋混凝土结构。锅炉补给水处理车间一般为单层高低跨结构，化验楼一般为2～3层结构。化验楼一般毗邻布置在水处理间的端部或侧面，且两部分相连处应设变形缝；建筑层高和层数应根据工艺需要确定。

锅炉补给水处理车间一般含水处理间、酸碱计量间、酸碱储存间、加氨间、水泵间等；化验楼一般含控制室、化验室、办公室、会议室、配电装置室、卫生间等。

（二）设计要点

（1）锅炉补给水处理车间零米层标高，应高出室外地面 150mm 以上，湿陷性黄土地区零米层标高应高出室外地坪 450mm。

（2）控制室应便于观察水处理间，控制室上层不宜布置有上下水设施的房间，如无法避开时，楼面应进行防水处理，并应避免上下水道穿过控制室内；控制室应根据环境噪声情况采取有效的隔声措施。

（3）化验室、酸碱计量间、酸碱储存间、加氨间、加氯间及室外酸碱储槽等应避免靠近有振动的地段，化验室、办公室应离开可能发生有害气体的房间和设施布置，如不可避免时，应布置在这些房间的上风向，化验室应有良好的自然通风，宜避免东西向布置，化验室地面、墙面、顶棚应平整光洁，墙面宜采用乳白色。

（4）水处理间、酸碱计量间、加氨间、加氯间应有良好的自然通风以防止挥发性酸碱气体对建筑的侵蚀。酸碱计量间地面、酸碱储槽及周围走道应采用性能可靠的防腐面层和隔离层，酸碱计量间的设备基础应作防腐的覆面处理；水处理间、酸碱计量间地面应平整便于清洁，地面应考虑排水坡度，并应设排水沟，排水沟道和沟盖板应用耐酸碱材料或采用耐酸碱材料覆面处理，并设洗涤盆和污水池。

（5）水处理间墙面宜作墙裙，顶棚面所有缝隙应填塞平整；酸碱计量间的墙面和顶棚应平整光滑，应采用耐酸碱涂料覆面，其门窗洞口、窗台应用耐酸水泥砂浆打底，覆以防腐饰面材料。

(6) 当锅炉补给水处理车间采用钢结构体系或构件时应对钢柱、钢梁及支撑构件等进行防腐处理。酸碱计量间及酸碱储存间宜采用防腐蚀的门窗，或涂耐酸碱涂料，不得采用空腹钢门窗和彩板门窗。

(7) 在人员较为集中的化验室、控制室及其他辅助用房区域应设置卫生间，卫生间宜男女分开设置，其规模数量应考虑运行、办公人员的需要，卫生间不应设在配电间等有防潮、防漏要求用房的上层。

(8) 锅炉补给水处理车间及化验楼室内、外装修设计标准参考见表 13-1。

表 13-1　锅炉补给水处理车间及化验楼室内、外装修设计标准参考

房间名称	楼地面	内墙装修	踢脚线/墙裙	顶棚及吊顶	外墙
水处理间	耐磨地坪	瓷砖墙裙/内墙涂料	同地面	内墙涂料	
水泵间	耐磨地坪	瓷砖墙裙/内墙涂料	同楼地面	内墙涂料	
配电装置室	石英地砖	内墙涂料	同楼地面	内墙涂料	
酸碱计量间/酸碱储存间/加药间	防腐地坪/耐酸瓷砖	瓷砖墙裙/防腐涂料	同地面	防腐涂料	外墙涂料/面砖
化验室及配套房间	石英地砖	内墙涂料	同楼地面	内墙涂料	
控制室	石英地砖	内墙涂料	同楼地面	穿孔吸声板吊顶	
办公室、会议室	石英地砖	内墙涂料	同楼地面	内墙涂料	
卫生间	防滑地砖	瓷砖	—	铝合金金属板吊顶	

(三) 工程实例

1. 实例一

某电厂锅炉补给水处理系统采用二级反渗透+混床工艺，该锅炉补给水处理车间及化验楼的平面布局呈 L 形布置形式，锅炉补给水处理车间与化验楼毗邻垂直，两者之间设置变形缝。锅炉补给水处理车间为单层结构，高低跨布置。纵向总长为 60.00m，共 10 个柱距；高跨跨度为 13.50m，高度为 8.30m，布置锅炉补给水处理设备；低跨跨度为 6.60m，高度为 5.60m，布置酸碱储存间、加药间、水泵间。化验楼为 3 层结构，外廊布置；总长为 56.70m，跨度为 9.50m，高度为 13.20m。化验楼设置有 2 部疏散楼梯，一层设有 2 个对外疏散出口；每层均设有卫生间。该实例各层平面图及剖面图见图 13-2。

2. 实例二

某电厂锅炉补给水处理系统采用一级反渗透+一级除盐+混床工艺，锅炉补给水处理车间及化验楼，平面布局呈 L 形布置形式，锅炉补给水处理车间与化验楼毗邻垂直，两者之间设置变形缝。锅炉补给水处理车间单层结构，高低跨布置。纵向总长为 60.00m，共 10 个柱距；高跨跨度为 13.50m，高度为 9.50m，布置锅炉补给水处理设备；低跨跨度为 6.30m，高度为 5.60m，布置酸碱储存间、加药间、水泵间。化验楼为三层结构，外廊布置；总长为 58.70m，跨度为 8.70m，高度为 12.60m。化验楼设置有 2 部疏散楼梯，一层设有 2 个对外疏散出口；每层均设有卫生间；补给水车间在底层与化验楼有通道相连。该实例各层平面图及剖面图见图 13-3。

二、海水淡化车间及化验楼

(一) 简介

1. 工艺简介

滨海电厂通过海水淡化设备为电厂提供淡水水源以解决工业用水和生活用水的需要。现在所用的海水淡化方法有海水冻结法、电渗析法、蒸馏法、反渗透法等，反渗透法因其设备简单、易于维护和设备模块化的优点，成为应用最广泛的方法。

2. 建筑布置

海水淡化车间及化验楼一般为钢筋混凝土结构。海水淡化车间一般为单层高低跨结构，化验楼一般为 2～3 层结构。化验楼宜毗邻布置在海水淡化车间的端部或侧面，且两部分相连处应设变形缝；建筑层高和层数应根据工艺需要确定。

海水淡化车间建筑由水处理车间、控制室、酸碱计量间、水泵间、加药间等功能房间组成；化验楼含控制室、化验室、办公室、会议室、配电装置室、卫生间等。

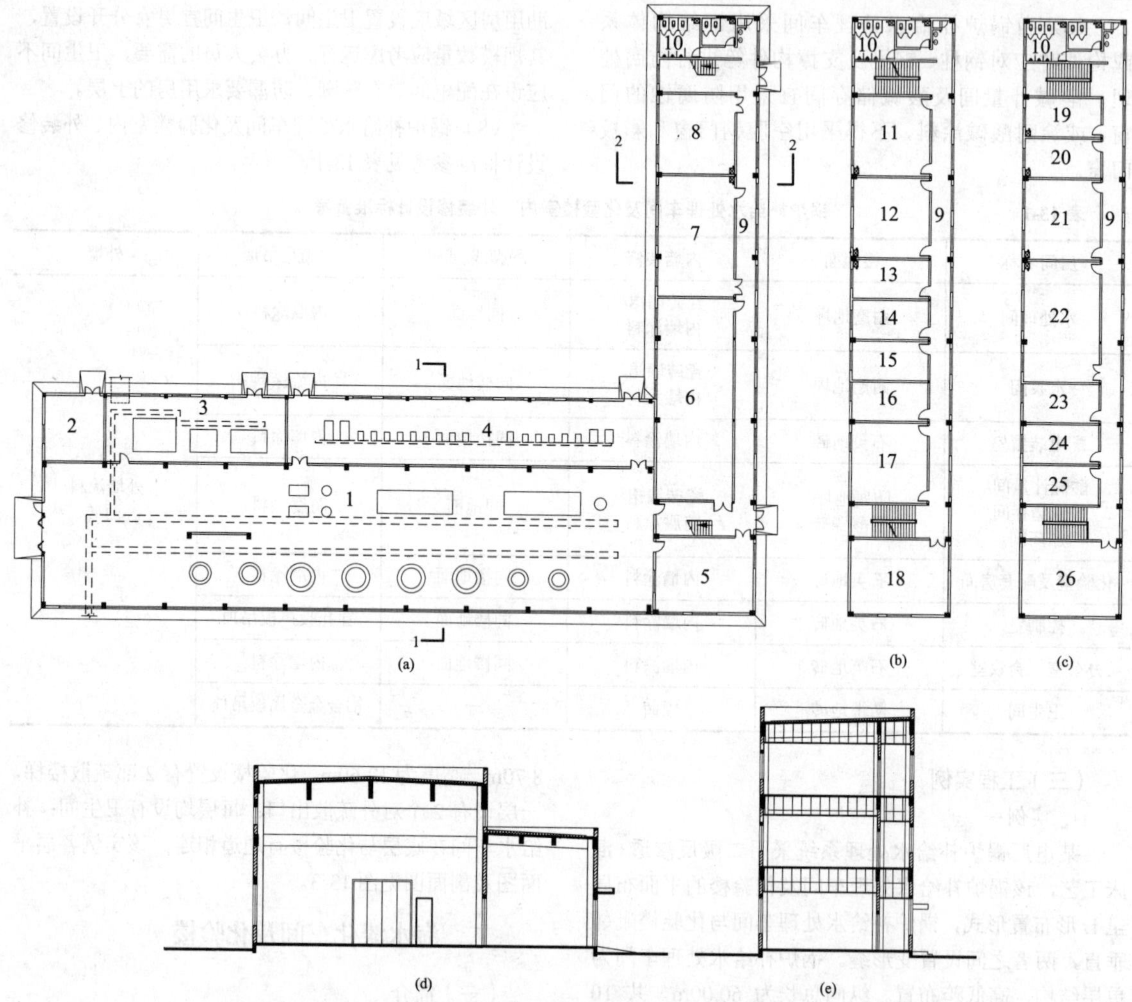

图 13-2 某锅炉补给水处理车间及化验楼各层平面图及剖面图（实例一）

（a）一层平面图；（b）二层平面图；（c）三层平面图；（d）1—1 剖面图；（e）2—2 剖面图

1—水处理车间；2—酸碱储存间；3—加药间；4—水泵间；5—控制室；6—配电装置室；7—煤分析室；8—煤制样间；9—走廊；10—卫生间；11—热量计量室；12—工业分析室；13—元素分析室；14—存样和储藏间；15—药品存放间；16—劳动安全室；17—环保化验室；18—办公室；19—加热间；20—高温加热室；21—油分析室；22—水分析室；23—仪器室；24—色谱间；25—更衣室；26—天平室

（二）设计要点

（1）控制室应设在便于观察海水淡化车间的部位，控制室上层不宜布置有上下水设施的房间，如无法避开时，楼面应进行防水处理，并应避免上下水道穿过控制室内；控制室应根据环境噪声情况采取有效的隔声措施。

（2）建筑墙面、顶棚及门窗、沟槽均应采取可靠的防腐和防盐雾措施。

（3）水处理车间、加药间、酸碱计量间及酸碱储存间地面宜采用耐酸瓷砖，墙面宜做防腐墙裙，顶棚面所有缝隙应填塞平整，并应采用耐酸碱涂料覆面。

（4）应考虑运行通道、设备拆卸空间和检修场地。

（5）地下水池应做好墙和地面的防水。

（6）应设置卫生间，其规模数量应考虑运行、办公人员的需要。

（7）化验楼的设计要求可参见“锅炉补给水处理车间及化验楼”相关介绍。

（8）水处理车间及化验楼室内、外装修标准参见表 13-1。

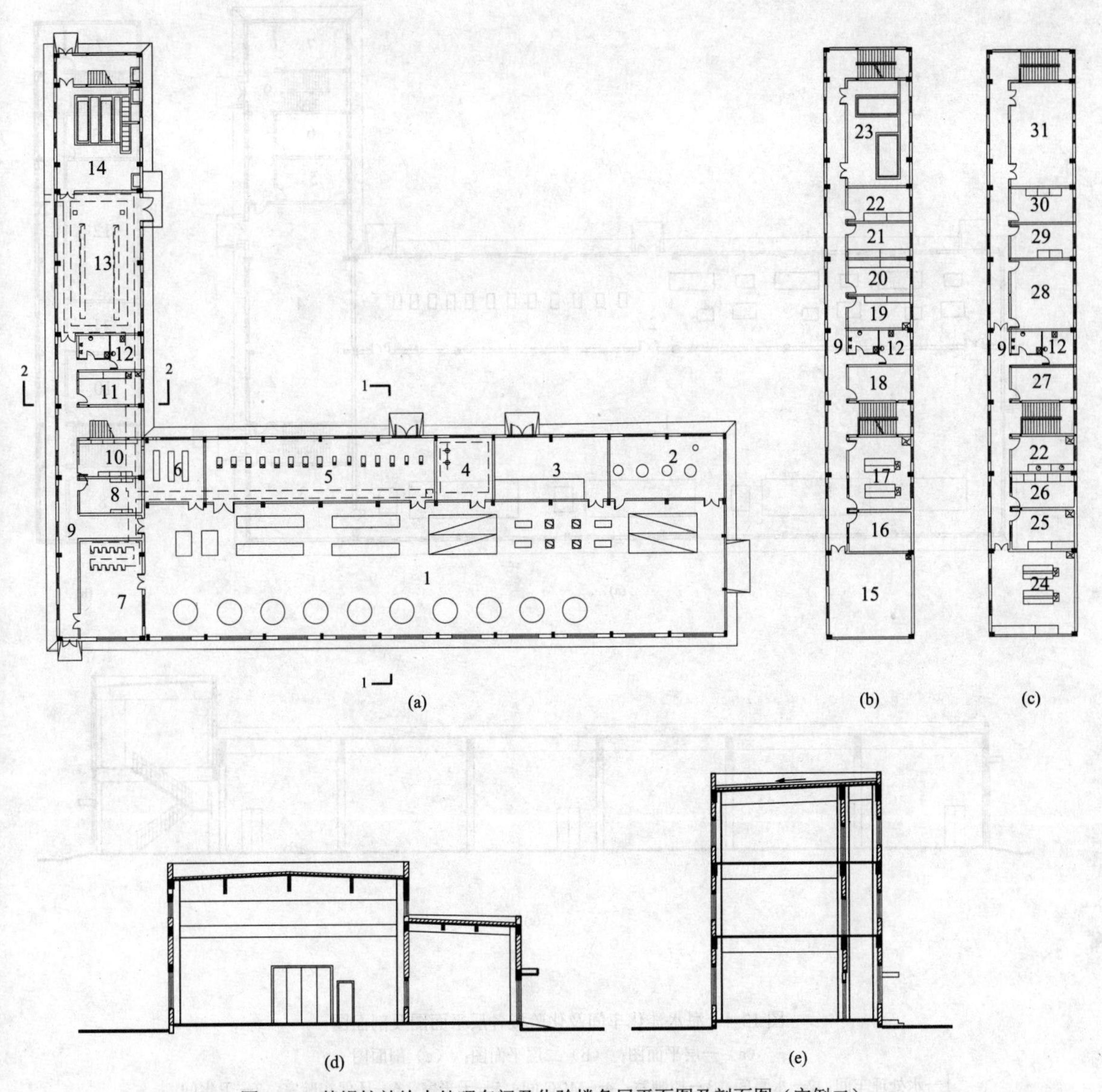

图 13-3 某锅炉补给水处理车间及化验楼各层平面图及剖面图（实例二）

（a）一层平面图；（b）二层平面图；（c）三层平面图；（d）1—1 剖面图；（e）2—2 剖面图

1—水处理车间；2—酸碱计量间；3—加药间；4—超滤反洗水回收水泵间；5—水泵间；6—生水加热间；7—控制室；8—煤制样间；9—走廊；10—化验室仓库；11—值班化验室；12—卫生间；13—配电装置室；14—厂区制冷加热站；15—水分析室；16—高温炉加热室；17—仪器室；18—更衣室；19—煤分析室；20—加热室；21—量热室；22—天平室；23—厂区制冷加热站；24—油分析室；25—色谱仪器室；26—技术档案室；27—药品储存室；28—办公室；29—微机室；30—资料室；31—会议室

（三）工程实例

某电厂海水淡化预除盐工艺采用反渗透工艺，海水淡化车间及化验楼平面布局呈 L 形布置形式，海水淡化车间与化验楼毗邻垂直，两者之间设置变形缝。海水淡化车间为单层结构，高低跨布置。纵向总长为 54.00m，共 6 个柱距；高跨跨度为 15.00m，高度为 6.50m，布置海水淡化处理设备；低跨跨度为 7.50m，高度为 5.60m，布置水泵间。化验楼为二层结构，外廊布置；总长为 42.00m，跨度为 8.10m，高度为 9.60m。化验楼设置有 2 部疏散楼梯，底层设有 2 个对外疏散出口；每层均设有卫生间。海水淡化车间在一层与化验楼有通道相连。该实例各层平面图及剖面图见图 13-4。

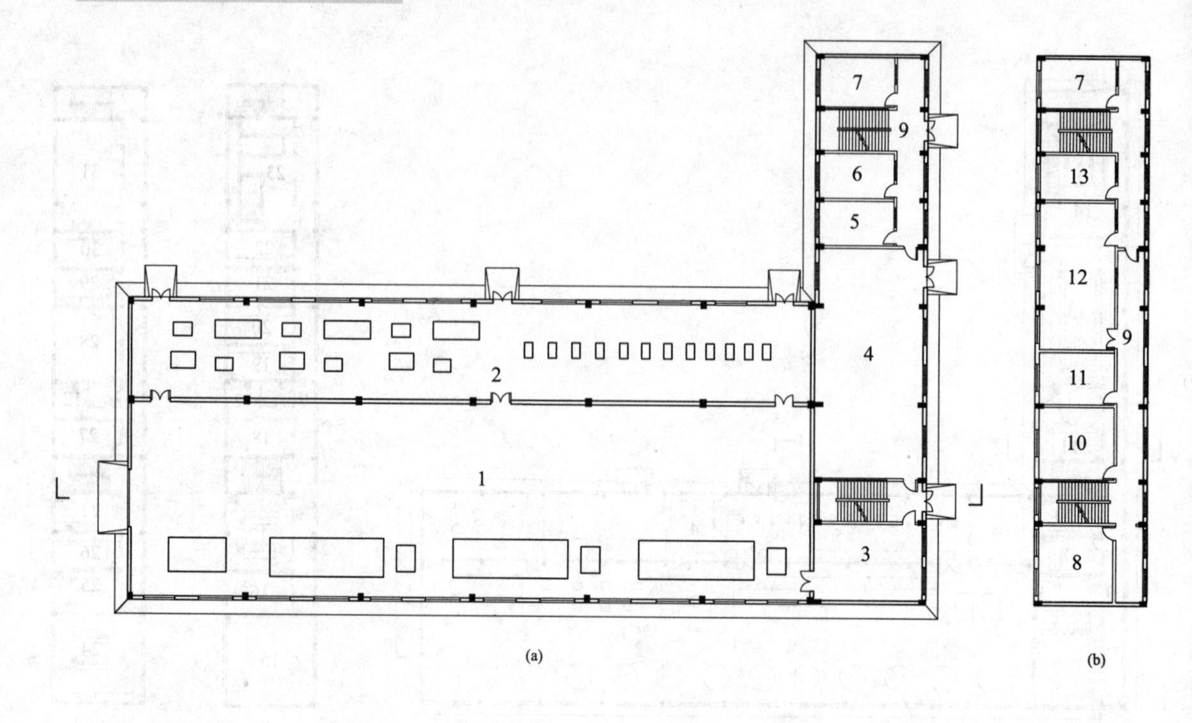

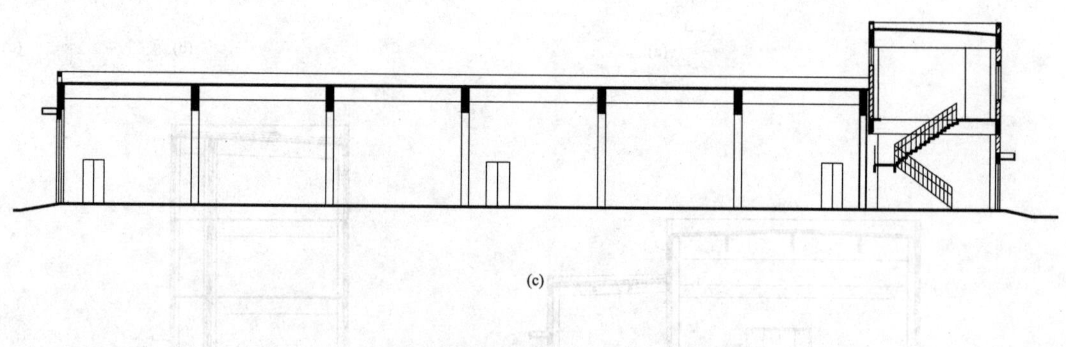

图 13-4　海水淡化车间及化验楼各层平面图及剖面图

（a）一层平面图；（b）二层平面图；（c）剖面图

1—水处理车间；2—水泵间；3—控制室；4—MCC 间；5—天平室；6—环保实验室；7—卫生间；8—煤分析室；9—走廊；10—油分析室；11—仪器室；12—水分析室；13—加热室

三、工业废水处理车间

（一）简介

1.　工艺简介

燃煤发电厂工业废水包括工业冷却排污水、化学水处理系统酸碱再生废水、过滤器反洗废水、锅炉清洗废水、输煤冲洗和脱硫废水、含油废水、冷却塔排污废水等。工业废水处理系统通过对这些废水进行收集、处理，达到回收、复用和达标排放的目的。

2. 建筑布置

工业废水处理车间一般为单层钢筋混凝土结构，建筑层高根据工艺需要确定。

工业废水处理车间一般由废水处理间、控制室、配电室、酸碱计量间、加药间、风机间等功能房间组成。

（二）设计要点

（1）工业废水处理车间应有良好的自然通风。

（2）废水处理间、加药间和酸碱计量间的地面、墙面、顶棚和门窗应采用耐腐材料或采用耐腐材料覆面和隔离层，并设洗涤盆和污水池。

（3）风机间的地面、墙面、顶棚应平整，地面宜采用耐磨耐冲洗材料，并设洗涤盆和污水池。

（4）工业废水处理车间室内、外装修设计标准参见表 13-2。

表 13-2　　工业废水处理车间室内、外装修设计标准参考

房间名称	楼地面	内墙装修	踢脚线/墙裙	顶棚及吊顶	外墙
废水处理间/酸碱计量间/加药间	防腐地坪/耐酸瓷砖	瓷砖墙裙/内墙涂料	同地面	防腐涂料	外墙涂料/面砖
风机间/脱水室	耐磨地坪	瓷砖墙裙/内墙涂料	同楼地面	内墙涂料	
配电装置室	石英地砖	内墙涂料	同楼地面	内墙涂料	
控制室	石英地砖	内墙涂料	同楼地面	穿孔吸声板吊顶	

（三）工程实例

某电厂的工业废水处理车间，平面布局呈一字形布置形式，单层混凝土框架结构，长为 46.90m，宽为 9.00m，高度为 5.40m，局部高度为 7.90m。该实例平面图及剖面图见图 13-5。

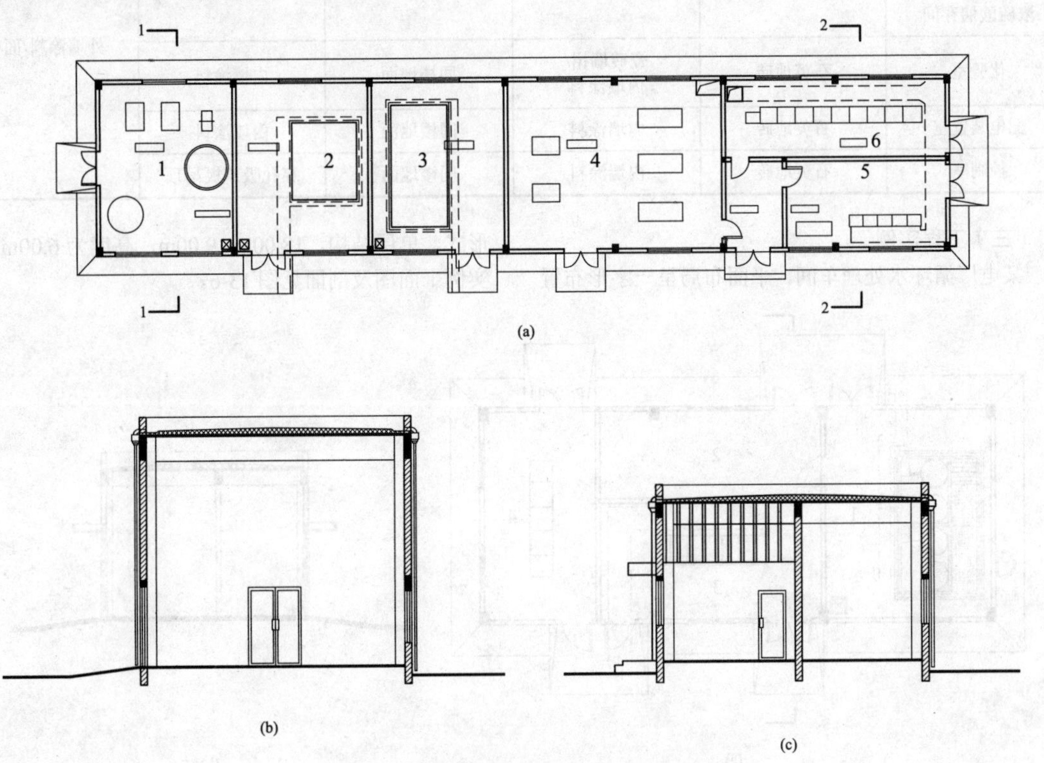

图 13-5　工业废水处理车间平面图及剖面图

（a）平面图；（b）1—1 剖面图；（c）2—2 剖面图

1—废水处理间；2—酸碱计量间；3—加药间；4—风机间；5—控制室；6—配电装置室

四、循环水处理车间

（一）简介

1. 工艺简介

循环冷却水系统在自然运行时，因循环水的硬度、碱度、pH 值、浓缩倍数、气温、环境湿度等因素综合影响造成管道结垢或腐蚀。为了抑制结垢或者腐蚀，以及满足 pH 值要求，需向水中自动或人工投加杀菌剂、缓蚀剂或阻垢剂、酸或碱等药剂。

2. 建筑布置

循环水加药间一般为单层钢筋混凝土结构建筑，常规靠近冷却塔布置，包括磷酸盐计量间、磷酸盐储存间、磷酸盐溶解间、浓硫酸计量间、浓硫酸储存间、化验室、办公室、库房、加氯用房、卫生间等。

（二）设计要点

（1）磷酸盐计量间、磷酸盐储存间、磷酸盐溶解间、浓硫酸计量间、浓硫酸储存间等设备基础、沟槽均应采取可靠的防腐措施；地面应考虑排水坡度，并

应设排水沟，接至中和池，不得直接引入生活污水或雨水管沟内，排水沟道和沟盖板应用耐酸碱材料或采用耐酸碱材料覆面处理。地面宜采用耐酸瓷砖，墙面宜做防腐墙裙，顶棚面所有缝隙应填塞平整，并应采用耐酸碱涂料覆面。

（2）化验室的墙面、顶棚和地面平整光洁。根据工艺要求设化验台、洗涤池、通风柜和污水池等。

（3）磷酸盐计量间、磷酸盐储存间、磷酸盐溶解间、浓硫酸计量间、浓硫酸储存间采用门窗应考虑防腐要求。

（4）循环水加药间各生产用房和化验室应有良好的自然通风。

（5）循环水处理车间室内、外装修标准参见表13-3。

表 13-3　　循环水处理车间室内、外装修设计标准参考

房间名称	楼地面	内墙装修	踢脚线/墙裙	顶棚及吊顶	外墙
磷酸盐计量间/磷酸盐储存间/磷酸盐溶解间/浓硫酸计量间/浓硫酸储存间	防腐地坪/耐酸瓷砖	瓷砖墙裙/内墙涂料	同地面	防腐涂料	外墙涂料/面砖
化验室	石英地砖	瓷砖墙裙/内墙涂料	同楼地面	内墙涂料	
配电装置室	石英地砖	内墙涂料	同楼地面	内墙涂料	
控制室	石英地砖	内墙涂料	同楼地面	穿孔吸声板吊顶	

（三）工程实例

某电厂循环水处理车间，平面布局呈一字形布置形式，单层结构，18.00m×9.00m，高度为6.00m。该实例平面图及剖面见图13-6。

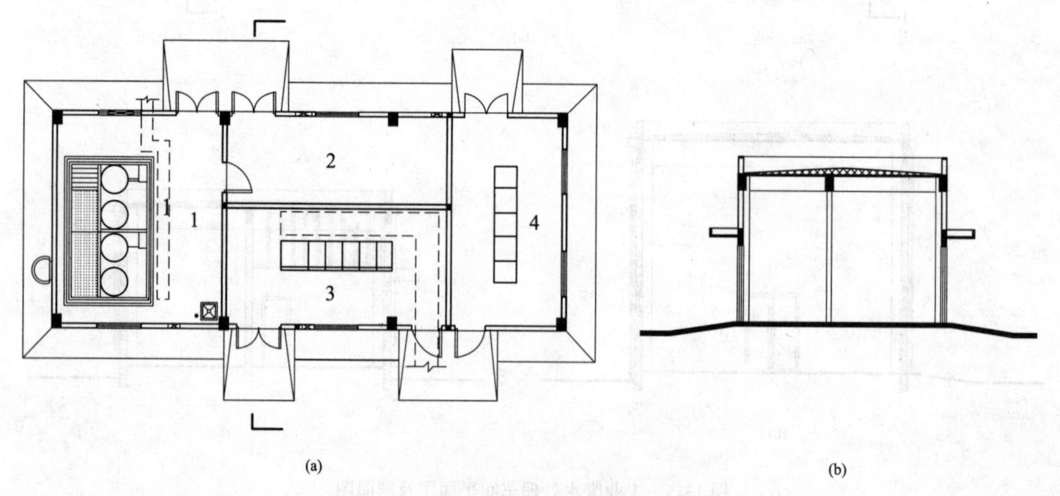

图 13-6　循环水处理车间平面图及剖面图
（a）平面图；（b）剖面图
1—循环水加药间；2—药品储藏间；3—配电装置室；4—控制室

五、制氢站（供氢站）

（一）简介

1. 工艺简介

制氢站（供氢站）向氢冷发电机组提供合格的氢气，供发电机转子及定子铁芯冷却用。氢冷发电机组在首次启动（或检修后）时需要充氢气，正常运行时，因泄漏需不断补充氢气。根据氢气来源的不同，有发电厂自设制氢设备或外购氢气两种方式。

2. 建筑布置

在电厂内设制氢站，采用制氢装置制备氢气向发电机供氢，主要采用水电解制氢系统。根据需要可设置电解间、辅助间、配电装置室、控制室、值班化验室、卫生间和室外储氢罐等。

在电厂内设供氢站，外购瓶装氢气向发电机供氢。一般设置储氢库实瓶区、储氢库空瓶区、仪表间及汇流排间等。

（二）设计要点

（1）制氢站中电解间或供氢站中储氢库实瓶区、储氢库空瓶区、仪表间及汇流排间的安全出入口，不应少于 2 个，其中 1 个应直通室外；面积不超过 100m² 的房间，可只设 1 个直通室外的出入口。

（2）制氢站中电解间或供氢站中储氢库实瓶区、储氢库空瓶区、仪表间及汇流排间与其他无爆炸危险房间之间，采用耐火极限不低于 3.00h 的不燃烧体防爆防护墙隔开。

（3）制氢站中电解间或供氢站的储氢库实瓶区、储氢库空瓶区及汇流排间按照 GB 50016—2014《建筑设计防火规范》的有关规定设置泄压设施。泄压面积的计算见第 3.3.6 条“厂房和仓库的防爆”有关内容。

1）泄压设施宜采用轻质屋面板、轻质墙体和易于泄压的门、窗等，应采用安全玻璃等在爆炸时不产生尖锐碎片的材料。

2）泄压设施的设置应避开人员密集场所和主要交通道路，并宜靠近有爆炸危险的部位。

3）作为泄压设施的轻质屋面板和轻质墙体的单位质量不宜超过 60kg/m²。

4）屋顶上的泄压设施应采取防冰雪积聚措施。

（4）制氢站中控制室应采用耐火极限不低于 3.00h 的防火隔墙与其他部位分隔。

（5）制氢站中电解间或供氢站中储氢库实瓶区、储氢库空瓶区、仪表间及汇流排间与相邻区域联通处设置门斗防护措施。门斗的隔墙为耐火极限不低于 2.00h 的防火隔墙，门采用甲级防火门并错位布置。

（6）电解间、辅助间、充瓶间和储瓶间墙面应平整光滑，设耐冲洗墙裙。地面应平整耐碱。

（7）电解间、干燥间、压缩间、充瓶间和储瓶间的顶棚应平整，采用非燃烧材料，并在其最高部位设置排出氢气的设施，当顶棚下有外凸构件时，应有不致引起氢气积聚的措施。

（8）值班化验室可设置化验台和洗涤池。

（9）供氢站的储氢罐宜设在室外。在严寒、寒冷地区，储气罐下部应做成封闭式小间，其净高不应低于 2.7m，并应满足与电解间等相同的防爆要求。

（10）制氢站、供氢站中有爆炸危险的房间应采用大理石屑为骨料的不发火花的地面面层，门窗及其配件应选用不发火花的材料。

（11）制氢站、供氢站应采取防止阳光直射气瓶的措施。一般采用窗玻璃涂白、磨砂玻璃以及遮阳板等方法。

（12）制氢站（供氢站）室内、外装修标准参见表 13-4。

表 13-4　　制氢站（供氢站）室内、外装修设计标准参考

房间名称	楼地面	内墙装修	踢脚线/墙裙	顶棚及吊顶	外墙
电解间/汇流排间 实瓶间/空瓶间	不发火地面	内墙涂料	同地面	内墙涂料	外墙涂料/面砖
辅助间	耐磨地坪	瓷砖墙裙/ 内墙涂料	同楼地面	内墙涂料	
配电装置室	石英地砖	内墙涂料	同楼地面	内墙涂料	
控制室/ 仪表室	石英地砖	内墙涂料	同楼地面	穿孔吸声板吊顶	
化验室	石英地砖	内墙涂料	同楼地面	内墙涂料	
卫生间	防滑地砖	瓷砖	—	铝合金金属板吊顶	

（三）工程实例

1. 制氢站

某电厂制氢站平面布局呈一字形布置形式，单层钢筋混凝土结构，长度为 26.40m，宽度为 7.80m，高度为 5.20m。建筑布置有电解间、辅助间、配电装置室、控制室、化验室及卫生间。其中电解间为有爆炸危险房间，应按相关规范设置泄爆和防爆设施。该实例平剖面布置图见图 13-7。

（1）电解间通过轻型屋面和墙面门窗泄爆，其泄压面积之和不小于 GB 50016—2014《建筑设计防火规范》中规定。

（2）电解间与辅助间采用耐火极限不低于 3.00h 的不燃烧体防爆防护墙隔开，见图 13-7 中涂黑墙体部分。

（3）控制室采用耐火极限不低于 3.00h 的防火隔墙与其他部位分隔，见图 13-7 中墙体打斜线部分。

（4）制氢站中电解间与走廊联通处设置门斗防护措施。门斗的隔墙为耐火极限不低于 2.00h 的防火隔墙，门采用甲级防火门并错位布置。

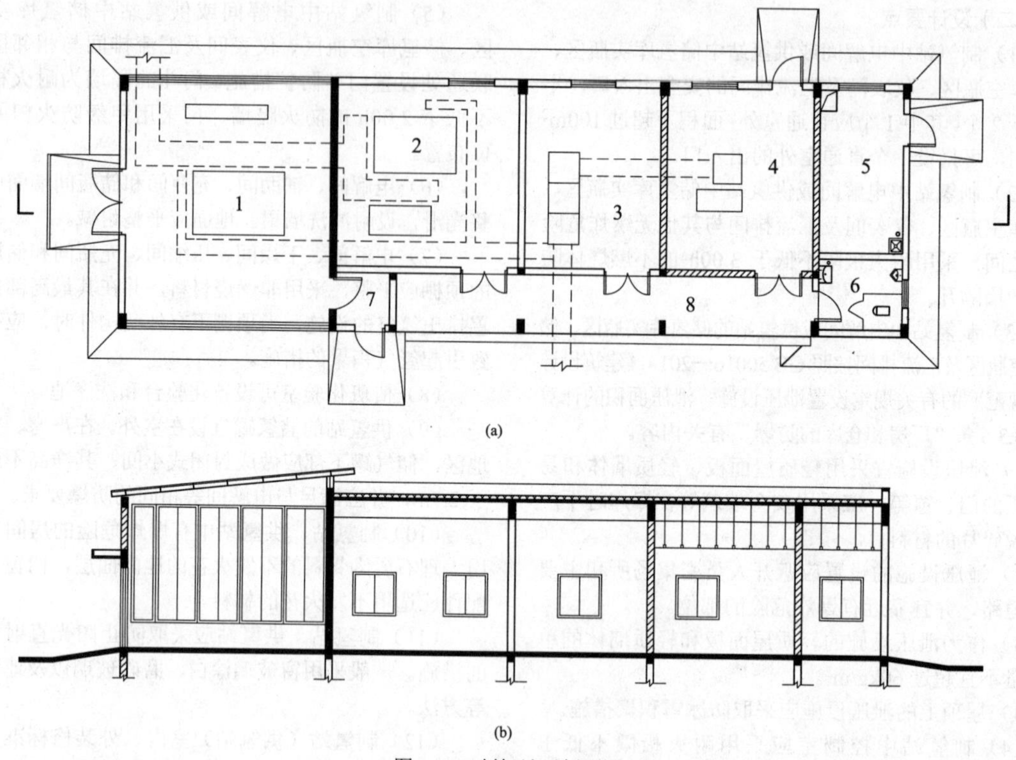

图 13-7 制氢站平剖面图

（a）平面图；（b）剖面图

1—电解间；2—辅助间；3—配电装置室；4—控制室；5—化验室；6—卫生间；7—门斗；8—走廊

2. 供氢站

某电厂供氢站平面布局呈一字形布置形式，单层钢筋混凝土结构，长度为 22.70m，宽度为 9.70m，高度为 6.30m。建筑布置有储氢库实瓶区、储氢库空瓶区、汇流排间及仪表间。其中储氢库实瓶区、储氢库空瓶区、汇流排间均为有爆炸危险房间，应按相关规范设置泄爆和防爆设施。该实例平剖面布置图见图 13-8。

（1）储氢库实瓶区、储氢库空瓶区、汇流排间通过轻型屋面和墙面门窗泄爆，其泄压面积之和不小于 GB 50016—2014《建筑设计防火规范》中规定。

（2）储氢库实瓶区、储氢库空瓶区、汇流排间与仪表间采用耐火极限不低于 3.00h 的不燃烧体防爆防护墙隔开，见图 13-8 中涂黑墙体部分。

（3）储氢库实瓶区、储氢库空瓶区通往通道区域采用甲级防火门。

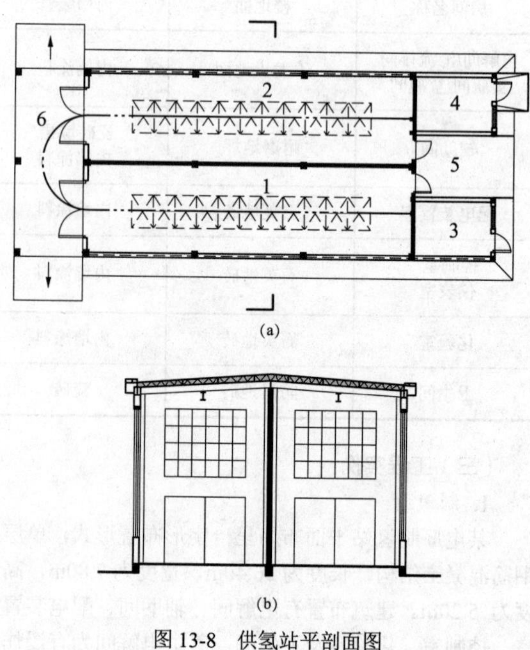

图 13-8 供氢站平剖面图

（a）平面图；（b）剖面图

1—储氢库实瓶区；2—储氢库空瓶区；3—汇流排间；

4—仪表间；5—室外通道；6—运输通道

第十四章

燃煤发电厂水工建筑设计

燃煤发电厂取水、输水、净水、处理水、用水及排水相关设施所需的建（构）筑物统称为水工建（构）筑物，主要包括取水建（构）筑物、循环水系统建（构）筑物、污废水处理建（构）筑物、消防建（构）筑物、除灰建（构）筑物等设施。水工建（构）筑物主要为各种类型的水泵房、冷却塔等。

第一节　设计基本要求

燃煤发电厂水工建筑设计应在满足工艺流程要求的基础上，根据功能特点确定建筑的平面形式和空间组合；使用功能和内部交通、防火、防水、耐腐蚀、噪声控制、抗震、保温节能、采光、通风和卫生设施等问题。

1. 防火与疏散

（1）水工建（构）筑物的火灾危险性分类及其耐火等级应符合 GB 50229《火力发电厂与变电站设计防火规范》的规定。水工建筑中各类泵房的火灾危险性分类为戊类，最低耐火等级为二级。冷却塔的火灾危险性分类为戊类，最低耐火等级为三级。

（2）应按使用要求设置楼梯，楼梯的数量、位置、宽度和楼梯间形式应满足使用方便和安全疏散的要求。

（3）配电装置室内最远点到疏散出口的直线距离不应大于 15m。当配电装置室长度大于 7m 时，应设 2 个出口，并宜布置在两端，两个出口最近边缘之间的水平距离不应小于 5m。

（4）控制室的疏散出口不应少于 2 个，当建筑面积小于 $60m^2$ 时可设 1 个。

（5）配电装置室开向疏散走道的门应设置向外开起的甲级防火门，并应装设弹簧锁、闭门器等设施，禁止采用门闩。

（6）水工建筑的泵房当采用下沉式布置方式时，检修和疏散存在着风险，设计时考虑可靠的安全疏散措施。

2. 抗震

抗震设防烈度为 6 度及以上地区的水工建筑，必须进行抗震设计。具体设计要求见第三章的相关内容。

水工建筑应采用对抗震有利的结构形式，通常采用钢筋混凝土框架结构体系，外围护结构宜采用轻质墙体。当采用砌体填充墙时，应注意设置拉结筋、水平连系梁、圈梁、构造柱等抗震措施，保证墙体与主体结构可靠拉结。

3. 采光与通风

（1）水工建筑一般宜优先考虑天然采光，当天然采光不能满足照明要求时，应采用人工照明和天然采光结合的方式。

（2）控制室宜采用天然采光和人工照明相结合的方式，设计时应避免控制屏表面和操作台显示器屏幕面产生眩光及视线方向上形成的眩光。

（3）水工建筑宜采用自然通风，当自然通风不能满足卫生或生产要求时，应采用机械通风或自然与机械的联合通风。

4. 防排水

（1）水工建筑应按Ⅱ级屋面防水设防。防水设计应符合 GB 50345《屋面工程技术规范》的有关规定。

（2）严禁将卫生间等用水房间直接布置在电气设备房间的上层。当电气设备用房上层设有水房间的楼面，应有可靠的防水措施。

（3）屋面水落管不宜设在电气设备房间内。当采用内排水方式时，雨水管应采取封闭措施。

5. 噪声控制

水工建筑应重视噪声控制，在平面布置上应使主要工作场所避开有噪声和振动的设备用房，对有噪声和振动的设备用房应采取隔声、隔振和吸声的措施，并应对设备和管道采取减振、消声处理。各类工作场所的噪声标准应符合表 6-3 的规定。冷却塔是厂区噪声控制的重点，通常在冷却塔外围设置一圈隔声屏障，隔声屏障降噪量见表 6-12。

6. 热工与节能

（1）水工建筑应采用气密性、水密性、抗风压性良好、保温隔热性能优良的建筑门窗。

（2）水工建筑的节能设计分类宜按照表 7-8 的分类。其建筑围护结构的热工设计宜按照表 7-11 的要求，加强保温隔热的节能措施。

7. 装饰装修

（1）水工建筑的室外装修应满足防尘、防腐蚀、防水、抗老化等功能要求。装修材料的选用可参照DL/T 5029—2012《火力发电厂建筑装修设计标准》中二、三级材料选用。

（2）水工建筑的室内装修应满足防火、防腐、防水和文明生产等功能要求。装修材料的选用可参照DL/T 5029—2012《火力发电厂建筑装修设计标准》中二、三级材料选用。

（3）各层楼地面应采用易于光滑不起尘和耐磨的饰面材料。具有腐蚀介质作用的房间和地段应选择耐腐蚀的饰面材料和做法。有水的房间和具有腐蚀介质作用的房间宜设墙裙。

（4）水工建筑室内装修应符合GB 50222《建筑内部装修设计防火规范》的有关规定。控制室顶棚、墙面装修应使用A级材料，地面及其他装修应采用不低于B1级材料。

（5）水工建筑一般比较潮湿，室内装修材料优先选用耐清洗，或者防水的墙地面。

8. 卫生设施

在人员集中的适当位置应设卫生间及清洗设施，其规模数量应考虑运行、检修人员的需要。卫生间用房宜有天然采光和自然通风。

第二节　单体建筑设计

燃煤发电厂水工建（构）筑物主要包括各类水泵房、冷却塔等。循环水泵房一般位于冷却塔附近，综合水泵房一般位于主厂房区域附近。某电厂水工建筑总图布置见图14-1。

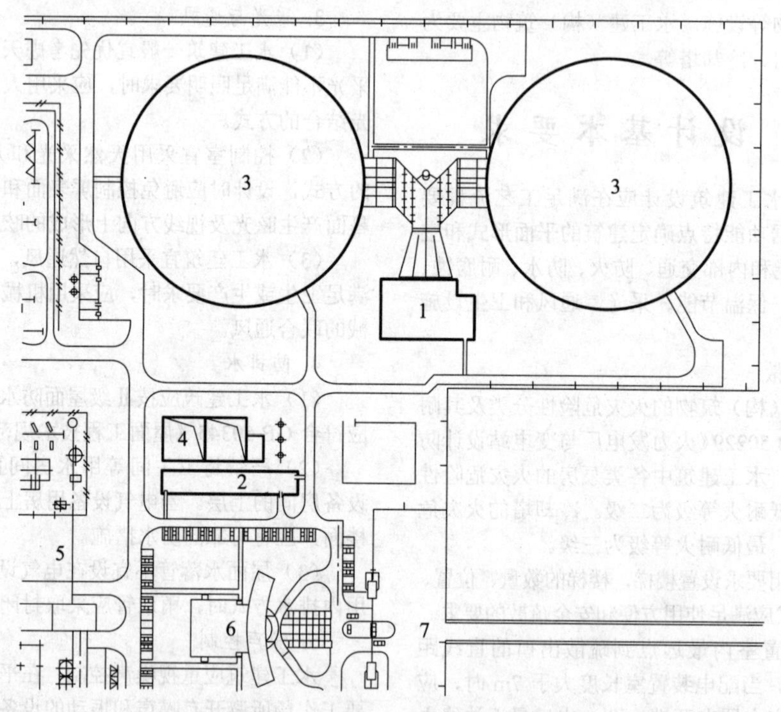

图14-1　某电厂水工建筑总图布置

1—循环水泵房；2—综合水泵房；3—冷却塔；4—消防水池；5—主厂房；6—办公楼；7—电厂大门

一、循环水泵房

（一）简介

汽轮机做功后的乏汽在凝汽器内通过与循环冷却水进行热交换后形成凝结水，再通过给水泵送回锅炉。循环水泵是冷却水循环系统设施中的重要设备之一，起到对电厂冷却水系统的升压供水作用。

循环水泵房根据工艺要求可布置循环水泵间、配电装置室、控制室、闸门间、地下前池等。循环水泵房内除布置循环水泵外，还布置有清污设备、冲洗水泵、钢闸门及起吊设备等。循环水泵房一般采用半地下式钢筋混凝土结构。

（二）设计要点

（1）循环水泵房的安全出口不应少于2个。

（2）循环水泵房采用下沉式布置时，应有钢梯与地面层联系，钢梯数量不应少于2部。钢梯宽度不宜小于900mm，坡度不宜大于45°。

当地下部分较深，布置有半地下室或地下室时，安全疏散参照GB 50016《建筑设计防火规范》关于地下室安全疏散的要求执行。

（3）循环水泵房的高度应符合设备拆装、起吊和通风的要求。循环水泵房起吊设施一般采用桥式吊车。

（4）循环水泵房地下部分应做好墙和地面的防水。

（5）控制室应根据环境噪声情况采取有效的隔声措施。

（6）循环水泵房室内、外装修设计标准参见表 14-1。

表 14-1 循环水泵房室内、外装修设计标准参考

房间名称	楼地面	内墙装修	踢脚线/墙裙	顶棚及吊顶	外墙
循环水泵间	耐磨地坪	瓷砖墙裙/内墙涂料	同楼地面	内墙涂料	外墙涂料或面砖
配电装置室	石英地砖	内墙涂料	同楼地面	内墙涂料	
控制室	石英地砖	内墙涂料	同楼地面	穿孔吸声板吊顶	
卫生间	防滑地砖	瓷砖	—	铝合金金属板吊顶	

（三）工程实例

某电厂循环水泵房的平面布局呈一字形布置形式，循环水泵主体与配套的泵房控制室及配电装置室等房间毗邻布置，两者之间设置变形缝，循环水泵房与循环水排水沟由泵房前池连接。

循环水泵房主体采用钢筋混凝土排架结构，屋面采用钢桁架轻型屋面结构，总长为 40.00m，跨度为 18.20m，高度为 16.60m，地下一层深度为 7.50m，屋架下弦标高为 14.400m，设置一台检修行车。循环水泵房主体部分一层布置循环水泵检修场地及检修环廊，地下一层部分由净水间、循环水泵间、阀门间组成，地下二层为循环进水水池。

配套部分包括泵房控制室、配电装置室、卫生间及工具间等，单层钢筋混凝土框架结构，长度为 10.00m，跨度为 18.20m，高度为 5.60m。

该实例循环水泵房平面图及剖面图见图 14-2。

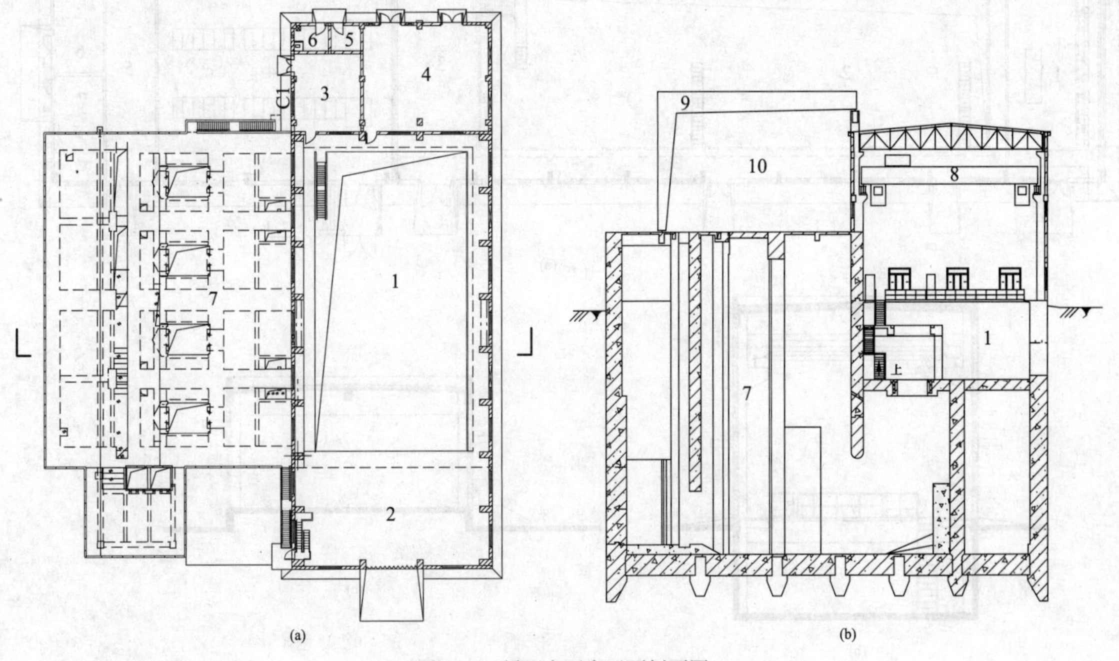

图 14-2 循环水泵房平面剖面图

（a）平面图；（b）剖面图

1—循环水泵间；2—检修场地；3—控制室；4—配电装置室；5—工具间；6—卫生间；7—进水前池；8—检修行车；9—检修门式起重机；10—检修场地

二、综合水泵房

（一）简介

综合水泵房一般设置有工业水泵、回用水泵、生活水泵等，为生产和生活用的工业用水、回用水、生活用水提供的正常的水量和压力。

综合水泵房一般由水泵间与其他配套设施组成。其中，水泵房部分为下沉式钢筋混凝土箱型结构，地上部分为单层钢筋混凝土框架结构，半地下泵房内布置工业水泵、回用水泵、生活水泵以及生活、工业、

回用水变频设备等，泵房上空设置起吊设备。其他地上部分布置有配电装置室、控制室、加药间等房间。

（二）设计要点

（1）综合水泵房的安全出口不应少于2个。

（2）综合水泵房采用下沉式布置时，应有钢梯与地面层联系，钢梯数量不应少于2部。钢梯宽度不宜小于900mm，坡度不宜大于45°。

当地下部分较深，布置有半地下室或地下室时，其安全疏散参照GB 50016《建筑设计防火规范》关于地下室安全疏散的要求。

（3）综合水泵房的高度应符合设备拆装、起吊和通风的要求。综合水泵房起吊设施一般采用桥式吊车。

（4）综合水泵房地下部分应做好墙和地面的防水。

（5）配电装置室内最远点到疏散出口的直线距离不应大于15m。当长度大于7m时应设两个出口，并宜布置在配电装置室两端。

（6）控制室应根据环境噪声情况采取有效的隔声措施。

（7）综合水泵房室内、外装修标准参见表14-1。

（三）工程实例

某电厂的综合水泵房，平面布局呈一字形布置形式，综合水泵房主体与配套的控制室、配电装置室等房间毗邻布置，两者之间设置变形缝。

综合水泵房主体采用半地下钢筋混凝土框架结构，地下部分布置下沉式水泵房，地上部分布置检修场地，总长为48.00m，跨度为10.00m，高度为8.70m，地下深度为4.00m，梁底标高为7.700m，设置一台检修行车。

其他部分布置控制室、检修场地、配电装置室、生活水车间、加药间及药品存储间。单层钢筋混凝土框架结构，长度为34.00m，跨度为10.00m，高度为5.60m。

该实例综合水泵房平剖面图见图14-3。

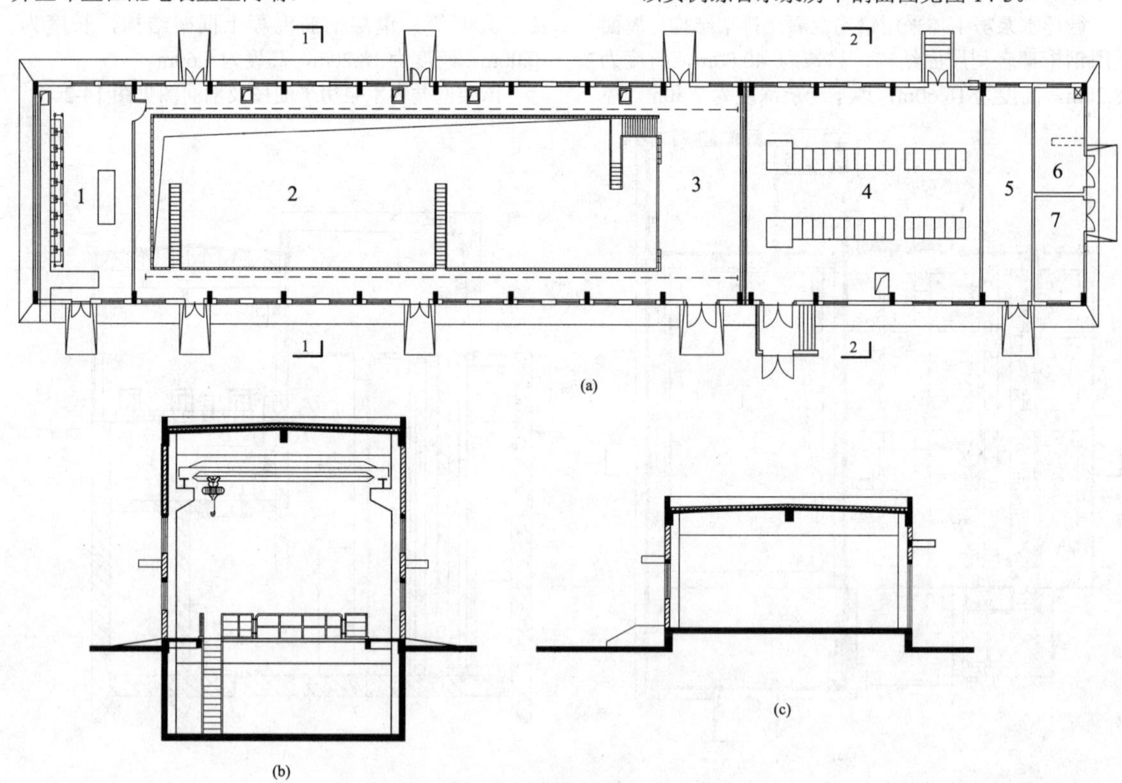

图14-3 综合水泵房平剖面图

（a）平面图；（b）1—1剖面图；（c）2—2剖面图

1—控制室；2—下沉式水泵房；3—检修场地；4—配电装置室；5—生活水车间；6—加药间；7—药品存储间

三、冷却塔

冷却塔是将冷却介质在装置中与空气直接或间接接触，通过蒸发和（或）对流把冷却介质携带的热量散发到大气中的冷却设施。按通风的方式主要分为自然通风冷却塔、机力通风冷却塔两种。机力通风冷却塔属于电厂工艺设备，通常由厂家制作安装。自然通风冷却塔属于电厂构筑物，一般直径60～130m，高度可达80～160m，体量高大，应考虑对厂区建筑景观的影响。以下重点介绍自然通风冷却塔。

（一）简介

自然通风冷却塔是循环水自然通风冷却的一种构筑物，是以塔筒内外空气密度差形成的上浮力为动力，使塔内空气向上自然对流、冷却水向下循环的冷却。自然通风冷却塔多采用双曲线形。自然通风冷却塔按热水和空气的接触方式分为湿式冷却塔、干式冷却塔。

（1）湿式冷却塔由集水池、支柱、塔身和淋水装置组成。上部塔身为双曲线形无肋无梁柱的薄壁空间结构，多用钢筋混凝土制造，下部支撑为人字形支撑结构。湿式自然通风冷却塔示意图见图14-4。

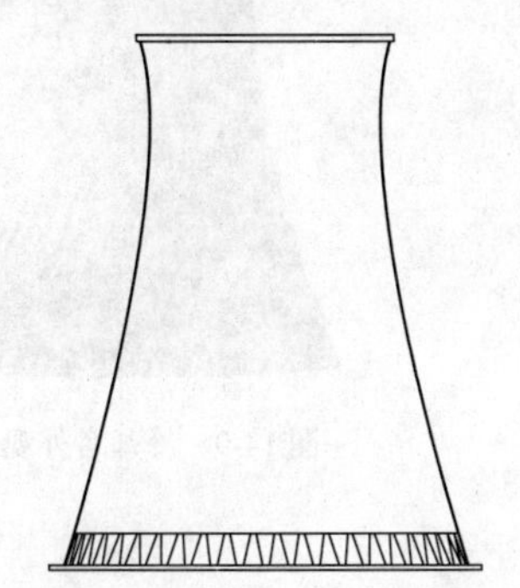

图14-4　湿式自然通风冷却塔示意图

（2）干式冷却塔中采用自然通风冷却方式的以间接冷却塔为主。间接冷却塔由表面式凝汽器、空冷散热器与空冷塔等构成。空冷塔上部塔身为双曲线形无肋无梁柱的薄壁空间结构，多用钢筋混凝土制造，下部支撑为X字形支撑结构，空冷散热器垂直安装在空冷塔下部外圈。间接自然通风冷却塔示意图见图14-5。

间接冷却塔中，有时为满足对电厂烟囱限制高度的要求，以及考虑环境保护对污染物排放的要求和总平面布置的特点等综合因素，可采用冷却塔排烟的烟塔合一技术，即借助于冷却塔热空气抬升烟气从冷却塔排放。某电厂烟塔合一示意图见图14-6。

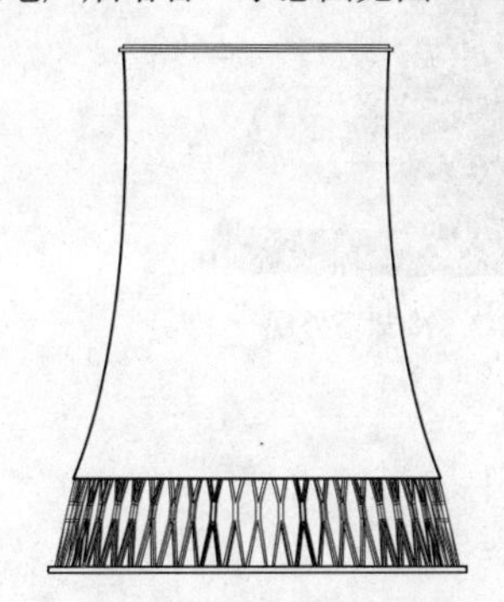

图14-5　间接自然通风冷却塔示意图

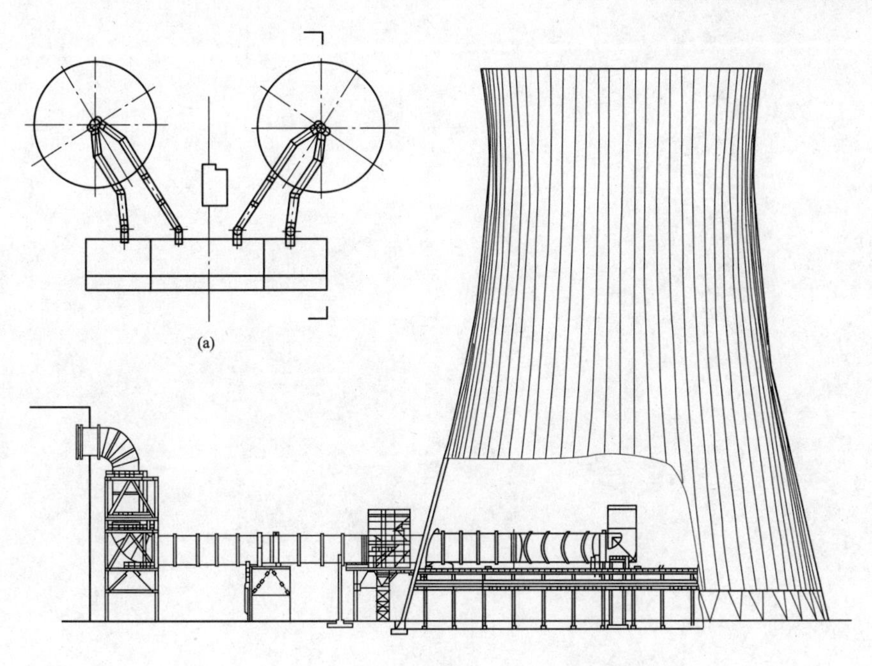

图14-6　烟塔合一示意图

（a）平面图；（b）剖面图

（二）外观造型

冷却塔作为全厂建（构）筑物中体量高大的构筑物，一般为钢筋混凝土结构。冷却塔外观及表面涂装的设计应根据工艺要求，并充分考虑结构合理性、经济性及施工可行性。外观设计可采用局部涂装颜色和图案进行装饰；也可利用不同混凝土本色对比，体现冷却塔曲线造型和材料自身美感。

图 14-7 所示冷却塔采用混凝土自然分色的施工工艺，表面直接利用不同混凝土固有原色上下分色，造型浑厚稳重、简洁大方，同时也降低了冷却塔表面维护成本。

图 14-8 所示冷却塔也可采用混凝土自然分色的施工工艺，上浅下深，同时在冷却塔 1/3 处设置一圈回纹图案，带有浓烈的中国文化元素。

图 14-9 所示冷却塔，从基座到塔身 1/3 处，设计一圈螺旋状向上的渐变图案，图案富有变化和动感，减弱了冷却塔下部巨大的体量感。

图 14-7 冷却塔外观一

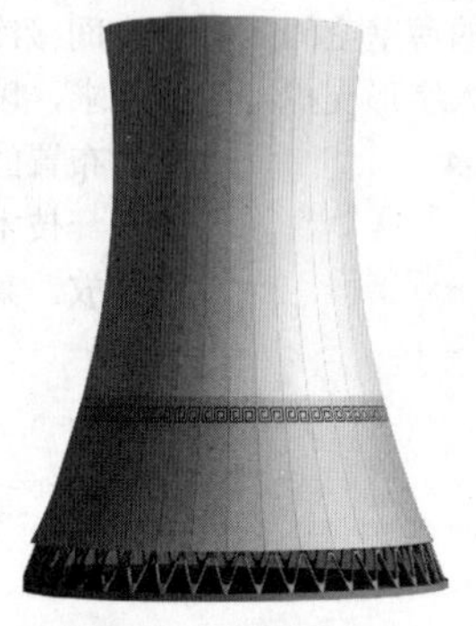

图 14-8 冷却塔外观二

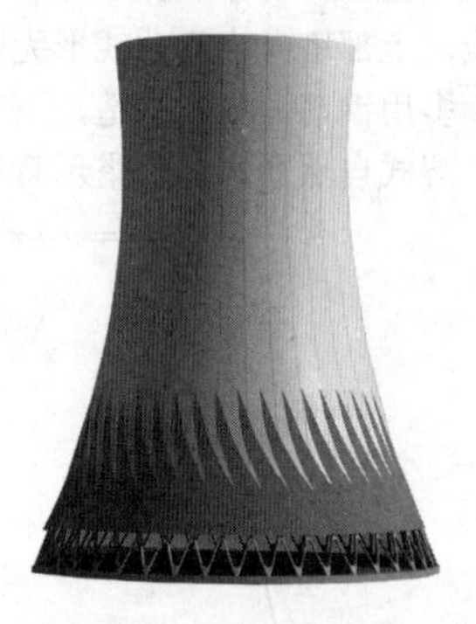

图 14-9 冷却塔外观三

第十五章

燃煤发电厂运煤建筑与烟、尘、渣建筑设计

在燃煤发电厂设计中，运煤建筑是相对重要的组成部分。运煤建筑是供厂内运煤系统设施、设备安装和运行的建（构）筑物。运煤建筑包括运煤栈桥、运煤转运站、碎煤机室、推煤机库、翻车机室、运煤综合楼、干煤棚和室内贮煤场等建筑。

燃煤发电厂运煤系统是把燃料（主要为煤）从厂区储存处运至主厂房内，并进行一系列处理以符合燃烧要求的工艺设施。

燃煤发电厂运煤系统主要生产（工艺）流程如下：

煤的计量设施→卸煤设施→受煤设施→煤场及储煤设施 / 混煤设施→运煤设施→筛分和碎煤设施→运煤提升设施→原煤斗

煤的计量设施包括轨道衡、磅秤、电子秤等。轨道衡用于火车运煤，磅秤用于汽车运煤，电子秤用于皮带运煤，这些均属于动态计量设施。卸煤设施包括卸煤装置及翻车机等，分别布置在卸煤沟及翻车机室。

受煤设施是卸煤设备收受从车上卸下来的煤的构筑物及输出设备的总称。电厂常用的受卸装置有栈台或地槽配螺旋卸车机、链斗卸车机或抓斗类卸车机械，扒煤沟配螺旋卸车机，长缝煤槽配螺旋卸车机或底开车，受煤斗配翻车机等。运煤设施包括带式输送机及其驱动装置，布置在转运站及运煤栈桥之中。筛分和碎煤设施包括各种筛子及各类碎煤机，布置在碎煤机室中。主厂房皮带层及原煤斗布置在煤仓间。

运煤系统示意如图 15-1 所示。

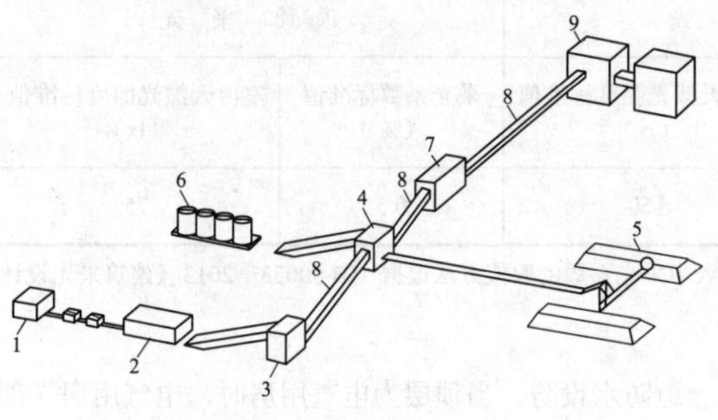

图 15-1 运煤系统示意图

1—轨道衡；2—卸煤装置；3—1 号转运站；4—2 号转运站；5—煤场；6—贮煤仓；7—碎煤机室；8—运煤栈桥；9—煤仓间

燃煤发电厂除灰渣设施是用以收集、输送、存储和排放在锅炉内燃尽后所产生的炉渣和飞灰的设施，通常采用灰渣分除的除灰渣系统。烟、尘、渣建（构）筑物包括烟囱、灰库、灰浆（渣）泵房和电除尘控制楼等。

第一节 设计基本要求

运煤建筑与烟、尘、渣建筑设计应按工艺（设备）布置要求确定建筑平面尺寸、高度等；需符合工艺流程要求，合理布局，为安全运行、检修维护及施工安装创造良好的条件。设计中应重视室内贮煤场等建筑的防火疏散，严寒、寒冷地区运煤栈桥的保温隔热等要求，碎煤机室、推煤机库等地面则应考虑排水和冲洗设施。

建筑结构形式应根据材料供应、自然条件、施工条件、维护便利和建设进度等因素，综合技术经济比较后确定，主要有钢筋混凝土和钢结构两类。

1. 防火与疏散

（1）运煤建筑的火灾危险性分类及其耐火等级应符合 GB 50229《火力发电厂与变电站设计防火规范》的规定。

火灾危险性为丙类，耐火等级为二级的运煤建筑包括屋内卸煤沟、翻车机室、干煤棚、室内贮煤场、筒仓、运煤隧道、封闭式运煤栈桥、运煤转运站及配煤楼、碎煤机室等。

火灾危险性为丁类，耐火等级为二级的运煤建筑

包括运煤综合楼、推煤机库等。

（2）烟、尘、渣建筑的火灾危险性分类及其耐火等级应符合 GB 50229《火力发电厂与变电站设计防火规范》的规定。引风机室、电除尘器室、烟囱等火灾危险性分类为丁类。灰渣泵房火灾危险性分类为戊类。

（3）当屋内卸煤装置的地下部分与地下转运站或运煤隧道连通时，其防火分区的允许建筑面积不应大于 3000m²。

（4）运煤栈桥、转运站等运煤建筑采用钢结构的较多，设置自动喷水灭火系统或水喷雾灭火系统可较好地预防和控制初期火灾，是目前较好的防火措施。因此，采用这种方案的钢结构可不采取防火保护措施。

（5）运煤栈桥、转运站等运煤建筑的围护结构采用金属复合保温板时，运煤建筑煤粉堆积现象严重，火灾发生案例较多，火灾危险性较大。因此，中间芯材保温材料应为不燃烧材料。

（6）干煤棚或室内贮煤场采用网架等大跨度钢结构时，堆煤高度范围内的钢结构应采取有效的防火保护措施。堆煤表面下与煤接触的混凝土挡墙应采取隔热措施。

（7）碎煤机室和转运站至少应设置 1 部通至主要楼层的楼梯，该楼梯应采用不燃烧体隔墙与其他部分隔开，楼梯可采用净宽不小于 0.9m、坡度不大于 45°的钢楼梯。

（8）卸煤装置的地下室两端及运煤系统的地下建筑物尽端，应设置通至地面的安全出口。地下室安全出口的间距不应超过 60m。

（9）运煤栈桥下方布置建筑物时，对建筑物的外墙屋面和外墙开孔等构件应进行处理，并满足相应的耐火极限要求。

2. 抗震

（1）运煤建筑中卸煤部分的卸煤沟、翻车机室、牵车台、配电室、干煤棚、室内贮煤场、运煤隧道、运煤栈桥、运煤转运站、碎煤机室、运煤综合楼应按 GB 50223《建筑工程抗震设防分类标准》及 DL 5022《火力发电厂土建结构设计技术规程》中的乙类建筑进行抗震设防。运煤廊道的采光室和推煤机库可按上述规范中的丙类建筑进行抗震设防。地震作用应符合本地区抗震设防烈度的要求，具体抗震设计要求可见第三章的相关内容。

（2）烟、尘、渣建筑中引风机室、电除尘器室、灰渣泵房、烟囱等应按 GB 50223《建筑工程抗震设防分类标准》及 DL 5022《火力发电厂土建结构设计技术规程》中的乙类建筑进行抗震设防，地震作用应符合本地区抗震设防烈度的要求；一般情况下，当抗震设防烈度为 6～8 度时，应符合本地区抗震设防烈度提高一度的要求。

3. 采光与通风

（1）室内应优先考虑天然采光，不足区域辅以人工照明。天然采光方式以侧窗为主，采光口的设置应充分和有效地利用天然光源，并应对人工照明的补充作全面的考虑。

（2） 侧窗设计在满足通风、采光要求的前提下宜减小开窗面积，窗的布置和构造应考虑清洁和维护的便利，并考虑避免煤粉的堆积造成开窗的不便。台风多发地区还应兼顾其安全性。

（3）在采光设计中，应符合 GB 50033《建筑采光设计标准》的有关规定。主要运煤建筑采光标准值见表 15-1。

表 15-1　　碎煤机室、转运站、栈桥采光标准值

车间名称	采光等级	侧面采光		顶部采光	
		采光系数标准值（%）	室内天然光照度标准值（lx）	采光系数标准值（%）	室内天然光照度标准值（lx）
碎煤机室、转运站、栈桥	V	1	150	0.5	75

注　本表摘自 DL/T 5094—2012《火力发电厂建筑设计规程》，表中采光系数的取值方法根据 GB 50033—2013《建筑采光设计标准》规定进行了调整。

（4）建筑物宜采用自然通风，当自然通风不能满足卫生或生产要求时，应采用机械通风或自然与机械联合通风。

4. 防排水

运煤建筑与烟、尘、渣建筑屋面防水等级为Ⅱ级，一道防水设防。当顶层为电气用房时，电气用房（部分）的屋面防水等级为Ⅰ级，二道防水设防。

运煤建筑应考虑运行振动因素影响变形缝处防水、保温等节点处理。

建筑屋面防水设计应遵循 GB 50345《屋面工程

技术规范》及 GB 50207《屋面工程质量验收规范》的规定。

5. 噪声控制

（1）运煤建筑与烟、尘、渣建筑的噪声控制设计应符合 GB/T 50087《工业企业噪声控制设计规范》、GBZ1《工业企业设计卫生标准》的规定。

（2）建筑设计应重视噪声控制，在布置上应使主要工作场所避开强噪声源。各类工作场所的噪声标准应符合表 6-3 的规定，对有噪声和振动的设备用房应采取隔声、隔振和吸声的措施。

6. 热工与节能

（1）按照表 7-8 中关于火力发电厂建筑节能设计的分类，运煤栈桥、碎煤机室等运煤建筑节能设计分类为 C 类；运煤综合楼等建筑设有采暖通风空调，节能设计分类为 B 类。建筑围护结构的热工设计宜分别按照表 7-11 和表 7-10 的要求，适当加强保温隔热的节能措施。

（2）严寒和寒冷地区的运煤栈桥，应采用合理可行的楼地面保温措施。

（3）建筑物门窗的保温性和气密性应符合有关设计标准的规定。在满足采光通风需要前提下，应尽量减少开窗面积。窗的布置和构造形式应考虑清洁和维护的便利。

（4）在翻车机室、转运站、卸煤车间等建筑物大门处，皮带进入转运站入口处应配合暖通专业（设置热风幕或局部辐射供暖）做好防冻保暖设计，以防大量冷风渗透而产生结冻。

7. 装饰装修

（1）运煤建筑与烟、尘、渣建筑的室外装修要充分考虑全厂建筑的外观，建筑造型与色彩处理应与电厂建筑群体风格协调。

（2）运煤建筑与烟、尘、渣建筑的控制室、计算机房等的室内装修应采用不燃烧材料。

（3）运煤建筑与烟、尘、渣建筑的装修设计标准按照 DL/T 5029《火力发电厂建筑装修设计标准》执行。

（4）运煤建筑的室内楼地面及墙面装修应考虑水冲洗的因素，宜采用面砖或防水涂料。

8. 安全防护

（1）转动机械设备应设置必要的闭锁装置；外露的转动部分应设置防护罩（网）。

（2）在不影响使用功能的情况下，应对运煤系统各个设备部件中的锐角、利棱、凹凸不平的表面和较突出的部位采取防护措施。

（3）运煤系统各建筑物内的楼梯、平台、坑池和孔洞等周围，均应设置栏杆或盖板。楼梯、平台均应采取防滑措施。

（4）操作人员工作位置在坠落基准面 2m 以上时，必须在生产设施上设置带有防坠落的护栏、护板或安全圈的平台，且不宜采用直爬梯。

（5）运煤建筑各层的起吊孔应设盖板和活动栏杆。无盖板时，应设固定栏杆。起吊设备的极限位置应能到达起吊孔的正上方。

（6）当无楼梯通达屋面时，应设上屋面的检修人孔。当设置直通屋面的外墙爬梯时，爬梯应有安全防护措施。

（7）临空的窗台低于 0.80m 时，应采取防护措施，防护高度由楼地面起计算不应低于 0.80m。

（8）由于烟、尘、渣建筑位于炉后，所处环境相对多粉尘，应注意围护结构及门窗构件的密闭性。

（9）运煤建筑与烟、尘、渣建筑的安全防护按照 DL 5053《火力发电厂职业安全设计规程》执行。

第二节 单体建筑设计

运煤建筑主要建（构）筑物包括卸煤部分的卸煤沟、翻车机室、牵车台、配电室等；储煤部分的煤场、干煤棚、室内贮煤场等；运煤廊道的隧道、运煤栈桥、运煤转运站、碎煤机室、采光室等；运煤综合楼、推煤机库等辅助设施建筑。某 2×1000MW 燃煤发电厂运煤建筑总平面布置见图 15-2。

烟、尘、渣建筑是烟气排放、除尘及收集和输送炉渣及细灰设施的建（构）筑物。主要建（构）筑物包括引风机室、电除尘器室、灰浆（渣）泵房、灰库、烟囱等。某 2×1000MW 燃煤发电厂烟、尘、渣建筑总平面布置见图 15-3。

一、运煤栈桥

（一）简介

运煤栈桥是运煤系统的重要组成部分，是用来运煤的皮带廊。运煤栈桥有封闭、露天（敞开）两种布置形式，其选用根据工艺和气象条件确定。运煤栈桥宽度分为 5.70～6.00m、6.30～6.70m、6.90～7.30m、7.50～8.00m 几种，适用于宽度为 0.80、1.00、1.20、1.40m 的双皮带，运煤栈桥高度一般为 3.00～4.00m。栈桥内设有运煤皮带机、通风供暖系统、电缆桥架、供排水系统和消防系统等。位于地面以下部分称为运煤隧道。

栈桥支柱一般采用钢筋混凝土、钢结构实腹柱或格构式柱。栈桥跨度超过 18.00m 时，桥身结构一般以钢桁架结构为主。

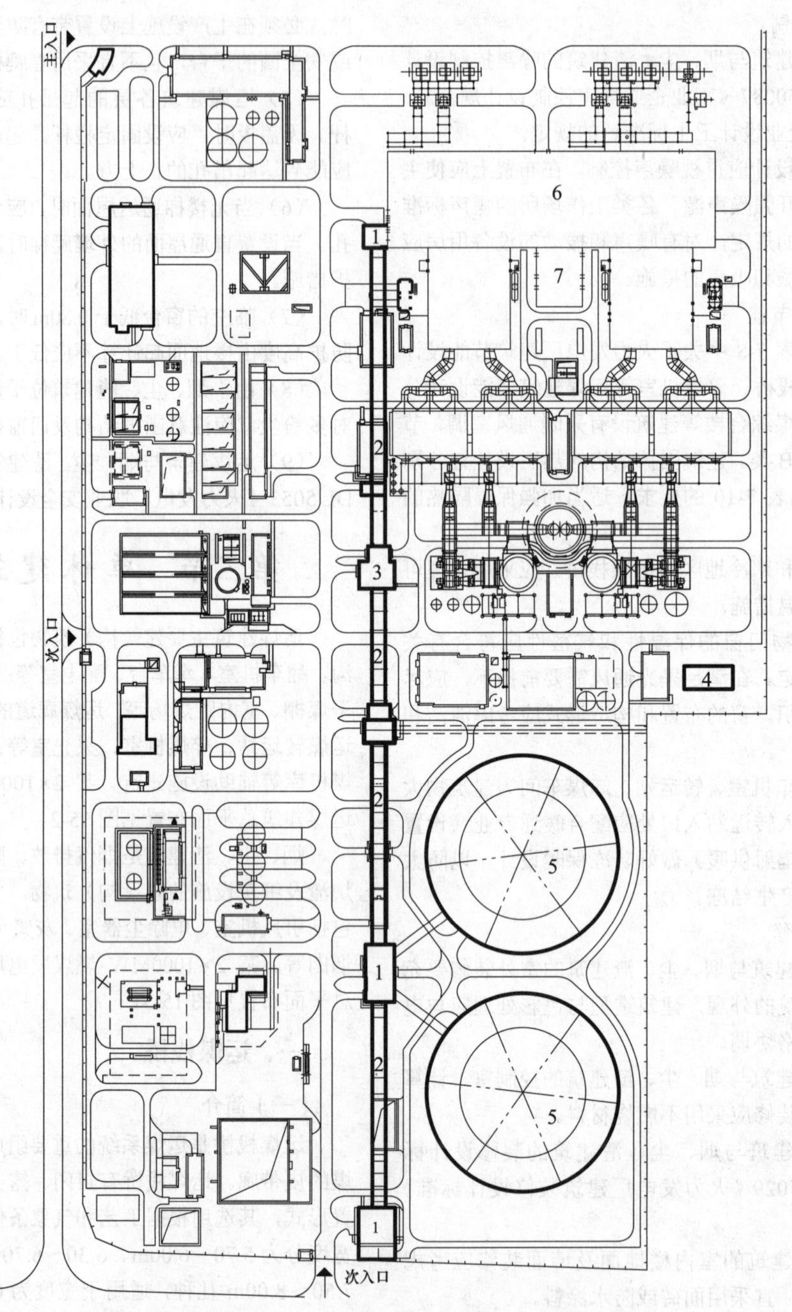

图 15-2 某 2×1000MW 燃煤发电厂运煤建筑总平面布置图

1—运煤转运站；2—运煤栈桥；3—碎煤机室；4—推煤机库；

5—圆形室内贮煤场；6—主厂房；7—集中控制楼

（二）设计要点

（1）一般情况下严寒和寒冷地区运煤栈桥应采用封闭式，围护结构应有保温措施，严寒地区运煤栈桥的桥面应有保温措施；其他地区可采用封闭式或露天（敞开）式。

（2）封闭式运煤栈桥围护一般采用压型钢板或其他轻型砌体结构；露天（敞开）式运煤栈桥应设 1.20～1.30m 高栏杆（板）。

（3）运煤栈桥（地下部分为运煤隧道）的通道净宽和垂直净高不应小于表 15-2 的规定。

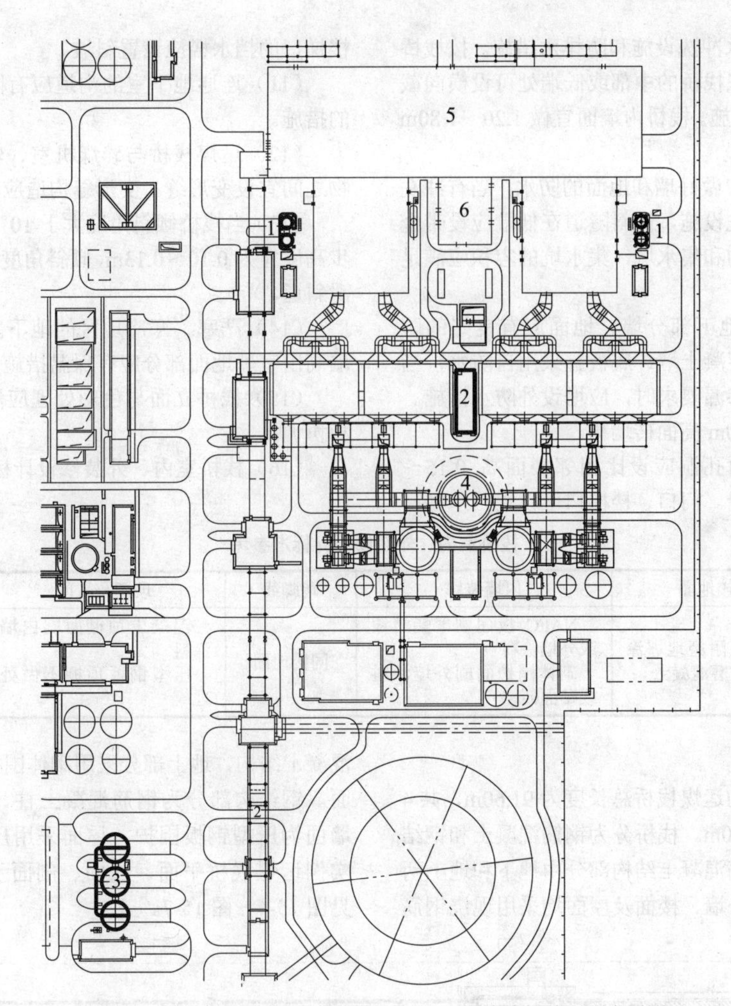

图 15-3　某 2×1000MW 燃煤发电厂烟、尘、渣建筑总平面布置图

1—渣仓；2—电除尘控制楼；3—灰库；4—烟囱；5—主厂房；6—集中控制楼

表 15-2　　运煤栈桥、运煤隧道的通道尺寸规定

胶带宽度（mm）	净宽（m）		垂直净高（m）	
	运行通道	检修通道	栈桥	隧道
≤800	≥1.00	≥0.70	≥2.20	≥2.50
1000	≥1.00			
1200	≥1.00			
1400	≥1.00		≥2.50	

注　1. 本表摘自 DL/T 5094—2012《火力发电厂建筑设计规程》。

2. 当运煤栈桥钢桁架内侧封闭或采暖设备沿墙布置时通道宽度应从凸出面算起。

3. 在结构柱附近检修通道最小净宽不应小于 0.60m。

（4）运煤栈桥可利用与其相连的建筑物安全出口作交通与防火疏散。运煤栈桥长度超过 150m 时，应加设中间安全出口，安全出口可采用敞开式钢楼梯，其净宽不应小于 0.90m，坡度不应大于 45°。

运煤栈桥围护结构应采用不燃烧材料。

（5）运煤栈桥采用非自防水压型钢板屋面或钢筋混凝土屋面板时，屋面应有人字形挡水坎，间距不宜大于 12m。当采用自防水压型钢板屋面时，瓦楞方向应与栈桥皮带运动方向垂直。

（6）屋面采用有组织排水系统时，应充分考虑屋面坡度对雨水流速的影响，合理设置天沟及排水立管，以确保雨水迅速、及时地排至室外雨水管系统或地面。

（7）栈桥应有水冲洗设施和防排水措施。按栈桥长度和结构形式，在栈桥的中部或低端处可设横向截水沟、地漏等排水设施。栈桥内墙面宜做 1.20～1.80m 高面砖墙裙。

（8）运煤隧道应做好墙和地面的防水，当有冲洗要求时，应有水冲洗设施，倾斜隧道在低端应设带金属格栅盖板的排水沟和集水坑，集水坑的容积应满足机械排水要求。

（9）运煤隧道地下部分墙、地面应有良好的防水、防渗漏功能。混凝土墙、底板宜采用自防水，当不能满足防水、防渗漏要求时，应增设外防水措施。隧道内墙面宜做 1.80m 高面砖墙裙。

（10）栈桥楼面孔洞应设比相邻楼面高 0.15～0.20m 的混凝土护沿。门口、楼梯口应设置挡水槛，楼梯口的挡水槛应设置斜坡。

（11）连通地下室的沟道应有防止沟内积水倒流的措施。

（12）运煤栈桥与碎煤机室、转运站或其他建筑物之间宜设变形缝。变形缝构造应有防渗防漏功能。

（13）当栈桥倾斜角度大于 10° 时，应设踏步，踏步高度宜为 0.10～0.13m，倾斜角度小于 10° 时应为防滑斜道。

（14）严寒、寒冷地区的地下室钢筋混凝土外侧墙高出室外地面部分应有保温措施。

（15）栈桥立面与色彩处理应注意与主厂房建筑相协调。

（16）栈桥室内、外装修设计标准参见表 15-3。

表 15-3 栈桥室内、外装修设计标准参考

房间名称	楼地面	内墙装修	踢脚线	顶棚及吊顶	外墙
栈桥	环氧耐磨地坪涂料或耐磨混凝土	NAFC 板面刷聚酯清漆或外墙涂料 砌体围护面刷外墙涂料或贴面砖	同楼地面	混凝土顶棚面刷内墙涂料 压型钢板顶棚不做处理	外墙涂料或面砖 压型钢板外墙

（三）工程实例

某燃煤发电厂的运煤栈桥总长度为 91.60m，共 4 个柱距，跨度为 9.40m。栈桥分为钢筋混凝土和钢结构两部分，其中钢筋混凝土结构部分由地下和地上两部分组成。地下段外墙、楼面及屋面均采用现浇钢筋混凝土结构，地上部分采用砌体围护，钢筋混凝土屋面。钢结构部分为钢筋混凝土柱、钢桁架形式，外墙面为压型钢板围护，屋面采用压型钢板屋面。该实例运煤栈桥平面、立面、剖面示意图及实景照片见图 15-4～图 15-7。

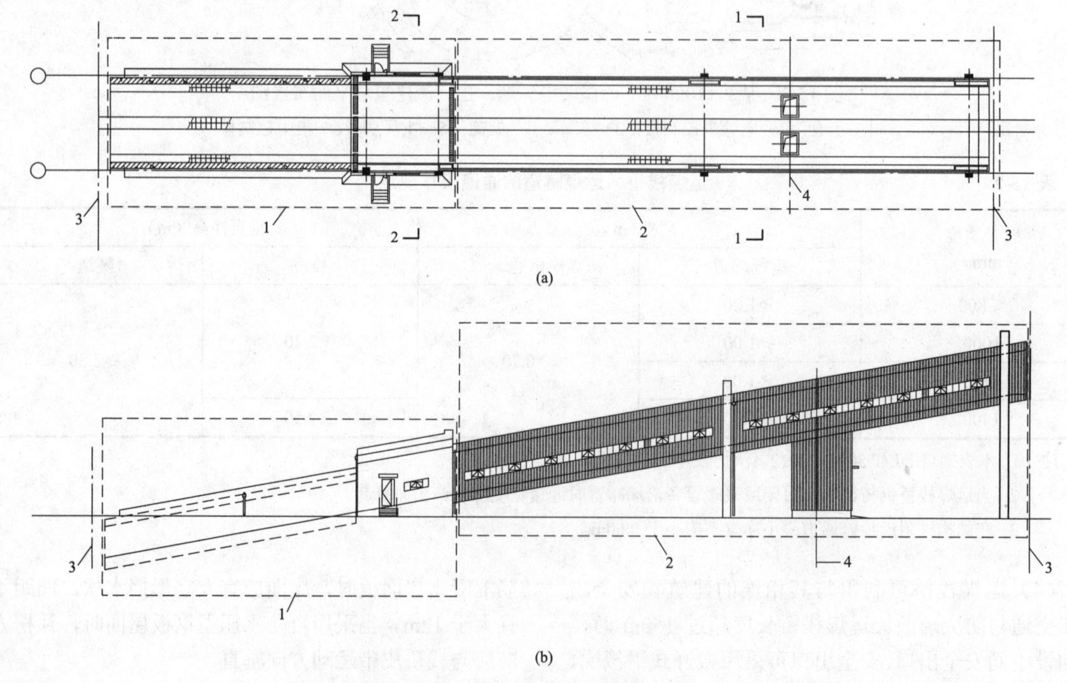

图 15-4 运煤栈桥平面、立面示意图

（a）运煤栈桥平面示意图；（b）运煤栈桥立面示意图

1—混凝土栈桥部分；2—钢结构栈桥部分；3—转运站边柱轴线；4—拉紧装置中心线

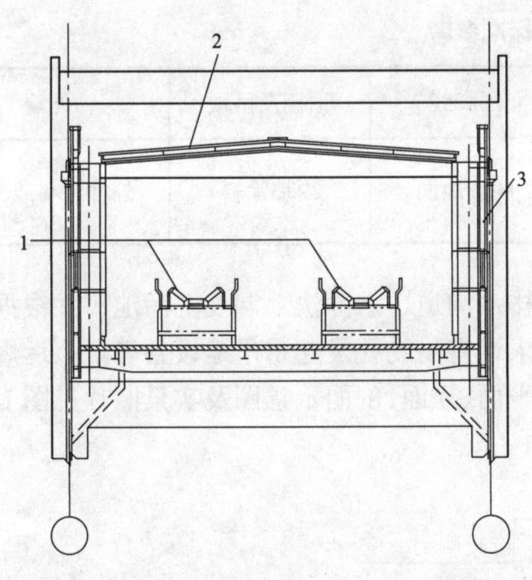

图 15-5　钢结构运煤栈桥 1—1 剖面示意图

1—运煤皮带机；2—压型钢板屋面；

3—压型钢板墙面

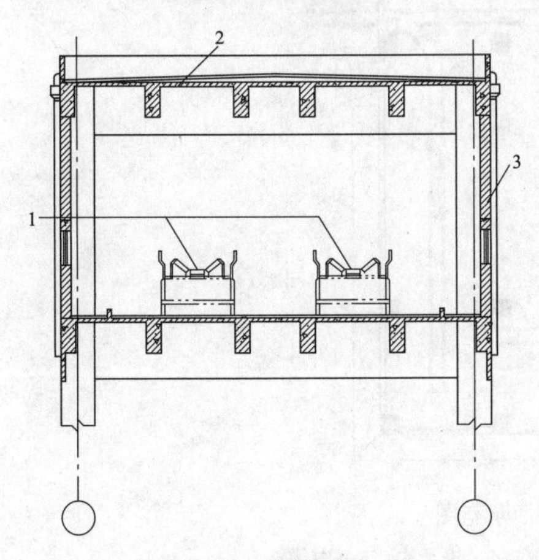

图 15-6　钢筋混凝土运煤栈桥 2—2 剖面示意图

1—运煤皮带机；2—混凝土屋面；

3—砌体围护

图 15-7　运煤栈桥实景照片

二、运煤转运站

（一）简介

运煤转运站是布置运煤系统、定位运煤去向、提升运煤机的主要建筑。在运煤栈桥之间把煤从一条皮带转到另一条皮带上，起着转运煤的作用，同时为运煤设备提供必要的布置空间、运行环境和检修场地。转运站根据运煤皮带交叉和煤落差高度设计为单层或多层建筑。运煤转运站内设有皮带头、尾部装置层、通风除尘器设备间、电气 MCC 室等，并根据工艺需要可设值班室，布置设备安装及检修区域，其上部设有吊物孔及起吊设施。

运煤转运站根据与室外设计地坪的相对位置可分为全地下转运站、半地下转运站和全地上转运站，具体形式、数量与整个工程设计中的总图运输专业和运煤专业的总体规划有关。

运煤转运站地上部分根据结构形式分为钢筋混凝土结构和钢结构，运煤转运站的地下部分一般均采用钢筋混凝土结构。

（二）设计要点

（1）运煤转运站应设置一部通至主要楼层的楼梯，该楼梯应采用不燃烧体隔墙与其他部分隔开，楼梯可采用净宽不小于 0.90m、坡度不大于 45° 的钢楼梯。

（2）楼地面考虑水冲洗时应有排水和冲洗设施，清扫水的汇集，应有明确的方向和集水点。楼地面应设不小于 0.5%的排水坡度，底层地面应有排水沟和集水坑，排水沟应有格栅盖板。连通地下室的沟道应有防止沟内积水倒流的措施。严寒和寒冷地区，其排水引下管应做好保温防冻措施。

（3）楼面孔洞应设比相邻楼面高 0.15～0.20m 的混凝土护沿。门口应设置挡水槛，楼梯口应设反坡。

（4）地下室部分墙、地面应有良好的防水。混凝土墙、底板宜采用自防水，当不能满足防水、防渗漏要求时，应增设外防水措施。

（5）变形缝构造应有防渗防漏功能。

（6）卫生设施：

1）楼（地）面积尘采用水力清扫时，每层应设置污水池。地上部分内墙面应设 1.20～1.80m 高的防水水泥砂浆或面砖墙裙，地下部分内墙面应设 1.80m 高的面砖墙裙或墙面。

2）一般不考虑设置卫生间。

（7）值班室应有防尘、隔声措施。值班室观察窗的玻璃应采用安全玻璃。

（8）MCC 室应有防止小动物进入的措施，其室内地面应比相邻楼面高 0.05～0.10m，或者设置挡水门槛。

（9）运煤转运站室内、外装修设计标准参见表 15-4。

表 15-4　　运煤转运站室内、外装修设计标准参考

房间名称	楼地面	内墙装修	踢脚线	顶棚及吊顶	外墙
运煤转运站	环氧耐磨地坪涂料或细石混凝土	面砖墙裙及耐冲洗外墙涂料	同楼地面	内墙涂料	外墙涂料或面砖

（三）工程实例

某燃煤发电厂的运煤转运站长度为 17.00m，共 3 个柱距；跨度为 18.00m，共 3 跨；建筑高度为 26.80m，分 3 层布置。转运站内设一部楼梯供安全疏散。各层均设有排水沟道、水冲洗地漏及洗污池，并根据运煤专业要求设有吊物孔及起重吊运设备等。该运煤转运站一层平面、立面、剖面示意图及实景照片见图 15-8～图 15-11。

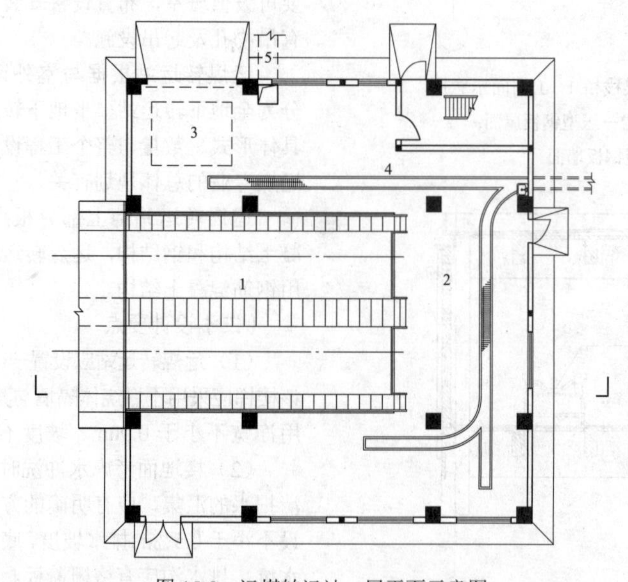

图 15-8　运煤转运站一层平面示意图

1—运煤栈桥；2—运煤转运站；3—吊物孔区域；4—排水沟；5—电缆沟

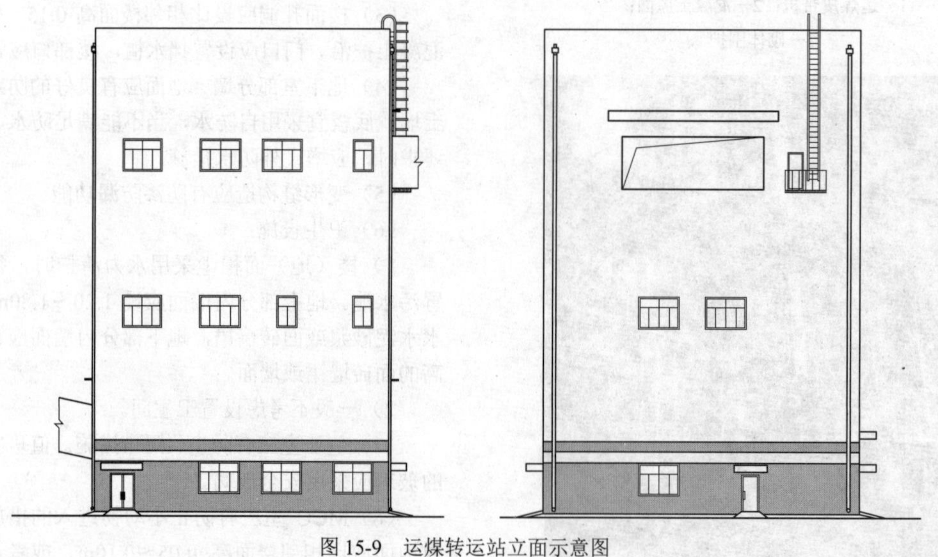

图 15-9　运煤转运站立面示意图

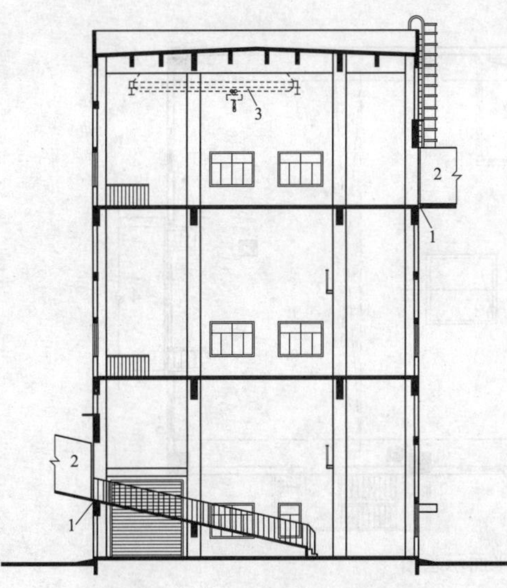

图 15-10　运煤转运站剖面示意图

1—变形缝；2—运煤栈桥；3—起重设备

图 15-11　运煤转运站实景照片

三、碎煤机室

（一）简介

碎煤机是一种对煤料进行破碎、筛选，将块煤破碎至所需粒度的机械设备。常用的碎煤机有环锤式、反击式、锤击式三种。碎煤机室是供安装碎煤机设备的厂房建筑，内设碎煤机、皮带机、除铁小室、电气MCC室等，并根据工艺需要布置设备安装、检修区域，其上部设有吊物孔及起吊设施。碎煤机室主体结构一般采用现浇钢筋混凝土结构，采用弹簧隔振的碎煤机基础或独立碎煤机支撑框架式结构时，基础四周与楼板结构间设防振缝。

（二）设计要点

碎煤机室设计要点与运煤转运站基本相同，具体要求可参见运煤转运站的设计要点。

（三）工程实例

某燃煤发电厂的碎煤机室总长度为28.00m，共3个柱距；跨度为14.00m，共1跨；建筑高度为18.50m，分2层布置。碎煤机室内设一部敞开式混凝土梯，室外设一部钢楼梯。各层均设有排水沟道、水冲洗地漏及洗污池，并根据运煤专业要求设有吊物孔及起重吊运设备等。该碎煤机室平面、立面、剖面示意图及实景照片见图15-12～图15-16。

四、推煤机库

（一）简介

根据电厂运煤系统的上煤数量及煤场的储存能力，推煤机库车位一般按2～4台设置，布置在煤场附近。推煤机库一般设置停车库、检修库、工具间及值班室、卫生间等。推煤机库宜为封闭式建筑，当气候条件适宜时也可采用敞开式，建筑一般采用现浇钢筋混凝土结构。

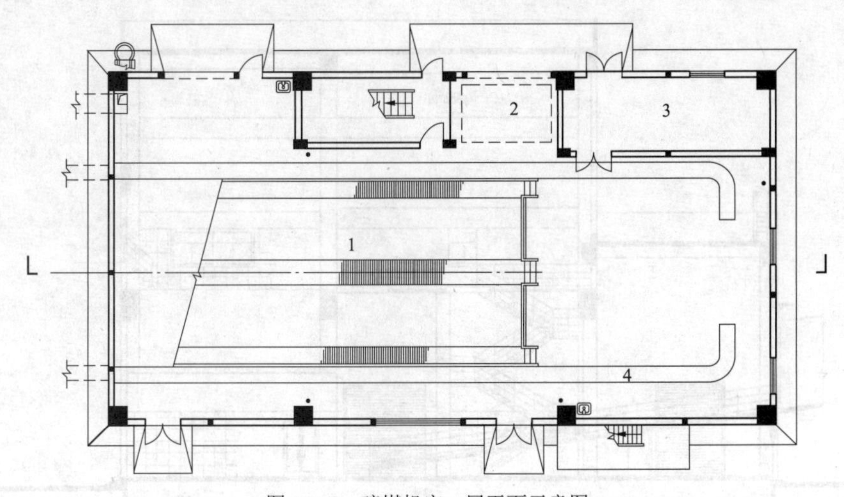

图 15-12　碎煤机室一层平面示意图

1—运煤栈桥；2—吊物孔区域；3—电气用房；4—排水沟

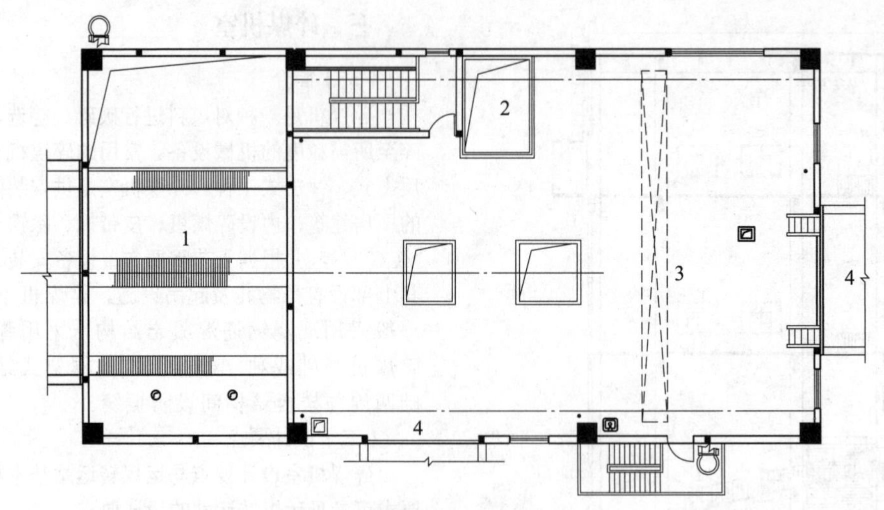

图 15-13 碎煤机室二层平面示意图

1—运煤栈桥；2—吊物孔；3—起重设备；4—栈桥

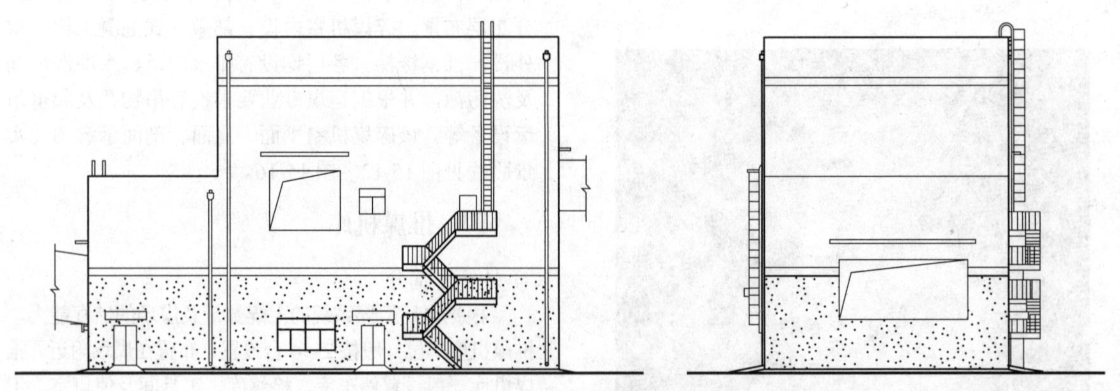

图 15-14 碎煤机室立面示意图

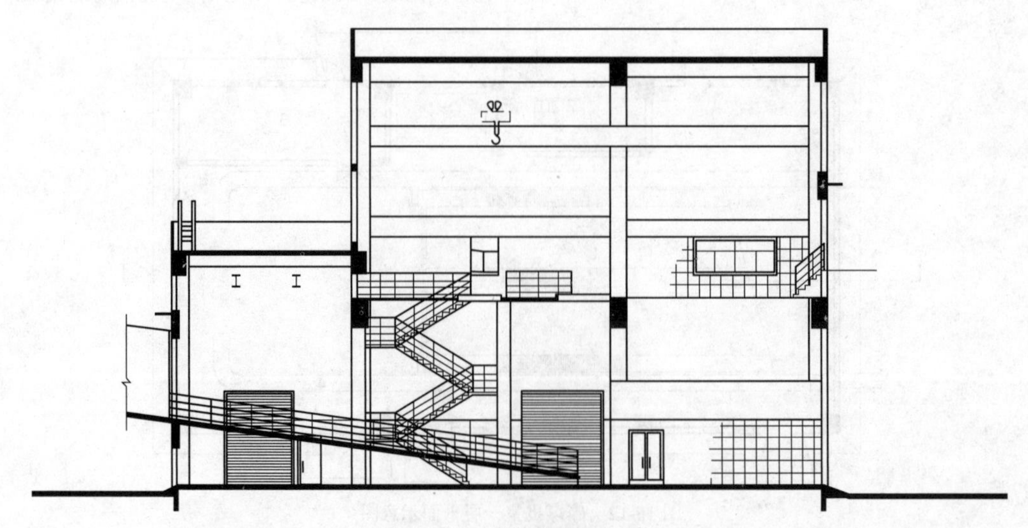

图 15-15 碎煤机室剖面示意图

图 15-16 碎煤机室实景照片

（二）设计要点

（1）推煤机与墙、柱、护栏之间的最小净距应符合表 15-5 的要求。

表 15-5 推煤机与墙、柱、护栏之间最小净距

项目		尺寸（m）
推煤机之间横向净距		1.00
推煤机与柱之间净距		0.40
推煤机与墙、护栏及其他构筑物间净距	纵向	0.50
	横向	1.00

注 1. 本表摘自 DL/T 5094—2012《火力发电厂建筑设计规程》。
2. 纵向是指推煤机长度方向，横向是指推煤机宽度方向，净距是指最近距离，当墙、柱外有突出物时，应从其凸出部分外缘算起。

（2）推煤机停车间的净高不应低于推煤机最大总高加 1.00m，库门宽度尺寸宜为推煤机宽度加 1.00m。

（3）推煤机库应采用不低于 C30 的混凝土地面，其厚度不宜小于 0.15m，库内的行车道也可铺砌耐磨压材料，并采取防止打滑措施。

（4）推煤机库地面应设冲洗水的防排水设施。

（5）推煤机库停车间应设车轮挡，车轮挡宜设于距停车控制线为推煤机后悬的尺寸减 0.20m 处，其高度宜为 0.15～0.20m，车轮挡不得阻碍地面排水。

（6）检修库应设检修坑及起吊设施。检修坑内设踏步、照明及工具孔。坑底设排水坡度和集水坑。

（7）停车库和检修间在车辆发动时，易产生一氧化碳等有害气体。因此，可采用自然通风的方式，如设高侧窗或屋顶风帽。

（8）推煤机库室内、外装修设计标准见表 15-6。

表 15-6 推煤机库室内、外装修设计标准参考

房间名称	楼地面	内墙装修	踢脚线	顶棚及吊顶	外墙
停车库、修车库	细石混凝土	面砖墙裙及内墙涂料	同楼地面	内墙涂料	外墙涂料或面砖
值班休息室、工具间	面砖	内墙涂料	同楼地面	内墙涂料	
蓄电池室	耐酸地砖	耐酸面砖	同楼地面	耐酸涂料	

（三）工程实例

某燃煤发电厂的推煤机库总长度为 29.50m，共 4 个柱距；跨度为 12.00m，共 2 跨；建筑为单层，高度为 9.00m。推煤机库内设有值班休息室、工具间、蓄电池室，2 个停车位及 1 个检修车位，修车库内设起重设备。该实例推煤机库平面、立面、剖面示意图见图 15-17～图 15-19。

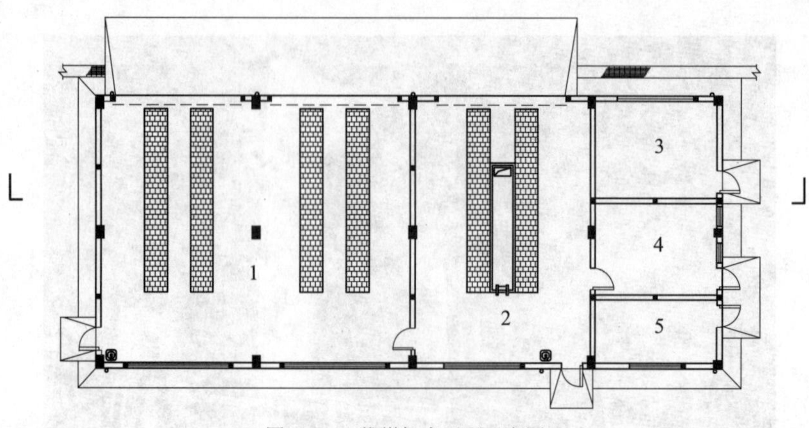

图 15-17　推煤机库平面示意图

1—停车库；2—修车库；3—值班休息室；4—工具间；5—蓄电池室

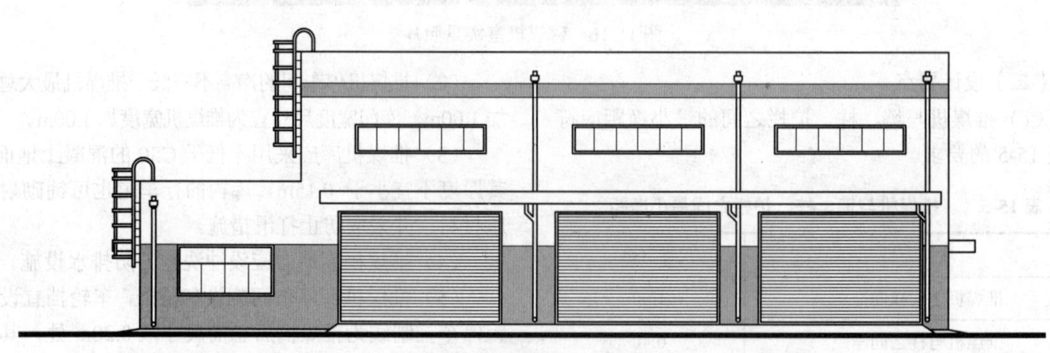

图 15-18　推煤机库立面示意图

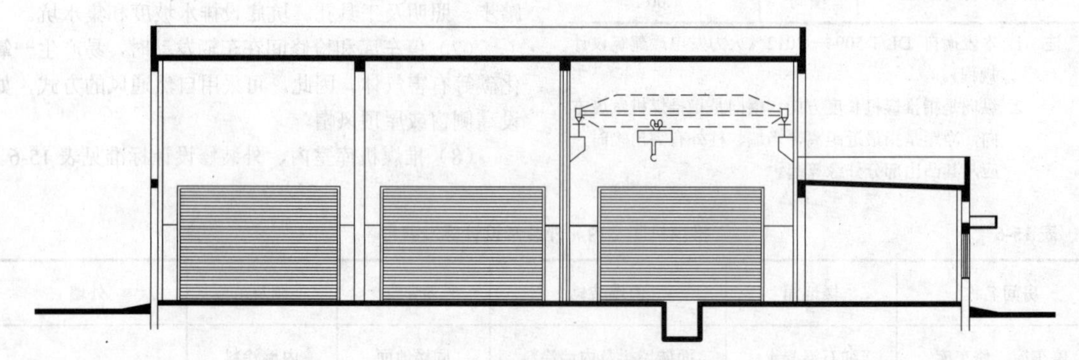

图 15-19　推煤机库剖面示意图

五、翻车机室

（一）简介

翻车机是燃煤发电厂铁路煤车大型自动翻卸设备，主要由圆盘、构架、驱动装置、夹具总成及定推平台、靠板振动器、托辊装置等部套组成。它是将敞顶煤车翻转一定角度，靠煤自重卸下的一种卸载机械。在电厂中使用时需相应地设置缝式煤槽或地下煤斗，以构成完整的翻卸设施。翻车机有转子式和侧倾式两种。每次能翻卸一节车皮的称单翻机，每次能翻卸两节车皮的称双翻机。

翻车机室布置根据工艺需要，一般包括运转层、迁车控制室、翻车机控制室、配电室、值班室、给煤机层、煤斗层、带式输送机层、工具间等。

翻车机室厂房高，大门开启时间长，为敞开式布置。严寒、寒冷地区冷风渗透量大，供暖热负荷大，室内还设有水喷雾除尘，为了保持室内温度，可采用封闭式布置。

（二）设计要点

（1）控制室宜设在车辆进口或出口的上端，观察窗位置应能监视室内外车辆的调动和作业情况。

（2）交通布置与防火疏散应符合以下规定：

1）运转层应有通往给煤机层、煤斗层、带式输送机层、值班室和吊车的楼梯或通道，楼梯及通道的宽度不宜小于0.90m。

2）翻车机室的火车出入口在严寒地区应设火车大门，有条件时，可采用电动提升门或电动折叠门。

（3）地面防排水应符合以下规定：

1）地下室部分墙、地面应有良好的防水。混凝土墙、地板宜采用自防水，当不能满足防水、防渗漏要求时，应增设外防水措施。

2）地面应有不小于0.5%的排水坡度，并设置排水沟和集水坑。排水沟应有格栅盖板。

（4）卫生设施应符合以下规定：

1）积尘采用水力清扫时，应设置污水池。地下部分墙面应设1.80m高的面砖墙裙，地上部分墙面应设1.20～1.80m高的面砖墙裙。

2）一般不考虑设置卫生间。

（5）地下部分应有良好的通风条件。应设通风道和竖井，必要时可设机械通风系统。

（6）控制室的门窗应有密闭防尘措施，控制室观察窗的玻璃应采用安全玻璃。

（7）配电室应有防止小动物进入的措施。

（8）翻车机室室内、外装修设计标准见表15-7。

表15-7　翻车机室室内、外装修设计标准参考

房间名称	楼地面	内墙装修	踢脚线	顶棚及吊顶	外墙
翻车机室	环氧耐磨涂料	耐冲洗外墙涂料	同楼地面	内墙涂料	外墙涂料、面砖或压型钢板

（三）工程实例

某燃煤发电厂的翻车机室总长度为30.00m，共5个柱距；跨度为27.00m，共1跨；建筑为地上一层，地下二层，高度为28.90m。翻车机室设两部敞开式钢楼梯，并根据工艺布置要求设置检修钢梯到达各层楼面。各层均设有排水沟道、水冲洗地漏及洗污池，并根据运煤专业要求设有吊物孔及起重吊运设备等。该实例翻车机室平面、剖面示意图见图15-20及图15-21。

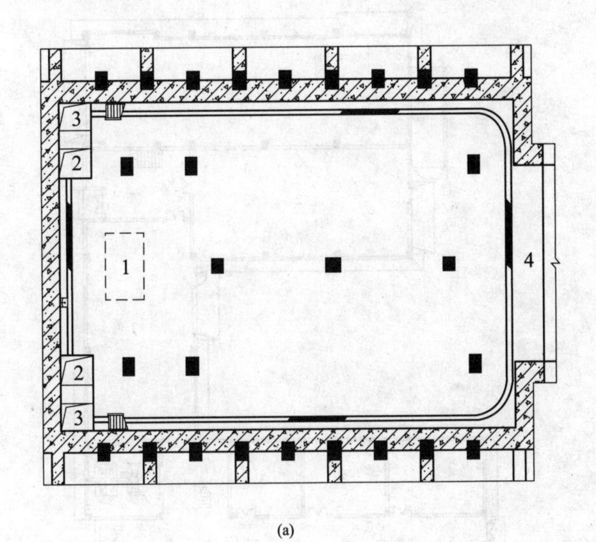

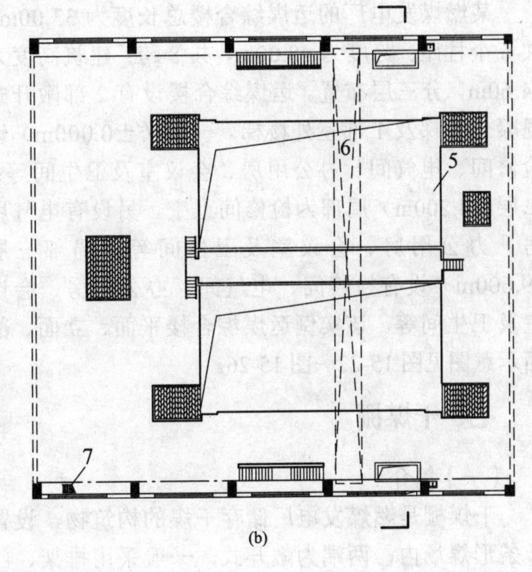

图15-20　翻车机室平面示意图

（a）地下一层平面图；（b）平面图

1—吊物孔区域；2—煤泥池；3—污水池；4—运煤栈桥；

5—吊物孔；6—行车；7—上行车钢梯

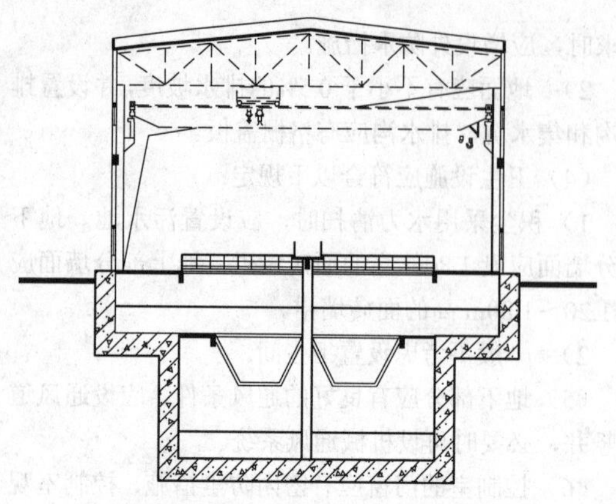

图 15-21 翻车机室剖面示意图

六、运煤综合楼

(一)简介

运煤综合楼内宜设置运煤控制室、电缆夹层、配电室、变压器间、运煤分场办公室、会议室、卫生间等。运煤检修间、煤场工人休息室和浴室可与运煤综合楼联合布置。当为联合建筑时，浴室宜布置在底层但不应与配电室相邻，并设独立的出入口。运煤综合楼一般采用现浇混凝土框架结构。

(二)设计要点

(1)运煤控制室一般设置在顶层，可观察到煤场的作业情况。室内净高宜为3.00～3.30m。

(2)在人员集中的适当位置应设置卫生间和清洗设施。卫生间规模数量应考虑运行、检修人员的需要。卫生间宜有天然采光和不向邻室对流的自然通风。

(3)运煤控制室、电缆夹层各自的出入口不应少于2个，其中1个可以设在室外楼梯平台处。

(4)控制室的外门窗应有密闭防尘措施。

(5)配电用房应有防止小动物进入的措施。

(6)运煤综合楼室内、外装修设计标准见表15-8。

表 15-8 运煤综合楼室内、外装修设计标准参考

房间名称	楼地面	内墙装修	踢脚线	顶棚及吊顶	外墙
检修间、电气用房	环氧耐磨地坪涂料	内墙涂料	同楼地面	内墙涂料	外墙涂料或面砖
办公室、会议室、走道及楼梯间	玻化砖	内墙涂料	同楼地面	铝合金吊顶	
卫生间	防滑地砖	面砖	—	铝合金吊顶	

(三)工程实例

某燃煤发电厂的运煤综合楼总长度为33.00m，共6个柱距；跨度为48.00m，共8跨；建筑高度为14.60m，分三层布置。运煤综合楼设有2部敞开式混凝土楼梯及1部室外楼梯。一层(±0.000m)设检修间、电气间、办公用房、会议室及卫生间等；二层(4.200m)局部为检修间上空，另设有电气用房、办公用房、会议室及卫生间等；局部三层(9.600m)设有检修间、电气间、办公用房、会议室及卫生间等。该实例运煤综合楼平面、立面、剖面示意图见图15-22～图15-26。

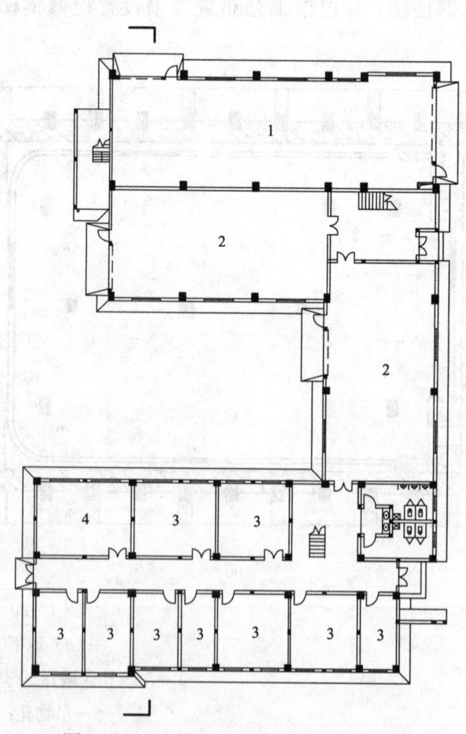

图 15-22 运煤综合楼一层平面示意图

1—检修间；2—电气间；3—办公用房；4—会议室

七、干煤棚

(一)简介

干煤棚是燃煤发电厂储存干煤的构筑物，设置于条形煤场内，两端为敞开式，一般采用排架、门式刚架或空间网架结构，具体需根据工程实际情况，按风荷载大小、挡雨功能、地质条件等选择经济合理的(钢)结构形式。大型燃煤发电厂的干煤棚跨度为120～150m。

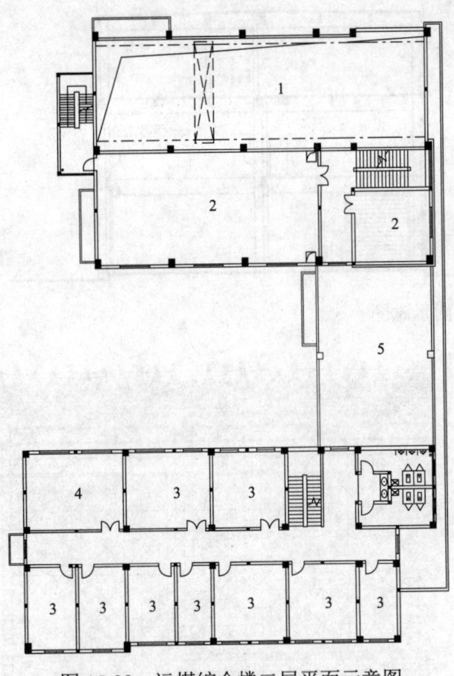

图 15-23　运煤综合楼二层平面示意图

1—检修间上空；2—电气用房；3—办公用房；4—会议室；5—屋面

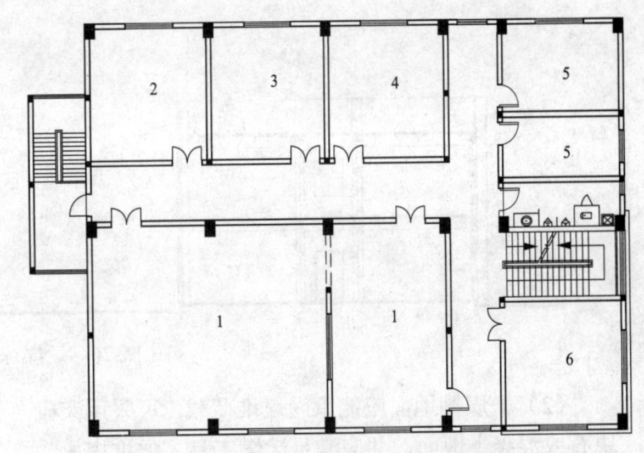

图 15-24　运煤综合楼三层平面示意图

1—检修间；2—电气间；3—办公用房；4—会议室；5—更衣室；6—工具间

（二）设计要点

（1）干煤棚通常为大跨度结构，根据需要可设混凝土挡煤墙，挡煤墙外侧应设排水沟。设桥式抓斗的干煤棚，在吊车梁处一般宜设纵向通道，其宽度不应小于 0.60m，通道外侧应设栏杆，并设置通往司机室的钢梯及平台。

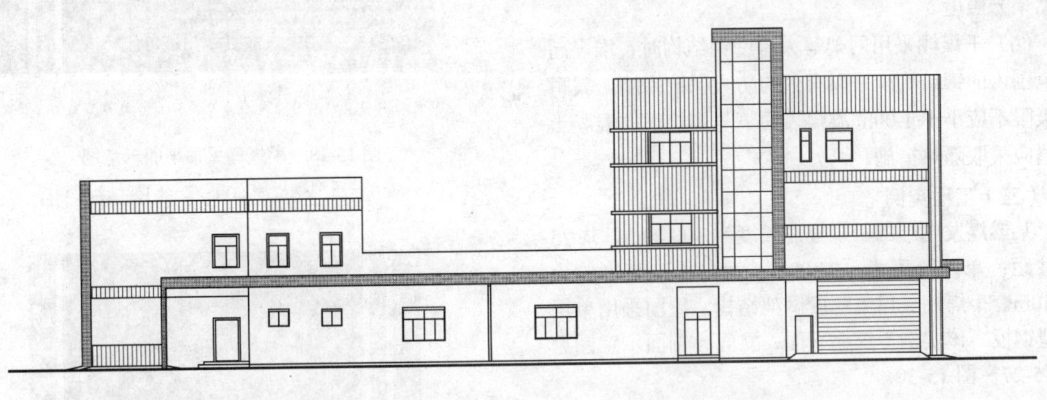

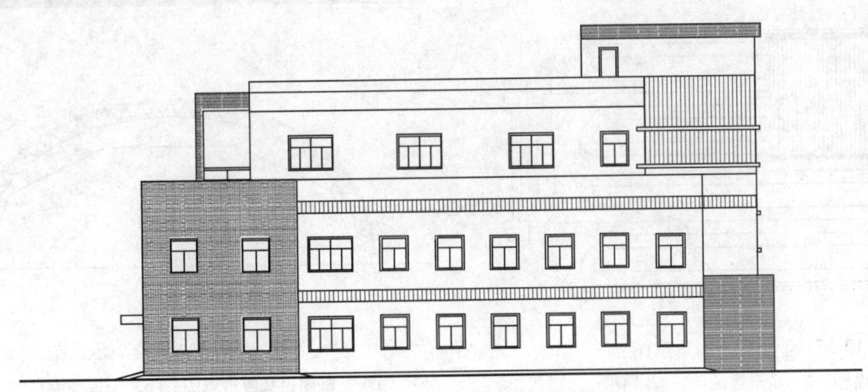

图 15-25　运煤综合楼立面示意图

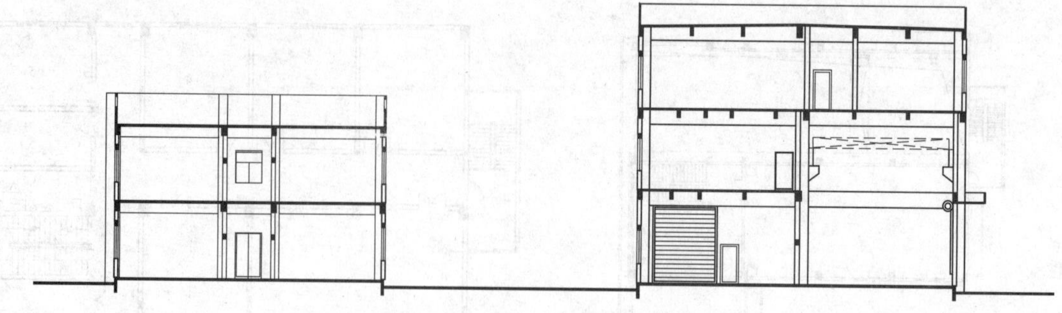

图 15-26 运煤综合楼剖面示意图

（2）干煤棚地面应能承受煤堆荷载，可采用浆砌块石或混凝土地面，并应满足运煤工具（如推煤机）的作业要求。

（3）煤场室内地面应设排水坡度及排水盲沟，并与室外排水沟连通。

（4）有推煤机作业的干煤棚，柱身应有安全保护措施，柱距应便于推煤机作业。

（5）大跨度干煤棚屋面应采用具有阻燃性能的加强型玻璃钢瓦或压型钢板，并应有可靠的固定措施。当屋面采用压型钢板等不透光板材时，靠煤场中部位置可采用透光性能较好的采光板，以提高中间部位的天然采光照度。

（6）干煤棚采用网架等大跨度钢结构时，堆煤高度范围内的钢结构应采取有效的防火保护措施，其耐火极限不应小于 1.00h。堆煤表面下与煤接触的混凝土挡墙应采取隔热措施。

（三）工程实例

某燃煤发电厂的干煤棚总长度为 100.00m，共 25 个柱距；单跨跨度为 103.00m，为单层，高度约为 41.40m。干煤棚采用大跨度网架结构，屋面采用单层压型钢板。该实例干煤棚平面、立面、剖面示意图见图 15-27～图 15-30。

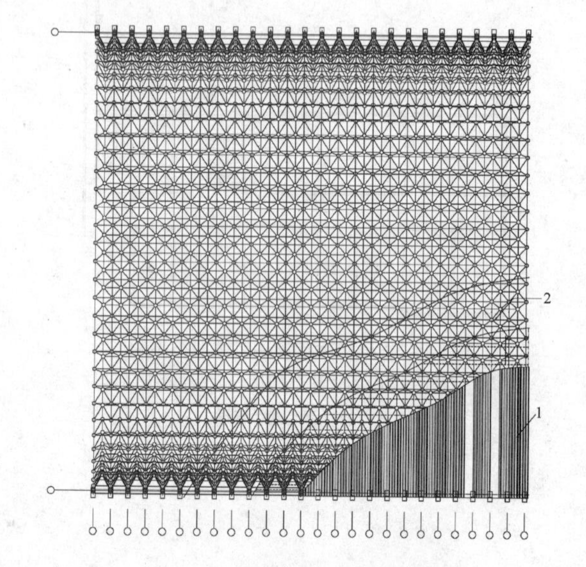

图 15-28 干煤棚屋顶平面示意图

1—压型钢板屋面板；2—网架结构

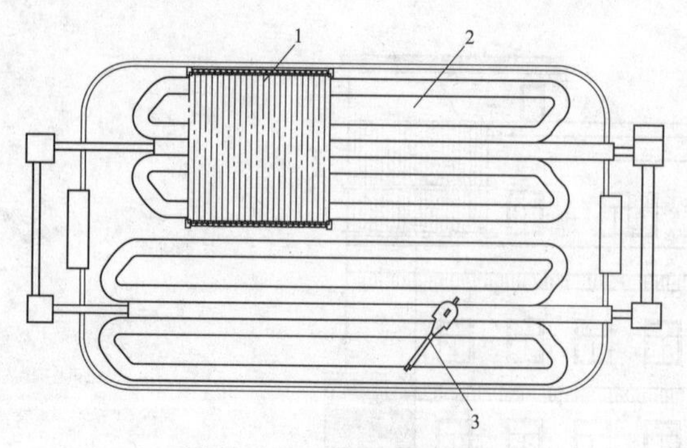

图 15-27 干煤棚平面示意图

1—干煤棚；2—条形煤场；3—斗轮机

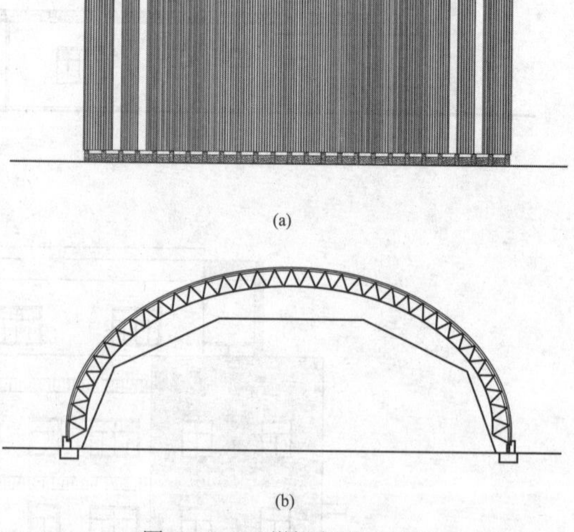

图 15-29 干煤棚立面示意图

（a）干煤棚正立面示意图；（b）干煤棚侧立面示意图

图 15-30 干煤棚实景照片

八、室内贮煤场

（一）简介

室内贮煤场一般为圆形平面，侧壁一般采用带扶壁柱的分离式挡煤墙结构或整体式（筒壳）挡煤墙结构（见图 15-31 和图 15-32），屋顶采用空间网架结构支撑于壁柱或侧壁顶部。圆形封闭式贮煤场由挡煤墙、球面网壳和屋面组成。全封闭条形贮煤场的结构一般采用排架、门式钢架或空间网架结构。

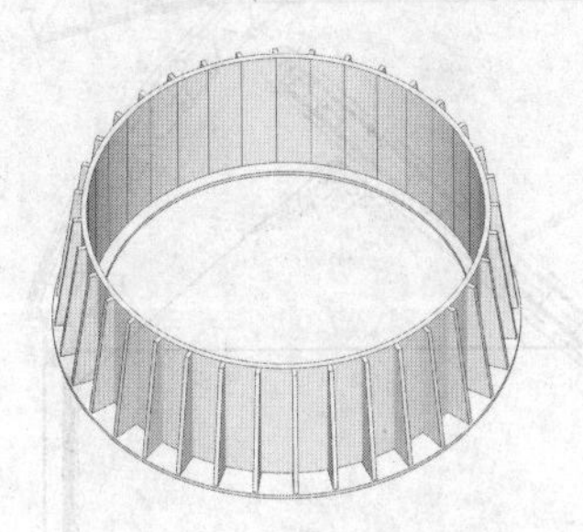

图 15-31 分离式挡煤墙结构

图 15-32 整体式（筒壳）挡煤墙结构

封闭室内贮煤场有以下特点：

（1）密封性好。100%回取率，无浪费，适用于多风雨地区，可以减少煤场煤粉飞扬对周围环境的影响，能最好地满足环保要求。

（2）美化厂区，可利用彩画来处理单调的侧壁外立面，既美观又环保。

（3）节约用地。圆形贮煤仓单位面积贮煤量估算可达 12～15t/m²（与桶壁墙高度有关，一般高度为 15～20m）。

（二）设计要点

（1）对侧壁结构堆煤高度范围的挡煤墙应采取隔热措施加以保护，防止煤自燃对侧壁结构造成损害。根据研究和运行经验，推荐隔热层可采用 240mm 厚耐火砖砌体，隔热层高度不低于挡煤墙处的堆煤高度。

（2）室内贮煤场火灾危险性为丙类。圆形封闭贮煤场直径通常在 90～120m 左右，储煤量受挡煤墙高度影响（壁高 16m 贮煤仓可贮煤 13 万～15 万 t，壁高 20m 时贮煤仓可贮煤约 18 万 t）。

（3）圆形封闭贮煤场一般开设一个大门，主要是考虑堆煤后基本无人，而且可以借道斗轮机通过栈桥通道逃生。大门预留洞口尺寸主要考虑斗轮机安装，一般为 8m×8m，斗轮机安装完成后大门可以减小到 4～4.5m 宽，满足推煤机进出尺寸。大门宜采用型钢骨架的平开钢板门。安全出口采用平开门。

（4）挡煤墙顶部设有环形平台走道和直接能下到室外地坪的楼梯，数量应按库房防火要求，不应少于 2 部楼梯。钢梯宽度不宜小于 0.90m，坡度不大于 45°，并与墙顶部环形通道连通。

（5）对于需要储存高挥发性煤的挡煤墙，应考虑煤的自燃对结构的影响。挡煤墙隔热层厚度应通过稳定传热方式计算确定，内壁温度取值考虑堆煤在焖烧（在不通风状态下的不完全燃烧）时的计算温度，可取 400℃；混凝土承受温度与结构、混凝土的施工配比有关，一般不超过 200℃。为了使库内清煤方便，挡煤墙的墙角尽量做成弧角，避免由于长期堆积而容易产生自燃，做法如图 15-33 所示。

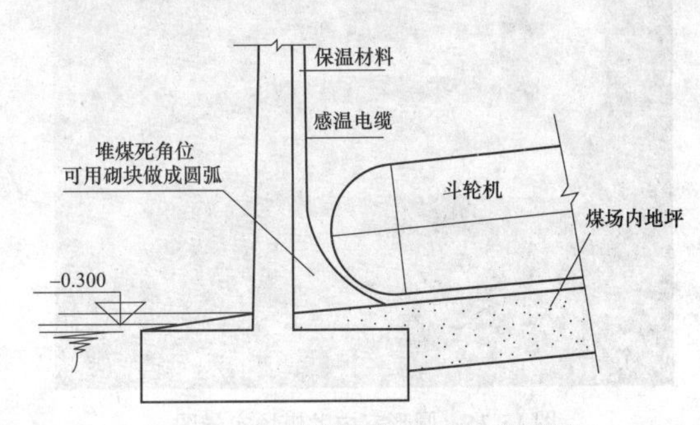

图 15-33 挡煤墙墙角防火耐高温构造

（6）煤场的内地坪可采用 600～800mm 厚的炉渣、煤矸石作为地面材料，也可以采用现浇混凝土地面。煤场室内地面应设排水坡度及排水盲沟，并与室外排水沟连通。

（7）室内贮煤场的通风、采光一般通过屋面平天窗解决。室内贮煤场应注重通风，由于煤的自燃可能产生烟气，影响人员的操作，挡煤墙顶部走道上方应留有不小于 2m 的敞开净空，非台风地区高度可增加至 2.5m 以上，屋顶上部的出风口应考虑热压自然通风面积需要，通风量可按换气次不宜小于 3 次数估算。

（8）大跨度室内贮煤场屋面，应采用具有阻燃性能的加强型玻璃钢瓦或压型钢板，并应有可靠的固定措施。当屋面采用压型钢板等不透光板材时，其煤场中部可采用透光性能较好的采光板，提高中间部位的天然采光照度。

（9）室内贮煤场采用网架等大跨度钢结构时，堆煤高度范围内的钢结构应采取有效的防火保护措施，其耐火极限不应小于 1.00h。堆煤表面下与煤接触的混凝土挡墙应采取隔热措施。

（三）工程实例

某燃煤发电厂的圆形室内贮煤场半径（至挡墙内壁）为 55.60m，建筑为单层，高度约为 61.70m。建筑采用大跨度网架结构，屋面采用单层压型钢板，局部采用采光板以提高中间部位的采光照度。该实例圆形室内贮煤场剖面示意图及实景图见图 15-34 及图 15-35。

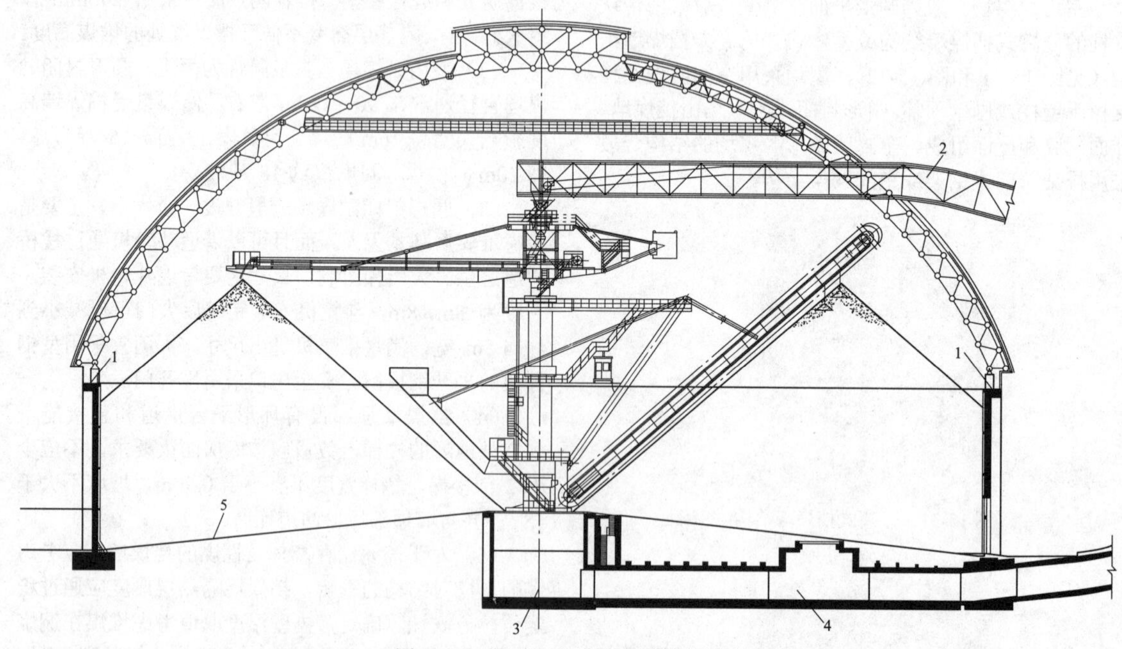

图 15-34　圆形室内贮煤场剖面示意图

1—环形平台走道；2—运煤栈桥；3—煤场中心线；4—地下运煤廊道；5—地面线

图 15-35　圆形室内贮煤场实景图

九、电除尘控制楼

（一）简介

利用强电场使气体电离、粉尘荷电，并在电场力作用下分离，捕集粉尘的装置称为电除尘装置。整套设施安置按建筑分为电除尘器室和硅整流器室，布置于锅炉后部。

电除尘控制楼内设置有电气控制室、热控控制室、电除尘（灰）配电室、等离子点火配电室、电缆夹层、检修间、卫生间等。

（二）设计要点

（1）配电室、电缆夹层、控制室应设两个安全出口，其中一个出口可设在室外楼梯平台处。

（2）电除尘控制楼内应设卫生间，其附设检修间内宜设洗污池。

（3）配电室、电缆夹层应有防止小动物进入的措施。

（4）控制室应采取有效的防噪措施，室内应有良好的通风、采光。

（5）电除尘控制楼室内、外装修设计标准见表15-9。

表 15-9　　电除尘控制楼室内、外装修设计标准参考

房间名称	楼地面	内墙装修	踢脚线	顶棚及吊顶	外墙
配电室、检修间	环氧耐磨地坪涂料	内墙涂料	同楼地面	铝合金吊顶	
电缆夹层	细石混凝土	内墙涂料	同楼地面	内墙涂料	外墙涂料或面砖
电气、热控控制室，走道及楼梯间	玻化砖	内墙涂料	同楼地面	铝合金吊顶	
卫生间	防滑地砖	面砖	—	铝合金吊顶	

十、灰浆（渣）泵房

（一）简介

灰浆（渣）泵房为设置收集、输送炉渣及细灰成套设施的建筑，内设泵房、控制室、配电室、值班室、检修场地等。一般为单层（局部地下）建筑，泵房布置在地下，其对应部位设置起吊孔，屋顶处设置起吊设施。

（二）设计要点

（1）灰浆（渣）泵房地面应易于清洁、冲洗，宜设耐水冲洗的墙裙，应设不小于0.5%的地面排水坡度及带格栅盖板的排水沟和集水坑。地下室应做好墙面、地面的防水。

（2）泵房应设能通行汽车的大门。

（3）泵房内应设洗污池，设有值班室的泵房宜设卫生间。

（4）沉渣池、排污池周围应设安全防护栏杆。

（5）值班室、控制室应采取有效的隔声措施，其门窗应便于监视设备的运行和操作。值班室、控制室内应有良好的通风、采光。

（6）灰浆（渣）泵房室内、外装修设计标准见表 15-10。

表 15-10　　灰浆（渣）泵房室内、外装修设计标准参考

房间名称	楼地面	内墙装修	踢脚线	顶棚及吊顶	外墙
泵房	环氧耐磨地坪涂料或耐磨细石混凝土	面砖墙裙及内墙涂料	同楼地面	内墙涂料	外墙涂料或面砖
值班室、控制室	玻化砖	内墙涂料	同楼地面	铝合金吊顶	

（三）工程实例

某燃煤发电厂的灰浆（渣）泵房总长度为30.00m，共5个柱距；跨度为24.00m，共4跨；单层建筑，高度为14.30m。灰浆（渣）泵房布置有灰渣泵房、电气配电室及控制室。该实例灰浆（渣）泵房平面、立面、剖面示意图见图15-36～图15-38。

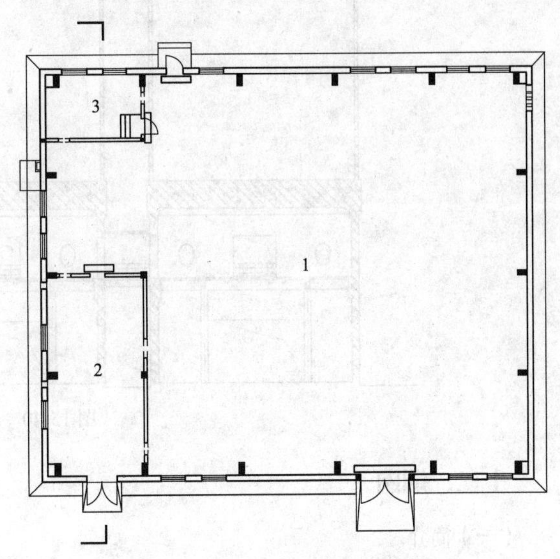

图 15-36　灰浆（渣）泵房平面示意图

1—灰渣泵房；2—配电室；3—控制室

十一、灰库

（一）简介

灰库是除灰系统的末端，一般为钢筋混凝土或钢结构筒形构筑物，内设有贮灰层、灰处理设施、MCC室等。容量规格根据工艺需求确定设计，配置有防止扬尘的除灰和进灰、卸灰设备的密闭容器。

（二）设计要点

（1）通向灰库各平台的室外楼梯一般采用钢梯。高大型灰库根据需要可设置一部通达其屋顶的电梯。

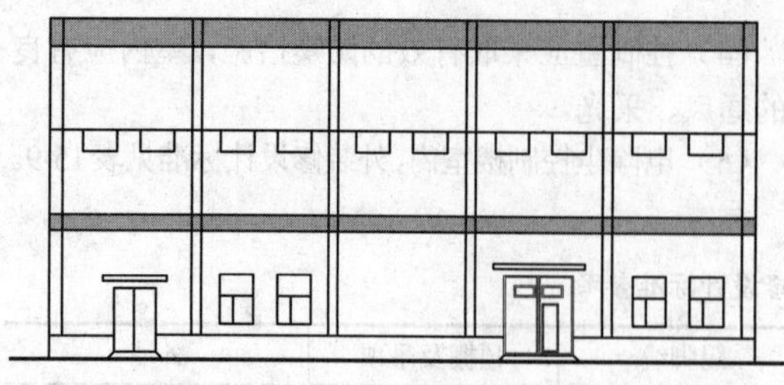

图 15-37 灰浆（渣）泵房立面示意图

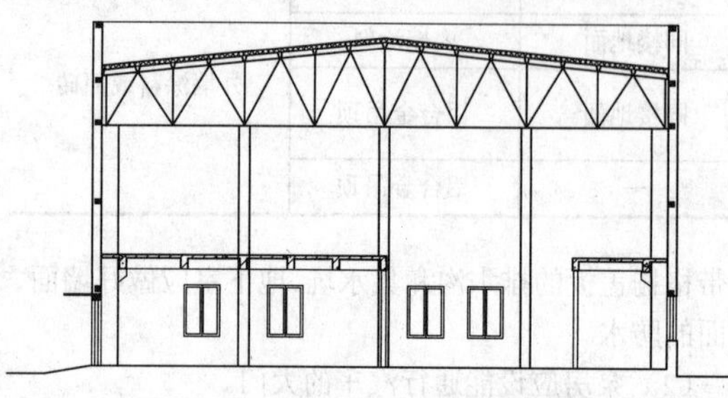

图 15-38 灰浆（渣）泵房剖面示意图

（2）灰库底部应设能通行大型运货汽车的门洞。

（3）灰库底层地面应易于清洁、冲洗，应设不小于0.5%的排水坡度及带格栅盖板的排水沟。

（4）灰库室内、外装修设计标准见表 15-11。

表 15-11 灰库室内、外装修设计标准参考

房间名称	楼地面	内墙及顶棚	外墙
灰库	耐磨细石混凝土	混凝土内壁不做处理	外墙涂料

（三）工程实例

某燃煤发电厂的灰库分为细灰库、粗灰库、原灰库三部分，半径（至墙体内壁）为 7.20m，高度为 34.30m，分 3 层布置。灰库为钢筋混凝土筒形构筑物，设有钢梯通至灰库各楼层。该实例灰库平面、剖面示意图见图 15-39 及图 15-40。

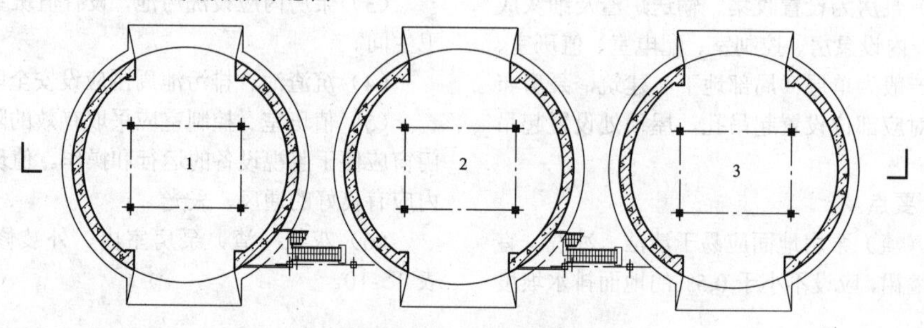

图 15-39 灰库平面图

1—细灰库；2—粗灰库；3—原灰库

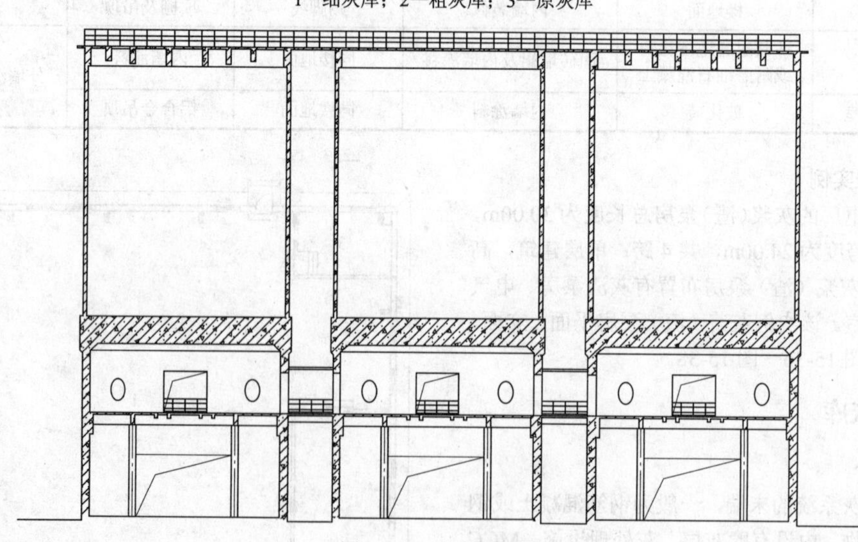

图 15-40 灰库剖面图

十二、烟囱

（一）简介

烟囱是为排放锅炉燃烧煤等燃料后产生的废气的竖立构筑物，废气从锅炉排放后经过降温和除尘器除尘及脱硫脱硝处理，最后通过烟囱排放到大气中。烟囱的主要作用是拔烟，排走废气，改善燃烧条件。

燃煤发电厂烟囱形式按照主体结构建筑材料可分为砖烟囱、钢筋混凝土烟囱和钢烟囱。以前基本是钢筋混凝土外筒，内衬耐酸砖（耐火砖）或耐酸砖和普通红砖合用作为防腐和保温层。近年来，随着技术的发展，烟囱的结构形式发生了很大的变化，除了传统的单筒烟囱外，出现了许多不同结构形式的烟囱。

（二）设计要点

（1）烟囱一般采用钢筋混凝土或钢结构。

（2）建筑专业主要配合结构专业进行烟囱外观及表面涂装的设计，有的烟囱本身独特的结构形式即形成一种构件美感。

（3）建筑外形设计应根据工艺要求并充分考虑结构合理性、经济性及施工可行性。

（4）烟囱内可设供检修及观测使用的升降机。

（三）工程实例

1. 实例一

某燃煤发电厂的圆筒形烟囱高 210.00m，内部为双管钢内筒，外部为圆形混凝土外筒。该实例圆形烟囱平面、剖面图见图 15-41。

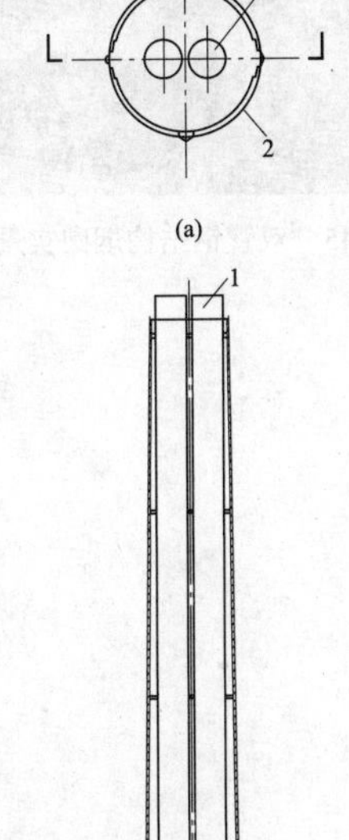

图 15-41　圆形烟囱示意图

（a）圆形烟囱平面示意图；（b）圆形烟囱剖面示意图

1—钢内筒；2—混凝土外筒

2. 实例二

某燃煤发电厂的异形烟囱高 240.00m，内部为双管钢内筒，外部为平面正方形呈对角线向上渐变收缩为长六边形（梭形）混凝土外筒。该实例异形烟囱平面、立面图见图 15-42，实景照片见图 15-43。

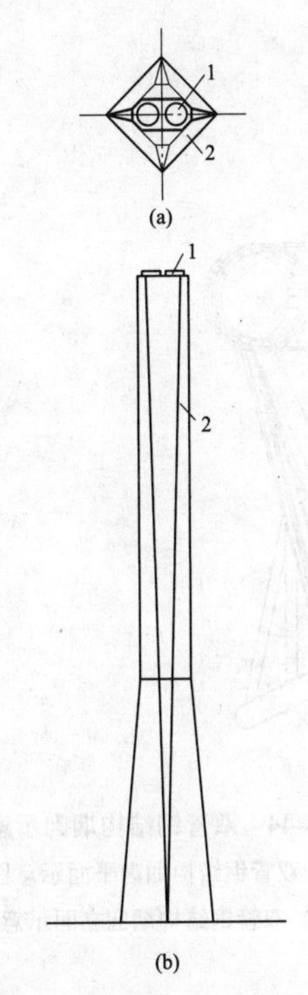

图 15-42　异形烟囱平面图、立面图

（a）异形烟囱平面示意图；（b）异形烟囱立面示意图

1—钢内筒；2—混凝土外筒

图 15-43　混凝土异形烟囱实景照片

3. 实例三

某燃煤发电厂的双管自立式钢结构烟囱，由 2 根直径为 7300m、高为 240m 的钢排烟筒及钢斜撑组成。双管自立式钢结构烟囱平面、立面图见图 15-44，实景照片见图 15-45。

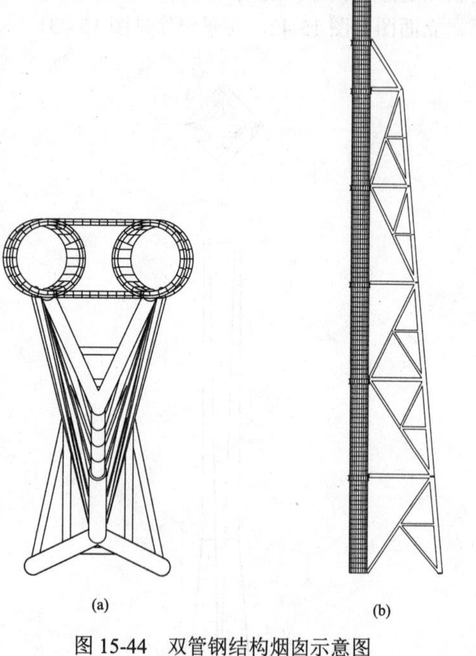

图 15-44　双管钢结构烟囱示意图
（a）双管钢结构烟囱平面示意图；
（b）双管钢结构烟囱立面示意图

图 15-45　双管钢结构烟囱实景照片

第十六章

燃煤发电厂脱硫与脱硝建筑设计

燃煤发电厂的燃料燃烧时，会产生大量含有硫和氮的废气，这些废气排入大气产生污染，形成酸雨并破坏大气臭氧层。燃煤发电厂脱硫及脱硝设备则是用来处理含有大量硫和氮的废气的装置。供安置脱硫、脱硝装置设施的各建筑物称为脱硫与脱硝建筑。

脱硫工艺系统主要由吸收剂制备系统、烟气系统、SO_2吸收系统、工艺水系统、副产品及废水处理系统等组成。脱硫工艺有石灰石湿法、石灰半干法、海水洗涤法等，不同的脱硫工艺流程，其脱硫设施各不相同。

脱硝工艺系统主要是控制、降低锅炉燃烧生成的氮氧化物。氮氧化物有一氧化二氮（N_2O）、一氧化氮（NO）、二氧化氮（NO_2）以及五氧化二氮（N_2O_5），锅炉燃烧生成的氮氧化物主要是一氧化氮（NO），其比例超过90%，其余部分大部分为二氧化氮（NO_2），一般所称的NO_x也主要指的是这两种物质。

第一节　设计基本要求

脱硫与脱硝建筑布置应满足防火（防爆）间距及疏散、抗震等相关规程规范的要求。平面布置应功能分区明确，交通组织顺畅、快捷明了。注意脱硫废水处理间等有腐蚀介质作用的房间和部位采取防腐蚀措施。

有条件时，建筑物应尽可能采用多层建筑和联合建筑。如：石灰石浆液制备车间和石膏脱水车间根据工艺流程可采用联合建筑；浆液循环泵房、氧化风机房可布置在脱硫电控楼底层或并入其他脱硫建筑物内。

1. 防火与疏散

脱硫与脱硝建筑的火灾危险性分类及其耐火等级按GB 50229《火力发电厂与变电站设计防火规范》执行。脱硝储氨区的火灾危险性为乙类，耐火等级为二级；脱硫电控楼的火灾危险性为丁类，耐火等级为二级；其他脱硫与脱硝建筑的火灾危险性为戊类，耐火等级为二级。其对应的建筑构件的燃烧性能和耐火极限，应符合GB 50016《建筑设计防火规范》的规定。

2. 抗震

抗震设防烈度为6度及以上地区的脱硫与脱硝建筑，必须进行抗震设计。具体设计要求可参考第三章的相关内容。

3. 采光与通风

脱硫与脱硝建筑的采光宜优先考虑天然采光。天然采光不足时，可采用天然采光与人工照明相结合的采光方式。采光标准应符合GB 50033《建筑采光设计标准》的有关规定。

脱硫与脱硝建筑宜采用自然通风，当自然通风达不到卫生或生产要求时，应采用机械通风或自然与机械联合通风。对全封闭的设备房间，应采用机械送风，机械排风。

4. 防排水

脱硫与脱硝建筑屋面防水等级按Ⅱ级设计，一道防水设防。当顶层为电气用房时，电气用房（部分）的屋面，应按Ⅰ级防水等级设计，二道防水设防。

建筑屋面防水设计应遵循GB 50345《屋面工程技术规范》及GB 50207《屋面工程质量验收规范》的规定。

5. 噪声控制

脱硫与脱硝建筑的噪声控制设计应符合GB/T 50087《工业企业噪声控制设计规范》、GBZ 1《工业企业设计卫生标准》的规定。建筑物设计应重视噪声控制，在布置上应使主要工作场所避开强噪声源，对脱硫氧化风机等噪声源应采取隔振、隔声等措施。具体措施及构造见第六章的相关内容。

6. 热工与节能

按照表7-8所示火力发电厂建筑节能设计分类，脱硫电控楼等脱硫建筑节能设计分类为C类；脱硫控制楼等建筑设有采暖通风空调，节能设计分类为B类。建筑围护结构的热工设计宜分别按照表7-11和表7-10的要求，适当加强保温隔热的节能措施。

7. 装饰装修

脱硫与脱硝建筑物装修采用的建筑材料应以中档、适用为原则，以DL/T 5029《火力发电厂建筑装修设计标准》为依据。在选择建筑材料时应尽量统一，因地制宜，以便于施工、采购和控制工程造价。

8. 安全防护

（1）吸收塔顶部应设置照明设施。

（2）脱硫系统中石灰石粉仓、箱罐顶部及脱硫塔的旋转爬梯等应设置防护栏杆；平台、走道（步道）、升降口、吊装孔和坑池边等有坠落危险处，应设防护栏杆、盖板和踢脚板。

（3）脱硫系统应设有事故紧急停机开关以及防止误启停装置的措施。

（4）脱硫系统所有转动机械应设置安全护罩（网）。

（5）工艺设备、管道应考虑保温、防振动措施。

（6）当石灰石进料设置地下受料斗时，斗口处应设置钢格栅。

（7）液氨储存及氨气制备区应设置2个及以上安全出口。

（8）液氨储罐区应设置带警告标识的围栏。区内安全设施应包括氨气泄漏检测器、紧急水喷淋系统、火灾报警信号、安全淋浴器（包括洗眼器）及逃生风向标等。

（9）液氨储存及氨气制备区应根据其生产流程、各组成部分的特点和火灾危险性，结合地形、风向等条件，按功能进行分区，使储罐区与装卸区、辅助生产区分开布置。

（10）液氨卸料、储存、氨气制备及供应系统应保持其密闭性，并设置沉降观测点。

（11）液氨系统的液氨卸料压缩机、液氨储罐、液氨蒸发器、氨气缓冲罐及氨气输送管道等都应备有氮气吹扫系统。

（12）液氨储存及氨气制备区围墙外15m范围内不应设置绿化。该范围外的附近区域不应种植含油脂较多的树木、绿篱或茂密的灌木丛；宜选择含水分较多的树种和种植生长高度不超过150mm、含水分多的草皮进行绿化。

（13）脱硫与脱硝建筑的安全防护可按照DL 5053《火力发电厂职业安全设计规程》执行。

第二节 单体建筑设计

脱硫建筑包括石灰石制浆楼、石膏脱水楼、脱硫电控楼、脱硫废水处理车间、浆液循环泵房、氧化风机房、GGH辅助设备间、增压风机房等。脱硝建筑包括脱硝储氨区及氨区控制室等。

某2×1000MW燃煤发电厂脱硫与脱硝建筑总平面布置参见图16-1。

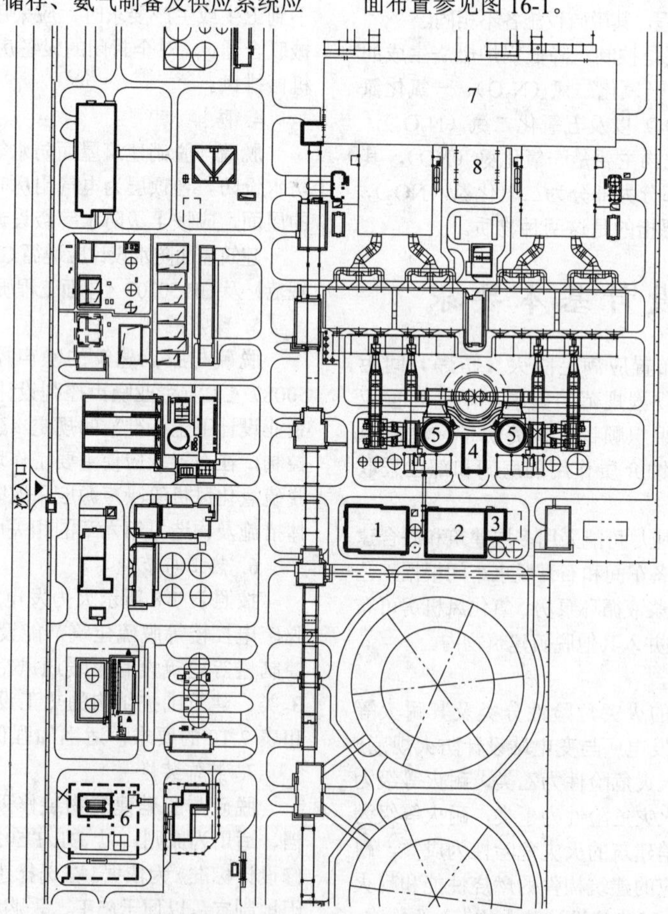

图16-1 某2×1000MW燃煤发电厂脱硫与脱硝建筑总平面布置图

1—石灰石制浆楼；2—石膏脱水楼；3—脱硫废水处理车间；4—脱硫电控楼；5—脱硫吸收塔；6—脱硝储氨区；7—主厂房；8—集中控制楼

一、石灰石制浆楼

（一）简介

石灰石制浆楼一般为多层建筑，钢筋混凝土框架结构。根据工艺流程要求可包括石灰石破碎间、石灰石磨制间、石灰石卸料间、石灰石粉（浆）制备间等。层高应根据工艺需要确定。

（二）设计要点

（1）石灰石制浆楼地面一般采用水冲洗清洁方式。有水冲洗要求的房间，楼地面设计应采用相关防水、排水措施，楼面应有防水层并设置大于0.5%的排水坡度，并应设置拖布池。

（2）旋流器集液槽应有防腐蚀措施，应采用性能可靠的防腐蚀面层和隔离层；旋流器间其他部位的楼面和墙面宜采用防腐蚀材料。

（3）石灰石制浆楼各层的安全出口不应少于 2 个。室内主要楼梯应采用钢筋混凝土梯，室外楼梯可采用钢梯。

（4）当石灰石破碎间内设置值班室等房间时，应有隔声措施。

（5）石灰石破碎间内应设置单轨吊或单梁起吊设备。

（6）石灰石制浆楼室内、外装修设计标准见表16-1。

表 16-1　石灰石制浆楼室内、外装修设计标准参考

房间名称	楼地面	内墙装修	踢脚线	顶棚及吊顶	外墙
石灰石制浆车间	环氧耐磨地坪涂料或细石混凝土	内墙涂料	同楼地面	内墙涂料	外墙涂料或面砖
配电室	环氧耐磨地坪涂料	内墙涂料	同楼地面	腻子顶棚	
走道及楼梯间	玻化砖	内墙涂料	同楼地面	内墙涂料	

（三）工程实例

某电厂的石灰石制浆楼，建筑总长为40.75m，共5个柱距；跨度为20.00m，共2跨；高度为29.00m，地下一层，地面三层。建筑内设一部室内混凝土楼梯，并根据工艺布置及检修需要设检修用钢梯。石灰石浆液制备车间首层设磨制机、高低压润滑站、石灰石浆液箱等，10.000m 层设电子设备间、MCC配电室及石灰石料仓等，17.000m 层安装有石灰石旋流器设备。石灰石制浆楼平、剖面示意图见图16-2及图16-3。

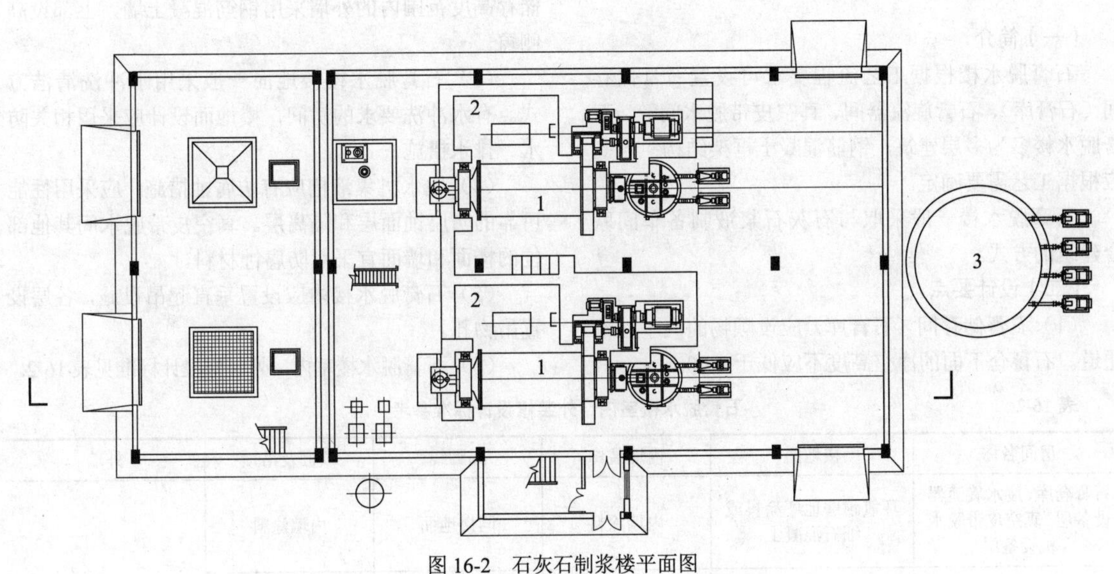

图 16-2　石灰石制浆楼平面图

1—磨制机；2—高低压润滑站；3—石灰石浆液箱

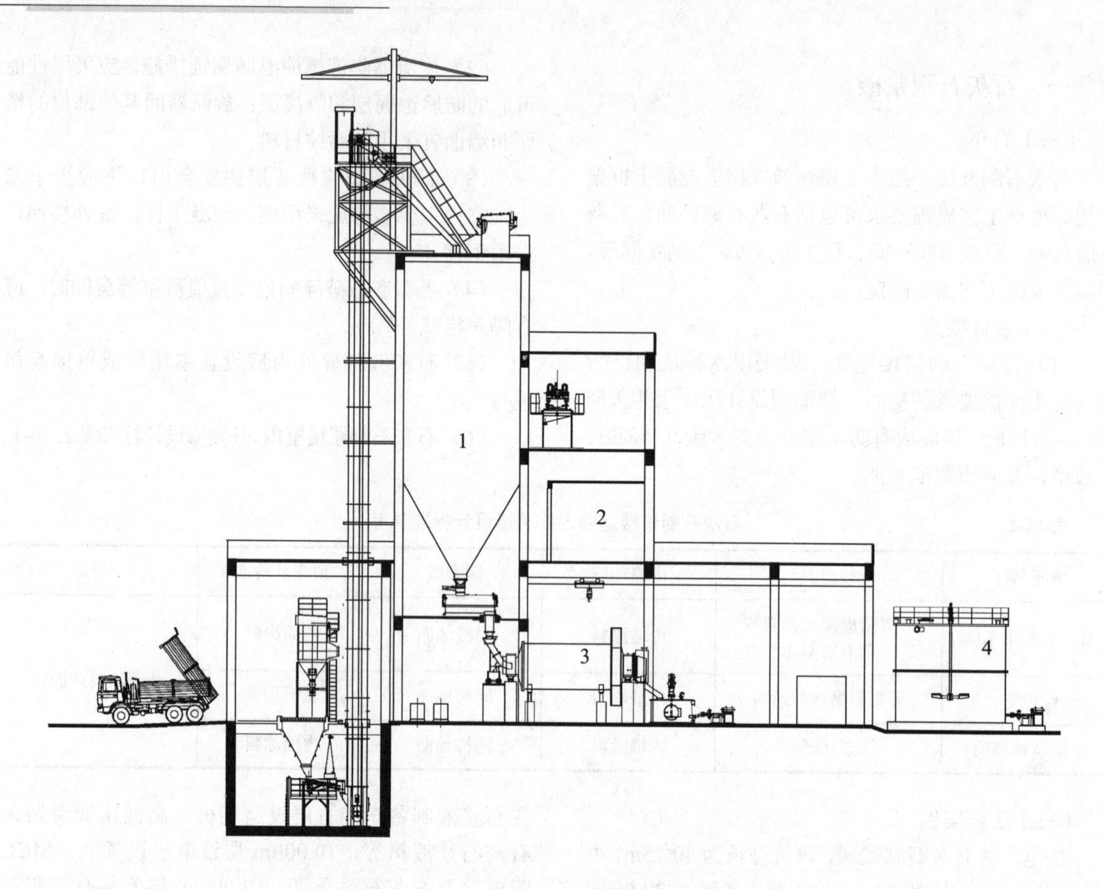

图 16-3　石灰石制浆楼剖面图

1—石灰石料仓；2—配电室；3—磨制机；4—石灰石浆液箱

二、石膏脱水楼

(一) 简介

石膏脱水楼根据工艺流程要求可设置石膏储存间（石膏库）、石膏旋流器间、真空皮带脱水间等。石膏脱水楼多为多层建筑，钢筋混凝土框架结构；层高应根据工艺需要确定。

石膏脱水楼一般采取与石灰石浆液制备车间联合建筑的方式。

(二) 设计要点

(1) 石膏储存间（石膏库）应设顺畅的汽车运输通道。石膏仓下面的净空高度不应低于 4.50m。

(2) 石膏储存间（石膏库）根据工艺要求在石膏储存高度范围内的外墙采用钢筋混凝土墙，上部设高侧窗。

(3) 石膏脱水楼楼地面一般采用水冲洗清洁方式。有水冲洗要求的房间，楼地面设计应采用相关防水、排水措施。

(4) 脱水机集液槽应有防腐蚀措施，应采用性能可靠的防腐蚀面层和隔离层。真空皮带脱水间其他部位的楼面和墙面宜采用防腐蚀材料。

(5) 石膏脱水楼内应设置垂直起吊设施，各层设置吊物孔。

(6) 石膏脱水楼室内、外装修设计标准见表 16-2。

表 16-2　石膏脱水楼室内、外装修设计标准参考

房间名称	楼地面	内墙装修	踢脚线	顶棚及吊顶	外墙
石膏仓库、废水旋流器设备层、真空皮带脱水机设备层	环氧耐磨地坪涂料或细石混凝土	内墙涂料	同楼地面	内墙涂料	外墙涂料或面砖
电气用房	环氧耐磨地坪涂料	内墙涂料	同楼地面	腻子顶棚	
电缆夹层	细石混凝土	内墙涂料	同楼地面	内墙涂料	
走道及楼梯间	玻化砖	内墙涂料	同楼地面	内墙涂料	

（三）工程实例

某电厂的石膏脱水楼，建筑总长为69.00m，共9个柱距；跨度为20.00m，共2跨；高度为28.50m，分四层布置。建筑两端各设一部室内混凝土楼梯。一层（±0.000m）为石膏仓库，二层（12.000m）布置有石膏转运输送机及电缆夹层，三层（16.500m）安装有真空罐及真空皮带脱水机，并布置有石膏脱水楼电气操作室，四层（23.500m）布置有废水旋流器及石膏旋流器。石膏脱水楼平、剖面示意图见图16-4～图16-8。

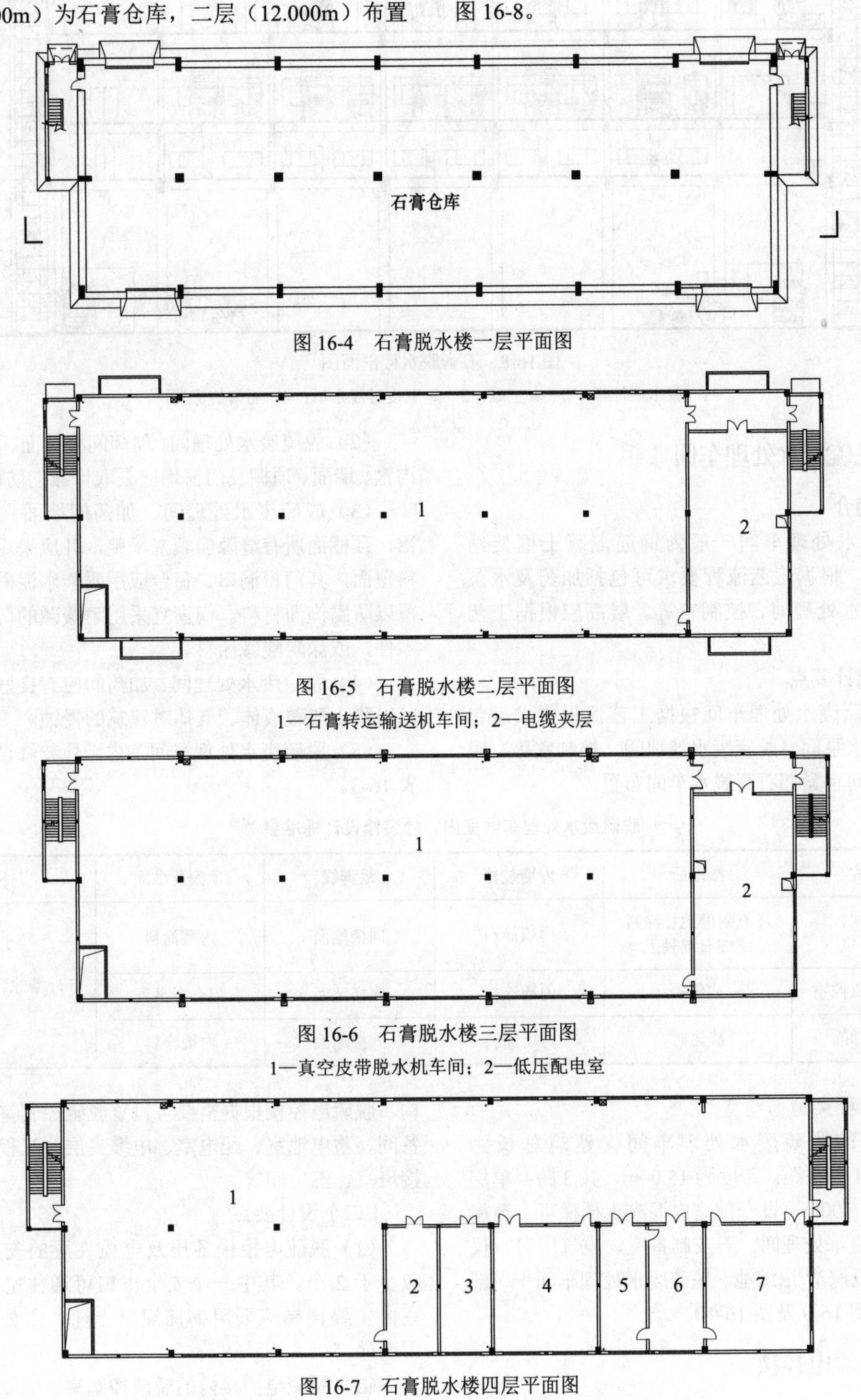

图16-4　石膏脱水楼一层平面图

图16-5　石膏脱水楼二层平面图

1—石膏转运输送机车间；2—电缆夹层

图16-6　石膏脱水楼三层平面图

1—真空皮带脱水机车间；2—低压配电室

图16-7　石膏脱水楼四层平面图

1—石膏旋流器车间；2—消防钢瓶间；3—空调机房；4—脱硫热工配电室；

5—蓄电池室；6—直流屏及UPS室；7—石膏楼UPS室及MCC室

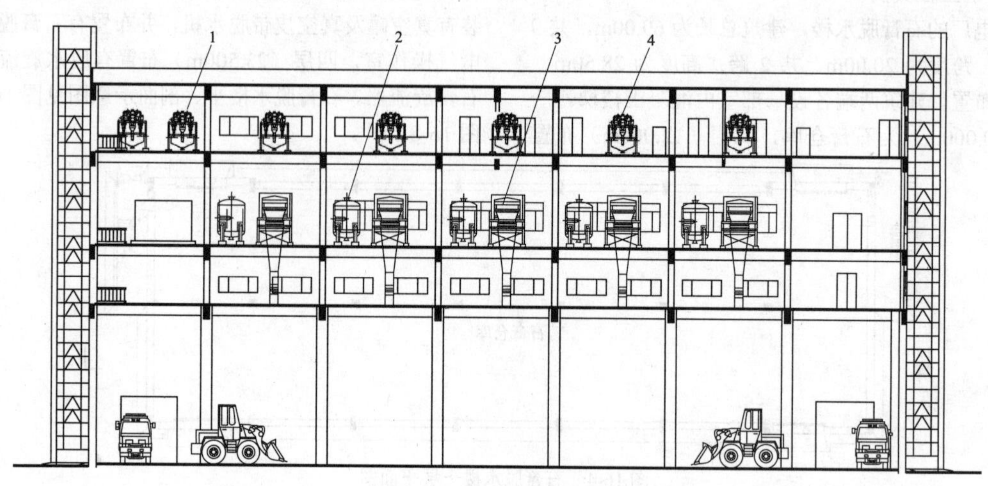

图 16-8 石膏脱水楼剖面图

1—废水旋流器；2—真空罐；3—真空皮带脱水机；4—石膏旋流器

三、脱硫废水处理车间

（一）简介

脱硫废水处理车间一般为钢筋混凝土框架结构多层建筑。根据工艺流程要求可包括加药及水泵间、脱硫废水处理间、控制室等。层高应根据工艺需要确定。

（二）设计要点

（1）脱硫废水处理车间根据工艺流程要求可包括加药间、水泵间、脱硫废水处理间、控制室等。脱硫废水处理间宜紧邻石膏脱水车间布置。

（2）脱硫废水处理间、加药间楼地面、设备基础、沟槽、墙面、顶棚及门窗均应采取可靠的防腐蚀措施。

（3）脱硫废水处理间、加药间墙面宜做防腐墙裙，顶棚面所有缝隙应填塞平整，并应采用耐酸碱涂料覆面，其门窗洞口、窗台应用耐酸水泥砂浆打底，覆以防腐饰面材料。门窗宜采用耐酸碱的门窗及五金零件，或涂耐酸碱涂料。

（4）脱硫废水处理间、加药间应有良好的自然通风以防止酸碱液体、气体对建筑的侵蚀。

（5）脱硫废水处理车间室内、外装修设计标准见表 16-3。

表 16-3 脱硫废水处理车间室内、外装修设计标准参考

房间名称	楼地面	内墙装修	踢脚线	顶棚及吊顶	外墙
废水处理间、石灰制备室	环氧耐磨地坪涂料或细石混凝土	内墙涂料	同楼地面	内墙涂料	外墙涂料或面砖
电气用房、仪控室	玻化砖	内墙涂料	同楼地面	铝合金吊顶	
走道及楼梯间	玻化砖	内墙涂料	同楼地面	内墙涂料	

（三）工程实例

某电厂的脱硫废水处理车间，建筑总长为 21.90m，共 4 个柱距；跨度为 15.00m，共 3 跨；单层建筑高度为 6.00m，设一部室内混凝土楼梯可上至屋面。布置有废水处理间、石灰制备室、电气用房、仪控室，室外设澄清/浓缩池。脱硫废水处理车间平、剖面示意图见图 16-9 及图 16-10。

四、脱硫电控楼

（一）简介

脱硫电控楼一般为多层建筑，钢筋混凝土框架结构。脱硫电控楼根据需要可设置脱硫控制室、电子设备间、蓄电池室、配电室、电缆夹层、工程师站、交接班室、卫生间等。

（二）设计要点

（1）脱硫电控楼各层及电缆夹层的安全出口不应少于 2 个。其中一个安全出口可通往室外楼梯。室内主要楼梯应采用钢筋混凝土梯，室外楼梯可采用钢梯。

（2）脱硫电控楼内的脱硫控制室、电缆夹层和室内疏散长度超过 15m 的配电装置室等房间的安全出口均不应少于 2 个。

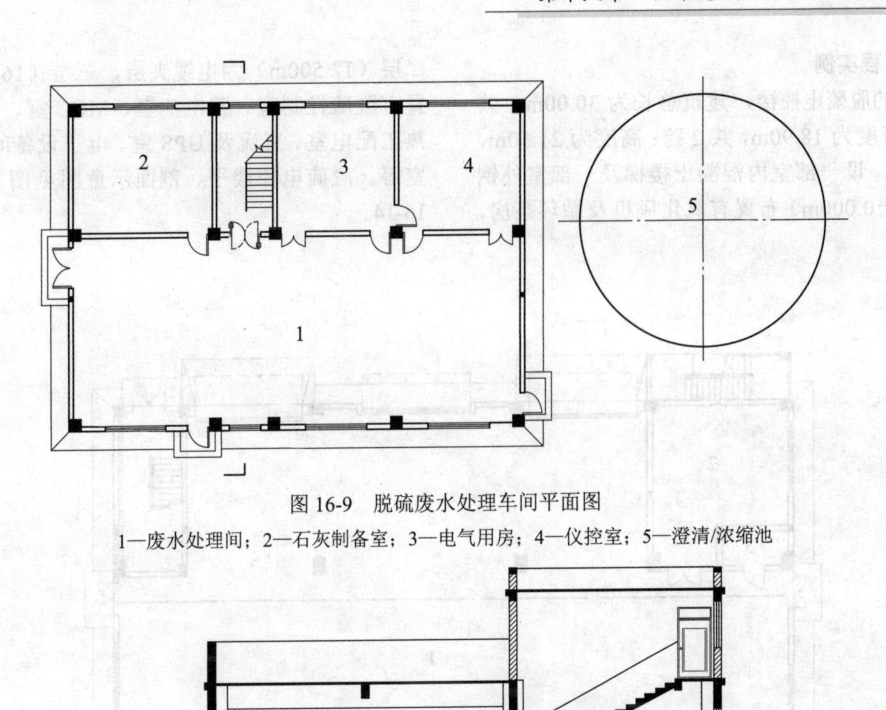

图 16-9　脱硫废水处理车间平面图

1—废水处理间；2—石灰制备室；3—电气用房；4—仪控室；5—澄清/浓缩池

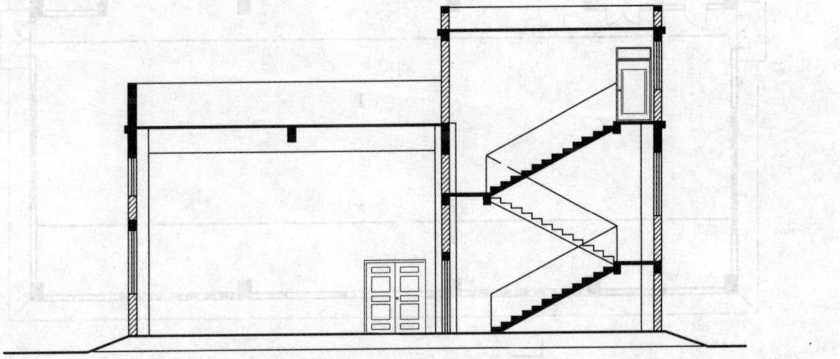

图 16-10　脱硫废水处理车间剖面图

（3）配电装置室、电缆夹层、电缆竖井等的室内疏散门应为乙级防火门，但上述房间中间隔墙上的门可为不燃烧材料制作的双向弹簧门。

（4）脱硫控制室、电子设备间、配电室、电缆夹层等房间采用气体消防时，应根据所采用气体种类的相关规范的规定，满足房间墙体、吊顶和门窗关于密闭性、耐火极限和抗压强度等方面的要求。有气体灭火系统的房间，建筑应尽量少开窗，当需要开窗时，宜为固定防火窗，并尽量减少单块玻璃面积，以提高玻璃窗单位面积的耐压强度。

（5）脱硫控制室净高宜为 3.00～3.30m。脱硫控制室顶棚设吊顶时应选用燃烧性能 A 级的轻质吊顶，吊顶应满足刚度、稳定性、检修和消防等的要求。

（6）脱硫控制室屋面防水等级为Ⅰ级，二道防水设防。屋顶及其上层房间的地面应组织可靠的防排水设计。屋面排水应采用有组织排水，并应避免雨水（或上、下水）管道穿越电气用房室内。严寒地区必须采用内排水方式时，配电装置间内的雨水管应采取封闭措施。

（7）脱硫控制楼在严寒、寒冷地区应采用双层窗或中空玻璃窗；在风沙较大的地区，外门窗应考虑密闭要求。

（8）脱硫电控楼室内、外装修设计标准见表 16-4。

表 16-4　　**脱硫电控楼室内、外装修设计标准参考**

房间名称	楼地面	内墙装修	踢脚线	顶棚及吊顶	外墙
脱硫控制室、电气用房、工程师室	玻化砖	内墙涂料	同楼地面	铝合金吊顶	外墙涂料或面砖
蓄电池室	耐酸地砖	耐酸面砖墙裙及耐酸涂料	同楼地面	耐酸涂料	
空调机房、电缆夹层	环氧耐磨地坪涂料或细石混凝土	内墙涂料	同楼地面	内墙涂料	
走道及楼梯间	玻化砖	内墙涂料	同楼地面	内墙涂料	

(三)工程实例

某电厂的脱硫电控楼，建筑总长为30.00m，共5个柱距；跨度为18.90m，共2跨；高度为21.50m，分三层布置。设一部室内混凝土楼梯及一部室外钢梯。一层(±0.000m)布置有氧化风机及循环泵房，二层(12.500m)为电缆夹层，三层(16.100m)布置有脱硫控制室、蓄电池室、MCC室、空调机房、热工配电室、直流及UPS室、电子设备间及工程师室等。脱硫电控楼平、剖面示意图见图16-11～图16-14。

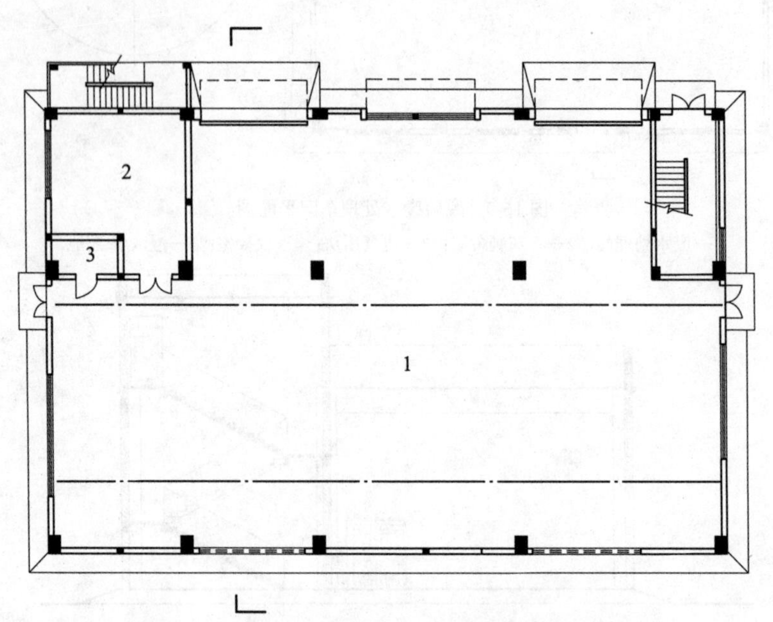

图16-11 脱硫电控楼一层平面图

1—循环泵及氧化风机室；2—气瓶间；3—雨淋阀间

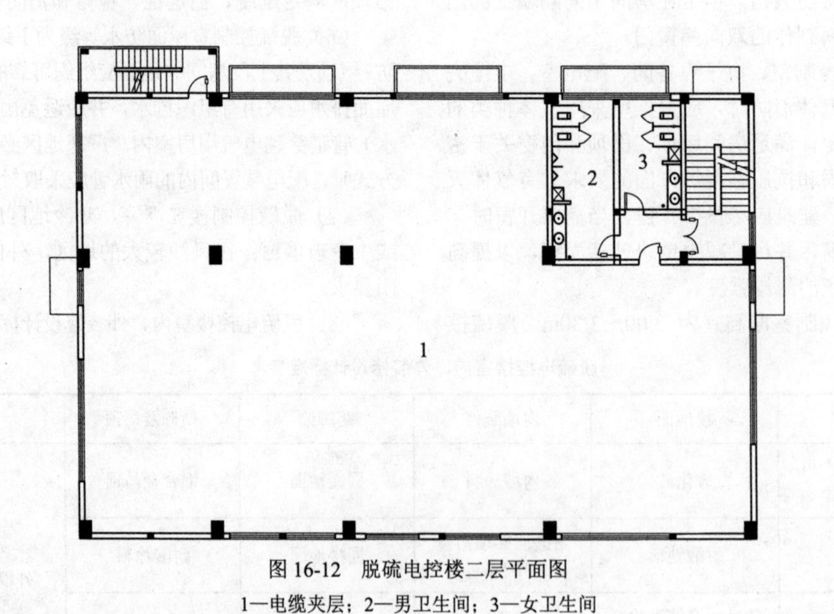

图16-12 脱硫电控楼二层平面图

1—电缆夹层；2—男卫生间；3—女卫生间

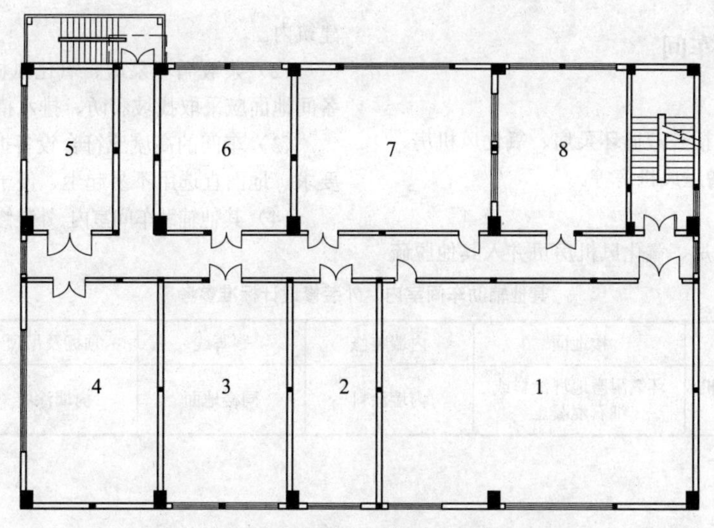

图 16-13　脱硫电控楼三层平面图

1—控制室；2—蓄电池室；3—MCC 室；4—空调机房；
5—热工配电室；6—直流及 UPS 室；7—电子设备间；8—工程师室

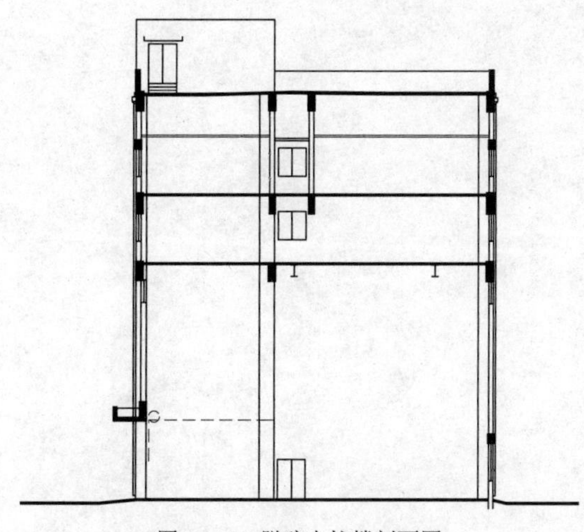

图 16-14　脱硫电控楼剖面图

五、脱硝储氨区及氨区控制室

（一）简介

在燃煤发电厂中，一般在采用低 NO_x 燃烧技术时难以达到排放要求，因此采用向烟气中喷入氨基还原剂，在一定条件下，使氮氧化物（NO_x）还原成 N_2，以脱除烟气中所含 NO_x。脱硝储氨区含还原剂储存（固态或液体）系统、还原剂气化系统、还原剂供应（气态）系统及相应的电气、热控系统所需建（构）筑物。氨区控制室是对燃煤锅炉烟气各种脱硝系统的工艺过程实施控制的厂房。

（二）设计要点

（1）脱硝储氨区应按有爆炸危险的乙类厂房设计，执行 GB 50016《建筑设计防火规范》的有关规定。

（2）脱硝储氨区与其他建筑物的间距应满足 GB 50229《火力发电厂与变电站设计防火规范》中防火间距的要求。

（3）脱硝储氨区宜独立设置，并宜采用敞开式。其承重结构宜采用钢筋混凝土框架结构或钢结构。当采用钢结构时，钢结构应采取防火保护措施，满足构件耐火极限的要求。

（4）氨区控制室应独立设置，其与脱硝储氨区之间的防火间距应满足相应规范要求。

（5）脱硝储氨区及氨区控制室室内、外装修设计标准见表 16-5。

表 16-5　　脱硝储氨区及氨区控制室室内、外装修设计标准参考

房间名称	楼地面	内墙装修	踢脚线	顶棚及吊顶	外墙
氨区控制室	玻化砖	内墙涂料	同楼地面	铝合金吊顶	外墙涂料、面砖或压型钢板
脱硝储氨区	耐腐蚀地砖	耐腐蚀面砖墙裙及耐腐蚀涂料	同楼地面	耐腐蚀涂料	

六、其他辅助车间

（一）简介

其他辅助车间包括浆液循环泵房、氧化风机房、GGH 辅助设备间、增压风机房等。

（二）设计要点

（1）浆液循环泵房、氧化风机房可并入其他脱硫建筑内。

（2）浆液循环泵房、氧化风机房、GGH 辅助设备间地面应采取找坡和防、排水措施。

（3）车间的高度应符合设备拆装、起吊和通风的要求。地面宜选用不易起尘、便于清洗的材料。

（4）其他辅助车间室内、外装修设计标准见表 16-6。

表 16-6　其他辅助车间室内、外装修设计标准参考

房间名称	楼地面	内墙装修	踢脚线	顶棚及吊顶	外墙
浆液循环泵房、氧化风机房、GGH 辅助设备间	环氧耐磨地坪涂料或细石混凝土	内墙涂料	同楼地面	内墙涂料	外墙涂料或面砖

第十七章

燃煤发电厂辅助建筑设计

燃煤发电厂辅助建筑通常是指为电厂生产系统服务的建筑物，包括空气压缩机室、燃油泵房、环保试验室、金属试验室、检修维护间等。燃煤发电厂工艺设备（系统）尺寸、布置、运行及维修要求不同，因此辅助建筑种类较多，厂房建筑平面尺寸、层高等差异较大，设计要求各不相同。

第一节　设计基本要求

辅助建筑的设计应在满足工艺流程和使用功能要求的基础上确定，根据功能特点确定建筑的平面形式和空间组合，做到布置合理、流程便捷，解决好建筑防火防爆、抗震、采光、通风、防水、耐腐蚀、噪声控制、保温节能和生活设施等问题。

辅助建筑面积标准应按附录B确定。

1. 防火与疏散

辅助建筑的火灾危险性分类及耐火等级不应低于GB 50229《火力发电厂与变电站设计防火规范》的规定。金属试验室及空气压缩机房（有润滑油）火灾危险性为丁类，其他建筑火灾危险性为戊类，耐火等级均为二级。

2. 抗震

抗震设防烈度为6度及以上地区的厂区其他辅助建筑，必须进行抗震设计。具体要求可参考第三章的相关内容。

3. 采光与通风

辅助建筑的采光宜优先考虑天然采光。天然采光不足时，可采用天然采光与人工照明相结合的采光方式。采光标准应符合GB 50033《建筑采光设计标准》的有关规定。

辅助建筑宜采用自然通风，当自然通风达不到卫生或生产要求时，应采用机械通风或自然与机械联合通风。对全封闭的设备用房，应采用机械送风，机械排风。

4. 防排水

辅助建筑屋面防水等级按Ⅱ级设计，一道防水设防。当顶层为电气用房时，电气用房（部分）的屋面，应按Ⅰ级防水等级设计，二道防水设防。

建筑屋面防水设计应遵循GB 50345《屋面工程技术规范》及GB 50207《屋面工程质量验收规范》的规定。

5. 噪声控制

辅助建筑的噪声控制设计应符合GB/T 50087《工业企业噪声控制设计规范》的规定。建筑物设计应重视噪声控制，在布置上应使主要工作和生活场所避开强噪声源，如空气压缩机室等，对噪声源应采取吸声和隔声措施。具体措施及构造见第六章的相关内容。

6. 热工与节能

按照表7-8所示的火力发电厂建筑节能设计分类，空气压缩机房、泵房等辅助建筑节能设计分类为C类。其建筑围护结构的热工设计宜按照表7-11的要求，适当加强保温隔热的节能措施。

建筑门窗选择应考虑使用要求和节能确定门窗的材质。门窗宜选用防腐，保温性、水密性、气密性和抗风压性能较好的门窗。窗可选用铝合金窗、塑钢窗和玻璃钢窗等。外门可选用钢质门，严寒、寒冷地区的外门窗应选用保温门窗并采取良好的密闭措施。

7. 装饰装修

（1）辅助建筑室内装修按中等适用的标准，满足消防、防水、防腐、劳动安全和职业卫生等功能要求。装修材料的选用可参照DL/T 5029《火力发电厂建筑装修设计标准》中二、三级材料选用。

（2）辅助建筑室内装修应符合GB 50222《建筑内部装修设计防火规范》的有关规定。控制室顶棚、墙面装修应使用A级材料，地面及其他装修应采用不低于B1级材料。

（3）辅助建筑地面除工艺要求外，宜采用耐磨、防腐、易清洁的材料。

（4）辅助建筑的室外装修按中等适用的标准，满足防尘、防水、耐候等功能要求。装修材料的选用可参照DL/T 5029《火力发电厂建筑装修设计标准》中

二、三级材料选用。

（5）辅助建筑的室外装修材料以涂料为主，也可采用外墙砖。空气腐蚀严重的区域应采用耐候性能好的涂料，使用外墙面砖时，应注意采取必要的防渗漏措施。

8. 安全防护

（1）平台及楼梯孔周围应设置护沿和栏杆，吊物孔周围应加设护沿，并可设活动栏杆，以及根据需要设置盖板。各种设备孔洞、穿楼面管道的周围应设护沿。护沿高度不宜小于 0.12m。栏杆高度宜为 1.05m。在离地高度小于 20m 的平台、通道及作业场所的防护栏杆高度不得低于 1.00m，离地高度大于或等于 20m 高的平台、通道及作业场所的防护栏杆高度不得低于 1.20m。

（2）室外台阶面坡度不宜小于 0.5%；有人员停留的室内外平台、台阶，当高度超过 0.70m 并侧面临空时，应设有防护措施。

（3）檐口高度大于 6m 的建筑物，应设屋面检修孔或上屋面的钢梯，直钢梯安全防护应符合 GB 4053.1《固定式钢梯及平台安全要求　第 1 部分：钢直梯》的有关规定。

第二节　单体建筑设计

辅助建筑包括空气压缩机室、燃油泵房、环保试验室、金属试验室、检修维护间等。某 2×1000MW 燃煤发电厂辅助建筑总平面布置见图 17-1。

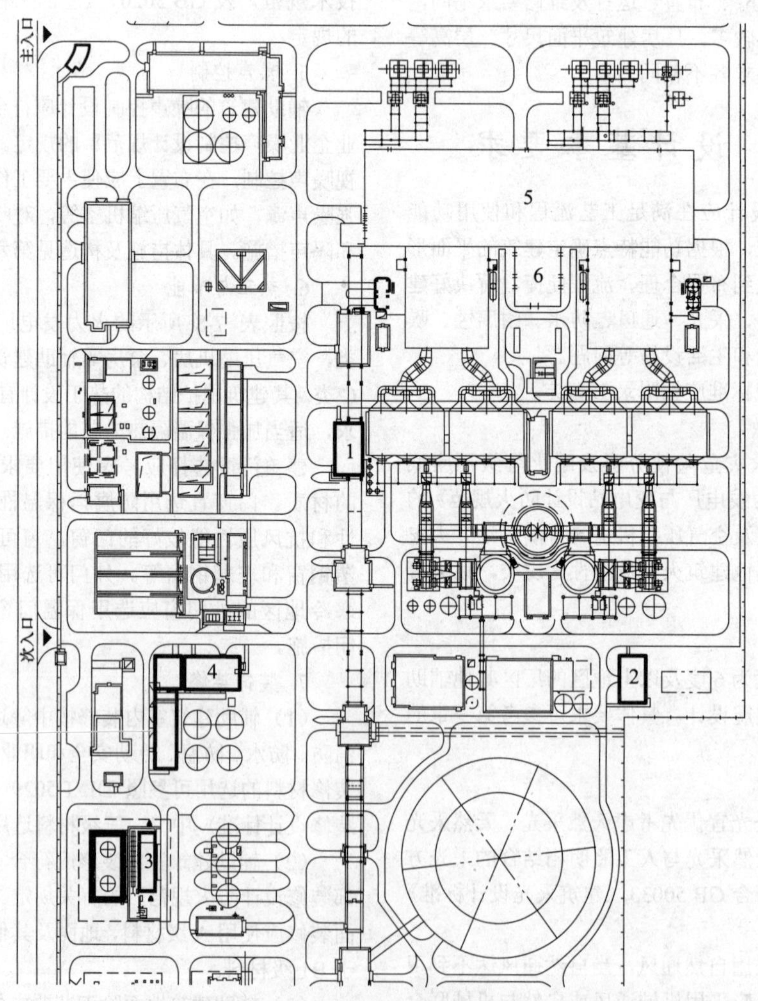

图 17-1　某 2×1000MW 燃煤发电厂辅助建筑总平面布置图

1—空气压缩机室；2—除尘空气压缩机房；3—燃油泵房；

4—检修维护楼；5—主厂房；6—集中控制楼

一、空气压缩机室

（一）简介

空气压缩机室是放置压缩空气的气压发生装置的厂房，向电厂有关设备提供运行、检修、维护用的具有一定压力的空气，一般宜为独立建筑。根据工艺要求还设置辅助用房，如值班室、配电室或维修工具间等。

空气压缩机室宜布置在主要服务对象的附近，并考虑噪声对环境的影响。储气罐宜设在空气压缩机室外较阴凉的一面，应避开散发有害气体或大量灰尘的场所布置，或在其上风向布置。

（二）设计要点

（1）空气压缩机室的布置应考虑其振动和噪声对环境的影响，机房在设计中应采取隔振、吸声和隔声措施；值班室应采取隔声措施。

（2）空气压缩机室的布置应充分考虑运行通道、设备拆卸空间和检修场地。

（3）空气压缩机室的高度应满足设备拆装起吊和通风的要求，地面应选用不易起尘、方便清洗的面层材料，并设洗涤盆和污水池。

（4）空气压缩机室室内、外装修设计标准见表 17-1。

表 17-1　空气压缩机室室内、外装修设计标准参考

房间名称	楼地面	内墙装修	踢脚线	顶棚及吊顶	外墙
空气压缩机房	环氧耐磨地坪涂料或细石混凝土	内墙涂料	同楼地面	内墙涂料	外墙涂料或面砖
配电室	环氧耐磨地坪涂料	内墙涂料	同楼地面	腻子顶棚	

（三）工程实例

某燃煤发电厂的空气压缩机室，建筑总长为 39.00m，共 6 个柱距；跨度为 23.00m，共 2 跨；单层建筑，高度为 10.20m。布置有空气压缩机房、空气压缩机电气 MCC 配电室等。该空气压缩机室平、剖面示意图见图 17-2 和图 17-3。

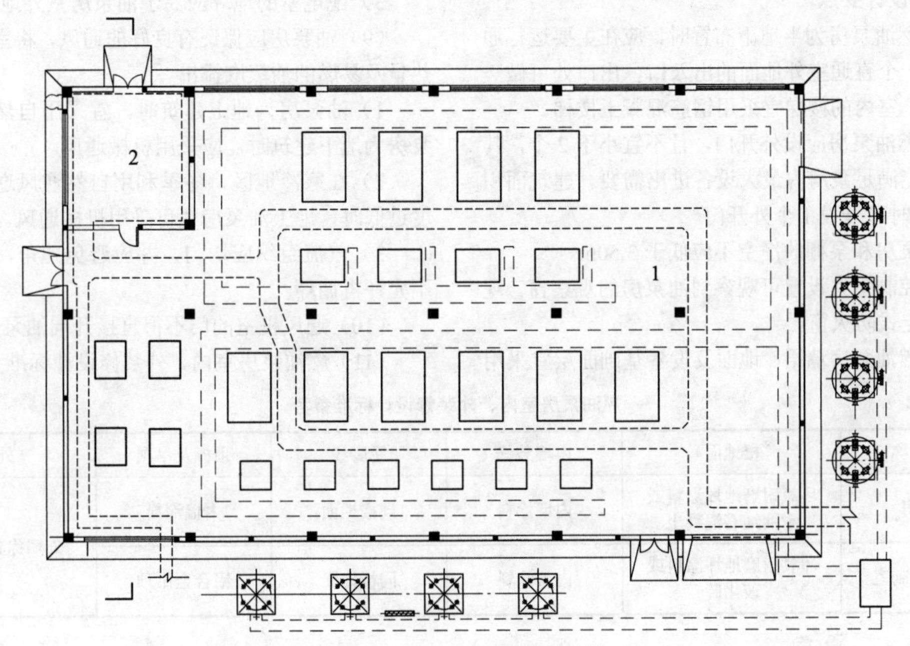

图 17-2　空气压缩机室平面图

1—空气压缩机房；2—电气 MCC 配电室

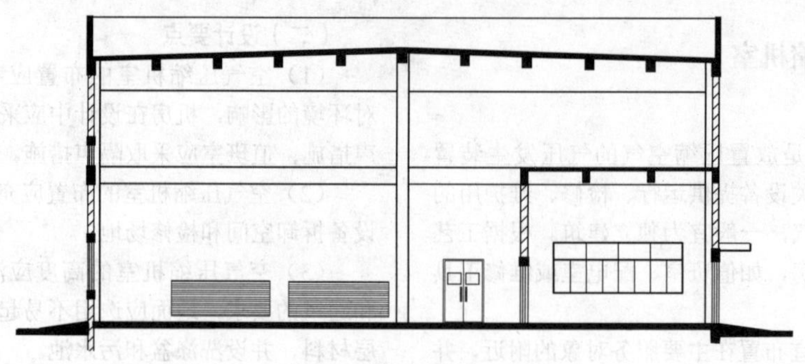

图 17-3 空气压缩机室剖面图

二、燃油泵房

（一）简介

燃油泵房是布置燃料油卸载、转运、供油设备的建筑，需布置在油库区和锅炉房附近符合安全要求的地方。燃油泵房内主要配有卸油泵和供油泵，多选用离心式、往复式、螺杆式、齿轮式油泵，均配防爆式电动机驱动。油料的加热装置通常露天布置在室外。

燃油泵房一般为独立的建筑物，根据所在电厂的条件和技术要求可以采用地下、半地下或地面式布置。燃油泵房内一般设置油泵房、控制室及必要的检修场地和起吊设施，根据需要还可设置变压器室、配电室。当为半地下布置时，还应设置通风机室等。

（二）设计要点

（1）燃油泵房为半地下布置时，应在主要运行通道旁设有一个直通室外地面的出入口，出口处可做竖井或坡道。室内的楼梯宜采用钢筋混凝土楼梯。

（2）燃油泵房应设外开门，且不宜小于 2 个，其中 1 个应能满足泵房内最大设备进出需要。建筑面积小于 60m² 时可开设 1 个外开门。

（3）泵房和泵棚的净空不应低于 3.50m。

（4）控制室宜设置可观察到油泵房的观察窗，观察窗为固定式防火窗。

（5）燃油泵房墙裙、地面及设备基础面层宜采用耐油污材料，地面还应有防滑措施，墙裙高度宜为 1.50m。

（6）燃油泵房内应设有供清洁卫生用的洗污池。

（7）控制室的外门窗应有密闭防尘措施。配电用房应有防止小动物进入的措施。

（8）10kV 以上的露天变配电装置应独立设置。10kV 及以下的变配电装置的变配电间与易燃油品泵房（棚）相毗邻时，应符合下列规定：

1）隔墙应为非燃烧材料建筑的实体墙。与配电间无关的管道，不得穿过隔墙。所有穿墙的孔洞，应用非燃烧材料严密填实。

2）变配电室的门窗应向外开。其门窗应设在泵房的爆炸危险区域以外，如窗设在爆炸危险区以内，应设密闭固定窗。

3）配电室的地坪应高于油泵房室外地坪 0.60m。

（9）油泵房应保证有良好的通风，将室内散发的热量及易燃的油蒸汽排出。

1）油泵房为地上建筑时，宜采用自然通风，油泵房为地下建筑时，应采用机械通风。

2）在寒冷地区，冬季利用自然通风造成室内温度过低时，地上油泵房也可采用机械通风。

3）气流组织应均匀，并应避免死角，室内空气不允许再循环。

（10）通风机室的门不得直接开向油泵房。

（11）燃油泵房室内、外装修设计标准见表 17-2。

表 17-2 燃油泵房室内、外装修设计标准参考

房间名称	楼地面	内墙装修	踢脚线	顶棚及吊顶	外墙
油泵房	环氧耐磨地坪涂料或耐油细石混凝土	内墙涂料	同楼地面	内墙涂料	外墙涂料或面砖
电气及控制室	环氧耐磨地坪涂料或玻化砖	内墙涂料	同楼地面	铝合金吊顶	

（三）工程实例

某燃煤发电厂的燃油泵房，建筑总长为 34.50m，共 6 个柱距；单跨跨度为 8.00m；单层建筑，高度为 7.50m。布置有油泵房、电气及控制室等。该燃油泵房平、剖面示意图见图 17-4 和图 17-5。

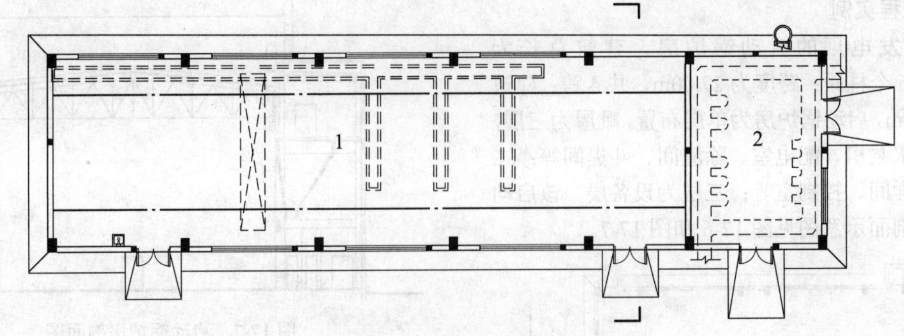

图 17-4 燃油泵房平面图

1—油泵房；2—电气及控制室

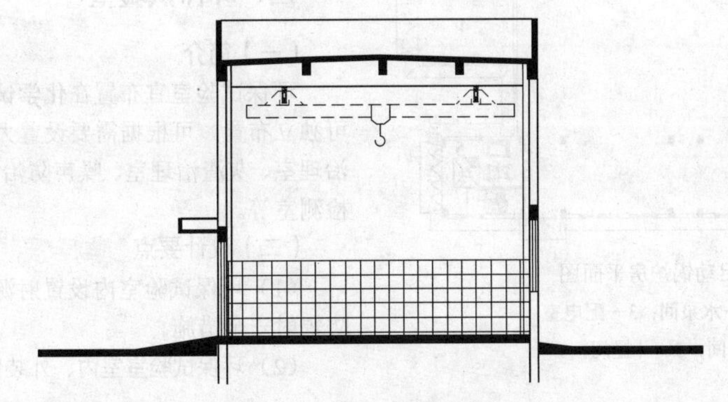

图 17-5 燃油泵房剖面图

三、启动锅炉房

（一）简介

燃煤发电厂在启动时，不仅需要有电力来驱动大部分辅机，还要有蒸汽来驱动或者加热一些辅助设施及管道（包括燃油、汽动给水泵等）。启动锅炉是提供燃煤发电厂机组启动前的预热蒸汽的设备，包括锅炉本体和部分管道及辅机。启动锅炉房是安装启动锅炉及相关设备的建（构）筑物。

按照燃料的不同，启动锅炉房可分为燃油、燃煤、燃气启动锅炉。其中，燃油、燃气启动锅炉布置基本相同。启动锅炉房的位置宜布置在炉后、煤场和烟囱附近，也可单独布置；扩建的燃煤发电厂通常利用原有机组的辅助蒸汽作为启动气源，不设启动锅炉。

（二）设计要点

（1）启动锅炉在非采暖区可只安装 1 台；采暖区为防冻应装设 2 台。

（2）启动锅炉房的布置应考虑其振动和噪声对环境的影响，在设计中应采取隔振、吸声和隔声措施。

（3）启动锅炉房的布置应充分考虑运行通道、设备拆卸空间和检修场地。

（4）启动锅炉房的高度应满足设备拆装起吊和通风的要求，地面应选用不易起尘、方便清洗的面层材料。

（5）启动锅炉房应考虑爆炸泄压措施，满足 GB 50041《锅炉房设计规范》的有关要求。

（6）启动锅炉房室内、外装修设计标准见表 17-3。

表 17-3 启动锅炉房室内、外装修设计标准参考

房间名称	楼地面	内墙装修	踢脚线	顶棚及吊顶	外墙
锅炉房、除渣间、斗提间	环氧耐磨地坪涂料或细石混凝土	内墙涂料	同楼地面	内墙涂料	外墙涂料或面砖
配电室、水泵房	环氧耐磨地坪涂料或地砖	内墙涂料	同楼地面	腻子顶棚	
卫生间	防滑地砖	面砖	—	铝合金吊顶	

（三）工程实例

某燃煤发电厂的启动锅炉房，建筑总长为35.20m，共6个柱距；跨度为27.00m，共4跨；建筑高度为20.20m，启动锅炉房为单层布置，毗屋为三层，一层布置有水泵房、配电室、除渣间、斗提间等；二层设加药取样间、控制室等；三层为设备层。该启动锅炉房平、剖面示意图见图17-6和图17-7。

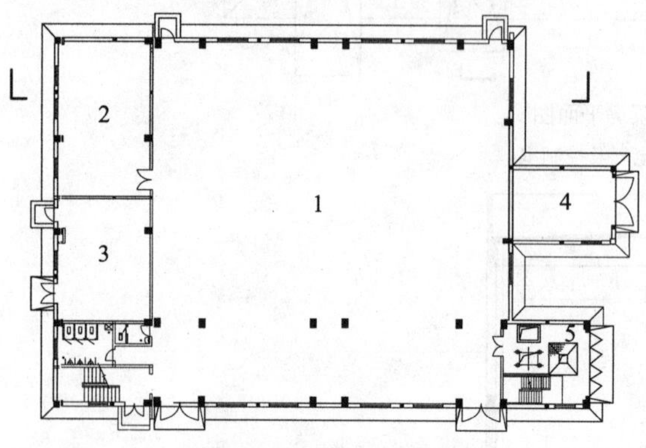

图17-6　启动锅炉房平面图

1—锅炉房；2—水泵间；3—配电室；4—除渣间；5—斗提间

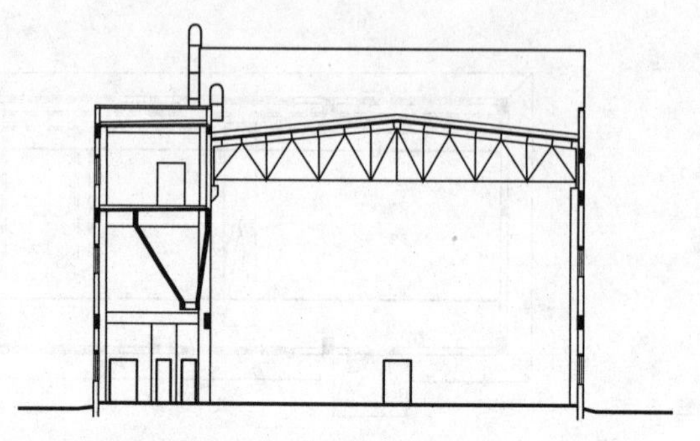

图17-7　启动锅炉房剖面图

四、环保试验室

（一）简介

环保试验室宜布置在化学试验楼或办公楼内，也可独立布置。可根据需要设置大气污染防治室、废水治理室、灰渣治理室、噪声防治室、环境保护监测室、检测室等。

（二）设计要点

（1）环保试验室内设置射源室时，射源室应采取防辐射安全措施。

（2）环保试验室室内、外装修设计标准见表17-4。

表17-4　环保试验室室内、外装修设计标准参考

房间名称	楼地面	内墙装修	踢脚线	顶棚及吊顶	外墙
环保试验室	环氧耐磨地坪涂料或地砖	内墙涂料	同楼地面	铝合金吊顶	外墙涂料或面砖

五、金属试验室

（一）简介

金属试验室可单独布置，也可布置在其他附属和辅助建筑中，但宜布置在建筑物底层；应离开人员密集区域，并必须按规定做好防辐射围护体设计。

金属试验室包括金属物理试验室、金相室、照相暗室，另可根据需要设置办公室、工具间与库房、微机房等。

（二）设计要点

（1）金属物理试验室一般包括机械性能试验室、超声波探伤室和X射线探伤室。机械性能试验室应有良好的隔振性能，其地面要求光洁不起尘，墙面平整光洁，宜设吊顶。

（2）X射线探伤室应避免设在人流较多的过道和人员长期停留的房间旁边，并采取相应的防辐射措施。

（3）金相室一般包括金相制样室和金相显微室、酸浸室。显微室应防振、防潮、防尘，地面要求光洁，宜设吊顶。显微室宜做木地板，设纱窗，并应有避光措施；室内避免上下水管穿过；酸浸室应做好耐酸防腐、通风措施，并设置洗手池和污水池，其入口应与金相室其他用房严格分开。

（4）照相暗室应做好避光、通风措施，并设置洗手池。

（5）金属试验室独立布置时宜设置卫生间，并设洗涤盆和污水池。

（6）金属试验室室内、外装修设计标准见表17-5。

表17-5　金属试验室室内、外装修设计标准参考

房间名称	楼地面	内墙装修	踢脚线	顶棚及吊顶	外墙
金属物理试验室	环氧耐磨地坪涂料	内墙涂料	同楼地面	铝合金吊顶	外墙涂料或面砖
X射线探伤室、照相暗室	环氧耐磨地坪涂料或玻化砖	内墙涂料	同楼地面	铝合金吊顶	

续表

房间名称	楼地面	内墙装修	踢脚线	顶棚及吊顶	外墙
金相显微室	木地板	内墙涂料	同楼地面	铝合金吊顶	外墙涂料或面砖
酸浸室	耐酸地砖	耐酸面砖墙裙及耐酸涂料	同楼地面	铝合金吊顶	
卫生间	防滑地砖	面砖	—	铝合金吊顶	

六、检修维护间

（一）简介

电厂建（构）筑物种类繁多，生产检修使用的占地面积大，若布置不当往往影响全厂总平面布置的合理性。汽轮机、锅炉、电气、燃料、化学等分场的检修维护间原则上应尽可能地布置在有关生产建筑物内，如确有困难或是大型发电厂，可在个别分场附近单设或在主厂房附近设置综合检修楼。

检修维护间一般为多层钢筋混凝土结构的综合楼，由汽轮机、锅炉、电气、热工、燃料、除灰和化学设备的检修车间、工作间、工具间、办公室、更衣室、卫生间及室外堆场等合并组成。

（二）设计要点

（1）检修维护间楼层数应符合设备拆装、起吊和通风的要求。

（2）检修维护间应做好隔声、通风。

1）金工车间一般不考虑全面通风，只是针对某一设备设置局部通风。

2）锻工、铸工车间的通风主要是排除车间内烟气、灰尘和余热，夏季采用自然通风，冬季可局部利用排气罩进行局部排风。

3）焊工车间通风主要是为排除焊接时产生的烟气，宜在焊接操作处设置抽气罩进行机械排风。

（3）检修维护间地面应耐磨不起尘，内墙饰面平整光洁。

（4）应设置卫生间，卫生间应男女分开设置，其规模数量应考虑运行、检修人员的需要，卫生间不应设在配电间等有防潮、防漏要求用房的上层。

（5）应按防火及使用要求设置楼梯，楼梯的数量、位置、宽度和楼梯间形式应满足使用方便和安全疏散的要求；室内主要楼梯应采用钢筋混凝土梯；室外楼梯可采用钢梯。室内疏散楼梯的最小净宽度不宜小于 1.10m，室外安全疏散金属楼梯的净宽度不应小于 0.90m；倾斜角度不应大于 45°；栏杆扶手的高度不应小于 1.10m。

（6）检修维护间在全厂属体量较大的建筑，在外部造型和装修色彩上应与全厂保持一致。

（7）检修维护间室内、外装修设计标准见表 17-6。

表 17-6 检修维护间室内、外装修设计标准参考

房间名称	楼地面	内墙装修	踢脚线	顶棚及吊顶	外墙
检修车间、电气用房、暖通用房	环氧耐磨地坪涂料或耐磨混凝土	内墙涂料	同楼地面	内墙涂料	外墙涂料或面砖
办公室、会议室、实验室、休息室、档案室、更衣室、门厅、走道	玻化砖	内墙涂料	同楼地面	铝合金吊顶	
卫生间	防滑地砖	面砖	—	铝合金吊顶	

（三）工程实例

某燃煤发电厂的检修维护间，建筑总长为 66.20m，共 13 个柱距；跨度为 56.00m，共 10 跨；高度为 13.60m，分三层布置。设两部室内混凝土楼梯。一层布置有检修车间、配电室、门厅、大办公区、试验室、更衣室及男女卫生间等；二层布置有大办公区、主管办公室、会议室、休息接待室、暖通机房及男女卫生间等；三层布置有办公室、会议室、档案室、休息室、暖通机房及男女卫生间等。该实例检修间平面、立面、剖面示意图见图 17-8～图 17-11。

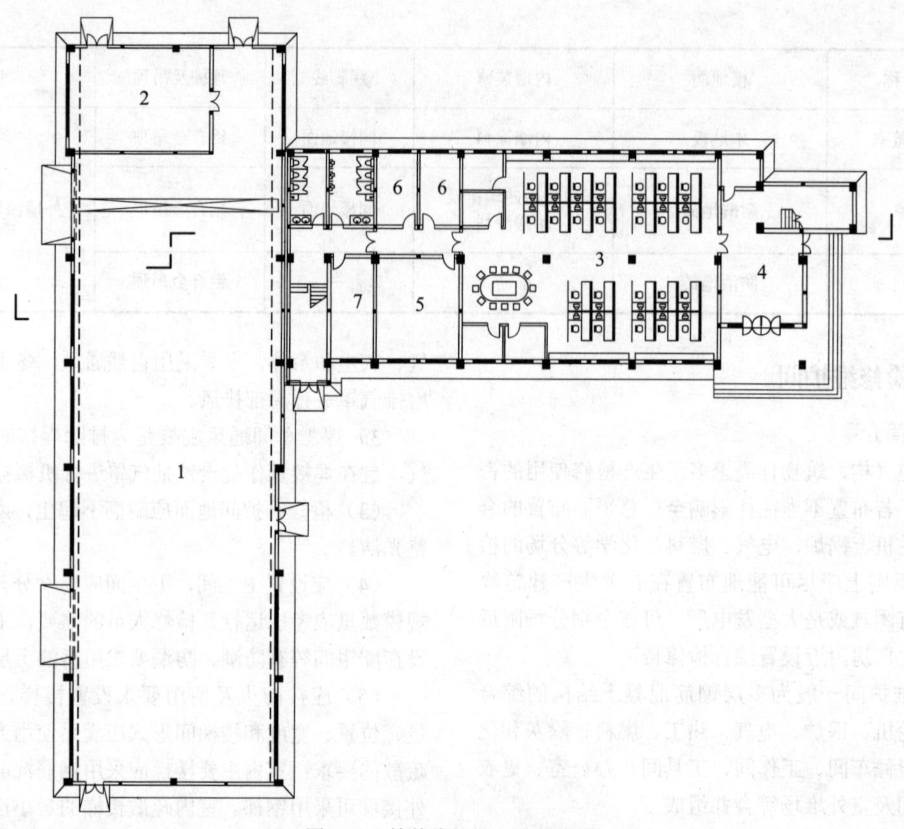

图 17-8　检修维护间一层平面图

1—检修车间；2—配电室；3—大办公区；4—门厅；5—试验室；6—更衣室；7—工具间

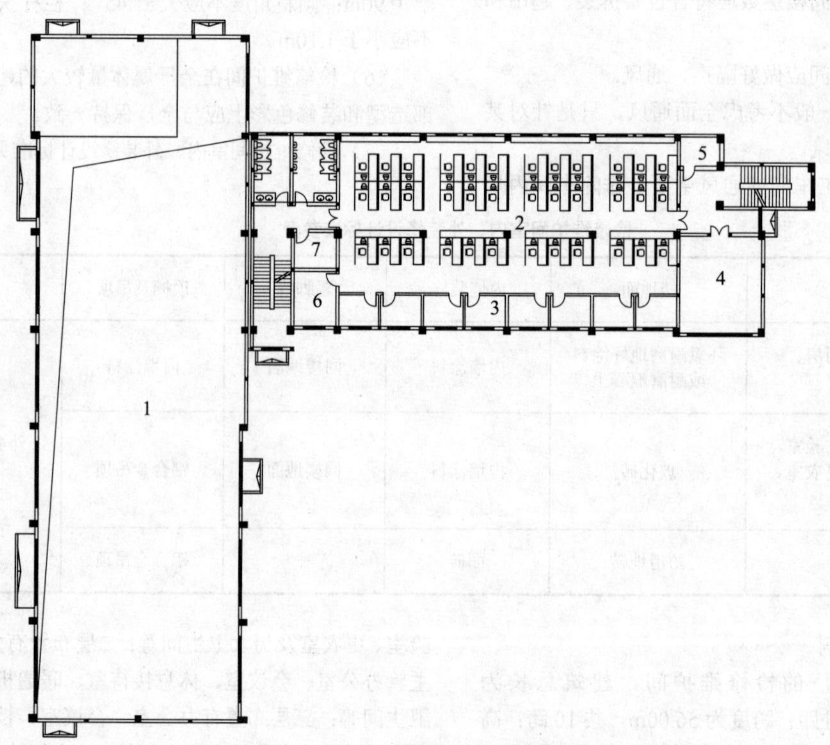

图 17-9　检修维护间二层平面图

1—检修车间上空；2、3—办公室；4—会议室；5—暖通机房；6、7—休息、接待室

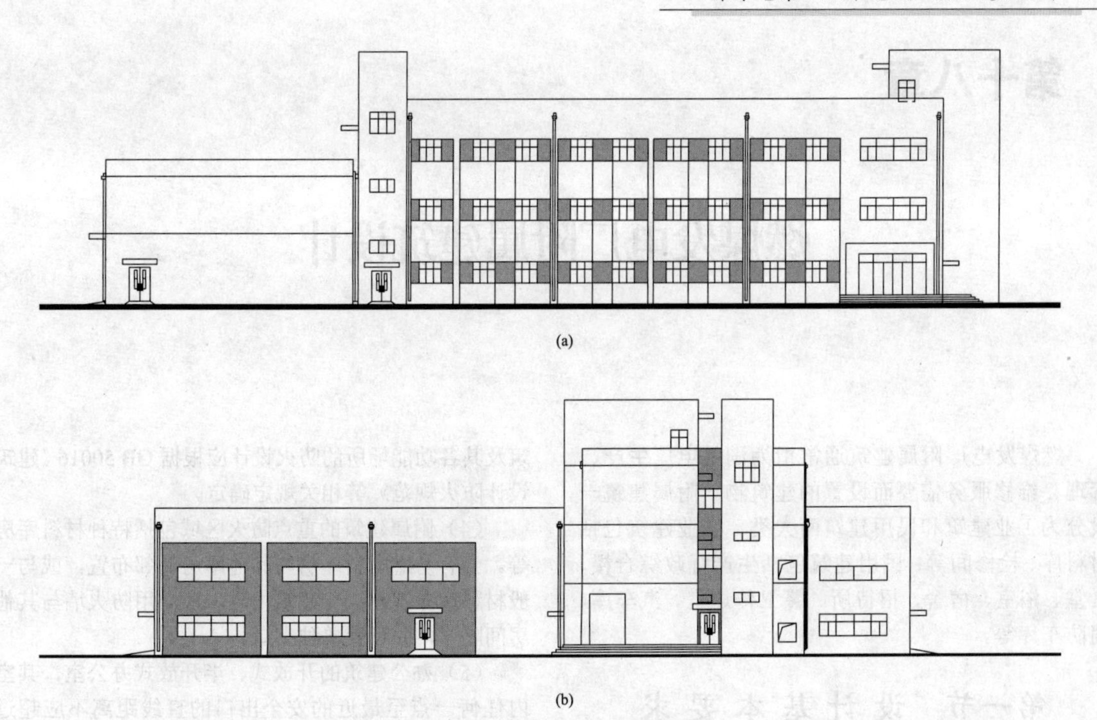

图 17-10　检修维护间立面图

（a）立面图一；（b）立面图二

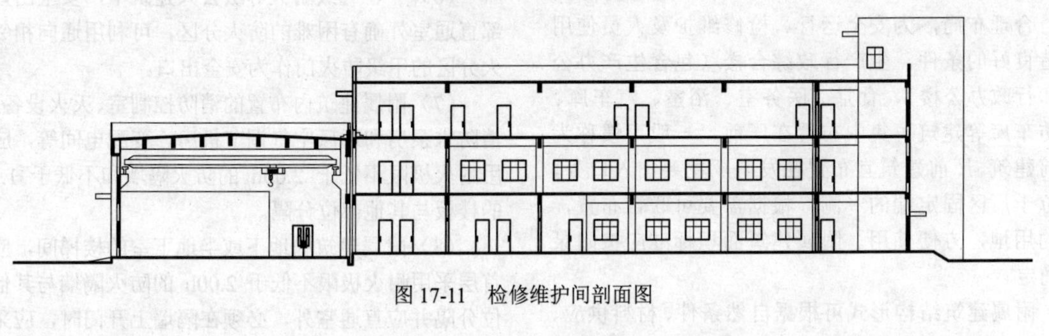

图 17-11　检修维护间剖面图

第十八章

燃煤发电厂附属建筑设计

燃煤发电厂附属建筑通常指为满足电厂生产、管理、维修服务需要而设置的建筑物。附属建筑一般分为工业建筑和民用建筑两大类。工业建筑包括材料库、检修间等；民用建筑包括生产行政综合楼、食堂、浴室、宿舍、招待所、警卫传达室、汽车库、消防车库等。

第一节　设计基本要求

燃煤发电厂附属建筑设计应符合使用功能要求，合理布局，为安全运行、检修维护及人员使用创造良好的条件。生产行政综合楼（包含生产办公楼和行政办公楼）、食堂、医务室、浴室、汽车库、消防车库等建筑可集中布置在厂前，一般习惯称为厂前建筑。厂前建筑宜布置在发电厂主要出入口处，且位于厂区固定端的一侧，根据需要可联合布置，节约用地，方便使用。附属建筑面积标准应按附录B确定。

附属建筑结构形式可根据自然条件、材料供应、施工条件、维护便利和建设进度等因素做必要的综合技术经济比较后确定，一般为钢筋混凝土框架结构。

1. 防火与疏散

附属建筑中汽车库、消防车库的火灾危险性为丁类；一般材料库的火灾危险性为戊类；特种材料库的火灾危险性最低为丙类，耐火等级均不应低于二级。

（1）附属建筑中属民用类建筑部分的防火分区、安全疏散、耐火等级等按GB 50016《建筑设计防火规范》执行。

（2）当附属建筑平面之间呈凵形或ш形布置时，其相邻两翼之间防火间距按GB 50016《建筑设计防火规范》的有关规定。

（3）电厂的附属建筑一般设计成联合建筑的较多，设计时应注意同一建筑内设置多种使用功能场所时，不同使用功能场所之间应进行防火分隔，联合建筑及其各功能场所的防火设计应根据GB 50016《建筑设计防火规范》等相关规定确定。

（4）附属建筑的重点防火区域包括特种材料库房等。当有易燃材料库房与其他库房贴邻布置，或与一般材料库布置在同一建筑内时，应采用防火墙与其他房间隔开，并设置单独出口。

（5）办公建筑的开放式、半开放式办公室，其室内任何一点至最近的安全出口的直线距离不应超过30m。

（6）一、二级耐火等级公共建筑中，安全出口全部直通室外确有困难的防火分区，可利用通向相邻防火分区的甲级防火门作为安全出口。

（7）附属建筑内布置的消防控制室、灭火设备室、消防水泵房和通风空气调节机房、变配电间等，应采用耐火极限不低于2.00h的防火隔墙和不低于1.50h的楼板与其他部位分隔。

（8）附属建筑的地下或半地下室的楼梯间，应在首层采用耐火极限不低于2.00h的防火隔墙与其他部位分隔并应直通室外，必须在隔墙上开门时，应采用乙级防火门。

（9）附属建筑的节能保温系统，宜采用燃烧性能为A级的保温材料，不宜采用B2级保温材料，严禁采用B3级保温材料；设置保温系统的基层墙体或屋面板的耐火极限应符合规范的有关规定。建筑外墙采用外保温系统时，保温系统应符合下列规定：

1）设置人员密集场所的建筑，其外墙外保温材料的燃烧性能应为A级。除住宅（类）建筑和设置人员密集场所的建筑外，其他建筑的外墙外保温材料应符合下列规定：①建筑高度大于50m时，保温材料的燃烧性能应为A级；②建筑高度大于24m但不大于50m时，保温材料的燃烧性能不应低于B1级；③建筑高度不大于24m时，保温材料的燃烧性能不应低于B2级。

2）除设置人员密集场所的建筑外，与基层墙体、装饰层之间有空腔的建筑外墙外保温系统，其保温材料应符合下列规定：①建筑高度大于 24m 时，保温材料的燃烧性能应为 A 级；②建筑高度不大于 24m 时，保温材料的燃烧性能不应低于 B1 级。

2. 抗震

抗震设防烈度为 6 度及以上地区的厂区附属建筑，必须进行抗震设计。其建筑抗震设防分类应按丙类建筑进行抗震设防，具体要求可参考第三章的相关内容。

一些附属建筑包括多种使用功能，平、立面设计在兼顾建筑方案的同时应尽量布置规则、对称，质量和刚度变化均匀，应尽量避免楼层错层，避免楼板不均匀开孔或开大孔。

附属建筑的女儿墙一般因造型和其他原因比较高时，不利于抗震，应尽量采用钢筋混凝土结构或通过加强构造柱和圈梁来保证其稳定性。

3. 采光与通风

附属建筑的采光宜优先考虑天然采光。如果天然采光不足，可采用天然采光与人工照明相结合的采光方式。采光标准应符合 GB 50033《建筑采光设计标准》的有关规定。附属建筑的采光或人工照明应满足使用场所照度值的规定。

附属建筑宜采用自然通风，当自然通风达不到卫生或生产要求时，应采用机械通风或自然与机械联合通风。对于全封闭的设备房间，应采用机械送风、机械排风。

4. 防排水

生产行政综合楼屋面防水等级可按Ⅰ级防水等级设计。当顶层为电气用房时，电气用房（部分）的屋面应按Ⅰ级防水等级设计，二道防水设防。其他附属建筑屋面防水等级按Ⅱ级设计，一道防水设防。

附属建筑屋面防水设计应遵循 GB 50345《屋面工程技术规范》及 GB 50207《屋面工程质量验收规范》的规定。

附属建筑设计如要求做成上人屋面或种植屋面，应重视屋面防水层构造设计、构造节点处理等，减少屋面漏水的可能性。

屋面采用内排水时，选用材料和管道组织要经济、合理、耐用，并方便检修。

5. 噪声控制

附属建筑中工业类建筑的噪声控制设计应符合 GB/T 50087《工业企业噪声控制设计规范》、GBZ 1《工业企业设计卫生标准》的规定。具体吸声和隔声措施及构造见第六章相关内容。

6. 热工与节能

（1）生产行政综合楼、食堂、宿舍、招待所等建筑性质属于公共建筑或居住建筑，建筑节能应执行 JGJ 26《严寒和寒冷地区居住建筑节能设计标准》、JGJ 134《夏热冬冷地区居住建筑节能设计标准》、JGJ 75《夏热冬暖地区居住建筑节能设计标准》或相关地方标准的规定。

（2）设置集中采暖系统的建筑，为提高围护结构的热阻值，应采用轻质高效的保温材料与砖、混凝土或钢筋混凝土等密实材料组成的复合结构。

（3）采用空气调节系统的房间应集中布置，尽量避免东、西朝向和东、西向窗户。在满足使用要求的前提下，空调房间的净高宜降低。

（4）外墙应根据地区气候要求，采取保温、隔热和防潮等措施。墙体材料的选择应因地制宜，并应尽量选择自重轻、传热系数小、保温隔热性能好的材料，以减少能源消耗。

（5）建筑物屋面保温层宜选用密度小、导热系数低、憎水性好的高效保温材料。

（6）外门窗应采用保温、气密、水密、抗风压、隔声、防结露等性能优良的建筑门窗。

7. 装饰装修

附属建筑装修采用的建筑材料应以中档、适用为原则，以 DL/T 5029《火力发电厂建筑装修设计标准》为依据。在选择建筑材料时，应尽量统一，因地制宜，以便于施工、采购和控制工程造价。

8. 安全防护

（1）楼梯、平台、坑池和孔洞等周围均应设置栏杆或盖板。楼梯、平台均应采取防滑措施。各种设备孔洞、穿楼面管道的周围应设护沿，护沿高度不宜小于 0.10m。

（2）临空高度小于 20m 的平台、通道及作业场所的防护栏杆高度不得低于 1.05m，临空高度大于或等于 20m 的平台、通道及作业场所的防护栏杆高度不得低于 1.20m。

（3）上人屋面女儿墙（活栏杆）高度从可踩踏表面算起，高度小于 20m 的上人屋面，其净高不应小于 1.05m；高度大于或等于 20m 的上人屋面，其净高不应小于 1.20m。

（4）临空的窗台低于 0.80m 时，应采取防护措施，防护高度由楼地面起计算不应低于 0.80m。

（5）檐口高度大于 6m 的建筑物，应设屋面检修孔或上屋面的钢梯，直钢梯安全防护应符合 GB 4053.1《固定式钢梯及平台安全要求 第 1 部分：钢直梯》的有关规定。

第二节 单体建筑设计

附属建筑包括材料库、生产行政综合楼、食堂、浴室、宿舍、招待所、警卫传达室、汽车库、消防车库等。某 2×1000MW 燃煤发电厂附属建筑总平面布置见图 18-1。

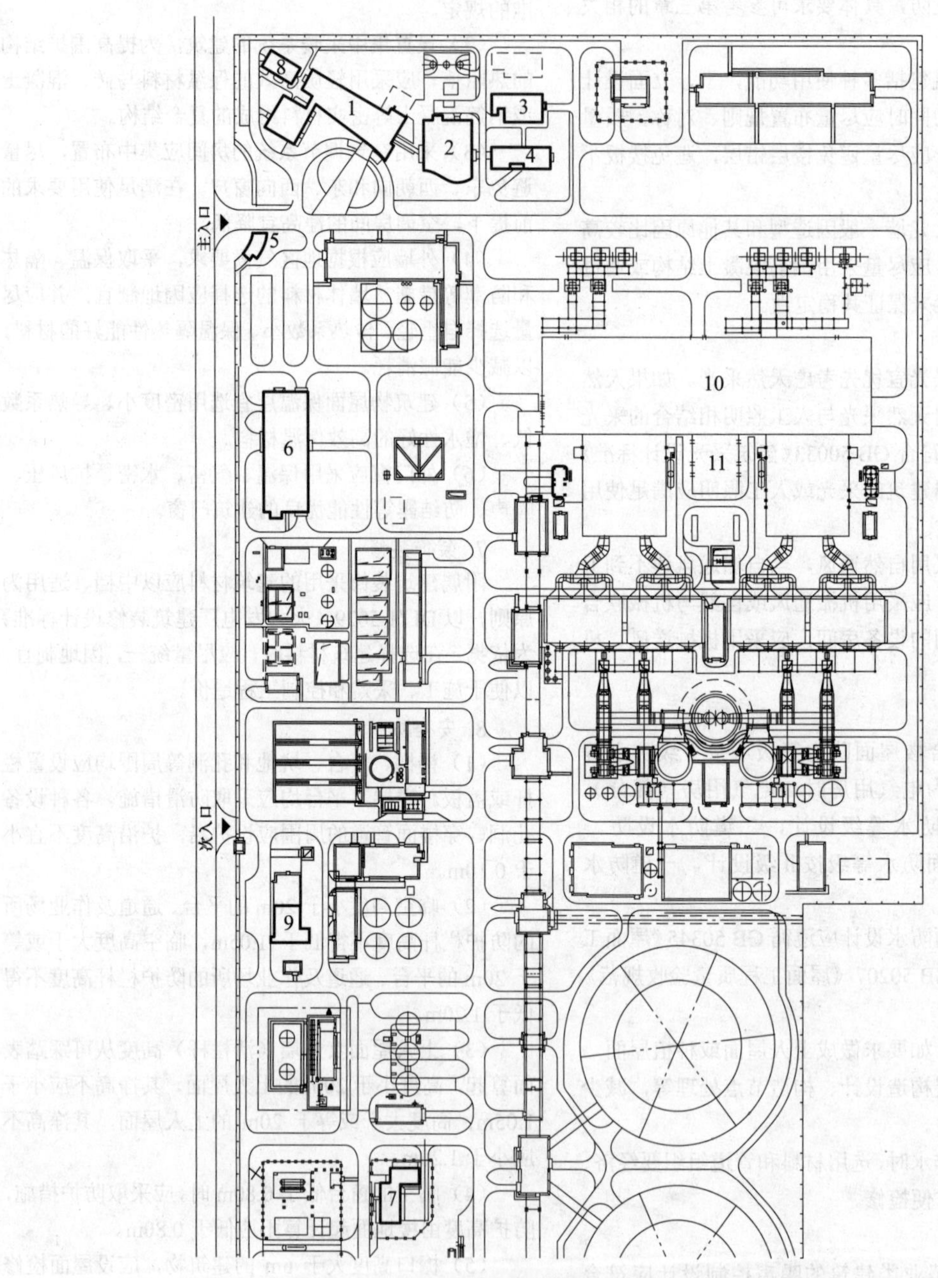

图 18-1 某 2×1000MW 燃煤发电厂附属建筑总平面布置图

1—生产行政综合楼；2—食堂；3—宿舍；4—浴室；5—警卫传达室；6—材料库；7—特种材料库；8—汽车库；9—消防车库；10—主厂房；11—集中控制楼

一、生产行政综合楼

（一）简介

生产行政综合楼的生产、行政两部分可合并布置或分开布置，也可与其他建筑联合布置。生产行政综合楼一般设有各职能办公室、会议室、接待室、综合档案室、财务用房、标准计量室、资料室、微机室、复印室、卫生间及相应的门厅、值班室等。根据需要，楼内可分区设置各种试验室，如现场水汽控制试验室，煤样制备室，热工、金属试验室，培训用房，仿真机房等，以及空调机房、配电室、通信机房等其他辅助用房。

（二）设计要点

（1）应根据使用要求、基地面积、结构选型等条件确定开间和进深。办公室的净高不宜低于2.60m，走道净高不宜低于2.20m。当设有试验室时，此部分层高还应参照工艺要求统一考虑。走廊为内廊时，净宽不宜小于1.80m，为外廊时净宽不宜小于1.50m。

（2）五层及五层以上生产行政综合楼应设电梯。生产行政综合楼邻近主厂房时可设天桥与主厂房运转层连通。

（3）办公室可设计成单间式、开放式或半开放式。

（4）开放式和半开放式办公室在布置吊顶上的通风口、照明、防火设施时，宜为分隔创造条件。

（5）公用卫生间应符合下列要求：

1）距最远的工作房间距离不应大于50m；

2）宜布置在建筑室内较隐蔽的位置，并宜设置通风井和吊顶；

3）应设前室，门不宜直接开向办公室、门厅、电梯厅等主要公共空间；

4）卫生洁具数量的设置应符合有关规定要求及实际使用要求。

（6）每层宜设清洁用房。

（7）财务用房、档案资料室等应根据需要设防盗门窗。

（8）培训用房、仿真机房可与生产行政综合楼联合布置，也可以分开布置。

（9）培训用房宜设教室、电化教室等。

（10）仿真机房宜设电源室、蓄电池室、模拟设施室、参观走廊、接待室、空调机室、安全展室等。

（11）教室的净高不宜低于3.30m，仿真机房的层高根据工艺要求确定，模拟设施室净高宜为3.00～3.30m，顶棚以上空间应满足电气照明、空调、消防设施布置等的要求。

（12）电化教室、模拟设施室的楼地面宜设置活动地板，吊顶应采用不燃性的轻质吸声板。其他房间地面要求光洁、便于清扫。

（13）教室、电化教室、模拟设施室的隔墙应有良好的隔声性能，室内噪声控制值不得超过55dB（A）。

（14）档案资料用房应注意满足有关楼面均布活荷载的要求及防潮、通风、保温隔热等的要求。

（15）立面及色彩设计应与主厂房和全厂建筑统一规划。

（16）平面布置、立面设计及材料选用必须满足有关建筑节能的要求。

（17）布置应考虑有关无障碍的设施。

（18）生产行政综合楼设计应符合JGJ 67《办公建筑设计规范》的有关规定。

（19）生产行政综合楼室内、外装修设计标准见表18-1。

表18-1　生产行政综合楼室内、外装修设计标准参考

房间名称	楼地面	内墙装修	踢脚线	顶棚及吊顶	外墙
办公室、会议室、接待室、休息室	橡胶地材或块毯、玻化砖	内墙涂料	同楼地面	铝合金吊顶	
库房、机房、配电室、工具储藏间	环氧耐磨地坪涂料、地砖	内墙涂料	同楼地面	内墙涂料或腻子顶棚	石材、铝板、外墙涂料或面砖
门厅、走道及楼梯间	橡胶地材或玻化砖	内墙涂料	同楼地面	内墙涂料或铝合金吊顶	
卫生间	防滑地砖	内墙面砖	—	铝合金吊顶	

（三）工程实例

1. 实例一

某燃煤发电厂的生产行政综合楼建筑总长为72.90m，共10个柱距；跨度为45.30m，共7跨；高度为17.55m，分四层布置。一层设门厅、会议室、办公室、多功能厅、接待室、库房及卫生间等；二层及三层设大空间办公室、休息室、会议室、办公室、复印间及卫生间等；四层布置有办公室、会议室及卫生间等。建筑内设2座楼梯间以满足疏散要求。该生产行政综合楼（实例一）的平面、立面、剖面图见图18-2～图18-4。

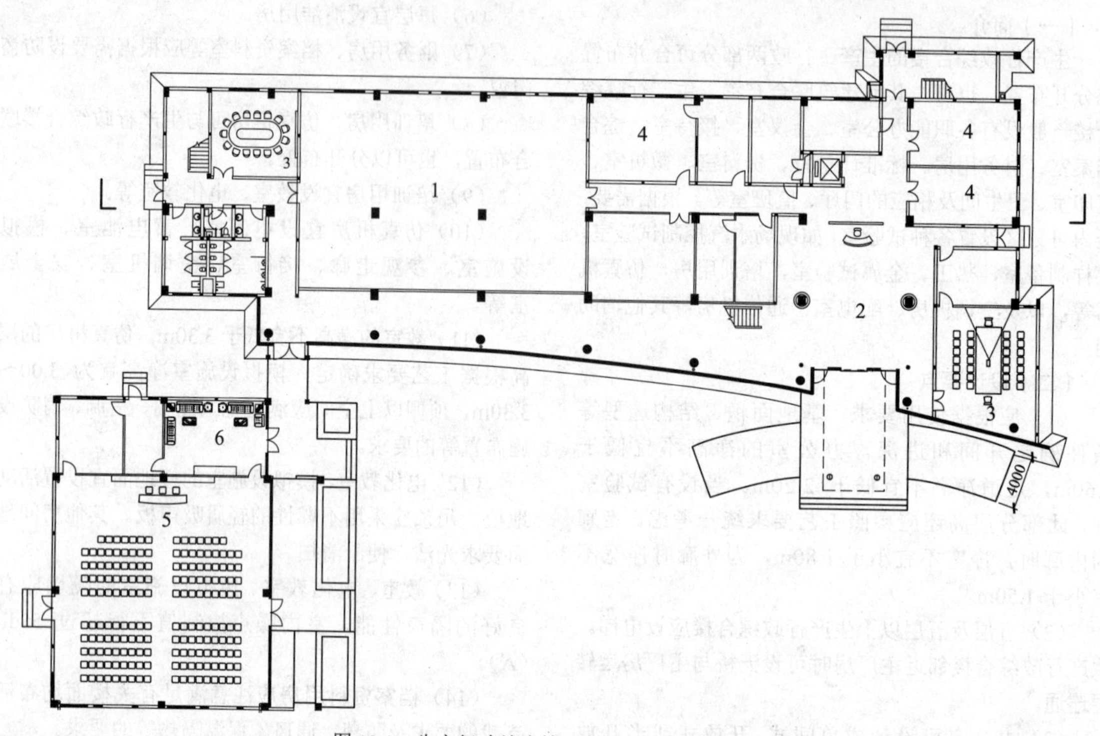

图18-2　生产行政综合楼（实例一）一层平面图

1—库房；2—门厅；3—会议室；4—办公室；5—多功能厅；6—接待室

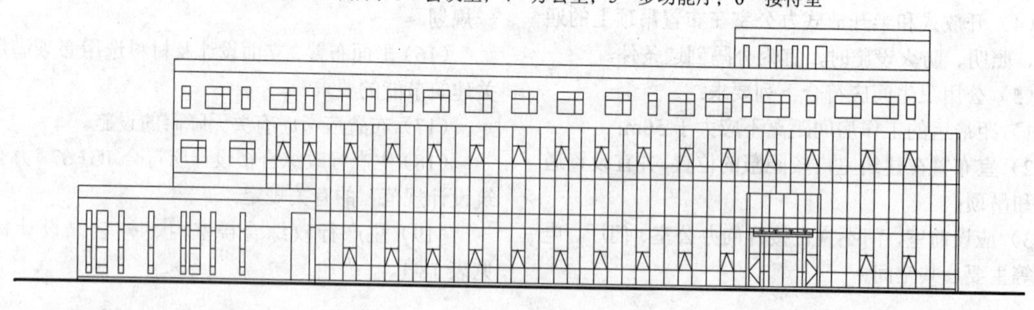

(a)

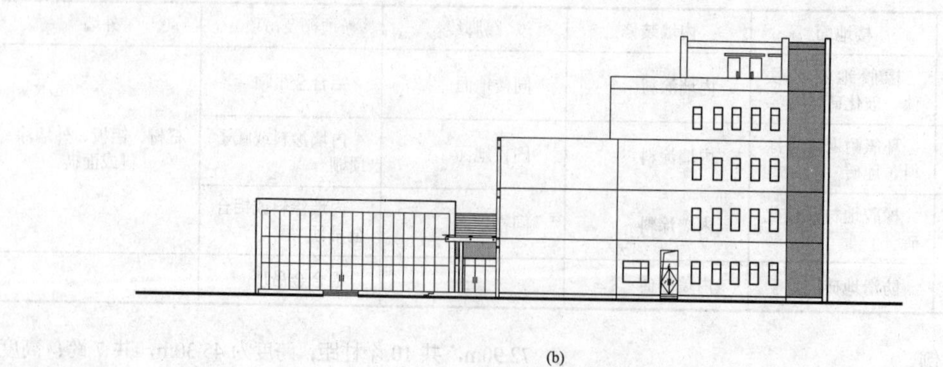

(b)

图18-3　生产行政综合楼（实例一）立面图

（a）立面图一；（b）立面图二

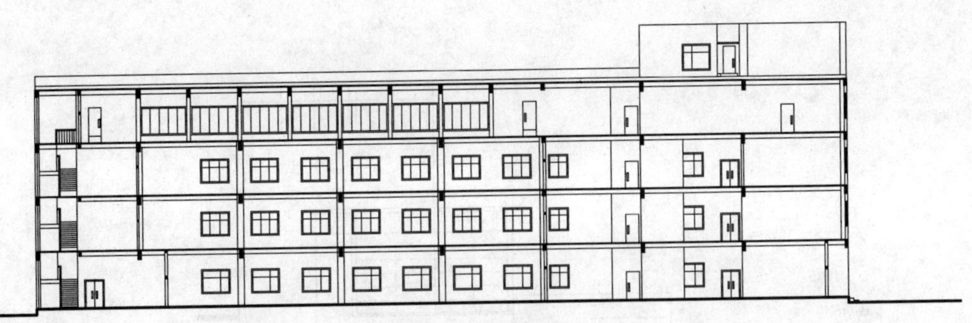

图 18-4　生产行政综合楼（实例一）剖面图

2. 实例二

某燃煤发电厂的生产行政综合楼建筑总长为66.00m，共 14 个柱距；跨度为 32.70m，共 6 跨；高度为 21.60m，分四层布置。一层设门厅、会议室、办公室、展示厅、接待室、档案室、值班室、休息室、综合室、设备间及卫生间等；二～四层设办公室、会议室、设备间及卫生间等。建筑内设 2 座封闭楼梯间以满足疏散要求。该生产行政综合楼（实例二）平面、立面、剖面图见图 18-5～图 18-7。

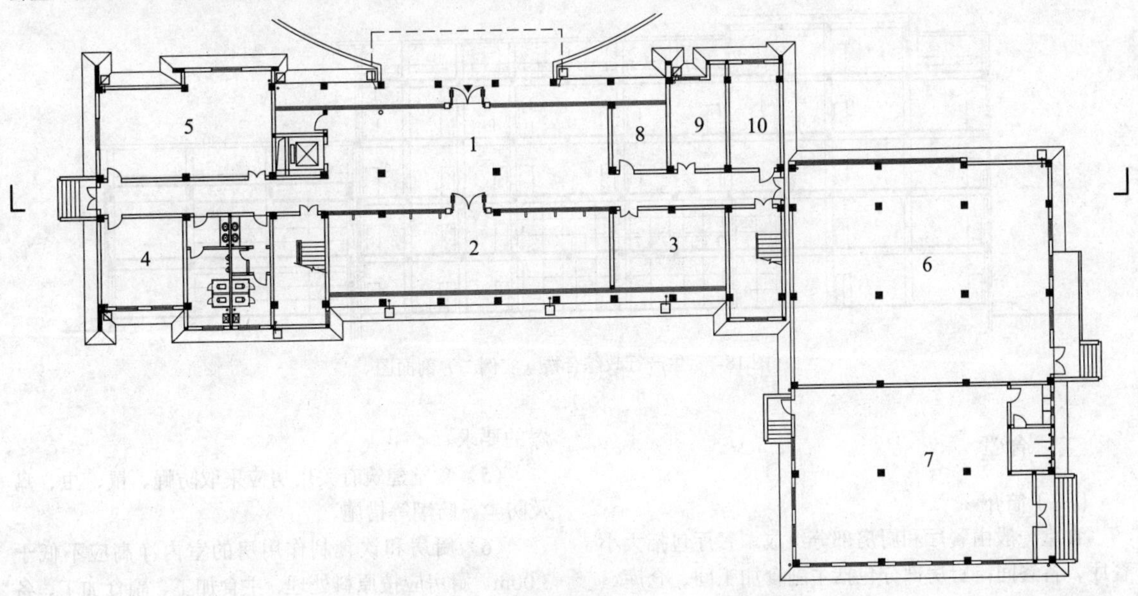

图 18-5　生产行政综合楼（实例二）一层平面图

1—门厅；2—展示厅；3—接待室；4—办公室；5—会议室；6—档案室；
7—综合室；8—值班室；9—休息室；10—设备间

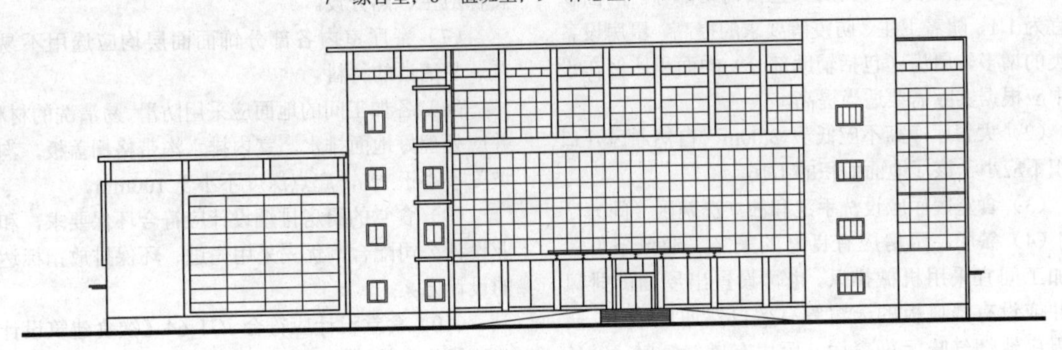

(a)

图 18-6　生产行政综合楼（实例二）立面图（一）

（a）立面图一

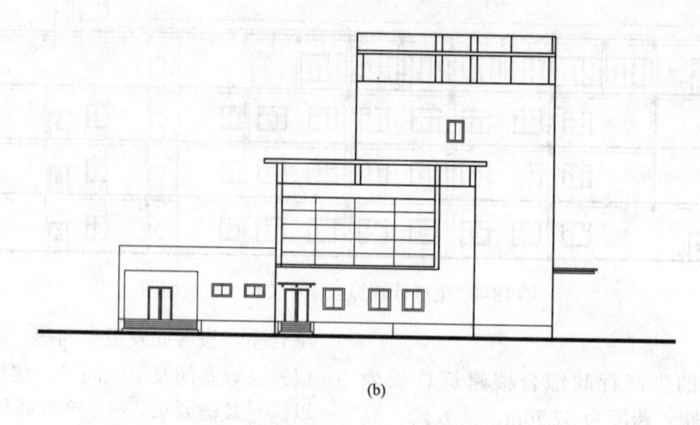

图 18-6 生产行政综合楼（实例二）立面图（二）
（b）立面图二

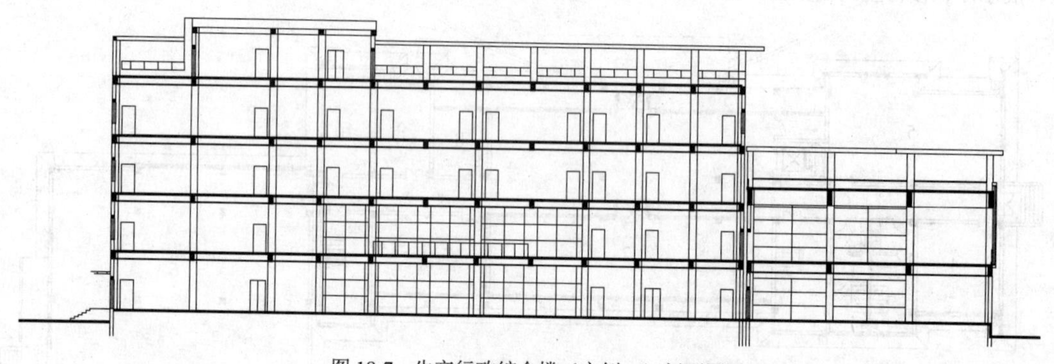

图 18-7 生产行政综合楼（实例二）剖面图

二、食堂

（一）简介

食堂一般由餐厅和厨房部分组成。餐厅包括大小餐厅、备餐间；厨房部分包括主副食加工间、仓库、办公室、更衣室、卫生间等。

（二）设计要点

（1）食堂的餐厅与厨房（包括辅助部分）的面积比宜为1:1，随着卫生、防疫等要求的提高，厨房设备种类的增多，厨房（包括辅助部分）的面积比例在设计中应根据实际需要适当提高。

（2）大餐厅净高不应低于 3.00m。自然通风开口面积不应小于该厅地面面积的1/16。

（3）食堂餐厅应设洗手池和独立洗碗区（间）。

（4）餐厅、厨房应有良好的采光、通风条件。热加工间宜采用机械排风，也可设置出屋面的排风竖井或设有挡风板的天窗等有效自然通风措施，防止厨房油烟气味污染餐厅。厨房有燃气罐时，其使用、存放等均应符合相关规范的规定，满足防火、防爆的要求。

（5）食堂建筑有关用房应采取防蝇、鼠、虫、鸟及防尘、防潮等措施。

（6）厨房和饮食制作用房的室内净高应不低于3.00m。厨房应按原料处理、主食加工、副食加工、备餐、食具洗存等工艺流程合理布置，严格做到原料与成品分开，生食与熟食分隔加工和存放。垂直运输的食梯应生、熟分设。

（7）餐厅室内各部分饰面面层均应选用不易积灰、易清洁的材料。

（8）各加工间的地面应采用防滑、易清洗的材料，并应处理好地面排水，室内排水沟带格栅盖板，沟底坡度不小于1%，起点深度不小于100mm。

（9）食堂的厨房排烟设计应符合环保要求，和专业设计公司配合，优先采用先进、环保排放指标达标的设计方案。

（10）食堂设计应符合 JGJ 64《饮食建筑设计规范》等的有关规定。

（11）食堂室内、外装修设计标准见表 18-2。

表 18-2　　　　　　　　　**食堂室内、外装修设计标准参考**

房间名称	楼地面	内墙装修	踢脚线	顶棚及吊顶	外墙
大、小餐厅，门厅，走道，楼梯间	玻化砖	内墙涂料	同楼地面	铝合金吊顶	石材、铝板、外墙涂料或面砖
值班室、更衣室	玻化砖	内墙涂料	同楼地面	内墙涂料	
厨房、备餐区、售卖区	防滑地砖	内墙面砖	—	铝合金吊顶	
卫生间	防滑地砖	内墙面砖	—	铝合金吊顶	

（三）工程实例

1. 实例一

某燃煤发电厂的食堂建筑总长为 30.00m，共 5 个柱距；跨度为 32.40m，共 6 跨；高度为 5.85m，单层布置。内设大餐厅、等候区、小餐厅、售卖区、厨房区、庭院及卫生间等。该食堂（实例一）平面、立面、剖面图见图 18-8～图 18-10。

2. 实例二

某燃煤发电厂的食堂建筑总长为 72.00m，共 12 个柱距；跨度为 54.00m，共 9 跨；高度为 10.00m，分两层布置。一层设大餐厅、门厅、面点间、洗碗间、制冷加热站、烹饪区、切配区、粗加工区、冷库、后勤门厅及卫生间等；二层设小餐厅、备餐间、空调机房、大活动室及卫生间等。建筑物内设 3 座楼梯以满足疏散要求。该食堂（实例二）平面、立面、剖面图见图 18-11～图 18-13。

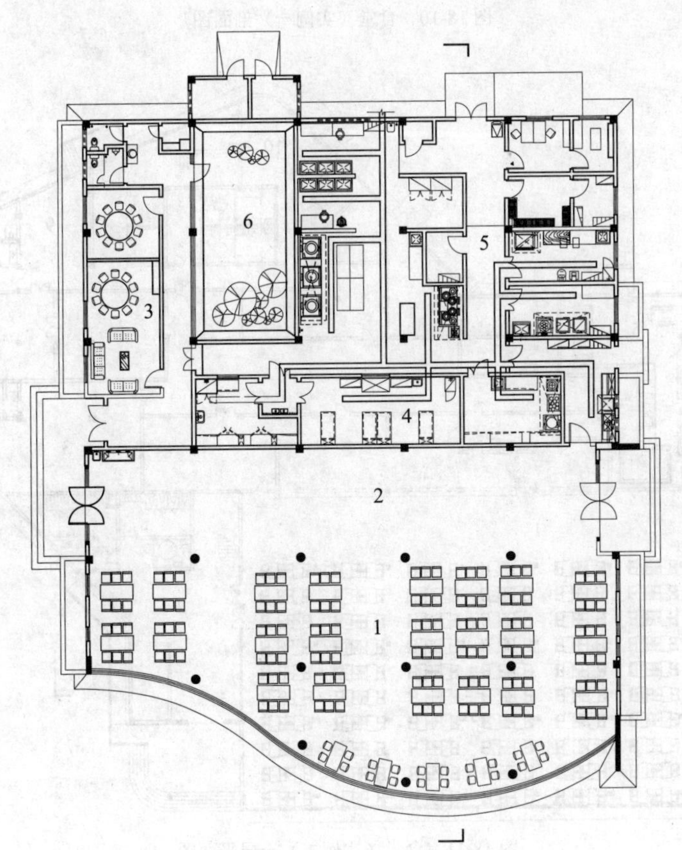

图 18-8　食堂（实例一）平面图

1—大餐厅；2—等候区；3—小餐厅；4—售卖区；5—厨房区；6—庭院

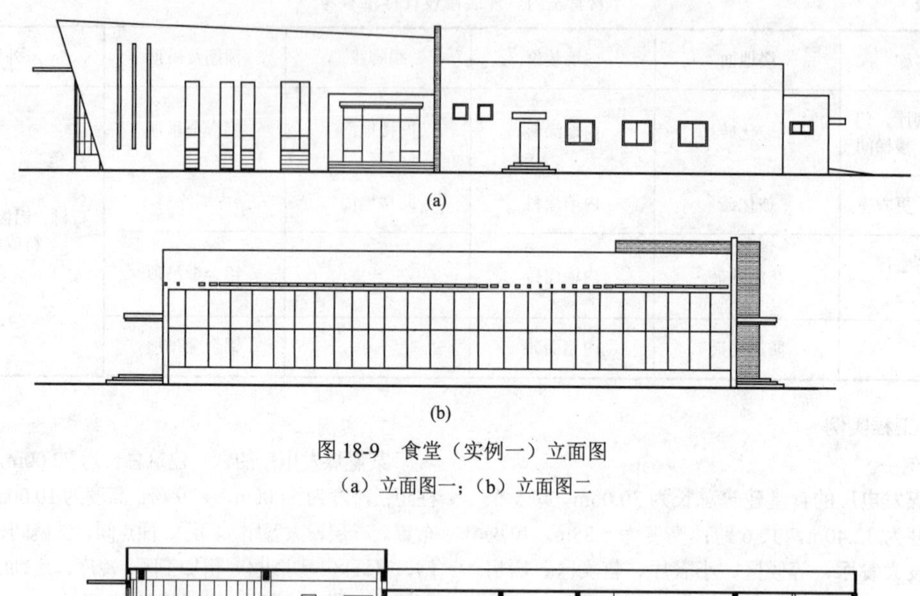

图 18-9　食堂（实例一）立面图

（a）立面图一；（b）立面图二

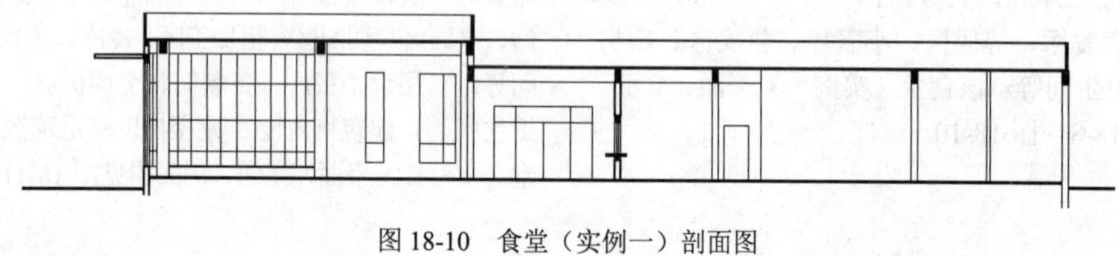

图 18-10　食堂（实例一）剖面图

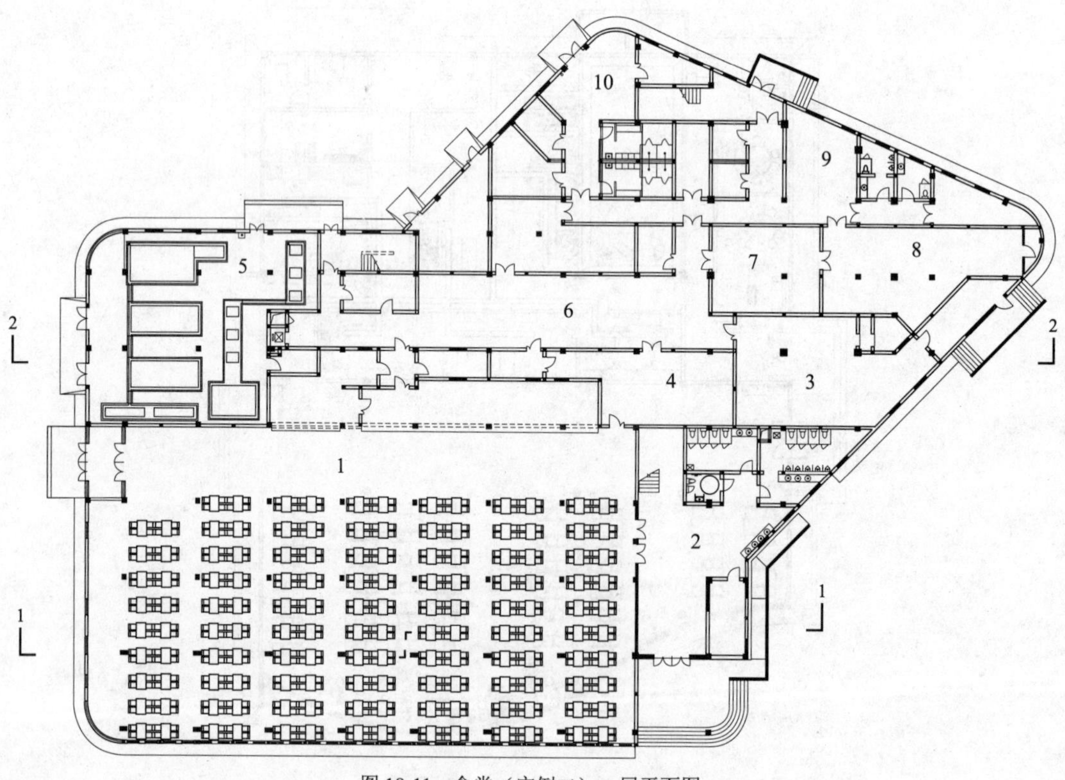

图 18-11　食堂（实例二）一层平面图

1—餐厅；2—门厅；3—面点间；4—洗碗间；5—制冷加热站；6—烹饪区；

7—切配区；8—粗加工区；9—冷库；10—后勤门厅

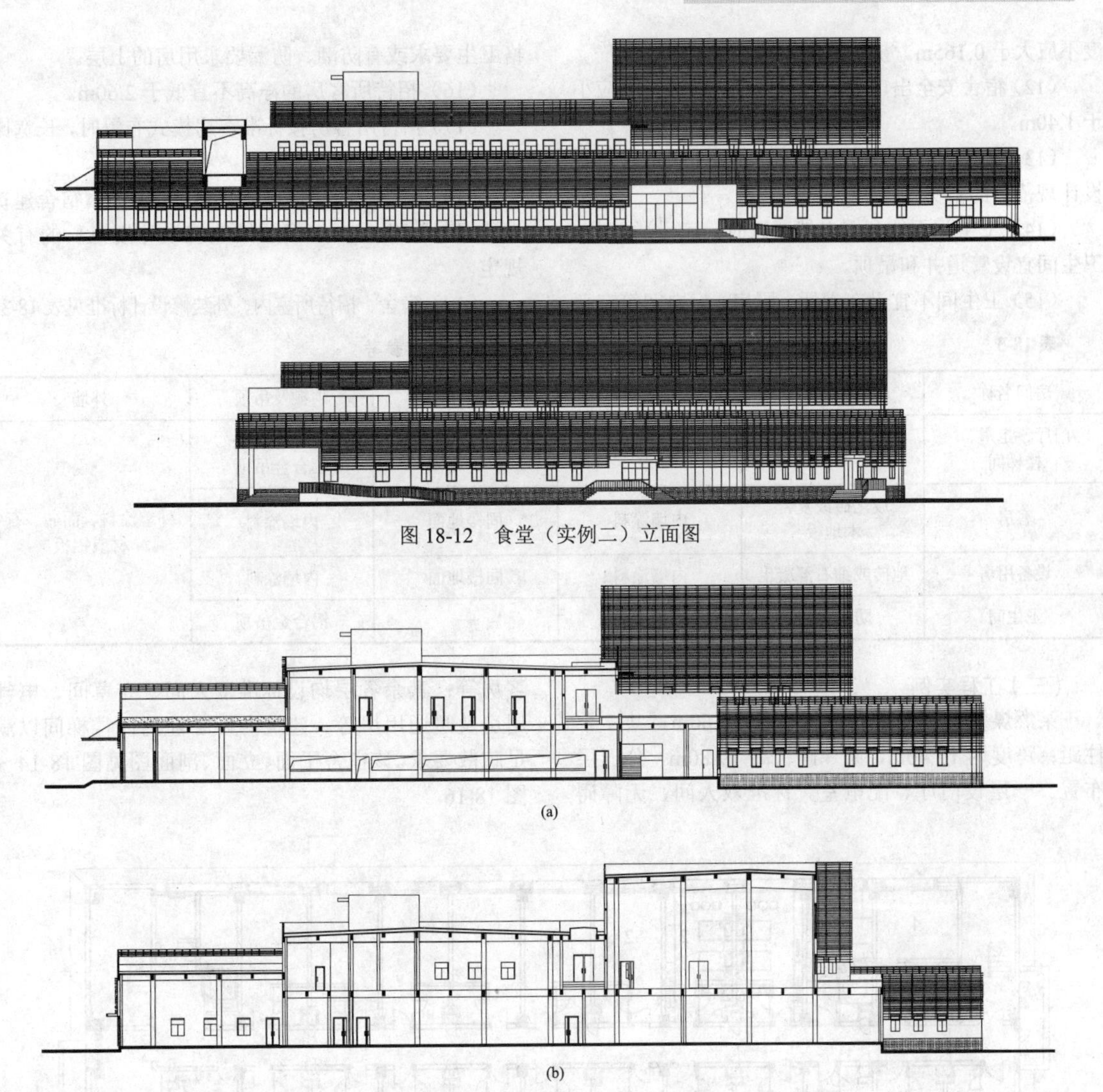

图 18-12　食堂（实例二）立面图

(a)

(b)

图 18-13　食堂（实例二）剖面图

（a）1-1 剖面；（b）2-2 剖面

三、宿舍、招待所

（一）简介

电厂内的宿舍按不同的使用功能可分为夜班宿舍、检修宿舍和周值班宿舍等。招待所可与宿舍联合布置，也可以单独布置。招待所根据需要可设置门厅、总服务台、客房、会议室、文娱室、办公室、餐厅、厨房、公共卫生间、服务员室、消毒间、洗衣房、开水间等。

（二）设计要点

（1）宿舍宜布置在厂区内较为安静且无各种污染源的地区，并接近厂内各项生活设施。

（2）宿舍用地宜选择有日照条件，且采光、通风良好，便于排水的地段。

（3）宿舍除居室外应设置管理室、卫生间、晾晒空间，并根据需要设置公共活动室。

（4）宿舍半数以上居室应有良好朝向，并应具有住宅居室相同的日照标准。

（5）宿舍居室的大小按居住的人员数确定，一般按每居室 2～3 人考虑。

（6）宿舍公用卫生间及盥洗室与最远居室的距离不应大于 25m（附带卫生间的居室除外）。

（7）宿舍公用卫生间应设前室或经盥洗室进入，前室和盥洗室的门不宜与居室门相对。

（8）宿舍公用卫生间及盥洗室卫生设备的数量应根据每层居住人数确定。

（9）宿舍根据使用需要设洗衣房、开水间（设施）、清洁间、垃圾收集间等。

（10）宿舍居室的层高不宜低于 2.80m。

（11）宿舍楼梯踏步宽度不应小于 0.27m，踏步高度不应大于 0.165m。扶手高度不应小于 0.90m。

（12）宿舍安全出口门不应设门槛，其净宽不应小于 1.40m。

（13）宿舍的建筑设计还应符合 JGJ 36《宿舍建筑设计规范》的有关规定。

（14）卫生间不能利用自然通风时，应设通风井；卫生间宜设管道井和吊顶。

（15）卫生间不宜设在餐厅、厨房、配电间等有严格卫生要求或有防潮、防漏要求用房的上层。

（16）招待所客房的净高不宜低于 2.60m。

（17）招待所客房按标准客房模式布置时，长宽比以不超过 2:1 为宜。

（18）招待所的建筑设计可参照 JGJ 36《宿舍建筑设计规范》及 JGJ 62《旅馆建筑设计规范》的有关规定。

（19）宿舍、招待所室内、外装修设计标准见表 18-3。

表 18-3 宿舍、招待所室内、外装修设计标准参考

房间名称	楼地面	内墙装修	踢脚线	顶棚及吊顶	外墙
门厅、走道、楼梯间	玻化砖	内墙涂料	同楼地面	内墙涂料或铝合金吊顶	外墙涂料、面砖、石材或铝板
客房	玻化砖或复合木地板	内墙涂料	同楼地面	内墙涂料	
设备用房	地砖或细石混凝土	内墙涂料	同楼地面	内墙涂料	
卫生间	防滑地砖	内墙面砖	—	铝合金吊顶	

（三）工程实例

某燃煤发电厂的宿舍建筑总长 54.60m，共 7 个柱距；跨度为 17.40m，共 3 跨；高 19.80m，分五层布置。一层设门厅、配电室、标准双人间、无障碍客房等；其余各层均设标准双人间、布草间、电气用房及暖通用房等。建筑内设 2 座封闭楼梯间以满足疏散要求。该宿舍平面、立面、剖面图见图 18-14～图 18-16。

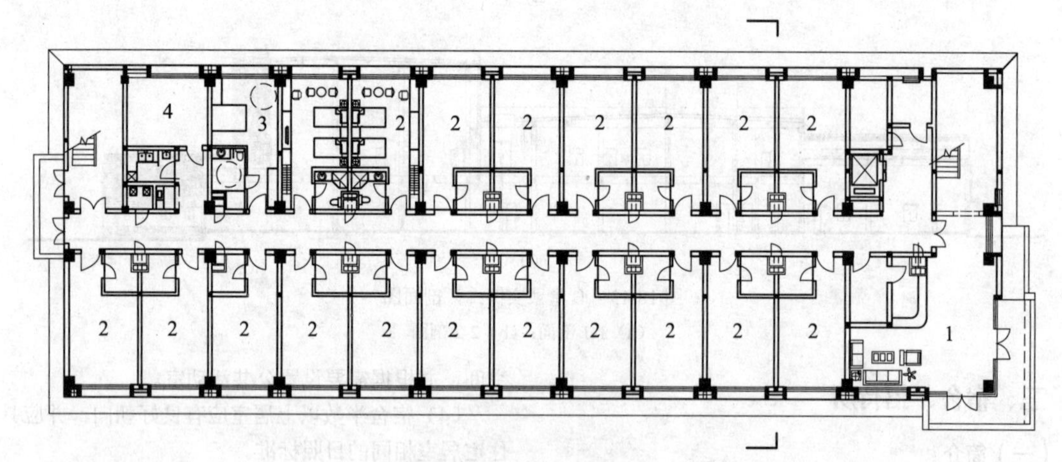

图 18-14 宿舍一层平面图

1—门厅；2—标准双人间；3—无障碍客房；4—配电室

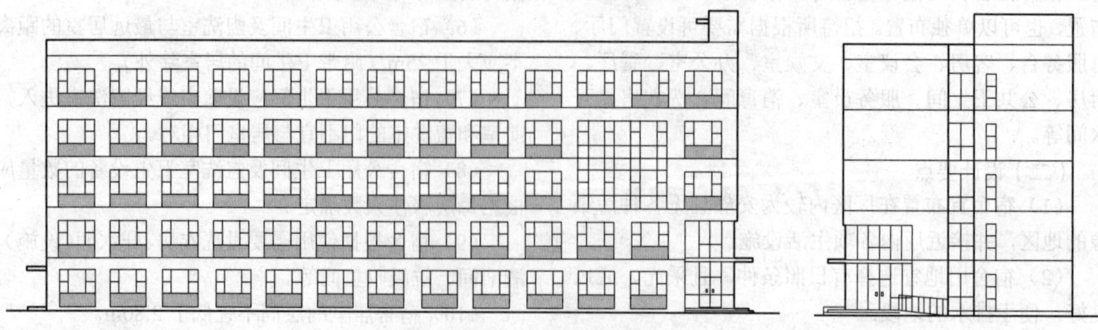

图 18-15 宿舍立面图

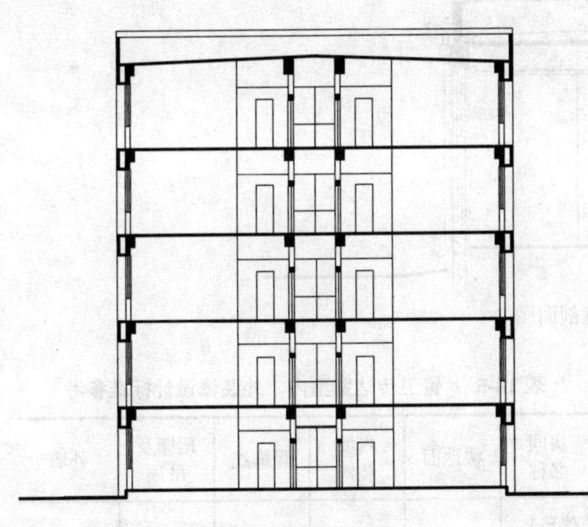

图 18-16　宿舍剖面图

四、浴室

（一）简介

厂区浴室宜设门厅、服务台、办公室、更衣室、淋浴室、洗脸梳妆间、管理室、库房及厕所等。

（二）设计要点

（1）浴室、更衣室地面应设不小于 0.5%的坡度和排水沟，排水沟设格栅板，地面应稍低于邻室地面，应采用防滑、易清洗的地面材料。

（2）浴室顶棚及墙身应有良好的防水和隔热性能，防止结露。顶棚应有足够的坡度，以防滴水。

（3）室内上下水管和浴室顶棚应有防止冷凝水在活动空间上方滴落的措施。

（4）浴室宜天然采光，组织自然通风。

（5）浴室室内、外装修设计标准见表 18-4。

表 18-4　　浴室室内、外装修设计标准参考

房间名称	楼地面	内墙装修	踢脚线	顶棚及吊顶	外墙
门厅、走道、管理用房	玻化砖	内墙涂料	同楼地面	内墙涂料或铝合金吊顶	外墙涂料或面砖
浴室、更衣室、卫生间	防滑地砖板	内墙面砖	—	铝合金吊顶	

（三）工程实例

某燃煤发电厂的浴室建筑总长 34.20m，共 8 个柱距；单跨跨度为 6.00m；高度为 4.00m，单层布置。内设男、女淋浴区、男、女更衣室、管理用房、洗衣间及卫生间等。该浴室平、立、剖面图见图 18-17～图 18-19。

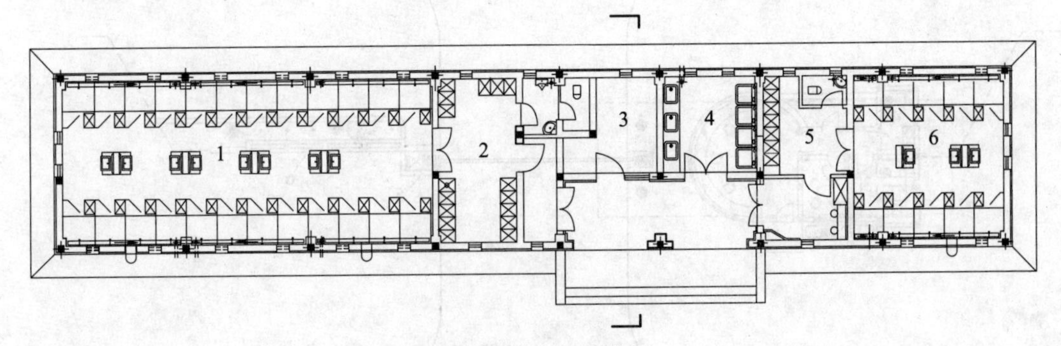

图 18-17　浴室平面图

1—男淋浴区；2—男更衣室；3—管理用房；4—洗衣间；5—女更衣室；6—女淋浴区

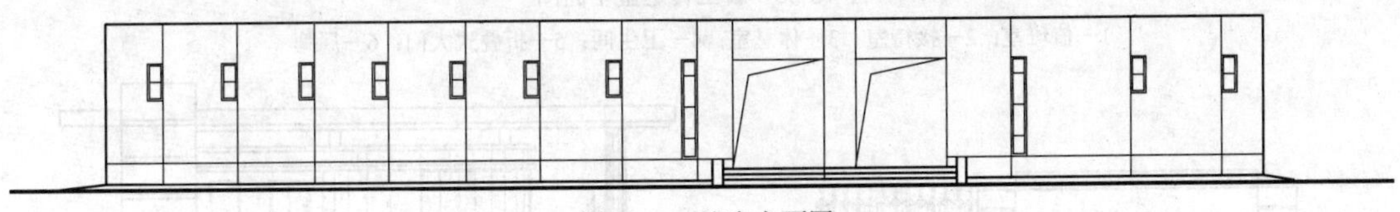

图 18-18　浴室立面图

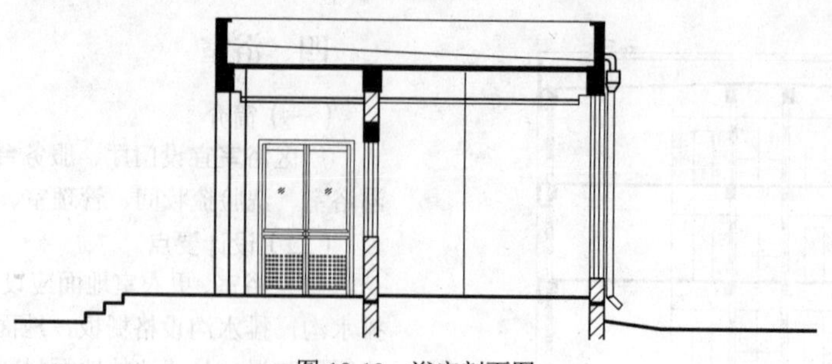
图 18-19　浴室剖面图

五、警卫传达室

（一）简介

警卫室包括值班（监控）室、休息室、卫生间等；传达室由收发室、接待室等组成。以上功能可根据实际需要进行调整，根据出入口的使用和管理需要，警卫室、传达室可合并或分开布置。

（二）设计要点

（1）警卫传达室的值班室应有良好的视线范围，并有较好的遮阳、保温、隔热、通风措施。

（2）大门的机动车道和人行道应分开设置。

（3）警卫传达室与大门、厂牌（墙）、围墙等构成完整的建筑体，建筑平面、立面设计时应统一规划。

（4）根据需要，卫生间内可设简易淋浴功能。

（5）警卫传达室室内、外装修设计标准见表 18-5。

表 18-5　警卫传达室室内、外装修设计标准参考

房间名称	楼地面	内墙装修	踢脚线	顶棚及吊顶	外墙
值班休息室、接待室	玻化砖	内墙涂料	同楼地面	内墙涂料	石材、铝板、外墙涂料或面砖
卫生间	防滑地砖板	内墙面砖	—	铝合金吊顶	

（三）工程实例

某燃煤发电厂的警卫传达室建筑总长 15.00m，跨度为 7.20m，高度为 4.50m，单层布置。内设值班室、接待室、休息室、卫生间等。该警卫传达室平、立面图及效果图见图 18-20～图 18-22。

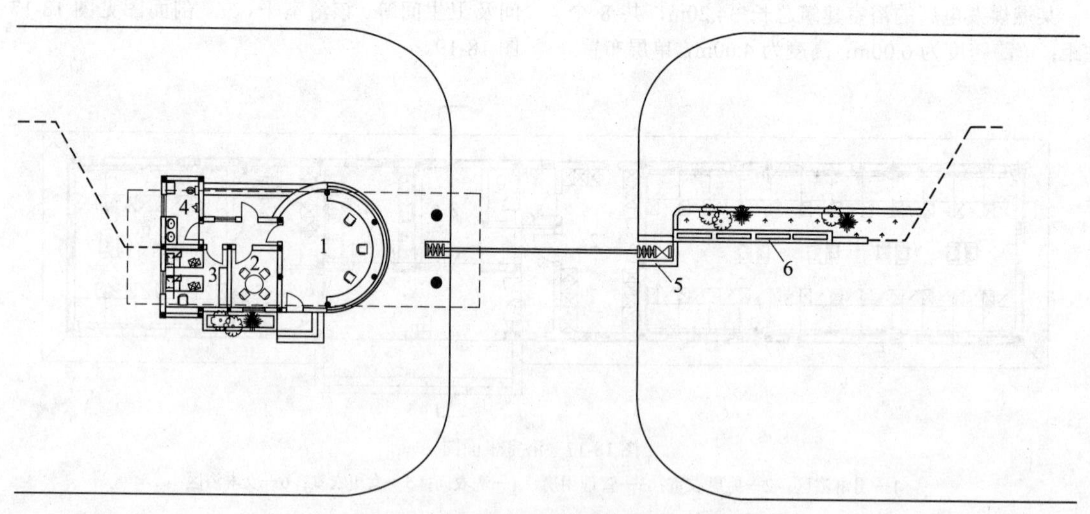

图 18-20　警卫传达室平面图

1—值班室；2—接待室；3—休息室；4—卫生间；5—折叠式大门；6—厂牌

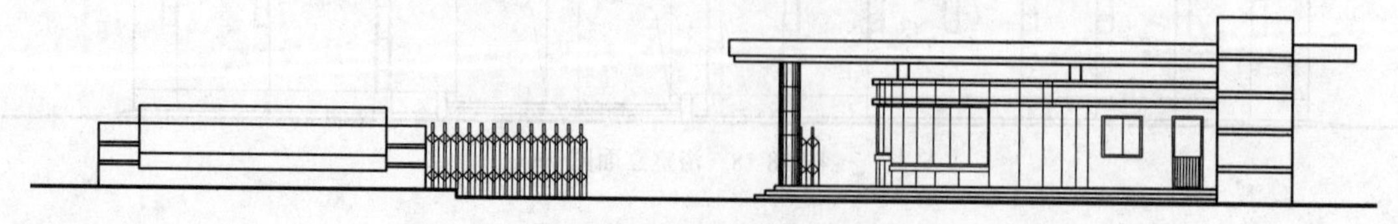
图 18-21　警卫传达室立面图

图 18-22　警卫传达室效果图

六、材料库

（一）简介

材料库分为一般材料库和特种材料库。

一般材料库由暖库、冷库、棚库、露天堆场等组成。库区布置应集中、紧凑、方便，并留有扩建余地及足够的室外装卸场和堆场。一般材料库宜靠近检修维护楼或成组联合布置，采用多层建筑。大型发电厂的材料库也可单独布置，宜设有卸货作业场地和露天堆场，并宜靠近铁路。

一般材料库包括暖库（包括一般器材库及精密器材库）、冷库（一般存放对室内温度要求不高的物品）、卸货间（区）、办公室、管理间、卫生间等。一般器材库库门附近宜设物品发放室。

特种材料库一般为单层建筑，主要存放油漆、乙醇、润滑油等物品。

（二）设计要点

（1）多层材料库最大允许占地面积和每个防火分区的最大允许建筑面积，应根据储存物品类别、建筑耐火等级和层数，遵照现行建筑设计防火规范来确定。

（2）一座材料库的安全出口不应少于 2 个，当一座材料库的占地面积小于或等于 300m² 时，可设置 1 个安全出口。材料库内每个防火分区通向疏散走道、楼梯或室外的出口不宜少于 2 个，当防火分区的建筑面积小于或等于 100m² 时，可设置 1 个。通向疏散走道或楼梯的门应为乙级防火门。

（3）一般器材库、精密器材库等宜采用多层建筑。楼梯宽度不宜小于 1.50m，坡度不宜大于 27°。应根据分类保管、方便发放等原则进行分库。

（4）材料库应妥善解决水平、垂直交通运输，卸货间应有起吊设施，库房内可根据需要设单轨吊，当材料库为三层以上建筑时，垂直运输可设货梯。

（5）材料库大门的宽度不应小于运输工具（含载货）的最大宽度加 0.60m，大门的高度不应小于运输工具的净高点加 0.20m。窗台高度一般要求在 2m 以上。

（6）一般器材库、精密器材库的地面应有防潮措施，围护结构应满足保温或隔热要求。精密器材库应有防尘等措施。

（7）特种材料库一般为独立建筑，且应根据储存物品的火灾危险特征进行分库，火灾危险性不同的库房隔墙应为防火墙，有各自的出入口；当与一般材料库毗连时，连接处应设防火墙。防火墙两侧门窗间的最小水平距离不应小于 2m。门必须向外开启，一般采用平开门。

（8）桶装油品、油漆储存间的门宽不应小于 2m，并应设置斜坡式非燃烧门栏，高出室内地坪 0.15m。

当为罐装时，宜设卸油泵，卸油泵应靠近库房独立装置。库内应具有良好的自然通风条件，窗台离地不应小于 2.0m。一般油库的地面宜做耐油不起火花地面，并有坡度，坡向排油沟或集油坑。

（9）棚库净高不宜低于 4.0m，四周宜设围栅。在大风多雨地区宜适当加大屋面挑檐的深度。地面宜为块料地坪，其标高应高出室外地面 0.20～0.30m，棚库四周宜设排水沟。

（10）除存放特殊物品的房间，根据要求可以选用自然通风或者机械通风外，一般材料库库房不考虑通风；化学药品库宜设自然通风，设置通风帽（带滴水盘），防止阳光直射。

（11）材料库室内、外装修设计标准见表 18-6。

表 18-6　　材料库室内、外装修设计标准参考

房间名称	楼地面	内墙装修	踢脚线	顶棚及吊顶	外墙
门厅、走道、楼梯间	玻化砖	内墙涂料	同楼地面	内墙涂料或铝合金吊顶	外墙涂料或面砖
库房区、设备用房	耐磨环氧地坪涂料或细石混凝土	内墙涂料	同楼地面	内墙涂料	
卫生间	防滑地砖	内墙面砖	—	铝合金吊顶	

（三）工程实例

1. 实例一

某燃煤发电厂的一般材料库建筑总长为 72.00m，共 12 个柱距；跨度为 27.00m，共 4 跨；高度为 13.40m，分二层布置。一层设大型备品库、大型货架区、五金及轴承类库发料间等；二层设办公室、电气用房、中

小型设备货架区恒温库、精密仪器库等。建筑物内设2座楼梯及起重吊运设备。该一般材料库平面、立面、剖面图见图18-23～图18-26。

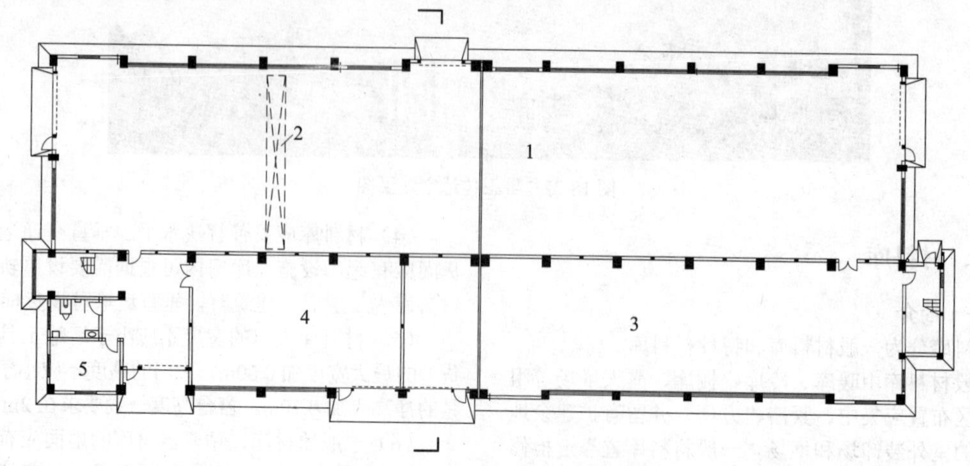

图18-23 一般材料库一层平面图

1—大型备品库；2—行车；3—大型货架区；4—五金及轴承类库；5—发料间

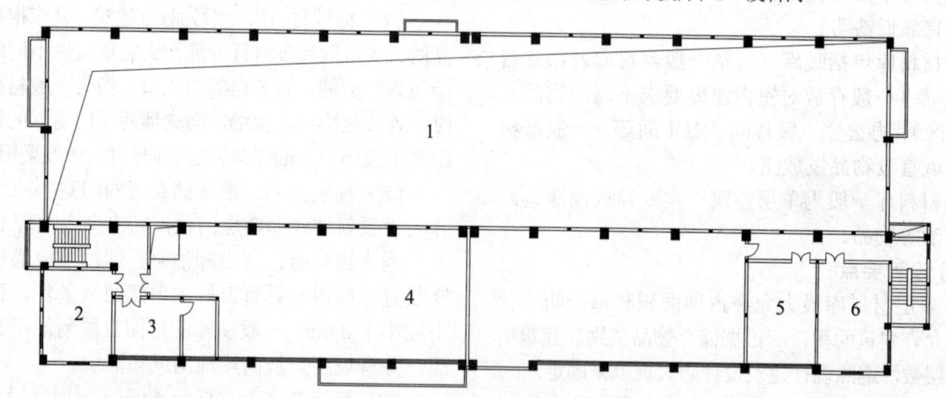

图18-24 一般材料库二层平面图

1—大型备品库上空；2—电气用房；3—办公室；4—中小型设备货架区；5—恒温库；6—精密仪器库

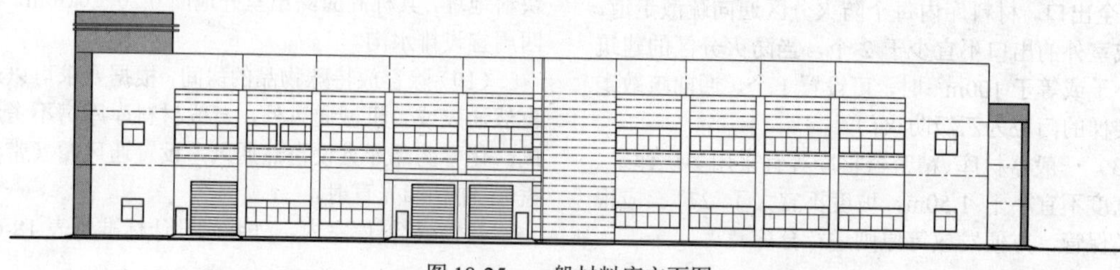

图18-25 一般材料库立面图

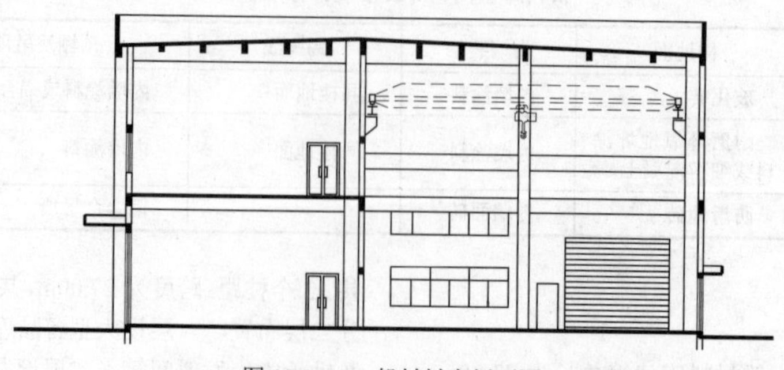

图18-26 一般材料库剖面图

2. 实例二

某燃煤发电厂的特种材料库建筑总长为24.40m，共5个柱距；跨度为39.00m，共7跨；高度为6.50m，单层布置。内设油品库房、工具间、一般物品库、油漆库房、化工产品库房、氧气罐瓶库房、乙炔气罐瓶库房。采用压型钢板墙面及屋面，满足防爆泄压要求。该特种材料库平面、立面、剖面图见图18-27～图18-29。

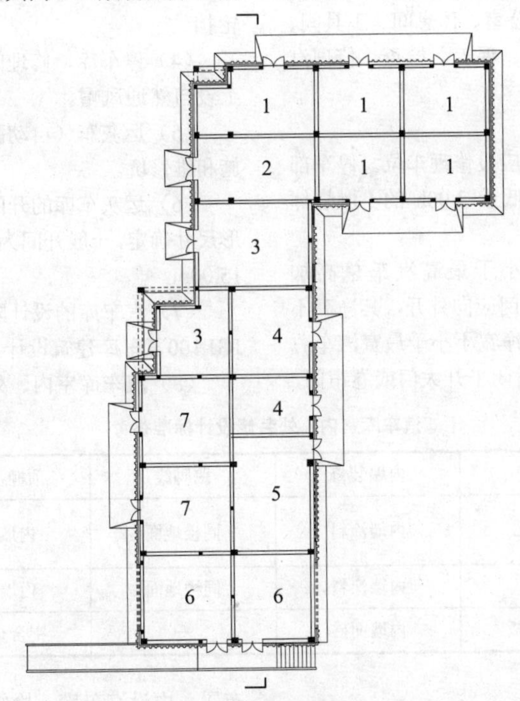

图18-27 特种材料库平面图

1—油品库房；2—工具间；3—一般物品库；4—油漆库房；5—化工产品库房；6—氧气罐瓶库房；7—乙炔气罐瓶库房

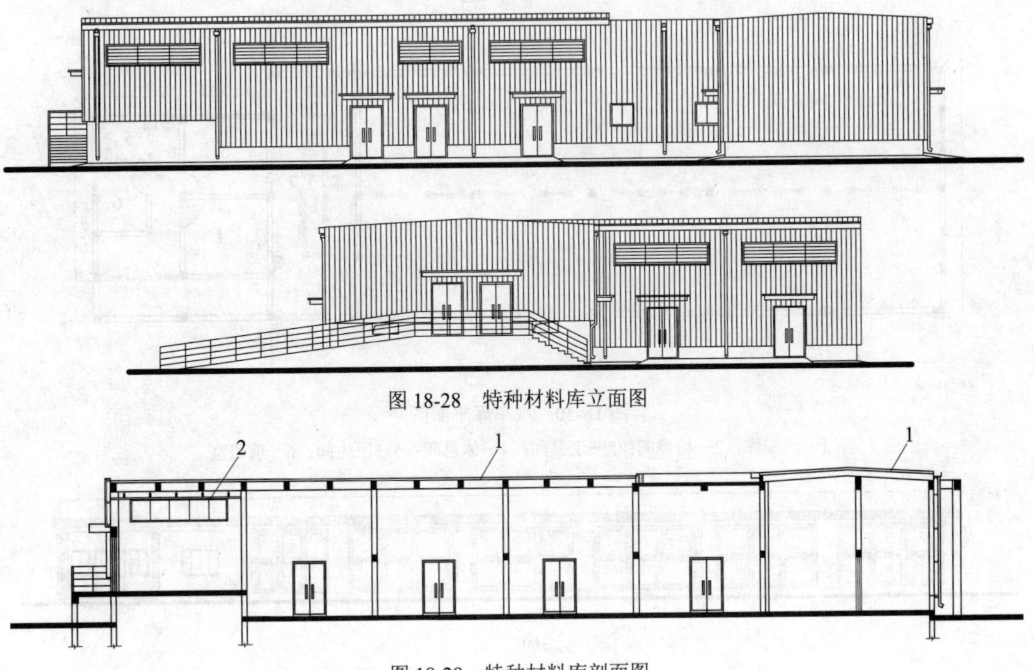

图18-28 特种材料库立面图

图18-29 特种材料库剖面图

1—压型钢板（轻质）屋面；2—轻钢龙骨防火板吊顶

七、汽车库

（一）简介

汽车库分一般汽车库和运灰车库，设有停车库、保养间、修理间、值班室、办公室、休息间、工具间、卫生间等，主要功能是为停放、保养、检查、修理汽车用。

（二）设计要点

（1）当汽车为 5 辆以上时应设修理车位。停车部位与修车部位应设耐火极限不低于 3.00h 的不燃烧体隔墙。

（2）车库室内净高不应小于最高汽车总高加 0.50m，并不小于 2.50m。车库门应向外开，其净高不小于最高汽车总高加 0.30m，净宽不小于最宽汽车总宽加 0.60～0.80m。宜采用全封闭平开大门或卷帘门，夏热冬暖地区可采用金属栅门。

（3）维修间和停车库地面应设不小于 1%的向外倾斜坡或坡向排水沟，库内应设冲洗水源和污水池。停车位的楼地面上应设 0.15～0.20m 高的车轮挡。

（4）停车库、修理间可采用自然通风，可在屋顶上设自然通风帽。

（5）运灰车（自动翻斗车）的维修间应有起吊设施和维修坑。

（6）运灰车库的开间和进深尺寸应根据汽车的外形尺寸确定，一般开间为 4.50～6.00m，进深为 12.00～15.00m。

（7）汽车库的设计除执行本节规定外，还应符合 JGJ 100《车库建筑设计规范》的有关规定。

（8）汽车库室内、外装修设计标准见表 18-7。

表 18-7　　汽车库室内、外装修设计标准参考

房间名称	楼地面	内墙装修	踢脚线	顶棚及吊顶	外墙
汽车库、检修间、工具间	耐磨混凝土	内墙涂料	同楼地面	内墙涂料	外墙涂料或面砖
休息间、值班间	玻化砖	内墙涂料	同楼地面	内墙涂料	
卫生间	防滑地砖板	内墙面砖	—	铝合金吊顶	

（三）工程实例

某燃煤发电厂的汽车库建筑总长 43.50m，共 8 个柱距；跨度为 12.00m，共 2 跨；高度为 4.10m，单层布置。内设汽车库、检修间、工具间、休息间、值班室及卫生间等。该汽车库平面、立面、剖面图见图 18-30 及图 18-31。

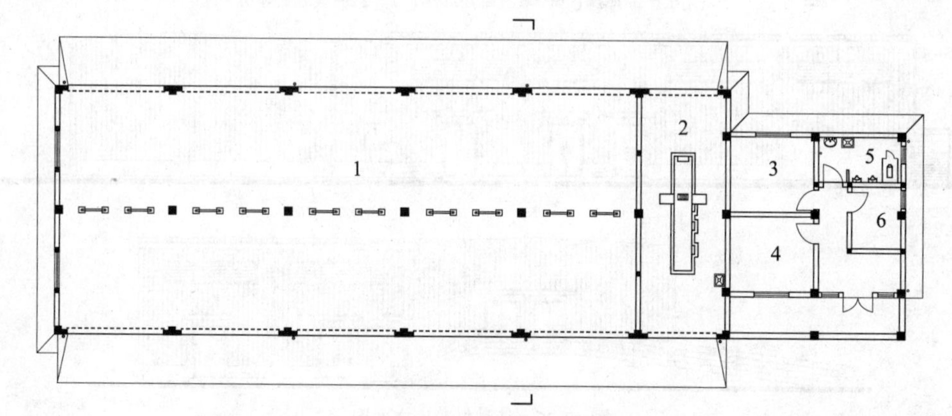

图 18-30　汽车库平面图

1—汽车库；2—检修间；3—工具间；4—休息间；5—卫生间；6—值班室

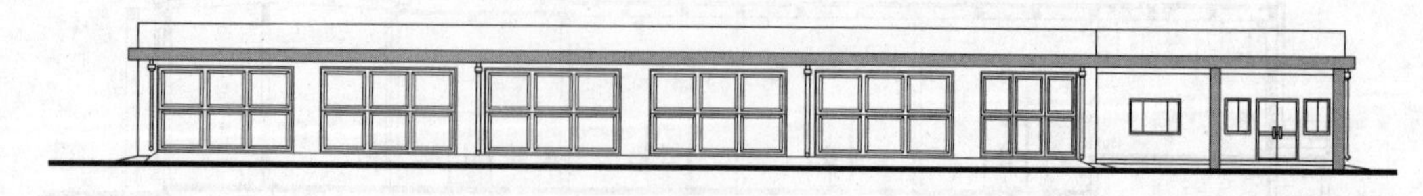

(a)

图 18-31　汽车库立面及剖面图（一）

（a）汽车库正立面图

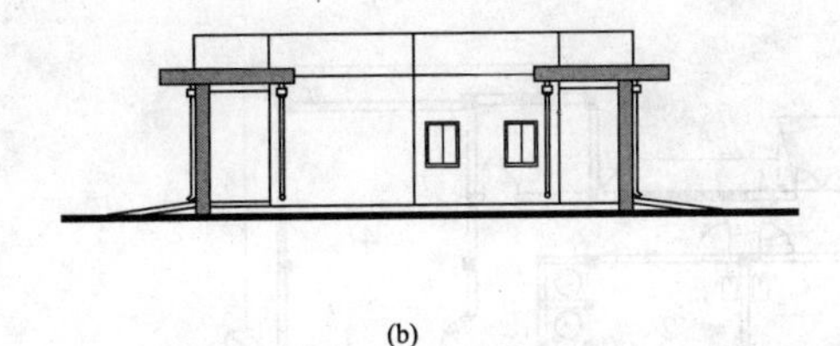
(b)

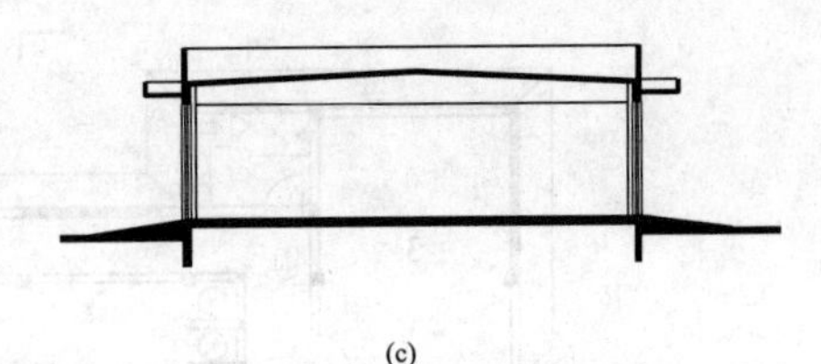
(c)

图 18-31　汽车库立面及剖面图（二）
（b）汽车库侧立面图；（c）汽车库剖面图

八、消防车库

（一）简介

消防车库设有停车库、值班（通信）室、维修工具间、消防器材库、办公室、会议室、宿舍及卫生间等。

（二）设计要点

（1）消防车库宜单独设置，如确因条件困难，必须与汽车库合建时，两者应有各自独立的出入口。

（2）消防车库出口应布置在建筑物正面便于车辆迅速出动的部位。消防车库的正门距道路边线不宜小于 10m。

（3）消防车库应结合工程条件进行布置，可单独成区。在满足防火要求的前提下，宜与其他建筑联合、毗邻布置。消防车库附近宜有一定面积的露天停车场和检修场。

（4）车库内消防车外缘之间的净距不小于 2m；消防车外缘至边墙、柱子表面的距离不小于 1m；消防车外缘至后墙表面的距离不小于 2.5m；消防车外缘至前门垛的距离不小于 1m；车库净高不小于车高加 0.6m。

（5）消防车库应设置修理间和检修坑，其位置不宜靠近通信室。超过三辆消防车的车库，应设置一个有前后门的隔间，并在其车位下面设置检修坑。

（6）车库每个车位设独立的向外开启平开门或滑升门，并设自动开启装置，门净宽不小于消防车宽加 1m，净高不小于消防车高加 0.3m。靠近通信室的车库大门上设供人通行的小门。

（7）通信室应设在靠近车库出口一侧，它与车库之间的墙上应设传递窗。

（8）指挥员办公室（兼值勤宿舍）应布置在一层，并与通信室相邻。

（9）宿舍位于底层时，宿舍至车库应有直通走廊，走廊净宽不宜小于 1.5m，双面布置时净宽不小于 2m；宿舍位于楼层时，应设有直径 7～8cm 的滑竿直通车库内，在滑竿底部应设直径不小于 0.8m 的弹性垫，楼板上人孔直径为 0.9～1m，周围应设防护设施。

（10）消防车库设计除执行本规定外，还应符合 GNJ 1《消防站建筑设计标准》的有关规定。

（11）消防车库室内、外装修设计标准见表 18-8。

表 18-8　　消防车库室内、外装修设计标准参考

房间名称	楼地面	内墙装修	踢脚线	顶棚及吊顶	外墙
车库、检修间、工具间	耐磨混凝土	内墙涂料	同楼地面	内墙涂料	
门厅、值班室、办公室、会议室、宿舍	玻化砖	内墙涂料	同楼地面	内墙涂料	外墙涂料或面砖
卫生间	防滑地砖板	内墙面砖	—	铝合金吊顶	

（三）工程实例

某燃煤发电厂的消防车库建筑总长为 31.50m，共 7 个柱距；跨度为 18.00m，共 5 跨；高度为 8.10m，分两层布置。一层设门厅、车库、检修间、办公室、工具间、值班室及卫生间等；二层设消防员宿舍 、会议室、办公室及卫生间等。建筑物内设 2 座楼梯以满足疏散要求。该消防车库平面、立面、剖面图见图 18-32～图 18-34。

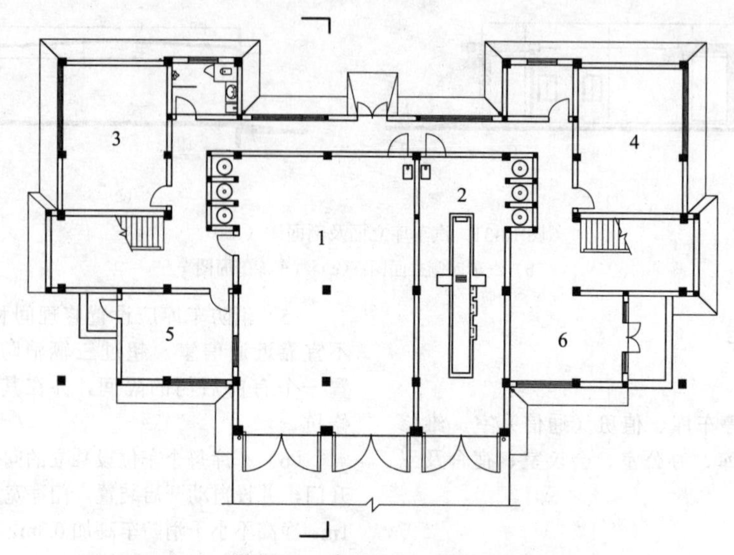

图 18-32 消防车库一层平面图

1—车库；2—检修间；3—办公室；4—工具间；5—值班室；6—门厅

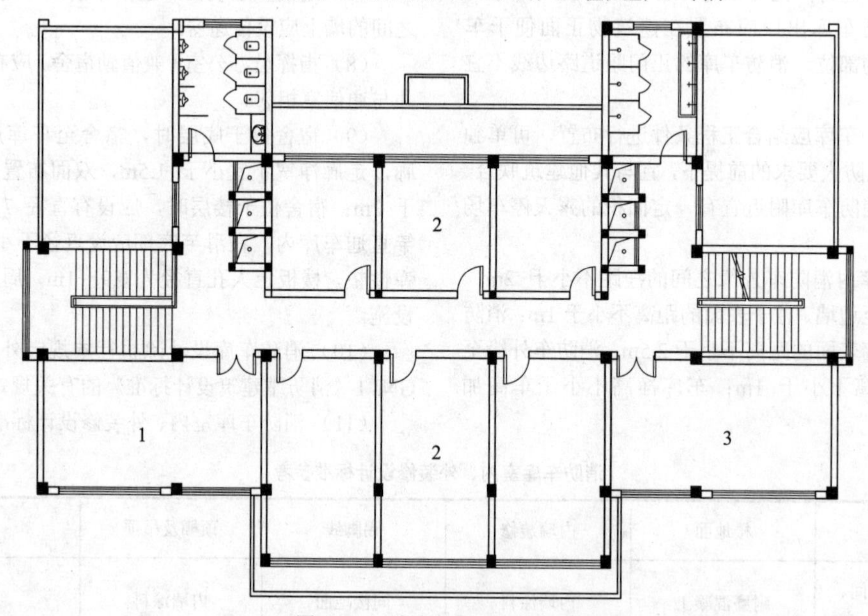

图 18-33 消防车库二层平面图

1—会议室；2—消防员宿舍；3—办公室

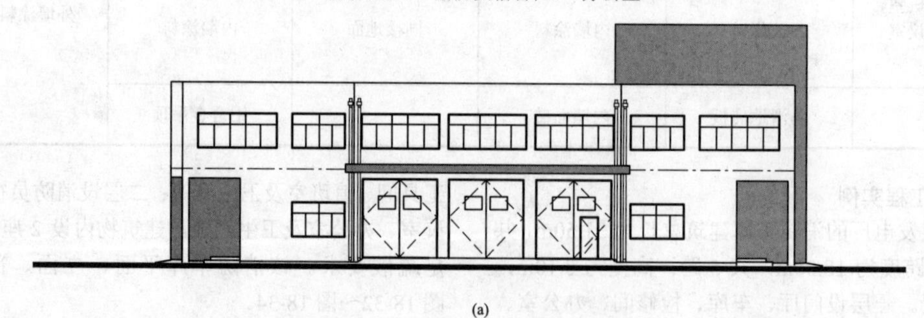

(a)

图 18-34 消防车库立面图及剖面图（一）

（a）消防车库正立面图

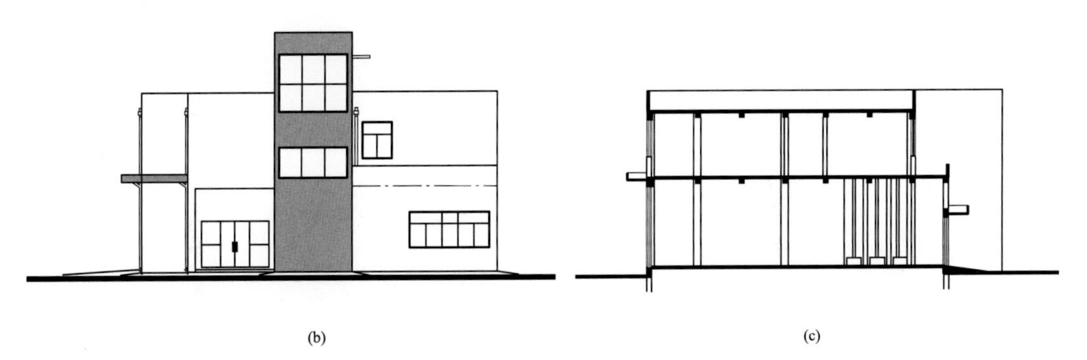

图 18-34 消防车库立面图及剖面图（二）

（b）消防车库侧立面图；（c）消防车库剖面图

第十九章

燃煤发电厂工程设计实录

本章选取了不同建筑风格、已建成运行的燃煤发电厂工程，包括国内南方与北方、海滨与内陆、江边与山区以及部分国外等不同地域、环境的燃煤发电厂。通过燃煤发电厂建筑独特的语言、符号、元素，结合电厂建筑设计的创新理念，体现了现代电厂建筑的工业韵味，并直观地展示出燃煤发电厂的工艺特征。选取的国外燃煤发电厂工程设计独特、富有新意，可与国内燃煤发电厂进行比较，作为设计参考。

实录1　南方沿海2×1000MW燃煤发电厂工程

该工程为1000MW级超超临界机组，位于杭州湾畔某化学工业区地块内。全厂建筑以灰白为基调，灰蓝色点缀。主厂房立面采用横线条和色块为主要构成形式，通过兰、白、灰三组颜色设计主厂房外墙立面，其余厂房建筑立面设计与之呼应协调；异形混凝土烟囱成为电厂的标志；办公楼、食堂、宿舍等建筑围合成安静、雅致的办公、休憩场所。

该工程相关图片见图19-1～图19-10。

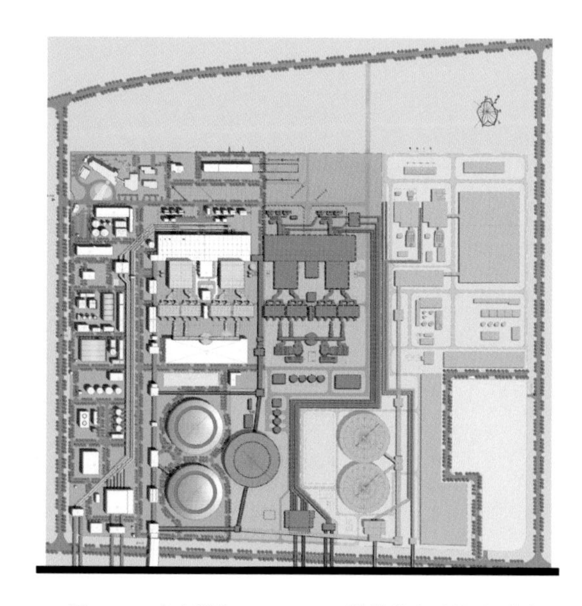

图19-1　南方沿海2×1000MW燃煤发电厂总平面图

图19-2　南方沿海2×1000MW燃煤发电厂全景（一）

图 19-3 南方沿海 2×1000MW 燃煤发电厂全景（二）

图 19-4 南方沿海 2×1000MW 燃煤发电厂圆形室内贮煤场

图 19-5　南方沿海 2×1000MW 燃煤发电厂主厂房

图 19-6　南方沿海 2×1000MW 燃煤发电厂主厂房运转层

图 19-7　南方沿海 2×1000MW 燃煤发电厂集中控制室

(a)

(b)

图 19-8　南方沿海 2×1000MW 燃煤发电厂办公楼

（a）外景；（b）内景

图 19-9　南方沿海 2×1000MW 燃煤发电厂设备及局部管道

图 19-10　南方沿海 2×1000MW 燃煤发电厂厂前区

实录2　北方沿海4×1000MW燃煤发电厂工程

该工程位于天津市汉沽区，是我国黄河以北首个百万千瓦级超超临界机组工程、国家循环经济试点项目。建筑设计从大型火力发电厂建筑群体设计的关键点入手，进行全厂建筑形象的整体性设计。

主厂房采用典型的四列式布置方式。设计中利用金属墙板凹凸的体块组合进行穿插搭配，突出主厂房造型的简洁、大气、高效，形成体量均衡、协调的有机整体。

厂前区建筑布置坐北朝南，面向渤海，将办公室、展厅和食堂等不同功能的建筑加以整合为一栋综合楼，并通过灵活、通透的柱廊连接起来，形成轻盈、活泼、飘逸的建筑形象。

该工程相关图片见图19-11～图19-16。

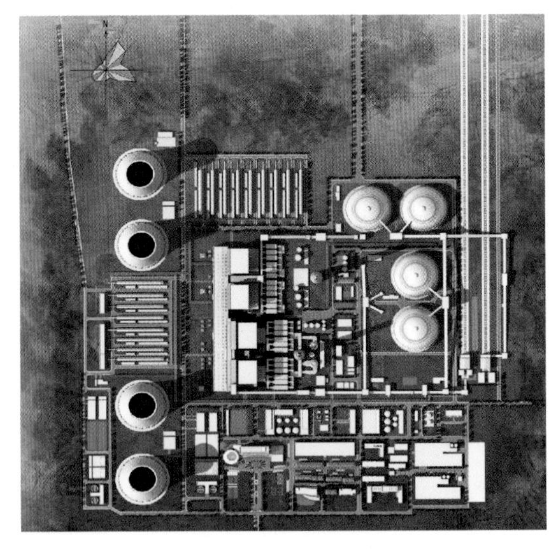

图19-11　北方沿海4×1000MW燃煤发电厂总平面图

图19-12　北方沿海4×1000MW燃煤发电厂全景

图 19-13　北方沿海 4×1000MW 燃煤发电厂厂前区

图 19-14　北方沿海 4×1000MW 燃煤发电厂主厂房

图 19-15　北方沿海 4×1000MW 燃煤发电厂主厂房运转层

图 19-16　北方沿海 4×1000MW 燃煤发电厂集中控制室

实录3 南方沿海4×600MW+2×1000MW燃煤发电厂工程

该工程位于浙江省东南沿海，一期容量为4×600MW机组，二期容量为2×1000MW机组，并留有扩建三期2×1000MW的条件。厂址背山面海，主厂房区位于开山形成的场地，山体边坡高达百余米，采用边坡覆绿的方式，使电厂依托的环境更为自然、优美。整体建筑设计体现了绿色、环保、人文的主题特征。

一期主厂房采用压型钢板围护，主色调为灰色系，局部柠檬黄色钢板点缀，既端庄大气，又有活力；A列轴外墙的GIS室及继电器楼外围护压型钢板色块采用黄金分割比例，与主厂房遥相呼应；运煤栈桥采用压型钢板外围护，窗台上下分别为灰白色和蓝灰色，连续的斜上走势使其颇具韵律感；圆形煤仓白色体点缀蓝色带，优美独特。

二期主厂房为钢筋混凝土结构，压型钢板围护，色彩处理同一期主厂房，使整个厂区浑然一体。生产、辅助建筑外墙饰面基本采用涂料，以白色为基调，辅以蓝灰色带或色块。

厂前建筑群布置在进厂大道的两侧，一侧为办公楼与贵宾楼，另一侧为三幢排列有序的值班宿舍和招待所及食堂，路边点缀浅水池等小品和绿化。景随路移、色彩斑斓，空间变化富有韵律。办公楼中庭上方设有活动百叶的玻璃天棚，内为小品及庭院的布置方式，创造了宁静、优雅的办公内部景观。

该工程相关图片见图19-17～图19-27。

图19-17 南方沿海4×600MW+2×1000MW燃煤发电厂模型

图19-18 南方沿海4×600MW+2×1000MW燃煤发电厂全景

图 19-19　南方沿海一期（4×600MW 机组）主厂房

图 19-20　南方沿海二期（2×1000MW 机组）主厂房

图 19-21　南方沿海一期（4×600MW 机组）主厂房运转层

图 19-22　南方沿海二期（2×1000MW 机组）主厂房运转层

图 19-23 南方沿海二期（2×1000MW 机组）集中控制室

图 19-24 南方沿海 4×600MW+2×1000MW 燃煤发电厂厂区

图 19-25 南方沿海 4×600MW+2×1000MW 燃煤发电厂厂前区一

图 19-26　南方沿海 4×600MW+2×1000MW 燃煤发电厂厂前区二

图 19-27　南方沿海 4×600MW+2×1000MW 燃煤发电厂厂前区三

实录4　南方沿江 2×1000MW 燃煤发电厂（二期）扩建工程

该工程为 1000MW 级超超临界湿冷燃煤发电机组扩建工程，位于安徽省安庆市。本工程采用侧煤仓布置形式，上煤方式采用运煤栈桥穿烟囱方式，从两台机中间上煤。

主厂房建筑设计借鉴大型公共建筑的处理手法，整合主厂房区域建筑体块，突出锅炉房的建筑属性，以增强建筑视觉效果的整体感和亲和力。汽机房采用上下体块的凹凸变化、有韵律感的竖向采光窗；锅炉房沿水平方向采用平板划分，运用宽窄不一的竖条板进行有韵律的局部封闭，形成一个完整的建筑立面，与汽机房的竖向条窗设计相呼应协调。

厂前建筑与景观设计采用波浪线条，追求流动的韵律和视觉的连贯性，将建筑与景观共享融合，并体现“乘风破浪、一往无前、一帆风顺”的企业文化。

该工程相关图片见图 19-28～图 19-34。

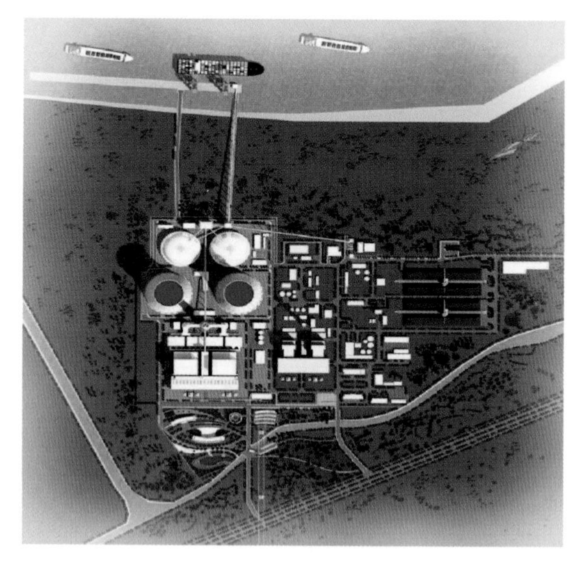

图 19-28　南方沿江 2×1000MW 燃煤发电厂（二期）扩建工程总平面图

图 19-29　南方沿江 2×1000MW 燃煤发电厂（二期）扩建工程全景

图 19-30　南方沿江 2×1000MW 燃煤发电厂（二期）扩建工程主厂房（侧煤仓）

图 19-31　南方沿江 2×1000MW 燃煤发电厂（二期）扩建工程主厂房侧面

图 19-32　南方沿江 2×1000MW 燃煤发电厂（二期）扩建工程主厂房运转层

图 19-33　南方沿江 2×1000MW 燃煤发电厂（二期）扩建工程集中控制室

图 19-34 南方沿江 2×1000MW 燃煤发电厂（二期）扩建工程厂前区

实录 5 北方内陆 8×660MW 燃煤发电厂工程

该工程为 8×660MW 级空冷亚临界燃煤机组，厂址位于内蒙古中部，地处严寒地区，属中温带半干旱大陆性季风气候。厂房设计考虑到保温、防风沙，采用了全封闭的建筑形式。

主厂房前布置有空冷平台，设计将草原文化、蒙古文化的元素融入到建筑设计之中。立面以白色为主色调，局部加蓝、红色带；建筑和工艺设备协调，整个厂区形成一个统一和谐的建筑群体；电厂主入口大门的造型如同飘扬的彩旗，与厂房红、蓝色带遥相呼应，在草地、湖水的映衬下营造出电厂浓厚的草原地域特色。

该工程相关图片见图 19-35～图 19-38。

图 19-35 北方内陆 8×660MW 燃煤发电厂全景

(a)

(b)

图 19-36　北方内陆 8×660MW 燃煤发电厂主厂房
（a）运转层；（b）空冷平台一侧

图 19-37　北方内陆 8×660MW 燃煤发电厂厂前区

图 19-38　北方内陆 8×660MW 燃煤发电厂入口大门

实录 6 北方内陆山地 4×200MW 燃煤发电厂工程

该工程位于乌鲁木齐市内，采用 4×200MW 抽汽供热式汽轮发电机湿冷机组。总平面采用常规三列式布置方式。工程场地地处山前平原上，电厂总体景观主要依据南北轴线和东西轴线进行规划。东西轴线景观为功能轴线，依照电厂工艺序列布置升压站、主厂房、煤场三大功能区。建筑物基本以烟囱为中心，两侧对称展开，层次分明，错落有序。规划上考虑将两期煤场平行布置，自入口看去，运煤栈桥沿东西向宛如一条长龙贯穿整个厂区，气势壮观。

整个厂区的主色调基于工程所在地的气候情况，重点考虑浅灰色主色调辅以浅蓝色为衬。结合新疆地区维吾尔民族传统上多以大红色点缀的特点，锅炉房和烟囱等几个重要节点部位也大胆使用了红色为主基调，在蓝天白云的衬托下，显得尤为醒目突出，富有当地浓郁的民族特色，成为城市周边一道亮丽的风景线。

该工程相关图片见图 19-39～图 19-43。

图 19-39 北方内陆山地 4×200MW 燃煤发电厂全景

图 19-40 北方内陆山地 4×200MW 燃煤发电厂主厂房及厂前建筑

图 19-41 北方内陆山地 4×200MW 燃煤发电厂运煤转运站及栈桥

图 19-42 北方内陆山地 4×200MW 燃煤发电厂主厂房局部

图 19-43 北方内陆山地 4×200MW 燃煤发电厂冷却塔

实录 7 国外 2×800MW 燃煤发电厂工程

该工程为 2×800MW 燃煤发电机组，位于德国柏林东南。通过“上大压小”，拆除了原有的小机组建成了 2×800MW 的大型超临界供热机组，两台机组分别于 1997 年和 1998 年投入商业运行，是当时国际最先进的褐煤发电机组之一。机组采用烟塔合一技术，安装高效脱硫装置。

锅炉高 160m，顶部建有观景平台。站在平台上，周围几十公里一览无余。

主厂房及运煤栈桥、转运站的建筑外立面作为一个整体统一进行设计，采用相同的浅灰色金属幕墙全封闭围护，结合厂房各部分固有的体量，在立面设计时进行体量的变化，如斜面、转运站的圆形（平面）处理等。在锅炉房的处理上很有特色，每台锅炉利用突出部分来调整体量的高宽比例，中间的斜面打破了方正呆板的印象。高质量的外立面饰面材质及施工工艺，配以协调大气的浅灰色调设计，使全厂建筑立面效果独特。

该工程相关图片见图 19-44～图 19-51。

图 19-44 国外 2×800MW 燃煤发电厂模型

图 19-45 国外 2×800MW 燃煤发电厂主厂房

图 19-46 国外 2×800MW 燃煤发电厂主厂房运转层

图 19-47 国外 2×800MW 燃煤发电厂运煤栈桥及圆形转运站

图 19-48 国外 2×800MW 燃煤发电厂集中控制室

图 19-49　国外 2×800MW 燃煤发电厂冷却塔

图 19-50　国外 2×800MW 燃煤发电厂厂区景观

图 19-51　国外 2×800MW 燃煤发电厂观景平台

实录 8 国外 1000MW 燃煤发电厂工程

该工程总装机容量达到 3864MW，位于德国西部，是德国最大的火力发电厂之一。电站共有 9 台机组，最老的机组于 1963 年投产，最新的 BoA 机组于 2002 年夏季投产，为 1000MW 级机组。

作为新建机组的主厂房，与其他机组主厂房毗邻。外立面设计时和原有主厂房外立面的直线条与驼色调进行对比，采用圆弧造型与蓝色块的设计手法。汽机房采用了弧形的檐口与竖向感的锅炉房形成对比，色彩上采用灰白、灰蓝、湖蓝的对比分色块处理，显得稳重、安定、独特，富有特色。

该工程相关图片见图 19-52～图 19-58。

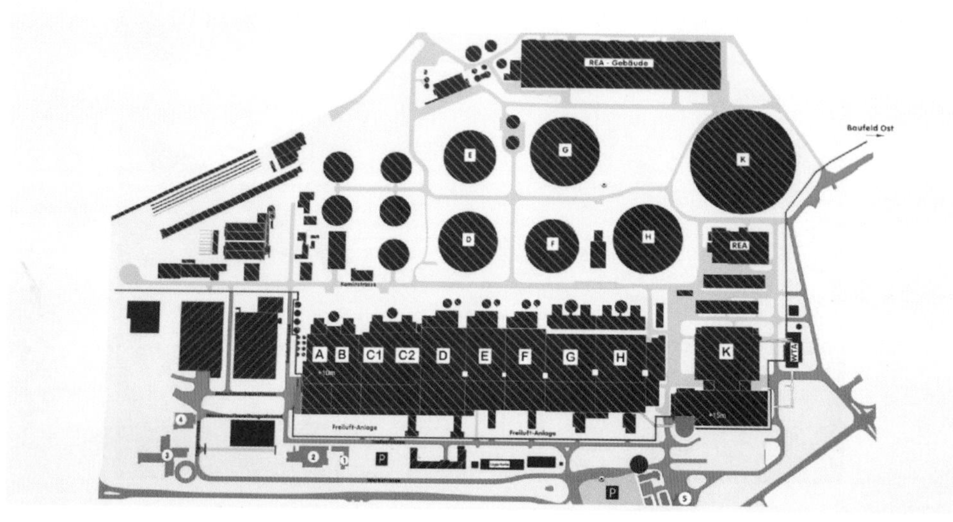

图 19-52 国外 1000MW 燃煤发电厂总平面图

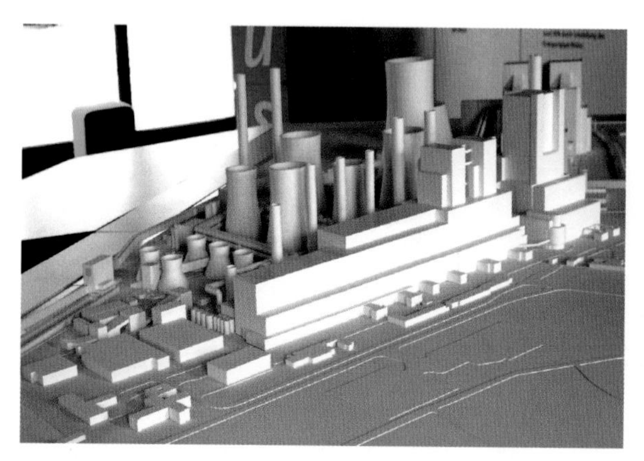

图 19-53 国外 1000MW 燃煤发电厂模型

图 19-54 国外 1000MW 燃煤发电厂全景

图 19-55　国外 1000MW 燃煤发电厂主厂房

图 19-56　国外 1000MW 燃煤发电厂主厂房局部

图 19-57　国外 1000MW 燃煤发电厂主厂房运转层

图 19-58　国外 1000MW 燃煤发电厂集中控制室

第 三 篇

燃机发电厂篇

燃机发电厂是用燃气轮机带动发电机或用燃气轮机与蒸汽轮机共同带动发电机的火力发电厂。前者称为简单循环发电厂，后者称为燃气-蒸汽联合循环发电厂。目前已建和在建的燃机发电厂，大多数为燃气-蒸汽联合循环发电厂，本篇以这种形式为主进行介绍。

燃机发电厂的燃料主要为液体燃料或气体燃料，与燃煤发电厂相比，燃机发电厂没有输煤系统、除灰渣系统等；辅助性生产和行政办公建筑物的建设规模也比较小；当燃用天然气时，一般厂内还设调压站。燃机发电厂具有工艺系统简单、厂区占地面积少，污染排放少，高效、清洁、环保等特点。燃机发电厂通常靠近负荷中心，位于城市的周边，设计中需要考虑燃机发电厂与城市周边环境的融合及噪声治理等因素。

本篇主要介绍燃机发电厂主厂房等主要建筑的工艺特点、建筑布置、设计原则和要求等，并收录了典型的工程设计实例。

第二十章 燃机发电厂建筑设计

燃机发电厂建筑按工艺系统和建筑功能分为主厂房建筑［包括集中控制楼（室）建筑］、电气建筑、燃料建筑、化学建筑、水工建筑、辅助建筑与附属建筑等。

燃机发电厂建筑设计应结合工艺设备的不同要求，合理布局，满足建筑防火、抗震、采光通风、防排水、建筑热工与节能、噪声控制等设计要求。燃机机组的本体设备和系统一般采用模块化设计，布置分为室内或室外两种，具体根据设备运行要求、厂址所处气候环境等因素决定。

第一节　主厂房建筑设计

燃机发电厂中安装有燃气轮机、汽轮机、发电机、余热锅炉等主要设备和配套工艺系统设施的建筑物称为主厂房。主厂房建筑在整个厂区中体量最大，是燃机发电厂的核心建筑。

一、工艺流程及布置简介

（一）工艺流程

燃机发电厂主厂房作为其核心区域，一般包括燃气轮机房、蒸汽轮机房和余热锅炉等。按照热力循环的特点，燃气轮机可以分为简单循环和燃气-蒸汽联合循环。

由燃气轮机和发电机独立组成的循环系统称为简单循环，也可称为开式循环。燃烧段的高温排气直接排入大气，不进行任何利用，效率较低。

如果利用燃气轮机排气余热在余热锅炉中将水加热变成高温、高压的过热蒸汽，再将蒸汽引入汽轮机膨胀做功，则其循环效率必然较高。基于这种理念，产生了不同形式的燃气-蒸汽联合循环。目前国内的燃机机组大多采用燃气-蒸汽联合循环，发电热效率更高。燃气-蒸汽联合循环工艺流程见图 20-1。

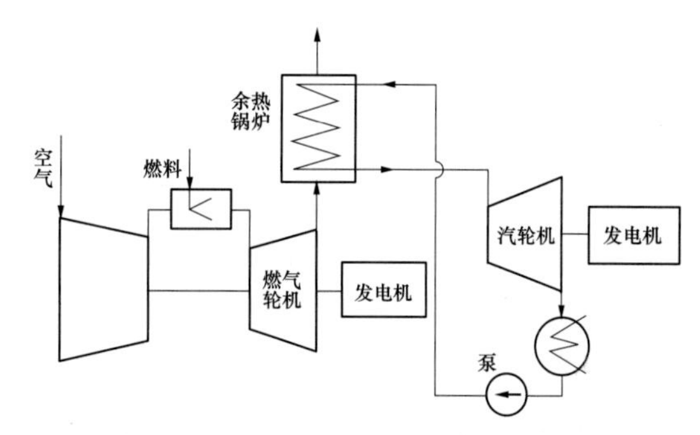

图 20-1　燃气-蒸汽联合循环工艺流程示意图

燃气轮机按单机组功率大小主要分为 B、E、F、G、H 级等。燃机机组级别与燃气轮机出力值对照见表 20-1。

表 20-1　燃机机组级别与燃气轮机出力值对照

燃机机组级别	B 级	E 级	F 级	G/H 级
燃气轮机出力值	≤100MW	100～200MW	200～400MW	＞400MW

注　ISO 工况下，50Hz 燃气轮机简单循环出力。

（二）工艺布置

1. 工艺布置形式

主厂房按轴系配置可分为单轴布置和多轴布置两种。

（1）单轴布置。单轴布置方式为燃气轮机-发电机-汽轮机或燃气轮机-汽轮机-发电机同轴布置，从工艺系统到厂房布置均为单元式，运行操作简单，经济性较高。单轴布置可分为两种形式：

1）单轴低位布置：按余热锅炉、燃气轮机、发电机与汽轮机同一轴线为一组，在发电机和汽轮机之间设有同步离合器。这种布置形式为底层低位布置，设计时需考虑发电机抽转子时横向平移或整台吊出的检修设施和场地。单轴低位布置平面、纵向剖面、横向剖面示意图见图 20-2～图 20-4。

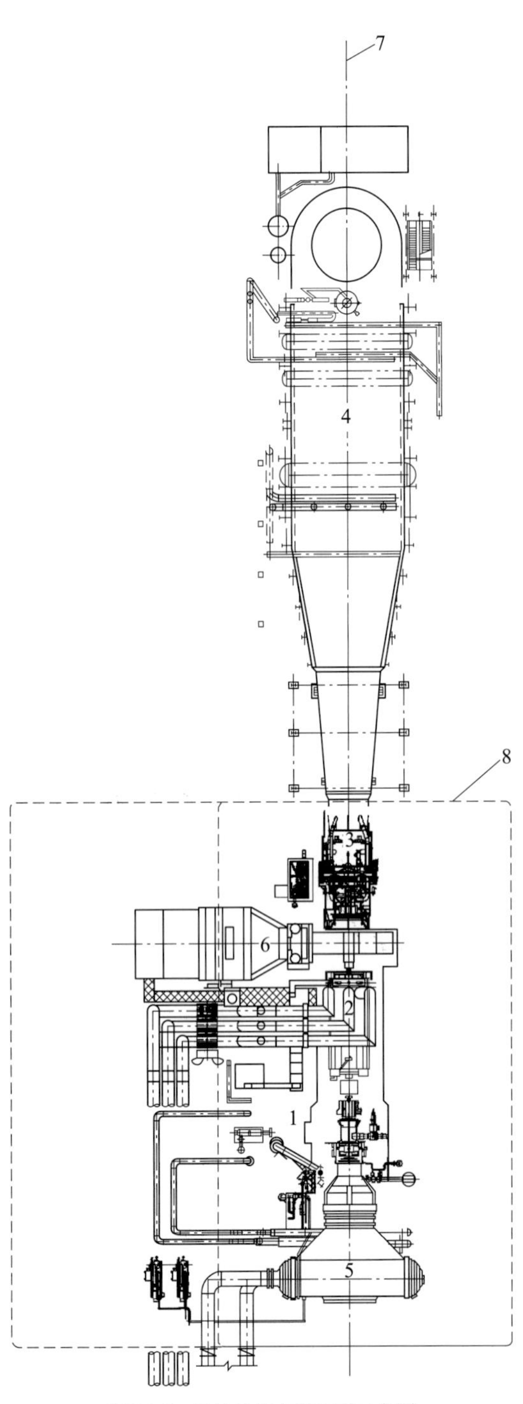

图 20-2　单轴低位布置平面示意图

1—汽轮机；2—发电机；3—燃气轮机；4—余热锅炉；
5—凝汽器；6—进气风道；7—主轴线；
8—主厂房封闭外轮廓线

2）单轴高位布置：按余热锅炉、燃气轮机、发电机与汽轮机同一轴线为一组，发电机和汽轮机之间不设同步离合器，可为运转层高位布置。单轴高位布置轴测示意图见图 20-5。

（2）多轴布置。多轴布置为不同轴的燃气轮机-发电机组和汽轮机-发电机组分别布置。燃气轮机单独启动和运行，余热锅炉和汽轮机可分别安装、分期发电，运行比较灵活，但投资相对较高。

燃气轮机-发电机组：当燃气轮机轴向排气时，组与组之间宜平行布置，余热锅炉同轴线连续布置；当燃气轮机侧向排气时，组与组之间可纵向成直线对称或顺向布置，也可平行布置，余热锅炉宜垂直于燃气轮机-发电机组布置。

汽轮机-发电机组可平行或垂直于燃气轮机-发电机组布置，也可与燃气轮机-发电机组同一直线布置。

多轴布置平面及其燃机房剖面、汽机房剖面示意图见图 20-6～图 20-8。

多轴布置允许一套、两套或多套燃气轮机、余热锅炉装置配一台蒸汽轮机，通常称为“一拖一”“二拖一”“多拖一”。

如图 20-9 所示为多轴“二拖一”布置平面示意图，由 2 台燃气轮机-发电机组、2 台余热锅炉、1 台蒸汽轮机-发电机组组成。

2. 燃气轮机工艺布置

燃气轮机可采用室内或室外布置。

对环境条件差、严寒及寒冷地区或对设备噪声有特殊要求的燃机发电厂，燃气轮机采用室内布置，燃气轮机配套的外置式燃烧器也宜采用室内布置。单轴配置的大容量燃气-蒸汽联合循环发电机组宜室内布置。

燃机房可采用底层低位布置或运转层高位布置。图 20-4 及图 20-7 所示为底层低位布置，图 20-5 所示为运转层高位布置。

3. 汽轮机工艺布置

汽轮机应室内布置。当汽轮机为轴向或侧向排汽时，汽轮机应低位布置；当汽轮机为垂直向下排汽时，汽轮机应高位布置。图 20-10 所示为底层低位布置，图 20-8 所示为运转层高位布置。

4. 余热锅炉工艺布置

余热锅炉可根据厂址环境条件不同采用室内或露天布置。夏热冬冷和夏热冬暖地区的余热锅炉通常采用露天布置，实景图见图 20-11；严寒、寒冷地区，以及环境噪声控制要求比较高的电厂，余热锅炉通常采用室内布置或紧身封闭，实景图见图 20-12。

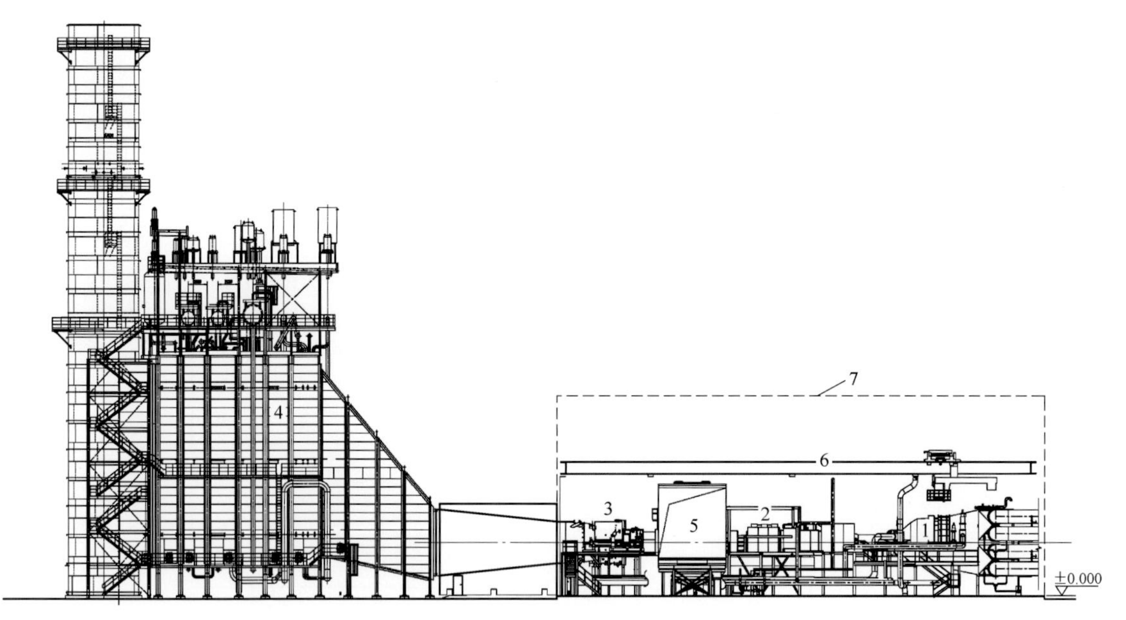

图 20-3　单轴低位布置纵向剖面示意图

1—汽轮机；2—发电机；3—燃气轮机；4—余热锅炉；5—进气风道；6—行车；7—主厂房封闭外轮廓线

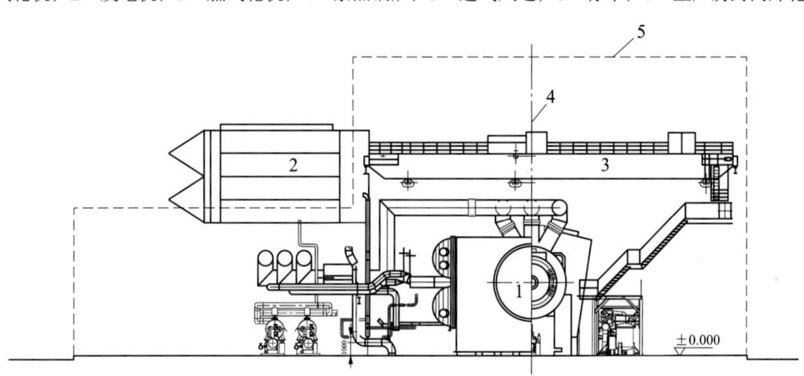

图 20-4　单轴低位布置横向剖面示意图

1—凝汽器；2—进气风道；3—行车；4—主轴线；5—主厂房封闭外轮廓线

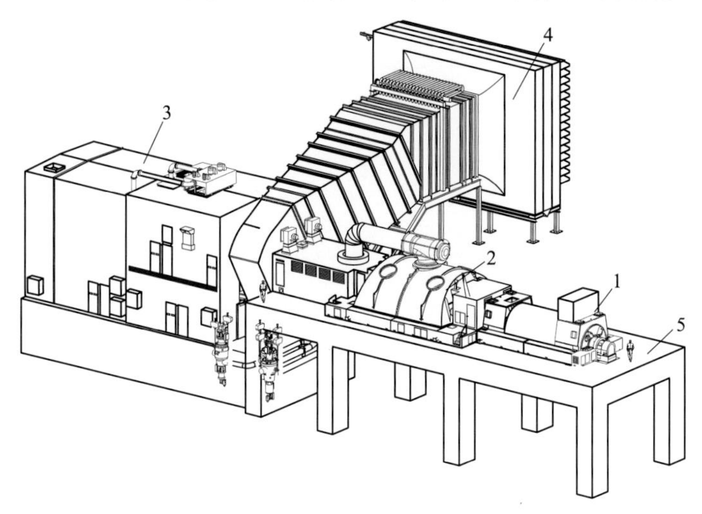

图 20-5　单轴高位布置轴测示意图

1—发电机；2—汽轮机；3—燃气轮机；4—进气风道；5—运转层楼面

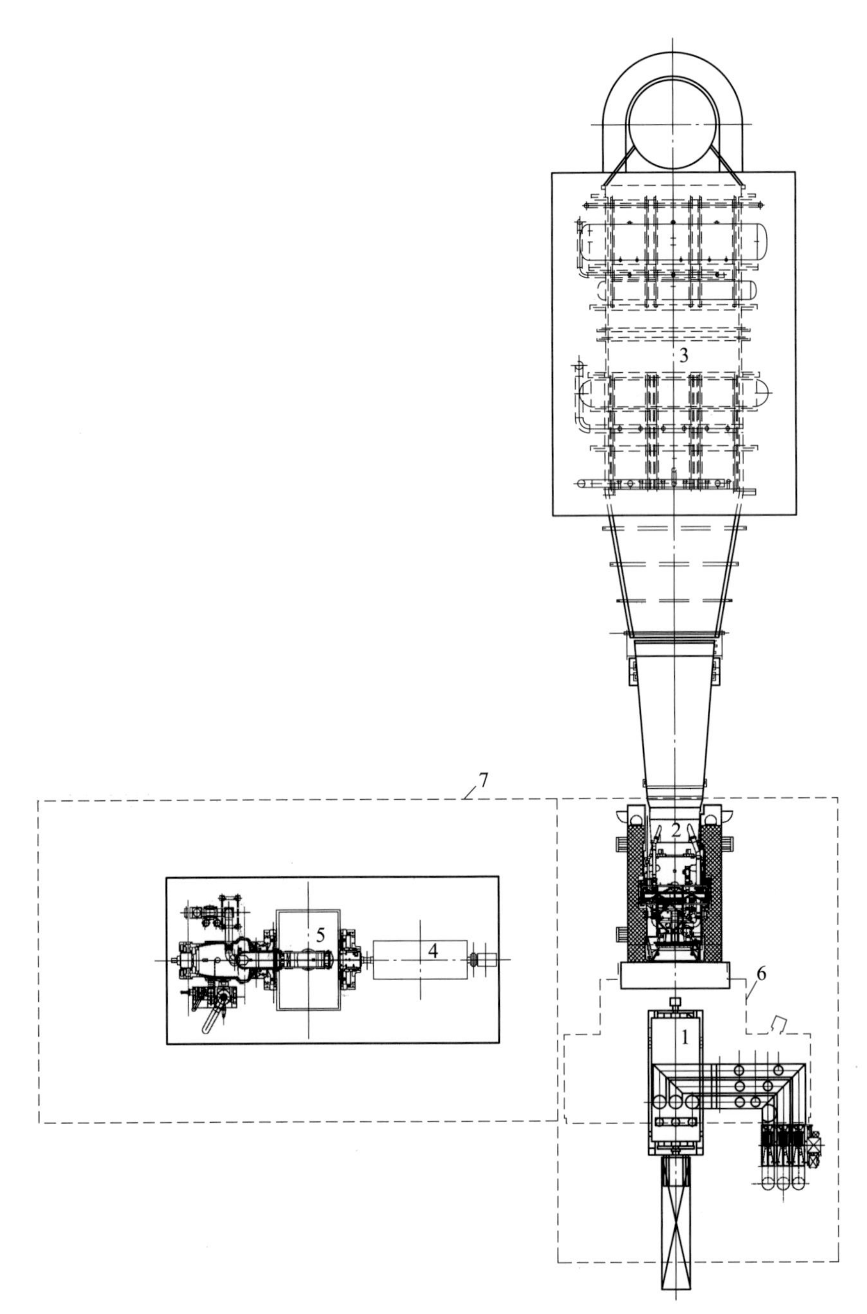

图20-6 多轴布置平面示意图

1—燃气轮机发电机；2—燃气轮机；3—余热锅炉；
4—汽轮机发电机；5—汽轮机；6—进气风道；7—主厂房封闭外轮廓线

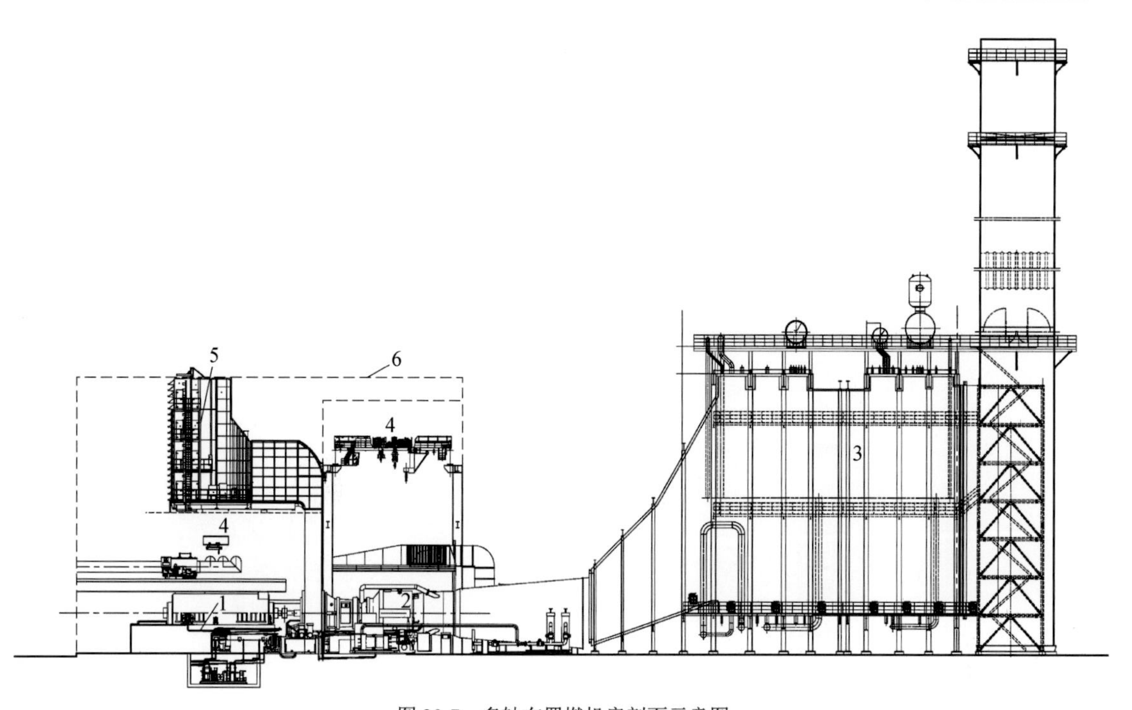

图 20-7　多轴布置燃机房剖面示意图

1—燃气轮机发电机；2—燃气轮机；3—余热锅炉；4—行车；5—进气风道；6—主厂房封闭外轮廓线

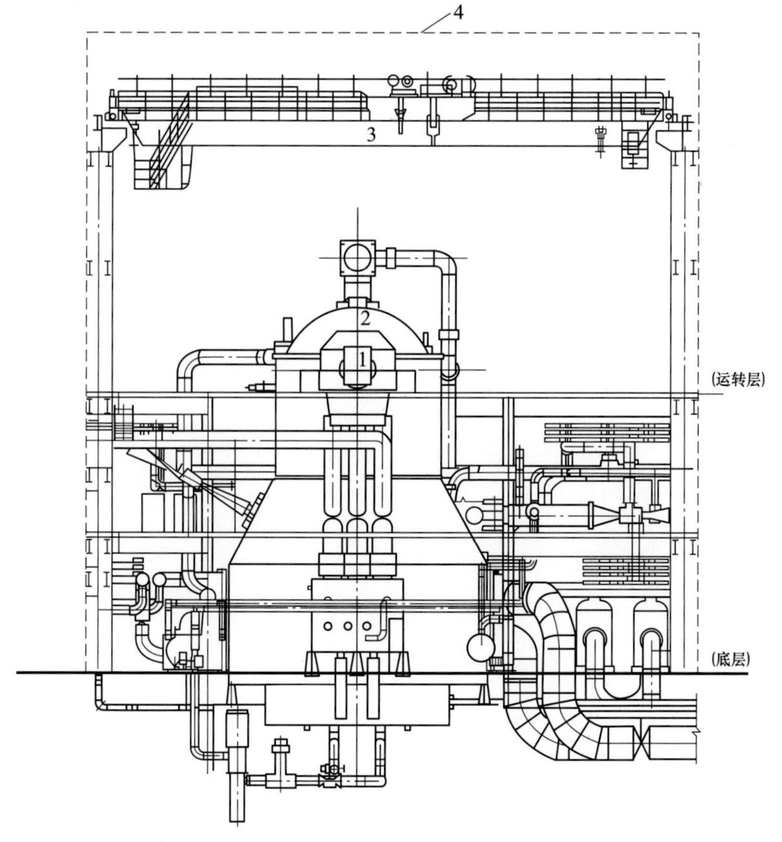

图 20-8　多轴布置汽机房剖面示意图

1—发电机；2—汽轮机；3—行车；4—主厂房封闭外轮廓线

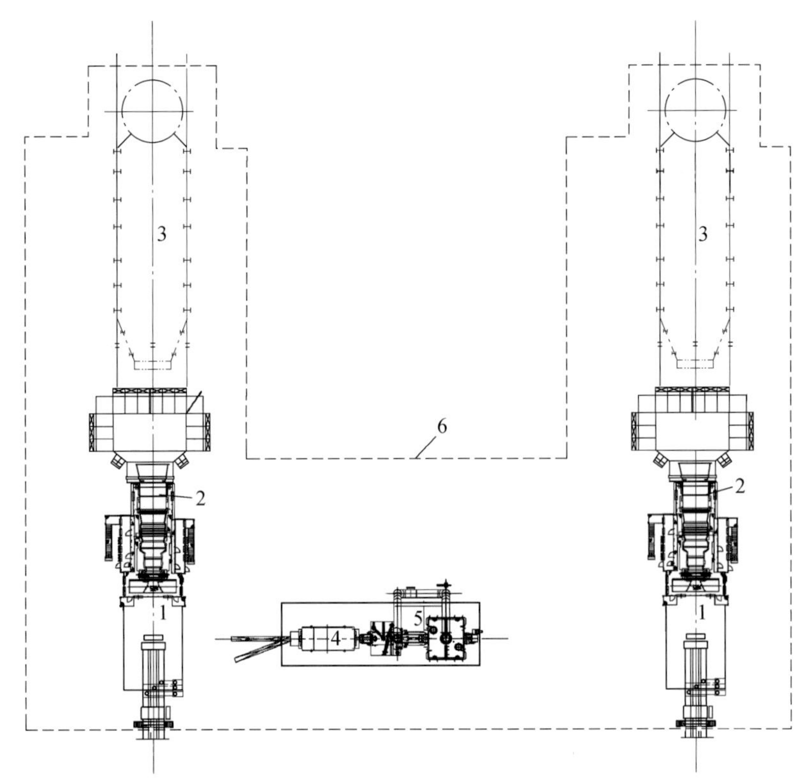

图 20-9　多轴“二拖一”布置平面示意图

1—燃气轮机发电机；2—燃气轮机；3—余热锅炉；
4—蒸汽轮机发电机；5—汽轮机；6—主厂房封闭外轮廓线

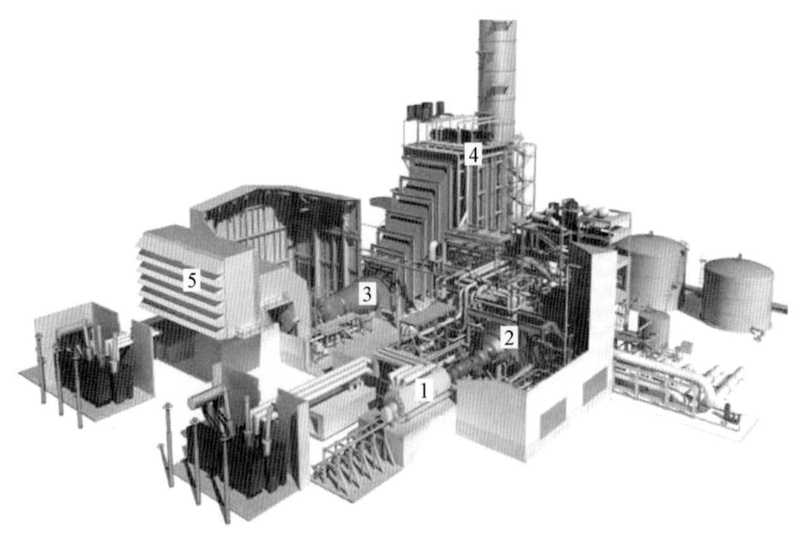

图 20-10　多轴低位布置厂房示意图

1—发电机；2—汽轮机；3—燃气轮机；4—余热锅炉；5—进气风道

图 20-11　余热锅炉露天布置实景图

图 20-12　余热锅炉室内布置实景图

5. 辅助设备工艺布置

燃机发电厂相关辅助设备应就近布置在各主要设施周围。

当燃气轮机采取室外布置时，其辅助设备应根据环境条件和设备本身的要求，采取防雨、防冻、防腐等措施，设置防雨、防晒、伴热或加热等设施。

6. 集中控制室工艺布置

集中控制室一般布置在汽机房侧的集中控制楼内，或布置在处于 2 套或 4 套燃气-蒸汽联合循环机组适中位置的集中控制楼建筑内。

集中控制楼通常分层布置自动控制设备、计算机室、继电器室、电缆夹层、空调设备及其他工艺设施和必要的生活设施等。集中控制楼内应有良好的空调、照明、防尘、防振和防噪声等措施。

二、建筑布置及设计原则

(一) 建筑组成

燃机发电厂主厂房包括燃气轮机厂房（简称燃机房）、汽轮机厂房（简称汽机房）、余热锅炉房、集中控制楼（室）等，主厂房建筑组成与机组的台数、机型（主机制造商）、机组控制方式等密切相关。对于单台燃气-蒸汽联合循环机组的电厂，一般采用主机制造商的模块化典型设计；对于由多台燃气-蒸汽联合循环机组组成的电厂，则需要根据主机制造商机组的特点、电厂建设进度、厂址总平面条件进行全面的技术经济比较确定。

燃机发电厂主厂房建筑组成示意图见图 20-13。

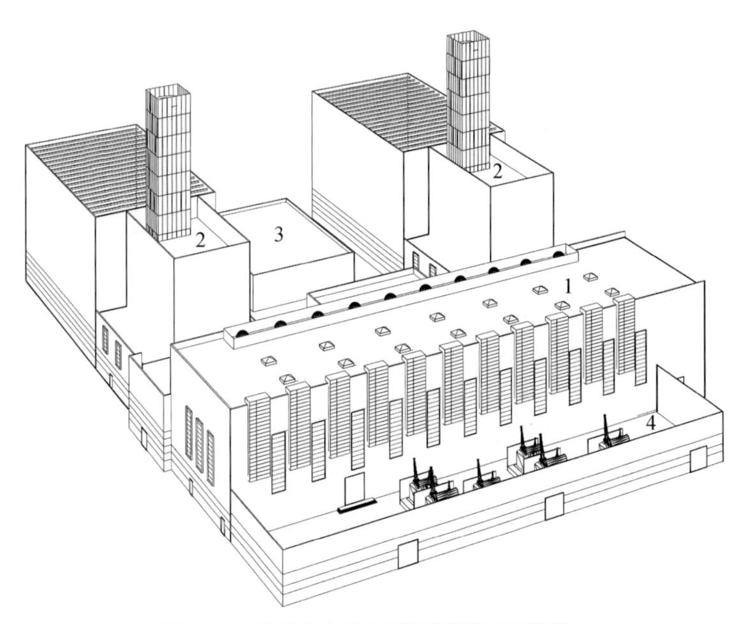

图 20-13　燃机发电厂主厂房建筑组成示意图

1—燃机房及汽机房；2—余热锅炉房；3—集中控制楼；4—变压器区域

(二) 建筑设计原则

（1）主厂房建筑应根据厂区总体规划进行设计，并考虑扩建的可能性。

（2）主厂房布置应根据燃气轮机主设备及工艺系

统形式确定，做到设备布局和空间利用合理，管线连接短捷、整齐，厂房内部设施布置紧凑、恰当，巡回检查的通道畅通，为燃机发电厂的安全运行、检修维护创造良好的条件。

（3）主厂房布置应结合厂区地形、设备特点和施工条件等因素，合理布置各车间平面。在由两台及以上机组连续施工时，主厂房布置应具有平行连续施工的条件。

（4）主厂房布置应符合防火、防爆、安全疏散要求，内部的通风、采光、照明和噪声控制等应符合现行有关标准的规定；设备布置应采取相应的防护措施，符合防尘、防静电、防潮、防冻等要求。

（5）主厂房建筑设计要充分突出“以人为本”的设计原则，严格遵照安全、劳动保护和职业健康的相关规定，充分考虑影响主厂房室内环境的因素，创造良好的工作环境。

（6）燃机发电厂通常位于城市的周边，主厂房设计中应重视噪声控制，采取防止噪声扩散的措施，控制厂界噪声。

（7）主厂房墙体材料选用应因地制宜，采用新型、环保建筑墙体材料。承重墙体宜采用混凝土多孔砖、实心砖等砌体材料；非承重墙体宜采用混凝土多孔砖、实心砖等砌体材料及轻质混凝土墙板、轻钢龙骨隔墙（板）、金属墙板等。

（8）主厂房外墙宜优先采用彩色金属墙板。彩色金属墙板宜采用高强度镀铝锌钢板，且节点构造严密，表面平整、美观，免维护年限达 15～20 年，根据气候条件可分别采用单层板、双层复合板和夹芯板等。为满足降噪（隔声）要求，一般宜选用双层复合板和夹芯板。

（9）主厂房室内装修材料选用应以适用、经济、美观为原则，以 DL/T 5029《火力发电厂建筑装修设计标准》为依据。在选择建筑材料时应因地制宜、规格统一，以便于施工、采购和控制工程造价。

（10）主厂房建筑造型处理应简洁大方，建筑色彩力求明快，与周围环境相协调，充分体现现代工业建筑的风格。

三、建筑布置

（一）布置形式

燃机发电厂主厂房的布置根据简单循环和燃气-蒸汽联合循环的区别，采用不同的布置形式。

简单循环燃机发电厂按燃气轮机-发电机为一组，组与组之间宜平行布置，也可纵向成直线对称或顺向布置。主厂房布置应根据工程条件，考虑扩建为燃气-蒸汽联合循环机组的可能性。

燃气-蒸汽联合循环发电厂的布置有单轴布置和多轴布置两种形式。

1. 单轴布置

按余热锅炉、燃气轮机、发电机及汽轮机同一轴线为一组布置于高跨厂房内，组与组之间宜平行布置。根据主要设备布置要求，高跨厂房一般主要楼层分为二～三层，分别为底层、中间（夹）层和运转层，在运转层布置以燃气轮机、发电机及汽轮机为主的相关设备。

相邻低跨厂房一般主要楼层分为二～三层，通常布置有化学取样仪表间、消防钢瓶间、蓄电池室、电气开关室、电气电子设备室、热控电子设备室等。根据使用要求，集中控制室可位于低跨厂房内，或者布置在厂区其他辅助或附属建筑内。

单轴布置有多种形式，分别见图 20-14～图 20-16。

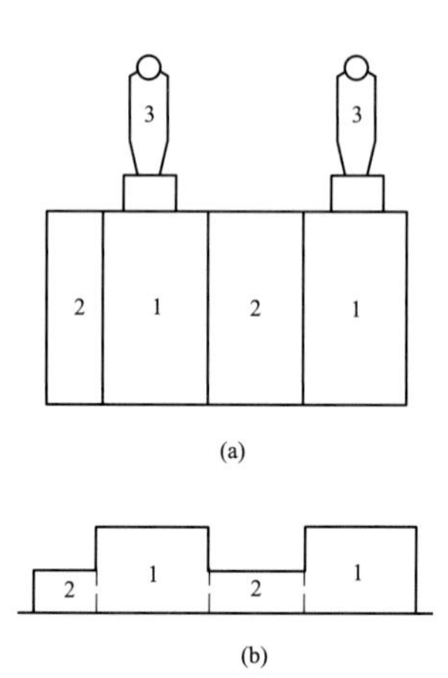

图 20-14 单轴主厂房布置形式一

（a）平面示意图；（b）剖面示意图

1—主厂房（布置有燃气轮机、发电机及汽轮机）；

2—电气用房及检修场地；3—余热锅炉

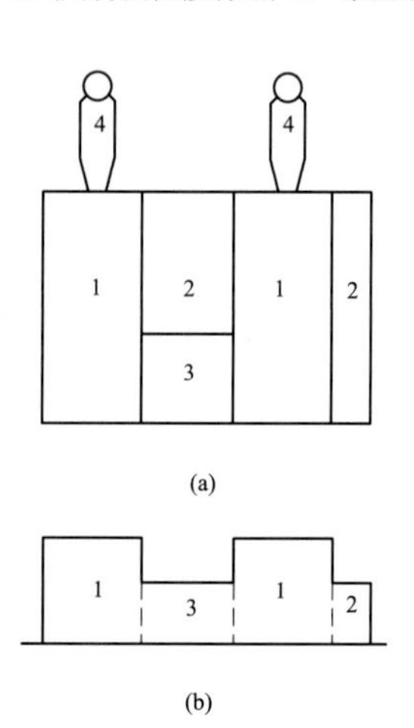

图 20-15 单轴厂房布置形式二

（a）平面示意图；（b）剖面示意图

1—主厂房（布置有燃气轮机、发电机及汽轮机）；

2—电气用房及检修场地；3—集中控制室；4—余热锅炉

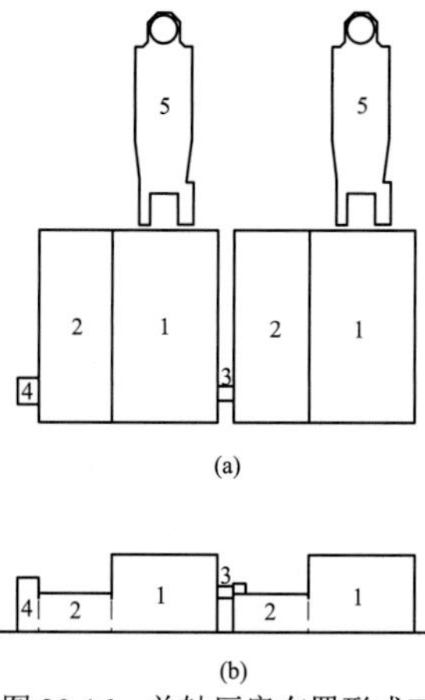

图 20-16　单轴厂房布置形式三

（a）平面示意图；（b）剖面示意图

1—主厂房（布置有燃气轮机、发电机及汽轮机）；
2—电气用房及检修场地；3—连廊；4—电梯厅；5—余热锅炉

2. 多轴布置

燃机房可与汽机房合并成为联合厂房，也可各自独立布置。两台燃机机组厂房之间或汽机房一侧可设集控综合楼，布置有集中控制室、电气用房及化水用房等。

多轴布置有多种形式，分别如图 20-17～图 20-21 所示。

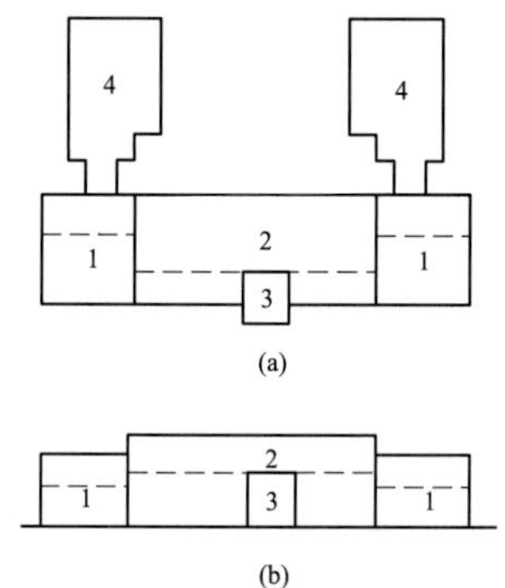

图 20-17　多轴厂房布置形式一

（a）平面示意图；（b）剖面示意图

1—燃机房；2—汽机房；3—集中控制楼；4—余热锅炉

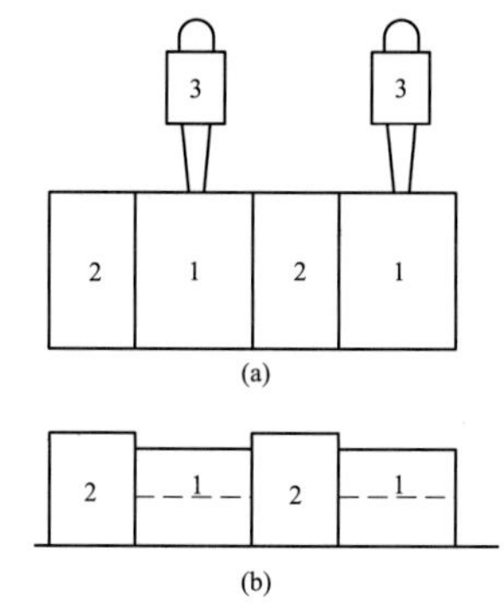

图 20-18　多轴厂房布置形式二

（a）平面示意图；（b）剖面示意图

1—燃机房；2—汽机房；3—余热锅炉

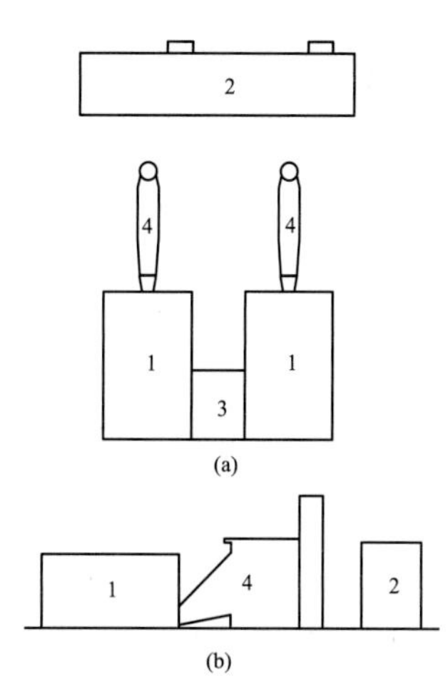

图 20-19　多轴厂房布置形式三

（a）平面示意图；（b）剖面示意图

1—燃机房；2—汽机房；3—集中控制楼；4—余热锅炉

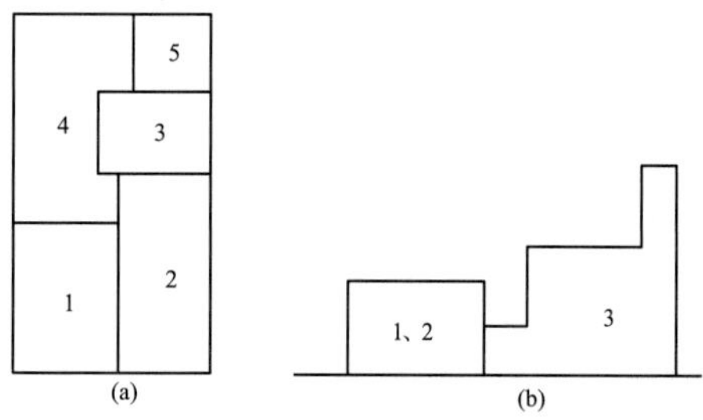

图 20-20　多轴厂房布置形式四

（a）平面示意图；（b）剖面示意图

1—燃机房；2—汽机房；3—余热锅炉；
4—集中控制楼；5—热网站

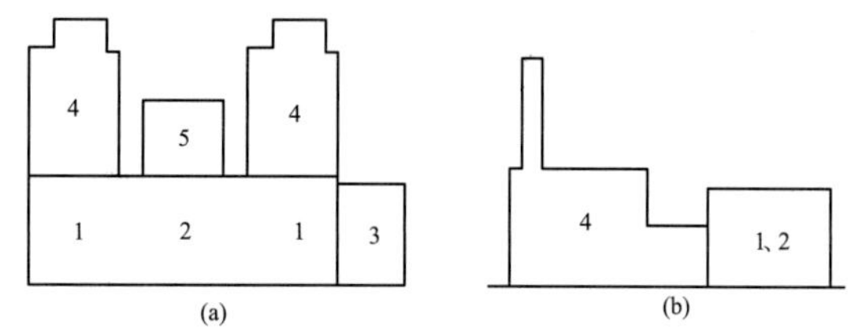

图 20-21　多轴厂房布置形式五

（a）平面示意图；（b）剖面示意图

1—燃机房；2—汽机房；3—集中控制楼；
4—余热锅炉；5—热网站

（二）交通组织

主厂房建筑通过不同形式的交通组织，使主厂房形成通畅的交通网络。人员可从楼梯间到达各楼层及各工作平台，并利用各层的水平交通通道至各工作区域，快捷方便。大件运输通过吊物孔吊运，小件运输可以通过楼梯搬运至所需楼层。

1. 主厂房水平交通

主厂房内设纵向、横向主通道供人员通行；设检修场地供设备进入和检修。

位于地面检修场地两侧的大门尺寸，应满足设备检修时进出厂房的需要，在大门附近单独设置供人员出入的安全疏散门。

2. 主厂房垂直交通

主厂房内按照疏散及使用要求设置有楼梯间，除到达运转层外，还可到达屋面，是主厂房交通连接的枢纽。主厂房内还设有上运转层的钢梯，供运行人员巡回检查使用。

每台机组一侧均设有吊物孔，可供大件设备运输，并且通过行车在各点就位。

在主厂房底层燃机部分与余热锅炉部分相临外墙设门，以方便巡检。

主厂房交通组织示意图见图20-22～图20-24。

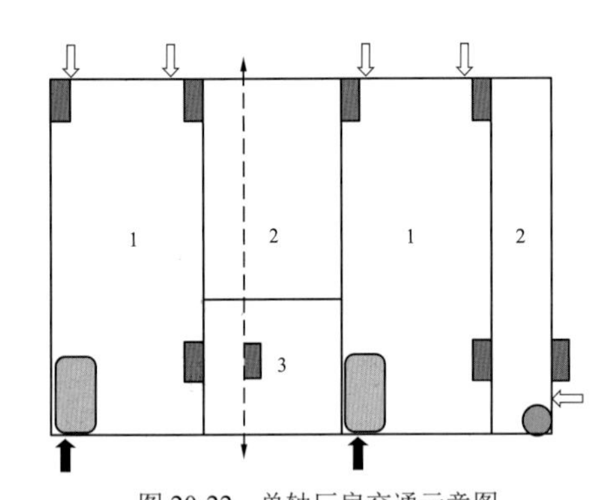

图20-22 单轴厂房交通示意图

1—主厂房；2—电气用房及检修场地；3—集中控制室

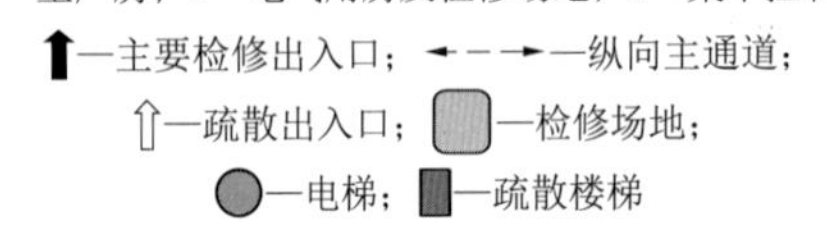

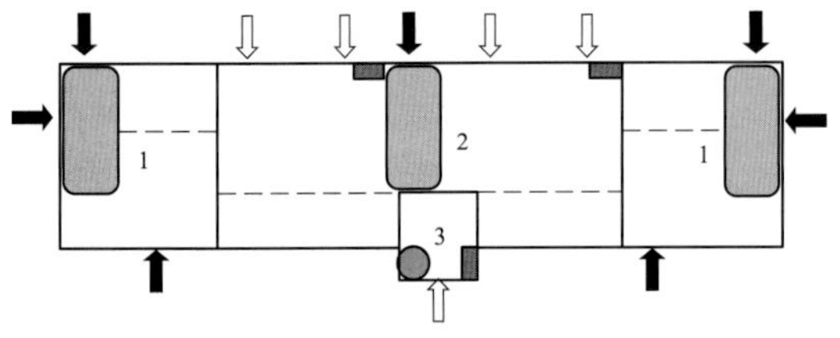

图20-23 多轴厂房交通示意图（一）

1—燃机房；2—汽机房；3—集中控制楼

—主要检修出入口；—疏散出入口；

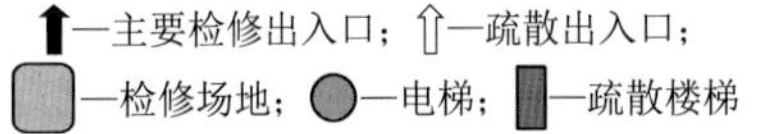

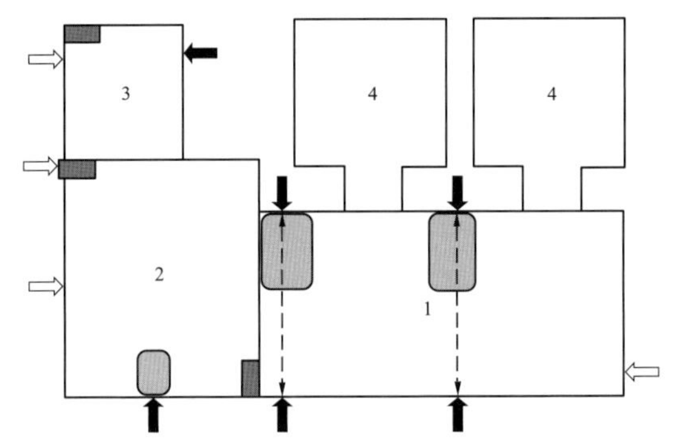

图20-24 多轴厂房交通示意图（二）

1—燃机房；2—汽机房；3—集中控制楼；4—余热锅炉房；

—主要检修出入口；—纵向主通道；

—疏散出入口；—检修场地；—疏散楼梯

（三）集中控制楼（室）

1. 基本要求

燃机发电厂大多采用集中控制的方式，电厂控制水平自动化程度高，基本无需运行人员巡视和现场操作，集中控制室的控制设备与机组控制仪表间的联系采用光缆连接。因此，集中控制室的布置比较自由，可根据电厂扩建方式采用不同的布置方式。

当采用单侧扩建时，可布置在固定端，与主厂房相连或拉开一定距离；还可把集中控制室放在扩建端一侧，集中控制室的位置兼顾了近期和远期机组的使用。当采用双侧扩建时，集中控制室可布置在中间，机组自集中控制室开始向两端扩建，集中控制室也同时兼顾了近、远期机组。另外集中控制室可与网络控制室或生产办公楼结合成一体设计，与主厂房脱离，布置在厂区的适当位置。

集中控制楼（室）设计要求与燃煤发电厂的基本一致，具体要求见第十一章相关内容。

2. 集中控制楼（室）位置

（1）位于两台机组主厂房之间，见图20-15及图20-19；

（2）位于汽机房A列侧或汽机房端部，见图20-17及图20-21；

（3）不单独设置集中控制楼，集中控制室位于厂区综合办公楼内。

3. 集中控制楼布置

集中控制楼设集中控制室、自动控制设备室、计算机室、继电器室、电缆夹层、空调设备及其他工艺设施和必要的生活设施等。集中控制楼布置平、剖面示意图见图20-25。

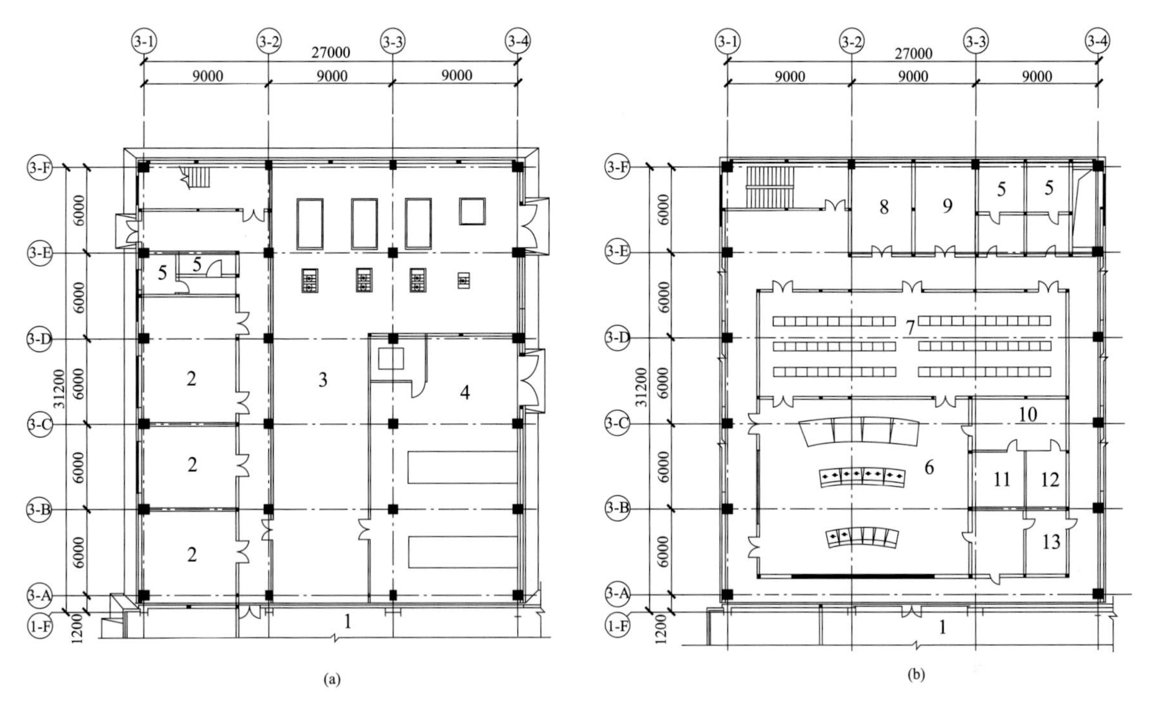

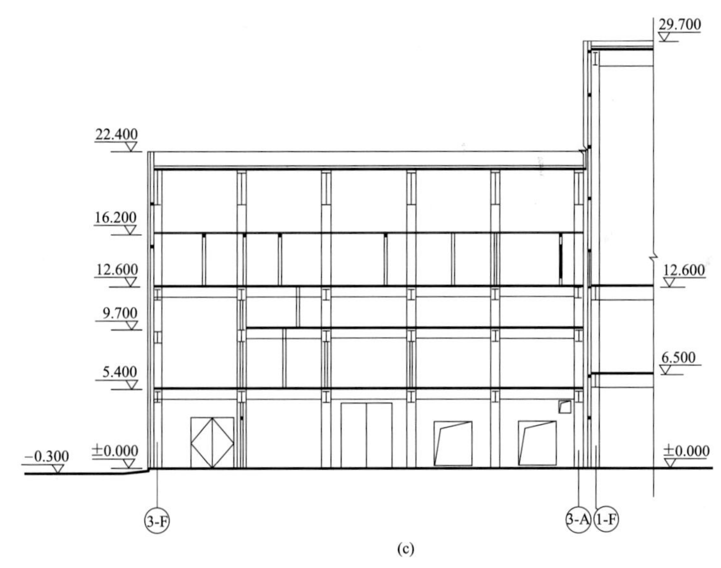

图 20-25　集中控制楼布置平、剖面示意图

（a）底层平面图；（b）运转层平面图；（c）剖面图

1—汽机房；2—蓄电池室；3—空气压缩机房；4—柴油机房；

5—卫生间；6—集中控制室；7—电子设备间；8—交接班室；

9—会议室；10—工程师室；11—打印机室；12—SIS 小间；13—维修间

4. 集中控制室布置

集中控制室根据工艺布置要求，可有多种布置形式，室内设计应根据数字化显示墙及操控台的布置来进行设计，遵循“以人为本”的设计理念，统筹考虑使用功能及精神功能的要求，营造出舒适宜人、安静的工作环境。

（1）操控台面向数字化显示墙呈弧形布置，见图 20-26。

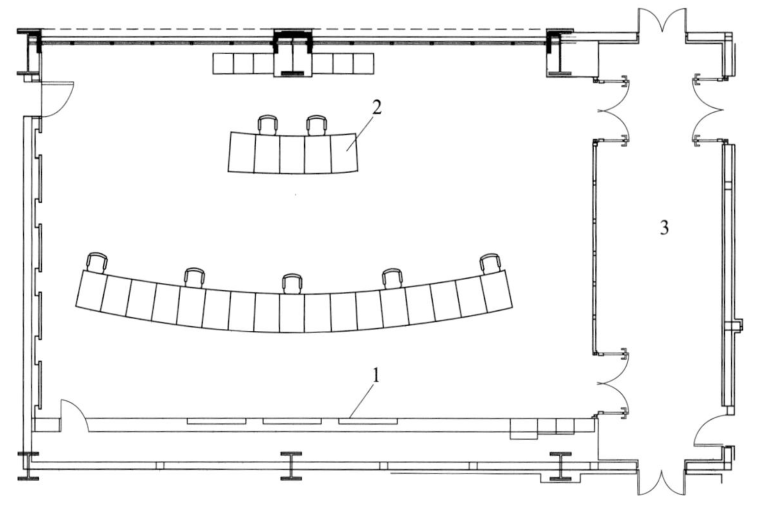

图 20-26 集中控制室操控台弧形布置示意图
1—数字化显示墙；2—操控台；3—参观走道

（2）操控台面向数字化显示墙分组布置，见图20-27。

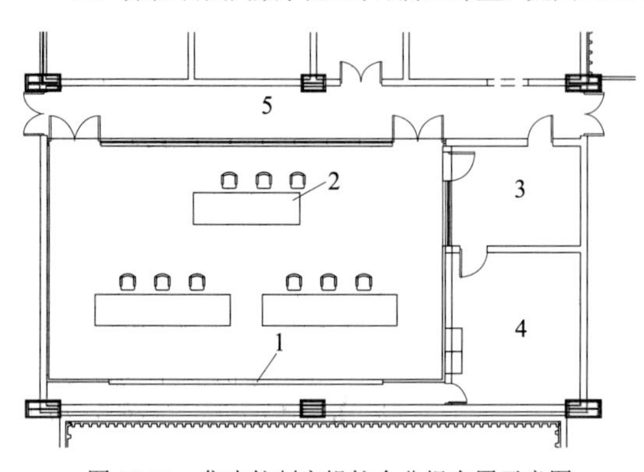

图 20-27 集中控制室操控台分组布置示意图
1—数字化显示墙；2—操控台；3—开票室；
4—打印机室；5—参观走道

（3）操控台面向数字化显示墙呈异形布置，见图20-28。

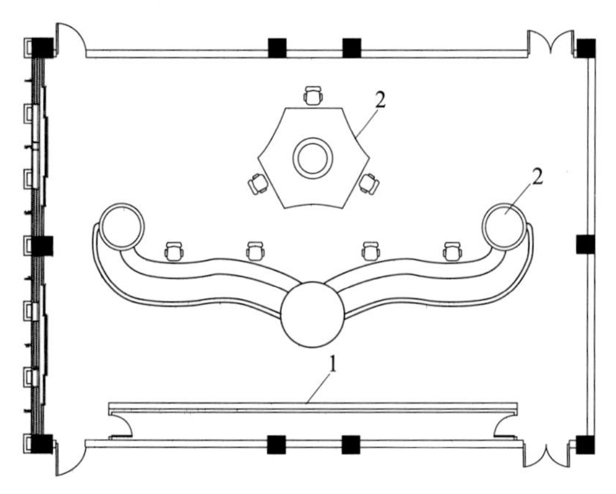

图 20-28 集中控制室操控台异形布置示意图
1—数字化显示墙；2—操控台

（4）操控台垂直于数字化显示墙呈马蹄形布置，见图 20-29。

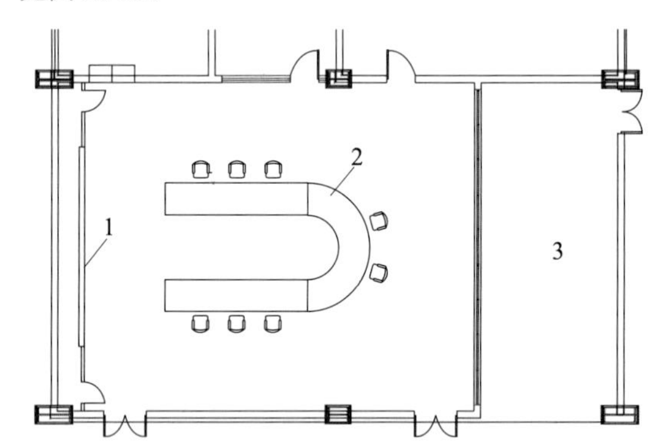

图 20-29 集中控制室操控台马蹄形布置示意图
1—数字化显示墙；2—操控台；3—参观走道

（四）典型主厂房各层标高、跨度参考数据

主厂房各层标高、跨度等由工艺专业根据各工程主机选型等具体情况确定，主厂房各层标高、跨度参考数据见表 20-2 及表 20-3。

表 20-2 单轴布置主厂房各层标高、跨度参考数据 （m）

厂 房 名 称		单轴 F 级
主厂房（布置有燃气轮机、发电机及汽轮机）	跨度	28.00～29.00
	长度	52.00～67.00
	中间层标高	4.400～6.450
	运转层标高	4.500～13.000
	屋面标高	20.600～29.500
毗屋（布置有电气用房及检修场地）	跨度	12.00～30.00
	长度	52.00～67.00

续表

厂房名称		单轴 F 级
毗屋（布置有电气用房及检修场地）	中间层标高	4.400～6.450
	运转层标高	4.500～11.000
	屋面标高	9.500～11.000

表 20-3 多轴布置主厂房各层标高、跨度参考数据 （m）

厂房名称		多轴 E 级	多轴 F 级
燃机房	跨度	28.50	31～33.50
	长度	46.50	40.50
	中间层标高	—	5.600
	屋面标高	21.550～23.100	10.690～13.120 23.250～23.900
汽机房	跨度	19.00	22.30～25.80
	长度	91.50	40.50～88.00
	中间层标高	4.500	4.500～6.000
	运转层标高	9.000	9.000～12.000
	屋面标高	26.650～27.700	26.500～29.700

（五）布置中其他需要注意的问题

（1）应根据工艺设备布置要求确定主厂房的主要平面布置及尺寸、柱距、楼层（层高）。

（2）主厂房平面布置应结合总平面规划（布置）、厂区地形（地势）、设备特点和施工条件影响等因素综合考虑，考虑扩建时的衔接；扩建厂房宜与原有厂房协调。

（3）不宜将有噪声和振动的设备用房布置在控制室、工程师室、办公室及会议室等的上方或贴邻布置。

（4）主厂房内应根据运行、维护、检修人员使用需要，设置相应的卫生设施。在人员集中的适当位置设卫生间及清洗设施，其规模数量应考虑运行、检修人员的需要。卫生间宜有天然采光和自然通风，有条件时宜分设前室。

（5）主厂房内应设桥式起重机供安装、维护、检修时起吊设备（部件）。

（6）主厂房区域轴线宜采用分区编号，主厂房轴线的编号示意图见图 20-30。

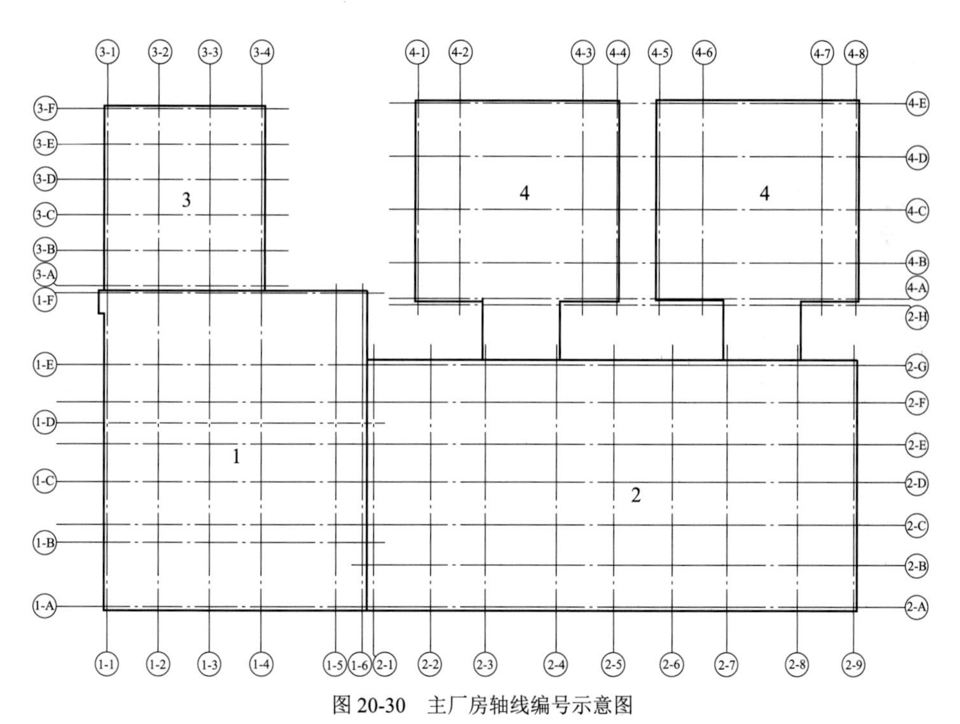

图 20-30 主厂房轴线编号示意图

1—汽机房区域；2—燃机房区域；3—集中控制楼区域；4—余热锅炉房区域

四、设计基本要求

（一）防火防爆与疏散

1. 防火

主厂房应根据工艺布置要求进行防火设计，主厂房建筑的防火设计应符合 GB 50229《火力发电厂与变电站设计防火规范》和 GB 50016《建筑设计防火规范》等规范的相关规定，具体设计要求参见第二章相关内容。

2. 防爆

（1）有爆炸危险的区域（车间）。

1）天然气系统：燃气轮机周围，气体燃料模块间，计量管道、过滤分离器、加热器、天然气调压站、压缩机、余热锅炉。

2）氢气系统：发电机、发电机轴密封、氢气罐间、蓄电池室。

（2）防爆措施。

1）通风：有易燃易爆气体产生的房间，均设置机械通风装置，通风装置采用防爆型设备。有氢气房间采用自然通风方式。

2）工艺性措施：由设备生产厂家考虑并在设备供货时，配套提供有关的安全防爆设施。

3）划分危险区域：主要由工艺专业提供主机设备的危险区域划分图供设计人员参考。

3. 交通疏散

（1）主厂房内最远工作地点到外部出口或楼梯的距离不应超过 50m。

（2）主要通道宜通畅，宽度不应小于 1.5m，净高不应低于 2m。

（3）交通疏散楼梯的数量、位置、宽度和楼梯形式，应满足安全疏散和使用方便的要求。主要疏散楼梯宜尽量靠建筑物外墙布置，争取良好的自然通风和采光。根据工艺需要，可设巡回检修梯、行车工作梯、屋面检修梯等。

（4）主厂房各车间的安全出口均不应少于两个。上述安全出口可利用通向相邻车间的门作为第二个安全出口，但每个车间地面层均必须有一个直通室外的出口。

（5）检修场地宜设大型设备进出的主要出入口。

（6）主厂房主要疏散楼梯宜采用钢筋混凝土楼梯，其他楼梯可采用金属梯，但应符合相关使用和消防要求。

（7）主厂房连接设备（平台）供巡回检修的检修梯，其净宽不宜小于 700mm，倾斜角度不应大于 60°。

（8）主厂房行车操控室一侧设置通往行车的工作梯。该梯为金属梯，其净宽不宜小于 600mm，倾斜角度不应大于 60°。

（9）主厂房内设电梯时，宜按具有消防功能的电梯考虑。

（10）图 20-31 为主厂房安全出口示意图。

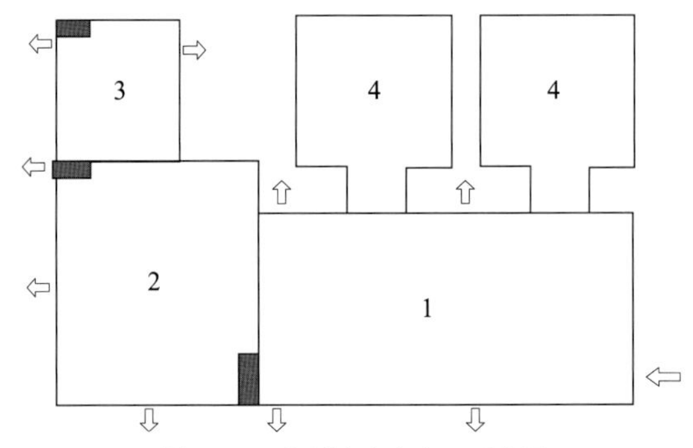

图 20-31 主厂房安全出口示意图

1—燃机房；2—汽机房；3—集中控制楼；4—余热锅炉房

⇦—对外安全出口；▬—疏散楼梯

（二）抗震

（1）抗震设防烈度为 6 度及以上地区的主厂房，必须进行抗震设计。

（2）根据 GB 50260《电力设施抗震设计规范》规定，主厂房抗震设防分类应为重点设防类（简称乙类）建筑物，并应按高于本地区抗震设防烈度提高一度的要求加强其抗震措施；当抗震设防烈度为 9 度时，应按比 9 度更高的要求采取抗震措施。

（3）建筑场地为 I 类时，乙类建（构）筑物允许按本地区抗震设防烈度要求采取抗震构造措施。具体要求参见第三章相关内容。

由于主厂房建筑平面形式、尺寸（柱距及跨度）等均按燃机主设备大小及运行、检修等要求确定，因此应在既有主厂房布置形式的前提下注重有关抗震的具体构造设计，保证抗震符合安全要求。

（4）主厂房抗震结构对材料和施工质量的特别要求，应在设计文件中注明。

（5）由于主厂房楼层高度较高、层高变化大，非承重墙体的材料、选型和布置应根据抗震设防烈度，主厂房高度、体形、结构层间变形、墙体自身抗侧力性能的利用等因素，经综合分析后确定。

1）混凝土结构和钢结构的非承重墙体应优先采用轻质墙体材料。

2）钢结构主厂房的围护墙，应优先采用轻质墙板或与柱柔性连接的钢筋混凝土墙板；9 度时宜采用轻质墙板。

3）刚性非承重墙体的布置，应避免使结构形成刚度和强度分布上的突变。

4）墙体与主体结构应有可靠的拉结，应能适应主体结构不同方向的层间位移。

5）外墙板的连接件应具有足够的延性，以满足在设防烈度下主体结构层间变形的要求。

（6）主厂房内车（房）间的隔墙布置应注意与楼面结构变形缝的设置相互协调配合，跨缝隔墙应采取构造加强措施。

（三）采光与通风

1. 采光

（1）主厂房内主要工作场所应首先考虑天然采光。燃机房、汽机房及燃气-蒸汽联合循环机组的联合厂房采光口不宜过大，且应不受设备遮挡的影响，避免设置大面积玻璃窗。

（2）天然采光方式以侧窗为主，侧窗设计除考虑建筑节能和便于清洁外，台风多发地区还应兼顾其安全性。

（3）对跨度较大的汽机房或联合厂房，可考虑采用侧窗和顶部混合采光等方式，采光等级可按Ⅴ级设计。

（4）侧向采光窗设计常采用水平条窗或竖向条窗等形式，如图 20-32 所示。屋顶采光窗可采用点式布置，一般以采光罩为主（如图 20-33 所示）；条形布置，一般选用与屋面压型钢板配套的采光带（如图 20-34 所示）；采光与通风一体化通风器等多种方式。

图 20-32　主厂房侧向采光实景图

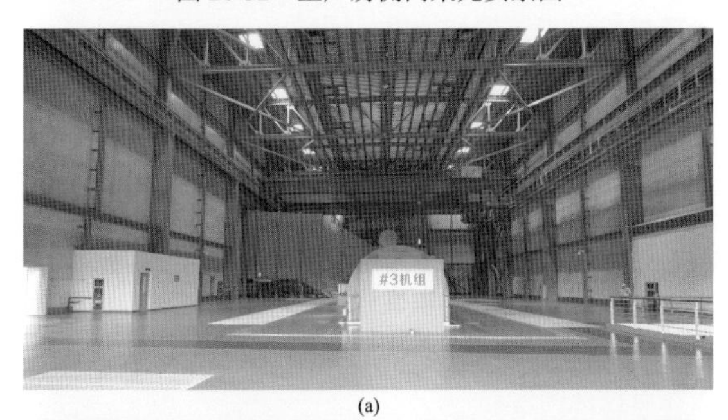

(a)

(b)

图 20-33　主厂房屋面点式采光实景图

（a）运转层点式采光实景照片；（b）屋顶采光罩

图 20-34　主厂房屋顶条形采光实景图

（5）对于主厂房内需要人工照明的区域及车间，应按照工艺（设备）要求及人员使用要求进行照度配置。

2. 通风

（1）宜采用自然通风。墙上和楼层上的通风孔应合理布置，避免气流短路和倒流，并应减少气流死角。

（2）当采用自然与机械相结合的通风方式时，在做好自然通风的前提下，应配合暖通专业，合理设置通风口及风机位置、数量，并注意屋顶通风口的防水构造处理。

（四）防排水

1. 屋面防排水

（1）屋面宜采用现浇钢筋混凝土结构，屋面防水等级为Ⅰ级。

（2）屋面布置有设备时，应考虑检修人员定期上屋面检修的需要，可按上人屋面的构造进行设计。

（3）当屋面为金属板材时，防水设防应符合金属屋面防水设计的有关规定，还应设置屋面检修专用步道至屋面检修设备处。

（4）当普通重力排水形式的屋面雨水管布置因工艺管线、设备等原因，无法满足给排水（水工布置）专业布置要求时，可采用虹吸排水系统。虹吸排水系统管材宜选用金属材质。

2. 楼地面防排水

（1）有经常冲洗要求的楼、地面应在找平层上面作防水处理，并考虑有组织排水。

（2）电气用房的上方楼层不应布置有水的房间，当确需布置时，应有可靠的防水措施。严禁将卫生间布置在电气设备用房的楼层上方。

（3）有水流淌的楼地面应低于相邻楼地面或设门槛等挡水设施。

（4）室内沟道、隧道、地下室和地坑等应有妥善的排水设计和可靠的防排水设施。当不能保证自流排水时，可采用机械排水并防止倒灌。不应将电缆沟道作为地面冲洗水和其他水的排水通路。

(五)噪声控制

大部分燃机发电厂位于城市周边，噪声控制设计非常重要。

在厂界噪声控制方面，一般根据环保部门批复的文件，确定项目的全厂厂界噪声控制类别，并根据不同类别的标准，采取不同的噪声控制措施。

在室内噪声控制方面，对噪声控制要求较高的房间，当室外噪声级较高时，其围护结构应有较好的隔声性能，尽量使墙体、门窗、楼板、顶棚等建筑围护构件的隔声量相接近。

主厂房噪声控制设计的具体要求参见第六章的相关内容。

1. 厂界噪声控制设计原则

(1)按照 GB 12348《工业企业厂界环境噪声排放标准》，根据工程所在位置确定其厂界外声环境功能区类别，确保机组投运后符合厂界噪声的排放限值，厂界环境噪声排放执行标准及结构传播固定设备室内噪声排放限值见表 20-4 及表 20-5。目前，位于城市周边的燃机发电厂多为 1、2 类噪声排放标准。

表 20-4 厂界环境噪声排放执行标准

[dB(A)]

厂界外声环境功能区类别	区域使用功能特点和环境质量要求	昼间	夜间
0	康复疗养区等特别需要安静的区域	50	40
1	以居民住宅、医疗卫生、文化教育、科研设计、行政办公为主要功能，需要保持安静的区域	55	45
2	以商业金融、集市贸易为主要功能，或者居住、商业、工业混杂，需要维护住宅安静的区域	60	50
3	以工业生产、仓储物流为主要功能，需要防止工业噪声对周围环境产生严重影响的区域	65	55
4	交通干线两侧一定距离之内，需要防止交通噪声对周围环境产生严重影响的区域	70	55

注 本表摘自 GB 12348—2008《工业企业厂界环境噪声排放标准》。

表 20-5 结构传播固定设备室内噪声排放限值(等效声级) [dB(A)]

建筑物所处声环境功能区类别	A 类房间		B 类房间	
	昼间	夜间	昼间	夜间
0	40	30	40	30
1	40	30	45	35
2、3、4	45	35	50	40

注 1. 本表摘自 GB 12348—2008《工业企业厂界环境噪声排放标准》。
2. A 类房间是指以睡眠为主要目的，需要保证夜间安静的房间，包括住宅卧室、医院病房、宾馆客房等。
3. B 类房间是指主要在夜间使用，需要保证思考与精神集中、正常讲话不被干扰的房间，包括学校教室、会议室、办公室、住宅中卧室以外的其他房间等。在主厂房建筑中，集中控制室等属于 B 类房间。

(2)全厂厂界噪声治理一般由环保专业负责，建筑专业协同配合，由专业降噪厂家负责设计并施工。主要包括工程范围内所有的工艺噪声确定，需封闭部分的(钢)结构及外围护系统(包括外围护板)设计，隔声、吸声墙体系统设计，内部暖通、照明、消防及烟囱外部镂空消声设计，土建载荷计算、噪声治理后模拟分布图的模拟检验(一般可使用 Cadna A 噪声模拟软件来建模和计算，同时用 soundPLAN 噪声模拟软件进行复核)。

2. 厂界噪声控制设计要求

(1)燃气轮机布置时，注意进气风道设计布置合理、流道顺畅，以减少空气动力噪声。

(2)主厂房建筑设计应选用隔声性能良好的围护材料，以降低厂界噪声，减少室内噪声。屋面设计应考虑室内强制通风和隔声的需要，以确保厂房外声压级在可控范围内。

(3)为了提高厂房的隔声量，防止机组振动引起厂房墙体产生固体声对周围环境的影响，在设计时应注意朝向厂外的一侧尽量不设置门窗，或选用隔声量符合要求的隔声门窗。

3. 主厂房室内噪声控制设计要求

燃气轮机是一种高噪声设备，因压气机和透平中气体流动而产生的强烈气动噪声，通过进气道和排气道向外辐射，声级可达 120dB(A)以上。进气口处主要是压气机的高频噪声；排气口处主要是透平的中低频噪声。这些气动噪声连同机组运行的机械噪声，对环境造成严重影响。通过消声与隔声，应使机组周围噪声声级不超过 85～90dB(A)，此部分工作主要由设备厂商负责。控制室内噪声声级控制在 60 dB（A）以下，一般采取建筑隔声、吸声措施。

（1）应使主要工作场所避开有噪声和振动的设备用房，对有噪声和振动的设备用房应采取隔声、隔振和吸声的措施，并应对设备和管道采取减振、消声处理。

（2）主厂房的室内噪声控制设计标准不应超过表 20-6 所列的噪声限制值。

表 20-6　主厂房的室内噪声控制设计标准限制值

［dB（A）］

序号	工 作 场 所	噪声限制值
1	集中控制室、计算机室（室内背景噪声级）	60
2	主厂房内的办公室、工程师室、化验室（室内背景噪声级）	70
3	主厂房的值班室、休息室（室内背景噪声级）	70
4	各类生产车间和作业场所的工作地点（每天连续接触噪声 8h）	85

注　本表摘自 DL/T 5094—2012《火力发电厂建筑设计规程》。

（3）集中控制室等噪声控制要求较高的房间，当室外噪声级较高时，其围护结构应有较好的隔声性能，尽量使墙、门、窗、楼板、顶棚等各围护构件的隔声量相接近，并宜对顶棚、墙面作吸声处理。

（六）围护结构

（1）应根据厂址所在地的地理、气候条件及环保要求等，确定主厂房围护结构保温、隔热和噪声控制设计原则，达到建筑节能和噪声控制的要求。

（2）应通过优化主厂房建筑布置，控制建筑物体形系数，合理组织天然采光和自然通风，降低围护结构的传热系数，以及增加围护结构的密封性能等建筑节能技术手段，满足主厂房建筑布置及围护系统的节能要求。

（3）主厂房室内空间高大、室内设备与管道的散热量大，对于严寒、寒冷地区，冬季主厂房耗热量的主要因素是热压作用。做好主厂房（尤其是运转层以下）围护系统的节能设计，综合处理好围护结构保温、密封，减少空气在负压的作用下从门、窗、缝隙等不严密处携带大量的冷量进入室内，减少室内热压，有利于主厂房整体的保温性能。

（4）在严寒、寒冷地区设置集中采暖系统的主厂房，为提高围护结构的热阻值，宜采用轻质高效保温材料与墙板、砖、混凝土或钢筋混凝土等密实材料组成复合结构。

（5）严寒、寒冷地区在做好冬季主厂房围护结构保温设计的同时，也应通过进、排风百叶（窗）位置和面积的选择，合理地进行气流组织，以降低能耗，并满足夏季自然通风的需要。

（6）在夏热冬冷及夏热冬暖地区，主厂房建筑外墙形式可考虑噪声控制要求，采用单层或复合金属板。建筑专业应配合暖通专业合理设计（组织）通风，优先采用自然通风方式。

（7）门窗选用的具体要求参见第八章及第十章的相关内容。

（8）主厂房围护结构噪声控制的具体要求和做法参见第六章的相关内容。

（七）安全防护

具体要求参见第十章的相关内容。

（八）装饰装修

（1）主厂房的室内装修应按 GB 50222《建筑内部装修设计防火规范》的规定，根据墙面、地面及天棚等不同部位的使用要求进行装修处理，符合有关防火及使用要求。

（2）主厂房室内装修设计应满足以下要求：

1）装修设计不应遮挡消防设施标志、疏散指示标志及安全出口，不得影响消防设施和疏散通道的正常使用。

2）建筑内部装修不应减少安全出口、疏散出口和疏散走道的设计所需的净宽度和数量。

3）不得随意改变原有设施、设备管线系统。

4）室内装修宜采用明亮的浅色饰面材料。

5）楼地面应采用易于清洁、耐磨的饰面材料。运转层、配电装置室应采用光滑不起尘和耐磨的饰面材料。化学水用房等有腐蚀介质作用的房间楼地面应选用耐腐蚀的饰面材料和做法。

6）各房间内砌体墙面均应抹灰，汽机房、化学水用房等宜设墙裙。

7）有腐蚀性介质作用的房间（或区域），其楼地面、内墙面和顶棚面的装修标准除应符合 DL/T 5029《火力发电厂建筑装修设计标准》的规定外，尚应符合 GB 50046《工业建筑防腐蚀设计规范》的规定。

（3）建筑物室内外装修标准可参照 DL/T 5029《火力发电厂建筑装修设计标准》等的规定。

（4）建筑外装修应简洁、明快，并与周围环境相协调。外装修材料选用应注意与厂房结构形式及工艺要求等协调。

（5）主厂房室内装修设计标准可参考表 20-7。

（6）集中控制楼室内装修设计标准可参考表 20-8。

表 20-7 主厂房室内装修设计标准参考

区 域	楼地面	内墙装修	踢脚线	顶棚或吊顶
底层	水泥基环氧自流平地面、耐磨混凝土	内墙无机涂料，压型钢板表面不作处理	水泥砂浆踢脚面刷环氧涂料	压型钢板表面不作处理
中间层	水泥基环氧自流平楼面、钢格栅楼面	内墙无机涂料，压型钢板表面不作处理	水泥砂浆踢脚面刷环氧涂料	压型钢板表面不作处理
运转层	橡胶地材	内墙无机涂料，压型钢板表面不作处理	橡胶地材	压型钢板表面不作处理
卫生间	防滑地砖	瓷砖至吊顶	—	铝合金吊顶

表 20-8 集中控制楼室内装修设计标准参考

房间名称	楼地面	内墙装修	踢脚线	顶棚及吊顶
配电室	防静电水泥基环氧自流平、地砖	内墙无机涂料	水泥砂浆踢脚面刷环氧涂料	铝合金吊顶
化水取样间、加药间	防酸地砖	防酸涂料	防腐面砖墙裙	压型钢板面刷防酸涂料
电缆夹层	水泥基环氧自流平	内墙无机涂料	水泥砂浆踢脚面刷环氧涂料	压型钢板面刷防火涂料
电子设备间、继电器室	防静电橡胶地材	内墙无机涂料	防静电橡胶地材	铝合金吊顶
集中控制室，工程师室、会议室、交接班室、走廊	防静电橡胶地材	盒式蜂窝铝板	防静电橡胶地材	盒式蜂窝铝板
更衣室	橡胶地材	内墙无机涂料	防静电橡胶地材	铝合金吊顶
卫生间	防滑地砖	内墙面砖	—	铝合金吊顶
楼梯间	橡胶地材	内墙无机涂料	防静电橡胶地材	内墙无机涂料

五、工程实例

1. 实例一

某燃机发电厂（F 级 2×400MW）主厂房为 2 台机组多轴布置厂房。建筑总长 158.60m，共 21 个柱距；跨度为 44.70m，共 5 跨。

燃机房高 12.36～23.90m，分两层布置。燃气轮机采用室内底层低位布置，所有设备除进气装置外均布置在首层地面。燃气轮机一侧布置有润滑油模块、燃料供应模块、液压模块、前置模块、燃机水洗模块，并留有检修场地以供就地检修。进气装置布置于发电机上方屋面。

汽机房高 28.80～29.70m，汽轮机运转层采用高位布置，向下排汽。汽机厂房运转层标高为 12.000m，汽机厂房中间层标高为 6.000m。汽机厂房底层布置有凝结水泵、真空泵、闭式冷却水泵、凝结水泵变频器等设备。6.000m 层布置有润滑油系统、凝结水除铁装置，高、中、低压旁路以及备用的供热减温减压装置。发电机侧布置有封闭母线。

电气毗屋部分高 17.51～17.87m，分四层布置。底层设门厅、电气用房及化学用房等；4.500m 层设电气用房、蓄电池室、钢瓶间及更衣室等；9.000m 层为电缆夹层，并设有过厅及卫生间等；12.000m 层布置有集中控制室、工程师室、电气用房及盥洗室等。建筑内设 3 座楼梯间及多部检修钢梯以满足疏散要求。

主厂房平面、立面、剖面图见图 20-35～图 20-38。

2. 实例二

某燃机发电厂（F 级 3×390MW）主厂房为 3 台机组单轴高位布置厂房。建筑总长 130.00m，共 13 个柱距；跨度为 62.00m，共 7 跨。

燃机厂房、汽机厂房高 29.10～34.62m，分三层布置。底层布置有燃机岛、消防设备室、电气消防模块、电气包/控制包、6kV 配电室、蓄电池室、柴油机房等；6.500m 中间层布置有电子设备间、配电室、励磁间等；13.000m 运转层布置有汽轮发电机、吊物孔，并设天桥通往集中控制楼。建筑内设 6 座室内楼梯、2 座室外楼梯及多部检修钢梯以满足疏散要求。主厂房平面、剖面图见图 20-39～图 20-41。

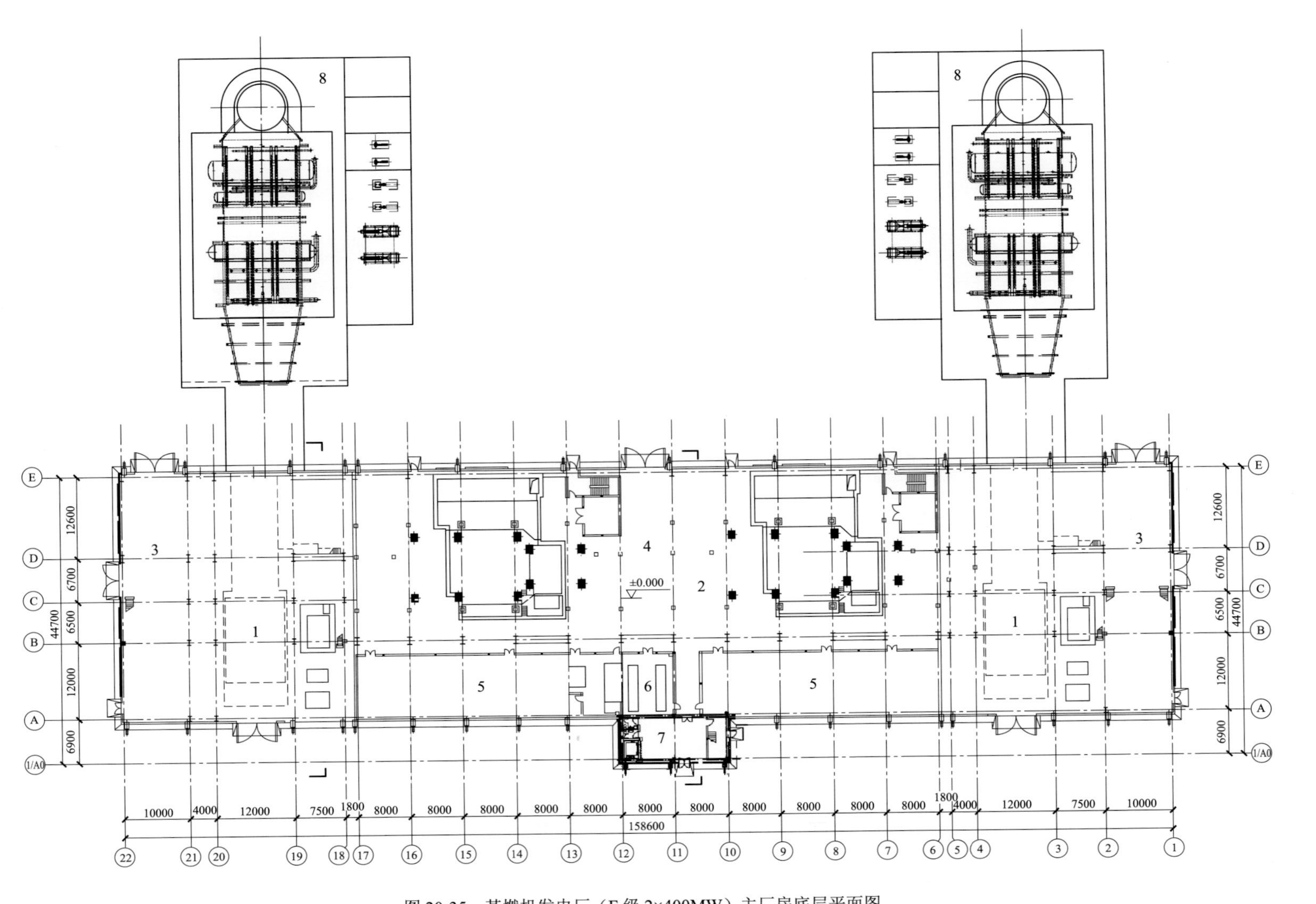

图 20-35　某燃机发电厂（F级 2×400MW）主厂房底层平面图

1—燃机房；2—汽机房；3—燃机房检修场地；4—汽机房检修场地；5—电气用房；6—化学用房；7—垂直交通区域；8—余热锅炉房

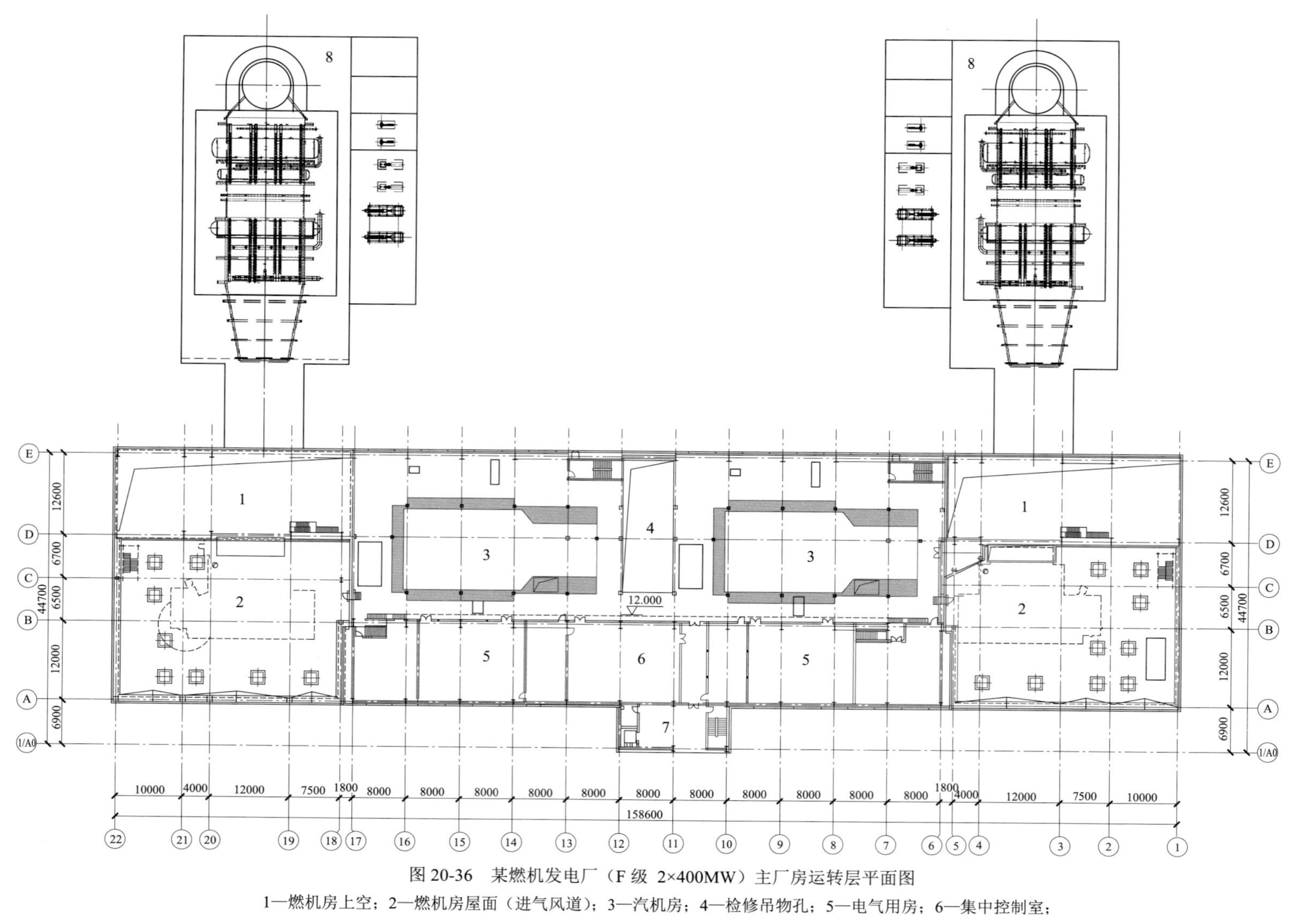

图 20-36 某燃机发电厂（F 级 2×400MW）主厂房运转层平面图

1—燃机房上空；2—燃机房屋面（进气风道）；3—汽机房；4—检修吊物孔；5—电气用房；6—集中控制室；7—垂直交通区域；8—余热锅炉房

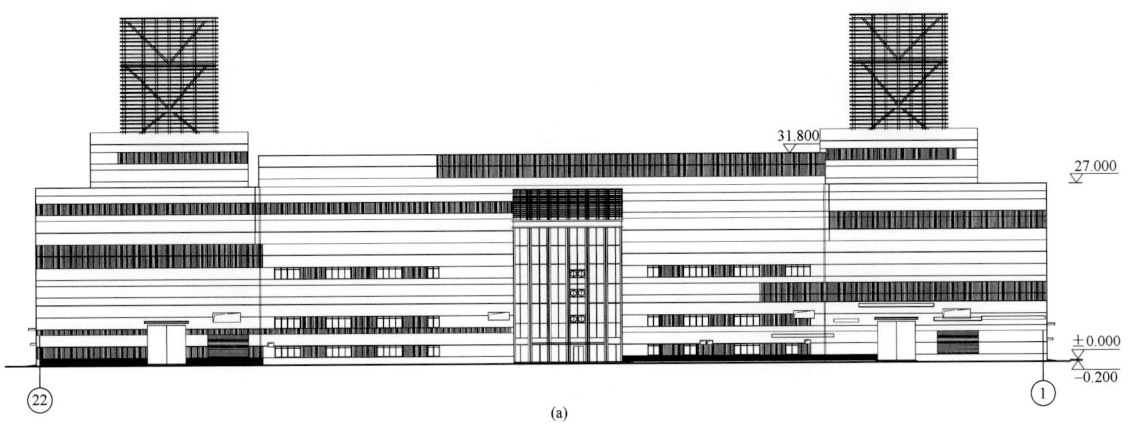

(a)

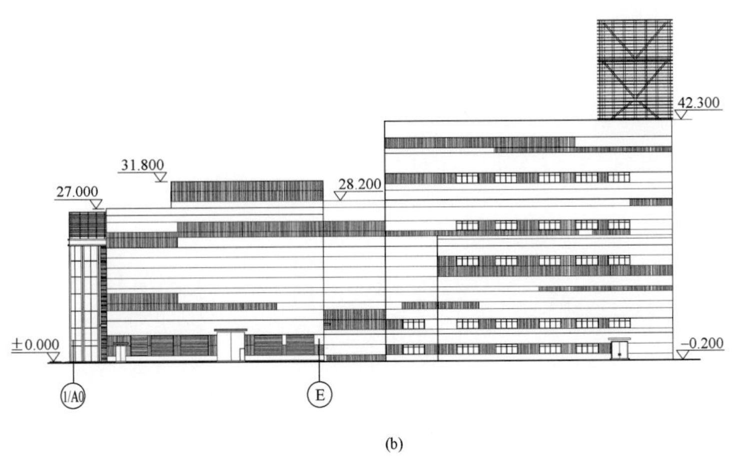

(b)

图 20-37 某燃机发电厂（F 级 2×400MW）主厂房立面图

（a）主厂房正立面图；（b）主厂房侧立面图

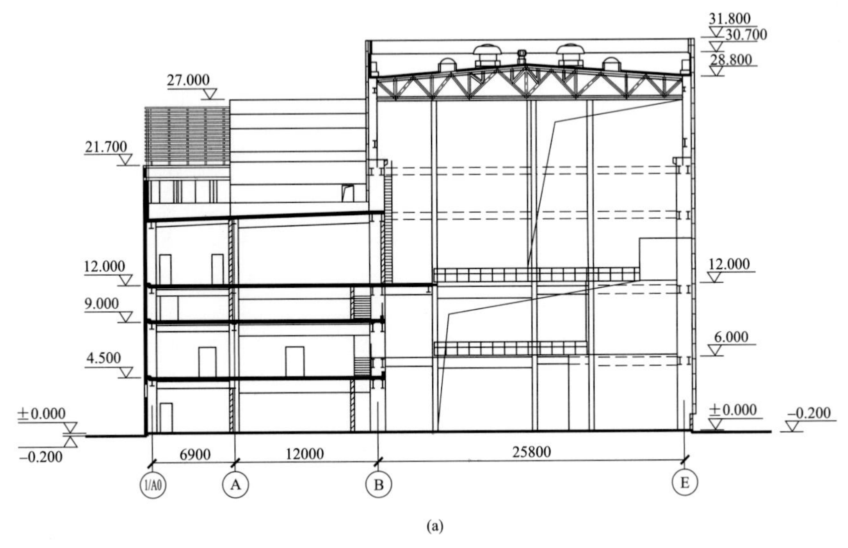

(a)

图 20-38 某燃机发电厂（F 级 2×400MW）主厂房剖面图（一）

（a）汽机房剖面图

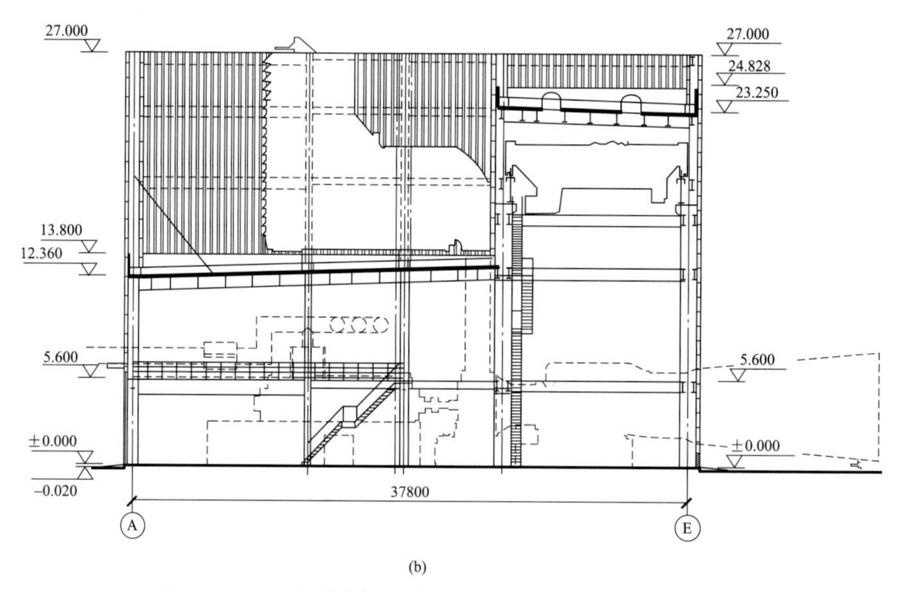

图 20-38 某燃机发电厂（F 级 2×400MW）主厂房剖面图（二）

（b）燃机房剖面图

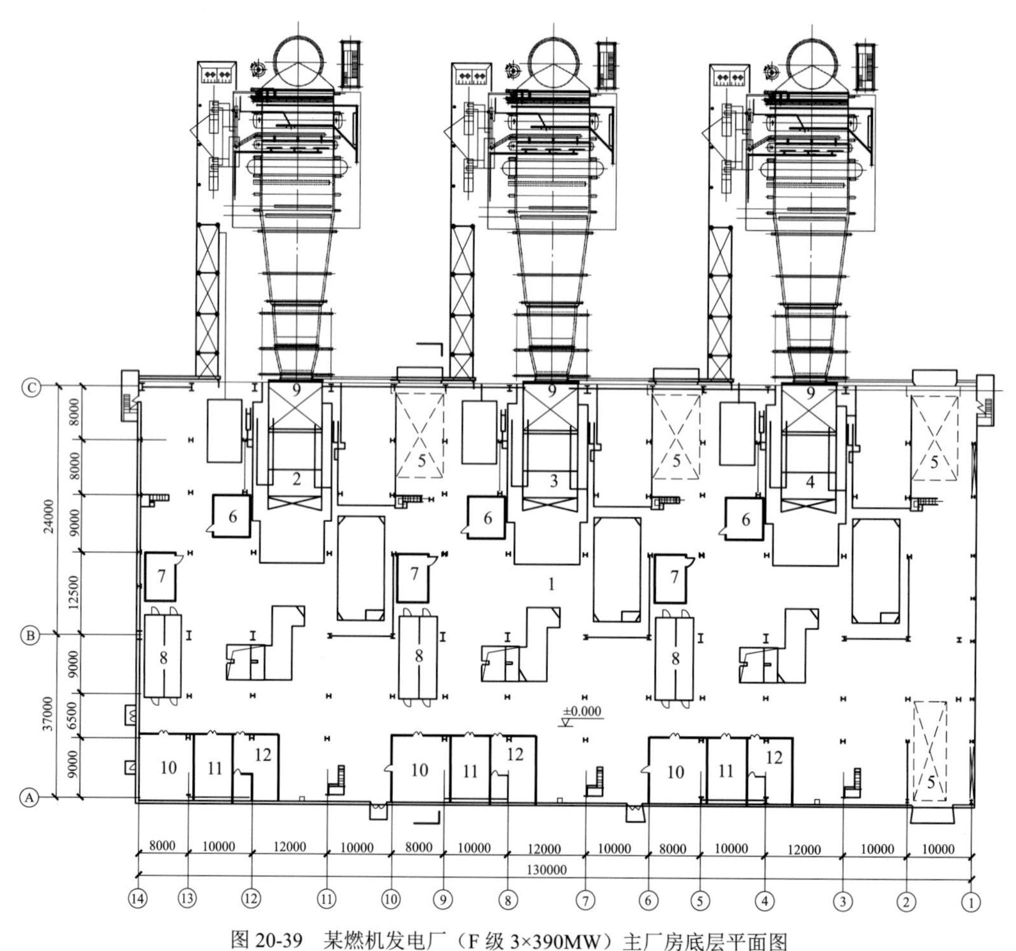

图 20-39 某燃机发电厂（F 级 3×390MW）主厂房底层平面图

1—主厂房；2—1 号机岛；3—2 号机岛；4—3 号机岛；5—吊装区域；6—消防设备室；7—电气消防模块；8—电气包/控制包；9—燃气轮机进风口；10—6kV 配电室；11—蓄电池室；12—柴油机房

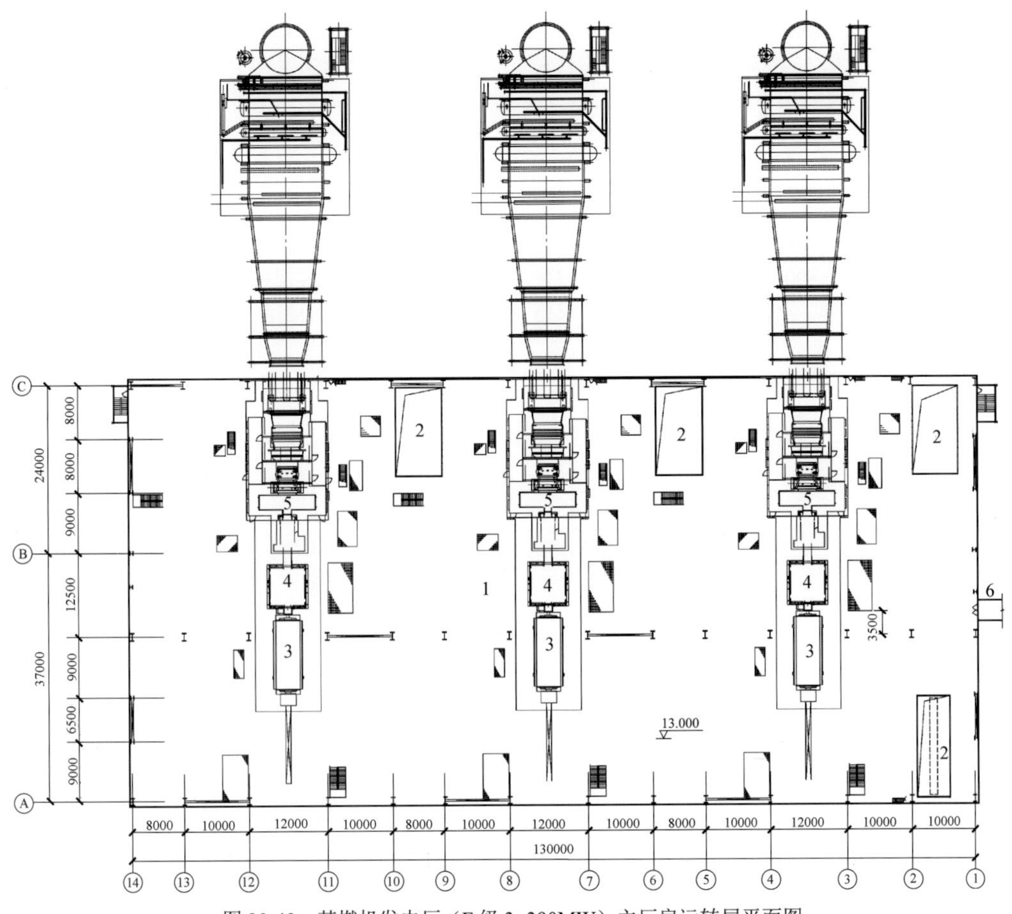

图 20-40　某燃机发电厂（F 级 3×390MW）主厂房运转层平面图

1—主厂房；2—检修吊物孔；3—发电机；4—汽轮机；5—燃机；6—通往集中控制楼天桥

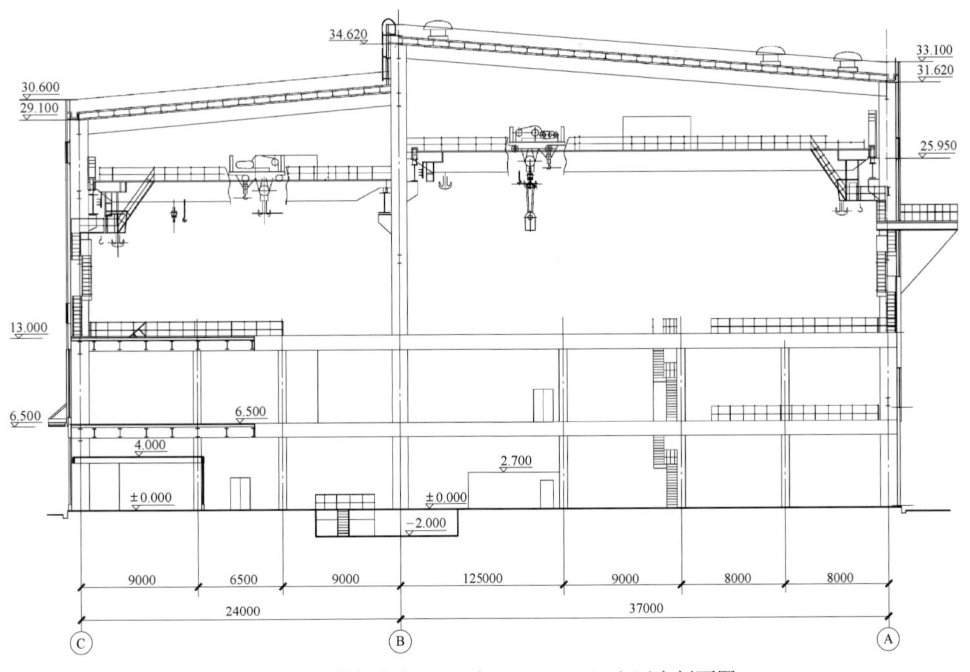

图 20-41　燃机发电厂（F 级 3×390MW）主厂房剖面图

3. 实例三

某燃机发电厂（E 级 1×200MW）主厂房为 1 台机组多轴布置厂房。总长度 101.91m，共 14 个柱距；跨度为 57.50m，共 7 跨。主厂房包括汽机房、燃机房、余热锅炉房、集中控制楼及热网站五部分。

汽轮机运转层采用高位布置，汽机房共三层，标高分别为±0.000、4.500、9.000m，其中 9.000m 为运转层，屋架下弦标高为 22.500m。燃气轮机采用底层低位布置，燃机房采用单层，高低跨，局部 4.500m 层设 6kV 配电柜，燃机房低跨屋面上设燃气轮机进气风道。余热锅炉房烟囱高度为 75.00m，为卧式锅炉，采用封闭结构。余热锅炉北侧耳房部分设辅助生产工艺楼，±0.000m 层布置化学房间；4.500m 层布置暖通制冷站、余热锅炉就地控制及电子设备等；9.000m 层布置暖通空调机房。余热锅炉南侧布置燃机天然气计量模块、加热模块、启动锅炉房及尾部烟气脱硝设备等。建筑内设 4 座楼梯及多部检修钢梯以满足疏散要求。主厂房平面、立面、剖面图见图 20-42～图 20-45。

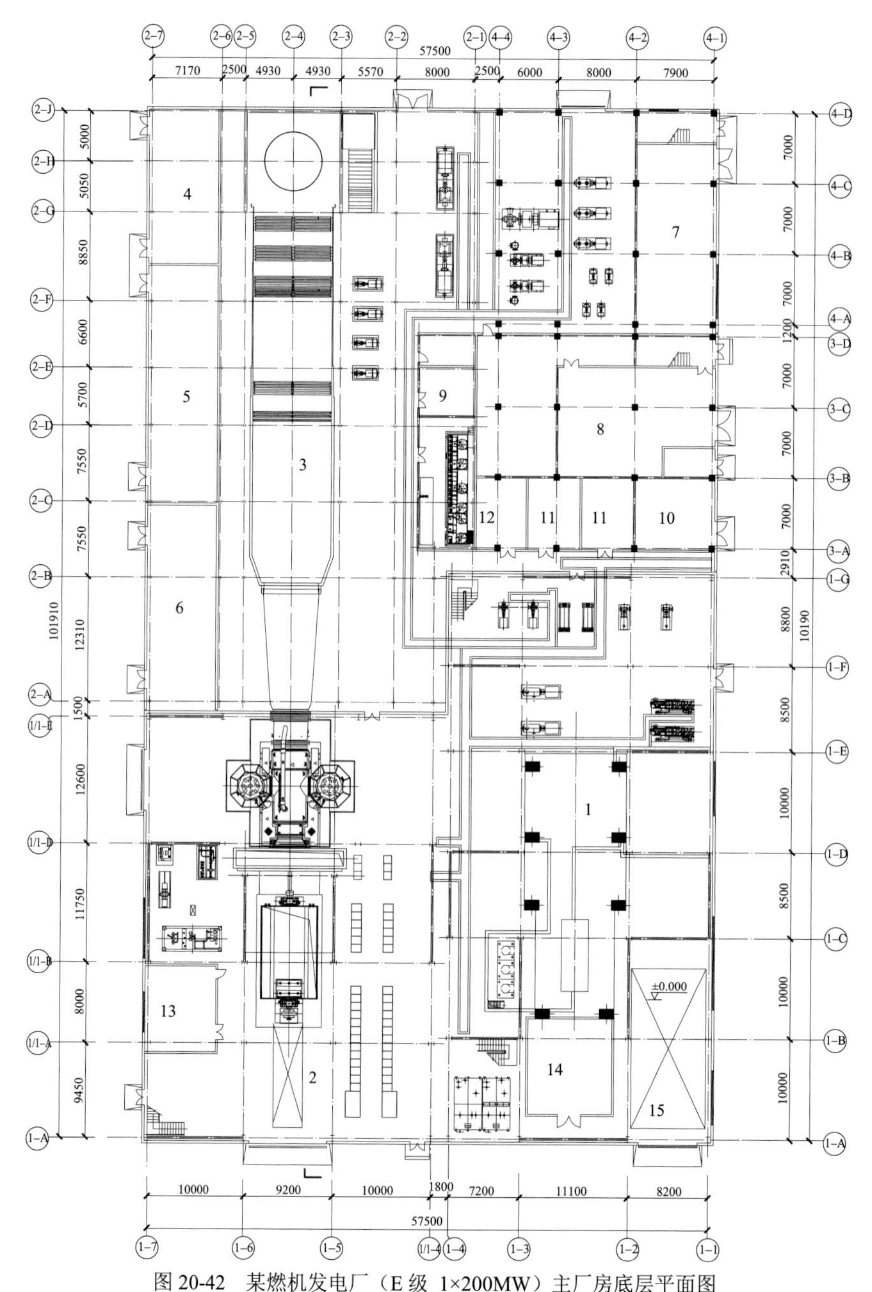

图 20-42　某燃机发电厂（E 级 1×200MW）主厂房底层平面图

1—汽机房；2—燃机房；3—余热锅炉；4—脱硝区域；5—启动锅炉房；6—燃气前置模块；7—检修间；8—空气压缩机房；9—化学用房；10—柴油机房；11—蓄电池室；12—气瓶间；13—热控小间；14—汽轮机发电机小间；15—检修吊物区

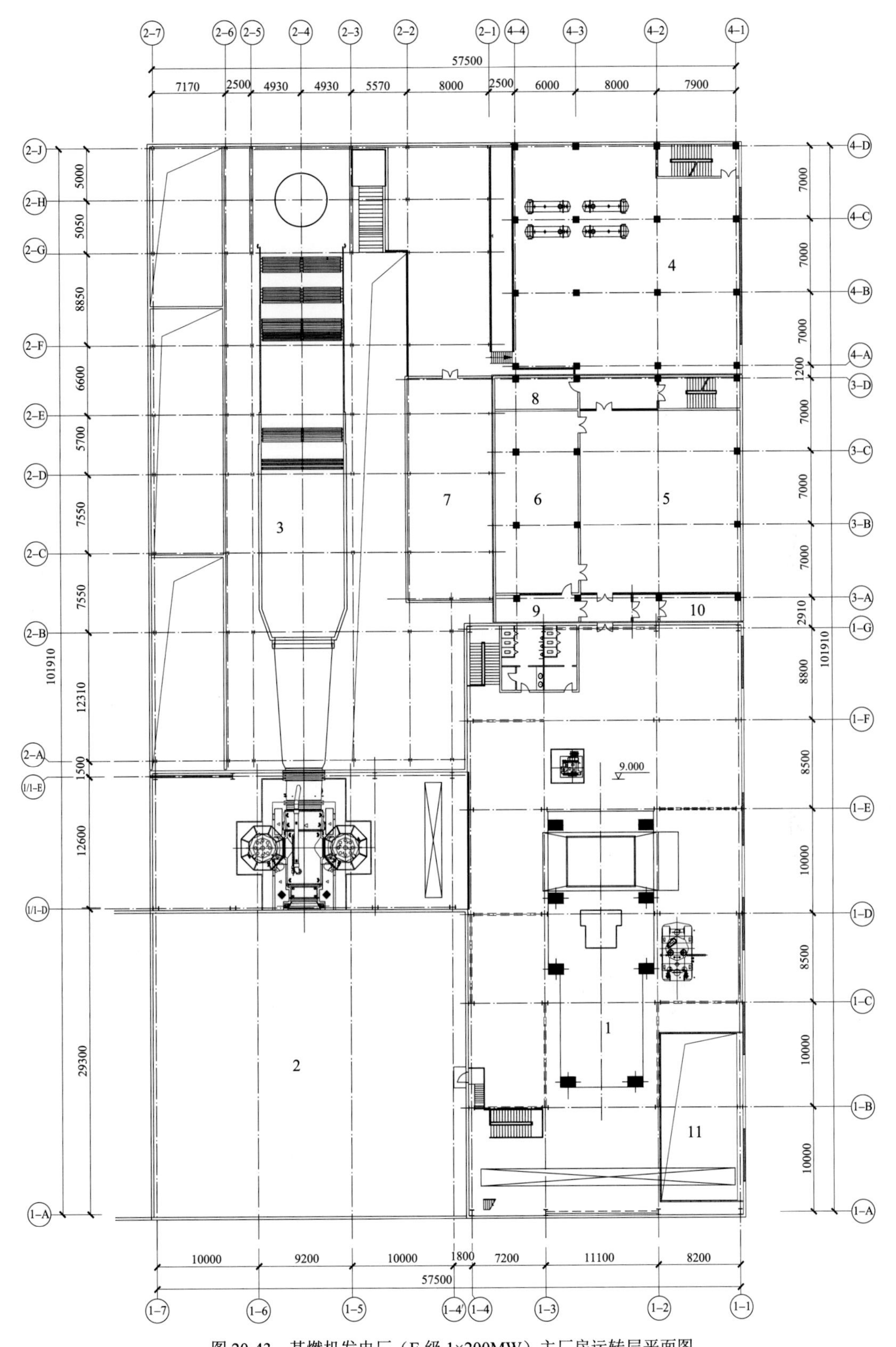

图 20-43　某燃机发电厂（E 级 1×200MW）主厂房运转层平面图

1—汽机房；2—燃机房屋面（进气风道）；3—余热锅炉；4—热网站；5—集中控制室；6—电子设备间；7—暖通空调机房；8—休息室；9—工程师站；10—会议室；11—检修吊物孔

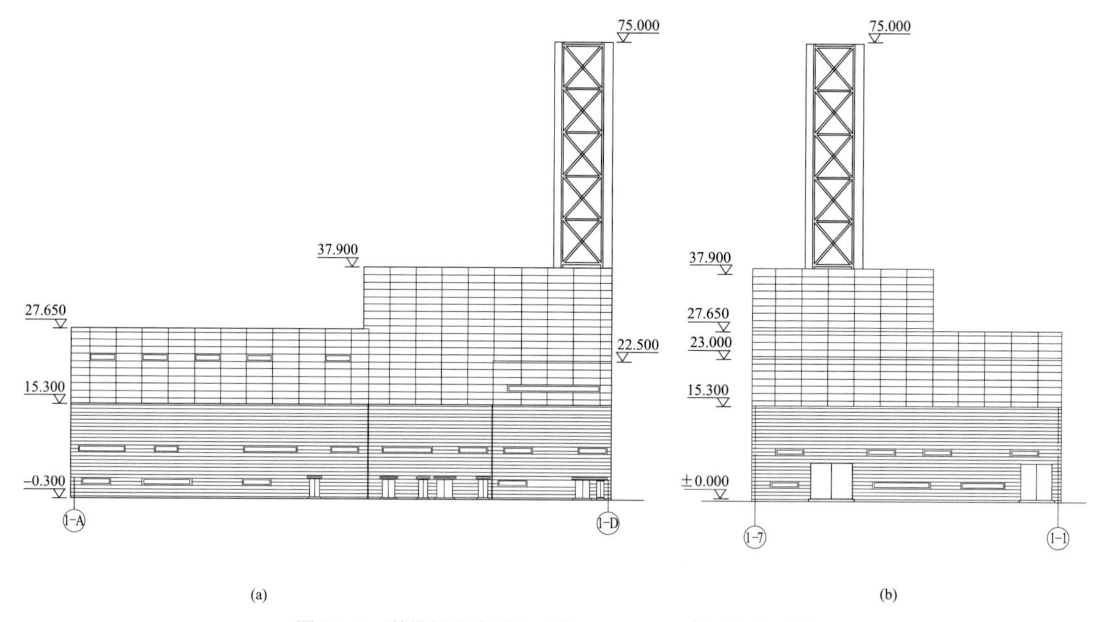

图 20-44 某燃机发电厂（E 级 1×200MW）主厂房立面图
（a）主厂房正立面图；（b）主厂房侧立面图

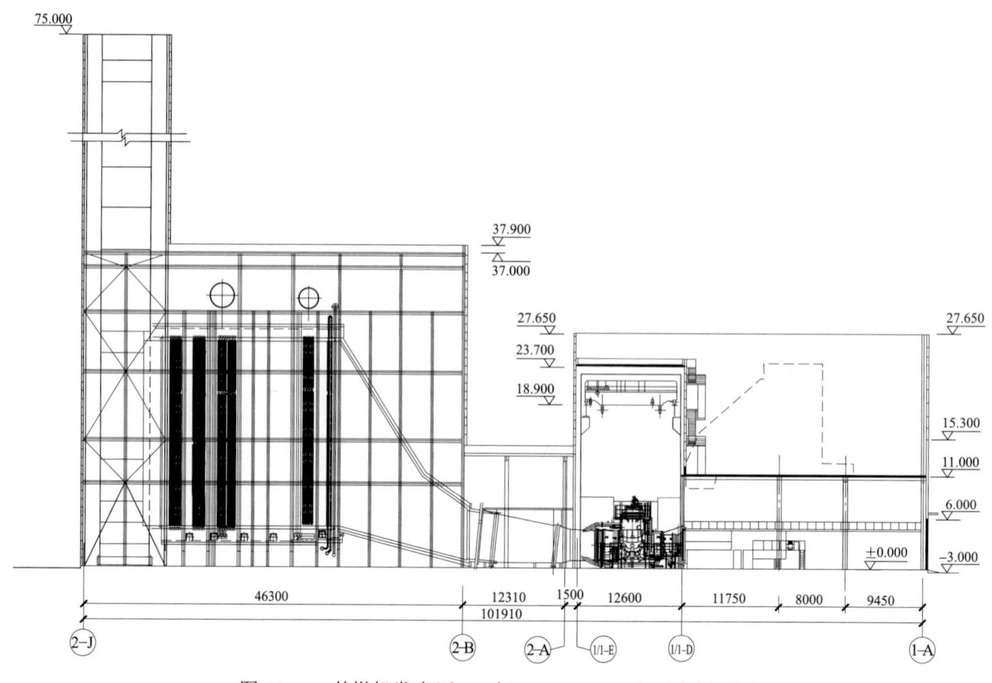

图 20-45 某燃机发电厂（E 级 1×200MW）主厂房剖面图

4. 实例四

某燃机发电厂（F 级 2×350MW）主厂房为 2 台机组多轴布置厂房，机组形式为“二拖一”方式。总长度 130.30m，共 14 个柱距；跨度为 85.20m，共 12 跨。主厂房包括汽机房、燃机房、余热锅炉房及集中控制楼四部分。汽轮机运转层采用高位布置，汽机房共三层，标高分别为±0.000、6.500、12.600m，其中 12.600m 为运转层。燃气轮机采用底层低位布置，燃气轮机进气装置布置在燃机房燃气轮发电机上方，进风口处设置隔声屏障。余热锅炉为卧式锅炉，本体及辅助设备均采用封闭结构。集中控制楼为 30.00m× 27.00m，共 3 层。±0.000m 层布置蓄电池室、柴油发电机和空气压缩机等；6.500m 层布置电子设备间、气瓶间和空调机房等；12.600m 运转层布置集中控制室、办公室、工程师室等。建筑内设 3 座楼梯及多部检修钢梯以满足疏散要求。主厂房平面、立面、剖面图见图 20-46～图 20-49。

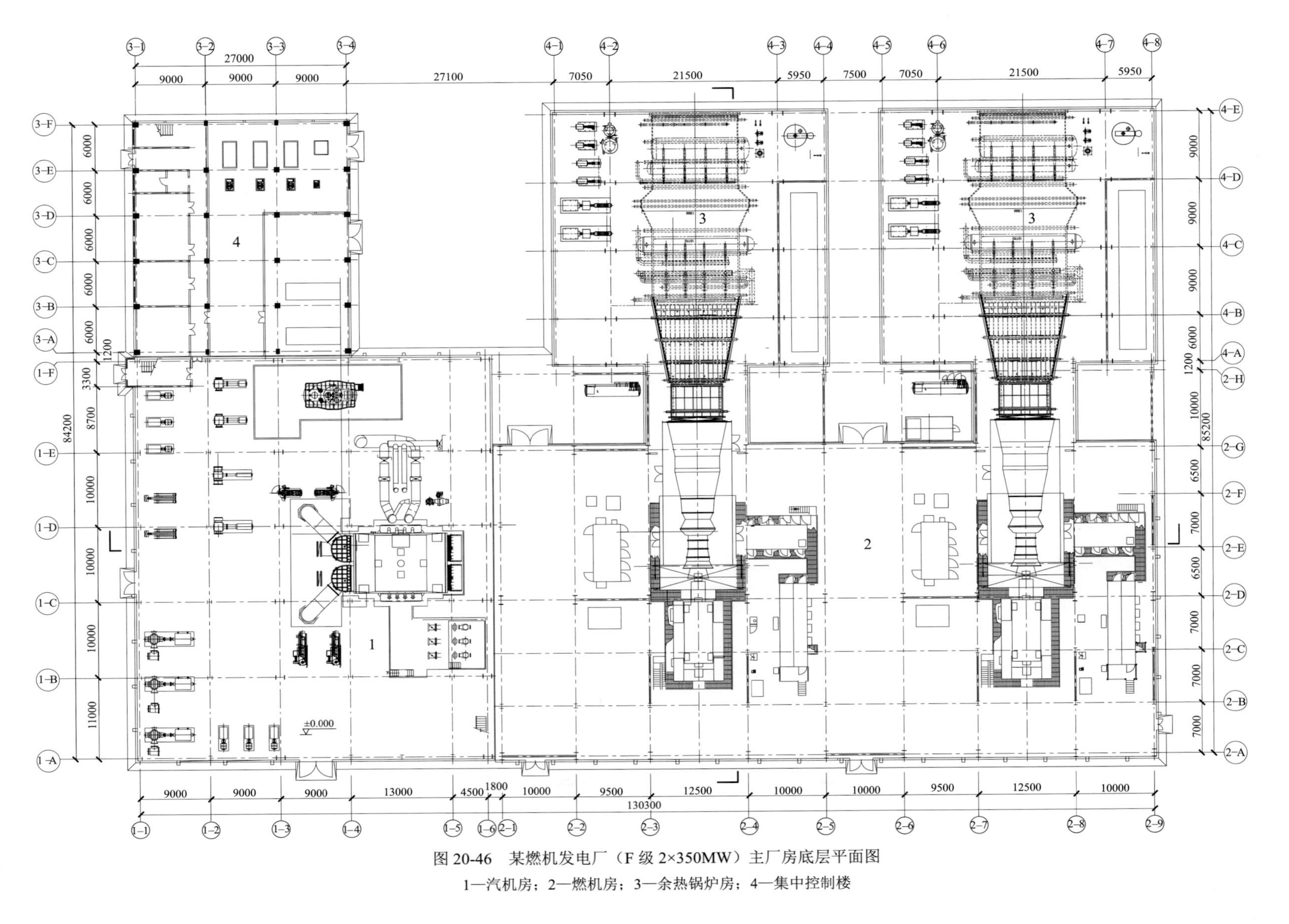

图 20-46　某燃机发电厂（F 级 2×350MW）主厂房底层平面图

1—汽机房；2—燃机房；3—余热锅炉房；4—集中控制楼

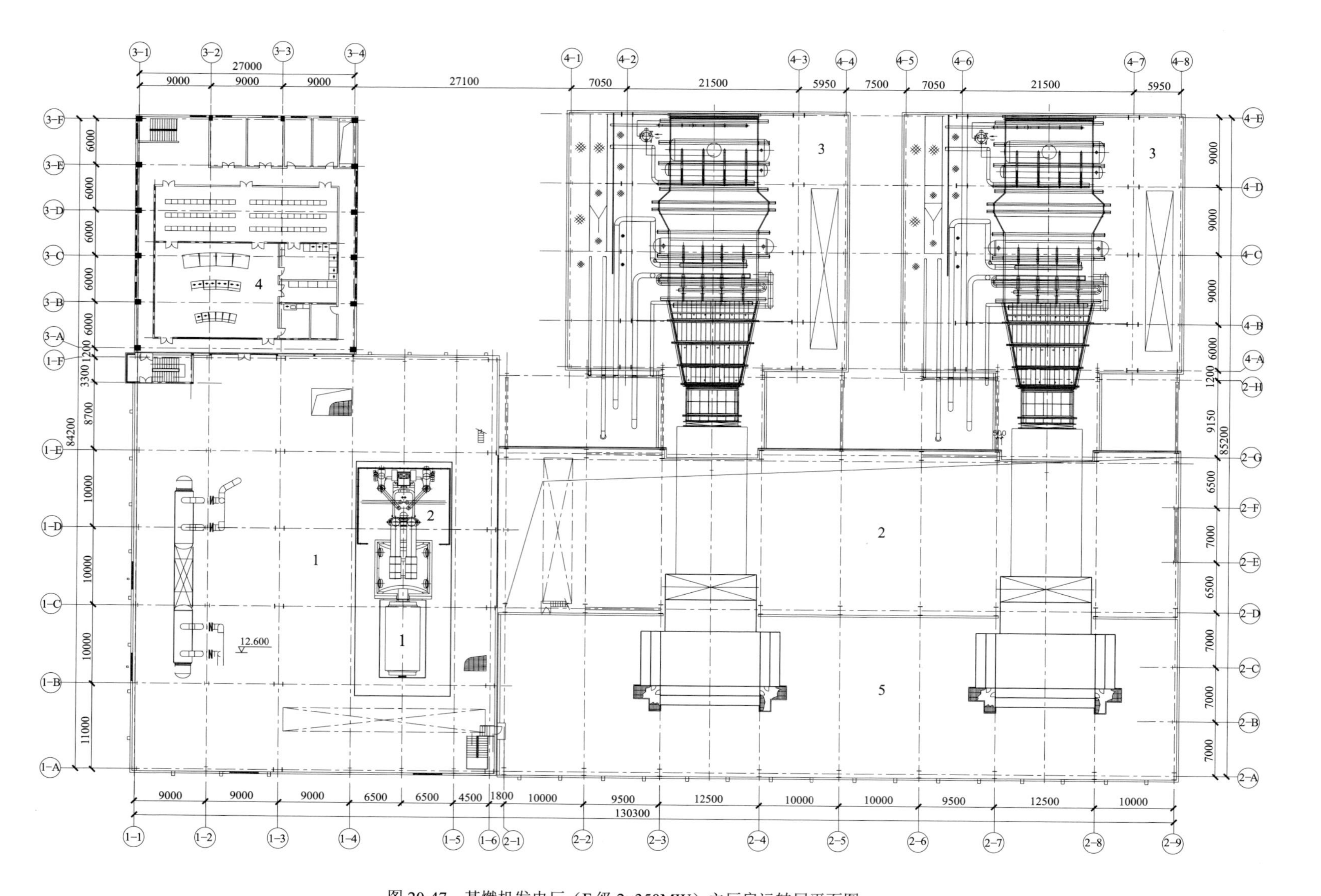

图 20-47 某燃机发电厂（F级 2×350MW）主厂房运转层平面图

1—汽机房；2—燃机房上空；3—余热锅炉房；4—集中控制楼；5—燃机房屋面（进气风道）

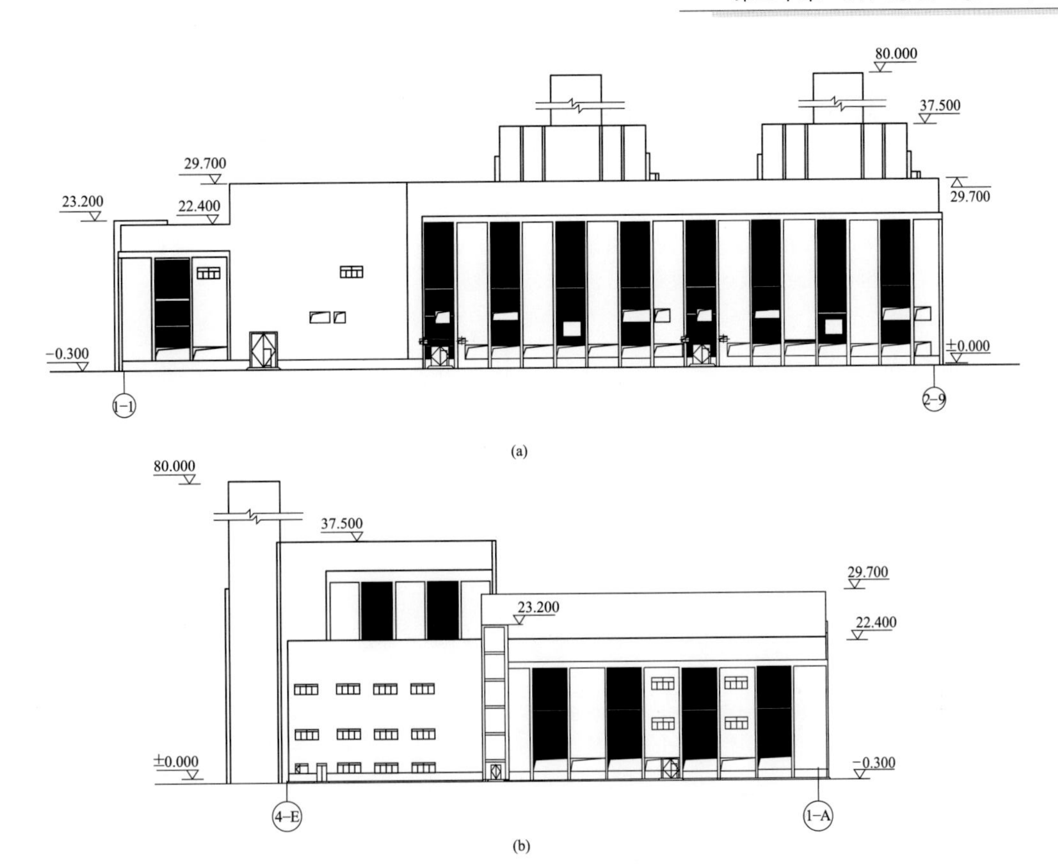

图 20-48　某燃机发电厂（F 级 2×350MW）主厂房立面图

（a）主厂房正立面图；（b）主厂房侧立面图

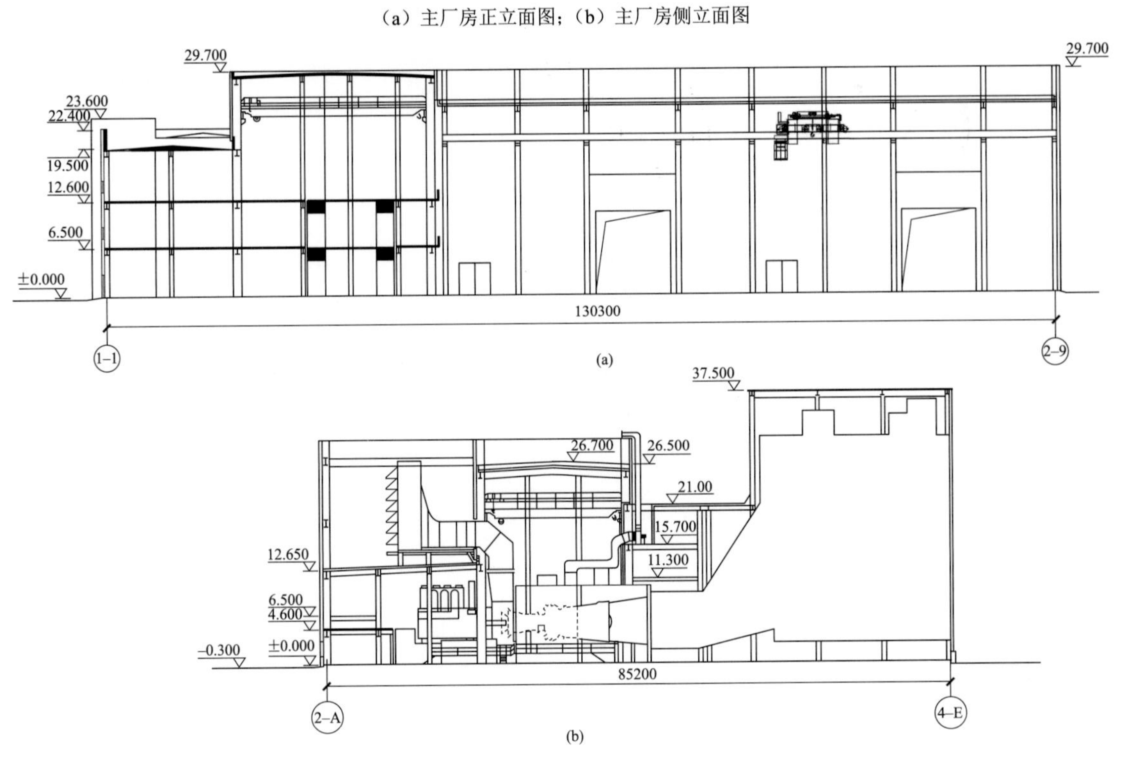

图 20-49　某燃机发电厂（F 级 2×350MW）主厂房剖面图

（a）汽机房剖面图；（b）燃机房剖面图

第二节　其他建筑设计

燃机发电厂相对于同容量的燃煤发电厂，除主厂房以外的其他生产建筑比较简单，辅助及附属建筑规模也比较小。建筑物布置应在满足工艺流程和使用功能要求的基础上，因地制宜，做到布置合理、流程便捷。

一、建筑组成

（1）电气建筑：网络继电器楼、屋内配电装置楼（GIS 楼）、变压器室等。

（2）化学建筑：锅炉补给水处理车间及化验楼、循环水加药间、供氢站、制氢站等。

（3）水工建筑：循环水泵房、综合水泵房、消防水泵房等。

（4）燃料建筑：燃油泵房、油处理室、天然气调压站等。

（5）辅助及附属建筑：检修维护间、生产行政综合楼、夜班宿舍、职工食堂、材料库、汽车库、警卫传达室等。

以上建筑设计的具体要求参见第二篇的相关章节。

二、天然气调压站

燃气轮机对天然气来气参数要求比较苛刻，如发生较大的天然气压力波动或波动速度超过设计值，就会发生燃机停机事故，并有可能造成设备损坏，造成严重的经济损失。因此天然气调压站能否满足设计要求，对于燃机是否能够安全运行起着重要作用。

天然气调压站是用来布置调节和稳定管网压力设施的建（构）筑物。天然气调压站在天然气输配系统中主要用于调节和稳定天然气系统压力，并控制天然气流量，防止调压器后设备被磨损和堵塞，保护系统，以免出口压力过低或超压，满足电厂燃机对天然气进气压力参数的要求。

天然气调压站由调压器、阀门、除尘过滤器、安全装置、旁通管以及测量仪表等组成。有的调压站装有计量设备，除了调压以外，还起计量作用，称作调压计量站。

1. 设计要点

（1）天然气调压站火灾危险性分类为甲类，耐火等级不低于二级。

（2）天然气调压站应与其他辅助建筑分开布置，一般为单层建筑。

（3）天然气调压站宜露天布置或半露天布置。在严寒及风沙地区，也可采用室内布置，但应考虑通风泄爆措施。天然气调压站实景图见图 20-50。

(a)

(b)

图 20-50　天然气调压站实景图

（a）封闭式；（b）开敞式

（4）天然气调压站内布置应符合天然气系统的设计要求，便于管线安装，并配合必要的检修起吊设备，设置必要的检修场地与通道；管道布置应便于阀门操作及设备检修。

（5）天然气调压站采用室内布置时，宜采用钢筋混凝土排架，屋面采用轻型屋盖结构。

（6）天然气调压站建筑地坪面层材料应选用不发火材料。

2. 工程实例

某燃机发电厂封闭式天然气调压站为单层建筑，建筑总长 46.06m，共 4 个柱距；跨度为 47.00m，共 5 跨；高跨高度为 14.80m，低跨高度为 7.50m。建筑内设调压站、电气变频器间、配电室、备件间、就地控制室等。该天然气调压站平面、剖面图见图 20-51 及图 20-52。

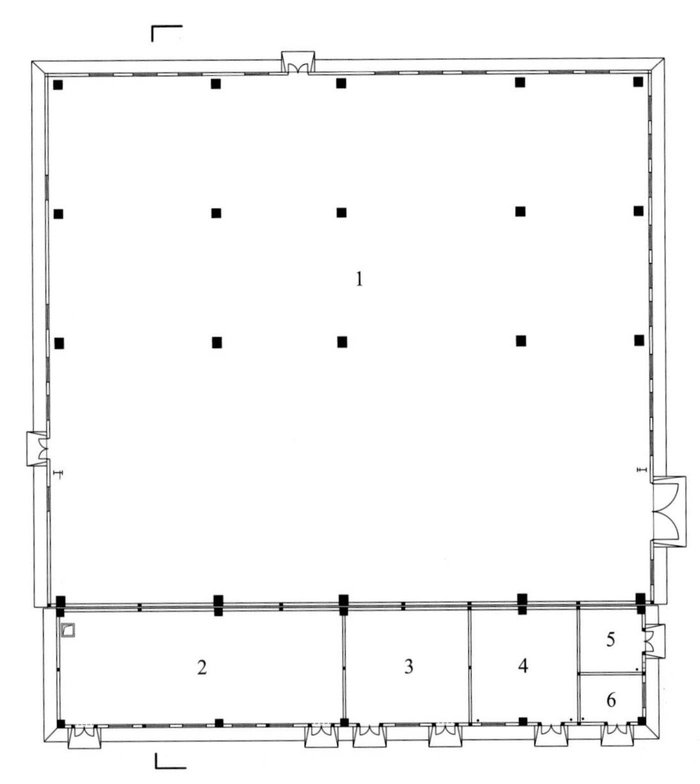

图 20-51　天然气调压站平面图

1—调压站；2—电气变频器间；3—配电室；4—热控配电室；5—备件间；6—就地控制室

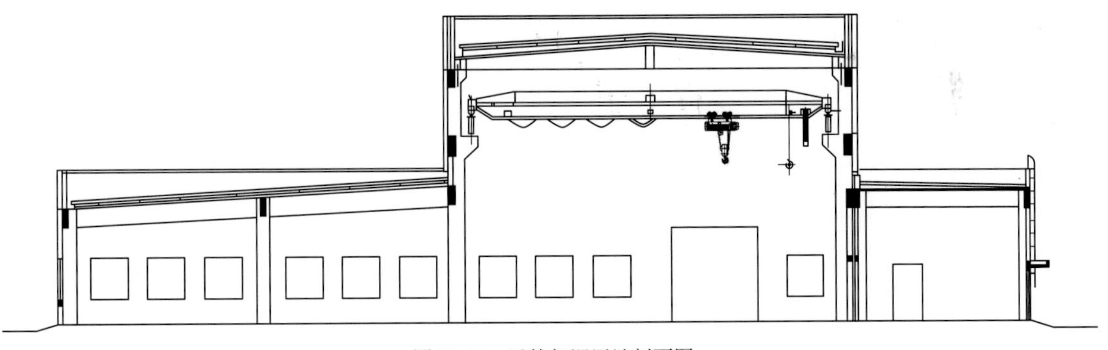

图 20-52　天然气调压站剖面图

三、辅助与附属建筑工程设计实例

燃机发电厂总平面布置一般较为紧凑。附属建筑的生产行政综合楼（包含生产办公楼和行政办公楼）、食堂、医务室、浴室、汽车库等建筑可集中布置在厂前，一般称为厂前建筑。厂前建筑多以联合建筑为主，将各附属建筑合并建造为综合楼，在不影响各使用功能的前提下，相互关联，方便生产运行人员的工作与生活。燃机发电厂辅助及附属建筑面积标准按附录 B 确定。

1. 厂前建筑设计实例一

某燃机发电厂（F 级 2×350MW）厂前建筑布置有办公楼、食堂、值班楼及配套服务楼等，在平面布置上围合成相对独立的空间，区域内园林小品错落有致、简洁明快，创造出一个舒适宜人的办公生活环境。该燃机发电厂厂前建筑平面、立面、剖面图及效果图见图 20-53～图 20-56。

2. 厂前建筑设计实例二

某燃机发电厂综合楼建筑总长 86.70m，共 11 个柱距；跨度为 63.20m，共 10 跨；高 17.55m，分四层布置。一层设门厅、检修试验楼、健身及浴室、食堂、车库、内庭院及卫生间等；二层设控制室、计算机室、休息室、会议室、办公室、露台及卫生间等；三层及四层布置有办公室、会议室及卫生间等。建筑内设 4 部楼梯间以满足疏散要求。该综合楼平面、立面、剖面图见图 20-57～图 20-60。

3. 厂前建筑设计实例三

某燃机发电厂综合楼建筑总长 75.30m，共 11 个柱距；跨度为 41.50m，共 8 跨；高 17.25m，分四层布置。一层设门厅、办公室、食堂、多功能厅、汽车库及卫生间等；二层设办公室、宿舍、屋顶花园及卫生间等；三层及四层布置有办公室、会议室、值班宿舍及卫生间等。建筑内设 2 部楼梯间以满足疏散要求。该综合楼平、立、剖面图见图 20-61～图 20-64。

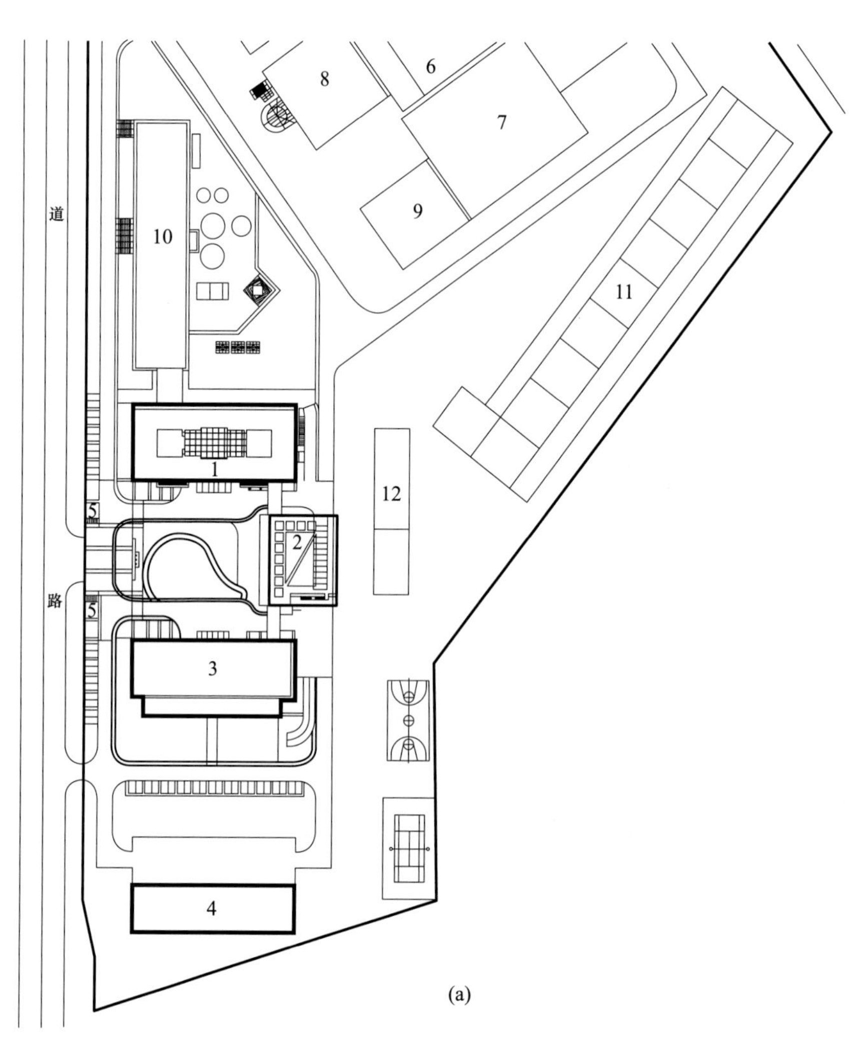

图 20-53　某燃机发电厂厂前建筑实例一平面图（一）

（a）总平面图

1—办公楼；2—食堂、多功能厅；3—值班宿舍楼；4—材料库；5—警卫传达室；6—燃机房；7—汽机房；8—余热锅炉房；9—集中控制楼；10—化水综合楼；11—通风冷却塔；12—循环水泵房

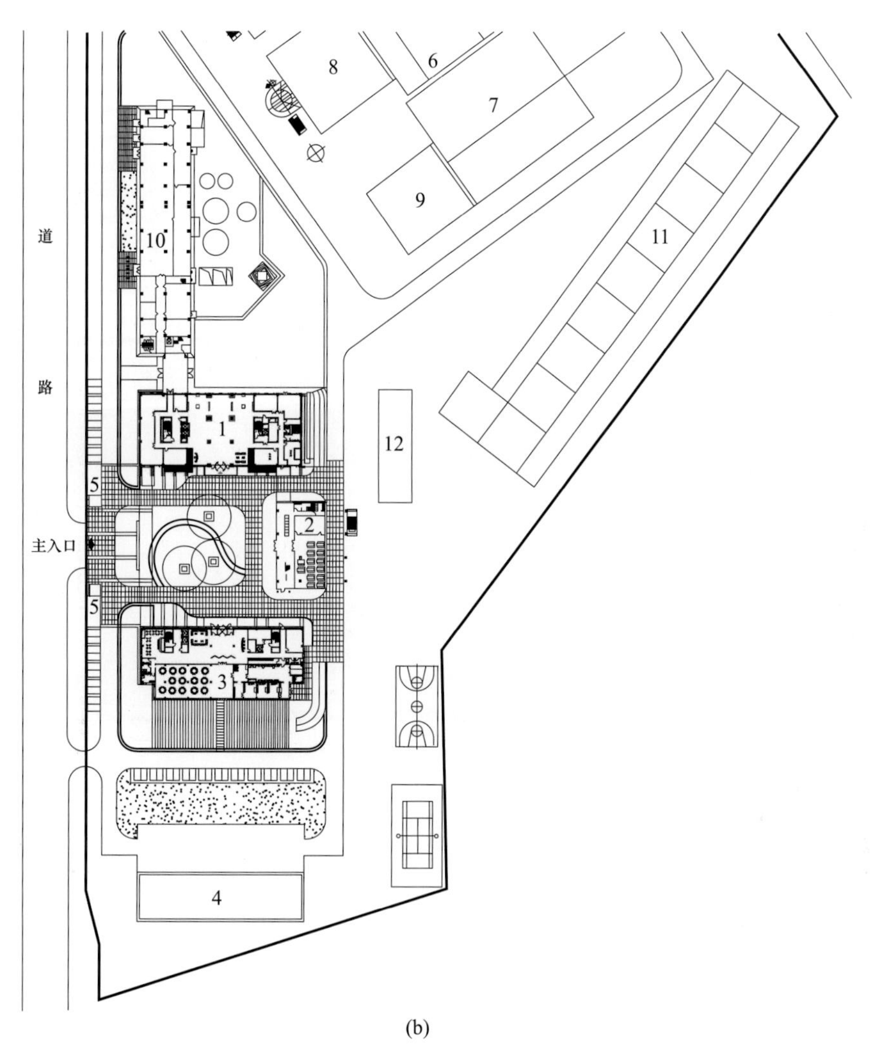

(b)

图 20-53　某燃机发电厂厂前建筑实例一平面图（二）

（b）一层平面图

1—办公楼；2—食堂、多功能厅；3—值班宿舍楼；4—材料库；5—警卫传达室；6—燃机房；7—汽机房；8—余热锅炉房；9—集中控制楼；10—化水综合楼；11—通风冷却塔；12—循环水泵房

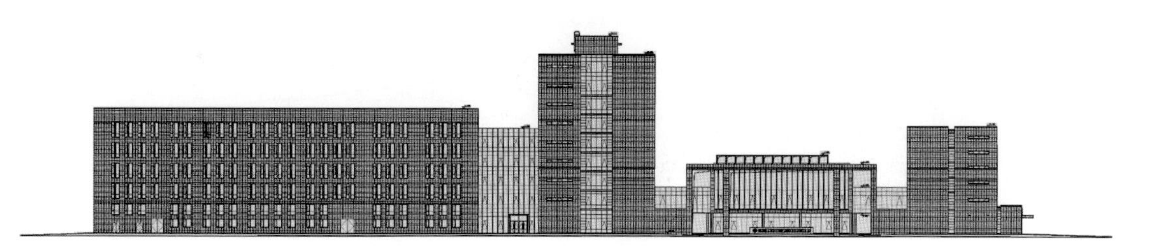

图 20-54　某燃机发电厂厂前建筑实例一立面图

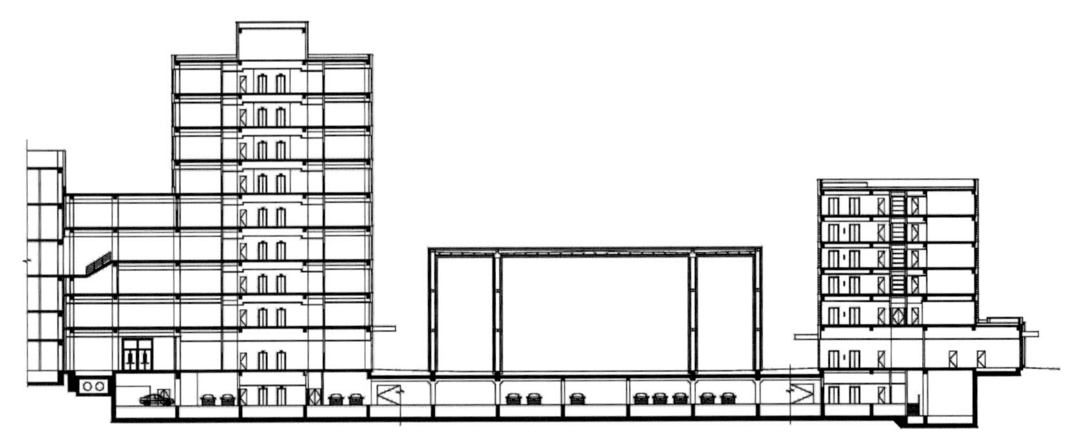

图 20-55　某燃机发电厂厂前建筑实例一剖面图

图 20-56　某燃机发电厂厂前建筑实例一效果图

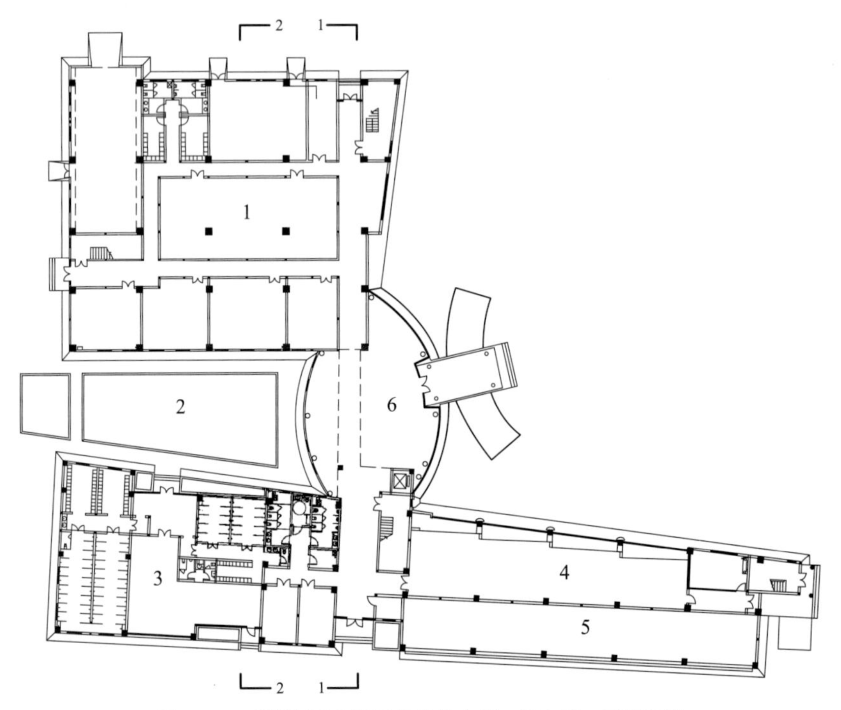

图 20-57　某燃机发电厂厂前建筑实例二综合楼一层平面图

1—检修试验楼；2—内庭院；3—健身及浴室；4—食堂；5—车库；6—门厅及走道交通

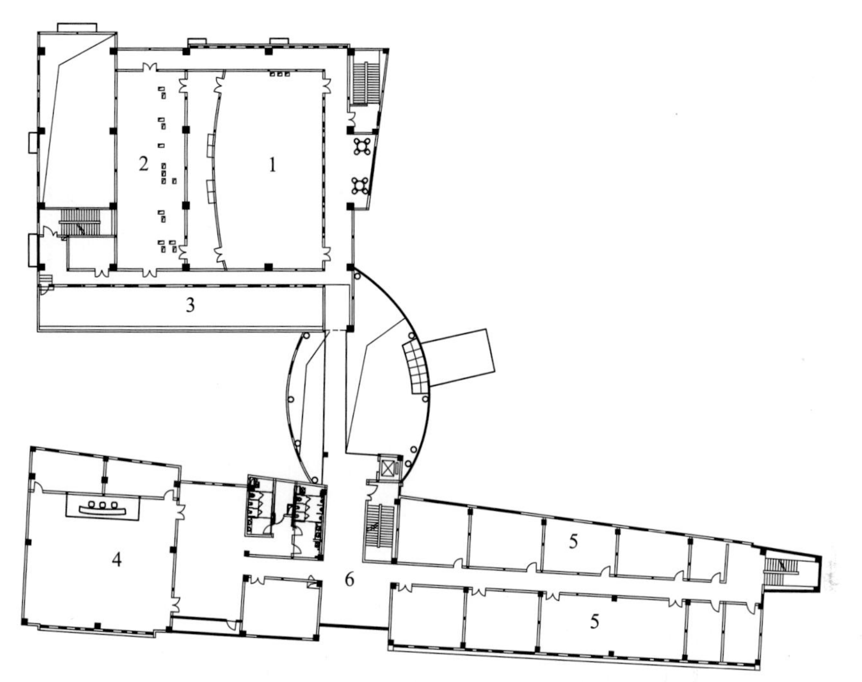

图 20-58　某燃机发电厂厂前建筑实例二综合楼二层平面图

1—控制室；2—计算机室；3—露台；4—会议室；5—办公室；6—门厅及走道交通

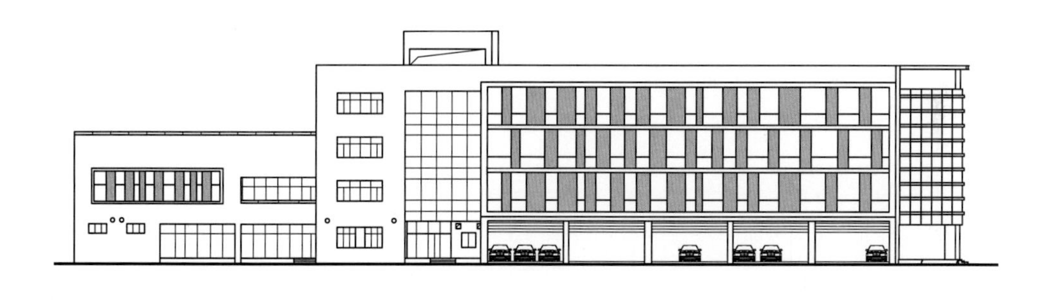

(a)

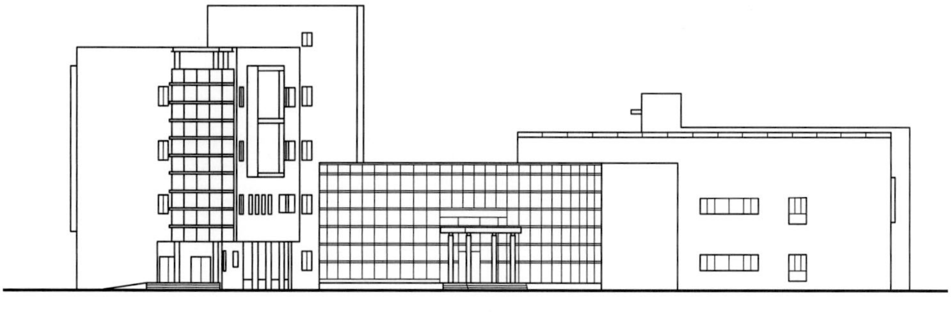

(b)

图 20-59　某燃机发电厂厂前建筑实例二综合楼立面图

（a）综合楼正立面图；（b）综合楼侧立面图

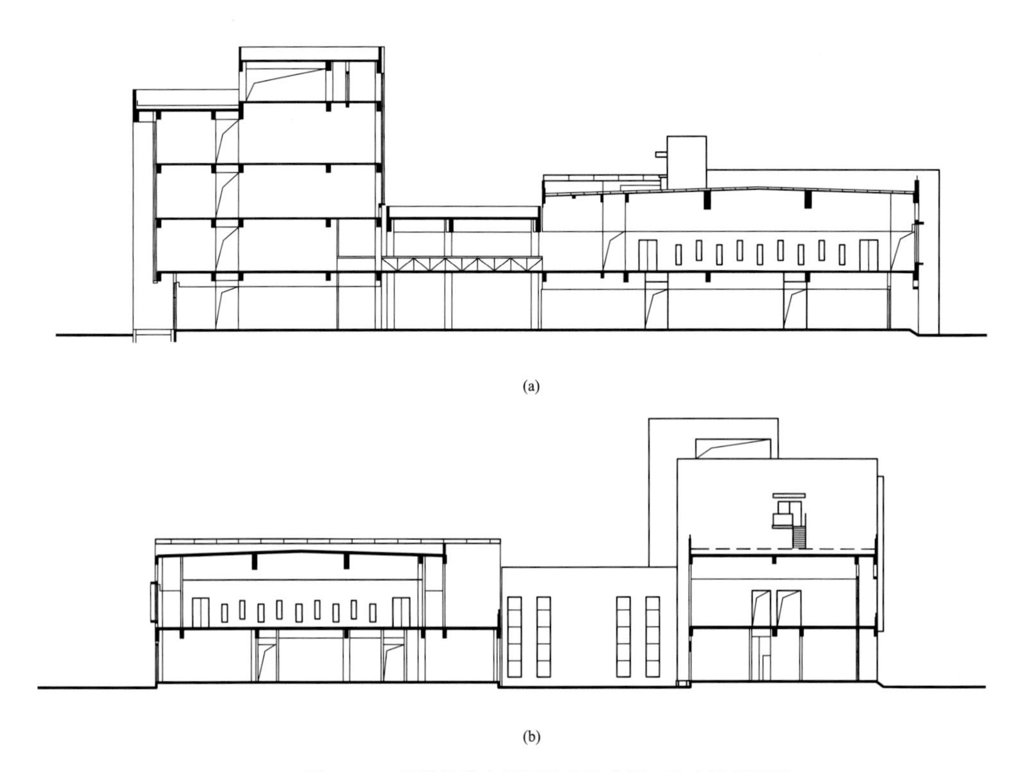

图 20-60　某燃机发电厂厂前建筑实例二综合楼剖面图

（a）综合楼 1—1 剖面图；（b）综合楼 2—2 剖面图

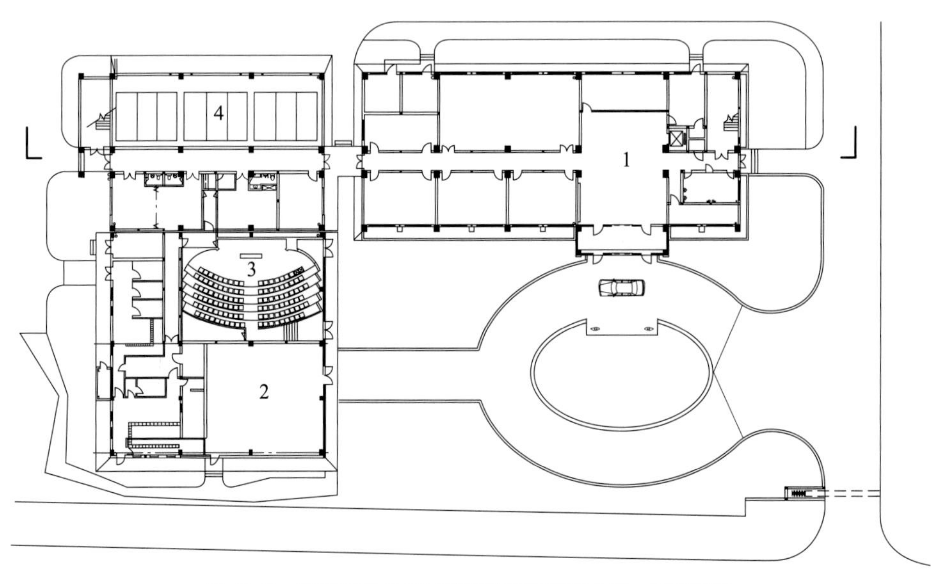

图 20-61　某燃机发电厂厂前建筑实例三综合楼一层平面图

1—办公楼；2—食堂；3—多功能厅；4—汽车库用房

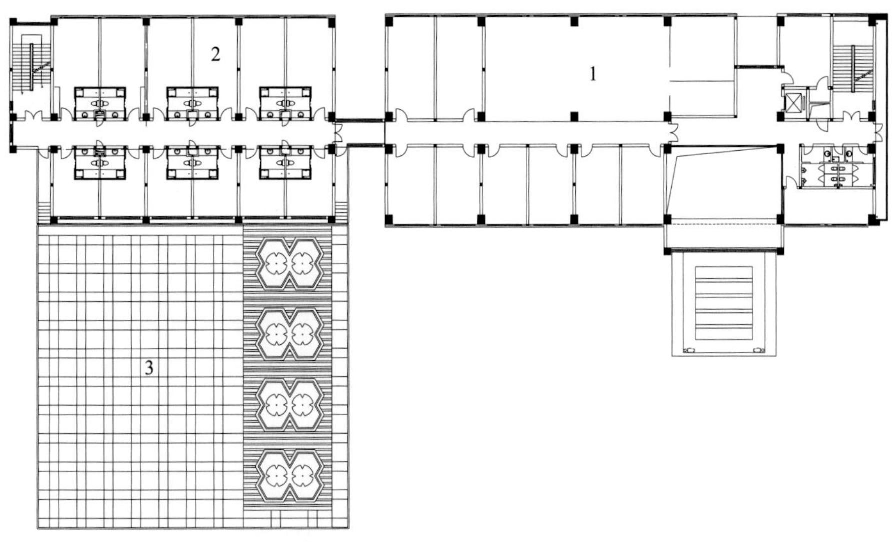

图 20-62　某燃机发电厂厂前建筑实例三综合楼二层平面图
1—办公楼；2—宿舍；3—屋顶花园

(a)

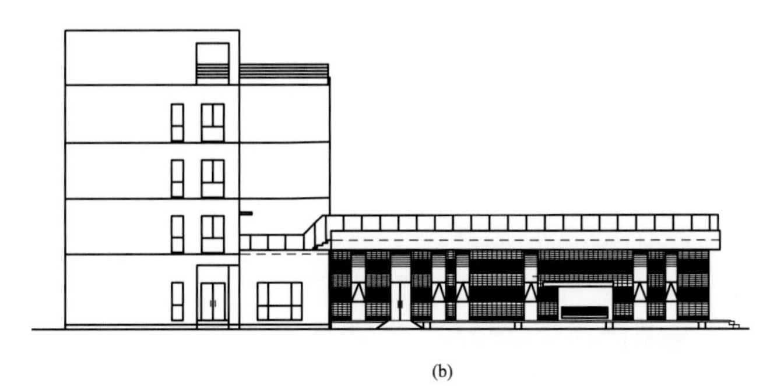

(b)

图 20-63　某燃机发电厂厂前建筑实例三综合楼立面图
（a）综合楼正立面图；（b）综合楼侧立面图

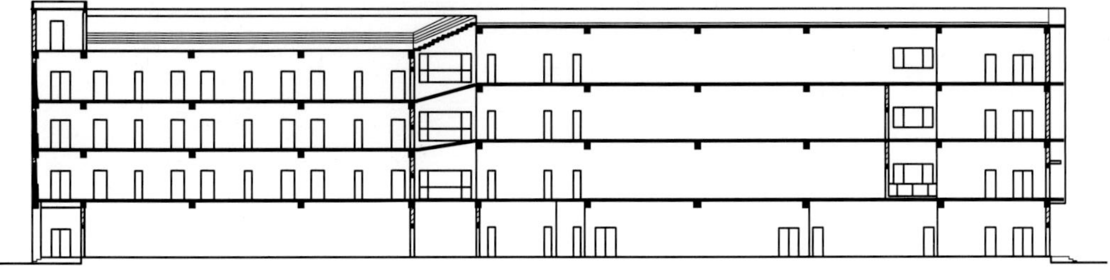

图 20-64　某燃机发电厂厂前建筑实例三综合楼剖面图

第二十一章

燃机发电厂工程设计实录

本章选取了不同建筑风格、已建成运行的燃机发电厂工程，包括国内南方与北方、海滨与内陆以及部分国外等不同地域和环境的电厂。针对燃机发电厂建筑城市化、模块化等特点，结合21世纪新能源电厂建筑设计的创新理念，直观地展示出燃机发电厂的工艺特征，体现了电厂与城市的对话、与环境的融合，彰显人文环保的绿色建筑情怀。选取的国外燃机发电厂工程设计新颖、独特，可与国内燃机发电厂进行比较，作为设计参考。

实录1 北方2×350MW燃机发电厂工程

该工程是燃气-蒸汽联合循环供热机组（1套F级“二拖一”方式），厂址位于北京市内东北部地区。该项目是北京2008奥运会配套工程，是北京市新型工业建筑的代表，是全国首座各方位厂界噪声均控制在一类标准的燃机发电厂。

设计凸现“绿色、环保、人文、奥运、协调发展”的主题，全厂色彩设计采用具有历史文化背景的“北京灰”为基调，对附属建筑进行整合归类、民居化处理，使电厂增添北京传统文化的韵味。整个工程展现了电厂建筑群与城市肌理的融合、现代工业与传统文化的结合。

主厂房区域利用墙面、假柱与横波纹板之间的对比组合，丰富了立面效果。主厂房变压器区域采用与主厂房统一的设计手法，在围挡上增设了假窗以防噪声。机力通风塔改变传统的双曲线布置，造型像一段古老的城墙，塔下的水池、蜿蜒自然的石岸，平整的草地，营造了一片怡然的水世界，改善了厂区的小气候。

厂前建筑独立成区，包含业务办公楼、专家公寓楼、职工食堂、多功能厅和地下车库等建筑，设计上采用空间围合的布局，建筑之间布置绿化带，与周边环境统一协调，形成厂区内外的过渡。

该工程相关图片见图21-1～图21-6。

图21-1 北方2×350MW燃机发电厂全景

图 21-2　北方 2×350MW 燃机发电厂厂前建筑效果图

图 21-3　北方 2×350MW 燃机发电厂余热锅炉房及主厂房

图 21-4　北方 2×350MW 燃机发电厂运转层

图 21-5　北方 2×350MW 燃机发电厂集中控制室

图 21-6　北方 2×350MW 燃机发电厂通风塔消声百叶与水景

实录2 北方2×350MW燃机发电厂二期工程

该工程为北方某燃气-蒸汽联合循环热电厂二期工程，厂址位于北京市南部地区。该项目注重环境的设计理念，配以先进的技术，使电厂完全融于城市环境，与城市和谐共生，为城市创造全新的空间感受。

整个厂区建筑采用了多种建筑材料，可循环利用，符合节能减排、低碳环保的理念；主厂房采用不同色块的构成对比，体现了工业建筑的现代感和力量美。烟囱设计结合余热锅炉进行整体构思，在余热锅炉顶部采用通透的金属百叶，封闭至烟囱高度，完全隐藏住了整个烟囱，消除了工业建筑给人带来的距离感，使电厂建筑群更好地融合在周围环境中。

兼有材料库、检修间、办公、活动等功能的生产综合楼布置在汽机房东侧，其高度与汽机房、燃机房齐平，可起到降噪的作用。

该工程相关图片见图21-7～图21-13。

图21-7 北方2×350MW燃机发电厂（二期）全景

图21-8 北方2×350MW燃机发电厂（二期）燃气机房

图21-9 北方2×350MW燃机发电厂（二期）余热锅炉房

图21-10 北方2×350MW燃机发电厂（二期）机力通风冷却塔

图21-11 北方2×350MW燃机发电厂（二期）主厂房运转层

图21-12 北方2×350MW燃机发电厂（二期）集中控制室

图 21-13　北方 2×350MW 燃机发电厂（二期）主厂房区

实录 3　南方 2×220MW+2×390MW+2×475MW 燃机发电厂工程

该工程是 2×220MW（E 级）+2×390MW（F 级一期）+2×475MW（F 级二期）燃气-蒸汽联合循环机组，厂址位于常州市大运河边。

燃气轮机主厂房外墙 1m 以下为砌体围护，外刷银灰色仿金属外墙涂料，1m 以上为双层带保温压型钢板墙板围护，局部采用透明玻璃幕墙。内墙板采用穿孔压型钢板带吸声纸，两层钢板之间为带铝箔的离心玻璃保温吸声棉，容重及厚度满足有关保温、吸声要求。主厂房建筑外立面色彩以浅灰色为主，点缀以灰蓝色色带，反映出简洁、大气的工业建筑风格。全厂其他生产性建筑结合燃机主厂房设计，灰色为基调配以灰蓝色，进行外立面统一的修缮、涂刷，使得全厂建筑风格焕然一新。

厂前办公楼建筑位于主厂房东北侧，与原有老办公楼之间绿化隔开，互不干扰，且与对面幽静的园林景致遥相呼应。办公建筑玻璃覆顶的中庭空间阳光充足，庭内种植景观树木，景观楼梯作对景，与楼外的庭园绿化相呼应，给办公带来开阔的视野和愉悦的心情，体现了“以人为本”的企业文化。

该工程相关图片见图 21-14～图 21-21。

图 21-14　南方 2×220MW+2×390MW+2×475MW 燃机发电厂全景

图 21-15 南方 2×220MW+2×390MW+2×475MW 燃机发电厂厂区（一）

图 21-16 南方 2×220MW+2×390MW+2×475MW 燃机发电厂办公楼

图 21-17 南方 2×220MW+2×390MW+2×475MW 燃机发电厂厂区（二）

图 21-18 南方 2×200MW+2×390MW+2×475MW 燃机发电厂 E 级燃机房

图 21-19　南方 2×200MW+2×390MW+2×475MW 燃机发电厂 E 级燃机汽机房运转层

图 21-20　南方 2×200MW+2×390MW+2×475MW 燃机发电厂 E 级集中控制室

图 21-21　南方 2×200MW+2×390MW+2×475MW 燃机发电厂 F 级燃机主厂房

图 21-22　南方 2×220MW+2×390MW+2×475MW 燃机发电厂 F 级燃机主厂房运转层

实录 4　南方 3×390MW 燃机发电厂工程

该工程为深圳某燃机发电厂，一期工程建设 3 台 M701F（390MW）型单轴燃气-蒸汽联合循环机组，最终建设规模为 6×390MW（F 级）单轴燃气-蒸汽联合循环机组，是国内第一座大机组海岛燃机发电厂。建筑设计充分考虑与环境相结合，形成“工业区内的度假村”风格。主厂房采用现代工业建筑的处理手法，以简洁的实体、大面积白色为主，配蓝色线条。生产行政办公楼与主厂房既形成对比，又相互呼应。建筑外形构件集中有序，与厂房设备构件的自由分散形成对比；建筑圆柱呼应工艺圆管烟囱，中部梯间的方尖塔式造型呼应燃机余热锅炉。屋顶挑檐形似海浪，凸出墙面的柱子、飘板、窗套等采用白色；凸窗造型观景面大，稳重中有变化。

该工程相关图片见图 21-23～图 21-28。

图 21-23　南方 3×390MW 燃机发电厂全景

图 21-24　南方 3×390MW 燃机发电厂夜景

图 21-25　南方 3×390MW 燃机发电厂临海面厂区

图 21-26　南方 3×390MW 燃机发电厂主厂房运转层

图 21-27　南方 3×390MW 燃机发电厂行政楼

图 21-28　南方 3×390MW 燃机发电厂行政楼前景观

实录 5　南方 2×175MW 燃机发电厂工程

该工程为 2×175MW（E 级）燃气-蒸汽联合循环供热机组，位于武汉市区东南，濒临长江。厂区呈不规则的三角形，该工程在原厂址处建设 2×175MW 燃气-蒸汽联合循环机组，原厂址部分设施保留。

该工程力求从总体规划、环境空间、建筑造型、结构体系、材料选择等方面与周边环境相融，体现时代感和企业文化。全厂以主厂房为中心，以其造型的简洁流畅、色彩的对比搭配处理统一整个厂区建筑，并与周边环境和谐统一。

主厂房屋顶采用曲线设计，屋顶的前部镂空，曲线的屋面板挑出主厂房，将影响景观的进风口隐入其中，前面嵌上的企业标识形成灰空间，既减小了噪声污染，也丰富了沿岸面的轮廓线，使其与长江两岸优美的景色有机地融为一体。锅炉临江面用实墙将其围护，增加了立面的雕塑感，也有效地解决了噪声污染和视觉污染对周边环境的影响；主厂房色彩以白色和蓝色调相搭配，局部采用企业标志，起到画龙点睛的效果。

该工程相关图片见图 21-29～图 21-32。

图 21-29　南方 2×175MW 燃机发电厂全景

图 21-30 南方 2×175MW 燃机发电厂主厂房

图 21-31 南方 2×175MW 燃机发电厂余热锅炉与城市道路间隔声墙

图 21-32 南方 2×175MW 燃机发电厂主厂房局部

实录 6 国外 SGT5-8000H 超级燃机发电厂工程

该工程位于德国慕尼黑以北，采用西门子 SGT5-8000H 燃气轮机配合 SST5-5000 蒸汽轮机的 H 级联合循环技术。

主厂房立面采用水平向细分格色带，将不同高低及前后的外立面进行适宜的尺度划分，转角采用弧形处理，外墙配以浅灰蓝色的金属墙板，体现出工业建筑独特的机器美学特点。橘黄色的 LOGO 标识成为外立面的点睛之笔。

该工程相关图片见图 21-33～图 21-35。

图 21-33 国外 SGT5-8000H 超级燃机发电厂全景

图 21-34　国外 SGT5-8000H 超级燃机发电厂主厂房

图 21-35　国外 SGT5-8000H 超级燃机发电厂主厂房运转层

第 四 篇

设计工作内容篇

火力发电厂项目勘测设计的全过程可划分为初步可行性研究、可行性研究、初步设计、施工图设计、施工配合（工地服务）、竣工图、设计回访总结和项目后评估等阶段。项目后评估阶段是根据工程项目性质是否需要而确定的。建筑专业主要从可行性研究阶段参与设计工作，按照电力行业设计单位内部的专业人员岗位设置、岗位职责、专业分工、专业配合、互提资料等工作程序，开展工程项目的设计工作。

本篇介绍了火力发电厂项目勘测设计的阶段划分和任务，以及建筑专业在火力发电厂设计中的主要工作内容和工作程序。

第四篇

设计工作内容篇

[illegible]

第二十二章

火力发电厂建筑设计工作

火力发电厂勘测设计是电力工程基本建设的重要阶段，是电力工程建设的龙头。勘测设计文件是电力工程建设立项、施工和生产运行的主要依据，设计工作直接影响电力工程建成后的安全稳定运行，对电力生产的劳动生产率和经济效益起着决定作用。

在火力发电厂项目设计中，建筑专业应在满足电厂生产工艺流程的前提下，对全厂建（构）筑物进行科学、合理的设计。建筑设计工作是火力发电厂项目建设中必不可少的组成部分，贯穿整个火力发电厂工程设计的各主要阶段。

第一节　设计工作简介

一、项目建设程序和设计主要内容

我国现行大、中型火力发电厂项目的基本建设程序是：建设单位（投资方）首先委托有资质的设计单位进行厂址选择、编制项目初步可行性研究报告，并由建设单位报请有关部门对报告进行审查；初步可行性研究报告审查通过后，建设单位委托设计单位编制项目可行性研究报告，具体阐明电厂厂址的自然条件、工程规模、机组容量、燃料供应、运输方式、环境保护等主要设计原则，以及资金来源、投资额、上网电价等要点，报具有资质的机构部门审查通过，同时委托具有资质的单位编制环境影响报告书，报国家环保部门批准；可行性研究报告、环境影响报告书审查通过及批准后，建设单位委托具备相应工程咨询资质的机构编制项目申请报告，在向项目核准机构报送申请报告时，需根据国家法律、法规的规定，附送城市规划、国土资源、环境保护、水利、节能等行政主管部门出具的审批意见和金融机构项目贷款承诺。设计单位根据上述审定核准的文件开展初步设计工作，并确定工程项目的各项具体技术方案，经建设单位（或其委托单位）批准后，再进行施工图设计。设计工作与建设项目的关系见图22-1。

二、项目设计阶段

火力发电厂项目勘测设计是电力工程基本建设的重要阶段，是电力工程建设立项、施工和生产运行的主要依据。

（一）设计阶段划分及基本程序

火力发电厂项目勘测设计的全过程可划分为初步可行性研究、可行性研究、初步设计、施工图设计、施工配合（工地服务）、竣工图、设计回访总结、项目后评估等阶段。电力工程勘测设计阶段划分及设计工作基本程序见图22-2。

（二）项目设计各阶段的任务

1. 初步可行性研究阶段

（1）初步可行性研究阶段的作用。初步可行性研究是新建工程项目建设中的一个重要环节，是从国家电力行业规范、电力产业政策、区域资源优化配置及地区电力发展规划和市场需求、电网结构，资源情况和运输系统的现状与规划、环境状况等方面进行分析，在几个地区或指定区域分别调查可能建厂的厂址条件。经过对多厂址方案进行技术和经济比较，推荐出两个或两个以上可能建厂的厂址方案开展初步可行性研究，是进一步编制项目可行性研究报告的依据。

（2）初步可行性研究阶段的任务。论证建厂的必要性，进行踏勘调研；收集资料；必要时进行少量的勘测和试验工作，对可能造成颠覆性作用的因素进行论证，初步落实建厂的外部条件；新建工程应对各个厂址方案进行技术和经济比较，择优推荐出两个或两个以上可能建厂的厂址方案并开展初步可行性研究；提出电厂规划容量、分期建设规模及机组选型的建议，进行初步投资估算与经济效益分析。

2. 可行性研究阶段

（1）　可行性研究阶段的作用。可行性研究对项目的投资决策起着决定性的作用。可行性研究成果是投资方进行投资决策的重要依据；审定的可行性研究报告是编制项目申请报告的依据之一，以及进行主机招标、筹措资金、申请贷款和开展初步设计的依据。

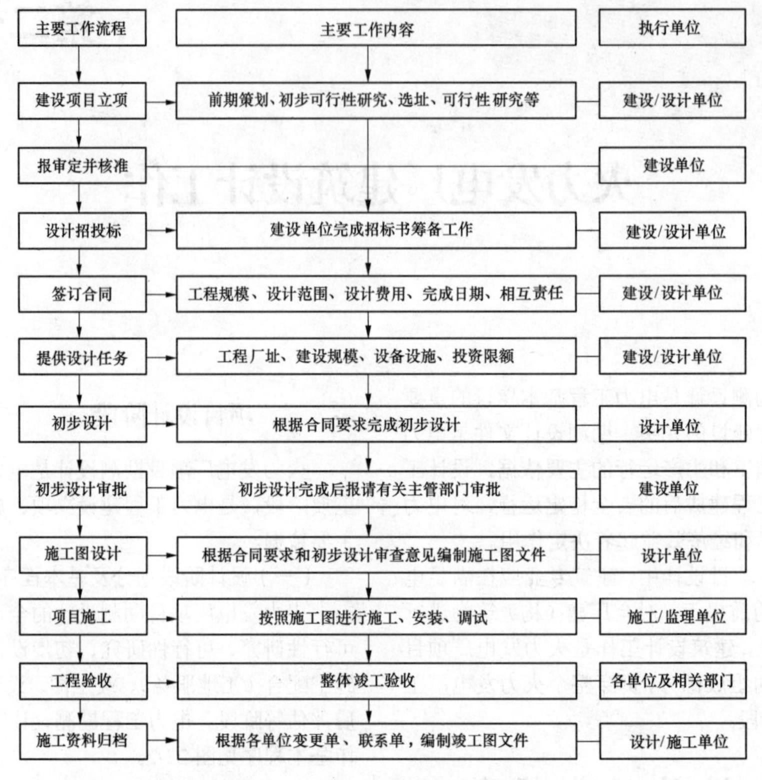

图 22-1 设计工作与建设项目的关系

因此，可行性研究是基本建设程序中为项目决策提供科学依据的一个重要阶段。火力发电厂新建、扩建或改建工程项目均需要进行可行性研究，编制可行性研究报告。

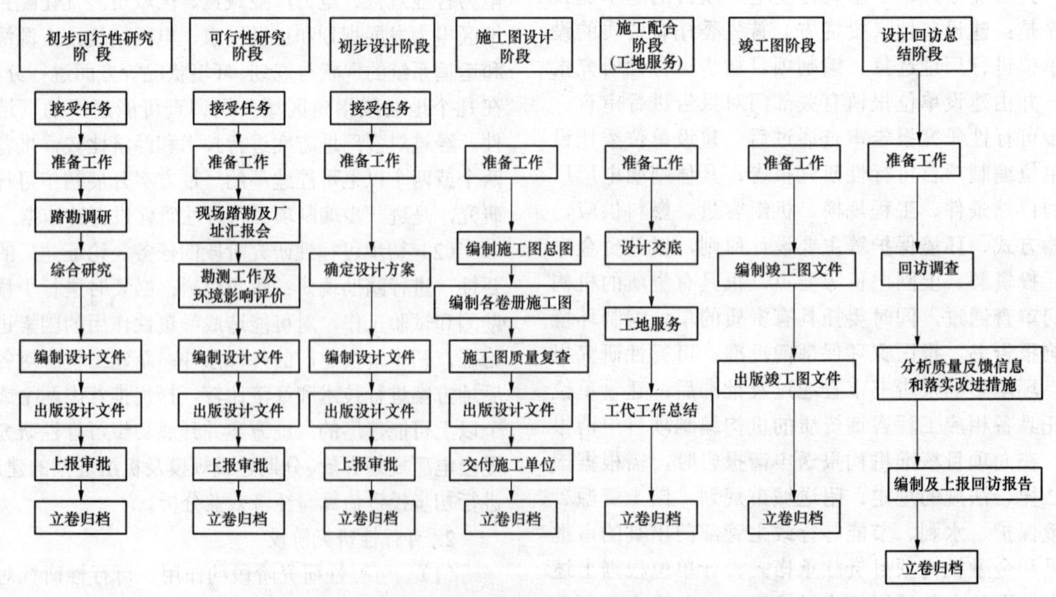

图 22-2 电力工程勘测设计阶段划分及设计工作基本程序

注：本图根据 DLGJ 159.1—2001《电力工程勘测设计阶段的划分规定》整理。

（2）可行性研究阶段的任务。论证建厂的必要性和可行性；新建工程应有两个及两个以上的厂址，并对拟建厂址进行同等深度的全面技术经济比较；落实环境保护、水土保持、土地利用、接入系统、热负荷、燃料来源、水资源、交通运输（含铁路专用线、码头及运煤专用公路等）、贮灰场、区域稳定及岩土工程、脱硫脱硝等建厂外部条件，并进行必要的方案比较；对推荐厂址的总体规划、厂区总平面规划及各工艺系统提出工程设想，论证并提出主机技术条件；投资估算应能满足控制投资额的要求，并进行综合造价分析。

3. 初步设计阶段

（1）初步设计阶段的作用。工程实施的主要方案都是在初步设计阶段确定的，初步设计的重点工作是按核准报告要求做好工程设计方案的优化及控制投资，它是编制施工图总图与施工图，进行主机、辅机及施工单位招标的重要依据。因此，初步设计工作对保证火力发电厂项目的安全、经济、运行有着重要作用。

（2）初步设计阶段的任务。确定主要设计方案，作为施工图设计的依据；提出主机、辅机招标和材料订货的技术条件；控制工程项目投资，概算不应超过审定的估算，满足项目施工准备和生产准备需要。

4. 施工图设计阶段

（1）施工图设计阶段的作用。施工图设计是落实前期各阶段所制定的技术原则，对工程进行细化设计，为现场提供建设所需的施工图。

（2）施工图设计阶段的任务。在初步设计的基础上，在满足国家现行相关法规的前提下，细化各系统设计，形成满足现场施工需要的各专业设计成品，确保项目建成后投资省、运行维护方便。施工图设计应做到设计方案、工艺流程、设备选型、设施布置、结构形式、材料选用等符合安全、经济、适用的要求。

5. 施工配合阶段

（1）施工配合阶段的作用。施工图交付项目建设方后，需向项目建设工地派驻工地代表（以下简称工代），为项目建设进行施工服务、设计配合，并协助建设方对施工质量进行监督。施工配合可以划分为土建施工、设备安装、运行调试三个阶段。施工配合是施工图的延续，设计工代要解决施工过程中一切与设计有关的问题。

（2）施工配合阶段的任务。设计人员进驻项目施工现场后，向建设单位及施工单位交代设计意图、施工难点、施工注意事项；作为项目参与单位，协助建设单位对工程的质量进行监督。

6. 竣工图阶段

（1）竣工图阶段的作用。竣工图是以设计单位的施工图为基础，将工程建设过程中的设计变更或施工、安装中出现的修改，在施工图中反映出来，是与竣工验收一致的文件，为项目全寿命周期管理提供档案资料。它是以后项目运行、检修、改造、事故诊断的依据性文件，同时也是竣工结算的依据。

（2）竣工图阶段的任务。根据工程施工图、设计变更通知单，施工单位、设备安装调试单位或建设单位的工程联系单和设计变更等所有更改过的文件，编制一套完整且符合工程竣工验收时实际情况的工程图。

竣工图设计可以由施工图设计单位继续完成，也可以由业主另行委托其他设计单位单独完成。我国电力系统的业主单位一般委托工程设计单位完成竣工图设计。

7. 设计回访阶段

电力工程建设项目具有投资大、建设周期长、设计过程复杂、建设环节多的特点。设计回访阶段是在工程设计、建设、调试、运行经受实际考验一段时间后的总结阶段。按照有关规定进行回访，对勘测设计的经验和问题进行全面总结和梳理，对今后的勘测设计工作起到借鉴和参考作用。

8. 项目后评估阶段

（1）项目后评估阶段的作用。通过总结已完成建设项目的经验教训，为政府和投资方完善相关的政策措施、改进投资决策管理、提高管理水平提供支持；为今后投资方、融资方及其他参建单位更好地建设同类项目提供经验。

（2）项目后评估阶段的任务。对项目执行全过程中每个阶段的实施和管理进行定量和定性的分析，重点包括法律法规、执行程序、工程质量、进度、投资、技术经济指标、社会环境影响、工程设计质量、宏观和微观管理等。

三、项目设计组织

（一）项目设计组织机构

1. 设计单位

国际上火力发电厂项目的设计机构一般有三种形式：一是由独立的电力工程咨询公司负责设计；二是由制造厂附设的电力设计机构负责设计；三是由建设单位设置的电力机构自行负责设计。因此，对火力发电厂项目建设程序及阶段的划分各国规定不尽相同。

我国一般由独立设置的火力发电厂设计单位负责设计。

2. 项目设计团队

项目设计组织一般采用项目管理模式，遵循项目管理的一般规律。

项目设计合同签订后，设计单位任命项目总工程师（以下简称主管总工）和设计总工程师（以下简称设总）下达设计任务书，开展项目设计工作。

设总根据项目任务书组建项目设计团队，项目设计团队包括项目设计所需的专业各级主要设计人。项目设计团队组建后，依据设计合同、项目设计任务书和建设单位的要求进行项目设计。

项目设计工作完成后，依据项目管理的程序，项目设计团队的工作任务结束。

（二）设计专业和岗位职责

1. 设计专业构成

火力发电厂项目设计工作由多个专业协同完成，一般包括热机、运煤、除灰、总图、建筑、土建结构、暖通、水工结构、供排水、电气、热控、化水、环保、通信、岩土工程、水文地质、水文气象、测量、技术经济、劳动安全等专业。

2. 设计工作岗位职责

在火力发电厂项目设计中，设计单位设定的工作岗位根据各自具体情况有所不同。工作岗位一般分为专业主要设计人（以下简称主设人）、设计人、校核人、审核人、设总、主管总工、计划工程师。

（1）主设人职责。

1）配合设总组织和协调本专业的设计工作，对本专业设计项目负主要责任。

2）执行本专业应遵守的标准、规程及本单位的技术措施；完成设计项目中本专业负责的策划报告，编织本专业设计技术条件书。

3）负责验证建设单位和外专业提供的设计资料，并及时做出反馈，做好各专业之间的设计配合工作。

4）依据各设计阶段的进度控制计划，制定本专业相应的作业计划和人员配备计划，组织本专业各岗位人员完成各阶段设计工作，完成图纸验证，参与评审、会签工作。

5）承担创优项目工作时，负责制定和实施本专业的创优措施计划。

6）进行施工图交底，负责处理设计更改，解决施工中出现的有关问题，参加工程验收、服务总结、专业性工程回访等工作。

7）负责收集整理本专业设计工程中形成的质量记录，并与设计文件资料一起归档。

（2）设计人职责。

1）在主设人指导下进行设计工作，对设计本人的设计进度和质量负责。

2）根据主设人分配的任务熟悉设计资料，了解设计要求和设计原则，正确进行设计，并做好专业内部和与其他专业的配合工作。

3）配合专业进度，制定详细的作业计划，并按照岗位要求完成各阶段设计工作。

4）做到设计正确无误，选用计算公式正确、参数合理、运算可靠，符合标准、规范、规程及本单位技术措施要求。

5）正确选用标准图集及套用图纸，保证满足项目设计条件。

6）对完成的设计文件应认真自校，保证设计成品质量，在图纸设计人栏内签字。

（3）校核人职责。

1）校核人在主设人指导下，对设计进行校核工作，负责校核设计文件内容的完整性和准确性。

2）校核人应充分了解设计意图，对所承担的设计图纸和计算书进行全面校核，使设计符合正确的设计原则、规范要求、本单位技术措施，数据合理、正确，避免设计图出现错、漏、碰、缺等问题。

3）协调本专业与有关专业的图纸校核工作，协助做好各专业间校核的配合工作，把好质量关。

4）对校核中发现的问题提出修改意见，督促设计人员及时处理存在的问题。

5）填写“设计成品校审单”，对修改内容进行合格验证，图纸校审合格后，在图纸校核栏内签字。

（4）审核人职责。

1）按照作业文件计划审核设计文件（包括设计说明、图纸和计算书等）的完整性及深度是否符合规定要求，设计文件是否符合规划设计条件和设计任务书的要求，以及是否符合审批文件的要求等。

2）审核设计文件是否符合国家方针政策，国家和项目所在地区的标准、规程、规范以及本单位的技术措施要求，避免设计图存在错、漏、碰、缺等问题。

3）审查专业接口是否协调统一，构造做法、设备选型是否正确，图面索引是否标注正确、说明清楚。

4）填写“设计成品校审单”，对修改内容进行合格验证，图纸校审合格后，在图纸审核栏内签字。

（5）设总职责。

1）负责组织项目设计的策划工作，保障企业项目设计按合同约定的事项顺利履行。

2）组织项目策划，与项目主管总工明确项目定位，根据项目特点组织项目组。

3）与项目主管总工共同拟定进度、质量、成本、技术经济指标及主要技术方案等。

4）协助项目主管总工组织开展项目定制、设计优化，编制项目综合计划。

5）负责依照企业管理标准确定项目的合同，沟通、协调管理规定或管理流程。

6）负责依照企业管理标准组织编制项目计划书。

7）负责设计接口、输入、协调等管理工作。

8）负责设计过程控制，实现项目目标。

9）负责组织项目交底、现场服务、报优、回访、总结、项目组考核、归档等。

10）负责组织内外部协调、合同变更商谈，参加工程各节点会议、重要设计会议等。

11）负责项目有关成本的审核或审批。

12）负责项目团队工作的指挥、调度、协调等管理工作。

13）负责项目团队专业主设人及以上人员的考核工作。

（6）主管总工职责。

1）负责工程项目中科研标准化及综合技术管理工作，对项目的主要综合技术方案或路线进行决策，并承担相应的决策责任。

2）参与工程及研发领域重大专业技术方案和技术问题评审。

3）负责项目总体设计技术方案策划、评审和综合技术经济指标管控。

a. 负责按照项目设计合同和顾客的要求进行项目总体设计技术方案的策划。

b. 负责组织综合技术方案论证，必要时与专业主任工程师进行有效沟通，优化确定设计方案。

c. 负责主持技术方案的内部评审，协助设总组织外部评审。

d. 确保项目综合技术经济指标满足合同要求和满足有关规定。

4）协助设总归口管理项目总体质量目标。

a. 负责按照企业质量体系和合同要求确定项目质量目标。

b. 负责组织项目组严格执行企业质量体系和项目质量计划，监督项目质量管理。

c. 负责根据合同规定确定项目设计技术标准。

5）协助设总管理进度、质量、安健环、成本、造价、合同等工作。

6）协助设总进行设计接口管理。

a. 协助设总及时落实项目外部、内部设计条件。

b. 协助设总组织、协调专业配合、项目设计分工。

7）负责项目总体技术方案的审批。

8）负责项目综合经济技术指标的审定。

9）负责项目质量目标及质量控制措施的审核及质量计划的审批。

10）负责项目计划书的审核。

11）负责专业技术配合的协调及裁决，专业分工不同意见的协调及裁定建议工作。

12）负责根据企业三标体系文件规定审核或审批有关设计文件。

13）负责对项目组项目主管总工以下人员的考核工作。

（7）计划工程师职责。

1）在部门领导下管理企业生产计划和生产调度。

2）配合设总编制综合进度、卷册进度，出版进度计划和分解产值，并负责跟踪、检查、督促计划执行。审查和协调各专业上报的月度生产计划。

3）参加生产调度会，深入专业科室督促检查生产计划的完成情况，做好生产调度，协助解决存在的问题。当计划出现大的调整或可能影响成品按时出版等重大问题时，应及时向部门领导反映。

4）协助设总进行项目的成本核算和产值管理，对各专业计划的完成情况进行考核。

5）做好勘测设计和印制出版的定额管理工作，积累分析本企业生产实践中的统计资料，提出修订和完善定额指标的意见。

6）负责设计成品的统计、登记工作；协助设总对来往文件、各类数据、报表进行统计管理工作。

第二节　建筑设计工作程序

在火力发电厂项目设计的各个阶段，建筑设计工作的侧重点各不相同，根据工程项目的复杂程度和项目性质，具体设计程序有所增减，有些基本工作是交叉或多次反复，并逐步深化进行的。

1. 接受任务

设计单位承接项目设计任务后，根据项目规模、项目管理等级、岗位责任制确定项目设计团队成员。项目设计团队在设总的主持下开展设计工作，建筑专业根据设总的设计计划，安排建筑设计人员开展建筑设计工作。

2. 收集相关资料及调研

建筑专业根据设总的“项目设计计划”开始工作准备，明确设计目标、设计内容、进度计划和主要原则。根据设总工作计划安排，建筑设计人员在设总的领导下和项目组一起研究设计任务书和有关行政批文，编制收资提纲进行现场踏勘，并与建设单位进行沟通，掌握建设单位的设计意图、范围和要求，以及政府主管部门批文的内容，收集有关设计基础资料和项目所在地政府的有关法规等。建筑专业设计通常需收集的资料见表22-1。

表22-1　建筑专业收集资料

编号	资料名称	主要内容
1	有关文件	工程建设项目委托文件、主管部门审批文件、有关协议书等
2	自然条件	地形地貌：海拔高度、场地内高差及坡度走向；山丘、河湖和原有林木、绿地等分布状况
		水文地质：土层、岩体状况、软弱或特殊地基状况；地下水位；标准冻深；抗震设防烈度等
		气象：工程建设项目所处气候区类别；年最高和最低温度、湿度、最大日温差；年降雨量；主导风向及风压值等

续表

编号	资料名称	主要内容
3	建设单位意图	功能、立面等形象艺术方面的要求；当地文化和习俗等
		建设规模、面积指标、建设标准、投资限额等
4	施工条件	地方法规及特殊习惯做法，地方材料及构造要求等
5	其他	当地施工队伍的技术、装备状况；当地建筑材料、运输状况等

3. 建筑设计策划

在正式设计工作开展前，主设人应组织设计人、校核人与审核人及专业主任工程师（以下简称主工）一起进行设计策划，确定建筑专业设计技术条件及主要设计原则。主要内容包括：

（1）设计依据的有关规定、规范（程）和标准。

（2）拟采用的新技术、新工艺、新材料等。

（3）关键设计参数。

（4）特殊构造做法等。

（5）建筑专业内部设计和制图工作中需协调的问题。

4. 专业配合

（1）工作配合。

1）为保证工程整体的合理性，消除工程安全隐患，减少经济损失，确保设计如期完成，在各阶段设计中各专业之间均要各尽其责、互相配合、密切协作。可根据专业设置和专业分工的具体情况进行相应变动，有些项目专业分工也可合并或取消。

2）在建筑专业与其他专业工作配合中，作为项目中的主体专业，分系统的工艺专业必须先行开展设计和布置工作，保证在各设计阶段的初期，能向有关专业提供必要的设计资料。

（2）资料配合。

1）工程设计各阶段建筑专业根据计划进度提供外专业资料，按规定审核签署。可行性研究、初步设计阶段属重要类别资料，应签署至设总，一般资料签署至专业主工；施工图设计阶段综合性的重要资料签署至设总，一般资料签署至专业主工。

2）建筑专业向其他专业间提供资料时，应填写“互提资料通知单”并按规定签署，其附页、附表、附图至少应由提资人、校核人签署。一份由提供者保留，其他给接收资料的专业，注明提供资料的日期。主设人在接收外专业资料时，首先应验证资料的有效性，然后再签收。

5. 编制设计文件

建筑专业编制设计文件是以设总的项目设计计划书为依据，以工艺的布置资料为基础进行设计工作。设计人员应充分理解建设单位的要求，坚决贯彻执行国家及地方有关工程建设的法规，设计应符合国家现行的电力工程建设标准、设计规范（程）和制图标准以及确定投资的有关指标、定额和费用标准的规定，满足电力行业设计文件编制深度规定对各阶段设计内容和深度的要求。当合同另有约定时，应同时满足该规定与合同的要求。在设计中应做到以下几点：

（1）贯彻确定的设计技术条件，发现问题及时与主设人或审核人协商解决。

（2）设计文件编制深度应符合有关规定和合同的要求。

（3）制图应符合国家及有关制图标准的规定。

（4）保证计算的正确性和图纸的完整性，避免错、漏、碰、缺等问题的存在。

6. 设计校审和专业会签

工程设计工作后期，在设总的主持下各专业共同进行图纸会签。会签阶段主要确认各专业间是否存在设计矛盾以及各专业间的互提资料是否得到全部落实。完成后由各专业主设人在会签栏中签字。

专业内校审工作是由校核人、主设人、审核人分级进行。通过校审确认设计技术条件得到全部落实，保证计算的正确性和设计文件满足规定的深度要求，设计人修改完成后，由相关人员在相应签字栏中签字。

7. 设计文件归档

工程设计工作完成后，应将设计任务书、审批文件、收集的基础资料、全套设计文件（含计算书）、各专业互提资料、校审记录、质量管理程序表格等资料归档。

8. 施工配合

施工图设计完成后，需要进行施工配合工作。其工作内容包括向建设、施工、监理等单位进行技术交底；解决施工中出现的问题，提出设计变更单、工程联系单或进行升版图纸设计。

9. 设计回访和设计总结

工程竣工投产后，对建设单位、施工单位等进行回访，听取相关人员的意见，进行工程总结，为今后的项目设计工作做好必要的经验储备，提高和改进工程设计质量。

第二十三章

火力发电厂建筑设计内容与要求

火力发电厂厂区内的建（构）筑物数量众多、类型各异。在满足工艺流程的前提下，建筑专业应遵循“安全、适用、经济、绿色、美观”的设计原则，对全厂建（构）筑物进行合理设计，确保电厂生产运行的安全可靠，为生产和管理人员创造良好的室内外空间环境。

在火力发电厂项目设计中，建筑专业贯穿整个工程设计的可行性研究、初步设计、施工图设计、施工配合、竣工图、设计回访总结及项目后评估等阶段，每个阶段的工作内容和侧重点要求各不相同。

第一节　可行性研究阶段

一、建筑设计内容

1. 设计准备

（1）根据设总下达的“项目设计计划书”的任务及要求，建筑专业安排各级设计人员开展设计工作。

（2）收集设计技术资料，进行调研及方案构思。对工程所采用的新技术、新工艺、新材料做好收集、调研工作。

2. 专业配合和互提资料

（1）建筑专业接收工艺专业（热机、运煤、除灰、电气、热控、化水、供排水等）及结构、水结、暖通、总图等专业资料，根据工程情况与提资专业沟通和配合，进行完善和优化工作，最终确定建（构）筑物设计方案。

（2）建筑专业根据最终确定的方案向技经等专业提资，作为投资估算依据。

（3）建筑专业接收和提供外专业资料内容，应符合表 23-1 和表 23-2 的要求。

表 23-1　建筑专业接收外专业资料表

编号	资料名称	主要内容	提资专业	备注
1	主厂房建筑资料	汽机房、锅炉房、集中控制楼等工艺布置图（包括平面、剖面）及对建筑的要求等	机	
2	电气建筑资料	网络继电器室等工艺布置图（包括平面、剖面）及对建筑的要求等	电	
3	化学建筑资料	锅炉补给水车间等工艺布置图（包括平面、剖面）及对建筑的要求等	化	
4	运煤建筑资料	碎煤机室、运煤栈桥等工艺布置图(包括平面、剖面)及对建筑的要求等	煤	
5	烟、尘、渣建筑资料	工艺布置图（包括平面、剖面）及对建筑的要求等	灰	
6	脱硫、脱硝建筑资料	工艺布置图（包括平面、剖面）及对建筑的要求等	机、环	
7	辅助及附属建筑资料	工艺布置图（包括平面、剖面）及对建筑的要求等	机、电	
8	全厂总平面资料	总平面布置图	总	
9	水文气象资料	水文气象资料	水文	

注 1. 火力发电厂勘测设计各专业简称如下：机（热机）、煤（运煤）、灰（除灰）、总（总图）、建筑、结构（土建结构）、暖（暖通）、水结（水工结构）、水（供排水）、电（电气）、控（热控）、化（化水）、环（环境保护）、信（通信）、经（技经）、劳安（劳动安全与工业卫生）。

2. 在可行性研究阶段，除主厂房建筑资料可能用于单独（或与工艺合并）出图以外，建筑专业接收的其他建筑资料是作为给技经专业提供工程量的依据，并不提供建筑专业设计图。

表 23-2　建筑专业提供外专业资料表

编号	资料名称	主要内容	接收专业	备注
1	主要生产建筑物的建筑资料	主厂房、集中控制楼等建筑物尺寸及装修标准	经、总、结构及各工艺专业	
2	辅助及附属建筑物的建筑资料	检修维护间、试验室、生产行政综合楼等建筑物面积指标及装修标准	经、总、结构及各工艺专业	

3. 设计文件编制

在可行性研究阶段，建筑专业的主要设计文件是建筑设计说明，包括主要生产建筑的布置，辅助及附属建筑面积指标等内容。其编制原则如下：

（1）满足编制可行性研究文件的需要。

（2）满足设总设计计划中规定的内容要求。

（3）因地制宜、正确选用国家、行业和地方建筑标准，设计文件编制深度符合 DL/T 5375《火力发电厂可行性研究报告内容深度规定》的要求。

（4）当设计合同对设计文件编制深度另有要求时，设计文件编制深度应满足设计合同的要求。

4. 可行性研究报告文件修改

可行性研究报告文件经过有关行政主管部门组织审查后，设计人员根据审查意见进行修改，涉及投资估算变化的，需要重提技经资料。可行性研究报告文件及可行性研究收口资料将作为下一阶段的设计依据。

5. 可行性研究文件归档

可行性研究阶段结束后，将可行性研究成品文件、专业间互提资料以及成品校审单等文件整理并归档。

二、建筑设计内容深度和成果

（1）可行性研究阶段建筑专业报告深度应满足 DL/T 5375《火力发电厂可行性研究报告内容深度规定》的要求。

（2）可行性研究阶段建筑专业工作成果主要为建筑专业设计说明。建筑专业设计说明的主要内容包括：①主厂房等主要生产建（构）筑物的布置及选材；②简要说明辅助及附属建筑面积指标。

第二节 初步设计阶段

一、建筑设计内容

1. 设计准备

（1）根据设总下达的“项目设计计划书”的任务和要求，安排好各级设计人员工作。

（2）在充分了解可行性研究阶段文件及其有关部门的批复文件，收集设计技术资料，开展与建设单位的调研和交流工作的基础上，进行主要建筑方案设计构思。对工程所采用的新技术、新工艺、新材料做好调研考察、资料收集等工作。

2. 专业配合和互提资料

（1）建筑专业接收工艺专业（热机、运煤、除灰、电气、热控、化水、供排水等）及结构、水结、暖通、总图等专业资料，与提资专业沟通和配合，进行完善和优化工作，在专业评审和综合评审后，最终确定建（构）筑物设计方案。

（2）建筑专业根据最终确定的方案向技经等专业提资，作为投资概算依据。

（3）建筑专业接收和提供外专业资料内容，应符合表 23-3 和表 23-4 的要求。

表 23-3　建筑专业接收外专业资料表

编号	资料名称	主 要 内 容	提资专业	备 注
1	主厂房建筑资料	（1）汽机房各层布置图。 （2）锅炉房及除氧间、煤仓间各层布置图。 （3）电梯位置。 （4）锅炉房屋顶形式。 （5）主厂房自然通风要求。 （6）其他水、电、暖资料。 （7）土建结构布置图。 （8）总平面布置图	机、灰、化、煤、电、控、暖、结构、总等	包括各层设备轮廓，工艺管道，楼地面孔洞，墙面门洞，楼梯位置，内隔墙示意，梁、柱、板结构等布置图，主要位置剖面图，以及地面层沟道布置图
2	集中控制楼建筑资料	（1）集中控制室布置图。 （2）电子设备间布置图。 （3）空调机房布置图。 （4）配电室及电缆夹层布置图。 （5）柴油发电机室布置图。 （6）化水车间布置图。 （7）消防设施布置图	机、电、控、水、化、暖、结构、总等	包括各层设备轮廓，工艺管道，楼地面孔洞，墙面门洞，楼梯位置，内隔墙示意，梁、柱、板结构等布置图，主要位置剖面图，以及地面层沟道布置图
3	化学建筑资料	（1）工艺设备布置图。 （2）水、电、暖、结构、总、控制等专业资料	总、化水、结构、电、控、水、暖、总等	
4	运煤及烟、尘、渣建筑资料	（1）工艺设备布置图。 （2）水、电、暖、结构、总、控制等专业资料	煤、电、控、水、化、暖、结构、总等	

续表

编号	资料名称	主　要　内　容	提资专业	备　　注
5	辅助及附属建筑资料	（1）全厂定员及最大班定员。 （2）各类工艺、特殊房间的布置要求。 （3）结构、水、电、暖、环、总、水文等专业资料。 （4）建设单位的要求	机、电、暖、水、信、环、结构、总等	

表 23-4　　建筑专业提供外专业资料表

编号	资料名称	主　要　内　容	接收专业	备　　注
1	主厂房建筑（含集中控制楼）资料	（1）主厂房各层平面图。 （2）主厂房横剖面图。 （3）主厂房汽轮机侧立面图。 （4）主厂房固定端立面图。 （5）主厂房锅炉侧立面图（露天锅炉可不出此图）。 （6）集中控制楼各层平面及剖面图（可与主厂房建筑各层平面合并出图）	总、机、结构、化水、电、控、水、煤、灰、暖等	
2	化学建筑资料	（1）锅炉补给水处理车间平面图（如果工艺有其他层也应出图）。 （2）化验楼各层平面图。 （3）锅炉补给水处理车间及化验楼立、剖面图	总、结构、化水、电、控、水、环、暖等	当锅炉补给水处理车间建筑图与工艺专业合并出图时，以工艺专业资料为准，建筑专业不再单独提供图纸资料
3	生产试验楼建筑资料	（1）生产试验楼各层平面图。 （2）生产试验楼剖面图。 （3）生产试验楼主立面图	总、结构、电、控、水、暖等	当厂前为联合建筑时，应按联合建筑提供资料
4	行政办公楼建筑资料	（1）行政办公楼各层平面图。 （2）行政办公楼剖面图。 （3）行政办公楼主立面图	总、结构、电、水、暖等	
5	建筑工程量资料及主厂房千瓦可比容积	各建筑工程量资料（建筑专业负责部分）及主厂房千瓦可比容积	经	

3. 设计文件编制

初步设计阶段，建筑专业的设计文件应包括建筑专业设计说明、设计图纸、专题（如有）等。其编制原则如下：

（1）可行性研究报告文件及批准文件应作为初步设计阶段的输入资料和依据。

（2）应满足编制初步设计文件的需要。

（3）应因地制宜、正确选用国家、行业和地方建筑标准。

（4）设计文件编制深度应符合电力行业标准的规定；当设计合同对设计文件编制深度另有要求时，设计文件编制深度应执行设计合同的要求。

4. 设计校审、会签及出版

编制的设计文件按照质量管理体系的文件要求进行各级校审，根据校审意见修改，经各相关专业确认会签后，设计成品交付出版。

5. 初步设计文件审查意见修改

初步设计文件经过有关主管部门组织审查后，设计人员根据审查意见进行修改，涉及投资概算变化的，需要重提技经资料。最后初步设计及收口资料将作为下一阶段的设计依据。

6. 初步设计文件归档

初步设计阶段结束后，将初步设计成品文件、互提资料、成品校审单及质量管理体系等文件整理并归档。

二、建筑设计流程

初步设计阶段建筑设计流程图见图 23-1。

三、建筑设计文件内容深度

1. 设计文件成品

初步设计阶段建筑专业的设计文件成品应包括建筑专业设计说明、设计图纸、专题（如有）、全厂鸟瞰渲染图（如有）、主要建筑单体渲染图（如有）等。

2. 内容深度要求

初步设计阶段建筑专业设计文件成品内容深度应满足 DL/T 5427《火力发电厂初步设计文件内容深度规定》的要求。初步设计阶段建筑专业文件编制内容及深度要求见表 23-5。

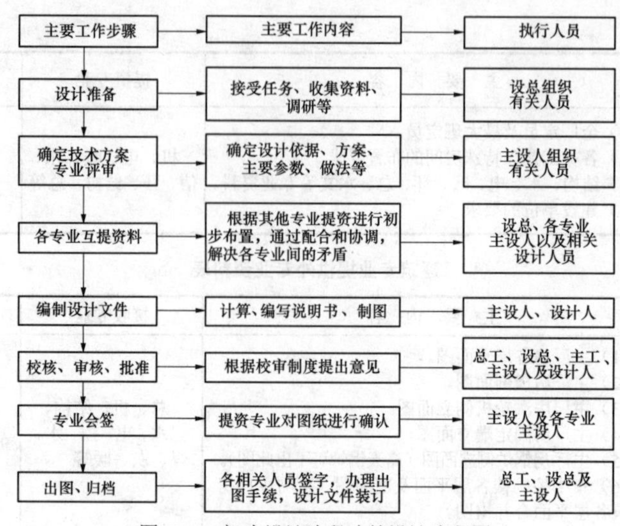

图 23-1 初步设计阶段建筑设计流程图

表 23-5　　初步设计阶段建筑专业文件编制内容及深度要求

<table>
<tr><th>分类</th><th>编制内容及深度要求</th><th>分类</th><th>编制内容及深度要求</th></tr>
<tr><td rowspan="9">建筑设计说明</td><td>概述：包含工程概况、设计依据、设计范围等</td><td rowspan="9">建筑图纸</td><td rowspan="4">图纸内容：
（1）主厂房底层平面图（1:100～1:200）。
（2）主厂房管道层夹层平面图（1:100～1:200）。
（3）主厂房运转层平面图（1:100～1:200）。
（4）主厂房除氧间、煤仓间及各层平面图（1:100～1:200）。
（5）主厂房横剖面图（1:100～1:200，至少两个剖面）。
（6）主厂房汽机房主立面图（1:200）。
（7）主厂房固定端侧立面图（1:200）。
（8）主厂房锅炉房侧立面图（1:200，露天锅炉可不出此图）。
（9）集中控制楼各层平面及剖面图（1:100，可与主厂房建筑各层平面合并出图）。
（10）锅炉补给水处理车间布置图（1:100，可与工艺合并出图）。
（11）生产试验楼建筑平、立、剖面图（1:100）。
（12）行政办公楼建筑平、立、剖面图（1:100）</td></tr>
<tr><td>厂址自然条件及设计主要技术数据：包含水文气象、工程地质条件、设计采用的主要技术数据、主要建筑材料、主要建（构）筑物的设计要求等</td></tr>
<tr><td>主厂房建筑设计：
（1）在建筑部分说明主厂房、集中（或单元）控制楼的布置，包括平、立、剖面图布置，变形缝设置，空间组合等内容。
（2）说明建筑内部水平和垂直交通运输、安全通道和出入口布置、生活卫生设施。
（3）说明主厂房采光、通风、保温、隔热、防晒、防水、排水、防潮、隔振、电磁屏蔽、抗静电和噪声控制等。
（4）说明主厂房防火、防爆等安全措施等。
（5）说明主厂房造型、围护结构类型、建筑立面与毗邻建筑物，锅炉封闭情况、建筑装修标准等</td></tr>
<tr><td>空冷构筑物（如有）：说明水平垂直交通布置、挡风墙色彩要求等</td></tr>
<tr><td>其他主要生产建筑物：说明电气建筑，化学建筑，运煤建筑，烟、尘、渣建筑，脱硫及脱硝建筑等的建筑布置、围护与结构选型等</td><td rowspan="5">建筑图纸应满足以下深度要求：
（1）厂房柱轴线定位、主设备（汽轮机、锅炉、磨煤机、给水泵、除氧器、煤斗、皮带等）的位置、主厂房布置图绘制方位应按统一规定。
（2）表示伸缩缝、抗震缝、抗震墙（钢支撑）的设置，检修场、集中控制楼、卫生间等生活辅助车间的布置。
（3）楼层标高和厂房空间利用。
（4）表示通道、楼梯、电梯等水平和垂直交通运输的设计。
（5）表示门窗布置、天窗布置。
（6）表示主要承重结构外形尺寸和断面尺寸，围护结构形式、厚度和布置方式。
（7）表示采光、通风、隔热、保温、防晒、防水、排水、隔振、防火、防爆和噪声控制等方面的措施</td></tr>
<tr><td>辅助及附属建筑物：说明建筑项目及建筑面积的依据和原则，建筑物功能的要求、建筑布置和建筑立面处理等</td></tr>
<tr><td>厂前建筑：
（1）根据自然条件、地区特点和工程需要，列表说明厂前建筑项目及其建筑面积（包括利用老厂已有建筑物的情况），说明厂前建筑群体统一规划和构思等。
（2）说明厂前建筑布置的特点和设计原则，如平面布局、朝向方位、空间处理、建筑造型、立面和色彩基调等。
（3）说明生产试验楼、行政办公楼、招待所、食堂、周值班宿舍、检修宿舍、汽车库、材料库、检修维护间、警卫传达室等厂前建筑的布置和建筑设计情况，并考虑建筑节能、色彩、风格、外装修材料设计和相应措施等</td></tr>
<tr><td>列表说明全厂建筑物的装修标准</td></tr>
<tr><td>说明该工程新材料、新结构、新技术的应用依据及理由，必要时做专题论证</td></tr>
</table>

注　本表根据 DL/T 5427—2009《火力发电厂初步设计文件内容深度规定》整理。

第三节　施工图设计阶段

一、建筑设计内容

1. 设计准备

（1）根据设总下达的“项目设计计划书”的任务和要求，建筑专业安排各级设计人员开展建筑设计工作。

（2）充分了解初步设计阶段文件及其有关部门的批复文件和合同条款要求，收集设计技术资料、调研资料及建筑方案构思。对工程所采用的新技术、新工艺、新材料等做好实际调研工作。

2. 专业配合和互提资料

（1）建筑专业接收工艺专业（热机、运煤、除灰、电气、热控、化水、供排水等）及结构、水结、暖通、总图等专业资料，根据工程情况与提资专业沟通和配合，进行完善和优化工作，在专业评审和综合评审后，最终确定建（构）筑物方案。

（2）建筑专业根据最终确定的方案向相关专业提资。

（3）建筑专业接收和提供外专业资料内容，应符合表23-6和表23-7的要求。

表23-6　　建筑专业接收外专业资料表

编号	资料名称	主 要 内 容	提资专业	备注
1	主厂房建筑资料	（1）各层平面布置图，包括设备基础位置及轮廓、荷重，管道、楼地面孔洞、墙面门洞、楼梯位置，内隔墙示意，梁、柱、板结构等布置图，主要位置剖面图，以及地面层沟道布置图。 （2）各层防排水要求。 （3）行车资料。 （4）发电机出线间、母线桥、组合导线、滑线等主要尺寸。 （5）水、暖、控等专业的特殊要求	机、电、煤、灰、化、水、暖、控、结构、总等	
2	电气、化学、运煤、烟尘渣、脱硫、脱硝及其他辅助、附属建筑资料	（1）各层平面布置图、剖面图。 （2）特殊通道、疏散要求。 （3）楼梯布置要求。 （4）卫生间、浴室、盥洗室等资料。 （5）设备、管道布置资料。 （6）楼面、墙面开孔资料。 （7）特殊用房防火、防腐、隔声、通风、采光布置及材料要求。 （8）暖通设施布置、开孔资料。 （9）各控制室表盘布置和要求、热工试验室资料、电缆资料、盘箱。 （10）各建（构）筑物室内标高、室内外高差要求。 （11）通信用房布置及要求	电、煤、灰、化、机、水、暖、控、信、结构、总等	

表23-7　　建筑专业提供外专业资料表

编号	资料名称	主 要 内 容	接收专业	备注
1	主厂房建筑资料	（1）主厂房底层平面图（含构造柱、插筋，大门尺寸及位置）。 （2）主厂房管道层（夹层）平面图（含构造柱、插筋）。 （3）主厂房运转层平面图（含构造柱、插筋）。 （4）主厂房除氧、煤仓间及各层平面图（含构造柱）	机、煤、灰、暖、水、电、控、结构、总等	
		主厂房圈梁布置图（含插筋）	机、结构等	
		（1）主厂房横剖面图（至少两个剖面）。 （2）主厂房汽机房主立面图。 （3）主厂房固定端立面图。 （4）主厂房锅炉侧立面图	机、煤、暖、水、电、控、结构等	
		主厂房屋面排水布置图	水、结构等	
		工程做法	结构	
		建筑所需留孔	结构	

续表

编号	资料名称	主 要 内 容	接收专业	备注
1	主厂房建筑资料	卫生间布置详图	水、总、机、暖、结构等	
		锅炉地面水冲洗沟的找坡布置、卫生间布置详图	机、水、总、结构等	
		各种电动门窗的电源及安装要求	电	
		主厂房压型钢板墙体围护所需檩条、埋件等要求	结构	
2	集中控制楼建筑资料	（1）集中控制楼各层平面布置图（含构造柱、圈梁插筋）。 （2）集中控制楼剖面图。 （3）集中控制楼立面图。 （4）集中控制楼楼梯布置图。 （5）集中控制楼（室）吊顶布置图。 （6）卫生间布置详图。 （7）建筑专业所需埋件、留孔及大跨度过梁布置要求。 （8）楼地面装修材料及厚度。 （9）各种电动门窗的电源及安装要求。 （10）集中控制楼圈梁布置图。 （11）屋面排水布置图。 （12）建筑工程做法及门窗表	结构、水、暖、电、控、化、总等	
3	电气、化学、运煤、烟尘渣、脱硫、脱硝及其他辅助、附属建筑资料	（1）各层平面图（含构造柱、圈梁及插筋）。 （2）剖面图。 （3）立面图。 （4）屋面排水布置图。 （5）楼梯布置图。 （6）卫生间布置详图。 （7）各种电动门窗的电源及安装要求。 （8）建筑工程做法及门窗表	机、煤、化、结构、水、暖、电、总、灰、控等	
4	生产试验楼建筑资料	（1）生产试验楼各层平面图（含构造柱、圈梁及插筋）。 （2）生产试验楼剖面图。 （3）生产实验楼立面图。 （4）楼梯布置图。 （5）卫生间布置详图。 （6）屋面排水布置图。 （7）要求结构设计的过梁、雨篷布置图。 （8）建筑工程做法及门窗表	结构、水、暖、电、总、控、环等	
5	行政办公楼建筑资料	（1）行政办公楼各层平面图（含构造柱、圈梁及插筋）。 （2）行政办公楼剖面图。 （3）行政办公楼立面图。 （4）楼梯布置图。 （5）卫生间布置详图。 （6）屋面排水布置图。 （7）要求结构设计的过梁、雨篷布置图。 （8）建筑工程做法及门窗表	结构、水、暖、电、总等	

3. 设计文件编制

施工图设计阶段，建筑专业的设计文件应包括建筑专业设计说明、设计图纸、计算书（如有）等。其编制原则为：

（1）满足初步设计文件及其审查意见。

（2）满足施工图总图及其评审意见。

（3）满足工程合同及附件的要求。

（4）正确选用国家、行业和地方建筑标准。

（5）满足建设单位提出的书面需要。

（6）设计文件编制深度应符合电力行业标准的规定；当设计合同对设计文件编制深度另有要求时，设计文件编制深度应执行设计合同的要求。

4. 设计校审、会签及出版

编制的设计文件按照质量管理体系文件要求进行各级校审，根据校审意见修改后发各相关专业确认会签，各相关设计人员签字，设计成品交付出版。

5. 施工图设计文件归档

施工图设计阶段结束后，将施工图设计成品文件、互提资料、成品校审单及质量管理体系等文件整理并归档。

二、建筑设计流程

施工图设计阶段建筑设计流程图参见图 23-1。

三、建筑设计范围

（1）按照电力设计行业内部专业间的设计分工，建筑专业施工图设计主要是指由建筑专业负责的电厂建筑物的建筑设计。

（2）建筑专业施工图设计主要涵盖主厂房建筑，电气建筑，运煤建筑，烟、尘、渣建筑，化学建筑，脱硫与脱硝建筑等生产和辅助生产建筑，以及附属建筑的建筑设计。

四、建筑设计文件内容深度

1. 设计文件成品

（1）施工图总说明及卷册目录一般包括工程概况、厂址自然条件及主要技术数据、设计依据、主要设计原则、施工图卷册目录等部分。

（2）标识系统设计说明（按工程需要编制）。

（3）工程项目中按照专业分工规定的建筑单体的卷册设计图纸。每个卷册的施工图设计成品应包括图纸目录、设计说明、设计图纸、计算书（如有）。

（4）建筑专业主编、其他专业参编的建筑材料或设备技术规范书：

1）压型钢板外围护技术规范书（按工程需要编制）。

2）客用电梯技术规范书（按工程需要编制）。

2. 设计文件成品内容深度

设计文件成品内容深度应满足 DL/T 5461.10《火力发电厂施工图设计文件内容深度规定　第 10 部分：建筑》的要求。

（1）编制范围。

建筑专业施工图总说明及卷册目录应对建筑部分施工图设计的总体情况和基本设计原则进行说明，并提出施工运行中应注意的事项和存在的问题，说明中应附有建筑专业部分卷册目录。

（2）内容深度要求。

建筑专业施工图总说明及卷册目录编制内容及深度要求见表 23-8。

表 23-8　建筑专业施工图总说明及卷册目录编制内容及深度要求

分类	编制内容及深度要求
施工图总说明	工程概述： （1）工程建设规模及特点，主要说明本期工程建设规模、规划容量，如为扩建工程，应描述前期工程的相关概况等。 （2）厂址简介，主要说明工程所在的地理位置及周围的环境等
	设计依据： （1）初步设计文件及其审查意见。 （2）施工图总图及其评审意见。 （3）工程合同及附件。 （4）执行的国家及行业技术标准、法规和规范。 （5）设总下达的项目设计计划书。 （6）建设方提出的书面要求
	厂址自然条件及主要技术数据： （1）水文气象条件，主要是气温、降雨量、相对湿度、风速等。 （2）工程地质、水文地质和抗震设防烈度等
	建（构）筑物设计原则及要求： （1）建筑物室内外墙体材料的选用原则及厚度、砌筑砂浆等级、防潮层的设置等。 （2）主要建筑物屋面防水等级、楼地面防排水要求及做法。 （3）主要门窗类别、材料、颜色、玻璃及特殊门窗的要求。 （4）全厂主要建筑物室内外装修，包括室内外墙面、楼地面、顶棚的材料及颜色。 （5）主要建筑构造做法，包括室内外墙面、楼地面、顶棚、屋面、室外台阶、坡道、散水等构造做法。 （6）全厂建筑风格和色彩处理的统一要求。 （7）建筑节能要求，根据工程的不同要求，按照 GB 50189《公共建筑节能设计标准》和各不同地区居住建筑有关节能设计标准，对厂前的公共建筑和居住类建筑进行建筑节能计算，提出对墙体和屋面的保温隔热、门窗的保温隔热和密闭等设计要求
	列出本工程使用的主要设计规范（程）、标准图集
卷册目录	建筑专业施工图卷册目录： 依据施工图设计成品范围编制总的卷册目录，一般应有序号、卷册号、卷册名称三栏

注　本表根据 DL/T 5461.10—2013《火力发电厂施工图设计文件内容深度规定　第 10 部分：建筑》整理。

3. 标识系统设计说明内容深度

（1）标识系统设计说明编制内容。

1）此部分设计文件可与施工图总说明及卷册目录合并编写，作为其中的一个章节，也可作为一个单独的卷册。主要根据具体项目所采用的标识系统方案，说明建筑部分标识系统编码的规则、设计文件中标识系统编码的具体内容和要求。

2）标识系统设计说明应包括项目标识系统编码规则介绍、各级编码定义、建筑部分编码要求。

（2）标识系统设计说明内容深度要求。

标识系统设计说明内容深度要求如下：

1）项目标识系统编码应符合 GB/T 50549《电厂标识系统编码标准》的规定。

2）项目标识系统编码规则介绍应根据本项目所确定的标识系统方案，简要介绍编码的基本原则，包括编码分层的基本格式，各层次代码编制的规定及与本项目标识系统编码相关的要求等。

3）各级编码定义应明确建筑部分各级的编码符号与其所代表的对象之间的对应关系。

4）建筑部分编码要求应具体介绍在建筑部分设计文件中进行标识系统编码时的具体规定、要求和方法。建筑部分编码宜编至地址码。

4. 设计图纸内容深度

（1）主厂房建筑施工图。

1）设计范围。设计范围应包括主厂房建筑总图、主厂房建筑详图、主厂房门窗订货图、主厂房金属构件详图、主厂房楼梯建筑图、集中控制楼建筑图。

2）内容深度要求。主厂房建筑施工图编制内容及深度要求见表 23-9。

表 23-9　主厂房建筑施工图编制内容及深度要求

分类	编制内容及深度要求	分类	编制内容及深度要求
建筑设计说明	施工图设计的依据性文件、批文和本专业所采用的相关规范、标准	平面图	标注承重墙、柱的定位轴线和轴线编号，内外门窗位置、编号及定位尺寸，门的开启方向，注明房间名称或编号
	工程概况，应包括建筑面积、建筑基底面积、设计使用年限、建筑层数和建筑高度、建筑物火灾危险性分类及其耐火等级、屋面防水等级、抗震设防烈度等，以及能反映建筑规模的主要技术经济指标等内容		标注轴线总尺寸（或外包总尺寸）、轴线间尺寸（柱距、跨度）、门窗洞口尺寸、分段尺寸
	说明相对标高与总图绝对标高的关系		标注墙身厚度（包括承重墙和非承重墙），结构柱与壁柱宽、深度尺寸（必要时）及其与轴线的关系尺寸；当围护结构为幕墙时，标明幕墙与主体结构的定位关系
	（1）墙体、墙身防潮层、地下室防水、屋面、外墙面、勒脚、散水、台阶、坡道等处的材料和做法，可用文字说明或部分文字说明，部分直接在图上引注或加注索引号。 （2）室内装修部分除用文字说明以外，还可用表格形式表达，在表上填写相应的做法或代号；若要求二次装修的建筑，应另行委托室内装修设计，可不列装修做法表和进行室内施工图设计，但对原建筑设计、结构和设备设计有较大改动时，应征得原设计单位和设计人员的同意		当设有变形缝时，应标注变形缝位置、尺寸及做法索引
			标明主要建筑设备和固定家具的位置及相关做法索引，如卫生器具、雨水管、水池、台、橱、柜、隔断等；应表示主要工艺设备和楼地面预留孔洞的位置
			标明电梯、楼梯（爬梯）位置和楼梯上下方向示意和做法索引
	对采用新技术、新材料的做法，以及特殊建筑造型的建筑构造应进行说明		标注主要结构和建筑构造部件的位置、尺寸和做法索引，如天窗、地沟、地坑、重要设备基础、各种平台、夹层、人孔、阳台、雨篷、台阶、坡道、散水、明沟等
	说明门窗性能（防火、隔声、防护、抗风压、保温、空气渗透、雨水渗透等）、用料、颜色、玻璃、五金件等的设计要求		标注楼（地）面预留孔洞和通气管道、管道竖井等位置、尺寸和做法索引，以及墙体（主要为填充墙、承重砌体墙）预留洞和预埋件的位置、尺寸与标高或高度等
	幕墙工程（包括玻璃、金属、石材等）及特殊的屋面工程（包括玻璃、金属等）应由有幕墙设计资质的专业公司负责深化设计，本图需说明设计原则、性能指标（节能、防火、安全、隔声构造等）及接口要求		标注特殊工艺要求的土建配合尺寸
			在相应的平面图中标注室外地面标高、底层地面标高、各楼层标高、地下室各层标高
	墙体及楼板预留孔洞封堵方式说明		底层平面图中应标注剖切线位置、编号及指北针
	其他需要说明的问题		标明有关平面节点详图或详图索引号

续表

分类	编制内容及深度要求
平面图	在相应的平面图中注明楼（地）面找坡的方向、坡度及找坡方式
	根据工程性质及复杂程度，必要时可选择绘制局部放大平面图
	建筑平面较大时，可分区绘制，但须在各分区平面图适当位置上绘出分区组合示意图，并标明本分区部位编号
	对紧邻的原有建筑，应绘出其局部的平面，并索引新建筑与原有建筑结合处的详图号
	应标明图纸名称、比例
屋面平面图	应标注两端及主要定位轴线和轴线编号并标明定位尺寸
	应表示女儿墙、檐口、天沟、雨水口、屋脊（分水线）、变形缝、楼梯间、电梯间、天窗及屋顶通风器、屋面上人孔、检修梯、室外消防楼梯及其他构筑物，必要的详图索引号、标高和定位尺寸
	应绘出屋面坡向符号并标注坡度
	屋面标高不同时，屋面可以按不同的标高分别绘制，在下一层平面上表示过的屋面，不再绘制在上层平面上；也可以将标高不同的屋面绘制在一起，但应标注标高（结构板面）
立面图	标注两端轴线及编号，立面转折较复杂时，可用展开立面表示，但应准确标注转角处的轴线编号
	绘出投影方向可见的立面外轮廓及主要结构和建筑构造部件的位置，如女儿墙顶、檐口、柱、变形缝、室外楼梯和垂直爬梯、阳台、栏杆、台阶、坡道、花台、雨篷、勒脚、门窗、幕墙、洞口、门头、雨水管以及其他装饰构件、线脚和粉刷分格线等
	标高或尺寸包括下列内容： （1）建筑的总高度、楼层标高以及关键控制的标高，如女儿墙或檐口标高等。 （2）外墙的留洞应标注尺寸与标高或高度尺寸（宽×高×深及定位关系尺寸）。 （3）平、剖面未能表示出来的屋顶、檐口、女儿墙、窗台以及其他装饰构件、线脚等的标高或尺寸
	标注在平面图上表达不清的窗编号
	标注各部分装饰用料名称或代号，构造节点详图
	标明图纸名称、比例
	对紧邻的原有建筑，应绘出其局部的立面，并索引新建筑与原有建筑结合处的详图号
	各个方向的立面应绘齐全，但差异小、左右对称的立面或部分不难推定的立面可简略；内部院落或看不到的局部立面，可在相关剖面图上表示，若剖面图未能表示完全时，则需单独绘出
剖面图	剖视位置应选在层高不同、层数不同、内外部空间比较复杂，具有代表性的部位；建筑空间局部不同处以及平面、立面均表达不清的部位，可绘制局部剖面。主厂房建筑总图应绘制横向剖面图，根据需要绘制纵向剖面图
	剖面图应标注墙、柱、轴线和轴线编号
	应表示剖切到或可见的主要结构、建筑构造部件和工艺设备，如室外地面、底层地（楼）面、地坑、地沟、各层楼板、夹层、平台、吊顶、屋顶、天窗、屋顶通风器、行车、檐口、女儿墙、爬梯、窗、楼梯、台阶、坡道、散水、平台、阳台、雨篷、洞口及其他装修等可见的内容
	高度尺寸包括下列内容： （1）外部尺寸：门、窗、洞口高度，层间高度，室内外高差，女儿墙高度，总高度。 （2）内部尺寸：地坑（沟）深度，隔断、内窗、洞口、平台、吊顶高度等
	标高包括下列内容： （1）主要结构和建筑构造部件的标高，如地面、楼面（含地下室）、平台、吊顶、屋面板、屋面檐口、女儿墙顶、高出屋面的建筑物、构筑物及其他屋面特殊构件等的标高。 （2）屋架下弦、行车轨顶标高。 （3）室外地面标高
	标明节点构造详图索引号
	对紧邻的原有建筑，绘出其局部的剖面图，并索引新建筑与原有建筑结合处的详图号
	标明图纸名称、比例
建筑详图	内外墙、屋面等节点详图，绘出不同构造层次，表示节能设计内容，标注各材料名称及具体技术要求，注明细部和厚度尺寸
	楼梯、电梯、厨房、卫生间等局部平面放大和构造详图，注明相关的轴线和轴线编号以及细部尺寸，设施的布置和定位，相互的构造关系及具体技术要求等
	室内外装饰的构造、线脚、图案等，注明材料及细部尺寸、与主体结构的连接构造等
	特殊的或非标准门、窗、幕墙等应有构造详图。如属另行委托设计加工，需绘制立面分格图，对开启面积大小和开启方式，与主体结构的连接方式、预埋件、用料材质、颜色等应做出规定
	表示其他在平、立、剖面图或文字说明中无法交代或交代不清的建筑构配件和建筑构造
门窗订货图	包括门窗表及门窗性能（防火、隔声、防护、抗风压、防腐、保温、空气渗透、雨水渗透等）、用料、颜色、玻璃、五金件等的设计要求
	说明本门窗订货图包含的范围
	采用非标准图集的门、窗和幕墙应绘制立面图和开启方式
	对另行委托的幕墙、特殊门窗，应提出相应的技术要求
金属构件详图	主厂房金属墙板、屋面板等围护结构的节点详图
	钢梯、钢栏杆等金属建筑配件的详图及与主体结构的连接方式、预埋件、用料材质、颜色等要求
	钢格栅的选型及布置图、节点详图
楼梯建筑图	楼梯平、剖面宜采用 1:50 绘制，所注尺寸皆为建筑完成面尺寸，注明四周墙轴号、墙厚与轴线关系尺寸
	平面图应标注楼梯宽、梯井宽、休息平台宽、踏步宽及踏步数等尺寸，并标明上、下箭头
	剖面图应标注楼层、休息平台标高和踏步高及踏步数等尺寸，同时绘出扶手、栏杆轮廓并注详图索引号

注 本表根据 DL/T 5461.10—2013《火力发电厂施工图设计文件内容深度规定 第 10 部分：建筑》整理。

（2）厂区其他建筑施工图。

1）设计范围。设计范围包括电气建筑，化学建筑，运煤建筑，烟、尘、渣建筑，脱硫与脱硝建筑，辅助及附属建筑。

2）内容深度要求。厂区其他建筑施工图编制内容及深度要求见表 23-10。

表 23-10　　厂区其他建筑施工图编制内容及深度要求

分类	编制内容及深度要求
设计说明	施工图设计的依据性文件、批文和本专业所采用的相关规范（程）、标准
	工程概况应包括建筑面积、建筑基底面积、设计使用年限、建筑层数和建筑高度、建筑物火灾危险性分类及其耐火等级、屋面防水等级、抗震设防烈度等，以及能反映建筑规模的主要技术经济指标等内容
	说明相对标高与总图绝对标高的关系
	（1）墙体、墙身防潮层、地下室防水、屋面、外墙面、勒脚、散水、台阶、坡道等处的材料和做法，可用文字说明或部分文字说明，部分直接在图上引注或加注索引号。 （2）室内装修部分除用文字说明以外亦可用表格形式表达，在表上填写相应的做法或代号；若要求二次装修的建筑应另行委托室内装修设计，可不列装修做法表和进行室内施工图设计，但对原建筑设计、结构和设备设计有较大改动时，应征得原设计单位和设计人员的同意
	对采用有新技术、新材料的做法说明，对特殊建筑造型的建筑构造应进行说明
	说明门窗性能（防火、隔声、防护、抗风压、保温、空气渗透、雨水渗透等）、用料、颜色、玻璃、五金件等的设计要求
	幕墙工程（包括玻璃、金属、石材等）及特殊的屋面工程（包括玻璃、金属等）应由有幕墙设计资质的专业公司负责深化设计，本图需说明设计原则、性能指标（节能、防火、安全、隔声构造等）及接口要求
	墙体及楼板预留孔洞封堵方式说明
	其他需要说明的问题
平面图	根据工程实际情况，可增加防火分区分隔位置示意图，注明防火分区面积
	标注承重墙、柱的定位轴线和轴线编号，内外门窗位置、编号及定位尺寸，门的开启方向，注明房间名称或编号
	标注轴线总尺寸（或外包总尺寸）、轴线间尺寸（柱距、跨度）、门窗洞口尺寸、分段尺寸
	标注墙身厚度（包括承重墙和非承重墙），柱与壁柱宽、深尺寸（必要时）及其与轴线的关系尺寸；当围护结构为幕墙时，标明幕墙与主体结构的定位关系
	当设有变形缝时，应标注变形缝位置、尺寸及做法索引
平面图	标明主要建筑设备和固定家具的位置及相关做法索引，如卫生器具、雨水管、水池、台、橱、柜、隔断等；应表示主要工艺设备和楼地面预留孔洞的位置
	标明电梯、楼梯（爬梯）位置和楼梯上下方向示意和做法索引
	标注主要结构和建筑构造部件的位置、尺寸和做法索引，如天窗、地沟、地坑、重要设备基础、各种平台、夹层、人孔、阳台、雨篷、台阶、坡道、散水、明沟等
	标注楼（地）面预留孔洞和通气管道、管道竖井等位置、尺寸和做法索引，以及墙体（主要为填充墙，承重砌体墙）预留洞和预埋件的位置、尺寸与标高或高度等
	应标明车库的停车位和通行路线
	标注特殊工艺要求的土建配合尺寸
	在相应的平面图中标注室外地面标高、底层地面标高、各楼层标高、地下室各层标高
	底层平面图中应标注剖切线位置、编号及指北针
	标明有关平面节点详图或详图索引号
	在相应的平面图中注明楼（地）面找坡的方向、坡度及找坡方式
	根据工程实际情况，可增加防火分区分隔位置示意图，注明防火分区面积
	根据工程性质及复杂程度，必要时可选择绘制局部放大平面图
	建筑平面较长较大时，可分区绘制，但须在各分区平面图适当位置上绘出分区组合示意图，并标明本分区部位编号
	对紧邻的原有建筑，应绘出其局部的平面，并索引新建筑与原有建筑结合处的详图号
	应标明图纸名称、比例
屋面平面图	屋面平面图应标注两端及主要定位轴线和轴线编号并标明定位尺寸
	屋面平面图应表示女儿墙、檐口、天沟、雨水口、屋脊（分水线）、变形缝、楼梯间、电梯间、天窗及屋顶通风器、屋面上人孔、检修梯、室外消防楼梯及其他构筑物，必要的详图索引号、标高和定位尺寸
	应绘出屋面坡向符号并标注坡度

续表

分类	编制内容及深度要求
立面图	屋面标高不同时，屋面可以按不同的标高分别绘制，在下一层平面上表示过的屋面，不再绘制在上层平面上；也可以将标高不同的屋面画在一起，但应标注标高（结构板面）
	立面图标注两端轴线及编号，立面转折较复杂时可用展开立面表示，但应准确标注转角处的轴线编号
	绘出投影方向可见的立面外轮廓及主要结构和建筑构造部件的位置，如女儿墙顶、檐口、柱、变形缝、室外楼梯和垂直爬梯、阳台、栏杆、台阶、坡道、花台、雨篷、勒脚、门窗、幕墙、洞口、门头、雨水管，以及其他装饰构件、线脚和粉刷分格线等
	标高或尺寸包括下列内容： （1）建筑的总高度、楼层标高以及关键控制的标高，如女儿墙或檐口标高等。 （2）外墙的留洞应标注尺寸与标高或高度尺寸（宽×高×深及定位关系尺寸）。 （3）平、剖面未能表示出来的屋顶、檐口、女儿墙、窗台以及其他装饰构件、线脚等的标高或尺寸
	标注在平面图上表达不清的窗编号
	标注各部分装饰用料名称或代号，构造节点详图
	标明图纸名称、比例
	对紧邻的原有建筑，应绘出其局部的立面，并索引新建筑与原有建筑结合处的详图号
	各个方向的立面应绘齐全，但差异小、左右对称的立面或部分不难推定的立面可简略；内部院落或看不到的局部立面，可在相关剖面图上表示，若剖面图未能表示完全时，则需单独绘出
剖面图	剖视位置应选在层高不同、层数不同、内外部空间比较复杂，具有代表性的部位；建筑空间局部不同处以及平面、立面均表达不清的部位，可绘制局部剖面
	剖面图应标注墙、柱、轴线和轴线编号
	应表示剖切到或可见的主要结构、建筑构造部件和工艺设备，如室外地面、底层地（楼）面、地坑、地沟、各层楼板、夹层、平台、吊顶、屋顶、天窗、屋顶通风器、行车、檐口、女儿墙、爬梯、窗、楼梯、台阶、坡道、散水、平台、阳台、雨篷、洞口及其他装修等可见的内容
	高度尺寸包括下列内容： （1）外部尺寸：门、窗、洞口高度、层间高度、室内外高差、女儿墙高度、总高度。 （2）内部尺寸：地坑（沟）深度、隔断、内窗、洞口、平台、吊顶等
	标高包括下列内容： （1）主要结构和建筑构造部件的标高，如地面、楼面（含地下室）、平台、吊顶、屋面板、屋面檐口、女儿墙顶、高出屋面的建筑物、构筑物及其他屋面特殊构件等的标高。 （2）屋架下弦、行车轨顶标高。 （3）室外地面标高
建筑详图	标明节点构造详图索引号
	标明图纸名称、比例
	内外墙、屋面等节点，绘出不同构造层次，表示节能设计内容，标注各材料名称及具体技术要求，注明细部和厚度尺寸
	楼梯、电梯、厨房、卫生间等局部平面放大和构造详图，注明相关的轴线和轴线编号以及细部尺寸，设施的布置和定位，相互的构造关系及具体技术要求等
	室内外装饰的构造、线脚、图案等，注明材料及细部尺寸、与主体结构的连接构造等
	特殊的或非标准门、窗、幕墙等构造详图。如属另行委托设计加工者，绘制立面分格图，对开启面积大小和开启方式，与主体结构的连接方式、预埋件、用料材质、颜色等应作出规定
	表示其他凡在平、立、剖面或文字说明中无法交代或交代不清的建筑构配件和建筑构造
门窗订货图	包括门窗表及门窗性能（防火、隔声、防护、抗风压、防腐、保温、空气渗透、雨水渗透等）、用料、颜色、玻璃、五金件等的设计要求
	说明本门窗订货图包含的范围
	采用非标准图集的门、窗和幕墙应绘制立面图和开启方式
	对另行委托的幕墙、特殊门窗，应提出相应的技术要求

注　本表根据 DL/T 5461.10—2013《火力发电厂施工图设计文件内容深度规定　第 10 部分：建筑》整理。

第四节 施工配合阶段

工地服务是电力工程设计的阶段之一，可确保在施工中出现的设计问题能得到及时、准确、高效的处理，以保证工程的进度与质量，更好地贯彻为建设单位服务的理念，保证设计服务质量，实现服务承诺。施工配合是施工图设计阶段的延续，是工程设计实施的重要阶段。其工作步骤包括准备工作、设计交底、工地服务、工作总结、立卷归档等。

一、主要工作

1. 准备工作

（1）应在施工图设计准备阶段，由建筑设计科室提出本专业的工地代表人选，经设总和主管总工批准确定工地代表名单。

（2）工代组成员名单应在施工前，由设总负责发文通知建设、施工和生产单位。

（3）由建筑设计科室或设总安排工地代表熟悉建筑设计图纸、充分掌握设计原则、了解设计意图。

2. 设计交底

应由设总统一组织向建设、施工单位进行设计交底；单项工程施工前，由建设单位组织工地代表进行单项工程设计交底。

3. 工地服务

工地服务可划分土建施工、设备安装、调试三个阶段进行，工地代表应积极配合施工单位、建设单位，及时、准确处理设计问题。

有关技术负责人应定期赴现场检查工作，及时解决工地代表工作和工程中存在的问题。

4. 工作总结

工程竣工投产、工地代表工作结束前，工地代表应在现场完成工作总结，总结应由工地代表组长、设总和各专业主工审签。工地代表总结的内容主要应包括：

（1）工作概况。

（2）通过施工实践，设计的主要优、缺点。

（3）设计变更通知单归类分析。

（4）新技术、新工艺、新设备、新材料的使用情况和用户反应。

（5）主要质量信息。

（6）推荐优秀卷册。

（7）其他重要事项。

（8）个人收获与体会。

5. 立卷归档

应按有关规定将施工配合阶段形成的技术文件资料立卷归档。

二、主要任务

1. 现场工地代表的主要职责

（1）负责施工图设计交底。

（2）检查施工图质量。

（3）记录工地重点事件和信息反馈。

（4）编制设计变更通知单。

（5）会审工程联系单。

（6）编写工代汇报信。

2. 设计变更通知单和工程联系单的签发权限

（1）一般性设计差错由工地负责人签发。

（2）技术性设计差错由工地负责人签署，主管专业主工和设总签发。

（3）原则性设计差错由工地负责人签署，主管专业主工和设总、总工签发。

第五节 竣工图阶段

设计单位受建设单位委托，负责本单位设计范围内竣工图的编制。其工作步骤包括准备工作、编制竣工图文件、出版文件、立卷归档等。

一、建筑设计内容

1. 准备工作

（1）组建建筑专业竣工图设计阶段设计组。

（2）根据委托的要求，收集设计变更通知单以及施工单位、调试单位或建设单位的工地联系单和设计更改的有关文件；对于资料不够齐全的，应以现场的施工验收记录和调试记录为依据。

2. 编制竣工图文件

（1）设总组织各专业编制竣工图文件。

（2）依据设计变更通知单、工地联系单、设计更改的有关文件以及现场施工验收记录和调试记录编制竣工图文件。

（3）拟定竣工图的编制原则以及各专业的竣工图卷册目录。对每册修改图纸，附上必要的修改说明。

（4）以施工图为基础的竣工图，其深度应等同于对应的施工图文件的深度。

3. 出版文件

建筑专业编制的竣工图文件，应满足与建设单位签订的有关文件的要求，并按照规定的深度及格式，出版竣工图文件。

4. 立卷归档

应按有关规定将竣工图阶段形成的技术文件资料立卷归档。

二、建筑设计流程

建筑设计完整流程如图 23-2 所示。

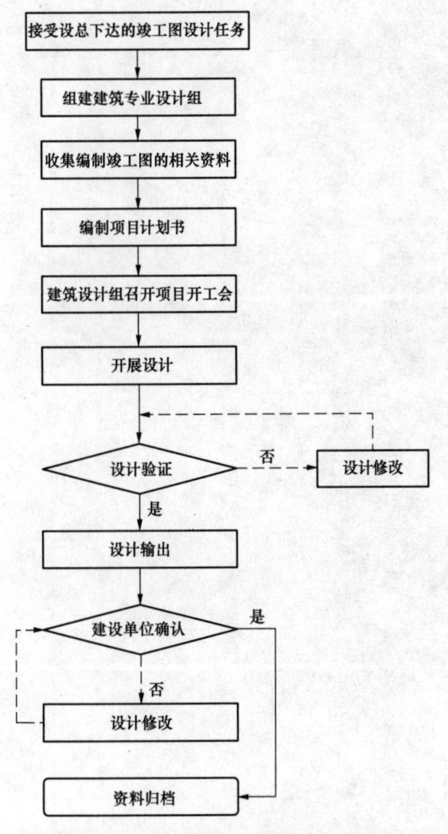

图 23-2　竣工图阶段建筑设计流程图

第六节　设计回访总结阶段

设计回访总结是工程设计经受实际考验后的总结阶段，是对勘测设计的经验和问题进行全面总结和梳理，其工作步骤包括准备工作、回访调查、分析质量反馈信息和落实改进措施、编制及上报回访总结、立卷归档等。

一、主要工作

1. 准备工作

（1）按照设总与建设单位商定的回访日期，请生产单位相关人员准备对建筑专业设计的意见。

（2）设总与各设计科室商定参加回访的人员，回访人员应包括各专业主设人、主工、技术质量管理部主工、设总和主管总工等。

2. 回访调查

（1）与建设单位、监理单位、施工单位和运行单位进行回访座谈。

（2）进行现场调查。

3. 分析质量反馈信息和落实改进措施

（1）与生产、施工单位研究、提出可行的建筑设计改进方案。

（2）报请原审批单位和规程颁发部门统一研究属于设计原则变更或涉及现行规程改变的问题。

（3）提请有关单位研究属于建筑专业设计的质量问题。

4. 编制及上报回访总结

设总组织各专业主设人编制回访总结，并上报有关部门。

5. 立卷归档

应按有关规定将设计回访总结阶段形成的技术文件资料立卷归档。

二、主要任务

1. 设计回访应了解的主要情况

（1）建设单位对建筑专业设计质量和服务等方面是否满意，以及存在的问题及原因。

（2）建筑总体布置是否合理、恰当。

（3）建设标准是否掌握适当。

（4）各种建筑设计技术经济指标是否达到设计值。

（5）建筑设计考虑施工、运行、检修条件是否充分、周到。

（6）建筑设计采用的新技术、新工艺、新材料的使用情况。

（7）对建筑专业工地代表工作的评价及意见。

2. 设计回访报告主要内容

（1）填写设计回访意见表。

（2）对回访中发现的问题进行记录和分析落实。

（3）对存在的问题提出改进措施。

（4）今后工程应吸取的经验和教训。

第七节　项目后评估阶段

项目后评估是指在项目建成投产或投入使用后的一定时刻，对项目的运行进行系统、客观的评价，并以此确定目标是否达到，检验项目是否合理和有效率。通过项目后评估检验项目前评估（可行性研究阶段）所呈现出来的结果，为未来的项目决策提供经验和教训，有利于实现投资项目的最优控制。

建筑专业的工作内容根据设总的要求确定，一般对建筑物的建筑设计与使用情况，以及存在的问题做出综合评价。

附　录

附录A　火力发电厂主要建筑材料技术指标

A.1　常用建筑材料热工技术指标

表 A-1　　常用重质材料热工指标

分类	材料名称	密度ρ (kg/m^3)	导热系数λ [W/（m·K）]	蓄热系数S [W/（m^2·K）]	蓄热系数理论值 [W/（m^2·K）]	蒸汽渗透系数μ [g/（m·h·kPa）]
普通混凝土	钢筋混凝土	2500	1.74	17.2	17.06	0.0158
	碎石、卵石混凝土	2300	1.51	15.36	15.243	0.0173
	碎石、卵石混凝土	2100	1.28	13.57	13.41	0.0173
轻骨料混凝土	膨胀矿渣珠混凝土	2000	0.77	10.369	10.369	—
	膨胀矿渣珠混凝土	1800	0.63	8.898	8.898	0.975
	膨胀矿渣珠混凝土	1600	0.53	7.694	7.694	1.05
	煤矸石、炉渣混凝土	1700	1	11.68	11.393	0.0548
	煤矸石、炉渣混凝土	1500	0.76	9.54	9.33	0.09
	自然煤矸石、炉渣混凝土	1300	0.56	7.63	7.456	0.105
	粉煤灰陶粒混凝土	1700	0.95	11.4	11.105	0.0188
	粉煤灰陶粒混凝土	1500	0.7	9.16	8.954	0.0975
	粉煤灰陶粒混凝土	1300	0.57	7.78	7.522	0.105
	粉煤灰陶粒混凝土	1100	0.44	6.3	6.079	0.135
	黏土陶粒混凝土	1600	0.84	10.36	10.13	0.0315
	黏土陶粒混凝土	1400	0.7	8.93	8.65	0.039
	黏土陶粒混凝土	1200	0.53	7.25	6.969	0.0405
	页岩渣、石灰、水泥混凝土	1300	0.52	7.39	6.941	0.0855
	页岩陶粒混凝土	1500	0.77	9.65	9.391	0.0315
	页岩陶粒混凝土	1300	0.63	8.16	7.908	0.039
	页岩陶粒混凝土	1100	0.5	6.7	6.481	0.0435
	火山灰渣、沙、水泥混凝土	1700	0.57	6.3	6.338	0.0395
	浮石混凝（水泥焦渣）	1500	0.67	9.09	8.76	0.0188
	浮石混凝（水泥焦渣）	1300	0.53	7.54	7.253	0.0188
	浮石混凝（水泥焦渣）	1100	0.42	6.13	5.939	0.0353

续表

分类	材料名称	密度ρ (kg/m^3)	导热系数λ [W/(m·K)]	蓄热系数S [W/(m^2·K)]	蓄热系数理论值 [W/(m^2·K)]	蒸汽渗透系数μ [g/(m·h·kPa)]
轻混凝土	加气混凝土、泡沫混凝土	700	0.22	3.429	3.429	0.0998
	加气混凝土、泡沫混凝土	500	0.19	2.693	2.693	0.111
砂浆	水泥砂浆	1800	0.93	11.37	11.306	0.021
	石灰水泥砂浆（混合砂浆）	1700	0.87	10.75	10.627	0.0975
	石灰砂浆	1600	0.81	10.07	9.948	0.0443
	石灰石膏砂浆	1500	0.76	9.44	9.33	—
	保温砂浆	800	0.29	4.44	4.209	—
砖砌体	重砂浆砌筑黏土砖砌体	1800	0.81	10.551	10.551	0.105
	轻砂浆砌筑黏土砖砌体	1700	0.76	9.933	9.933	0.12
	灰砂砖砌体	1900	1.1	12.72	12.633	0.105
	硅酸盐砖砌体	1800	0.87	11.11	10.935	0.105
	炉渣砖砌体	1700	0.81	10.43	10.254	0.105
	26、33及36孔黏土空心砌体	1400	0.58	7.92	7.874	0.0158
	混凝土小型砌体	1700	0.95	11.438	11.438	—
	陶粒混凝土砌体	1200	0.53	7.178	7.178	—
	加气混凝土砌体	700	0.22	3.601	3.601	—
	黏土砖渣砌体	1300	0.65	8.548	8.548	—
	黏土多孔砖砌体（13孔）	850	0.52	6.602	6.602	—
	炉渣砖砌体	1700	0.81	10.467	10.467	—
	240黏土多孔砖（KP1型）	1400	0.64	8.49	8.49	—
砌块	190单排孔混凝土小砌块（灌芯型）	1200	1.02	11.72	11.72	—
	190双排孔混凝土小砌块（盲孔）	1300	0.69	5.97	5.97	—
	190三排孔混凝土小砌块（盲孔）	980	0.625	5.083	5.083	—
	混凝土多孔砖（240八孔砖）	1450	0.74	7.25	7.25	—
	混凝土多孔砖（190八孔砖）	1450	0.62	5.48	5.48	—
	混凝土多孔砖（190六孔砖）	1450	0.75	7.49	7.49	—
	混凝土空心砖（190单排孔）	900	0.86	7.48	7.48	—
	粉煤灰加气砌块（B05级）200厚	1654	0.24	3.51	3.51	—

续表

分类	材料名称	密度ρ (kg/m³)	导热系数λ [W/（m·K）]	蓄热系数 S [W/（m²·K）]	蓄热系数理论值 [W/（m²·K）]	蒸汽渗透系数μ [g/（m·h·kPa）]
砌块	粉煤灰加气砌块（B05 级）250 厚	1654	0.24	3.51	3.51	—
	砂加气制品（B05 级）200 厚	1800	0.18	2.73	2.73	—
	砂加气制品（B05 级）250 厚	1800	0.18	2.73	2.73	—
	砂加气制品（B06 级）200 厚	1800	0.2	3.19	3.19	—
	砂加气制品（B06 级）250 厚	1800	0.2	3.19	3.19	—
	混凝土模卡砌块	1220	1.26	9.7	9.7	—
土壤、石材	夯实黏土	2000	1.16	13.054	13.054	—
	夯实黏土	1800	0.93	11.088	11.088	—
	加草黏土	1600	0.76	9.451	9.451	—
	加草黏土	1400	0.58	7.723	7.723	—
	轻质黏土	1200	0.47	6.436	6.436	—
	建筑用砂	1600	0.58	8.256	8.256	—
	花岗岩、玄武岩	2800	3.49	25.569	25.569	0.0113
	大理石	2800	2.91	23.348	23.348	0.0113
	砾石、石灰岩	2400	2.04	18.099	18.099	0.0375
	石灰石	2000	1.16	12.459	12.459	0.06
其他材料	沥青油毡、油毡纸	600	0.17	3.302	3.302	—
	沥青混凝土	2100	1.05	16.413	16.413	0.0075
	石油沥青	1400	0.27	6.796	6.796	—
	石油沥青	1050	0.17	4.67	4.67	0.0075
	平板玻璃	2500	0.76	10.773	10.773	0
	玻璃钢	1800	0.52	9.261	9.261	0

注　1. 本表数据摘自 GB 50176—2016《民用建筑热工设计规范》。

2. 蒸汽渗透系数定义：1m 厚的材料两侧水蒸气分压力差为 1Pa，在 1h 内通过 1m² 面积渗透的水蒸气量。

3. 导热系数定义：在稳定传热条件下，1m 厚的材料两侧表面的温差为 1K，在 1h 内，通过 1m² 面积传递的热量，单位为 W/（m·K）。

4. 蓄热系数定义：当某一足够厚度的单一材料层一侧受到谐波热作用时，通过表面的热流波幅与表面温度波幅的比值。

表 A-2　　常用轻质材料热工指标

分类	材料名称	密度ρ (kg/m³)	导热系数λ [W/（m·K）]	蓄热系数 S [W/（m²·K）]	蓄热系数理论值 [W/（m²·K）]	蒸汽渗透系数μ [g/（m·h·kPa）]
纤维材料	矿棉、岩棉、玻璃棉板（ρ=80 以下）	80	0.05	0.596	0.596	—
	矿棉、岩棉、玻璃棉板（ρ=80～200）	140	0.045	0.748	0.748	0.488
	矿棉、岩棉、玻璃棉毡（ρ=70 以下）	70	0.05	0.584	0.584	—

续表

分类	材料名称	密度ρ (kg/m^3)	导热系数λ [W/（m·K）]	蓄热系数 S [W/（m^2·K）]	蓄热系数理论值 [W/（m^2·K）]	蒸汽渗透系数μ [g/（m·h·kPa）]
纤维材料	矿棉、岩棉、玻璃棉毡（ρ=70～200）	135	0.045	0.769	0.769	0.488
	矿棉、岩棉、玻璃棉松散料（ρ=70 以下）	70	0.05	0.462	0.462	—
	矿棉、岩棉、玻璃棉松散料（ρ=70～120）	95	0.045	0.511	0.511	0.488
	麻刀	150	0.07	1.266	1.266	—
膨胀珍珠岩、蛭石制品	水泥膨胀珍珠岩（ρ=800）	800	0.26	4.207	4.207	—
	水泥膨胀珍珠岩（ρ=600）	600	0.21	3.274	3.274	—
	水泥膨胀珍珠岩（ρ=400）	400	0.16	2.334	2.334	—
	沥青、乳化沥青膨胀珍珠岩（ρ=400）	400	0.12	2.326	2.326	—
	沥青、乳化沥青膨胀珍珠岩（ρ=300）	300	0.093	1.773	1.773	—
	水泥膨胀蛭石	350	0.14	1.934	1.934	—
泡沫及多孔聚合物材料	聚乙烯泡沫塑料	100	0.047	0.687	0.687	—
	聚苯乙烯泡沫塑料(EPS)	30	0.042	0.356	0.356	0.0008
	聚氨酯硬泡沫塑料	30	0.033	0.315	0.315	0.0234
	聚氯乙烯硬泡沫塑料	130	0.048	0.791	0.791	—
木材、建筑板材	橡木、枫树（热流方向垂直木纹）	700	0.17	4.661	4.661	—
	橡木、枫树（热流方向顺木纹）	700	0.35	6.687	6.687	—
	松、木、云杉（热流方向垂直木纹）	500	0.14	3.575	3.575	—
	松、木、云杉（热流方向顺木纹）	500	0.29	5.145	5.145	—
	胶合板	600	0.17	4.315	4.315	0.0225

续表

分类	材料名称	密度ρ (kg/m^3)	导热系数λ [W/（m·K）]	蓄热系数S [W/（m^2·K）]	蓄热系数理论值 [W/（m^2·K）]	蒸汽渗透系数μ [g/（m·h·kPa）]
木材、建筑板材	软木板（ρ=300）	300	0.093	1.958	1.958	0.0255
	软木板（ρ=150）	150	0.058	1.094	1.094	0.0285
	纤维板（ρ=1000）	1000	0.34	7.878	7.878	0.12
	纤维板（ρ=600）	600	0.23	5.019	5.019	0.133
	石棉水泥板	1800	0.52	8.454	8.454	0.0135
	石棉水泥隔热板	500	0.16	2.472	2.472	0.39
	石膏板	1050	0.33	5.144	5.144	0.079
	水泥刨花板（ρ=1000）	1000	0.34	7.05	7.05	0.024
	水泥刨花板（ρ=700）	700	0.19	4.409	4.409	0.105
	稻草板	300	0.13	2.183	2.183	0.3
	木屑板	200	0.065	1.409	1.409	0.263
无机松散材料	锅炉渣	1000	0.29	4.405	4.405	0.139
	粉煤灰	1000	0.23	3.923	3.923	—
	高炉炉渣	900	0.26	3.957	3.957	0.203
	浮石、凝灰岩	600	0.23	3.039	3.039	0.263
	膨胀蛭石（ρ=300）	300	0.14	1.791	1.791	—
	膨胀蛭石（ρ=200）	200	0.1	1.236	1.236	—
	硅藻土	200	0.076	1.008	1.008	—
	膨胀珍珠岩（ρ=120）	120	0.07	0.845	0.845	—
	膨胀珍珠岩（ρ=80）	80	0.058	0.628	0.628	—
有机松散材料	木屑	250	0.093	1.843	1.843	0.263
	稻壳	120	0.06	1.026	1.026	—
	干草	100	0.047	0.829	0.829	—

注　本表数据摘自 GB 50176—2016《民用建筑热工设计规范》。

表 A-3　围护结构常用保温（板）材料主要性能数据

保温材料	岩棉（玻璃棉）板	岩棉（玻璃棉）板	硬聚氨酯泡沫塑料	聚苯乙烯泡沫塑料（EPS）	挤塑聚苯板（XPS）	胶粉聚苯颗粒（胶粉 EPS 颗粒）
密度ρ（kg/ m^3）	80	40	30	20	25～32	180～250
导热系数λ [W/（m·K）]	0.044	0.0407	0.027	0.041	0.028	≤0.06
蒸汽渗透系数μ [g/（m·h·Pa）]	13.6	13.6	6.5	4.5	3.0	4.5

续表

保温材料	岩棉（玻璃棉）板	岩棉（玻璃棉）板	硬聚氨酯泡沫塑料	聚苯乙烯泡沫塑料（EPS）	挤塑聚苯板（XPS）	胶粉聚苯颗粒（胶粉 EPS 颗粒）
压缩强度（kPa）	—	—	100	100	150～250	≥250
尺寸稳定性（%）	—	—	≤0.5	≤3	≤1.5	—
吸水率（%）	—	—	—	—	≤1.5	—
软化系数	—	—	—	—	—	≥0.5

表 A-4　常用屋面保温材料主要技术指标

保温材料	聚苯乙烯泡沫塑料		硬聚氨酯泡沫塑料	泡沫玻璃	加气混凝土	膨胀珍珠岩
	挤塑（XPS）	模塑（EPS）				
表观密度（kg/ m³）	—	15～30	≥30	≥150	400～600	200～350
压缩强度（kPa）	≥250	60～150	—	—	—	—
抗压强度（MPa）	—	—	—	≥0.40	≥2.0	≥0.3
导热系数λ ［W/（m·K）］	≤0.030	≤0.041	≤0.027	≤0.062	≤0.220	≤0.087
70℃、48h 尺寸变化率（%）	<2.0	≤4.0	≤5.0	—	—	—
吸水率（%）	≤1.50	≤6.0	≤3.0	≤0.5	—	—

A.2　常用建筑构件热工技术指标

表 A-5　常用外窗传热系数、遮阳系数

玻璃	普通铝合金窗		断热铝合金窗		PVC 塑料窗	
	传热系数 K ［W/（m²·K）］	遮阳系数 S_c	传热系数 K ［W/（m²·K）］	遮阳系数 S_c	传热系数 K ［W/（m²·K）］	遮阳系数 S_c
透明玻璃（5～6mm）	6.0	0.9～0.8	5.5	0.85	4.7	0.80
吸热玻璃	6.0	0.7～0.65	5.5	0.65	4.7	0.65
热反射镀膜玻璃	5.5	0.55～0.25	5.0	0.50～0.25	4.5	0.50～0.25
遮阳型在线 Low-E 玻璃	5.0	0.55～0.45	4.5	0.50～0.40	4.5	0.50～0.40
无色透明中空玻璃（空气间层 6mm）	3.69～4.38	0.75	3.18～3.33	0.70	2.58～2.79	0.70
无色透明中空玻璃（空气间层 12mm）	3.38～4.13	0.75	2.70～3.09	0.70	2.34～2.47	0.70
遮阳型（辐射率≤0.25）在线 Low-E 中空玻璃（空气间层 6mm）	3.47～4.17	0.55～0.30	2.97～3.16	0.50～0.25	2.44～2.63	0.50～0.25
遮阳型（辐射率≤0.25）在线 Low-E 中空玻璃（空气间层 9mm）	2.99～3.81	0.55～0.30	2.51～2.79	0.50～0.25	2.09～2.13	0.50～0.25
遮阳型（辐射率≤0.25）在线 Low-E 中空玻璃（空气间层 12mm）	2.76～3.63	0.55～0.30	2.26～2.62	0.50～0.25	2.26～2.30	0.50～0.25

注　表中玻璃性能数据取自有关厂家的产品样本，整体窗传热系数是依据 JGJ/T 151—2008《建筑门窗玻璃幕墙热工计算规程》计算得出的，数据可供参考。

A.3　常用建筑材料光学物理特性指标

表 A-6　　建筑玻璃的光热参数值

材料类型	材料名称	规格（mm）	颜色	可见光		太阳光		遮阳系数 S_c	光热比 r
				透射比 τ_0	反射比 ρ	直接透射比 τ_0	总透射比 τ		
单层玻璃	普通白玻	6	无色	0.89	0.08	0.80	0.84	0.97	1.06
		12	无色	0.86	0.08	0.72	0.78	0.72	1.10
	超白玻璃	6	无色	0.91	0.08	0.89	0.90	0.89	1.01
		12	无色	0.91	0.08	0.87	0.89	0.87	1.03
	浅蓝玻璃	6	蓝色	0.75	0.07	0.56	0.67	0.77	1.12
	水晶灰玻	6	灰色	0.64	0.06	0.56	0.67	0.77	0.96
夹层玻璃	—	6C/1.52PVB/6C	无色	0.88	0.08	0.72	0.77	0.89	1.14
	—	3C/0.38PVB/3C	无色	0.89	0.08	0.79	0.84	0.96	1.07
	—	3F 绿/0.38PVB /3C	浅绿	0.81	0.07	0.55	0.67	0.77	1.21
	—	6C/0.76PVB/6C	无色	0.86	0.08	0.67	0.76	0.87	1.14
	—	6F 绿/0.38PVB/6C	浅绿	0.72	0.07	0.38	0.57	0.65	1.27
Low–E 中空玻璃	高透 Low–E	6Low–E+12A+6C	无色	0.76	0.11	0.47	0.54	0.62	1.41
		6C+12A+6Low–E	无色	0.67	0.13	0.46	0.61	0.70	1.10
	遮阳 Low–E	6Low–E+12A+6C	灰色	0.65	0.11	0.44	0.51	0.59	1.27
		6Low–E+12A+6C	浅蓝灰	0.57	0.18	0.36	0.43	0.49	1.34
Low–E 中空玻璃	双银 Low–E	6Low–E+12A+6C	无色	0.66	0.11	0.34	0.40	0.46	1.65
		6Low–E+12A+6C	无色	0.68	0.11	0.37	0.41	0.47	1.66
		6Low–E+12A+6C	浅绿	0.62	0.11	0.34	0.38	0.44	1.62
镀膜玻璃	热反射镀膜玻璃	6	浅蓝	0.64	0.18	0.59	0.66	0.76	0.97
		3	无色	0.82	0.11	0.69	0.72	0.83	1.14
		4	无色	0.82	0.10	0.68	0.71	0.82	1.15
		5	无色	0.82	0.11	0.68	0.71	0.82	1.16
		6	无色	0.82	0.10	0.66	0.70	0.81	1.16
		8	无色	0.81	0.10	0.62	0.67	0.77	1.21
		10	无色	0.89	0.08	0.59	0.65	0.75	1.23
		12	无色	0.80	0.10	0.57	0.64	0.73	1.26
		6	金色	0.41	0.34	0.44	0.55	0.63	0.75
		8	金色	0.39	0.34	0.42	0.53	0.61	0.73

注　1. 玻璃遮阳系数 S_c=太阳能总透射比/0.87。

2. 光热比 r =可见光透射比/太阳能总透射比。

表 A-7　　树脂类透明（透光）材料的光热参数值

材料类型	材料名称	规格（mm）	颜色	可见光		太阳光		遮阳系数	光热比 r
				透射比 τ_0	反射比 ρ	直接透射比 τ_0	总透射比 τ		
聚碳酸酯	乳白 PC 板	3	乳白	0.16	0.81	0.16	0.20	0.23	0.80
	颗粒 PC 板	3	无色	0.86	0.09	0.76	0.80	0.92	1.07
	透明 PC 板	3	无色	0.89	0.09	0.82	0.84	0.97	1.05
		4	无色	0.89	0.09	0.81	0.84	0.96	1.07
亚力克	透明亚力克	3	无色	0.92	0.08	0.85	0.87	1.00	1.06
		4	无色	0.92	0.08	0.85	0.65	1.00	1.06
	磨砂亚力克	4	乳白	0.77	0.07	0.71	0.77	0.88	1.01
		5	乳白	0.57	0.12	0.53	0.62	0.71	0.92

注　本表数据摘自相关专业厂家资料，设计时应根据实际工程校核验算。

A.4　纤维水泥板规格及技术指标

表 A-8　　墙、吊顶板材规格及技术指标

材料名称	密度（g/cm³）	导热系数［W/（m·K）］	产品规格（mm）	湿胀率（%）	横向/纵向抗折强度（N/mm²）	燃烧性能
低密度板	≤1.0	0.28	1220×2440×8（9、10、12）	<0.2	8.5/5.5	A1
中密度板	≥1.15	0.35	1220×2440×6（7.5、9、12）	<0.2	12/9	A1
中密度楼层板	≥1.15	0.35	1220×1220×24（根据荷载确定龙骨间距）	<0.2	12/9	A1
瓷力板（胶粘贴）	≥1.2	0.35	2400×1220×7（9）	<0.2	12/9	A1
普通装饰吊顶板	≤1.0	0.28	600×600×6	<0.2	8.5/5.5	A1
仿木纹墙面装饰板	≥1.2	0.35	3000×190×7.5	<0.2	12/9	A1
高密度 HD 板	≥1.6	0.35	1220×2440×8（10、12）	<0.2	18/14	A1
	≥1.35	0.35	1220×2440×9（12）	<0.2	13/10	A1

注　本表数据摘自相关专业厂家资料。产品尺寸根据使用部位要求可切割。

表 A-9　　纤维水泥板墙、吊顶板材特性、构造简图及适用范围

板材名称	特性	构造简图	适用范围
低密度板	防火、隔声、吸声	大空间轻质吊顶系统图示 1—吊杆；2—主龙骨；3—次龙骨；4—横撑龙骨；5—饰面板；6—紧固件；7—穿孔纸带；8—接缝材料	室内大空间吊顶、标准隔墙、防火隔墙、吸声隔墙、幕墙内衬、风管包敷

续表

板材名称	特性	构 造 简 图	适用范围
低密度板	防火、隔声、吸声	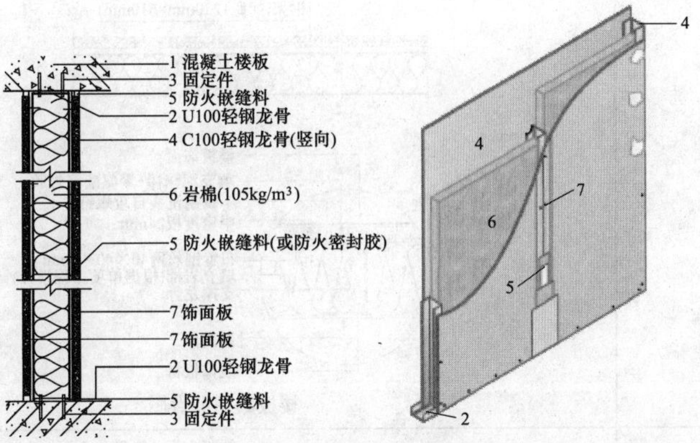 1 混凝土楼板 3 固定件 5 防火嵌缝料 2 U100轻钢龙骨 4 C100轻钢龙骨(竖向) 6 岩棉(105kg/m³) 5 防火嵌缝料(或防火密封胶) 7 饰面板 7 饰面板 2 U100轻钢龙骨 5 防火嵌缝料 3 固定件 轻型防火隔墙构造图示 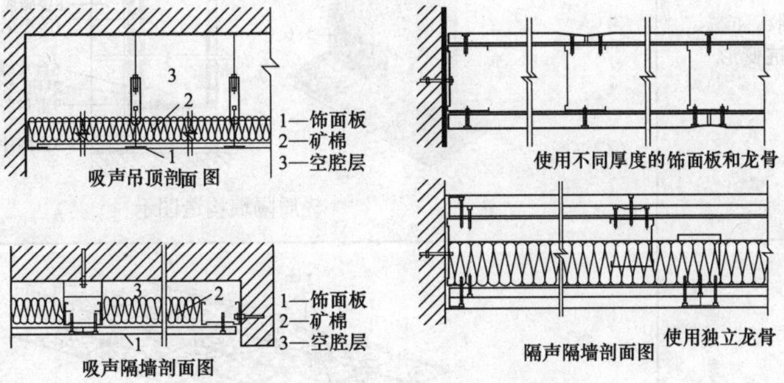 1—饰面板 2—矿棉 3—空腔层 吸声吊顶剖面图 1—饰面板 2—矿棉 3—空腔层 吸声隔墙剖面图 使用不同厚度的饰面板和龙骨 隔声隔墙剖面图 使用独立龙骨 吸声吊顶、隔墙及隔声隔墙剖面图 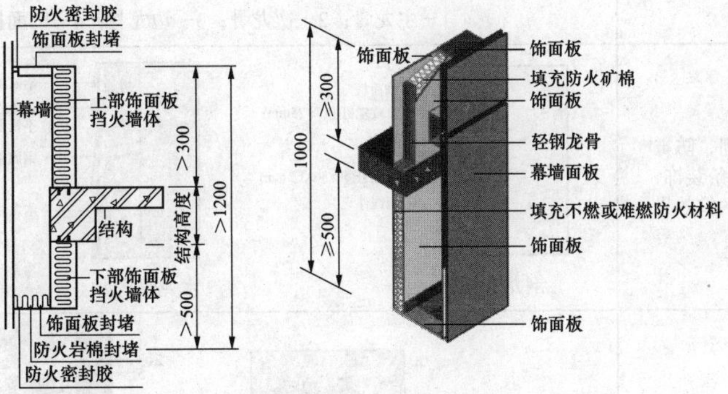 防火密封胶 饰面板封堵 幕墙 上部饰面板挡火墙体 结构 结构高度 下部饰面板挡火墙体 饰面板封堵 防火岩棉封堵 防火密封胶 >300 >1200 >500 饰面板 填充防火矿棉 饰面板 轻钢龙骨 幕墙面板 填充不燃或难燃防火材料 饰面板 饰面板 ≥300 1000 ≥500 幕墙内衬、防火构造图示	室内大空间吊顶、标准隔墙、防火隔墙、吸声隔墙、幕墙内衬、风管包敷
中密度板	防火、隔声、吸声	同低密度板的应用，或组合应用，低密度板更偏于防火	室内吊顶、隔墙

续表

板材名称	特性	构　造　简　图	适用范围
中密度楼层板		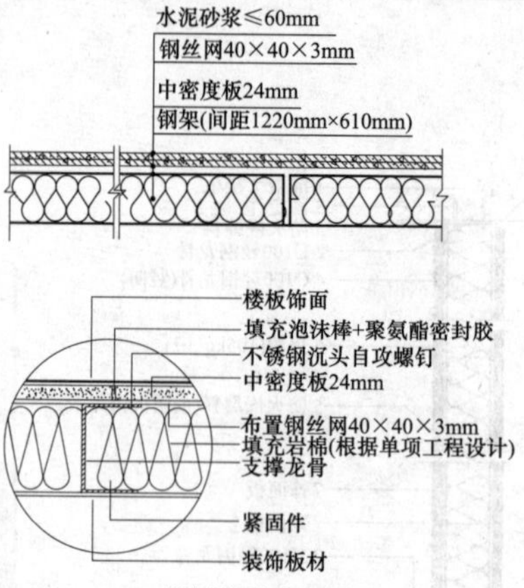水泥砂浆≤60mm 钢丝网40×40×3mm 中密度板24mm 钢架(间距1220mm×610mm) 楼板饰面 填充泡沫棒+聚氨酯密封胶 不锈钢沉头自攻螺钉 中密度板24mm 布置钢丝网40×40×3mm 填充岩棉(根据单项工程设计) 支撑龙骨 紧固件 装饰板材 楼板典型节点图	楼板、楼梯或平台盖板
瓷力板（胶粘贴）	防潮、防霉、抗变形	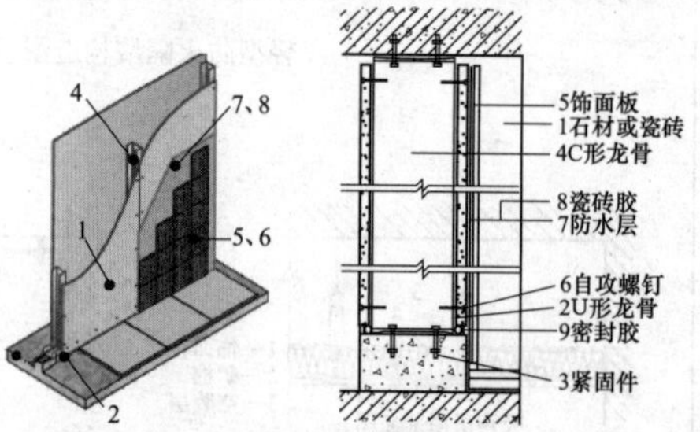4 7、8 1 5、6 2 5饰面板 1石材或瓷砖 4C形龙骨 8瓷砖胶 7防水层 6自攻螺钉 2U形龙骨 9密封胶 3紧固件 轻质隔墙构造图示	内隔墙基材板，粘贴瓷砖或大理石
普通装饰板	有多种风格	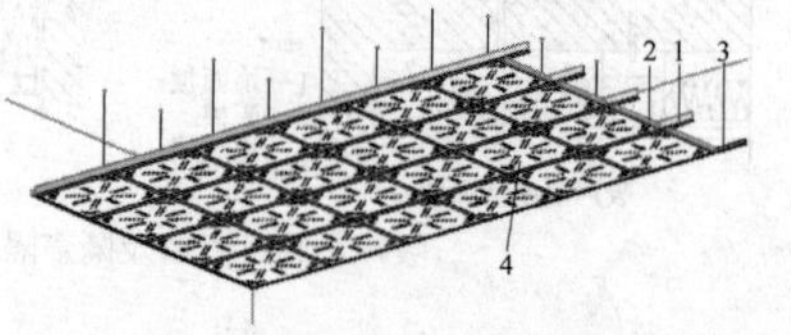2 1 3 4 小分格吊顶系统图示 1—主龙骨；2—次龙骨；3—边龙骨；4—饰面板	室内小分格吊顶
仿木纹装饰板	防潮、防霉长线条装饰、仿木纹效果	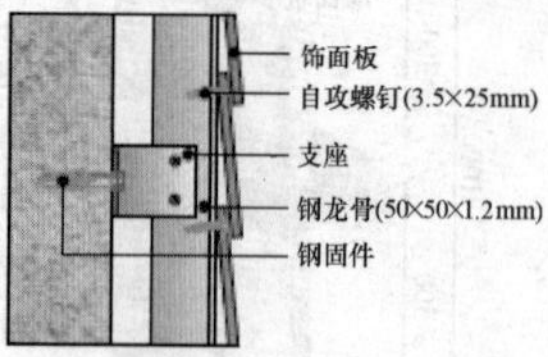饰面板 自攻螺钉(3.5×25mm) 支座 钢龙骨(50×50×1.2mm) 钢固件 钢龙骨图示 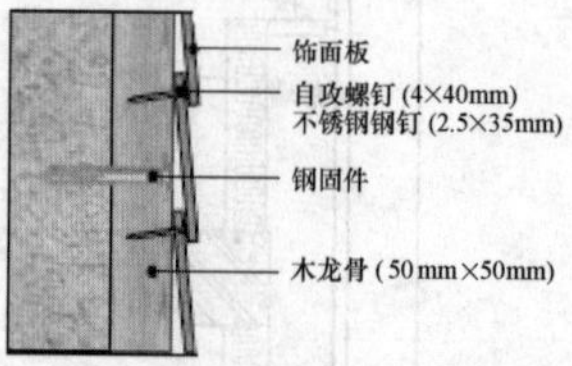饰面板 自攻螺钉 (4×40mm) 不锈钢钢钉 (2.5×35mm) 钢固件 木龙骨 (50mm×50mm) 木龙骨图示	外墙通过龙骨固定
高密度装饰板（一）	通体彩色，耐候性好、天然的质感、拉丝面	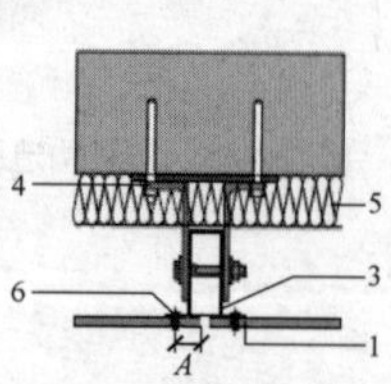4 5 6 3 1 A 横向板缝示意图 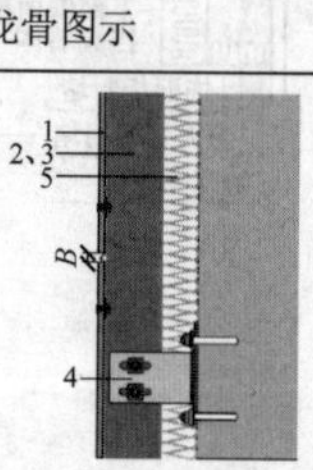1 2、3 5 B 4 竖向接缝剖面示意图 1—高密度装饰板；2—水平铝合金龙骨（次）；3—竖向铝合金龙骨（主）；4—主龙骨连接件；5—保温玻璃棉（加防水透气膜）；6—固定螺钉	外墙干挂或室内装饰

续表

板材名称	特性	构造简图	适用范围
高密度装饰板（二）	表面可做不同的饰面、替代实心墙体	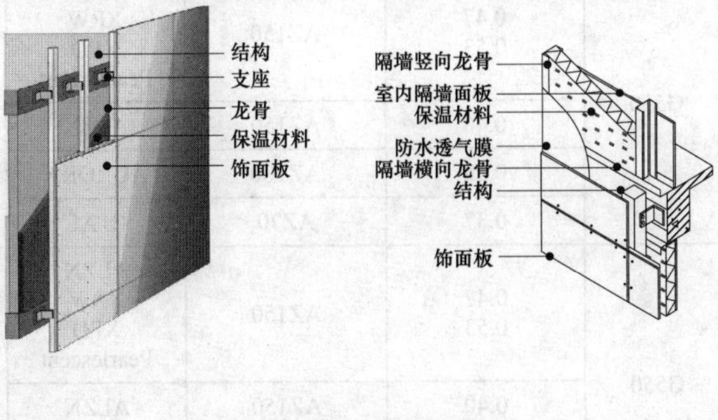 结构、支座、龙骨、保温材料、饰面板；隔墙竖向龙骨、室内隔墙面板、保温材料、防水透气膜、隔墙横向龙骨、结构、饰面板 轻钢龙骨饰面板墙体构造图示	外墙干挂

注　本表数据来自专业厂家产品。

A.5　压型钢板产品技术指标

表 A-10　　彩板技术指标

钢板名称	屈服强度（MPa）	钢板厚度（mm）	双面镀铝锌量（g/m²）	涂层类别	截面尺寸简图（有效覆盖宽度×肋高）（mm×mm）
700 暗扣板	G550	0.47 0.53 0.65	AZ150	ALZN XRW XPD	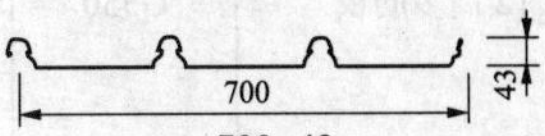 700　43 700×43
65 高直立锁边板	G300	0.60 0.85	AZ150	ALZN XRW XPD	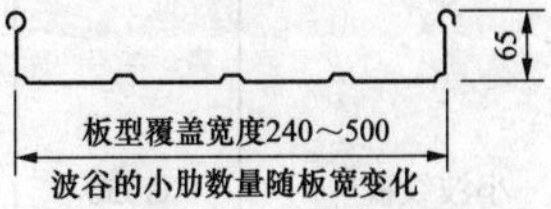 65 板型覆盖宽度240～500 波谷的小肋数量随板宽变化 变化值×65（400 标准宽度）
30 高普通波形板	G550	0.47	AZ150	ALZN、XRW	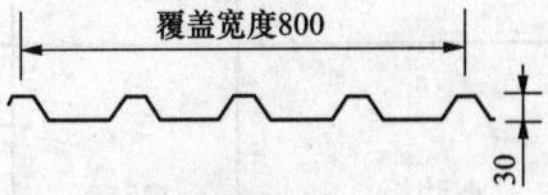 覆盖宽度800　30 800×30
		0.45	AZ100	AURORA	
		0.44	AZ70	OPAL	
75 高波直立锁边板	G300	0.53 0.60 0.65	AZ150	ALZN XRW XPD	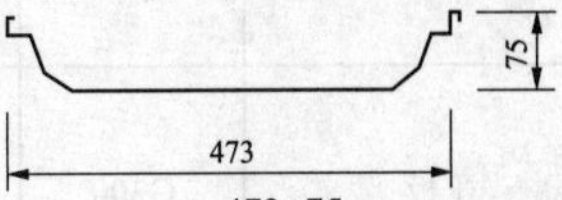 75　473 473×75
32 高建筑直立缝板	G300	0.60	AZ150	ALZN XRW XPD	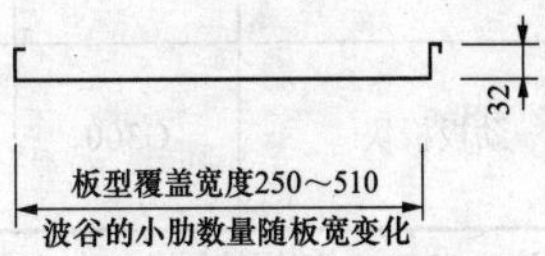 32 板型覆盖宽度250～510 波谷的小肋数量随板宽变化 变化值×32（410 标准宽度）
406 暗扣板	G550	0.47 0.53 0.65	AZ150	ALZN XRW XPD	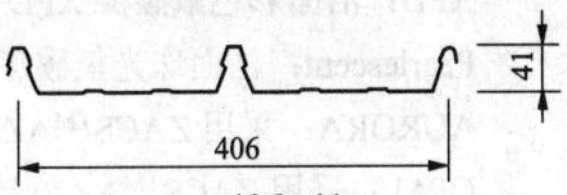 41　406 406×41

续表

钢板名称	屈服强度（MPa）	钢板厚度（mm）	双面镀铝锌量（g/m^2）	涂层类别	截面尺寸简图（有效覆盖宽度×肋高）（mm×mm）
29 高波形板	G550	0.47 0.53	AZ150	ALZN XRW XPD Pearlescent	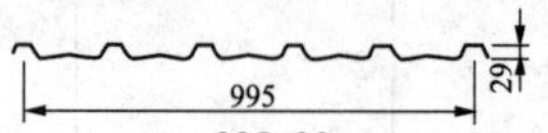 995×29
		0.40	AZ150	ALZN	
		0.38	AZ100	AURORA	
		0.37	AZ70	OPAL	
16 高波形波纹板	G550	0.47 0.53	AZ150	ALZN XRW XPD Pearlescent	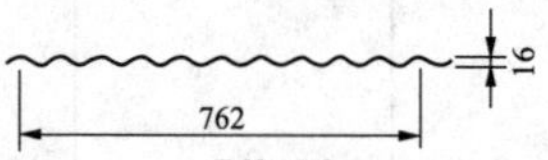 762×16
		0.40	AZ150	ALZN	
		0.38	AZ100	AURORA	
		0.37	AZ70	OPAL	
17 高曲面波纹板	G300	0.65 0.85	AZ150	ALZN XRW XPD Pearlescent	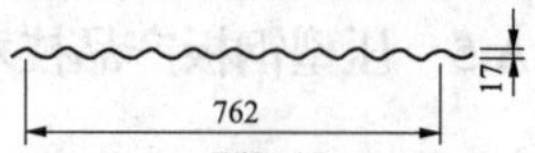 762×17
12 高多肋板	G550	0.47 0.53	AZ150	ALZN XRW XPD Pearlescent	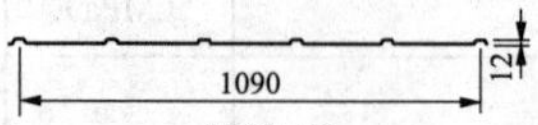 1090×12
		0.40	AZ150	ALZN	
		0.38	AZ100	AURORA	
		0.37	AZ70	OPAL	
小波纹板	G550	0.53 0.47	AZ150	ALZN XRW、XPD、 Pearlescent	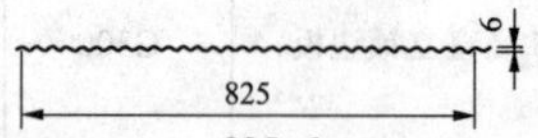 825×6
		0.40	AZ150	ALZN	
		0.38	AZ100	AURORA	
		0.37	AZ70	OPAL	
小肋板	G550	0.47	AZ150	ALZN、XRW	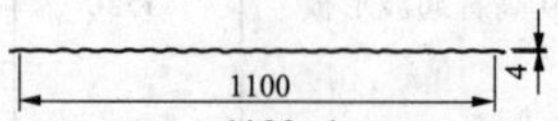 1100×4
		0.40	AZ150	ALZN	
		0.38	AZ100	AURORA	
		0.37	AZ70	OPAL	
平板	G300	0.85	AZ150	ALZN XRW XPD Pearlescent	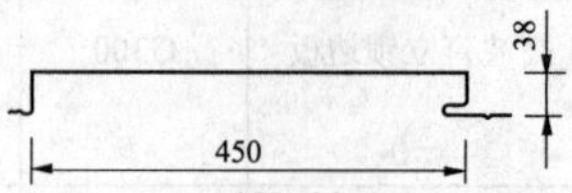 450×38
劲板板块	G300	1～2.5	AZ150	XRW XPD	肋高：30mm 长边：≤2450mm 短边：≤1350mm

注　ALZN：镀铝锌原色。

XRW：洁面彩色 XRW 涂层板，采用特殊的纳米强化聚酯涂覆系统。

XPD：洁面彩色氟碳漆 XPD 涂层板，采用氟碳涂覆系统。

Pearlescent：洁面珠光氟碳漆板，采用氟碳涂覆系统。

AURORA：采用 ZACS™AZ100 镀铝锌钢板为基板，其合金金属镀层采用优质的高耐候聚酯涂覆系统。

OPAL：采用 ZACS™AZ70 镀铝锌钢板为基板，其合金金属镀层能提供双重保护，具有良好的抗腐蚀性能，但不可应用于海洋性及工业性腐蚀环境，不可与铅、铜、不锈钢等材料配套使用，否则将影响钢板的使用寿命。

A.6　FRP防腐采光板

表 A-11　　FRP产品保护膜防腐特性

腐蚀介质	浓度（%）	时长（h）	表　现
盐酸	20	100	表面无裂纹、气泡等缺陷、外观颜色光泽、无变化
硫酸	20	100	
氢氧化钠	20	100	

注　本表数据来自专业厂家。

表 A-12　　FRP产品技术指标

种类	参考使用年限（年）	表面保护材料		
		标准色	抗紫外率（%）	氧指数
通用型	20	淡蓝色	>99.9	约20
耐用型	25	宝蓝色	100	约20
普及型	15	浅绿色	>90	约20
隔热型	20	奶白色	100	约20
耐候型	30	无色	100	约20
网状型	30	无色	100	约20
一级阻燃型	15	无色	>90	≥30
二级阻燃型	15	无色	>90	≥26
标准型	25	无色	100	约20

注　本表数据来自专业厂家。

表 A-13　　FRP产品规格及参数

名称	常用厚度（mm）	技 术 参 数	说　明
单层FRP（通用型）	2.5、2.0、1.5、1.2	抗紫外线能力不低于99.9%，透光率70%，固化率不低于95%，耐温限度-40～+120℃，氧指数≥19.8	采光板表面贴覆标称20μm的抗紫外线薄膜，标准色淡蓝色
双层保温隔热FRP（通用型）	上板1.5，下板1.2	抗紫外线能力不低于99%，透光率60%，固化率不低于95%，耐温限度-40～+120℃，氧指数≥19.8	采光板表面均贴覆标称20μm的抗紫外线薄膜
FRP防腐板	2.5、2.0、1.5、1.2	抗紫外线能力不低于99%，固化率不低于95%	防腐板表面贴覆标称20μm的抗紫外线薄膜，同时涂覆约120μm的防腐耐老化胶衣
单层一级阻燃型FRP	2.5、2.0、1.5、1.2	抗紫外线能力不低于99%，透光率在70%以上，固化率不低于95%	采光板表面贴覆抗紫外线薄膜，氧指数≥30
双层一级阻燃型FRP	上板1.5，下板1.2	抗紫外线能力不低于99%，透光率在70%左右，固化率不低于95%	采光板表面贴覆抗紫外线薄膜，氧指数≥30

注　本表材料技术指标根据厂家产品资料汇编。FRP板采用无碱玻璃纤维，具有抗紫外线和抗腐蚀功能，广泛应用于电厂煤棚、煤场等具有污染性或者腐蚀性比较严重的建筑屋面和墙面。

附录B　火力发电厂主要辅助与附属建筑物建筑面积指标

表 B-1　　燃煤发电厂主要辅助与附属建筑物建筑面积指标

名　称		建筑面积（m^2）
试验室	金属试验室	300
	电气试验室	450
	仪表与控制试验室	400
	化学试验室	500
	入厂煤化验室	200～400
监（检）测站（包括环境监测站、劳动安全和职业卫生监测站）		400（合计）
检修维护间		1200（2 台机组）、1500（4～6 台机组）
推煤机库		200（2 台机组）、310（4 台机组）
生产行政综合楼		2900
招待所		800（2～4 台机组）、1000（6 台机组）
夜班宿舍		900（2～4 台机组）、1200（6 台机组）
检修宿舍		1200（2～4 台机组）、1200（6 台机组）
职工食堂		600（2 台机组）、800（4 台机组）、1000（6 台机组）
材料库		2000（2 台机组）、2500（4 台机组）、2500（6 台机组）
汽车库		1000（严寒地区）
		600（其他地区）
警卫传达室	主入口	50
	次入口	20

注　1. 本表根据 DL/T 5052—2016《火力发电厂辅助及附属建筑物建筑面积标准》整理。

2. 用地紧张的供热电厂可设置地下车库，可按全厂定员 30%、每人 $30m^2$ 计算地下车库的建筑面积。

表 B-2　　燃机发电厂主要辅助与附属建筑物建筑面积指标

名　称		建筑面积（m^2）
试验室	金属试验室	100
	电气试验室	300
	仪表与控制试验室	300
	化学试验室	450
监（检）测站（包括环境监测站、劳动安全和职业卫生监测站）		80（合计）
检修维护间		600
生产行政综合楼		2000
夜班宿舍		800
职工食堂		400
材料库		1000
警卫传达室	主入口	50
	次入口	20

注　1. 本表根据 DL/T 5052—2016《火力发电厂辅助及附属建筑物建筑面积标准》整理。

2. 地下车库可按全厂定员 40%、每人 $30m^2$ 计算建筑面积。

主要量的符号及其计量单位

量 的 名 称	符号	计量单位	量 的 名 称	符号	计量单位
长度	L（l）	m	吸收比	α	
宽度	W	m	采光系数	C	%
高度、深度	H（h）	m	光气候系数	K	
直径	D（d）	m	角	θ	（°）
厚度	δ	mm	频率	f	Hz
面积	A	m^2	波长	λ	m
体积、容积	V	m^3	声强	I	W/m^2
速度	v	m/s	声压	p	Pa
密度	ρ	kg/m^3	声强级	L_I	dB
压力，压强	p	Pa，kPa	声压级	L_p	dB
热力学温度	T	K	噪声级	L	dB
摄氏温度	t	℃	A 声级	L_A	dB（A）
光通量	Φ	lm	隔声量	R	dB
发光强度	I	cd	吸声量	A	dB
照度	E	lx	导热系数	λ	W/（m·K）
亮度	L_α	cd/m^2	换热系数	K	W/（m^2·K）
反射比	ρ		热阻	R	m^2·K/W
透射比	τ		遮阳系数	S_c	

参 考 文 献

[1]《中国电力百科全书》编辑委员会，《中国电力百科全书》编辑部. 中国电力百科全书：火力发电卷. 3 版. 北京：中国电力出版社，2014.

[2] 严宏强，程钧培，都兴有，等. 中国电气工程大典：第 4 卷　火力发电工程. 北京：中国电力出版社，2009.

[3] 巢元凯，张方，滕绍华. 实用建筑设计手册. 2 版. 北京：中国建筑工业出版社，2010.

[4] 王学谦. 建筑防火设计手册. 3 版. 北京：中国建筑工业出版社，2015.

[5] 洪向道. 新编常用建筑材料手册. 2 版. 北京：中国建材工业出版社，2010.

[6] 杨旭中，孙旺林，武一琦. 电力设计专业工程师手册：火力发电部分. 北京：中国电力出版社，2011.

[7] 沈春林. 建筑防水设计与施工手册. 北京：中国电力出版社，2010.

[8] 武一琦. 火力发电厂厂址选择与总图运输设计. 北京：中国电力出版社，2004.

[9] 华北电力设计院有限公司. 高效地碳环保大型燃气轮机电厂工程实践. 北京：中国电力出版社，2015.

[10] 住房和城乡建设部工程质量安全监管司，中国建筑标准设计研究院. 全国民用建筑工程设计技术措施：建筑产品选用技术（建筑・装修）. 北京：中国计划出版社，2009.

[11]《建筑设计资料集》编辑委员会. 建筑设计资料集. 2 版. 北京：中国建筑工业出版社，1994.

[12] 韩轩. 建筑节能设计与材料选用手册. 天津：天津大学出版社，2012.

[13] 深圳市建筑设计研究总院. 建筑设计技术手册. 北京：中国建筑工业出版社，2011.

[14] 徐建. 工业建筑抗震设计指南. 北京：中国建筑工业出版社，2013.

[15] 刘汝义，杜世铃. 发电厂与变电所消防设计实用手册. 北京：中国计划出版社，1999.

[16] 吕玉恒. 噪声控制与建筑声学设备和材料选用手册. 北京：化学工业出版社，2011.

[17] 张珩生. 中国电力工程建筑集锦：1998—2008. 北京：中国电力出版社，2010.